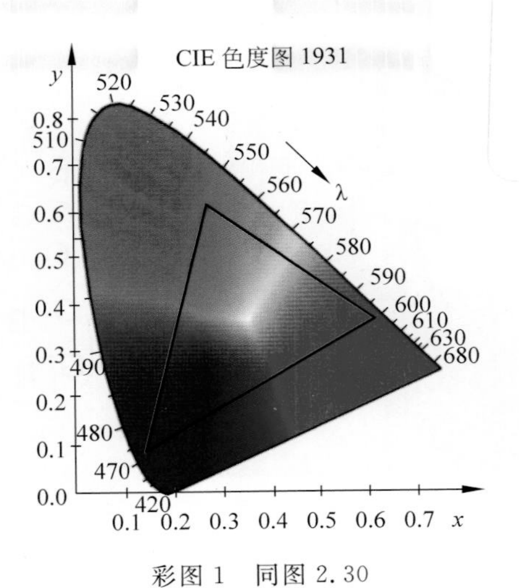

彩图 1　同图 2.30

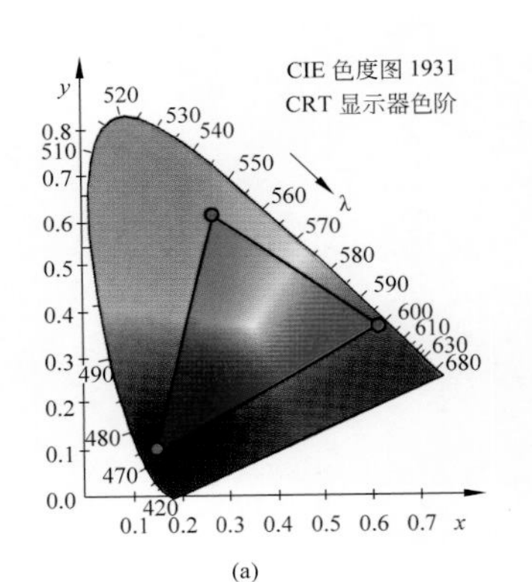

(a)

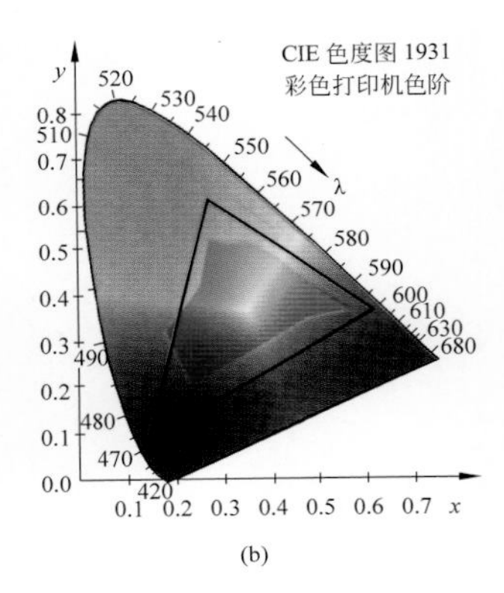

(b)

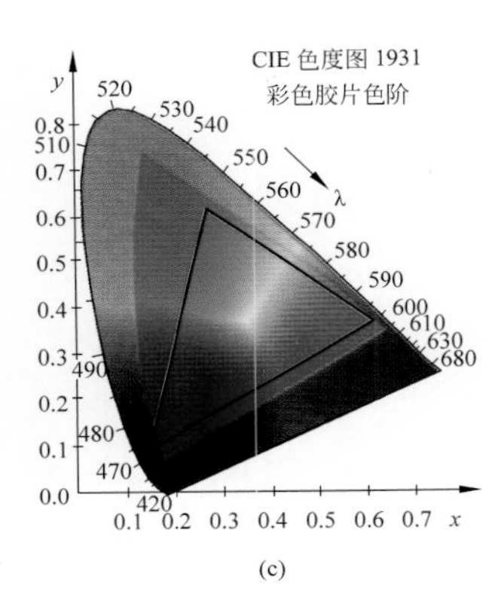

(c)

彩图 2　同图 2.31

(a) CRT 显示器；(b) 打印机；(c) 胶片

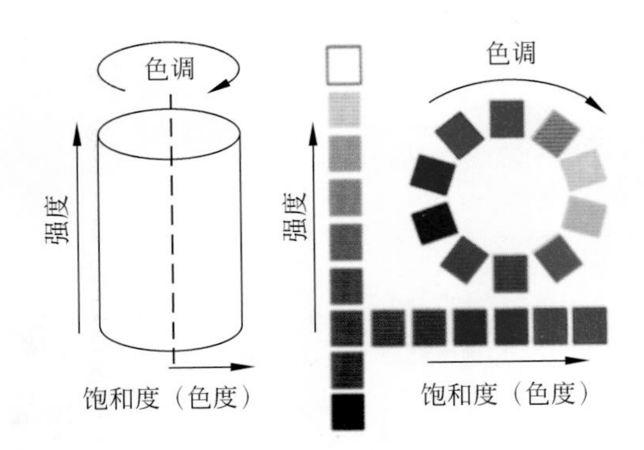

彩图 3　同图 2.33

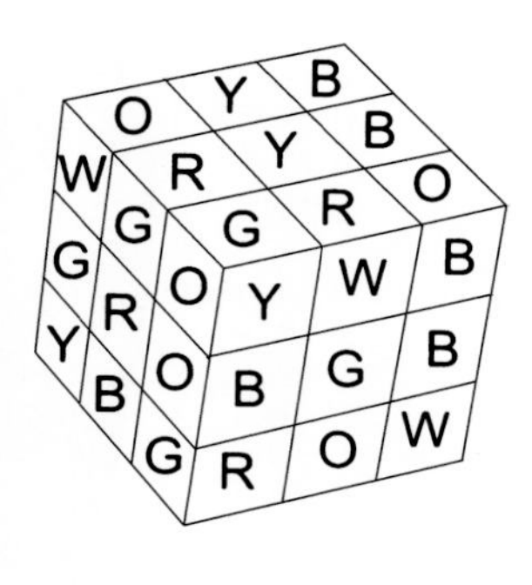

彩图 4　同图 2.34

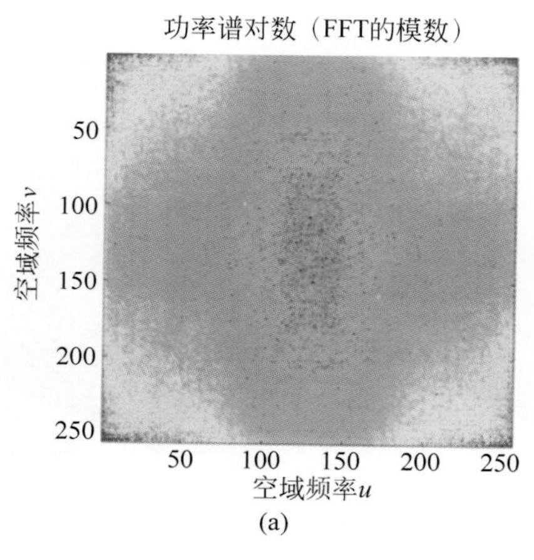

(a)

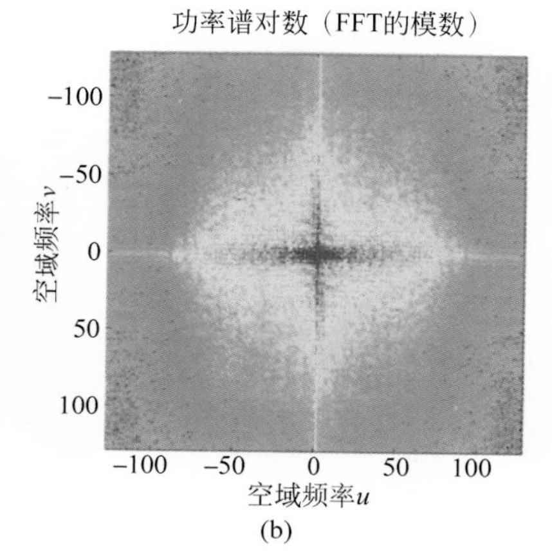

(b)

彩图 5　同图 3.7

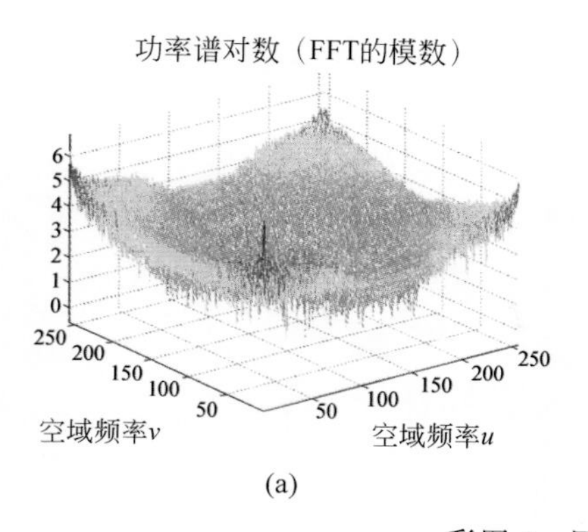

(a)

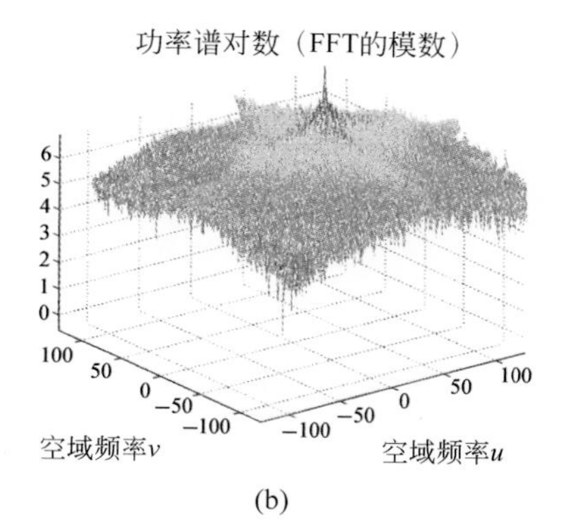

(b)

彩图 6　同图 3.9

彩图 7　同图 5.34

彩图 8　同图 5.35

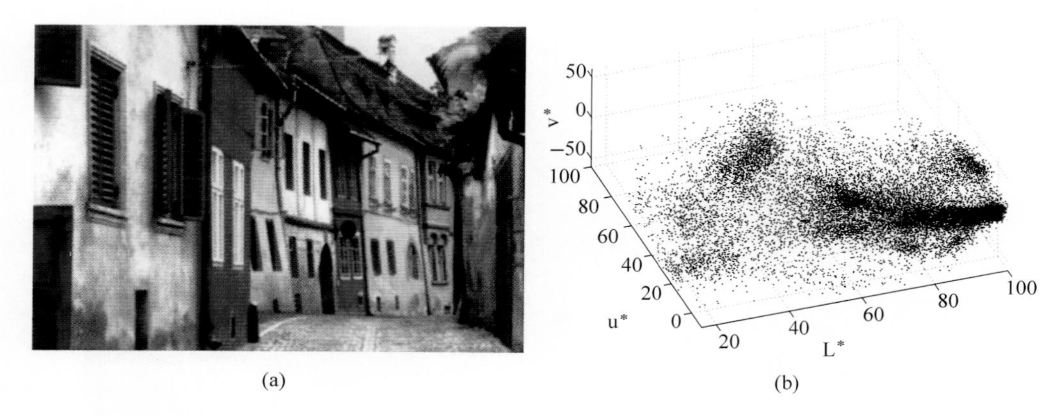

彩图 9　同图 7.2

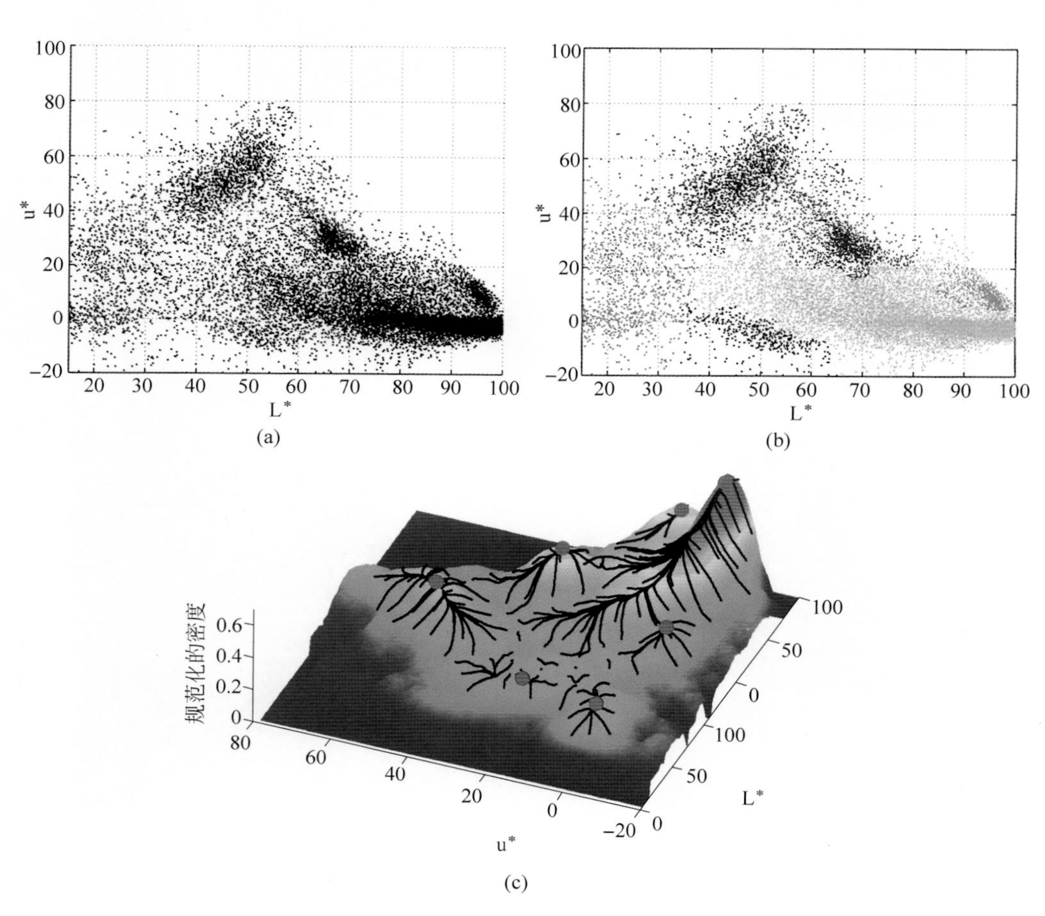

彩图 10　同图 7.3

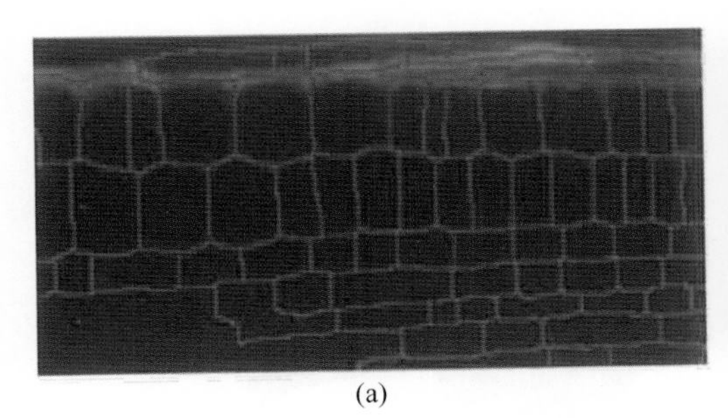
(a)

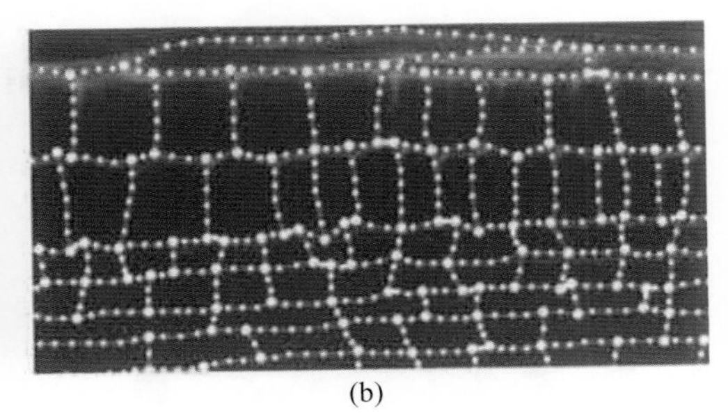
(b)

彩图 11　同图 7.11

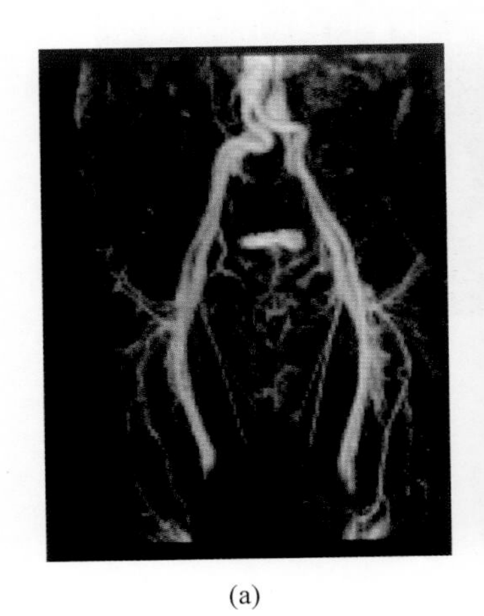
(a)

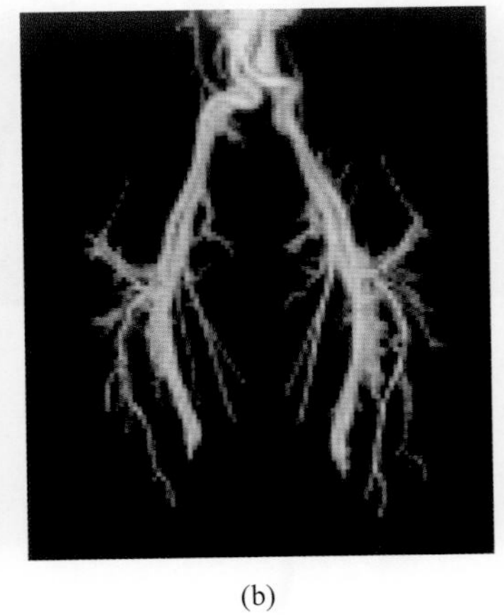
(b)

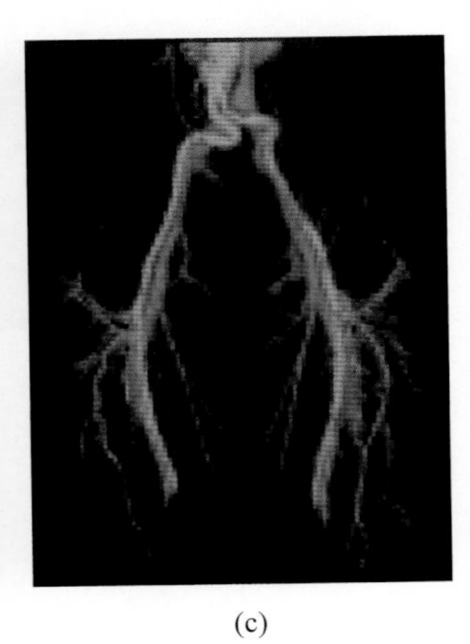
(c)

彩图 12　同图 7.28

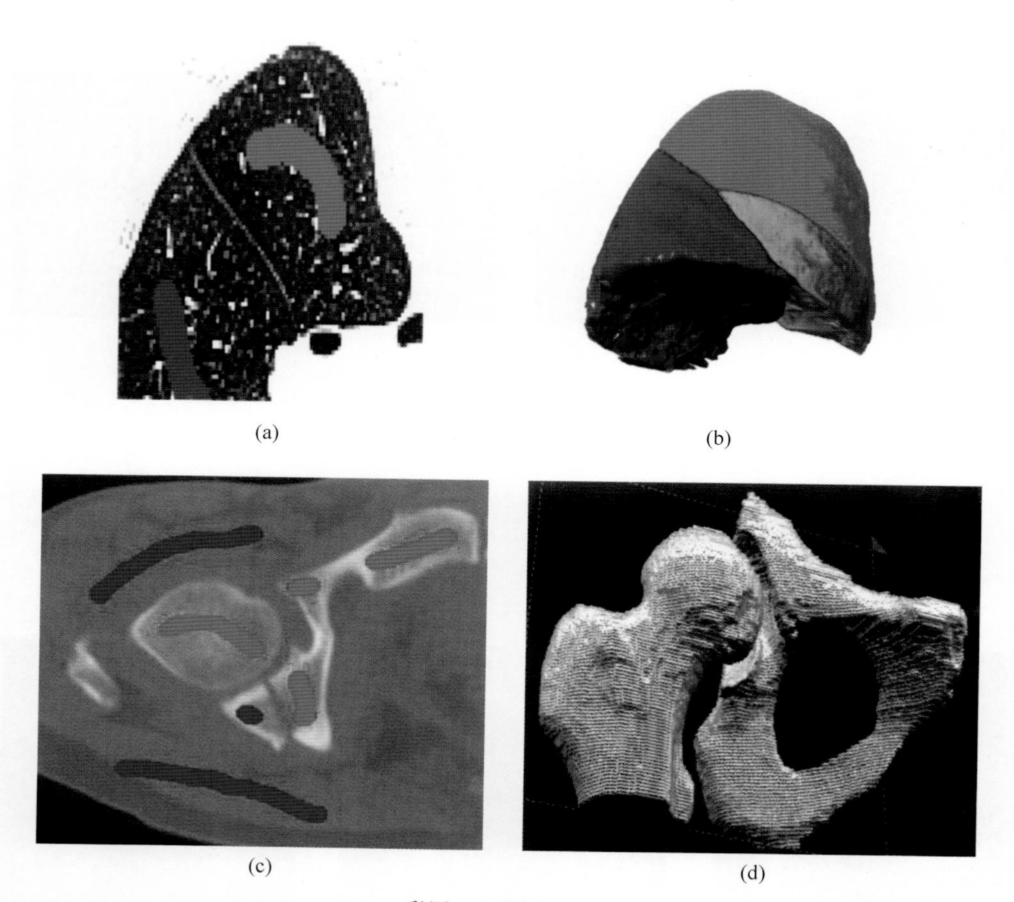

(a) (b)

(c) (d)

彩图 13　同图 7.38

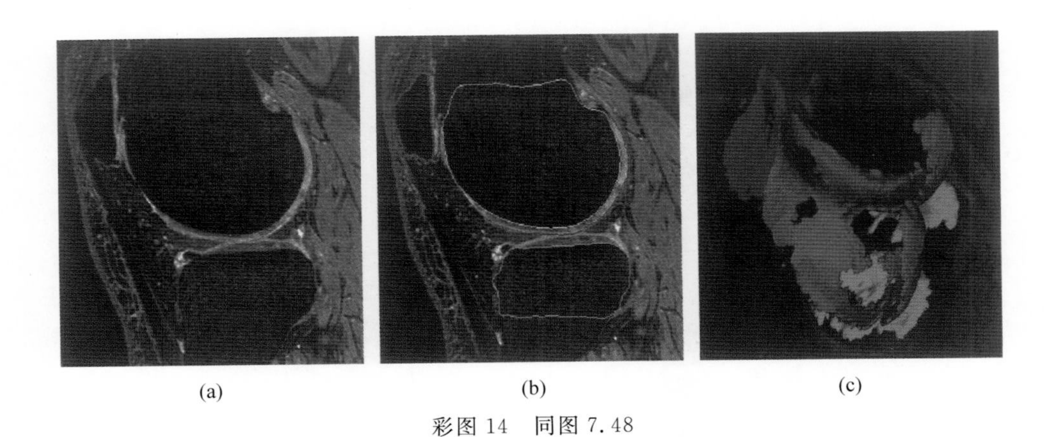

彩图 14　同图 7.48

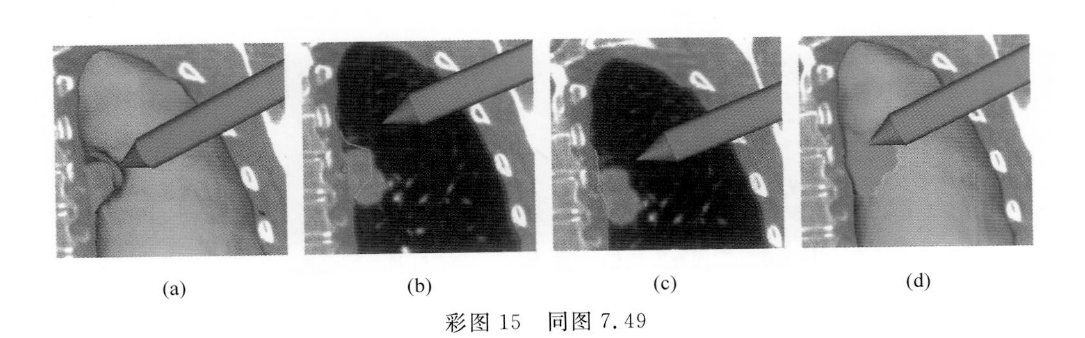

彩图 15　同图 7.49

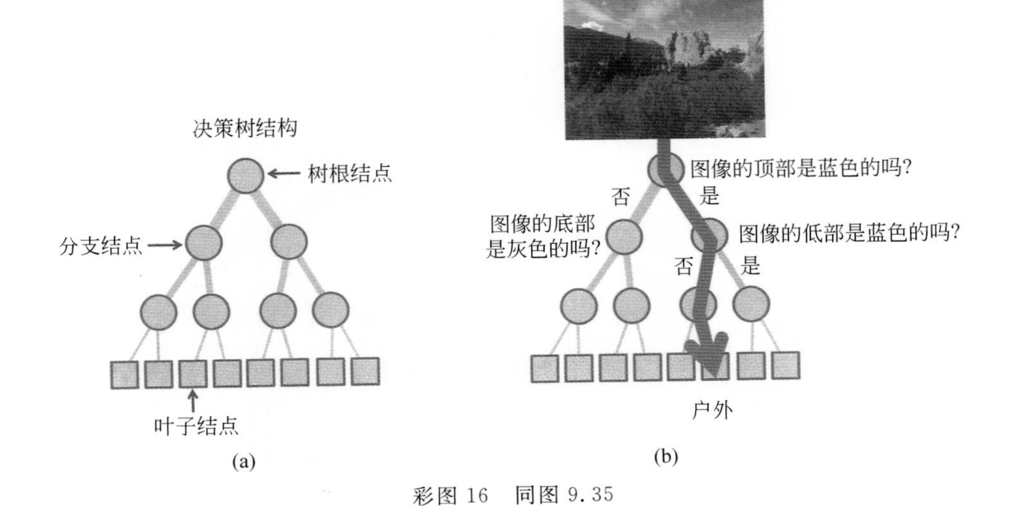

彩图 16　同图 9.35

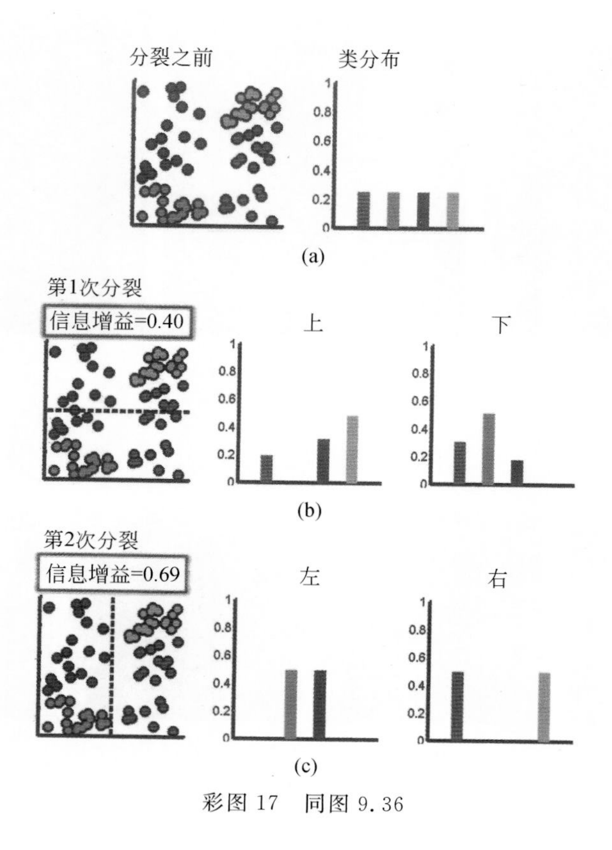

彩图 17　同图 9.36

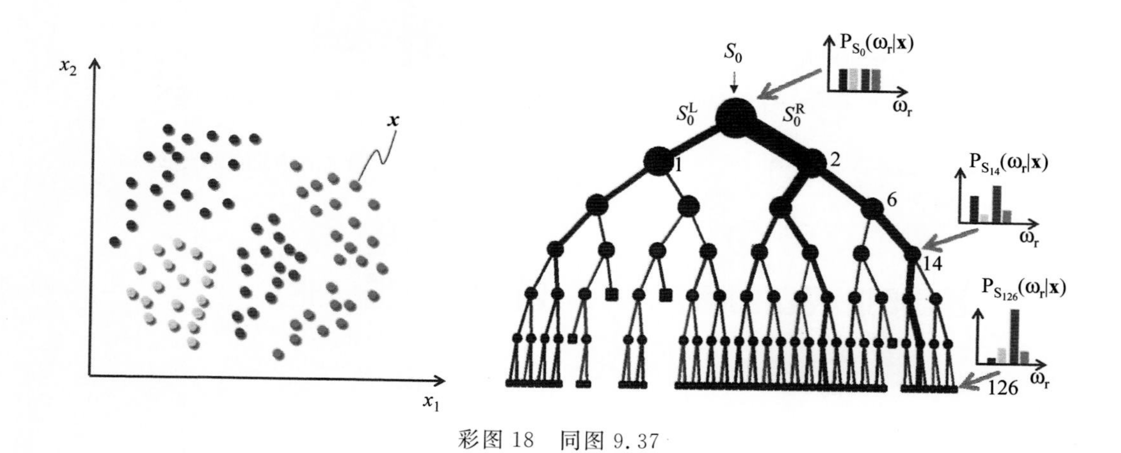

彩图 18　同图 9.37

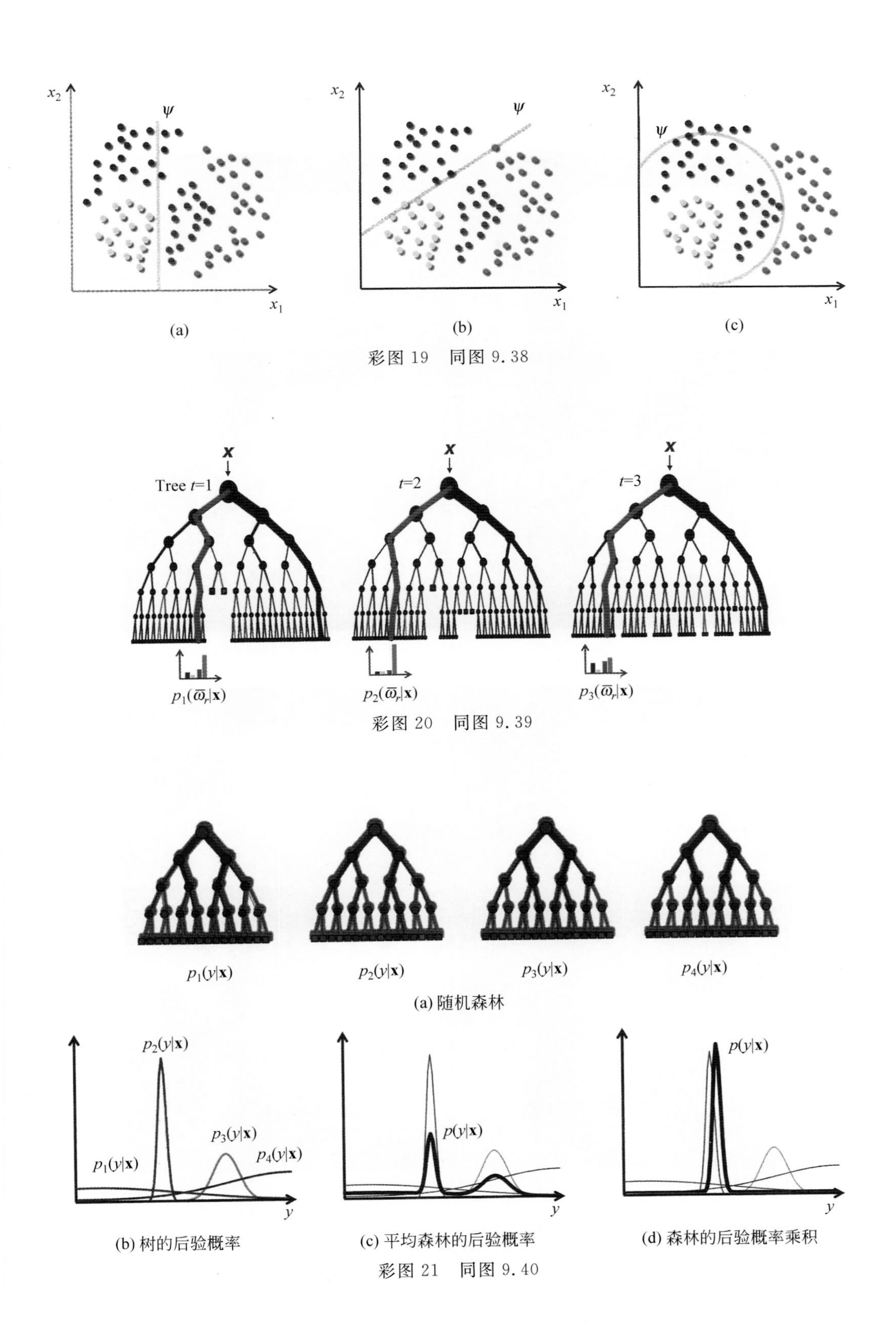

彩图 19 同图 9.38

彩图 20 同图 9.39

(a) 随机森林

(b) 树的后验概率

(c) 平均森林的后验概率

(d) 森林的后验概率乘积

彩图 21 同图 9.40

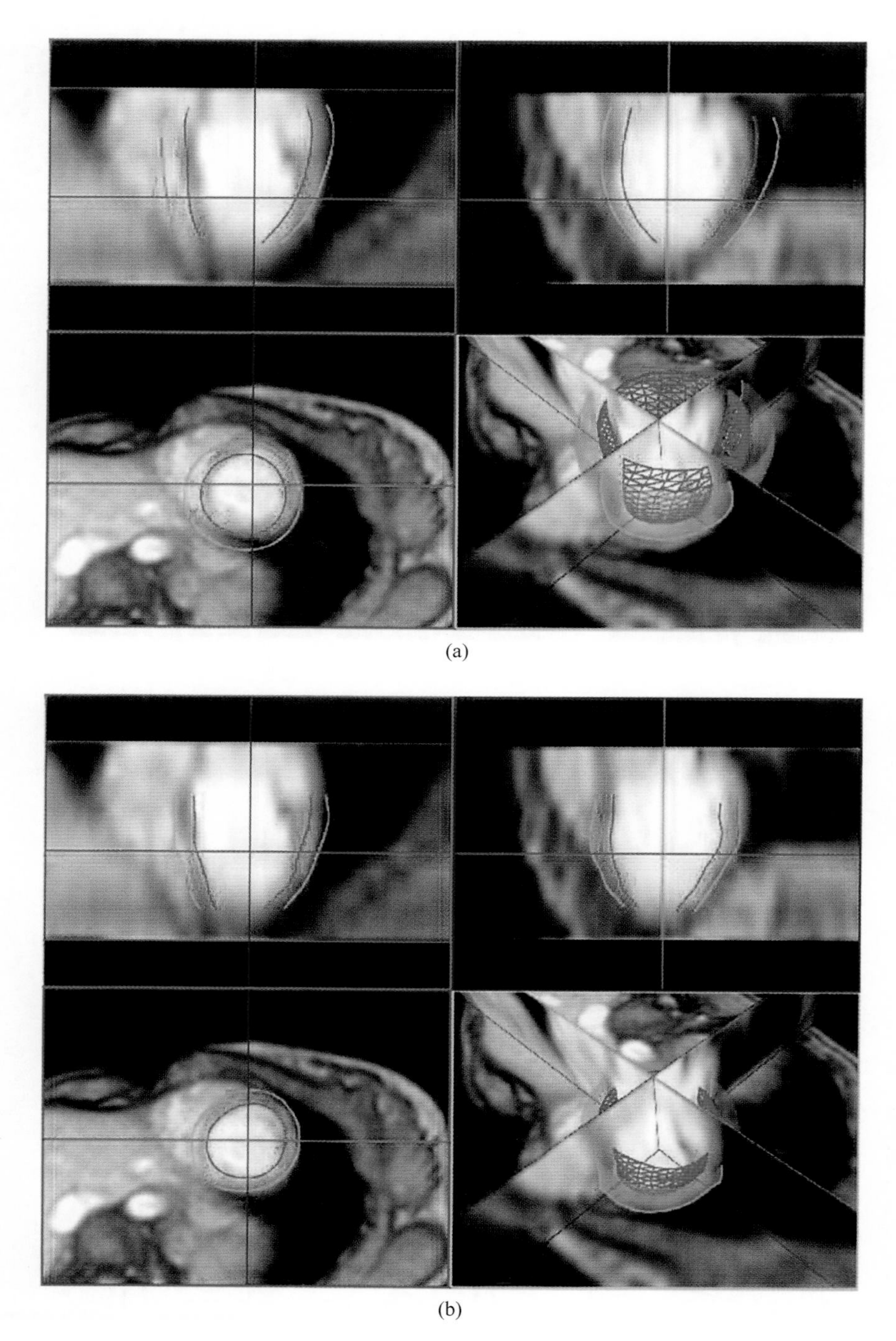

(a)

(b)

彩图 22　同图 10.20

彩图 23　同图 10.31

(a)　(b)　(c)　(d)　(e)　(f)　(g)

彩图 24　同图 10.32

彩图 25　同图 10.37

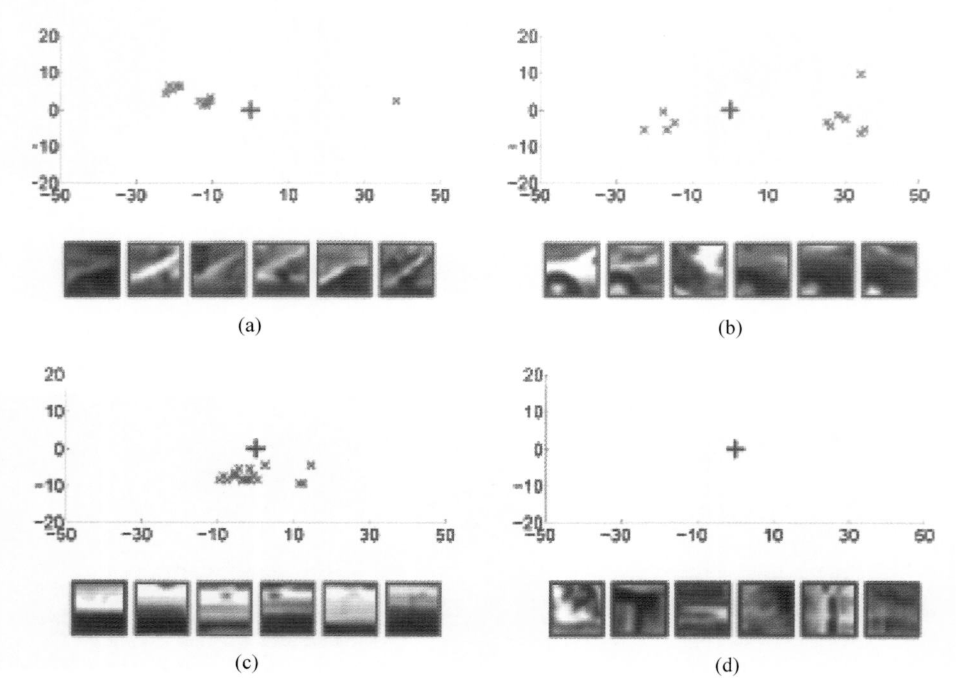

彩图 26　同图 10.38

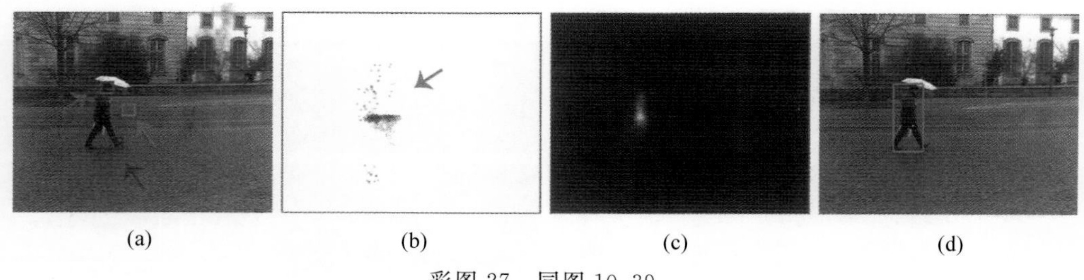

彩图 27　同图 10.39

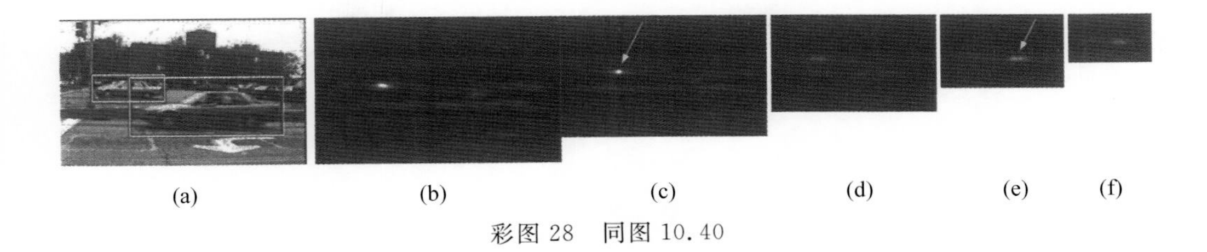

(a) (b) (c) (d) (e) (f)

彩图 28　同图 10.40

彩图 29　同图 10.41

(a)

(b)

彩图 30　同图 10.42

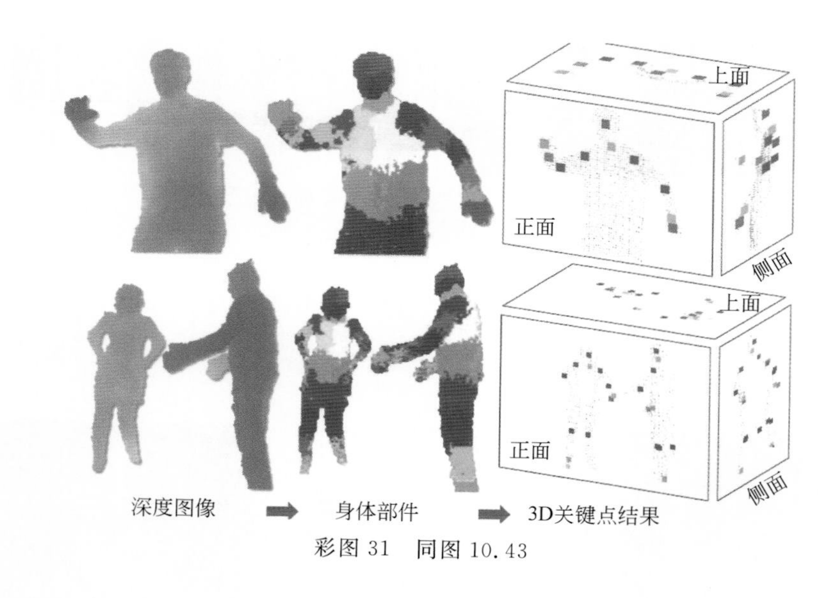

彩图 31　同图 10.43

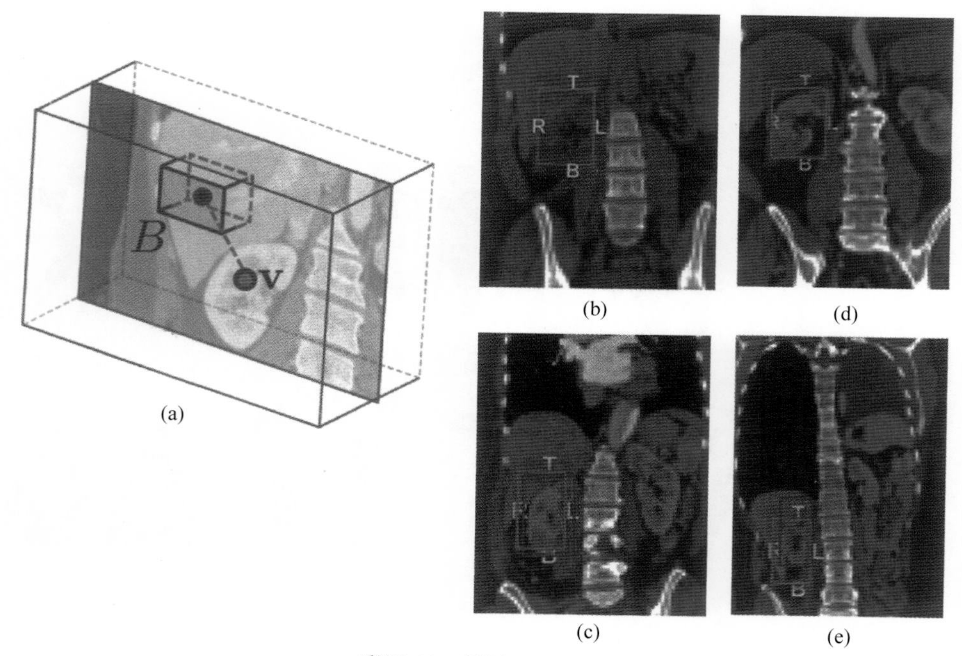

彩图 32　同图 10.44

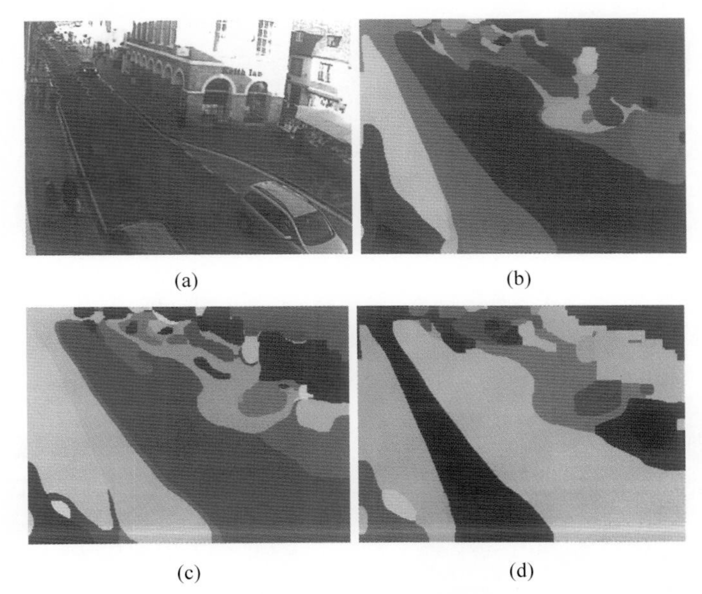

(a) (b) (c) (d)

彩图 33　同图 10.61

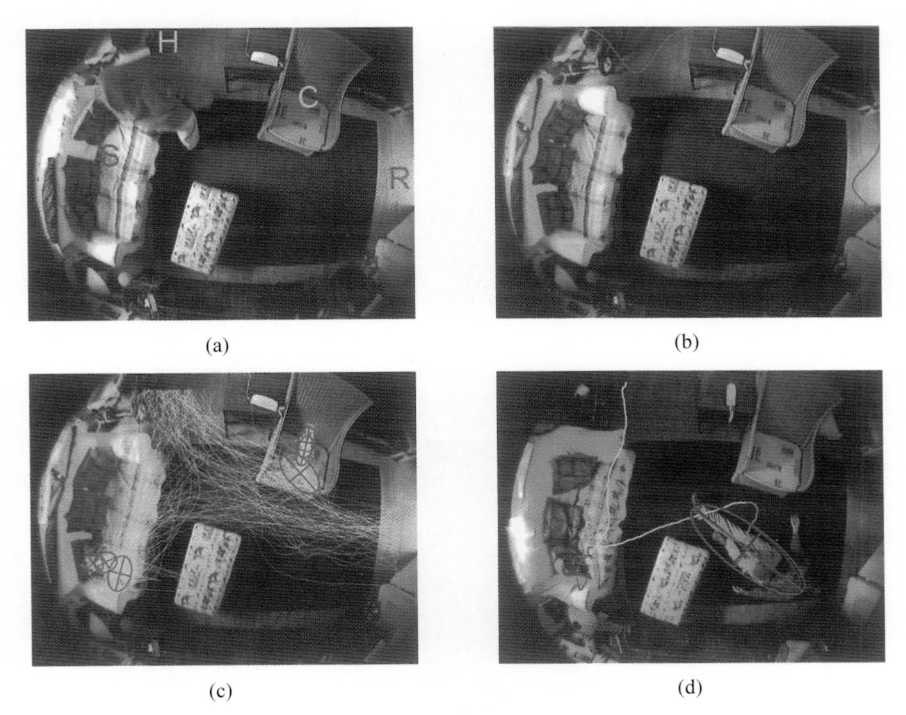

(a) (b) (c) (d)

彩图 34　同图 10.62

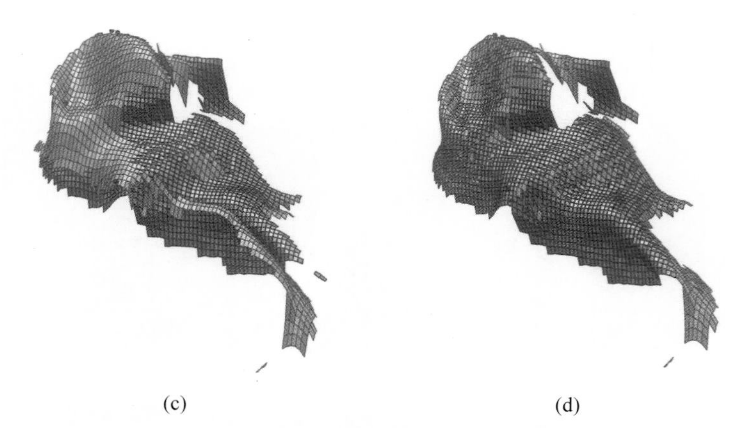

(c)　　　　　　　　(d)

彩图 35　同图 12.22

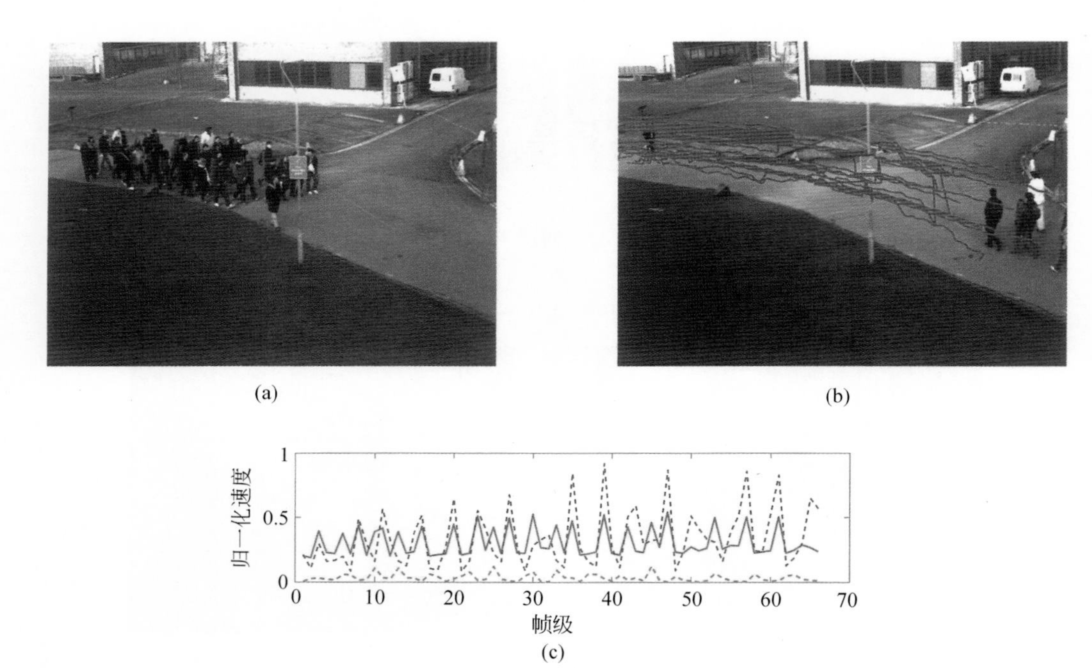

(a)　　　　　　　　(b)

(c)

彩图 36　同图 12.34

彩图 37　同图 16.11

世界著名计算机教材精选

图像处理、分析与机器视觉

（第4版）

Image Processing, Analysis, and Machine Vision

Fourth Edition

Milan Sonka　Vaclav Hlavac　Roger Boyle 著

兴军亮　艾海舟　等译

清华大学出版社
北京

北京市版权局著作权合同登记号　图字 01-2015-4852 号

Image Processing, Analysis, and Machine Vision, Fourth Edition
Milan Sonka, Vaclav Hlavac, Roger Boyle 著，兴军亮 艾海舟　等译

Cengage Learning Asia Pte. Ltd.
151 Lorong Chuan, #02-08 New Tech Park, Singapore 556741

图书在版编目（CIP）数据

图像处理、分析与机器视觉：第 4 版/（美）桑卡（Sonka, M.），（美）赫拉瓦卡（Hlavac, V.），（美）博伊尔（Boyle, R.）著；兴军亮等译. --北京：清华大学出版社，2016（2022.6重印）

书名原文：Image Processing, Analysis, and Machine Vision, Fourth edition
世界著名计算机教材精选
ISBN 978-7-302-42685-1

Ⅰ. ①图…　Ⅱ. ①桑…　②赫…　③博…　④兴…　Ⅲ. ①图像处理–教材　②计算机视觉–教材
Ⅳ. ①TP391.41

中国版本图书馆 CIP 数据核字（2016）第 014340 号

责任编辑： 龙启铭
封面设计： 傅瑞学
责任校对： 李建庄
责任印制： 沈　露

出版发行： 清华大学出版社
网　　址：http://www.tup.com.cn, http://www.wqbook.com
地　　址：北京清华大学学研大厦 A 座　　邮　　编：100084
社 总 机：010-83470000　　邮　　购：010-62786544
投稿与读者服务：010-62776969，c-service@tup.tsinghua.edu.cn
质 量 反 馈：010-62772015，zhiliang@tup.tsinghua.edu.cn
课 件 下 载：http://www.tup.com.cn,010-83470236
印 装 者： 三河市铭诚印务有限公司
经　　销： 全国新华书店
开　　本： 185mm×260mm　　**印　张：** 42.25　　**彩　插：** 8　　**字　数：** 1386 千字
版　　次： 2016 年 7 月第 1 版　　**印　次：** 2022 年 6 月第 12 次印刷
定　　价： 99.00 元

产品编号：058975-01

译 者 的 话

2002 年国内影印出版了本书的英文第 2 版，2003 年出版了该版的中文翻译，翻译者（按照工作量的大小排序）是艾海舟、武勃、邸慧军、王佟、施新刚、孙兴华、王宇博。该书很快售罄，没有再印。

2011 年出版了该书英文第 3 版的中文翻译，翻译者为（按照工作量的大小排序）为艾海舟、苏延超、兴军亮、王楠、忻海、段根全、高峰、王晟、刘力为等。

本书是英文第 4 版的中文翻译，大约有五分之一的内容更新。主要更新的内容包括：增加了一些最新的算法，增加了习题部分，重写了部分内容。更为具体的内容更新请参考作者序。

本书是在第 3 版中文翻译的基础上，按照直译的原则进行翻译的，与英文版形成完全的对照。对于英文版中明显存在的排印或疏忽类的错误，都进行了更正。由于这些错误一般都很明显，因此译文中没有专门声明，读者如果对照英文版，不难看出其出处。

本书的翻译者为兴军亮。艾海舟对书稿进行了审定。由于译者水平有限，书中难免存在纰漏，欢迎广大读者批评指正。若发现问题，请发电子邮件告知，以便今后再版时改正。

兴军亮
中国科学院自动化研究所
模式识别国家重点实验室
电子邮件：jlxing@nlpr.ia.ac.cn

序

图像处理、分析与机器视觉是认知与计算机学科中的一个令人兴奋的活跃分支。人们对该领域的兴趣经历了 20 世纪 70 年代和 80 年代的爆炸性增长之后，在过去的几十年内，它的主要特征就是整个学科走向成熟，并且很多实际应用飞速发展，其中遥感、技术诊断、自主车导航、医学成像（2D、3D 和 4D）和自动监视都是进展非常快速的方向。这种进展通过市场上相关软件和硬件产品的日益增加就可见一斑——作为众多例子中的一个，无所不在的消费型数码相机格外引人注目，这些数码相机都依赖于一套高级的、消费者看不到的嵌入式图像处理步骤：图像拼接技术。考虑到这些持续性进展，全世界范围内的大学里提供的图像处理和机器视觉课程的数量呈现快速增长。

在所覆盖的领域里，已经有很多教材，其中很多在本书中都有引用。但是，本学科仍缺乏既适合初学者学习，又对有一定基础的读者有参考价值，同时还反映了最新进展的"完整"意义的教材。本书是我们最初在 1993 年出版的教材的第 4 版，加入了已经出现的和还正在发生着的许多非常迅速的发展，这些新的发展使一些在过去一段时间所出版的非常好的教材很快变得过时了。

本书的读者对象既包含对本领域几乎没有任何经验的本科生，也包括为特别主题寻求高级"跳板"的硕士研究生及博士研究生。这本教材的所有内容都对第 3 版进行了更新（尤其是最新的一些进展以及相应的参考文献）。我们保留了整个教材的章节结构，但是很多节都进行了重写，或者作为新节而引入。新加的主题包括拉东变换、一种统一的图像/模板匹配方法、高效物体骨架化（MB 和 MB2 算法）、BBF/FLANN 的最近邻分类、基于方向梯度直方图（HOG）的物体检测、随机森林、马尔科夫随机场、贝叶斯置信网络、尺度不变特征变换（SIFT），新近的三维图像分析/视觉进展、使用局部二值模式的纹理描述，以及几个用于运动分析的点跟踪方法。关于三维视觉的方法发展尤为迅速，因此我们重新修订了这部分材料并且增加了一些综合性范例。此外，针对读者和书评者的意见，重写或者扩展了一些章节的内容。总体而言，本版教材大约有 15%的内容为新撰写的材料，这些内容反映了本领域的最新方法和技术，其重要性已经得到证明。

为了响应读者要求，我们重新包含了习题（包括简短的问答题，以及时常需要实际使用计算机工具和/或开发应用程序的较长的问题）。这些习题重新使用了第 3 版的重要教辅书（Svoboda et al., 2008），同时还包括之前版本没有的一些材料。教辅书提供了基于 Matlab 的实现，加入了一些新的问题，解释了问题答案的推导过程，并且提供了很多有用的链接以便于实际使用：在圣智的安全服务器上，为注册的教师提供了一本习题答案手册。在准备这版教材的过程中，我们衷心感谢很多提供帮助和支持的人们，特别是审阅者 Saeid Belkasim（美国佐治亚州立大学）、Thomas C. Henderson（美国犹他大学）、William Hoff（美国科罗拉多矿业大学）、Lina Karam（美国亚利桑那州立大学）、Peter D. Scott（纽约州立大学布法罗校区）以及 Jane Zhang（加州州立理工大学）。来自英国伍斯特郡的 Richard W. Penney 非常关注第 3 版教材，并且帮助改正了其中很多缺点。在我们自己的研究所内，Reinhard Beichel、Gary Christensen、Hannah Dee、Mona Garvin、Ian Hales、Sam Johnson、Derek Magee、Ipek Oguz、Kalman Palagyi、Andrew Rawlins、Joe Reinhardt、Punam Saha 以及 Xiaodong Wu 长期以来为本书提供各种反馈、灵感和鼓励。

这本书反映了作者在各自的学院给本科生和研究生开设的一学期和两学期的课程所积累的经验，这些课程包括数字图像处理、数字图像分析、图像理解、医学成像、机器视觉、模式识别、智能机器人等。我们希望这种结合教学经验的方式能够为初学者提供全面的基础，为有一定基础的学生充分地理解与该主题相关的领域提供足够先进的资料。需要指出的是目前发展更活跃的领域会在很短的时间内超出本教材的范围。

本书可以有多种安排形式。我们选择从低层次处理开始，逐步过渡到更高层次的图像解释这样的组织结构，是因为我们认为图像理解起源于一个共同的信息库。本书共分为 16 章，从低层次处理开始，逐步展开到更高层次的图像表示，这一结构在第12章之后将变得不那么明显，这时我们给出数学形态学、图像压缩、纹理、运动分析等这些非常有用但却常常是有特殊目的的处理方法，这些处理并不总是出现在处理链中。

章节按十进制数字编号，公式和图按照章编号。每章之后列出大量参考文献和习题。按照有助于实现的方式正规地表述了一些挑选出来的算法，但其他讨论到的算法则不是（不然本书的篇幅会两倍于此）；选择算法的依据是：我们认为是关键的，或最有用的，或最具解释性的。每一章进一步包含了一个简洁的总结、简短回答的问题以及习题。

各章所介绍的内容包含从入门级的资料到当前研究的总体情况，因此，初学者不太可能第一次阅读就能消化给定主题的所有内容。在目前的段落中，时常会出现有必要引用后面章节资料的情况，但是这时对目前资料的理解不会依赖于对较后出现的内容的理解。对于有基础的学生，本书可以作为在该领域进行研究活动的参考资料和"路标"——我们相信在本书付印之时其参考文献足以反映当前的研究方向，但在此我们对被忽视了的著作表示歉意。仔细的读者将会发现参考文献中既包含那些经过时间考验的经典材料，也包含了非常新的作者认为有发展前景的材料。但应该明确的是，过不了多久就会有本书中没有提及的更多的相关著作发表。

本书的篇幅很长，因此远比一门课程的内容要多。显然，使用本书的方式很多，作为指导我们提出了如下的形成5个独特模块的顺序安排：

数字图像处理 I，本科生课程。

数字图像处理 II，本科生/研究生课程，数字图像处理I可以作为该课的先修课。

计算机视觉 I，本科生/研究生课程，数字图像处理I可以作为该课的先修课。

计算机视觉 II，研究生课程，计算机视觉I可以作为该课的先修课。

图像分析与理解，研究生课程，计算机视觉I可以作为该课的先修课。

一门课程的重点以及必要的先修课一般取决于本地的情况，有关划分内容的建议将在序言之后给出。

作业应该尽可能使用现有的软件，我们的经验是这种性质的课程不应该被看作"程序设计课程"，但是事实上是：学生对于本书所论述内容的实践经验越直接，他们对内容的理解就越好。自从本书第1版出版以来，可获取的网页信息呈爆炸性增长，使得我们提供的习题得以不需要从低层做起——我们没有直接给出到网页资料的链接，是因为考虑到它们变化得太快了；但是，有关本书及其他详尽的辅助资料的链接可以通过出版社的网站查找到，http://www.cengage.com/engineering。

除了这个印刷版本之外，这本教材还可以在网上通过一个个性化学习程序 **MindTap** 获得。如果你购买了这本书的 MindTap 版本，便可以得到这本书的 MideTap 阅读器，并且能够在线完成作业。如果你的班级使用了一种学习管理系统（比如 Blackboard, Moodle，或 Angel）来跟踪课程内容、作业以及评分，你可以无缝地获取 MindTap 关于这门课程的课程内容和作业集合。在 MindTap 中，讲授者能够：

- 通过在这本教科书内容上重新安排内容、隐藏章节或者附加新材料来个性化学习路径，以匹配课程的教学大纲。
- 连接到一个学习管理系统的门户来进入在线课程和阅读器。
- 定制在线评估和作业。
- 使用进展应用跟踪学生的进展和理解程度。
- 通过交互和练习促进学生的参与程度。

另外，学生可以通过 *ReadSpeaker* 收听文本朗读、记笔记和标注内容，从而方便随时查询和自我检查对于材料的理解程度。

这本书是用 LATEX 文字处理系统完成的。此书的完成离不开因特网和电子邮件的广泛使用。我们要感谢爱荷华大学（University of Iowa）、捷克理工大学（Czech Technical University）、艾伯瑞斯特维斯大学计算机科学系（Department of Computer Science at Prifysgol Aberystwyth）、利兹大学计算机学院（School of Computer Studies at Leeds University），它们提供了撰写和修订此书的环境。

Milan Sonka 是美国爱荷华大学医学图像研究所主任、电子与计算机工程系教授以及美国爱荷华大学眼科与视觉以及放射肿瘤学教授，他的研究兴趣包括医学图像分析、计算机辅助诊断和机器视觉。Václav Hlaváč 是捷克理工大学控制论学教授，他的研究兴趣是基于知识的图像分析，基于 3D 模型的视觉和统计与句法模式识别之关系。Roger Boyle 最近刚从英国利兹大学计算机学院退休，他的研究兴趣是低层视觉和模式识别，现在他在艾伯瑞斯特维斯大学的英国国家表型组学中心工作。

所有的作者对整本书都有贡献，封面的排名是根据个人的贡献量确定的。任何错误都由全体作者负责。

最终的排版由爱荷华大学的 Hrvoje Bogunović 负责。这次第 4 版的合作由于耗费了长周期的时间，又一次影响到家庭和谐；但是我们仍然非常愿意针对读者的建议在这本教材上投入更多的时间。

Milan Sonka
爱荷华大学
Milan-sonka@uiowa.edu
http://www.engineering.uiowa.edu/~sonka

Vaclav Hlavac
捷克理工大学
hlavac@cmp.felk.cvut.cz
http:// cmp.felk.cvut.cz/~hlavac

Roger Boyle
利兹大学
roger@comp.leeds.ac.uk
http://www.comp.leeds.ac.uk/roger/

参考文献

Svoboda T., Kybic J., and Hlavac V. *Image Processing, Analysis, and Machine Vision: A MATLAB Companion.* Thomson Engineering, 2008.

可能的课程大纲

这里针对序中提出来的五门课程，介绍了一种所覆盖资料的可行性安排次序。不应该将这种安排看作唯一可行的方案，相反地，图像处理和分析课程的安排，事实上有无数种可能。因此，下面的方案只能作为建议，教师应该根据选课学生已经获得的知识、能力及需要适当地选择内容。

图 1 给出了所提安排次序的先修课程依赖关系，图 2 给出了相应的课程大纲和各章节的对应关系。

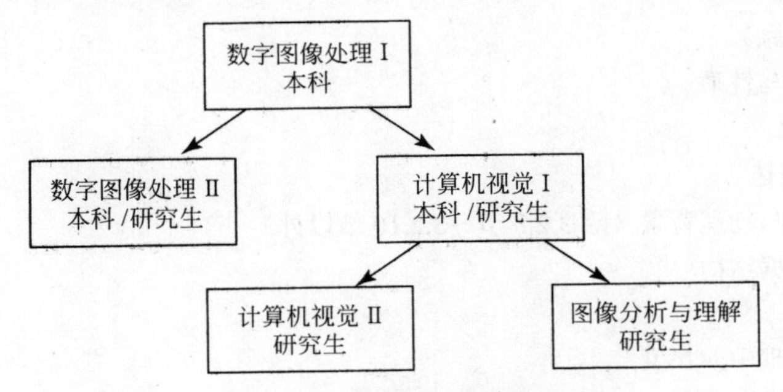

图 1　五门课程的先修依赖关系

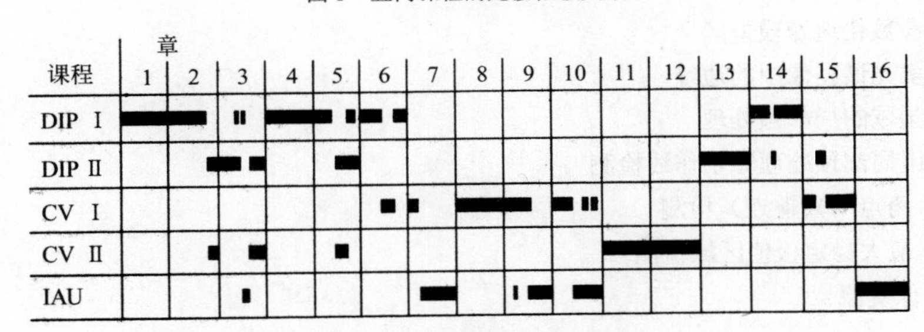

图 2　课程大纲和各章节资料的对应关系

数字图像处理 I （DIP　I），本科生课程。

1　引言

2　图像及其表达与性质

　2.1　图像表达若干概念

　2.2　图像数字化

　2.3　数字图像性质

4　图像分析的数据结构

5　图像预处理

　5.1　像素亮度变换

　5.2　几何变换

　5.3　局部预处理（除 5.3.6 节～5.3.7 节、5.3.9 节～5.3.11 节以外，5.3.4 节、5.3.5 节的一部分）

　5.4　图像复原（除 5.4.3 节以外）

6　分割 I

　6.1　阈值化（除 6.1.3 节以外）

6.2 基于边缘的分割（除6.2.4节、6.2.5节、6.2.7节、6.2.8节）
6.3 基于区域的分割（除6.3.4节以外）
6.4 匹配
6.5 分割的评测问题
3 图像及其数学与物理背景
3.2 积分线性变换（仅限3.2.1节～3.2.4节、3.2.6节）
14 图像数据压缩（除小波压缩外，除 14.9节以外）
图像处理实践项目

数字图像处理Ⅱ（DIP Ⅱ），本科生/研究生 课程，数字图像处理I可以作为该课的先修课。

1 引言（简要回顾）
2 图像及其表达与性质
2.4 彩色图像
2.5 摄像机概述
3 图像及其数学与物理背景（除3.2.8节～3.2.10节以外）
4 图像分析的数据结构
5 图像预处理
5.3.4 图像处理中的尺度
5.3.5 Canny边缘提取
5.3.6 参数化边缘模型
5.3.7 多光谱图像中的边缘
5.3.8 频域的局部预处理
5.3.9 用局部预处理算子作线检测
5.3.10 角点（兴趣点）检测
5.3.11 最大稳定极值区域检测
5.4 图像复原
6 分割I
6.1 阈值化 – 针对彩色图像数据
6.2.1 基于边缘的分割 – 针对彩色图像数据
6.3.1-3 基于区域的分割 – 针对彩色图像数据
6.4 匹配 – 针对彩色图像数据
14 图像数据压缩
14.2 图像压缩中的离散图像变换
14.9 JPEG和MPEG
13 数学形态学
图像处理实践项目

计算机视觉I（CV I）

本科生/研究生 课程，数字图像处理I可以作为该课的先修课。

1 引言（简要回顾）
2 图像及其表达与性质（简要回顾）

6 分割 I

6.2.4 作为图搜索的边缘跟踪

6.2.5 作为动态规划的边缘跟踪

6.2.7 使用边缘位置信息的边缘跟踪

6.2.8 从边缘构建区域

6.3.4 分水岭分割

7 分割 II

7.1 均值移位分割

7.2 活动轮廓模型

8 形状表示与描述

9 物体识别

9.1 知识表示

9.2 统计模式识别（除 9.2.5 节以外）

9.3 神经元网络

9.4 句法模式识别

10 图像理解

10.1 图像理解控制策略

10.2 SIFT

10.3 RANSAC

10.6 图像理解中的模式识别方法

10.9 场景标注

10.10 图像语义分割与理解

15 纹理

计算机视觉实践项目

计算机视觉 II（CV II）

研究生课程，计算机视觉 I 可以作为该课的先修课。

2 图像及其表达与性质

2.4 彩色图像

2.5 摄像机概述

3 图像及其数学与物理背景

3.4 图像形成物理

5 图像预处理

5.3.4 图像处理中的尺度

5.3.5 Canny 边缘提取

5.3.6 参数化边缘模型

5.3.7 多光谱图像中的边缘

5.3.9 用局部预处理算子作线检测

5.3.10 角点（兴趣点）检测

5.3.11 最大稳定极值区域检测

11 3D 视觉、几何和光度测定学

12 3D 视觉的应用

16 运动分析

3D视觉实践项目

图像分析与理解（IAU）

研究生 课程，计算机视觉I可以作为该课的先修课。

7 分割II（除7.1节、7.2节以外）
9 物体识别
  9.2.5 支持向量机
  9.5 作为图匹配的识别
  9.6 识别中的优化技术
  9.7 模糊系统
  9.8 模式识别中的Boosting方法
  9.8 随机森林
3 图像及其数学与物理背景
  3.2.8 特征分析
  3.2.9 奇异值分解
  3.2.10 主分量分析
10 图像理解
  10.1 图像理解控制策略
  10.4 点分布模型
  10.5 活动表观模型
  10.7 Boosted层叠分类器用于快速物体检测
  10.8 使用随机森林的图像理解
  10.11 隐马尔可夫模型
  10.12 马尔可夫随机场
  10.10 高斯混合模型和期望最大化
16 运动分析
  图像理解实践项目

算法列表

缩　写

1D	一维（的）
2D, 3D…	二维（的），三维（的）…
AAM	动态表观模型
AGC	自动增益控制
AI	人工智能
ART	自适应共振理论
ASM	活动形状模型
BBF	最佳区间优先
BBN	贝叶斯信念网络
BRDF	双向反射分布函数
B-rep	边界表示
CAD	计算机辅助设计
CCD	电荷耦合设备
CHMM	耦合隐马尔科夫模型
CIE	国际照明委员会
CMOS	互补金属氧化物半导体
CMY	减色系统（青，品红，黄）
CONDENSATION	条件密度传播
CRT	阴极射线管
CSG	构造性实体几何
CT	计算机断层扫描摄影
dB	分贝，比值的以 10 为底对数的 20 倍
DCT	离散余弦变换
DFT	离散傅里叶变换
dof	自由度
DPCM	差分脉冲编码调制
DWF	离散小波框架
ECG	电子心电图
EEG	电子大脑摄影图
EM	期望最大化
FFT	傅里叶变换
FOE	光圈
GA	遗传算法
GB	吉字节=2^{30} 字节=1 073 741 824 字节
GIS	几何信息系统
GMM	高斯混合模型
GRBF	高斯径向基函数

GVF	梯度矢量流
HDTV	高清晰度电视
HLS	同 HSI
HMM	隐马尔可夫模型
HOG	有向梯度直方图
HSI	色度，饱和度，亮度
HSL	同 HSI
HSV	色度，饱和度，纯度
ICA	独立分量分析
ICP	迭代最近点算法
ICRP	迭代反向最近点算法
IHS	亮度、色调、饱和度
JPEG	图像专家联合组
Kb	千位=2^{10}位=1024 位
KB	千字节=2^{10}字节=1024 字节
KLT	Kanade-Lucas-Tomasi（跟踪器）
LBP	局部二值模式
LCD	发光二极管
MAP	最大后验估计
Mb	兆位=2^{20}位=1 048 576 位
MB	兆字节=2^{20}字节=1 048 576 字节
MB，MB2	Manzanera-Bernaerd 骨架化
MCMC	蒙特卡洛马尔可夫链
MDL	最小描述长度
MJPEG	运动 JPEG
MRF	马尔科夫随机场
MRI	核磁共振成像
MR	核磁共振
MSE	均方误差估计
MSER	最大稳定极值区域
ms	毫秒
μs	微秒
OCR	光学字符识别
OS	订单统计
PCA	主分量分析
PDE	偏微分方程
p.d.f.	概率密度函数
PDM	点分布模型
PET	正电子发射断层摄影术
PMF	Pollard-Mayhew-Frisby（对应点算法）
PTZ	平移-倾斜-变焦
RANSAC	随机抽样一致

RBF	径向基函数
RCT	可逆分量变换
RGB	红绿蓝
RMS	均方根
SIFT	尺度无关特征变换
SKIZ	skeleton by inference zones
SLR	单镜头反射
SNR	信噪比
STFT	短时傅里叶变换
SVD	奇异值分解
SVM	支持向量机
TV	电视
USB	通用串行总线

符　　号

$\arg(x, y)$	从 x 轴到点(x, y)的角度（弧度单位）
$\underset{i}{\operatorname{argmax}}(\operatorname{expr}(i))$	使 expr(i)最大的 i 的数值
$\underset{i}{\operatorname{argmin}}(\operatorname{expr}(i))$	使 expr(i)最小的 i 的数值
div	整数除或散度
mod	整数除后的余数
round(x)	不比 x+0.5 大的最大的整数
$\varnothing$	空集合
A^c	集合 A 的补集合
$A \subset B$, $B \supset A$	集合 A 包含于集合 B 内
$A \cap B$	集合 A 与集合 B 的交集
$A \cup B$	集合 A 与集合 B 的并集
$A \mid B$	集合 A 与集合 B 的差集
$\mathbf{A}$	（大写黑体）矩阵
$\mathbf{x}$	（小写黑体）矢量
$\Vert \mathbf{x} \Vert$	矢量 $\mathbf{x}$ 的大小（或模）
$\mathbf{x} \cdot \mathbf{y}$	矢量 $\mathbf{x}$ 和 $\mathbf{y}$ 的点积
$\tilde{x}$	数值 x 的估计
$\lvert x \rvert$	标量的绝对值
$\delta(x)$	Dirac 函数
Δx	x 的有限小区间，差别
$\partial f / \partial x$	函数 f 相对于 x 的偏导数
$\nabla \mathbf{f}$, grad $\mathbf{f}$	$\mathbf{f}$ 的梯度
$\nabla^2 \mathbf{f}$	作用于 $\mathbf{f}$ 的 Laplace 算子
$f*g$	函数 f 和 g 的卷积
$F.*G$	矩阵 F, G 按对应元素做乘积
D_E	欧氏距离
D_4	城市街区距离
D_8	棋盘距离
F^*	复函数 F 的复共轭
rank(A)	矩阵 A 的秩
T^*	变换 T 的对偶，或 T 的复共轭
ε	均值算子
$\mathcal{L}$	线性算子
$\mathcal{O}$	坐标系的原点
#	计数值（例如，像素数）
$\breve{B}$	点集 B 的对称集

$\oplus$	形态学膨胀
$\ominus$	形态学腐蚀
$\circ$	形态学开
$\bullet$	形态学闭
$\otimes$	形态学击中击不中变换
$\oslash$	形态学细化
$\odot$	形态学粗化
$\wedge$	逻辑与
$\vee$	逻辑或
trace	矩阵主对角线元素的和
cov	协方差矩阵
sec	正割，$\sec\alpha=1/\cos\alpha$

目 录

第1章

引　言

1.1 动机

视觉使人类得以感知和理解周边的世界。相应地，计算机视觉的目标是通过电子化感知和理解图像复制人类视觉的效果。与本书不同的是，其他书会花很长的篇幅叙述这句话和“复制”一词的含义——计算机视觉究竟是模拟（simulating）还是模仿（mimicking）人类视觉系统是一个哲学范畴，也是一个非常富饶的领地。

使计算机具有看的能力并不是一件容易的事情，我们生活在一个三维（3D）世界里，而当计算机试图分析 3D 空间的物体时，可利用的视觉传感器（例如，电视（TV）摄像机）通常给出的是二维（2D）图像，而这个向低维的映射导致了信息的巨大丢失。有时，设备提供的是 3D 图像，但是其价值是可疑的：分析这种数据显然比 2D 复杂得多，况且有时“三维”对我们而言缺乏直觉……太赫兹扫描是其中一个例子。我们习以为常的包含运动物体或运动摄像机的动态场景越来越普遍，代表了使计算机视觉变得更加复杂的另一种途径。

图 1.1　典型农场场景视频中的一帧：从右走向左的一头奶牛

图 1.1 是在许多国家成千上万的农场中都可以见到的场景，可用来说明我们所要面对的一些问题。

为什么我们想要研究这样的场景有很多原因，因为这样的场景对我们来说具有其显而易见的简单性——奶牛运动缓慢，具有清晰的黑白颜色，其运动具有节奏性等；但是，对其进行自动的分析是非常困难的；实际上，奶牛的边界往往很难从其背景中清晰地区别出来，腿部的运动有自遮挡，而且“奶牛形状”这一难以形容的概念并不是某种易于编码实现的对象。该图片摄取来源于一项应用[1]，其中使用了很多本书所介绍的算法：从底层开始，提取运动特征并将其聚类。“训练阶段”教给系统，奶牛在各种姿态下看起来会是什么样（参见图 1.2），借此可以得到“运动”奶牛的模型（参见图 1.3）。

这些模型进而可以拟合在新的（“未曾见过的”）视频序列上。粗略地讲，在这个阶段根据模型的拟合失败可以检测出诸如跛行这种异常行为。

于是，我们看到的一系列操作，如图像获取、前期处理、分割、模型拟合、运动预测、定性/定量结论，都体现了图像理解和计算机视觉问题的特征。在适当的课程中我们将通过一些算法处理每个阶段（可能没有按顺序！）。

这个例子解释起来比较简单，但是可以用来说明许多计算机视觉技术使用了包括数学、模式识别、人工智能（AI）、心理生理学、计算机科学、电子学以及其他科学领域的结果和方法。

1　这是一项实在的应用，在现代畜牧业中对于自动监控牲畜健康状态的需求呈现日益增长，例如 spot lameness。由人来分辨跛行的奶牛毫不费力，但是自动地做这项任务确是非常具有挑战性的。

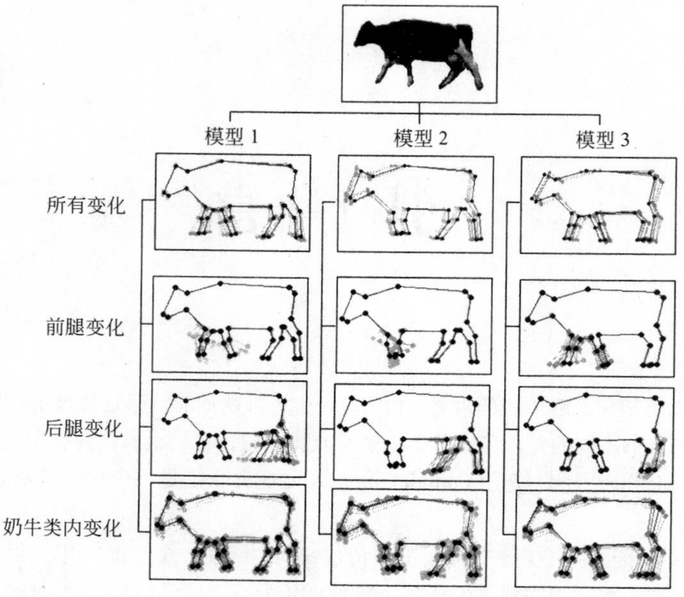

图 1.2 奶牛轮廓的各种模型：从训练数据中学习得到直线段边界近似，可以适应不同奶牛和不同遮挡形态

图 1.3 奶牛序列中的三个帧：注意，模型可以处理奶牛进入场景时的部分遮挡和展现出的不同姿态

计算机视觉为什么是困难的？作为一个练习，考虑一张单幅灰度（黑白）图像：在继续向下阅读之前先放下书，写出几个你觉得检验和分析它可能是困难的原因。

1.2 计算机视觉为什么是困难的

这个哲学问题对计算机视觉这一复杂研究领域提供了某种洞察视角。有多种回答方式：我们提供 6 个。这里，仅简要地提及原因，大部分在后面还要详细论述。

在 3D→2D 中信息损失 这是出现在诸如摄像机或眼睛这样典型的图像获取设备中的现象。几百年来这种几何性质是由针孔模型来近似的（一个有一小孔的盒子，称为暗室）。该物理模型对应于数学上的透视模型，图 1.4 概括了其原理。这个投影变换将点沿着射线作映射，但并不保持角度和共线性。

针孔模型和获得的单幅视图的主要问题是投影变换将靠近摄像机的小物体与远离摄像机的大物体看作是一样的。在这种情况下，人需要“尺码”来估计物体的实际大小，而计算机没有。回想一下与一便士硬币、火柴盒、瑞士刀一起拍摄的苔藓或青苔图像的例子。

解释 人们可以在不经意之间对图像进行解释，而这一任务却是计算机视觉解决问题的主要工具。当人试图理解一幅图像时，以前的知识和经验就会用于目前的观察。人类推理的能力可以允许表达长期积累的知识并用于解决新的问题。为了试图赋予计算机理解观察的能力，人们对人工智能的投入已经有几十年了，尽管取得了巨大的进步，机器理解观察的实际能力还十分有限。

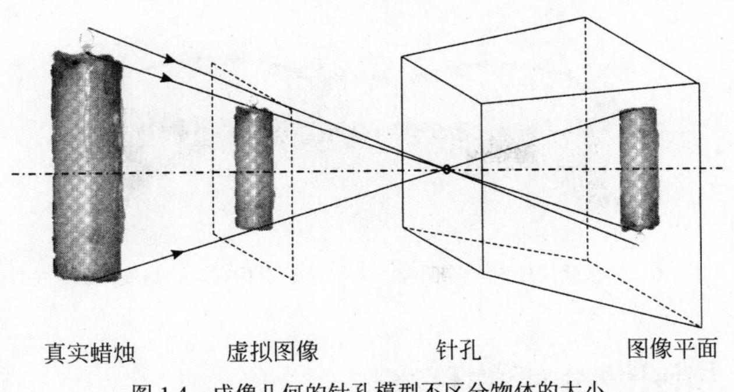

图 1.4 成像几何的针孔模型不区分物体的大小

从数理逻辑以及（或者）语言学的角度看，图像的解释可以看作是下列映射：

解释：图像数据 → 模型

该（逻辑上的）模型是指某种特殊的世界，在该世界中，观察到的物体变得有意义。举例来说，生物样品中的细胞核，卫星图像中的河流，或工业过程中进行质量检测的部件。同一图像可能会有几个解释。将解释引入计算机视觉中允许我们使用来自数理逻辑和语言学中的概念，如句法（描述合式公式的规则）和语义（含义的研究）。将观察（图像）看作形式表达的示例，语义学研究表达和其含义之间的关系。在计算机视觉中图像的解释可以理解为语义的示例。

在实践上，如果知道了图像理解算法所限定的观测世界的具体领域（逻辑术语中的模型），我们就可以将自动分析的方法用于复杂的问题。

噪声 它在真实世界的每个测量中都固有地存在。这就需要能够处理不确定性的数学工具，例如概率论。当然，与标准（确定性）方法相比更复杂的工具使图像分析变得越发复杂。

太多数据 图像数据是巨大的，视频数据相应地会更大，且其越来越成为视觉应用的主要研究对象。技术上的进步使得处理器和内存需求不像以前那样成为一个很大的问题，而且很多使用普通消费级别的机器就可以得到结果。然而，问题解决方案的效率仍然是一个重要的问题，很多应用中人缺乏实时处理性能。

亮度量测 这在图像中是由复杂的图像形成物理给出的。辐射率（≈亮度，图像亮度）依赖于辐照度（光源类型、强度和位置）、观察者位置、表面的局部几何性质和表面的反射特性等。其逆任务，比如由亮度变化重建局部表面方向，是病态的（ill-posed）。这就是为什么在图像理解的实际尝试中通常避免涉及图像形成物理的原因。取而代之的是，直接寻求在场景中的物体表观和其解释之间存在的连接。

局部窗口和对全局视图的需要 通常图像分析算法要分析操作的是存储器中的特别存储单元（例如，图像中的一个像素）和其相邻的单元，即计算机通过小孔来看图像。通过小孔来看世界使得很难理解更为全局的上下文。这个问题在人工智能领域有很长的历史：在 20 世纪 80 年代 McCarthy 指出：构造上下文是朝着解决推广性问题的关键一步。仅从局部来看或只有一些局部小孔可以获得时，解释一幅图像通常是非常困难的，图 1.5 形象地说明了这一点。如何将上下文考虑进来是图像理解的一个重要方面。

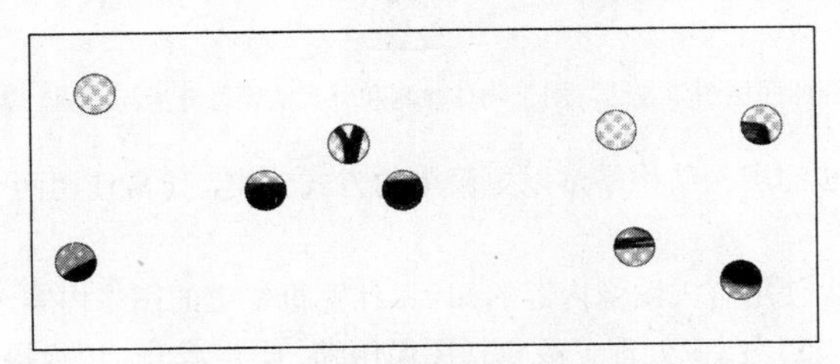

图 1.5 通过几个小孔来看世界仅能提供非常局部的上下文。猜出其所描述的具体物体是非常困难的。我们故意将完整的图像显示在图 1.6 上

图 1.6 如果全局地看一幅图像，人很容易解释它，这与图 1.5 形成对比

1.3 图像表达与图像分析的任务

让机器理解图像可以看作是尝试在输入图像和先前建立起来的所观察世界的模型之间建立关系。从输入图像到模型的转换将图像所具有的信息减少至所应用领域的相关信息。这一过程通常分为若干步骤并且使用了图像的几个不同的表达层次。底层含有原始图像数据，较高层解释这些数据。计算机视觉设计这些中间层表达和算法，用于建立和维护层内和层间的实体关系。

按照数据的组织，图像表达可以粗略地分为四个层次，参见图 1.7。各层之间的边界不是严格的，文献中也存在更细的划分。图 1.7 提出的是图像理解所需要的自底向上的信息处理方式，从几乎无抽象的信号，到很高的抽象描述。这里注意信息流并不一定是无向的，时常需要引入反馈回路以便根据中间结果修改算法。

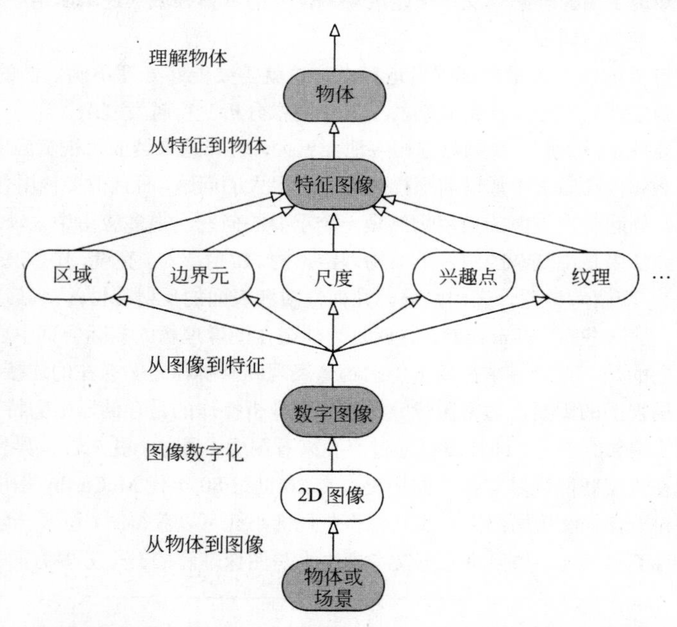

图 1.7 可能的四层图像表达，用于物体检测和分类的图像分析问题中。表达用阴影描绘

图像表达和关联的算法的层次结构常常以更简单的方式分类，通常使用两个层次：低层图像处理和高层图像理解。

低层处理方法通常很少使用有关图像内容的知识。计算机知道的图像内容一般都是由高层算法或直接由知道问题领域的人提供的。低层图像处理一般包括图像压缩、噪声滤波、边缘提取和图像锐化等预处理方法，所有这些内容本书中都将讨论。低层图像处理使用的数据类似于输入图像，例如，由 TV 摄像机拍摄的输入图像本身是 2D 的，由一个图像函数 $f(x,y)$描述，其数值在最简单的情况下通常是亮度，依赖于两个代表图像中位置的坐标参数 x 和 y。

如果图像要由计算机来处理，它将首先被数字化，然后被表示成矩阵形式，其元素对应于图像中相应位置的亮度。今天，这通常是过于简化了，因为图像将以彩色呈现出来，通常意味着三通道：红、绿和蓝。更常见的是，这样的数据集又是具有某个帧率的视频流的一部分。但无论如何，原始数据都是矩阵的集合或矩阵的序列，而这些矩阵构成了低层图像处理的输入和输出。

高层处理是取决于知识、目标以及如何达到这些目标的计划，人工智能方法是广泛可用的。高层计算机视觉试图模仿人类的认知（但是请留心本章第一段中所给出的适度忠告）和根据包含在图像中的信息进行决策的能力。在所描述的例子中，高层知识是关于奶牛的“形状”，以及该形状不同部分之间的微妙的内在关系，还有其动力学。

高层视觉从某种形式的形式化世界模型开始，然后将通过数字化图像感知的“真实”与该模型进行比较。试图找到匹配，当差别显现出来时就寻找部分匹配（或子目标）来克服错配（mismatches）；计算机转向底层图像处理，寻找用来更新模型的信息。这个过程反复进行，因此“理解”图像变为一个在自顶向下（top-down）和自底向上（bottom-up）两个过程的协作。引入一个反馈回路，从高层的部分结果为低层图像处理提出任务，而反复的图像理解过程应该最终收敛于全局的目标。

计算机视觉的目标是获得生物系统所能提供的类似结果，人们期望它来解决非常复杂的任务。为了解释这些任务的复杂性，考虑图 1.8 的情况，其中反映的是图像的一种表示形式，纵坐标的数值是图像中相应位置的亮度。在看这幅图的正常表示形式即图 1.9 之前，想想看这张图会是什么。

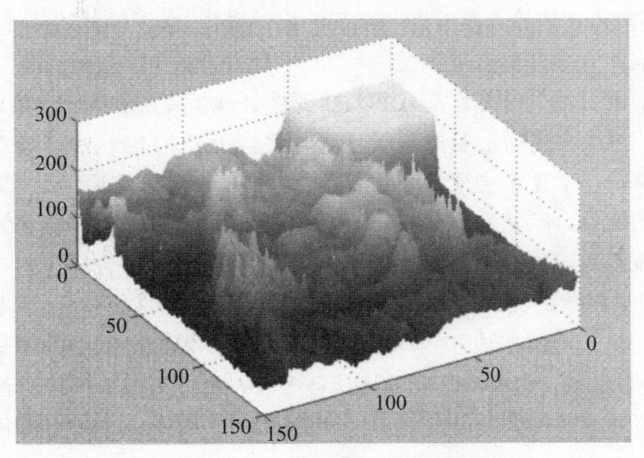

图 1.8 一种不寻常的图像表示

两种表示含有完全相同的信息，但是对于人类观察者而言很难发现它们之间有联系，如果没有第二张图，认出一个孩子的脸是不可能的。这说明人类解释一幅图像时使用了很多先验知识；而机器只是从一个数据矩阵开始，其试图识别和得出结论所依据的数据对我们而言就像面对的是图 1.8 而不是图 1.9 那样。数据获取设备提供巨大的数据集合，这些本身并无助于人的直接理解，我们已经提到过太赫兹成像就是一个例子。图像的内部表示不是直接可以理解的，尽管计算机能够处理图像的局部成分，但是却很难找到全局性的知识。一般性的知识、与领域相关的特殊知识以及从图像中提取的信息对于尝试“理解”这些数据矩阵来说是必要的。

图 1.9 图 1.8 的另一种表达

低层计算机视觉技术几乎与数字图像处理完全重合，这方面已经有几十年的实践了。如下的处理步骤序列是很普通的：图像由一个传感器（比如 TV 摄像机）抓取到并数字化，然后计算机抑制噪声（图像预处理），接着可能是增强一些与理解图像有关的物体特征。边缘提取是这个阶段的一个典型的处理例子。

图像分割是下一个步骤，计算机尝试将物体从背景中分离出来，并且使它们彼此也相互区分开。还可以进一步区分为整体分割或部分分割；整体分割只是对于非常简单的任务才可能，一个例子是：在一个亮背景下的彼此不接触的黑色物体的识别问题。例如，即便是在印刷文本的图像分析（在光学字符识别（optical character recognition，OCR）中的一个早期步骤）这样浅显简单的问题里，整体分割也很难做到没有错误。在更为复杂的问题（通常是这样）里，低层图像处理技术的任务是部分分割，只有那些有助于高层处理的线索才被提取出来。低层部分分割的一个普通的例子是，寻找物体边界的组成部分。

在一个完全分割好的图像中，物体的描述与分类也被作为低层图像处理的一部分。其他低层操作包括图像压缩以及从运动的场景中提取（而不是理解）信息的技术。

低层图像处理与高层计算机视觉区别在于所使用的数据。低层数据由原始图像构成，表现为亮度（或类似）数值组成的矩阵，而高层数据虽然也来源于图像但只有那些与高层目标有关的数据被提取出来，很大程度地减少了数据量。高层数据表达了有关图像内容的知识，例如，物体的大小、形状以及图像中物体的相互关系。高层数据通常表达为符号形式。

大多数低层图像处理方法是在20世纪70年代或更早提出来的。近来的研究包括尝试寻找效率更高和更一般的算法，并将其在技术上更为复杂的仪器上实现，特别地，为了减轻在图像数据集合上进行操作的巨大计算负担，正在使用并行机。产生更大图像（更好的空间分辨率）和更多色彩的技术推动着对寻求更好更快算法的需求。

一个迄今为止没有解决的复杂问题是，在完成特定任务时如何安排低层步骤。使这一问题自动完成的目标仍然没有达到。目前通常还要依赖人来发现一系列的相关操作，由于领域相关性知识以及不确定性的原因，这一过程基本上取决于人的直觉和以往的经验。

高层视觉试图利用所有可得到的知识提取和安排图像处理步骤，图像理解是这种方法的核心，其中使用了从高层到低层的反馈。这个任务十分复杂并且计算量大。David Marr 1982极大地影响了整个20世纪80年代的计算机视觉，该书阐述了受生物视觉系统启发而提出的新的方法论和计算理论。20世纪90年代的发展正在摆脱对这一范畴的依赖，但是关于人类视觉（和其他知觉）系统的确切理解和建模的兴趣一直延续下来，目前的情况仍然是我们自己的大脑是对“视觉问题”的唯一解答！

先来考虑一下3D视觉问题。我们采纳用户的观点，即那些人可以例行公事地完成的任务机器也能胜任的。这些3D视觉任务与低层（图像处理）和高层（图像分析）算法之间的关系是什么？学术界对此没有普遍接受的观点。（算法）单元和表达层次之间的连接被整合在具体要解决的应用上，例如，自主车的导航。这些应用必须采用关于所要解决问题的专门知识，才能与人解决的任务相竞争。预期将会出现更为通用的理论。不同领域的许多研究人员在研究相关的问题。“认知系统”领域的研究对于解开包括计算机视觉在内的感知的复杂世界可能是个关键，这是一个信念。

图1.10在不同的抽象层次上描绘了几个3D视觉任务和算法单元。多数情况下，解决任务所采用的是自底向上和自顶向下的方法。

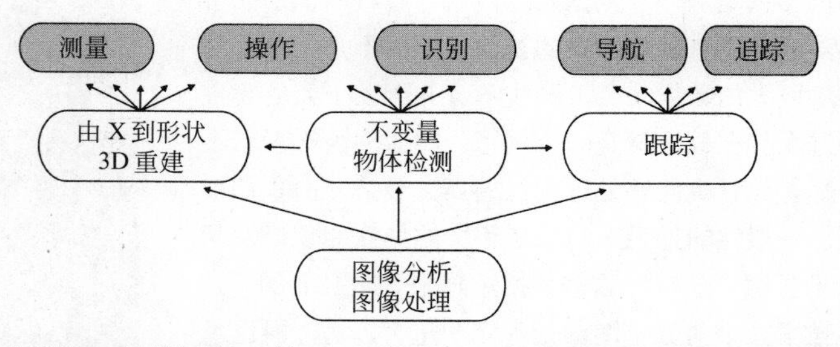

图1.10 几个从用户角度看的3D视觉问题位于第一行（有阴影的）。支撑其的不同层次的算法单元按自底向上方式排列

1.4 总结

1. 人类视觉是自然的，看起来容易；计算机模仿视觉是困难的。

2. 我们可以期望通过检查图片或图片序列来获得定量和定性的分析。

3. 很多标准的或高级的AI技术是相互关联的。

4. “高”和“低”层的计算机视觉可以分别开。

5. 处理从数字化操作开始，然后是预处理、分割、识别和理解，但是这些过程可以是同时的和彼此合作的。

6. 理解启发式、先验知识、语法和语义概念是必要的。

7. 视觉文献是大量的、成长的，书可以分为专著的、基本的和高级的。

8. 在本领域为了保持先进性，必须了解研究文献。

9. 电子出版和Internet的发展使视觉入门更简单了。

1.5 习题

简答题

S1.1 调查一下你自己或本地的大学里，图像处理、图像分析，或计算机视觉课程教过几年了？比较一下过去1、5、10年（如果可能）中主要的课程提纲变化。

S1.2 作为一个研究领域的图像分析（或者计算机视觉）和另一个研究领域的计算机图形学之间有什么不同点？

S1.3 在你周围的城市中转一下，列举5个例子，其中数字图像现在是公开可见的，或正在使用着，而在10年前却是不可能的。

S1.4 调查一下当前家用摄像机、录像机、计算机的图像采集硬件的价格。比较一下类似设备在1、5、10年前的价格。预测一下今后1、5、10年类似设备的能力和价格。

S1.5 对于习题S1.3中某些或全部例子，估计其应用的经济价值——所代表的市场大小和个体的成本。

S1.6 指出除了视觉以外的一个计算机主题领域在其中先验信息是广泛使用的。

S1.7 指出除了视觉以外的一个计算机主题领域在其中语义是广泛使用的。

S1.8 指出除了视觉以外的一个计算机主题领域在其中启发式是广泛使用的。

S1.9 指出除了视觉以外的一个计算机主题领域在其中语法是广泛使用的。

S1.10 在图书馆找一些习题S1.12中挑选出来的文献，研究一下其中参考文献的发表日期，建立另一个发表年代的统计表。该统计表与习题S1.12的统计表说明了一些有关计算机视觉发展的什么信息？

S1.11 在一个技术性或学术性的图书馆中，找到计算机视觉部分。调查一下那里的课本，记录其发表日期和章节标题，与本书的比较一下。给出一些关于哪些主题（或，至少其标题）是没有变的和哪些是最近发展了的结论。

S1.12 随机地从本书的每章结尾处的清单中选择一些期刊参考文献。建立一个有关其发表年代的统计表。

S1.13 熟悉你所解决的问题，在Matlab辅助教材（Svoboda et al, 2008）对应于本节的章节中提供了选择的算法的Matlab实现。Matlab辅助教材主页 http://visionbook.felk.cvut.cz 提供了这些问题中使用的图像，同时为了教学目的，同时提供了带有详尽注释的Matlab代码。

S1.14 使用Matlab 辅助教材（Svoboda et al, 2008）来开发其中附加的练习和实际问题。使用Matlab或者其他合适的编程语言来实现你自己的答案。

1.6 参考文献

Marr D. *Vision—A Computational Investigation into the Human Representation and Processing of Visual Information.* Freeman, San Francisco, 1982.

Svoboda T., Kybic J., and Hlavac V. *Image Processing, Analysis, and Machine Vision: A MATLAB Companion.* Thomson Engineering, 2008.

第 2 章

图像及其表达与性质

本章和第 3 章将介绍图像分析中广泛使用的概念和数学工具，它们的使用贯穿于本书中。我们将其划分为基本概念（本章）和更多数学理论的部分（第 3 章）。这种划分是为了帮助读者立即着手实践工作，允许你可以忽略数学细节而关注于基本概念的直观意义，另一方面，对于需要更多数学理论的读者，第 3 章提供了完整的数学背景。这种划分永远不会完美，本章包含了一些前驱参考文献和对其后继的依赖。

2.1 图像表达若干概念

图像和信号常用数学模型来描述。信号是一个依赖于具有某种物理意义的变量的函数，它可以是一维的（例如，依赖于时间）、二维的（例如，依赖于平面上的两个坐标量）、三维的（例如，描述空间中的一个物体）或高维的。对于单色的图像，一个标量函数可能就足够了，但是对于诸如由三个分量组成的彩色图像，就需要使用矢量函数。

函数可以分为**连续的**、**离散的**或**数字的**。连续函数具有连续的定义域和值域；如果定义域是离散的，我们得到的是离散函数；而如果值域也是离散的，我们就得到数字函数。

图像（image）这一词通常在直观上理解其意义，例如，人类眼睛视网膜上的图像，或者视频摄像机抓取的图像。这可以表示为两个变量的一个连续（图像）函数 $f(x, y)$，其中(x, y)是平面的坐标；或者可能是三个变量的连续函数 $f(x, y, t)$，其中 t 是时间。在绝大多数应用中，包括我们日常生活中遇到的和本书中所要介绍的，这种表示是合理的。尽管如此，值得注意的是一幅“图像”有多种获取的方式。请注意彩色是标准，即便从单色图像的角度介绍算法时也是如此，但无须将自己限定在可见光谱上。工作在红外谱段的摄像机现在已经很普通了（例如，用于夜间监视）。也可以使用其他电磁（EM）谱段部分，例如，可以广泛获得的太赫兹成像。进一步，在电磁（EM）谱段（即，“光”）之外的图像获取也已经很普通了：在医学领域，数据集由核磁共振（MR）、计算机断层扫描摄影（CT）、超声等形成。所有这些方法都产生大的数据矩阵，需要分析和理解，而这些矩阵越来越多的是三维或更高维的。本书将对所有成像形态进行研究。

连续图像函数

图像函数的值对应于图像点的亮度。函数值也可以表示其他物理量（温度、压力分布、离观察者的距离等)。**亮度（brightness）**集成了不同的光学量，将亮度作为一个基本量使我们得以避免对图像的成像过程进行描述，这个过程是复杂的，将在 3.4 节论述。

人类眼睛视网膜或者 TV 摄像传感器上的图像本身是两维的（2D)。我们将这种记录了明亮度信息的 2D 图像称为**亮度图像（intensity image）**。图像传感器上的 2D 图像通常是三维（3D）场景的投影结果。这一过程的最简单的数学模型就是图 1.4 所讲介绍的针孔摄像机。

2D 亮度图像是 3D 场景的**透视投影（perspective projection）**，这一过程由针孔摄像机拍摄的图像来表达，如图 2.1 所示。在图中，图像平面被相对于 XY 平面反折过来了，以便避免使用具有负坐标的镜像图像；x,y,z 的量是世界坐标系中 3D 场景点 $\mathbf{X}$ 的坐标，f 是从针孔到图像平面的距离。通常称 f 为焦距，因为在镜头中它具有相似的含义。镜头近似于针孔摄像机而广为应用。投影后的点 $\mathbf{u}$ 具有 2D 图像坐标平面中的坐标

(u, v)，根据相似三角形很容易导出

$$u = \frac{xf}{z}, \quad v = \frac{yf}{z} \tag{2.1}$$

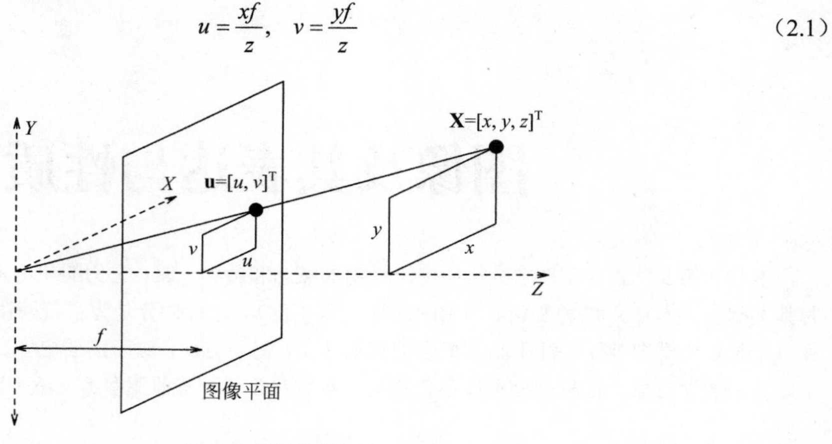

图 2.1　透视投影几何

非线性的透视投影常被近似为线性的**平行**（**parallel**）（或**正交**（**orthographic**））**投影**（**projection**），其中 $f \to \infty$。隐含地，$z \to \infty$ 表明正交投影是远处物体透视投影的极限情况。

当 3D 物体经透视投影映射到摄像机平面后，由于这样的变换不是一对一的，因而大量的信息丢失了。通过一幅图像来识别和重构 3D 场景中的物体是个病态问题。在第 11 章中，我们将考虑更精确的表达，以便重新获得有关图像所描写的原来 3D 场景的信息。可以预料，这不是一个简单的任务，涉及试图建立图像中点的**深度**（**depth**）这个中间表达层次。目标是恢复完整的 3D 表达，比如计算机图形学中的表达，即独立于视点的表达，表示在物体坐标系中而不是在观察者坐标系中。如果这样的表达可以恢复，则物体的任何视角的亮度图像可以用标准的计算机图形学技术合成出来。

恢复被透视投影损失的信息只是计算机视觉中的一个问题，这主要是个几何问题，第二个问题是理解图像亮度。一幅亮度图像的唯一信息是像素的亮度本身（图片原素，图像元素），它取决于一组互相独立的因素，包括物体表面的反射特性（由表面材料、微结构和斑纹决定）、照明特性以及相对于观察者和光源的物体表面方向——具体参见 3.4 节。当试图从亮度图像恢复物体的 3D 几何时，如何分离这些因素并不容易，而且又是一个病态问题。

一些应用直接在 2D 图像上进行——例如，在透明的照明条件下显微镜观察到的扁平样品的图像、书写在纸上的字符、指纹的图像等。因此，数字图像分析中的许多基本的有用的方法并不依赖于物体原本是 2D 或是 3D 的。本书的很大部分篇幅限定于这些方法的研究——第 11、12 章中会专门讨论 3D 问题。

图像处理通常考虑的是**静态**（**static**）图像，时间 t 作为常量。单色的静态图像是用连续的图像函数 $f(x, y)$来表示的，其中的变量是平面的两个坐标。本书所考虑的图像除非特别声明大多数是指单色的静态图像。通常把这里所讲的技术推广到多光谱的情况下是显而易见的。

计算机化的图像处理使用的数字图像函数通常表示成矩阵的形式，因此其坐标是整数。图像函数的定义域是平面的一个区域 R

$$R = \{(x, y), 1 \leqslant x \leqslant x_m, 1 \leqslant y \leqslant y_n\} \tag{2.2}$$

其中 x_m 和 y_n 表示最大的图像坐标。图像函数具有有限的域——由于假定图像函数在域 R 外的值为零，可以使用无限求和或积分的形式。尽管矩阵中使用的（行、列、左上原点）定位方式在数字图像处理中也常用到，但是习惯上采用的图像坐标方向仍然是普通的笛卡儿形式（横轴 x、纵轴 y、左下原点）。

图像函数的值域也是有限的，按照惯例，在单色图像中最低值对应于黑，而最高值对应于白。在它们之间的亮度值是**灰阶**（**gray-level**）。

数字图像的品质随着空间、频谱、辐射计量、时间分辨率增长而提高。**空间分辨率**（**spatial resolution**）

是由图像平面上图像采样点间的接近程度确定的，**频谱分辨率**（**spectral resolution**）是由传感器获得的光线频率带宽决定的，**辐射计量分辨率**（**radiometric resolution**）对应于可区分的灰阶数量，**时间分辨率**（**time resolution**）取决于图像获取的时间采样间隔。时间分辨率问题在动态图像分析中是重要的，其中处理的是图像的时间序列。

图像 $f(x, y)$可作为确定的函数或者是随机过程的实现来看待。图像描述中的数学工具根植于线性系统理论、积分变换、离散数学以及随机过程理论中。

数学变换假定图像函数 $f(x, y)$是“良态的”，意思是指：该函数是可积的、具有可逆的傅里叶变换等。有关图像函数的表达和处理的数学背景的详细描述可以参考文献 [Bracewell, 2004; Barrett and Myers, 2004]。

2.2　图像数字化

为了用计算机来处理，图像必须用合适的离散数据结构来表达，例如，矩阵。传感器获取的图像是平面上两个坐标的连续函数 $f(x, y)$。图像数字化是指将 $f(x, y)$ **采样**（**sampled**）为一个 M 行 N 列的矩阵。图像**量化**（**quantization**）给每个连续的样本数值一个整数数字，图像函数 $f(x, y)$的连续范围被划分为 K 个区间。采样及量化越精细（即 M、N、K 越大），对连续函数 $f(x, y)$的近似就越好。

图像函数采样有两个问题，其一是确定采样的间隔，即相邻两个采样图像点的距离；其二是设置采样点的几何排列（采样栅格）。

2.2.1　采样

显然，数字采样的密度和图像所具有的细节有关系，其理论方面在 3.2.5 节有介绍——我们非常鼓励读者至少应该理解其含义。为了获得这一直观问题的清晰解释可以往后看看图 3.11。

目前，了解如下事实就足够了：如果需要与普通的电视画面可比的图像质量，应该使用 512×512 像素的采样率（使用矩形获取窗口时，对于 PAL 制式是 768×576 像素，对于 NTSC 制式是 640×480 像素）；这就是为什么多数图像捕捉卡使用这个或更高的分辨率的原因。这个分辨率对于很广范围的实际有用的任务来讲事实上也是合适的。高清电视（HDTV）的分辨率可以高达 1920×1080 像素。这样的分辨率被证明对于实际中的很多应用都已经足够。然而，更高的图像分辨率可以经常获得——比如数字摄像机或者智能手机——在 2013 年生产的 CMOS 芯片就提供了当时最高的 10 000×7096 分辨率（7900 万像素，参见 2.5.1 节）。

一个连续图像在**采样点**（**sampling point**）处被数字化。这些采样点是在平面上排列的，称它们的几何关系为**栅格**（**grid**）。因此数字图像是一个数据结构，通常是矩阵。在实践中，栅格一般是方的（见图 2.2（a））或者是正六边形的（见图 2.2（b））。

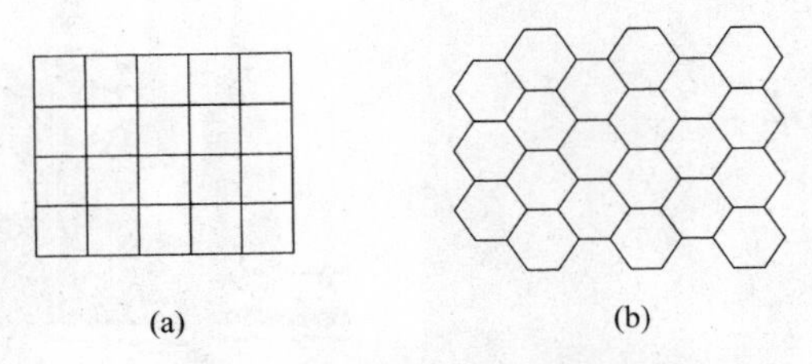

图 2.2　（a）方形栅格；（b）正六边形栅格

把栅格与光栅区别开是重要的，**光栅**（**raster**）是指在点之间定义了相邻关系的栅格[1]。

栅格中一个无限小的采样点对应于数字化图像中的一个像元，也称作**像素**（**pixel**）或**图像元素**（**image**

1　即如果在方形的栅格上定义了 4-邻域，则得到方形的光栅。类似地，如果在同一方形的栅格上定义了 8-邻域，那么得到的是八角形的光栅。这些 4-邻域、8-邻域的概念在第 2.3.1 节中介绍。

element）。全体像素覆盖了整个图像，实际的数字转换器捕捉的像素具有有限的尺寸（这是因为采样函数不是一组理想的狄拉克冲击，而是一组有限冲击，参见 3.2.5 节）。从图像分析的角度看，像素是不能再分割的一个单位[2]。我们也常用一个“点”来指一个像素。

2.2.2 量化

在图像处理中，采样的图像数值 $f_s(j\Delta x, k\Delta y)$用一个数字来表示。将图像函数的连续数值（亮度）转变为其数字等价量的过程是**量化**（**quantization**）。为了使人能够觉察图像的细致变化，量化的级别要足够的高。大部分数字图像处理仪器都采用 k 个等间隔的量化方式。如果用 b 位来表示像素亮度的数值，那么亮度阶就是 $k=2^b$。通常采用每个像素每个通道（红、绿、蓝各一个）8 位的表示方式，尽管也有一些系统使用其他数字（比如 16）。数字图像中亮度值一种有效的计算机表示，需要 8 位、4 位或 1 位，也就是说计算机存储的每个字节分别相应地可以存下 1 个、2 个或 8 个像素的亮度。

在量化级别不够时，图像的主要问题是出现伪轮廓（false contours）。当亮度级别数小于人能够轻易地分辨出的量级时，就会出现这种情况。这个数与许多因素有关，例如平均的局部亮度值，通常在显示时需要最少 100 级别才能避免这种现象。这个问题也可以通过非等间隔的量化策略来减轻，具体的方法是对图像中较少出现的亮度用比较大的量化间隔。我们将在 5.1.2 节中介绍这些灰度级的变换技术。

图 3.11（a）和图 2.3（a）～图 2.3（d）给出了图像中亮度级别数降低时产生的影响。图 3.11（a）给出的是一个 256 亮度级别的原图像。如果将亮度级别降到 64（图 2.3（a）），则觉察不到退化。图 2.3（b）是

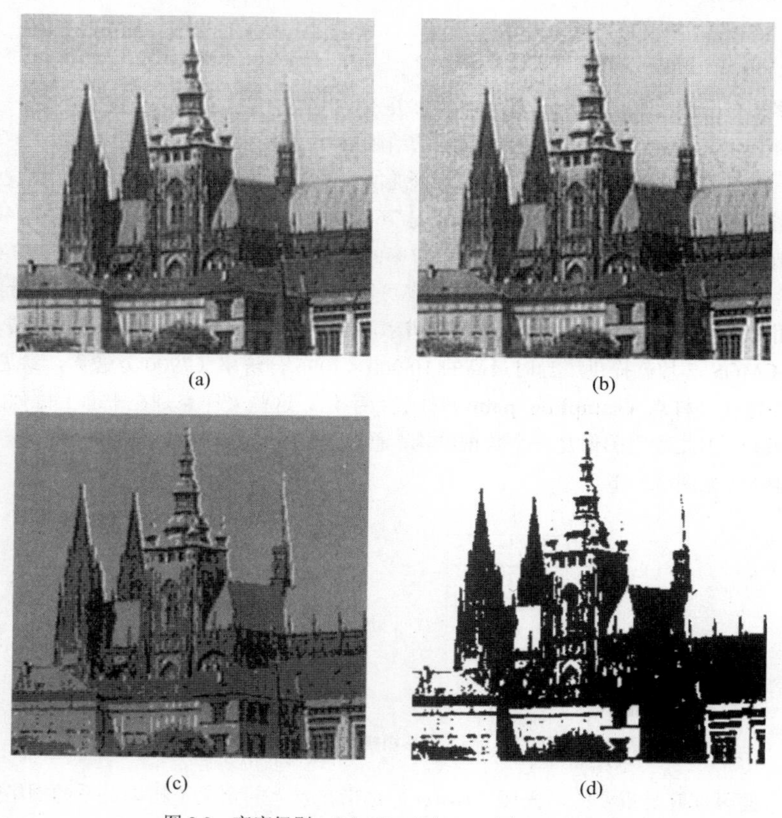

(a) (b) (c) (d)

图 2.3 亮度级别：（a）64；（b）16；（c）4；（d）2

2 有时，可以计算图像在亚像素分辨率上的性质。这是通过用连续函数近似图像函数来获得的。

16 个亮度级别的图像，伪轮廓开始出现了，在具有 4 个亮度级别的图 2.3（c）和仅有 2 个级别的图 2.3（d）中的伪轮廓变得更加明显。

2.3　数字图像性质

数字图像具有一些度量和拓扑性质，与我们在基础微积分中所熟悉的连续二维函数的性质有所不同。另一个不同点在于人对图像的感知，因为对图像质量的判断也是重要的。

2.3.1　数字图像的度量和拓扑性质

一幅数字图像由有限大小的像素组成，像素反映图像特定位置处的亮度信息。通常（此后都这样假设）像素按照矩形采样栅格布置。我们用二维矩阵来表示这样的数字图像，矩阵的元素是自然数，对应于亮度范围的量化级别。

连续图像所具有的一些明显的直觉特性在数字图像领域中没有直接的类似推广。**距离（distance）**是一个重要的例子。满足以下三个条件的任何函数是一种“距离”（或度量）：

$D(\mathbf{p},\mathbf{q})\geqslant 0$，当且仅当 $\mathbf{p}=\mathbf{q}$ 时 $D(p,q)=0$　　同一性

$D(\mathbf{p},\mathbf{q})=D(\mathbf{q},\mathbf{p})$,　　对称性

$D(\mathbf{p},\mathbf{r})\leqslant D(\mathbf{p},\mathbf{q})+D(\mathbf{q},\mathbf{r})$　　三角不等式

坐标为 (i,j) 和 (h,k) 的两点间的距离可以定义为几种形式。下面介绍几种距离度量：欧式距离，“城市街区（city block）”距离，“棋盘（chessboard）”距离。

经典几何学和日常经验中的**欧氏距离（Euclidean distance）**D_E 定义为

$$D_E[(i,j),(h,k)]=\sqrt{(i-h)^2+(j-k)^2} \tag{2.3}$$

欧氏距离的优点是它在事实上是直观且显然的。缺点是平方根的计算费时且其数值不是整数。

两点间的距离也可以表示为在数字栅格上从起点移动到终点所需的最少的基本步数。如果只允许横向和纵向的移动，就是距离 D_4。D_4 也称为**“城市街区（city block）”距离**，这是因为：它类似于在具有栅格状街道和封闭房子块的城市里的两个位置的距离。

$$D_4[(i,j),(h,k)]=|i-h|+|j-k| \tag{2.4}$$

在数字栅格中如果允许对角线方向的移动，我们就得到了距离 D_8，常称为**“棋盘（chessboard）”距离**。距离 D_8 等于国王在棋盘上从一处移动到另一处所需的步数。

$$D_8[(i,j),(h,k)]=\max\{|i-h|,|j-k|\} \tag{2.5}$$

图 2.4 给出了这些距离的图示。

像素邻接性（adjacency）是数字图像的另一个重要概念。任意两个像素如果它们之间的距离 $D_4(\mathbf{p},\mathbf{q})=1$，则称彼此是 **4-邻接（4-neighbors）**的。类似地，**8-邻接（8-neighbors）**的是指两个像素之间的距离 $D_8(\mathbf{p},\mathbf{q})=1$。4-邻接和 8-邻接如图 2.5 所示。

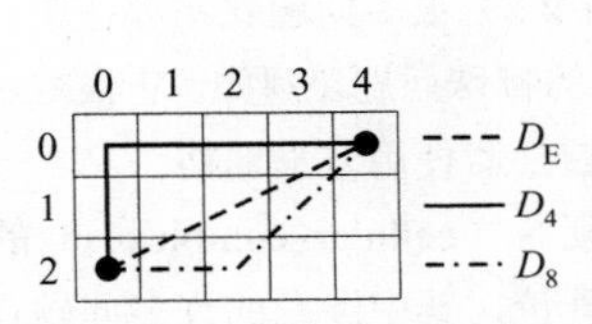

图 2.4　距离度量 D_E, D_4, D_8

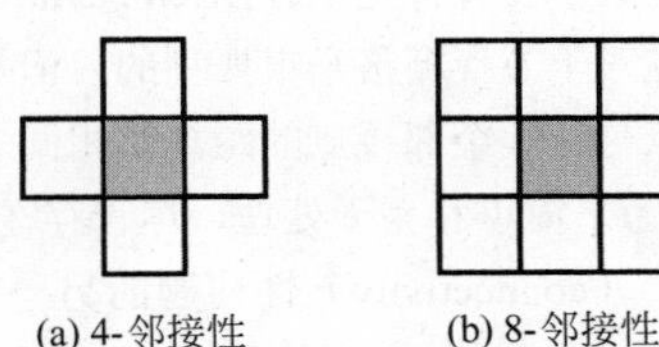

图 2.5　代表像素（中间有阴影的像素）的邻接性

由一些彼此邻接的像素组成的重要集合，我们称为**区域（regions）**（在集合论中，区域是一个连通集），是一个重要的概念。更具描述性的说法是，如果定义从像素 P 到像素 Q 的**路径**为一个点序列 $A_1, A_2,\cdots, A_n$，

其中 $A_1=P, A_n=Q$，且 A_{i+1} 是 A_i 的邻接点，$i=1,\cdots,n-1$；那么**区域**（**regions**）是指这样的集合，其中任意两个像素之间都存在着完全属于该集合的路径。

如果两个像素之间存在一条路径，那么这些像素就是**连通的**（**contiguous**）。因此，可以说区域是彼此连通的像素的集合。“连通”关系是自反的、对称的且传递的，因此它定义了集合（在我们的情况下是图像）的一个分解，即等价类（区域）。如图 2.6 所示，一幅二值图像按照“连通”关系分解为 3 个区域。

假设 R_i 是“连通”关系产生的不相交的区域，进一步假定（为了避免特殊的情况）这些区域与图像的边界不接触。设区域 R 是所有这些区域 R_i 的并集，R^C 是区域 R 相对于图像的补集合。我们称包含图像边界的 R^C 的连通子集合为**背景**（**background**），而称补集合 R^C 的其他部分为**孔**（**holes**）[3]。如果区域中没有孔，称为**简单连通**（**simply contiguous**）区域。等价地，简单连通区域的补集合是连通的。有孔的区域称为**复连通**（**multiple contiguous**）。

请注意，区域概念只使用了“连通”性。我们可以给区域赋予第二属性，这些源于对图像数据的解释。我们常称图像中的一些区域为**物体**（**objects**），决定图像中哪些区域对应于世界中的物体的过程是图像**分割**（**segmentation**），将在第 6 章和第 7 章介绍。

像素的亮度是一种非常简单的性质，在有些图像中可以用于寻找物体，例如，如果一个像素比预先给定的值（阈值）黑就属于物体。所有这样的点的连通集构成一个物体。一个孔由非物体的点组成且被物体所包围，所有其他的点就构成了背景。

定义在方形栅格上的邻接性和连通性造成一些悖论（paradoxes）。图 2.7（a）给出了两条 45°的数字线段。如果使用 4-邻接，线条上的点都是不连通的。其中还显示了一种与线条性质的直觉理解相矛盾的更糟糕的情况：两条相互垂直的直线在一种情况下（右上方）的确相交，但是在另一种情况下（左下方）却不相交，这是因为它们根本没有任何共同点（即它们的交集是空）。

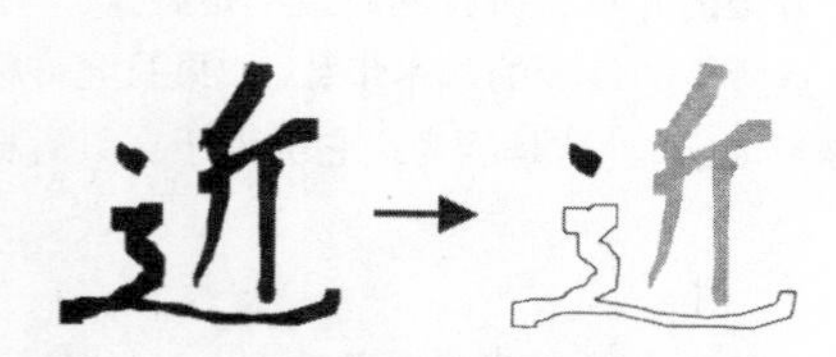

图 2.6 “连通”关系将一幅图像分解为区域。汉字“近”被分为 3 个区域

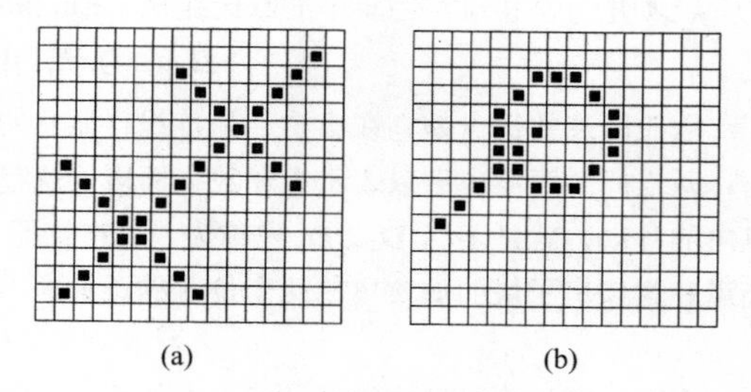

图 2.7 交叉线条悖论

在欧氏几何学中，我们知道每个封闭的曲线（例如，一个圆）将平面分割成两个不连通的区域。如果图像数字化为一个 8-邻接的方形栅格，可以从封闭曲线的内部到其外部画一条线但不与该曲线相交（图 2.7（b））。这意味着曲线的内部和外部构成一个区域，这是因为线上的所有点属于一个区域。这是另一个悖论。解决连通性悖论的一种方法是，对物体用 4-邻接处理，而对背景用 8-邻接处理（或反过来）。有关二值和更多亮度级别的数字图像悖论，在[Klette and Rosenfeld, 2004]中有更为严格的处理及解决方法。

这些问题对于方形栅格是很典型的，但是对于六边形栅格（见图 2.2）很多问题就不存在了。六边形光栅中的任何点与其 6 个邻接点的距离都相同。六边形光栅也有些自身的特殊问题（例如，它很难用傅里叶变换来表示）。为了简单和易于处理，尽管存在上述缺陷，多数数字化转换器使用方形栅格。

解决连接（connectivity）性问题的另一种方法是使用基于单元复合（cellular complexes）的离散拓扑[Kovalevsky，1989]。这种方法得出了一整套有关图像编码与分割的理论，其中涉及的许多问题在后面会遇到，比如边界和区域的表示问题。这种思想最早是德国数学家 Bernhard Riemann 在 19 世纪提出来的，它考

3 有些图像处理的文献并不区分孔和背景，都称为背景。

虑的是不同维数的集合的族，0 维的点可以赋给含有更高维结构（比如像素数组）的集合。这种方法可以排除我们所见到的悖论。**距离变换**（**distance transform**），也叫做**距离函数**（**distance function**）或**斜切算法**（**chamfering algorithm**）或**简单地斜切**（**chamfering**），它是距离概念的一个简单应用。距离变换的是一个重要的概念，因为它为本书后续将要多次出现的几个快速算法奠定了基础。距离变换提供了像素与某个图像子集（可能表示物体或某些特征）的距离。所产生的图像在该子集元素位置处的像素值为 0，邻近的像素具有较小的值，而离它远的数值就大，该技术的命名源于这个阵列的外观。

作为说明，我们来考虑一幅二值图像，其中 1 表示物体，0 表示背景。这里，距离变换给图像的每个像素赋予到最近物体或到整个图像的边界的距离。物体内部的像素的距离变换等于 0。输入图像如图 2.8 所示，D_4 距离的距离变换结果如图 2.9 所示。

0	0	0	0	0	0	1	0
0	0	0	0	0	1	0	0
0	0	0	0	0	1	0	0
0	0	0	0	0	1	0	0
0	1	1	0	0	0	1	0
0	1	0	0	0	0	0	1
0	1	0	0	0	0	0	0
0	1	0	0	0	0	0	0

图 2.8　输入二值图像。灰色像素对应于物体而白色像素对应于背景

5	4	4	3	2	1	0	1
4	3	3	2	1	0	1	2
3	2	2	2	1	0	1	2
2	1	1	2	1	0	1	2
1	0	0	1	2	1	0	1
1	0	1	2	3	2	1	0
1	0	1	2	3	3	2	1
1	0	1	2	3	4	3	2

图 2.9　在计算时考虑 D_4 距离的距离变换结果

对于距离度量 D_4 和 D_8，[Rosenfeld and Pfaltz, 1966, 1968]提出了一个计算距离变换的两遍算法。其想法是用一个小的局部掩膜（mask）遍历图像。第一遍从左上角开始，水平从左到右直至图像边界，然后返回到下一行开始处继续。第二遍从右下角开始，使用一个不同的局部掩膜，从右到左，从下到上。该算法的有效性源于以“波浪状”的方式传播前一步勘测的数值。计算中使用的掩膜如图 2.10 所示。

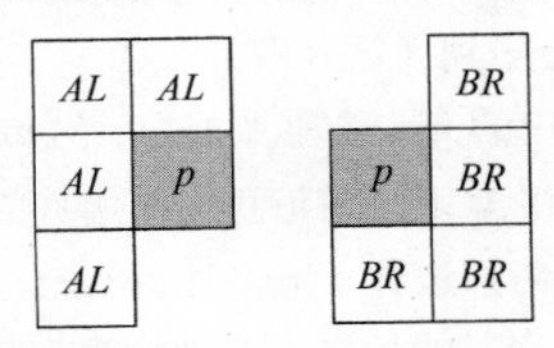

图 2.10　距离变换计算中使用的像素邻域——像素 p 位于中心。左侧的邻域用于第一遍（从上到下，从左到右）。右侧的邻域用于第二遍（从下到上，从右到左）

算法 2.1　距离变换

1. 按照一种距离度量 D，D 是 D_4 或 D_8，对大小为 $M\times N$ 的图像的一个子集 S 计算距离变换，建立一个 $M\times N$ 的数组 F 并作初始化：子集 S 中的元素置为 0，其他置为无穷。
2. 按行遍历图像，从上到下，从左到右。对于上方和左面的邻接像素（如图 2.10 所示的 AL 所示的集合），设
$$F(\mathbf{p}) = \min_{\mathbf{q}\in AL}[F(\mathbf{p}), D(\mathbf{p},\mathbf{q}) + F(\mathbf{q})]$$
3. 按行遍历图像，从下到上，从右到左。对于下方和右面的邻接像素（如图 2.10 所示的 BR 所示的集合），设
$$F(\mathbf{p}) = \min_{\mathbf{q}\in BR}[F(\mathbf{p}), D(\mathbf{p},\mathbf{q}) + F(\mathbf{q})]$$
4. 数组 F 中得到的是子集 S 的斜切。

这个算法在图像边界处显然需要调整，因为这些位置上集合 AL 和 BR 被截断了。通过使用不同的距离计算，这个算法有很多公开的改进[Montanari, 1968; Barrow et al., 1977; Borgefors, 1986; Breu et al., 1995; Maurer et al., 2003]。距离 D_E, D_4, D_8, D_{QE} 的计算结果如图 2.11 所示。

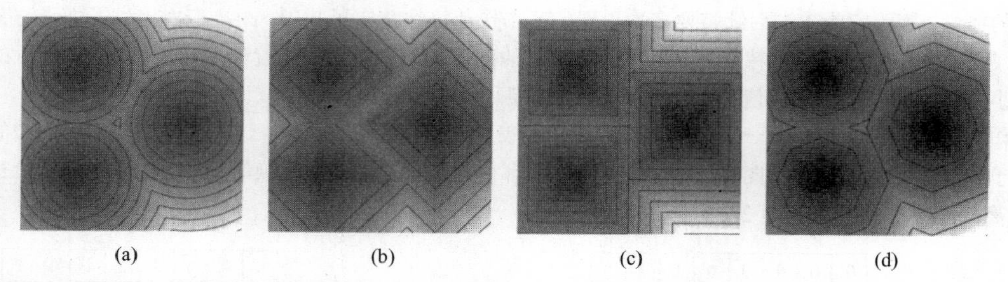

图 2.11 在距离变换计算中常用的四种距离图示。输入图像由三个孤立的“1”构成。输出的距离以亮度来显示，越亮代表距离越高。轮廓线是添加上去的以便更好地展示。（a）欧式距离 D_E；（b）城市街区距离 D_4；（c）棋盘距离 D_8；（d）准欧式距离 D_{QE}

距离变换有很多应用，例如，在离散几何中，在移动机器人领域中的路径规划和障碍躲避，在图像中寻找最近特征，骨架抽取（在 13.5.5 节的数学形态学方法中论述）。

边缘（edge）是另一个重要的概念。它是一个像素和其直接邻域的局部性质，它是一个有大小和方向的矢量。边缘告诉我们在一个像素的小邻域内图像亮度变化有多快。边缘计算的对象是具有很多亮度级别的图像，计算边缘的方式是计算图像函数的梯度。边缘的方向与梯度的方向垂直，梯度方向指向函数增长的方向，详见 5.3.2 节。

相关的概念**裂缝边缘（crack edge）**在像素间创建了一个结构，与单元复合（cellular complexes）的结构方式类似。但是更注重实用而非数学严格性。每个像素有四个裂缝边缘，由其和它的 4-邻接关系定义而得。裂缝边缘的方向沿着亮度增大的方向，是 90°的倍数，其幅值是相关像素对亮度差的绝对值。裂缝边缘如图 2.12 所示，在考虑图像分割时可能会用到（第 6 章）。

区域的**边界（border）**是图像分析中的另一个重要概念。区域 R 的边界是它自身的一个像素集合，其中的每个点具有一个或更多个 R 外的邻接点。该定义与我们对边界的直觉理解相对应，即边界是区域的边界点的集合。有时我们称这样定义的边界为**内部边界（inner border）**，以便与**外部边界（outer border）**相区别，外部边界是指区域的背景（即区域的补集）的边界。内部边界和外部边界如图 2.13 所示。由于图像的离散本质，有些内部边界元重合了，而原本在连续情况下应该是分开的，图 2.13 中右侧的单像素宽的线所展示的那样。

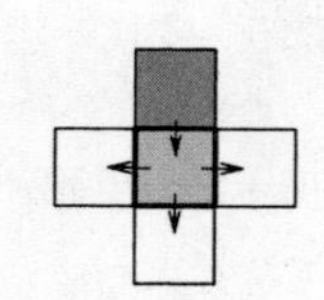

图 2.12 裂缝边缘

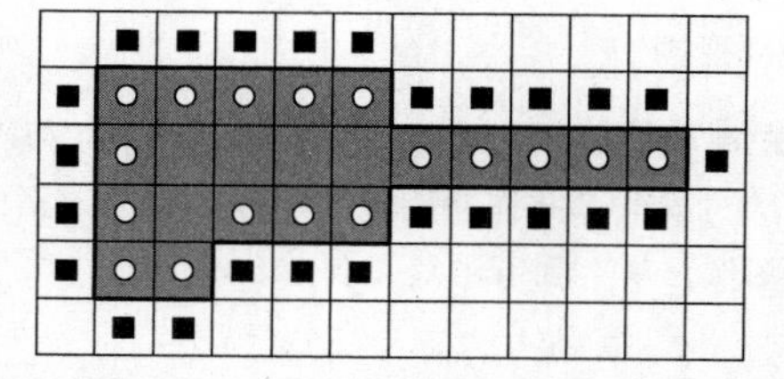

图 2.13 区域的内部边界用白色圆表示而外部边界用黑方块表示。考虑 4-邻接意义下的边界

“边界”与“边缘”虽然相关，但是它们却不是同一个概念。边界是与区域有关的全局概念，而边缘表示图像函数的局部性质。一种可能的寻找边界的方法就是链接显著的边缘（在图像函数上具有大梯度的点）。这种方法在 6.2 节介绍。

一个区域是**凸（convex）**的是指如果区域内的任意两点连成一条线段，那么这条线段完整地位于区域内，如图 2.14 所示。凸性将所有区域划分为两个等价类：凸的和非凸的。

一个区域的**凸包（convex hull）**是指包含输入区域（可能非凸）的一个最小凸区域。考虑一个形状类似

于字母 R 的物体（见图 2.15）。想象一个细橡皮带紧绕着物体，橡皮带的形状就反映了物体的凸包。凸包的计算在第 8.3.3 节描述。

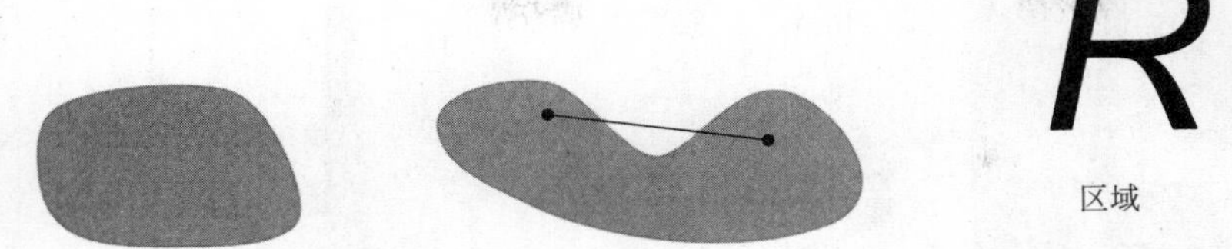

图 2.14　凸的区域（左）和非凸的区域（右）

图 2.15　使用拓扑分量的描述：物体“R”，其凸包及其关联的湖和海湾

拓扑性质（topological properties）不是基于距离的概念。相反，它们对于 homeomorphic 变换具有不变性，对图像而言，homeomorphic 变换可以解释为**橡皮面变换（rubber sheet transformations）**。想象一下一个其表面上绘制了物体的小橡皮球，物体的拓扑性质是指在橡皮表面任意伸展时都具有不变性的那部分性质。伸展不会改变物体各部分的连通性，也不会改变区域中孔的数目。我们使用区域的“拓扑性质”一词来描述对于小变化具有不变性的定性性质，例如，具有凸性的性质。严格地说，一个任意的 homeomorphic 变换可以将凸区域变为非凸的，反之亦然。按照橡皮面变换类推，这意味着橡皮表面的伸展仅是轻度的。其他不具有橡皮面不变性的性质在第 8.3.1 节介绍。

非规则形状的物体可以用一组它的拓扑分量来表示，如图 2.15 所示。凸包中非物体的部分称为**凸损（deficit of convexity）**；它可以分解为两个子集：**湖（lakes）**（深灰色），完全被物体所包围；**海湾（bays）**（浅灰色），与物体凸包的边界连通。

凸包、湖和海湾有时用来描述物体，这些特征在第 8 章（物体描述）和第 13 章（数学形态学）用到。

2.3.2　直方图

图像的**亮度直方图（brightness histogram）**$h_f(z)$ 给出图像中亮度值 z 出现的频率，一幅有 L 个灰阶的图像的直方图由具有 L 个元素的一维数组表示。

算法 2.2　计算亮度直方图

1. 数组 h_f 的所有元素赋值为 0。
2. 对于图像 f 的所有像素，做 $h_f[f(x, y)]+1$。

直方图在图像和概率描述之间建立了一个自然的桥梁。我们可能需要考虑找一个一阶概率函数 $p_1(z; x, y)$ 来表示像素(x, y)的值是 z 的概率。在直方图中感兴趣的不是像素的位置，而是密度函数 $p_1(z)$，亮度直方图就是它的估计。直方图通常用柱状图来显示，参见图 2.16。

直方图通常是有关图像的唯一可得到的全局信息。在寻找最佳的照明条件以便抓取图像、进行灰阶变换以及将图像分割为物体和背景这些场合，都要用到直方图。请注意，同一直方图可能对应几幅图像，例如，当背景是常数时物体位置的改变不会影响直方图。

数字图像的直方图一般都有很多极小和极大值，这会使进一步的处理变得复杂。这个问题可以通过对直方图进行局部平滑来避免，比如，可以用相邻直方图元素的局部平均来做，因此新的直方图按下式来计算：

$$h_f'(z)=\frac{1}{2K+1}\sum_{j=-K}^{K}h_f(z+j) \tag{2.6}$$

其中 K 是一个常量，代表平滑所使用的邻域的大小。这个算法需要某种边界调整，也不能保证去除所有的局部极小。还有一些其他平滑技术，重要的有高斯模糊（Gaussian blurring），在直方图的情况下，它是 2D

高斯模糊（式（5.47））的简化，将在 5.3.3 节介绍。

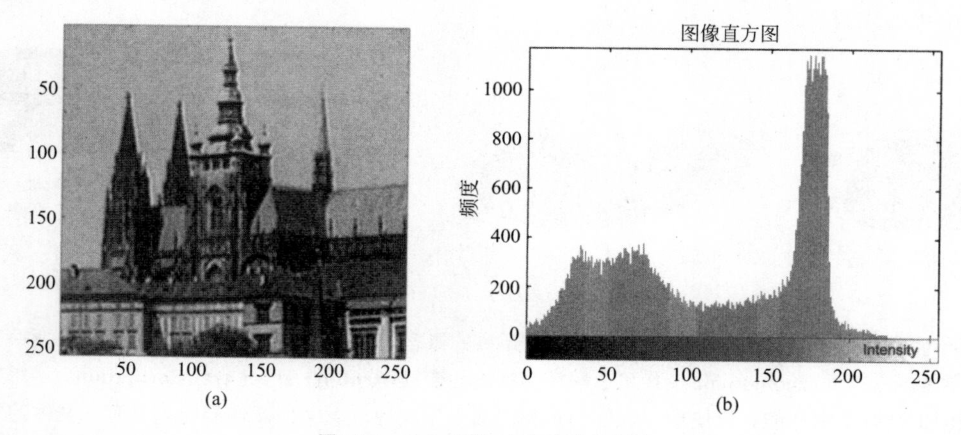

图 2.16 （a）原图；（b）亮度直方图

2.3.3 熵

如果知道概率密度 p，用**熵** $\boldsymbol{H}$（**entropy**）就可以估计出图像的信息量，而与其解释无关。熵的概念根源于热力学和统计力学，直到很多年后才与信息联系起来。熵的信息论的形成源于香农 [Shannon, 1948]，常称作**信息熵**（**information entropy**）。

信息熵的直觉理解与关联于给定概率分布的事件的不确定性大小有关。熵可作为“失调”的度量。当失调水平上升时，熵就增加而事件就越难于预测。

假设离散随机变量 X 的可能结果（也称作状态）是 $x_1,\cdots,x_n$，设 $p(x_k)$是出现 x_k $(k=1,\cdots,n)$的概率，熵定义为

$$H(X)\equiv\sum_{k=1}^{n}p(x_k)\log_2\left(\frac{1}{p(x_k)}\right)=-\sum_{k=1}^{n}p(x_k)\log_2 p(x_k) \tag{2.7}$$

随机变量 X 的熵是 X 所有可能的出现 x_k 的如下乘积的累加和：出现 x_k 的概率与 x_k 概率的倒数之对数的乘积。$\log_2\left(1/p(x_k)\right)$ 也称作出现 x_k 的**惊异**（**surprisal**）。随机变量 X 的熵是其出现惊异的期望值。

这个公式中的对数的底决定所量度的熵的单位。如果底为 2 则熵的单位是位（bits）。回顾 2.3.2 节，计算熵所需要的概率密度 $p(x_k)$ 在图像分析中常用灰度直方图来近似。

熵度量随机变量实现的不确定性。对香农而言，它充当俘获一条消息中所含的信息量这一概念的代表，而完全不同于该消息的那部分严格确定的和由其内在结构所能预测的含义。例如，为了压缩图像我们将用熵来估计一幅图像中的冗余性（见第 14 章）。

2.3.4 图像的视觉感知

我们在设计或使用数字图像处理算法或设备时，应该考虑人的图像感知原理。如果一幅图像要由人来分析的话，信息应该用人容易感知的变量来表达，这些是心理物理参数，包括对比度、边界、形状、纹理、色彩等等。只有当物体能够毫不费力地从背景中区分出来时，人才能从图像中发现它们。有关人的感知原理的详细论述可以参见[Bruce et al., 1996; Palmer, 1999]。人的图像感知产生很多错觉，了解这些现象对于理解视觉机理有帮助。其中比较为人熟知的一些错觉这里将提到，从计算机视觉的角度[Frisby，1979]详尽地论述这一主题。

如果人的视觉系统对复合输入激励的响应是线性的，即是各自激励简单的和，问题就会相对容易些。一些激励的衰减，即图像中物体的部分区域，可以通过亮度、对比度、持续时间来补偿。事实上，人的感知敏

感度大致上是与输入信号的强度成对数关系的。在这种情况下，经过一个初始的对数变换，复合激励的响应可以线性地看待。

对比度（contrast）

对比度是亮度的局部变化，定义为物体亮度的平均值与背景亮度的比值。严格地说，如果我们的目的是要在物理上精确，应该讲的是辐射率[4]而非亮度。人的眼睛对亮度的敏感性成对数关系，意味着对于同样的感知，高亮度需要高的对比度。

表观上的亮度很大程度上取决于局部背景的亮度，这种现象被称为条件对比度（conditional contrast）。图 2.17 给出了包围在不同亮度方块中的 5 个同样大小的圆，人对其中的小圆感知到的亮度是不同的。

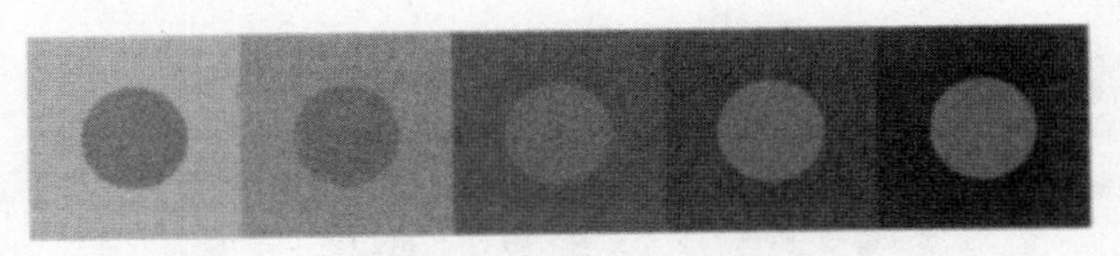

图 2.17　条件对比度的影响。方块中的圆具有相同的亮度，但是在感知上具有不同的亮度

敏锐度（acuity）

敏锐度是觉察图像细节的能力。人的眼睛对于图像平面中的亮度的缓慢和快速变化敏感度差一些，而对于其间的中等变化较为敏感。敏锐度也随着离光轴的距离增加而降低。

图像的分辨率受制于人眼的分辨能力，用比观察者所具有的更高的分辨率来表达视觉信息是没有意义的。光学中的分辨率定义为如下的最大视角的倒数：观察者与两个最近的他所能够区分的点之间的视角。这两个点再近的话，就会被当作一个点。

人对物体的视觉分辨率在物体位于眼睛前 250mm 处，照明度在 500lux 的情况下最好，这样的照明是由 400mm 远的 60W 灯泡提供的。在这种情况下，可以区分的两个点之间的距离大约是 0.16mm。

一些视觉错觉（visual illusions）

人对图像的视觉感知有很多错觉。有关该主题的全面的论述可以参见[Palmer, 1999]。由诸如色彩和运动现象引起的其他视觉错觉也很多，在互联网上容易搜索到这样的例子。

物体边界对人而言携带了大量的信息。物体和简单模式的边界，比如斑点或线条，能引起适应性影响（adaptation effects），类似于前面讲过的条件对比度。Ebbinghaus 错觉是一个熟知的例子，图像中心的两个同样直径的圆看起来直径不同（见图 2.18）。

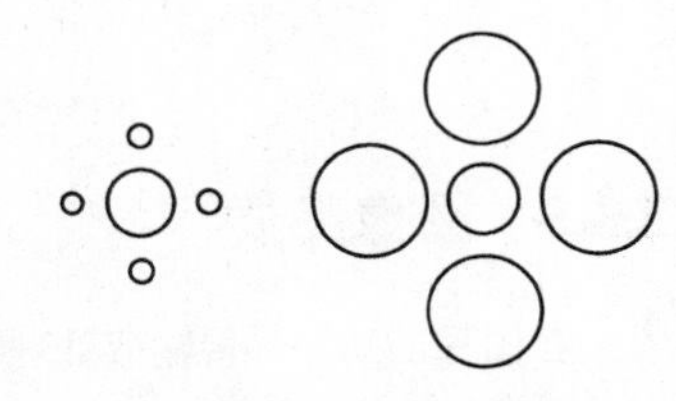

图 2.18　Ebbinghaus 错觉

对于主体形状的视觉感知可能会被附近形状欺骗。图 2.19 给出的平行的对角线段在感觉上是不平行的。图 2.20 含有的黑白方块行都是平行的。但是，纵向锯齿状排列的方块干扰了人们的水平感知。

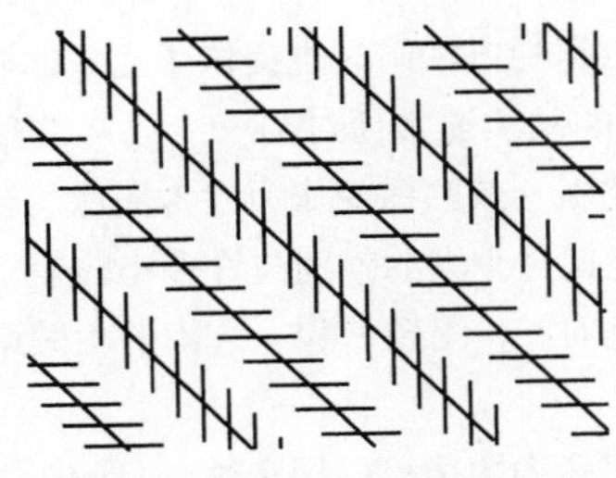

图 2.19　被干扰的平行的对角线段

图 2.20　水平线条是平行的，单是感觉上并非如此

4　辐射率描述从某个区域通过或发出的落在给定立体角内的光的量。辐射率以烛光每平方米[cd /m^2]给出。

感知组织（Perceptual grouping）

感知组织[Palmer, 1999]是计算机视觉中用到的一个原理，将由低层操作提供的基元（例如，边界元）聚集起来，使小块变为具有某种意义的大块。其根源在格式塔（Gestalt）心理学，最初是一位出生于布拉格的科学家 Wertheeimer 在 1912 年提出来的。格式塔（完形）心理学理论主张感觉和大脑的操作原理是整体性的，并行的，具有自组织倾向的。

格式塔理论本意是要具有普适性，但是其原则几乎完全是从对视觉感知的观察得出的。该理论的压倒性主旨在于对刺激的感知是有组织的即结构性的。Gestalt 在德语中意味着构造，结构，或物理、生物或心理学现象的模式，结合起来构成一功能单元而具有其各部分加起来所没有的性质。模式优先于部件，具有部件本身固有性质之外的特性。

如图 2.21 所示，人具有根据各种性质组织元素的能力。

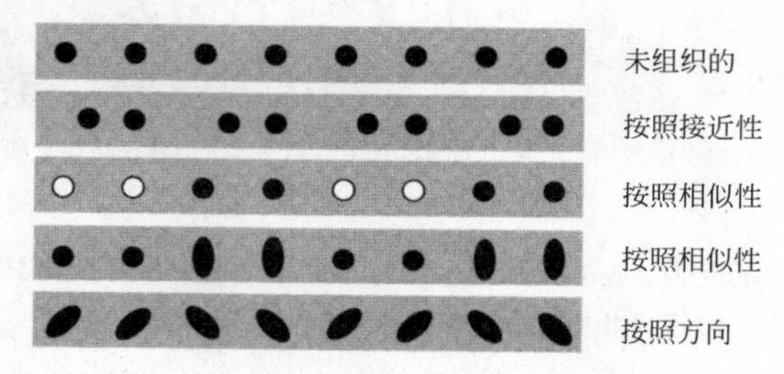

图 2.21 根据元素的性质来组织

如图 2.22 所示，感知到的性质帮助人们将元素连接在一起，这是基于强烈感知到的诸如非严格意义下的平行性、对称性、连续性和封闭性这样的性质的。

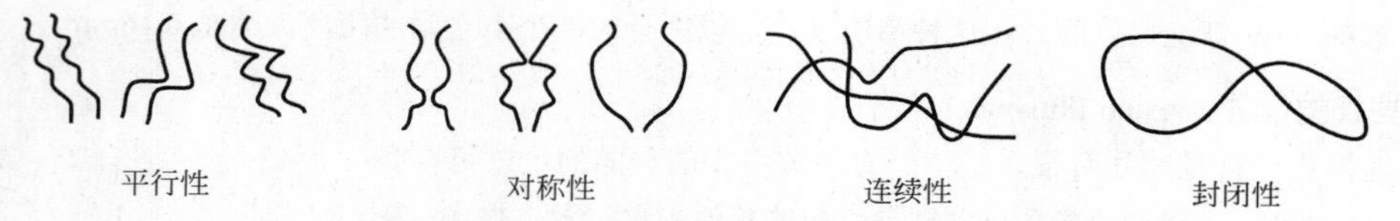

图 2.22 在图像中感知到的使人得以将凌乱场景中的元素组织起来的性质

2.3.5 图像品质

在图像的捕获、传输或处理过程中可能使图像退化，图像品质的度量可以用来估计退化的程度。我们对图像品质的要求取决于具体的应用目标。

估计**图像品质**的方法可分为两类：主观的和客观的。主观的方法常见于电视技术中，其中最终评判标准是一组挑选出来的内行和外行观众的感觉。他们根据一张标准清单通过给出估计评分来评价图像。有关主观方法的详细内容可参见[Pratt, 1978]。

度量图像品质的客观定量方法对我们更重要。理想的情况是，这样的方法同时也提供了主观的测试，且易于使用；这样我们就可以将该标准用于参数优化。图像 $f(x, y)$ 的品质通常通过与一个已知的参考图像 $g(x, y)$ 作比较来估计[Rosenfeld and Kak, 1982]。为这一目的，常常使用合成的图像作为参考图像。有一类方法使用简单的度量，比如均方差$\sum(g-f)^2$。这种方法的问题是不可能把几个大的差别与许多小的差别区分开的。除了均方差之外，还可以使用平均的绝对差或者简单的最大的绝对差。图像 f 和 g 之间的相关运算也是一种选择。

另一类方法测量图像中小的或最近的物体分辨率。由黑白条纹组成的图像可以用于这一目的，这时每毫米黑白条纹对的数目就给出了分辨率。

2.3.6 图像中的噪声

实际的图像常受一些随机误差的影响而退化，我们通常称这个退化为**噪声**（**noise**）。在图像的捕获、传输或处理过程中都可能出现噪声，噪声可能依赖于图像内容，也可能与其无关。

噪声一般由其概率特征来刻画。理想的噪声，称作**白噪声**（**white noise**），经常会用到。白噪声具有是常量的功率谱（将在 3.2.3 节讲述），也就是说噪声在所有频率上出现且强度相同。例如，白噪声的强度并不随着频率的增加而衰减，这在实际世界的信号中是典型的。白噪声是常用的模型，作为退化的最坏估计。使用这种模型的优点是它简化了计算。

白噪声的一个特例是**高斯噪声**（**Gaussian noise**）。服从高斯（正态）分布的随机变量具有高斯曲线型的概率密度。在一维的情况下，密度函数是

$$p(x)=\frac{1}{\sigma\sqrt{2\pi}}e^{\frac{-(x-\mu)^2}{2\sigma^2}} \tag{2.8}$$

其中μ, σ 分别是随机变量的均值和标准差。在很多实际情况下，噪声可以很好地用高斯噪声来近似。

当图像通过信道传输时，噪声一般与出现的图像信号无关。这种独立于信号的退化被称为**加性噪声**（**additive noise**），可以用下列模型来表示

$$f(x,y)=g(x,y)+v(x,y) \tag{2.9}$$

其中，噪声 v 和输入图像 g 是相互独立的变量。算法 2.3 用来产生在图像中具有 0 均值的加性高斯噪声，它常常可用于测试或验证本书中的许多其他算法，这些算法是用来消除噪声或者具有抗噪声性质的。

算法 2.3　产生加性零均值高斯噪声

1. 假定图像的灰阶范围是$[0, G-1]$。取$\sigma>0$；它的值小时，相应的噪声也小。
2. 针对每对水平相邻的像素(x,y), $(x,y+1)$ 产生一对位于$[0,1]$范围的独立的随机数 r, ϕ。
3. 计算

$$z_1=\sigma\cos(2\pi\phi)\sqrt{-2\ln r}$$
$$z_2=\sigma\sin(2\pi\phi)\sqrt{-2\ln r} \tag{2.10}$$

（这是 Box-Muller 变换，假定 z_1, z_2 是独立的具有 0 均值和σ 方差的正态分布。）

4. 置 $f'(x,y)=g(x,y)+z_1$ 和 $f'(x,y+1)=g(x,y+1)+z_2$，其中 g 是输入图像。
5. 置

$$f(x,y)=\begin{cases}0 & 当 f'(x,y)<0\\ G-1 & 当 f'(x,y)>G-1\\ f'(x,y) & 其他\end{cases} \tag{2.11}$$

$$f(x,y+1)=\begin{cases}0 & 当 f'(x,y+1)<0\\ G-1 & 当 f'(x,y+1)>G-1\\ f'(x,y+1) & 其他\end{cases} \tag{2.12}$$

6. 跳转到步骤 3，直到扫描完所有的像素。

式（2.12）和式（2.13）的截断会减弱噪声的高斯性质，特别是当σ 值与 G 比起来大时更为显著。其他产生噪声的算法可见[Pitas, 1993]。

根据式（2.10），可以定义**信噪比 SNR**（signal-to-noise ratio）。计算噪声贡献的所有平方和

$$E=\sum_{(x,y)}v^2(x,y)$$

将它与观察到的信号的所有平方和作比较

$$F=\sum_{(x,y)} f^2(x,y)$$

信噪比就是

$$\text{SNR}=\frac{F}{E} \tag{2.13}$$

（严格地说，我们将平均观测值相比于平均误差，计算显然是一样的）。SNR 是图像品质的一个度量，值大的就“好”。

信噪比常用对数尺度来表示，单位为分贝：

$$\text{SNR}_{\text{dB}}=10\log_{10}\text{SNR} \tag{2.14}$$

噪声的幅值在很多情况下与信号本身的幅值有关：

$$f=gv \tag{2.15}$$

这种模型表达的是**乘性噪声**（**multiplicative noise**）。乘性噪声的一个例子是电视光栅退化，它与电视扫描线有关，在扫描线上最大，在两条扫描线之间最小。

量化噪声（**quantization noise**）会在量化级别不足时出现，例如，仅有 50 个级别的单色图像。这种情况下会出现伪轮廓。量化噪声可以被简单地消除，参见 2.2.2 节。

冲击噪声（**impulsive noise**）是指一幅图像被个别噪声像素破坏，这些像素的亮度与其邻域的显著不同。**胡椒盐噪声**（**salt-and-pepper noise**）是指饱和的冲击噪声，这时图像被一些白的或黑的像素所破坏。胡椒盐噪声会使二值图像退化。

抑制图像噪声的问题在第 5 章中论述。如果对于噪声的性质没有任何先验知识，局部预处理方法是合适的（见 5.3 节）。如果事先知道噪声的参数，可以使用图像复原技术（见 5.4 节）。

2.4 彩色图像

人的色彩感知在电磁辐射的波长这一客观的物理性质基础上加了一主观层次。因此，色彩可以认为是一种心理物理现象。

色彩长期用于绘画、摄影和影片中，将周围世界以类似于其在真实中所被感知的方式展示给人。在各种语言中色彩的命名是一件很微妙的事，有很多文献论及此事[Kay, 2005]。在绝对意义下，人类的视觉系统对于感知色彩并不十分精确；如果想精确地表达色彩概念，我们会使用较为常用的色彩来描述它，而这些色彩被用作标准：作为一个例子，想想英国公共电话亭的红色。有整个产业在将图像展示给人——报刊、电影、展览，因此有对颜色恒常性的期望。在计算机视觉中，我们的优势是使用摄像机作为测量设备，它产生的量测是绝对数量。

17 世纪的牛顿指出来自太阳的白光是一个光谱的混合，使用光学棱镜将其分解。这曾经是个激进思想，在随后的 100 年中有影响的科学家和哲学家都拒绝接受它，比如歌德（Goethe）。

2.4.1 色彩物理学

电磁波谱如图 2.23 所示。

只有狭窄的一段电磁波谱对人是可见的，大致对应于 380nm～740nm 的一段。图 2.24 给出了可见色彩波长段，称作**光谱色**（**spectral colors**），是白光由牛顿棱镜分解后人看到的那段，也即从天空的彩虹中所观察到的那段。色彩可以表达为基色的组合，基色即红、绿、蓝，为了标准化它们分别被定义为 700nm、546.1nm, 435.8nm [Pratt, 1978]，然而这并不意味着所有的彩色都可以通过这三个基色的组合合成出来。

辐照度因波长 λ 不同而变化。变化由功率谱表达（也称作功率谱分布）$S(\lambda)$。

为什么我们看到的世界是带色彩的？当照射表面时，有两种占主导地位的物理机制来解释会发生什么。

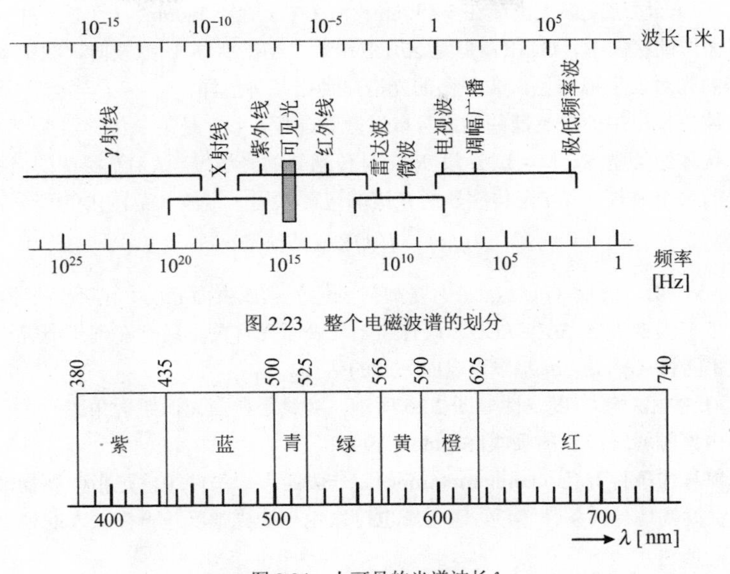

图 2.23　整个电磁波谱的划分

图 2.24　人可见的光谱波长λ

首先，**表面反射**（**surface reflection**）以类似镜子的方式弹回进来的能量。反射光的光谱与照明的光谱保持一致，与表面无关——我们记得闪亮的金属“不带颜色”。其次，能量扩散进入材料内并随机地从其内部的颜料（pigment）反射。这种机制称作**体反射**（**body reflection**），在诸如塑料或油漆的电介质中是显著的。表面反射（沿着表面法向 **n** 作镜像反射）和体反射如图 2.25 所示。色彩是颜料粒子的性质引起的，它们从入射波光谱中吸收了某些波长。

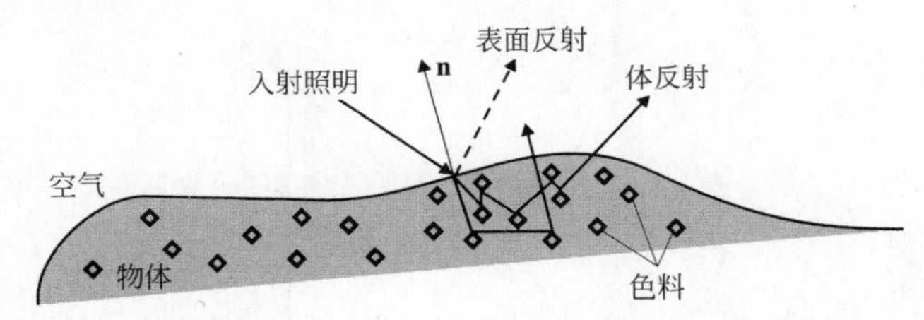

图 2.25　观察到的物体颜色是电介质中色料粒子吸收某种波长引起的

用于捕获色彩的多数传感器，如摄像机，并不直接取得色彩，**分光光度计**（**spectrophotometer**）是个例外，它在原理上与牛顿棱镜相像。入射的辐照光被分解为光谱颜色，具有变化波长 λ 的光谱强度用一个窄的波长段来测量，例如，用一个机械移动的点传感器来测量。真正的分光光度计使用衍射光栅，而不是玻璃棱镜。

有时，将在几个窄波段上测量出来的强度构成一个向量用于描述每个像素。独立地数字化每个谱段，并将其表达为一个单独的数字图像函数，就像是单色图像那样。以这种方式创建**多谱图像**（**multispectral images**）。多谱图像常用于卫星遥感、空基传感器和工业中。波长跨度从紫外线起，遍及可见光波段，直至红外线。例如，LANDSAT 7 号卫星播送 8 个波段的数字图像，从近紫外线到红外线之间。

2.4.2　人所感知的色彩

人类和一些动物在进化中发展出来了一种间接色彩感知机制。人建立起了对入射辐照光波长敏感的三种类型的传感器，即**三色觉**（**trichromacy**）。人类视网膜上颜色敏感的感受器是**锥状体**（**cones**）。视网膜上另一种光敏感受器是**杆状体**（**rods**），专注于在周边光照强度低的情况下的单色感知。锥状体按照感知的波长范围分为三类：S（短），敏感度最大出现在≈430nm；M（中）在≈560nm；L（长）在≈610nm。锥状体 S、M、L 偶尔也分别称作锥状体 B、G、R，但是这有点误导。当锥状体 L 激发时，我们看到的不单独是红。具有等分布波长谱的光对人呈现白色，非平衡的光谱显现出某种色泽。

感光器的反应或摄像机中的传感器的输出可以以数学建模。设 i 是某个传感器类型，i=1, 2, 3（在人的情况下是视网膜锥状体的类型 S、M、L）。设 $R_i(\lambda)$是传感器的光敏度，$I(\lambda)$是照明的谱密度，$S(\lambda)$表达表面元如何反射照明光的每个波长。第 i 个传感器的光谱响应可以用一定波长范围内的积分来建模：

$$q_i = \int_{\lambda_1}^{\lambda_2} I(\lambda) R_i(\lambda) S(\lambda) \mathrm{d}\lambda \tag{2.16}$$

考虑锥状体类型 S、M、L，矢量（q_S, q_M, q_L）是如何表达色彩或表面元的？这不是根据式（2.16），因为光敏器的输出取决于三个因素 $I(\lambda)$, $S(\lambda)$, $R(\lambda)$。只有 $S(\lambda)$与表面元有关。只有在理想情况下，即照明是纯粹的白光 $I(\lambda)$=1，我们才能将（q_S, q_M, q_L）作为表面色彩的估计。

锥状体 S、M、L 的相对敏感度定性如图 2.26 所示。测量是在白光源照射角膜时进行的，以便考虑眼睛的角膜、晶状体和内部颜料对波长的吸收[Wandell, 1995]。

有关的一种现象称作**条件等色**（**color metamer**）。一般而言，条件等色是指两件物理上不同的事看起来却相同。红加绿产生黄就是一种条件等色，因为黄也可以由一个光谱颜色产生。人的视觉系统受愚弄将红加绿感知成与黄一样。

我们来考虑色彩匹配实验，某人展示由两个邻近色块构成的模式。第一个色块显示一测验光——某个波长的一光谱颜色。第二个色块是三个选择的基色光，即红=645.2nm、绿=525.3nm、蓝=444.4nm 的加性组合。观察者控制红、绿、蓝的强度直至两个色块看起来完全相同。因条件等色现象，这个匹配实验是可行的。测量结果如图 2.27 所示（从[Wandell, 1995]重绘）。在该图中可以看到红和绿曲线上出现了负波瓣。这似乎是不可能的。对于呈现负值的波长，因为光谱色暗的原因三个叠加光并不能与光谱色在感觉上匹配。如果要获得感觉上的匹配观察者必须给对应光谱色的色块增加亮度。这个亮度的增加以色彩匹配函数的降低来描绘，所以出现了负值。

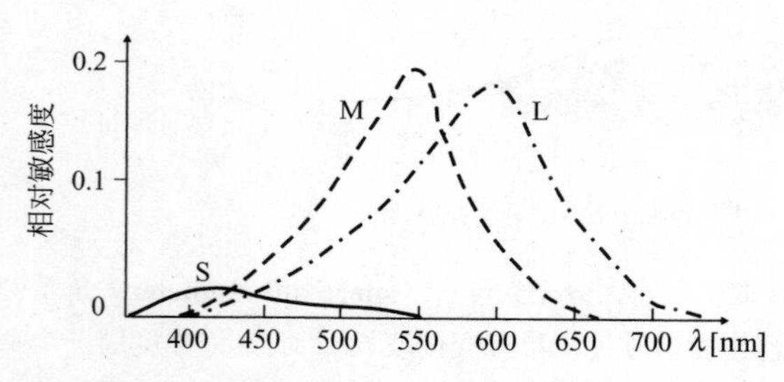

图 2.26 人眼锥状体 S, M, L 对波长的相对敏感度

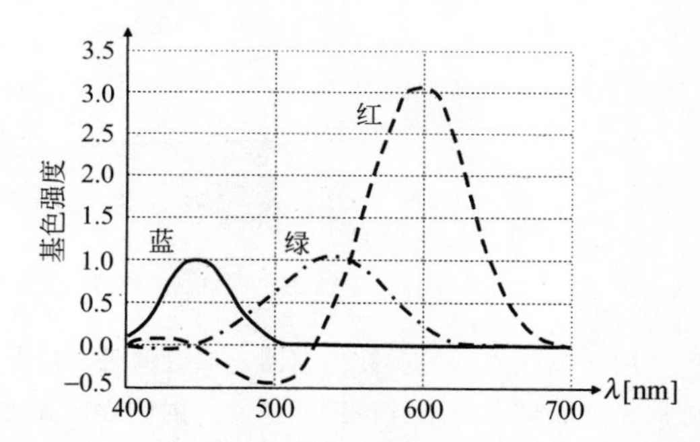

图 2.27 色彩匹配实验中获得的色彩匹配函数。选择的基色光的强度与给定波长λ的光谱色在感觉上相匹配

人的视觉有很多错觉。感知到的色彩除了受照明的光谱影响外，还受所观察颜色周边色彩和场景解释的影响。此外，眼睛对光条件变化的适应不是很快且感知受适应的影响。但是，为简单起见我们假设视网膜上某点的入射光的光谱完全决定色彩。

由于彩色几乎可以用任意的基色集合来定义，国际社会协商确定广泛应用的基色和色彩匹配函数。引进**色彩模型**（**color model**）作为数学抽象，使我们可以将色彩表达为数字的元组，通常是颜色分量的三或四个数值的元组。受报刊和彩色电影发展的驱动，于 1931 年 CIE（International Commission on Illumination，国际照明委员会，在瑞士洛桑，仍在运作）提出了一个技术标准，称作 **XYZ 色彩空间**（**XYZ color space**）。

这个标准由三个理想的光和色彩匹配函数给定，光是 X=700.0nm，Y=546.1nm，Z=435.8nm，色彩匹配函数是 $X(\lambda)$, $Y(\lambda)$, $Z(\lambda)$，对应于一普通人通过提供 2° 视野的光圈观察一屏幕的感知能力。这一标准是人工的，因为在物理上可实现的，能够产生色彩匹配实验中的色彩匹配函数的，基色光集合根本不存在。但是，如果我们想刻画理想光，那么非常粗略的有 $X\approx$红，$Y\approx$绿，$Z\approx$蓝。CIE 标准是绝对标准的一个例子，它定义了色彩的无歧义的表达，不依赖其他外部因素。更近期的和更精确的绝对标准有：CIELAB 1976 （ISO 13665）和 HunterLab（http://www.hunterlab.com）。稍后，我们还将介绍一些相对的色彩标准，例如，RGB 色彩空间。有几种在使用的 RGB 色彩空间——同一幅图像在两台计算机设备上的显示有可能不同。

XYZ 色彩标准满足三个要求：

- 不同于色彩匹配实验中产生色彩匹配函数负波瓣的情况，*XYZ* 色彩空间的色彩匹配函数必须是非负的；
- $Y(\lambda)$的数值应该与亮度（照度）相符；
- 实施规范化以确保对应于三种色彩匹配函数的功率相等（即所有三条曲线下的面积相等）。

作为结果的色彩匹配函数如图 2.28 所示。实际的色彩是如下的混合（更准确地说是一个凸组合）

$$c_X X + c_Y Y + c_Z Z \tag{2.17}$$

其中 $0 \leqslant c_X, c_Y, c_Z \leqslant 1$ 是混合权重（强度）。人所感知的色彩子空间称作色阶（颜色范围）(color gamut)，如图 2.29 所示。

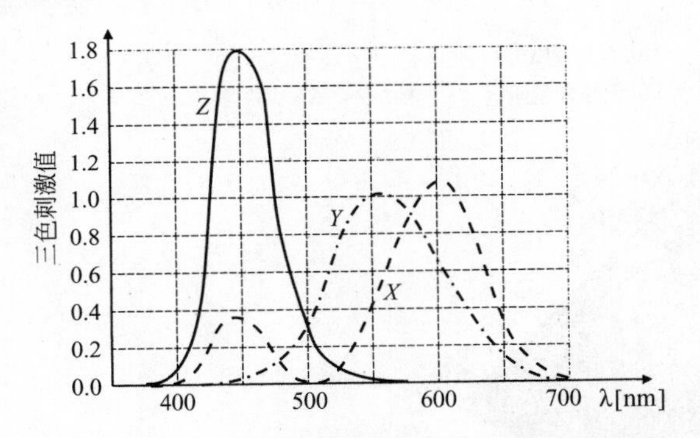

图 2.28　1931 年 CIE 标准的色彩匹配函数。$X(\lambda)$, $Y(\lambda)$, $Z(\lambda)$ 是色彩匹配函数。从[Wandell, 1995]重绘

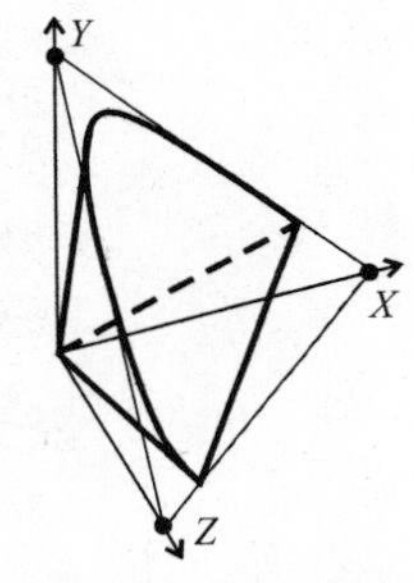

图 2.29　色阶——*XYZ* 色彩空间的子空间，对应于人所能感知的所有色彩

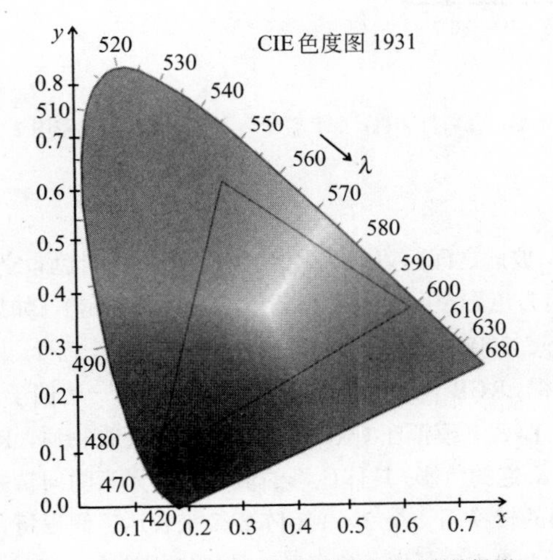

图 2.30　CIE 色度图是 *XYZ* 色彩空间到平面的投影。三角形描绘了由红、绿、蓝组成的色彩子集。它们是电视色彩，即在 CRT 显示器上可能看到的所有颜色。本图的彩色版见彩图 1

三维图示在出版时难以处理，所以使用 3D 色彩空间的平面视图。投影面由穿过三轴极值点即端点 X, Y, Z 的平面给定。新的 2D 坐标 x, y 按如下方式获得：

$$x = \frac{X}{X+Y+Z}, \quad y = \frac{Y}{X+Y+Z}, \quad z = 1 - x - y$$

该平面投影的结果就是 CIE 色度图，如图 2.30 所示。这个马蹄状的子空间包含了人所能看到的所有颜色。所有的人可见的单色光谱都映射到了这个马蹄形的曲线部分——其波长如图 2.30 所示。

显示和打印设备使用三个挑选出来的真实的基色（完全不同于 *XYZ* 色彩空间的形式上的基色）。这些基色的所有可能的混合不能覆盖 CIE 色度图中的整个马蹄形的内部。如图 2.31 所示，在三种特殊设备上定性地展示了这种情况。

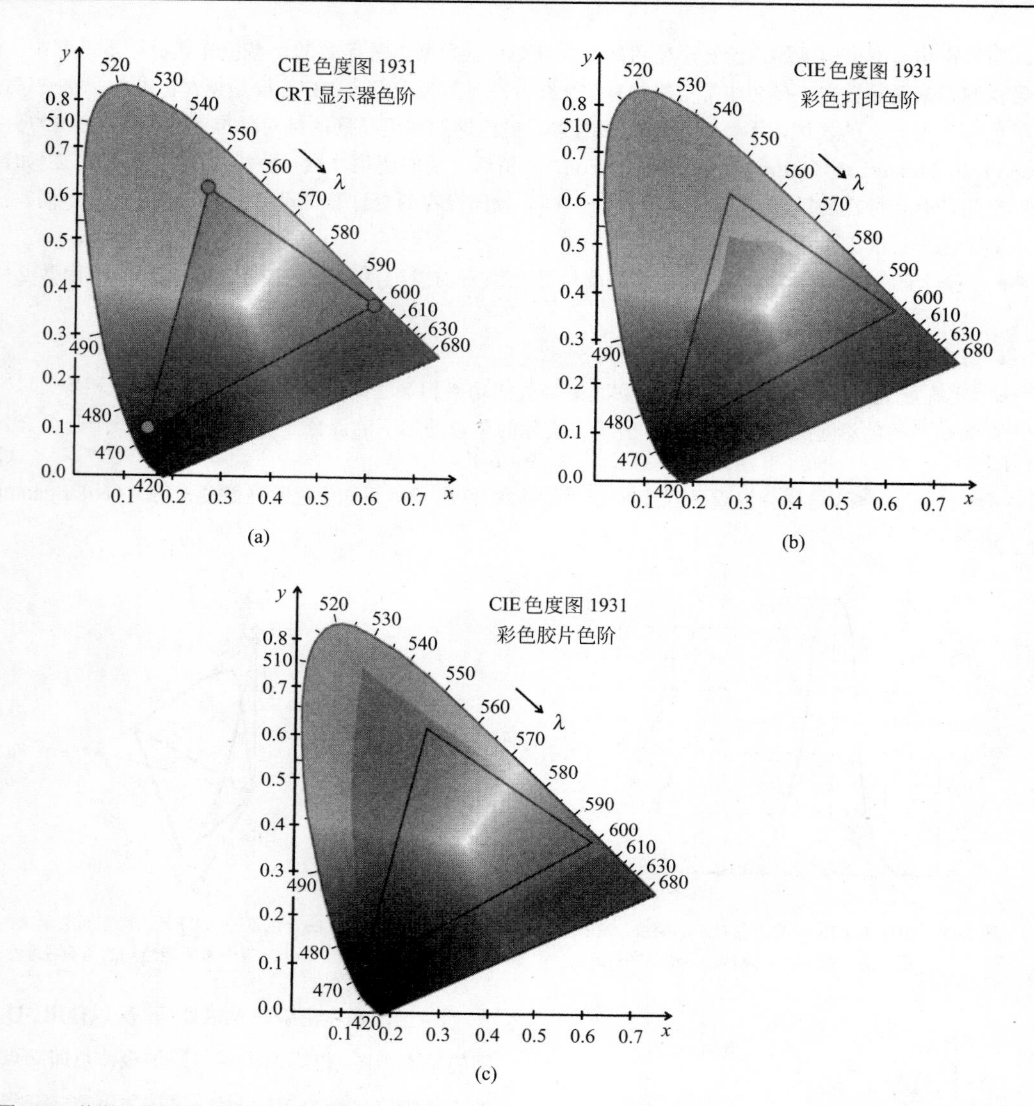

图 2.31 使用三种典型显示设备所能产生的色阶：（a）CRT 显示器；（b）打印机；（c）胶版。本图的彩色版见彩图 2

2.4.3 彩色空间

在实践中，存在几种不同的基色及其对应的色彩空间，彼此之间可以互相转换。如果使用绝对色彩空间，则转换是 1-1 的映射，并不损失信息（除截断误差外）。因为色彩空间具有各自的色阶（色彩范围），如果转换值超出色阶就会损失信息。完整的解释和算法参见[Burge, 2006]，这里我们列出几种常用色彩空间。

RGB 色彩空间源于使用阴极射线管（CRT）的彩色电视。RGB 色彩空间是相对色彩标准的一个例子（完全不同于绝对标准，例如 CIE 1931）。基色（R-红，G-绿，B-蓝）模拟在 CRT 荧光材料中的荧光物质。RGB 模型使用加性色彩混合以获知需要发出什么样的光来产生给定的色彩。具体色彩的值用三个元素的向量来表达——三个基色的亮度，见式（2.18）。到另一种色彩空间的转换用一个 3×3 矩阵变换来表达。假设每个基色的数值量化成 $m = 2^n$ 个数，记最高亮度值 $k = m-1$，则（0, 0, 0）是黑，（k, k, k）是（电视）白，（k, 0, 0）是“纯”红，等等。数 $k = 255 = 2^8-1$ 是常见的，即每个色彩通道 8 位。在这样的离散空间中，有 $256^3=2^{24}=$ 16 777 216 种可能的色彩。

RGB 模型可看成 3D 坐标的色彩空间（参见图 2.32），请注意合成色（secondary colors）是两个纯基色的组合。RGB 色彩模型有一些特殊的实例，包括 sRGB，Adobe RGB 和 Adobe 宽色阶（Wide Gamut）RGB。它们在变换矩阵和色阶上略有不同。在 RGB 与 XYZ 色彩空间之间的一种变换是：

$$\begin{bmatrix} R \\ G \\ B \end{bmatrix} = \begin{bmatrix} 3.24 & -1.54 & -0.50 \\ -0.98 & 1.88 & 0.04 \\ 0.06 & -0.20 & 1.06 \end{bmatrix} \begin{bmatrix} X \\ Y \\ Z \end{bmatrix}$$

$$\begin{bmatrix} X \\ Y \\ Z \end{bmatrix} = \begin{bmatrix} 0.41 & 0.36 & 0.18 \\ 0.21 & 0.72 & 0.07 \\ 0.02 & 0.12 & 0.95 \end{bmatrix} \begin{bmatrix} R \\ G \\ B \end{bmatrix} \tag{2.18}$$

美国和日本的彩色电视曾经用过 **YIQ** 色彩模型。Y 分量表示亮度，而 I 和 Q 表达色彩。YIQ 是加性色彩混合的另一个例子。该系统存储亮度值和两个色度通道值，近似对应于色彩中的蓝和红的量。该色彩空间与 PAL 电视制式（澳大利亚，欧洲除法国外，法国使用 SECAM）的 YUV 色彩模型很接近。YIQ 色彩空间相对于 YUV 色彩空间旋转了 33°。YIQ 色彩模型是有用的，由于 Y 分量提供了单色显示所需要的所有信息，进一步地使人类视觉系统的特性得以利用，特别是在我们对**亮度（luminance）**的敏感性方面，亮度代表了觉察到的光源能量。

CMY——青（Cyan）、品红（Magenta）、黄（Yellow）色彩模型是印刷过程中使用的减性色彩混合。它表达需要使用何种油墨，以便使得从白基底（纸、画家的画布）反射的光穿过油墨后产生给定的颜色。CMYK 存储变成黑色需要加的油墨值。黑色可以由 C、M、Y 分量产生，但是由于在打印文档时要大量使用，有一种专门的黑色油墨是有优势的。不同的油墨、基底、印刷特征（改变每种油墨的色彩转换函数，因而改变外观）集合，使用了很多 CMYK 色彩空间。

HSV——色调（Hue）、饱和度（Saturation）、值（Value）（也称作 HSB，色调（hue）、饱和度（saturation）、亮度（brightness）），因为更接近于思维和技巧而为画家所常用。画家通常使用三四十种色彩（由色调所表征，技术上就是主要的波长）。如果想获得另外的色彩，则从给定的去混合，例如，“紫色”或“橙黄”。画家也常需要不同饱和度的色彩，例如将“消防队红色”变为粉红色。他将把“消防队红色”与白色（和/或黑色）相混合来获得期望的较低的饱和度。HSV 色彩模型如图 2.33 所示。

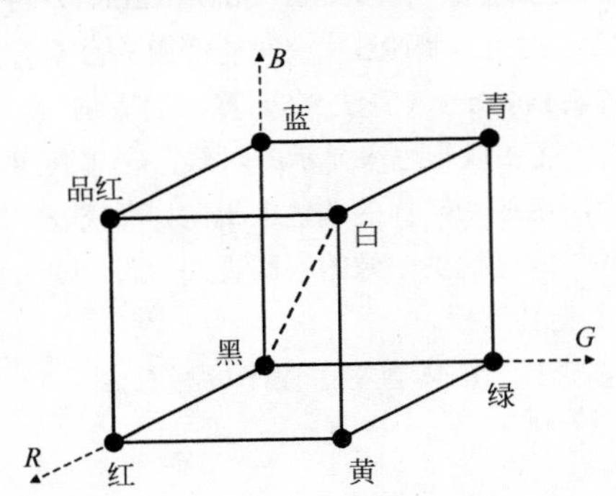

图 2.32　以红、绿、蓝为基色，以黄、青、品红为合成色的 RGB 色彩空间。在 RGB 色彩空间中具有所有亮度的灰度图像处在连接黑色和白色的虚线上

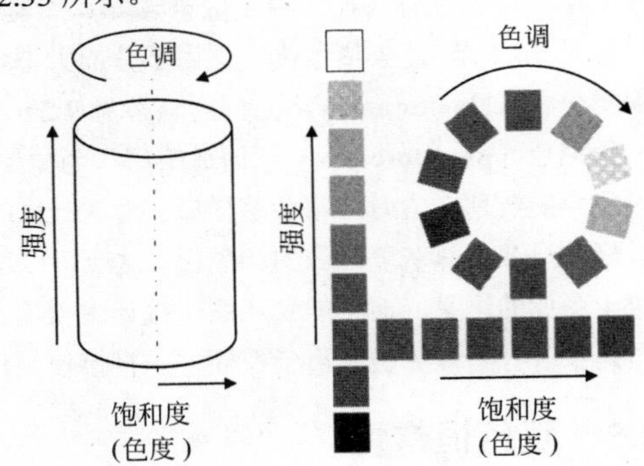

图 2.33　用一个圆柱体和展开的圆柱表示的 HSV 色彩模型，本图的彩色版见彩图 3

HSV 将亮度信息从彩色中分解出来，而色调和饱和度与人类感知相对应，因而使得该模型在开发图像处理算法中非常有用。在我们讲到图像增强算法（例如，均衡化算法 5.1）时，它的用途就会变得明显了，如果我们将增强算法用在 RGB 每个分量上，那么人对该图像的色彩感知就变坏了，而如果仅对 HSV 的亮度分量作增强（让彩色信息不受影响），那么效果就会或多或少地与期望相近。HSL（色调（hue）、饱和度（saturation）、光亮度/明度（lightness/luminance）），也作为 HLS 或 HSI（色调（hue）、饱和度（saturation）、

强度或亮度（intensity））而为人所知，与 HSV 类似。“光亮度”替换了“亮度”。差别在于一种纯色的亮度等于白色的亮度，而一种纯色的光亮度等于中度灰（medium gray）的光亮度。

模　型	色彩空间	应　用
比色学	XYZ	比色学计算
面向设备的，非均匀空间	RGB, UIQ	存储、处理、编码、彩色电视
面向设备的，均匀空间	LAB, LUV	色彩差别，分析
面向使用者的	HSL, HSI	色彩感知，计算机图形学

2.4.4 调色板图像

调色板图像（palette image）（也称作**索引图像（indexed images）**）提供了一个简单的方法来减小表达一幅图像所需的数据量。像素值构成到**查找表（look-up table）**（也称作色彩表，色彩图，索引记录，**调色板**）的连接。查找表含有与像素可能值的范围一样多的项，通常是 8 位＝256 个。表的每项将像素值映射到其色彩，所以有三个数值，三个色彩分量各一个。在典型的 RGB 色彩模型情况下，提供红、绿、蓝的数值。不难看出，与每个 RGB 通道使用 8 位相比这种方法将数据的消耗降低到三分之一（加上查找表的大小）。很多广泛使用的光栅图像格式，例如 TIFF、PNG、GIF 可以存储调色板图像。

如果输入图像的色彩数小于或等于查找表的项数，则可选中所有的色彩不会出现损失。这样的图像可以是卡通电影，或程序的输出。更一般的情况下，图像的色彩数超过查找表的项数，就必须选择色彩的一个子集，会出现信息损失。

色彩选择有多种方式。最简单的方法是将色彩规范地量化成同样大小的立方块。在 8 位例子中，会有 8×8×8=512 这样的立方体。例如，如果图片里有一只在青草中的青蛙，在该查找表中则没有足够的绿色影调来显示好这幅图像。在这种情况下，更好的方法是通过给所有三种色彩分量建立直方图来查明那些色彩出现在图像中，按照给图像中频繁出现的色彩更多的影调的方式来量化。如果将图像转变为调色板表达，则用查找表中的最近色彩（在某种度量意义下）来表示该色彩。这是**矢量量化（vector quantization）**的一个示例（参见 14.4 节），矢量量化广泛用于分析大型多维数据集合。也可以将 RGB 空间的像素的占据看作为一个**聚类分析（cluster analysis）**问题（参见 9.2.6 节），易受诸如 k-means（算法 9.5）算法的影响。

伪彩色（pseudo-color）一词通常用于当原始图像是灰度的而要以彩色来显示的时候，在想利用人类视觉对色彩的辨别能力时经常会这样做。为这一目的，使用如上所描述的同样的调色板机制；查找表中装入可以最好地显示具体灰度图像的调色板。这或可以增强局部变化，或可提供图像的不同视图。选择哪个调色板取决于图像的语义，而不能仅从图像统计中得出。选择是一个交互过程。

几乎所有的计算机图形卡在硬件中直接使用调色板图像。查找表的内容将由程序员写入。

2.4.5 颜色恒常性

考虑在不同照明下看同一表面的情况，例如，如图 2.34 所示的立方体魔方。同样的表面色彩显示在充分照明和阴影中两种情况下。人类视觉系统能够从照明变化中做某种程度的抽象，将某个具体色彩的几种示例感知为相同的。这种现象称作颜色恒常性。当然，使基于光敏传感器的人工感知系统也具备这种能力是值得期待的，但是这是很具有挑战性的。

回顾式（2.17），将第 i 个传感器的光谱响应 q_i 用一定波长范围内的三个因素的乘积的积分来建模：传感器的光敏度 $R_i(\lambda)$，i=1, 2, 3，照明的谱密度 $I(\lambda)$，表面反射 $S(\lambda)$。一个彩色视觉系统必须为每个像素计算如同 $I(\lambda)$=1 时的 q_i。不幸的是，照明的谱密度 $I(\lambda)$通常是不知道的。

暂时假设在理想情况下照明的谱密度 $I(\lambda)$是已知的。颜色恒常性可以通过将每个传感器的输出除以其对照明的敏感度来获得。设 q_i' 是对光照做补偿后的光谱响应（称作 von Kries 系数），$q_i' = \rho_i q_i$，其中

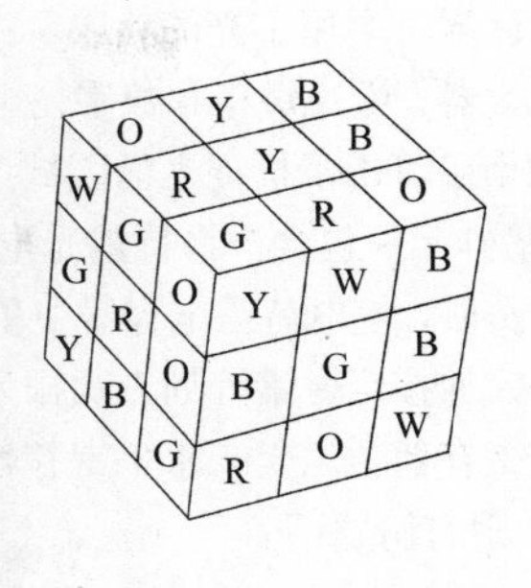

图 2.34　颜色恒常性：在阳光下摄取立方体魔方，三个可见面中的两个处在阴影中。使阴影区域保持白平衡。魔方上有 6 种色彩：R-红，G-绿，B-蓝，O-橙，W-白，Y-黄。将 6 种可获得的色彩赋值给 3×9 可见色块展示在右侧。注意同样色彩的块看起来有多么不同：参见橙色的三个示例的 RGB 数值，本图的彩色版见彩图 4

$$\rho_i = 1 \Big/ \int_{\lambda_1}^{\lambda_2} I(\lambda) R_i(\lambda) \mathrm{d}\lambda \tag{2.19}$$

通过将三个光敏传感器的色彩响应乘以 von Kries 系数 ρ_i 可以获得部分的颜色恒常性。

在实践中，有几个障碍使得这一过程不可行。第一，不知道照明的谱密度 $I(\lambda)$；仅能根据表面反射对其进行间接的估计。第二，第 i 个传感器的光谱响应 q_i 只能近似地表达光谱。显然，颜色恒常性是病态的，如果对场景不带附加假设则无法解决。

人们提出了几种假设。可以假设图像等平均色彩是灰色。在这种情况下，可以调整每个传感器类型的敏感度直至假设成立。这就会使对于照明的色彩具有非敏感性。这种色彩补偿方式在视频摄像机中常用于自动白平衡中。另一种常用的假设是图像中最亮的点具有照明的色彩。当场景中含有镜面反射时，它具有照明未经表面元改变而反射的特性，这种假设成立。颜色恒常性因人类视觉系统的感知能力而变得更为复杂。人类对定量色彩的记忆相当差，且具有色彩适应。对同样的色彩在不同局部环境下感觉是不同的。

2.5　摄像机概述

2.5.1　光敏传感器

常见于摄像机（摄像头）中的光敏传感器可分为两组：

基于光发射（photo-emission）原理的传感器利用光电效应。传入辐射携带的外部光子带有足以激发自由电子的能量。这种现象在金属中最强烈。在图像分析相关应用中，它被用于光电倍增管和真空管电视摄像机中。

基于光伏（photovoltaic）原理的传感器随着半导体的发展而广泛使用。光子的能量引起电子从价电带改变为导电带。传入的光子数量影响宏观的导电性。激发的电子是电压源而以电流形式显现出来，电流正比于传入能量（光子）的量。这种现象用在了几种技术元件中，例如，光电二极管，雪崩型光电二极管（光放大器，从用户角度看与光电倍增管具有类似性能，它也放大了噪声，用于例如夜视摄像机中），光敏电阻器，肖特基光电二极管。

在摄像机中广泛使用的半导体光敏传感器有两个类型：CCD（电荷耦合器件 charge-coupled device）和 CMOS（互补型金属氧化物半导体 complementary metal oxide semiconductor）。两种技术都是 20 世纪 60～70 年代实验室里的发明。CCD 技术成熟于 20 世纪 70 年代，发展成为摄像机中最广泛使用的光传感器。CMOS 技术成熟于 20 世纪 90 年代。

在 CCD 传感器中，每个像素的电荷通过仅仅一个输出结点传送被转换成电压，暂存、传出芯片作为一模拟信号。整个像素区域可全用于光的获取。在 CMOS 传感器中，每个像素有其自身的电荷到电压的转换器，传感器常包含放大器、噪声矫正和数字化电路，以便芯片输出（数字的）二进制数字。这些其他功能增加了设计复杂度，减小了可用于捕捉光的区域。针对基本操作，可以制造需要较少片外电路的芯片。

CCD 传感器的基础元件包含一肖特基光电二极管和一场效应晶体管。落在光电二极管结合处的光子从晶格中释放电子产生势阱，使电荷在电容器中积累。收集到的电荷与光的强度和照射在光电二极管上的持续时间成正比。传感器元件按照像素阵列方式排列构成一 CCD 芯片。传感器元件累积到的电荷按每次一行的方式经由一纵向移位寄存器传送至一水平寄存器。电荷按组桶方式移出形成视频信号。

CCD 芯片有三个固有问题：

- 模糊现象由邻近像素中电荷的相互影响形成。
- 不可能直接取址获取 CCD 芯片中的单个像素，因为读取是经由移位寄存器的。
- 单个 CCD 元件能累积 3 万～20 万个电子。CCD 传感器固有噪声的普通水平是 20 个电子的数量水平。在冷却的 CCD 芯片情况下，信噪比（SNR）为 SNR=20log(200 000/20)，即在最好的情况下对数噪声大约是 80dB。这就使得 CCD 传感器最好情况下能够处理四个亮度数量级。而对于非冷却的 CCD 摄像机来说，这个范围降至大约两个数量级。传入的光的亮度变化范围通常会更高。

目前的技术还达不到人眼的水平。进化使人眼具有能够感知不寻常的九个强度（亮度）数量级（如果提供其适应的时间）。之所以能够取得这么大的范围，是因为人眼对亮度的响应正比于传入的亮度的对数。但是，在所能获得的传感器中，CCD 摄像机具有最高的灵敏度（可在黑暗中看）和低噪声水平。由于数码相机的广泛使用，CCD 元件数量很大。

半导体技术的发展使得矩阵型的 CMOS 技术的传感器的生产成为可能。该技术在半导体工业中用于大规模的生产，这是因为处理器和存储器是用同样的技术制造的。这具有两个优点。第一，大规模生产导致低价格；因为同样是 CMOS 技术，光敏矩阵型元件可以集成到与处理器与/或操作存储器同一芯片上。这为“聪明摄像机（smart cameras）”打开了大门，将图像获取和基本图像处理在同一芯片上进行。

CMOS 摄像机（不同于 CCD）的另一优点是更高的感光强度范围（约四个数量级），读出时间快（约 100ns）及随机存取单个像素。缺点是噪声水平高了大约一个数量级。

2.5.2 黑白摄像机

摄像机由光学系统（镜头）、光敏传感器和使之能够捕获图像并为进一步处理而传送图像的电子组件组成。

尽管目前图像获取设备越来越多地使用全数字摄像机，为了使内容完整，这里先简要介绍上一代的模拟摄像机。模拟摄像机产生完整的电视信号，包含光强信息和使之能逐行显示的横向和纵向同步脉冲。帧的扫面可以是如同普通模拟电视中的隔行扫描，其引入是为了降低阴极射线管（CRT）屏幕的闪烁现象。在美国和日本使用 60 半帧（场）每秒扫描频率，而欧洲和其他地区使用 50 半帧每秒扫描频率。在美国和日本整个图像有 525 线，在欧洲和其他地区有 625 线。模拟摄像机需要一块数字化电路板（图像捕捉卡）与图像获取链相连。

模拟摄像机有抖动问题，即两个相邻的线没有对齐而彼此在统计方式下相对地“浮动”。人眼对于抖动并不敏感，因为它将统计变化平滑掉了。但是，当摄像机用于测量目的时，比如计量，抖动会引起问题。非隔行扫描的模拟摄像机配上合适的帧捕捉卡抑制了这个问题。非隔行扫描的摄像机无须与电视规范一致，通常提供更高的分辨率，例如 1024×720 像素。当前，人们在测量应用中优先选择使用数字摄像机，这些数字摄像机为测量应用提供了更高的分辨率-在这一版本教材准备的过程中，CMOS 摄像机芯片的分辨率已经达到了 10 000×7096 像素。

带 CCD 芯片的模拟摄像机的模块框图如图 2.35 所示。AGC（Automatic Gain Control 自动增益控制）模块根据场景中光的多少自动改变摄像机的增益。增益在如下两个因素之间做折中，使场景中在低照度区域有必要的敏感度和力图避免在亮的区域饱和。

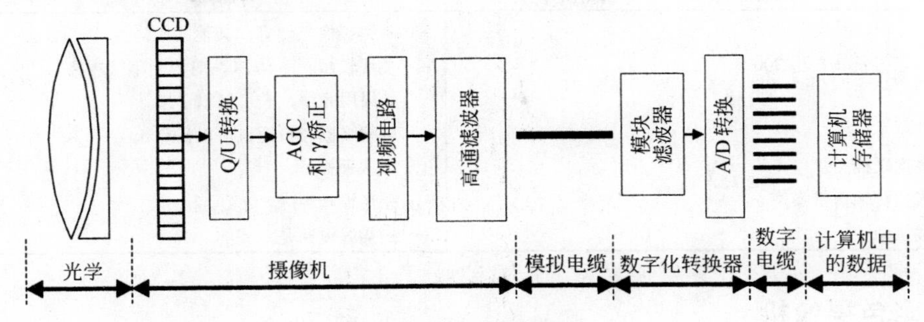

图 2.35　模拟 CCD 摄像机

摄像机通常还有一个模块称作 γ 矫正，实施亮度级的非线性变换。其在显示链中的必要性源于使用阴极射线管（CRT）的电视技术。栅偏压 U 和产生的荧光辐照度 L（~亮度）之间的依赖关系是指数型的，$L = U^{\beta}$，β 的典型数值是 2.2。转换曲线的形状大体上是抛物线形。注意现代平板液晶显示器（Liquid Crystal Displays，LCD）的亮度与输入电压成线性关系。

为了维持整个显示链与 CRT 转换函数的线性关系，需要用一反曲线来补偿非线性转换函数。在电视时代的开始阶段，将补偿电路放入少数摄像机中比起放在大规模生产的电视机中要容易且也更便宜。由于有向后兼容的需要，摄像机中有一个模块来修正摄像机输出电压 U_k 与输入辐射率 E 两者之间的依赖关系，$U_k=E^{1/\beta}=E^{\gamma}$。因此，$\gamma$ 的典型数值是 $\gamma=1/2.2\approx0.45$。有些摄像机允许在[0, 1]范围设置 γ 值。$\gamma=1$ 对应于关掉矫正模块。

有时，有必要将摄像机用作传入光强度的绝对测量设备。在实际测量开始前，必须对图像捕捉链作辐射计量的校正。在这种情况下，需要关掉 AGC 和 γ 矫正。更高品质的摄像机允许打开或关掉 AGC 和 γ 矫正。对于便宜的摄像机，通过干预摄像机的电子组件关掉 AGC 和 γ 矫正也是可能的。

模拟摄像机配备有视频电路将帧同步脉冲加载到信号中。摄像机中的高通滤波器补偿光学部件的高频衰减。电视信号通常通过同轴电缆传导给计算机中的数字化转换器（帧捕捉卡）。在数字化转换器的输入端，有时有高通滤波器来补偿缆线引起的高频损失。

数字摄像机的模块框图如图 2.36 所示。从光子能量到电压的转换与模拟摄像机相同，包含可能的 AGC 和/或 γ 矫正。模数（A / D）转换器提供一正比于输入光强度的数。需要将这些数传入计算机进行后续处理，连接可以由并行的或串行的硬件来完成。串行连接通常利用广泛使用的 IEEE 1394（FireWire（新串接规格））或 USB（Universal Serial Bus 通用串行总线）技术标准。在并行连接的情况下，只能使用长度大约 1 米的短缆线。

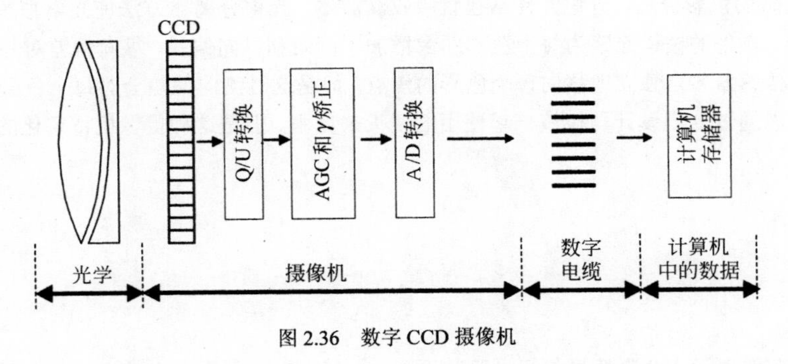

图 2.36　数字 CCD 摄像机

模拟摄像机	数字摄像机
+ 便宜	+ 网络摄像机便宜。其他的在降价
+ 缆线可以很长（长达 300 米）	– 缆线较短（≈10 米，对于新串接规格） 如果用光缆，长可以以千米计 对网络摄像机而言可以任意长
– 信号多次采样	+ 单次采样
– 由于模拟传输而带噪声	+ 无传输噪声
– 扫描线抖动	+ 扫描线纵向是对齐的

2.5.3 彩色摄像机

电子的光敏传感器是单色的。有三种策略来获取彩色图像：

- 在单色摄像机前利用色彩滤波器依次记录三种不同的图像。这种方法只用于精确的实验室测量，因为对于任意涉及运动的物体不可能这样做。
- 在单个传感器上使用色彩滤波器阵列。
- 使用类棱镜元件将传入光分解成几种色彩通道。

常将色彩滤波器阵列镶嵌与单个光敏传感器相结合创建彩色摄像机。每个像素被覆盖以单个滤波器，这可以在芯片包上的玻璃遮盖上实现（混合滤波器），或直接在硅片上实现（monolithic 滤波器）。每个像素获取一种颜色。因此，彩色分辨率大约只是几何分辨率的三分之一，而在单色摄像机时这个几何分辨率则对应于同样数目的像素。每个像素的完整彩色数值可以通过局部邻接区域内相同彩色的内插获得。

人眼对于绿色最敏感，红色次之，蓝色最差。这一特性在单芯片摄像机的最普通的色彩滤波器上用到了，称作 Bayer 滤波器镶嵌或模式（Bryce E. Bayer, 1976 年的美国专利），如图 2.37 所示。可以发现，绿色敏感的像素数目与红色和蓝色敏感像素合起来的数目一样多。

G	B	G	B	G	B	G	B
R	G	R	G	R	G	R	G
G	B	G	B	G	B	G	B
R	G	R	G	R	G	R	G

图 2.37 单芯片彩色摄像机的 Bayer 滤波器镶嵌

镶嵌滤波器的突出优点是其光学简单性。它提供了为了使用标准胶片镜头所必需的单一的焦平面。好的镶嵌滤波器提供优质的带通传送。很多专业级的数码单反（SLR（Single Lens Reflex）单镜头反射）和电影摄像机使用镶嵌滤波器。

多芯片摄像机使用色彩滤波器将传入光分成不同的色彩通道。光传感器简单而保持空间分辨率。将传感器与分色器和棱镜相配准和注册需要高精度。对于相同大小的像素，因为其滤波器损失的光应该比较少，分色系统在低光情况下应该具有更高的敏感性。在实际中，这一优点并不总是可以获得的。由于单纯反射可能提供不了足够精确的色彩分离，分色元件常包含吸收滤波器。光束分离器方法使光学系统复杂化，显著地限制了镜头的选择。额外的棱镜光路为每个色彩图像增加了侧向和纵向偏差。纵向偏差对每个色彩导致不同的焦距，可以将光传感器各自独立地移向每个色彩的焦点，但是这时侧向偏差会对每个色彩产生不同的放大倍率。这些偏差可以通过专门设计与棱镜一起使用的镜头来克服，但是这种摄像机特定化的镜头稀少、不灵活而且昂贵。

2.6 总结

- 基本概念
  - 灰度图像表示为两个变量的标量函数 $f(x, y)$，其中(x, y)是平面内的坐标。
  - 在很多情况下，图像是作为 3D 场景到 2D 投影的结果形成的。

- 数字化图像的定义域是一个有限的离散栅格，其坐标是自然数。数字化图像的值域是一个有限的灰度值（亮度）的离散集合。像素是图像的基本单位。

- 图像数字化
  - 图像的数字化可以看作是采样函数与连续图像函数的乘积。
  - 通常栅格由规格化的多边形（方形或正六边形）组成。采样的第二方面是设置采样点间的距离（采样距离越小图像的分辨率越高）。
  - 灰阶的量化决定着明暗和伪轮廓。人最多可以识别大约 60 个灰度级别。只含有黑和白像素的图像称作二值图像。
- 数字图像性质
  - 为了能够表达离散几何，必须定义像素的邻接关系。
  - 必须建立提供两个像素间距离的函数，有几种已在使用的定义方法。最常用的是“城市街区”、“棋盘”和日常生活中用的欧式距离。如果栅格上设置了邻接关系，就获得了光栅。
  - 给定光栅，就引入了拓扑性质。这些性质是基于“连通的”这一关系，导致区域、背景、孔和区域边界概念。区域的凸包是包含它的一个最小凸子集。
  - 4-邻接和 8-邻接会产生“交叉线条”悖论，使基本的离散几何算法复杂化。但是，对于二值和灰度图像都存在解决这些悖论的方法。
  - 一幅二值图像的距离变换（斜切）提供每个像素到最近的非零像素的距离。存在一个在计算上高效的计算距离变换的两遍算法，具有与像素数目成线性的复杂度。
  - 亮度直方图是图像亮度的全局描述，给出了像素具有某个亮度的概率密度估计。
  - 人的视觉感知有很多错觉。感知组织作为人感知图像的一些性质对于计算机视觉有启发作用。
  - 现场图像与任何其他测量或观测一样总是带有噪声的，定量地估计噪声的程度是可能的，比如使用信噪比。
  - 噪声的常见模型有白噪声、高斯噪声、冲击噪声、胡椒盐噪声。
- 彩色图像
  - 人的色彩感知是在电磁辐射的波长这一客观的物理性质基础之上的主观心理物理层次。
  - 人类针对入射辐照光建立起了波长敏感的三种类型的传感器。人类视网膜上颜色敏感的感受器是锥状体。视网膜上另一种光敏感受器是杆状体，专注于在周边光照强度低的情况下的单色感知。锥状体按照感知的波长范围分为三类，近似地对应于红、绿、蓝。
- 摄像机
  - 多数摄像机使用 CCD 或 CMOS 光敏元件，两者都使用光伏原理。它们捕获单色图像的亮度。
  - 摄像机配备了必要的电子组件以提供数字化的图像。彩色摄像机与单色摄像机类似，含有色彩滤波器。

2.7 习题

简答题

S2.1 为什么 NTSC，PAL（已经使用了几十年）规范的模拟电视需要使用隔行扫描线？

S2.2 请定义：

- 空间分辨率
- 光谱分辨率
- 辐射计量分辨率

- 时间分辨率

S2.3 请定义：

- 加性噪声
- 乘性噪声
- 高斯噪声
- 冲激噪声
- 椒盐噪声

S2.4 请使用示意图定义**透视投影**和**正交投影**。

S2.5 一个感光器或者照相传感器可以使用如下的公式建模：

$$q_i = \int_{\lambda_1}^{\lambda_2} I(\lambda)R_i(\lambda)S(\lambda)\mathrm{d}\lambda \tag{2.20}$$

- 命名或描述每一个独立变量。
- q_i是什么？

S2.6 使用 Matlab 或者类似的软件来产生具备很低对比度的图像：确定哪些对比度是人类可以检测到的？

S2.7 解释颜色恒常性这一概念。为什么它对于彩色图像处理和/或分析很重要？

S2.8 简要描述人类能够感知的颜色范围和典型的 CRT 或者 LCD 可显示的颜色范围之间的关系。在一个 CIE 色品图中提供关于这两个颜色范围的大致草图。

思考题

P2.1 一个包含 50 个半帧每秒的隔行扫描电视信号被采样成 500×500 像素的图像（矩阵），每个像素为 256 个灰度级。计算帧接收器中必须进行的模数转换过程中的最小的采样频率，使用单位 kHz（kiloHertz）。

P2.2 获取一些 RGB 图像。开发软件将它们转换到使用 YIQ 和 HIS 颜色空间的表示。给它们添加不同程度的噪声（比如，使用算法 2.3），然后将它们再转化到 RGB 颜色空间进行显示。

P2.3 使用你选择的软件包（最好是 Matlab 或者等价的一些软件），提取一些“有趣的”子图并使用图 1.8 的方式绘制他们。自己观察一下它们并感觉在可视化识别和像素之间转化的困难。

P2.4 开发一个程序读取一幅输入图像并且控制它的空间分辨率和灰度级分辨率；对于一系列的图像（合同的，包含人造物体的，包含自然场景的……），做实验确定图像能够辨别的最小分辨率。对于多种不同的目标进行这样的实验。

P2.5 讨论一下影响图像中像素**亮度**的各种因素。

P2.6 对于字母表中的每个大写印刷体字符，指出各有多少湖和海湾。得出一个查找表，列出每个字母及其湖和海湾的数目。用该“特征”作为鉴别字符的依据，评价一下性能如何。

P2.7 对于一定范围的图像和一定范围的噪声污染，计算信噪比（式（2.13））。给出一些有关什么样的噪声是“坏”噪声的主观的结论。

P2.8 实现算法 2.3。对于一定范围的图像，对于不同的 数值，画出$f(x, y) - g(x, y)$的分布。度量一下它与“纯”高斯分布的偏差。

P2.9 写一个程序计算图像的直方图。对于一定范围的图像，画出其直方图。当彩色图像分别用下面的模型表示时，画出其三个分量的直方图：

- RGB
- YIQ
- HSI

P2.10 实现直方图平滑，考察一下为了抑制你所认为的噪声或小尺度图像影响造成的转折点，需要多大程度的平滑。

P2.11 在矩形栅格上实现斜切算法，然后在一幅合成图像上测试它的效果。这幅合成图像包含一个在（白色）背景上的指定（黑色）形状的一部分。对于一定范围的形状，按照基于以下不同度量方式的斜切算法，分别显示其结果：

- 欧式度量
- 城市街区度量
- 棋盘度量

P2.12 在六边形栅格上实现斜切算法，并显示出结果。

P2.13 使用灰度值频率（通过直方图）作为式（2.7）中 p 的一个估计，计算一系列不同图像/子图的熵。是什么导致了熵值的增加或者减小？

P2.14 解决数字化悖论的一种方法是混合连通性。对前景用 8-邻接处理，而对背景用 4-邻接处理，考察一下课文中所提及的悖论（见图 2.9 和图 2.10）。会产生新的悖论吗？这种方法可能的缺点是什么？

P2.15 使自己熟悉 Matlab 教辅书中对应于本章中解决的问题以及 Matlab 实现的相关算法[Svoboda et al., 2008]。Matlab 教辅书的主页 http://visionbook.felk.cvut.cz 中提供了这些问题中使用的图像，以及为教学设计的注释良好的 Matlab 代码。

P2.16 使用 Matlab 教辅书[Svoboda et al., 2008]来求解那里提供的一些附加习题和实际问题。使用 Matlab 或者其他合适的语言来实现你自己的答案。

2.8 参考文献

Barrett H. H. and Myers K. J. *Foundation of Image Science*. Willey Series in Pure and Applied Optics. Wiley & Sons, Hoboken, New Jersey, USA, 2004.

Barrow H. G., Tenenbaum J. M., Bolles R. C., and Wolf H. C. Parametric correspondence and chamfer matching: Two new techniques for image matching. In *5th International Joint Conference on Artificial Intelligence*, Cambridge, CA, pages 659–663. Carnegie-Mellon University, 1977.

Borgefors G. Distance transformations in digital images. *Computer Vision Graphics and Image Processing*, 34(3):344–371, 1986.

Bracewell R. N. *Fourier Analysis and Imaging*. Springer-Verlag, 1st edition, 2004.

Brett King D. and Wertheimer M. *Max Wertheimer and Gestalt Theory*. New Brunswick, 2005.

Breu H., Gil J., Kirkpatrick D., and Werman M. Linear time euclidean distance transform algorithms. *IEEE Transactions on Pattern Analysis and Machine Intelligence*, 17(5):529–533, 1995.

Bruce V., Green P. R., and Georgeson M. A. *Visual Perception: Physiology, Psychology, and Ecology*. Psychology Press, Boston, 3rd edition, 1996.

Burger W. and Burge M. J. *Digital Image Processing: An Algorithmic Introduction Using Java*. Springer-Verlag, 2008.

Frisby J. P. *Seeing—Illusion, Brain and Mind*. Oxford University Press, Oxford, 1979.

Kay P. Color categories are not arbitrary. *Cross-cultural Research*, 39(1):39–55, 2005.

Klette R. and Rosenfeld A. *Digital Geometry, Geometric Methods for Digital Picture Analysis*. Morgan Kaufmann, San Francisco, CA, 2004.

Kovalevsky V. A. Finite topology as applied to image analysis. *Computer Vision, Graphics, and Image Processing*, 46:141–161, 1989.

Maurer C. R., Qi R., and Raghavan V. A linear time algorithm for computing exact Euclidean distance transforms of binary images in arbitrary dimensions. *IEEE Transactions on Pattern Analysis and Machine Intelligence*, 25(2):265–270, 2003.

Montanari U. A method for obtaining skeletons using a quasi-euclidean distance. *Journal of the Association for Computing Machinery*, 15(4):600–624, 1968.

Palmer S. E. *Vision Science : Photons to Phenomenology.* The MIT Press, Cambridge, MA, USA, 1999.

Pitas I. *Digital Image Processing Algorithms.* Prentice-Hall, Hemel Hempstead, UK, 1993.

Pratt W. K. *Digital Image Processing.* Wiley, New York, 1978.

Rosenfeld A. and Kak A. C. *Digital Picture Processing.* Academic Press, New York, 2nd edition, 1982.

Rosenfeld A. and Pfaltz J. L. Distance functions on digital pictures. *Pattern Recognition*, 1(1): 33–62, 1968.

Rosenfeld A. and Pfaltz J. L. Sequential operations in digital picture processing. *Journal of the Association for Computing Machinery*, 13(4):471–494, 1966.

Shannon C. E. A mathematical theory of communication. *Bell System Technical Journal*, 27: 379–423, 623–656, 1948.

Svoboda T., Kybic J., and Hlavac V. *Image Processing, Analysis, and Machine Vision: A MATLAB Companion.* Thomson Engineering, 2008.

Wandell B. *Foundation of Vision.* Sinauer Associates, 1995.

第 3 章

图像及其数学与物理背景

3.1 概述

本章在比第 2 章更深的理论层面上考虑数字图像的各个方面，我们并不介绍所有必需的数学和物理基础，有关的内容在许多更相关的地方有透彻的讲解。建议不熟悉这个背景的读者只考虑解释性的文字表述，可以忽略本章而并不有损于理解本书随后出现的算法。

本章分为三部分：3.2 节论述积分线性变换，提供一种不同的领悟图像的方法，常用于分析中。这部分内容通常在大学数学或信号处理课程中教授；3.3 节概述了概率方法，当图像不能确定性地表达时这是必需的。在这种情况下，常需要更复杂的方法，这时图像被理解为随机过程的实现；3.4 节介绍图像形成的物理学。在计算机分析图像之前，理解图像是如何创建的是有益的。本节以解释如何实现一个光学系统来模拟针孔相机的基本几何光学开始。我们介绍了辐射学和光度学概念，这是从物理学的角度来解释图像形成。在很多实际情况下，并不直接考虑图像形成的物理学，原因是要确定描述特定捕捉环境的所有参数太过于复杂，而且有些相关的任务是病态的。尽管如此，仍建议读者浏览本节内容，以理解图像获取过程的物理学知识是如何可以对分析做出贡献的。

3.1.1 线性

线性（**linearity**）这一概念将在本书中频繁出现：这与**矢量**（**线性**）**空间**（**vector (linear) space**）有关，其中常用矩阵代数。线性也与矢量空间的更一般元素有关，比如，函数。在线性代数中**线性组合**（**linear combination**）是一个关键概念，允许矢量空间的一个新元素可以表示为已有元素与系数（标量，通常是实数）乘积的和。两个矢量 x, y 的一般线性组合可以写成 $ax+by$，其中 a 和 b 是标量。

考虑两个线性空间之间的映射$\mathcal{L}$。如果$\mathcal{L}(x+y)=\mathcal{L}x+\mathcal{L}y$，则称为加性（additive）的，如果对于任意的标量 a 有$\mathcal{L}(ax)=a\mathcal{L}x$，则称为单一性的（homogeneous）。从实际角度看，这意味着输入的和（分别地，乘）产生各自输出的和（分别地，乘）。这一性质也称作**叠加原理**（**superposition principle**）。如果$\mathcal{L}$是加性的且是单一性的（即满足叠加原理），则称该映射是线性的。等价地，对于任意的矢量 x、y 和标量 a、b，线性映射满足$\mathcal{L}(ax+by)=a\mathcal{L}x+b\mathcal{L}y$，即它保持线性组合。

3.1.2 狄拉克（Dirac）分布和卷积

从连续过渡到离散领域，了解其形式基础是有帮助的，了解卷积的定义同样也是有帮助的。这些是推崇使用线性代数的基本激励。理想的冲击是一个重要的输入信号，图像平面上的理想冲击是用**狄拉克分布**（**Dirac distribution**）定义的，$\delta(x, y)$

$$\int_{-\infty}^{\infty}\int_{-\infty}^{\infty}\delta(x,y)\mathrm{d}x\mathrm{d}y=1 \tag{3.1}$$

且对于所有的 $x, y\neq 0$，有$\delta(x, y)=0$。

式（3.2）被称为狄拉克分布的“筛特性”（sifting property），它提供函数$f(x, y)$在点 λ, μ 的值：

$$\int_{-\infty}^{\infty}\int_{-\infty}^{\infty}f(x,y)\delta(x-\lambda,y-\mu)\mathrm{d}x\mathrm{d}y=f(\lambda,\mu) \tag{3.2}$$

筛式可以用来描述连续图像函数$f(x, y)$的采样过程。我们可以将图像函数表示成覆盖整个图像平面的位于各点（a,b）的狄拉克脉冲的线性组合；采样由图像函数$f(x, y)$加权，

$$\int_{-\infty}^{\infty}\int_{-\infty}^{\infty} f(a,b)\delta(a-x,b-y)\mathrm{d}a\mathrm{d}b = f(x,y) \tag{3.3}$$

卷积（**convolution**）在图像分析的线性方法中是一种重要的运算。卷积是一个积分，反映一个函数$f(t)$在另一个函数上$h(t)$移动时所重叠的量。函数f和h的在有限域$[0, t]$上的 1D 卷积$f*h$由下式给出：

$$(f*h)(t) \equiv \int_0^t f(\tau)h(t-\tau)\mathrm{d}\tau \tag{3.4}$$

为了准确起见，卷积积分的上下限是（$-\infty$, ∞）。这里可以限定在$[0, t]$区间，原因是我们假设负坐标部分的值是零。

$$(f*h)(t) \equiv \int_{-\infty}^{\infty} f(\tau)h(t-\tau)\mathrm{d}\tau = \int_{-\infty}^{\infty} f(t-\tau)h(\tau)\,\mathrm{d}\tau \tag{3.5}$$

设f、g、h为函数，a是一标量常数。卷积具有如下性质：

$$f*h = h*f \tag{3.6}$$

$$f*(g*h) = (f*g)*h \tag{3.7}$$

$$f*(g+h) = (f*g)+(f*h) \tag{3.8}$$

$$a(f*g) = (a\,f)*g = f*(a\,g) \tag{3.9}$$

对卷积进行微分有

$$\frac{\mathrm{d}}{\mathrm{d}x}(f*h) = \frac{\mathrm{d}f}{\mathrm{d}x}*h = f*\frac{\mathrm{d}h}{\mathrm{d}x} \tag{3.10}$$

后面我们将看到上述公式是很有用的，例如，在图像的边缘抽取中。

卷积可以推广到更高维。2D 函数f和h的卷积g记为$f*h$，通过积分定义为

$$\begin{aligned}(f*h)(x,y) &= \int_{-\infty}^{\infty}\int_{-\infty}^{\infty} f(a,b)h(x-a,y-b)\mathrm{d}a\mathrm{d}b \\ &= \int_{-\infty}^{\infty}\int_{-\infty}^{\infty} f(x-a,y-b)h(a,b)\mathrm{d}a\mathrm{d}b \\ &= (h*f)(x,y)\end{aligned} \tag{3.11}$$

在数字图像分析中，**离散卷积**（**discrete convolution**）用求和来表达，而不是积分。数字图像在图像平面上有有限的定义域。但是，有限的定义域并不妨碍我们使用卷积，因为在图像定义域外它们的结果是零。卷积表达了使用滤波器h的一个线性滤波处理，在局部图像预处理和图像复原中常用到线性滤波。

线性操作中输出图像像素$g(i,j)$的计算结果是输入图像像素$f(i,j)$的一个局部邻域$\mathcal{O}$的亮度的线性组合。邻域$\mathcal{O}$中像素的贡献用系数h加权：

$$f(i,j) = \sum_{(m,n)\in\mathcal{O}} h(i-m,j-n)g(m,n) \tag{3.12}$$

式(3.12）与以h为核的离散卷积等价，称h为**卷积掩膜**（**convolution mask**）。一般使用具有为奇数的行和列的矩形邻域$\mathcal{O}$，这样能够确定邻域的中心。

3.2 积分线性变换

在图像处理中经常使用积分线性变换。使用这种变换时，图像被当作线性（矢量）空间来处理。如同处理 1D 信号一样，常使用图像函数的两个基本表达：**空域**（**spatial domain**）和**频域**（**frequency domain**）（频谱）。在后一种情况下，图像表达为某种积分线性变换的一组基函数的线性组合。举例来说，傅里叶变换使用正弦和余弦作为基函数。在空域如果使用线性运算（这种线性运算的一个重要例子就是卷积），则在图像表达的空域和频域之间存在 1-1 映射。高级的信号/图像处理超越了线性运算，这些非线性处理技术主要用于空域中。

3.2.1 作为线性系统的图像

图像及其处理可以建模为由狄拉克冲击δ（见式(3.1)）表达的点展开函数（point spread function）的叠加。在使用这种图像表示时，就可以采用成熟的线性系统理论来研究。

算子是从一个矢量空间到另一个矢量空间的映射。一个线性算子$\mathcal{L}$（也称作线性系统）具有如下性质：

$$\mathcal{L}\{af_1 + bf_2\} = a\mathcal{L}\{f_1\} + b\mathcal{L}\{f_2\} \tag{3.13}$$

一幅图像f可以表示成由狄拉克冲击δ表达的点展开函数的线性组合。假设输入图像f由式(3.3)给出。线性系统$\mathcal{L}$对输入图像f的响应g由下式给出

$$\begin{aligned} g(x,y) = \mathcal{L}\{f(x,y)\} &= \int_{-\infty}^{\infty}\int_{-\infty}^{\infty} f(a,b)\mathcal{L}\{\delta(x-a,y-b)\}\mathrm{d}a\mathrm{d}b \\ &= \int_{-\infty}^{\infty}\int_{-\infty}^{\infty} f(a,b)h(x-a,y-b)\mathrm{d}a\mathrm{d}b = (f*h)(x,y) \end{aligned} \tag{3.14}$$

其中h是线性系统$\mathcal{L}$的冲击响应。换句话说，线性系统$\mathcal{L}$的输出可以表示为输入图像f与该线性系统的冲击响应h的卷积。对式(3.14)两边作傅里叶变换（在 3.2.3 节和 3.2.4 节介绍），而傅里叶图像用各自的大写字母来表示，就可以得到如下的公式：

$$G(u,v) = F(u,v)H(u,v) \tag{3.15}$$

式(3.15)常用于图像预处理中表示平滑和锐化的处理，将在第 5 章进一步讨论。

事实上实际的图像并不是线性的，图像坐标和图像函数的数值（亮度）都是有限的，认识这一点是很重要的。实际的图像总是有限大小的，亮度的级别数也是有限的。尽管如此，在很多情况下图像可以用线性系统来近似。

3.2.2 积分线性变换引言

积分线性变换提供了一个工具，可以将信号和图像在更适合的域来表达，使得信息可实视性更好且解决相关问题更容易。特别地，我们对“频域”感兴趣，其逆变换存在。在这种情况下，空域和频域之间存在 1-1 映射。在图像分析中最常用的积分线性变换是傅里叶变换、余弦变换和小波变换。

在图像处理中积分线性变换通常的应用是图像滤波，该词来源于信号处理——输入图像经某滤波器处理后获得输出图像。滤波既可以在空域也可以在频域进行，如图 3.1 所示。在频域，滤波可以看作增强或减弱特定频率。

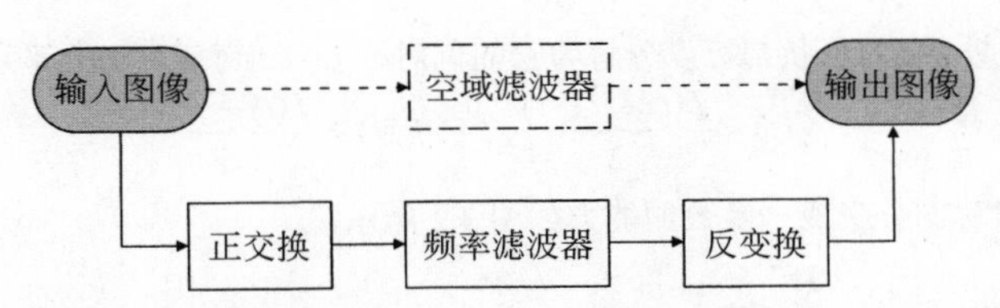

图 3.1 图像可以在空域或频域处理。对于线性运算，两种方法会产生同样的结果

下面从回顾简单的 1D 傅里叶变换开始，然后是 2D 傅里叶变换，简单地提及小波变换。

3.2.3 1D 傅里叶变换

法国数学家约瑟夫·傅里叶（Joseph Fourier）提出的，1D 傅里叶变换$\mathcal{F}$将一个函数$f(t)$（例如，依赖于时间）变换到频域表达，$\mathcal{F}\{f(t)\}=F(\xi)$，其中$\xi$ [Hz=s^{-1}]是频率而$2\pi\xi$ [s^{-1}]是角频率。复函数F称作（复）频谱，用它可以更容易显示不同频率的相对成分。例如，正弦波具有简单的频谱，关于 0 对称的双峰构成，对于正频率而言，表明只出现一种频率。

设i为通常的虚数单位。连续傅里叶变换$\mathcal{F}$由下式给出：

$$\mathcal{F}\{f(t)\} = F(\xi) = \int_{-\infty}^{\infty} f(t) e^{-2\pi i \xi t} \mathrm{d}t \tag{3.16}$$

傅里叶逆变换$\mathcal{F}^{-1}$为

$$\mathcal{F}^{-1}\{F(\xi)\} = f(t) = \int_{-\infty}^{\infty} F(\xi) e^{2\pi i \xi t} \mathrm{d}\xi \tag{3.17}$$

函数$f(t)$的傅里叶谱存在的条件是：

- $\int_{-\infty}^{\infty} |f(t)| \mathrm{d}t < \infty$。
- f在任何有限的区间内只能有有限个不连续点。

数字信号（包括图像）的傅里叶变换总是存在的，因为它们是有限的且具有有限个不连续点。稍后我们将会看到，如果要对图像用傅里叶变换就必须假设图像是周期性的。图像事实上不是典型地周期性的，这引起的问题将稍后讨论。

要理解式(3.16）的含义，将傅里叶逆变换表达为黎曼和是有帮助的：

$$f(t) \doteq (\cdots + F(\xi_0) e^{2\pi i \xi_0 t} + F(\xi_1) e^{2\pi i \xi_1 t} + \cdots)\Delta\xi \tag{3.18}$$

其中 $\Delta\xi=\xi_{k+1}-\xi_k$，对于所有的 k，逆变换公式表明任何 1D 函数可以分解为很多不同的复指数的加权和（积分）。这些复指数可以分解为正弦和余弦函数（也称作谐波函数），因为 $e^{i\omega} = \cos\omega + i\sin\omega$ 。$f(t)$分解开始于某个基频 ξ_0 的正弦和余弦函数。其他的正弦和余弦函数具有以递增自然数乘基频所获得的频率。系数 $F(\xi_k)$ 一般情况下是复数，包含基本波的幅值和相角。

傅里叶变换显示出可以预见的对称性。如表 3.1 所示，回顾一下偶对称、奇对称和共轭对称函数的概念。

表 3.1　偶对称、奇对称和共轭对称函数（由上标*指示）的概念

偶对称	$f(t) = f(-t)$	
奇对称	$f(t) = -f(-t)$	
共轭对称	$f(\xi) = f^*(-\xi)$	$f(5) = 4 + 7i$ $f(-5) = 4 - 7i$

注意，任何 1D 函数$f(t)$的形状都可以分解为它的偶对称$f_e(t)$和奇对称$f_o(t)$部分。

$$f_e(t) = \frac{f(t) + f(-t)}{2}, \qquad f_o(t) = \frac{f(t) - f(-t)}{2} \tag{3.19}$$

从其偶对称和奇对称部分形成一函数的能力如图 3.2 所示。

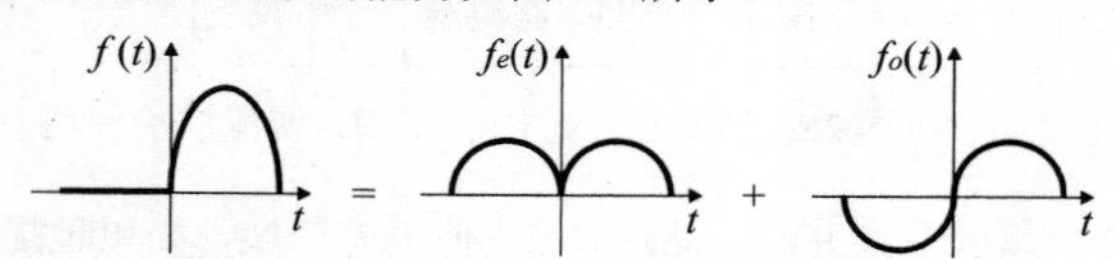

图 3.2　任何 1D 函数都可以分解为它的偶对称和奇对称部分

傅里叶变换的对称性和其值总结（未加证明）在表 3.2 中。

表 3.2　当 $f(t)$是实函数时，傅里叶变换的对称性

实数 $f(t)$	$F(\xi)$的数值	$F(\xi)$的对称性
一般情况	复数	共轭对称
偶对称	仅有实部值	偶对称
奇对称	仅有虚部值	奇对称

表 3.3 总结了傅里叶变换的一些基本性质，这些性质根据式（3.16）的定义都可以容易地得出。

表 3.3　傅里叶变换的性质

性　质	$f(t)$	$F(\xi)$
线性	$a f_1(t)+b f_2(t)$	$a F_1(\xi)+bF_2(\xi)$
对偶性	$F(t)$	$f(-\xi)$
卷积	$(f*g)(t)$	$F(\xi)\,G(\xi)$
乘积	$f(t)g(t)$	$(F*G)(\xi)$
时间移位	$f(t-t_0)$	$e^{-2\pi i\xi t_0}F(\xi)$
频率移位	$e^{2\pi i\xi_0 t}f(t)$	$F(\xi-\xi_0)$
微分	$\dfrac{df(t)}{dt}$	$2\pi i\xi F(\xi)$
乘以 t	$t f(t)$	$\dfrac{i}{2\pi}\dfrac{dF(\xi)}{d\xi}$
时间伸缩	$f(a t)$	$\dfrac{1}{\lvert a\rvert}F(\xi/a)$

有些其他性质与函数 f 或其傅里叶变换 F 下的面积有关。直流偏移量（DC (Direct Current[1]) offset）是 $F(0)$，由函数 $f(t)$ 下的面积给出：

$$F(0)=\int_{-\infty}^{\infty}f(t)\mathrm{d}t \tag{3.20}$$

对于反变换公式其对称性质成立。$f(0)$的值由频谱 $F(\xi)$下的面积给出：

$$f(0)=\int_{-\infty}^{\infty}F(\xi)\mathrm{d}\xi \tag{3.21}$$

帕斯维尔（Parseval）定理表明平方频谱幅值下的面积与平方函数 $f(t)$下的面积相等。这可以解释为信号在时域上的“能量”与其在频域上的“能量”相同。这个定理陈述（对于实函数 f，在我们的情况下是图像，绝对值可以省略）：

$$\int_{-\infty}^{\infty}\left|f(t)\right|^2\mathrm{d}t=\int_{-\infty}^{\infty}\left|F(\xi)\right|^2\mathrm{d}\xi \tag{3.22}$$

图 3.3～图 3.5 展示了一些简单信号的傅里叶变换的性质。

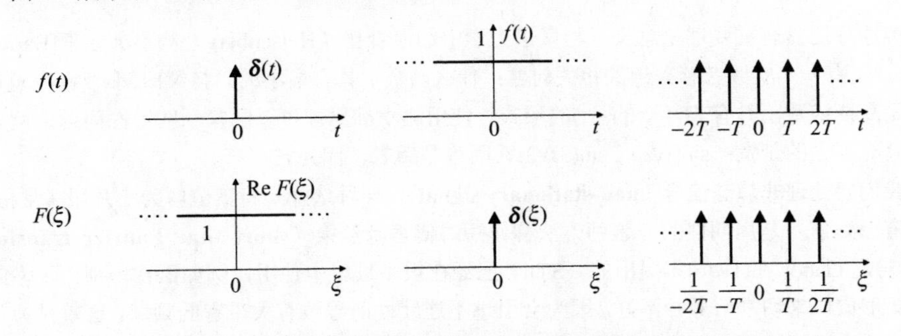

图 3.3　狄拉克冲击函数、常数值函数和狄拉克冲击的无穷序列函数的 1D 傅里叶变换

设 Re(c)表示复数的实部，Im(c)表示复数的虚部。描述四个谱函数定义的公式如下：

复数谱　$F(\xi)=\mathrm{Re}(F(\xi))+i\,\mathrm{Im}(F(\xi))$

幅值谱　$\left|F(\xi)\right|=\sqrt{\mathrm{Re}(F^2(\xi))+\mathrm{Im}(F^2(\xi))}$

1　1D 傅里叶变换最初广泛用于电器工程领域。

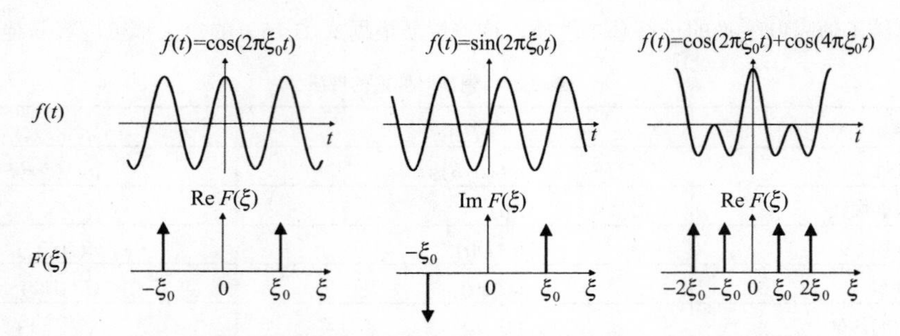

图 3.4　正弦函数、余弦函数和两个不同频率余弦的混合函数的 1D 傅里叶变换

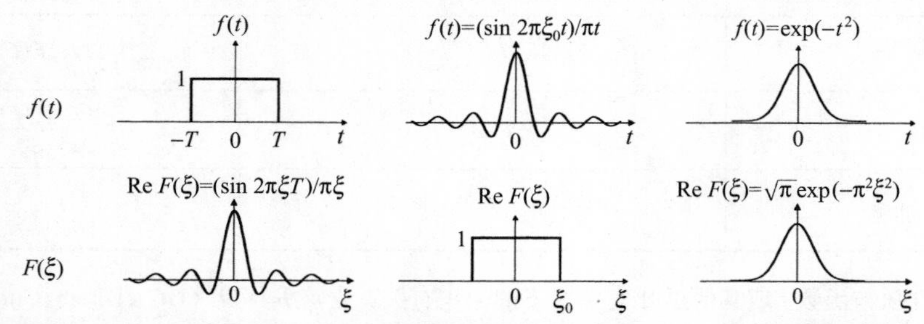

图 3.5　时域长度为 2T 的理想矩形脉冲的 1D 傅里叶变换给出的谱是 $(2\cos 2\pi\xi T)/\xi$ 。对称地，理想矩形谱对应 $(2\cos 2\pi\xi_0 t)/t$ 输入形式的信号。右侧显示高斯脉冲具有其傅里叶谱一样的形态

相位谱 $\phi(\xi)=\arctan(\mathrm{Im}(F(\xi))/\mathrm{Re}(F(\xi)))$ ，如果有定义，

功率谱

$$P(\xi)=|F(\xi)|^2=\mathrm{Re}(F(\xi))^2+\mathrm{Im}(F(\xi))^2 \tag{3.23}$$

从图 3.4 和图 3.5 可以看出，持续时间短的或变化快的时间信号具有宽的频谱，反之亦然。这是**测不准原理**（**uncertainty principle**）的表现，该原理指出：不可能存在时域和频域都可以任意窄的信号。如果将信号在时域上的持续时间和在频域上的带宽用统计学中的矩来表示，可以证明以下的紧凑形式的测不准原理：

$$\text{“信号持续时间”}\cdot\text{“带宽”}\geqslant\frac{1}{\pi} \tag{3.24}$$

测不准原理还具有重要理论意义，与量子力学中的海森堡（Heisenberg）测不准原理[Barret and Myers, 2004]有关。还有一个实践者感兴趣的相关问题：什么函数 f 具有最小的“持续时间-带宽”积？可以表明这样的函数是高斯函数，具有 $f(t)=\exp(-t^2)$的形式。使用测不准原理可以回答一些定性问题，例如，哪个信号在频域上具有更大的带宽：$\sin(t)/t$ 或 $\sin(3t)/3t$？回答是后者，因为它更窄。

如果我们要处理**非静态信号**（**non-stationary signal**），一种选择是将其分解为小片段（常称作窗口），并假定这些窗口外信号是周期性的。这种方法称作**短时傅里叶变换**（**short time Fourier transformation**）—STFT—最初是 Gabor 在 1946 年提出的。STFT 已经在很多领域中使用，例如语音识别。不幸的是，仅仅使用非重叠矩形窗口来切割信号并不好，因为会引进不连续性而导致有大带宽的频域。这就是为什么信号在局部窗口的边缘上要用诸如高斯或海明（Hamming）窗平滑抑制到零的原因。任何信号处理教材都会更细致地阐述关于开窗的问题。

傅里叶谱反映了信号的全局性质（作为信号变化速度的信息），但是它并不揭示这样的变化发生在哪个瞬间。在另一方面，时域精确地表达了某个瞬间发生什么，但并不反映信号的全局性质。要想少许兼顾两者，即全局频率性质和定位性，有两种途径。第一种是 STFT，第二种是使用积分线性变换中的不像正弦和余弦那么规范的不同基函数。小波变换是一个例子，参见 3.2.7 节。

计算机处理的是离散信号：离散信号 $f(n)$, $n=0,\cdots,N-1$，是从连续信号 f 中等间隔采样获得的。离散傅

里叶变换定义为

$$F(k)=\frac{1}{N}\sum_{n=0}^{N-1}f(n)\exp\left(-2\pi i\frac{nk}{N}\right) \tag{3.25}$$

其逆变换定义为

$$f(n)=\sum_{k=0}^{N-1}F(k)\exp\left(2\pi i\frac{nk}{N}\right) \tag{3.26}$$

谱 $F(k)$是周期性的，周期是 N。

计算复杂度问题是离散傅里叶变换必须要处理的问题。我们感兴趣的是相对于存储复杂性的时间复杂性——我们想知道作为输入大小的函数计算傅里叶谱需要多少步骤。离散傅里叶变换（DFT）如果按照其定义的方式来计算，参见式(3.25）和式(3.26)，对于离散为 n 个采样点的情况，具有$\mathcal{O}(n^2)$时间复杂度。如果使用快速傅里叶变换（FFT）算法，结果的计算会快很多。该算法需要信号以 2 的幂次数量的采样来表达。基本的技巧是长度为 N 的 DFT 可以表示为两个长度为 $N/2$ 的由奇数或偶数序列样本构成的 DFT 的和。这种方案使得可以用巧妙的方式计算中间结果。FFT 的时间复杂度是$\mathcal{O}(n\log n)$，在任何信号处理教材中都可以找到详细的阐述。在很多软件包和库中都有 FFT 的实现。

3.2.4　2D 傅里叶变换

1D 傅里叶变换可以很容易地推广到 2D [Bracewell, 2004]。图像 f 是平面上两个坐标的函数。**2D 傅里叶变换（2D Fourier transform）**也使用谐波函数来分解谱。连续图像函数 f 的 2D 傅里叶变换定义为如下的积分：

$$F(u,v)=\int_{-\infty}^{\infty}\int_{-\infty}^{\infty}f(x,y)e^{-2\pi i(xu+yv)}\mathrm{d}x\mathrm{d}y \tag{3.27}$$

其傅里叶逆变换定义为

$$f(x,y)=\int_{-\infty}^{\infty}\int_{-\infty}^{\infty}F(u,v)e^{2\pi i(xu+yv)}\mathrm{d}u\mathrm{d}v \tag{3.28}$$

参数(x, y)表示图像坐标，(u, v)称为**空间频率（spatial frequencies）**。式(3.28）左端的函数 f，类比于 1D 情况（参见式(3.18)），可以解释成一组简单周期模式 $e^{2\pi i(xu+yv)}$ 的线性组合。该模式的实部和虚部是正弦和余弦函数，函数 $F(u, v)$是代表基元模式影响度的加权函数。

式(3.27）可以缩写为

$$\mathcal{F}\{f(x,y)\}=F(u,v)$$

则从图像处理的角度看，不难得出以下性质（对应于 1D 情况）：

- 线性

$$\mathcal{F}\{af_1(x,y)+bf_2(x,y)\}=aF_1(u,v)+bF_2(u,v) \tag{3.29}$$

- 图像域原点平移

$$\mathcal{F}\{f(x-a,y-b)\}=F(u,v)e^{-2\pi i(au+bv)} \tag{3.30}$$

- 频域原点平移

$$\mathcal{F}\left\{f(x,y)e^{2\pi i(u_0x+v_0y)}\right\}=F(u-u_0,v-v_0) \tag{3.31}$$

- 如果 $f(x, y)$是实值的，则

$$F(-u,-v)=F^*(u,v) \tag{3.32}$$

图像函数总是实值的，因此不失一般性，我们可以用傅里叶变换在第一象限的结果，即 $u\geqslant 0, v\geqslant 0$。此外，如果图像还是对称的，$f(x, y)=f(-x, -y)$，那么傅里叶 $F(u, v)$的结果是一个实值函数。

- 卷积对偶性：卷积，式(3.11)，和其傅里叶变换有如下的关系：

$$\begin{aligned}\mathcal{F}\{(f*h)(x,y)\}&=F(u,v)H(u,v)\\ \mathcal{F}\{f(x,y)h(x,y)\}&=(F*H)(u,v)\end{aligned} \tag{3.33}$$

这是**卷积定理**（**Convolution theorem**）。

2D 傅里叶变换也可以用于离散图像：在对应的公式中积分变为求和。离散 2D 傅里叶变换定义为

$$F(u,v)=\frac{1}{MN}\sum_{m=0}^{M-1}\sum_{n=0}^{N-1}f(m,n)\exp\left[-2\pi\mathrm{i}\left(\frac{mu}{M}+\frac{nv}{N}\right)\right]$$
$$u=0,1,\cdots,M-1,\quad v=0,1,\cdots,N-1 \tag{3.34}$$

其傅里叶逆变换定义为

$$f(m,n)=\sum_{u=0}^{M-1}\sum_{v=0}^{N-1}F(u,v)\exp\left[2\pi\mathrm{i}\left(\frac{mu}{M}+\frac{nv}{N}\right)\right]$$
$$m=0,1,\cdots,M-1,\quad n=0,1,\cdots,N-1 \tag{3.35}$$

考虑到离散傅里叶变换的实现，注意式（3.34）可以变化为

$$F(u,v)=\frac{1}{M}\sum_{m=0}^{M-1}\left[\frac{1}{N}\sum_{n=0}^{N-1}\exp\left(\frac{-2\pi\mathrm{i}nv}{N}\right)f(m,n)\right]\exp\left(\frac{-2\pi\mathrm{i}mu}{M}\right)$$
$$u=0,1,\cdots,M-1,\quad v=0,1,\cdots,N-1 \tag{3.36}$$

方括号内的项对应于第 m 行的一维傅里叶变换，可以用标准的快速傅里叶变换（FFT）过程计算（假设 N 是 2 的幂）。每行用其傅里叶变换替代，再计算每列的一维离散傅里叶变换。

周期性是离散傅里叶变换的一个重要性质。定义了一个周期性变换 F 和周期性函数 f：

$$\begin{aligned}F(u,-v)&=F(u,N-v),\qquad f(-m,n)=f(M-m,n)\\F(-u,v)&=F(M-u,v),\qquad f(m,-n)=f(m,N-n)\end{aligned} \tag{3.37}$$

和

$$F(aM+u,bN+v)=F(u,v),\qquad f(aM+m,bN+n)=f(m,n) \tag{3.38}$$

其中 a 和 b 是整数。

2D 傅里叶变换的结果是一个复值的 2D 谱。考虑亮度范围比如在[0,⋯,255]的输入灰度图像（在作 2D 傅里叶变换之前）。其 2D 谱具有同样的空间分辨率。但是，谱的实部和虚部的数值通常范围大很多，可能上百万。这使得其难以显示，也难以在存储器中精确地表示，因为它需要太多位来存储。为了更容易显示，通常使用单调函数来降低其数值范围，例如 $\sqrt{|F(u,v)|}$ 或 $\log|F(u,v)|$。

显示中心化的谱也是有用的，即将坐标系的原点（0, 0）放在谱的中间。这是因为中心化具有使低频信息位于中心而高频离角点近的效果—考虑式(3.34）中的定义。

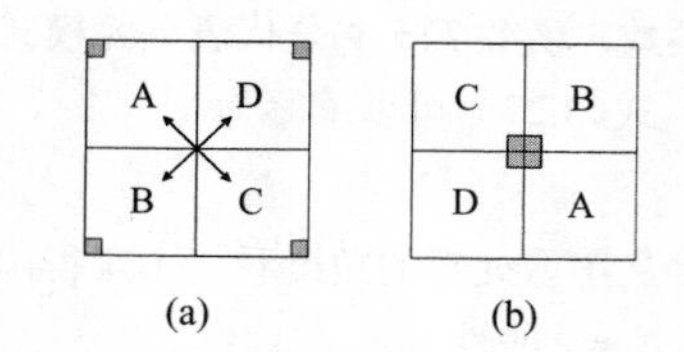

图 3.6 2D 傅里叶谱的中心化将低频位于坐标原点周围。(a)原来的谱；(b)将低频位于中间的中心化谱

假定原来的谱分为四个象限，如图 3.6（a）所示。角点处的实的小方块代表低频的位置。由于谱的对称性，象限位置可以按对角互换使低频位于图像的中间，如图 3.6（b）所示。

图 3.7 展示了图 3.8 的谱。图 3.7（a）是未中心化的功率谱。图 3.7（b）是中心化后的功率谱。使用后者的情况更多。必须降低谱的值域以便观察者可以更好地感知谱，这里使用了 $\log P(u, v)$。为了显示该功率谱值的特殊范围，$P(u, v)$的一对（最小，最大）是$(2.4\cdot 10^{-1}, 8.3\cdot 10^{6})$，而 $\log P(u, v)$的（最小，最大）是$(-0.62, 6.9)$。

在图 3.9（b）中，在中心化功率谱中可以看到一个很亮的十字。这个十字是由假设其周期性时图像边界处的不连续性引起的。这些突然变化在图 3.8 中很容易看到。

在图像分析中使用傅里叶变换是很普遍的。在第 5 章我们将看到它是如何在噪声滤波中起帮助作用的，通过确定图像函数中高频（急剧的变化）部分是如何可以有助于边缘检测的；在以下方面也有应用：将图像从退化中复原过来（见 5.4.2 节），利用卷积定理进行快速匹配（见 6.4.2 节），边界特性描述（见 8.2.3 节），图像压缩（见第 14 章），以及若干其他领域。

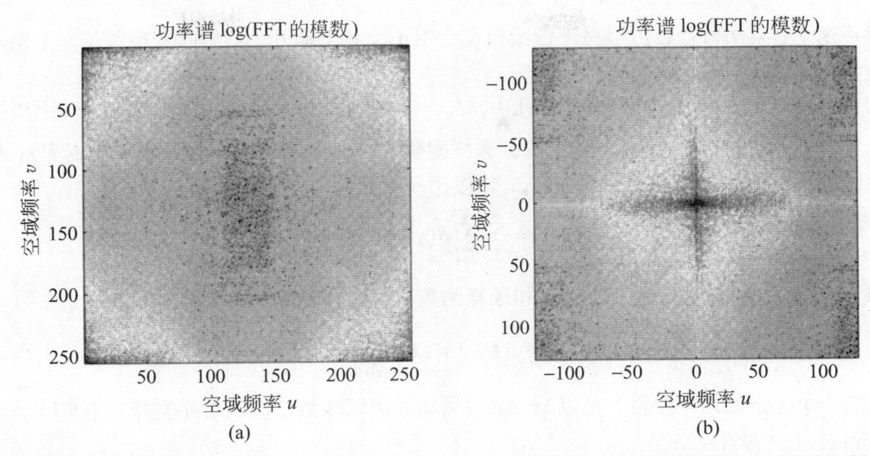

图 3.7　功率谱显示成亮度图像。色调越亮表示数值越大：（a）非中心化的；（b）中心化的。本图的彩色版见彩图 5

图 3.8　空域的输入图像被假定为周期性的。注意边界处引起的不连续性，糟糕地在傅里叶谱中显示出来

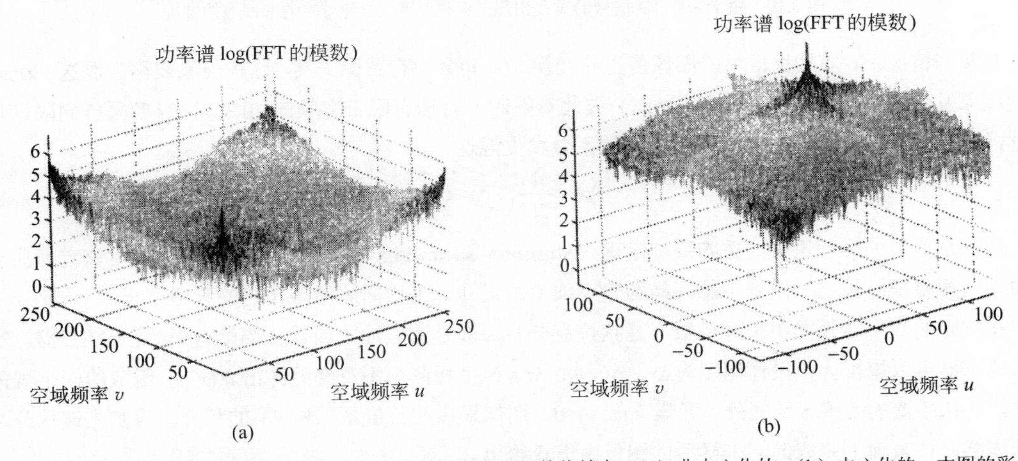

图 3.9　功率谱以 3D 网格中的高度显示出来；色调越亮表示数值越大：（a）非中心化的；（b）中心化的。本图的彩色版见彩图 6

3.2.5　采样与香农约束

有了对傅里叶变换的理解，我们可以更全面地讨论采样问题。一个连续的图像函数 $f(x, y)$可以用平面上

离散的栅格点来采样。另外，也可以将图像函数在一组正交基下展开，傅里叶变换就是一个例子，用展开系数来表示数字化图像。

图像的采样点是：$x = j\Delta x, y = k\Delta y,\ j = 1,\cdots,M, k = 1,\cdots,N$。两个相邻的采样点在 x 轴上相差Δx，在 y 轴上相差Δy。称距离Δx 和Δy 为（x 或 y 轴上的）**采样间隔（sampling interval）**，采样的矩阵 $f(j\Delta x, k\Delta y)$ 构成了离散图像。规格化栅格上的理想采样 $s(x, y)$ 可以用一组狄拉克分布δ 来表示

$$s(x,y) = \sum_{j=1}^{M}\sum_{k=1}^{N}\delta(x - j\Delta x, y - k\Delta y) \tag{3.39}$$

采样的图像 $f_s(x, y)$ 是连续图像函数 $f(x, y)$ 和采样函数 $s(x, y)$ 的乘积

$$f_s(x,y) = f(x,y)s(x,y) = f(x,y)\sum_{j=1}^{M}\sum_{k=1}^{N}\delta(x - j\Delta x, y - k\Delta y) \tag{3.40}$$

可以考虑一个无限的采样栅格，是以$\Delta x, \Delta y$ 为周期的周期函数，将该采样展开为傅里叶级数，得到（参见[Oppenheim et al., 1997]）：

$$\mathcal{F}\left\{\sum_{j=-\infty}^{\infty}\sum_{k=-\infty}^{\infty}\delta(x - j\Delta x, y - k\Delta y)\right\} = \frac{1}{\Delta x\Delta y}\sum_{m=-\infty}^{\infty}\sum_{n=-\infty}^{\infty}\delta\left(u - \frac{m}{\Delta x}, v - \frac{n}{\Delta y}\right) \tag{3.41}$$

式(3.40）在频域可以用式(3.41）来表示：

$$F_s(u,v) = \frac{1}{\Delta x\Delta y}\sum_{m=-\infty}^{\infty}\sum_{n=-\infty}^{\infty}F\left(u - \frac{m}{\Delta x}, v - \frac{n}{\Delta y}\right) \tag{3.42}$$

因此，采样后图像的傅里叶变换是周期性重复的图像傅里叶变换 $F(u, v)$之和（参见图 2.2）。可以用 1D 情况来展示这种效果：假设信号的最大频率是 f_m，即信号是**带宽有限的（band-limited）**（信号傅里叶变换 F 在频率的某个区间外$|f| > f_m$ 是 0）。离散化会导致频谱重复出现——参见图 3.10。在 2D 图像情况下，带宽有限意味着谱 $F(u, v)=0$，对于 $|u| > U, |v| > V$，其中 U，V 是最大频率。

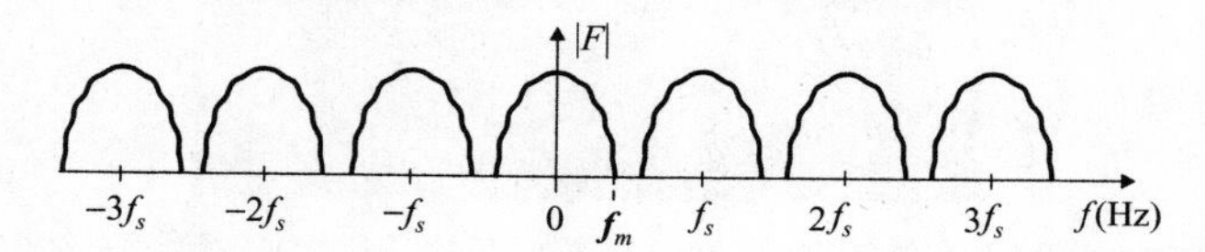

图 3.10 由于采样 1D 信号的重复出现的频谱。当 $f_s \geqslant 2f_m$ 时的非混叠的情况

在某些情况下，周期性重复的图像傅里叶变换 $F(u, v)$会引起图像失真，这种现象被称为**混迭（aliasing）**；这种现象发生于个别数字化的分量 $F(u, v)$ 彼此重叠时。对于有限带宽频谱的图像，只要采样间隔满足下列条件，其周期性重复的傅里叶变换 $F(u, v)$就不会发生混迭：

$$\Delta x < \frac{1}{2U},\quad \Delta y < \frac{1}{2V} \tag{3.43}$$

这就是信号处理理论中的**香农采样定理（Shannon sampling theorem）**。在图像分析中该定理的一个简单的物理解释是：设已知图像中感兴趣的最小细节的尺寸，采样间隔应该比它的一半要小。

在实际的数字转换器中采样函数不是狄拉克分布，而是有限冲击函数（幅度有限的很窄信号）。实际的图像传感器可以模拟为：采样周期为Δx，Δy，由 $M\times N$ 个相同但不重叠的冲击 $h_s(x, y)$ 组成的一个规范采样栅格。在传感器的敏感区域之外，元素 $h_s(x, y)=0$。图像采样的数值是乘积 fh_s 的积分，事实上该积分是在传感器敏感元件表面上完成的。采样后的图像由下式给出。

$$f_s(x,y) = \sum_{j=1}^{M}\sum_{k=1}^{N}f(x,y)h_s(x - j\Delta x, y - k\Delta y) \tag{3.44}$$

采样后的图像 f_s 因原图像 f 与有限冲击 h_s 的卷积而失真。函数的频谱失真 F_s 可以用傅里叶变换来表示：

$$F_s(u,v)=\frac{1}{\Delta x\Delta y}\sum_{m=-\infty}^{\infty}\sum_{n=-\infty}^{\infty}F\left(u-\frac{m}{\Delta x},v-\frac{n}{\Delta y}\right)H_s\left(\frac{m}{\Delta x},\frac{n}{\Delta y}\right)\tag{3.45}$$

其中 $H_s=\mathcal{F}\{h_s\}$。

在实际的图像数字转换器中，采样间隔比香农采样定理所确定的值的 1/10 还要小。原因在于将数字化图像函数在显示器上重构为连续图像的算法仅使用的是阶跃函数，即线条是由表达为方块的像素形成的。

现在我们用一个 256 灰阶的图像来说明稀疏采样的影响。图 3.11（a）是一幅 256×256 大小的单色图像，图 3.11（b）是同一场景的图像，数字化为 128×128，降低了分辨率，类似地，图 3.11（c）是 64×64 的图像，而图 3.11（d）是 32×32 的图像。从这些图像中可看到图像的质量是明显地降低了。如果我们从某个距离凝神地看的话，重建质量会得到改善，这说明欠采样的重建仍然含有实质性的信息。在显示时，大部分的视觉退化是在重建连续函数过程中产生的混迭引起的。在重建算法中对邻近的像素进行亮度插值可以改善显示的效果，称这项技术为**反混迭（anti-aliasing）**，常用于计算机图形学中[Rogers, 1985]。如果使用反混迭技术，采样的间隔可以取到接近香农采样定理所确定的值。由于反混迭技术在计算方面的需求，在实际的图像处理设备中几乎没有应用。

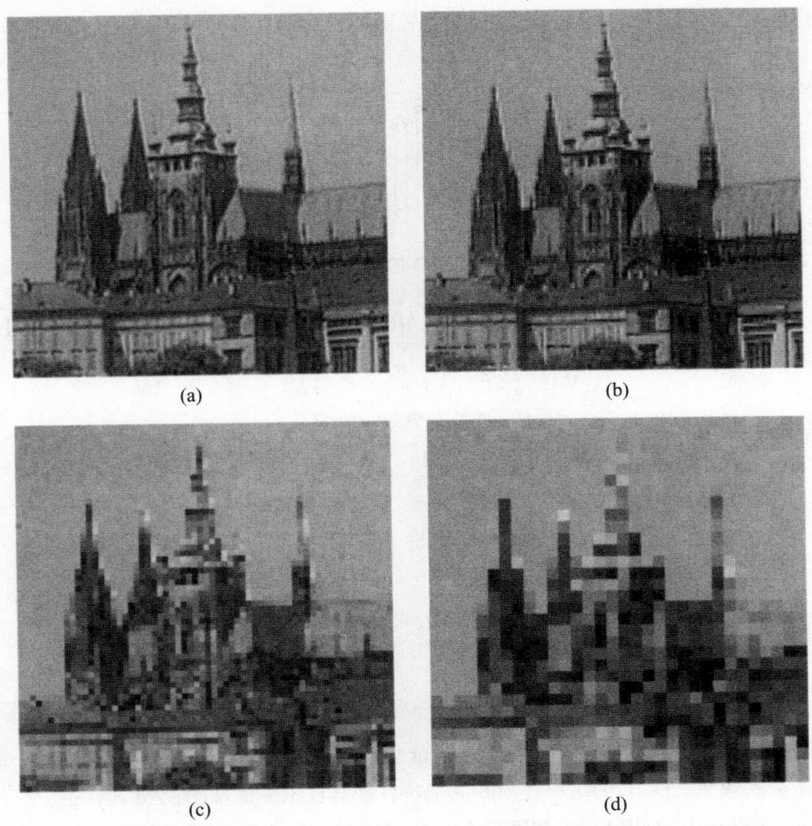

图 3.11　数字化：（a）256×256；（b）128×128；（c）64×64；（d）32×32。图像被放大到相同的尺寸以便显示细节的损失情况

3.2.6　离散余弦变换

离散余弦变换（DCT）是积分线性变换，与离散傅里叶变换（DFT）相似[Rao and Yip, 1990]。在 1D，以递增的频率的余弦为基函数用于展开函数：展开是这些基函数的线性组合，这样的展开用实数就足够了（而傅里叶变换需要复数）。DCT 展开大致对应于使用偶对称函数的两倍长度的 DFT。

与 DFT 相似，DCT 作用于有限长度的函数样本上，该函数的周期性延拓为作 DCT（或 DFT）展开所必需。DCT 比 DFT 要求更严格的周期性延拓（更严格的边界条件）——它要求延拓是偶函数。

对于有限长度的离散序列有两个选项与边界条件相关。其一是函数是否在定义域左端和右端都是偶或奇的，其二是相对于哪点函数是偶或奇的。作为示例，考虑一个例子序列 *wxyz*。如果数据关于 *w* 是偶的，偶的延拓是 *zyxwxyz*。如果序列关于 *w* 和前一点的中间是偶的，延拓的序列则是 *zyxwwxyz*。

考虑一般情况，既覆盖离散余弦变换（具有偶对称）也覆盖离散正弦变换（具有奇对称）。必须确定有关信号左端和右端对称性的第一个选项，即有 2×2=4 种可能的选择。第二个选项是关于哪一点来做延拓，也是在信号的左端和右端，即还有 2×2=4 种可能的选择。总共可获得 4×4=16 种可能。如果我们不允许奇周期性延拓，则正弦变换被排除，剩下 8 种不同的 DCT 类型。如果对于左端和右端作同样类型点的延拓，则余下一半，即 8/2=4。这就产生了四种类型的离散余弦变换（DCT），通常用罗马数字后缀记作为 DCT-Ⅰ、DCT-Ⅱ、DCT-Ⅲ和 DCT-Ⅳ。

在图像处理中，主要是在图像压缩中（见第 14 章），使用最多的离散余弦变换是 DCT-Ⅱ。在输入序列的左端和右端的周期性延拓都是偶对称的。序列关于边界和前一点的中间点是偶对称的：输入序列的周期性延拓如图 3.12 所示。该图显示出了用在 DCT-Ⅱ中的周期性延拓的优点——周期性延拓中涉及的镜像作用产生了光滑的周期函数，这就意味着只需要较少的余弦函数来近似信号。

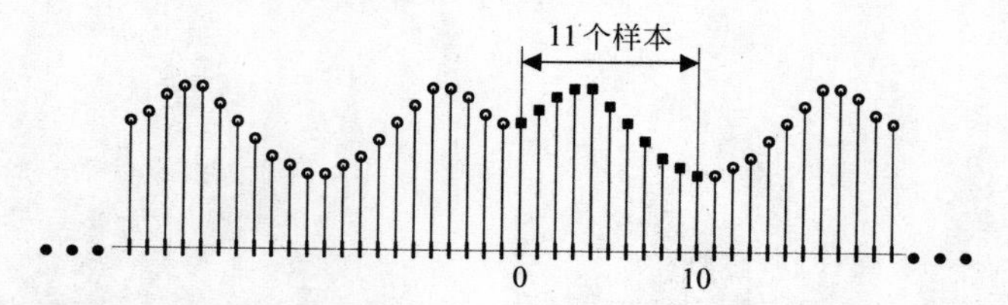

图 3.12　DCT-Ⅱ中用的周期性延拓示例。长度为 11 的输入信号用实心方块标示。其周期性延拓用圆圈显示

DCT 很容易推广到二维，这里考虑方形图像，$M=N$。2D DCT-Ⅱ是[Rao and Yip, 1990]

$$F(u, v)=\frac{2c(u)c(v)}{N}\sum_{m=0}^{N-1}\sum_{n=0}^{N-1} f(m, n)\cos\left(\frac{2m+1}{2N}u\,\pi\right)\cos\left(\frac{2n+1}{2N}v\,\pi\right) \tag{3.46}$$

其中 $u=0, 1, \cdots, N-1$，$v=0, 1, \cdots, N-1$，规范化常数 $c(k)$是

$$c(k)=\begin{cases}\dfrac{1}{\sqrt{2}} & \text{对于 } k=0\\ 1 & k\text{为其他值}\end{cases}$$

逆余弦变换为

$$f(m, n)=\frac{2}{N}\sum_{u=0}^{N-1}\sum_{v=0}^{N-1} c(u)c(v)F(u, v)\cos\left(\frac{2m+1}{2N}u\,\pi\right)\cos\left(\frac{2n+1}{2N}v\,\pi\right) \tag{3.47}$$

其中 $m=0, 1, \cdots, N-1$，$n=0, 1, \cdots, N-1$。

与 FFT 类似，有一种 DCT 的计算方法在 1D 情况下具有$\mathcal{O}(N\log N)$计算复杂度，其中 N 是序列的长度。

积分变换的效力可以用其压缩输入数据为尽可能少量的系数的能力来评价。DCT 对于高相关性图像具有优越的紧致能量的效果。DCT 的这种性质和其他特性使其在很多图像/视频处理标准中广为应用，例如，JPEG（经典的）、MPEG-1、MPEG-2、MPEG-4 FGS、H.261、H.263、JVT (H.26L)。

3.2.7　小波变换

傅里叶变换（见 3.2.3 节）将信号展开为可能是无限个正弦和余弦的线性组合。缺点是仅提供有关频谱的信息，不能获得事件所发生的时间方面的信息。换句话说，傅里叶谱提供了图像中出现的所有频率，但是并不能告知它们出现在何处。我们也知道了频率分辨率和空间分辨率之间的关系由测不准原理（式（3.24））

给出。

定位信号（图像）中的变化的一种解决方法是使用短时傅里叶变换，其中信号被分解为小窗口并将其看作周期函数作局部处理（见 3.2.3 节）。测不准原理为如何选择窗口来最小化负面影响，即窗口必须与邻近的窗口光滑地连接，提供指导。窗口的两难境地仍然存在——窄窗带来差的频率分辨率，而宽窗提供定位差。

小波变换比短时傅里叶变换更进一步。它分析信号（图像）也是通过乘以窗函数并作正交展开来进行，与其他积分线性变换类似。小波分析在两个方向上做了扩展。

在第一个方向上，基函数（称作**小波**（**wavelet**），意指小的波，或母小波）比正弦和余弦要复杂。它们在某种程度上提供空间定位，由于测不准原理而并非完整的定位。5 种常用的母小波如图 3.13 所示，给出的是定性的形状且仅是很多尺度中的一个。

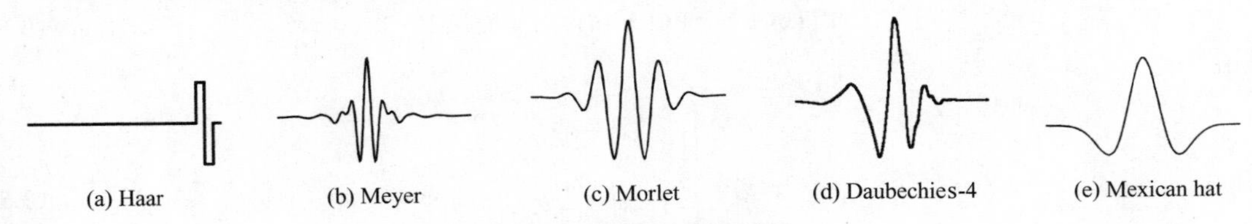

图 3.13　母小波的定性示例

在第二个方向上，小波分析是在**多个尺度**（**multiple scale**）上进行的。为了理解这一点，设想一下，用一系列无限函数的和对一个函数中的一个尖峰（例如一个噪声点）建模是相当困难的，因为这里的尖峰有严格的局部性。但是对于本来就具有局部性的函数来说，完成这个任务却很合适。这就说明这样的函数通过小波可以使它们自己得到更紧凑的表示——用来表示尖峰和不连续函数所需要的小波基通常比起用正弦余弦基函数来表示要少得多。空域的局部性和小波在频域的局部性相结合使其可以稀疏地表达很多信号（图像）。这种稀疏性为在数据/图像压缩、噪声滤波和图像特征检测中的成功应用打开了大门。

我们从 1D 和连续信号的情况开始——称作 1D 连续**小波变换**（**continuous wavelet transform**）。函数 $f(t)$ 在一组基函数即小波Ψ上展开：

$$c(s,\tau)=\int_R f(t)\Psi^*_{s,\tau}(t)\,\mathrm{d}t,\quad s\in R^+-\{0\},\quad \tau\in R \tag{3.48}$$

（复共轭用*标记）。变换后的变量为 s（尺度）和 τ（平移）。

小波是从单个**母小波**（**mother wavelet**）$\Psi(t)$通过尺度伸缩 s 和平移 τ 派生出来的：

$$\Psi_{s,\tau}(t)=\frac{1}{\sqrt{s}}\Psi\left(\frac{t-\tau}{s}\right) \tag{3.49}$$

使用系数 $\frac{1}{\sqrt{s}}$ 是为了在不同尺度间规范化能量。

连续小波逆变换用于从小波系数 $c(s,\tau)$合成有限能量的 1D 信号 $f(t)$。

$$f(t)=\int_{R^+}\int_R c(s,\tau)\Psi_{s,\tau}(t)\,\mathrm{d}s\mathrm{d}\tau \tag{3.50}$$

式(3.48）和式(3.49）无须确定具体的母小波：用户可以根据应用需求选择或设计展开基。

函数$\Psi_{s,\tau}$要成为小波必须满足若干限制，其中最重要的是容许（admissibility）条件和正则（regularity）。**容许**（**admissibility**）要求小波具有带通频谱，因此小波必须是一个震荡波。从式（3.48）可以看出 1D 信号的小波变换是二维的，类似地，2D 图像的小波变换是四维的。这很难处理，解决方式是在小波函数上施加额外的约束，以确保在尺度降低时更快地衰减。这是通过**正则**（**regularity**）达到的，要求小波函数在时域和频域都具有某种光滑性和紧致性。更详细的阐述可参见[Daubechies, 1992]。

我们以最老且最简单的母小波 Haar 小波为例来说明尺度伸缩和移位，Haar 小波是 Daubechies 小波的一个特例。尺度函数用Φ指示。Haar 小波使用的简单尺度函数由一组伸缩和平移的“盒”函数组成：

$$\Phi_{ji}(x)=2^{j/2}\Phi(2^j x-i),\quad i=0,\cdots,2^j-1 \tag{3.51}$$

其中

$$\Phi(x)=\begin{cases}1 & 对于 0\leqslant x<1\\ 0 & 其他\end{cases} \tag{3.52}$$

而 $2^{j/2}$ 是规范化因子。如图 3.14 所示，尺度函数的 4 个示例，构成一近似矢量空间的基。

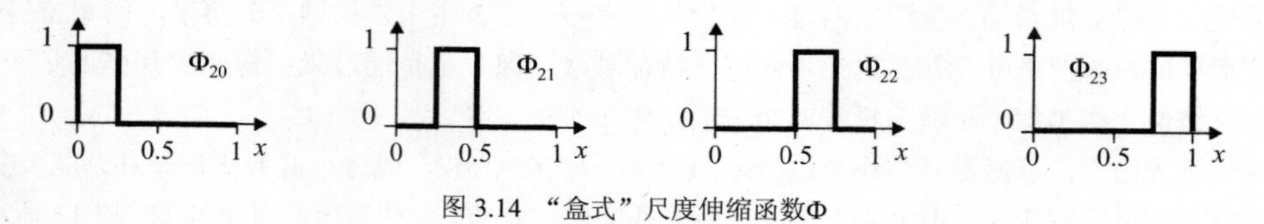

图 3.14 “盒式”尺度伸缩函数Φ

对应于盒基的小波称作 **Haar 小波**（**Haar wavelets**）由下式给出：

$$\Psi_{ji}(x)=2^{j/2}\Psi(2^{j}x-i),\quad i=0,\cdots,2^{j}-1 \tag{3.53}$$

其中

$$\Psi(x)=\begin{cases}1 & 对于 0\leqslant x<\dfrac{1}{2}\\ -1 & 对于 \dfrac{1}{2}\leqslant x<1\\ 0 & 其他\end{cases} \tag{3.54}$$

如图 3.15 所示，Haar 小波的示例 Ψ_{11}，Ψ_{12}。使用 Haar 小波的变换称作 Haar 变换。

使用式（3.48）来计算一般的小波变换是不实际的，有三个理由：

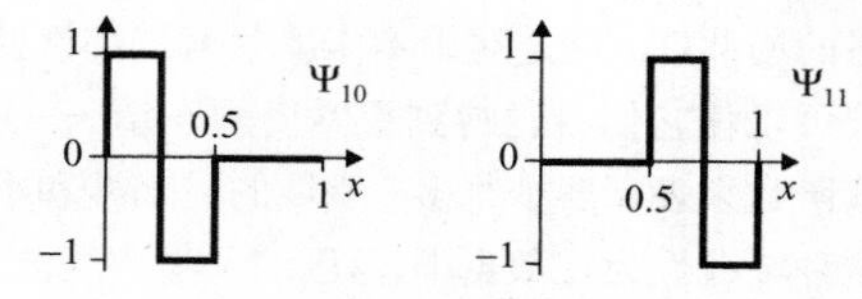

图 3.15　Haar 小波的示例 Ψ_{11}，Ψ_{12}

- 存在很大的冗余性，这是因为计算是通过连续地对母小波作尺度伸缩、移位、与被分析的信号作相关运算来实施的。
- 动机是减少参与计算的无限数量的小波。
- 变换的最终结果不可能解析地计算出来。此外，需要高效的数值解法，其复杂度应该与比如 FFT 可比。

解决方法时离散小波变换（discrete wavelet transform）。如果尺度和位置是基于 2 的幂次（二分的尺度和位置），小波分析的计算就会变得很高效且精度仍可以保持。

Mallat [Mallat, 1989]提出了一种高效计算离散小波变换及其逆变换的方法。该方案实际上是如下经典方案的一个变种：在信号处理中称作双通道子带编码的方案。这种方法产生了**快速小波变换**（**fast wavelet transform**），可以想象成一个箱子，输入的是信号（图像），快速出现的是作为输出的小波系数。

考虑长度为 N 的 1D 离散信号 s，需要分解为小波系数 c。快速小波变换由最多 $\log_2 N$ 个步骤组成。第一个分解步骤在第一层取来输入，提供两组系数：近似系数 cA_1 和细节系数 cD_1。矢量 s 与低通滤波器卷积得到近似，而与高通滤波器卷积得到细节。作二分降频采样即仅保留其偶数序元素。这样的下采样在框图中以 $\downarrow 2$ 来标记。如图 3.16 所示，类似地第 j+1 层的系数从第 j 层计算出来。该过程重复迭代地进行以获得下一层的近似和细节。如图 3.17 所示，给出了 j=3 层的系数结构图。

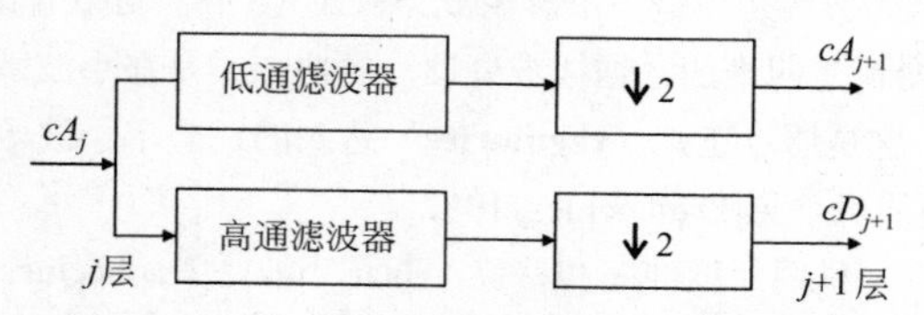

图 3.16　1D 离散小波变换的单步分解由前一层 j 的系数与低通/高通滤波器的卷积和二分降频采样构成。获得 j+1 层的近似和细节系数

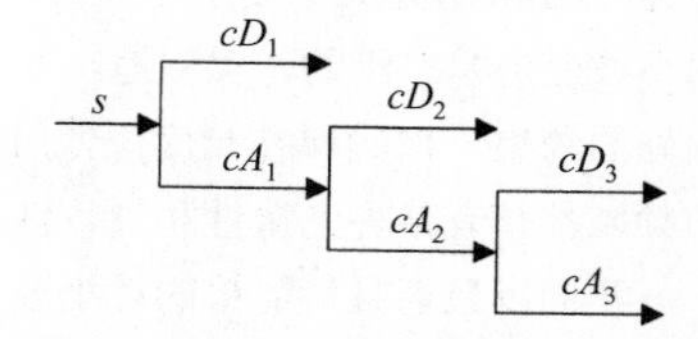

图 3.17　层数达到 j=3 层的近似和细节系数结构示意例子

小波逆变换以近似系数 cA_j 和细节系数 cD_j 为输入，将分解步骤反过来。矢量被扩展（上采样）成双倍长，在奇数序位置上插入 0 元素并与重建滤波器卷积。与下采样类似，上采样在图 3.18 中以 ↑2 来标记，形象地展示 1D 离散小波逆变换。

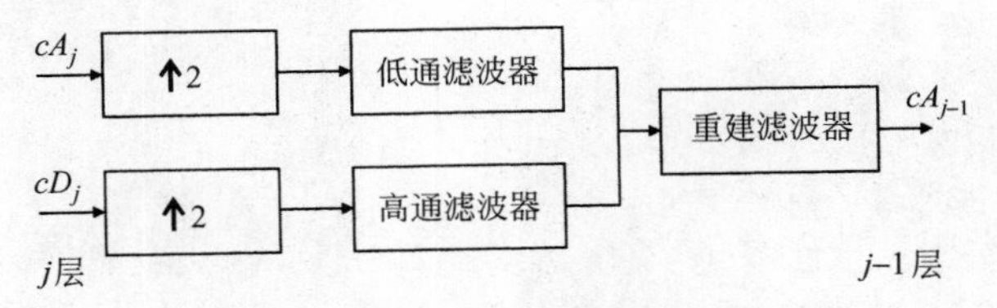

图 3.18　1D 离散小波逆变换

类似的小波分解和重建算法对 2D 信号（图像）也可建立起来。2D 离散小波变换将第 j 层的单个近似系数分解为第 j+1 层的四个分量：近似系数 cA_{j+1} 和三个方向的细节系数——水平方向 cD^h_{j+1}，垂直方向 cD^v_{j+1} 和对角方向 cD^d_{j+1}。2D 变换如图 3.19 和图 3.20 所示。符号 col↓2 代表列下采样，即仅保留偶数序的列。类似地，符号 row↓2 代表行下采样，即仅保留偶数序的行。符号 col↑2 代表列上采样，在奇数序列上插入 0。类似地，符号 row↑2 代表行上采样，在奇数序行上插入 0。

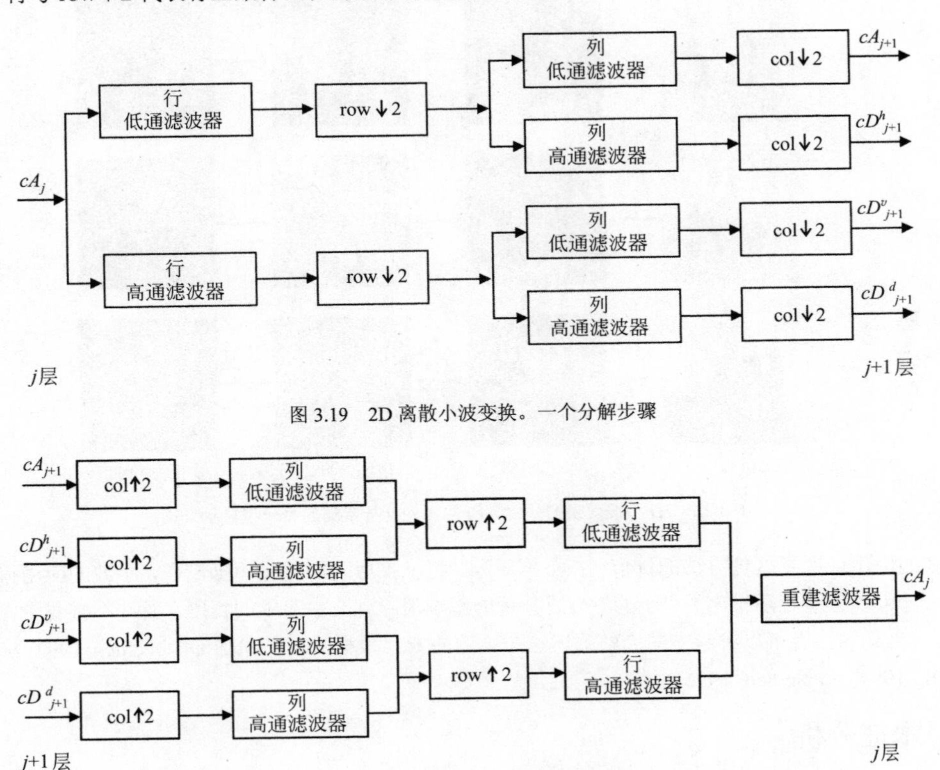

图 3.19　2D 离散小波变换。一个分解步骤

图 3.20　2D 离散小波逆变换。一个重建步骤

如图 3.21 所示，是前面所用过的例子的小波分解。第二层和第三层的分辨率不足以定性地看清小波系数的特征。图 3.22 用另一种形式显示了所有这三层的同样的数据

迄今讨论的小波变换是更多样化的**小波包（wavelet packet）**变换的一个特例。小波包是一种特殊的小波的线性组合，保持了其母小波所具有的局部化、平滑性和正交性特征。线性组合的系数也是用迭代方式计算的。使用离散小波，仅有分解树的细节枝被分裂，但是在小波包分析中细节和近似枝都可以被分裂。

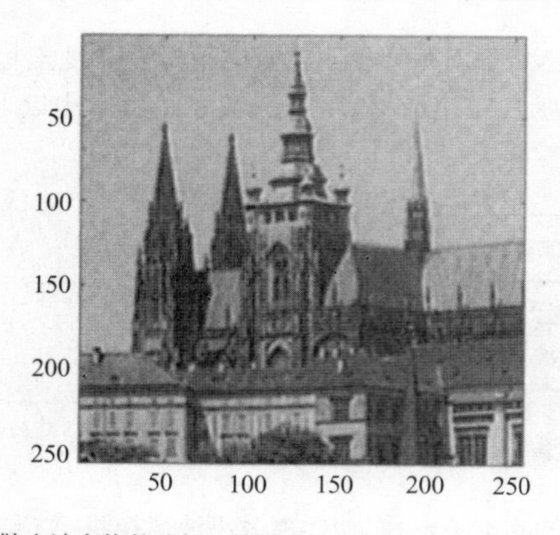

图 3.21 2D 离散小波变换的分解。使用 Haar 小波作了三层分解。左侧是原始的 256×256 灰度图像，右侧是四个象限。未分裂的西南、东南和东北象限分别对应于第一层在 128×128 分辨率上的垂直、对角线和水平方向的细节系数。西北象限显示的是第二层在 64×64 分辨率上的相同结构。第二层的西北象限显示的是第三层在 32×32 分辨率上的相同结构。左上角的较亮的 32×32 图像对应于第三层的近似系数

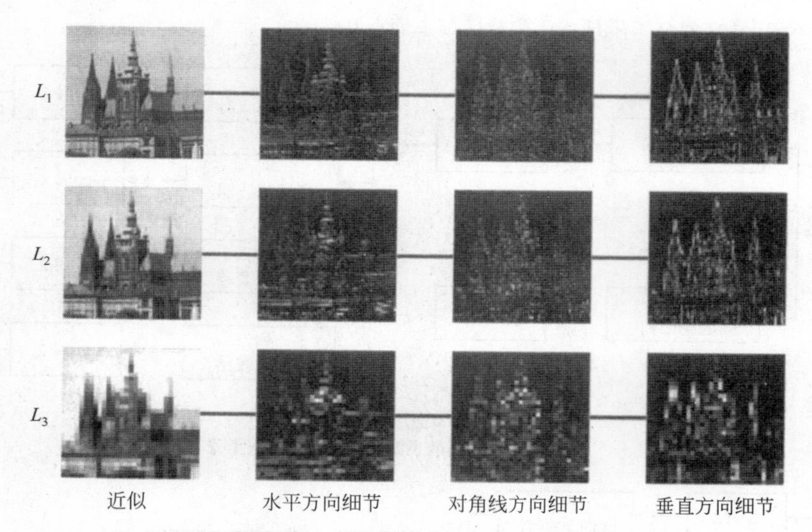

图 3.22 2D 小波变换的分解。图 3.21 中同样数据的另一种显示方式

小波的应用证明了这种方法的价值。在数据压缩、特征抽取和图像噪声抑制中，小波的应用得到了巨大的成功——可以将对应于噪声的“小的”小波分量的影响消除到几乎为零的程度，而并不减弱图像中重要的小细节。有兴趣的读者可以参考一些完整阐述这个主题的专门教材[Chui, 1992; Daubechies, 1992; Meyer, 1993; Chui et al., 1994; Castleman, 1996]。

3.2.8 本征分析

包括图像分析在内的许多学科，都试图用能够增强其贡献分量间的相互独立性的方式来表示观测、信号、图像和一般数据。线性代数为此提供了合适的工具。一个观测或测量被作为线性空间中的一点看待，该空间将具有某些“自然”的基向量，使得数据可以表达为由**正交基向量**（**orthogonal basis vector**）构成的新坐标系中的线性组合。这些基向量称作**本征向量**（**eigen-vector**），本征向量的固有正交性确保了相互独立性。对于 $n \times n$ 的方阵 A，本征向量是如下方程的解：

$$A\mathbf{x} = \lambda\,\mathbf{x} \tag{3.55}$$

其中 λ 称作本征值（eigen-value）（可能是复数）。

线性方程组（system of linear equation）可以用矩阵形式表达为 $A\mathbf{x}=\mathbf{b}$，其中 A 是方程组矩阵。方程组的增广矩阵是将向量 $\mathbf{b}$ 拼接到矩阵 A，即$[A|\,\mathbf{b}]$。线性代数中的 Frobenius 定理指出方程组有唯一解当且仅当矩阵 A 的秩与增广矩阵$[A|\,\mathbf{b}]$ 的秩相同。

如果方程组未退化，则它具有与未知变量 $\mathbf{x}=(x_1,\cdots,x_n)^{\mathrm{T}}$ 一样多的方程数，方程组有唯一解。高斯消除法是解决该问题的常用方法。该方法对$[A|\ \mathbf{b}]$作不改变方程组解的等价变换，最后增广矩阵被表达为上三角形式。当消除法完成时，矩阵的最后一行就给出了 x_n 的解值。使得可以逐步计算出 $x_{n-1},\cdots,x_1$。

还有一种称作**相似变换（similar transformation）**的矩阵变换。设 A 是一个正常的矩阵：具有实数或复数元素项的矩阵 A 和 B 称作相似的，如果存在一个可逆的方阵 P 使得 $P^{-1}AP=B$。相似矩阵共有很多有用的性质，它们具有相同的秩、行列式、迹、特征多项式、最小多项式和本征值（但是本征向量未必相同）。相似变换使得我们可以用几种有用的形式来表达常规的矩阵。

设 I 是单位矩阵（主对角线元素为 1，其他为 0）。由行列式 $\det(A-\lambda I)$给出的 n 阶多项式称作**特征多项式（characteristic polynomial）**。则如果 $\det(A-\lambda I)=0$ 那么本征方程（式（3.55））有非平凡解。特征多项式的根是本征值 λ。因此，A 有 n 个本征值，但未必都是不一样的，多重本征值是由多项式的多重根引起的。

这里我们对**约当标准型（Jordan canonical form）**有兴趣。任何厄米特（Hermitian）矩阵（特别是对称矩阵）都与一个约当标准型矩阵相似：

$$\begin{bmatrix} J_1 & & 0 \\ & \ddots & \\ 0 & & J_P \end{bmatrix},\ \text{其中}J_i\text{是约当块}\begin{bmatrix} \lambda_i & 1 & & 0 \\ 0 & \lambda_i & \ddots & 0 \\ 0 & 0 & \ddots & 1 \\ 0 & 0 & & \lambda_i \end{bmatrix} \tag{3.56}$$

且 λ_i 是**多重本征值（multiple eigen-values）**。本征值的多重数确定**约当块（Jordan block）**的大小。如果本征值不是多重的则约当块退化为本征值本身。这种情况在实际中出现得很普遍。

我们来考虑线性方程组过约束的情况，即方程数多于要确定的变量数；当观测或测量有冗余数据时，这在实际中很普遍。严格地说，观测可能与线性方程组相抵触。在确定性世界中，结论恐怕是该方程组无解，但是实际需要是不同的。我们对寻找在某种意义下与观测“最近”的方程组解有兴趣，这或许是对观测中的噪声作补偿。我们通常采用统计方法，最小化最小均方误差。这就导致了主分量分析方法，在第 3.2.10 节阐述。

寻求特征多项式的根通常在计算上不划算，我们会使用更有效率的方法，例如奇异值分解（singular value decomposition (SVD)）。

3.2.9　奇异值分解

本征值和本征向量是定义在方阵上的，其在矩形矩阵上的推广——**奇异值（singular value）**——是奇异值分解方法。

一个非负的实数 σ 是矩阵 A（不必是方阵）的奇异值，当且仅当存在单位长度的向量 u 和 v 使得[2]：

$$Av=\sigma u \quad \text{和} \quad A^{*}u=\sigma v$$

注意其与式（3.55）的相似性。向量 u 和 v 分别称作 σ 的左奇异（left-singular）和右奇异（right-singular）向量。

SVD 是一个强有力的矩形实或复矩阵的线性代数因子分解技术，它甚至对于奇异或数值上接近奇异的矩阵仍有效。在很多应用中用 SVD 在最小二乘意义下求解线性方程，例如，在信号处理和统计中。它可看作是将方阵到约当标准型的转换推广到非方阵上。必要的使用 SVD 的基本信息可以在很多文本中找到：例如，参考文献[Press et al., 1992]和[Golub and Loan, 1989]给出了严格的数学方法。多数数值计算软件包含有 SVD，例如 MATLAB。

2　对于矩阵 A，A^{*}是共轭转置（也称作伴随矩阵），即 A 复共轭的转置。

继续 SVD 的讨论，请注意任何 $m\times n$ 矩阵 A，$m\geqslant n$，（具有实数或复数元素项）可以分解成三个矩阵的乘积：

$$A=UDV^* \tag{3.57}$$

其中 U 是有正交列、行向量的 $m\times m$ 矩阵；D 是非负对角矩阵；V^*具有正交的行向量。

SVD 可以理解成将大小为 m 的输入分解为大小为 n 的输出。矩阵 V 含有一组正交的“输入”即矩阵 A 的方向基向量（左奇异向量），矩阵 U 含有一组正交的矩阵 A 的“输出”方向基向量（右奇异向量）。矩阵 D 含有奇异值，可以理解为标量“增益”，借此每个对应的输入被乘以增益得到相应的输出。

如下的做法是一个惯例：通过改变输入和输出值的顺序使得对角矩阵的对角元素按非增的顺序排列，可以使 D 对于任意给定的 A 唯一确定。通常矩阵 U 和 V 不是唯一的。

在奇异值及其向量和本征值及其向量之间存在一种关系。在特殊情况下，当 A 是厄米特（Hermitian）矩阵（自伴随矩阵（$A=A^*$）时也是）时，A 的所有本征值是实数和非负的。这种情况下，奇异值和奇异向量与本征值和本征向量一致，$A=VDV^*$。

SVD 可用于求解对应于奇异矩阵的线性方程组的解，这样的方程组原本无确切的解：在最小二乘意义下找到最近的可能解。有时需要找到与原来矩阵 A 最近的奇异矩阵，这使得秩从 n 降到 $n-1$ 或更低。这是通过用 0 取代 D 的最小对角元素来达到的，新矩阵在 Frobenius 范数（用所有矩阵元素的平方和来计算）意义下与老矩阵最近。SVD 也因其数值稳定性和精度而广受欢迎[Press et al., 1992]。

3.2.10 主分量分析

主分量分析（principal component analysis，PCA）是一种重要的线性方法，在统计、信号处理、图像处理和其他学科中广为使用。它以几个名字出现：也称作（离散）**Karhunen-Loève 变换**(以 Kari Karhunen 和 Michael Loève 名字而得名)，或者 Hotelling 变换（以 Harold Hotelling 名字而得名）。

在统计学中，PCA 是一种将高维数据集简化到低维以便于分析或显示的方法。它是一种线性变换，将数据在新的坐标系下表达出来，其基向量采用数据中具有最大发散度的模态：它是将观测空间分解为具有最大方差的正交子空间的最优线性变换方法。因此，对于具体的数据集计算其新的基向量。与快速傅里叶变换相比，PCA 灵活性的一个代价是更高的计算需求。

由于产生降维，PCA 可用于**有损的数据压缩**（**lossy data compression**），以保留数据集对其方差影响最大的那些特征。PCA 将一组可能相关的变量变换为同样数量的不相关的变量，称为**主分量**（**principal component**）。第一个主分量尽可能大地反映数据中的发散性，每个后续分量尽可能大地反映剩余的发散性。如果有必要用更低维的空间来近似数据集，则使用较前面的主分量而忽略后面的。

设数据集由 N 个观测构成，每个观测有 M 个变量（维）。通常 $N>>M$。目的是降低数据的维数，使得每个观测可以仅用 L 个变量（$1\leqslant L<M$）来表达。数据组织成 N 个列向量集合，每个列表示 M 个变量的单次观测：第 n 个观测是列向量 $\mathbf{x}_n=(x_1,\cdots,x_M)^{\mathrm{T}}$，$n=1,\cdots,N$。这样我们就有了一个 $M\times N$ 数据矩阵 X。由于 N 可能非常大，这样的矩阵常常是巨大的：这实际上是件好事，这是因为观测很多则意味着有更好的统计性。

实际的处理不是施加在原始数据 R 上，而是在如下所述的**规范化数据**（**normalized data**）X 上。原始观测数据组织在矩阵 R 中，沿着 R 的每行计算经验均值。其结果存在分量是标量的列向量 $\mathbf{u}$ 中：

$$u(m)=\frac{1}{N}\sum_{n=1}^{N}R(m,n)\text{，其中}m=1,\cdots,M \tag{3.58}$$

将经验均值从 R 的每列中减掉：设 $\mathbf{e}$ 是大小为 N 的单位元向量（仅由 1 组成的行向量），则有

$$X=R-\mathbf{ue}$$

如果用一个低维空间中的低维矩阵 Y（行的维数是 L 维）来近似 X（行的维数是 M 维），则该近似的均方误差ε^2是：

$$\varepsilon^2=\frac{1}{N}\sum_{n=1}^{N}|\mathbf{x}_n|^2-\sum_{i=1}^{L}\mathbf{b}_i^{\mathrm{T}}\left(\frac{1}{N}\sum_{n=1}^{N}\mathbf{x}_n\mathbf{x}_n^{\mathrm{T}}\right)\mathbf{b}_i \tag{3.59}$$

其中 b_i，i=1,…, L 是 L 维线性空间的基向量。如果要最小化ε^2，则需最大化下式：

$\sum_{i=1}^{L}\mathbf{b}_i^{\mathrm{T}}\operatorname{cov}(\mathbf{x})\mathbf{b}_i$ 其中 $\operatorname{cov}(\mathbf{x})=\sum_{n=1}^{N}\mathbf{x}_n\mathbf{x}_n^{\mathrm{T}}$ 是协方差矩阵。

协方差矩阵（**covariance matrix**）cov(**x**)有一些特殊性质：它是实对称的、半正定的，因此肯定具有实本征值。矩阵理论告诉我们其本征值可以排序（从最大到最小），其关联的本征向量作为基向量就是我们寻求的解。在对数据作近似时，忽略对应于最小本征值的维度。式（3.59）的均方误差ε^2由下式给出：

$$\varepsilon^2=\operatorname{trace}(\operatorname{cov}(\mathbf{x}))-\sum_{i=1}^{L}\lambda_i=\sum_{i=L+1}^{M}\lambda_i$$

其中 trace(A)是迹——矩阵 A 的对角元素的和。迹等于所有本征值的和。

作为一个例子，我们来考虑在图像中使用 PCA 方法——这种方法因其在人脸识别中的应用而为人熟知 [Turk and Pentland, 1991]。图像可以通过将其像素逐列（或换成逐行）连接起来看作一个非常长的 1D 向量。如图 3.23 所示，是 321×261=83781 像素“长”的图像例子。在该例中有 32 个这么长的向量的例子（这与上面的讨论相违背，我们期待的是例子的数目应超过维数）。

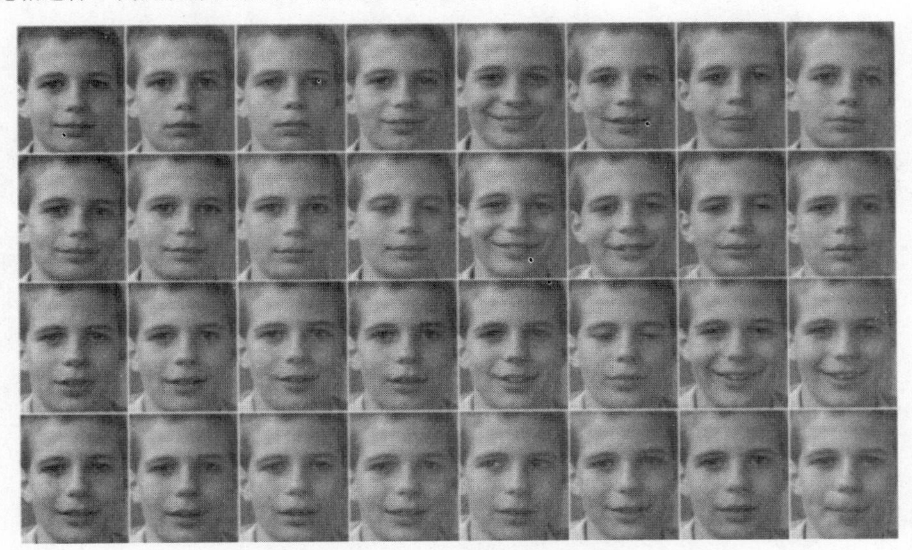

图 3.23　男孩脸部的 32 个 2D 原始图像，每个 321×261 像素

如果观测数比未知量还少，线性方程组就不是过约束的，但是仍然可以用 PCA。主分量的数目比可获得的观测数目要少或与之相等；这是因为（方的）协方差矩阵的尺寸与观测的数目对应。我们得出的本征向量，在把 1D 向量重新组织成矩形图像后，称作**本征图像**（**eigen-image**）。

每幅图像被看作是高维特征空间的单个点（单个观测量）。所分析的图像集仅占有特征空间很小的一部分。对于图 3.23，注意图像在几何上是配准过的，这是通过将鼻尖大致放在同一像素位置上手工切出 321×261 像素图像区域来实现的。如图 3.24 所示，是从 4 个基向量上重建的结果。注意基向量是图像。

图 3.24　从 4 个基向量上重建的结果。基向量 $\mathbf{b}_i$, i=1,…,4 可以显示成图像。按照 $q_1\mathbf{b}_1+q_2\mathbf{b}_2+q_3\mathbf{b}_3+q_4\mathbf{b}_4=0.078\mathbf{b}_1+0.062\mathbf{b}_2-0.182\mathbf{b}_3+0.179\mathbf{b}_4$ 计算线性组合

PCA 用于图像也有其缺欠。通过逐列组织成 1D 向量，给定像素与其相邻行中的像素之间的关系没有被考虑进来。另一个缺欠是该表达所具有的全局性特点，输入图像的小变化或误差会影响整个本征表达。但是。这种性质是积分线性变换所固有的。有关在图像中使用 PCA 的更详细的阐述可以参见[Leonardis and Bischof, 2000]。

3.2.11 Radon 变换

图像投影反映了很多重要特性，并且能被一系列物理过程实现。一个完备的（连续的）投影集合包含了与原图像相同的信息，它被称为 Radon 变换[Barrett and Myers,2004]。

形式上，$f(x,y)$是二维函数，且在某个圆外减为 0，我们考虑一系列的二维直线 L，并定义 Radon 变换$\mathcal{R}_f$为：

$$\mathcal{R}_f(L)=\int_L f(\mathbf{x})|\mathrm{d}\mathbf{X}|$$

通常直线可用它们离远点的距离以及与笛卡儿坐标轴的角度两个参数表示（见图 3.25）：

$$\big(x(t),y(t)\big)=\big((t\sin\alpha+s\cos\alpha),(-t\cos\alpha+s\sin\alpha)\big)$$

于是

$$\begin{aligned}\mathcal{R}_f(\alpha,s)&=\int_{-\infty}^{\infty}f\big(x(t),y(t)\big)\mathrm{d}t\\&=\int_{-\infty}^{\infty}f\big(t\sin\alpha+s\cos\alpha,-t\cos\alpha+s\sin\alpha\big)\mathrm{d}t\end{aligned}\tag{3.60}$$

在概念上，我们是沿着以任意角度穿过图像的射线对图像函数积分，这正是 X 射线断层造影术（Computed Tomography，CT）图像所需要的。

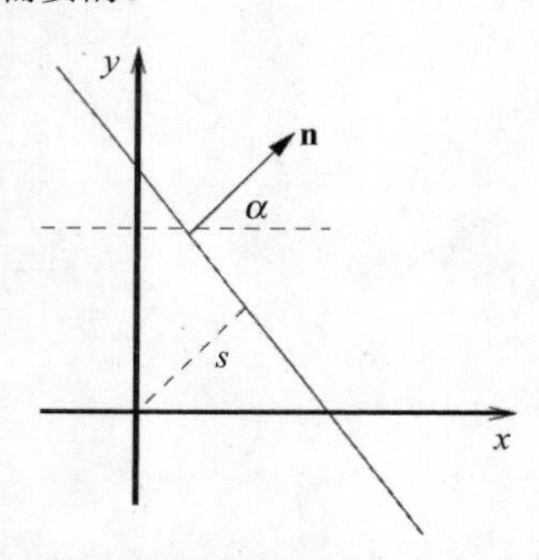

图 3.25 一条直线由其距原点的距离 s 和角度 α 参数化表示

Radon 逆变换是基于傅里叶变换技术的，特别是傅里叶切片定理。通俗地来讲，沿固定角度 α 对 Radon 变换结果作一维傅里叶变换相当于得到对 f 二维傅里叶变换中的一层。因此，计算$\mathcal{R}_f(\alpha,s)$的二维傅里叶变换集合可产生 f 的二维傅里叶变换，并可用已有的技术进行逆变换。这体现了如何从原始 CT 扫描仪结果中得到身体切片图像。

在数字图像中，Radon 变换是对通过图像的一组射线求和来实现的；变换的维数取决于图像的最大直径和射线角度的采样粒度。图 3.26 和图 3.27 描述了对带有显著直线的图像进行 Sobel 边缘检测后的 Radon 变换（见 5.3.2 节）；这些峰值成功定位了直线。很显然，Radon 变换与 Hough 变换是有一定关系的（见 6.2.6 节）。

3.2.12 其他正交图像变换

还有许多其他的正交图像变换。**Hadamard-Haar** 变换是 Haar 变换和哈达马变换的组合，一种改进的 **Hadamard-Haar** 变换也类似于它。**Slant** 变换和它的改进 **Slant-Haar** 变换则代表了另一种变换，它们包含了锯齿波或 **Slant** 基向量，并且也有一种快速算法。**离散正弦变换（discrete sine transform）**则和离散余弦

(a)

(b)

图 3.26　（a）利兹大学标志性的钱柏林-鲍威尔-邦（Chamberlin-Powell-Bon）计算楼；（b）边缘检测（见 5.3.2 节）——有很明显的直线

图 3.27　图 3.26 的 Radon 变换。水平轴宽为 180（用角度衡量）；纵轴为 751，是原始 394×640 图像的直径。为了便于展示，图像的对比度有所拉伸。以图 3.26 的中心为原点，主要的峰很明显在坐标（1,196），即图左侧的柱子；（−18,48），在一排窗户之上，从左上角到右侧中部的斜线；（−25,95），类似的上一层楼

变换很相似。**佩利（Paley）**变换和**沃尔什（Walsh）**变换与哈达马变换很相似，都使用只包含 ±1 元素的变换矩阵。这里提到的所有变换在[Gonzalez and Woods, 1992; Barrett and Myers, 2004]中都有详细的介绍，并且提供了它们的计算算法。

3.3　作为随机过程的图像

由于随机变化和噪声的原因，图像在本质上是统计性的，有时将图像函数作为随机过程的实现来看待有其优越性[Papoulis, 1991; Barrett and Myers, 2004]。这时有关图像的信息量和冗余性的问题可以用概率分布来回答，将概率特征简化为均值、离差（dispersion）、相关函数等。

随机过程（stochastic process）（随机场）是随机变量概念的推广。我们将讨论限制在以图像的坐标作为两个独立变量(x, y)的随机过程上。记随机过程为ϕ，$\phi(x, y)$是表达在像素(x, y)处灰度的随机变量。一个具体的图像是作为随机过程ϕ的一个**实现（realization）**获得的，它是提供图像最终具有的灰度值的一个确定性的实函数f。用一个例子表述：原始图像是布拉格城堡图像，如图 3.11（a）所示。如图 3.28 所示，是随机过程ϕ的众多可能实现中的三种。在该例中，实现是从输入图像用高斯噪声腐蚀人工产生的，其高斯噪声是在[0, 1]尺度范围，具有 0 均值和 0.1 标准差。每个像素处的噪声在统计上独立于其他像素处的噪声。在实现创建之后，每个图像是确定性的。但是，这些图像中的对应像素是同一随机过程的三个不同的实现。在同一图像中，像素的灰度值之间有依赖关系。这些依赖关系的确切描述需要一个有限的极多数量的联合分布函数来表达。

一个随机过程ϕ由一组 k 维分布函数 $P_k, k = 1,2,\cdots$ 完整地表示出来。k 个参数 $z_1, z_2, \cdots, z_k$ 的分布函数是：

$$P_k(z_1,\cdots,z_k;x_1,y_1,\cdots,x_k,y_k) = \mathcal{P}\{\phi(x_1,y_1)<z_1,\phi(x_2,y_2)<z_2,\cdots,\phi(x_k,y_k)<z_k\} \tag{3.61}$$

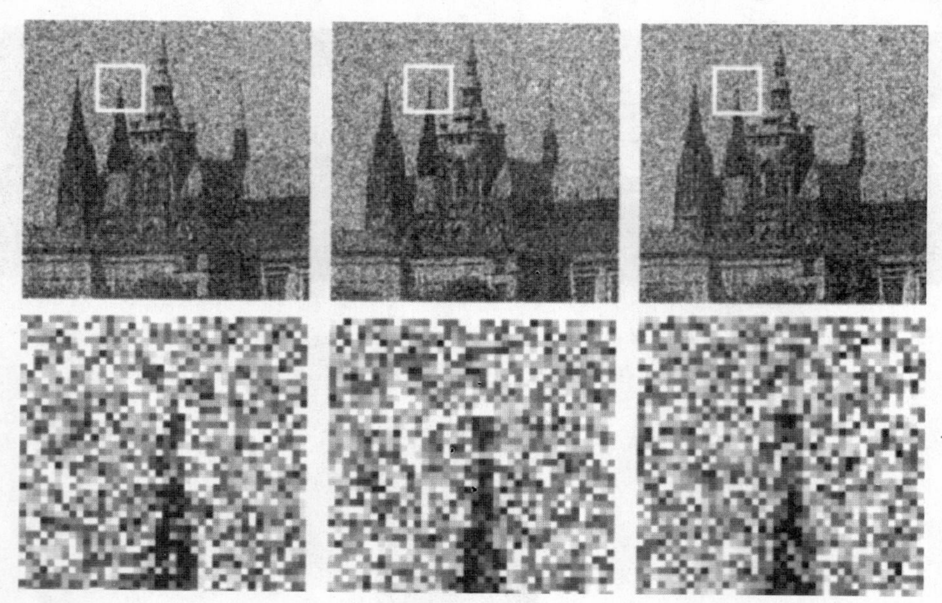

图 3.28　上排是作为随机过程 ϕ 实现的三幅 256×256 图像。在三幅图像中的剪切窗用白色方框标示出来，其放大了的图像显示在下排。注意三种实现中相同位置的像素的确不同

其中$\mathcal{P}$表示括号内列出的事件的联合概率。这个公式表达了 k 个像素$(x_1, y_1),\cdots,(x_k, y_k)$之间的依赖关系。完整地表达这种依赖关系，我们需要 k 等于图像中像素数目时的那些联合分布函数。

k 阶概率分布函数在实际中通常不用。它们表达的是很多事件间的复杂关系。这些描述子在理论上是重要的，需要非常多的实现（实验）来估计。通常，相关的事件不会超过几对。

二阶概率分布函数（second-order distribution function）用于表达事件对间的关系。更简单地用来刻画随机过程的是**一阶分布函数（first-order distribution function）**，独立于其他像素来表达单个像素灰度值的概率特性。

由分布函数 $p_1(z;x,y)$ 表达的概率关系可以等价地用**概率密度（probability density）**按如下定义来表达：

$$p_1(z;x,y)=\frac{\partial P_1(z;x,y)}{\partial z} \tag{3.62}$$

该分布通常粗略地用简单的特征来表达。随机过程 ϕ 的**均值（mean）**是用一阶概率密度函数由下式定义的：

$$\mu_\phi(x,y)=E\{\phi(x,y)\}=\int_{-\infty}^{\infty} z p_1(z;x,y)\mathrm{d}z \tag{3.63}$$

其中 E 是数学期望算子。

自相关（autocorrelation）和**互相关（cross correlation）**函数[Papoulis, 1991]常用于在图像或图像部件之间搜索相似性。随机过程ϕ的自相关函数 $R_{\phi\phi}$ 定义为随机变量$\phi(x_1, y_1)$ 和$\phi(x_2, y_2)$乘积的均值，则

$$R_{\phi\phi}(x_1,y_1,x_2,y_2)=E\{\phi(x_1,y_1)\phi(x_2,y_2)\} \tag{3.64}$$

自协方差（autocovariance）函数 $C_{\phi\phi}$定义为

$$C_{\phi\phi}(x_1,y_1,x_2,y_2)=R_{\phi\phi}(x_1,y_1,x_2,y_2)-\mu_\phi(x_1,y_1)\mu_\phi(x_2,y_2) \tag{3.65}$$

互相关函数 $R_{\phi\gamma}$和**协方差（cross covariance）**函数 $C_{\phi\gamma}$的定义与式（3.64）和式（3.65）相似，不同之处只在于一幅图像（过程）中的一个点$\phi(x_1, y_1)$与另一幅图像（过程）中的一个点$\gamma(x_2, y_2)$被关联起来。如果两个随机过程的互相关函数在任意两点$(x_1, y_1), (x_2, y_2)$的值都为零，则它们是**不相关的（uncorrelated）**。

平稳过程（stationary process）是一种特殊的随机过程。它的特性不随图像平面中的绝对位置而变化。平稳过程的均值 μ_f 是常数。

平稳随机过程的自相关函数 $R_{\phi\phi}$是平移不变的，仅依赖于坐标之间的差值 $a=x_1-x_2, b=y_1-y_2$：

$$R_{\phi\phi}(x_1,y_1,x_2,y_2)=R_{\phi\phi}(a,b,0,0)\equiv R_{\phi\phi}(a,b)$$
$$R_{\phi\phi}(a,b)=\int_{-\infty}^{\infty}\int_{-\infty}^{\infty}\phi(x+a,y+b)\phi(x,y)\mathrm{d}x\mathrm{d}y \tag{3.66}$$

类似地，两个过程样本 $\phi(x_1,y_1)$ 和 $\gamma(x_2,y_2)$ 之间的互相关函数定为

$$R_{\phi\gamma}(x_1,y_1,x_2,y_2)=R_{\phi\gamma}(a,b,0,0)\equiv R_{\phi\gamma}(a,b)$$
$$R_{\phi\gamma}(a,b)=\int_{-\infty}^{\infty}\int_{-\infty}^{\infty}\phi(x+a,y+b)\gamma(x,y)\mathrm{d}x\mathrm{d}y \tag{3.67}$$

请注意，有无数的函数具有相同的相关函数，因此也就具有相同的功率谱。当图像移位后，它的功率谱仍是不变的。

设 $\gamma(x,y)$ 是两个函数 $\phi(x,y)$ 和 $\eta(x,y)$ 的卷积，如式（3.11）。假设 $\phi(x,y)$ 和 $\gamma(x,y)$ 是平稳随机过程，$S_{\phi\phi}$，$S_{\gamma\gamma}$ 是它们相应的功率谱密度。如果过程 $\phi(x,y)$ 的均值是零，则

$$S_{\gamma\gamma}(u,v)=S_{\phi\phi}(u,v)S_{\eta\eta}(u,v) \tag{3.68}$$

其中 $S_{\eta\eta}(u,v)$ 是随机过程 $\eta(x,y)$ 的功率谱。式（3.68）用来描述线性图像滤波器 η 的谱特性。

平稳随机过程的相关函数在变换到频域后所具有的性质是重要的。平稳随机过程的互相关函数的傅里叶变换可以表示成相应过程（在图像分析中是图像）的傅里叶变换的乘积，如

$$\mathcal{F}\left\{R_{\phi\gamma}(a,b)\right\}=F^*(u,v)G(u,v) \tag{3.69}$$

类似地，自相关函数可以写成

$$\mathcal{F}\left\{R_{\phi\phi}(a,b)\right\}=F^*(u,v)F(u,v)=\left|F(u,v)\right|^2 \tag{3.70}$$

式（3.66）所示的**自相关函数的傅里叶变换**（**Fourier transform of the autocorrelation function**）也被称为**功率谱**（**power spectrum**）[3]和**谱密度**（**spectral density**）。

$$S_{\phi\phi}(u,v)=\int_{-\infty}^{\infty}\int_{-\infty}^{\infty}R_{\phi\phi}(a,b)e^{-2\pi\mathrm{i}(au+bv)}\mathrm{d}a\mathrm{d}b \tag{3.71}$$

其中 u,v 是空间频率。功率谱密度传达了该信号的对应空间频率所具有的功率大小。

3.4　图像形成物理

人眼在比较图像中的亮度和色彩时，其感知是相对意义下的，而摄像机可以作为测量仪器提供绝对的量测值。如果我们想要理解测量到的量，则必须考察图像形成的物理原理。我们将回顾一些基本原理，以便能够理解图像是如何创建的。这些原理是直截了当的，易于解释；它们广泛地用于计算机图形学中，从 3D 模型创建具有视觉感染力的 2D 图像。

不幸的是，其逆任务是欠约束的；具有作为输入的观测图像的亮度信息，目标是确定如下的一些物理量：光源（其类型、辐射率和方向），场景中的表面形状，表面反射率，观察者的方向。这是困难的任务。这个逆任务是计算机视觉的主要兴趣所在。由于其复杂性，实践者时常试图避开该问题求解，而是通过在场景中分割出物体来寻找捷径，这些物体对应于某些语义上引人注意的实体。分割常常仅在其应用领域中或特定图像捕获设置等条件下才有效。

在一些特殊情况下，图像形成的逆任务是有实用意义的。这些应用邻域主要是“由阴影到形状”和“光度测量立体视觉”，将在第 11 章中阐述。辐射率类量的直接测量也用在工业生产、医学成像等质量控制检验中。

3.4.1　作为辐射测量的图像

可以用来对物体成像的发出能量有三种类型：

3　功率谱的概念对于傅里叶变换没有定义的函数也是可以定义的。

1. 电磁辐射，包括γ射线、X射线，紫外线，可见光，红外线，微波和无线电波。辐射在真空中以光速传播，在物质中的传播速度稍慢，还依赖于波长。在本书中，除非声明我们关注于可见光谱。

2. 粒子放射，例如，电子或中子。

3. 在气体、液体和固体中传播的声波。气体和液体中传播的只有纵波，而横波在固体中可能比较明显。波的传播速度与传播介质的弹性特征成正比。

辐射与物质的融合发生在物体的表面处或其体积内。或由于分子的热运动（热辐射体）或由于外部激励（例如，反射回来的辐射、荧光），从物体中放出能量（辐射）。辐射携带了信息，借此可以识别所观测的物体，且有助于对其特性的量测。这类信息的例子有：

1. 频率，由波长描述的辐射频率。

2. 幅值，即辐射的强度。

3. 偏振模，纵波的偏振模。

4. 相位，只有在使用相干成像技术时才可获得，例如在干涉或全息技术中。

我们将考虑在可见光谱中从非透明表面辐射反射情况下的图像形成的解释。

3.4.2 图像获取与几何光学

我们从图像获取的简单模型开始讨论，在该模型中几何光学起关键作用。考虑一台摄像的即视频摄像机——捕获亮度图像的设备。摄像机由镜头（透镜）、将光子转换成电信号的光敏图像传感器和将图像数据输送给进一步处理的电子组件构成。

镜头将传入光汇集到图像传感器。测量的物理量是辐照度，常常非正规地称作亮度或强度。我们期望镜头模仿理想的透视成像（针孔模型，参见图2.1），并使用与针孔模型符合的几何光学。针孔模型的关键概念是作为直线段的射线将场景中的一点映射到图像面（或摄像机的光敏传感器）上的一点。我们不考虑更为复杂的现象，它们需要波或量子光学的更复杂的数学模型。光波学说可以解释光的如下现象：衍射、干涉、偏振。很多教材深度解释了这些论题（感兴趣的读者可以参考教材[Hecht, 1998]）这里我们将按照光学文献的习惯叙述，光从左向右传播。

针孔模型（摄像机的抽象）是不现实的理想，因为非常小的孔会阻止能量通过。光的波属性引起衍射，是另一个偏离针孔模型的原因。如果障碍的尺寸与波长可比，光的传播方向就会偏折。严格地说，只有平的镜面与几何光学模型相符。

理想的几何针孔模型或多或少地对于理想的**薄透镜（thin lens）**是有效的，参见图3.29。光线穿过镜头的中心（称作**主点（principal point）**）不改变其方向。如果镜头是会聚的，与光轴不一致的入射光会发生折射。与光轴平行的入射光与光轴交于一点称作**焦点（focal point）**。这一过程由薄透镜方程表达，可以用如图3.29所示的相似三角形推导出来。透镜方程用牛顿形式表达为

$$\frac{1}{z'+f}=\frac{1}{f}-\frac{1}{f+z}$$

或以更简单的形式表达为

$$zz'=f^2 \tag{3.72}$$

其中f是焦距，是主点和（物体的、图像的）焦点间的距离；z是物体平面和物体焦点间的距离；z'是图像平面和图像焦点间的距离。设X是物体的尺寸（如图3.29所示，物体平面上箭头的长度），x是其在图像平面上的尺寸。光学系统的放大率是：

$$m=\frac{x}{X}=\frac{f}{z}=\frac{z'}{f}$$

薄透镜的缺点是能够清晰成像的光线只是如下的一部分光线：从离主点距离在z范围内的与光轴垂直的平面发出的光线。

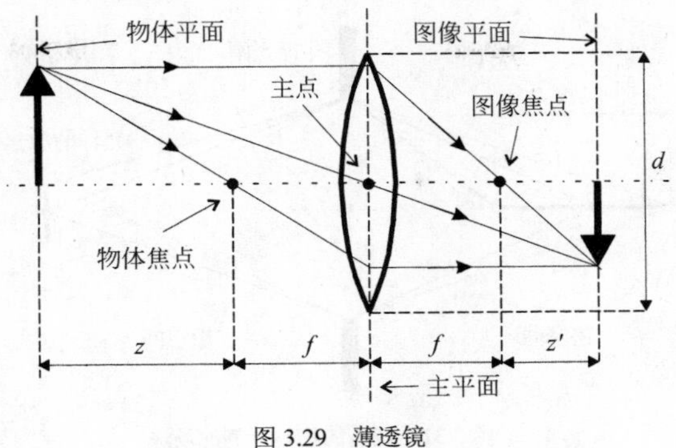

图 3.29　薄透镜

设想有一束交于焦点处的光线，如果将图像平面从焦点处移开[Jähne, 1997]，考虑一下会发生什么。该点将呈现为一个直径为ε小圆盘（允许的焦外散焦圆盘），参见图 3.30。Δz 是移位后的图像面与图像焦点间的距离，d 是孔径光阑（光圈）的直径，f 是镜头的焦距，$f+z'$ 是主点和图像焦点间的距离；z 是物体平面和物体焦点间的距离图像平面和图像焦点间的距离。圆盘的直径ε 可以用相似三角形计算出来：

$$\frac{d}{f+z'}=\frac{\varepsilon}{\Delta z}\quad\Rightarrow\quad\varepsilon=\frac{d\Delta z}{f+z'}$$

$n_f=f/d$ 是镜头的 f-数，见 3.4.4 节。

上述公式可以改写为

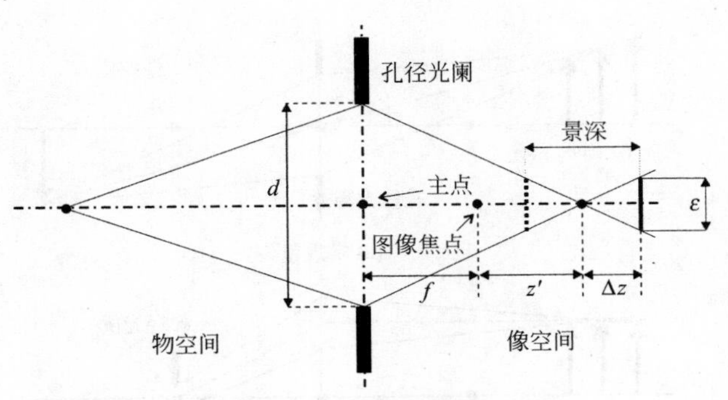

图 3.30　光学系统的景深

$$\varepsilon=\frac{\Delta z\, f}{n_f(f+z')}=\frac{\Delta z}{n_f(1+z/f)}$$

景深（depth of focus）和**场深（焦区长度）（depth of field）**概念是基于如下的理解：图像离开焦点少许距离是有好处的。聚焦在图像上的场景深度范围可有效地变大。要求ε 等于 0 没有意义——一个像素大小是合理的。景深是允许图像平面移位的区间[$-\Delta z$，Δz]，在此区间内，圆盘的直径ε 比预先定义的对应于像素大小的值小。Δz 用上述公式计算：

$$\Delta z=n_f\left(1+\frac{z'}{f}\right)\varepsilon=n_f(1+m)\varepsilon \tag{3.73}$$

其中 m 是镜头的放大率。式（3.73）反映了 f-数的重要作用。孔径光阑（光圈）的直径越小，景深越大。

从用户的角度看，更重要的概念是镜头的物体一侧的**场深**。它控制了场景中所能清晰成像的允许被观测物体所处的位置范围，即所允许的最大焦外散焦ε。场深如图 3.31 所示。

真实的镜头（物镜）由几个单独的透镜构成，其在几何光学中的模型称作**厚透镜（thick lens）**。它有两个平行的主轴和两个主点，一侧一个。光线穿过物镜主点射入镜头，通过透镜组，从图像主点以同样角度离开。在物镜和图像主点之间的距离给出厚透镜的有效长度。除此之外，光线通过镜头的数学表达几乎仍然一样。

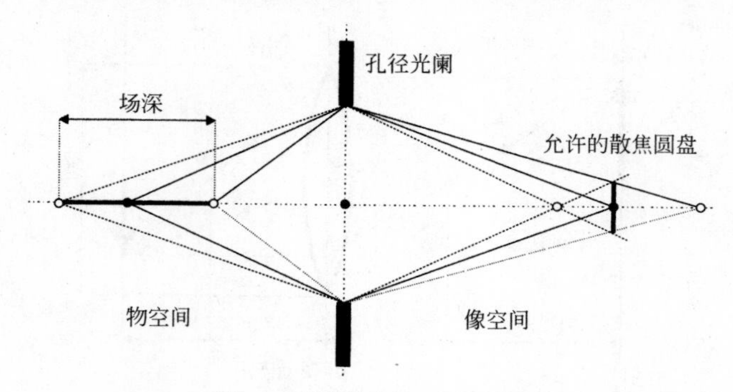

图 3.31　镜头的物体一侧的场深

在光学计量中，很难确保被测量的物体位于物体平面上。它离镜头越近看起来就越大，越向后退看起来就越小。有一种有用的实际的光学技巧可以使得计量更容易——**远心镜头（telecentric lens）**。将一个小孔径光阑放在图像焦点处；在常规镜头中孔径光阑位于主点处，图 3.32（a）。在远心镜头中，图像仅由与光轴近似共线的光线形成，如图 3.32（b）所示。仅有部分光线和辐照穿过远心镜头到达图像一侧，这种能量的缩减就是为什么被观测的场景需要更强的照明的原因。在工业计量设置中，更强的照明通常并不难提供。远心镜头的缺点是镜头的直径必须比所量测的距离大才行。大直径的远心镜头（近似地 >50mm）是昂贵的，因为它们通常使用菲涅尔透镜原理（Fresnel lens principle），从 19 世纪 20 年代开始就用在灯塔中了。

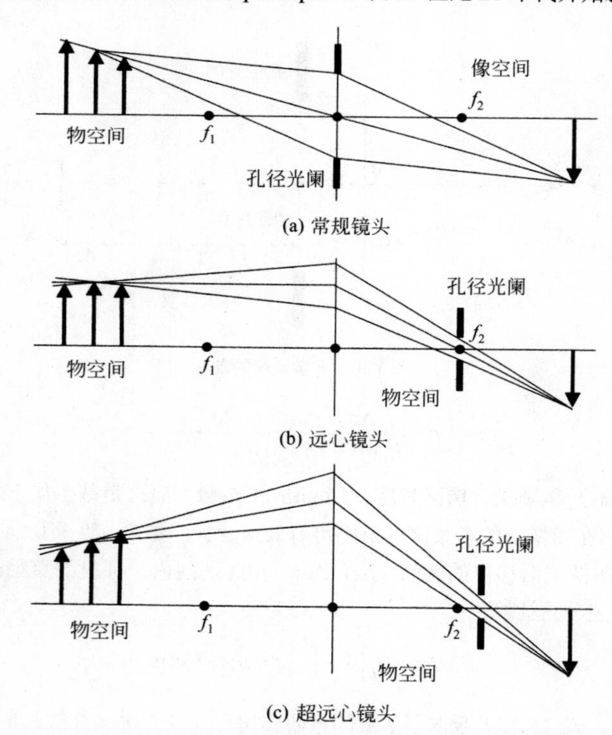

图 3.32　常规、远心和超远心镜头。镜头的物体一侧的焦点标记为 f_1 而图像一侧的焦点标记为 f_2

如果将孔径光阑放在图像焦点和图像平面之间，则得到**超远心镜头（hypercentric lens）**，如图 3.32（c）所示。

常规、远心和超远心镜头的特性用如图 3.33 所示的情况来说明，考虑沿着其轴来观看一管子。常规镜头因发散的光线看到管子的横截面和其内表面。远心镜头因只有近似平行于光轴的光线被选择了故仅能看到横截面。超远心镜头看到横截面和管子的外表面，看不到内表面。

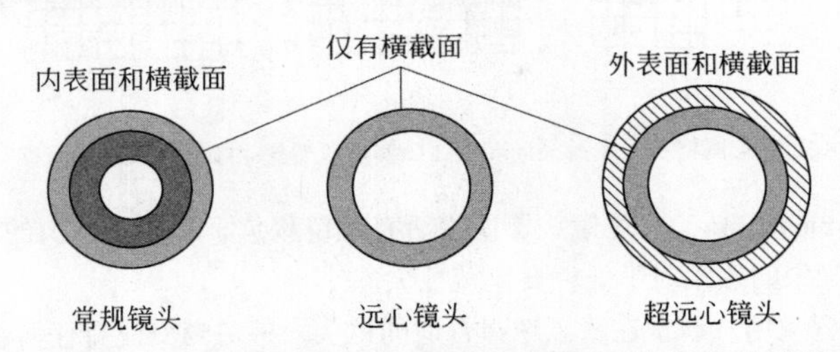

图 3.33　常规、远心和超远心镜头的管子的轴向视图。横截面用浅色显示，内表面用深色显示，而外表面用影线标注

3.4.3　镜头像差和径向畸变

镜头和其他光学系统，比如镜子或棱镜，存在会导致模糊、色彩变化、偏离理想光线的几何畸变等现象的缺欠。这些偏差在光学中常称为**像差**（**aberrations**）。光线必须通过某种介质，比如空气，这也会引起模糊。有时，模糊可以粗略地建模为傅里叶谱中的高频的减弱。这些现象可以粗略地用高通滤波器来补偿。

在理想的光学系统中，物体上的每点都会聚焦于图像上大小为零的一个点上。实际中，物体一侧的一个点在图像平面上不是一个点。其结果是在体（volume）中的一个亮度分布，在形状上并不对称。出现模糊是因为镜头并不是完美的图像制作器。只有当满足如下条件时，输出才接近由式（3.72）给出的理想的数学模型：镜头应具有球形表面，光线应穿过主点且与光轴所成的角度比较小。有六种主要的可区分的像差：

（1）球面像差；

（2）彗差；

（3）散光；

（4）像场弯曲；

（5）几何畸变（特别是径向畸变）；

（6）色差，出现在有很多波长的混合光线中。

前五种也会出现在单波长的光中。

球面像差（**spherical aberration**）阻止光线会于相同图像点。靠近中心穿过镜头的光线比起从边缘处穿过的光线被聚焦于更远处。

彗差（**coma**）是从偏离轴的物体点处发出的光线由镜头不同区域成像产生的。镜头的物体一侧的一点被模糊成彗星形状，因此而得名。在球面像差中，轴上物体点的像落在与光轴成直角的平面上，是圆形的，大小不同，以共同的中心叠加在一起。在彗差中，偏离轴的物体点的像是圆形的，大小不同，但是彼此错位。彗差通常可以由光圈（diaphragm）来减少，光圈消除外锥光线。

散光（**astigmatism**）是当光学系统对于在两个垂直平面间传播的光线有不同焦点时出现的。如果该光学系统对十字交叉成像，纵线和横线都会在两个不同的距离上清晰地聚焦。

像场弯曲（**curvature of field**）（在几何畸变（geometric distortion）中显露出来，包括径向和切向）是指图像点彼此的位置。前三种像差通常由镜头设计者校正。几何畸变通常仍会存在。像场弯曲表达镜头物体一侧垂直于光轴的平面物体的像映射到抛物面上的现象，该抛物面称作玻兹伐面（Petzval surface）[4]。几何畸变是指图像变形。如果物体一侧的物体是由方格组成的平的网格，则它将会被投影成桶状或枕垫状，如图 3.34 所示。在桶状畸变中，放大率随着离轴的距离增加而减小。在枕垫状畸变中，放大率随着离轴的距离增加而增大。

4　玻兹伐面（Petzval surface）因斯洛伐克数学家（Jozef Petzval, 1807—1891）而得名。

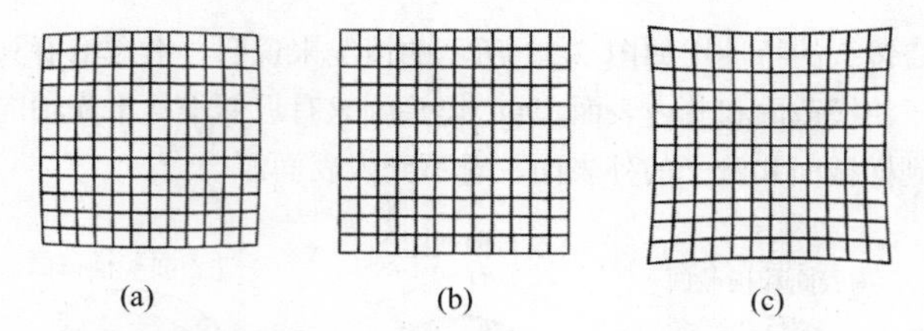

(a) (b) (c)

图 3.34　在 12×12 方形网格上显示的径向畸变：（a）桶状畸变；（b）未发生畸变的；（c）枕垫状畸变

色差（chromatic aberration）表达镜头不能将所有颜色聚焦于相同平面上的现象。由于折射率在光谱的红端最小，镜头在空气中的焦距对于红色要比蓝色大。

光学系统的计算机视觉用户通常在除了选择合适的镜头之外对畸变没有任何影响。径向畸变是个例外，在计算机视觉应用中时常需要估计并校正径向畸变。我们将详细地介绍这一问题。典型的镜头会产生几个像素的畸变，人在看自然场景时注意不到这种变化。但是，当图像用于测量时，畸变的补偿就是必要的。

镜头**几何畸变**的实际模型包含两个畸变成分。第一个是**径向畸变（radial distortion）**，由镜头对光线的折射或多或少地偏离理想情况所引起。第二个是相对于图像中点的**主点移位（shift of the principal point）**。我们将在第 11.3.1 节中讨论第二个成分，其中介绍单个 3D 摄像机的内参数。

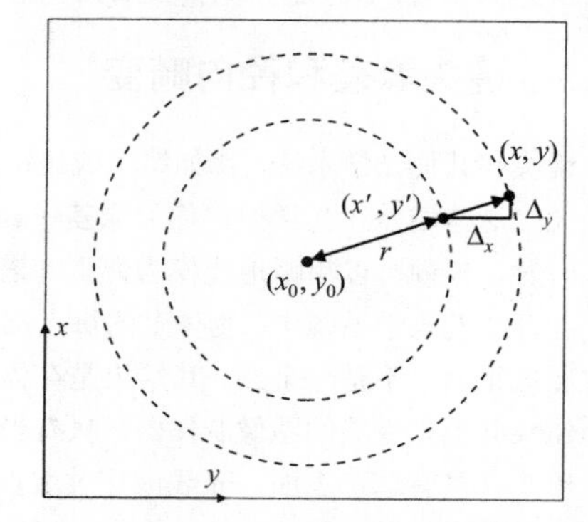

图 3.35　径向畸变模型；(x', y')是在（未校正的）图像中量测的像素坐标；(x, y)是校正后的像素坐标；(x_0, y_0)是主点的坐标，(Δ_x, Δ_y)是必要的校正分量；r 是像素(x_0, y_0)和像素(x', y')之间的距离

从图 3.34 可以看出，枕垫状或桶状畸变是中心（径向）对称的。可用一个简单的数学模型来近似必要的校正：用从图像的主点(x_0, y_0)到所观测点(x', y')的距离 r 的低阶多项式。涉及的变量如图 3.35 所示。校正后的像素坐标是 $x= x'+\Delta_x$, $y= y'+ \Delta_y$。

径向畸变用依赖于从主点(x_0, y_0)到被测点(x', y')距离 r 的相对于主点具有旋转对称性的函数来近似。

$$r = \sqrt{(x-x_0)^2 + (y-y_0)^2} \tag{3.74}$$

使用 r 的偶阶的低阶多项式以确保旋转对称性。通常使用至多六阶的多项式。近似为

$$\begin{aligned}\Delta_x &= (x'-x_0)(k_1 r^2 + k_2 r^4 + k_3 r^6)\\ \Delta_y &= (y'-y_0)(k_1 r^2 + k_2 r^4 + k_3 r^6)\end{aligned} \tag{3.75}$$

畸变由系数 k_1, k_2, k_3 表达，对于具体的镜头它们是通过观测已知的校准图像实验获得的，例如覆盖着某种点滴或线条的规范模式的图像。在近似中时常仅使用一个非零系数 k_1 就足够了。

在实际图像中使用径向畸变模型的效果如图 3.36 所示。更复杂的镜头模型可以覆盖切向畸变，切向畸

(a)

(b)

(c)

图 3.36　用书架的真实图像展示的径向畸变：（a）桶状畸变；（b）未发生畸变的；（c）枕垫状畸变

变是对诸如镜头的非中心性等现象的建模。[Tsai, 1987；Jain et al., 1995；Prescott and McLean, 1997]提出了完整的另一种处理方法。

3.4.4　从辐射学角度看图像获取

TV 摄像机和多数人工视觉传感器测量的单个像素所接受到的光能数量，是各种物质和光源之间的交互作用的结果；测量的数值非正式地被称为灰阶（或亮度、灰度）。**辐射学**（**radiometry**）是物理学的分支，研究辐射能量的流动和传递，是考虑图像创建机制的合适工具。对应于 3D 表面上的点的灰阶，非正式地说，依赖于物体的形状、它的反射特性、观察者的位置、光源的性质和位置。

在实际的应用中，一般避免以辐射学方法来理解灰阶，这是因为其复杂性和数值不稳定性。测量到的灰阶一般并不提供精确的定量测量（一个原因是常用的摄像机在几何上的精度远超过其在辐射学上的精度；另一个更根本的原因是灰阶与形状的关系过于复杂）。一种绕过该问题的方法是使用专为任务设计的光源，使得可以在定性的层面上定位物体且将其与背景相分离。如果这种尝试是成功的，那么就解决了物体/背景的分离任务，这通常比起从辐射学角度来看图像形成任务的完全逆过程要简单得多。当然，损失了原本从亮度变化的辐射学分析中所能获得的部分信息。

光度测定学（**photometry**）是与辐射学紧密相关的一个学科，研究人类眼睛对光能辐射的感觉；两个学科使用相似的量描述类似的现象。

在这里，我们将用方括号描述物理单位；当存在混淆的危险时，我们使用下标 *ph* 来指示光度测定量，而让辐射量没有下标。

基本的辐射量是**辐射通量**（**radiant flux**）Φ[W]，它对应的光度测定量是**光通量**（**luminous flux**）Φ_{ph} [lm(=lumen)]。对于波长$\lambda=555\mu$m 的光和白昼视觉，我们可以根据关系式 1W=680lm 在这两个量之间作转换。不同的人具有不同的感光能力，光度测定量依赖于辐射源的光谱特征和人眼视网膜的光感受器敏感度。因为这个原因，国际标准局 CIE（Commission International de l'Éclairage）定义了一个"标准观察者"，对应于平均的能力。设 $K(\lambda)$是光功效（luminous efficacy）[lmW^{-1}]，$S(\lambda)$[W]是光源的光谱功率，λ[m]是波长。光通量 Φ_{ph} 与感光强度成正比且由下式给出：

$$\Phi_{ph} = \int_{\lambda} K(\lambda)S(\lambda)\mathrm{d}\lambda \tag{3.76}$$

由于光度测定量过分依赖于观察者，我们将考虑辐射量。

从观察者的角度看，物体的表面可以将能量依不同方向不同程度地反射进半球。**立体角**（**spatial angle**）由单位球上的受顶点在球心的锥面所限制的面积给出。整个半球面对应的立体角是 2π[sr(=steradians)（球面度）]。距原点距离为 R 的一个小面元（即，$R^2>>A$），在面元法向量和原点与面元间的径向量间的角度是Θ，对应的立体角Ω[sr]如下（见图 3.37）：

$$\Omega = \frac{A\cos\Theta}{R^2} \tag{3.77}$$

辐照度（**irradiance**）[Wm^{-2}]描述落在单位面积物体表面上的光能量功率，$E=\delta\Phi/\delta A$，其中δA 是表面面积的无穷小元素；其对应的光度测定量是照明光度（illumination）[lm m^{-2}]。**辐射率**（**radiance**）L[W m^{-2} sr^{-1}]是从单位面积表面上向某个立体角发射出的光能量功率，其对应的光度测定量叫做**亮度**（**brightness**）L_{ph} [lm m^{-2} sr^{-1}]。亮度在图像分析中非正式地用来描述摄像机测量的量。

辐照度是图像获取设备在摄像机单位有效感光区域上得到的能量值[Horn, 1986]，而图像像素的灰阶是图像辐照度的定量估计。有效区域是针对由发射表面的面元与传感器的面元间的相对旋转所引起的透视缩短来讲的。我们将要考虑图像中测量的辐照度 E 和物体表面的小面片所产生的辐射率 L 之间的关系。该辐射率只有一部分被摄像机的镜头获得。

获取机构的几何如图 3.38 所示。光轴与水平轴 Z 重合，焦距为 f 的镜头位于坐标原点（光心）。物体的单位面元δO 位于距离 z。我们对有多少光能到达了传感器的单位面元δI 感兴趣。离轴角 α 由 Z 轴和δO 与δI

间的连线形成；由于我们考虑的是透视投影，这条线必须通过原点。物体的单位面元δO倾斜了一个角度Θ，该角度是面元处的物体表面法向 **n** 和δO与δI间的连线之间的夹角。

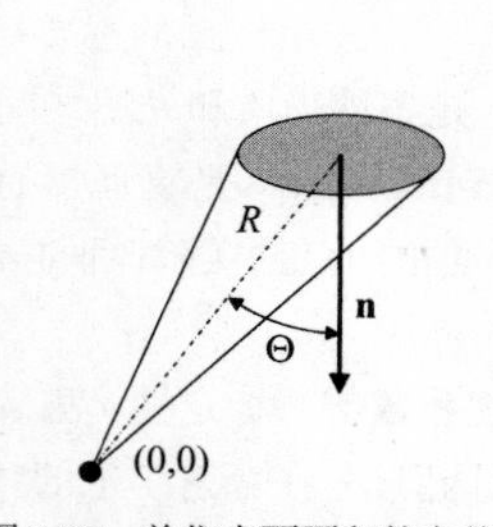

图 3.37 单位表面面积的立体角

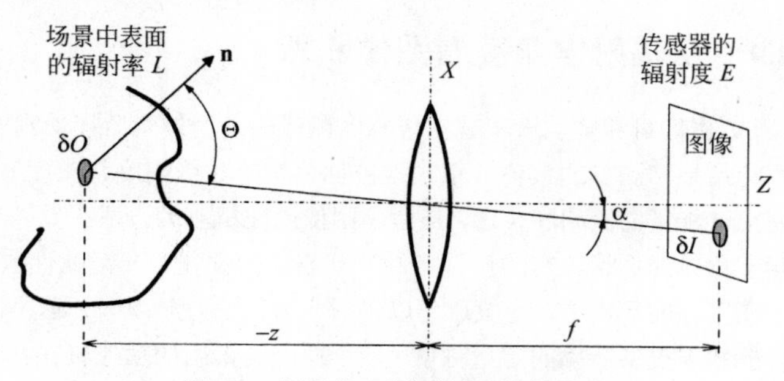

图 3.38 辐照度 E 和辐射率 L 间的关系

光线通过镜头原点没有折射，因此对应于场景中单位表面面元的立体角等于对应于图像中的单位面元的立体角。从光心看到的透视缩短了的单位图像面元是$\delta I\cos\alpha$，它到光心的距离是$f/\cos\alpha$。对应的立体角是

$$\frac{\delta I\cos\alpha}{(f/\cos\alpha)^2}$$

类似地，对应于物体表面上的单位面元δO的立体角是

$$\frac{\delta O\cos\Theta}{(z/\cos\alpha)^2}$$

由于立体角相等，有

$$\frac{\delta O}{\delta I}=\frac{\cos\alpha}{\cos\Theta}\frac{z^2}{f^2} \tag{3.78}$$

如果镜头光圈的直径是 d，考虑有多少光能量通过该镜头；从物体上的单位面元看到镜头的立体角Ω_L是

$$\Omega_L=\frac{\pi}{4}\frac{d^2\cos\alpha}{(z/\cos\alpha)^2}=\frac{\pi}{4}\left(\frac{d}{z}\right)^2\cos^3\alpha \tag{3.79}$$

设 L 是朝向镜头的物体表面面元的辐射率。则对落在镜头处的辐射通量Φ的单位贡献是

$$\delta\Phi=L\delta O\Omega_L\cos\Theta=\pi L\delta O\left(\frac{d}{z}\right)^2\frac{\cos^3\alpha\cos\Theta}{4} \tag{3.80}$$

镜头将光能量汇聚到图像中。如果忽略镜头造成的能量损失且没有其他光落在图像元素上，我们可以将单位图像面元的辐照度 E 表达为

$$E=\frac{\delta\Phi}{\delta I}=L\frac{\delta O}{\delta I}\frac{\pi}{4}\left(\frac{d}{z}\right)^2\cos^3\alpha\cos\Theta \tag{3.81}$$

如果将式（3.78）的$\delta O/\delta I$代入，则得到一个重要的公式，它揭示了场景的辐射率是如何影响图像中的辐照度的：

$$E=L\frac{\pi}{4}\left(\frac{d}{f}\right)^2\cos^4\alpha \tag{3.82}$$

其中的 $\cos^4\alpha$项描述了被称为渐晕（vignetting）[5]的系统性的镜头光学缺陷，它说明具有较大展角α的光线被削弱得较多；这意味着靠近图像边界的像素会比较暗。这种影响对于广角镜头比长镜头要严重。由于渐晕是系统性的误差，它可以用经过辐射校正过的镜头来补偿。项 d/f 被称为镜头的 f-数，表达了镜头不同于针孔模型的程度。

5 vignette 的意思之一是照片或图画的一种特殊效果，其中的边缘被阴暗（渐晕）抹去了（shaded off）。

3.4.5 表面反射

在很多应用中，像素灰阶是作为图像辐照度的估计来建立的，是从景物反射来的光的结果。因此，有必要理解反射所涉及的不同机制。我们这里给出简要的介绍，足够来解释由阴影到形状所依据的主要概念，参见第 11.7.1 节。

不发出自身能量的不透明物体的辐射率依赖于由其他能量源所引起的辐照度。观察者感觉到的照明光度依赖于光源的强度、位置、方向、类型（点或漫射），以及物体表面反射能量的能力和局部表面的方向（由其法向量给出）。

现在一个重要的概念是**梯度空间（gradient space）**，它是描述表面方向的方法。设 $z(x, y)$是表面高度。几乎表面的任意一个点都具有唯一的法向量 **n**。表面梯度的分量

$$p=\frac{\partial z}{\partial x},\quad q=\frac{\partial z}{\partial y} \tag{3.83}$$

可以用于指出表面的方向。我们将用表面梯度分量来表达单位表面法向量；如果沿 x 方向移动一个小距离∂x，高度的变化是$\partial z=p\ \partial x$。因此向量$[1, 0, p]^{\mathrm{T}}$是表面的切线，类似地$[0,1, q]^{\mathrm{T}}$也是表面的切线。表面法向量是与其所有切线垂直的，可以用如下的向量乘积来计算

$$\begin{bmatrix}1\\0\\p\end{bmatrix}\times\begin{bmatrix}0\\1\\q\end{bmatrix}=\begin{bmatrix}-p\\-q\\1\end{bmatrix} \tag{3.84}$$

单位表面法向量 **n** 可以写成

$$\mathbf{n}=\frac{1}{\sqrt{1+p^2+q^2}}\begin{bmatrix}-p\\-q\\1\end{bmatrix} \tag{3.85}$$

这里我们假设表面法向量的分量 z 是正的。

现在来考虑表达无穷远处面元的几何学的球面坐标，如图 3.39 所示。**极面角（polar angle）**（也称为天顶角（zenith angle））是Θ，方位角（azimuth）是φ。

我们将要描述不同材料反射光的能力。指向点光源的方向用下标 i（即，Θ_i和φ_i），而下标 v 表示朝着观察者的方向（Θ_v和φ_v），如图 3.40 所示。来自于光源的单位面元的辐照度是 $\mathrm{d}E(\Theta_i, \varphi_i)$，在朝着观察者方向上的辐射率的单位贡献是 $\mathrm{d}L(\Theta_v, \varphi_v)$。一般情况下，物体反射光的能力由双向反射分布函数（bi-directional reflectance distribution function）$f_r\,[\mathrm{sr}^{-1}]$来表达，缩写为 BRDF [Nicodemus et al., 1977]。

$$f_r(\Theta_i,\varphi_i;\Theta_v,\varphi_v)=\frac{\mathrm{d}L(\Theta_v,\varphi_v)}{\mathrm{d}E(\Theta_i,\varphi_i)} \tag{3.86}$$

这个 BRDF f_r 描述了对于特定材料、光源和观察者方向的单位面元的亮度。BRDF 的定义域是所有入射和反射方向的笛卡儿积，通常用用球面坐标表达。

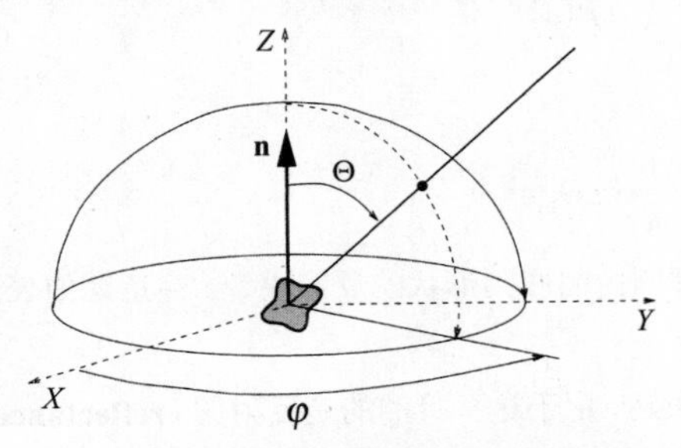

图 3.39　用来描述面元方向的极面角和球角

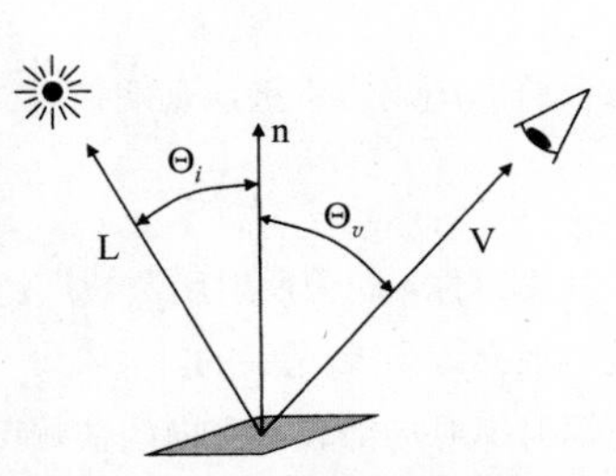

图 3.40　朝着观察者和光源的方向

BRDF 的建模对于计算机图形学中真实感绘制也是重要的[Foley et al., 1990]。完全复杂度的 BRDF（式（3.86））用来给具有定向微结构的材料的反射特性建模（例如，似金褐色宝石的老虎眼睛，孔雀的羽毛，粗切削的铝）。

将 BRDF 推广到彩色是直截了当的。所有的量用“每单位波长”来表达并加上形容词“谱”。辐射率变为**谱辐射率**（**spectral radiance**）且用“瓦每平方米，每立体角，每单位波长”表达。辐照度变为**谱辐照度**（**spectral irradiance**），用“瓦每平方米，每单位波长”表达。对波长 λ 的依赖引入**谱 BRDF**（**spectral BRDF**）中：

$$BRDF = f(\Theta_i, \Phi_i, \Theta_e, \Phi_e, \lambda) = \frac{\mathrm{d}L(\Theta_i, \Phi_i, \lambda)}{\mathrm{d}E(\Theta_e, \Phi_e, \lambda)} \tag{3.87}$$

观察到的颜色依赖于照明的功率谱、反射和与/或场景中物体的透明性。我们常常对谱的相对构成比对其绝对的谱辐射率或谱辐照度更感兴趣。代替谱 BRDF，反射或透明性用对应于在图像的每个像素中显现出来的相对能量（亮度）的波长与波长的乘积来建模。

幸运的是，对于绝大多数可用的表面来说，当单位面元绕表面法向量旋转时 BDRF 保持为常量。在这种情况下，它被简化了且依赖于 $\varphi_i - \varphi_v$，即 $f_r[\Theta_i, \Theta_v, (\varphi_i - \varphi_v)]$。这种简化对于理想的漫射（Lambertian）表面和理想的镜面都成立。

设 $E_i(\lambda)$表示由面元的照明光度所引起的辐照度，$E_r(\lambda)$是由面元分散到整个半空间的单位面积的能通量。比值

$$\rho(\lambda) = \frac{E_r(\lambda)}{E_i(\lambda)} \tag{3.88}$$

被称为**反射系数**（**reflectance coefficient**）或**反照率**（**albedo**）。反照率描述多少比例的入射能量被反射回半空间中。为了简单起见，假设我们可以忽略表面的色彩属性，并假设反照率不依赖于波长λ。则该比例就是表面辐射率 L 在表示半空间的实体角Ω上的积分。

$$E_r = \int_\Omega L(\Omega)\mathrm{d}\Omega \tag{3.89}$$

现在来定义**反射函数**（**reflectance function**），它是对局部表面几何影响反射能量的空间散布情况进行建模。Ω是环绕观察者方向的无限小的实体角。

$$\int_\Omega R(\Omega)\mathrm{d}\Omega = 1 \tag{3.90}$$

在一般情况下，表面反射特性依赖于如下方向间的三个角度：朝着光源的方向 **L**，朝着观察者的方向 **V**，由表面法向 **n**（参见图 3.40）给出的局部表面方向。这些角的余弦可以表示为向量的标量积；因此反射函数是如下三个点积的标量函数：

$$R = R(\mathbf{n}\cdot\mathbf{L},\ \mathbf{n}\cdot\mathbf{V},\ \mathbf{V}\cdot\mathbf{L}) \tag{3.91}$$

朗伯表面（**Lambertian surface**）（也是理想的不透明的，具有理想的漫射）在所有的方向上反射光能量，且反射率在所有方向上是相同的。其中 BRDF f_{Lambert} 是常量：

$$f_{\mathrm{Lambert}}(\Theta_i, \Theta_v, \varphi_i - \varphi_v) = \frac{\rho(\lambda)}{\pi} \tag{3.92}$$

如果假设反照率$\rho(\lambda)$为常量，则朗伯表面反射可以表达为

$$R(\mathbf{n}, \mathbf{L}, \mathbf{V}) = \frac{1}{\pi}\mathbf{nL} = \frac{1}{\pi}\cos\Theta_i \tag{3.93}$$

由于其简单性，朗伯反射函数被广泛地接受为一个合理的由阴影到形状的反射模型。注意朗伯表面的反射函数是与观察方向 **V** 无关的。

表面辐射率对局部表面方向的依赖可以在梯度空间中表达，用于这一目的的是**反射图**（**reflectance map**）$R(p, q)$。$R(p, q)$可以在梯度空间中显示为嵌套地对应于相同观测辐照度的等值轮廓线。

反射图的数值可以是：

1. 通过一种叫做角度计的平台实验测量得到，角度计平台可以机械地设置角度 Θ 和 φ。表面的样本及其对于在不同观察者和光源方向得到的反射测量隶属于角度计的相应角度。
2. 使用标定过的物体通过实验来测定。为该目的一般使用一个半球。
3. 从描述表面反射特性的数学模型导出。

最著名的表面反射模型包括针对理想非透明表面的朗伯模型、为绝缘体材料的反射建立的 **Phong** 模型、将表面描述为一组具有正态分布法向量的镜面性微平面元组合的 **Torrance-Sparrow** 模型、基于波理论的 **Beckmann-Spizzichino** 模型。从计算机视觉角度的关于表面反射模型及其近期的发展的综述可见[Ikeuchi, 1994]。

位于图像平面 x, y 处的无限小的光传感器的辐照度 $E(x, y)$ 等于相应面元处的表面辐射率，该面元由它的表面参数 u, v 给出，如果假设光在通过表面和传感器间的光介质时没有被削弱的话。有关表面方向和感知到的图像亮度之间的重要关系被称为**图像辐照度方程**（**image irradiance equation**）：

$$E(x,y)=\rho(u,v)R(\mathbf{N}(u,v)\mathbf{L},\mathbf{N}(u,v)\mathbf{V},\mathbf{VL}) \tag{3.94}$$

为了降低复杂性，以便减轻由阴影到形状的任务，通常作一些简化的假设[Horn, 1990]。假设如下：

- 物体具有一致的反射特性，即 $\rho(u, v)$ 是常量。
- 光源在远处，因而辐照度在场景各处是近似相同的，朝着光源的入射方向是一样的。
- 观察者在非常远处，因而场景表面发出的辐射率不依赖于位置而只依赖于方向。透视投影被简化为正投影。

我们来给出规定条件下的图像辐照度方程的简化形式，条件是：Lambertian 表面，反照率是常量，单个远光源，远的观察者在与光源同方向上，反射函数 R 在梯度空间 (p, q) 中表示。

$$E(x,y)=\beta R(p(x,y),q(x,y)) \tag{3.95}$$

$R(p, q)$ 给出场景中相应点的辐射率；比例常数 β 来自于式（3.82）且依赖于镜头的 f-数。因为观察者与光源方向一致，故镜头的渐晕（vignetting）退化可以忽略不计。测量的辐照度 E 可以规范化且省略掉因子 β，这使我们可以将**图像辐照度方程**写成最简单的形式：

$$E(x,y)=R(p(x,y),q(x,y))=R\left(\frac{\partial z}{\partial x},\frac{\partial z}{\partial y}\right) \tag{3.96}$$

图像辐照度方程的最简单的形式是一阶微分方程。它一般是非线性的，这是因为反射函数 R 在绝大多数情况下非线性地依赖于表面梯度。这是用来从亮度图像恢复表面方向的基本方程。

3.5　总结

- 狄拉克冲击是有限面积无限窄的理想冲击。在图像处理中，图像的数字化可以用狄拉克冲击简洁地表达出来。
- 卷积是图像处理中常用的一种线性运算。卷积表达两个重叠的图像之间的关系。
- 积分线性变换
  - 积分线性变换为信号提供了在频域中的丰富表达。有些应用任务在频域比较容易。逆变换允许数据转换回信号或图像。
  - 图像分析中常用的变换是傅里叶变换、余弦变换、小波变换，Radon 变换和主分量分析（PCA）。
  - 傅里叶变换将 1D 的周期信号或 2D 的图像展开为可能是无限个正弦和余弦函数的线性组合。展开的基是某个基本频率 ω_0 的波和有递增频率 ω_0，$2\omega_0$，$3\omega_0$ 等的波序列。复频谱 $F(\omega)$ 给出基本波的幅值和相位。
  - 香农采样定理给出了采样点间必要的距离至少比想看到的图像中的最小细节的尺寸两倍于稠密。
  - 如果违背了香农采样定理就会出现混叠。

- 傅里叶变换在计算图像卷积中有很大的作用。
- 小波变换分析信号是通过乘以窗函数并用更复杂的基函数作正交展开来进行的，使得事件的定位不仅在频域上获得也在时域上获得。展开在多个尺度上进行。
- 主分量分析（PCA）是将观测空间分解为具有最大方差的正交子空间的最优线性变换方法。对于具体的数据集计算其新的基向量。PCA 用于对数据降维。

● 作为随机过程的图像
- 由于随机变化和噪声的原因，图像在本质上是统计性的。有时将图像函数作为随机过程的实现来看待有其优越性。
- 这样的分析是通过使用统计描述子来进行的，比如均值、离差、协方差函数或相关函数。

● 图像形成物理
- 在辐射学中对图像形成有很好的阐述。从一表面元所观察到的辐射依赖于光源、表面反射、观察者的方向和光源方向之间的相互关系、表面面元法向和其反射。计算机视觉的兴趣是其逆任务，在很多情况下是病态的。
- 在很多应用中，并不直接求解图像形成物理问题，原因是获取描述具体图像形成过程的所有参数太过复杂。取而代之的是，基于关于具体应用的语义知识将物体分割出来。
- 在计算机视觉中常用几何光学模型的镜头组。

3.6 习题

简答题

S3.1 解释傅里叶变换是如何去除图像周期性噪声的。

S3.2 解释光度测定学概念。

S3.3 导出狄拉克函数 $\delta(x, y)$的傅里叶变换。

S3.4 给出频谱、相位谱、功率谱的定义。

S3.5 如何理解“混迭”现象？

S3.6 写出傅里叶变换及其逆变换的公式。

S3.7 为什么小波变换比傅里叶变换更适合分析多尺度的图像数据？

S3.8 陈述卷积定理。

思考题

P3.1 假设要作两个有限的数字函数的卷积，问对于给定大小的域来讲，需要多少基本运算（加法和乘法）？如果使用卷积定理的话，又需要多少运算（不考虑傅里叶变换的代价）？

P3.2 实现一维傅里叶变换，并研究一些样例函数的傅里叶变换结果。

P3.3 为什么图像函数的高频部分是重要的？为什么傅里叶变换可以用于这些分析中？

P3.4 很多有效的傅里叶变换应用可以免费获得：如果你还没有请寻找并下载。仔细选择一系列简单的图像，运行该应用平台，研究其输出结果。给出一幅图像的傅里叶变换结果，你能猜出原图像的一些特征吗？

P3.5 用傅里叶频率重叠的观点，解释混迭效应。

P3.6 用二维傅里叶变换设计编写高通、低通、带通滤波器程序。

P3.7 下载 Radon 变换的可执行代码，并在拥有显著直线的图片上运行（见图 3.26），提取方向上的最大值并与原图中的直线比较。

P3.8 下载矩阵本征分解的代码包（有很多免费的应用）。选择一些矩阵，观察它们的本征值，以及在改动整个矩阵、矩阵某一列或者矩阵某个元素时本征值的变化。

P3.9 高性能的数码相机允许人工设置焦距、孔径和曝光时间：测试景深设置对图像质量的影响。

P3.10 使自己熟悉 Matlab 教辅书中对应于本章中解决的问题以及 Matlab 实现的相关算法[Svoboda et al., 2008]。Matlab 教辅书的主页 http://visionbook.felk.cvut.cz 中提供了这些问题中使用的图像，以及为教学设计的注释良好的 Matlab 代码。

P3.11 使用 Matlab 教辅书[Svoboda et al., 2008]来求解那里提供的一些附加习题和实际问题。使用 Matlab 或者其他合适的语言来实现你自己的答案。

3.7 参考文献

Barrett H. H. and Myers K. J. *Foundation of Image Science.* Willey Series in Pure and Applied Optics. Wiley & Sons, Hoboken, New Jersey, USA, 2004.

Bracewell R. N. *Fourier Analysis and Imaging.* Springer-Verlag, 1st edition, 2004.

Castleman K. R. *Digital Image Processing.* Prentice-Hall, Englewood Cliffs, NJ, 1996.

Chui C. K. *An Introduction to Wavelets.* Academic Press, New York, 1992.

Chui C. K., Montefusco L., and Puccio L. *Wavelets: Theory, Algorithms, and Applications.* Academic Press, San Diego, CA, 1994.

Daubechies I. *Ten Lectures on Wavelets.* SIAM, Philadelphia, USA, 2nd edition, 1992.

Foley J. D., van Dam A., Feiner S. K., and Hughes J. F. *Computer Graphics—Principles and Practice.* Addison-Wesley, Reading, MA, 2nd edition, 1990.

Golub G. H. and Loan C. F. V. *Matrix Computations.* Johns Hopkins University Press, Baltimore, MD, 2nd edition, 1989.

Gonzalez R. C. and Woods R. E. *Digital Image Processing.* Addison-Wesley, Reading, MA, 1992.

Hecht E. *Optics.* Addison-Wesley, Reading, Massachusetts, 3rd edition, 1998.

Horn B. K. P. *Robot Vision.* MIT Press, Cambridge, MA, 1986.

Horn B. K. P. Height and gradient from shading. *International Journal of Computer Vision*, 5 (1):37–75, 1990.

Ikeuchi K. Surface reflection mechanism. In Young T. Y., editor, *Handbook of Pattern Recognition and Image Processing: Computer Vision*, pages 131–160, San Diego, 1994. Academic Press.

Jähne B. *Practical Handbook on Image Processing for Scientific Applications.* CRC Press, Boca Raton, Florida, 1997.

Jain R., Kasturi R., and Schunk B. G. *Machine Vision.* McGraw-Hill, New York, 1995.

Karu Z. Z. *Signals and Systems, Made Ridiculously Simple.* ZiZi Press, Cambridge, MA, USA, 3rd edition, 1999.

Leonardis A. and Bischof H. Robust recognition using eigenimages. *Computer Vision and Image Understanding*, 78(1):99–118, 2000.

Mallat S. G. A theory of multiresolution signal decomposition: The wavelet representation. *IEEE Transactions on Pattern Analysis and Machine Intelligence*, 11(7):674–693, 1989.

Meyer Y. *Wavelets: Algorithms and Applications.* Society for Industrial and Applied Mathematics, Philadelphia, 1993.

Nicodemus F. E., Richmond J. C., Hsia J. J., Ginsberg I. W., and Limperis T. Geometrical considerations and nomenclature for reflectance. US Department of Commerce, National Bureau of Standards, Washington DC, 1977.

Oppenheim A. V., Willsky A. S., and Nawab S. *Signal and Systems.* Prentice Hall, Upper

Saddle River, NJ, USA, 2 edition, 1997.

Papoulis A. *Probability, Random Variables, and Stochastic Processes.* McGraw-Hill International Editions, 3rd edition, 1991.

Prescott B. and McLean G. F. Line-based correction of radial lens distortion. *Graphical Models and Image Processing*, 59(1):39–77, 1997.

Press W. H., , Teukolsky S. A., Vetterling W. T., and Flannery B. P. *Numerical Recipes in C.* Cambridge University Press, Cambridge, England, 2nd edition, 1992.

Rao K. R. and Yip P. *Discrete Cosine Transform, Algorithms, Advantages, Applications.* Academic Press, Boston, 1990.

Rogers D. F. *Procedural Elements of Computer Graphics.* McGraw-Hill, New York, 1985.

Svoboda T., Kybic J., and Hlavac V. *Image Processing, Analysis, and Machine Vision: A MATLAB Companion.* Thomson Engineering, 2008.

Tsai R. Y. A versatile camera calibration technique for high-accuracy 3D machine vision metrology using off-the-shelf cameras and lenses. *IEEE Journal of Robotics and Automation*, RA-3 (4):323–344, 1987.

Turk M. and Pentland A. Eigenfaces for recognition. *Journal of Cognitive Neuroscience*, 3(1): 71–86, 1991.

第 4 章

图像分析的数据结构

数据和算法是任何程序的两个核心部分。数据的组织通常在很大程度上影响着算法的选择和实现的简洁性，因此，在写程序时数据结构的选择是一个重要问题[Wirth, 1976]。在解释不同的图像处理方法之前，本章将介绍图像数据及其导出数据的表示。这样就会使不同类型的图像数据表示之间的关系清晰化。

首先处理在图像分析任务中的信息表示的基本层次，然后来讨论传统的数据结构，包括矩阵、链、关系结构。最后我们要考虑分层数据结构，如金字塔和四叉树。

4.1 图像数据表示的层次

计算机视觉感知的目的是寻找输入图像与真实世界之间的关系。在从原始输入图像向模型的转换过程中，图像信息逐渐浓缩，使用的有关图像数据解释的语义知识也越来越多。在输入图像和模型之间，定义了若干层次的视觉信息表示，计算机视觉由如下的设计所组成。

- 中间表示（数据结构）。
- 创建这些中间表示所用的算法和它们之间关系的导入。

这些表示可以分为四个层次[Ballard and Brown, 1982]，但是，它们之间并没有严格的界限，在有些应用中使用更为详细的分层表示。这四个表示层次按照从处于低层次抽象的信号开始到人能够感知的描述为止排列。层次之间的信息流可以双向的，对于一些特殊的使用，有些表示可以省略。

最底层的表示，称为**图标图像**（**iconic images**），由含有原始数据的图像组成，原始数据也就是像素亮度数据的整数矩阵。为了突出对后续处理重要的图像的某些方面，需要进行预处理，这个过程的输出图像也是这个层次的。

第二层的表示是**分割图像**（**segmented images**）。图像被分割为可能属于同一物体的区域。例如，多面体场景的图像分割的输出，或者是对应于边界的线段，或者是对应于表面的两维区域。在做图像分割时，了解具体的应用领域是有帮助的，这样就可以比较容易地处理噪声和与错误图像数据有关的其他问题。

第三层是**几何表示**（**geometric representation**），保存 2D 和 3D 形状知识。形状的量化是非常困难的，但也是十分重要的。在做普通而复杂的有关实际物体受光照和运动影响的模拟时，几何表示是有用的。在将由摄像机得到的自然光栅图像与计算机图形学（CAD-computer-aided design 计算机辅助设计，DTP-desktop publishing 桌面印刷）使用的数据之间作转换时，也要用到几何表示。

第四层表示是**关系模型**（**relational models**）。关系模型使我们能更有效地，并且在更高的抽象层次上处理数据。在这种处理中，一般需要使用一些有关待解决问题的先验知识。通常会涉及人工智能（AI）技术，从图像中获得的信息可以表示成语义网络或框架[Nilsson, 1982]。

下面举例说明先验知识。设想有一幅陆地的卫星图像，现在的任务是数一下机场中飞机的数目，先验知识是机场的位置，这可以推断出来，例如从地图中得到。与图像中其他物体的关系也是有用的，例如，与道路、湖泊或城区的关系。另外的先验知识由我们要搜索的飞机的几何模型得到。分割试图识别有意义的区域，例如跑道、飞机和其他交通工具，而第三层的推测使得这些识别更加明确。第四层的推理可以确定例如飞机是否到达、离开或者正在维修等。

4.2 传统图像数据结构

传统的图像数据结构有矩阵、链、图、物体属性表、关系数据库，它们不仅对于直接表示图像信息是重要的，而且还是更复杂的图像分层表示方法的基础。

4.2.1 矩阵

矩阵是低层图像表示的最普通的数据结构，矩阵元素是整型的数值，对应于采样栅格中的相应像素的亮度或其他属性。这类图像数据通常是图像获取设备的直接输出。矩形和六边形采样栅格的像素都可以用矩阵来表示，数据与矩阵元素的对应关系对于矩形栅格来说是显然的，对于六边形栅格来说图像中的每个偶数行都要向右移半个像素。

矩阵中的图像信息可以通过像素的坐标得到，坐标对应于行和列的标号。矩阵是图像的一个完整表示，与图像数据的内容无关，它隐含着图像组成部分之间的**空间关系**（**spatial relations**），这些图像组成部分在语义上具有重要性。在图像的情况下，空间是二维的。一个非常自然的空间关系是**相邻关系**（**neighborhood relation**）。

用矩阵表示的特殊图像有：

- **二值图像**（**binary image**）（仅有两个亮度级别的图像）用仅含有 0 和 1 的矩阵来表示。
- **多光谱图像**（**multispectral image**）的信息可以用几个矩阵来表示，每个矩阵含有一个频带的图像。
- **分层图像数据结构**（**hierarchical image data structures**）用不同分辨率的矩阵来获得。图像的这种分层表示对于具有处理机阵列结构的并行计算机会是非常方便的。

多数编程语言用标准的数组数据结构表示矩阵，历史上，存储限制曾经是图像应用的一个显著障碍，但现在不存在这样的担忧了。

矩阵中有大量的图像数据。如果首先从原始的图像矩阵得出全局信息，由于全局信息更紧凑并且占用的存储少，那么算法就可以加速。我们在 2.3.2 节已经提到了直方图这个最普通的全局信息的例子。从概率的角度观察图像，标准化的直方图是如下现象的概率密度的估计：一个图像的像素具有某个亮度。

另一个全局信息的例子是**共生矩阵**（**co-occurrence matrix**）[Pavlidis, 1982]，它是亮度为 z 的像素(i_1, j_1)和亮度为 y 的像素(i_2, j_2)的具有空间关系的两个像素的概率估计。假设这个概率仅依赖于亮度 z 的像素和亮度 y 的像素之间的某个空间关系 r，那么关于关系 r 的信息就记录在方形的共生矩阵 C_r 中，它的维数对应于图像的亮度级别数。为了减少矩阵 C_r 的数目，引进一些简化的假设，首先仅考虑直接的邻居，其次假定关系是对称的（没有方向）。如下的算法计算图像 $f(i, j)$ 的共生矩阵 C_r。

算法 4.1　关系 r 的共生矩阵 $C_r(z, y)$

1. 置 $C_r(z, y)=0$，对于所有的 $z, y\in [0, L]$，其中 L 是最大的亮度。
2. 对与图像中的所有像素(i_1, j_1)，找到与像素(i_1, j_1)有关系 r 的像素(i_2, j_2)，做

$$C_r[f(i_1, j_1), f(i_2, j_2)] = C_r[f(i_1, j_1), f(i_2, j_2)] + 1$$

如果关系 r 是像素(i_1, j_1)的 4-邻接的南或东，或同一[1]，共生矩阵的元素有一些有趣的性质。共生矩阵对角线上的数值 $C_r(k, k)$等于图像中具有亮度 k 的区域的面积，因此，对应的是直方图。非对角线元素 $C_r(k, j)$等于将亮度为 k 和 j（$k \neq j$）的区域分割开的边界的长度。例如，对于低对比度的图像，远离对角线的共生矩阵元素等于 0 或非常小。对于高对比度的图像则相反。

1　为了创建共生矩阵，需要考虑同一关系$(i_1, j_1)=(i_2, j_2)$，不然单个像素就对该直方图没有贡献了。

考虑共生矩阵的主要原因是其描述纹理的能力。有关纹理分析的这种方法在第 15 章中介绍。

积分图像（**integral image**）是另一种能够描述全局信息的矩阵表示方法[Viola and Jones, 2001]。积分图像的构造方式是位置(i, j)处的值 $ii(i, j)$是原图像(i, j)左上角所有像素的和：

$$ii(i,j)=\sum_{k\leqslant i,l\leqslant j}f(k,l) \tag{4.1}$$

其中 f 是原图像。积分图像能够高效地用递归方法在单次图像遍历中计算出来：

算法 4.2　积分图像构建

1. 用 $s(i, j)$表示行方向的累加和，初始化 $s(i,-1)=0$。
2. 用 $ii(i, j)$表示一个积分图像，初始化 $ii(-1, j)=0$。
3. 逐行扫描图像，递归使用下面的公式计算每个像素(i, j)行方向的累加和 $s(i, j)$和积分图像 $ii(i, j)$的值

$$s(i,j)=s(i,j-1)+f(i,j) \tag{4.2}$$

$$ii(i,j)=ii(i-1,j)+s(i,j) \tag{4.3}$$

4. 扫描图像一遍，积分图像 ii 就构造好了。

积分图像这个数据结构主要用来快速计算多个尺度的简单矩形图像特征。这种特征能用在快速的目标识别（见 10.6 节）和目标跟踪（见 16.5 节）。

图 4.1 显示了任何矩形的累加和都能够用四次数组的引用来计算得到。因此，反映两个矩形差的特征需要 8 个引用。考虑图 4.2（a）和图 4.2（b）中的矩形特征，由于两个矩形是相邻的，因此这样的包含两个矩形特征只需要 6 个引用。类似的，图 4.2（c）和图 4.2（d）中包含三个或者四个矩形的特征分别需要用积分图像值的 8 个和 9 个引用。一旦积分图像构建后，矩形特征可以非常高效地计算出来且所需时间是常数。

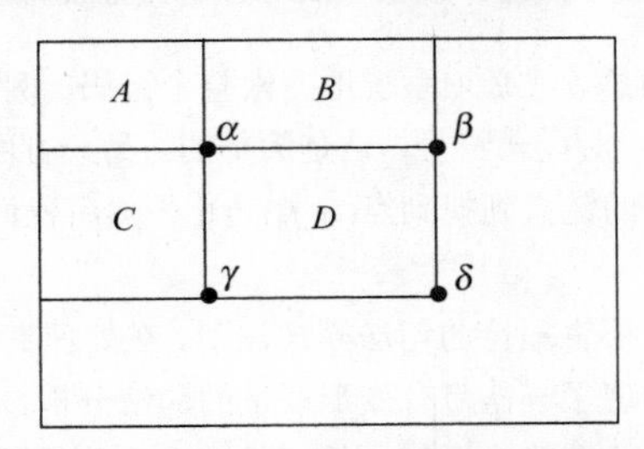

图 4.1　积分图像中矩形特征的计算。矩形 D 内的像素和可以用四次数组引用计算得到。$D_{\text{sum}}=ii(\delta)+ii(\alpha)-(ii(\beta)+ii(\gamma))$，其中 $ii(\alpha)$ 是积分图像在点 α 处的值（β, γ, δ 类似）

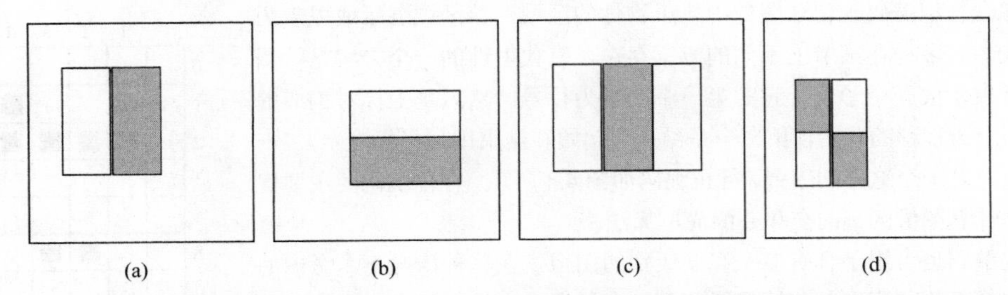

图 4.2　基于矩形的特征可以使用积分图像计算。这些特征通过有阴影的矩形的像素和与没有阴影的矩形的像素和的差计算得到。图中所示（a）、（b）两个矩形的特征；（c）三个矩形的特征；（d）四个矩形的特征。改变每个矩形的大小，可以得到不同的特征以及不同尺度下的特征。有阴影的区域和无阴影的区域的贡献可以通过规范化来考虑不同区域大小的影响

4.2.2　链

链在计算机视觉中用于描述物体的边界。链的元素是一个基本符号，这种方法使得在计算机视觉任务中可以使用形式语言理论。链适合组织成符号序列的数据，链中相邻的符号通常对应于图像中邻接的基元。基元是句法模式识别（见第 9 章）中使用的基本的描述元素。

符号和基元的接近（邻近）规则有例外，例如描述一个封闭边界的链，它的第一个和最后一个符号并不是邻近的，但是它们在图像中对应的基元则是。类似的不一致性在图像描述语言中也是典型的[Shaw, 1969]。链是线性结构，这就是为什么它们不能在相邻性或接近性基础上描述图像中的空间关系的原因。

链码（**chain codes**）（也称 Freeman 码）[Freeman, 1961]常用于描述物体的边界，或者图像中一个像素宽的线条。边界由其参考像素的坐标和一个符号序列来定义，符号对应于几个事先定义好了方向的单位长度的线段。请注意，链码本身是相对的，数据是相对于某个参考点表示的。图 4.3 给出了一个链码的例子，其中使用的是 8-邻接，用 4-邻接定义链码也是可能的。链码提取算法可以用算法 6.7 的一个明显的简化来实现，链码及其性质在第 8 章中详细描述。

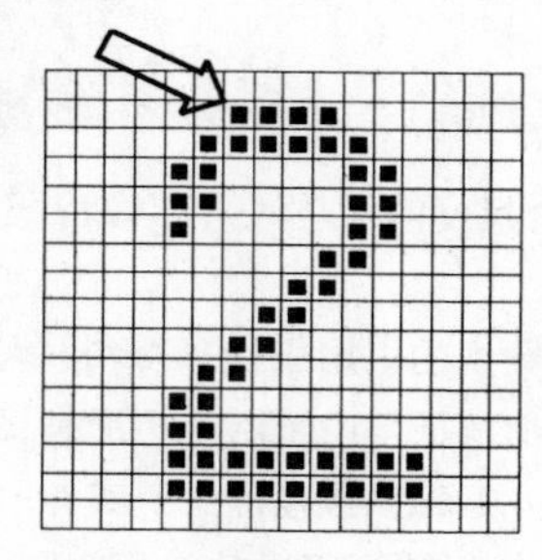
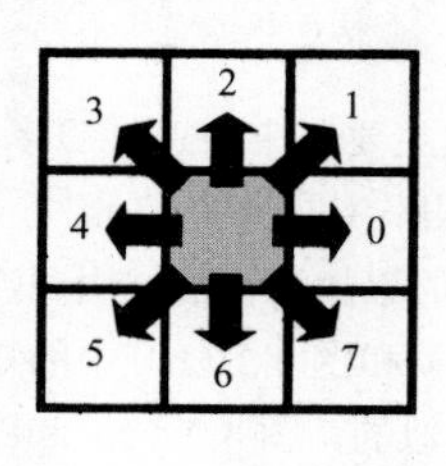

图 4.3　链码示例；箭头指向参考像素：00007766555555660000000644444444222111111223444565221 1

如果需要从链码中得到局部信息，就必须系统地搜索整个链码。例如，如果我们想知道边界在何处向左转 90°，我们必须在链中找到这样一对样式符号，这是简单的。另一方面，有关在点(i_0, j_0)附近的边界形状的问题并不简单。我们必须考察所有的链直到找到点(i_0, j_0)为止，然后我们才能开始分析靠近点(i_0, j_0)的一小段边界。

用链码描述图像适合基于形式语言理论的句法模式识别。在处理真实图像时，就会出现如何处理由噪声引起的不确定性问题，正是因此出现了一些带有变形矫正的句法分析技术[Lu and Fu, 1978]。另一种处理噪声的方法是平滑边界，或者用另一条曲线来近似。然后将这个新曲线用链码来描述[Pavlidis, 1977]。

行程编码（**run length coding**）已经很长时间内被用于图像矩阵中符号串的表示。为了简单，首先考虑二值图像。行程编码仅记录图像中属于物体的区域，该区域表示成以表为元素的表。有多种在细节上不同的方案存在，有代表性的一个方案是：图像的每行表示成一个子表，它的第一个元素为行号。然后是坐标对构成的项，第一个为行程的开始，第二个是结束（起始和结束用列坐标表示）。一行中可以有若干个这样的序列。行程编码如图 4.4 所示。行程编码的主要优点是存在计算图像区域的交和并的简单算法。

行程编码也可用于含有多个亮度级别的图像，在这种情况下，考虑的是一行中具有相同亮度的邻接像素序列。在子表中不仅要记录序列的开始和结束，而且还要记录亮度。

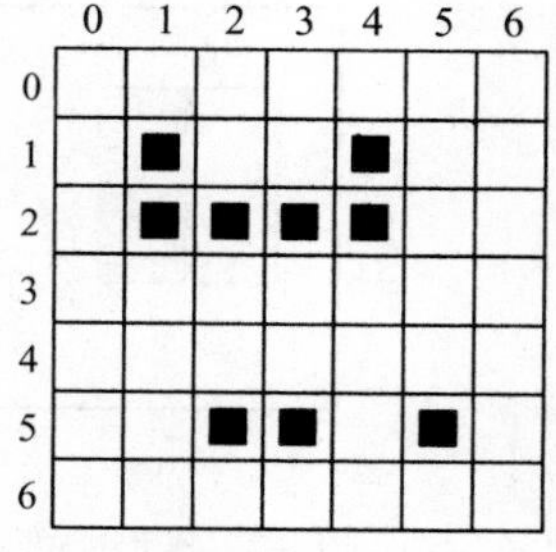

图 4.4　行程编码；该码是((11144)(214)(52355))

4.2.3　拓扑数据结构

拓扑数据结构将图像描述成一组元素及其相互关系，这些关系通常用图结构来表示。**图**（**graph**）$G =$

(V, E)是一个代数结构，由一组结点 $V=\{v_1, v_2,\cdots, v_n\}$ 和一组弧 $E=\{e_1, e_2,\cdots, e_m\}$构成。每条弧 e_k 代表一对无次序的结点$\{v_i, v_j\}$，结点不必有区别。结点的度数等于该结点所具有的弧数。

赋值图（**weighted graph**）是指弧、结点或两者都带有数值的图，例如，这些数值可能表示加权或耗费。

区域邻接图（**region adjacency graph**）是这类数据结构的一个典型，其中结点对应于区域，相邻的区域用弧连接起来。分割的图像（见第 6 章）由具有相似性质（亮度、纹理、彩色……）的区域构成，这些区域对应着场景中的一些实体，当区域之间具有一些共同边界时相邻关系就成立了。图 4.5 给出了一个区域邻接图例子，其中图像中的区域用数字标识，标识 0 代表图像外的像素。在区域邻接图中这个数值用来指出与图像边界接触的区域。

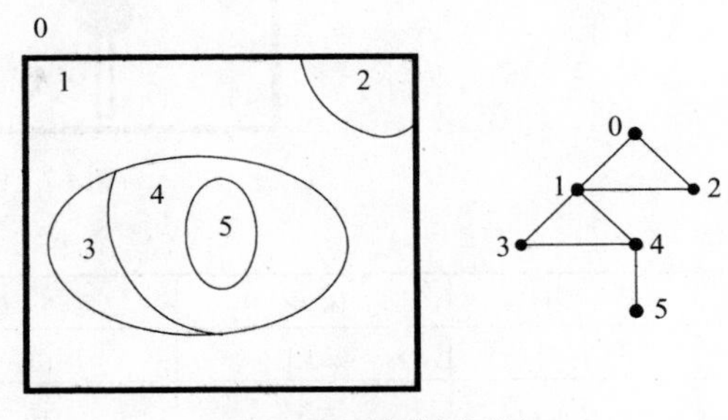

图 4.5　区域邻接图示例

区域邻接图具有一些吸引人的特征。如果一个区域包围其他区域，那么对应于内部区域的那部分图就可以被图的割分离出来。度数为 1 的结点表示简单的孔。

区域邻接图的弧可以包括相邻区域之间关系的一个描述，常见的关系有“在左侧”或“在内部”。在识别任务中，区域邻接图可用于与存储的模式进行匹配。

区域邻接图通常是从**区域图**（**region map**）创建的，区域图是与原始图像矩阵相同维数的矩阵，其元素是区域的识别标号。为了创建区域邻接图，图像中所有的区域边界都要跟踪出来，所有的相邻区域的标号都要记录下来。也可以从四叉树表示的图像中创建区域邻接图，这个过程很容易（参见第 4.3.2 节）。

区域邻接图明确地存储了图像中所有区域的相邻信息。区域图也含有这样的信息，但是从中得到它却要困难得多。如果我们想快速地将区域邻接图与区域图关联起来，只要将区域邻接图的结点，用区域的识别标号和某个代表像素（例如，区域左上角的像素）标注起来，就足够了。

建立表示区域的边界数据结构并不简单，在第 6.2.3 节考虑。区域邻接图可以用于区域归并（其中，比如，具有相同图像解释的相邻区域合并成一个区域），这个主题将在第 10.10 节考虑。特别地，请注意如果在区域之间有不止一次分割开彼此的边界，如图 4.6 所示，归并就可能是错综复杂的，例如，可能产生原本没有的“孔”。

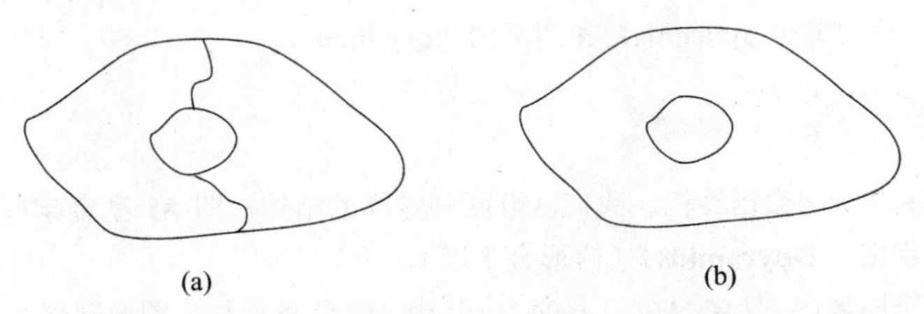

图 4.6　区域归并可能产生孔：（a）在归并之前；（b）归并之后

4.2.4　关系结构

关系数据库[Kunii et al., 1974]也可以用来表示从图像中得到的信息，这时所有的信息集中在语义上重要的图像组成部分即物体之间的关系上，而物体是图像分割的结果（见第 6 章）。关系以表的形式来存储。图 4.7 和表 4.1 给出了一个这种表示的例子，其中每个物体有名字和其他特征，比如，图像中对应区域左上角的像素。物体间的关系也在关系表中表示出来。这种关系是“在内部”，例如，物体 7（池塘）位于物体 6（小山）内。

使用关系结构的描述适合于高层次的图像理解工作。在这种情况下，类似于数据库检索，用关键词搜索适用于加速整个处理过程。

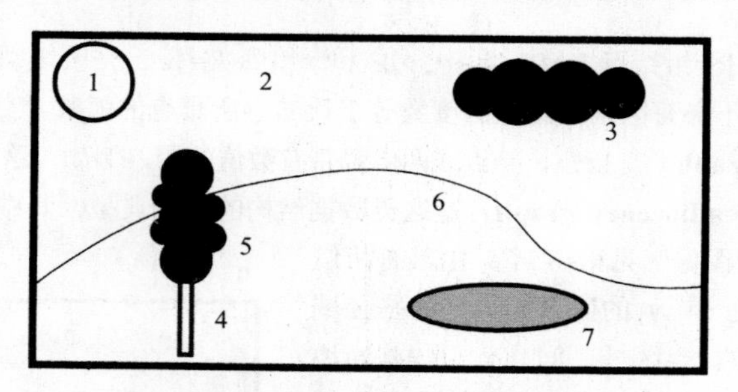

图 4.7 使用关系结构的物体描述

表 4.1 关系表

序 号	物体名字	彩 色	最小行	最小列	内 部
1	太阳	白	5	40	2
2	天空	蓝	0	0	—
3	云	灰	20	180	2
4	树干	棕	95	75	6
5	树冠	绿	53	63	—
6	小山	浅绿	97	0	—
7	池塘	蓝	100	160	6

4.3 分层数据结构

计算机视觉在本质上是计算代价十分高昂的，仅考虑所需处理的巨大数据量就会得出这个结论。因为我们想要实时视频或交互性的系统，所以通常期望得到非常快的响应。一种解决方法是使用并行计算机（换句话说，强力）。不幸的是，很多计算机视觉问题都很难在多处理机间分配计算负担，或者根本就无法分解。分层数据结构使得使用一些特殊算法成为可能，这些算法在相对小的数据量基础上决定处理策略。它们使用知识而不是强力来减轻计算负担并提高处理速度，只对图像的实质部分才在最精细的分辨率上工作。我们要介绍两种典型的结构，金字塔（pyramids）和四叉树（quadtrees）。

4.3.1 金字塔

金字塔属于最简单的分层数据结构。我们区分两种这样的结构，即 **M 型金字塔（M-pyramids）**（矩阵型金字塔）和 **T 型金字塔（T-pyramids）**（树形金字塔）。

M 型金字塔是一个图像序列$\{M_L, M_{L-1}, \cdots, M_0\}$，其中 M_L 是具有与原图像同样的分辨率和元素的图像，M_{i-1} 是 M_i 降低一半分辨率得到的图像。当创建金字塔时，通常我们只考虑维数是 2 的幂的方阵，这时 M_0 则仅对应于一个像素。

当需要对图像的不同分辨率同时进行处理时，可以采用 M 型金字塔。分辨率每降低一层，数据量则减少 4 倍，因而处理速度差不多也提高 4 倍。

通常同时使用几个分辨率比仅使用 M 型金字塔中的一个图像要优越。对于这类算法，我们更喜欢用 **T 型金字塔**，树状结构。设 2^L 是原始图像的大小（最高分辨率）。T 型金字塔定义如下：

1. 一个结点集合 $P=\{p=(k, i, j)$ 使得级别 $k\in [0, L];\quad i, j \in [0, 2^k-1]\}$。

2. 一个映射 F，定义在金字塔的结点 P_{k-1}, P_k 之间，

$$F(k, i, j) = (k-1, i \text{ div } 2, j \text{ div } 2)$$

其中 div 表示整数除。

3. 一个函数 V，将金字塔的结点 P 映射到 Z，其中 Z 是对应于亮度级别数的所有数的子集合，例如，$Z=\{0, 1, 2, \cdots, 255\}$。

对于给定的 k，T 型金字塔的结点对应于 M 型金字塔的一些图像点，结点 $P=\{(k, i, j)\}$集合的每个元素对应于 M 型金字塔的一个矩阵，称 k 为金字塔的层数。对于给定的 k，图像 $P=\{(k, i, j)\}$构成金字塔第 k 层的一个图像。F 是所谓的父亲映射，在 T 型金字塔中，除了根(0, 0, 0)之外的所有结点 P_k 都有定义。除了叶子结点外，T 型金字塔的每个结点都有 4 个子结点；叶子结点是第 L 层的结点，对应于图像的单个像素。

T 型金字塔单个结点的数值由函数 V 定义。叶子结点的值就是原始图像在最高分辨率下的图像函数的值（亮度），图像的尺度是 2^L。树的其他层结点的数值或者是四个子结点的算术平均值，或者是由粗采样定义的值，意味着使用的是一个子结点的值（比如，左上）。图 4.8 给出了一个简单 T 型金字塔的结构。

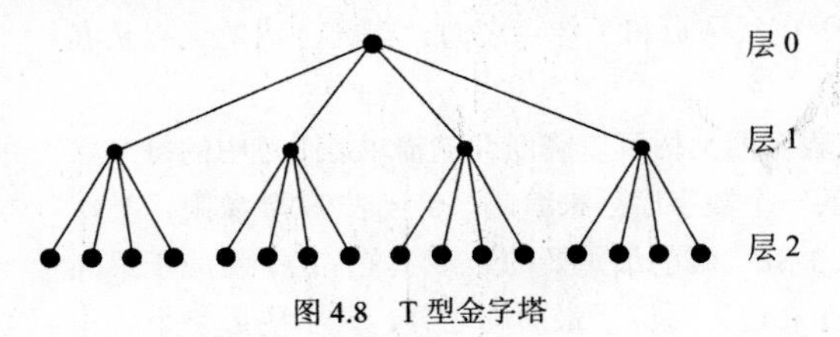

图 4.8　T 型金字塔

M 型金字塔存储所有图像矩阵需要的像素个数为

$$N^2\left(1+\frac{1}{4}+\frac{1}{16}+\cdots\right)\approx 1.33N^2 \tag{4.4}$$

其中 N 是原始矩阵（最高分辨率的图像）的维数，通常是 2 的幂 2^L。

T 型金字塔的存储表示与 M 型金字塔相似。树的弧不必存储，这是因为由于其结构的规范性树的子结点和父结点的地址都很容易计算出来。创建和存储 T 型金字塔的有效算法在[Pavlidis, 1982]中有论述。

4.3.2　四叉树

四叉树是对 T 型金字塔的改进。除叶子结点外每个结点有 4 个子结点（西北 NW（north-western），东北 NE（north-eastern），西南 SW（south-western），东南 SE（south-eastern））。与 T 型金字塔相似，在每个层次图像被分解为 4 个象限，但无须在所有层次上保留结点。如果父结点有 4 个具有相同值（如亮度）的子结点，则无须保留这些子结点。对于具有大的均匀区域的图像来说，这种表示比较节省；图 4.9 给出了一个简单的四叉树例子。

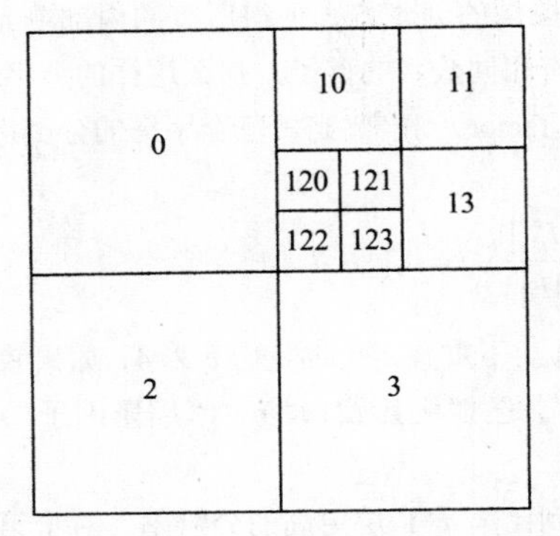

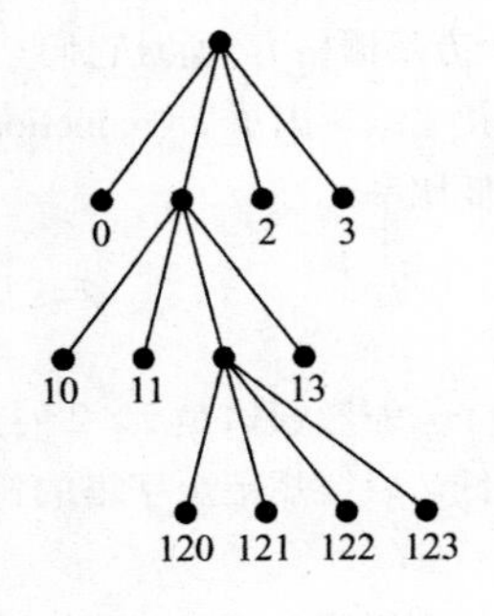

图 4.9　四叉树

用四叉树来表示图像的优点是，对于图像相加、物体面积计算和统计矩（moments）计算存在简单的算法。四叉树和金字塔分层表示的主要缺点是，它们依赖于物体的位置、方向和相对大小。两个仅有微小差别的相似图像可能会具有非常不同的金字塔或四叉树表示。甚至，当两个图像描述的是完全相同而只是略微移动了的景物时，也可能产生完全不同的表示。

这些缺点在使用规范的形状四叉树（shape of quadtrees）时可以避免，这时我们并不给整个图像建立四叉树，而是给一个个物体建立四叉树。这种表示要用到物体的几何特征包括质心和主轴（见第 8 章），首先得到每个物体的质心和主轴，然后找到中心在质心而边平行于主轴的最小外接矩形。最后将这个矩形（子图像）用四叉树来表示。用规范的形状四叉树和若干附加的数据项（质心的坐标，主轴的角度）表示的物体具有平移、旋转和尺度不变性。

四叉树通常的表示方式是将整个树作为一个个结点的表来表示，每个结点有几个表征项。图 4.10 给出了一个例子。“结点类型”项含有该结点是叶子还是在树内部的信息。其他数据可以是结点在树中的层次、图片中的位置、结点码等。这种类型的表示在存储上是昂贵的。由于在父结点和子结点之间有指针，它的优点是容易存取任何结点。

结点类型
指向子结点 NW 的指针
指向子结点 NE 的指针
指向子结点 SW 的指针
指向子结点 SE 的指针
指向父结点的指针
其他数据

图 4.10　描述四叉树结点的记录

用**叶码**（**leaf code**）来表示四叉树可以降低存储需求。图片中的每个点都用反映四叉树后续划分的一个数字序列来编码，0 代表 NW 象限，类似地有其他象限 1-NE, 2-SW, 3-SE。码的最重要的数字（在左边）对应于最高层的划分，最不重要的（在右边）对应于最后的划分。码中的数字个数与四叉树层的数目相同。这样整个树就被表示成叶码和区域亮度组成的对的序列。创建四叉树的程序可以利用递归过程的优势。

T 型金字塔与四叉树非常相似，但是有两个基本不同点。T 型金字塔是一个平衡的结构，意味着对应的树在划分图像时不考虑其内容，因此它是规范的和对称的。四叉树是非平衡的。另一个不同点在于单个结点数值的解释。

四叉树已经有广泛的用途，特别是在地理信息系统（Geographic Information System，GIS）领域，与其在三维空间中的推广“八叉树”（octrees）一起，在迭层数据（layered data）的分层表示方面已被证明是十分有用[Samet, 1989, 1990]。

4.3.3　其他金字塔结构

金字塔结构用得非常广泛，有几个扩展和修正。回想一下，一个简单的 M 型金字塔是一个图像序列$\{M_L, M_{L-1}, \cdots, M_0\}$，其中 M_i 是 M_{i+1} 的 2×2 缩影，我们可以定义一个“缩影窗口”（reduction window）的概念，对于 M_i 的每个单元 c，它的缩影窗口 $w(c)$ 是它在 M_{i+1} 中的孩子集合。在这里，一个单元 c 是图像 M_i 在相应金字塔分辨率层次下任何单独的元素。如果图像的创建方式使得所有的内部单元都具有相同数目的邻居（例如，习惯中的一个方形栅格），而且它们具有相同数目的孩子，那么这样的金字塔就是规范的。

可以用缩影窗口和“缩影因子”（reduction factor）λ来建立规范金字塔的分类标准，缩影因子λ 定义了层间的图像区域的降低比率：

$$\lambda \leqslant \frac{|M_{i+1}|}{|M_i|},\quad i = 0,1,\cdots,L-1$$

在最简单的情况下，缩影窗口是 2×2 的且互不重叠，此时我们有λ=4；如果我们选择让缩影窗口有重叠，缩影因子就会降低。表征规范金字塔的符号是（“缩影窗口”）/（“缩影因子”）。图 4.11 给出了一些简单例子。

第 i 层给定单元的缩影窗口可以向下传播到比第 i+1 层更高的分辨率。对于第 i 层的单元 c_i，可以记 $w^0(c_i)= w(c_i)$，然后递归地定义

$$w^{k+1}(c_i) = \bigcup_{q \in w(c_i)} w^k(q) \tag{4.5}$$

$w^k(c_i)$是覆盖所有连到单元 c_i 的第 $i+k+1$ 层单元的等价窗口。请注意这个窗口的形状依赖于金字塔的类

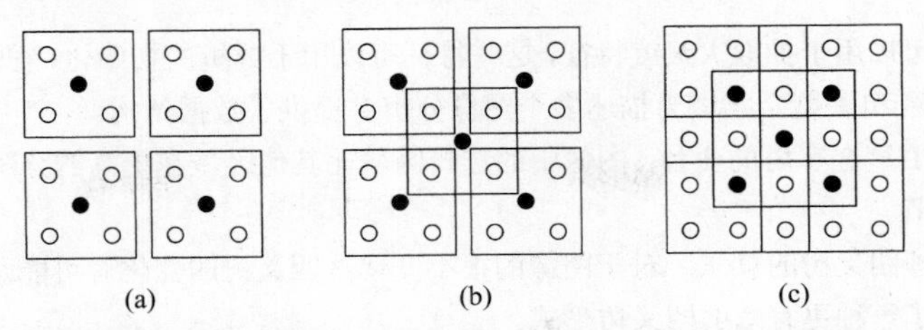

图 4.11　一些规范金字塔定义：（a）2×2/4；（b）2×2/2；（c）3×3/2（实心点在较高层，分辨率较低）

型，例如，一个 $n \times n/2$ 类型的金字塔会产生八边形的等价窗口，而一个 $n \times n/4$ 类型的金字塔会产生方形的等价窗口。使用非方形的窗口能够避免方形特征占主导的情况，比如 2×2/4 类型的金字塔。

2×2/4 类型的金字塔使用得很广泛，我们通常说的“图像金字塔”就是指这种情况；2×2/2 类型的结构常被称作“重叠金字塔”。5×5/2 类型的金字塔在[Burt and Adelson, 1983]中用于紧致图像编码，其中图像金字塔由差分的 Laplacian 金字塔所增强。这里给定层的 Laplacian 是在本层的图像与从低一层分辨率图像“扩张”得到的图像之间，按照像素与像素的差别来计算的。Laplacian 图像在低对比度区域的数值可能是 0（或接近 0），因此容易压缩。

“非规范金字塔”（irregular pyramids）是从图像的图表示（例如，区域邻接图）结构中收缩导出的。这里，通过选择性地删除一些边和结点，图可以变成更小的图。取决于具体的选择方案，在减小了整体复杂度的同时，重要的结构仍能保留在父结点的图中[Kropatsch, 1995]。金字塔的方法是很具有一般性的，自身有很多发展，例如，缩影算法（reduction algorithm）不必是确定性的[Meer, 1989]。

4.4　总结

- 图像数据的表示层次
  - 数据结构与算法共同用于设计计算任务的解决方案。
  - 视觉中的数据结构可以松散地分类为
    * 图标的
    * 分割的
    * 几何的
    * 关系的

    这些层次之间的界限并不是明确的。
- 传统的图像数据结构
  - 矩阵（二维的数组）是低层图像表示的最普通的数据结构，用数组来实现。
  - 矩阵直接地保存图像数据。空间特征可以间接地获得。
  - 二值图像由二值矩阵来表示，多光谱图像由多个矩阵来表示，分层图像结构由不同分辨率的矩阵来表示。
  - “共生矩阵”是从图像矩阵中导出的全局信息的一个例子，它对于描述纹理有用。
  - 链可以用于描述像素路径，特别是边界。
  - 链码在基于句法方法的识别中有用。
  - 行程编码对于简单的图像压缩有用。
  - 图结构可以用于描述区域及其邻接关系。这可以从区域图中导出，区域图是与图像同样大小的矩阵。
  - 关系结构可以用于描述图像区域之间的语义关系。
- 分层数据结构

- 分层结构可以用于抽取大尺度特征，这些特征可以用于分析的初始化。它们具有明显的计算效率。
- M 型金字塔和 T 型金字塔为描述多个图像分辨率提供了数据结构。
- 四叉树是 T 型金字塔的变种，图像中的选择区域比其他区域在更高的分辨率上存储，允许选择性地提取细节。
- 有许多处理四叉树的算法。对于图像的很小变化，四叉树的变化有可能是很大的。
- 叶码提供了一种更有效的四叉树形式。
- 有很多产生金字塔的方法，取决于缩影窗口的选择。

4.5 习题

简答题

S4.1 写出图 4.12 所示区域的 4-邻域链码和 8-邻域链码。

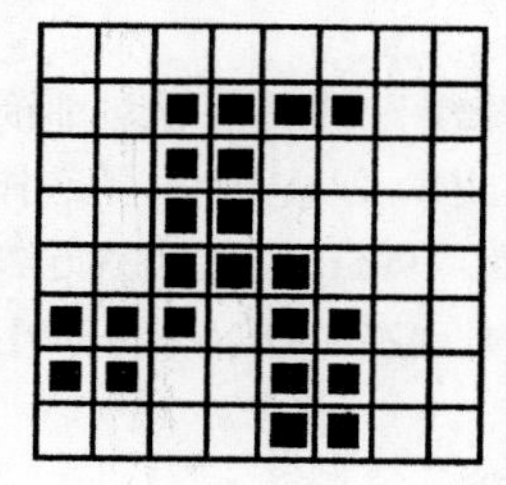
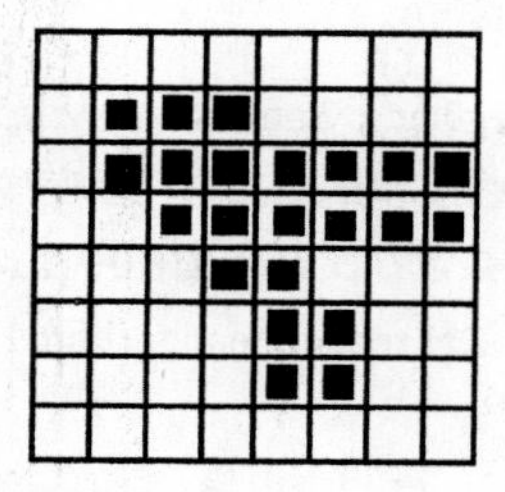

图 4.12 习题 S4.1 用图

S4.2 定义 M 型金字塔。

S4.3 定义 T 型金字塔。

S4.4 解释行程编码。

S4.5 写出图 4.12 所示图像的行程编码。

S4.6 定义区域邻接图。

S4.7 画出图 4.13 所示图像的区域邻接图。

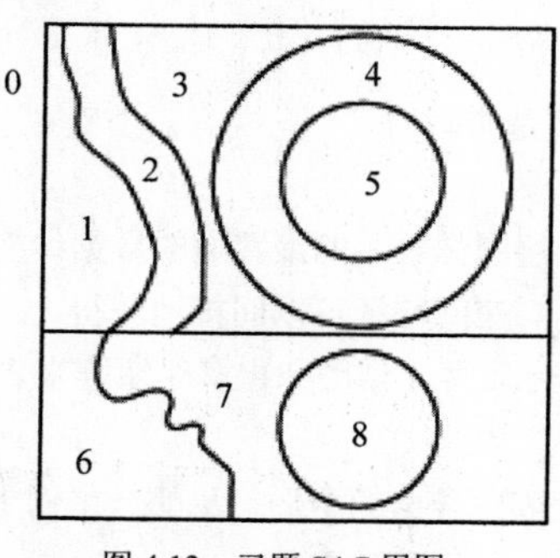

图 4.13 习题 S4.7 用图

S4.8 积分图：

（a）什么是积分图？

（b）描述构造积分图的一个简单有效的算法。

思考题

P4.1　根据相同亮度这个一致性标准，写一个程序得到图像的四叉树表示。

P4.2　写一个程序计算一幅图像的 T 型金字塔。

P4.3　实现算法 4.1，对于各种邻接关系，在各种图像上执行该算法。

P4.4　实现算法 4.2.，对于一系列不同的输入执行该算法，并画出输出的积分图像。说明输入和输出之间具有什么样的关系？

P4.5　按照第 4.2.2 节的描述，实现行程编码。在各种二值图像上执行该算法，给出所达到的压缩率（这在使用最紧致的行程编码表示时，才会最有用）。

P4.6　改编为问题 4.5 所写的程序，使其适合于非二值图像。在一定范围的合成和真实图像上测试，计算每次它所提供的压缩率。

P4.7　使自己熟悉 Matlab 教辅书中对应于本章中解决的问题以及 Matlab 实现的相关算法[Svoboda et al., 2008]。Matlab 教辅书的主页 http://visionbook.felk.cvut.cz 中提供了这些问题中使用的图像，以及为教学设计的注释良好的 Matlab 代码。

P4.8　使用 Matlab 教辅书[Svoboda et al., 2008]来求解那里提供的一些附加习题和实际问题。使用 Matlab 或者其他合适的语言来实现你自己的答案。

4.6 参考文献

Ballard D. H. and Brown C. M. *Computer Vision.* Prentice-Hall, Englewood Cliffs, NJ, 1982.

Burt P. J. and Adelson E. H. The Laplacian pyramid as a compact image code. *IEEE Transactions on Computers*, COM-31(4):532–540, 1983.

Freeman H. On the encoding of arbitrary geometric configuration. *IRE Transactions on Electronic Computers*, EC–10(2):260–268, 1961.

Kropatsch W. G. Building irregular pyramids by dual graph contraction. *IEEE Proceedings: Vision, Image and Signal Processing*, 142(6):366–374, 1995.

Kunii T. L., Weyl S., and Tenenbaum I. M. A relation database schema for describing complex scenes with color and texture. In *Proceedings of the 2nd International Joint Conference on Pattern Recognition*, pages 310–316, Copenhagen, Denmark, 1974.

Lu S. Y. and Fu K. S. A syntactic approach to texture analysis. *Computer Graphics and Image Processing*, 7:303–330, 1978.

Meer P. Stochastic image pyramids. *Computer Vision, Graphics, and Image Processing*, 45(3): 269–294, 1989.

Nilsson N. J. *Principles of Artificial Intelligence.* Springer Verlag, Berlin, 1982.

Pavlidis T. *Structural Pattern Recognition.* Springer Verlag, Berlin, 1977.

Pavlidis T. *Algorithms for Graphics and Image Processing.* Computer Science Press, New York, 1982.

Samet H. *The Design and Analysis of Spatial Data Structures.* Addison-Wesley, Reading, MA, 1989.

Samet H. *Applications of Spatial Data Structures.* Addison-Wesley, Reading, MA, 1990.

Shaw A. C. A formal picture description schema as a basis for picture processing systems. *Information and Control*, 14:9–52, 1969.

Svoboda T., Kybic J., and Hlavac V. *Image Processing, Analysis, and Machine Vision: A MATLAB Companion.* Thomson Engineering, 2008.

Viola P. and Jones M. Rapid object detection using a boosted cascade of simple features. In *Proceedings IEEE Conf. on Computer Vision and Pattern Recognition*, pages 511–518, Kauai, Hawaii, 2001. IEEE.

Wirth N. *Algorithms + Data Structures = Programs.* Prentice-Hall, Englewood Cliffs, NJ, 1976.

第 5 章

图像预处理

预处理是指在处于最低抽象层次的图像上所进行的操作，这时处理的输入和输出都是亮度图像。这些图像与传感器抓取到的原始数据是同类的，通常是用亮度值矩阵表示亮度图像。

预处理并不会增加图像的信息量。如果信息用熵来度量（见 2.3.3 节），预处理一般都会降低熵。那么，从信息理论的角度来看，最好的预处理是没有预处理：毫无疑问，避免（消除）预处理的最好途径是着力于高质量的图像获取。尽管如此，预处理在很多情况下是非常有用的，因为它有助于抑制与特殊的图像处理或分析任务无关的信息。因此，预处理的目的是改善图像数据，抑制不需要的变形或者增强某些对于后续处理重要的图像特征。考虑到图像的几何变换（比如，旋转、变尺度、平移）使用类似的技术，这里我们将它看作预处理方法。

图像预处理方法按照在计算新像素亮度时所使用的像素邻域的大小分为四类。5.1 节处理像素亮度变换，5.2 节描述几何变换，5.3 节考虑使用待处理像素一个局部邻域的方法，5.4 节介绍需要有关整个图像知识的图像复原技术。

多数图像中存在着相当可观的信息冗余，这使得图像预处理方法可以利用图像数据来学习一些统计意义上的图像特征。这些特征或者用于抑制预料之外的退化如噪声，或者用于图像增强。实际图像中的属于一个物体的相邻像素通常具有相同的或类似的亮度值，因此如果一个失真了的像素可以从图像中被挑出来，它也许就可以用其邻接像素的平均值来复原。

如果图像预处理的目标是矫正图像的某种退化，那么先验信息的性质就很重要：

- 有些方法不使用有关退化性质的知识。
- 其他一些方法假设具有有关图像获取设备的特性和获取图像时所处条件的知识。噪声的性质（通常是指其频域特征）有时是知道的。
- 第三类方法使用有关图像中待搜索物体的知识。如果事先无法获得有关物体的知识，可以在处理的过程中估计。

5.1 像素亮度变换

像素亮度变换修改像素的亮度，变换只取决于各像素自身的性质。有两类像素亮度变换：**亮度校正**（**brightness corrections**）和**灰度级变换**（**gray-scale transformations**）。亮度校正在修改像素的亮度时要考虑该像素原来的亮度和其在图像中的位置。灰度级变换在修改像素的亮度时无须考虑其在图像中的位置。

5.1.1 位置相关的亮度校正

在理想情况下，图像获取和数字化设备的灵敏度不应该与图像的位置有关，但是这种假设在很多实际情况下是不对的。光线离光轴越远透镜对它削弱得越多，且传感器的光敏元件并不具有均衡一致的灵敏度。不均匀的物体照明也是退化的一个起因。

如果退化是系统性的，就可以通过亮度校正加以抑制。一个乘性的错误系数 $e(i, j)$描述相对于理想情况的变化。假定 $g(i,j)$是原来没有退化的图像，$f(i,j)$是退化之后的版本。则

$$f(i,j)=e(i,j)g(i,j) \tag{5.1}$$

如果抓取到已知亮度的一幅参考图像，最简单的情况是具有不变的亮度 c，则可获得错误系数 $e(i,j)$。退化结果是图像 $f_c(i,j)$。那么系统性的亮度错误可用下式抑制：

$$g(i,j)=\frac{f(i,j)}{e(i,j)}=\frac{c\,f(i,j)}{f_c(i,j)} \tag{5.2}$$

这种方法只有当图像退化过程是稳定的时才能使用。这种方法隐含地假设了变换的线性性，在实际中并不是对的，原因在于亮度量是局限于一定区间的。根据式（5.1）的计算可能会溢出，这时就会被亮度量的界限取代，意味着最好的参考图像具有远超过两个界限的亮度。如果灰度级有 256 个亮度层次，理想的图像具有恒为 128 的亮度值。

5.1.2　灰度级变换

灰度级变换不依赖于像素在图像中的位置。一个变换$\mathcal{T}$，将原来在范围$[p_0, p_k]$内的亮度 p 变换为一个新范围$[q_0, q_k]$内的亮度 q，由下式给出

$$q=\mathcal{T}(p) \tag{5.3}$$

图 5.1 给出了最常见的灰度级变换；分段线性函数 a 增强了图像在亮度 p_1 和 p_2 之间的图像对比度。函数 b 被称作**亮度阈值化**（**brightness thresholding**），其结果是黑白（black-and-white）图像。直线 c 代表负片（底片）变换。

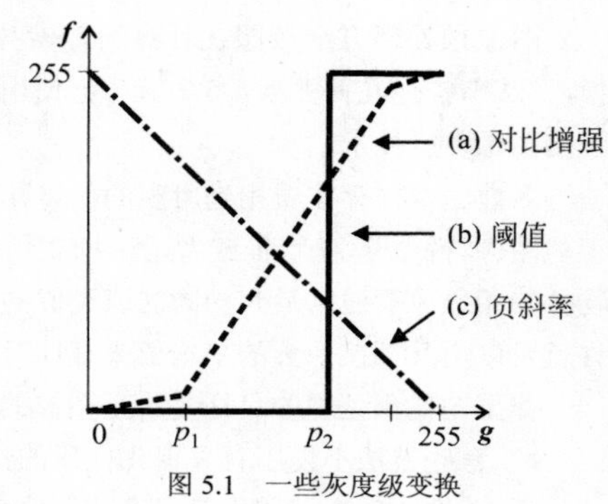

图 5.1　一些灰度级变换

数字图像的灰度级别是有限的，因此灰度级变换都很容易通过**查找表**（**look-up table**）用硬件和软件实现。图像信号一般在显示时经过一个查找表，使得简单的灰度级变换有实时性。同样的原理也适用于彩色显示。彩色信号由红、绿、蓝 3 个分量组成，三个查找表提供了所有可能的彩色量变换。（有关彩色表示的细节参见第 2.4 节）。图像的观察者是人时，主要用灰度级变换，同时对比度增强也许会很有益处。使对比度增强的变换一般可以利用**直方图均衡化**（**histogram equalization**）自动地找到。其目的是创建一幅在整个亮度范围内具有相同分布的亮度图像（见图 5.2）。直方图均衡化增强了靠近直方图极大值附近的亮度的对比度，减小了极小值附近的对比度。

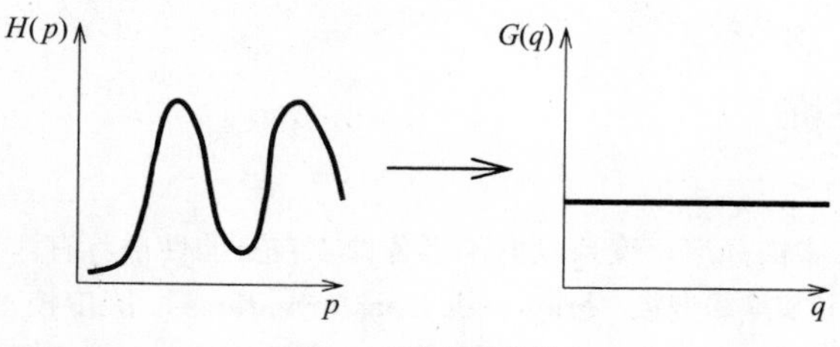

图 5.2　直方图均衡化

输入的直方图用 $H(p)$表示，输入的灰度级范围是$[p_0, p_k]$。我们的意图是找到一个单调的像素亮度变换 $q=\mathcal{T}(p)$使得输出的直方图 $G(q)$在整个输出亮度范围$[q_0, q_k]$是均匀的。

变换$\mathcal{T}$ 的单调性意味着

$$\sum_{i=0}^{k} G(q_i)=\sum_{i=0}^{k} H(p_i) \tag{5.4}$$

均衡化的直方图 $G(q)$就对应着均衡的概率密度函数 f，其函数值是一个常数：

$$f = \frac{N^2}{q_k - q_0} \tag{5.5}$$

对于一幅 $N \times N$ 大小的图片来说。对于“理想的”连续概率密度而言，我们将式(5.5）代入式(5.4）中，就可以推导得到

$$N^2 \int_{q_0}^{q} \frac{1}{q_k - q_0} \mathrm{d}s = \frac{N^2(q - q_0)}{q_k - q_0} = \int_{p_0}^{p} H(s)\mathrm{d}s \tag{5.6}$$

这样就得出了$\mathcal{T}$

$$q = \mathcal{T}(p) = \frac{q_k - q_0}{N^2} \int_{p_0}^{p} H(s)\mathrm{d}s + q_0 \tag{5.7}$$

式(5.7）中的积分被称为**累积的直方图**（**cumulative histogram**），在数字图像中用求和来近似，因此结果直方图并不是理想地等同的。

当然，我们正在处理的是一个离散化的近似，所要寻找的是式(5.7）的一个尽可能多地利用可用的灰度范围，且能够产生一个与这个过程的再次运用无关的分布。形式上，算法如下。

算法 5.1　直方图均衡化

1. 对于有 G 个灰度级大小为 $M{\times}N$ 的图像，将一个长为 G 的数组 H 初始化为 0。
2. 形成图像直方图：扫描每个像素 p，当它具有亮度 g_p 时，做 $H[g_p] = H[g_p] + 1$。
   然后令 $g_{\min}$ 为 $H[g]>0$ 时 g 的最小值（图像中出现的最小灰度级）。
3. 形成累积的直方图 H_c：
   $$H_c[0] = H[0]$$
   $$H_c[g] = H_c[g-1] + H[g], \quad g = 1,2,\cdots,G-1$$
   令 $H_{\min} = H_c[g_{\min}]$。
4. 置 $T[g] = \mathrm{round}\left(\frac{H_c[g] - H_{\min}}{MN - H_{\min}}(G-1)\right)$。
5. 重新扫描图像，写一个具有灰度级 g_q 的输出图像，设置
   $$g_q = T[g_p]$$

上述过程的结果可以通过一个肺部 X 光 CT 图像的例子来说明。图 5.3 分别给出了一幅输入图像和其直方图均衡化的结果，图 5.4 给出了各自的直方图。

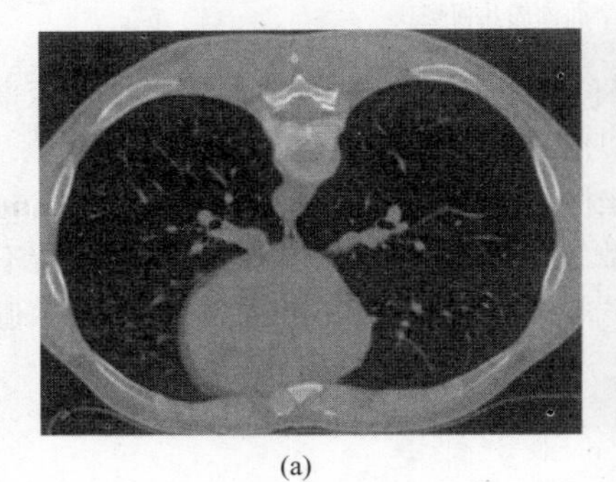

(a)

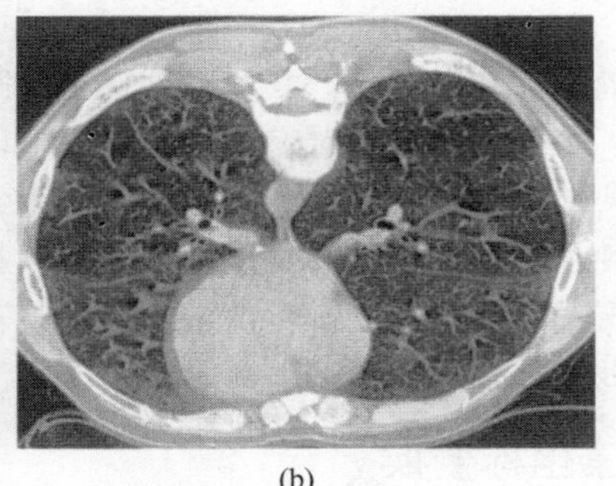

(b)

图 5.3　直方图均衡化：（a）原始图像；（b）均衡化后的图像

对数的（**logarithmic**）灰度级变换是另一个常用的技术。它也用于补偿相机中的指数的 γ 矫正（详见 2.5.2 节）。

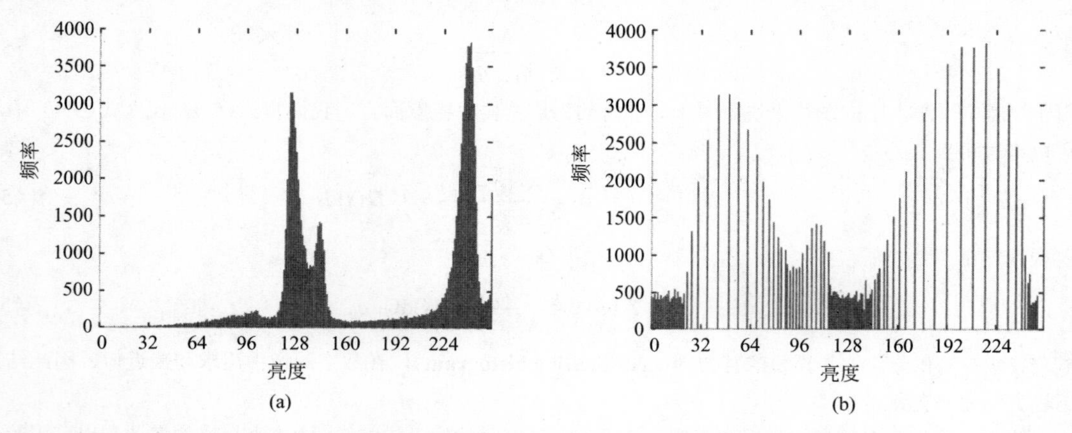

图 5.4 直方图均衡化：对应于图 5.3（a）和图 5.3（b）的原来的和均衡化后的直方图

伪彩色（pseudo-color）是另一类灰度级变换，其中将输入单色图像的个别亮度编码为某种彩色。由于人的眼睛对于彩色变化非常敏感，在伪彩色图像中可以观察到更多的细节。

5.2 几何变换

几何变换可以消除图像获取时所出现的几何变形，例如在试图匹配拍摄自不同时间的同一区域但不是同一精确位置的两幅遥感图像的时候：我们将必须做几何变换，然后再彼此相减。我们只考虑 2D 情况下的几何变换，因为这对于绝大多数数字图像是足够的了。

几何变换是一个矢量函数 **T**，将一个像素(x, y)映射到一个新位置(x', y')，图 5.5 给出了整个区域按照点到点的方式变换的一个例子。**T** 定义为两个分量公式：

$$x' = T_x(x, y), \quad y' = T_y(x, y) \tag{5.8}$$

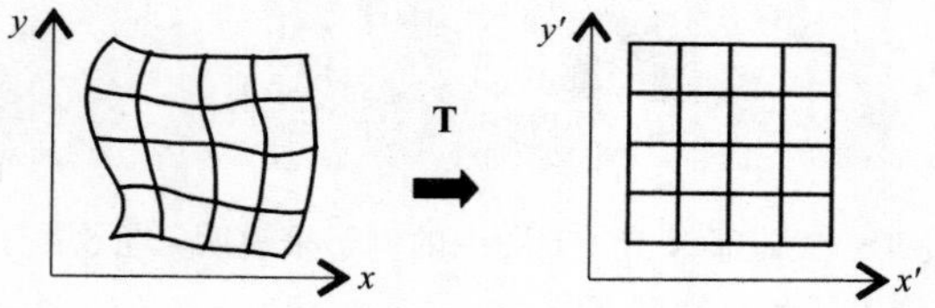

图 5.5 一个平面内的几何变换

变换函数式 T_x 和 T_y 或者事先可知，例如在旋转、平移和变尺度的情况下，或者可以通过原来的和变换后的图像来确定。两幅图像中已知对应点的几个像素可以用来推导未知的变换。

几何变换由两个基本步骤组成。第一步是**像素坐标变换（pixel co-ordinate transformation）**，将输入图像像素映射到输出图像。输出点的坐标将会是连续数值（实数），这是因为在变换后其位置不大可能对应于数字栅格。第二步找到与变换后的点匹配最佳的数字光栅中的点，并确定其亮度数值。该数值通常是用邻域中的几个点的亮度**插值（interpolation）**计算的。

5.2.1 像素坐标变换

式（5.8）给出的是几何变换后在输出图像中找到点坐标的一般情况。通常用多项式公式来近似：

$$x' = \sum_{r=0}^{m}\sum_{k=0}^{m-r} a_{rk} x^r y^k, \quad y' = \sum_{r=0}^{m}\sum_{k=0}^{m-r} b_{rk} x^r y^k \tag{5.9}$$

这个变换对于系数 a_{rk}, b_{rk} 来说是线性的，因此如果已知在两幅图像中的对应点对(x, y), (x', y')，就可以通过求解线性方程组的方式确定 a_{rk}, b_{rk}。

在几何变换依赖图像中位置的变化并不快的情况下，使用低阶数的多项式，m=2 或 m=3，至少需要 6 或 10 个对应点对。对应点在图像中的分布应该能够表达几何变换，通常它们是均匀分布的。

式(5.8）在实践中用**双线性变换**（**bilinear transform**）来近似，需要至少 4 对对应点来解出变换系数：

$$\begin{aligned} x' &= a_0 + a_1 x + a_2 y + a_3 xy \\ y' &= b_0 + b_1 x + b_2 y + b_3 xy \end{aligned} \tag{5.10}$$

甚至更简单的是**仿射变换**（**affine transformation**），需要至少 3 对对应点来解出变换系数：

$$\begin{aligned} x' &= a_0 + a_1 x + a_2 y \\ y' &= b_0 + b_1 x + b_2 y \end{aligned} \tag{5.11}$$

仿射变换包含了一些典型的几何变换，包括旋转、平移、变尺度和歪斜（斜切）。

几何变换作用在整个图像上时可能会改变坐标系，**雅可比行列式**（**Jacobian determinant**）J 提供了坐标系如何变化的信息：

$$J = \left| \frac{\partial(x', y')}{\partial(x, y)} \right| = \begin{vmatrix} \dfrac{\partial x'}{\partial x} & \dfrac{\partial x'}{\partial y} \\ \dfrac{\partial y'}{\partial x} & \dfrac{\partial y'}{\partial y} \end{vmatrix} \tag{5.12}$$

如果变换是奇异的（没有逆），则 J=0。如果图像的面积在变换下具有不变性，则 J=1。

双线性变换式（5.10）的雅可比行列式是

$$J = a_1 b_2 - a_2 b_1 + (a_1 b_3 - a_3 b_1)x + (a_3 b_2 - a_2 b_3)y \tag{5.13}$$

而仿射变换式（5.11）的雅可比行列式是

$$J = a_1 b_2 - a_2 b_1 \tag{5.14}$$

几个重要的几何变换是：

- **旋转**（**rotation**），绕原点旋转角度 ϕ ：

$$\begin{aligned} x' &= x\cos\phi + y\sin\phi \\ y' &= -x\sin\phi + y\cos\phi \\ J &= 1 \end{aligned} \tag{5.15}$$

- **变尺度**（**change of scale**），x 轴是 a，y 轴是 b：

$$\begin{aligned} x' &= ax \\ y' &= bx \\ J &= ab \end{aligned} \tag{5.16}$$

- **歪斜**（**斜切**）（**skewing**），歪斜角度 ϕ:

$$\begin{aligned} x' &= x + y\tan\phi \\ y' &= y \\ J &= 1 \end{aligned} \tag{5.17}$$

复杂的几何变换（扭曲（distortion））可以通过将图像分解为更小的矩形子图像来近似，对于每个子图像用对应的像素对来估计一个简单的几何变换。这样几何变换（扭曲）就可以在每个子图像中分别修复了。

5.2.2　亮度插值

式（5.8）给出了新的点坐标(x', y')，该位置坐标一般并不符合输出图像的离散光栅。需要得到数字栅格上的数值；输出图像光栅上每个像素的数值可以用一些相邻的非整数采样点的**亮度插值**（**brightness interpolation**）来获得[Moik, 1980]。

插值越简单，在几何和光度测量方面精度的损失就越大，但是考虑到计算的负担，插值邻域一般都相当小。三种常用的插值方法是最近邻、线性、双三次（bi-cubic）。

该插值问题一般用对偶的方法来表达，也就是确定对应于输出图像光栅点在输入图像中原来的点的亮度。假定我们要计算输出图像中像素(x', y')亮度的数值（整数值，图中用实线表示）。在原来图像中点(x, y)坐标可以用式（5.8）平面变换的逆变换得到：

$$(x,y)=\mathbf{T}^{-1}(x',y') \tag{5.18}$$

一般来说，逆变换后的实数坐标（图中的虚线）并不符合离散栅格（实线），因此亮度是不知道的。有关原始连续图像函数的仅有信息是其采样 $g_s(l\Delta x, k\Delta y)$。为了得到点$(x, y)$的亮度，需要重采样输入图像。

记亮度插值的结果为 $f_n(x, y)$，其中的 n 区分不同的插值方法。亮度可以用卷积公式来表示：

$$f_n(x,y)=\sum_{l=-\infty}^{\infty}\sum_{k=-\infty}^{\infty} g_s(l\Delta x,k\Delta y)h_n(x-l\Delta x,y-k\Delta y) \tag{5.19}$$

函数 h_n 为**插值核**（**interpolation kernel**）。一般只使用小的邻域，在它之外 h_n 是 0。下面将介绍 3 种插值方法，为简单起见，不妨设 $\Delta x=\Delta y=1$。

最近邻插值（**nearest-neighborhood interpolation**）赋予点(x, y)以在离散光栅中离它最近的点 g 的亮度数值，如图 5.6 所示。图的右侧是 1D 情况下的插值核 h_1。图 5.6 的左侧显示了新的亮度是如何赋予的。虚线表示了平面变换的逆变换将输出图像的光栅映射到输入图像中的情况，实线表示输入图像的光栅。

最近邻插值由下式给出：

$$f_1(x,y)=g_s[\text{round}(x),\text{round}(y)] \tag{5.20}$$

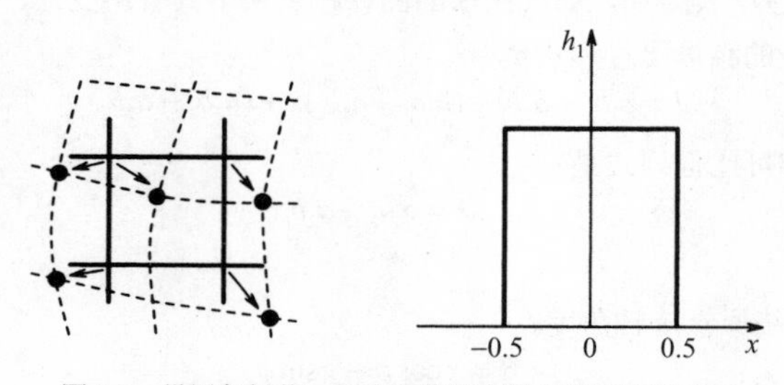

图 5.6　最近邻插值。原来图像的离散光栅用实线表示

最近邻插值的定位误差最大是半个像素。这种误差在物体具有直线边界时就会显现出来，在变换后可能会呈现阶梯状。

线性插值（**linear interpolation**）考虑点(x, y)的四个相邻点，假定亮度函数在这个邻域内是线性的。线性插值如图 5.7 所示，图的左侧显示了哪些点被用于插值。线性插值由下列公式给出：

$$\begin{aligned} &f_2(x,y)=(1-a)(1-b)g_s(l,k)+a(1-b)g_s(l+1,k)+b(1-a)g_s(l,k+1)+abg_s(l+1,k+1)\\ &l=\text{floor}(x),\quad a=x-l\\ &k=\text{floor}(y),\quad b=y-k \end{aligned} \tag{5.21}$$

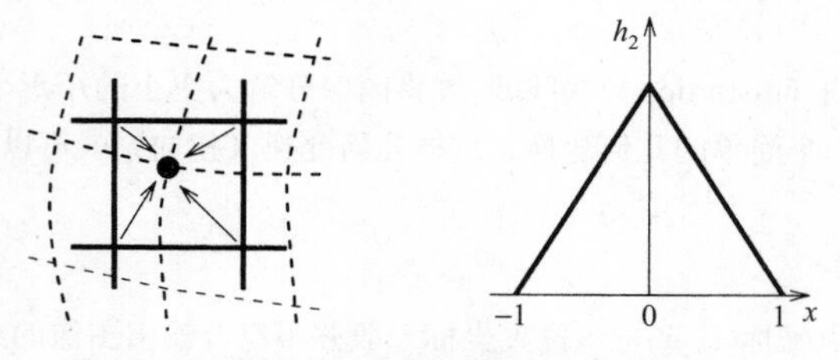

图 5.7　线性插值。原来图像的离散光栅用实线表示

该插值可能会引起小的分辨率降低和模糊，原因在于其平均化的本性，但是减轻了阶梯状直边界的问题。

双三次插值（**bi-cubic interpolation**）用双三次多项式表面局部地近似亮度函数来改善其模型，用 16 个相邻的点作插值。一维的插值核（“墨西哥草帽”(Mexican hat)）如图 5.8 所示，由下式给出：

$$h_3 = \begin{cases} 1-2|x|^2+|x|^3 & 当0\leqslant|x|<1 \\ 4-8|x|+5|x|^2-|x|^3 & 当1\leqslant|x|<2 \\ 0 & 其他 \end{cases} \tag{5.22}$$

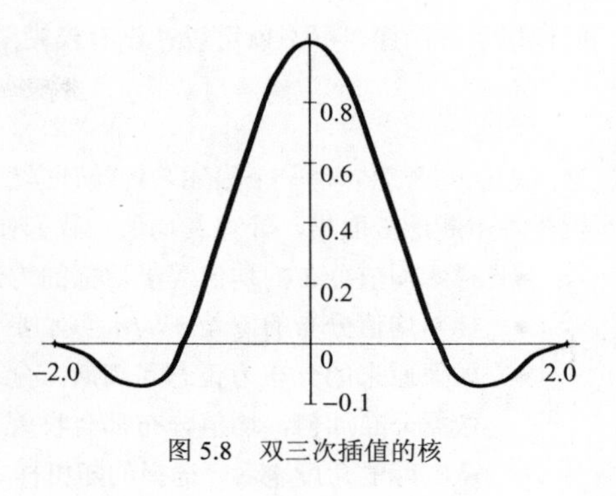

图 5.8　双三次插值的核

双三次插值免除了最近邻插值的阶梯状边界问题，也解决了线性插值的模糊问题。双三次插值通常用于光栅显示中，使得相对于任意点的聚焦成为可能。如果使用最近邻插值，具有相同亮度的区域就会增加。双三次插值非常好地保持了图像的细节。

5.3　局部预处理

根据处理的目的，可以将局部预处理方法分为两组。**平滑**（**smoothing**）目的在于抑制噪声或其他小的波动，这等同于在傅里叶变换域抑制高频部分。不幸的是平滑也会模糊所有的含有图像重要信息的明显边缘。**梯度算子**（**gradient operators**）基于图像函数的局部导数。导数在图像函数快速变化的位置处较大，梯度算子的目的是在图像中显现这些位置。梯度算子在傅里叶变换域有抑制低频部分的类似效应。噪声在本质上通常是高频的，不幸的是如果在图像中使用梯度算子，也会同时抬高噪声水平。显然，平滑和梯度算子具有相互抵触的目标。有些预处理算法解决了这个问题，使得可以同时达到平滑和边缘增强的目的。

另一种局部预处理的分类方法是基于变换的性质，区分为**线性**（**linear**）和**非线性**（**non-linear**）变换。线性操作中输出图像像素 $f(i, j)$ 的计算结果是输入图像像素 $g(i, j)$的一个局部邻域$\mathcal{O}$的亮度的线性组合。邻域$\mathcal{O}$中像素的贡献用系数 h 加权：

$$f(i,j)=\sum_{(m,n)\in\mathcal{O}}\sum h(i-m,j-n)g(m,n) \tag{5.23}$$

式(5.23)与以 h 为核的离散卷积等价，称 h 为**卷积掩膜**（**convolution mask**）。一般使用具有为奇数的行和列的矩形邻域$\mathcal{O}$，这样能够确定邻域的中心。

局部变换和邻域$\mathcal{O}$的尺寸及形状的选择在很大程度上取决于所处理图像中的物体的尺寸。如果物体比较大，通过平滑去掉小的退化可以增强图像。

5.3.1　图像平滑

图像平滑利用图像数据的冗余性来抑制图像噪声，通常依赖于某种对某个邻域$\mathcal{O}$中的亮度数值求平均的形式。平滑有造成明显边缘变得模糊的问题，因此我们将在这里考虑能够保持**边缘**（**edge preserving**）的平滑方法，即仅使用邻域中与被处理的点有相似性质的点作平均。

局部图像平滑可以有效地消除冲击噪声或表现为窄带的退化，但是在退化是大的斑点或粗带时就无效了。这些问题可以通过使用图像复原技术来解决，在 5.4 节中描述。

平均（averaging），噪声抑制的统计原理

假设在每个像素处的噪声数值 ν 是独立分布的随机变量，具有 0 均值和标准差σ。我们可以在相同条件下抓取同一场景的静态图像 n 次。对于每幅抓取图像，都有特定的像素值 $g_i, i=1,\cdots,n$ 。通过对这些值及其对应的噪声 $\nu_1,\cdots,\nu_n$ 求平均，就可以获得正确值的估计，如下所示。

$$\frac{g_1+\cdots+g_n}{n}+\frac{\nu_1+\cdots+\nu_n}{n} \tag{5.24}$$

这里的第二项描述的是噪声，它仍是一个随机变量，具有 0 均值和标准差 $\sigma/\sqrt{n}$ ；因此，如果可以获得 n 幅

同样场景的图像，平滑就可以在没有模糊图像的基础上用下式完成：

$$f(i,j)=\frac{1}{n}\sum_{k=1}^{n}g_k(i,j) \tag{5.25}$$

这一做法的合理性是一个很知名的统计学结果：从观测数据中取出一个随机样本，并计算它的均值。如果随机样本不断地被取出，计算其均值，我们便可以得到样本均值的分布。该分布有如下有用的特性：

- 样本均值分布的均值等于数据的均值。
- 样本均值分布的方差 $\sigma/\sqrt{n}$ 明显要小于原有数据的方差。
- 如果原来的分布为正态（高斯）分布，那么样本均值分布也是正态分布。更好的性质是，不管原来数据分布如何，均值分布都会收敛于一个正态分布。此为**中心极限定理**（**central limit theorem**）。
- 从实际的角度来看，选择的随机样本不会太多。中心极限定理的结论是，无须完整地构建所有样本，我们就能知晓样本的均值分布。在统计学中，通常大约 30 个样本被认为是观测值数目的下限。

通常情况下，只有一幅噪声干扰的图像，这时要用一个局部邻域来进行平均。如果噪声比图像中感兴趣的最小物体的尺寸要小，这样做的结果是可以接受的，但是边缘模糊是一个严重的缺点。平均是离散卷积（式(5.23)）的一个特例。对于 3×3 的邻域，卷积掩膜 h 为

$$h=\frac{1}{9}\begin{bmatrix}1&1&1\\1&1&1\\1&1&1\end{bmatrix} \tag{5.26}$$

为了更好地近似具有高斯概率分布的噪声性质（高斯噪声，参见第 2.3.6 节），有时要增加在卷积掩膜 h 中心的像素或者它的 4-邻接点处的重要性。

$$h=\frac{1}{10}\begin{bmatrix}1&1&1\\1&2&1\\1&1&1\end{bmatrix},\quad h=\frac{1}{16}\begin{bmatrix}1&2&1\\2&4&2\\1&2&1\end{bmatrix} \tag{5.27}$$

有两种常用的平滑滤波器，在窗口边界处，它们的系数逐渐降至零附近。这是最小化频域乱真振荡的最好方式（参见式（3.24）对测不准原理的讨论）。这两个滤波器分别为高斯和巴特沃斯（Butterworth）滤波器。通过高斯分布式（式（5.47））可以构造更大的卷积模板，以用于高斯平均，并规范化模板的系数，使其和为 1。巴特沃斯滤波器将在 5.3.8 节予以解释，该节将讲述频域的局部预处理。

我们用一个例子来说明噪声抑制的效果（低分辨率图像，256×256，被刻意挑选出来反映处理的离散本质）。图 5.9（a）显示了一个原始的布拉格城堡的图像；图 5.9（b）显示了同一幅图上叠加了高斯分布噪声的图像；图 5.9（c）显示了用 3×3 卷积掩膜（式(5.27)）平均得到的结果——噪声显著减少，图像只有轻微模糊。图 5.9（d）显示了用更大的 7×7 卷积掩膜平均得到的结果，其中的模糊更为严重了。

这些滤波器的计算代价会非常的高，但是在一类重要的特殊**可分离滤波器**（**separable filters**）情况下该计算代价可以很大程度上降低。在二维可分离意味着卷积核可分解成两个一维向量的乘积，理论上提供了鉴别卷积模板是否可分离的线索。

举例来说，考虑一个二项式滤波器。其元素二项式数为帕斯卡（Pascal）三角中对应的两数之和。考虑这样一个 5×5 大小的滤波器——它可分解成两个一维向量 h_1,h_2 的乘积。

$$\begin{bmatrix}1&4&6&4&1\\4&16&24&16&4\\6&24&36&24&6\\4&16&24&16&4\\1&4&6&4&1\end{bmatrix}=[h_1][h_2]=\begin{bmatrix}1\\4\\6\\4\\1\end{bmatrix}\begin{bmatrix}1&4&6&4&1\end{bmatrix}$$

假设卷积核大小为 $2N+1$。利用可分离的特殊性质，式（5.23）中的卷积可重写为

$$g(x,y)=\sum_{m=-N}^{N}\sum_{n=-N}^{N}h(m,n)f(x+m,y+n)=\sum_{m=-N}^{N}h_1(m)\sum_{n=-N}^{N}h_2(n)f(x+m,y+n)$$

图 5.9　高斯分布的噪声和平均滤波：（a）原始图像；（b）叠加噪声的图像（随机高斯噪声，0 均值和是原始图像灰度标准差一半的标准差）；（c）3×3 平均；（d）7×7 平均

如果按式（5.23）直接计算卷积，在 5×5 的卷积核例子中，对于每个像素，将需要 25 次乘法和 24 次加法。如果使用可分离的滤波器，10 次乘法和 8 次加法就足够了。

在限制数据有效性下的平均（averaging with limited data validity）

在限制数据有效性下的平均方法[McDonnell, 1981] 试图仅使用满足某种标准的那些像素作平均来避免模糊，它的目的是避免涉及属于其他特征的像素。

一个非常简单的标准是，仅对原图像中亮度在一个事先指定的非法数据范围[min, max]内的像素作平均，这个非法范围对应于噪声的灰度间隔或其他图像错误。考虑图像中的点(m, n)，在邻域$\mathcal{O}$中的卷积掩模根据如下的非线性公式计算：

$$h(i,j)=\begin{cases}1 & \text{当}\, g(m+i,n+j)\notin[\min,\max]\\ 0 & \text{其他}\end{cases} \tag{5.28}$$

其中(i,j)指定掩模元素。因此，只有具有非法灰度级的像素值才被其邻域的平均所取代，而且只有有效的数据才对邻域的平均有贡献。这种方法的威力在图 5.10 中可以看出来，除了塔部的轻度局部模糊外，该方法成功地消除了图像的显著污损。

第二种方法只在当计算出的像素亮度变化在某个允许范围内时才作平均；这种方法可以修复由背景亮度缓慢变化引起的大面积错误，而又不影响图像的其他部分。

第三种方法使用边缘的强度（即梯度的幅值）作为一个标准。首先在整个图像中计算出某种梯度算子（参见第 5.3.2 节）的幅值，在输入图像中只有梯度幅值小于预先定义的阈值的像素才用于平均。这种方法有效地排除了在边缘处作平均，因此抑制了模糊，但是设置阈值是费力的。

(a)

(b)

图 5.10 在限制数据有效性下的平均：（a）原来的污损图像；（b）污损消除的结果

根据反梯度平均（averaging according to inverse gradient）

在一个奇数大小的卷积掩模内部，像素点(i, j)相对于该掩模的中心像素(m, n)的反梯度δ可以定义为[Wang and Vagnucci, 1981]

$$\delta(i,j)=\frac{1}{|g(m,n)-g(i,j)|} \tag{5.29}$$

如果 $g(m, n)=g(i, j)$，那么定义$\delta(i, j)=2$，这样反梯度δ 是在区间(0, 2]内，且在边缘处要比在均匀区域内要小。卷积掩模 h 的加权系数用反梯度标准化，整个项乘上 0.5 以便保持亮度值在原来的范围内：对应于中心像素的卷积掩模系数定义为 $h(i, j)=0.5$。常数 0.5 的影响是赋给中心像素(m, n)一半的权重，而另一半赋给它的邻域

$$h(i,j)=0.5\frac{\delta(i,j)}{\sum_{(m,n)\in\mathcal{O}}\delta(i,j)} \tag{5.30}$$

这种方法假设边缘是显著的。当卷积掩模靠近边缘时，区域中的像素比靠近边缘的像素有较大的系数，因此不会模糊。在均匀区域中的孤立噪声点具有小的反梯度值，邻域中的点参加平均因而噪声就被消除了。

使用旋转掩膜的平均（averaging using a rotating mask）

到目前为止讨论的图像平滑都是线性的，它有一个缺点就是图像中的边缘被不可避免的模糊了。存在一些可供选择的非线性方法能够降低这种模糊效应。这些方法检查当前像素的相邻像素，并且根据用户选定的一种一致性策略将它们分成两个子集。一个集合包含了与当前像素相邻的所有像素以及已经那些已经包含在当前集合的像素，这些像素都满足选定的一致性策略。另一个集合是第一个集合的补集。这种选择操作是分线性的，从而使得整个滤波器是非线性的。选择了包含当前像素的所有一致性子集之后，可以使用一种线性或者非线性的技术来寻找最可能的值。

使用旋转掩膜实施平均是这样一种可以避免边缘模糊的非线性方法，其结果实际上是锐化图像[Nagao and Matsuyama, 1980]。亮度的平均只在这个区域计算，一个亮度散布σ^2用作区域的一致性度量。设区域 R 的像素数目是 n 且输入图像是 g。散布σ^2按照下式计算：

$$\sigma^2=\frac{1}{n}\sum_{(i,j)\in R}\left(g(i,j)-\frac{1}{n}\sum_{(i,j)\in R}g(i,j)\right)^2 \tag{5.31}$$

计算出了区域一致性，我们来考虑形状和大小。图 5.11 给出了 3×3 掩膜的 8 种可能的旋转，覆盖了当前像

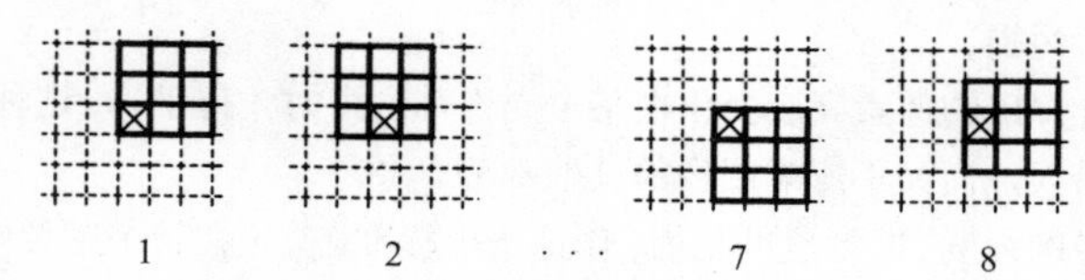

图 5.11 3×3 掩膜的 8 种可能的旋转

素（标记为小交叉）的一个 5×5 的邻域。第 9 个掩膜是当前像素自身的一个 3×3 邻域。也可以使用其他掩膜形状，更大些或者更小些。

算法 5.2　使用旋转掩膜的平滑

1. 考虑图像的每个像素(i, j)。
2. 根据式（5.31）计算像素(i, j)所有可能的旋转掩膜的散布。
3. 选择具有最小散布的掩膜。
4. 将所选掩膜内的平均亮度赋给输出图像中的像素(i, j)。

算法 5.2 可以迭代地使用，迭代过程会相当快地收敛到一个稳定状态。掩膜的大小和形状会影响收敛速度，掩膜越小，变化就越小且所需的迭代就越多。较大的掩膜抑制噪声更快且锐化效果越强。在另一方面，比掩膜小的细节信息可能会损失掉。迭代的次数还受图像区域形状和噪声性质的影响。

中值滤波（median filtering）

在概率论中，中值（**median**）将概率分布的高半部分与低半部分分开。对一个随机变量 x 而言，$x<M$ 的概率为 0.5。对于有限实数集，其排序后中间的数值即为它的中值。集合的大小通常取奇数，以保证中值的唯一性。

中值滤波是一种减少边缘模糊的非线性平滑方法[Tyan, 1981]，它的思想是用邻域中亮度的中值代替图像当前的点。邻域中的中值不受个别噪声毛刺的影响，因此中值平滑相当好地消除了冲击噪声。更进一步，由于中值滤波并不明显地模糊边缘，因此可以迭代使用。显然，在每个像素位置上都要对一个（有可能是大的）矩形内部的所有像素进行排序，这样的开销会变得很大。一个更有效的方法[Huang et al., 1979; Pitas and Venetsanopoulos, 1990]是注意到当窗口沿着行移一列时，窗口内容的变化只是丢掉了最左边的列取代为一个新的右侧列，对于 m 行 n 列的中值窗口，$mn-2\times m$ 个像素没有变化，并不需要重新排序。算法如下：

算法 5.3　高效的中值滤波

1. 置 $t=\frac{mn}{2}$。

   如果 m 和 n 都为奇数，则对 t 取整，这样我们总是可以避免不必要的浮点数运算。
2. 将窗口移至一个新行的开始，对其内容排序。建立窗口像素的直方图 H，确定其中值 m，记下亮度小于或等于 m 的像素数目 n_m。
3. 对于最左列亮度是 p_g 的每个像素 p，做
   $$H[p_g]=H[p_g]-1$$
   进一步，如果 $p_g \leqslant$ m，置 $n_m=n_m-1$。
4. 将窗口右移一列，对于最右列亮度是 p_g 的每个像素 p，做
   $$H[p_g]=H[p_g]+1$$
   如果 $p_g \leqslant$ m，置 $n_m=n_m+1$。
5. 如果 $n_m=t$　则跳转至步骤 8。
6. 如果 $n_m\ >t$　则跳转至步骤 7。

   重复
   $$m=m+1$$
   $$n_m=n_m+H[m]$$
   直到 $n_m \geqslant t$ 则跳转至步骤 8。
7. （此时有 $n_m>t$）。重复

$$n_m = n_m - H[m]$$
$$m = m - 1$$

直到 $n_m \leqslant t$。

8. 如果窗口的右侧列不是图像的右边界，跳转至步骤 3。
9. 如果窗口的底行不是图像的下边界，跳转至步骤 2。

图 5.12 显示了中值滤波。矩形邻域中值滤波的主要缺点是细线和显著角点会遭到损坏，如果使用其他形状的邻域是可以避免的。例如，如果要保持水平/垂直的线条，可以使用如图 5.13 所示的邻域。

(a)

(b)

图 5.12 中值滤波：（a）被冲击噪声污染的图像（亮点和黑点覆盖了 14%的图像区域）；（b）3×3 中值滤波的结果

中值平滑是更一般的**等级滤波**（**rank filtering**）技术的一个特殊情况[Rosenfeld and Kak, 1982; Yaroslavskii, 1987]，它的思想是将某个邻域中的像素排成序列。预处理的结果是在该序列上的某个统计量，中值是其可能之一。另一个不同的量是序列的最大值或最小值。这定义了膨胀和腐蚀算子（见第 13 章）在有更多亮度数值的图像中的推广。

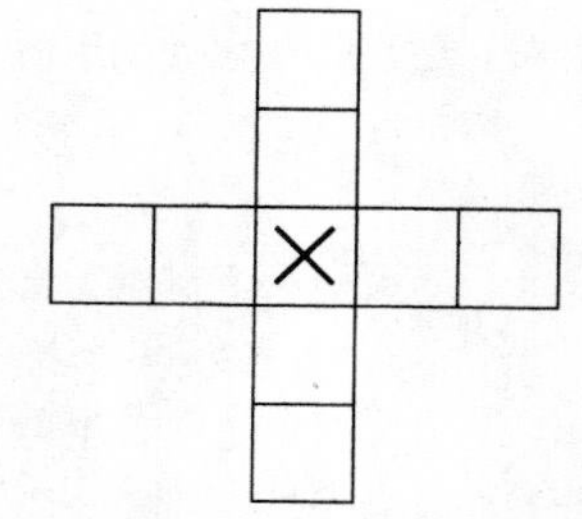

图 5.13 保持水平/垂直线条的中值滤波邻域

[Borik et al., 1983]给出了中值技术的一个类似的推广。他们的方法被称为**排序统计**（**order statistics，OS**）滤波。邻域中的数值仍然被排成序列，一个新的数值是该序列数值的线性组合。

非线性均值滤波（**non-linear mean filter**）

非线性均值滤波是平均技术的另一个推广[Pitas and Venetsanopulos, 1986]，定义为

$$f(m,n) = u^{-1}\left(\frac{\sum_{(i,j)\in\mathcal{O}} a(i,j)u[g(i,j)]}{\sum_{(i,j)\in\mathcal{O}} a(i,j)}\right) \tag{5.32}$$

其中 $f(m, n)$是滤波的结果；$g(i,j)$是输入图像的像素；$\mathcal{O}$是当前像素（m, n）的一个局部邻域。单变量函数 u 存在逆函数 u^{-1}，$a(i,j)$是加权系数。

如果权 $a(i,j)$是常数，滤波器被称为**同态的**（**homomorphic**）。图像处理中的一些同态滤波器是：

- 算术均值，$u(g) = g$。
- 调和均值，$u(g) = \dfrac{1}{g}$。
- 几何均值，$u(g) = \log g$。

5.3.2 边缘检测算子

边缘检测算子（**edge detectors**）是一组用于在亮度函数中定位变化的非常重要的局部图像预处理方法，边缘是亮度函数发生急剧变化的位置。

神经学和心理学的研究都表明，图像中突变的位置对图像感知很重要。在某种程度上，边缘不随光照和视角的变化而变化。如果只考虑那些强度大的边缘元素（边缘（edge）），对于图像理解它们常常就足够用了。这一做法的正面影响是：大幅减少图像的数据量。而在很多情形下，这种数据减少并不会损害对图像内容的理解（图像解释）。边缘检测提供了图像数据的合适概括。比如，素描就能完成这种概括，参见图 5.14 中由德国画家 Albrecht Dürer 完成的作品。

图 5.14 艺术家的母亲，1514 年。Albrecht Dürer（1471—1528）

我们将考察在图像形成过程中，是什么物理原因导致图像值的突变，见图 5.15。在微积分学中，用导数描述连续函数的变化，图像函数依赖两个变量，即图像平面的坐标，因此，描述边缘的检测子使用偏导数。图像函数的变化可以用指向图像函数最大增长方向的梯度来表示。

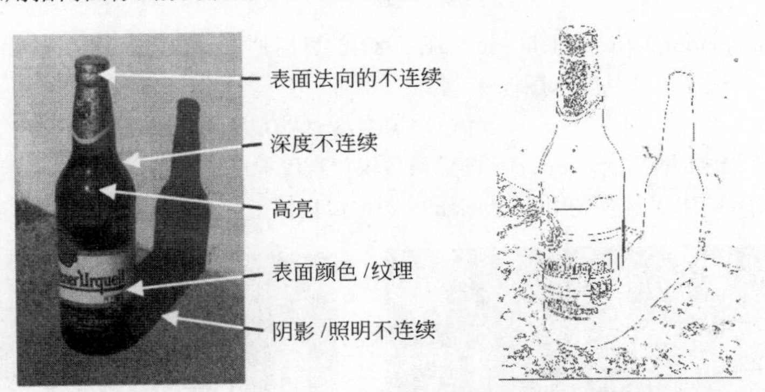

图 5.15 边缘形成之因，比如在图像形成过程中，一些物理现象会导致边缘的出现。右侧，是 Canny 边缘检测结果（详见 5.3.5 节）

边缘是赋给单个像素的性质，用图像函数在该像素一个邻域处的特性来计算。它是一个具有**幅值**（**强度**）（**magnitude**）和**方向**（**direction**）的**矢量**（**vector variable**）。边缘的幅值是梯度的幅值，边缘方向 ϕ 是梯度方向 ψ 旋转−90° 的方向。梯度方向是函数最大增长的方向，例如，从黑 $[f(i,j)=0]$到白 $[f(i,j)=255]$。如图 5.16 所示，封闭的曲线是具有相同亮度的线。0°方向指向东。

在图像分析中，边缘一般用于寻找区域的边界。假定区域具有均匀的亮度，其边界就是图像函数变化的位置，因此在理想情况下具有高边缘幅值的像素中没有噪声。可见边界和其组件（边缘）与梯度方向垂直。

图 5.17 给出了几种标准的边缘剖面。边缘检测子一般是根据某种类型的边缘剖面调制的（tuned）。

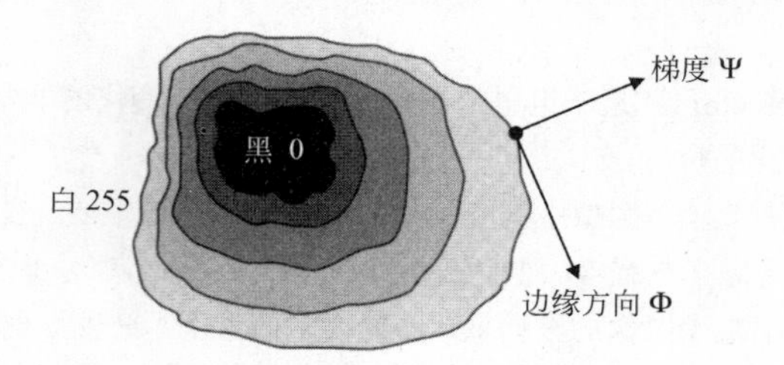

图 5.16　梯度方向和边缘方向

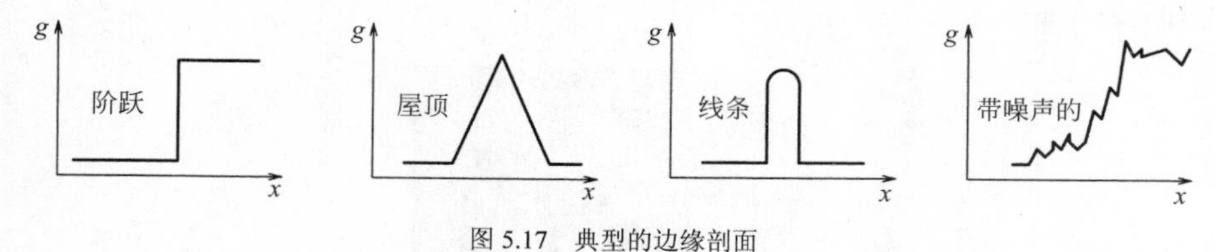

图 5.17　典型的边缘剖面

梯度的幅值 $|\text{grad}\ g(x, y)|$ 和方向 ψ 是按照如下公式计算的连续图像函数：

$$\left|\text{grad}\ g(x,y)\right| = \sqrt{\left(\frac{\partial g}{\partial x}\right)^2 + \left(\frac{\partial g}{\partial y}\right)^2} \tag{5.33}$$

$$\psi = \arg\left(\frac{\partial g}{\partial x}, \frac{\partial g}{\partial y}\right) \tag{5.34}$$

其中 $\arg(x, y)$从 x 轴到点(x, y)的角度（单位是弧度）。

有时我们只对边缘幅度有兴趣而不管其方向，这时可以使用被称为 **Laplacian** 的线性微分算子。Laplacian 是各向同性的，因此对旋转有不变性。它的定义是

$$\nabla^2 g(x,y) = \frac{\partial^2 g(x,y)}{\partial x^2} + \frac{\partial^2 g(x,y)}{\partial y^2} \tag{5.35}$$

图像**锐化**（**sharpening**）[Rosenfeld and Kak, 1982]的目标是使边缘更陡峭，锐化的图像是供人观察的。锐化的输出图像 f 是根据下式从输入图像 g 得到

$$f(i,j) = g(i,j) - CS(i,j) \tag{5.36}$$

其中 C 是反映锐化强度的正系数；$S(i, j)$是图像函数锐化程度的度量，用梯度算子来计算。Laplacian 常被用于这一目的。图 5.18 给出了一个使用 Laplacian 的图像锐化例子。

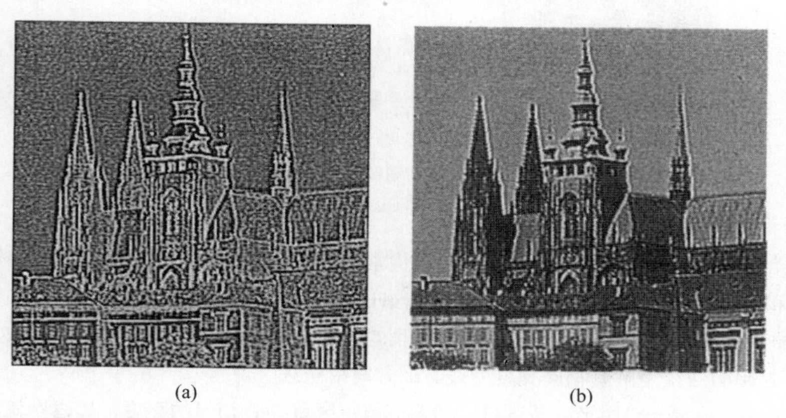

(a)　　(b)

图 5.18　Laplacian 梯度算子：（a）用 8-邻接掩膜的 Laplacian 边缘图像；（b）使用 Laplacian 算子的锐化（式（5.36），C=0.7）。比较一下锐化图像与图 5.9（a）中的原始图像

图像锐化也可以在频域中解释。我们知道傅里叶变换的结果是谐波函数的组合。谐波函数 sin(*nx*)的导数是 *n*cos(*nx*)，因此，频率越高导数的幅值越大。

非锐化屏蔽（unsharp masking）是与式（5.36）类似的图像锐化技术，常应用于印刷行业[Jain, 1989]。一个与非锐化（例如，用平滑算子很强地模糊）图像成比例的信号被从原始图像中减掉。数字图像在本质上是离散的，因此含有导数的式（5.33）和式（5.34）必须用**差分（differences）**来近似。图像 g 在纵向（固定 i）和横向（固定 j）的一阶差分由下式给出：

$$\begin{aligned} \Delta_i g(i,j) &= g(i,j) - g(i-n,j) \\ \Delta_j g(i,j) &= g(i,j) - g(i,j-n) \end{aligned} \tag{5.37}$$

其中 n 是小整数，通常取 1。数值 n 的选择既要足够小以便较好地近似导数，又要足够大以便忽略图像函数的不重要的变化。差分的对称表达为

$$\begin{aligned} \Delta_i g(i,j) &= g(i+n,j) - g(i-n,j) \\ \Delta_j g(i,j) &= g(i,j+n) - g(i,j-n) \end{aligned} \tag{5.38}$$

这种形式并不常用，因为它们忽略了当前像素(i,j)本身的影响。

梯度算子作为边缘性的度量可以分为三类：

（1）使用差分近似图像函数导数的算子。有些是具有旋转不变性的（比如，Laplacian），因此只需要一个卷积掩膜来计算。其他近似一阶导数的算子使用几个掩膜。方向在几个简单模式的最佳匹配基础上来估计。

（2）基于图像函数二阶导数过零点的算子（比如，Marr-Hildreth 或 Canny 边缘检测算子）。

（3）试图将图像函数与边缘的参数模型相匹配的算子。

在本节余下的部分，我们来考虑属于第一类的众多算子的一部分，5.33 节考虑第（2）类。最后在 5.3.6 节简要地叙述最后一类方法。

边缘检测是有助于高层图像分析的一个极为重要的步骤，仍然是一个活跃的研究领域。当前研究领域内可以找到多种方法作为例子，比如模糊逻辑、神经网络、小波。选择最合适的边缘检测策略是很困难的，有关边缘检测方法及其性能评价的一些比较可见[Ramesh and Haralick, 1994; Demigny et al., 1995; Senthilkumaran and Rajesh, 2009]。

检测小局部邻域的单个梯度算子事实上是卷积（就式（5.23）而言），可以用卷积掩膜来表达。能够检测边缘方向的算子是用一组掩膜来表达的，每个对应某个方向。

Roberts 算子

Roberts 算子是最老的算子之一[Roberts, 1965]。由于它只使用当前像素的 2×2 邻域，计算非常简单。它的掩膜是

$$h_1 = \begin{bmatrix} 1 & 0 \\ 0 & -1 \end{bmatrix}, \quad h_2 = \begin{bmatrix} 0 & 1 \\ -1 & 0 \end{bmatrix} \tag{5.39}$$

因此边缘的幅值计算如下：

$$|g(i,j) - g(i+1,j+1)| + |g(i,j+1) - g(i+1,j)| \tag{5.40}$$

Roberts 算子的主要缺点是其对噪声的高度敏感性，原因在于仅使用了很少几个像素来近似梯度。

Laplace 算子

Laplace 算子 ∇^2 是近似只给出边缘幅值的二阶导数的流行方法。式（5.35）的 Laplacian 在数字图像中用卷积核来近似。通常使用 3×3 的掩膜 h，对于 4-邻接和 8-邻接的邻域分别定义为

$$h = \begin{bmatrix} 0 & 1 & 0 \\ 1 & -4 & 1 \\ 0 & 1 & 0 \end{bmatrix}, \quad h = \begin{bmatrix} 1 & 1 & 1 \\ 1 & -8 & 1 \\ 1 & 1 & 1 \end{bmatrix} \tag{5.41}$$

有时也使用强调中心像素或其邻接性的 Laplacian 算子。这种近似不再具有旋转不变性：

$$h=\begin{bmatrix}2 & -1 & 2\\ -1 & -4 & -1\\ 2 & -1 & 2\end{bmatrix},\quad h=\begin{bmatrix}-1 & 2 & -1\\ 2 & -4 & 2\\ -1 & 2 & -1\end{bmatrix} \tag{5.42}$$

Laplace 算子有一个缺点是它对图像中的某些边缘产生双重响应。

Prewitt 算子

Prewitt 算子，与 Sobel, Kirsch 及一些其他算子类似，近似一阶导数。对于 3×3 的卷积掩膜，在 8 个可能方向上估计梯度，具有最大幅值的卷积给出梯度方向。更大的掩膜是可能的。对于每个算子我们只给出前面三个 3×3 掩膜，其他可以通过简单旋转得到。

$$h_1=\begin{bmatrix}1 & 1 & 1\\ 0 & 0 & 0\\ -1 & -1 & -1\end{bmatrix},\quad h_2=\begin{bmatrix}0 & 1 & 1\\ -1 & 0 & 1\\ -1 & -1 & 0\end{bmatrix},\quad h_3=\begin{bmatrix}-1 & 0 & 1\\ -1 & 0 & 1\\ -1 & 0 & 1\end{bmatrix},\quad \cdots \tag{5.43}$$

梯度方向由具有最大响应的掩膜给出。对于以下所有的近似一阶导数的算子也都是如此。

Sobel 算子

$$h_1=\begin{bmatrix}1 & 2 & 1\\ 0 & 0 & 0\\ -1 & -2 & -1\end{bmatrix},\quad h_2=\begin{bmatrix}0 & 1 & 2\\ -1 & 0 & 1\\ -2 & -1 & 0\end{bmatrix},\quad h_3=\begin{bmatrix}-1 & 0 & 1\\ -2 & 0 & 2\\ -1 & 0 & 1\end{bmatrix},\quad \cdots \tag{5.44}$$

Sobel 算子是通常用于水平和垂直边缘的一个简单检测子，这时使用 h_1 和 h_3。如果 h_1 的响应是 x，h_3 的响应是 y，则我们可以根据下式得出强度（幅值）：

$$\sqrt{x^2+y^2} \quad \text{或} \quad |x|+|y| \tag{5.45}$$

且方向是 $\arctan(y/x)$。

Kirsch 算子

$$h_1=\begin{bmatrix}3 & 3 & 3\\ 3 & 0 & 3\\ -5 & -5 & -5\end{bmatrix},\quad h_2=\begin{bmatrix}3 & 3 & 3\\ -5 & 0 & 3\\ -5 & -5 & 3\end{bmatrix},\quad h_3=\begin{bmatrix}-5 & 3 & 3\\ -5 & 0 & 3\\ -5 & 3 & 3\end{bmatrix},\quad \cdots \tag{5.46}$$

为了解释梯度算子在实际图像上的应用，我们仍考虑图 5.9（a）给出的图像。图 5.18（a）给出的是计算出的 Laplacian 边缘图像，为了增强可视性，算子的结果经过了直方图均衡化。

我们用 Prewitt 算子来展示近似一阶导数的算子特性，其他算子的结果都类似。原始图像仍由图 5.9（a）给出，Prewitt 对方向梯度的近似在图 5.19（a）和 5.19（b）中给出，其中给出的是东和北方向。显著的边缘（超过阈值的部分）在图 5.19（c）和 5.19（d）中给出。

5.3.3 二阶导数过零点

在 20 世纪 70 年代，Marr 理论（参见 11.1.1 节）根据神经生理学实验得出了以下结论：物体的边界是将亮度图像与其解释连接起来的最重要的线索。边缘检测技术在当时（例如，Kirsch, Sobel, Pratt 算子）是基于很小邻域的卷积，只对特殊的图像效果好。这些边缘检测子的主要缺点是它们依赖物体的大小且对噪声敏感。

基于二阶导数过零点（**zero-crossings**）的边缘检测技术（最初的形式是 Marr-Hildreth 边缘检测子 [Marr-Hildreth, 1980,1991]，探究了阶跃边缘对应于图像函数陡峭的变化这一事实。图像函数的一阶导数在对应于图像边缘的位置上应该取得极值，因此二阶导数在同一位置应该为 0；而寻找过零点位置比起极值来得更容易和更精确。为了简单，图 5.20 用 1D 信号解释了过零点的原理。图 5.20（a）给出了原始图像函数的两个不同坡度的阶跃边缘剖面，图 5.20（b）画出了图像函数的一阶导数，图 5.20（c）给出了二阶导数，请注意它在与边缘相同的位置上越过 0 水平。

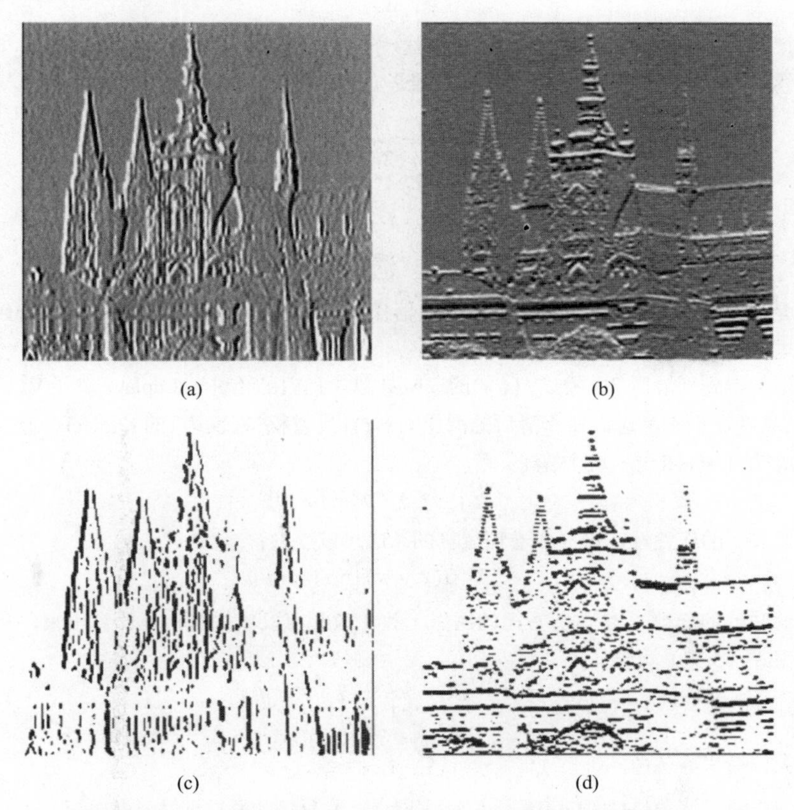

图 5.19　使用 Prewitt 算子的一阶导数边缘检测：（a）北向（像素越亮边缘越强）；（b）东向；（c）图（a）的强边缘；（d）图（b）的强边缘

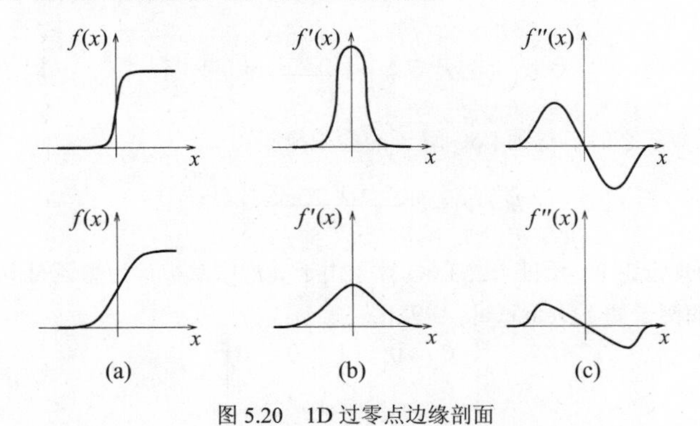

图 5.20　1D 过零点边缘剖面

考虑 2D 情况下的阶跃边缘，图 5.20（a）的 1D 剖面对应于 2D 阶跃的一个切面。剖面的坡度随着切面方向的不同而变化，当切面与边缘的方向垂直时观察到的坡度最大。

关键的问题是如何稳定地计算二阶导数。一种可能性是首先平滑图像（减小噪声），再计算二阶导数。在选择平滑滤波器时，需要满足两个标准[Marr-Hildreth, 1980]。第一，滤波器应该是平滑的且在频域中大致上是有限带宽的，以便减少会导致函数变化的可能频率数。第二，空间定位的约束要求滤波器的响应需来自于图像中邻近的点。这两个标准是矛盾的，但是可以通过使用高斯分布同时得到优化。在实践中，需要准确地考虑优化的含义。我们将在 5.33 节考虑这个问题。

2D 高斯平滑算子 $G(x, y)$（也称为高斯滤波器，或简单地称为高斯）由下式给出：

$$G(x,y)=e^{-\frac{x^2+y^2}{2\sigma^2}} \tag{5.47}$$

其中 x, y 是图像坐标；σ 是关联的概率分布的标准差。有时用带有规范化因子的公式来表达。

$$G(x,y)=\frac{1}{2\pi\sigma^2}e^{-\frac{x^2+y^2}{2\sigma^2}}$$

或

$$G(x,y)=\frac{1}{\sqrt{2\pi}\sigma}e^{-\frac{x^2+y^2}{2\sigma^2}}$$

标准差σ 是高斯滤波器的唯一参数，它与滤波器操作邻域的大小成正比。离算子中心越远的像素影响越小，离中心超过 3σ的像素的影响可以忽略不计。

我们的目标是得到平滑后 2D 函数$f(x, y)$的二阶导数。我们已经讲过 Laplace 算子 ∇^2 给出了二阶导数且是各向同性的。现在我们来考虑高斯平滑后的图像$f(x, y)$（用卷积*来表达）的 Laplacian。用取自于 **Laplacian of Gaussian** 的缩写 **LoG** 来表示这个算子。

$$\nabla^2\left[G(x,y,\sigma)*f(x,y)\right] \tag{5.48}$$

由于所涉及算子的线性性，微分和卷积运算的顺序可以交换：

$$\left[\nabla^2 G(x,y,\sigma)\right]*f(x,y) \tag{5.49}$$

由于高斯滤波器的导数 $\nabla^2 G$ 与所考虑的图像无关，故它可以事先解析地计算出来，从而复合运算的复杂度降低了。由式（5.47）可见：

$$\frac{\partial G}{\partial x}=-\left(\frac{x}{\sigma^2}\right)e^{-\left(x^2+y^2\right)/2\sigma^2}$$

以及对于 y 的类似结果。从而

$$\frac{\partial^2 G}{\partial x^2}=\frac{1}{\sigma^2}\left(\frac{x^2}{\sigma^2}-1\right)e^{-\left(x^2+y^2\right)/2\sigma^2},\quad \frac{\partial^2 G}{\partial y^2}=\frac{1}{\sigma^2}\left(\frac{y^2}{\sigma^2}-1\right)e^{-\left(x^2+y^2\right)/2\sigma^2}$$

以及由此得到

$$\nabla^2 G\left(x,y,\sigma\right)=\frac{1}{\sigma^2}\left(\frac{x^2+y^2}{\sigma^2}-2\right)e^{-\left(x^2+y^2\right)/2\sigma^2}$$

在引入一个规范化乘系数 c 之后，得到 LoG 算子的卷积掩膜：

$$h(x,y)=c\left(\frac{x^2+y^2-2\sigma^2}{\sigma^4}\right)e^{-\frac{x^2+y^2}{2\sigma^2}} \tag{5.50}$$

其中 c 将掩膜元素的和规范为 0。反过来的 LoG 算子由于其形状常被称为**墨西哥草帽**（**Mexican hat**）。离散 LoG 算子 $\nabla^2 G$ 的 5×5 的例子如下[Jain et al., 1995]：

$$\begin{bmatrix} 0 & 0 & -1 & 0 & 0 \\ 0 & -1 & -2 & -1 & 0 \\ -1 & -2 & 16 & -2 & -1 \\ 0 & -1 & -2 & -1 & 0 \\ 0 & 0 & -1 & 0 & 0 \end{bmatrix}$$

当然，这些模板都是无限连续函数的截断离散版本，在转化成这一离散版本时，必须加以注意，以免错误发生[Gunn, 1999]。

用这种方法寻找二阶导数是很稳定的。高斯平滑有效地抑制了距离当前像素 3σ 范围内的所有像素的影响，这样 Laplace 算子就构成了一种反映图像变化的有效而稳定的度量。

在图像与 $\nabla^2 G$ 卷积之后，在卷积后的图像中越过 0 水平的位置对应于边缘位置。与经典的小尺度边缘算子相比，这种方法的优点是考虑了围绕当前像素的一个更大的邻域，较远点的影响根据高斯的σ 减小。在单独的阶跃边缘的理想情况下，σ 的变化并不影响过零点的位置。

σ 越大卷积掩膜变得也越大，例如σ=4 时需要约 40 像素宽的掩膜。幸运的是，$\nabla^2 G$ 算子存在一个可分离的分解[Huertas and Medioni, 1986]，使计算得到可观的加速。

高斯平滑的实际含义是可以可靠地发现边缘。如果只需要全局性的显著边缘，可以增大高斯平滑滤波器的标准差σ，使得比较不明显的特征得以抑制。

$\nabla^2 G$ 算子可以非常有效地用如下掩膜的卷积来近似，该掩膜是两个具有明显不同σ 的高斯平滑掩膜的差。这种方法被称为 **difference of Gaussians**，缩写为 **DoG**。两个高斯滤波器标准差的正确比率在[Marr, 1982]中有讨论。

在实现过零点边缘检测子时，试图检测 LoG 或 DoG 图像的 0 点的努力不可避免地遭遇到失败，而阈值化 LoG/DoG 图像和将过零点定义为靠近 0 的某个区间的这些简单方法，在最好的情况下只能给出分段不连续的边缘。要想创建一个良好性能的二阶导数边缘检测子，必须实现真正的过零点检测子。如下的一个简单检测子可以鉴别 2×2 窗口内的过零点，当两种极性的 LoG/DoG 图像数值同时出现在 2×2 窗口内时，就将边缘标签任意赋给一个角点，比如说左上点；当窗口内的数值都是正的或负的时，就不给边缘标签。为了避免在几乎为常量的亮度区域内检测出对应于非显著边缘的过零点，另一个后处理步骤是仅接受在一阶导数边缘检测子上有足够边缘证据的过零点。图 5.21 给出了使用二阶导数过零点进行边缘检测的几个例子。

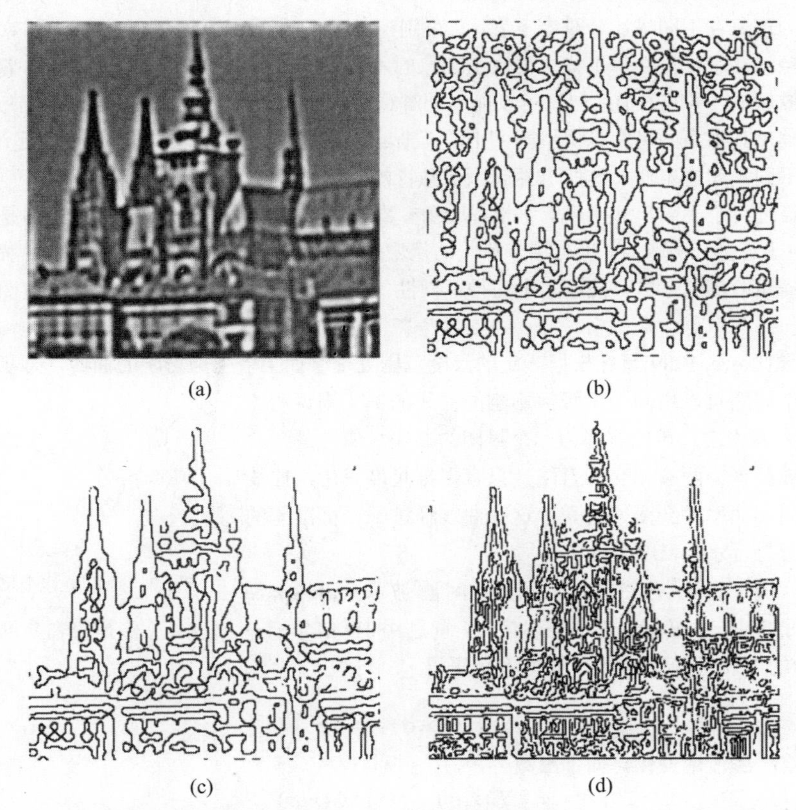

图 5.21　二阶导数过零点，原始图像见图 5.9（a）：（a）DoG 图像（σ_1=0.10, σ_2=0.09），黑的像素对应于负的 DoG 数值，亮的像素代表正的 DoG 数值；（b）DoG 图像的过零点；（c）去除了缺少一阶导数支持的边缘之后的 DoG 过零点边缘；（d）去除了缺少一阶导数支持的边缘之后的 LoG 过零点边缘（σ=0.20），请注意由于不同的高斯平滑参数得到不同尺度的边缘

有许多改进过零点性能的其他方法[Qian and Huang, 1994; Mehrotra and Shiming, 1996]；有些用于预处理[Hardie and Boncelet, 1995]或后处理步骤[Alparone et al., 1996]。

传统的二阶导数过零点技术也有缺点。第一，对形状做了过分的平滑，例如，会丢失明显的角点。第二，它有产生环行边缘的倾向（绰号为“意大利式细面条盘子”（plate of spaghetti）效果）。

神经生理学实验[Marr, 1982; Ullman, 1981]提供的证据表明，人眼视网膜以**神经节细胞**（**ganglion cells**）的形式实施的操作与 $\nabla^2 G$ 的极为相似。每个细胞对在称为其**感受野**（**receptive field**）的局部邻域内的光线刺激产生响应，感受野具有两个互补类型的围绕中心的组织，它们是中心外（off-center）和中心上（on-center）。当出现一个光线刺激时，中心上细胞的活动增加，而中心外细胞的活动被禁止。视网膜对图像的操作可以分析性地描述为图像与 $\nabla^2 G$ 算子的卷积。

5.3.4　图像处理中的尺度

许多图像处理技术是在局部，理论上是在单个像素的层次上起作用，边缘检测方法就是一个例子。这种计算的一个基本问题是**尺度**（**scale**）。边缘对应于图像函数的梯度，是按照某个邻域内像素之间的差别来计算的。我们很少有合适的理由来解释为什么选择某个特别的邻域尺度，这是因为“合适”的尺度依赖于要考察的物体的尺度。如果知道物体是什么，就意味着假设我们清楚如何来解释一幅图像，而在预处理阶段一般这是不知道的。对于以上形成的问题的解决方法是被称为**系统方法**（**system approach**）的一般性范畴的特殊情况。这种方法论在研究复杂现象的控制论或一般系统理论中是普遍的。

将待研究的现象在不同描述分辨率下表达，分别建立形式模型。然后研究在描述分辨率变化情况下的定性的行为。这种方法学使得在单个描述层次上现象的不可见的元知识（meta-knowledge）得以推断出来。

在数字图像领域，不同的描述层次可以简单地解释为不同的尺度。尺度思想是 5.3.3 节介绍的 Marr 边缘检测技术的基础，其中不同尺度是由不同大小的高斯滤波器掩膜形成的。它的目标不仅是消除细尺度噪声，而且还有分离不同尺度的事件，这些事件起因于独特的物理过程[Marr, 1982]。

假设信号经过几个不同尺寸掩膜的平滑。尺度参数的不同配置隐含着不同的描述，但是我们并不知道哪个是正确的；对于许多任务来讲，没有哪个单一的尺度是绝对正确的。如果尺度引起的含糊性是不可避免的，与尺度无关的描述的目的是尽可能地减小这种模糊性。这里只考虑三个有关多尺度描述在图像分析中应用的例子。

第一种方法[Lowe, 1989]旨在根据一定的尺度范围处理平面上受噪声影响的曲线，寻找反映场景结构的曲线片段。这个问题可以用两个受噪声影响的曲线的例子来说明，如图 5.22 所示。其中之一可以解释为一个封闭的曲线（或许是圆），而另一个可能被解释为两条相交的直线。只有根据尺度思想，曲线的局部切线方向和曲率才会变得显著，这在曲线经过不同标准差的高斯滤波器平滑之后才会表现出来。

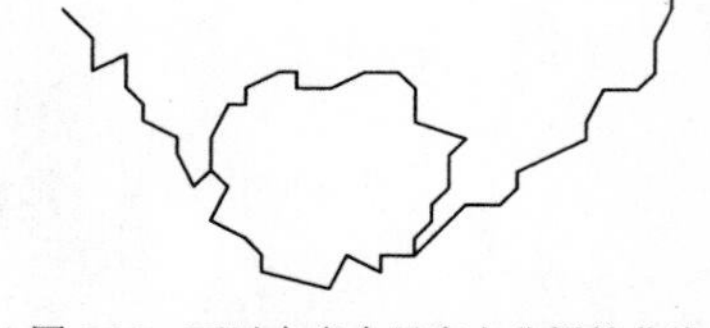

图 5.22　可以在多个尺度上分析的曲线

第二个方法[Witkin, 1983]称为**尺度空间滤波**（**scale-space filtering**），试图相对于尺度来定性地描述信号。问题用 1D 信号 $f(x)$ 来表述，但是很容易推广到图像这样的 2D 函数。原始的 1D 信号 $f(x)$用 1D 高斯卷积平滑

$$G(x,\sigma)=e^{-\frac{x^2}{2\sigma^2}} \tag{5.51}$$

如果标准差 σ 缓慢地变化，如下函数

$$F(x,\sigma)=f(x)*G(x,\sigma) \tag{5.52}$$

表示在平面(x, σ) 上的表面，被称为**尺度空间图像**（**scale-space image**）。对于指定的值 σ_0，曲线 $F(x, \sigma_0)$的拐点

$$\frac{\partial^2 F(x,\sigma_0)}{\partial x^2}=0,\quad \frac{\partial^3 F(x,\sigma_0)}{\partial x^3}\neq 0 \tag{5.53}$$

定性地描述了曲线 $f(x)$。拐点的位置可以用以(x, σ)为坐标的一组曲线画出来（见图 8.16）。对于拐点曲线的由粗到精的分析，也就是沿 σ 值减小的方向进行的分析，就确定了大尺度事件的位置。

尺度空间图像中含有的定性信息可以转换为简单的**区间树**（**interval tree**），它表达了信号 $f(x)$在整个观察尺度上的结构。区间树是从对应于最大尺度（σ_{max}）的根开始建起，然后沿着σ 降低的方向搜索尺度空间图像。区间树在出现新的拐点曲线的位置处分叉（见 8.2.4 节）。

第三个应用尺度空间的例子是人们熟知的 **Canny 边缘检测子**（**Canny edge detector**）。由于 Canny 检测子对于边缘检测技术是个突出的贡献并且用得很广泛，我们将详细地介绍其原理。

5.3.5 Canny 边缘提取

Canny 提出了一种新的边缘检测方法[Canny, 1986]，它对受白噪声影响的阶跃型边缘是最优的。Canny 检测子的最优性与以下的三个标准有关：

- 检测标准：不丢失重要的边缘，不应有虚假的边缘。
- 定位标准：实际边缘与检测到的边缘位置之间的偏差最小。
- 单响应标准：将多个响应降低为单个边缘响应。这一点被第一个标准部分地覆盖了，因为当有两个响应对应于单个边缘时，其中之一应该被认为是虚假的。这第三个标准解决受噪声影响的边缘问题，起抵制非平滑边缘检测子的作用[Rosenfeld and Thurston, 1971]。

Canny 算子的推导是基于如下的几个概念：

1. 边缘检测算子是针对 1D 信号和前两个最优标准表达的。用微积分方法可以得到完整的解。
2. 如果加上第三个标准（多个响应），需要通过数值优化的办法得到最优解。该最优滤波器可以有效地近似为标准差为σ的高斯平滑滤波器的一阶微分[Canny, 1986]，其误差小于 20%，这是为了便于实现。这与基于 LoG 的 Marr-Hildreth 边缘检测算子很相似[Marr and Hildreth, 1980]，参见第 5.3.3 节。
3. 然后将边缘检测算子推广到二维情况。阶跃边缘由位置、方向和可能的幅度（强度）来确定。可以证明将图像与一对称 2D 高斯做卷积后再沿梯度方向（与边缘方向垂直）微分，就构成了一个简单而有效的方向算子（回想一下，Marr-Hildreth 过零点算子并不能提供边缘方向信息，因为它使用了 Laplacian 滤波器）。

   假设 G 是 2D 高斯（式（5.47）），要将图像与算子 G_n 做卷积，G_n 是 G 沿 $\mathbf{n}$ 方向的一阶方向导数。

$$G_n = \frac{\partial G}{\partial \mathbf{n}} = \mathbf{n}\nabla G \tag{5.54}$$

   希望 $\mathbf{n}$ 与边缘垂直：该方向事先不知道，但是基于平滑梯度方向的一个可靠的估计是可以得到的。如果 f 是图像，边缘的法向 $\mathbf{n}$ 可以按下式估计：

$$\mathbf{n} = \frac{\nabla(G * f)}{|\nabla(G * f)|} \tag{5.55}$$

   边缘位于 G_n 与图像 f 卷积在 $\mathbf{n}$ 方向上的局部最大值位置处

$$\frac{\partial}{\partial \mathbf{n}} G_n * f = 0 \tag{5.56}$$

   将式（5.56）的 G_n 用式（5.54）代入，我们得

$$\frac{\partial^2}{\partial \mathbf{n}^2} G * f = 0 \tag{5.57}$$

   式（5.57）表明如何在与边缘垂直的方向上寻找局部最大值；该算子常被称为**非最大抑制**（**non-maximal suppression**）（参见算法 6.4）。

   由于在式（5.57）中卷积和微分是满足结合律的运算，故我们可以首先将图像 f 与一对称的高斯 G 做卷积，再利用根据式（5.55）计算出的方向 $\mathbf{n}$ 的估计值，计算二阶方向导数。边缘的强度（图像亮度函数 f 的梯度幅值）按下式计算

$$|G_n * f| = |\nabla(G * f)| \tag{5.58}$$

4. 由于噪声引起的对单个边缘的虚假响应通常造成所谓的“纹状”（streaking）问题。一般而言，该问题在边缘检测中是非常普遍的。边缘检测算子的输出通常要做阈值化处理，以确定哪些边缘是突出的。纹状会将边缘轮廓断开，这是由于算子输出会在阈值的上下波动。纹状现象可以通过**滞后阈值化处理**（**thresholding with hysteresis**）来消除，也就是引入一个硬（高）阈值（hard (high) threshold）和一个软（较低）阈值（soft (lower) threshold），参见算法 6.5。这里的低阈值和高阈值需要根据对信噪比的估计来确定[Canny, 1986]。
5. 算子的合适尺度取决于图像中所含的物体情况。解决该未知数的方法是使用多个尺度，将所得信息收集起来。不同尺度的 Canny 检测子由高斯的不同的标准差σ 来表示。有可能存在几个尺度的算子对边缘都给出突出的响应（即信噪比超过阈值）；在这种情况下，选择具有最小尺度的算子，因为它定位最准确。

   Canny 提出了特征综合（feature synthesis）方法。首先标记出所有由最小尺度算子得到的突出边缘。假定具有较大尺度σ的算子的边缘根据它们合成得到（即根据从较小的尺度σ 收集到的证据来预测较大尺度σ应具有的作用效果，参见第 5.3.4 节和图 8.16）。然后将合成得到的边缘响应与较大尺度σ的实际边缘响应作比较。仅当它们比通过合成预测的响应显著地强时，才将其标记为边缘。

   这一过程可以对一个尺度序列重复进行，通过不断加入较小的尺度中没有的边缘点的方式累积起来生成边缘图。

算法 5.4　Canny 边缘检测子

1. 将图像f与尺度为σ 的高斯函数作卷积。
2. 对图像中的每个像素，用式（5.55）估计局部边缘的法向 **n**。
3. 用式（5.57）（non-maximal suppression）找到边缘的位置。
4. 用式（5.58）计算边缘强度。
5. 对边缘图像作滞后阈值化处理，消除虚假响应。
6. 对于递增的标准差σ，重复步骤 1～步骤 5。
7. 用特征综合方法，收集来自多尺度的最终的边缘信息。

图 5.23（a）给出了由σ=1.0 的 Canny 算子检测到的原图 5.9（a）的边缘。图 5.23（b）给出了σ=2.8 的检测子的响应（这里没有使用特征综合）。

(a)　　　　(b)

图 5.23　在两个不同尺度上的 Canny 边缘检测

Canny 检测子构成了边缘检测技术的一种复杂的但却是主要的贡献。Canny 检测子的完整实现很少见，通常的实现都省略了特征综合，即只有算法 5.4 中的步骤 1～步骤 5。

5.3.6　参数化边缘模型

参数化模型是基于如下思想，即离散图像亮度函数可以看作是对连续或分段连续的图像亮度函数的采样的有噪声的近似[Nevatia, 1977]。尽管我们并不知道该函数，但是我们可以根据获得的离散图像亮度函数估计出它，因此图像的性质可以根据这个连续函数来确定，且可能达到亚像素（sub-pixel）精度。通常情况下我们不可能用单个连续函数来建模整个图像，因为单个函数会导致 x 和 y 的高维亮度函数。改为用被称为**面元（facets）**的分段连续函数来近似表示每个图像像素（的一个邻域）。这样一种图像表示方法被称为**面元模型（facet model）**[Haralick and Watson, 1981; Haralick, 1984; Haralick and Shapiro, 1992]。

在一个邻域内的亮度函数可以用不同复杂度的模型来估计。最简单的是使用分段常量化的平的面元模型，这时每个像素邻域被表示成一个相同亮度的平坦函数。坡面模型使用分段线性函数构造一个坡面拟合局部图像亮度。二次的和双三次面元模型使用相应的更为复杂的函数。

一旦可以获得每个图像像素的面元模型，边缘就可以通过如下方式得到：检测该局部连续面元模型函数的一阶方向导数的极值点，或者二阶方向导数的过零点，或者两者都使用。

在[Haralick and Shapiro, 1992]中完整地给出了有关如下问题的面元模型及其修正的处理方法：去除峰值噪声、分割成相同灰度级别的区域、确定统计上显著的边缘、梯度边缘检测、二阶方向导数过零点边缘检测，以及线条和角点的提取。

一个例子可以进行描述，考虑如下的双三次面元模型：

$$g(i,j)=c_1+c_2x+c_3y+c_4x^2+c_5xy+c_6y^2+c_7x^3+c_8x^2y+c_9xy^2+c_{10}y^3 \tag{5.59}$$

其中的参数从一个像素邻域中估计（中心的像素坐标为(0, 0)）。改估计可以用带奇异值分解（SVD，见第 3.2.9 节）的最小二乘方法来进行；另外，系数 c_i 可以直接用一组共 10 个 5×5 的核来计算，见[Haralick and Shapiro, 1992]。一旦获得了每个像素点位置的参数，边缘就可以定位于局部面元模型函数的一阶方向导数的极值点，或者二阶方向导数的过零点。

基于参数模型的边缘检测子对边缘的描述比基于卷积的边缘检测子更精确。此外，它们还具有进行亚像素级边缘定位的潜力。但是，它们对计算的需求要高得多。有前途的面元模型的扩展包括：与 Canny 边缘检测标准相结合（见第 5.3.5 节），与松弛标注（relaxation labeling）（见第 6.2.2 节）相结合[Matalas et al., 1997]。

5.3.7　多光谱图像中的边缘

在多光谱图像中，一个像素由一个 n 维向量来表示，n 个光谱频段的亮度值是向量的分量。多光谱图像的边缘检测有几种可能性[Faugeras, 1993]。

详细展开来讲，可以用前面第 5.3.2 节提到的普通的局部梯度算子，分别检测单光谱图像分量的边缘。可以将各个边缘图像结合起来得到结果图像，其边缘的强度和方向使用从各个光谱边缘分量中筛选或者对它们线性组合来代替 [Nagao and Matsuyama, 1980]。

另外也可以创建一个使用所有 n 个光谱频段亮度信息的多光谱边缘检测子，这种方法也可用于构成三维或更高维数据体的多维图像。在[Cervenka and Charvat, 1987]中提出了一种这类的边缘检测子。使用邻域的大小是 2×2×n 像素，其中的 2×2 邻域与 Roberts 梯度（式（5.39））的邻域相似。考虑像素分量影响的加权系数与相关系数类似。设 $\overline{f}(i,j)$ 代表同一坐标(i,j)下的所有 n 个光谱分量图像像素亮度的算数平均值，f_r 是第 r^{th} 个光谱分量的亮度。像素(i,j)处的边缘检测子的结果由下式的最小值给出：

$$\frac{\sum_{r=1}^{n}[d(i,j)][d(i+1,j+1)]}{\sqrt{\sum_{r=1}^{n}[d(i,j)]^2\sum_{r=1}^{n}[d(i+1,j+1)]^2}} \quad \frac{\sum_{r=1}^{n}[d(i+1,j)][d(i,j+1)]}{\sqrt{\sum_{r=1}^{n}[d(i+1,j)]^2\sum_{r=1}^{n}[d(i,j+1)]^2}} \tag{5.60}$$

其中$d(k,l)=f_r(k,l)-\overline{f}(k,l)$

5.3.8 频域的局部预处理

在3.2.4节曾提到，傅里叶变换使两幅图像在频域内的卷积变得很容易，很自然地就需要考虑在频域中应用第5.3章中的许多卷积。这种操作通常被称作**空间频率滤波**（**spatial frequency filtering**）。

假设f是输入图像，F是其傅里叶变换。卷积滤波器h可由傅里叶变换H来表示；h可称作单位冲击响应滤波器，H为频率转换函数，h和H都可用以表示滤波器。图像f与滤波器h卷积之后的输出的傅里叶变换，在频域可如下计算：

$$G = F.* \tag{5.61}$$

其中.*表示矩阵F和H的按元素乘法（而非矩阵乘法）。对G应用反傅里叶变换（式（3.28）），可得到滤波后的图像g。

基本的一些空间滤波器的例子为线性**低通**、**高通**和**带通**频率滤波器。

- 低通滤波器由频率变换函数$H(u, v)$定义，远离频域原点处的值很小（即高频率的变换值很小），而原点近处的值很大（即低频率的变换值很大）——如图5.24（a）所示。它保持了低频率而抑制了高频率，与标准平均平滑有相似作用——它能模糊化锐边缘。

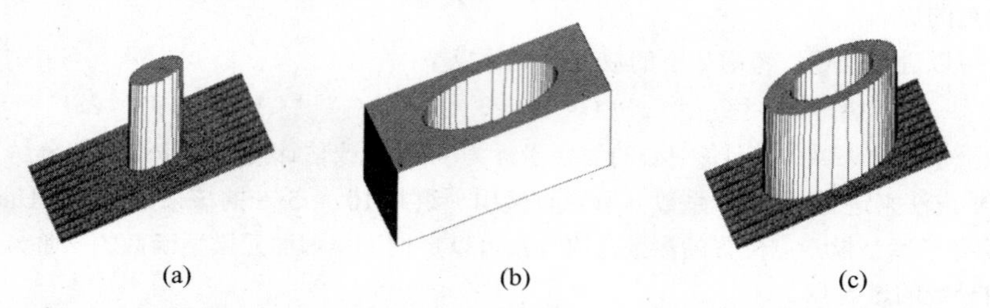

(a)　(b)　(c)

图5.24　用三维显示的频率滤波器：（a）低通滤波；（b）高通滤波；（c）带通滤波

- 高通滤波的频率变换函数，在频域原点处值很小，而在远离原点处值很大——即高频率具有大的变换系数（见图5.24（b））。
- 带通滤波器会选择特定区域的频率来增强，它也以类似的方法构建，而具有定向反应的滤波器也是如此（见图5.24（c））。

最常见的图像增强问题包括噪声抑制、边缘增强和去噪，这些都能在频域内完成。噪声一般是图像中的高频部分，可用图5.25所示的低通滤波器来抑制它，该滤波器展示了在傅里叶图像频谱中频率滤波的原理；原图的频谱乘上滤波器频谱后，生成了一个低频率图像频谱结果。不幸的是，所有的高频部分都被抑制了，包括和噪声无关的高频部分（比如清晰的边缘、线段等）。低通滤波导致图像变模糊。

另一方面，边缘也代表了图像中的高频部分。所以，为了增强边缘，对图像频谱中的低频率成分必须加以抑制，高频滤波器的作用正是这样。

为了移除频域内的噪声，设计滤波器时，需有噪声特性的先验知识。先验可通过图像数据或者受损图像的傅里叶频谱分析得到。在频谱中，噪声往往会引起频谱的突变尖峰。

频域图像滤波的一些例子如图5.25～图5.28所示。原图见图3.8，其频谱见图3.7，图5.26是应用高通滤波器后，进行反傅里叶变换的结果。可以看到，边缘代表的是高频部分。图5.27是带通滤波的效果。图5.28展示了频率滤波的一个更好的例子——去除周期噪声。原图中的垂直周期噪声线在变换后，变成了频谱中的尖峰。为了从图像中消除这些频率，设计了一个抑制图像中周期噪声的滤波器，其中周期噪声为可见的白色圆形区域。

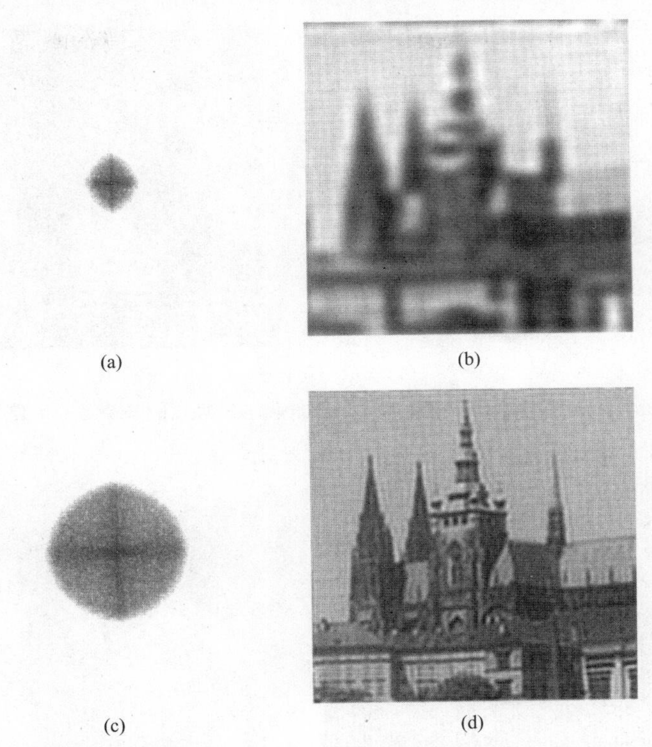

图 5.25　低通频域滤波——原图及其频谱见图 3.7：（a）低通滤波器的频谱，所有高频都被过滤了；（b）对频谱（a）使用反傅里叶变换得到的图像；（c）低通滤波图像频谱，只去除了很高的频率；（d）对（c）使用反傅里叶变换的结果

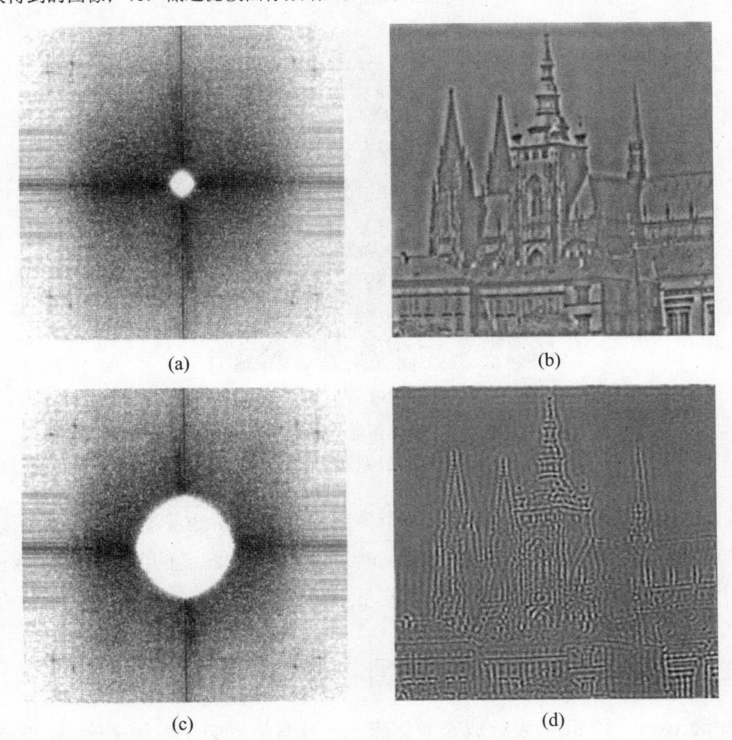

图 5.26　高通频域滤波：（a）高通滤波器图像的频谱，只有很低的低频被过滤了；（b）对频谱（a）使用反傅里叶变换得到的图像；（c）高通滤波图像频谱，所有低频都被滤去；（d）对（c）使用反傅里叶变换的结果

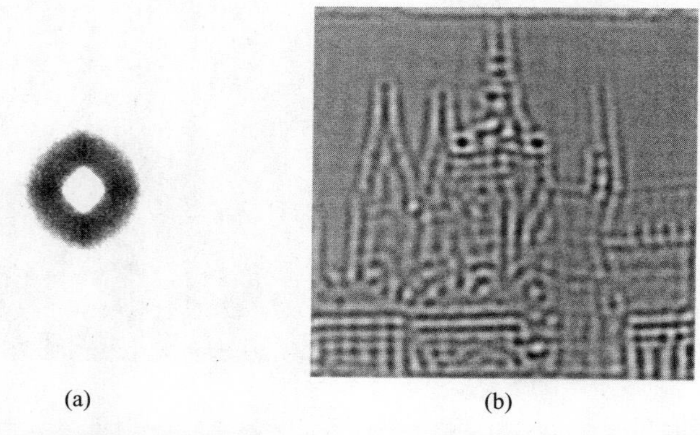

(a) (b)

图 5.27 带通频域滤波：（a）带通滤波器图像的频谱，高低频都被过滤；（b）对频谱（a）使用反傅里叶变换得到的图像

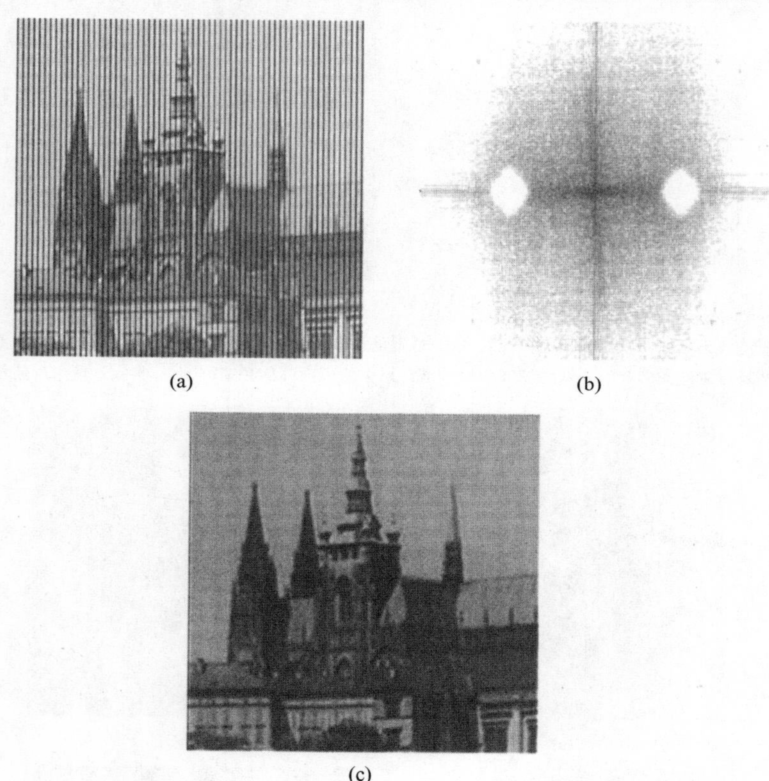

(a) (b) (c)

图 5.28 周期噪声去除：（a）带噪图像；（b）用于图像重建的图像频谱——注意到对应于周期垂直线的频率区域已被过滤；（c）过滤后的图像

对于频率滤波，有几种滤波器很有用：其中两个重要代表为高斯滤波器和巴特沃斯滤波器。为简单起见，选择一个各向同性的滤波器，$D(u,v)=D(r)=\sqrt{u^2+v^2}$，令 D_0 为滤波器的参数，称为截止频率。对高斯滤波器而言，D_0 等同于 σ。低通高斯滤波器 G_{low} 的傅里叶频谱为

$$G_{\text{low}}(u,v)=\exp\left(-\frac{1}{2}\left(\frac{D(u,v)}{D_0}\right)^2\right) \tag{5.62}$$

巴特沃斯滤波器[Butterworth, 1930]被设计成在频谱带上，具有最大的平坦频率响应，也被称为“最大平坦幅值滤波器”。n 阶的二维低通巴特沃斯滤波器 B_{low} 的频率响应为

$$B_{\text{low}} = \frac{1}{1+\left(\frac{D(u,v)}{D_0}\right)^n} \tag{5.63}$$

通常巴特沃斯滤波器的阶数为 $n=2$，这里也使用此阶数。图 5.29 展示了高斯和巴特沃斯滤波器的一维形状，其中 $D_0=3$。

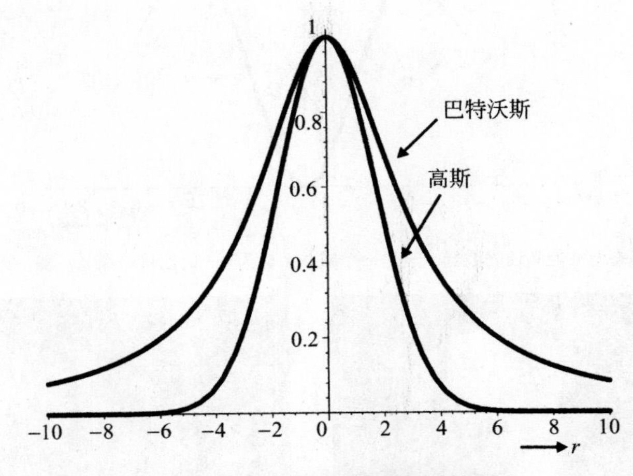

图 5.29　高斯和巴特沃斯低通滤波器

高通滤波器易从低通滤波器构建。如果低通滤波器的傅里叶频谱为 H_{low}，则高通滤波器只需将其垂直翻转即可创建，即 $H_{\text{high}}=1-H_{\text{low}}$。

另一种作用于频域的有用的预处理技术是**同态过滤（homomorphic filtering）**，该技术在第 5.3.1 节讨论。同态过滤用于去除相乘性的噪声。这里讨论的特定同态过滤的目标是增加对比度，同时在整幅图像内规范化图像亮度。

假设图像函数 $f(x,y)$的每个像素都可分解成两个独立相乘分量的乘积：分别为观测场景所在点的照明量 $i(x,y)$和反射量 $r(x,y)$，$f(x,y)=i(x,y)r(x,y)$。这两个分量可在某些图像中分离出来，因为照明量倾向于变化缓慢，而反射量的变化就更为剧烈。

分离的思想是对输入图像应用对数变换：

$$z(x,y)=\log f(x,y)=\log i(x,y)+\log r(x,y) \tag{5.64}$$

如果图像 $z(x,y)$转化到傅里叶空间（由大写字母表示），其加性分量仍为加性，原因是傅里叶变换是线性的。

$$Z(u,v)=I(u,v)+R(u,v) \tag{5.65}$$

假设傅里叶频谱 $Z(u,v)$由滤波器 $H(u,v)$过滤，则频谱 $S(u,v)$为

$$S=H.*Z=H.*I+H.*R \tag{5.66}$$

高通滤波器通常用于此；假定有一个高通巴特沃斯滤波器，它需被减弱，以不要整体地抑制低频率，因为它们还具有一些所需的信息。修改后的巴特沃斯滤波器如图 5.30 所示，减弱系数为 0.5。

有了滤波后的频谱 $S(u,v)$后，我们就可以使用反傅里叶变换，返回到空间坐标，$s(x,y)=F^{-1}S(u,v)$。在式（5.64）中，曾先对输入图像 $f(x,y)$取对数，所以现在图像必须得用对数反函数进行变换；此反函数为指数函数。结果——由同态滤波器过滤后的图像 $g(x,y)$——为 $g(x,y)=\exp(s(x,y))$。

同态滤波的效果如图 5.31 所示，在原图中，一个行人站立在黑通道的入口处，光照强烈。由于表面过于黑暗，通道的顶部和右边的表面细节不可见。图 5.31（b）展示了使用同态滤波后的结果。这时，可以看到图像中的更多细节。

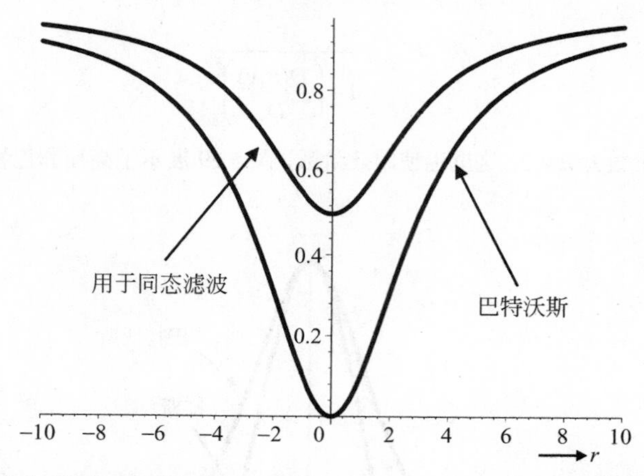

图 5.30 用于同态滤波的高通滤波器。这是一个减弱系数为 0.5 的巴特沃斯滤波器，以保留适当的低频

(a) (b)

图 5.31 同态滤波示意图：（a）原图；（b）同态滤波

5.3.9 用局部预处理算子作线检测

有几种其他的局部操作没有包含在 5.3 节的分类中，因为它们另有其他不同的用途，诸如线查找、线细化以及线填充等。另一类操作则在图像中寻找“**兴趣点**”（**interest points**）或“**兴趣域**”（**locations of interest**）。还有一类局部非线性操作属于数学形态学技术，将在第 13 章介绍。

有意思的是寻找比边缘更丰富的特征。这些特征能可靠地从图像中检测得到，在某些应用中，它们比简单的边缘检测器的结果更好。线检测器和角点检测器即为这样的检测器。其中直线检测器用以检测直线物体，比如工程制图中的尺寸线，卫星图像中的道路或铁路。而角点检测器和其他兴趣点类的检测器的主要用途是，将两幅或多幅图像彼此注册（对应、配准）（比如立体视觉、运动分析、全景拼接、图像中的物体识别等），或者对图像或其中的主物体在图像数据库中建立索引。

线寻找操作（**Line finding operators**）的目标是，寻找图像中的很细的线；它的假设是，曲线没有剧烈弯曲。这种曲线以及直线被称为**线**（**lines**），以描述这种技术。如果检查垂直于线切方向的横截面，在考察边缘时，我们得到了一个屋顶剖面（见图 5.17）。这里假定线宽为近似一或两个像素。

利用充当线模式的卷积核[Vernon, 1991; Petrou, 1993]，对图像进行局部卷积后，可能会检测到其中的线。最简单的四种模式大小为 3×3，可检测按 45° 取模旋转的线段。其中的三个卷积核如下：

$$h_1=\begin{bmatrix}-1&-1&-1\\2&2&2\\-1&-1&-1\end{bmatrix},\quad h_2=\begin{bmatrix}2&-1&-1\\-1&2&-1\\-1&-1&2\end{bmatrix},\quad h_3=\begin{bmatrix}-1&2&-1\\-1&2&-1\\-1&2&-1\end{bmatrix},\quad \ldots \tag{5.67}$$

类似的原则还能应用于更大的模板，通常 5×5 大小的模板最常用。

这种线检测器有时会产生比实际需要更多的线段，可以加入其他非线性约束来减少这种情况。而有些更复杂的方案则使用小平面模型（facet model）[Haralick and Shapiro, 1992]，把图像中的线段检测为山脊和山谷。线检测在遥感和文档处理中很常用；比如[Venkateswar and Chellappa,1992; Tang et al., 1997]。

边缘的局部信息是某类图像分割技术的基础，这些技术在第 6 章讨论。通过给边缘大小设定一个阈值，我们可以检测出从属于物体边界的边缘，这种边缘阈值化不会产生单像素宽的理想连续边界，第 6 章介绍的成熟的分割技术能做到这一点。这里介绍的是简单得多的边缘细化和填充方法。这些技术都基于小局部邻域的知识，和其他预处理技术也很类似。

阈值化的边缘通常宽于一个像素，而**线细化（line thinning）**技术能得到更好的结果。一种线细化方法使用了边缘方向的知识，这时，边缘将在阈值化前被细化。通过一些梯度算子给出了边缘大小和方向以作为输入，对于图像中的每个像素，垂直于边缘方向的两个相邻像素的边缘大小会被检查。如果在这些像素中，至少有一个的边缘大小超过被检像素的边缘大小，则被检像素的边缘大小置零，详见算法 6.4。

还有很多其他线细化方法。大多数情况下，最好的结果是采用数学形态学方法获得的，在第 13 章中将详细解释。

5.3.10　角点（兴趣点）检测

图像中点（而不是边缘）的位置很多时候非常有用，特别是在同一个场景中的两个视角中寻找匹配—或者叫配准—的情况下。当我们在 5.2 节考虑几何变换时，已经提到过这一点。确认点对应关系后，就可以从实际数据中估计出反映几何变换的参数。后面的章节我们会看到，寻找对应点也是运动图像分析（见第 16 章），以及从立体图像对中（见第 11.5 章）恢复深度信息的核心问题。

一般来说，像素的所有可能对应都被检查，以解决对应问题，而这在计算上又非常耗时。如果两幅图像都有 n 个像素，则计算复杂度为 $\mathcal{O}(n^2)$。倘若对应关系只在一个小多了的像素区域查找，则计算过程将可能大为简化，这些像素区域中的点被称为**兴趣点（interest points）**。兴趣点将具有一些局部特性[Ballard and Brown, 1982]。比如，如果图像中有方形物体，则**角点（corners）**是很好的兴趣点。

图像中的**角点（Corners）**可使用局部检测器定位；角点检测器的输入为灰度图像，在输出图像中，像素值与原像素为角点的可能性成正比。通过对角点检测后的结果进行阈值化处理，可得到**兴趣点（Interest points）**。

在解决对应点问题时，角点的效果要好于线段。这是由**光圈问题**导致的。观测一条移动直线，当通过一个小光圈时，只有垂直于线段的运动分量才能被观察到，而与线段共线的分量则不可见。用角点则要好得多，因为它们提供了唯一匹配。

边缘检测器在角点处并不稳定。当角点尖的梯度模糊时，这是很自然的结果。示意图见图 5.32，其中有一个锐角的三角形。在角点处，其梯度方向出现了不连续性，因而这个观察结果可用于角点检测器。

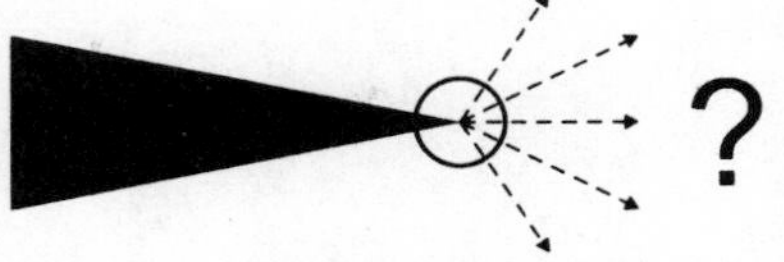

图 5.32　边缘检测器在角点尖端的模糊性

图像中的**角点（corner）**也可定义为一个像素，其紧邻的区域内有两个不同的主边缘方向。和作为局部最大值或最小值的孤立点、线段端点，或曲线弯曲部分的突变引起类似于角点的响应相比，这一定义不够精确。然而，这种检测器在文献中也被称为角点检测器，并被广泛地使用。如果必须检测到角点，则需要增加一些额外的约束。

角点检测器通常不会很鲁棒。这一缺陷可由专家的人工监督克服，也可引入大量冗余，以防止单个错误影响大局。这种方法意味着，在两幅或多幅图像中，需要定位的角点数，要比在这些图像中估计几何变换所需的角点多得多。

最简单的角点检测器是 **Moravec 检测器（Moravec detector）**[Moravec, 1977]，它是高对比度的最大像素值。这些点都在角点或锐边处。Moravec 操作 MO 定义如下：

$$\mathrm{MO}(i,j)=\frac{1}{8}\sum_{k=i-1}^{i+1}\sum_{l=j-1}^{j+1}\left|f(k,l)-f(i,j)\right| \tag{5.68}$$

使用计算更复杂的角点算子，可获取更好的结果，比如由 Zuniga-Haralick [Zuniga and Haralick, 1983; Haralick and Shapiro, 1992]或 Kitchen-Rosenfeld [Huang, 1983]提出的算子。它们都是基于平面模型（见第 5.3.6 节）。在像素(i,j)的邻域内，图像函数f由系数为c_k的三次多项式近似为

$$f(i,j)=c_1+c_2x+c_3y+c_4x^2+c_5xy+c_6y^2+c_7x^3+c_8x^2y+c_9xy^2+c_{10}y^3 \tag{5.69}$$

Zuniga-Haralick 算子 ZH 定义为:

$$\mathrm{ZH}(i,j)=\frac{-2(c_2^2c_6-c_2c_3c_5+c_3^2c_4)}{(c_2^2+c_3^2)^{3/2}} \tag{5.70}$$

Kitchen-Rosenfeld 的 KR 算子的分子与式（5.70）一样，而分母为（$c_2^2+c_3^2$）。

Harris 角点检测器（Harris corner detector）[Harris and Stephen, 1988]比 Moravec 有所提升，它考虑了角评分（平方差的和）的差分。考察一幅二维的灰度图像f，取出一个图像块$W\in f$，并平移$\Delta x,\Delta y$。图像块W内的图像f值与其平移后的图像之差的平方和S为

$$S_W(\Delta x,\Delta y)=\sum_{x_i\in W}\sum_{y_i\in W}(f(x_i,y_i)-f(x_i-\Delta x,y_i-\Delta y))^2 \tag{5.71}$$

角点不会受光圈问题的影响，对于所有$\Delta x,\Delta y$，$S_W(\Delta x,\Delta y)$都是高响应。如果平移图像用一阶泰勒展开近似，则可表示为

$$f(x_i-\Delta x,y_i-\Delta y)\approx f(x_i,y_i)+\left[\frac{\partial f(x_i,y_i)}{\partial x},\frac{\partial f(x_i,y_i)}{\partial y}\right]\begin{bmatrix}\Delta x\\ \Delta y\end{bmatrix} \tag{5.72}$$

此时，$S_W(\Delta x,\Delta y)$的最小值有解析解。将式（5.72）的近似表达式代入式（5.71）后得到

$$\begin{aligned}S(x,y)&=\sum_{x_i\in W}\sum_{y_i\in W}\left(f(x_i,y_i)-f(x_i,y_i)-\left[\frac{\partial f(x_i,y_i)}{\partial x},\frac{\partial f(x_i,y_i)}{\partial y}\right]\begin{bmatrix}\Delta x\\ \Delta y\end{bmatrix}\right)^2\\&=\sum_{x_i\in W}\sum_{y_i\in W}\left(-\left[\frac{\partial f(x_i,y_i)}{\partial x},\frac{\partial f(x_i,y_i)}{\partial y}\right]\begin{bmatrix}\Delta x\\ \Delta y\end{bmatrix}\right)^2\\&=\sum_{x_i\in W}\sum_{y_i\in W}\left(\left[\frac{\partial f(x_i,y_i)}{\partial x},\frac{\partial f(x_i,y_i)}{\partial y}\right]\begin{bmatrix}\Delta x\\ \Delta y\end{bmatrix}\right)^2\end{aligned}$$

注意到$\mathbf{u}^2=\mathbf{u}^\mathrm{T}\mathbf{u}$，

$$\begin{aligned}&=\sum_{x_i\in W}\sum_{y_i\in W}[\Delta x,\Delta y]\left(\begin{bmatrix}\frac{\partial f}{\partial x}\\ \frac{\partial f}{\partial y}\end{bmatrix}\begin{bmatrix}\frac{\partial f}{\partial x} & \frac{\partial f}{\partial y}\end{bmatrix}\right)\begin{bmatrix}\Delta x\\ \Delta y\end{bmatrix}\\&=[\Delta x,\Delta y]\left(\sum_{x_i\in W}\sum_{y_i\in W}\begin{bmatrix}\frac{\partial f}{\partial x}\\ \frac{\partial f}{\partial y}\end{bmatrix}\begin{bmatrix}\frac{\partial f}{\partial x} & \frac{\partial f}{\partial y}\end{bmatrix}\right)\begin{bmatrix}\Delta x\\ \Delta y\end{bmatrix}\\&=[\Delta x,\Delta y]A_W(x,y)\begin{bmatrix}\Delta x\\ \Delta y\end{bmatrix}\end{aligned}$$

其中 Harris 矩阵$A_W(x,y)$表示图像区域W在点$(x, y)=(0, 0)$处的二阶导数的一半。A为

$$A(x,y)=2\cdot\begin{bmatrix}\sum_{x_i\in W}\sum_{y_i\in W}\left(\frac{\partial f(x_i,y_i)}{\partial x}\right)^2 & \sum_{x_i\in W}\sum_{y_i\in W}\frac{\partial f(x_i,y_i)}{\partial x}\frac{\partial f(x_i,y_i)}{\partial y}\\ \sum_{x_i\in W}\sum_{y_i\in W}\frac{\partial f(x_i,y_i)}{\partial x}\frac{\partial f(x_i,y_i)}{\partial y} & \sum_{x_i\in W}\sum_{y_i\in W}\left(\frac{\partial f(x_i,y_i)}{\partial y}\right)^2\end{bmatrix} \tag{5.73}$$

通常会使用一个各向同性窗，比如高斯窗，其响应也是各向同性的。

局部结构矩阵 A 代表邻域——该 Harris 矩阵是半正定对称矩阵。其主要变化模式对应于正交方向的偏微分，并由它的特征值 λ_1, λ_2 反映出来。有三种不同的情形会出现：

1. 两个特征值都很小。这意味着，图像 f 在检测点处平坦——在该点处没有边缘或角点。
2. 一个特征值很小，另一个很大。局部邻域呈脊状。如有垂直于脊部的微小移动，图像 f 将发生显著变化。
3. 两个特征值都很大。任何方向的微小移动，都会造成图像 f 的显著变化。此时，检测到了一个角点。

情形 2 和情形 3 的示意图见图 5.33。应用于实际场景的 Harris 角点检测例子见图 5.34。

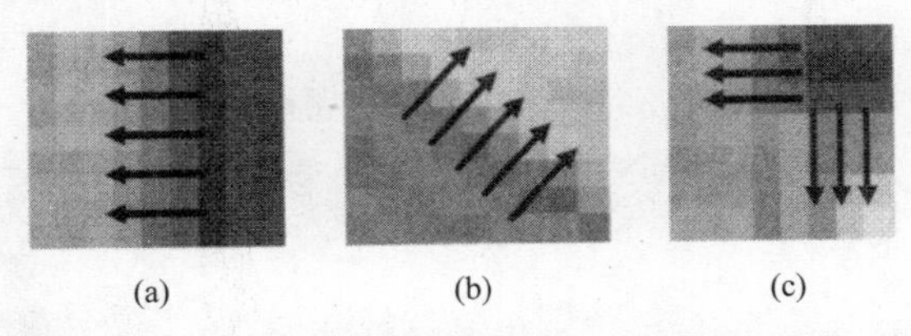

图 5.33　根据局部结构矩阵的特征值，Harris 角点检测器结果：（a）、（b）检测到山脊，此处无角点；（c）检测到角点

图 5.34　红十字标识 Harris 角点。本图的彩色版见彩图 7

Harris 建议，通过计算响应函数 $R(A) = \det(A) - \kappa \mathrm{trace}^2(A)$，可避免精确的特征值计算，其中 κ 是可调参数；有关文献中建议合适的范围为 0.04～0.15。

算法 5.5　Harris 角点检测器

1. 对图像进行高斯滤波。
2. 对每个像素，估计其垂直两方向的梯度大小值，$\dfrac{\partial f(x,y)}{\partial x}, \dfrac{\partial f(x,y)}{\partial y}$。使用近似于导数的核做两次一维卷积即可。
3. 对每一像素和给定的邻域窗口：
   - 计算局部结构矩阵 A
   - 计算响应函数 $R(A)$
4. 选取响应函数 $R(A)$的一个阈值，以选择最佳候选角点，并完成非最大化抑制。

Harris 角点检测器被证明非常流行：它对二维平移和旋转、少量光照变化、少量视角变化都不敏感，而且其计算量很小。另一方面，当有较大变化、视角变化以及对比鲜明的剧烈变化时，它就失去了原先的不变性。

还有很多类角点检测器，读者可参考一些概述性的论文[Mikolajczyk and Schmid, 2004], [Mikolajczyk et al., 2005]。

5.3.11 最大稳定极值区域检测

当噪声和离散化的影响可以忽略时，Harris 检测器作用于旋转或平移过的图像，其输出是一组旋转或平移的点集。然而，如果图像被缩放或经过射影变换，则 Harris 检测器的输出也会剧烈改变。**最大稳定极值区域（Maximally Stable Extremal Regions，MSER）**[Matas et al., 2004]是一种图像结构，不仅是在平移和旋转后，即便经历相似和仿射变换，它仍可被重复检测出来，见图 5.35。

图 5.35 MSERs：红色边界的区域是作用于递增强度列表的算法结果。绿色边界的区域则来自递减列表。本图的彩色版见彩图 8

不那么正式地来讲，MSERs 可以通过想象一幅灰度图所有可能的阈值来进行解释。对于低于阈值的像素，我们称其为黑色像素，高于阈值的，则称为白色像素。如果要想显示阈值化的图像 I_t 的影像，其中第 t 帧对应于阈值 t, 那么首张为一幅白色图像；对应于局部强度最小值的黑色点开始出现并增长，同时在某一点处，对应于两个局部极小值的区域将合并。最后一幅图像将为黑色。这些帧的连通分量就是*极大区域*的集合；极小区域可通过将 I 反色，并重复上述过程而获得。在很多图像中，我们可以观察到，在特定区域大范围的阈值内，该局部二值化很稳定。这些最大稳定极值区域就是兴趣区域，因为它们有如下性质：

- 单调变化不变性。在变换 M 后，$I(p) < I(q) \rightarrow M(I(p)) = I'(p) < I'(q) = M(I(q))$，极值区域集合不变，因为 M 不影响相邻性（亦即不影响连续性）。从而维持了强度的次序。
- 保邻接变换不变。
- 稳定性。因为只选取了极值区域，事实上，它们在一定阈值范围内的支撑并没变化。
- 多尺度检测。因为没有涉及平滑，精细和较大的结构都能被检测到。
- 所有极值区域的集合遍历一次的时间复杂度为 $\mathcal{O}(n\log\log n)$，比如对 8 位图像而言，几乎为线性时间。

该检测算法在图 5.35 中进行了描述。

算法 5.6 遍历极值区域

1. 根据亮度值对图像像素进行排序：这可以在 $\mathcal{O}(n)$时间复杂度内高效地完成，比如利用箱排序。
2. 从最小灰度值 g_{min} 开始，向上开始迭代。

3. 考虑当前灰度值为 g 的那些像素；不断加入像素并更新连通域结构。这可以使用高效的并查集算法 [Sedgewick, 1998] 进行。
4. 如果两个区域合并，可以看作是一个小块的消失。
5. 当所有的亮度值都已经被处理，我们得到一个保存每一个连通域面积的数据结构，可以看作是一个阈值的函数。如果 $Q_1,\cdots,Q_i$ 是一个相互嵌套的极值区域，因此 $Q_g \subset Q_{g+1}$，那么最大极值区域 Q_g 是最稳定的当且仅当：$q(g)=|Q_{g+\Delta} \setminus Q_{g-\Delta}|/|Q_g|$ 在 $\hat{g}$ 处具有一个局部最小值，其中 $|.|$ 表示 cardinality 集合的势，Δ 是模型的参数。

算法 5.6 和一种高效的分水岭算法（见第 6.3.4 节和第 13.7.3 节）是一样的。然而，两种算法的输出结构不同。在分水岭计算中，着重点在于区域合并以及分水岭盆接触的阈值。这种阈值非常不稳定——在一次合并后，区域的面积突然改变。在 MSER 检测中，找到一组阈值，这样使得分水岭盆有效地保持不变。

MSER 检测有时也与阈值化有关。每个极值区域是阈值化图像的一个连通分量。然而，我们并不需要全局或“最优”的阈值，测试所有的阈值，连通分量的稳定性都经过评估。

在实验研究中[Mikolajczyk et al., 2005; Frauendorfer and Bischof, 2005]，在一些试验中，MSER 的仿射不变检测器的可重复性表明是最高的。MSER 已成功用于困难的宽底线匹配问题[Matas et al., 2004]以及最新水平的物体识别系统[Obdrzalek and Matas, 2002; Sivic and Zisserman, 2004]。

5.4　图像复原

我们称旨在抑制退化而利用有关退化性质知识的预处理方法为**图像复原**（**image restoration**）。多数图像复原方法是基于整幅图像上的全局性卷积方法。图像复原有大量的相关工作，我们这里只考虑其中最基本的原理和一些简单的退化情况。

图像的退化可能有多种原因：光学透镜的残次、光电传感器的非线性、胶片材料的颗粒度、物体与摄像机间的相对运动、不当的聚焦、遥感或天文中大气的扰动、照片的扫描，等等。图像复原的目标是从退化图像中重建出原始图像。

图像复原技术可以划分为**确定性的**（**deterministic**）和**随机性的**（**stochastic**）。确定性的方法对于带有很小噪声且退化函数已知的图像有效。原始图像通过应用与退化函数相逆的函数得到。随机性的技术根据特定的随机准则，例如最小二乘方法，找到最优的复原。有三种典型的退化具有简单的函数形式：物体相对于摄像机作近似匀速的运动、不当的镜头焦距、大气的扰动。

在多数实际情况中，我们没有足够的有关退化的知识，必须对其进行估计和建模。

- 有关退化的先验知识，或者是事先知道的，或者是在复原前可以获得的。例如，如果我们事先知道图像的退化是由物体相对于传感器的相对运动引起的，则建模就仅仅是确定运动的速度和方向。另外，我们也许可以试图估计采集设备的参数，例如 TV 摄像机或数字化器，它的退化在一段时间内保持不变，因此可以通过研究已知的采样图像和其退化的情形来建立模型。
- 后验知识是通过分析退化图像得到的。一个典型例子是找到图像中的一些兴趣点（例如，角点、直线），并估计它们在退化之前是怎样的。另一种可能性是利用图像中具有一致性区域的频谱特征。

从原始图像 f 发生的退化图像 g 可以用如下的过程来表示：

$$g(i,j)=s\left(\iint_{(a,b)\in\mathcal{O}} f(a,b)h(a,b,i,j)\,\mathrm{d}a\mathrm{d}b\right)+v(i,j) \tag{5.74}$$

其中，s 是某个非线性函数；v 代表噪声。在给定下式的情况下一般都通过忽略非线性和假定函数 h 与图像中的位置无关的方式来简化该过程：

$$g(i,j)=(f*h)(i,j)+v(i,j) \tag{5.75}$$

如果该式中噪声并不显著，则复原等于逆卷积（也称为去卷积）。如果噪声不能忽略不计，则逆卷积按照超定的线性方程组来求解。基于最小平方错误的方法，例如维纳滤波（离线）或卡尔曼滤波（在线递归的；参见第 16.6.1 节）是其例子[Bates and McDonnell, 1986]。

5.4.1 容易复原的退化

在傅里叶频域内，式（5.75）可以表达为

$$G = H F \tag{5.76}$$

因此，忽略图像噪声 v，知道退化函数就可以完全地通过逆卷积复原图像（见第 5.4.2 节）。

摄像机和物体的相对运动（relative motion of camera and object）

具有机械快门的摄像机和拍摄物体在快门打开期间 T 的相对运动引起物体在图像中的平滑。假设 V 是沿 x 轴方向的衡常速度，时间 T 内退化的傅里叶变换 $H(u, v)$由下式给出[Rosenfeld and Kak, 1982]：

$$H(u,v) = \frac{\sin(\pi V T u)}{\pi V u} \tag{5.77}$$

不当的镜头焦距（wrong lens focus）

由薄透镜非完美聚焦引起的退化可以用函数表示[Born and Wolf, 1969]：

$$H(u,v) = \frac{J_1(a,r)}{a r} \tag{5.78}$$

其中 J_1 是一阶 Bessel 函数，$r^2 = u^2 + v^2$，a 是位移。该模型不具有空间不变性。

大气的扰动（atmospheric turbulence）

大气的扰动在遥感和天文中是需要复原的退化。它是由大气中的温度不均衡性使穿过的光线偏离引起的。一个数学模型[Hufnagel and Stanley, 1964]是：

$$H(u,v) = e^{-c(u^2+v^2)^{5/6}} \tag{5.79}$$

其中 c 是一个依赖扰动类型的常量，通常通过实验来确定。幂 5/6 有时用 1 代替。

5.4.2 逆滤波

逆滤波假设退化是由线性函数 $h(i, j)$（式(5.75)）引起，并将加性噪声 v 作为另一个退化源来看待。进一步假设 v 与信号无关。将傅里叶变换作用于式（5.75），我们得到

$$G(u,v) = F(u,v)H(u,v) + N(u,v) \tag{5.80}$$

退化可以用复原滤波器消除，该滤波器的传递函数是退化 h 的逆。我们从退化图像 G（式（5.80））根据下式得出其未退化之前的原始图像 F（确切地说是其傅里叶变换）：

$$F(u,v) = G(u,v)H^{-1}(u,v) - N(u,v)H^{-1}(u,v) \tag{5.81}$$

这说明逆滤波对于没有被噪声污染的图像很有效，这里不考虑在 u, v 空间的某些位置上当 $H(u, v)$接近于 0 时可能遇到的计算问题，幸运的是，忽略这些点在复原结果中并不会产生可感觉到的影响。但是，如果出现噪声就会引起两个问题。第一，对于 $H(u, v)$幅值比较小的频率处噪声的影响可能变得显著。这种状况通常对应于高频的 u, v。在实际中，通常 $H(u, v)$幅值衰减得比 $N(u, v)$快得多，因此噪声的影响可能支配整个复原结果。将复原限定在 $H(u, v)$足够大的 u, v 原点处的一个小邻域中，可以克服这个问题，结果一般还是可以接受的。第二，我们通常没有充分的有关噪声的信息来足够好地确定 $N(u, v)$。

5.4.3 维纳滤波

维纳（最小均方）滤波[Wiener, 1942; Gonzalez and Woods, 1992; Castleman, 1996]试图通过在图像复原公式中合并考虑一些先验信息从而将有关噪声的特性考虑进来。维纳滤波复原给出了对未被噪声污染的原始图

像 f 的一个最小均方误差 e^2 估计 $\hat{f}$：

$$e^2 = \varepsilon\left\{\left[f(i,j) - \hat{f}(i,j)\right]^2\right\} \tag{5.82}$$

其中$\mathcal{E}$ 代表均值算子。如果对式（5.82）的解没有约束，则最优估计 $\hat{f}$ 就是理想图像 f 在条件 g 下的条件均值。这种方法从计算的角度看是复杂的。而且，通常最优图像 f 和污染后图像 g 之间的条件概率密度是不知道的。一般而言，最优估计是图像 g 的非线性函数。

如果估计 $\hat{f}$ 是图像 g 中数值的线性组合，那么式（5.82）的最小化是容易的，且估计 $\hat{f}$ 接近（但不必等于）理论上的最优。该估计只有当描述图像 f, g 和噪声 v 的随机过程是同态的且其概率密度是高斯型的时候，才等于理论上的最优[Andrews and Hunt, 1977]。这些条件对于典型的图像来说通常不能满足。

记维纳滤波器的傅里叶变换为 H_W。则原始图像 f 的傅里叶变换 F 的估计 $\hat{F}$ 可以由下式得到

$$\hat{F}(u,v) = H_W(u,v)G(u,v) \tag{5.83}$$

我们这里不推导 H_W，可以从其他处找到[Gonzalez and Woods, 1992]如下：

$$H_W(u,v) = \frac{H^*(u,v)}{\left|H(u,v)\right|^2 + \left[S_{vv}(u,v)/S_{ff}(u,v)\right]} \tag{5.84}$$

其中，H 是退化的传递函数；*代表复数共轭；S_{vv} 是噪声的频谱密度；S_{ff} 是未退化图像的频谱密度。

如果要使用维纳滤波，就必须知道退化 H 的性质和噪声的统计参数。维纳滤波理论解决了后验线性均方估计的优化问题，所有的统计量（例如，功率谱）必须事先得到。请注意式（5.84）中的 S_{ff}，它代表未退化图像的频谱，在没有关于退化图像的先验知识的情况下很难得到。

图 5.36 图示了复原，其中展示了一个受 x 轴方向 5 个像素运动造成的退化图像：图 5.36（b）给出了其维纳滤波复原的结果。

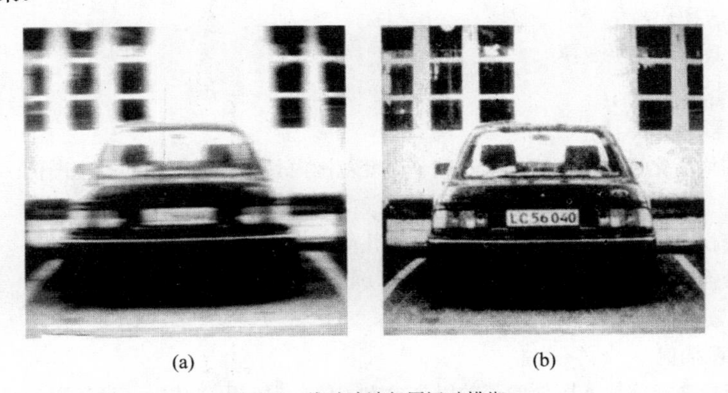

(a)　(b)

图 5.36　维纳滤波复原运动模糊

尽管维纳滤波的能力是没有问题的，但也存在着几个实质性的局限。第一，最优标准是基于最小均方误差的且对所有误差等权处理，不幸的是，这样一个在数学上完全可以接受的标准，当图像复原的目的是供人观看时，效果并不好。原因在于人类对复原错误的感知在具有一致灰度的和亮的区域中更为严重，而对出现在暗的和高梯度区域的误差敏感性差得多。第二，空间可变的退化不能用标准的维纳滤波方法复原，而这样的退化是常见的。第三，多数图像都是高度非平稳的，含有被高对比度边缘分开的大块一致性区域。维纳滤波不能处理非平稳信号和噪声。为了处理真实的图像退化，需要更为复杂的方法。例子包括**功率谱均衡化**（**power spectrum equalization**）和**几何平均滤波**（**geometric mean filtering**）。这些以及其他专门的复原技术可以在专注于该主题的高层次课本中找到，[Castleman, 1996]很适合这一目的。

5.5 总结

- 图像预处理
  - 最低抽象层次图像上的操作，被称为“预处理”。输入和输出都是亮度图像。
  - 预处理的目的是抑制不想要的变形或者增强某些对于后续处理重要的图像特征。
  - 预处理方法分为四类：
    * 像素亮度变换
    * 几何变换
    * 局部邻域预处理
    * 图像复原
- 像素亮度变换
  - 有两类像素亮度变换：
    * 亮度校正
    * 灰度级变换
  - 亮度校正在修改像素的亮度时要考虑该像素原来的亮度和其在图像中的位置。
  - 灰度级变换在修改像素的亮度时无须考虑其位置。
  - 常用的亮度变换有：
    * 亮度阈值化
    * 直方图均衡化
    * 对数的灰度级变换
    * 查找表变换
    * 伪彩色变换
  - 直方图均衡化目的是创建一幅在整个亮度范围内具有相同分布的亮度图像。
- 几何变换
  - 几何变换可以消除图像获取时所出现的几何变形。
  - 几何变换一般由两个基本步骤组成：
    * 像素坐标变换
    * 亮度插值
  - 像素坐标变换将输入图像像素映射到输出图像，常使用“仿射变换”和“双线性变换”。
  - 经过变换，输出点的坐标一般并不符合数字离散光栅；插值被用来确定输出像素的亮度。常使用“最近邻”、“线性”、“双三次”。
- 局部预处理
  - 局部预处理方法是使用输入图像中一个像素的小邻域来产生输出图像中新的亮度数值的方法。
  - 预处理常见的有两组：“平滑”和“边缘检测”。
  - 平滑目的在于抑制噪声或其他小的波动，这等同于在傅里叶频域抑制高频部分。
  - 基于直接平均的平滑方法会模糊边缘。改进的方法通过在一致性的局部区域内平均来减小模糊。
  - “中值”滤波是一种非线性操作，它用邻域中亮度的中值代替图像当前的点来减小模糊。
  - “梯度算子”确定“边缘”，边缘是亮度函数发生急剧变化的位置。它们的效果类似于在傅里叶频域抑制低频部分。
  - 边缘是赋给单个像素的性质，它既有“幅值（强度）”又有“方向”。

- 多数梯度算子可以用“卷积掩膜”来表达，例子包括 Roberts、Laplace、Prewitt、Sobel、Kirsch 算子。
- 卷积边缘检测子的主要缺点是依赖尺度且对噪声敏感。选择某个最好的局部邻域算子尺度并不是那么容易决定的。
- 二阶导数“过零点”比小尺度的梯度检测子更稳定，可以用 Laplacian of Gaussians（LoG）或 difference of Gaussians（DoG）来计算。
- Canny 边缘检测子对受白噪声影响的阶跃型边缘是最优的。最优性标准是基于如下要求：“检测”重要边缘、小的“定位”误差、“单边缘响应”。该检测子与一个对称 2D 高斯做卷积，再沿梯度方向微分；接着的步骤包括“非最大边缘抑制”、“滞后阈值化处理”和“特征综合”。
- 在多光谱图像中也可以检测边缘。
- 其他局部预处理运算包括“线条寻找”、“线条细化”、“线条补缺”以及“兴趣点检测”。
- 一幅图像中诸如角点和最大稳定极值区域等结构包含更丰富的信息，检测边缘更为稳定。它们常用于图像匹配。

● 图像复原
- 图像复原旨在利用有关退化性质知识来抑制退化。多数图像复原方法是基于整幅图像上的全局性“去卷积”的方法。
- 有三种典型的退化具有简单的函数形式：物体相对于摄像机作近似匀速的运动、不当的镜头焦距、大气的扰动。
- “逆滤波”假设退化是由线性函数引起的。
- “维纳滤波”给出了对未被噪声污染的原始图像的一个最小均方误差估计；一般而言，它是退化图像的非线性函数。

5.6 习题

简答题

S5.1 解释直方图均衡化的原理。

S5.2 解释为什么在直方图均衡化后离散图像的直方图不是平坦的。

S5.3 考虑图 5.3（a）给出的图像。经过直方图均衡化（图 5.3（b）），可以观察到更多的细节了。直方图均衡化会增加图像数据所含的信息量吗？请解释。

S5.4 试给出以下技术典型应用场合的例子：亮度变换、几何变换、平滑、边缘检测、图像复原。

S5.5 图像预处理的主要目的是什么？

S5.6 亮度校正和灰度级变换的主要差别是什么？

S5.7 几何变换的两个主要步骤是什么？

S5.8 给出下列几何变换的公式：

（a）旋转

（b）尺度变化

（c）扭曲（斜切）一个角度

S5.9 如果使用下列技术进行几何矫正，最少需要多少对对应的像素？

（a）双线性

（b）仿射变换

S5.10 解释为什么平滑一般会模糊图像边缘。

S5.11 解释为什么高斯滤波是优先选择的平均方法。

S5.12 解释为什么平滑和边缘检测具有相互矛盾的目标。

S5.13 说出几个试图避免模糊图像的平滑方法。解释其主要的原理。

S5.14 给出如下边缘检测子的卷积掩模：

（a）Roberts

（b）Laplace

（c）Prewitt

（d）Sobel

（e）Kirsch

哪些掩膜可以作为罗盘操作子？列出几个应用，在这些应用中，确定边缘方向具有重要作用。

S5.15 解释为什么中值滤波对受冲激噪声污染的图像效果好。

S5.16 考虑亮度插值，解释为什么在输入图像中用相邻像素的亮度插值比在输出图像中做好？

S5.17 解释以下插值技术的原理：最近邻插值、线性插值、双线性插值。

S5.18 解释为什么原始图像减掉其二阶导数具有图像锐化的视觉效果。

S5.19 提出一个用过零点检测显著图像边缘的稳定方法。

S5.20 什么是LoG和DoG？如何计算它们？它们是怎样使用的？

S5.21 解释为什么LoG是比Laplace更好的边缘检测子。

S5.22 解释在Canny边缘检测过程中滞后阈值化和非最大抑制的重要性。这两个概念是如何影响边缘检测结果图像的？

S5.23 给出如下图像变形的函数：

（a） 相对的摄像机运动

（b） 未对焦的镜头

（c） 大气扰动

S5.24 解释在自适应邻域中操作的如下技术的原理：噪声抑制、直方图修正、对比度增强。

S5.25 解释图像处理中的尺度概念。

S5.26 解释基于如下技术的图像复原的原理：

（a） 逆（去）卷积

（b） 逆滤波

（c） 维纳滤波

列出上述方法之间的主要不同点。

S5.27 什么是孔径问题？它是怎样影响寻找线特征的对应和角点特征的对应？为你的答案增加一个简单的草图来说明孔径的概念以及对于线段和角点对应的影响。

思考题

P5.1 实现算法5.1中描述的直方图均衡化。选择几幅具有不同种类灰度直方图的图像测试方法的性能，包括过度曝光和曝光不足的图像、低对比度图像、含有大块黑的或亮的背景区域的图像。比较其结果。

P5.2 写一个程序在HSI图像上作直方图均衡化（参见第2.4节）。验证一下单独均衡化I分量在视觉上有期望的效果，而均衡化其他分量则不然。

P5.3 将直方图均衡化作用于已经均衡化后的图像上，比较并解释第一次和第二次直方图均衡化的结果。

P5.4 设计一个灰度级变换，将图像中最黑的5%的图像像素映射为黑（0），最亮的10%的像素为白（255），其他的所有像素在黑和白之间线性地变换。

P5.5 给图5.1中的三种灰度级变换设计程序。作用在几幅图像上，主观地判断一下变换是否有用。

P5.6　给在习题 P5.4 中描述的灰度级变换设计一个程序。设计按如下方式进行，将分别映射为纯黑和纯白的黑和亮像素的比例作为程序的参数，使得操作者可以修改。

P5.7　考虑校正 TV 摄像机的非均匀照明问题。设计一个程序，以确定当摄像机拍摄一个恒常灰度级表面得到一幅图像后的摄像机校正系数。矫正后，程序应该能够进行合适的亮度校正，以消除同一摄像机在相同照明条件下采集的其他图像中存在的非均匀照明的影响。在几种非均匀照明条件下测试程序的功能。

P5.8　设计一个程序可以做使用任意奇数尺寸的矩形掩模的卷积。掩模应该以一个 ASCII 文本文件输入。用如下的卷积核来测试你的程序：

（a）3×3 平均

（b）7×7 平均

（c）11×11 平均

（d）5×5 高斯滤波（式（5.27）的修正）

P5.9　为以下几何变换设计程序：

（a）旋转

（b）尺度变化

（c）扭曲（斜切）

（d）根据三对对应点计算的仿射变换

（e）根据四对对应点计算的双线性变换

为了避免写求解线性方程组的程序，使用数学计算软件包（例如，Matlab）确定仿射变换（d）和双线性变换（e）的变换系数。对于上述每个变换，实现以下三种亮度插值方法：

（f）最近邻插值

（g）线性插值

（h）双三次插值

为了高效地实现所有可能的组合，按照模块化的方式设计你的程序使得代码充分地重用。比较一下这三种亮度插值方法结果的主观性图像品质。

P5.10　实现算法 5.2 中描述的使用旋转掩模的图像平均。使用图 5.11 中指定的掩模。与标准的图像平均作比较，评估图像模糊和锐化的程度。

P5.11　用一个非完美的摄像机抓取一幅静态场景的图像：

（a）摄像机产生具有 0 均值的随机噪声。单幅图像看起来噪声较多。

（b）摄像机在图像的中心处有一个黑斑，其上图像是可见的但比图像其他部分暗。

你会选择什么方法来获得尽可能好的图像品质？你可以抓取任意多的静态场景的图像，也可以抓取具有衡常灰度的一幅图像，也可以抓取已知灰度性质的任意其他图像。在两种情况下，给出完整的过程，包括所涉及的数学方法。

P5.12　作为习题 P5.10 的扩展，考虑使用一个旋转掩模进行平均迭代直至收敛。与习题 P5.10 中的单步方法作比较，评估迭代方法的模糊/锐化效果。

P5.13　说明高斯平滑的线性特征和中值滤波的非线性特征。换句话说，说明对于像素 x 的任意一个区域和两个图像亮度函数 f_1 和 f_2，$\text{med}\,[f_1(x)+f_2(x)] \neq \text{med}\,[f_1(x)]+\text{med}\,[f_2(x)]$。

P5.14　设计一个程序完成式(5.28)中描述的在限制数据有效性下的平均。该程序必须允许使用从 3×3 到 15×15（奇数尺寸）的方形掩模，必须在程序中计算卷积核的系数，不能作为每个尺寸核的数值列出。仅对灰度 $g(i,j)$在一个非法（invalid）数据范围（$\max\{\text{invalid}\} \geqslant g(i,j) \geqslant \min\{\text{invalid}\}$）内的像素$(i,j)$作平均，而且只有有效的数据才对邻域的平均有贡献。在如下的图像上测试你的程序：被冲激噪声污染的图像，被窄（几个像素宽）长条物体污染的图像，其中物体的灰度来自一个窄的灰度区间。你的方法与简单的平均和中值滤波比起来效果如何？

P5.15 实现算法 5.3 中描述的高效中值滤波。与“纯”的中值滤波实现比较处理的效率。用尺度从 3×3 到 15×15（奇数）的中值滤波作比较。

P5.16 考虑图 5.37 给出的二值图。如果使用如下的 3×3 掩模进行中值滤波，分别给出其结果（掩模位置中的‘0’表示相应的像素在中值计算中没有用到）：

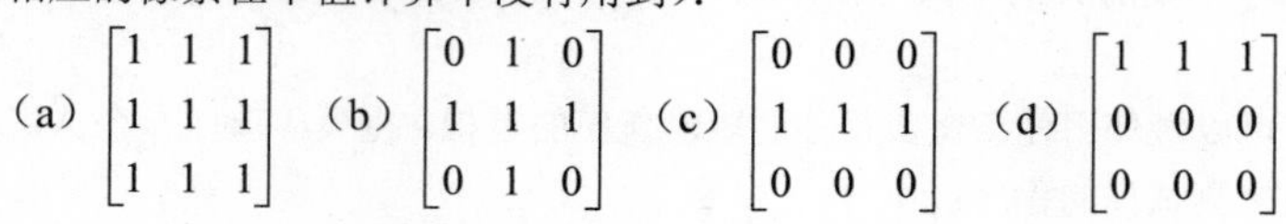

$$(a)\begin{bmatrix}1&1&1\\1&1&1\\1&1&1\end{bmatrix}\quad (b)\begin{bmatrix}0&1&0\\1&1&1\\0&1&0\end{bmatrix}\quad (c)\begin{bmatrix}0&0&0\\1&1&1\\0&0&0\end{bmatrix}\quad (d)\begin{bmatrix}1&1&1\\0&0&0\\0&0&0\end{bmatrix}$$

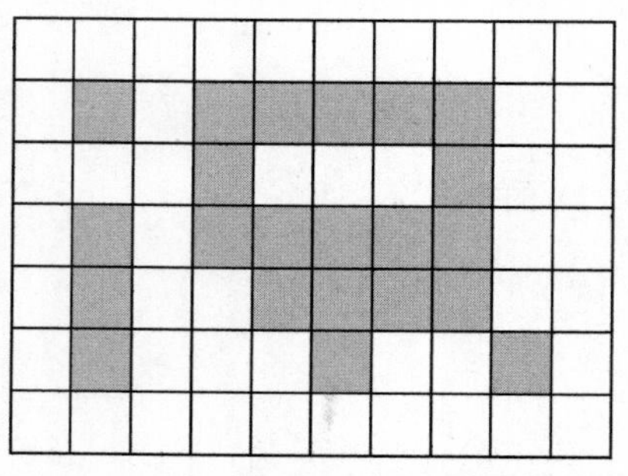

图 5.37　习题 P5.16 用图

P5.17 使用 3×3 掩模的中值滤波，

$$\begin{bmatrix}1&1&1\\1&1&1\\1&1&1\end{bmatrix}$$

会损坏细线和明显角点。试设计一个 3×3 掩模用于中值滤波但不会出现上述缺点。

P5.18 续习题 P5.17，设计一个在任意尺度和形状的邻域内作中值滤波的程序。为了测试不同尺寸和形状的中值滤波的表现，将输入图像作以下方式的损坏：

（a）不同严重程度的冲激噪声

（b）不同宽度的水平线条

（c）不同宽度的垂直线条

（d）不同宽度和不同方向的线条组合

对于以上每种情况，确定能够提供主观上具有最好预处理性能的掩模。

P5.19 进一步续习题 P5.18，考虑选择按顺序迭代地重复中值滤波。对于习题 P5.18 中的每种情况，与某种其他掩模迭代几次的情况相比，评估在习题 P5.18 中被认为是最好的掩模的性能。确定能够提供主观上具有最好预处理性能的掩模和迭代次数。既要考虑消除图像损坏的程度，也要考虑引入的图像模糊量。

P5.20 考虑图 5.38 给出的二值图像，给出如果使用如下的边缘检测子得到的边缘结果图像（适用于强度和方向）：

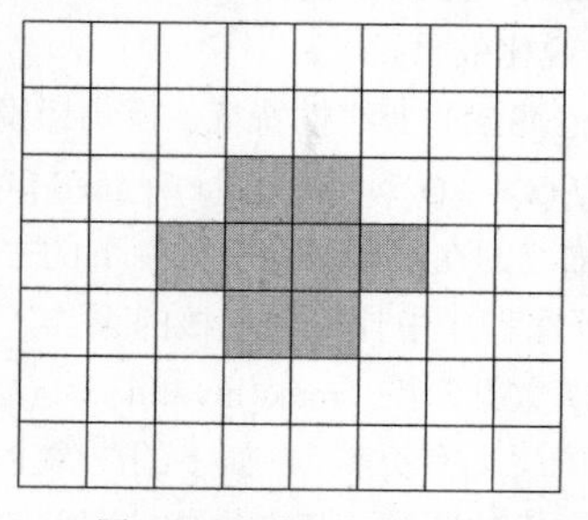

图 5.38　习题 P5.20 用图

（a）4-邻接 Laplace

（b）Prewitt

（c）Sobel

（d）Kirsch

P5.21 通过如下污染一幅图像的方式创建一组带噪声的图像：

（a）5 个不同严重级别的加性高斯噪声

（b）5 个不同严重级别的乘性高斯噪声

（c）5 个不同严重级别的冲激噪声

使用如下技术

- 不同尺寸的平均滤波器（式(5.26)）
- 不同标准差的高斯滤波器
- 不同尺寸或不同迭代次数或两者兼用的中值滤波器
- 在限制数据有效性下的平均
- 根据反梯度平均
- 旋转掩模平均

来尽可能地消除添加的噪声。通过计算在原始图像和预处理图像间的均方误差，定量地比较每种方法的效率。总结出有关如何使用预处理技术来消除特别类型噪声的一般性建议来。

P5.22 使用习题 P5.8 中设计的程序，实现如下的边缘检测算子：

（a）4-邻接 Laplace

（b）8-邻接 Laplace

P5.23 设计一个简单的 5×5 的检测子（卷积模板），使它能够对细的（1～3 个像素）直线产生响应。你如何使用这样一个检测子来检测不同方向的直线？

P5.24 按照式(5.36）的说明设计一个图像锐化的程序。使用：

（a）无方向的 Laplacian 近似 $S(i,j)$

（b）非锐化屏蔽

对于两种方法以参数 C 的值做实验，且针对非锐化屏蔽的平滑程度做实验。比较两种方法的锐化效果。

P5.25 考虑图 5.39 中双阶跃边缘。说明二阶导数过零点的位置依赖于σ。讨论随着σ 增长时过零点的变化。

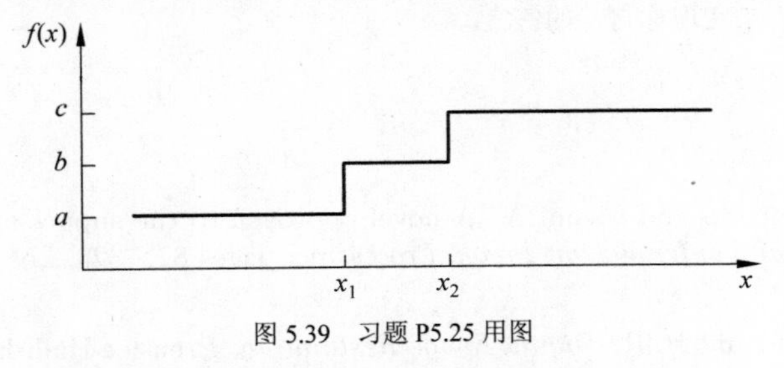

图 5.39　习题 P5.25 用图

P5.26 设计程序确定使用如下罗盘型边缘检测子得到的边缘强度和方向图像对：Prewitt、Sobel 和 Kirsch。程序必须显示：

（a）边缘强度图像

（b）边缘方向图像

（c）指定方向的边缘的强度图像

为了说明你的边缘检测给出正确的结果，使用一个圆图像来测试你的程序。

P5.27 设计程序确定二阶导数过零点。使用：

（a）LoG 定义

（b）DoG 定义

解释为什么如果只使用过零点定义的 0 像素，边界就会不连续。提出并实现可以提供连续边界的改进方法。是否可能利用过零点来确定亚像素精度的边缘位置？如果是，如何做？

P5.28 用几个平滑参数σ 应用于习题 P5.27 中设计的 LoG 边缘检测子。解释平滑参数σ与结果边缘图像的尺度之间的关系。

P5.29 用算法 5.4 中描述的步骤 1～步骤 5 实现 Canny 边缘检测子（实现特征综合很难，我们建议跳过步骤 7）。

P5.30 根据你对 Canny 边缘检测子的非最大抑制和滞后阈值化理论的认识，提出一些有关这些参数如何影响结果边缘图像的推测。使用习题 P5.29 中设计的 Canny 边缘检测子程序（或者使用从网上免费可以获得的 Canny 边缘检测子若干实现中的一种），通过做实验来证明你的推测的有效性。

P5.31 设计一个程序用逆滤波作图像复原。使用该程序复原经过如下退化的图像：

（a）摄像机的相对运动

（b）不当的摄像机焦距

假设退化的参数已知。在人工退化的图像上测试程序（尽管与式（5.77）并非精确地对应，摄像机运动变形可以用一个简单的正弦（sinusoidal）（抽样）滤波器来建模。创建一个与输入图像一样大小的正弦图像，用它作为频域中的一个正弦滤波器。通过改变沿着宽和高的波的数目，你可以创建出“双重曝光”图像，它可能是摄像机突然运动造成的结果）。

P5.32 对如下的每个任务，设计并实现至少一个不同于课本中给出的算子：

（a） 线条寻找

（b） 线条细化

（c） 线条补缺

（d） 角点检测

在人工生成的图像上，使用习题 P5.8 中设计的程序测试你的算子。

P5.33 使自己熟悉 Matlab 教辅书中对应于本章中解决的问题以及 Matlab 实现的相关算法[Svoboda et al., 2008]。Matlab 教辅书的主页 http://visionbook.felk.cvut.cz 中提供了这些问题中使用的图像，以及为教学设计的注释良好的 Matlab 代码。

P5.34 使用 Matlab 教辅书[Svoboda et al., 2008]来求解那里提供的一些附加习题和实际问题。使用 Matlab 或者其他合适的语言来实现你自己的答案。

5.7 参考文献

Alparone L., Baronti S., and Casini A. A novel approach to the suppression of false contours. In *International Conference on Image Processing*, pages 825–828, Los Alamitos, CA, 1996. IEEE.

Andrews H. C. and Hunt B. R. *Digital Image Restoration.* Prentice-Hall, Englewood Cliffs, NJ, 1977.

Ballard D. H. and Brown C. M. *Computer Vision.* Prentice-Hall, Englewood Cliffs, NJ, 1982.

Bates R. H. T. and McDonnell M. J. *Image Restoration and Reconstruction.* Clarendon Press, Oxford, 1986.

Borik A. C., Huang T. S., and Munson D. C. A generalization of median filtering using combination of order statistics. *IEEE Proceedings*, 71(31):1342–1350, 1983.

Born M. and Wolf E. *Principles of Optics.* Pergamon Press, New York, 1969.

Butterworth S. On the theory of filter amplifiers. *Experimental Wireless and the Radio Engineer*,

7:536–541, 1930.

Canny J. F. A computational approach to edge detection. *IEEE Transactions on Pattern Analysis and Machine Intelligence*, 8(6):679–698, 1986.

Castleman K. R. *Digital Image Processing.* Prentice-Hall, Englewood Cliffs, NJ, 1996.

Cervenka V. and Charvat K. Survey of the image processing research applicable to the thematic mapping based on aerocosmic data (in Czech). Technical Report A 12–346–811, Geodetic and Carthographic Institute, Prague, Czechoslovakia, 1987.

Demigny D., Lorca F. G., and Kessal L. Evaluation of edge detectors performances with a discrete expression of Canny's criteria. In *International Conference on Image Processing*, pages 169–172, Los Alamitos, CA, 1995. IEEE.

Faugeras O. D. *Three-Dimensional Computer Vision: A Geometric Viewpoint.* MIT Press, Cambridge, MA, 1993.

Frauendorfer F. and Bischof H. A novel performance evaluation method of local detectors on non-planar scenes. In *Proceedings of the Workshop Empirical Evaluation Methods in Computer Vision adjoint to the conference Computer Vision and Pattern Recognition*, San Diego, USA, 2005. IEEE Computer Society.

Gonzalez R. C. and Woods R. E. *Digital Image Processing.* Addison-Wesley, Reading, MA, 1992.

Gunn S. R. On the discrete representation of the Laplacian of Gaussian. *Pattern Recognition*, 32(8):1463–1472, 1999.

Haralick R. M. Digital step edges from zero crossing of second directional derivatives. *IEEE Transactions on Pattern Analysis and Machine Intelligence*, 6:58–68, 1984.

Haralick R. M. and Shapiro L. G. *Computer and Robot Vision, Volume I.* Addison-Wesley, Reading, MA, 1992.

Haralick R. M. and Watson L. A facet model for image data. *Computer Graphics and Image Processing*, 15:113–129, 1981.

Hardie R. C. and Boncelet C. G. Gradient-based edge detection using nonlinear edge enhancing prefilters. *IEEE Transactions on Image Processing*, 4:1572–1577, 1995.

Harris C. and Stephen M. A combined corner and edge detection. In Matthews M. M., editor, *Proceedings of the 4th ALVEY vision conference*, pages 147–151, University of Manchaster, England, 1988.

Huang T. S., editor. *Image Sequence Processing and Dynamic Scene Analysis.* Springer Verlag, Berlin, 1983.

Huang T. S., Yang G. J., and Tang G. Y. A fast two-dimensional median filtering algorithm. *IEEE Transactions on Acoustics, Speech and Signal Processing*, ASSP-27(1):13–18, 1979.

Huertas A. and Medioni G. Detection of intensity changes with subpixel accuracy using Laplacian-Gaussian masks. *IEEE Transactions on Pattern Analysis and Machine Intelligence*, 8:651–664, 1986.

Hufnagel R. E. and Stanley N. R. Modulation transfer function associated with image transmission through turbulent media. *Journal of the Optical Society of America*, 54:52–61, 1964.

Jain A. K. *Fundamentals of Digital Image Processing.* Prentice-Hall, Englewood Cliffs, NJ, 1989.

Jain R., Kasturi R., and Schunck B. G. *Machine Vision.* McGraw-Hill, New York, 1995.

Lowe D. G. Organization of smooth image curves at multiple scales. *International Journal of Computer Vision*, 1:119–130, 1989.

Marr D. *Vision—A Computational Investigation into the Human Representation and Processing of Visual Information.* Freeman, San Francisco, 1982.

Marr D. and Hildreth E. Theory of edge detection. *Proceedings of the Royal Society*, B 207: 187–217, 1980.

Marr D. and Hildreth E. Theory of edge detection. In Kasturi R. and Jain R. C., editors, *Computer Vision*, pages 77–107. IEEE, Los Alamitos, CA, 1991.

Matalas L., Benjamin R., and Kitney R. An edge detection technique using the facet model and parameterized relaxation labeling. *IEEE Transactions on Pattern Analysis and Machine Intelligence*, 19:328–341, 1997.

Matas J., Chum O., Urban M., and Pajdla T. Robust wide-baseline stereo from maximally stable extremal regions. *Image and Vision Computing*, 22(10):761–767, 2004.

McDonnell M. J. Box filtering techniques. *Computer Graphics and Image Processing*, 17(3): 65–70, 1981.

Mehrotra R. and Shiming Z. A computational approach to zero-crossing-based two-dimensional edge detection. *Graphical Models and Image Processing*, 58:1–17, 1996.

Mikolajczyk K. and Schmid C. Scale and affine invariant interest point detectors. *International Journal of Computer Vision*, 60(1):63–86, 2004.

Mikolajczyk K., Tuytelaars T., Schmid C., Zisserman A., Matas J., Schaffalitzky F., Kadir T., and Gool L. v. A comparison of affine region detectors. *International Journal of Computer Vision*, 65(7):43–72, 2005. ISSN 0920-5691.

Moik J. G. *Digital Processing of Remotely Sensed Images*. NASA SP–431, Washington, DC, 1980.

Moravec H. P. Towards automatic visual obstacle avoidance. In *Proceedings of the 5th International Joint Conference on Artificial Intelligence*, Pittsburgh, PA, 1977. Carnegie-Mellon University.

Nagao M. and Matsuyama T. *A Structural Analysis of Complex Aerial Photographs*. Plenum Press, New York, 1980.

Nevatia R. Evaluation of simplified Hueckel edge-line detector. *Computer Graphics and Image Processing*, 6(6):582–588, 1977.

Obdrzalek S. and Matas J. Object recognition using local affine frames on distinguished regions. In Rosin P. L. and Marshall D., editors, *Proceedings of the British Machine Vision Conference*, volume 1, pages 113–122, London, UK, 2002. BMVA.

Petrou M. Optimal convolution filters and an algorithm for the detection of wide linear features. *IEE Proceedings*, I: 140(5):331–339, 1993.

Pitas I. and Venetsanopoulos A. N. *Nonlinear Digital Filters: Principles and Applications*. Kluwer, Boston, 1990.

Pitas I. and Venetsanopulos A. N. Nonlinear order statistic filters for image filtering and edge detection. *Signal Processing*, 10(10):573–584, 1986.

Qian R. J. and Huang T. S. Optimal edge detection in two-dimensional images. In *ARPA Image Understanding Workshop*, Monterey, CA, pages 1581–1588, Los Altos, CA, 1994. ARPA.

Ramesh V. and Haralick R. M. An integrated gradient edge detector. Theory and performance evaluation. In *ARPA Image Understanding Workshop*, Monterey, CA, pages 689–702, Los Altos, CA, 1994. ARPA.

Roberts L. G. Machine perception of three-dimensional solids. In Tippett J. T., editor, *Optical and Electro-Optical Information Processing*, pages 159–197. MIT Press, Cambridge, MA, 1965.

Rosenfeld A. and Kak A. C. *Digital Picture Processing*. Academic Press, New York, 2nd edition, 1982.

Rosenfeld A. and Thurston M. Edge and curve detection for visual scene analysis. *IEEE Transactions on Computers*, 20(5):562–569, 1971.

Sedgewick R. *Algorithms in C : Parts 1-4 : Fundamentals ; Data Structures ; Sorting ; Searching*. Addison-Wesley, Reading, Massachusetts, 3rd edition, 1998.

Senthilkumaran N. and Rajesh R. Edge detection techniques for image segmentation—a survey of soft computing approaches. *International Journal of Recent Trends in Engineering*, 1(2): 250–254, 2009.

Sivic J. and Zisserman A. Video data mining using configurations of viewpoint invariant regions. In *Proceedings of the IEEE Conference on Computer Vision and Pattern Recognition, Washington, DC*, volume 1, pages 488–495, 2004.

Svoboda T., Kybic J., and Hlavac V. *Image Processing, Analysis, and Machine Vision: A MATLAB Companion*. Thomson Engineering, 2008.

Tang Y. Y., Li B. F., and Xi D. Multiresolution analysis in extraction of reference lines from documents with gray level background. *IEEE Transactions on Pattern Analysis and Machine Intelligence*, 19:921–926, 1997.

Tyan S. G. Median filtering, deterministic properties. In Huang T. S., editor, *Two-Dimensional Digital Signal Processing*, volume II. Springer Verlag, Berlin, 1981.

Ullman S. Analysis of visual motion by biological and computer systems. *IEEE Computer*, 14 (8):57–69, 1981.

Venkateswar V. and Chellappa R. Extraction of straight lines in aerial images. *IEEE Transactions on Pattern Analysis and Machine Intelligence*, 14:1111–1114, 1992.

Vernon D. *Machine vision*. Prentice-Hall, Englewood Cliffs, New Jersey, USA, 1991.

Wang D. C. C. and Vagnucci A. H. Gradient inverse weighting smoothing schema and the evaluation of its performace. *Computer Graphics and Image Processing*, 15, 1981.

Wiener N. *Extrapolation, Interpolation and Smoothing of Stationary Time Series*. MIT Press, Cambridge, MA, 1942.

Witkin A. P. Scale-space filtering. In *Proceedings of the 8th Joint Conference on Artificial Intelligence*, pages 1019–1022, Karlsruhe, Germany, 1983. W Kaufmann.

Yaroslavskii L. P. *Digital Signal Processing in Optics and Holography* (in Russian). Radio i svjaz, Moscow, 1987.

Zuniga O. and Haralick R. M. Corner detection using the facet model. In *Computer Vision and Pattern Recognition*, pages 30–37, Los Alamitos, CA, 1983. IEEE.

第6章

分 割 I

在对处理后的图像数据进行分析之前，图像分割是最重要的步骤之一，它的主要目标是将图像划分为与其中含有的真实世界的物体或区域有强相关性的组成部分。可以将目标定位于完全分割（complete segmentation），其结果是一组唯一对应于输入图像中物体的互不相交的区域；也可以将目标定位于部分分割（partial segmentation），其中区域并不直接对应于图像物体。图像 R 的完全分割是区域 $R_1,\cdots,R_S$ 的有限集合，

$$R=\bigcup_{i=1}^{S}R_i,\quad R_i\bigcap R_j=\varnothing,\quad i\neq j \tag{6.1}$$

为了完成该分割，通常必须与使用有关问题领域专门知识的较高层次处理相协作。但是，有完整的一类分割问题可以仅用低层处理就可以成功地解决。在这种情况下，通常图像由在均匀背景上的对比度强的物体组成，例如，简单的装配任务，血细胞、印刷字符等。这里，可以使用简单的全局方法，就可以得到将图像划分为物体和背景的完全分割。这种处理是与上下文无关的，没有使用有关物体的模型，有关分割结果的期望知识对最终的分割也没有贡献。

如果目标是部分分割，则图像被划分为分开的相对于某个选择的性质是同态的区域，性质可以是亮度、彩色、反射率、纹理等。如果处理的是复杂场景的图像，例如城市场景的航拍照片，其结果也许是一组可能有重叠的同态区域。这样部分分割的图像必须经过进一步处理，并借助于高层信息找到最终的图像分割。

在这个处理阶段，尽管分割过程中间得到的效益是数据量显著地降低了，但是通常并不能获得完全正确和完整的复杂场景的完全分割。将部分分割作为高层处理的输入是一个合理的目标。

图像数据的不确定性是主要的分割问题之一，通常伴随着信息噪声。分割方法根据所使用的主要特征可以划分为三组：第一组是有关图像或部分的全局知识（global knowledge），这一般由图像特征的直方图来表达。第二组是基于边缘的（edge-based）分割，而第三组是基于区域的（region-based）分割，在边缘检测或区域增长中可以使用多种不同的特征，例如，亮度、纹理、速度场等。第二和第三组解决一个对偶问题。每个区域可以用其封闭的边界来表示，而每个封闭的边界也表达了一个区域。由于各种基于边缘和区域的算法的不同性质，它们就可能给出有点不同的结果和由此而来的不同信息。因此这两种方法的分割结果可以结合起来。一个普通的例子是区域邻接图，其中区域由结点表示而基于检测到的区域边界的邻接关系由圆弧表示（见 4.2.3 节）。

6.1 阈值化

灰度阈值化是最简单的分割处理。很多物体或图像区域表征为不变的反射率或其表面光的吸收率，可以确定一个亮度常量即**阈值**（**threshold**）来分割物体和背景。阈值化计算代价小速度快，它是最老的分割方法且在简单的应用中仍然广泛地使用着；实时地做阈值化是容易的。

阈值化是输入图像 f 到输出（分割后）二值图像 g 的变换：

$$g(i,j)=\begin{cases}1 & 当 f(i,j)>T 时\\ 0 & 当 f(i,j)\leqslant T 时\end{cases} \tag{6.2}$$

其中 T 是阈值，对于物体的图像元素 $g(i,j)=1$ ，对于背景的图像元素 $g(i,j)=0$（反之亦然）。

算法 6.1　基本的阈值化

扫描图像 f 的所有像素。当 $f(i,j) \geq T$ 时，分割后的图像像素 $g(i,j)$ 是物体像素，否则为背景像素。

完全分割可以在简单的场景中通过阈值化处理得到。如果物体彼此不接触，且它们的灰度与背景的灰度明显地不同，则阈值化就是一个合适的分割方法。图 6.1 描述了这样的一个例子。

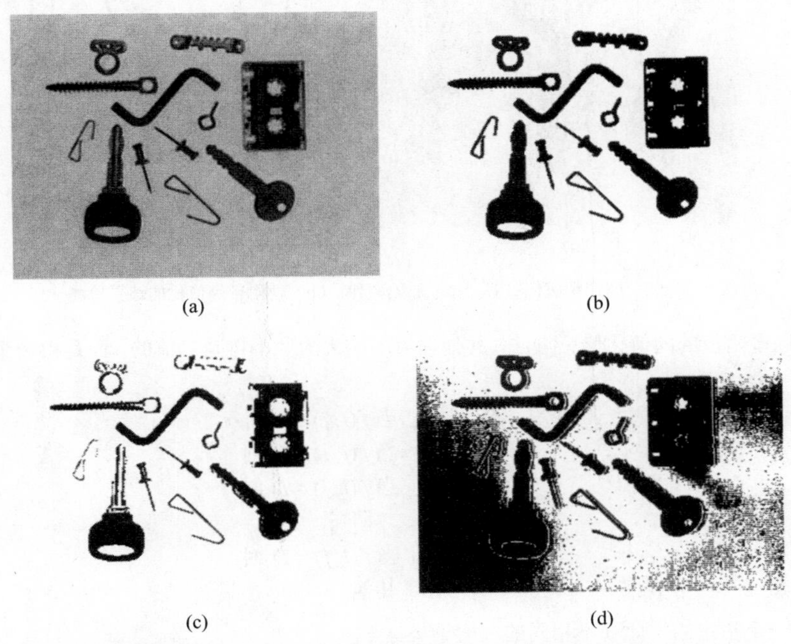

图 6.1　图像阈值化：（a）原始图像；（b）阈值分割；（c）阈值太低；（d）阈值太高

选择正确的阈值是分割成功的关键，这种选择可以通过交互方式确定，也可以根据某个阈值检测方法来确定，该方法将在 6.1.1 节讨论。只有在非常特殊的情况下，在整个图像上使用单个阈值——全局阈值化——才会成功：即便是对于非常简单的图像也有可能存在物体和背景的灰度变化，这种变化可能是由非均匀照明、非一致的输入设备参数或其他一些因素造成的。在这种情况下，使用变化的阈值——**自适应阈值化（adaptive thresholding）**——进行分割有时可以产生好的结果，这时的阈值是局部图像特征的函数，在图像范围内是变化的。

全局阈值是根据整幅图像 f 确定的：

$$T = T(f) \tag{6.3}$$

同时局部阈值是位置相关的：

$$T = T(f, f_c) \tag{6.4}$$

其中 f_c 是阈值赖以确定的图像部分。一种选择是将图像划分为子图像，在每个子图像中独立地确定一个阈值；此时，如果某些子图像中不能确定阈值，可以根据其相邻子图像插值得到。然后每个子图像依据局部阈值来处理。

式(6.2) 所定义的基本的阈值化有许多修正。一种可能是将图像分割为具有一个集合 D 内的灰度的区域而其他作为背景（带（band）阈值化）：

$$g(i,j) = \begin{cases} 1 & \text{当} f(i,j) \in D \text{时} \\ 0 & \text{其他} \end{cases} \tag{6.5}$$

这种阈值化是有用的，例如，在显微镜可见的血细胞分割中，其中某个特别的灰度区间代表细胞质，背景较亮，而细胞核较暗。这种方法还可以用作边界检测子，假定在亮背景下的暗物体这种情况，某些介于物体和背景之间的灰度值将只会出现在物体的边界处。如果选择集合 D 仅含有这些物体边界灰度值，按照式（6.5）进行阈值化，就会得到如图 6.2 所示的物体边界。

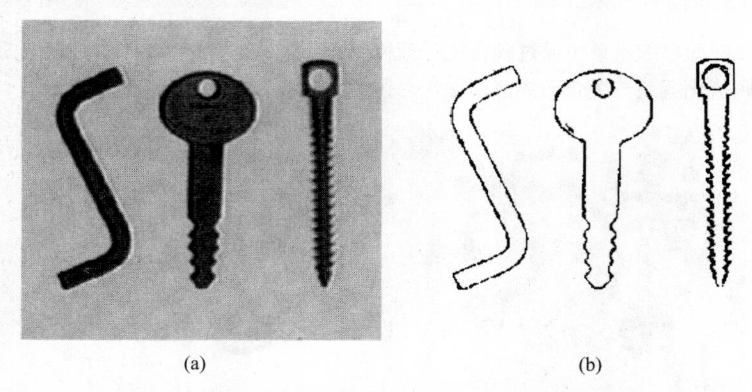

(a) (b)

图 6.2 图像阈值化修正：（a）原始图像；（b）使用带阈值化的边界检测

有许多使用多阈值的阈值化修正方法，其处理后的结果图像不再是二值的，而是由一个非常有限的灰度值集合组成：

$$g(i,j)=\begin{cases}1 & \text{当} f(i,j)\in D_1 \text{时} \\ 2 & \text{当} f(i,j)\in D_2 \text{时} \\ 3 & \text{当} f(i,j)\in D_3 \text{时} \\ \vdots & \qquad \vdots \\ n & \text{当} f(i,j)\in D_n \text{时} \\ 0 & \text{其他}\end{cases} \tag{6.6}$$

其中每个 D_i 是一个指定的彼此互不相同的灰度子集。

阈值化可以用于除灰度图像以外的其他矩阵；这些矩阵可以代表梯度、局部纹理性质（见第 15 章）或任何其他的图像分解特征的数值的情况。

6.1.1 阈值检测方法

如果事先知道图像分割的某种性质，就可以简化阈值选择的任务，因为它可以按照确保该性质得以满足的条件来选择。一个例子是我们可以知道在印刷文本页上文本字符覆盖 $1/p$ 的纸张面积。使用这个先验信息，很容易选择一个阈值 T（基于图像的直方图）使得 $1/p$ 的图像面积具有比 T 小的灰度值（而其他区域比 T 大）。这种方法称为 ***p* 率阈值化**（p-tile thresholding）。不幸的是，通常我们没有这样的有关面积比率的确定性先验信息。

更为复杂的阈值检测方法是基于直方图形状分析的。如果图像由有别于背景灰度值的具有近似相同灰度的物体所组成，所产生的直方图是二模态的。物体像素构成其中的一个峰，而背景像素构成另一个峰，图 6.3 给出了一些典型的例子。直方图形状说明了一个事实，即两个峰之间的灰度数值不是普通的，可能是物体和背景间的边界造成的。阈值应该满足最小分割错误的要求——直觉地取在两个极大值之间的具有最小直方图数值的那个灰度值作为阈值。如果直方图是多模态的，在任意两个极大值之间的极小值处可以取得较多阈值；每个阈值当然会给出不同的分割结果。式（6.6）给出的多阈值化是另一种选择。

要确定直方图是二模态的还是多模态的可能并不简单，要确定直方图局部极大值是否显著常常是不可能的。一半是白的另一半是黑的两部分图像与一幅随机分布着白和黑像素的图像（即一幅胡椒盐噪声图像，参见第 2.3.6 节）具有相同的直方图。而且，二模态性本身并不保证正确的阈值分割——当物体位于变化的灰度背景下时也可能不会出现正确的分割。

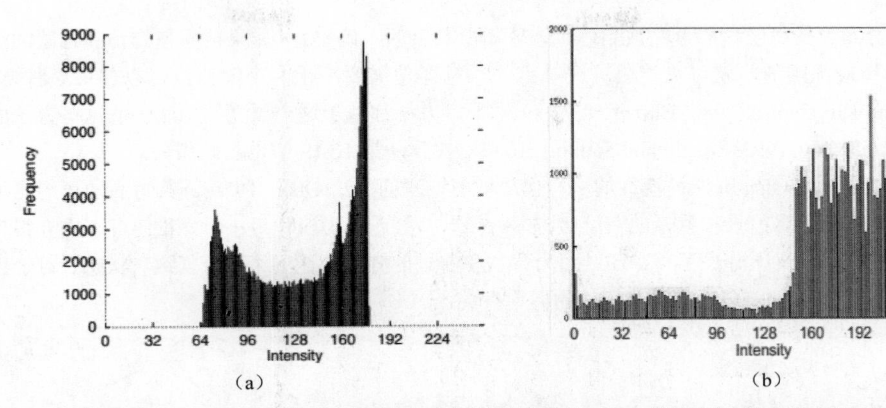

图 6.3　二模态的直方图：（a）在物体能够很好地和背景区分的情况下，显示的直方图明显是双模态的；（b）一个关于二模态更直观的例子（其对应的原始图片参见图 6.5 的左上角图像，其中前景和背景之间的区别被故意地扰动）。注意，其中比较宽和低的峰从 0 值一直延伸到 140 附近，而右边较高的峰更容易被看到。它的分布重合部分为灰度值的 100～160

更为一般的方法在创建直方图时，要考虑一个局部邻域内的灰度出现的情况，其目的是建立一个具有较好峰谷比率的直方图。一种选择是给直方图贡献加权，抑制具有高图像梯度的像素的影响。这意味着直方图主要由物体和背景的灰度值组成，而边界的灰度（具有较高梯度）没有贡献。这会产生具有较深谷的直方图而使确定阈值变得较容易。另一种类似的方法只用高梯度像素形成灰度直方图，意味着直方图主要由边界的灰度组成且应该是单模态，其峰对应于物体和背景间的灰度。分割阈值可以确定为峰值处的灰度值，或峰值处一部分的均值。可以在文献中找到许多**直方图变换**（histogram transformation）的修正方法。

阈值化是一种非常流行的图像分割工具，除了我们已经讨论的之外，还有很多各种各样的阈值检测技术。在[Sezgin and Sankur, 2004]的综述中给出了现有方法的一个很好的概述，并附带列有很广泛的参考文献。阈值分割通常处理速度很快，可以容易地实时对图像进行阈值化处理。

6.1.2　最优阈值化

另一种被称为**最优阈值化**（optimal thresholding）的方法寻求将图像的直方图用两个或更多个正态分布的概率密度函数的加权和来构建。阈值取为离这些正态分布最大值之间的最小概率处最近的灰度值，其结果是具有最小错误的分割（被错误分割的像素数目最小）[Rosenfeld and Kak, 1982; Gonzalez and Wintz, 1987]，参见图 6.4（并与第 9.2.3 节的最大似然度分类方法以及第 10.13 节的期望最大化作比较）。这些方法的难点

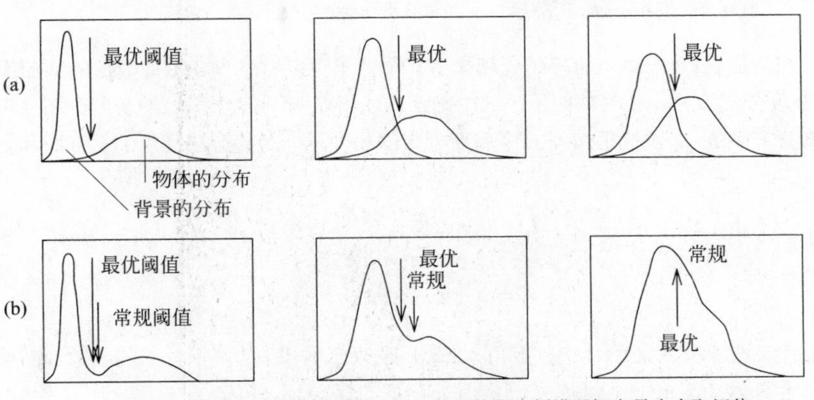

图 6.4　由两个正态分布近似的灰度直方图，按照使得分割错误概率最小来取阈值：（a）背景和物体的概率分布；（b）对应的直方图和最优阈值

在于估计正态分布参数以及这些分布被当作正态分布所具有的不确定性。如果按照使物体和背景间的灰度变化最大化来选择最优阈值，就可以克服这些难点。注意即使需要不止一个阈值也可以使用这种方法[Otsu, 1979; Kittler and Illingworth, 1986; Cho et al., 1989]。很多方法都基于这个漂亮的想法——这些方法的总体介绍可以在文献[Glasbey, 1993; Sezgin and Sankur, 2004]中找到，第 10.13 节也与此相关。

算法 6.2 中总结的 Otsu 算法是流行的一种自动阈值检测的方法[Otsu, 1979]。其背后的思想是测试每一个可能的阈值，然后计算前景和背景的灰度级方差。当这些方差的加权和最小时，我们可以推导得到这个阈值在某种“最佳”的意义上分离了直方图，因为背景和前景的分布都达到了“最紧致”状态。对于正在考察的阈值，这些权重与像素来自于前景和背景的概率有关。

算法 6.2　Otsu 阈值检测

1. 给定包含 G 个灰度级的一幅图像 I，计算灰度直方图 $H(0), H(1), \cdots, H(G-1)$。通过除以图像 I 中的像素个数来归一化直方图——直方图现在就表示了每一个灰度级的概率。
2. 对于每一个可能的阈值 $t=0, \cdots, G-2$，将直方图分成背景 B（灰度级小于或者等于 t）和前景 F（灰度级大于 t）。
3. 计算 $\sigma_B(t)$，$\sigma_F(t)$，背景和前景灰度级的方差。计算一个像素是背景的概率

$$\omega_B(t)=\sum_{j=0}^{t}H(j)$$

$\omega_F(t)$ 的计算方法类似。

令

$$\sigma(t)=\omega_B(t)\sigma_B(t)+\omega_F(t)\sigma_F(t)$$

然后选择最优阈值为 $\hat{t}=\min_t(\sigma(t))$。

图 6.5 举例说明了这个算法的一个应用，这个例子被广泛地实现（如使用 Matlab），并且有可下载的代码。算法的步骤 3 初看起来非常耗时，但是很多详细说明的快捷算法给出了非常高效的实现。

THE ABERYSTWYTH FUNICULAR DISASTER　THE ABERYSTWYTH FUNICULAR DISASTER

DISASTER　DISASTER　DISASTER

图 6.5　左上：一幅白色背景被人工拉伸的图像——图像显示时加了随机的噪声。右上：使用 Otsu 方法进行阈值化：它的直方图在图 6.3 中显示，算法得到的阈值 t=130。在底部，阈值 t=115,130,145 时对应的其中最难的那部分结果；可以看出分割的质量下降的非常迅速

将最优和自适应阈值化（式(6.4)）结合起来的一个例子可以由对 MR 图像数据的脑图像分割[Frank et al., 1995]。最优灰度分割参数是在局部的子区域中确定的。用对应于 n 个区域的灰度分布（可能并非连续）来拟合每个局部直方图 h_{region}，这里按照 n 个高斯分布的和来建模，使得建模后的直方图和真实的直方图之间的差别最小化。

$$\begin{aligned} h_{\text{model}}(g)&=\sum_{i=1}^{n}a_i e^{-(g-\mu_i)^2/(2\sigma_i^2)} \\ F&=\sum_{g\in G}\left[h_{\text{model}}(g)-h_{\text{region}}(g)\right]^2 \end{aligned} \tag{6.7}$$

这里，变量 g 代表图像灰度集合 G 中的取值；a_i, μ_i, σ_i 表示区域 i 的高斯分布的参数。高斯分布的最优参数根据最小化适合函数（fit function）F 来确定。

Levenberg-Marquardt [Marquardt, 1963; Press et al., 1992] 最小化方法被成功地用于三维 T1-weighted 图像的分割，该图像来自于核磁共振扫描仪对白质（white matter，WM）、灰质（gray matter，GM）和脑脊髓

流（cerebro-spinal fluid，CSF）（参见第10.6.1节中对同一问题使用多通道图像数据的一种不同方法的描述）。首先用一个9参数模型（n=3）来拟合整个的直方图，根据全局直方图确定参数σ_i和μ_{CSF}可以使问题得到简化。（参数μ_{CSF}之所以能够全局性地挑选的，是因为CSF区域相对比较小且是局部化的。）图6.6给出了一个全局直方图、拟合的高斯分布、对应于WM、GM、CSF的三个分布。其他5个参数需要在有重叠的45×45×45体素（volume picture elements——voxels）的3D子区域中，根据使F最小化来局部地确定，这些体素在三维方向上都彼此间隔10个体素。然后，对于在最小拟合位置之间的体素的高斯分布参数用三线性（tri-linear）插值得到。这样，就可以确定每个体素的最优阈值并用于分割。图6.7给出了一个用该方法进行分割的例子。在单个分割图像中体素位置越亮，在该体素中的GM、WM或CSF的体积比就越高。在每个体素中，部分体积比率的和为100%。

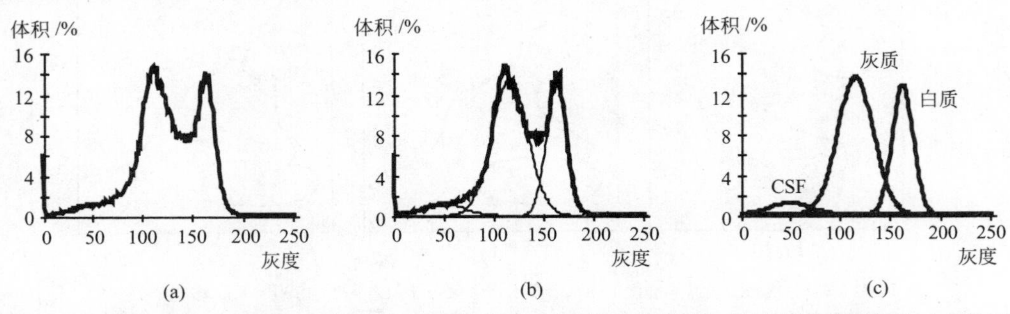

图6.6　使用最优阈值分割3D T1-weighted MR 脑图像数据：（a）局部灰度直方图；（b）拟合的高斯分布，全局的3D图像拟合；（c）对应于WM、GM、CSF高斯分布

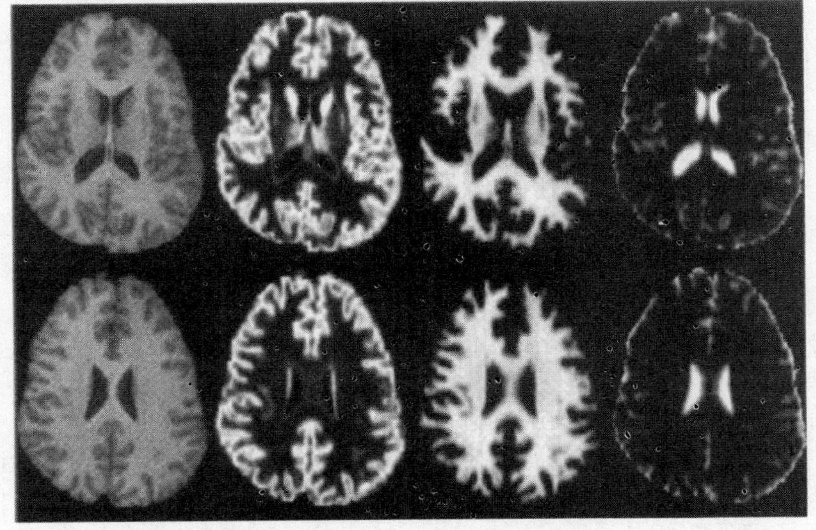

图6.7　最优MR脑图像分割。左列：原始的T1-weighted MR 图像，3D体的120个切片中的2个。中间左列：灰质的部分体图。体素越亮，灰质在体素中的部分体积比率越高。中间右列：白质的部分体图。右列：脑脊髓流部分体图

6.1.3　多光谱阈值化

许多实际的分割问题需要比单一谱段所含的更多的信息。彩色图像是一个自然的例子，其中信息通常由红、蓝、绿谱段呈现；多光谱遥感图像或气象卫星图像通常具有更多的谱段。一种分割方法在每个谱段中独立地确定阈值，然后综合起来形成单一的分割图像。

算法 6.3 递归的多光谱阈值化

1. 将整个图像初始化为单个区域。
2. 给每个谱段计算一个平滑的直方图（参见第 2.3.2 节）。在每个直方图中找到一个最显著的峰，确定两个阈值分别对应于该峰两侧的局部最小值。根据这些阈值将各个谱段的每个区域分割为子区域。将各个谱段的每个分割投影到多光谱分割中，见图 6.8。下一步处理的区域是这些在多光谱图像中的区域。
3. 对于图像的每个区域重复第 2 步，直至每个区域的直方图只含有一个显著的峰。

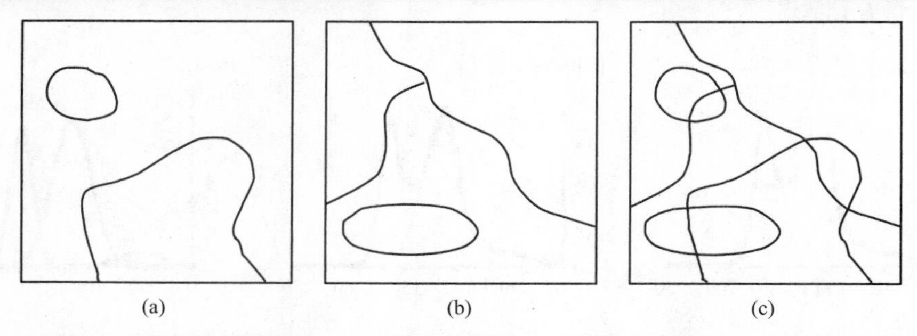

图 6.8 迭代的多光谱阈值化：（a）谱段 1 阈值化；（b）谱段 2 阈值化；（c）多光谱分割

多光谱分割通常是基于每个像素或其小邻域中对应于 n 谱段的 n 维灰度向量进行的。这种分割方法在遥感中应用得很广泛，它是将分类处理应用于 n 维向量的结果。一般来说，区域是由在所有谱段具有相似性质的像素构成的，具有相似的 n 维描述向量，参见第 9 章。基于监督的、无监督的以及上下文分类的分割和区域标注方法将在第 10.6.1 节比较详细地讨论。

6.2 基于边缘的分割

一大类方法在进行分割的时候是基于图像边缘信息来完成的，它是最早的分割方法之一且仍然是非常重要的。基于边缘的分割依赖于边缘检测算子，这些边缘标示出了图像在灰度、彩色、纹理等方面不连续的位置。在第 5.3.2 节我们描述了各种边缘检测算子，但是边缘检测得到的图像结果并不能用作分割结果。必须采用后续的处理将边缘合并为边缘链，它与图像中的边界对应得更好。最终的目标是至少达到部分分割，即将局部边缘聚合到一幅图像中，使其中只出现对应于存在的物体或图像部分的边缘链。

我们将讨论几种基于边缘的用于建立最终边界的分割策略，以及所合并的先验信息量方面有多少不同。在分割处理中可获得的先验信息越多，能达到的分割结果就越好。先验知识也可包含于分割结果的信度评价中。先验信息影响分割算法，如果能够获得大量先验信息，边界形状以及与其他图像结构的关系就被严格地详细说明了，分割必须满足所有这些说明。如果关于边界的信息很少，分割方法就必须考虑更多的局部图像信息，并将其与应用领域的一般性特殊知识结合起来。类似地，如果可获得的先验信息很少，就不能用于评价分割结果的信度，因此就没有反馈矫正分割结果的基础。

基于边缘分割的最常见的问题是在没有边界的地方出现了边缘以及在实际存在边界的地方没有出现边缘，这是由图像噪声或图像中的不适合的信息造成的。显然这些情况对分割结果有负面影响。

首先将讨论需要最少先验信息的简单的基于边缘的方法，随后在本节中将增加必要的先验信息。从基于边缘的部分分割建立区域的方法将在后面讨论。

6.2.1　边缘图像阈值化

在边缘图像中几乎没有0值像素——小的边缘值对应于由量化噪声、弱不规则照明等引起的非显著的灰度变化。可以对边缘图像做简单的阈值化处理排除这些小的数值。这种方法是基于图像的边缘幅度[Kundu and Mitra, 1987]由合适的阈值处理实现。图6.9给出了一幅原始图像，一幅边缘图像（由式（5.45）的非方向性的Sobel边缘检测子产生，参见第5.3.2节），一幅“过阈值化”的图像，以及一幅“欠阈值化”的图像。选择合适的全局阈值一般是困难的，有时是不可能的，可以使用p-率阈值化来定义阈值，在[Flynn, 1972]中描述了使用正交基函数的更为精确的方法，当原始数据有好的对比度且噪声不明显时，给出好的结果。

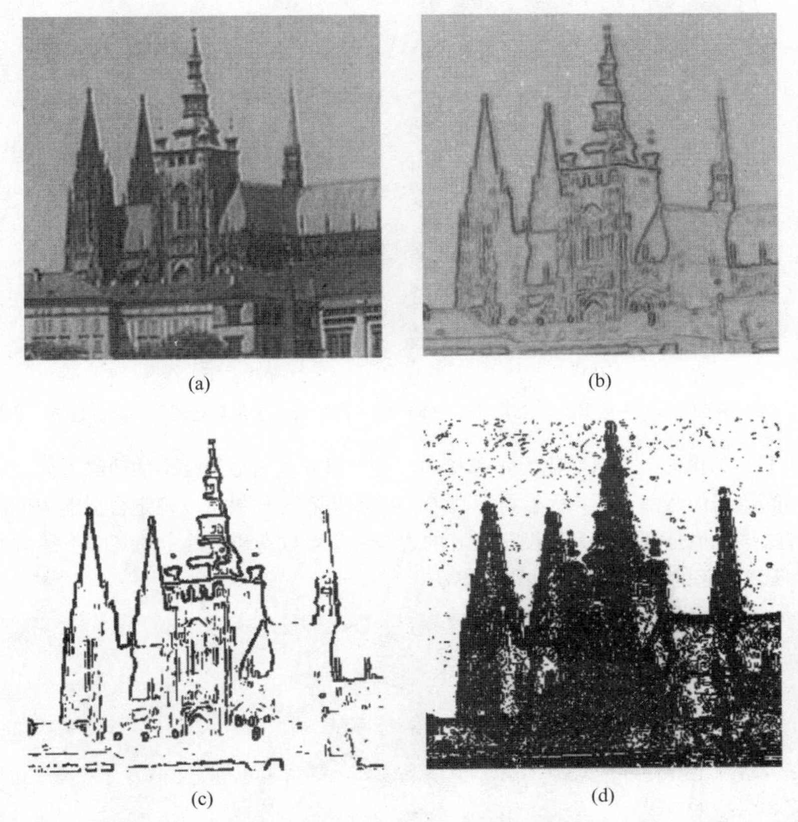

图 6.9　边缘图像阈值化：（a）原始图像；（b）边缘图像（为了显示将低对比度图像增强了）；（c）阈值在30的边缘图像；（d）阈值在10的边缘图像

简单检测子的一个问题是变粗，这在图6.9（b）中很明显，其中应该只有简单的边界。如果边缘带有方向信息（比如Sobel），可以通过施加某种形式的非最大抑制（也可见第5.3.5节，其中该抑制是自动进行的）来抑制单个边界邻域内的多个响应，以实现部分矫正。如下的算法从图6.9（b）产生图6.11（a）。

算法 6.4　有方向的边缘数据的非最大抑制

1. 根据8-邻接将边缘方向量化为8个方向（参见图2.5和图4.3）。
2. 对于每个非0幅值的像素，考察由边缘方向指出的两个邻接像素（见图6.10）。
3. 如果两个邻接像素的幅值有一个超过当前考察像素的幅值，则将当前考察像素标记出来删除。
4. 当所有的像素都考察过后，重新扫描图像，以0抹去所有标记过的像素。

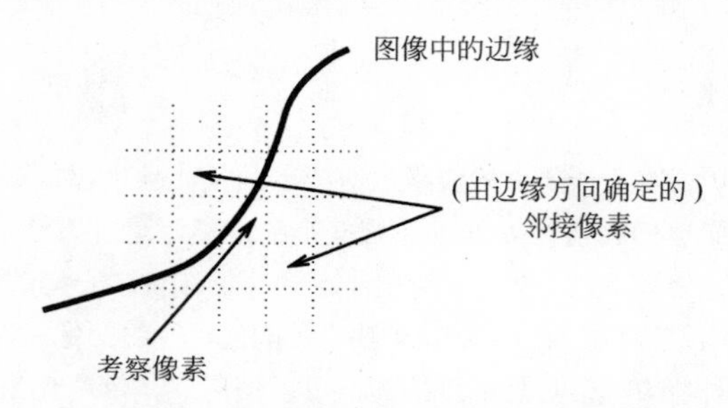

图 6.10 非最大抑制；考察相对于局部边缘信息的邻接像素

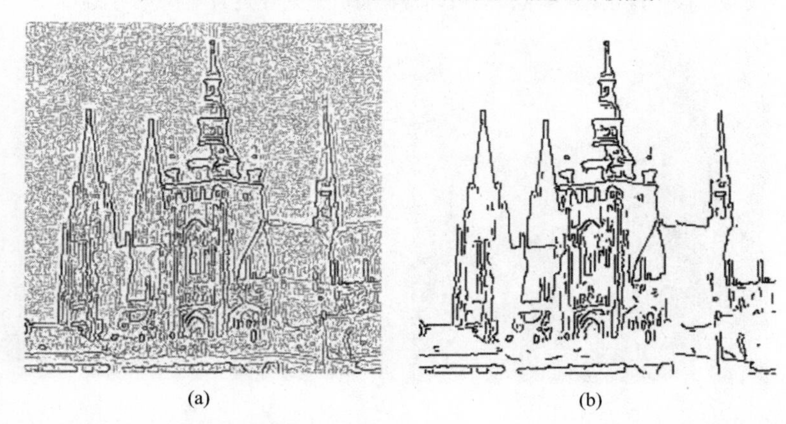

图 6.11 （a）图 6.9（b）中数据的非最大抑制；（b）作用于图（a）的滞后处理；高阈值是 70，低阈值是 10

该算法是基于 8-邻接的，可以简化为 4-邻接的，也可以开放为更为复杂的边缘方向度量。

很可能这样的数据仍然由于噪声而显得混乱（正如该情况）。如果可以确定合适的阈值，在第 5.3.5 节中所概述的滞后方法一般也是可用的。假设超过 t_1 的边缘幅值可以看作是确定的（即不是由于噪声），而小于 t_0 的可以假定为噪声引起的，可以定义如下的算法。

算法 6.5 边缘检测算子输出的滞后过滤

1. 将幅值超过 t_1 的所有边缘标注为正确。
2. 扫描幅值在区间$[t_0, t_1]$内的所有像素。
3. 如果该像素与已经标注为边界的另一个像素接壤，则将它也标记出来。“接壤”可以定义为 4-邻接的或 8-邻接的。
4. 从第 2 步重复直至稳定。

Canny[Canny, 1986]报告了在 2～3 的范围内选择 t_0 / t_1，显然，如果可以采用 p-率方法，就可以指导 t_1 的选择，这与任何一个关于图像噪声合理的模型来选择 t_2 一样。图 6.11（b）说明了该算法的应用。滞后处理是一种通用的技术，当产生的证据“强”时就可以使用，不像简单的阈值化处理那样易受影响。

6.2.2 边缘松弛法

松弛法是一种众所周知的用于改进某种属性估计的方法，它主要利用了该属性值在一个中间领域的估计值——因此，有必要理解局部这个概念，以及与之相关联的度量。我们将在其他地方遇到松弛法，这些与之相关联的地方包括区域标注（见第 11 章），从 X 到形状（见第 11 章），以及光流（见第 16.2 节），但是松弛法在计算机视觉中较早的应用是与从边图中提取边界相关的。

边界提取中有很多应用了松弛法：这些应用中的绝大多数都被最新的一些技术所取代（特别是理论上更为完备的马尔科夫随机场，见第 10.12 节）。松弛法通常在方法上是启发式的，但是仍然很具吸引力的原因是它通常很有效，并且容易理解。

大致上说，边缘检测器的输出被作为一个初始化；通过不断迭代，与强边缘响应相连（也就是说，在局部上）的像素被认为是可能成为边缘本身的，而孤立的强边缘响应被认为不太可能是边缘。这个想法用来更新边缘响应，然后不断迭代直到达到了某种收敛——它通过融合边界的方向信息来进一步改进。边缘响应通常更有用地解释为概率。图 6.12 举例说明了这个原理。

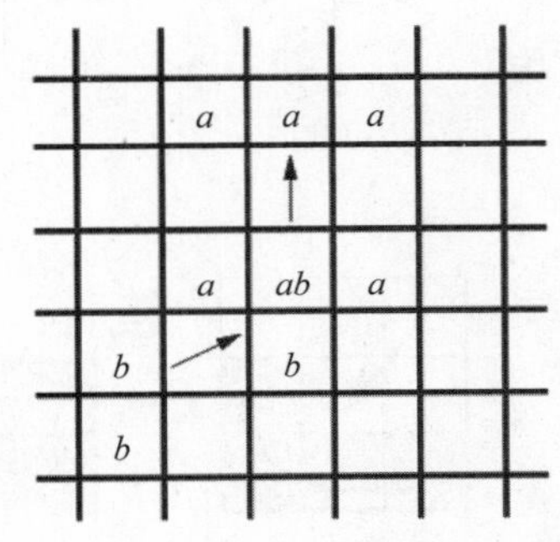

图 6.12　边缘松弛法的原理：两个有向强边缘——箭头方向向上（指南针 N）和箭头方向右上方（指南针 ENE）——通过箭头来指示。标记为 a 的像素得到方向 N 的增强，标记为 b 的像素得到方向 ENE 的增强。注意一个像素通过得到增强来加入到标记的边缘

在实践中，松弛法通常在非常少的几次迭代中就完成了。它在计算上也可能非常耗时，但是（因为它只考虑局部信息）能够很自然地进行并行化实现。一个早期很流行的实现考虑了像素之间的破裂边缘[Hanson and Riseman, 1978; Prager, 1980]，并且它被成功进行了并行化[Clark, 1991]。在[Sher, 1992]中给出了确定可能的边缘邻域的概率分布的方法。在[Kim and Cho, 1994]中，使用模糊逻辑来评估邻域边缘模式，其中用神经网络作为模糊规则训练的方法。

6.2.3　边界跟踪

如果区域的边界未知，但区域本身在图像中已经定义了，那么边界可以唯一地检测出来。初始，假设含有区域的图像或者二值的或者区域已经被标注出来了（见第 8.1 节）。第一个目标是确定区域内（**inner**）边界。正如以前的定义，区域内边界是区域的一个子集，相反地，外（**outer**）边界不是区域的一个子集。如下的算法提供了了 4-邻接和 8-邻接的内边界跟踪。

算法 6.6　内边界跟踪

1. 从左上方开始搜索图像直至找到一个新区域的一个像素 P_0；它是这个新区域的所有像素中具有最小行数值的最小的列数之像素。P_0 是区域边界的起始像素。定义一个变量 dir，存储从前一个边界元素到当前边界元素沿着边界的前一个移动方向。置：
   （a）$dir=3$，当按照 4-邻接检测边界时（图 6.13（a））；
   （b）$dir=7$，当按照 8-邻接检测边界时（图 6.13（b））。
2. 按照逆时针方向搜索当前像素的 3×3 邻域，从以下的方向开始搜索邻域。
   （a）$(dir+3) \bmod 4$　（图 6.13（c））；
   （b）$(dir+7) \bmod 8$，当 dir 是偶数时（图 6.13（d））；
   　　$(dir+6) \bmod 8$，当 dir 是奇数时（图 6.13（e））。
   找到的第一个与当前像素值相同的像素是一个新的边界元素 P_n。更新 dir 的数值。

3. 如果当前的边界元素 P_n 等于第二个边界元素 P_1，而且前一个边界元素 P_{n-1} 等于 P_0，则停止。否则，重复第 2 步。
4. 像素 $P_0,\cdots,P_{n-2}$ 就构成了检测到的内边界。

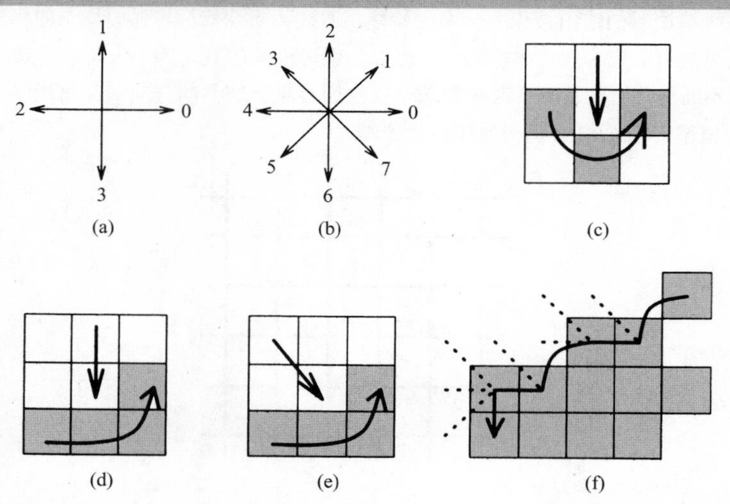

图 6.13 内边界跟踪：（a）方向符号，4-邻接；（b）8-邻接；（c）在 4-邻接中像素邻域的搜索顺序；（d）、（e）在 8-邻接中的搜索顺序；（f）在 8-邻接中的边界跟踪（虚线显示了在边界跟踪中测试过的像素）

算法 6.6 对于超过一个像素大小的区域都有效。它可以找到区域的边界，但是不能找到区域孔的边界，这些区域孔的边界可以通过找出那些尚未分配到特定边界的边界元素来确认其位置。寻找边界元素的搜索总是在跟踪的边界封闭之后才进行，而搜索还“没有使用”的边界元素的方法可依照搜索第一个边界元素的方式进行。注意，如果物体是单像素宽，就需要增加一些条件。

这个算法在 4 连通域条件下，适应之后能够得到一个区域的外边界。

算法 6.7 外边界跟踪

1. 根据 4-邻接跟踪区域内边界直至完成。
2. 外边界由所有的在搜索过程中测试过的非区域像素组成，如果某些像素被测试超过一次，它们就被在外边界上列出超过一次。

请注意在外边界中某些边界元素可能被重复多达 3 次，见图 6.14。外边界在导出诸如周长、紧致性等性质时有用，因此常常被使用，见第 8 章。

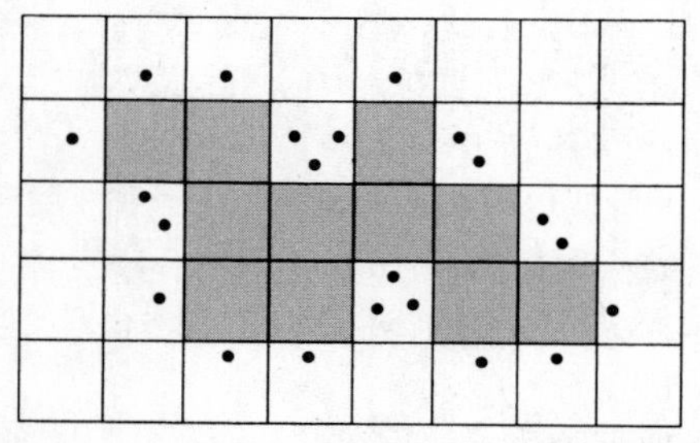

图 6.14 外边界跟踪，其中 • 表示外边界元素。请注意某些像素被列出几次

内边界总是区域的一部分，而外边界绝不是。因此，如果两个区域相邻，它们绝不会有共同的边界，这

在区域描述、区域归并等较高层的处理中会引起困难。在相邻的区域间抽取诸如裂缝边缘的像素间的边界是很普通的，然而其位置不能用单个像素的坐标对来标识（与图 6.39 的超栅格（supergrid）数据结果做比较）。

扩展（extended）边界提供了较内边界和外边界更好的边界性质[Pavlidis, 1977]；扩展边界的主要优点是它们定义了相邻区域的单一的共同边界，可以用标准的像素坐标来标识（见图 6.15）。外边界的所有有用的性质保留下来了，此外，边界的形状精确地等于像素间的形状而仅有半个像素的下移位和半个像素的右移位。区域间存在共同的边界，使我们可以在跟踪的过程中加入一个边界描述过程。从边界跟踪过程中可以直接获得由边界片段和顶点构成的权重图，而且相邻区域的边界只需跟踪一次而不是常规方法中的两次。

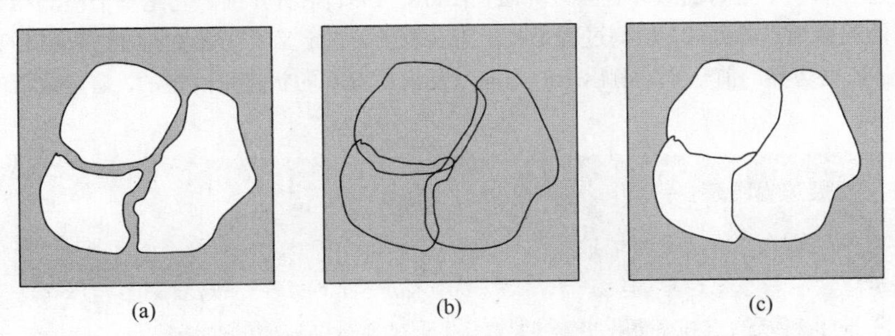

图 6.15　内部、外部和扩展边界的边界位置定义：（a）内部；（b）外部；（c）扩展

扩展边界是用 8-邻接定义的，像素是按照图 6.16（a）即，$P_4(P)$表示像素 P 的直接左像素来编码的。如果 Q 代表区域 R 外的像素，按如下方式定义区域 R 的 4 种内边界像素，设像素 $P \in R$：

R 的 LEFT 像素，　当 $P_4(P) \in Q$ 时

R 的 RIGHT 像素，　当 $P_0(P) \in Q$ 时

R 的 UPPER 像素，　当 $P_2(P) \in Q$ 时

R 的 LOWER 像素，　当 $P_6(P) \in Q$ 时

设 LEFT(R)、RIGHT(R)、UPPER(R)、LOWER(R)表示 R 对应的子集。扩展边界 EB 是满足以下条件的点 P、P_0、P_6、P_7[Pavlidis, 1977; Liow, 1991]：

$$\begin{aligned}\mathrm{EB}=&\{P: P\in \mathrm{LEFT}(R)\}\cup\{P: P\in \mathrm{UPPER}(R)\}\cup\{P_6(P): P\in \mathrm{LOWER}(R)\}\\ &\cup\{P_0(P): P\in \mathrm{RIGHT}(R)\}\cup\{P_7(P): P\in \mathrm{RIGHT}(R)\}\end{aligned} \tag{6.8}$$

图 6.16 给出了定义的图解。

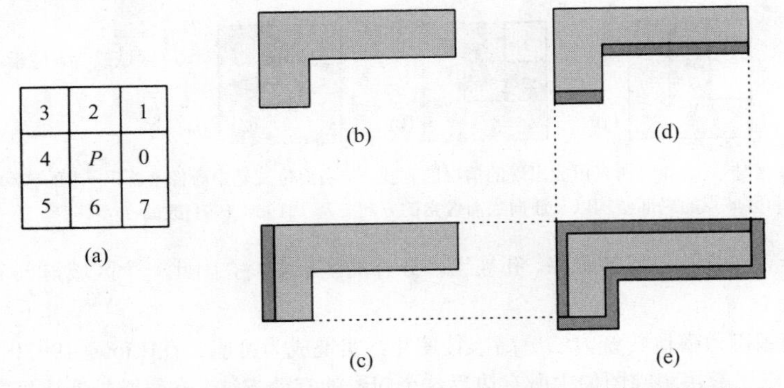

图 6.16　扩展边界定义：（a）像素编码安排；（b）区域 R；（c）LEFT(R)；（d）LOWER(R)；（e）扩展边界

扩展边界可以容易地从外部边界建立起来。根据外边界点的 RIGHT、LEFT、UPPER、LOWER 的直觉定义，EB 可以通过以下的方法得到：向下和右移位所有的 UPPER 外边界点一个像素，向右移位所有的 LEFT 外边界点一个像素，向下移位所有的 RIGHT 外边界点一个像素，LOWER 外边界点保持不变，如图 6.17 所示。

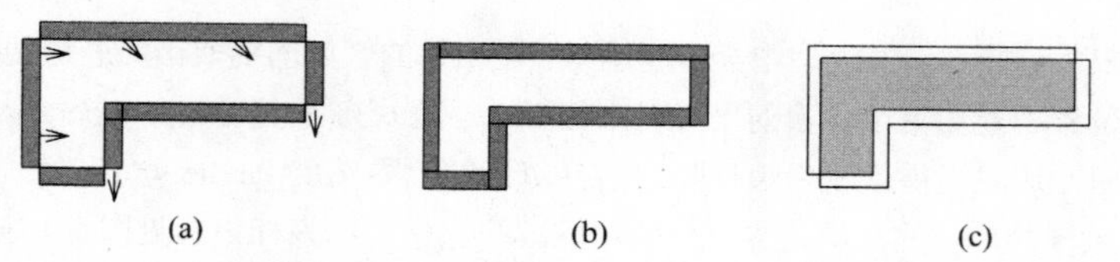

图 6.17 从外部边界建立扩展边界：（a）外部边界；（b）构建扩展边界；（c）扩展边界与自然物体边界具有相同的形状和尺寸

跟踪扩展边界的一个更为高级并且有效算法在[Liow, 1991]中有介绍。它是基于检测相邻区域的共同边界和边界片段的连接顶点的方法。检测过程是基于查找表的，它定义了局部 2×2 像素窗口的 12 种可能的情况，这些情况是依据边界的前一个检测出来的方向以及窗口像素的状态来确定的，窗口像素的状态可以是区域的内部或外部。

算法 6.8 扩展边界跟踪

1. 按照某种标准的方法定义一个扩展边界的起始像素。
2. 从起始像素沿着跟踪边界的第一个移动方向是 $dir = 6$（向下），对应于图 6.18（i）的情况。
3. 按照图 6.18 所示的查找表跟踪扩展边界，直至得到一个封闭的扩展边界。

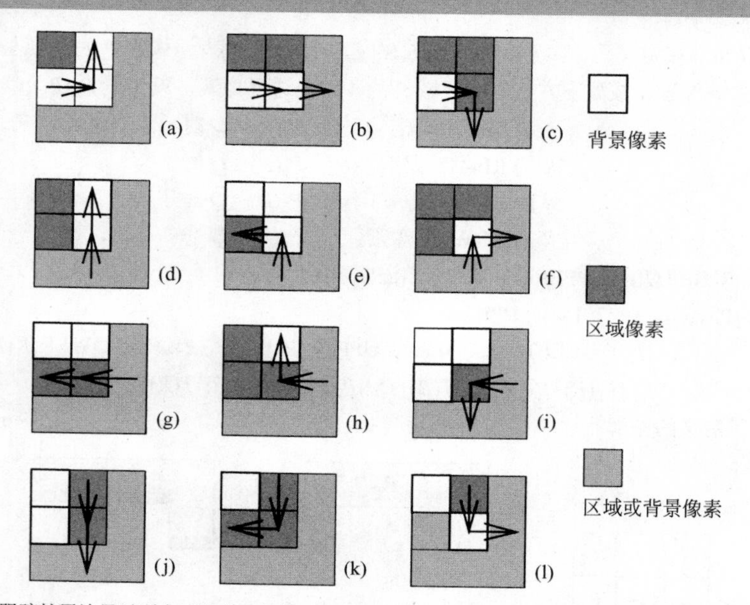

图 6.18 在跟踪扩展边界时所有可能出现的情况的查找表。当前位置是中心像素。下一步的移动方向依赖于背景和区域点的局部结构以及通向当前像素的方向。基于[Liow 1991]改编

注意算法中没有包含孔边界的跟踪。孔被当作分开的区域对待，因此一个区域与一个孔之间的边界作为孔的边界跟踪。

查找表方法使跟踪效率比传统方法更高，且使并行实现成为可能。在[Liow, 1991]中给出了该算法详细的伪代码，其中给出了解决跟踪图像中所有边界这个问题的有效方法。在跟踪扩展边界之外，它还提供了对每个边界片段用链码形式的描述以及有关顶点的信息。这种方法非常适合在较高层的分割方法中表示边界，这些分割方法包括结合了基于边缘的和基于区域的分割结果的方法。

如果要在还没有定义区域的灰度图像中跟踪边界，就会遇到更为困难的情况[Dudani, 1976]。那么，边界用图像中高梯度像素的简单路径（simple path）来表示（见第 2.3.1 节）。边界跟踪从作为边界元素概率高的像素初始化，然后边界建立通过把在最可能的方向上的下一个元素加入来逐步完成。为了找到后续的边界元

素，通常要计算在可能边界延续像素处的边缘梯度的幅度和方向。

算法 6.9　灰度图像中的边界跟踪

1. 假设一直到边界元素 $\mathbf{x}_i$ 的边界已经确定。
2. 定义元素 $\mathbf{x}_j$ 是在方向 $\phi(\mathbf{x}_i)$ 上与 $\mathbf{x}_i$ 邻接的像素。如果在 $\mathbf{x}_j$ 处的梯度幅值比事先设置的阈值大，则把 $\mathbf{x}_j$ 作为一个边界元素；回到第 1 步。
3. 计算像素 $\mathbf{x}_j$ 的 3×3 邻域的平均灰度值。将结果与某个事先设置的灰度值作比较，确定 $\mathbf{x}_j$ 是在区域内还是在区域外。
4. 由第 3 步的结果确定方向选择中的符号，考察相应方向 $[\phi(\mathbf{x}_i) \pm \pi/4]$ 的 $\mathbf{x}_i$ 的邻接像素 $\mathbf{x}_k$，以便延续跟踪。如果找到了延续，$\mathbf{x}_k$ 就是一个新的边界元素，返回第 1 步。如果 $\mathbf{x}_k$ 不是一个边界元素，则从另一个有希望的像素开始跟踪。

基于多维的梯度，这一算法也可以用于多光谱或动态图像中（时间的图像序列）。

6.2.4　作为图搜索的边缘跟踪

只要有额外的边界检测知识，我们就应该利用。先验知识的一个例子是尽管我们不知道确切的边界位置，但是我们知道边界的起点和终点。即使是相对弱的额外要求，例如平滑性或者低曲率也可以包含在先验知识中。如果有这类支持信息，就可以采用通用的 AI（人工智能）问题求解方法。

图是由一组结点 n_i 和结点间的弧(n_i, n_j)构成的一种普通结构（见第 4.2.3 节）。我们考虑有方向的数值加权的弧，这些权称为**费用**（**costs**）。边界检测过程被转换为在加权图中搜索最优路径的问题，目标是找到连接两个指定结点即起点和终点的最好路径。

假设在边缘图像中，既有边缘幅度 $s(\mathbf{x})$ 也有边缘方向 $\phi(\mathbf{x})$ 的信息。每个图像像素对应于一个以值 $s(\mathbf{x})$ 加权的图结点。我们可以构建一张图如下：要连接代表像素 $\mathbf{x}_i$ 的结点 n_i 和代表像素 $\mathbf{x}_j$ 的结点 n_j，像素 $\mathbf{x}_j$ 必须是 $\mathbf{x}_i$ 在方向 $d \in [\phi(\mathbf{x}_i) - \pi/4, \phi(\mathbf{x}_i) + \pi/4]$ 内的三个存在的邻接点之一。进一步，$s(\mathbf{x}_i)$ 和 $s(\mathbf{x}_j)$ 必须比某个事先指定的反映边缘显著性的阈值 T 大。在具体的边缘检测问题中可以修改这些条件。

图 6.19（a）显示了一幅图像的边缘方向，只有那些显著的边缘被列出了。图 6.19（b）显示了从这些边缘中建立的方向图。

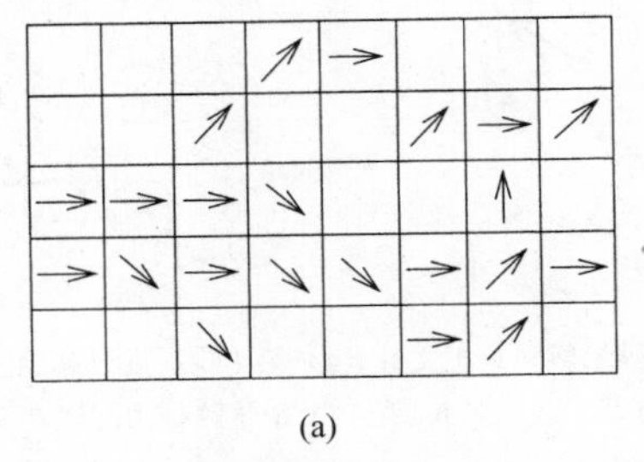
(a)

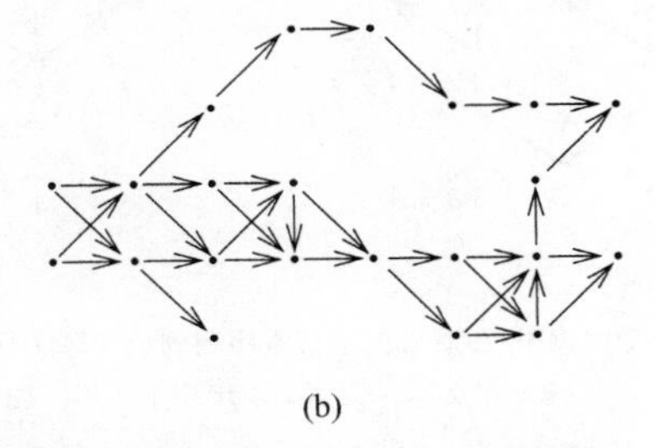
(b)

图 6.19　边缘图像的图表示：（a）超过边缘幅值阈值的像素的边缘方向；（b）对应的图

图搜索在边缘检测中的应用最早发表于[Martelli, 1972]，其中使用了 Nilsson 的 A-算法[Nilsson, 1982]。设 $\mathbf{x}_A$ 是开始的边界元素，$\mathbf{x}_B$ 是结束的边界元素。为了在区域边界检测中使用图搜索技术，必须首先定义有向加权图的扩展方法（较早前描述了另一个可能方法）。还必须定义一个费用函数 $f(\mathbf{x}_i)$ 作为通过中间结点 n_i（像素 $\mathbf{x}_i$）的结点 n_A 和 n_B（像素 $\mathbf{x}_A$ 和 $\mathbf{x}_B$）间路径的费用估计。费用函数 $f(\mathbf{x}_i)$ 典型地由两部分组成，在开始的边界元素 $\mathbf{x}_A$ 和 $\mathbf{x}_i$ 之间的最小路径费用的估计 $\tilde{g}(\mathbf{x}_i)$，以及在 $\mathbf{x}_i$ 和结束的边界元素 $\mathbf{x}_B$ 之间的最小路径费用的估计 $\tilde{h}(\mathbf{x}_i)$。从开始结点到结点 n_i 的路径的费用 $\tilde{g}(\mathbf{x}_i)$ 一般是路径中弧或结点费用的和。费用函数相对于路径的长度必须是可分离的和单调的，因此每个弧的局部费用必须是非负的。满足给定条件的 $\tilde{g}(\mathbf{x}_i)$ 的一个简单例子是考虑从 $\mathbf{x}_A$ 到 $\mathbf{x}_i$ 的路径距离。$\tilde{h}(\mathbf{x}_i)$ 的估计可以是从 $\mathbf{x}_i$ 到 $\mathbf{x}_B$ 的边界的长度，这有利于优先选择 $\mathbf{x}_A$ 和 $\mathbf{x}_B$ 间较短的边界作为费用低的路径。这意味着如下的图搜索算法（Nilsson 的 A-算法）可以用于边界检测。

算法 6.10 图搜索 A-算法

1. 展开起始结点 n_A，将其所有的后继放入 OPEN 表中并带有指向起始结点 n_A 的指针。给每个展开的结点计算费用函数 f。
2. 如果 OPEN 表是空的，失败。确定 OPEN 表中具有最小费用 $f(n_i)$的结点 n_i，将它从表中除去。如果 $n_i = n_B$，则通过指针回溯得到最优路径，停止。
3. 如果第 2 步没有选择停止，展开得到的结点 n_i，将其后继放入 OPEN 表中并带有指向 n_i 的指针。计算它们的费用 f。返回第 2 步。

图 6.20 给出了该算法的一个例子。这里，当前在 OPEN 表中的结点加了阴影，其中最小费用的结点有阴影且轮廓加粗了。在图 6.20（c）中，请注意累加费用为 7 的结点也展开了，但是没有找到其后继。在图 6.20（e）中，由于试图展开最后图层上的一个结点，搜索就结束了。

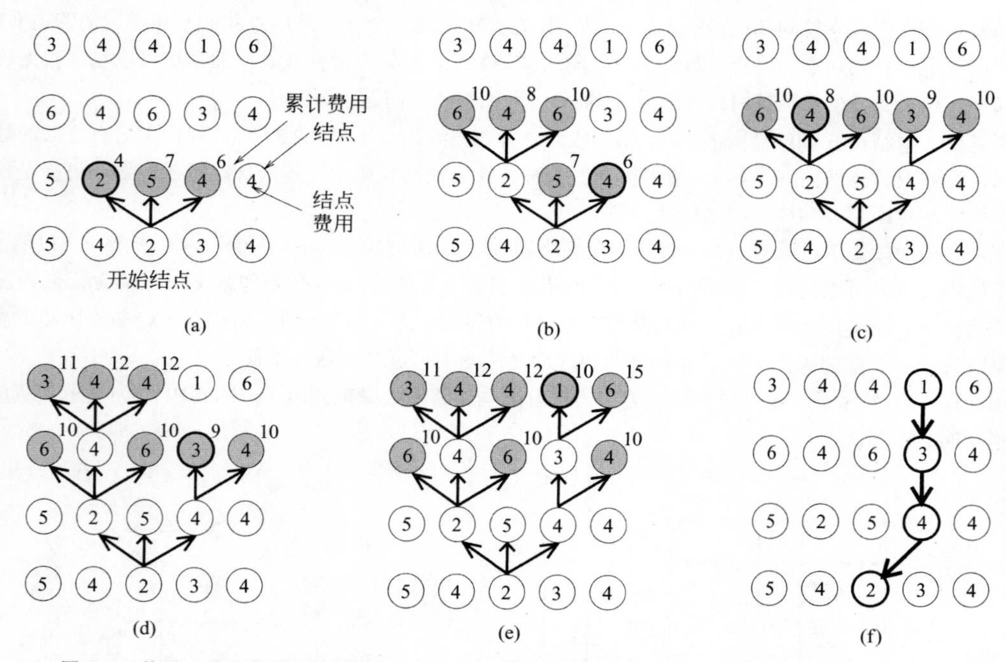

图 6.20 使用 A-算法的图搜索序列例子（算法行进步骤的解释见正文）：（a）第 1 步，展开起始结点；（b）第 2 步；（c）第 3 步和第 4 步；（d）第 5 步；（e）第 6 步；（f）最优路径由回溯定义

如果对于图的建立和搜索没有施加额外的限制，这一过程很容易会造成死循环（见图 6.21）。为了防止这种行为，不允许如下形式的结点展开：将已经访问过的且以前曾被放入 OPEN 表中的结点再次放入 OPEN 表中。一种解决死循环问题的简单方法是不允许反向搜索。如果能够得到有关边界位置和它的局部方向的先验信息时，可以使用这种方法。在这种情况下，可以按照如图 6.22 所示的方式将要处理的图像（和其对应的图）拉直。边缘图像按照如下方式作几何卷绕（geometrically warped）：沿着与待寻找边界的近似位置垂直的剖面线（profile lines）进行重采样。将图像数据拉直这种预处理步骤十分有利于计算。按这种方式表示的边界在跟踪时不允许反向搜索。如果要检测诸如道路、河流、脉管（vessels）等细而长的物体边界，这种

方法可能会非常有用。另一方面，禁止反向搜索可能会限制能够成功地辨认出来的边界的形状。在[van der Zwet and Reiber, 1994]中，介绍了一种称为**梯度场变换（gradient field transform）**的基于图搜索的方法，它允许沿着任何方向成功地搜索。

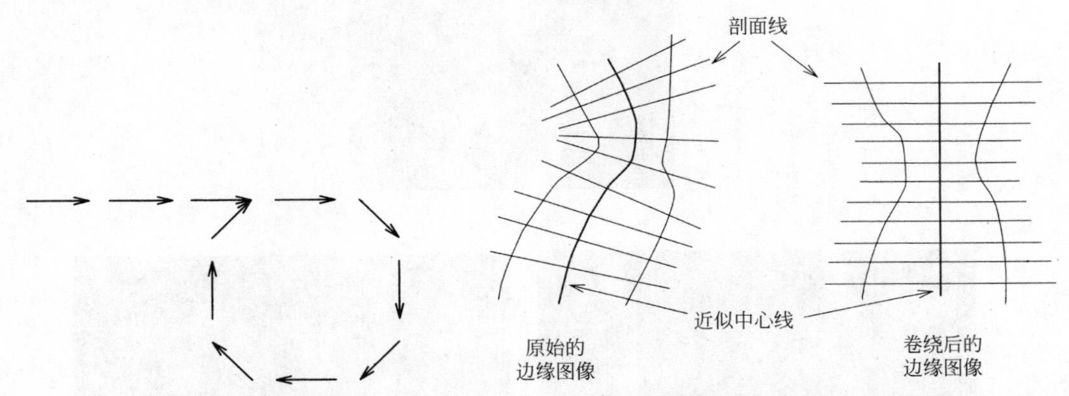

图 6.21　在图像数据中跟踪一封闭环

图 6.22　几何卷绕产生一个拉直的图像：建立的图仅需要在一个主要方向上搜索（即至顶向下）。基于[Fleagle et al.，1989]改编

从当前结点 n_i 到结束结点 n_B 的路径费用的估计对搜索行为有实质性的影响。如果不考虑真实费用 $h(n_i)$ 的估计 $\tilde{h}(n_i)$，即 $\tilde{h}(n_i)=0$，算法中就没有包含启发式信息，所做的就是宽度优先搜索。因此，检测到的路径根据所使用的标准总是最优的，由此总会找到最小费用的路径。启发式信息可能会导致次优解，但是常会快得多。

给定估计 $\tilde{g}$ 的自然条件，如果 $\tilde{h}(n_i)\leqslant h(n_i)$ 且路径的任何部分的真实费用 $c(n_p,n_q)$ 比其估计费用 $\tilde{c}(n_p,n_q)$ 大，就可以确保得到最小费用路径的结果。估计 $\tilde{h}(n_i)$ 越接近 $h(n_i)$，搜索中展开的结点数就越低。问题是从结点 n_i 到结束结点 n_B 的路径确切费用事先是不知道的。在有些应用中，快速地得到解比得到最优解更为重要。选择 $\tilde{h}(n_i)>h(n_i)$ 不能保证最优，但是展开的结点数一般会比较小，因为在找到最优解之前搜索就被终止了。

图 6.23 显示了一个最优的和启发式的图搜索边界检测的比较。图 6.23（a）显示了原始费用函数——逆边缘图像；图 6.23（b）显示了当 $\tilde{h}(n_i)=0$ 时的图搜索得到最优边界；搜索中展开了 38%的结点，展开的结点用白色的区域显示。当使用启发式搜索时（$\tilde{h}(n_i)$ 是过估计了大约 20%)，搜索中只有 2%的图结点被展开，边界的检测速度快了 15 倍（图 6.23（c））。比较图 6.23（b）和图 6.23（c）中的边界结果，可以发现：尽管非常显著地加速了，但是产生的边界结果并没有显著的差别。

总之：

- 如果 $\tilde{h}(n_i)=0$，算法产生最小费用搜索。
- 如果 $\tilde{h}(n_i)>h(n_i)$，算法可能会比较快，但是不保证得到最小费用结果。
- 如果 $\tilde{h}(n_i)\leqslant h(n_i)$，当且仅当满足以下条件时搜索产生最小费用路径：

$$c(n_p,n_q)\geqslant \tilde{h}(n_p)-\tilde{h}(n_q)$$

　其中，对于任意的 p, q，$c(n_p,n_q)$ 是从 n_p 到 n_q 的真实最小费用，这对于一个特殊的 $f(x)$并不容易满足。

- 如果 $h(n_i)=\tilde{h}(n_i)$，搜索总会产生最小费用路径且展开的结点数也最小。
- 对 $h(n)$ 估计越好，必须展开的结点数就越少。

在图像分割应用中，由于在边缘图像中可能的不连续性，在起始像素 x_A 和结束像素 x_B 间的路径存在性并不能保证，因此常常需要应用更多的启发式信息来克服这些问题。例如，如果 OPEN 表中没有可展开的结

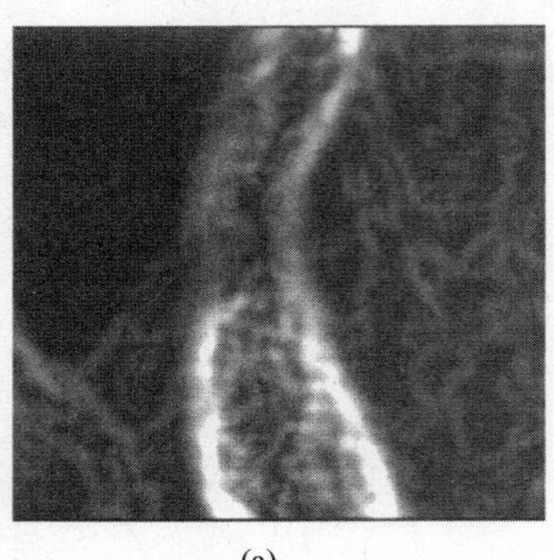

(a)

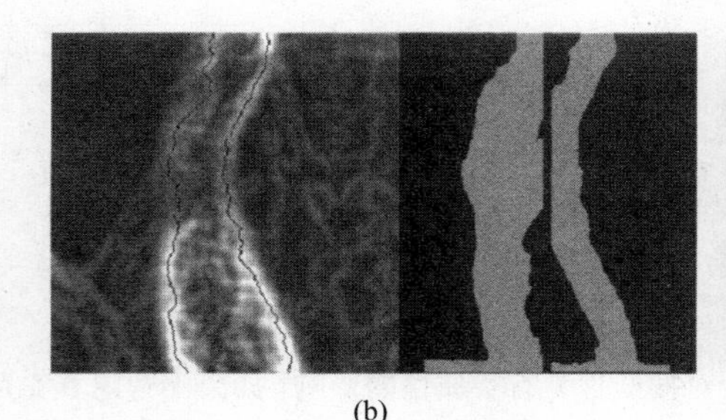

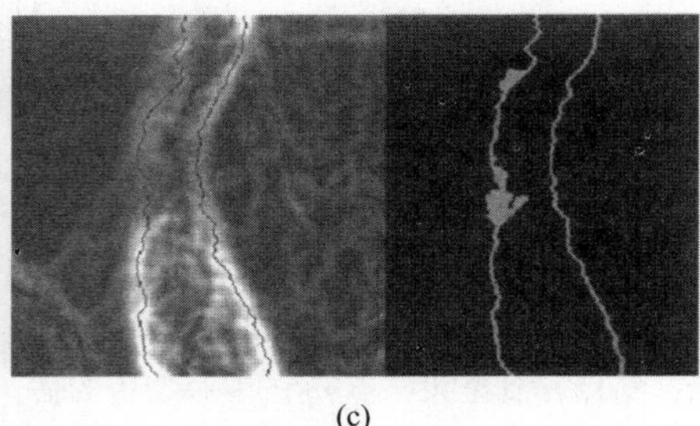

(b) (c)

图 6.23 最优的和启发式图搜索性能的比较：（a）原始费用函数（脉管的逆边缘图像）；（b）最优图搜索，产生的脉管边界与费用函数相邻显示，显示了扩展结点（38%）；（c）启发式图搜索，结果边界和扩展结点（2%）

点，就可以展开具有非显著边缘值的后继，这样就可能建立桥梁来通过边界表示中的这些小的不连续性。

对于图搜索边界检测，一个关键的问题是如何选择评价费用的函数。一个好的费用函数应该具有多数边缘检测问题共有的成分，也要有与具体应用有关的特殊项。一些通常可用的费用函数有：

- 形成边界的边缘强度："形成边界的边缘强度越强，边界的概率就越高"这一启发式是很自然的，并且几乎总是给出好结果。请注意如果边界由强边缘组成，边界的费用就小。在边界上增加一个结点的费用是：

$$(\max_{\text{image}} s(\mathbf{x}_k)) - s(\mathbf{x}_i) \tag{6.9}$$

  其中最大的边缘强度是从图像中所有像素中得到的。

- 边界曲率：有时要优先选择具有小曲率的边界。那么，整个边界的曲率可以用局部曲率增量的单调函数来评价：

$$\text{diff}\left[\phi(\mathbf{x}_i) - \phi(\mathbf{x}_j)\right] \tag{6.10}$$

  其中 diff 是某个适当的函数，用来评价两个相继边界元素的边缘方向的差别。

- 与一个近似边界位置的接近度：如果知道一个近似边界位置，支持与已知的近似相近的路径是自然的。可以用与近似边界的距离"dist"来加权边界元素值，该距离对费用具有或者是加性的或者是乘性的影响：

$$\text{dist}\left[\mathbf{x}_i, \text{approximate\_boundary}\right] \tag{6.11}$$

- 估计到目标（结束点）的距离：如果边界是相当直的，优先支持与目标结点接近的那些结点的展开是自然的：

$$\tilde{h}(\mathbf{x}_i) = \text{dist}(\mathbf{x}_i, \mathbf{x}_B) \tag{6.12}$$

由于边界检测应用的范围广泛，费用函数需要做些修改使其与特殊的任务相关。例如，如果我们目的是确定具有中等强度边界的区域，若采用式（6.9）的费用，一个十分靠近的高强度的边界就会错误地将搜索吸引过去。显然，函数必须根据反映个别费用性质的适合性加以修改。对于该例子，可以使用高斯费用变换，其高斯分布的均值代表期望的边缘强度而标准差反映可以接受的边缘强度区间。这样，使得接近期望值的边缘强度优先于较低或较高的边缘强度。可以提出各种类似的变换，一组一般可用的费用变换在[Falcao et al., 1995]中可以找到。

基于图的边界检测方法经常面临如下的困难：OPEN 表中存储的展开结点数过多，其中的结点还带有指向其前驱的指针，代表了图的已搜索的部分。OPEN 表中每个结点的费用是从起始结点到该结点的路径上所有费用的和。这意味着，相比于距离起始结点还不远的差路径上的结点的费用而言，即使是好的路径在当前的结点上也会产生比较高的费用。这导致了这些代表较短路径具有较低总费用的“差”结点的展开，即使我们有它们的概率低这样的观点也罢。解决这个问题的一个杰出方法是在费用评价中结合进启发式估计 $\tilde{h}(\mathbf{x}_i)$，不幸的是从当前结点到目标的路径费用的好的估计一般得不到。使该方法在实际中更有用的一些修改，尽管其中有些已经不能再确保最小费用路径，有如下的一些形式：

- **解树剪枝**（**pruning the solution tree**）：可以在搜索中减小 OPEN 表中的结点集合。删除那些单位长度费用高的路径，或者每当 OPEN 表超过给定的限制时就删除太短的路径，通常会给出好结果（见第 9.4.2 节）。
- **最小最大费用**（**least maximum cost**）：将如下的思想用于费用函数的计算：链的强度可以用最弱环节的强度给出。当前路径的费用设置为从起始结点到当前结点的路径中最贵的弧的费用，而不论沿路径费用的和是多少。因此路径费用不一定随着每步而增长，这种方式倾向于较长时间地展开好的路径。
- **分支与定界**（**branch and bound**）：这是基于最大允许路径费用的修改，不允许超过该费用的路径。该最大路径费用或者事先已知，或者是在图搜索期间计算出来并更新。所有超过允许最大路径费用的路径都被从 OPEN 表中删除。
- **低限**（**lower bound**）：提高搜索速度的另一种方法是减少弱边缘候选展开的数目。如果图中最好的当前路径的费用超过任何差而短的路径的费用，弱边缘候选总是被展开。如果最好的后继费用被置为 0，在该结点展开后路径的总费用不会增长，而这个好路径又会被展开。[Sonka et al., 1993]中提出的方法假设在拉直的图上搜索路径，该图是如前所述的图像卷绕的结果。剖面线上的每个结点减去该线的最小结点费用（低限）。其作用是将如下的费用范围：

  $$\min(\text{profile\_node\_costs}) \leqslant \text{node\_cost} \leqslant \max(\text{profile\_node\_costs})$$

  移到：

  $$\begin{aligned} 0 &\leqslant \text{new\_node\_cost} \\ &\leqslant [\max(\text{profile\_node\_costs}) - \min(\text{profile\_node\_costs})] \end{aligned}$$

  请注意在给定剖面线上的费用范围仍然是一样的，但是范围被平移了以便至少有一个结点的费用被赋值为 0 费用。由于每个剖面线上的结点费用平移的数量不同，图按照有利于好路径展开的顺序被扩展。对于在拉直图像上的图搜索，当展开结点以及给图中的子路径分配费用时，低限可以看作是启发式信息。将每个剖面线上的最小数值加在一起，该总和就是图中最小费用路径的一个估计。显然，每个剖面线的最小费用结点可能并不构成有效的路径，即它们可能不满足相邻的条件。然而，这个总的费用将是图的任何路径费用的低限。这一结果使得该启发式信息可以接受，如此保证算法可以成功地找到最优路径。在预处理步骤中，通过利用这个低限实现给指定结点分配启发式费用。
- **多分辨率处理**（**multi-resolution processing**）：如果应用两个图搜索过程的序列就可以减少展开结点的数目。第一个搜索在较低分辨率下进行，来检测近似的边界：与全分辨率相比搜索中涉及的图结点数就小且展开的结点数也小。第二个搜索利用低分辨率结果作为模型，在全分辨率下进行，全分辨率费用以因子加权，该因子代表到在低分辨率下获得的近似边界的距离（式（6.11））。这种方法假设从低分辨率图像可以检测到近似边界的位置[Sonka et al., 1993, 1994]。

- **结合高层知识（incorporation of higher-level knowledge）**：在图搜索中结合高层知识可以显著地减少展开结点的数目。搜索可以由近似边界的先验知识直接指导。另一种可能性是将边界形状模型结合在费用函数的计算中。在第 10 章中将详细讨论把这两种方法以及附加的特殊知识和多分辨率方法用于冠状动脉（coronary）边界的检测（见图 6.24 和第 10.1.5 节）。

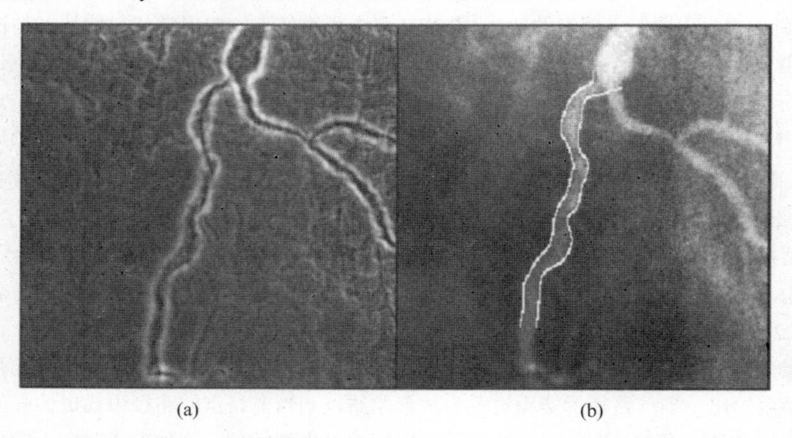

图 6.24　应用于冠状动脉边界检测的图搜索：（a）边缘图像（原血管造影术（angiographic）图像见图 16.7）；（b）确定的脉管边界

图搜索技术为确保检测出来的轮廓的全局最优性提供了便利的途径，并且常用于检测近似直的轮廓。为了“拉直”轮廓，封闭结构轮廓的检测将涉及图像的几何变换，将极坐标转换为直角坐标，但是这可能使得该算法不能检测轮廓非凸的部分。为了克服这一点，可以将图像划分为两段（如果必要，迭代），在每段中分开同时地进行搜索。搜索从起始点开始沿相反的方向独立地进行，直到它们在两图像段的分界线上相遇为止。

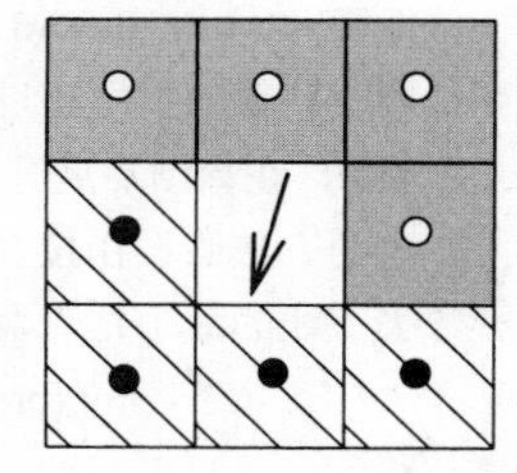

图 6.25　双向启发式搜索：边缘前趋（标志 o）和后继（标志 •）

搜索图像中的边界但不知道起点和终点的问题更为复杂。在基于图像边缘的幅值和方向的一种方法中，边缘被合并为边缘链（即部分边界）。边缘链通过使用双向启发式搜索建立，8-邻接展开结点的一半作为边缘的前方，而另一半作为边缘的后方（见图 6.25）。使用有点类似于边缘松弛法（见第 6.2.2 节）的其他启发式信息，将部分边界组合起来，产生最终的区域边界。如下的算法将这些思想更详细地描述出来，它是使用自底向上（bottom-up）控制策略的一个例子（见第 10 章）。

算法 6.11　图像边界的启发式搜索

1. 在图像中搜索那些最强的尚未考虑/尚未标注的边缘，给予标注。如果该边缘的幅值比预先设置的阈值小，或者没有找到图像边缘，转第 5 步。
2. 展开在指定起始边缘前方的所有图像边缘，直至没有后继为止。
3. 展开在指定起始边缘后方的所有图像边缘，直至没有前趋为止。在第 2 步和第 3 步不包含已经是任何存在的边缘链一部分的边缘。
4. 如果产生的边缘链由至少 3 个边缘组成，将其存于链的表中，否则删除。转第 1 步。
5. 按照图 6.26 所示的规则修改边缘链。
6. 重复第 5 步，直至在一步一步中产生的边界基本不变化为止。

图 6.26 所示的规则（在算法 6.11 的第 5 步中使用的）解决了三种标准情形。第一，获得了对应于单个边界的比较细的边缘响应。第二，不存在真实边界的由照明变化引起的边缘响应被抹掉了。第三，边界元链间的小缺口被弥补了。由这些一般性的规则引起的细致行为可以根据具体问题加以修改。

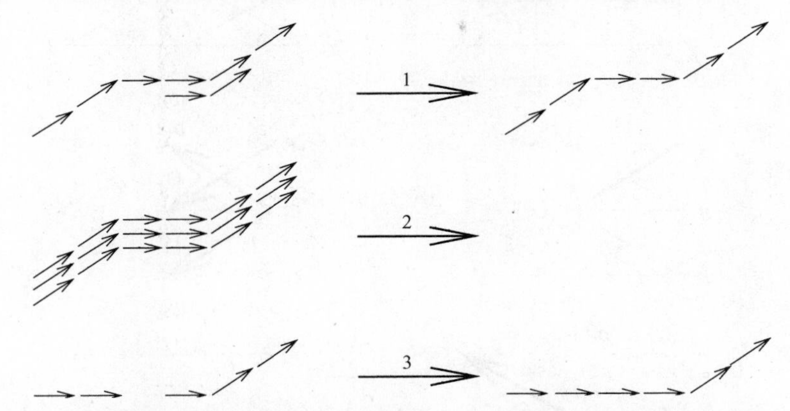

图 6.26　边缘链修改规则；请注意由连续的照明变化引起的边缘响应被抹掉了（第 2 种情况）

有关近期的边界检测和边缘连接方法的综述可以参见[v.d Heijden, 1995]。在[Demi, 1996]中，提出了使用角点和分叉增强的边界检测方法。

6.2.5　作为动态规划的边缘跟踪

动态规划（dynamic programming）是基于**最优化原理**（**principle of optimality**）的一种最优化方法[Bellmann, 1957; Pontriagin, 1962]。它搜索函数的最优值，该函数的所有变量不是同时内在关联的(simultaneously interrelated)。（动态规划成为 10.11 节中介绍的 Viterbi 这个非常重要算法的基础。）

考虑如下的简单边界跟踪问题（见图 6.27）。目标是找到存在于可能的起点 A、B、C 和可能的终点 G、H、I 之间的一个最好的（最小费用）8-邻接路径。边界必须在 8-邻接下连续。图 6.27（a）、图 6.27（b）给出了表示问题的图以及分配的部分费用。到结点 E 有三条路：连接 A-E 得到费用 $g(A, E)=2$；连接 B-E，费用 $g(B, E)=6$；连接 C-E，费用 $g(C, E)=3$。

最优化原理的主要思想（main idea）是：无论到结点 E 的路径是什么，都存在着结点 E 和终点间的一条最优路径。换句话说，如果起点-终点的最优路径穿过 E，则其在起点-E 以及 E-终点间的两部分也是最优的。

在此种情况下，在起点和 E 之间的最优路径是部分路径 A-E（见图 6.27（c））。只有如下的信息需要存储起来为将来所用：到 E 的最优路径是 A-E，费用 $C(E)=2$。使用同样的方法，到 D 的最优路径是 B-D，费用 $C(D)=2$；到 F 的最好路径是 B-F，费用 $C(F)=1$（见图 6.27（d））。路径可以经 D 或 E 到结点 G。经过结点 D 的路径费用是结点 D 的累加费用 $C(D)$和部分路径费用 $g(D, G)$之和。因为到 D 的最好路径来自于 B，费用 $C(G_D)=7$ 代表路径 B-D-G。从 E 到 G 的费用是 $C(G_E)=5$，代表路径 A-E-G。显然经过结点 E 的路径更好，到 G 的最优路径是 A-E-G，其费用是 $C(G)=5$（见图 6.27（e））。类似地，费用 $C(H)=3$ (B-F-H)，费用 $C(I) = 7$ (A-E-I)。现在，具有最小路径费用的终点代表最优路径，因此结点 H 是最优的边界终点，且最优边界是 B-F-H（见图 6.27（f））。图 6.28 给出使用结点费用（而不是图 6.27 中的弧费用）的例子。请注意，图、费用函数和结果路径都是与图 6.20 中使用的完全一致。

如果图的层数超过三层，重复这一过程直至达到一个终点。每次重复由一个如图 6.29（a）所示的更简单的优化组成：

$$C(x_k^{m+1}) = \min_i \left[C(x_i^m) + g^m(i,k) \right] \tag{6.13}$$

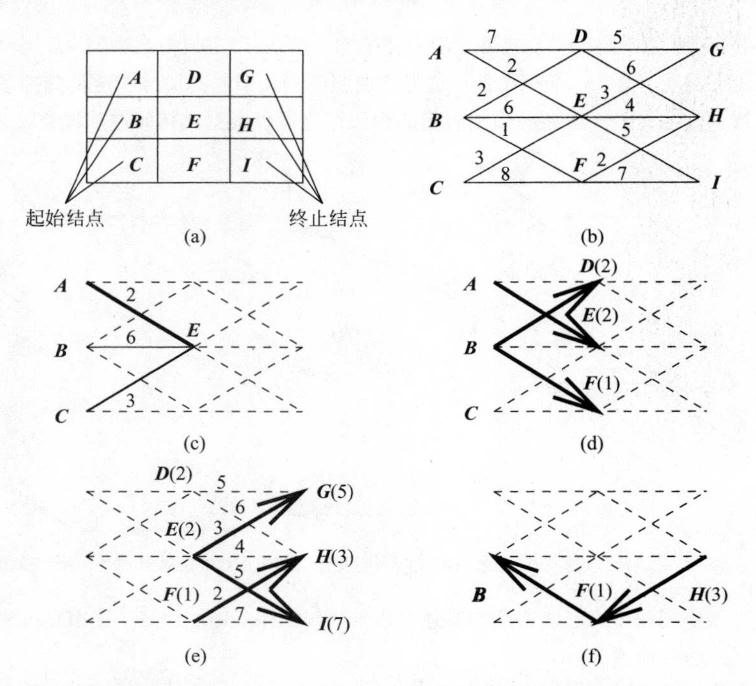

图 6.27 作为动态规划的边缘跟踪：（a）边缘图像；（b）对应的图，分配了部分费用；（c）从任何起点到 E 的可能路径，A-E 是最优的；（d）到结点 D、E、F 的最优部分路径；（e）到结点 G、H、I 的最优部分路径；（f）从 H 的回溯定义了最优边界

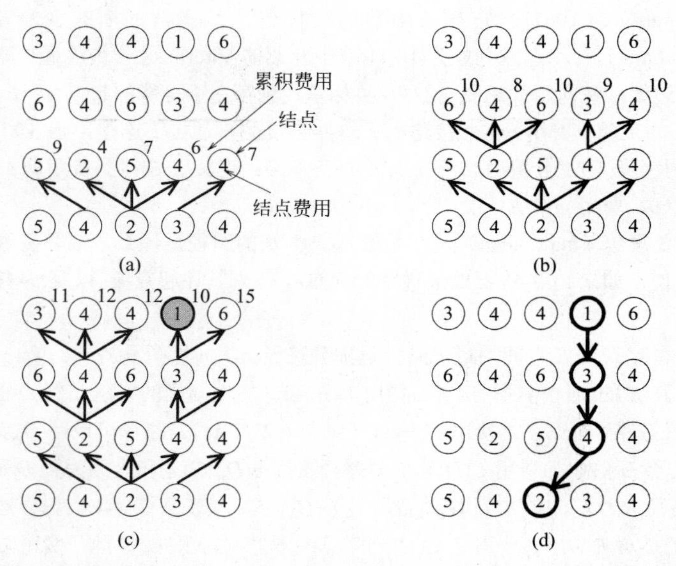

图 6.28 使用动态规划的图搜索序列的例子：（a）第 1 步，展开图的第一层；（b）第 2 步；（c）第 3 步，标注出了最后层的最小费用结点；（d）最优路径由回溯定义

其中，$C(x_k^{m+1})$ 是分配给结点 x_k^{m+1} 的最新费用；$g^m(i,k)$ 是结点 x_i^m 和 x_k^{m+1} 之间的部分路径费用。对于完全的优化问题，有

$$\min\left[C(x^1,x^2,\cdots,x^M)\right]=\min_{k=1,\cdots,n}\left[C(x_k^M)\right] \tag{6.14}$$

其中，x_k^M 是终点结点，M 是起始点和终止点间的图层的数目（见图 6.29（b））；$C(x^1,x^2,\cdots,x^M)$ 表示在第一

和最后（M^{th}）图层间路径的费用。对于8-邻接边界，假设每个图层 m 有 n 个结点 x_i^m，每层需要计算 $3n$ 次费用组合，总的费用组合计算的数目是 $3n(M-1)+n$。与强力（brute-force）的枚举搜索的组合数 $n(3^{M-1})$ 相比，改进是明显的。最后的最优路径从搜索过的图回溯来得到。请注意邻接点数取决于连续性的定义和搜索图的定义，并不局限于3。

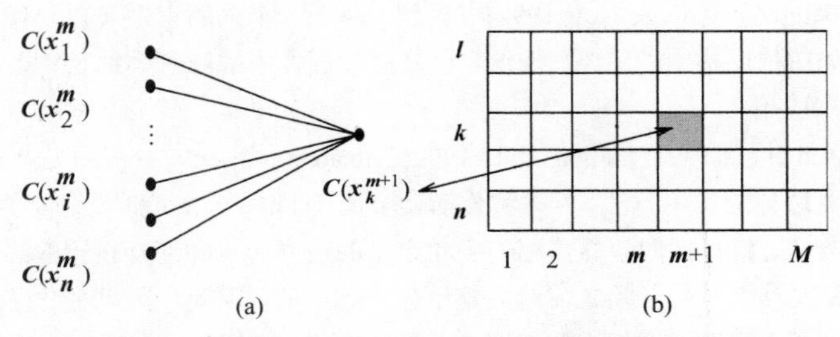

图6.29　动态规划：（a）费用计算的一步；（b）图层，结点符号

应用动态规划方法必须建立完整的图，这可以按照前面节中给出的一般规则来建其中的评价函数也可能适合于动态规划。图6.30给出了动态规划从X射线CT图像中检测肺部裂缝（pulmonary fissures）的应用。由于裂缝是用亮的像素来显示的，费用函数简单地反映像素灰度值的逆。尽管事实上脉管相当亮（它们的像素对应于局部较低的费用），但是最低的全部费用路径反映了裂缝的连续特征。

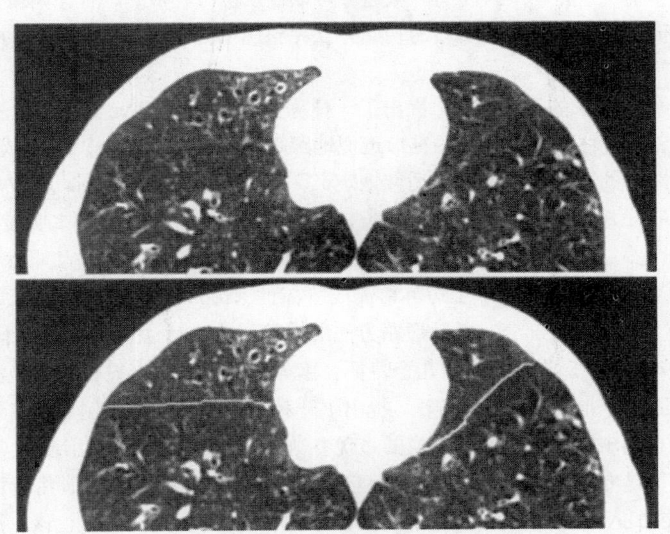

图6.30　使用动态规划检测肺部裂缝。上图：肺部X射线CT原始代表性的图像。下图：显示成白色的检测出的裂缝

算法6.12　作为动态规划的边界跟踪

1. 指定第1个图层的所有结点的初始费用 $C(x_i^1)$，$i=1,\cdots,n$ 和部分路径费用 $g^m(i,k), m=1,\cdots,M-1$。
2. 对于所有的 $m=1,\cdots,M-1$ 重复第3步。
3. 在图层 m 中，对于所有的 $k=1,\cdots,n$ 重复第4步。
4. 设

$$C(x_k^{m+1}) = \min_{i=-1,0,1}\left[C(x_{k+i}^m) + g^m(i,k)\right] \tag{6.15}$$

　设指针从结点 x_k^{m+1} 指回结点 x_i^{m*}；其中*指示最优的前趋。

5. 在最后层 M 找到最优结点 x_k^{M*}，通过从 x_k^{M*} 到 x_i^{1*} 的指针回溯得到最优路径。

对于在图中寻找两个结点的路径而言，启发式搜索可能比动态规划更为有效[Martelli, 1976]，而且，基于 A-算法的图搜索并不需要明确地定义图。然而，动态规划给出了从多个起点和终点中同时搜索最优路径的一个有效的方法。如果不知道这些点，动态规划或许是一个好的选择，特别是当部分费用 $g^m(i,k)$ 简单时。然而，对于特定问题而言究竟哪种方法更有效，取决于评价函数和 A-算法的启发式信息的性质。对于动态规划和启发式搜索效率的比较可以在[Ney, 1992]中找到。对于一个词的识别问题，有人发现动态规划比较快且存储需求较小。诸如航拍照片中的道路、河流，以及医学图像中的脉管等细长物体的边界跟踪，是动态规划在图像分割中的典型应用。

Udupa 等[Mortensen et al., 1992; Udupa et al., 1992; Falcao et al., 1995; Barrett and Mortensen, 1996]提出了使用二维动态规划检测边界的实用方法。一种称作活动金属丝（live wire）和/或智能剪刀（intelligent scissors）的交互实时边界检测方法，将自动的边界检测与手动定义的边界起点和交互设置的终点结合起来。在动态规划中，待搜索的图总是在搜索过程开始之前就完整地建立起来的，因此，交互地设置终点不会调用耗时的图重建的过程，这一点不同于启发式图搜索的情况（见第 6.2.4 节）。因此，在建立了完整的图并分配了结点费用之后，连接固定的起点和交互地改变的终点的最优路径可以实时地确定。在大的或更为复杂的区域情况下，完整的区域边界通常是从几段边界建立起来的。在定义了起点之后，操作者交互地引导终点使计算出的最优边界在视觉上是正确的。如果操作者对当前的边界满意，以及如果终点进一步移动会导致边界脱离期望位置的情况下，固定终点并将其作为一个新起点用于下段边界的检测。建立一个新的完整的图，操作者交互地定义下一个终点。在很多情况下，一个封闭的区域边界可以仅从两段构成。尽管在响应交互修改的终点时的边界检测是非常快的，但是搜索每段边界所需的初始建立完整图的过程是高计算代价的，这是因为图是整幅图像尺寸的。

为了克服活动金属丝方法的计算代价，提出了一种称作活动通路（live lane）的修正[Falcao et al., 1995]。在这种方法中，操作者通过移动一个方形的窗口近似地跟踪边界来定义一个兴趣区域。窗口的尺寸或者事先选定，或者根据手动跟踪的速度和加速度自适应地定义。当边界是高质量的时，手动跟踪是快的，活动通路方法本质上是与应用在矩形序列上的活动金属丝方法相同的。如果边界没有那么明显，手动跟踪通常比较慢且窗口尺寸自适应地减小。如果窗口尺寸减到为单个像素，该方法就退化为手动跟踪。一个灵活的方法是每当需要时，将自动边界检测的速度和手工边界检测的鲁棒性（robustness）结合起来。由于建立图仅使用了与移动窗口尺寸相当大小的图像部分，活动通路方法的计算代价比活动金属丝方法小得多。

值得说明两种活动（live）方法的其他几个特征。正如前面强调的，设计边界检测费用函数时常需要充分的经验和实验。为了便于非专家使用该方法，提出了一种根据正确边界的例子确定最优边界特征的自动方法。另一种可获得的自动步骤是确定费用变换的最优参数来创建强有力的费用函数（见第 6.2.4 节）。从而，所产生的最优费用函数是专门为特殊应用设计的，它可以方便地通过在方法的训练阶段引进少量的边界段例子来获得。此外，通过加入一项在相邻图像切片中比较边界位置的费用的方式，该方法很容易应用于三维图像数据。

6.2.6　Hough 变换

如果图像由已知形状和大小的物体组成，分割可以看成是在图像之中寻找该物体的问题。典型的任务是在印刷电路板上定位圆形的衬底，或者是在航拍或卫星数据中找特殊形状的物体。在解决这些问题的许多可能方法中，一种是在图像中移动一个合适形状和大小的掩膜，寻找图像与掩膜间的相关性，在第 6.4 节讨论。不幸的是，由于形状变形、旋转、缩放等原因，该特殊的掩膜常常与在待处理的数据中物体的表示相差太大。一种非常有效的解决该问题的方法是 **Hough 变换**，它甚至可用于重叠的或部分遮挡的物体的分割。

Hough 变换是设计用来检测直线（其他的方法可以参见第 3.2.11 节的 Radon 变换，它和下面要讲的内容有相似之处）和曲线的[Hough, 1962]，起初的方法要求知道物体边界线的解析方程，但不需要有关区域位置的先验知识。这种方法的一个突出优点是分割结果的鲁棒性，即分割对数据的不完全或噪声不是非常敏感。

我们将以那些解析曲线来讲解它的主要思想，并以圆和直线进行举例说明，下来会考虑一些无法以解析形式表示形状的情况。

假设我们寻找满足方程 $f(\mathbf{x}, \mathbf{a}) = 0$ 的曲线实例，起重工 **a** 是一个表示曲线参数的 n 维向量。我们假设已经使用了一个边缘检测器对图像进行了扫描，并且通过阈值化后得到了所有可能的边缘像素——这些像素可能一开始就位于一条合理的曲线上的任一点。这样的曲线可能有无数条，但是我们将以某种方式将向量 **a** 量化使之变成有限个——我们将为它关联一个**累加数组** A，并将其初始化为 0。现在对于每一个边缘像素 **x**，我们对于 **a** 的每一个值增加 $A(\mathbf{a})$，使之满足 $f(\mathbf{x}, \mathbf{a}) = 0$。这将发展成一个投票机制——图像中的一个曲线实例将在 A 中合适的 **a** 值处产生一个局部最大值。形式上：

算法 6.13　使用 Hough 变换的曲线检测

1. 在参数 **a** 的范围内量化参数空间。
2. 形成一个 n 维的累计数组 $A(\mathbf{a})$，其结构与参数空间的量化相匹配；置所有的元素为 0。
3. 在适当地阈值化后的梯度图像中，对每个图像点(x_1, x_2)，对于所有的在第 1 步使用范围内的 **a**，增大所有的满足 $f(\mathbf{x}, \mathbf{a})=0$ 的累计单元 $A(\mathbf{a})$：
$$A(\mathbf{a}) = A(\mathbf{a}) + \Delta A$$
4. 累计数组 $A(\mathbf{a})$ 中的局部极大值对应于出现在原始图像中的曲线 $f(\mathbf{x}, \mathbf{a})$的实现。

Hough 变换的一个重要性质是，它对图像中直线的残缺部分、噪声以及其他共存的结构不敏感。这是由从图像空间到累计空间的变换的鲁棒性引起的，直线残缺的部分只会造成较低的局部极值，这是因为对相应的累计单元有贡献的边缘像素减少了的缘故。噪声较大的或者只是近似的曲线不会被变换为参数空间的一个点，而会产生点群（cluster），该群的质心可以作为曲线的表示。

具体而言，如果我们要找圆，则期望曲线的解析表达 $f(\mathbf{x}, \mathbf{a})$是：

$$(x_1 - a)^2 + (x_2 - b)^2 = r^2 \tag{6.16}$$

其中圆心在(a, b)半径为 r，那么累计器数据结构必须是三维的。对于每个幅值超过给定阈值的像素 **x**，在所给算法的第 3 步中，所有对应于可能圆心(a, b)的累计单元都要增大。如果点(a, b)与点 **x** 的距离为 r，累计单元 $A(a, b, r)$就增大，该条件对于所有满足式（6.16）的三元组都成立。如果某些潜在的半径 r 的中心(a, b)在参数空间中频繁出现，就很有可能在所处理的数据中真的有半径为 r 的中心在(a, b)的圆存在。图 6.31 描述了这个过程。

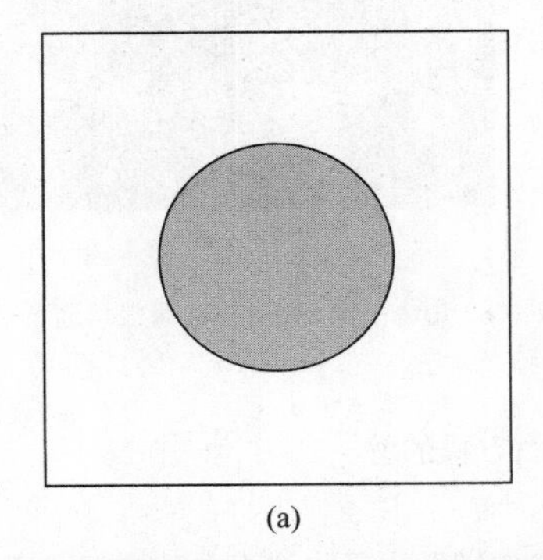

(a)

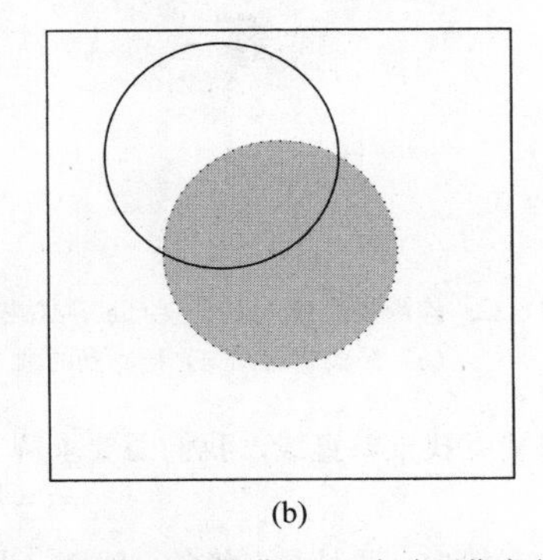

(b)

图 6.31　Hough 变换，圆检测的例子：（a）亮背景下黑圆圈、已知半径 r 的图像；（b）每个黑像素定义了一个以它为中心半径 r 的可能圆心点的轨迹；（c）确定图像像素作为圆心轨迹元素出现的频率，具有最高出现频率的像素表示圆心（标记为 •）；（d）在不完全的圆信息和有重叠结构出现时，Hough 变换正确地检测出了圆（标记为 •）（对于真实生活中的例子参见图 6.32）

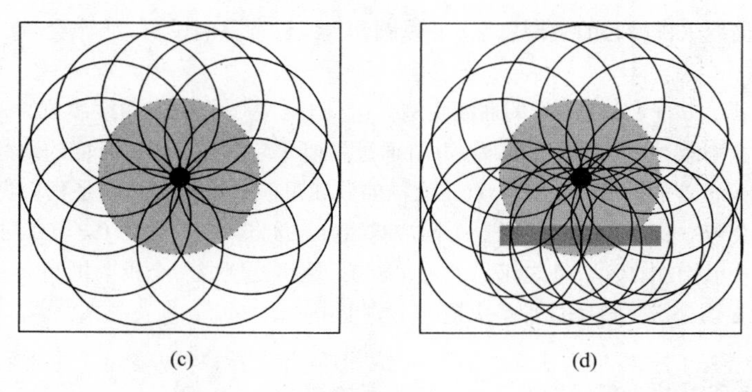

图　6.31（续）

图 6.32 演示了圆的检测，其中已知半径的圆形物体有重叠，且图像含有其他额外结构造成边缘图像噪声很大。请注意，参数空间中的三个局部极大值对应于三个圆形物体的中心。

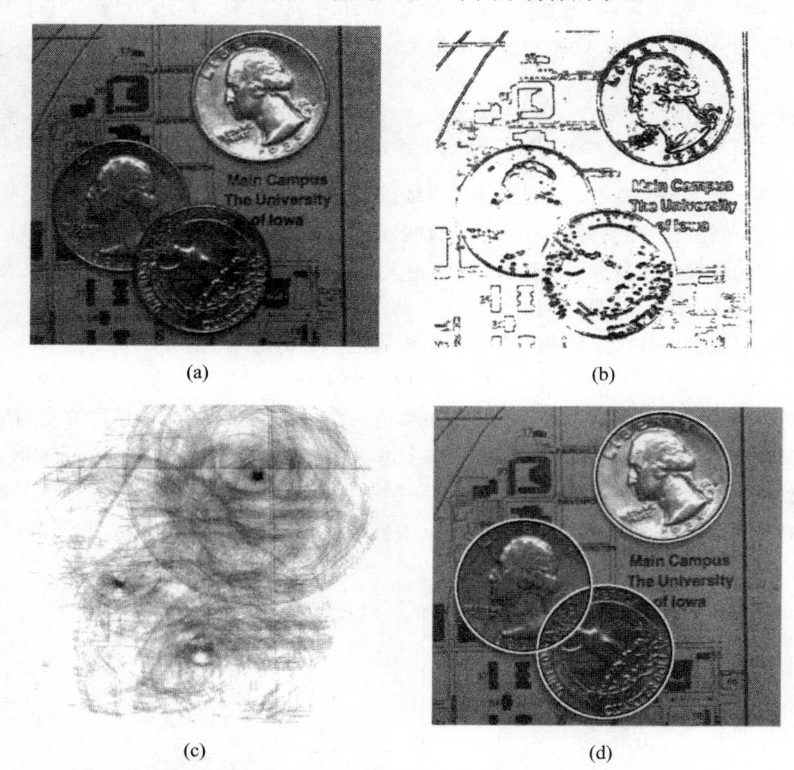

图 6.32　检测圆的 Hough 变换：（a）原始图像；（b）边缘图像（请注意边缘信息远不完美）；（c）参数空间；（d）检测到的圆

类似地，如果要寻找一条直线，我们需要求解下面方程的解

$$x_2 = k\, x_1 + q \tag{6.17}$$

现在参数空间由(k, q)给定，并且是二维的。然而，当我们试图去量化这个参数空间时会出现一个问题，这是由于梯度 k 是无界的（垂直直线具有无穷大的梯度）。在这种情况下，我们重新形式化这个方程为

$$s = x_1 \cos\theta + x_2 \sin\theta \tag{6.18}$$

并且在(s, θ)空间求取方程的解。（参见图 3.25）——虽然这种形式化方式不是很直观，但是所有的参数都是有界的且很容易进行量化。图 6.33 举例说明了这种情况。图 6.34 给出了将大脑 MR 图像分割为左右两个半

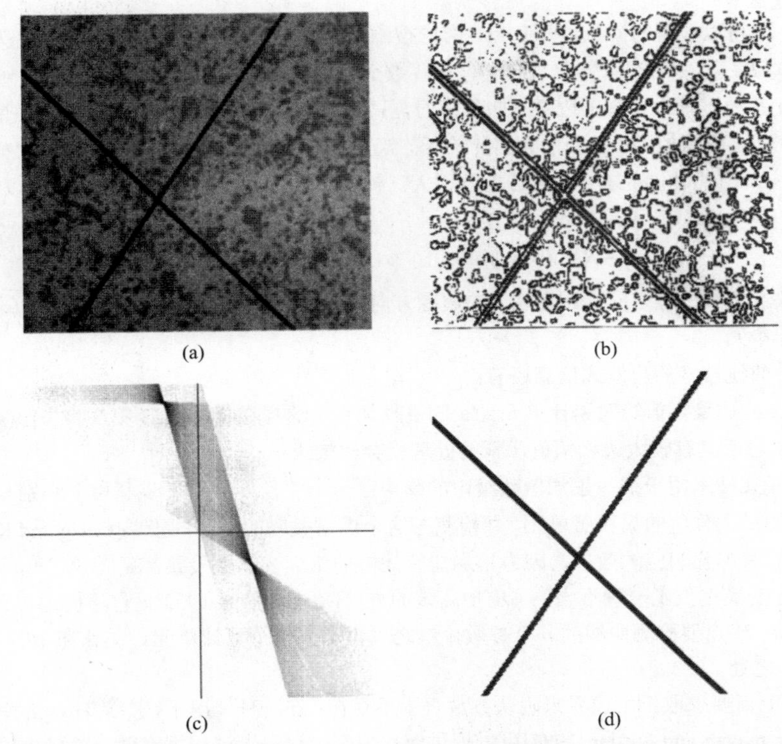

图 6.33 Hough 变换，直线检测：（a）原始图像；（b）边缘图像（请注意，很多边缘并不属于直线）；（c）参数空间；（d）检测到的直线

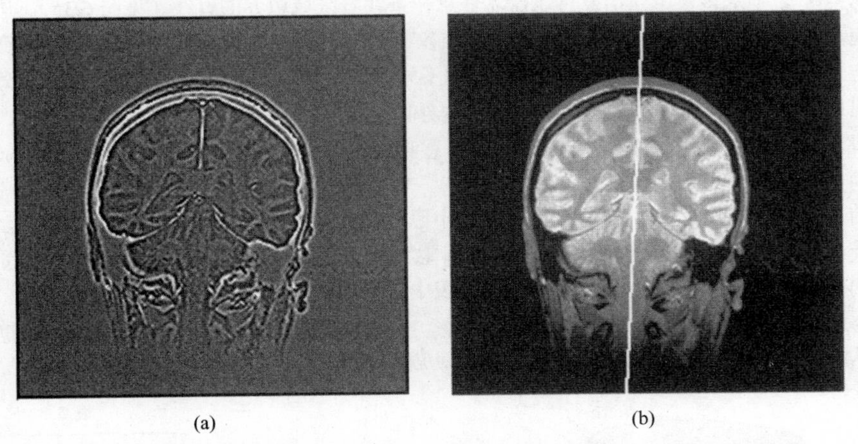

图 6.34 用于将大脑 MR 图像分割为左右两个半球的 Hough 变换直线检测：（a）边缘图像；（b）在原始图像数据中的分割直线

球的实际例子。Hough 变换用来在每幅二维核磁共振切片中独立地检测描述人脑裂缝的直线，这些二维核磁共振切片来自于三维人脑图像的核磁共振图像，总共包含大约 100 个切片。

对参数空间进行量化是这种方法中非常重要的一个部分[Yuen and Hlavac, 1991]；同时，在累加数组中检测局部最大值也并不是一件容易的事情。在实际中，得到的离散化参数空间中图像中的一条直线通常包含多个局部最大值，对离散参数空间进行离散化是一种可能的解决方案。

尽管 Hough 变换是非常强大的一种曲线检测技术，但由于累加器数据结构的增长随着曲线参数的个数的增长以指数级别进行增长，这就限制了它实际中直适用于包含少数几个参数的曲线。如果使用有关边缘方向的先验信息，就可以显著地降低计算负担。考虑搜索一个黑色区域的圆形边界的情况，为了简单设圆的半径是一个常数 $r=R$。不使用边缘方向信息时，在参数空间中如果对应点(a, b)在以 $\mathbf{x}$ 为中心的圆上，所有的累计单元 $A(a, b)$都要被增大。有了边缘方向信息时，只需增大少数的累计单元。例如，如果边缘方向量化为 8 个可能的值，只需要圆的 1/8 参加增大累计单元。当然，估计边缘方向不太可能精确，如果我们估计边缘方向的误差是$\pi/4$，将需要圆的 3/8 使累计单元增大。使用边缘方向，参数 a 和 b 可以用以下的公式来计算：

$$a = x_1 - R\cos(\psi(\mathbf{x})),$$
$$b = x_2 - R\sin(\psi(\mathbf{x})), \qquad \psi(x) \in [\phi(\mathbf{x}) - \Delta\phi,\ \phi(\mathbf{x}) + \Delta\phi] \tag{6.19}$$

其中$\phi(\mathbf{x})$表示像素 $\mathbf{x}$ 的边缘方向，$\Delta\phi$是最大的边缘方向估计误差。在参数空间中，只有当(a, b)满足式（6.19）时，才增大累计单元。

其他有利于曲线搜索的启发式信息还有：

- 用像素 x 的边缘幅值给对累计单元 $A(\mathbf{a})$的贡献加权，这样在算法 6.13 第 3 步中$[A(\mathbf{a}) = A(\mathbf{a}) + \Delta A]$的增量$\Delta A$ 对于具有较大边缘幅值像素的处理就会比较大。
- 一种两段式技术用于减少累加器数组中的噪声。一个“反向映射”步骤用于识别与每一个边缘像素相关联的最大分值的累加器单元，并检测与这个像素关联的其余的投票[Gerig and Klein, 1986]。这样就具备显著加强响应的效果，因为累加器空间中的绝大多偶数投票都是噪声。

随机 Hough 变换提供了一种不同的、更加高效的方法[Xu and Oja, 1993]；它随机地、反复地从边缘图像中选择 n 个像素，确定要检测曲线的 n 个参数，继之以仅增大单个累计单元。这就和 10.3 节中的 RANSAC 算法有一些相似之处。

通常情况下，需要求取一个边界来确认参数表示不存在；在这种情况下，广义 Hough 变换[Ballard, 1981; Davis, 1982; Illingworth and Kittler, 1987]可以提供解决方案。这种方法根据在学习阶段中检测到的样本情形构建一个参数曲线（区域边界）描述。假设已知待搜寻区域的形状、尺寸和方向：在样本区域内任取一个位置作为参考点 $\mathbf{x}^R$，则从该参考点出发可以建立任意一条朝着区域边界的直线（见图 6.35）。边界的方向（边缘方向）在直线与区域边界相交处得到。建立一个参考表（在[Ballard, 1981]中称为 R-表），交点参数作为交点处边界方向的函数来存储；使用从参考点出发的不同直线，从参考点到区域边界的所有距离和交点处的边界方向都可以找到。产生的表可以按照交点处的边界方向排序。从图 6.35 可以清楚地看到，区域边界的不同点 $\mathbf{x}$ 可以具有相同的边界方向，$\phi(\mathbf{x}) = \phi(\mathbf{x}')$。这意味着对于每个$\phi$有可能存在多于一对的$(r, \alpha)$，可以用来确定潜在的参考点坐标。

R-表的一个例子见表 6.1。假设没有旋转且大小已知，需要的剩余描述参数是参考点的坐标(x_1^R, x_2^R)。如果区域的大小和旋转可以变化，参数的数目增加到 4。每个具有方向$\phi(\mathbf{x})$的显著边缘的像素 $\mathbf{x}$ 有潜在的参考点$\{x_1 + r(\phi)\cos[\alpha(\phi)], x_2 + r(\phi)\sin[\alpha(\phi)]\}$。根据 R-表中给出的边界方向$\phi(\mathbf{x})$，对于所有可能的 r 和α的值都要计算上述参考点。算法 6.14 给出了广义 Hough 变换方向(τ)和大小(S)都可以变化的情形。如果没有旋转变化$(\tau=0)$或者大小不变$(S=1)$，产生的累计器数据结构 A 就要简单些。

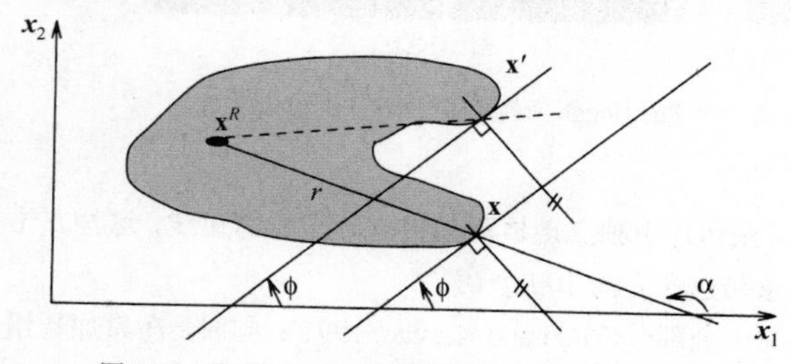

图 6.35 广义 Hough 变换原理：创建 R-表的几何

表 6.1 R-表

ϕ_1	$(r_1^1, \alpha_1^1), (r_1^2, \alpha_1^2), \cdots, (r_1^{n_1}, \alpha_1^{n_1})$
ϕ_2	$(r_2^1, \alpha_2^1), (r_2^2, \alpha_2^2), \cdots, (r_2^{n_2}, \alpha_2^{n_2})$
ϕ_3	$(r_3^1, \alpha_3^1), (r_3^2, \alpha_3^2), \cdots, (r_3^{n_3}, \alpha_3^{n_3})$
$\vdots$	
ϕ_k	$(r_k^1, \alpha_k^1), (r_k^2, \alpha_k^2), \cdots, (r_k^{n_k}, \alpha_k^{n_k})$

算法 6.14 广义 Hough 变换

1. 给期望物体构建 R-表描述。

2. 形成一个表示潜在参考点的数据结构 $A(x_1,x_2,S,\tau)$，并将它清 0。
3. 在阈值化后的梯度图像中，对每个像素(x_1, x_2)，确定其边缘方向$\phi(\mathbf{x})$，找到所有的潜在参考点 $\mathbf{x}^R$，对于所有可能的旋转和大小变化：

$$A(\mathbf{x}^R,S,\tau) = A(\mathbf{x}^R,S,\tau) + \Delta A$$

增大所有的 $A(\mathbf{x}^R,S,\tau)$：

$$x_1^R = x_1 + r(\phi+\tau)S\cos(\alpha(\phi+\tau))$$
$$x_2^R = x_2 + r(\phi+\tau)S\sin(\alpha(\phi+\tau))$$

4. A 中的局部极大值给出适合区域的位置。

广义 Hough 变换可以用来检测任意的形状，但是它需要完全定义目标物体的精确形状，才能获得精确的分割。因此，它可以检测具有复杂形状的物体，但前提是形状是事先定义的。存在一些其他的修正方法，使得可以检测并不知道精确形状的物体，前提是有些可以用来近似物体模型的先验知识。

Hough 变换有很多期望的性质[Illingworth and Kittler, 1988]。它可以识别部分的或少许变形的形状，因此在识别部分遮挡的物体时性能非常好。通过考察在参数空间中峰值的尺寸及其空间位置的方式，它也可用于度量模型与检测到的物体之间的相似性。在图像中出现额外结构（其他直线、曲线或物体）时，它是非常鲁棒的，同时对图像噪声也不敏感。此外，在同一处理过程中，可以搜索形状的多次出现。不幸的是，传统的顺序处理方法需要大量的存储空间和巨大的计算量。然而，其内在的并行特征具有实时实现的潜力。

Hough 变换有着辉煌的历史，并且并广泛应用。虽然我们没有深入讨论与它相关很多问题（曲线参数化，最大值定位，计算效率……），它的使用仍然非常重要。设计投票机制的一种通用方法来确定好的参数集合被更为广泛地使用。关于这个变换有大量的参考文献——[Davies, 2005]给出了一个覆盖面完整并且很好的参考。

6.2.7　使用边界位置信息的边界检测

如果已知一些有关边界位置或形状的信息，使用它将非常有利。例如，信息可以是基于某种高层知识的，或者是来自于在低分辨率图像上作分割的结果。各种不同的启发式信息占据了这个方法，但是目前已经被更为坚实的技术所取代，比如蛇形[Kass et al., 1987]——参见第 7.2 节。如果已知边界的大致位置（见图 6.36）我们可以将那些沿着垂直于假设边界的剖面的正确方向上的显著边界作为边界像素来搜寻。如果找到了很多满足给定条件的边界元素，则根据这些像素就可以计算出来一条近似曲线，它是边界的一个新的更为精确的结果。

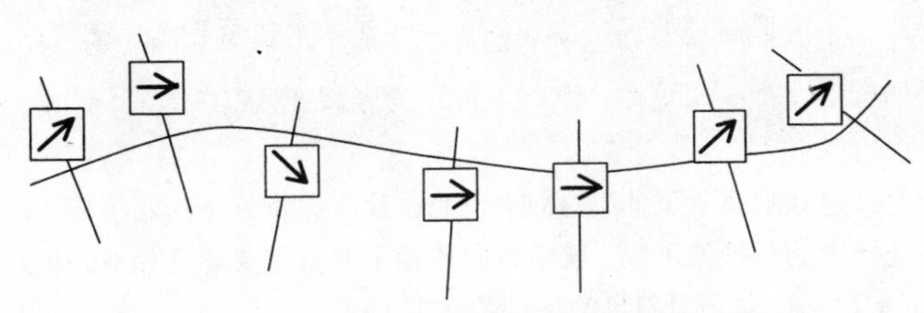

图 6.36　有关边界位置的先验信息

另一种情况是，如果存在终点的先验信息，我们可以迭代地将边界划分为部分，在与连接每部分终点的线的垂直方向上搜索最强的边缘；这些垂直方向位于连接线的中点，见图 6.37。这一过程迭代地进行。

6.2.8　从边界构造区域

如果已经获得了完全的分割，边界将图像分割为区域；但是如果仅有部分分割可用，区域并没有唯一的

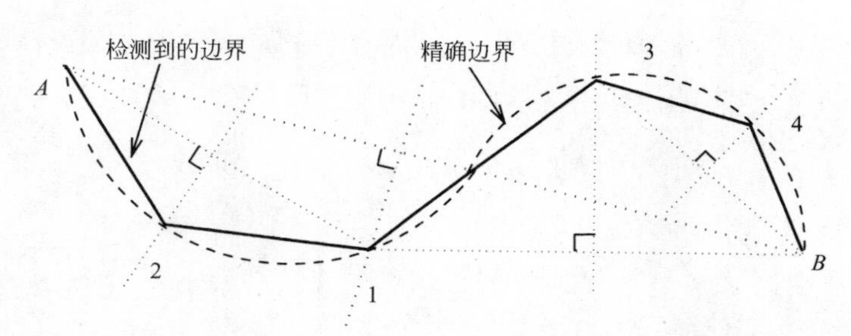

图 6.37 分而治之（divide-and-conquer）迭代边界检测；数字指明分解的步数的序列

定义，根据边界确定区域的问题可能是一个非常复杂的任务，需要与高层知识配合。存在一些能够从不构成封闭边界的部分边界构建区域的方法；这些方法并不总是能找到可以接受的区域，但是它们在很多实际情况中很有用。

一种这样的方法正如在[Hong et al., 1980]中介绍的那样，它是基于所处理图像中存在部分边界的方法。根据如下的概率来建立区域：像素是否位于由部分边界包围的区域内。边界像素由它们的位置和边缘方向$\phi(\mathbf{x})$来描述。沿着每个显著图像边缘的垂直方向搜索最近的“反向”边缘像素，然后根据反向边缘像素对建立封闭的边界。如果一个像素在连接两个反向的边缘像素的直线上，它就是潜在的区域成员。有关哪些潜在的区域像素会形成区域的最后决定是概率性的。

算法 6.15　从部分边界形成区域

1. 对每个边界像素 $\mathbf{x}$，在不超出给定的最大值 M 的距离范围内，搜索一个反向边缘像素。如果没有找到反向边缘像素，处理图像中的下一个边界像素。如果找到了一个反向边缘像素，将连接直线上的每个像素标注为潜在的区域成员。
2. 计算图像中每个像素的标注次数（标注次数反映了一个像素出现在反向边缘像素连接线上频繁程度）。设 $b(\mathbf{x})$为像素 $\mathbf{x}$ 的标注次数。
3. 加权的标注次数 $B(\mathbf{x})$根据下式确定：

$$\begin{aligned} B(\mathbf{x}) &= 0.0 \quad \text{当 } b(\mathbf{x})=0 \\ &= 0.1 \quad \text{当 } b(\mathbf{x})=1 \\ &= 0.2 \quad \text{当 } b(\mathbf{x})=2 \\ &= 0.5 \quad \text{当 } b(\mathbf{x})=3 \\ &= 1.0 \quad \text{当 } b(\mathbf{x})>3 \end{aligned} \tag{6.20}$$

4. 一个像素 $\mathbf{x}$ 是一个区域成员的置信度定义为该像素 $\mathbf{x}$ 在其 3×3 邻域内的求和式 $\sum_i B(\mathbf{x}_i)$。如果 $\mathbf{x}$ 是区域成员的置信度为 1 或更大，则将 $\mathbf{x}$ 标注为区域像素，否则标记为背景像素。

请注意该方法既允许建立暗背景下的亮区域，也允许建立亮背景下的暗区域，只要在第 1 步的搜索反向边缘像素中考虑两种选择中的一种就可以。搜索方向依赖于究竟是要建立相对暗的还是亮的区域。如果边缘的方向为$\phi(\mathbf{x})$和$\phi(\mathbf{y})$，$\mathbf{x}$ 和 $\mathbf{y}$ 反向必须满足的条件是：

$$\frac{\pi}{2} < \left|(\phi(\mathbf{x})-\phi(\mathbf{y}))\bmod(2\pi)\right| < \frac{3\pi}{2} \tag{6.21}$$

请注意可以利用有关最大区域尺寸的先验知识，该信息定义了算法第 1 步中的 M 值，搜索反向边缘像素的最大搜索长度。

如图 6.38 所示，这种方法用于形成纹理基元（第 15 章[Hong et al., 1980]）。比较图 6.38（b）和图 6.38（c），可以明显地看出这种区域检测方法与用阈值化获得的结果之间的差别。

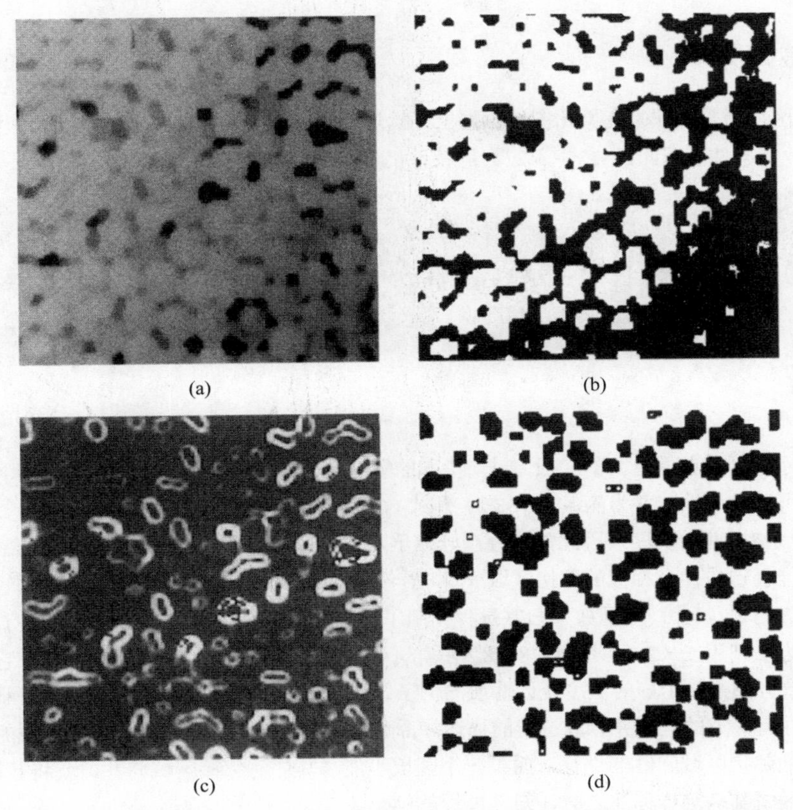

图 6.38　从部分边界形成区域：（a）原始图像；（b）阈值化；（c）边缘图像；（d）从部分边界形成的区域

6.3　基于区域的分割

从区域的边界构造区域以及检测存在的区域的边界是容易做到的。然而，由基于边缘的方法产生的分割和由区域增长方法得到分割，通常并不总是相同的，将其结果结合起来很可能对它们二者都有提升。区域增长技术在有噪声的图像中一般会更好些，其中的边界非常难以检测。一致性是区域的一个重要性质，在区域增长中用作主要的分割准则，它的基本思想是将图像划分为最大一致性的分区。一致性准则可以是基于灰度、彩色、纹理、形状、模型（使用语义信息）等的标准。选择出来的描述区域的性质，对具体的区域增长分割方法的形式、复杂度、先验信息的数量有影响。在[Schettini, 1993; Vlachos and Constantinides, 1993; Gauch and Hsia, 1992; Priese and Rehrmann, 1993]中有对彩色图像的区域增长分割方法的论述。

较早之前讨论了区域，而式（6.1）陈述了分割为区域所需的基本要求。这里所需的进一步假设是区域必须满足条件：

$$H(R_i) = \text{TRUE} \quad i = 1, 2, \cdots, S \tag{6.22}$$

$$H(R_i \cup R_j) = \text{FALSE} \quad i \neq j,\ R_i \text{ 相邻于 } R_j \tag{6.23}$$

其中 S 是图像中区域的总数，$H(R_i)$是评价区域 R_i 的二值性的一致性度量。分割图像所产生的区域必须是一致的和最大的，其中“最大的”是指一致性准则在归并任何相邻区域之后就不再是真的了。

最简单一致性准则使用区域的平均灰度、区域的彩色性质、简单的纹理性质，或多光谱图像平均灰度值的 m 维向量。尽管如下讨论的区域增长是针对二维图像考虑的，对于三维的实现一般也是可能的。考虑三维连通性约束，三维图像的一致性区域（体）可以用三维区域增长来确定。三维填充代表了其最简单的形式，可以描述为保持三维连通性的阈值化的不同形式。

6.3.1 区域归并

最自然的区域增长方法是在原始图像数据上开始增长，每个像素表示一个区域。这些区域几乎肯定不会满足式（6.23）的条件，因此只要式（6.22）的条件仍然满足区域就会被归并起来。

算法 6.16 区域归并（大纲）

1. 定义某种初始化将图像分割为满足式（6.22）的很多小区域。
2. 为归并两个邻接区域定义一个标准。
3. 将满足归并标准的所有邻接区域归并起来。如果不再有两个区域归并后保持条件式（6.22），则停止。

该算法表示了区域归并分割的一般方法。特殊的算法区别于初始分割的定义和归并标准。在随后的描述中，区域是指可以顺序地归并为满足式（6.22）和式（6.23）的更大区域的图像的那些部分。区域归并的结果一般依赖于区域被归并的次序（因此如果分割开始于左上角或右下角，分割的结果可能会不同）。这是因为归并的次序可能会造成两个相似的邻接区域 R_1 和 R_2 没有被归并起来，即如果使用了 R_1 的较早归并所产生的新特征不再允许与 R_2 归并，但是如果归并过程使用了另一种次序，这一归并可能会实现了。

最简单的方法使用 2×2、4×4 或 8×8 像素的区域分割开始归并。区域的描述基于它们的灰度统计性质，区域灰度直方图是一个好的灰度统计性质的例子。将区域描述与一个邻接区域描述作比较，如果它们匹配，则将其归并为更大的区域并计算该新的描述。否则，区域被标注为非匹配。邻接区域的归并过程在所有的包含新形成的邻接区域间继续进行。如果一个区域不能与其任何邻接区域归并，就将其标注为“最终”；当所有的图像区域都被这样标注之时，归并过程就停止。

状态空间搜索在人工智能（AI）中是问题求解的一个基本原理，它在较早的时候应用于图像分割[Brice and Fennema, 1970]。根据这个方法，将原始图像的像素作为初始状态，每个像素作为一个分离的区域。状态的改变来自于两个区域的归并或一个区域分裂成子区域。问题可以描述为寻找当产生最优的图像分割时允许的状态变化。该状态空间方法带来了两个优点，第一，可以使用包括启发式知识在内的众所周知的状态空间搜索方法；第二，可以使用高层数据结构，使得可以直接在区域及其边界上开展工作，而不再需要依据区域的标注给每个图像元素标注。初始区域由相同灰度的像素形成，在实际的图像中这些区域是小的。最初的状态变化是基于裂缝边缘计算的（见第 2.3.1 节），其中区域间的局部边界由沿着它们的共同边界的裂缝边缘的强度来评价。这种方法中使用的数据结构（所谓的超栅格）带有所有的必要信息（见图 6.39）；这使得当裂缝边缘值存于“○”元素中时容易进行 4-邻接区域归并。区域归并使用了下面的两条启发式：

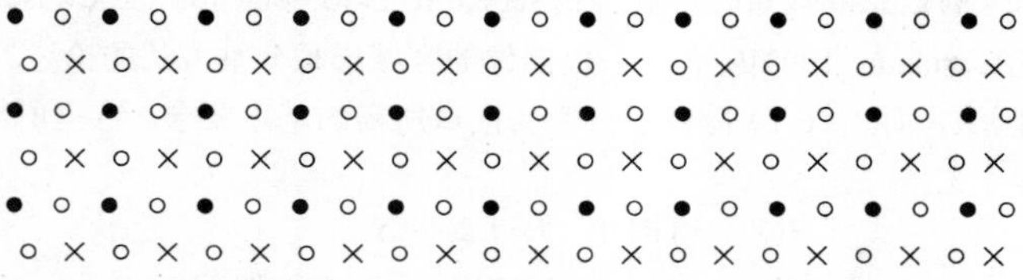

```
● ○ ● ○ ● ○ ● ○ ● ○ ● ○ ● ○ ● ○ ● ○ ● ○ ● ○
○ × ○ × ○ × ○ × ○ × ○ × ○ × ○ × ○ × ○ × ○ ×
● ○ ● ○ ● ○ ● ○ ● ○ ● ○ ● ○ ● ○ ● ○ ● ○ ● ○
○ × ○ × ○ × ○ × ○ × ○ × ○ × ○ × ○ × ○ × ○ ×
● ○ ● ○ ● ○ ● ○ ● ○ ● ○ ● ○ ● ○ ● ○ ● ○ ● ○
○ × ○ × ○ × ○ × ○ × ○ × ○ × ○ × ○ × ○ × ○ ×
```

图 6.39 超栅格数据结构：×表示图像数据；○表示裂缝边缘；●表示未使用

- 如果两个邻接区域间的共同边界有显著的部分由弱边缘组成时（显著性可以基于具有较短周长的区域；可以使用弱共同边缘的数目与区域周长的总长度的比率），则将它们归并起来。
- 如果两个邻接区域间的共同边界有显著的部分由弱边缘组成时，也将它们归并起来，但是这种情况下没有考虑区域边界的总长度。

在上述两条启发式中，第一个比较一般，而第二个不能单独使用，这是因为它没有考虑不同区域大小的影响。

边缘的显著性可以根据下式评价：

$$v_{ij}=0 \quad 如果 \quad s_{ij}<T_1$$
$$v_{ij}=1 \quad 其他 \tag{6.24}$$

其中，$v_{ij}=1$ 表示显著边缘；$v_{ij}=0$ 代表弱边缘；T_1 是预先设定的阈值；s_{ij} 是裂缝边缘值[$s_{ij}=\left|f(\mathbf{x}_i)-f(\mathbf{x}_j)\right|$]。

算法 6.17　通过边界溶解的区域归并

1. 定义一个将图像划分为具有不变灰度区域的初始分割。创建一个超栅格，存储裂缝边缘信息。
2. 从边缘数据结构中，删除所有的弱裂缝边缘（使用式（6.24）和阈值 T_1）。
3. 迭代地删除邻接区域 R_i 和 R_j 的共同边界，如果满足下式：

$$\frac{W}{\min(l_i,l_j)} \geqslant T_2$$

其中，W 是共同边界上的弱边缘数目；l_i,l_j 是区域 R_i 和 R_j 的周长；T_2 是另一个预先设定的阈值。

4. 迭代地删除邻接区域 R_i 和 R_j 的共同边界，如果满足下式：

$$\frac{W}{l} \geqslant T_3 \tag{6.25}$$

或者，使用一个更弱的标准[Ballard and Brown, 1982]：

$$W \geqslant T_3 \tag{6.26}$$

其中，l 是共同边界的长度；T_3 是第三个阈值。

注意，尽管我们已经描述了区域增长方法，但是归并准则是基于边界特性的，因此归并并不必然保证保持式（6.22）给出的条件为真。超栅格数据结构使得可以精确地处理边缘和边界，但是这种数据结构的一大缺点是它不适合表达区域，而将每个区域作为图像的一部分表示出来是必要的，特别是在将有关区域和邻接区域的语义信息包含在内时更是如此。这一问题可以通过创建并更新一个数据结构来解决，该数据结构描述区域的邻接性和它们的边界。为了这一目的，可以使用的一个好的数据结构是平面的区域（planar-region）邻接图和一个对偶区域（dual-region）边界图[Pavlidis, 1977]（见第 10.10 节）。

图 6.40 给出了区域归并方法的一个比较。图 6.40（a）、图 6.40（b）给出了原始图像和其伪彩色表示（为了看到小的灰度变化）。原始图像不能用阈值化来分割，因为其中的所有区域具有显著的且连续的灰度梯度。图 6.40（c）给出了使用简单归并准则，只要像素与种子像素（seed pixel）相差小于某个预先设定的阈值就将其按行优先方式（row-first fashion）合并的迭代区域归并方法的结果；请注意产生的长条区域对应于图像灰度的纵向变化。如果使用通过边界溶解的区域归并，分割结果会有引人注目的改善，见图 6.40（d）。

6.3.2　区域分裂

区域分裂与区域归并相反——它从将整个图像表示为单个区域开始，该区域一般不能满足式（6.22）所给定的条件。存在的图像区域顺序地被分裂开以便满足式（6.1）、式（6.22）和式（6.23）。尽管这种方法好像是区域归并的对偶，但即便是使用相同的一致性准则，区域分裂也不会产生与后者相同的分割结果。有些区域在分裂过程中可能会是一致的，因此就不会再分裂了；若将其考虑为区域归并过程中创建的一致性区域，由于在这一过程的较早阶段存在着不能归并小子区域的可能性，有些可能不会被创建出来。一个例子是精致的黑白棋盘：以被评估区域的四分象限中的平均灰度变化为基础建立一致性标准，该评估区域在下一个较低金字塔层上。如果分割过程是基于区域分裂的，那么图像就不会被分裂为子区域，这是因为它的四个象限与由整个图像构成的开始区域具有相同的度量值。而在另一方面，区域归并方法将单个像素区域归并为更大的区域，

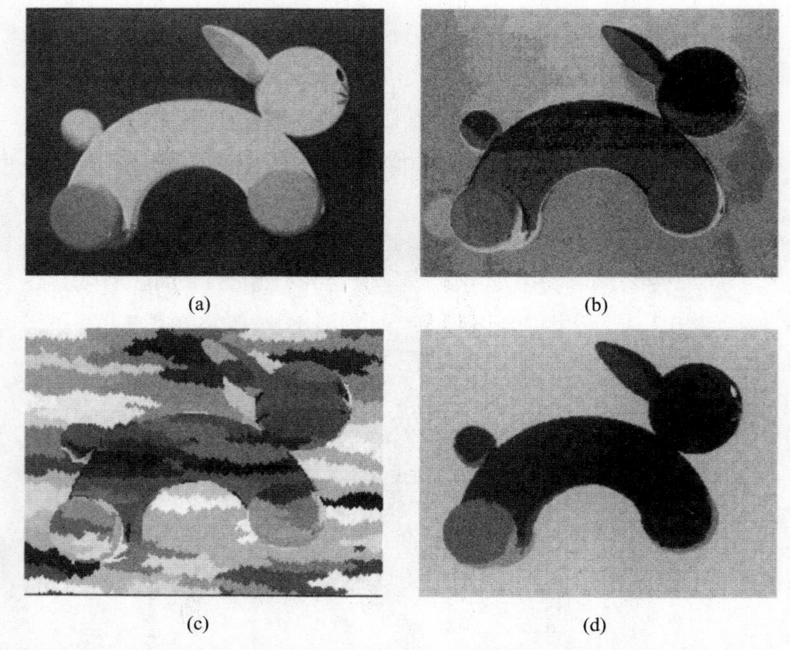

图 6.40　区域归并分割：（a）原始图像；（b）原始图像的伪彩色表示；（c）迭代区域归并；（d）通过边界溶解的区域归并

这一过程当区域与棋盘块匹配时就会停止。

区域分裂方法一般使用与区域归并方法相似的一致性准则，区别仅在于应用的方向上。在考虑阈值化时讨论的多光谱分割（见第 6.1.3 节）可以看成是区域分裂方法的一个例子。正如那时所说，可以使用其他准则来分裂区域（即聚类分析、像素分类等）。

6.3.3　分裂与归并

分裂和归并的结合可以产生兼有二者优点的一种新方法。分裂与归并方法在金字塔图像表示上进行，区域是方形的与合适的金字塔层元素对应。

如果在任一金字塔层中的任意一个区域不是一致的（排除最底层），就将其分裂为 4 个子区域，它们是下一层的较高分辨率的元素。如果在金字塔的任意一层中有四个区域具有接近相同的一致性度量数值，就将它们归并为金字塔的上一层中的单个区域（参见图 6.41）。分割过程可以理解为分割四叉树的创建，其中的每个叶子结点代表一个一致区域，即某个金字塔层的元素。分裂与归并对应于分割四叉树的删除或建立部分，在分割过程结束之后，树的叶结点数对应于分割后的区域数。如果使用分割树来存储有关邻接区域的信息，有时称这些方法为分裂与链接（split-and-link）方法。分裂与归并方法一般用区域邻接图（或类似的数据结构）存储邻接信息。使用分割树但不要求其中的区域是邻近的，在实现和计算上都更容易些。分割四叉树的令人讨厌的缺点是方形区域形状假设（见图 6.42），因此增加一些处理步骤，使得属于分割树不同分枝的区域得以归并起来是有利的。起始的图像区域既可以任意选择，也可以根据先验知识来确定。因为分裂和归并

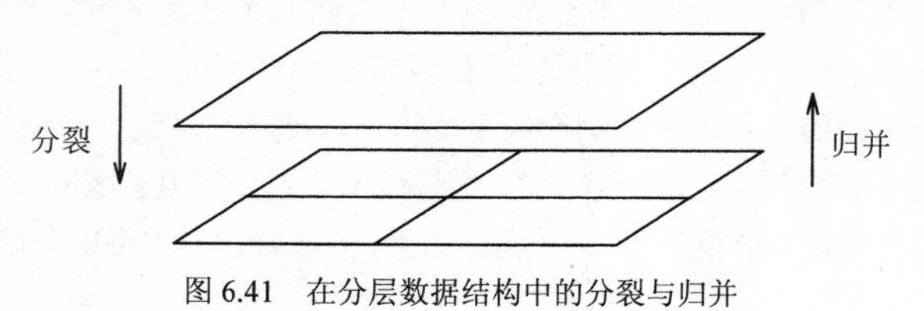

图 6.41　在分层数据结构中的分裂与归并

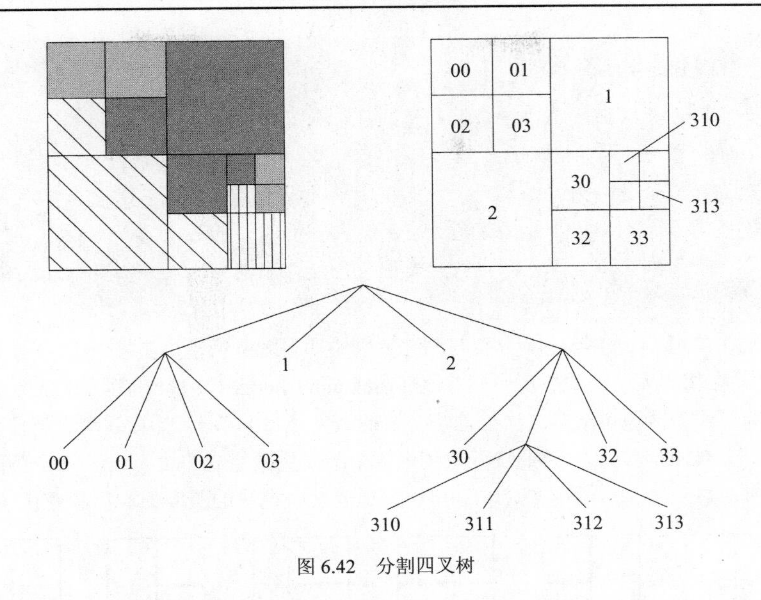

图 6.42　分割四叉树

的选择都存在，起始分割不必满足式（6.22）、式（6.23）中的任一条件。

在分裂与归并算法中，一致性标准起主要作用，正如它在所有其他区域增长方法中一样。有关自适应分裂与归并算法以及有关区域一致性分析的综述，参见[Chen et al., 1991]。对于简单图像，分裂与归并方法可以基于局部图像性质，但是如果图像复杂，即使考虑了语义信息的精心制定的标准也未必可以产生可接受的结果。

算法 6.18　分裂与归并

1. 定义一个划分为区域的初始分割、一致性准则、金字塔数据结构。
2. 如果在金字塔数据结构中的任意一个区域不是一致的[$H(R)$=FALSE]，就将其分裂为 4 个孩子区域；如果具有相同父结点的任意 4 个区域可以归并为单个一致性区域，则归并它们。如果没有区域可以分裂或归并，则转第 3 步。
3. 如果任意两个邻接区域 R_i 和 R_j 可以归并为一个一致性区域（即使它们在金字塔的不同层或没有相同的父结点），则归并它们。
4. 如果必须删除小尺寸区域，则将小区域与其最相似的邻接区域归并。

这种方法的一个值得注意的改进使用了具有重叠区域的金字塔数据结构（见第 4.3.3 节）[Pietikainen et al., 1982]。在这种数据结构中，每个区域在金字塔上一层有 4 个潜在的父元素，在金字塔下一层有 16 个孩子元素。分割树从最底层开始生成。每个区域的性质与其每个潜在的父结点的性质作比较，将其分割分支链接到它们中最相似的一个上。在完成创建树的过程后，仅根据孩子区域的性质，重新计算金字塔数据结构中的所有元素的一致性数值。用该重新计算后的金字塔数据结构产生一个新的分割树，还是从最底层开始。重复金字塔的更新过程和新的分割树的建立过程，直至步骤之间没有显著的分割变化为止。假设分割后的图像最多有 2^n（非邻接的）区域。这些区域中的任何一个至少必须与最高允许的金字塔层中的一个元素链接，设该金字塔层有 2^n 元素。最高金字塔层的每个元素对应于分割树的一个分支，这个分支的所有叶子结点构成分割后图像的一个区域。分割树的最高层必须对应于图像区域的期望数目，金字塔的高度定义了分割分支的最大数目。如果图像中的区域数小于 2^n，那么有些区域在最高金字塔层中可能被不止一个元素所表示。如果是这种情况，某种特殊处理步骤可以允许在最高金字塔层中归并一些元素，或者可能禁止有些元素作为分割分支的根。如果图像区域数大于 2^n，最相似的区域将被归并为单个树分支，该方法不能给出可以接受的结果。

算法 6.19　分裂并链接到分割树

1. 定义一个具有重叠区域的金字塔数据结构。评估起始的区域描述。
2. 从叶子开始建立分割树。将树的每个结点链接到其 4 个父结点中的与其具有最相似区域性质的那个上。建立起整个分割树。如果一个元素在较高层没有链接，给它赋值为 0。
3. 更新金字塔数据结构，每个元素赋值为它所有存在的孩子的数值的平均值。
4. 重复步骤 2 和步骤 3 直至迭代间没有显著的分割变化出现为止（通常少数几次迭代就足够了）。

对存储的需求在单程（single-pass）分裂与归并分割中明显地降低了。在每个 2×2 像素的图像块中检测局部“分裂模式”，在相同大小的重叠块中归并区域[Suk and Chung, 1983]。与以前的方法作对比，这里单程就足够了，尽管为了辨识区域可能第二次处理是必要的（见第 8.1 节）。计算效率更高且数据结构实现起来也非常简单，对于 2×2 的块，从一致的块开始到由 4 个不同像素组成的块为止，12 个可能的分裂模式在一张表中列出（见图 6.43）。在整个图像范围内，可以自适应地根据块的灰度的均值和变化评估像素的相似性。

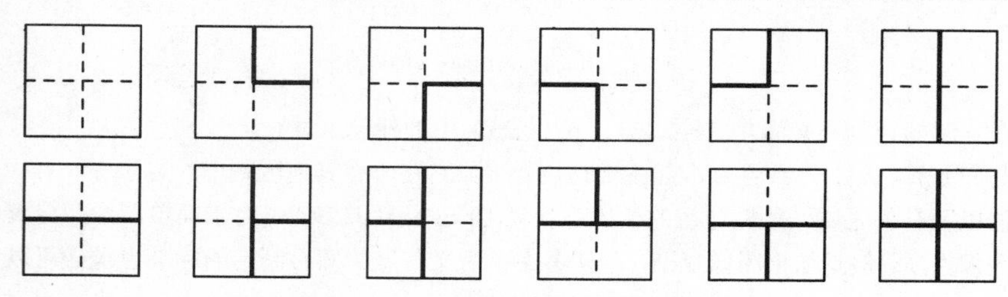

图 6.43　2×2 图像块的分裂，所有的 12 种情况

算法 6.20　单程分裂与归并

1. 一行一行地搜索整幅图像，除了最后一列和最后一行外。对每个像素作以下步骤。
2. 为一个 2×2 像素块找到一个分裂模式。
3. 如果在重叠块中发现赋给的标签与分裂模式不匹配，尝试改变这些块的标签以便排除不匹配（下面讨论）。
4. 给未标注的像素打标签，使其与块的分裂模式相匹配。
5. 如果必要删除小区域。

在图像搜索期间，图像块有重叠。除了在图像边界处，4 个像素中的 3 个已经在前面的搜索位置中被赋予了标签，但是这些标签未必与从所处理块中得到的分裂模式相匹配。如果在算法的第 3 步中检测到误匹配，就有必要决定将迄今为止被当作分离的区域归并起来的可能性，给两个以前标注不同的区域赋予相同的标签。如果满足下列条件，两个区域 R_1 和 R_2 被归并：

$$H(R_1 \cup R_2) = \text{TRUE} \tag{6.27}$$

$$|m_1 - m_2| < T \tag{6.28}$$

其中，m_1 和 m_2 是区域 R_1 和 R_2 的平均灰度值；T 是某个适当的阈值。如果不允许区域归并，区域就保持以前的标签。为了得到最终的分割，有关区域归并的信息必须保存且在每次归并操作之后都要更新归并后区域的特征。给在所处理块中的未标记过的像素赋予标签，要根据块的分裂模式和邻近区域的标签进行（步骤 4）。如果在第 3 步发现分裂模式与所赋的标签匹配，则不难给剩余像素赋予标签以便保持所赋标签与分裂模式相匹配。相反地，如果在第 3 步没有发现匹配，一个未标记过的像素，或者被与一个邻接区域归并（赋予相同的标签），或者开始一个新区域。如果使用更大的块，在一致性标准中就可以包含更复杂的图像性质（即使这些大块被分解为 2×2 的子块来决定分裂模式也罢）。

将该方法并行化显然很具有吸引力，而且也已经得到了广泛应用 [Willebeek-Lemair and Reeves, 1990; Chang and Li, 1995]中可以找到。在第 10 章中可以找到另外的章节，介绍语义区域增长分割的更为复杂的方法。

6.3.4 分水岭分割

分水岭（watershed）和集水盆地（catchment basins）的概念在地形学中是人所共知的。分水岭线分开了每个集水盆地。北美大陆的划分是以大西洋和太平洋构成集水盆地的分水岭线的教科书的例子。考虑梯度图像并且遵循在第 1 章图 1.8 和图 1.9 中介绍的概念，图像数据可以解释为地形表面，其中梯度图像的灰度表示高程。因此，区域边缘对应于高的分水岭线，而低梯度的区域内部对应于集水盆地。根据式（6.22），区域增长分割的目的是创建一致性区域；在分水岭分割中，地形表面的集水盆地在如下含义下是一致的：同一集水盆地的所有像素都与该盆地的最小高程（灰度）区域有一条像素的**简单路径**（**simple path**）相连（见第 2.3.1 节），沿着该路径的高程（灰度）是单调减的。这样的集水盆地表示了分割后图像的区域（见图 6.44）。尽管分水岭和集水盆地的概念是很直截了当的，但是设计分水岭分割算法是一个复杂的任务。

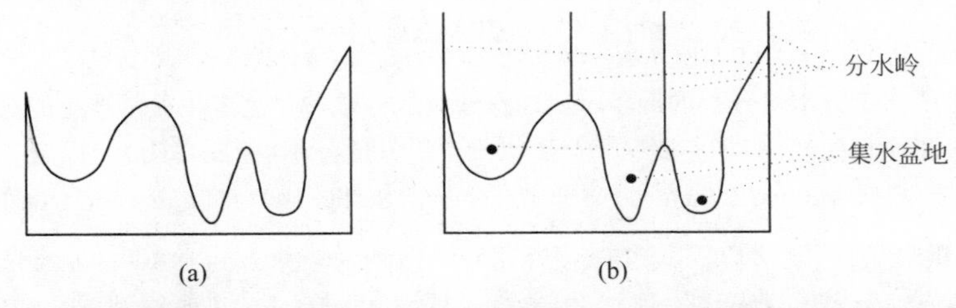

图 6.44 分水岭分割的一维例子：（a）图像数据的灰度剖面；（b）分水岭分割，灰度（高程）的局部极小产生了集水盆地，局部极大定义了分水岭线

分水岭分割的最初的算法是针对地形数字高地模型设计的[Collins, 1975; Soille and Ansoult, 1990]。多数现有的算法从使用局部的 3×3 操作抽取潜在的分水岭线开始，然后在后续的步骤中将它们连接成地形网络。由于第一步的局部性，这些方法常常是不精确的[Soille and Ansoult, 1990]。

早期的方法由于计算需求过大且不精确而效率不高，但一篇研讨会论文[Vincent and Soille, 1991]使该思想实际可行。考虑梯度图像，从底开始填充集水盆地——正如前面所解释的那样，每个极小值代表了一个集水盆地，策略是从这个高程极小值开始。设想每个局部极小值处有一个孔，将地形表面沉浸在水中。结果是，水开始填充所有的集水盆地，即那些极小值位于水平面下的集水盆地。在进一步沉浸时，如果两个集水盆地将要交汇，就在要交汇处建起高达最高表面高程的坝，坝就表示了分水岭线。在[Vincent and Soille, 1991]中介绍一种这样的分水岭分割的高效算法；它在按照灰度值增加次序将像素排序的基础上，再继之以一个由快速宽度优先像素扫描构成的填充步骤，扫描是针对所有像素按照灰度次序进行的。

算法 6.21 高效的分水岭分割

1. 构建梯度图像的直方图：由此，构建一张指向具有亮度值 h 的像素的指针表，并允许直接存取访问。该过程可以以线性时间复杂度非常高效地实现。
2. 假设填充过程已经执行到 k 层，从而每个灰度值比 k 小或等于 k 的像素都已经被分配了唯一的集水盆地标号或者分水岭标号。
3. 考虑亮度值为 k+1 的像素：为所有这些候选成员构建一个先进先出（FIFO）队列。
4. 构建迄今为止确定出来的集水盆地的测地学影响区域（geodesic influence zones）：对于盆地 l_i，其测地学影响区域是那些与盆地 l_i 连续（经由亮度值≤k+1 的像素得以连通）的灰度为 k+1 的未标注的图像像素的所在地，它们与 l_i 的距离比与其他盆地 l_j 的距离来得近（见图 6.45）。

5. 队列中的像素按顺序来处理：那些属于 l 标号集水盆地影响区域的像素，也被标以 l，这样引起集水盆地增长。那些处于影响区域边界上的像素就被标记为分水岭。那些没能分配给已有标号或分水岭的像素代表了新发现的集水盆地，用新的唯一的标号给它们标注。

最初的参考文献中包含了该算法的一个有用的 C 伪代码[Vincent and Soille, 1991]。

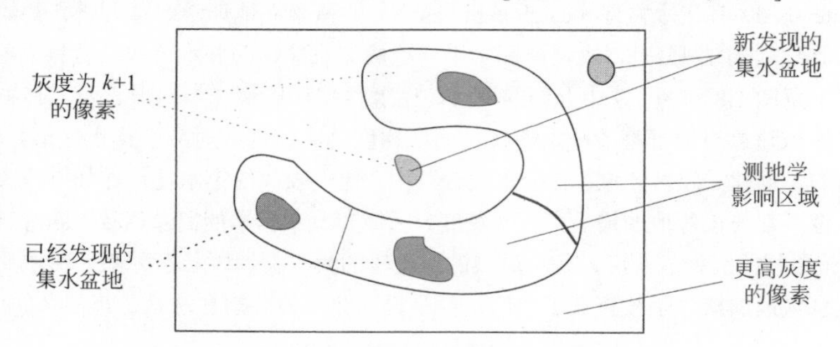

图 6.45 集水盆地的测地学影响区域

图 6.46 给出了一个分水岭分割的例子。请注意原始的分水岭分割产生非常严重的过分割图像，有成千上万的集水盆地(图 6.46(c))。为了克服这个问题以产生更好的分割(图 6.46(d))，提出了区域标注器(region markers）等其他方法[Meyer and Beucher, 1990; Vincent and Soille, 1991; Higgins and Ojard, 1993]。

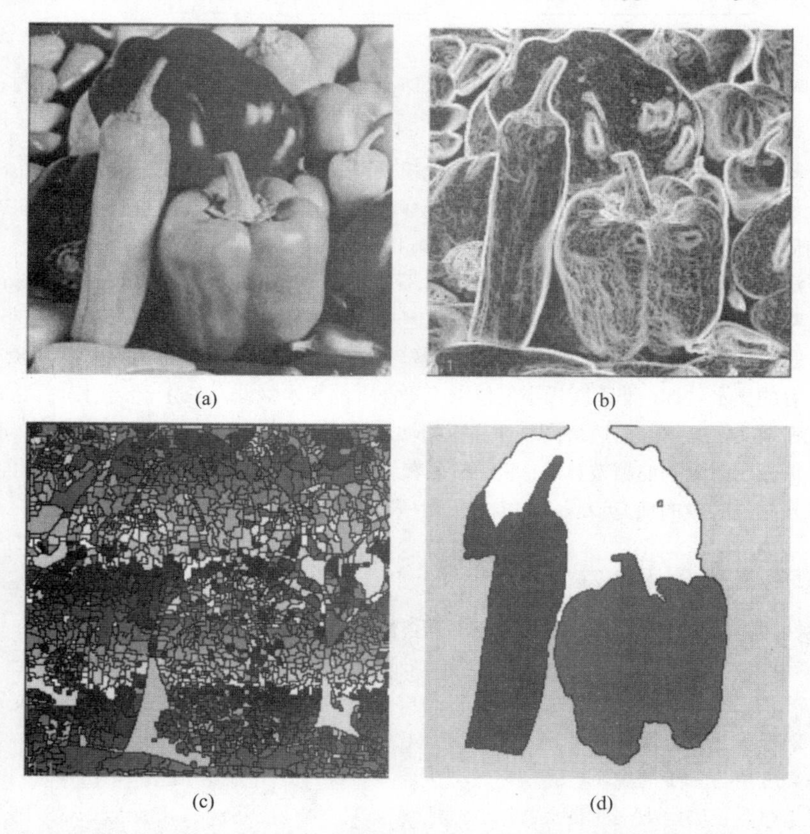

图 6.46 分水岭分割：(a) 原始图像；(b) 梯度图像，3×3 Sobel 边缘检测，直方图均衡化；(c) 原始分水岭分割；(d) 使用区域标注器来控制过分割的分水岭分割

尽管这个方法在连续空间中很有效，可以得到划分邻近集水盆地的精确的分水岭线，在有着大高地（plateaus）的图像中分水岭线在离散空间中可能会很粗。图 6.47 解释了这样一种情形，由与两个集水盆地在4-邻接意义下的等距离像素组成。为了避免这种行为，设计出了使用依次排序距离的详细规则，这些距离是在宽度搜索过程中存储下来的，它可以得出精确的分水岭线。一个快速的分水岭算法的详细内容和伪码在[Vincent and Soille, 1991]中可以找到。在[Dobrin et al., 1994]中给出了基于沉浸模拟的进一步改进了的分水岭分割方法。

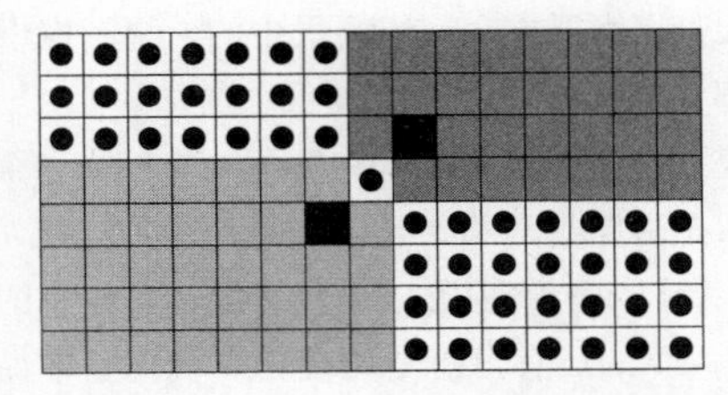

图 6.47　灰度高地可能会产生粗的分水岭线。较早得到的集水盆地以黑像素标注，由该处理步骤产生的新的集水盆地增加量显示为两个灰度值。粗的分水岭用•标注。为了避免粗的分水岭，必须设计特殊的规则

分水岭变换可以在数学形态学的背景下进行描述（参见第 13 章）。但不幸的是，在没有特殊硬件的情况下，基于数学形态学的分水岭变换计算量很大且十分耗时。

6.3.5　区域增长后处理

使用区域增长方法分割后的图像，时常由于参数设置的非最优性造成的结果，不是含有太多的区域（欠增长）就是含有过少的区域（过增长）。为了改进分类结果，人们提出了各种后处理方法。有些方法将从区域增长得到的分割信息与基于边缘的分割结合起来。在[Pavlidis and Liow, 1990]中介绍了一种方法，解决了几个与四叉树相关的区域增长问题，集成了两个后处理步骤。第一，边界消除，根据邻接区域的对比度性质和沿边界的方向改变情况，删除了它们间的一些边界，在删除时要考虑其结果的拓扑性质。第二，修改从前一步来的轮廓，使其精确地位于合适的图像边缘上。在[Koivunen and Pietikainen, 1990]中，描述了一种将独立的区域增长与根据边缘得到的边界结合起来的方法。将区域增长与边缘检测结合起来的其他方法可见[Manos et al., 1993; Gambotto, 1993; Wu, 1993; Chu and Aggarwal, 1993]。

简单的后处理是基于一般性的启发式，在分割后的图像中减少小区域的数目，这些小区域根据原来使用的一致性准则是不能与任何邻接的区域归并的。这些小区域在进一步的处理中通常并不重要，可以看作分割噪声。如果直接将所有的比预先选择的尺寸小的区域与其邻接区域归并而没有必要对这些尺寸小的区域先期进行排序，该算法执行起来就会快很多。

算法 6.22　小图像区域消解

1. 搜索最小的图像区域 $R_{\min}$。
2. 根据一致性准则，寻找与 $R_{\min}$ 最相似的邻接区域 R。将二者归并起来。
3. 重复直至所有的比预先选择的尺寸小的区域都被删除为止。

6.4　匹配

匹配是分割的一种基本方法，可以给出图像中已知物体的位置，也可以搜索特殊的模式等。匹配存在的问题遍及人工智能领域，特别是计算机视觉。其中的原因很容易理解：很多应用的核心部分就是要搜索一个

模型，而一幅图像或者某种图像衍生物是具体搜索时操作的对象——我们希望将模型和数据进行匹配。当然，这个一般问题可能在很多方面具体显示，比如：

- 最简单的情况，在合理对齐的文本扫描图中用搜索用已知二值模式表示的特定字体的字符——这就是模版匹配（假案第 6.4.1 节），应用于 OCR。
- 更一般的情况，字体无关的 OCR 要求识别未知字体和大小的字符，这些字符还有可能有扭曲——这要求匹配字符的模式。
- 仍然是更一般的情况，人脸识别要求在三维场景中的一幅图像中匹配人脸模式：姿态、配准、尺度、胡须、眼睛，颜色信息都将全部未知。
- 最为抽象的情况，可能需要在一个视频序列中匹配一个行人，而且我们需要找到个体的行为来匹配某种已知的模型——行人是否穿过马路？排队等待？行为可疑？

这些例子中的每一个都隐含着将一个模型模式 M 和来自于图像中的一些观测 X 进行匹配，当问题很直观时所使用的算法可能非常基础，算法还有可能是处理计算机视觉中最为困难的一些应用，比如行为建模 [Valera and Velastin, 2005]。匹配算法贯穿于本书，并且往往基于某种准则的最优性：主要的一些例子包括 Hough 变换（第 6.2.6 节）、形状不变量（第 8.2.7 节）、蛇形（第 7.2 节）、图匹配（第 9.5 节）、PDMs/AAMs（第 10.4 节、10.5 节）、对应（第 11 章）、假设和验证（第 10.1.4 节）、SIFT（第 10.2 节）等。这本节中，我们涉及这个重要问题的一些关键方法。

值得一提的是，作为图像处理中的一个重要方向，图像配准这个问题本书没有涉及，它很自然地属于图像匹配这个广泛领域。配准问题的一般形式选取一个场景中的两幅独立视图，然后得到它们之间的对应——我们将在介绍立体视觉匹配问题（第 11.5 节）中看到关于这个问题的一些方面。配准是一个很大的方向，特别是在医学领域，其中比如通过不同的仪器（CT、MR 等）得到了很大的数据集，需要进行各种匹配。关于这个主题专门有更为全面、拥有类似长度的教材，比如[Fitzpatrick et al., 2000; Yoo, 2004; Goshtasby, 2005; Hajnal and Hill, 2010]。

6.4.1 模版匹配

在一幅图像中定位一个已知物体的最简答方法就是搜索它的像素级的完美拷贝。这意味着没有尺度和旋转上的变换，因而相应地是一个人为的简单任务。这个简化形式，我们要搜索和匹配一个模版——已知的图像。

给定一个维度为 $r_T \times c_T$ 的模版 T 和一幅图像 I，我们将它固定在偏移 $\mathbf{x}=(x_a, x_b)$处。如果模版能够完美匹配，可以得到

$$E(\mathbf{x})=\sum_{i=1}^{r_T}\sum_{j=1}^{c_T}\left(T_{i,j}-I_{x_a+i,x_b+j}\right)^2=0 \tag{6.29}$$

（其中 E 是对匹配错误的度量）。进一步，$E(\mathbf{x})$的局部最小值将给出模版匹配质量在一定程度上的指示。事实上，有

$$\begin{aligned}E(\mathbf{x})&=\sum_{i=1}^{r_T}\sum_{j=1}^{c_T}\left(T_{i,j}-I_{x_a+i,x_b+j}\right)^2\\&=\sum_{i=1}^{r_T}\sum_{j=1}^{c_T}\left(T_{i,j}\right)^2-2\sum_{i=1}^{r_T}\sum_{j=1}^{c_T}\left(T_{i,j}I_{x_a+i,x_b+j}\right)+\sum_{i=1}^{r_T}\sum_{j=1}^{c_T}\left(I_{x_a+i,x_b+j}\right)^2\end{aligned} \tag{6.30}$$

其中第一项是一个常量，第三项在很多情况下变化随 $\mathbf{x}$ 都很慢。模版匹配因而可以通过最大化相关表达式来进行

$$Corr_T(\mathbf{x})=\sum_{i=1}^{r_T}\sum_{j=1}^{c_T}\left(T_{i,j}I_{x_a+i,x_b+j}\right) \tag{6.31}$$

注意其中的求和对于亮度范围和区域 T 的大小都很敏感，因而接下来可以使用一种空间和/或亮度上的缩放

参数。是否考虑存在部分模式位置、穿越图像边界以及其他类似的特殊情况依赖于具体的实现。

在实际使用中，这种方法严重受限——因为模版非常小的旋转或者尺度上的变化就能够造成错误度量 E 上剧烈的跳变。在模版存在仿射（或者而更为复杂）变换的情况下，第 16.3.2 节给出了一种更为高级的方法来最小化 E。图 6.48 举例说明了简单模版匹配的使用。

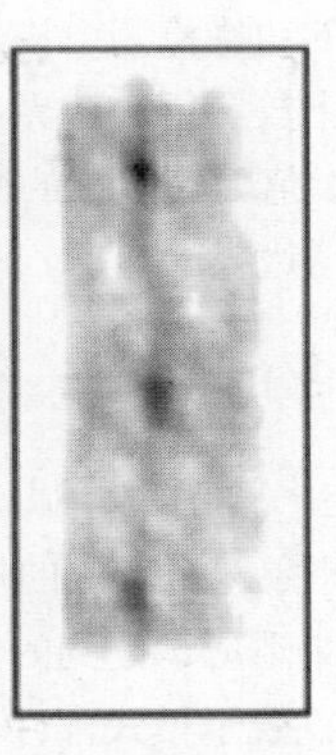

图 6.48　模版匹配：在一幅图像中搜索字母 R 的模版，模版本身会有一个轻微旋转的版本和较小的版本。相关响应（在亮度上拉伸后显示）表明针对原始模版即使非常小的调整都会看到响应发生了扩散

基于最小化公式（6.29）中的 E 的这种想法的另外一种策略开始最大化：

$$C(\mathbf{x}) = \frac{1}{1 + E(\mathbf{x})} \tag{6.32}$$

图 6.49 给出了采用该标准的一个例子，最好的匹配位于左上角。在图 6.50 中，使用了 X-形状的相关掩膜来检测核磁共振标记（magnetic resonance markers）[Fisher et al., 1991]。

$$\begin{vmatrix} 1 & 1 & 0 & 0 & 0 \\ 1 & 1 & 1 & 0 & 0 \\ 1 & 0 & 1 & 0 & 0 \\ 0 & 0 & 0 & 0 & 0 \\ 0 & 0 & 0 & 0 & 8 \end{vmatrix} \qquad \begin{vmatrix} 1 & 1 & 1 \\ 1 & 1 & 1 \\ 1 & 1 & 1 \end{vmatrix} \qquad \begin{vmatrix} \underline{\mathbf{1/3}} & 1/6 & 1/8 & \times & \times \\ 1/5 & 1/7 & 1/8 & \times & \times \\ 1/8 & 1/9 & 1/57 & \times & \times \\ \times & \times & \times & \times & \times \\ \times & \times & \times & \times & \times \end{vmatrix}$$

(a)　　(b)　　(c)

图 6.49　最优性匹配标准评价：（a）图像数据；（b）待匹配的模式；（c）最优性标准 C 的数值（最佳匹配有下划线）

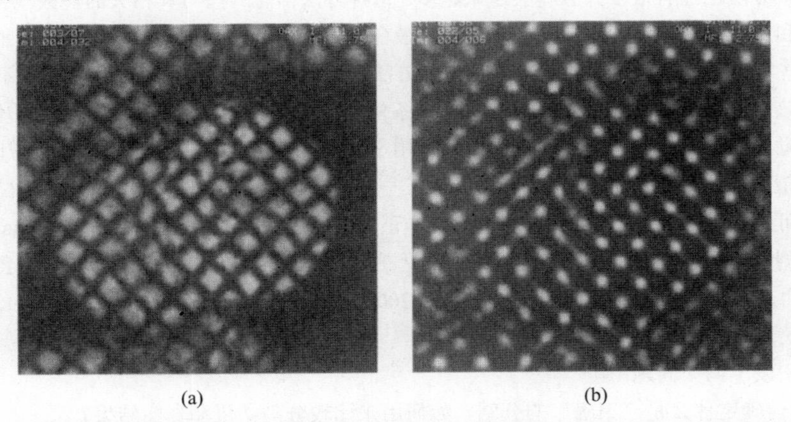

(a)　　(b)

图 6.50　X-形状的掩膜匹配：（a）原始图像（参见图 16.22）；（b）相关性图像，与 X-形状掩膜的局部相关性越好，相关图像就越亮。（图 16.22、图 16.23 显示了如何使用识别的匹配进行运动分析）

傅里叶卷积定理（见第 3.2.4 节）提供了一种高效计算模版和图像之间相关性的方式——为了计算两个傅里叶变换的乘积，它们必须是相同尺寸的；一个模版可以增加 0 数值的行和列以增大到合适的尺寸。有时，增加非 0 数值可能更好，例如，待处理图像的平均灰度值。

一种相关的方法利用斜切图像（它计算了图像子集间的距离，见算法 2.1）来定位特征比如边缘图中已知的边界。如果我们从待检查图像的边缘检测中构建一幅斜切图像，然后，可以按照以下方式判断任何位置处的所需边界的适合程度：在图像上放置所需边界后，将其每个边缘元素下对应的像素数值加起来；低的数值好，而高的差。由于斜切允许度量值随着位置的变化而逐渐变化，因此在搜索最佳匹配中可以使用标准的优化技术（见第 9.6 节）来控制所需边界的移动。

6.4.2 模版匹配的控制策略

由于已知物体很少情况下会在一幅图像中以“像素级完美”的出现，因此它的组件——可能会非常小——常常会发挥作用。如果我们想象一个较大的模式是由这些组件通过可变的连接组成的，那么匹配较大模式就需要拉伸或者收缩这些连接来适应识别到的较小组件。一种好的策略是首先寻找最好的部分匹配，然后基于启发式构建一个图，图的结点表示模式部件，该图将这些部分匹配最好地结合起来。

基于模版的分割即使是在没有几何变换的场合也是费时的，但是通常可以加快该处理。匹配的顺序测试必须是数据驱动的。第一步可以快速地测试出现匹配概率高的位置，这样就没必要测试所有可能的模式位置。另一种改进速度的方式可以通过在测试完所有的对应像素之前找到错匹配来得到。

如果模式与图像数据在某个特殊的图像位置处是高度相关的，那么该模式在这个位置的某个邻域内与图像数据的相关性一般也是好的。换句话说，相关性在最佳匹配位置周围变化是缓慢的（见图 6.48）。如果是这种情况，匹配可以首先在低分辨率下测试，然后仅在好的低分辨率匹配的邻域内寻找精确的匹配。

由于找到错匹配远比找到匹配的机会大得多，应该尽可能早地检测出错匹配。那么在式（6.32）中，在一个特殊位置处的测试，如果分母的数值（错匹配的度量）超过某个预先设置的阈值，则必须停止。这意味着为了使得错匹配标准急剧地增加，最好先从具有高错匹配概率的像素开始测试相关性。该标准增加的速度比起按任意顺序像素进行的计算要快。

6.5 分割的评测问题

现有的分割方法已经有很多并且将会越来越多。每种方法都有一些与其相关的参数。给定这么一个庞大的算法工具箱和一个新的问题，我们应该如果选取最合适的算法和参数呢？或者，更简单地说，给定两种选择，哪种更好些？这样的问题需要我们采用客观的方法来评测性能。同时，对单个算法在不同数据集上的评测提供了有关该算法的鲁棒性的信息，以及对不同条件和模态下获得的数据的处理能力的信息。

计算机视觉中的评测问题伴随着学科的成熟适用于几乎所有领域：最初研究人员只需设计和发表算法，而现在人们期望他们同时提供算法性能提升的证据——通常情况下这是在公认的图像或视频的数据集下做的结果以确保可比性，这个过程在很多年以前就被非正式地采用了，当时用广为流传的 Lena [Rosenberg, 2001] 图像来作为评测数据压缩算法的基准。越来越多的正规化的评测活动促进了关注于评测的会议和专题讨论会的发展。分割的评测也不例外，比如[Chabrier et at., 2006; Forbes and Draper, 2000; Hoover et at., 1996; Wang et al., 2006; Zhang, 1996]。

分割评测引发了两个问题：

- 我们如何确定什么是“正确”的分割？如何用来比较分割结果和真实结果？
- 用什么来衡量？如何衡量？

第二个问题的答案依赖于我们对第一个问题的解答，因为目前有两种独立的方法来考虑评测问题。

6.5.1 监督式评测

监督式评测假设“正确”的结果已知——通常情况下这意味着对真值（ground truth）的定义，比如可以通过合适的交互界面画出正确的图像边界[Chalana and Kim, 1997; Heath et al., 1997; Shin et al., 2001]。很明显，如果要收集足够大的数据集这将是一个劳动密集的任务，但是这同时也是一个常常很难清晰地确定“正确性”的例子。很多分割问题受到低分辨率、模糊以及其他歧义性的影响，同时人为主观判断的不确定性问题也引起人们的兴趣 [Dee and Velastin, 2008; Needham and Boyle, 2003]。这个问题可以在图 6.51 中很好地体现。很明显，采用某种方式对几位专家的评估进行平均是一种简单的做法（尽管开销比较大）[Williams, 1976; Alberola-Lopez et al., 2004; Chalana and Kim, 1997]，但是“正确性”的不确定性仍然是个问题。因此，许多研究者认识到需要一种用于表达可能的不一致性的度量。

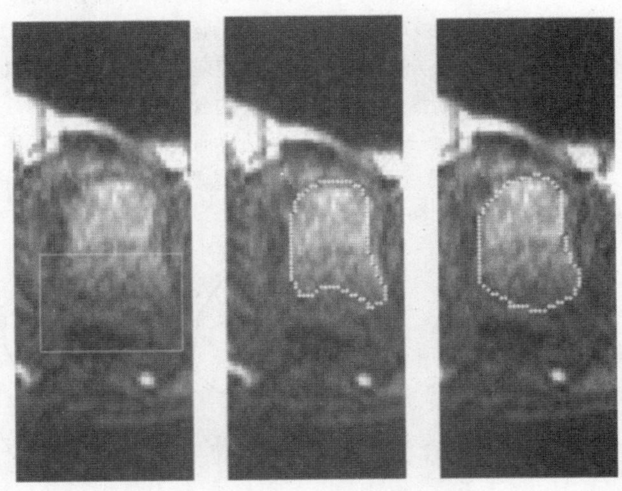

图 6.51　一个由增强磁共振（MRI）方法得到的有着部分模糊边界的区域的研究。两个专家给出了不同的判断

几乎所有的监督式的评估方法是基于以下两种（非常完善的）方法之一[Beauchemin and Thomson, 1997; Zhang, 1996]：错误分类区域[Dice, 1945]，或边界定位错误的评估[Yasnoff et al., 1977]。

6.5.1.1 错误分类区域——相互重叠区域

相互重叠区域（mutual overlap）的方法，也称为 Dice 评测，该方法是以计算真值（ground truth）和分割区域的重叠部分为基础[Bowyer, 2000; Dice, 1945; Hoover et al., 1996]。正如图 6.52 所示。该区域首先关于真值区域和分割区域的和规范化；设 A_1 是分割区域，A_2 是真值区域，MO 是它们的相互重叠部分，则相互重叠度量定义如下：

$$M_{\mathrm{MO}} = \frac{2\mathrm{MO}}{A_1 + A_2}$$

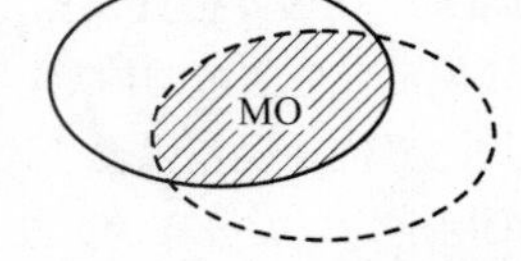

图 6.52　相互重叠：机器分割得到的区域如实线所示，真值如虚线所示

习惯上通过使用这个度量方法对 M_{MO} 设定一个百分比阈值来衡量可接受的分割效果，通常设定为大于 50%[Bowyer, 2000]，但是这会根据反映可接受分割效果的严格性而变化。

这个方法非常流行并且在某些情况下很有效，比如，二值，RGB 或者某些卫星数据，但是并不总能适用。该度量方法的简单性常常掩盖了不同分割方法的区别，很少甚至不能反映出边界有可能仅局部正确的信息；进一步该方法假设了封闭的边界，这并不是所有情况下都成立的。该方法适用于分割边界与真值的距离是单峰分布并且具有较小的方差的情况，但无法解决真值定义不确定的情况。尽管有着以上的缺点，该方法因为它的简单性仍然很有吸引力，并且被广泛用于分割算法的评测，比如，医学图像[Bowyer, 2000; Campadelli and Casirahgi, 2005; Chrastek et al., 2005; Prastawa et al., 2005]。

6.5.1.2 边界定位错误

不久前，有人提出了一种考虑分割结果与真值的像素间欧氏距离的方法[Yasnoff et al., 1977]。这是一个关于两个集合 Hausdorff 测度相关的问题[Rote, 1991]；集合 A 和集合 B 的 Hausdorff 距离（Hausdorff distance）通过找两个集合元素的最短距离的最大值的方法来计算。

$$h(A,B)=\max_{a\in A}(\min_{b\in B}d(a,b)) \tag{6.33}$$

其中 $d(a,b)$是某种合适的距离度量，通常情况下为欧氏度量。Hausdorff 距离是有方向性的（不对称）；通常 $h(A, B)\neq h(B, A)$。一个一般化的两集合间 Hausdorff 距离的定义如下[Rote, 1991]：

$$H(A,B)=\max(h(A,B),h(B,A)) \tag{6.34}$$

它定义了一种集合间相互接近程度的度量，表明两个集合的点之间的距离有多远。

$H(A, B)$被某些人[Chalana and Kim, 1997]作为一种评测分割结果好坏的度量，其中 A 代表真值区域的像素，B 代表分割区域的像素。此外，这个方法不能提供可适应应用（application-adaptable）的阈值使得对分割错误有某种程度上的容忍，同时也不能提供关于部分边界的分割效果的评测。

这个思想可以适用于只考虑边界像素——度量区域的边界而不是区域本身的距离，这样便可以对不闭合的边界进行评测。对于每个分割边界上的点可以用其到真值边界上的点的有向距离来确定局部边界定位错误。很明显，度量的方向仍然是相对的，如图 6.53 所示。

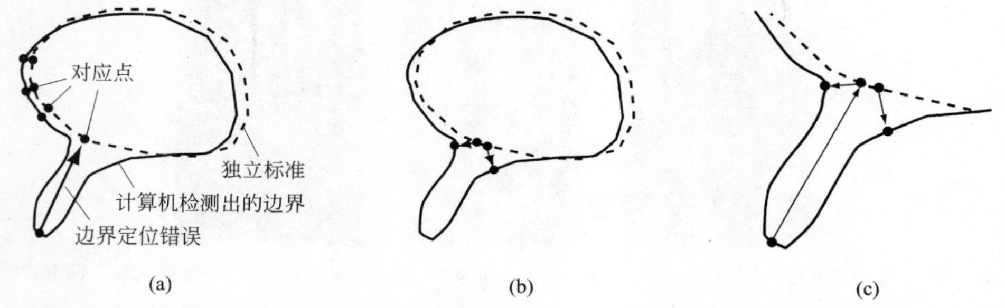

图 6.53 边界定位错误。（a）边界定位错误可以用分割边界上的点到真值边界上的点的有向距离来计算；（b）如果边界定位错误采用相反的方向计算（从真值到分割的边界），结果可能会有非常大的变化；（c）为了显示不同方向计算的区别而放大后的区域

边界定位错误通常情况下对整个分割边界上的所有点求平均，用平均值±标准差的形式来表示。还可以用其他统计方式来评估不同方面的分割性能；比如，通常情况下可以计算有符号（signed）和/或无符号（unsigned）平均边界位置误差，最大边界位置误差，和/或均方根表面位置误差。对于有符号的边界位置误差，必须规定一个主观的约定，计算机分割的边界位于真值某一侧的为正，另一侧的边界为负。于是，有符号的平均边界位置误差代表了计算机分割结果的全局偏向，而其标准差代表了整个分割边界偏离标准位置的程度。采用平均误差分布的方法来评估整个测试集上的多个分割物体，边界定位错误可以用测试集合的平均值±测试集合的标准差来表示。

这个方法被推广而用于考虑容忍度的问题。设 N_A 为边界 A 上的像素数，$A_t(B)$为 A 中与 B 中像素距离小于 t 的像素。如果 N_{A_t} 为 $A_t(B)$的基数，同样可以定义 N_B 与 N_{B_t}

$$H_t(A,B)=\frac{1}{2}\left(\frac{N_{A_t}}{N_A}+\frac{N_{B_t}}{N_B}\right) \tag{6.35}$$

提供了一种随着 t 单调递增且趋于 1 的度量机制。

参数 t 是一个容忍度的区间，当像素间距离小于它时则认为“足够接近”。这反映了可接受的分割错误，它可以从模糊不清的边界部分的宽度或者专家的意见来确定。由于该容忍程度参数可以从问题领域中提取出来，因此可以根据不同应用决定可接受的分割错误。

图 6.54 显示了该度量的应用，它可以用作算法的比较[Kubassova et al., 2006]。

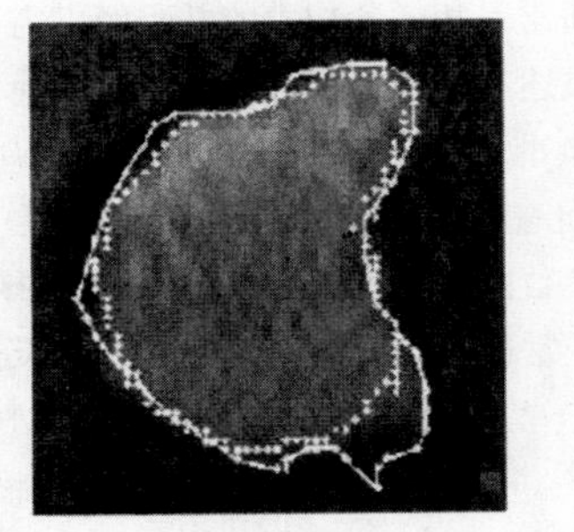

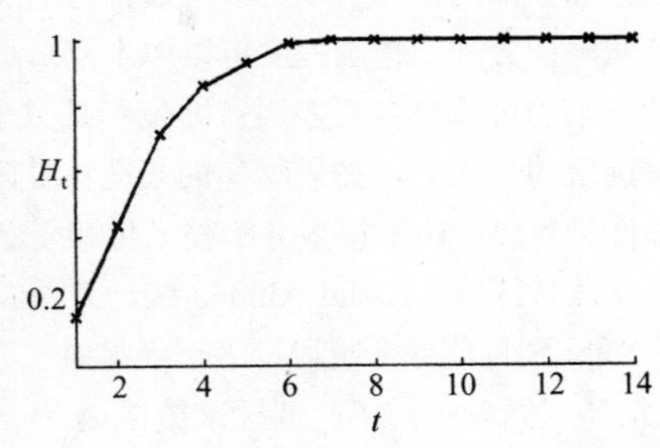

图 6.54 H_t度量在动态增强的 MRI 分割中的应用；真值用虚线表示，分割结果用实线表示

6.5.2 非监督式评测

获得真值的困难在于其不精确的定义，信息缺乏和时间消耗，这些原因使得非监督式的评测方法非常吸引人：这些通过对图像及分割的特性进行统计获得的定量性质不需要知道真值。

当然，这是尝试着回答一个定义不清楚的问题；在很多图像中一个"好的分割"依赖于应用——比如，对于交通图像我们也许希望通过车辆的分割来监视交通拥堵，而如果是为了数有多少辆摩根牌的车开过则只需要对车的某个部分进行分割。非监督式评测完全不考虑这些因素，而是基于分割区域的位置、形状、对比度或者亮度[Peters and Strickland, 1992]。这些方法取决于图像的全局统计数据，可以通过对图像中的像素或者区域的统计获得，用它可以刻画分割区域的特征。从特征上来说，需要假定某些"好的分割"，这些"好的分割"既无法被证明也不是通过提供的数据获得的。

一个简单的例子是区域间相异程度的标准[Levine and Nazif, 1985]，这个标准假设了一个好的分割产生的区域有着较为一致的亮度以及边界处有较强的对比度。如果一个灰度图中含有一个平均亮度为f_0的物体，而局部背景的平均亮度为f_b，则度量 M 最直接的定义是：

$$M = \frac{|f_0 - f_b|}{f_0 + f_b} \tag{6.36}$$

这个早期的度量非常简单：后继的研究者引入了区域内的一致程度的标准[Nazif and Levine, 1984; Weszka and Rosenfeld, 1978]（它假设一个适当的分割应该能产生较高的区域内一致性），Borsotti 标准[Borsotti et al., 1998; Lui and Yang, 1994; Chabrier et al., 2005]（它假设图像应该被分成形状简单且具有相同性质的区域），和 Zeboudj 标准[Jourlin et al., 1989]（它假设了一个好的分割获得的区域有较高的对比度）。以上的标准都有各自的优点和缺点，但是越是精细的标准其定义越复杂并且不那么直观。

所有非监督式的度量都具有各自的优点，并且可以证明其价值：可以通过在一个大型的数据集合上关联该非监督式的度量和一个可信赖的监督式的度量（或真值）来证明[Chabrier et al., 2006]。常常，这样的方法得到的结果并非决定性的，有的时候甚至是矛盾的，因为其定义非常具有局限性并且不适用于难度大的领域。

一种被广泛接受的方法（特别是在医学图像分割评估中）是一种期望最大化算法来同时进行真值和性能水准估计，或者称为 **STAPLE** [Warfield et al., 2004]。STAPLE 从一个分割集合出发，真实分割结果是根据性能加权的分割结果进行概率性的估计得到的，而性能加权可以由专家得到或者通过考虑中的自动化算法得到。赋予每个独立分割结果的权重由每个贡献者估计的性能水准、分割先验、以及空间相似性限制确定。它的最新发展由一种 MAP STAPLE 方法继续，它是目前最新的一个投稿并且显示比原始的 STAPLE 算法性能要好[Commowick et al., 2012]。对分割算法的评估很明显是非常重要的，但是目前没有一种一致可接受的方法。已有的监督式方法是劳动密集的且性能也有局限性；而非监督式方法通常情况下是在人工合成的数据上进行验证，需要对图像特点具有一定的限制，这在真实世界的应用中往往不能满足。

对于实际的用途，人们通常情况下必须回答下面三个问题：

1. 该方法无法正确分割的情况出现有多频繁：答案通常是和任务相关的并且经常需要人为进行判断。
2. 该方法有多精确：分割的精确程度可以用本章节描述的方法进行评估，或用其他性能评价度量。
3. 该方法成功分割的可重复性有多强：即使不是完全准确，分割的可重复性（准确度）在很多应用中也是非常有价值的。比如，如果物体的某些特性随着时间改变了，分割的可重复性显得比一次分割的完全正确性更重要。由于很多分割技术依赖于参数的数目和/或初始化，这些参数的敏感性可以通过确定可重复性来评价。Bland-Altman 统计方法经常被用作该用途[Bland and Altman, 1986, 1999]。

对于评测分割性能，到目前这个阶段读者已经接触了一些重要的但比较枯燥的方法。[Chabrier et al., 2008]给出了一个对比性综述，同时指向了一些标准数据集。

6.6 总结

- 图像分割
  - 图像分割的主要目标是将图像划分为与其中含有的真实世界的物体或区域有强相关性的组成部分。
  - 分割方法也许可以归类如下：**阈值化**、**基于边缘的**、**基于区域的**。
  - 每个区域可以用其封闭的边界来表示，每个封闭的边界描述一个区域。
  - 主要的分割问题有图像数据的不明确性和信息噪声。
  - 分割过程中可得到的先验信息越多，所能获得的分割结果就越好。
- 阈值化
  - 阈值化是最简单的分割处理，计算代价小速度快。一个常量**阈值**用来分割物体和背景。
  - 既可以在整个图像上施加阈值（**全局阈值**），也可以使用依赖图像部分而改变的阈值（**局部阈值**）。单个阈值在整个图像上成功的情况比较少见。
  - 阈值化有许多修正：**局部阈值化**、**带阈值化**、**多阈值化**等。
  - **阈值检测**方法自动地确定阈值。如果事先知道分割后的图像的某种性质，就可以简化阈值选择，因为阈值可以按照该性质得以满足的条件来选择。阈值检测可以使用 ***p* 率阈值化**、**直方图形状分析**、**最优阈值化**等。
  - 在**二模态直方图**中，阈值可以确定为两个最大的局部极大值之间的极小值位置。
  - **最优阈值化**确定阈值为离对应于两个或更多个正态分布最大值之间的最小概率处最近的灰度值，其结果是具有最小错误的分割。
  - **多光谱阈值化**适合彩色或多谱段图像。
- 基于边缘的分割
  - 基于边缘的分割依赖于边缘检测子；边缘标示了图像在灰度、彩色、纹理等方面不连续的位置。
  - 图像噪声或不适合的信息通常可以导致在没有边界的地方出现了边缘以及在实际存在边界的地方没有出现边缘。
  - **边缘图像阈值化**是基于边缘图像构建的，由合适的阈值处理来实现。
  - **边缘松弛法**在相邻边缘的上下文中考虑边缘。如果存在边界出现的足够证据，就增加局部边缘强度，反之亦然。全局松弛法（优化）过程建立了边界。
  - 可以定义**内**边界、**外**边界和**扩展**的边界。内边界总是区域的一部分；外边界绝不是。那么利用内边界、外边界的定义，如果两个区域相邻，它们绝不会有共同的边界。扩展边界定义了相邻区域的单一的共同边界，可以用标准的像素坐标来标识。

- 如果定义了最优性准则，可以使用（**启发式**）**图搜索**或**动态规划**方法确定全局最优边界。基于图搜索的边界检测是一种极为有力的分割方法——边界检测过程被转换为在加权图中搜索最优路径的问题。结点与费用关联起来，该费用反映边界通过某个特定结点（像素）的可能性。连接两个指定结点即起点和终点的最优路径（最优边界，相对于某个目标函数来说）就得以确定。
- **费用定义**（评价函数）是边界检测成功的关键。费用计算的复杂度的变化范围覆盖了从简单的边缘强度的逆到复杂的先验知识的表示，先验知识是有关待搜索的边界、分割任务、图像数据等的。
- 图搜索使用 Nilsson 的 A-算法，可以确保最优性。启发式图搜索可以显著地加快搜索速度，尽管启发式必须满足附加的约束才能确保最优性。
- **动态规划**是基于最优化原理的，给出了从多个起点和终点中同时搜索最优路径的一个有效的方法。
- 使用 A-算法搜索图，并不需要构造整个图，因为只有需要时才计算扩展结点的费用。在动态规划中，必须建好完整的图。
- 如果局部费用函数的计算简单，动态规划可能是在计算上花费不高的选择。然而，对于特定问题而言两种图搜索方法（A-算法、动态规划）中究竟哪种方法更有效，取决于评价函数和 A-算法的启发式信息的性质。
- **Hough 变换**分割适用于在图像中检测已知形状的物体。Hough 变换可以检测直线和已知解析公式的曲线（物体边界）。在识别有遮挡的和受噪声影响的物体方面是鲁棒的。
- 如果待搜索形状的解析公式并不存在，可以使用广义 Hough 变换，参数曲线（区域边界）描述是基于样本情形的，并在学习阶段确定下来。
- 尽管根据完全的边界形成区域是微不足道的，**根据部分边界确定区域**可能是一个非常复杂的任务。可以根据如下的概率来建立区域：像素是否位于由部分边界包围的区域内。这些方法并不总是能找到可以接受的区域，但是它们在很多实际情况中很有用。

● 基于区域的分割
- **区域增长**分割应该满足完全分割条件——式(6.1)——还有最大区域一致性条件——式(6.22)、式(6.23)。
- 有三种基本的区域增长方法存在：**区域归并**、**区域分裂**、**分裂与归并**区域增长。
- **区域归并**从由满足式(6.22)的区域构成的过分割图像开始，只要能够保持满足式(6.22)就将符合式(6.23)给出的归并条件的区域归并起来。
- **区域分裂**与区域归并相反。区域分裂开始于不满足式(6.22)所给条件的欠分割图像存在的图像区域顺序地被分裂开以便满足式(6.1)、式(6.22)和式(6.23)。
- **分裂和归并**的结合可以产生兼有二者优点的一种新方法。分裂与归并方法常在金字塔图像表上进行。区域是方形的与合适的金字塔层元素对应。因为两个选择都存在，起始分割不必满足式(6.22)、式(6.23)给出的任一条件。
- 在**分水岭**分割中，集水盆地代表了分割后图像的区域。分水岭分割的最初的算法开始于寻找从图像的每个像素到图像表面高程的局部极小的下游路径。定义集水盆地为满足以下条件的所有像素的集合：这些像素的下游路径终止于同一个高程极小点。在第二种方法中，每个极小值代表了一个集水盆地，策略是从这个高程极小值开始填充集水盆地。
- 使用区域增长方法分割后的图像，时常由于参数设置的非最优性造成的结果，不是含有太多的区域（欠增长）就是含有过少的区域（过增长）。许多**后处理器**被提出来改进分类结果。简单的后处理器减少分割后图像中的小区域的数目。更复杂的后处理方法可以将从区域增长得到的分割信息与基于边缘的分割结合起来。

- 匹配
  - 模版匹配可以用于在图像中定位已知表观的物体，也可以用于搜索特殊的模式等。最好的匹配是基于某种最优性准则的，该准则依赖于物体的性质和物体的关系。
  - 匹配标准的定义可以有多种方式，特别地，模式与被搜索的图像数据间的相关性是一个普遍性的匹配标准。
  - 斜切匹配可以用于定位一维特征，不然使用基于费用的最优方法可能会失效。
- 评测
  - 基于模版的匹配比较耗时，但是该过程可以通过引入合适的模版匹配控制策略来加速。评测
  - 分割的评测对于决定分割算法，给定算法的参数选择非常有用。
  - 监督式（supervised）的评测比较了分割算法的输出与真值。
  - 监督式的方法通常比较相互重叠区域，或者分割边界间的距离——存在一些不同的做法。
  - 真值常常很难定义或者获得的代价很大。非监督式（unsupervised）的方法评价分割效果时不需要考虑真值。
  - 有很多非监督式的方法存在，但它们通常受到图像区域假设的限制。

6.7 习题

简答题

S6.1 如果一幅图像的直方图是双峰的，在什么情况下可以找到一个阈值将它完美地分割？

S6.2 基于边缘的分割器优缺点各是什么？

S6.3 解释使用边缘松弛法的边界检测的主要概念。

S6.4 列出内、外和扩展边界定义的主要优缺点。

S6.5 对于图 6.55 中的物体，标示出所有的构成如下边界的像素，如果任何像素在边界上出现超过一次就给以多次标记：

（a）外部。

（b）扩展。

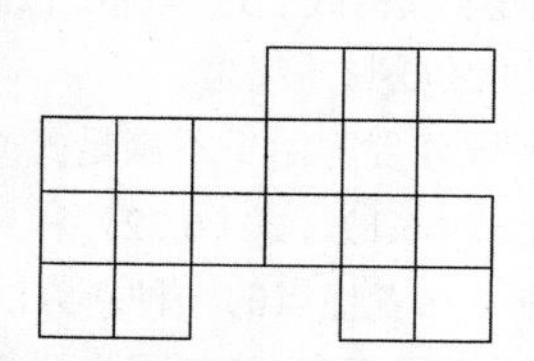

图 6.55 确定这个物体的边界：（简答题 S6.15）使用左边第 2 行的第 3 个像素作为参考点

S6.6 解释为什么结点费用修正的低限方法会加快 A-算法图搜索的速度。

S6.7 考虑启发式图搜索算法。解释为什么从当前结点到结束结点的路径费用的估计 $\tilde{h}(\mathbf{x}_i)$ 的精确度影响着搜索的行为。说明在什么条件下可以确保搜索的最优性。描述一下过估计、欠估计和精确的估计是怎样影响路径检测速度的？

S6.8 最优性原理的主要思想是什么？它是如何用于动态规划的？

S6.9 在一幅通用图中搜索一个最优路径的复杂度是什么？举例说明在一些首先的情况下，这个复杂度怎样可以被下降。

S6.10 A 算法和动态规划进行图搜素的主要区别是什么？距离说明为什么动态规划通常高会比 A 算法快。

S6.11 使用极坐标表示解释 Hough 变换用于直线检测的主要概念。在图像空间中画几条直线，在参数空间中勾画出相应的 Hough 变换。标示出所有的重要的点、线和轴。

S6.12 解释为什么直线的极坐标表示 $s = x\cos\theta + y\sin\theta$ 比标准直线表示 $y=kx+q$ 更适合使用 Hough 变换检测直线？

S6.13 如果二维图像中的圆直径可以是任何大小，那么一个 Hough 累加数组的维度是多少？

S6.14 解释为什么有关边缘方向的先验知识可以加快基于 Hough 变换的图像分割速度。

S6.15 给图 6.55 中的物体构建 R-表。设从顶开始数的第 2 行中从左数的第 3 个像素是参考点。只考虑 90°的整倍数就足够了。

S6.16 解释对于图像分割而言基于边缘的和基于区域的方法的主要的概念不同点。这两种方法是对偶的吗？

S6.17 用数学方法说明使用区域一致性的基于区域的分割的目标。

S6.18 解释如下三种区域增长基本方法的原理和差异：归并、分裂、分裂与归并。

S6.19 解释分水岭分割的主要原理。讨论为什么从底端填充积水盆地比起使用数学形态学的方法快几个数量级。

S6.20 解释为什么分水岭分割趋向于过分割图像。

S6.21 解释为什么快速确定错匹配的策略一般比起提高证明是匹配效率的策略更可以加快图像匹配的处理速度。

思考题

P6.1 准备过程：使用 Matlab 或者类似的环境，生成一些已知的测试图像，其中混合了直线、曲线以及更复杂的边缘，包围的区域中包含均匀或者变化的亮度。记录它们的面积和边缘位置。给定标准的方差和特定强度的随机脉冲噪声，通过施加加性高斯噪声，生成更多的图像。

P6.2 实现正文介绍过的各种不同的基于阈值的分割方法，然后在你的测试图像上应用这些算法。通过手动设置阈值进行实验和测试错误，比较各种不同的方法。

P6.3 实现自适应阈值化方法，然后在你的测试图像中（习题 P6.1）应用这个方法。使用 Otsu 最优方法来进行阈值选择，评估各种方法。从质量上评估每一种方法。

P6.4 实现迭代多光谱阈值化方法，然后在使用三个 RGB 通道表示的彩色图像上应用这个算法。

P6.5 实现算法 6.4 和算法 6.5，对于滞后阈值 t_0 和 t_1 的某个数值范围在习题 P6.1 中创建的测试图像上运行。主观地判断最好的数值，将其与图像中的边缘强度的分布性质联系起来（例如，是否对选择阈值使得产生一定百分比的强边缘或弱边缘有帮助？）。

P6.6 使用 4-邻接或者 8-邻接，或两者兼用，为寻找物体以及物体孔边界的内边界跟踪设计一个程序。在各种二值图像以及以前问题中获得的分割结果上测试该程序。确保该程序对单个像素物体和单像素宽物体有效。

P6.7 修改习题 P6.6 的程序，用来确定物体的外边界，在相同图像上测试。

P6.8 使用 A-算法做图搜索，寻找通过如图 6.56 所示的图的最优路径，圆圈中的数字代表结点费用，考虑三个可能的后继结点。给出你的图搜索过程的所有步骤，包括每步所关联的数据结构的状态。

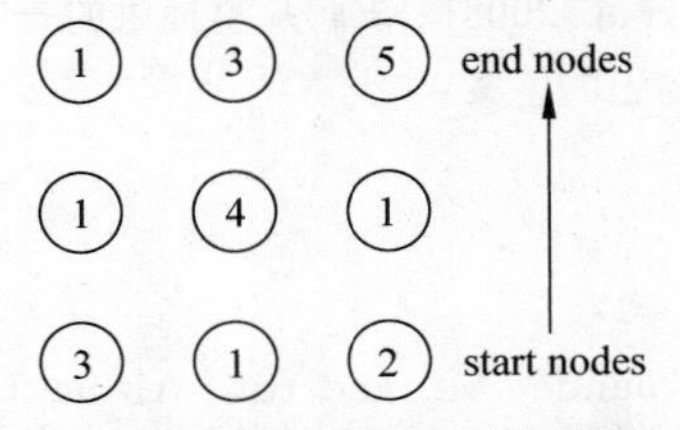

图 6.56　使用 A 算法来得到这个图中的最优路径

P6.9 假设在每个结点带有费用的矩形图中使用 A-算法的图搜索得到了最优边界。设最优边界由通过图的最小费用路径表达。讨论结点费用的如下变化是如何影响所产生的边界的（是否得到相同的最优边界），以及在图搜索中扩展的图结点的数目发生的情况（是否保持不变，或变的更少或更多）。考虑如下的图结点费用的修正情况：

（a）所有结点的费用增加一个常量。

（b）所有结点的费用减少一个常量，但没有变为负数的费用。

（c）所有结点的费用减少一个常量，有些费用变为负数。

（d）一个或多个（但不是所有的）图剖面的费用增加一个常量。

（e）一个或多个（但不是所有的）图剖面的费用减少一个常量，但没有变为负数的费用。

（f）一个或多个（但不是所有的）图剖面的费用减少一个常量，有些费用变为负数。

P6.10 使用动态规划，寻找通过如图6.56所示的图的最优路径（圆圈中的数字代表结点费用）；考虑三个可能的后继结点。给出你的图搜索过程的所有步骤，包括每步所关联的数据结构的状态。

P6.11 实现分水岭分割，并用于在习题P6.1中创建的测试图像。设计一个策略来避免在有噪声的图像中产生严重的过分割。

P6.12 使用模版匹配，在一幅扫描的打印页上检测其印刷的特定字符。

（a）搜索相同字体和大小的所有字符。

（b）搜索相同字体的不同大小的字符。

（c）搜索不同字体和大小的相同字符。

（d）在上述任务中使用不同质量级别的图像。

（e）使用不同的匹配策略，然后比较得到的处理时间。

P6.13 使用模版匹配，在一个图像集合中检测一个特定的图像模版。考虑这些场景，其中这个特定的图像模版在任何图像中都不存在。使用不同质量级别的图像。

P6.14 实现区域增长的下列方法，并用于在习题P6.1中创建的测试图像。比较各个方法的分割精确度。

（a）区域归并。

（b）区域分裂。

（c）分裂与归并。

（d）通过边界溶解的区域归并。

（e）分裂并链接到分割树。

（f）单程分裂与归并。

P6.15 选择前面你已经执行过的一些分割方法，使用Dice（互覆盖）度量指标定量地评价它们的分割性能。

P6.16 选择一些你已经实现的分割算法，然后使用基于Hausdorff（边界误定位）的度量定量地衡量它们的质量。

P6.17 使自己熟悉Matlab教辅书中对应于本章中解决的问题以及Matlab实现的相关算法[Svoboda et al., 2008]。Matlab教辅书的主页http://visionbook.felk.cvut.cz中提供了这些问题中使用的图像，以及为教学设计的注释良好的Matlab代码。

P6.18 使用Matlab教辅书[Svoboda et al., 2008]来求解那里提供的一些附加习题和实际问题。使用Matlab或者其他合适的语言来实现你自己的答案。

6.8 参考文献

Alberola-Lopez C., Martin-Fernandez M., and Ruiz-Alzola J. Comments on: A methodology for evaluation of boundary detection algorithms on medical images. *IEEE Transactions on Medical Imaging*, 23(5):658–660, 2004.

Ballard D. H. Generalizing the Hough transform to detect arbitrary shapes. *Pattern Recognition*, 13:111–122, 1981.

Ballard D. H. and Brown C. M. *Computer Vision*. Prentice-Hall, Englewood Cliffs, NJ, 1982.

Barrett W. A. and Mortensen E. N. Fast, accurate, and reproducible live-wire boundary extraction. In *Visualization in Biomedical Computing*, pages 183–192, Berlin, Heidelberg, 1996. Springer Verlag.

Beauchemin M. and Thomson K. P. B. The evaluation of segmentation results and the overlapping area matrix. *Remote Sensing*, 18:3895–3899, 1997.

Bellmann R. *Dynamic Programming*. Princeton University Press, Princeton, NJ, 1957.

Bland J. M. and Altman D. G. Statistical methods for assessing agreement between two methods of clinical measurement. *Lancet*, 1(8476):307–310, 1986.

Bland J. M. and Altman D. G. Measuring agreement in method comparison studies. *Stat Methods Med Res*, 8:135–160, 1999.

Borsotti M., Campadelli P., and Schettini R. Quantitative evaluation of colour image segmentation results. *Pattern Recognition Letters*, 19(8):741–747, 1998.

Bowyer K. W. Validation of medical image analysis techniques. In Sonka M. and Fitzpatrick J. M., editors, *Handbook of Medical Imaging*, volume 2, pages 567–607. Press Monograph, Bellingham, WA, 1 edition, 2000. ISBN 0-8194-3622-4.

Brice C. R. and Fennema C. L. Scene analysis using regions. *Artificial Intelligence*, 1:205–226, 1970.

Campadelli P. and Casirahgi E. Lung field segmentation in digital posterior-anterior chest radiographs. *3rd International Conference on Advances in Pattern Recognition,* Bath, UK, 3687:736–745, 2005.

Canny J. F. A computational approach to edge detection. *IEEE Transactions on Pattern Analysis and Machine Intelligence*, 8(6):679–698, 1986.

Chabrier S., Rosenberger C., Laurent H., and Rakotomamonjy A. Segmentation evaluation using a support vector machine. *3rd International Conference on Advances in Pattern Recognition,* Bath, UK, 2:889–896, 2005.

Chabrier S., Emile B., Rosenberger C., and Laurent H. Unsupervised performance evaluation of image segmentation. *EURASIP Journal on Applied Signal Processing*, 2006:1–12, 2006.

Chabrier S., Laurent H., Rosenberger C., and Emile B. Comparative study of contour detection evaluation criteria based on dissimilarity measures. *EURASIP Journal on Image and Video Processing*, 2008, 2008.

Chalana V. and Kim Y. A methodology for evaluation of boundary detection algorithms on medical images. *IEEE Transactions on Medical Imaging*, 16(5):642–652, 1997.

Chang Y. L. and Li X. Fast image region growing. *Image and Vision Computing*, 13:559–571, 1995.

Chen S. Y., Lin W. C., and Chen C. T. Split-and-merge image segmentation based on localized feature analysis and statistical tests. *CVGIP – Graphical Models and Image Processing*, 53 (5):457–475, 1991.

Cho S., Haralick R., and Yi S. Improvement of Kittler and Illingworth's minimum error thresholding. *Pattern Recognition*, 22(5):609–617, 1989.

Chrastek R., Wolf M., Donath K., Niemann H., Paulus D., Hothorn T., Lausen B., Lammer R., Mardin C. Y., and Michelson G. Automated segmentation of the optic nerve head for diagnosis of glaucoma. *Medical Image Analysis*, 9(4):297–314, 2005.

Chu C. C. and Aggarwal J. K. The integration of image segmentation maps using region and edge information. *IEEE Transactions on Pattern Analysis and Machine Intelligence*, 15: 1241–1252, 1993.

Clark D. Image edge relaxation on a hypercube. Technical Report Project 55:295, University of Iowa, 1991.

Collins S. H. Terrain parameters directly from a digital terrain model. *Canadian Surveyor*, 29 (5):507–518, 1975.

Commowick O., Akhondi-Asl A., and Warfield S. Estimating a reference standard segmentation with spatially varying performance parameters: Local MAP STAPLE. *Medical Imaging, IEEE Transactions on*, 31:1593–1606, 2012.

Davies E. R. *Machine vision - theory, algorithms, practicalities.* Morgan Kaufman, 3 edition, 2005.

Davis L. S. Hierarchical generalized Hough transforms and line segment based generalized Hough transforms. *Pattern Recognition*, 15(4):277–285, 1982.

Dee H. M. and Velastin S. How close are we to solving the problem of automated visual surveillance? *Machine Vision and Applications*, 19(5-6):329–343, 2008.

Demi M. Contour tracking by enhancing corners and junctions. *Computer Vision and Image Understanding*, 63:118–134, 1996.

Dice L. R. Measures of the amount of ecologic association between species. *Ecology*, 26(3): 297–302, 1945.

Dobrin B. P., Viero T., and Gabbouj M. Fast watershed algorithms: Analysis and extensions. In *Proceedings of the SPIE Vol. 2180*, pages 209–220, Bellingham, WA, 1994. SPIE.

Dudani S. A. Region extraction using boundary following. In Chen C. H., editor, *Pattern Recognition and Artificial Intelligence*, pages 216–232. Academic Press, New York, 1976.

Falcao A. X., Udupa J. K., Samarasekera S., Sharma S., Hirsch B. E., and Lotufo R. A. User-steered image segmentation paradigms: Live wire and live lane. Technical Report MIPG213, Deptartment of Radiology, University of Pennsylvania., 1995.

Fisher D. J., Ehrhardt J. C., and Collins S. M. Automated detection of noninvasive magnetic resonance markers. In *Computers in Cardiology*, Chicago, IL, pages 493–496, Los Alamitos, CA, 1991. IEEE.

Fitzpatrick J. M., Hill D. L. G., and Maurer, Jr. C. R. Image registration. In Sonka M. and Fitzpatrick J. M., editors, *Medical Image Processing, Volume II of the Handbook of Medical Imaging*, pages 447–513. SPIE Press, Bellingham, WA, 2000.

Fleagle S. R., Johnson M. R., Wilbricht C. J., Skorton D. J., Wilson R. F., White C. W., Marcus M. L., and Collins S. M. Automated analysis of coronary arterial morphology in cineangiograms: Geometric and physiologic validation in humans. *IEEE Transactions on Medical Imaging*, 8(4):387–400, 1989.

Flynn M. J. Some computer organizations and their effectivness. *IEEE Transactions on Computers*, 21(9):948–960, 1972.

Forbes L. A. and Draper B. A. Inconsistencies in edge detector evaluation. *Computer Vision and Pattern Recognition*, 2(5):398–404, 2000.

Frank R. J., Grabowski T. J., and Damasio H. Voxelvise percentage tissue segmentation of human brain magnetic resonance images (abstract). In *Abstracts, 25th Annual Meeting, Society for Neuroscience*, page 694, Washington, DC, 1995. Society for Neuroscience.

Gambotto J. P. A new approach to combining region growing and edge detection. *Pattern Recognition Letters*, 14:869–875, 1993.

Gauch J. and Hsia C. W. A comparison of three color image segmentation algorithms in four color spaces. In *Proceedings of the SPIE Vol. 1818*, pages 1168–1181, Bellingham, WA, 1992. SPIE.

Gerig G. and Klein F. Fast contour identification through efficient hough transform and simplified interpretation strategy. In *Proceedings of the 8th International Joint Conference on Pattern Recognition*, pages 498–500, Paris, France, 1986.

Glasbey C. A. An analysis of histogram-based thresholding algorithms. *CVGIP – Graphical Models and Image Processing*, 55:532–537, 1993.

Gonzalez R. C. and Wintz P. *Digital Image Processing.* Addison-Wesley, Reading, MA, 2nd edition, 1987.

Goshtasby A. A. *2-D and 3-D Image Registration: for Medical, Remote Sensing, and Industrial Applications.* Wiley-Interscience, 2005.

Hajnal J. and Hill D. *Medical Image Registration.* Biomedical Engineering. Taylor & Francis, 2010. ISBN 9781420042474. URL http://books.google.co.uk/books?id=2dtQNsk-qBQC.

Hanson A. R. and Riseman E. M., editors. *Computer Vision Systems.* Academic Press, New York, 1978.

Heath M., Sarkar S., Sanocki T., and Bowyer K. W. A robust visual method for assessing the relative performance of edge detection algorithms. *IEEE Transactions on Pattern Analysis and Machine Intelligence*, 19(12):1338–1359, 1997.

Higgins W. E. and Ojard E. J. 3D images and use of markers and other topological information to reduce oversegmentations. *Computers in Medical Imaging and Graphics*, 17:387–395, 1993.

Hong T. H., Dyer C. R., and Rosenfeld A. Texture primitive extraction using an edge-based approach. *IEEE Transactions on Systems, Man and Cybernetics*, 10(10):659–675, 1980.

Hoover A., Jean-Baptiste G., Jiang X., Flynn P. J., Bunke H., Goldof D. B., Bowyer K., Eggert D. W., Fitzgibbon A., and Fisher R. B. An experimental comparison of range segmentation algorithms. *IEEE Transactions on Pattern Analysis and Machine Intelligence*, 18(7):673–689, 1996.

Hough P. V. C. *A Method and Means for Recognizing Complex Patterns.* US Patent 3,069,654, 1962.

Illingworth J. and Kittler J. The adaptive Hough transform. *IEEE Transactions on Pattern Analysis and Machine Intelligence*, 9(5):690–698, 1987.

Illingworth J. and Kittler J. Survey of the Hough transform. *Computer Vision, Graphics, and Image Processing*, 44(1):87–116, 1988.

Jourlin M., Pinoli J. C., and Zeboudj R. Contrast definition and contour detection for logarithmic images. *Journal of Microscopy*, 156:33–40, 1989.

Kass M., Witkin A., and Terzopoulos D. Snakes: Active contour models. In *1st International Conference on Computer Vision*, London, England, pages 259–268, Piscataway, NJ, 1987. IEEE.

Kim J. S. and Cho H. S. A fuzzy logic and neural network approach to boundary detection for noisy imagery. *Fuzzy Sets and Systems*, 65:141–159, 1994.

Kittler J. and Illingworth J. Minimum error thresholding. *Pattern Recognition*, 19:41–47, 1986.

Koivunen V. and Pietikainen M. Combined edge and region-based method for range image segmentation. In *Proceedings of SPIE—The International Society for Optical Engineering*, volume 1381, pages 501–512, Bellingham, WA, 1990. Society for Optical Engineering.

Kubassova O., Boyle R. D., and Radjenovic A. A novel method for quantitative evaluation of segmentation outputs for dynamic contrast-enhanced MRI data in RA studies. In *Proceedings of the Joint Disease Workshop, 9th International Conference on Medical Image Computing and Computer Assisted Intervention*, volume 1, pages 72–79, 2006.

Kundu A. and Mitra S. K. A new algorithm for image edge extraction using a statistical classifier approach. *IEEE Transactions on Pattern Analysis and Machine Intelligence*, 9(4):569–577, 1987.

Levine M. D. and Nazif A. M. Dynamic measurement of computer generated image segmentations. *IEEE Transactions on Pattern Analysis and Machine Intelligence*, 7(2):155–164, 1985.

Liow Y. T. A contour tracing algorithm that preserves common boundaries between regions. *CVGIP – Image Understanding*, 53(3):313–321, 1991.

Lui J. and Yang Y. H. Multiresolution color image segmentation. *IEEE Transactions on Pattern Analysis and Machine Intelligence*, 16(7):689–700, 1994.

Manos G., Cairns A. Y., Ricketts I. W., and Sinclair D. Automatic segmentation of hand-wrist radiographs. *Image and Vision Computing*, 11:100–111, 1993.

Marquardt D. W. An algorithm for least squares estimation of non-linear parameters. *Journal of the Society for Industrial and Applied Mathematics*, 11:431–444, 1963.

Martelli A. Edge detection using heuristic search methods. *Computer Graphics and Image Processing*, 1:169–182, 1972.

Martelli A. An application of heuristic search methods to edge and contour detection. *Communications of the ACM*, 19(2):73–83, 1976.

Meyer F. and Beucher S. Morphological segmentation. *Journal of Visual Communication and Image Representation*, 1:21–46, 1990.

Mortensen E., Morse B., Barrett W., and Udupa J. Adaptive boundary detection using 'live-wire' two-dimensional dynamic programming. In *Computers in Cardiology*, pages 635–638, Los Alamitos, CA, 1992. IEEE Computer Society Press.

Nazif A. M. and Levine M. D. Low level image segmentation: an expert system. *IEEE Transactions on Pattern Analysis and Machine Intelligence*, 6(5):555–577, 1984.

Needham C. J. and Boyle R. D. Performance evaluation metrics and statistics for positional tracker evaluation. In Crowley J., Piater J., Vincze M., and Paletta L., editors, *Proc. Intl. Conference on Computer Vision Systems*, number 2626 in LNCS, pages 278–289, Graz, Austria, 2003. Springer Verlag.

Ney H. A comparative study of two search strategies for connected word recognition: Dynamic programming and heuristic search. *IEEE Transactions on Pattern Analysis and Machine Intelligence*, 14(5):586–595, 1992.

Nilsson N. J. *Principles of Artificial Intelligence.* Springer Verlag, Berlin, 1982.

Otsu N. A threshold selection method from gray–level histograms. *IEEE Transactions on Systems, Man and Cybernetics*, 9(1):62–66, 1979.

Pavlidis T. *Structural Pattern Recognition.* Springer Verlag, Berlin, 1977.

Pavlidis T. and Liow Y. Integrating region growing and edge detection. *IEEE Transactions on Pattern Analysis and Machine Intelligence*, 12(3):225–233, 1990.

Peters R. A. and Strickland R. N. A review of image complexity metrics for automatic target recognizers. *8th Meeting of Optical Engineering*, 1992. http://www.vuse.vanderbilt.edu/~rap2/resume.html.

Pietikainen M., Rosenfeld A., and Walter I. Split–and–link algorithms for image segmentation. *Pattern Recognition*, 15(4):287–298, 1982.

Pontriagin L. S. *The Mathematical Theory of Optimal Processes.* Interscience, New York, 1962.

Prager J. M. Extracting and labeling boundary segments in natural scenes. *IEEE Transactions on Pattern Analysis and Machine Intelligence*, 2(1):16–27, 1980.

Prastawa M., Gilmore J. H., Lin W., and Gerig G. Automatic segmentation of MR images of the developing newborn brain. *Medical Image Analysis*, 5(9):457–466, 2005.

Press W. H., Teukolsky S. A., Vetterling W. T., and Flannery B. P. *Numerical Recipes in C: The Art of Scientific Computing.* Cambridge University Press, Cambridge, 2nd edition, 1992.

Priese L. and Rehrmann V. On hierarchical color segmentation and applications. In *Computer Vision and Pattern Recognition (Proceedings)*, pages 633–634, Los Alamitos, CA, 1993. IEEE.

Rosenberg C. The Lenna Story, 2001. http://www.cs.cmu.edu/~chuck/lennapg/.

Rosenfeld A. and Kak A. C. *Digital Picture Processing.* Academic Press, New York, 2nd edition, 1982.

Rote G. Computing the minimum Hausdorff distance between two point sets on a line under translation. *Information Processing Letters*, 38(3):123–127, 1991.

Schettini R. A segmentation algorithm for color images. *Pattern Recognition Letters*, 14:499–506, 1993.

Sezgin M. and Sankur B. Survey over image thresholding techniques and quantitative performance evaluation. *Journal of Electronic Imaging*, 13(1):146–168, January 2004.

Sher D. B. A technique for deriving the distribution of edge neighborhoods from a library of occluding objects. In *Proceedings of the 6th International Conference on Image Analysis and Processing. Progress in Image Analysis and Processing II*, pages 422–429, Singapore, 1992. World Scientific.

Shin M. C., Goldgof D. B., and Bowyer K. W. Comparison of edge detector performance through use in an object recognition task. *Computer Vision and Image Understanding*, 84 (1):160–178, 2001.

Soille P. and Ansoult M. Automated basin delineation from DEMs using mathematical morphology. *Signal Processing*, 20:171–182, 1990.

Sonka M., Wilbricht C. J., Fleagle S. R., Tadikonda S. K., Winniford M. D., and Collins S. M. Simultaneous detection of both coronary borders. *IEEE Transactions on Medical Imaging*, 12(3):588–599, 1993.

Sonka M., Winniford M. D., Zhang X., and Collins S. M. Lumen centerline detection in complex coronary angiograms. *IEEE Transactions on Biomedical Engineering*, 41:520–528, 1994.

Suk M. and Chung S. M. A new image segmentation technique based on partition mode test. *Pattern Recognition*, 16(5):469–480, 1983.

Svoboda T., Kybic J., and Hlavac V. *Image Processing, Analysis, and Machine Vision: A MATLAB Companion.* Thomson Engineering, 2008.

Udupa J. K., Samarasekera S., and Barrett W. A. Boundary detection via dynamic programming. In *Visualization in Biomedical Computing, Proc. SPIE Vol. 1808*, pages 33–39, Bellingham, WA, 1992. SPIE.

Valera M. and Velastin S. A. Intelligent distributed surveillance systems: A review. In *IEE Proceedings - Vision, Image and Signal Processing*, 2005.

Heijden F. v. d. Edge and line feature extraction based on covariance models. *IEEE Transactions on Pattern Analysis and Machine Intelligence*, 17:69–77, 1995.

van der Zwet P. M. J. and Reiber J. H. C. A new approach for the quantification of complex lesion morphology: The gradient field transform; basic principles and validation results. *Journal of the Amercian College of Cardiologists*, 82:216–224, 1994.

Vincent L. and Soille P. Watersheds in digital spaces: An efficient algorithm based on immersion simulations. *IEEE Transactions on Pattern Analysis and Machine Intelligence*, 13(6):583–598, 1991.

Vlachos T. and Constantinides A. G. Graph-theoretical approach to colour picture segmentation and contour classification. *IEE Proceedings Communication, Speech and Vision*, 140:36–45, 1993.

Wang S., Ge F., and Liu T. Evaluating edge detection through boundary detection. *EURASIP Journal on Applied Signal Processing*, 2006:1–15, 2006.

Warfield S., Zou K., and Wells W. Simultaneous truth and performance level estimation (STAPLE): An algorithm for the validation of image segmentation. *Medical Imaging, IEEE Transactions on*, 23:903–921, 2004.

Weszka J. S. and Rosenfeld A. Threshold evaluation techniques. *IEEE Transactions on Systems, Man and Cybernetics*, 8(8):622–629, 1978.

Willebeek-Lemair M. and Reeves A. Solving nonuniform problems on SIMD computers—case study on region growing. *Journal of Parallel and Distributed Computing*, 8:135–149, 1990.

Williams G. W. Comparing the joint agreement of several raters with another rater. *Biometrics*, 32(3):619–627, 1976.

Wu X. Adaptive split-and-merge segmentation based on piecewise least-square approximation. *IEEE Transactions on Pattern Analysis and Machine Intelligence*, 15:808–815, 1993.

Xu L. and Oja E. Randomized Hough transform (RHT): Basic mechanisms, algorithms, and computational complexities. *CVGIP - Image Understanding*, 57:131–154, 1993.

Yasnoff W. A., Mui J. K., and Bacus J. W. Error measures for scene segmentation. *Pattern Recognition Letters*, 9:217–231, 1977.

Yoo T. S. *Insight into Images: Principles and Practice for Segmentation, Registration, and Image Analysis*. AK Peters Ltd, 2004. ISBN 1568812175.

Yuen S. Y. K. and Hlavac V. An approach to quantization of the Hough space. In *Proceedings of the 7th Scandinavian Conference on Image Analysis,* Aalborg, Denmark, pages 733–740, Copenhagen, Denmark, 1991. Pattern Recognition Society of Denmark, Copenhagen.

Zhang Y. J. A survey on evaluation methods for image segmentation. *Pattern Recognition*, 29 (8):1335–1346, 1996.

第 7 章

分 割 II

第 6 章介绍了很多标准的图像分割算法，我们强调了分割在图像分析的各个方面都扮演着重要的角色。显然，图像分割算法在快速发展，新的、有效的算法层出不穷。新的方法必须能处理不断增长的图像数据集、单个图像数据大小的增长以及数据维数的增长。

本章介绍比较高级的分割内容，关注于具有三维和更高维图像分割能力的技术。这些方法有以下相同之处：它们开创了新的范例模式，并且有效、灵活，可以被实际使用。

在众多的分割算法中，本书将介绍以下几种：均值移位（mean shift）、模糊连接性（fuzzy connectivity）、变形模型（deformable models）、梯度矢量流（gradient vector flow）、图搜索（graph search）、图割（graph cuts）、最优单和多表面检测（optimal single and multiple surface detection）。这些方法带来了新的分割观念，并且，它们本身已经具有推广到三维（以及更高维）的能力，而不是靠之后添加进去的推广性质。

7.1 均值移位分割

在第 6.1.2 节中，我们介绍了一种最优阈值方法，估计个别的物体和背景的灰度统计信息给出一组分割阈值。算法假设灰度是成高斯分布。该算法以及与此类似的方法的最大问题是，需要事先确定一些概率密度函数的参数。例如，式（6.7）需要确定 3 个参数。不幸的是，特殊统计分布（很少是高斯分布）的假设和需要估计的参数一样使问题变得复杂，否则这将是一个精美的分割算法。

均值移位图像分割算法（mean shift image segmentation）避免了概率密度函数的估计，它分为两步：**不连续性保持滤波和均值移位聚类（discontinuity preserving filtering and mean shift clustering）**。Fukunaga 和 Hostetler 于 1975 年提出了 mean shift 算法，它是一种非参数化技术，用于处理复杂的多模态的**特征空间（feature space）**的分析和特征聚类的识别。在被忽略了 20 年后，Cheng 在 1995 年重新介绍了 mean shift 算法。Comaniciu 和 Meer 在 1997 年用 mean shift 解决了许多图像处理和视觉问题。Comaniciu 又在 2000 年将 mean shift 用在实时物体跟踪中。在图像处理中，量化的图像属性构成特征空间，这些属性被映射到图像描述参数的多维空间中的一个点。当所有图像点的映射完成后，特征空间中对应于显著图像特征的某些地方会变的密集。这些密集的区域在多维特征空间中形成聚类，在图像分割背景下它们可能对应于个别的图像物体和背景。更一般地，特征空间分析的目标是给出内在聚类的轮廓（对比于第 9.2.6 节）。图 7.1 给出了 mean shift 的直观理解。

注意，该过程的自由参数仅有兴趣区域的大小和形状，兴趣区域更确切的说法是多元密度核估计器（**multivariate density kernel estimator**）。实际使用时，使用满足下式的径向对称核 $K(\mathbf{x})$：

$$K(\mathbf{x}) = ck(\|\mathbf{x}\|^2) \tag{7.1}$$

其中 c 是正实数，使 $K(\mathbf{x})$ 积分为 1。两个典型的核函数包括**正态核(normal)** $K_N(\mathbf{x})$ 和 **Epanechnikov** 核 $K_E(\mathbf{x})$。正态核定义为

$$K_N(\mathbf{x}) = c\exp\left(-\frac{1}{2}\|\mathbf{x}\|^2\right) \tag{7.2}$$

核轮廓 $k_N(\mathbf{x})$ 为

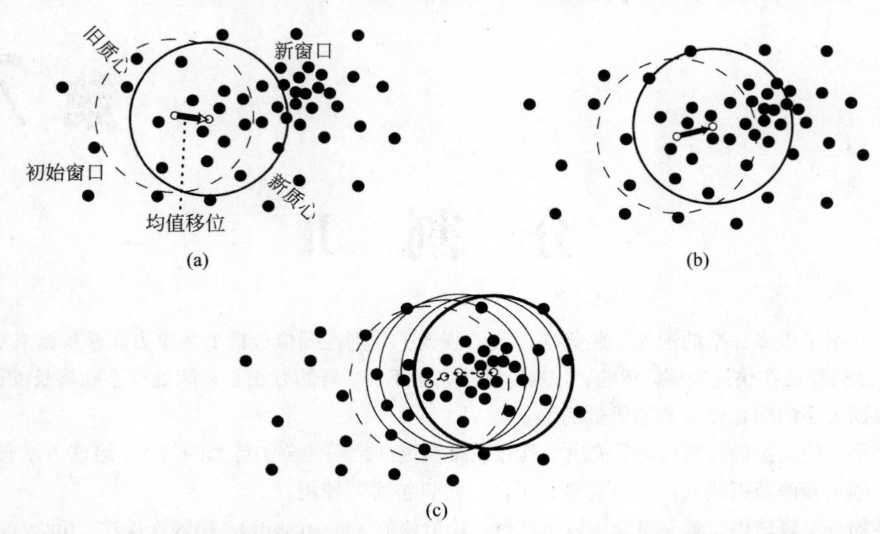

图 7.1　均值移位过程原理，迭代的过程给出了最密的数据区域：(a) 初始兴趣区域随机选择，并确定其质心。新的区域向确定的质心移动，确定区域位置变化的向量是均值移位；(b) 下一次均值移位过程，计算新的均值移位向量，并以此移动区域；(c) 不断计算均值移位向量直到稳定。最终位置为概率密度函数的局部极大，即局部模态

$$k_N(x)=\exp\left(-\frac{x}{2}\right),\ x\geqslant 0 \tag{7.3}$$

正态核常被对称地截断以获得有限支撑的核。

Epanechnikov 核 $K_E(x)$ 定义为

$$K_E(\mathbf{x})=\begin{cases}c(1-\|\mathbf{x}\|^2) & \text{当}\|\mathbf{x}\|\leqslant 1\text{时}\\ 0 & \text{其他}\end{cases} \tag{7.4}$$

核轮廓为

$$k_E(x)=\begin{cases}1-x & 0\leqslant x\leqslant 1\\ 0 & x>1\end{cases} \tag{7.5}$$

其在边界处不可微。

在 d 维空间 R^d 中给定 n 个点 $\mathbf{x}_i$，多元密度核估计 $\tilde{f}_{h,K}(\mathbf{x})$ 在点 $\mathbf{x}$ 出定义为

$$\tilde{f}_{h,K}(\mathbf{x})=\frac{1}{nh^d}\sum_{i=1}^{n}K\left(\frac{\mathbf{x}-\mathbf{x}_i}{h}\right) \tag{7.6}$$

其中 h 是核大小，称为带宽（**Bandwidth**）。

由图 7.1 可知，我们关心 $f_{h,K}(\mathbf{x})$ 梯度为 0 的地方，即 $\nabla f_{h,K}(\mathbf{x})=0$。Mean shift 过程精妙地计算这些位置而不去估计内在的概率密度函数。换言之，问题由估计概率密度变为估计概率密度梯度(**density gradient**)。

$$\nabla\tilde{f}_{h,K}(\mathbf{x})=\frac{1}{nh^d}\sum_{i=1}^{n}\nabla K\left(\frac{\mathbf{x}-\mathbf{x}_i}{h}\right) \tag{7.7}$$

其中 $k(x)$ 为核轮廓，假设其导数 $-k'(x)=g(x)$ 在除了有限的点集外的 $x\in[0,\infty)$ 上都存在。

$$K\left(\frac{\mathbf{x}-\mathbf{x}_i}{h}\right)=c_k k\left(\left\|\frac{\mathbf{x}-\mathbf{x}_i}{h}\right\|^2\right) \tag{7.8}$$

其中 c_k 是规范化常数，h 是核大小。（注意当 $K(\mathbf{x})=K_E(\mathbf{x})$ 时核轮廓 $g_E(x)$ 是均匀的；对于 $K(\mathbf{x})=K_N(\mathbf{x})$，核轮廓 $g_N(x)$ 由同样的指数表达式 $k_N(x)$ 所决定。）使用 $g(x)$ 来确定核轮廓 $G(\mathbf{x})=c_g g(\|\mathbf{x}\|^2)$，式（7.7）变为

$$\nabla \tilde{f}_{h,K}(\mathbf{x}) = \frac{2c_k}{nh^{(d+2)}}\sum_{i=1}^{n}(\mathbf{x}-\mathbf{x}_i)k'\left(\left\|\frac{x-x_i}{h}\right\|^2\right) = \frac{2c_k}{nh^{(d+2)}}\sum_{i=1}^{n}(\mathbf{x}_i-\mathbf{x})g\left(\left\|\frac{\mathbf{x}-\mathbf{x}_i}{h}\right\|^2\right)$$
$$= \frac{2c_k}{nh^{(d+2)}}\left(\sum_{i=1}^{n}g_i\right)\left(\frac{\sum_{i=1}^{n}\mathbf{x}_i g_i}{\sum_{i=1}^{n}g_i} - \mathbf{x}\right) \tag{7.9}$$

其中$\sum_{i=1}^{n}g_i$为正；$g_i = g\left(\left\|\frac{\mathbf{x}-\mathbf{x}_i}{h}\right\|^2\right)$。

式（7.9）中第一项$2c_k / nh^{(d+2)}\sum_{i=1}^{n}g_i$和用核$G$计算的密度估计$\tilde{f}_{h,G}$成比例：

$$\tilde{f}_{h,G}(\mathbf{x}) = \frac{c_g}{nh^{(d)}}\sum_{i=1}^{n}g\left(\left\|\frac{\mathbf{x}-\mathbf{x}_i}{h}\right\|^2\right) \tag{7.10}$$

剩下括号中的多项式代表均值移位向量$m_{h,G}(\mathbf{x})$，

$$m_{h,G}(\mathbf{x}) = \frac{\sum_{i=1}^{n}\mathbf{x}_i g\left(\left\|\frac{\mathbf{x}-\mathbf{x}_i}{h}\right\|^2\right)}{\sum_{i=1}^{n}g\left(\left\|\frac{\mathbf{x}-\mathbf{x}_i}{h}\right\|^2\right)} - \mathbf{x} \tag{7.11}$$

核G之后的位置$\{\mathbf{y}_i\}j$=1,2,…变为

$$\mathbf{y}_{j+1} = \frac{\sum_{i=1}^{n}\mathbf{x}_i g\left(\left\|\frac{\mathbf{y}_j-\mathbf{x}_i}{h}\right\|^2\right)}{\sum_{i=1}^{n}g\left(\left\|\frac{\mathbf{y}_j-\mathbf{x}_i}{h}\right\|^2\right)} \tag{7.12}$$

其中$\mathbf{y}_1$为核G的起始位置。

相应的密度估计核K变为

$$\tilde{f}_{h,K}(j) = \tilde{f}_{h,K}(\mathbf{y}_j) \tag{7.13}$$

如果核K是凸且单调下降的轮廓，当$\{\tilde{f}_{h,K}(j)\}_{j=1,2,\cdots}$单调增时，$\{\mathbf{y}_j\}_{j=1,2,\cdots}$和$\{\tilde{f}_{h,K}(j)\}_{j=1,2,\cdots}$收敛（[Comaniciu and Meer, 2002]中证明了这个性质）。均值移位算法收敛于局部最大密度函数处，也称为**密度模态**（**density mode**），是由均值移位向量的自适应的幅值决定的（均值移位向量幅值收敛于0）。收敛速度取决于核的选取。在离散数据集（均匀的核轮廓）上使用Epanechnikov核，算法将在有限步内收敛。当数据有不同的权重时，如果使用正态核，算法在趋于无限时收敛。显然，加入一个小的两步间变化的下界可以使算法在有限步内停止。

趋于同一个模态$\mathbf{y}_{\text{con}}$的所有位置称为该**模态的吸引域**（**basin of attraction**）。注意到算法可能收敛到高地或者鞍点。为了避免这种情况，所有静止的点（好像是收敛点）需要做一个小的扰动后再运行均值移位算法。如果又收敛回原来位置（在一定容忍度内），该点为局部极大值，密度模态。一般的求密度函数众数算法如下：

算法 7.1　均值移位模态检测

1. 使用多个初始范围覆盖整个特征空间，执行均值移位过程确定稳定点$\tilde{f}_{h,K}$。
2. 删除多余点，只留下对应密度模态的局部最大值点。

均值移位过程有利有弊，都与其数据表达的全局性质有关。最大的优点是其推广性。由于对噪声相当鲁

棒，算法很适合真实世界的应用。它可以处理任意的聚类形状和特征空间。唯一需要确定的参数——核大小 h——本身具有物理上的可理解的含义。但是，其行为受核大小 h 的影响是其重要的局限性，因为合适的核大小并不总是容易确定的。h 太大会使得一些密度模态被合并，太小又会出现不显著的额外的模态而造成人为的聚类分裂。存在局部自适应的数据驱动的 h 辨识方法，但是它们在计算上很昂贵[Comaniciu et al., 2001; Georgescu et al., 2003]。

本节的图像是由 EDISON 软件包[Christoudias et al., 2002]生成的。图 7.2 是用 L、u、v 感知色彩（**perceived color**）特征空间[Connolly, 1996; Wyszecki and Stiles, 1982]表达的彩色图像。L 对应于光亮度或相对的像素亮度，u 和 v 是色度特征。图 7.3 是由 159 个不同开始点初始化的 2D 空间分析的示例。

(a)

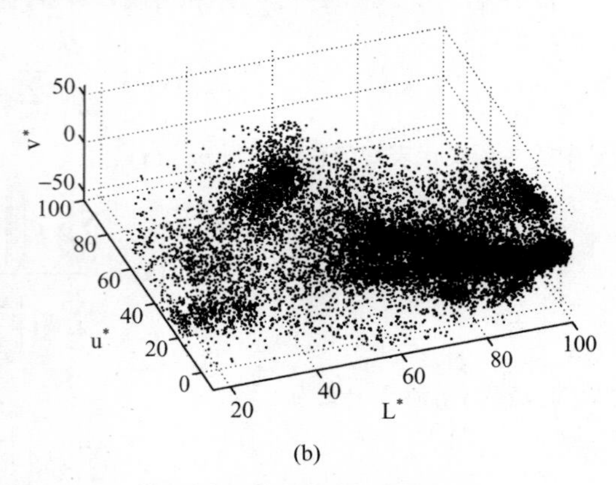

(b)

图 7.2 L、u、v 空间彩图：（a）彩图样例；（b）L、u、v 特征空间。本图的彩色版见彩图 9

一个 p 维像素（体元）的 d 维网格**空域**（**spatial domain**）表示一个 d 维图像。其中 p 表示与图像（**值域**（**range domain**））关联的谱段个数；p=1 为灰度图像，p=3 为彩色图像。假设空域和值域都使用欧式度量，空域和值域向量表达了像素的位置和图像特征的全部信息，可以将它们结合起来形成空-值联合域（joint spatial-range domain）。由此产生的联合域核函数 $K_{h_s,h_r}(\mathbf{x})$ 由两个径向对称核组成，其中 h_s 和 h_r 分别代表空域和值域的核大小；p 和 d 分别表示空间维度。

$$K_{h_s,h_r}(\mathbf{x}) = \frac{c}{h_s^{\ d},h_r^{\ p}} k\left(\left\|\frac{\mathbf{x}^s}{h_s}\right\|^2\right) k\left(\left\|\frac{\mathbf{x}^r}{h_r}\right\|^2\right) \tag{7.14}$$

其中 $\mathbf{x}^s$ 和 $\mathbf{x}^r$ 是特征向量的空域和值域部分，$k(x)$是在两域中共同的核轮廓函数，c 是规范化常数。实践证明 Epanechnikov 核和正态核有着不错的效果。因此，用单个向量 $h=(h_s, h_r)$的两个参数来设定模态检测的分辨水平。

对于均值移位分割，采用一个两步序列：不连续性保持滤波和均值移位聚类。设 $\mathbf{x}_i$ 是 d 维原始图像中的点，$\mathbf{z}_i$ 是经过滤波后的图像中的像素，这些像素在空-值联合域内表达。

算法 7.2 均值移位不连续性保持滤波

1. 对于每个图像像素 $\mathbf{x}_i$，初始化步数 j=1，$\mathbf{y}_{i,1}=\mathbf{x}_i$。
2. 用式（7.12）计算 $\mathbf{y}_{i,j+1}$，直到收敛于 $\mathbf{y}_{i,\text{con}}$。
3. 定义滤波后的像素值 $\mathbf{z}_i=(\mathbf{x}_i^s,\mathbf{y}_{i,\text{con}}^r)$，即在 $\mathbf{x}_i^s$ 处的滤波后的像素值被赋值为收敛点 $\mathbf{y}_{i,\text{con}}^r$ 的像素的图像值。

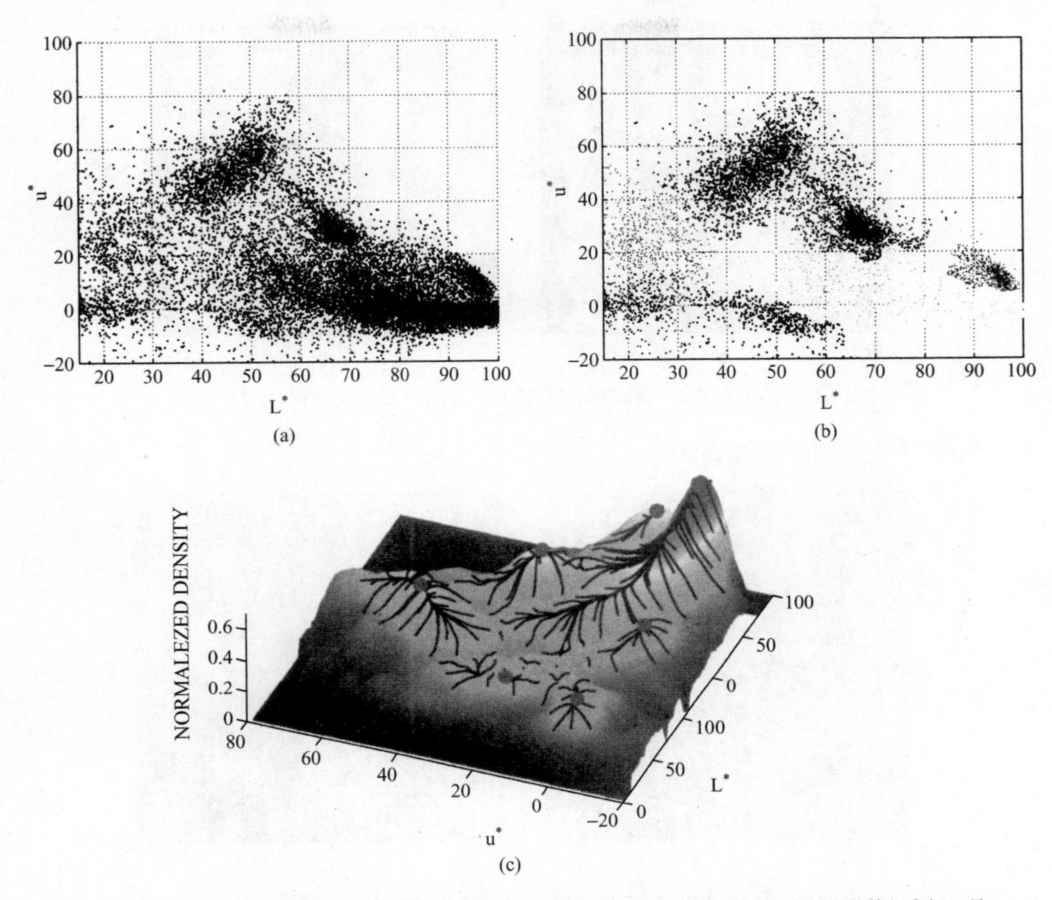

图 7.3　均值移位过程做二维特征空间分析：（a）110 000 个 L,u,v 中前两项的点组成的特征空间（见图 7.2）；（b）由 159 个不同点初始化的聚类结果；（c）均值移位过程轨迹（使用 Epanechnikov 核）。注意一些高地路径被中途删除。本图的彩色版见彩图 10

一旦图像滤波后，滤波后的每个图像像素 $\mathbf{z}_i$ 与在其邻域内定位出来的联合域密度的显著模态间的关联，排除其附近不显著的模态后，会给均值移位分割算法带来好处。设 $\mathbf{x}_i$ 和 $\mathbf{z}_i$ 如上所述定义在联合空-值域中，L_i 为像素 i 在分割后图像中的标签。

算法 7.3　均值移位图像分割

1. 采用均值移位不连续性保持滤波，保存有关每个 d 维收敛点 $\mathbf{y}_{i,\text{con}}$ 的所有信息。
2. 将所有 $\mathbf{z}_i$ 按照在空域用核 h_s 和在值域用核 h_r 聚类得到 $\{C_p\}_{p=1,\cdots,m}$。换言之，合并收敛点的吸引域。
3. 给每个点 i 赋值 $L_i=\{p|\ \mathbf{z}_i\in\mathbf{C}_p\}$，$i=1,\cdots,n$。
4. 如果需要，用算法 6.22 消除小于 P 个像素的区域。

图 7.4 是一个均值移位滤波的样例，图 7.5 是一个均值移位分割的样例。

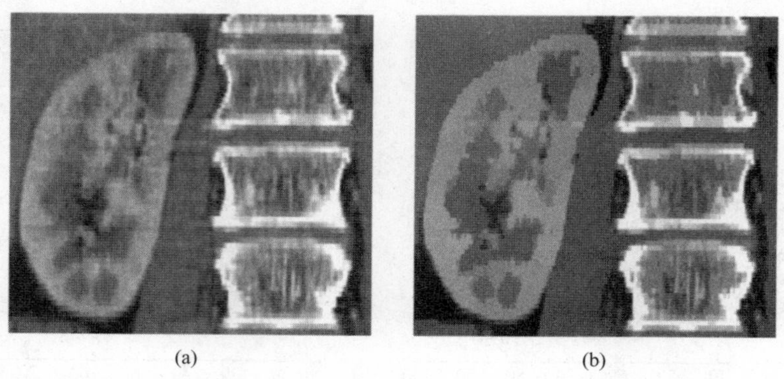

图 7.4 均值移位滤波：（a）人的肾和脊椎 X 光 CT 原始图像；（b）滤波后图像

图 7.5 给出了均值移位分割的样例。

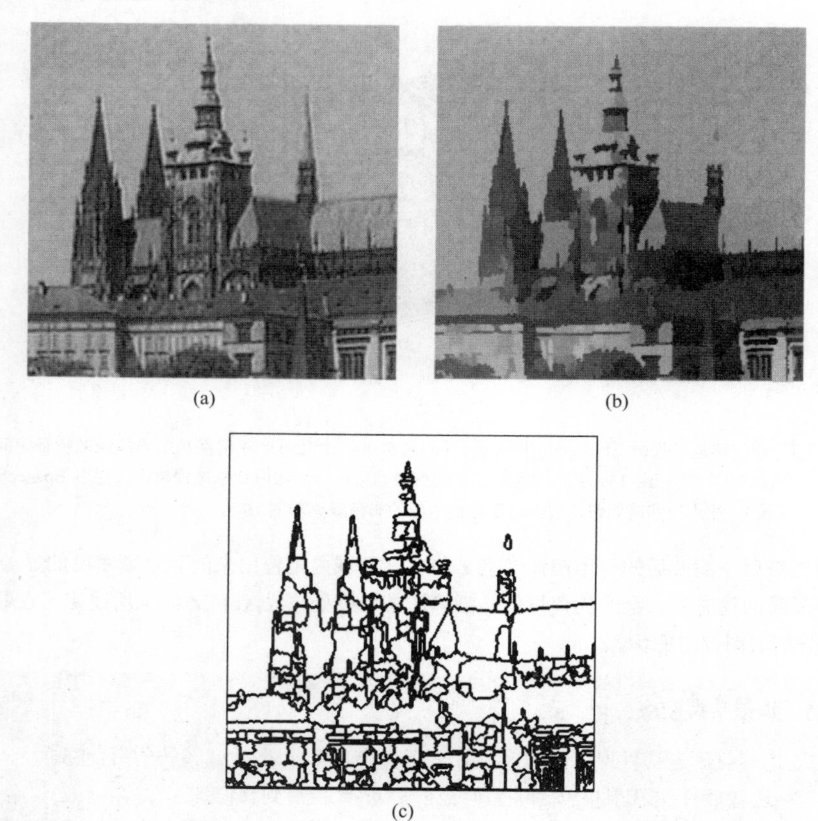

图 7.5 均值移位分割：（a）原图像；（b）分割图像，h_s=5, h_r=10, P=20。注意具有缓慢亮度变化的区域的分割结果，即天空或屋顶的分割还是有意义的；（c）分割边界。分割由 EDISON 软件包给出[Christoudias et al., 2002]

7.2 活动轮廓模型——蛇行

活动轮廓模型（active contour models）的发展是 Kass、Witkin 和 Terzopoulos 工作的结果[Kass et al., 1987a; Witkin et al., 1987; Terzopoulos et al., 1987]，他们提供了一种可以应用于图像分析和机器视觉中各种问题的解决方法。这一部分内容是基于论文[Kass et al., 1987b]的，在这篇文章中首次提出了使用能量最小化方法达到计算机视觉目标的方法；并且沿用原始论文的记号。

活动轮廓模型可以用在图像分割和理解中，也适用于分析动态图像或者三维图像。活动轮廓模型，也称**蛇行（snake）**，定义为最小的能量样条曲线（见 8.2.5 节）——snake 能量由它的形状和在图像中的位置决定。局部能量最小对应于想要的图像属性。snake 可以被理解为一种更为一般的变形模型匹配技术的特殊情况，后者也是使用能量最小化的思想。snake 并不能完全解决在图像中寻找轮廓的问题；实际上，它们依靠其他机制，比如与用户交互，与一些更高级的图像理解处理方法交互，或是利用在时间或是空间上邻近的图像数据的信息。这个交互必须为 snake 具体指定一个估计的形状和开始的位置，通常在期望得到的轮廓的附近。这是使用先验信息将 snake 向着合适解的位置移动（参见图 7.6 和图 7.7）。不像大多数其他的图像模型，snake 是活动的（active），总是最小化它的能量函数，因此表现出一种动态行为。

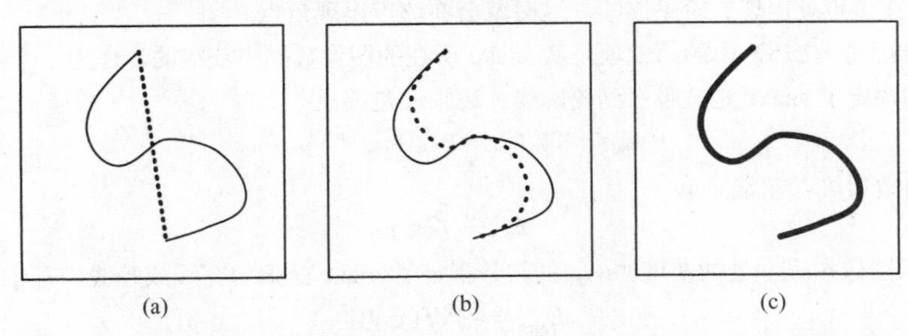

图 7.6　活动轮廓模型——蛇行：（a）初始 snake 位置（虚线），定义在真实轮廓的附近；（b）和（c）snake 能量函数最小化迭代：snake 被拉向真实轮廓处

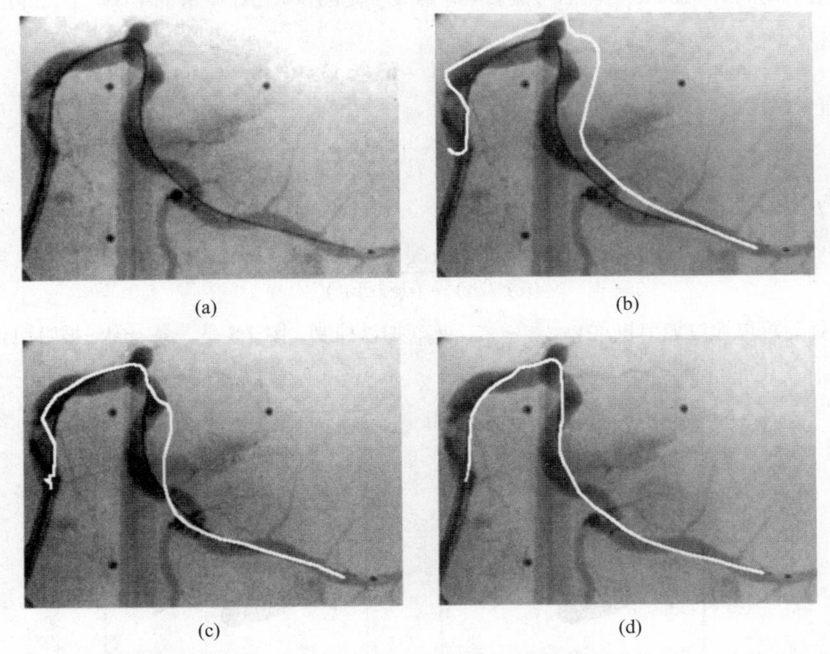

图 7.7　基于蛇行模型的猪心脏的 X-射线血管造影的超声导管检测（冠状动脉腔中黑线位置）：（a）原始血管图；（b）snake 的初始位置；（c）snake 经过 4 次迭代后的变形结果；（d）snake 经过 10 次迭代后得到的最后结果

7.2.1　经典蛇行和气球

用于最小化的能量函数是外力和内力的加权和。内力由 snake 的形状计算得到，而外力则是从图像中获得或是从更高层的图像理解过程中得到。参数化的 snake 被定义为 $\mathbf{v}(s)=\left[x(s),y(s)\right]$，这里 $x(s)$、$y(s)$ 是

轮廓点的 x 和 y 坐标值，其中 $s\in[0,1]$（参见图 8.12（a））。最小化的能量函数可以写成下面的形式：

$$E^*_{\text{snake}}=\int_0^1 E_{\text{snake}}(\mathbf{v}(s))\,\mathrm{d}s=\int_0^1(E_{\text{int}}(\mathbf{v}(s))+E_{\text{image}}(\mathbf{v}(s))+E_{\text{con}}(\mathbf{v}(s)))\mathrm{d}s \tag{7.15}$$

其中 E_{int} 表示曲线因为弯曲所产生的内部能量，E_{image} 表示图像中得到的力，而 E_{con} 是外部的约束力。通常，$\mathbf{v}(s)$用样条来近似以便确保期望的连续性质。

曲线内部能量可以写成如下的形式：

$$E_{\text{int}}=\alpha(s)\left|\frac{\mathrm{d}\mathbf{v}}{\mathrm{d}s}\right|^2+\beta(s)\left|\frac{\mathrm{d}^2\mathbf{v}}{\mathrm{d}s^2}\right|^2 \tag{7.16}$$

这里，$\alpha(s)$、$\beta(s)$ 规定了 snake 的弹性（elasticity）和刚度（stiffness）。注意，在点 s_k 处令 $\beta(s_k)=0$，这样就允许 snake 在该点处出现二阶不连续，这时就会在该点出现角点。

能量积分表达式（7.15）中的第二项是从 snake 所在的图像数据中获得的。作为一个例子，三个不同的函数项的加权和决定了 snake 是被吸引到轮廓线、边缘还是端点：

$$E_{\text{image}}=w_{\text{line}}E_{\text{line}}+w_{\text{edge}}E_{\text{edge}}+w_{\text{term}}E_{\text{term}} \tag{7.17}$$

基于轮廓线的函数项可以非常简单

$$E_{\text{line}}=f(x,y) \tag{7.18}$$

其中 $f(x,y)$ 表示图像在(x,y)处的灰度。w_{line} 的符号指定了 snake 是偏向亮线或暗线。基于边缘的函数项

$$E_{\text{edge}}=-|\nabla f(x,y)|^2 \tag{7.19}$$

将 snake 吸引到图像中具有较大梯度值的边缘处，也就是吸引到图像的强边缘处。使用加权能量函数项 E_{term}，反映轮廓线端点和角点对 snake 活动的可能影响：假设 g 是图像 f 稍作平滑的结果，$\psi(x,y)$ 表示光滑图像 g 沿着曲线的梯度方向，令

$$\mathbf{n}(x,y)=(\cos\psi(x,y),\sin\psi(x,y))\qquad \mathbf{n}_R(x,y)=(-\sin\psi(x,y),\cos\psi(x,y))$$

为沿着和垂直于梯度方向 $\psi(x,y)$ 的单位向量。那么，平滑图像上的不变灰度的轮廓的曲率可以写成[Kass et al., 1987a]：

$$\begin{aligned}E_{\text{term}}&=\frac{\partial\psi}{\partial\mathbf{n}_R}=\frac{\partial^2 g/\partial\mathbf{n}_R{}^2}{\partial g/\partial\mathbf{n}}\\&=\frac{(\partial^2 g/\partial y^2)(\partial g/\partial x)^2-2(\partial^2 g/\partial x\partial y)(\partial g/\partial x)(\partial g/\partial y)+(\partial^2 g/\partial x^2)(\partial g/\partial y)^2}{((\partial g/\partial x)^2+(\partial g/\partial y)^2)^{3/2}}\end{aligned} \tag{7.20}$$

snake 的行为可以通过调节权重 w_{line}、w_{edge}、w_{term} 加以控制。图 7.8 是一条 snake 被吸引到边界和端点的例子。

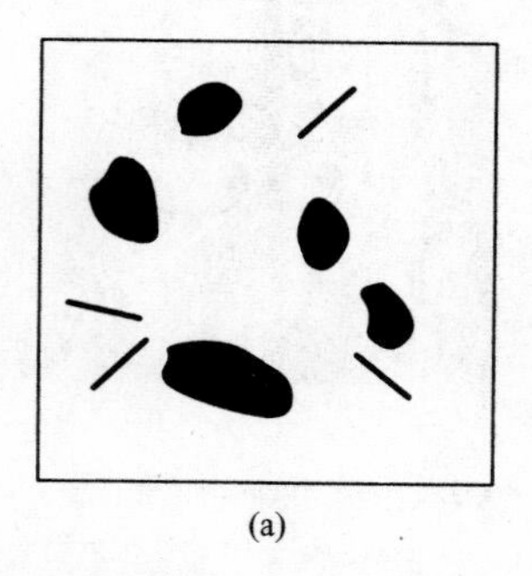
(a)

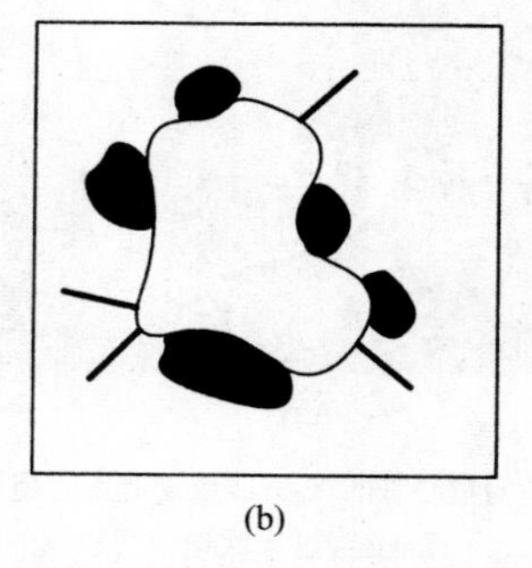
(b)

图 7.8 一条 snake 被吸引到边缘和端点：（a）轮廓错觉；（b）一条 snake 被吸引到主观轮廓处。改编自[Kass et al.,1987]

能量积分式（7.15）的第三项是来自外部的约束，它可能是由用户指定的或来自于其他更高层次的处理，可以让 snake 朝着或是背离某些指定的特征。如果 snake 在目标特征的附近，剩下的过程可以由能量最小化来完成。尽管如此，如果 snake 到达局部能量极小值，但更高层次的处理将其判定为错误时，可以在该处产

生一个能量峰值区域，迫使 snake 离开并到达另一个局部极小值。

轮廓定义为 snake 达到局部能量极小的位置。根据式(7.15)，需要最小化函数

$$E_{snake}^{*}=\int_{0}^{1}E_{snake}(\mathbf{v}(s))\mathrm{d}s$$

这样，根据变分学中欧拉-拉格朗日（Euler-Lagrange）条件，E_{snake}^{*} 最小时曲线 $\mathbf{v}(s)$满足（忽略高阶影响）：

$$\frac{\mathrm{d}}{\mathrm{d}s}E_{\mathbf{v}_s}-E_{\mathbf{v}}=0 \tag{7.21}$$

其中 $E_{\mathbf{v}_s}$ 是 E 关于 $\frac{\mathrm{d}\mathbf{v}}{\mathrm{d}s}$ 的偏导数，$E_{\mathbf{v}}$ 是 E 关于 $\mathbf{v}$ 的偏导数。联立式（7.16），并且 E_{ext}=E_{image}+E_{con}，上式变为

$$-\frac{\mathrm{d}}{\mathrm{d}s}\left(\alpha(s)\frac{\mathrm{d}\mathbf{v}}{\mathrm{d}s}\right)+\frac{\mathrm{d}^2}{\mathrm{d}s^2}\left(\beta(s)\frac{\mathrm{d}^2\mathbf{v}}{\mathrm{d}s^2}\right)+\nabla E_{ext}(\mathbf{v}(s))=0 \tag{7.22}$$

为了解欧拉-拉格朗日条件，假设初始解，公式变为：

$$\frac{\partial\mathbf{v}(s,t)}{\partial t}-\frac{\partial}{\partial s}\left(\alpha(s)\frac{\partial\mathbf{v}(s,t)}{\partial s}\right)+\frac{\partial^2}{\partial s^2}\left(\beta(s)\frac{\partial^2\mathbf{v}(s,t)}{\partial s^2}\right)+\nabla E_{ext}(\mathbf{v}(s,t))=0 \tag{7.23}$$

解在 $\frac{\partial\mathbf{v}(s,t)}{\partial t}=0$ 时得到。但是，最小化 snake 能量依然存在问题；大量参数需要设定（权重参数、迭代次数等），初始形状必须合理，另外，解欧拉-拉格朗日公式的解数值不稳定。

最初，Kass 提出了最小化分辨率方法[Kass et al., 1987a]；s 和 t 处的偏导数用有限差分方法来估计。之后，Amini 提出了一个动态规划方法，它允许对 snake 加入更加严格的限定 [Amini et al., 1988, 1990]，并且，snake 内部能量可以不连续，但禁止了某些 snake 的设置（如能量无穷大）。这样可以使 snake 加入更多先验知识。

Berger [Berger and Mohr, 1990] 运用**蛇行增长**（**snake growing**）的方法，解决了最初方法的数值不稳定的难题。Cohen [Cohen, 1991] 提出了基于一种 Galerkin 有限元的方法来解决能量积分最小化，大大提高了数值稳定性和计算效率。这个方法在处理闭合或近似闭合的轮廓时特别有用。将曲线认为是一个膨胀的气球，从而加入一个新的压力项。这使得 snake 避免了因假的边界点而产生的孤立能量谷，从而给出更优结果（见图 7.9 和图 7.10）。Karaolani [Karaolani et al., 1992] 提出的另一种基于有限元的方法同样也显著提高了效率；元素的大小调整力的尺度，防止小的元素（可能是噪声）和较长的元素对全局产生同样的效力。

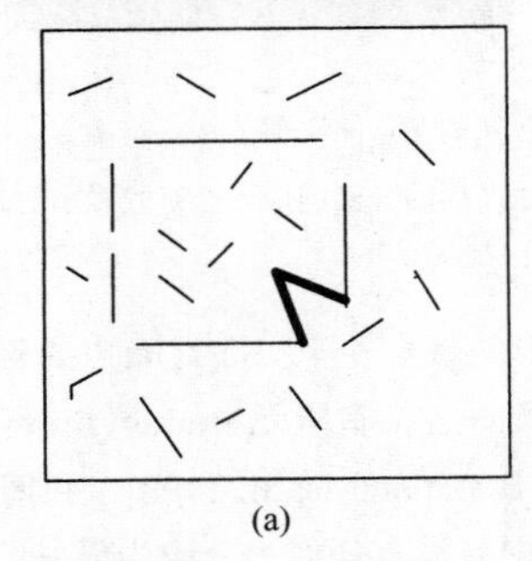

(a)

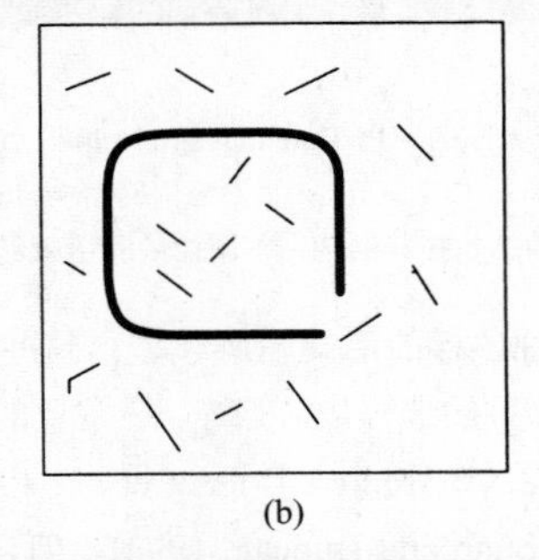

(b)

图 7.9 活动轮廓模型——气球：（a）初始轮廓；（b）膨胀和能量最小化后的最终轮廓

7.2.2 扩展

snake 方法现在已经成为分割领域中很成熟的一部分。Terzopoulos 将可变模型的活动轮廓推广到三维空间[Terzopoulos et al., 1987, 1988; McInerney and Terzopoulos, 1993]；[Williams and Shah, 1992; Olstad and Tysdahl, 1993; Lam and Yan, 1994] 介绍了活动轮廓模型的快速算法。[Etoh et al., 1993; Neuenschwander et al., 1994; Etoh et al., 1993; Ronfard, 1994; McInerney and Terzopoulos, 1995; Figueiredo et al., 1997]介绍了借助于初始化的方法以及伪边界带来的问题。

snake 方法经常在分割问题中引入闭合轮廓，因而在很多实际应用中具有很大的局限性，比如路网、航

拍边界划定、显微细胞网格等，这些分割问题本应为 snake 方法解决，但结点自由度超过 2（有时为 1）。

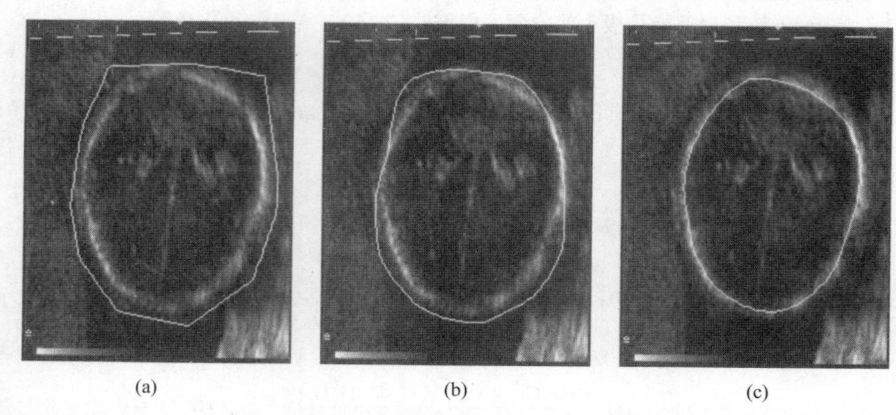

图 7.10 基于气球分割法的超声波胎儿头部图像分割：(a) 气球初始位置；(b) 10 轮迭代后的气球；(c) 25 轮后的气球最终位置

式（7.19）表明了在这些情况下计算 E_{edge} 的困难，在网络 snake 方法（network snake）的发展过程中特别着重解决这个问题。[Butenuth and Heipke, 2012]提出的网络 snake（network snake）方法中，如式（7.17）所示定义 E_{image} 是为了考虑局部拓扑结构从而进行调整：然后基于正确拓扑结构初始化的网络 snake 方法能够收敛到一个理想的结果。图 7.11 展示了网络 snake 方法用于分割细胞结构的示例[Pound et al., 2012]。

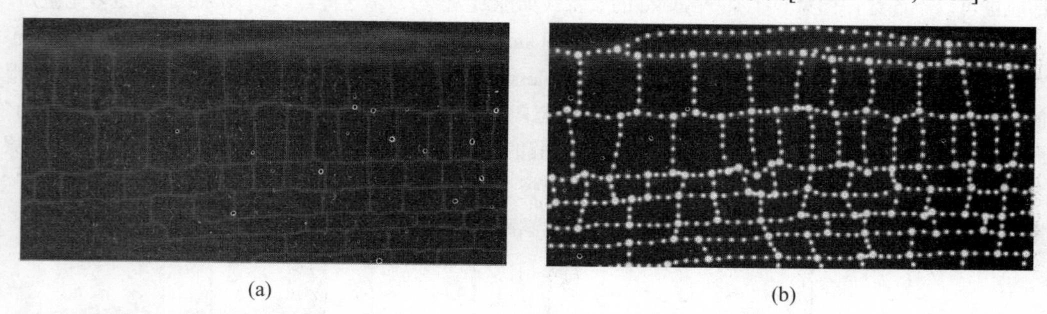

图 7.11 网络 snake 方法的应用[Butenuth and Heipke, 2012]：(a) 原始的、不准确的细胞分割图像，这里应用分水岭分割算法（见 13.7.3 节）；(b) 应用网络 snake 算法之后的分割图像。有时候微小的异步相位偏移可以保证得到正确的初始拓扑结构。本图像的彩色版见彩图 11

近年来出现了各种各样的活动轮廓模型：这些变形的目标在于提高对噪声的鲁棒，降低对初值的敏感度，提高对某些类别物体的选择度，等等。最主要的锅改进包括**有限元 snake（finite element snakes）**[Cohen and Cohen, 1993], **B-蛇（B-snake）**[Menet et al., 1990; Blake and Isard, 1998]，和**傅里叶可变模型（Fourier deformable models）**[Staib and Duncan, 1992]。但它们中并没有任何一个成为最好的标准。近期提出了一个**联合蛇行（united snakes）**，它用一个有限元形式综合了有限差分、B 样条曲线和 **Hermite 多项式（Hermite polynomial）**snake [Liang et al., 1999, 2006]。联合蛇行也和活动金属线（live wire）、智能剪刀（intelligent scissor）这些交互的分割方法一致（见第 6.25 节）。联合蛇行的详细描述和框架见 [Liang et al., 2006]。

7.2.3 梯度矢量流蛇

snake 方法的主要局限性在于要求初始化要靠近期望的解和对边界的凹型部分的分割存在困难。为了解决这两个问题，[Xu and Prince, 1998]中提出了梯度矢量流（**gradient vector flow, GVF**）场的概念并将其用于 snake 图像分割。

GVF 场在边界周围时是一个指向边界的无漩涡的外力场，它在同性图像区域上都朝向图像边界光滑地变化。因此它可以将 snake 从更远处拉向图像边界，并能解决物体凹形边界分割问题。和在经典的 snake 方法[Kass et al., 1987a]中通过模糊边界或使用压力来试图（但达不到）获得相似的行为相比，它不会因为平滑边界而无法定位边界，也不需要精细调整气球压力来克服噪声又不致对突出的图像特征造成影响，snake 的初始位置既可在边界内也可在边界外。

从图像生成 GVF 场的过程是：通过扩散边缘图像的梯度矢量求解一个解耦的线性偏微分方程，从而最小化一个能量泛函。再用 GVF 作为外力加入 snake 式（7.15）、式（7.22）中得到 GVF snake。方法对初始不敏感，可以分割凹形边界。GVF 场 $\mathbf{g}(x, y)=(u(x, y),v(x, y))$最小化能量：

$$E = \iint \mu(u_x^{\ 2} + u_y^{\ 2} + v_x^{\ 2} + v_y^{\ 2}) + |\nabla f|^2 |\mathbf{g} - \nabla f|^2 \ \mathrm{d}x\mathrm{d}y \tag{7.24}$$

其中μ是正则参数，用来平衡两项权重（当噪声增长时提高μ），下标为导数或偏导数。GVF 可以通过解欧拉方程得到：

$$\mu\nabla^2 u - (u - f_x)(f_x^{\ 2} + f_y^{\ 2}) = 0 \tag{7.25}$$

$$\mu\nabla^2 v - (v - f_y)(f_x^{\ 2} + f_y^{\ 2}) = 0 \tag{7.26}$$

其中 ∇^2 是拉普拉斯算子[Xu and Prince, 1998]。在同性的区域中，f_x， f_y为 0，所以这些等式中的第二项为 0。所以在同性的区域中，GVF 和拉普拉斯方程的效果一样。认为 u 和 v 为时间函数，当 t 趋于无穷时式（7.25）和式（7.26）解为：

$$u_t(x,y,t) = \mu\nabla^2 u(x,y,t) - (u(x,y,t) - f_x(x,y))(f_x(x,y)^2 + f_y(x,y)^2) \tag{7.27}$$

$$v_t(x,y,t) = \mu\nabla^2 v(x,y,t) - (v(x,y,t) - f_y(x,y))(f_x(x,y)^2 + f_y(x,y)^2) \tag{7.28}$$

把 u、v 看作热传导和流体流，解一个分离的标量的偏微分方程，可以解出这些**泛扩散方程**（**generalized diffusion equations**）[Charles and Porsching, 1990]。

当计算了 $\mathbf{g}(x, y)$后，将 GVF 外力 $E_{\text{ext}}= \mathbf{g}(x, y)$代入式（7.22），得到 GVF snake 方程：

$$\mathbf{v}_t(s,t) = \alpha\mathbf{v}''(s,t) - \beta\mathbf{v}''''(s,t) + \mathbf{g} \tag{7.29}$$

像传统 snake 方程一样，在离散化后使用迭代过程即可求解。

图 7.12 是经典的 snake 收敛过程和吸引力图。可以看出，并没有力将 snake 推向边界的中间凹处。所以分割算法在该区域失败。当加入基于距离的外力后，snake 由于同样的原因失败。而 GVF snake 成功地分割了该物体，见图 7.13。图 7.14 展示了传统的 snake 和 GVF 力场 snake 的全图的力场，明显可见 GVF 的优点。图 7.15 对比了从物体周围初始化的不完整、凹型、复杂边界的物体分割。注意，即使 GVF snake 从外部初始化，依然可以给出几乎相同的分割结果。图 7.16 给出了 GVF snake 在心脏核磁共振图上的分割。

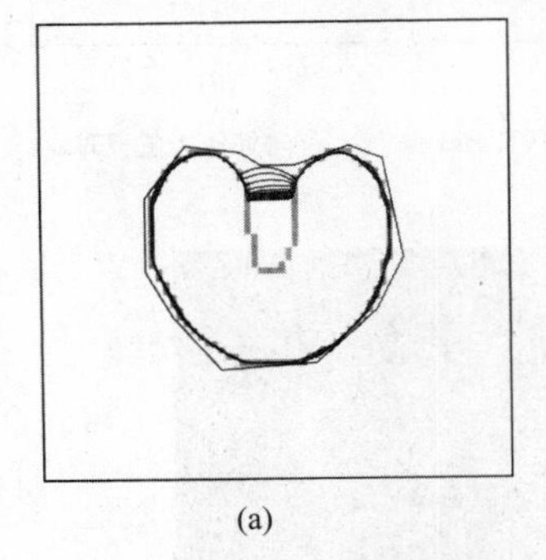

(a)

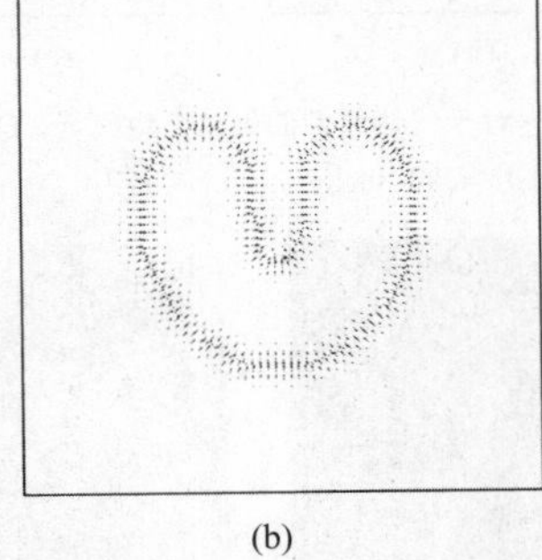

(b)

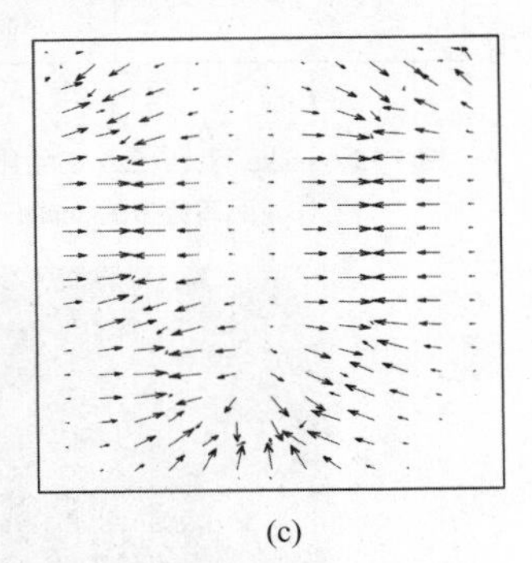

(c)

图 7.12 传统 snake 收敛：（a）snake 位置的收敛序列，注意 snake 在凹口处失败了；（b）传统外力；（c）放大的凹口处的外力图，没有力能将 snake 推向凹口内

使用 d 维 GVF 场 $\mathbf{g}(\mathbf{x})$可以将 GVF 推广到高维。最小化能量泛函（对比式（7.24））：

$$E = \int_{R^d} \mu |\nabla \mathbf{g}|^2 + |\nabla f|^2 |\mathbf{g} - \nabla f|^2 \ \mathrm{d}\mathbf{x} \tag{7.30}$$

其中对 $\mathbf{g}$ 的每个分量分别计算梯度算子。GVF 需要满足欧拉方程（对比式（7.25）和式（7.26））：

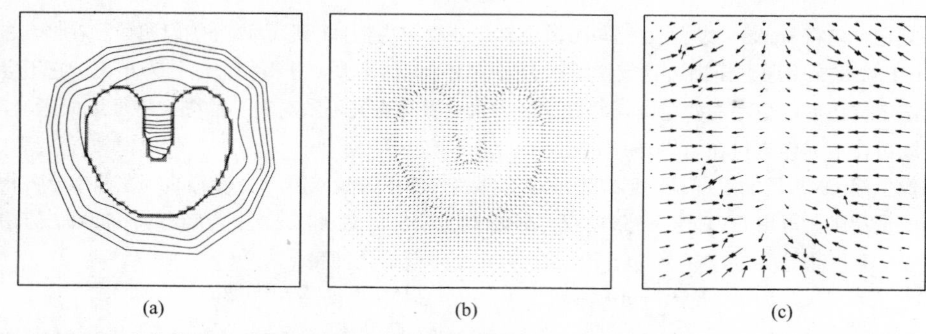

图 7.13 GVF snake 收敛：（a）snake 位置的收敛序列。注意 snake 在凹口处成功了；（b）GVF 外力；（c）放大的凹口处的外力图，有力能将 snake 推向凹口内

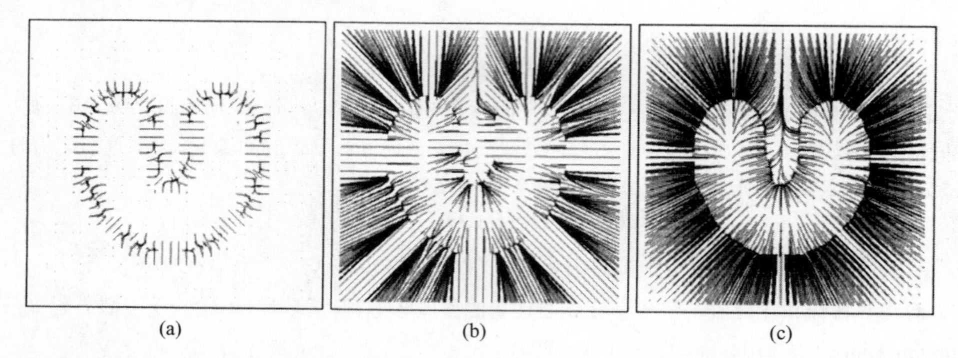

图 7.14 32×32 点阵的流线起源：（a）传统吸引力，只有很靠近边界处才有效；（b）基于距离的外力场。注意凹口处的力场无法将 snake 拉到边界上，尽管可以将 snake 初始化在离物体一定的距离内；（c）GVF 力场可以正确处理凹口，同时也具有从远距离初始化的能力

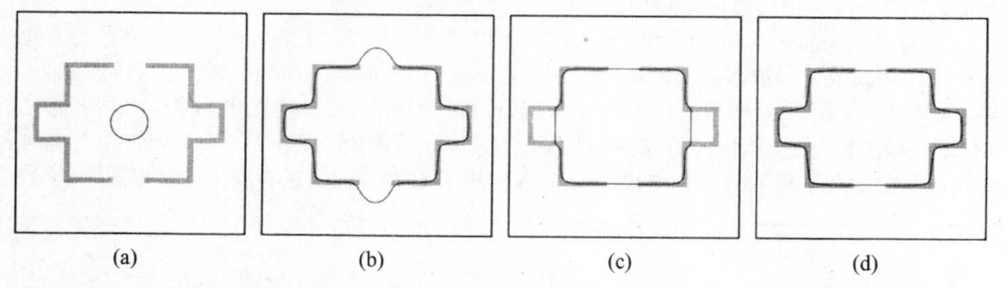

图 7.15 snake 行为：（a）初始化—对于气球通常的做法，距离势，GVF snake；（b）有向外压力的气球；（c）距离势力的 snake；（d）GVF snake

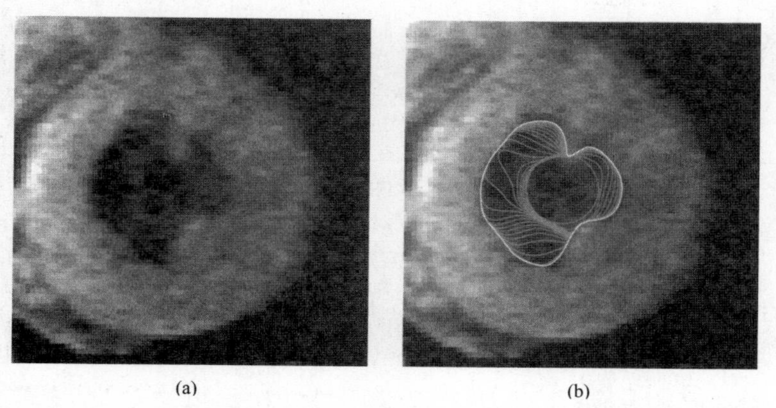

图 7.16 GVF snake 心脏磁共振分割：（a）左心室磁共振图；（b）GVF snake 分割收敛过程

$$\mu\nabla^2\mathbf{g}-(\mathbf{g}-\nabla f)|\nabla f|^2=0 \tag{7.31}$$

其中 ∇^2 对 $\mathbf{g}$ 的每个分量分别计算。引入时间变量 t，当 $t\to\infty$ 时得到（对比式（7.27）和式（7.28））：

$$\mathbf{g}_t=\mu\nabla^2\mathbf{g}-(\mathbf{g}-\nabla f)|\nabla f|^2 \tag{7.32}$$

其中 $\mathbf{g}_t$ 为对 t 的偏导数。同二维情形，式（7.32）中含有 d 个对 $\mathbf{g}$ 的每个分量都是解耦标量线性二次抛物线偏微分方程，可以迭代求解。图 7.17 是用 GVF 分割一个 3D 星形。图 7.18 是 3D GVF snake 在大脑分割上的应用[Tosun et al, 2004]。

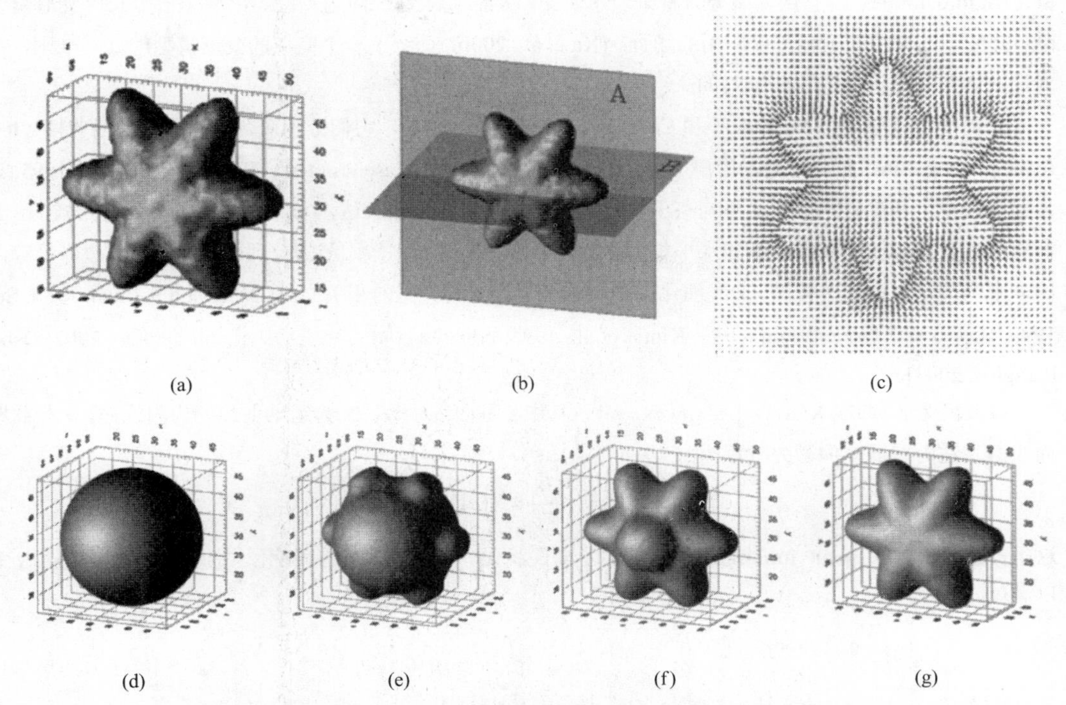

图 7.17　GVF snake 3D 分割：（a）64×64×64 空间中的 3D 物体等值面；（b）A 平面；（c）中 3D GVF 力场所在平面；（d）GVF 初始变形表面；（e）迭代 10 次；（f）迭代 40 次；（g）迭代 100 次

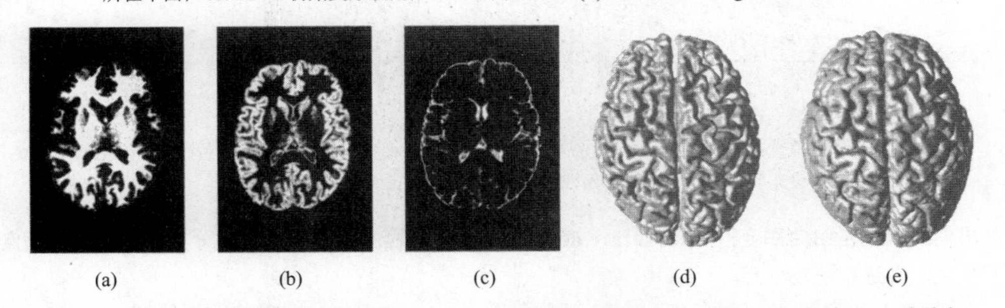

图 7.18　GVF snake 3D 大脑磁共振分割：（a）～（c）模糊分类，其中，（a）白质；（b）灰质；（c）脑髓流；产生 3 个隶属函数，图为其横截面；（d）和（e）GVF snake 分割出中枢和软膜的解剖上合理的表面结构；（d）中枢表面；（e）软膜表面

活动轮廓模型代表了近期的边界检测和图像理解方法。它和传统方法有本质区别，传统方法中从图像提取特征，然后高层处理去理解这些稀疏数据以寻求与原始数据匹配的表达。活动轮廓模型从一个基于高层知识的初始位置开始，再去优化初始估计。优化过程中，考虑了图像数据、初始位置、预期轮廓的性质以及基于知识的约束。特征抽取和有关这些特征组合的基于知识的约束被综合在单个过程中，这看起来是其最大的优点。但是，活动轮廓模型是在寻找局部最优，而不是全局最优。它被广泛用在机器视觉和医学图像分析上。

7.3 几何变形模型——水平集和测地活动轮廓

有两类主要的变形轮廓/表面模型：之前讨论的 snake 属于**参数模型**（**parametric model**），它的边界由参数提供。尽管对很多问题适用，但它有时可能产生尖刺或者交叉边界。另一类是**几何变形模型**（**geometric deformable models**），它用偏微分方程来表示表面，从而克服这一问题。近年出现了很多几何变形模型的文献，介绍了该算法的很多可以应用的场合。[Xu et al., 2000] 介绍了一个完美的变形模型的处理准则，并做了对比。本节是按该文的思路来写的。

几何变形模型是由 Malladi 等和 Caselles 等分别独立提出的，它们分别命名为**水平集前沿传播**（**level set front propagation**）和**测地活动轮廓**（**geodesic active contour**）[Caselles et al., 1993; Malladi et al., 1993, 1995]。几何变形模型和参数模型主要不同在于，它的曲线只用几何公式表达，与参数无关：过程是隐式的。所以，曲线或者表面可以用高维函数的水平集来表示，可以对拓扑变化作无缝的处理。于是，不用边界跟踪，未知的多个物体可以被同时检测。曲线演化理论和水平集方法有大量的相关文献[Osher and Sethian, 1988; Sethian, 1999; Sapiro and Tannenbaum, 1993; Kimia et al., 1995; Alvarez et al., 1993; Osher and Fedkiw, 2002; Osher and Paragios, 2003]。

设时间为 t，曲线 $\mathbf{X}(s,t)=[X(s,t),Y(s,t)]$，其中 s 是曲线参数。$\mathbf{N}$ 为运动曲线的向内法向，c 为曲率，让曲线沿其法向发展，偏微分方程为：

$$\frac{\partial \mathbf{X}}{\partial t}=V(c)\mathbf{N} \tag{7.33}$$

这里，**速度函数**（**speed function**）$V(c)$定义了曲线演化。图 7.19 为曲线演化。曲线变动时可能会改变参数以满足方程。

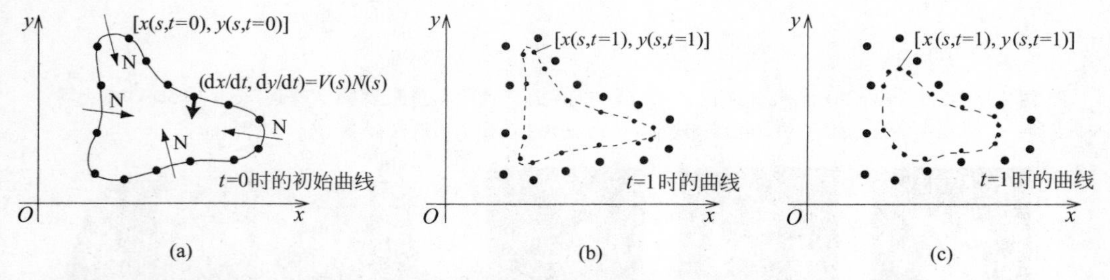

图 7.19 前沿演化概念：（a）初始 t=0；（b）t=1 时的曲线，注意曲线上每点沿方向 $\mathbf{N}$ 位移而距离由速度 V 决定；（c）设速度 V（c）为曲率的函数时，t=1 时的曲线 s

如果曲线演化是由**曲率变形**（**curvature deformation**）方程驱动的，则偏微分方程使得曲线渐渐平滑，去除了尖刺，并最终缩为一点。

$$\frac{\partial \mathbf{X}}{\partial t}=\alpha c\mathbf{N} \tag{7.34}$$

其中α是常数，和 snake 弹性内力性相似（见第 7.2 节）。图 7.20 为α>0 和α<0 时的曲线演化行为。

由**常数变形**（**constant deformation**）方程（7.35）驱动的曲线形变是互补的，并和前面讨论的膨胀气球力（见第 7.2 节）相似，在变形过程中可能会引入尖刺：

$$\frac{\partial \mathbf{X}}{\partial t}=V_0\mathbf{N} \tag{7.35}$$

其中 V_0 决定了变形速度常数。

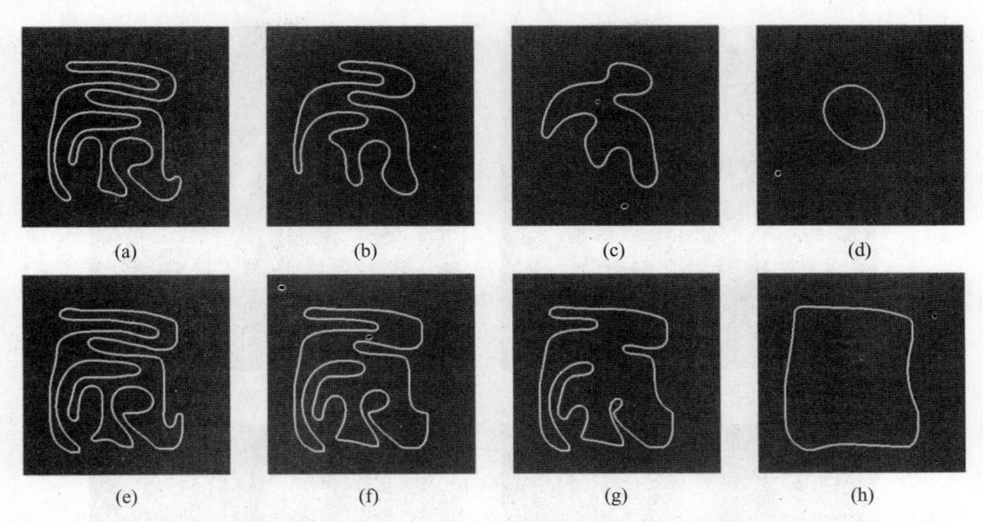

图 7.20　闭合 2D 曲线按曲率的变形：（a）～（d）正曲率，迭代 100、2000、4000、17000 次；（e）～（h）负曲率，迭代 100、2000、4000、17000 次

几何变形模型从初始曲线开始，用式（7.33）的速度公式演化，得到分割结果。在演化过程中，使用曲率变形或者常数变形，曲线演化速度局部地由图像决定。最终目标是 $t \to \infty$ 生成图像分割结果，即在物体边界处停止曲线演化。演化可以用水平集实现，并且同其他分割技术一样，依赖于分割参数。此时，分割依赖于式（7.33）速度方程的设计。

最基础的曲率和常数变形的速度方程 [Caselles et al., 1993; Malladi et al., 1995] 形式为

$$\frac{\partial \phi}{\partial t} = k(c+V_0)|\nabla \phi| \tag{7.36}$$

其中

$$k = \frac{1}{1+|\nabla(G_\sigma * I)|} \tag{7.37}$$

其中 ϕ 代表传播曲线前沿（代表水平集函数，见下）。$\nabla(G_\sigma * I)$ 为高斯平滑后图像的梯度，其中 σ 为平滑参数。V_0 为正时曲线扩展；k 用来停止变化，梯度很大时即图像边界处 $k \to 0$。显然，边界需要很明显才能停止曲线演化（或近乎停止；一个简单的边界强度阈值可以用于强迫缓慢变化的前沿真正停止）。速度函数的一个明显问题是无法在弱边界或模糊边界处停止，并且当曲线越过了边界后还会继续变化，没有力将其拉回去。图 7.21 是算法对停止条件敏感的例子。

[Caselles et al., 1997; Yezzi et al., 1997] 引入了能量最小方法来克服这一问题。

$$\frac{\partial \phi}{\partial t} = k(c+V_0)|\nabla \phi| + \nabla k \nabla \phi \tag{7.38}$$

新增的停止项 $\nabla k \nabla \phi$ 在曲线越过边界后，又将其拉回边界处。其他的速度函数见 [Siddiqi et al., 1998]。

如何有效地求解曲线演化依然是一个重要问题。将分割边界/表面隐含地表示为定义在同一幅图像上的更高维函数的水平集，该高维函数即**水平集函数**（**level set function**）ϕ [Osher and Sethian, 1988; Sethian, 1985,1989]，是几何变形模型的关键。这样，使用曲线的水平集表达使得曲线的演化转化为在确定的时间点列上更新水平集函数 $\phi(t)$。曲线的形状是当时水平集为 0 的点 $\phi(t)=0$。换言之，t 时刻曲线是在 t 时刻水平集为 0 的图上的点的集合。所以最终结果是 $\phi(t \to \infty) = 0$ 的点集。此外，即使嵌入的水平集曲线变化了拓扑结构，产生了尖刺，水平集函数在变化过程中也始终是有效的函数。图 7.22 和图 7.23 是水平集的曲线、演化、拓扑结构的示例。

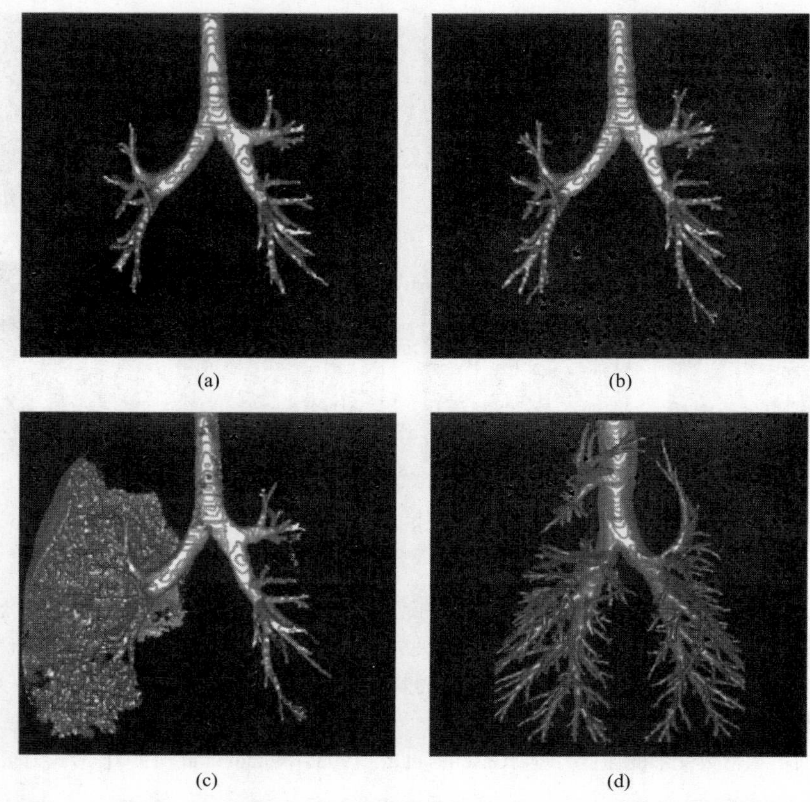

图 7.21 用 3D 快速行进水平集方法分割肺气管 X 光拓扑数据图。速度函数定义为 V=1/亮度。分割曲线在黑暗的背景处速度快，在明亮的气管处速度慢。用梯度阈值 T_g 和亮度阈值 T_i 作为停止标准。提高阈值会使得变形速度下降直到停止。（a）人的气管分割结果，T_i=6；（b）T_i=11；（c）T_i=13。分割失败；（d）羊的气管分割，用更高的 X 光仪器得到的图像

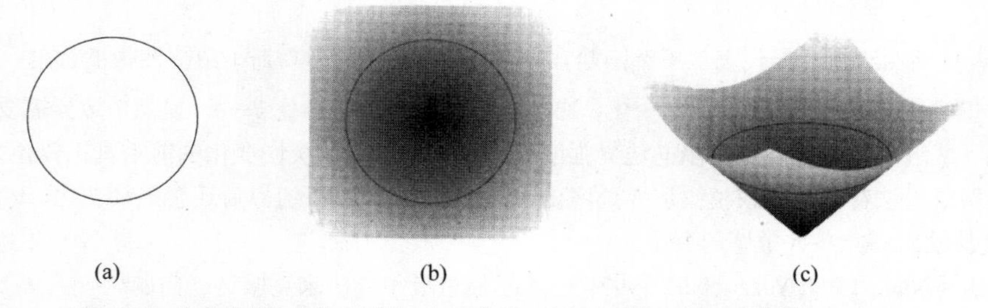

图 7.22 将曲线嵌入作为水平集：（a）曲线；（b）水平集函数，曲线置为 0 水平集，$\phi[\mathbf{X}(s, t), t]=0$（黑色）；（c）水平集的高度图，0 标为黑线

现在需要一个更正式的曲线演化式(7.33)的水平集表达。设水平集函数 $\phi(x,y,t)$ 的 0 位置曲线是 $\mathbf{X}(s,t)$，此时有

$$\phi(\mathbf{X}(s,t),t)=0 \tag{7.39}$$

如果该式对 t 是可导的，使用链式法则有

$$\frac{\partial\phi}{\partial t}+\nabla\phi\frac{\partial\mathbf{X}}{\partial t}=0 \tag{7.40}$$

设 ϕ 在 0 曲线内为负，外为正，水平集曲线的向内单位法向量为

$$\mathbf{N}=-\frac{\nabla\phi}{|\nabla\phi|}$$

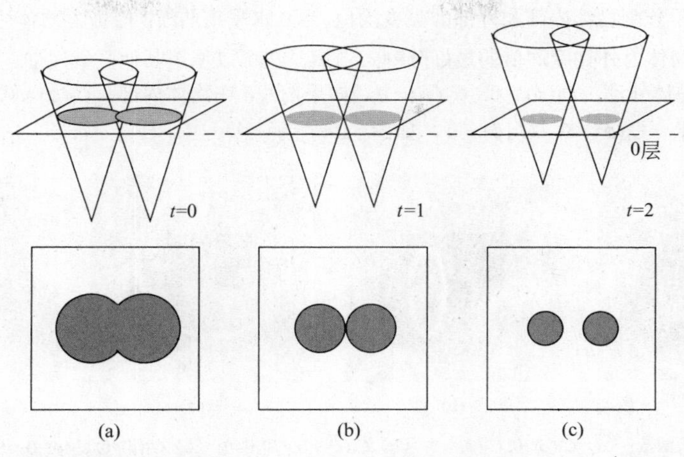

图 7.23　水平集的拓扑变化：时间 t=1、2、3 时，0 层曲线的拓扑改变了，最终得到两个物体边界

从速度式（7.33）有

$$\frac{\partial \mathbf{X}}{\partial t}=-\frac{V(c)\nabla\phi}{|\nabla\phi|} \tag{7.41}$$

所以

$$\frac{\partial\phi}{\partial t}-\nabla\phi\frac{V(c)\nabla\phi}{|\nabla\phi|}=0 \tag{7.42}$$

并且

$$\frac{\partial\phi}{\partial t}=V(c)|\nabla\phi| \tag{7.43}$$

0 曲线上曲率 c 为

$$c=\nabla\frac{\nabla\phi}{|\nabla\phi|}=\frac{\phi_{xx}\phi_y^2-2\phi_x\phi_y\phi_{xy}+\phi_{yy}\phi_x^2}{(\phi_x^2+\phi_y^2)^{3/2}} \tag{7.44}$$

式（7.43）是用水平集的方法解曲线演化式（7.33）。

为了实现几何变形轮廓，需要定义初始水平集 $\phi(x,y,t)=0$，速度函数则由整个图像域得到，因为有尖刺存在，还需要为没有法向时的位置定义演化操作。初始水平集函数常常是基于每个网格点到 0 曲线的有向距离 $D(x,y)$，即 $\phi(x,y,0)=D(x,y)$。快速建立有符号的 $D(x,y)$ 的算法称为**快速行进算法**（**fast marching method**）[Sethian, 1999]。

注意，演化式（7.43）只用于 0 曲线。所以，速度函数需要扩展至所有集合。有很多此类算法，最常用的是**窄带**（**narrow band**）法 [Malladi et al., 1995; Sethian, 1999]。尽管方程中 $\mathbf{N}$ 和 c 是对所有高度都适用的，但是在曲线演化过程中距离函数特征可能变得无效，这会导致曲率和法向计算不精确。所以，时常需要重新定义初始水平集函数为一个带符号的距离函数。[Adalsteinsson and Sethian, 1999]的方法就避免了这一问题。

如上所述，用常数变形方法可能导致水平集出现尖锐的角点，从而使得法向不易确定。此时，变形可以使用**熵条件**（**entropy condition**）继续 [Sethian, 1982]。

速度式（7.36）使用图像梯度来停止演化。为了防止图像梯度边缘准则产生的固有问题，考虑分割物体的区域属性常常是有帮助的。例如，[Chan and Vese, 2001]提出了基于 Mumford-Shah 函数[Mumford and Shah, 1989]的分段常数最小方差准则。考虑每个像素为 $I(x,y)$的 2D 图像，分割定义为 0 水平集曲线ϕ。**Chan-Vese 能量函数**（**Chan-Vese energy functional**）定义为

$$\begin{aligned}C(\phi,a_1,a_2)&=C_1(\phi,a_1,a_2)+C_2(\phi,a_1,a_2)\\&=\int_{\mathrm{inside}(\phi)}(I(x,y)-a_1)^2\mathrm{d}x\mathrm{d}y+\int_{\mathrm{outside}(\phi)}(I(x,y)-a_2)^2\mathrm{d}x\mathrm{d}y\end{aligned} \tag{7.45}$$

常数 a_1、a_2 分别表示分割物体内部和外部的亮度均值。当 0 水平集曲线 ϕ 恰好为物体边界时，能量 $C(\phi,a_1,a_2)$ 最小。此时是考虑物体内外亮度均值的最好分割。当然，也可以使用其他区域属性。

如果曲线 ϕ 在物体外部，$C_1(\phi)>0$，$C_2(\phi)\approx 0$。如果曲线 ϕ 在物体内部，$C_1(\phi)\approx 0$，$C_2(\phi)>0$。如果曲线 ϕ 既在外部也在内部，$C_1(\phi)>0$，$C_2(\phi)>0$，如图 7.24 所示。

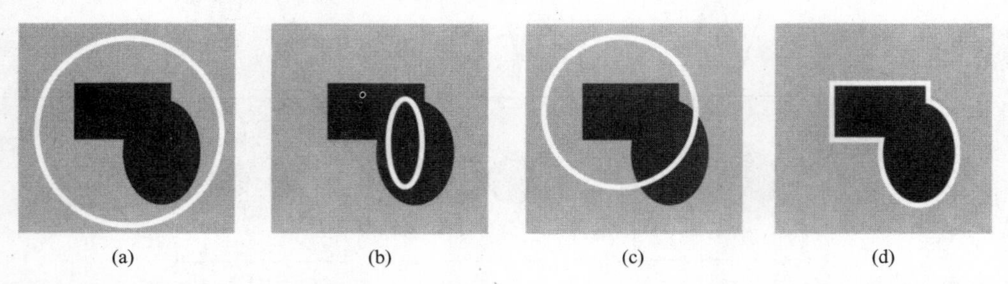

图 7.24 Chan-Vese 能量函数：（a）$C_1(\phi)>0, C_2(\phi)\approx 0$；（b）$C_1(\phi)\approx 0, C_2(\phi)>0$；（c）$C_1(\phi)>0, C_2(\phi)>0$；（d）$C_1(\phi)\approx 0, C_2(\phi)\approx 0$

为了解决更复杂的分割问题，可以使用一些如曲线 ϕ 周长、在 ϕ 内的区域面积等正则项。能量泛函为

$$C'(\phi,a_1,a_2)=\mu(\text{Length of }\phi)+\upsilon(\text{Area inside }\phi)+\lambda_1\int_{\text{inside}(\phi)}(I(x,y)-a_1)^2\,\mathrm{d}x\mathrm{d}y+\lambda_2\int_{\text{outside}(\phi)}(I(x,y)-a_2)^2\,\mathrm{d}x\mathrm{d}y \tag{7.46}$$

其中 $\mu\geqslant 0, \nu\geqslant 0, \lambda_1, \lambda_2\geqslant 0$。inside ($\phi$)对应 $\phi(x, y)>0$ 图像部分，outside (ϕ)对应 $\phi(x, y)<0$。使用 Heaviside 函数 $H(z)$

$$H(z)=\begin{cases}1 & z\geqslant 0\\ 0 & z<0\end{cases},\quad \delta_0=\frac{\mathrm{d}H(z)}{\mathrm{d}z} \tag{7.47}$$

水平集方程最小化 Chan-Vese 能量 C'（式（7.46））

$$\frac{\partial\phi}{\partial t}=\delta(\phi)\left(\mu\,\mathrm{div}\left(\frac{\nabla\phi}{|\nabla\phi|}\right)-\upsilon-\lambda_1(I(x,y)-a_1)^2+\lambda_2(I(x,y)-a_2)^2\right) \tag{7.48}$$

水平集方程可以用时间增量 Δt 迭代求解。可是，时间增量需要通过 Courant-Friedrichs-Lewy (CFL)条件 [Heath, 2002]保证数值计算稳定性。在 Chan 和 Vese 的方法中，使用如下的时间增量：

$$\Delta t\leqslant\frac{\min(\Delta x,\Delta y,\Delta z)}{(|\mu|+|\upsilon|+|\lambda_0+\lambda_1|)} \tag{7.49}$$

图 7.25 给出了使用 Chan-Vese 能量方程分割带噪声图像的示例。其中 2D 的曲率近似为 $\mathrm{div}\left(\frac{\nabla\phi}{|\nabla\phi|}\right)$。

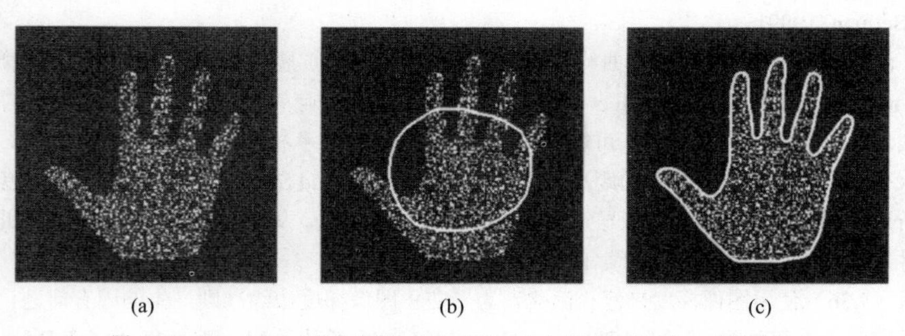

图 7.25 Chan-Vese 水平集分割：（a）原图；（b）初始轮廓；（c）分割结果

几何变形模型被广泛用在图像分割上。包括：基于水平集的脑皮层展开方法 [Hermosillo et al., 1999]；细胞分割[Sarti et al., 1996; Yang et al., 2005]；心脏图像分析[Niessen et al., 1998; Angelini et al., 2004; Lin et al., 2003]，以及很多其他应用。

几何变形模型分割最重要的特性是允许拓扑变化，它是图像分割的重要工具。但它有利有弊。当用于处

理轮廓有缝隙的噪声数据时，可能会产生与真正物体的形状存在拓扑不一致性的轮廓。此时，可能需要分割的拓扑限制，参数化变形模型或者基于图的分割方法可能更加适用。

7.4　模糊连接性

许多图像分割算法都是基于待分割区域间或各自区域内部的脆弱（或硬编码（hard-coded））关系的。但是，很多情况下，这些关系会因为噪声、光照不均、分辨率有限、部分遮挡等等问题的存在而随图像不同而改变。**模糊连接性（fuzzy connectivity）**分割方法考虑了这些不确定因素。它没有定义脆弱的关系，而是用一些模糊的规则来刻画分割，例如，如果两块区域灰度值相似，位置又靠近，它们有可能属于同一个物体。这种推理方法的一个框架称为**模糊逻辑（fuzzy logic）**，在第 9.1 节中详细介绍。阅读模糊逻辑章节对于理解本节所描述的内容不是必要的，但是可以加深对这一重要概念的理解。

模糊连接分割尝试模仿受过训练的人类观察者的分析策略，他通常考虑邻域的图像元素是否属于同一类的可能性，一般能够手动完成分割任务。如果它们的图像和空间属性表明它们属于同一物体，将其合并为一个区域。换言之，像素组成物体时似乎进行了**结合（hanging together）**——这一属性用模糊逻辑来描述。模糊连接性早期由[Rosenfeld, 1979, 1984;Bloch, 1993; Dellepiane and Fontana, 1995]提出。Udupa 等提出，在考虑图像属性的同时，将元素的空间属性连接起来，从而结合同一个物体的元素以得到分割[Udupa and Samarasekera, 1996a; Udupa et al., 1997; Rice and Udupa, 2000; Saha et al., 2000]。空间关系定义为整个图像中的所有元素对，需要考虑局部和全局的图像属性。

局部的模糊关系称为**模糊引力（fuzzy affinity）**，用 $\psi \in [0,1]$ 表示和周围图像元素结合程度。每个图像元素或者空间元素（**spatial element**）称为点（**spel**）（2D 中，点是一个像素，3D 中，点是体素）。于是，我们互换地使用点和图像元素。引力是基于亮度等图像属性的模糊相邻图像元素的空间距离函数。图像 I 表示为 $I=(C,f)$，其中 C 是图像领域，f 是局部图像属性。于是，$f(c)\in[0,1]$表示点 c 处的规范化后的图像属性。详细内容如下。

两个元素 c、d 的**模糊近邻（fuzzy adjacency）**$\mu(c,d)\in[0,1]$由模糊近邻函数产生。硬-近邻产生二值的近邻值——共有一界面时（例如，2D 中的 4-邻接，3D 中的 6-邻接），为完全相邻（近邻值=1），否则为不相邻（近邻值=0）。考虑 3D 中的 6-邻接，c、d 为其中两个点，二值近邻值定义为

$$\mu(c,d)=\begin{cases}1 & \text{如果}c\text{和}d\text{相同或坐标仅差}1\\0 & \text{其他}\end{cases} \tag{7.50}$$

推广的 n 维模糊点近邻定义为[Udupa and Samarasekera, 1996a]

$$\mu(c,d)=\begin{cases}\dfrac{1}{1+k_1\sqrt{\sum_{i=1}^{n}(c_i-d_i)^2}} & \text{如果}\sum_{i=1}^{n}|c_i-d_i|\leqslant n\\0 & \text{其他}\end{cases} \tag{7.51}$$

其中 k_1 是非负常数。非二值的连接定义为 0 到 1 的实数。前面说的引力函数 $\psi(c,d)$ 只对模糊相邻的 c、d 有定义，即其$\mu(c,d)\neq 0$。

模糊连通值（fuzzy connectedness）μ_ψ 是图像元素 c、d 的全局的模糊关系，值在[0,1]间，由引力函数 ψ 作用在 c 到 d 的各条路径上得到，c、d 则不需要相邻。设点 c、d 由路径 $\pi=<c^{(0)},\cdots,c^{(N)}>$ 组成，其中 $c=c^{(0)}$，$d=c^{(N)}$。每个连接的点对计算引力 $\psi(c^{(n)},c^{(n+1)})$，$0\leqslant n\leqslant N-1$。对于每条路径，定义其强度为路径上最小的点对引力。所以路径强度为其最弱的连接：

$$\psi'(\pi)=\min_{0\leqslant n\leqslant N-1}\psi(c^{(n)},c^{(n+1)}) \tag{7.52}$$

但 c、d 间有许多路径，令 M 为其集合，注意 M 并不一定是有限集。模糊连通值定义为

$$\mu_{\psi}(c,d)=\max_{\pi\in M}\psi'(\pi) \tag{7.53}$$

即模糊连通值（全局结合度）为 c、d 间最强路径的强度。用动态规划的方法可以计算出所有点对的模糊连通值[Udupa and Samarasekera, 1996a]（见算法 7.5）。

从种子点 c 开始，计算每个点 d_i 的模糊连通值 $\mu_{\psi}(c,d_i)$，将结果赋给每个点，这样得到一个**模糊连通图**（**fuzzy connectedness map**），表示每个点到种子 c 的强度。1 表示连接很强，0 表示很弱。用合适的阈值，留下最小连通值大于一定数值的点。此时连通图就是分割结果。

算法 7.4 绝对模糊连接性分割

1. 定义模糊连接函数和模糊引力。
2. 计算每对模糊连接的引力值。
3. 计算分割种子元素 c。
4. 计算 c 到其他点的所有路径。
5. 对每条路径，用式（7.52）计算最小引力强度。
6. 对每个点 d_j，用式（7.53）计算到种子 c 的模糊连通值，并得到原图像的模糊连通图。
7. 将模糊连通图用阈值 t 分为两部分，包括种子 c 的前景物体和背景。

模糊引力概念需要深入的解释。在实际应用中，模糊连接分割效率主要由模糊引力决定，而模糊引力是用局部图像属性计算的。用模糊引力 $\psi(c,d)$ 量化两点 c、d 的结合值；由定义知 $\psi(c,d)$ 是自反的和对称的，但没有传递性。模糊引力 $\psi(c,d)$ 是模糊连接 $\mu(c,d)$、点属性 $f(c)$，$f(d)$及在随空间改变的情况下还包括 c，d 的函数：

$$\psi(c,d)=\frac{\mu(c,d)}{1+k_2\,|f(c)-f(d)|} \tag{7.54}$$

其中μ是式（7.51）定义的模糊连接，k_2 是非负常数。

一个通用的引力函数可以定义为[Udupa and Samarasekera, 1996a]

$$\psi(c,d)=\begin{cases}\mu(c,d)(\omega h_1(f(c),f(d))+(1-\omega)h_2(f(c),f(d))) & c\neq d\\ 1 & 其他\end{cases} \tag{7.55}$$

其中ω 是权重参数，h_1, h_2 是依赖于分割任务的，可由下式得到

$$g_1(f(c),f(d))=\exp\left(-\frac{1}{2}\left(\frac{\frac{1}{2}[f(c)+f(d)]-m_1}{\sigma_1}\right)^2\right) \tag{7.56}$$

$$g_2(f(c),f(d))=\exp\left(-\frac{1}{2}\left(\frac{|f(c)-f(d)|-m_2}{\sigma_2}\right)^2\right) \tag{7.57}$$

$$g_3(f(c),f(d))=1-g_1(f(c),f(d)) \tag{7.58}$$

$$g_4(f(c),f(d))=1-g_2(f(c),f(d)) \tag{7.59}$$

其中，m_1, m_2 是目标物体的均值；σ_1, σ_2 是反映感兴趣物体属性的标准差。m, σ 可由预先知道的属于物体和背景的点得到。这种点集可以由用户提供或者其他粗分割决定。式（7.56）和式（7.57）中的 $g_1(\cdot)$和 $g_2(\cdot)$ 也可以用多元变量形式表达[Udupa and Samarasekera, 1996a]。

引力函数会受 h_1, h_2 的影响。例如 $h_1(f(c),f(d))=g_1(f(c),f(d))$, $\omega=1$ 使得点接近于均值μ_1。当点间梯度靠近均值μ_2 时，$h_1(f(c),f(d))=g_1(f(c),f(d))$，$h_2(f(c),f(d))=g_4(f(c),f(d))$，$\omega=0.5$，降低了引力 $\psi(c,d)$。引力函数的细微差别见 [Carvalho et al., 1999]。[Saha and Udupa, 1999]提出了一种稍微不同的算法，[Saha et al., 2000]提出了一种分开处理基于同性分量和基于物体特征分量的引力函数方法。

前面介绍了对图像域每个点 d，计算模糊连接值 $\mu_{\psi}(c,d)$，并将结果组成模糊连接图。算法 7.5 生成模糊连接图的算法可以用在算法 7.4 中所描述的各种阈值来运行（可能是人机交互的过程）。算法 7.5、算法 7.6 是基于动态规划的[Udupa and Samarasekera, 1996a]。一般来说，输出的图像表现了种子点 c 和其他图像点的连接强度。

算法 7.5 模糊物体抽取

1. 在输入图像中定义一种子点 c。
2. 构造临时队列 Q 和一个实数的数组 f_c，对每个点 d 有单个元素 $f_c(d)$。
3. 对所有 $d\in C$，初始：如果 $d\neq c, f_c(d):=0$；否则 $f_c(d):=1$。
4. 对所有 $d\in C, \mu_{\psi}(c,d)>0$，添加 d 到队列 Q。
5. 若 Q 非空，取出 d，并做下列操作直到队列 Q 为空：
   $f_{\max} := \max\limits_{e\in C} \min(f_c(e),\psi(d,e))$
   如果 $f_{\max} > f_c(d)$
   $f_c(d):=f_{\max}$
   对于所有 $\psi(d,g)>0$，将 g 加入 Q。
6. 当 Q 为空，得到连接图(C, f_c)。

收敛的证明见[Udupa and Samarasekera, 1996a]。如算法 7.4 所述，必须对连接图阈值化，使前景物体只包含到种子 c 连接值大于阈值的点。可以证明物体是连续的。

图 7.26 是算法 7.5 分割的样例。从 7.26（a）中的 2×2 的灰度图开始，用亮度作为图像属性根据式（7.54）计算模糊引力，图 7.26（b）给出了引力图 $\psi(c,d)$。记每个点为 A、B、C、D，D 作为种子点 c。图 7.26（c）是数组 f_c 的初始化，对应算法 7.5 第 4 步。当从 Q 中移出 B，根据算法计算 $f_{\max}$。对于 $e=A,C,D$

$$
\begin{aligned}
\min[f_c(A),\psi(B,A)] &= \min[0,1/8] = 0 \\
\min[f_c(C),\psi(B,C)] &= \min[0,0] = 0 \\
\min[f_c(D),\psi(B,D)] &= \min[1,1/3] = 1/3
\end{aligned} \tag{7.60}
$$

最大 $f_{\max}=1/3$。$f_c(B)$更新为 1/3，如图 7.26（d）所示。根据算法第 5 步，$g=A$ 是唯一 $\psi(d,g)=\psi(B,A)$ 不为零的引力，所以 A 加入队列。迭代做算法第 5 步，队列 Q 和 f_c 中间状态见图 7.26（e）～图 7.26（j）。注意某些点被加入和移出队列多次。当队列 Q 为空时，f_c 的结果为模糊连接图。根据算法 7.4 第 7 步，对连接图阈值化可以得到分割结果。

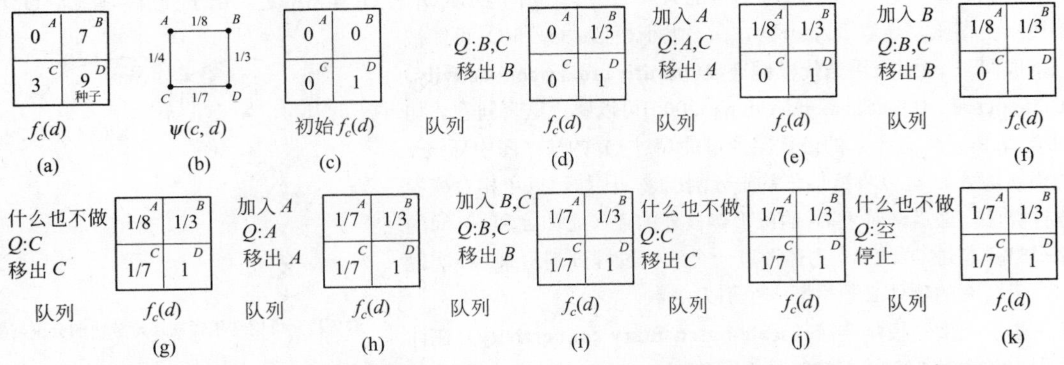

图 7.26 模糊物体提取，算法 7.5：（a）图像属性，例如亮度；（b）7.54 式的模糊引力 $\psi(c,d)$，$k_2=1$；（c）初始化 $f_c(d)$；（d）初始化 Q，Q 中移出点 B 后的 $f_c(d)$值；（e）～（j）算法中间步骤；（k）Q 为空，停止。$f_c(d)$的值表示模糊连接图

如果已知连接图阈值的一个较低的界限，可以用算法 7.6 提高效率。设阈值为 t，t 越接近 1，效率越高。Θ_t 为[0,1]的子区间：

$$\Theta_t = [t,1], \text{ 其中} 0 \leqslant t \leqslant 1 \tag{7.61}$$

算法 7.6　有预设连接的模糊物体抽取

1. 在输入图像中定义一种子点 c。
2. 构造临时队列 Q 和一个实数的数组 f_c，对每个点 d 有单个元素 $f_c(d)$。
3. 对所有 $d \in C$，初始：如果 $d \neq c, f_c(d):=0$；否则 $f_c(d):=1$。
4. 对所有 $d \in C, \mu_\psi(c,d) > t$，添加 d 到队列 Q。
5. 若 Q 非空，取出 d，并做下列操作直到队列 Q 为空：
   $f_{\max} := \max\limits_{e \in C} \min(f_c(e), \psi(d,e))$
   如果 $f_{\max} > f_c(d)$
   　$f_c(d) := f_{\max}$
   　对于所有 $\psi(d,g) > 0$，将 g 加入 Q。
6. 当 Q 为空，得到连接图(C, f_c)。

注意在算法 7.5 和算法 7.6 中，一个点可能进入队列多次。这将导致重复计算同样的子路径和处理时间的次优性。[Carvalho et al., 1999] 提出了基于 Dijkstra 算法的连接图生成方法，他修改了算法 7.5 使得效率可以提高 6～8 成（fold）[Carvalho et al., 1999]。

绝对模糊连通算法和传统的区域增长算法[Jones and Metaxas, 1997]有类似的毛病，它们难以自动地找到合适的阈值。但绝对模糊连通算法是一个很有效的基础算法。

[Saha and Udupa, 2000c; Udupa et al., 1999]引入了**相对模糊连通（relative fuzzy connectivity）**方法。主要贡献在于不再需要阈值。它用相对模糊连通方法同时提取两个物体，而不是原先的只提取一个物体。在分割过程中，计算点到两个物体的引力，从而确定该点属于哪个物体。

这种 2-物体相对模糊连通方法后来被改进为可包含**多物体（multiple objects）**的方法[Herman and Carvalho, 2001; Saha and Udupa, 2001; Udupa and Saha, 2001]。在[Udupa and Saha, 2001]中，作者证明简单地对不同物体使用不同引力是行不通的，因为这意味着模糊连通的基础属性将无法保证。相反，不同物体的引力必须合并为单一的引力。这通过计算各自引力的模糊并集来达到。与相对模糊连通方法相比，多物体分割的扩展是显著的改进。

图 7.27 是一个模糊连接算法可能失败的例子。两个物体 O_1 和 O_2 非常靠近。由于分辨率有限，O_1 和 O_2 的边界会很弱，导致 $\mu_\psi(d,e)$和 $\mu_\psi(c,e)$大小相当。O_1 和 O_2 可能被分割成同一个物体。用**迭代模糊连接（iterative fuzzy connectivity）**[Udupa et al., 1999;Saha and Udupa, 2000]可以解决这一问题。如图 7.27 所示，d 到 e 的最优路径可能穿过 O_1 的核（图中环绕 c 的虚线部分）。可以将这部分首先分割出来，比如可以用相对模糊连接算法。之后，对于 O_2 的位于该核外的点（比如 d 和 e）间的路径禁止穿过 O_1 的核。物体通过一个迭代过程分割出来。在实现中，对所有的物体必须用同一个引力函数。

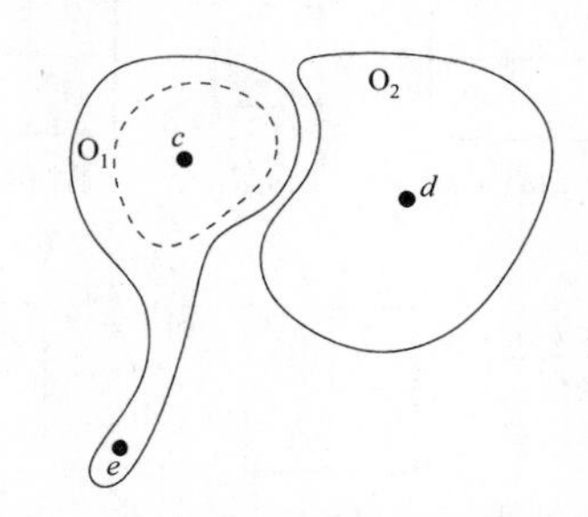

图 7.27　可用迭代模糊连接解决的分割问题

基于尺度的模糊连接（scale-based fuzzy connectivity）在计算引力函数时考虑每点的邻域的属性[Saha et al., 2000]。两点 c、d 的引力 $\psi(c,d)$分别变为 c 和 d 为中心的超球的引力。计算尺度定义为超球的半径，它由图像数据基于图像内容来决定。所以尺度在做适应性的改变，随位置不同而不同。算法可以改善分割结果，但计算量会增加很多。

模糊连接分割有着广泛的应用，包括在 3D 核磁共振图像中交互地检测器官硬化，它比手动标注更容易重现[Udupa and Samarasekera, 1996a]。[Lei et al., 1999, 2000] 提出了腹部和下肢动脉静脉分割的算法。首先用绝对模糊连接算法从核磁共振图上分割出所有血管。接着，用相对模糊连接算法分割动脉和静脉，此时需要交互的标出动脉静脉的种子点，一般 4 次标注即可。为了分开动脉静脉，需要将血管图变为距离图像（见图 7.28（a））。用距离值的费用函数来计算分叉处的动脉静脉分割中心线。动脉或静脉中心线的上点被设成下一步的种子点。图 7.28（b）和图 7.28（c）展示了这一算法。基于[Udupa and Samarasekera, 1996b; Herman and Carvalho, 2001]的多种子模糊连接分割算法，被用于在断层扫描 CT 图像中检测肺气管树[Tschirren et al., 2005]。算法是基于 Udupa[Udupa and Samarasekera, 1996b]和 Herman[Herman and Carvalho, 2001]的模糊连接算法。算法执行过程中，前景和背景彼此竞争。算法优点在于可以克服图像梯度和噪声的问题；缺点在于计算量相对很大。将图像按已分割出的肺气管分为若干小的感兴趣区域可以降低计算量。多种子模糊连接算法显著地提高了模糊连接算法在噪声图上的分割性能，参见图 7.29。

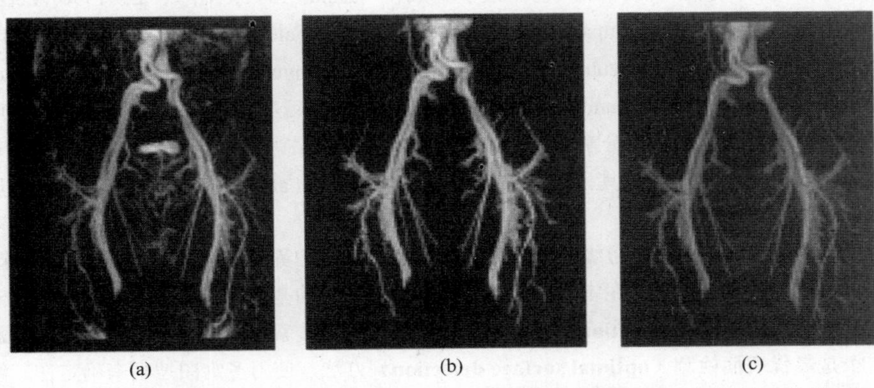

(a) (b) (c)

图 7.28 模糊连接算法对血管树的分割和分离：（a）下肢血管核磁共振数据的最大化亮度投影图像；（b）绝对模糊连接分割的整个血管树；（c）相对模糊连接分割的动脉静脉图像。本图的彩色版见彩图 12

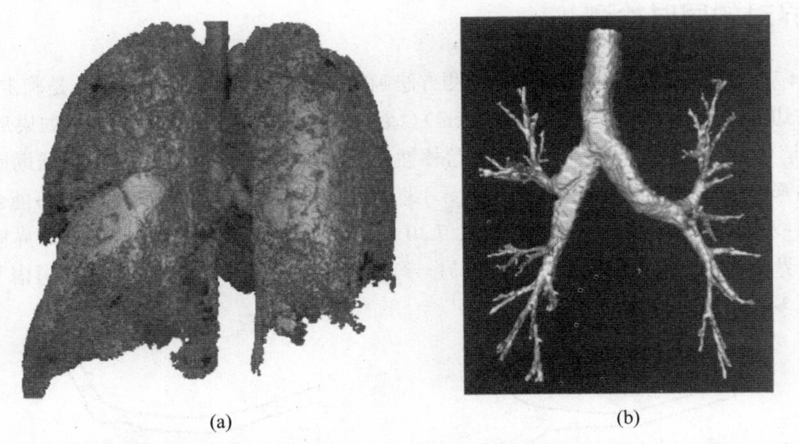

(a) (b)

图 7.29 多种子模糊连接算法的分割结果：（a）区域增长分割会导致严重错误（对于肺气肿病人，标准的 3D 区域增长算法错误不可避免）；（b）使用标准配置的多种子模糊连接算法进行的成功分割

7.5 面向基于 3D 图的图像分割

基于图的方法在图像分割中扮演着重要的角色。这些方法的一般形式是由结点集 V 与弧集 E 组成的带权图 $G=(V,E)$。结点 $v\in V$ 对应于图像像素（或者体素），而弧 $\langle v_i,v_j\rangle\in E$ 根据某种邻域系统连接结点 v_i,v_j。每一个结点 v 和/或弧 $\langle v_i,v_j\rangle\in E$ 都拥有一个费用，用以度量其对应像素隶属于兴趣物体的倾向。

一个构造好的图根据特定的应用与其使用的图算法可以分为有向图与无向图。在有向图中，弧 $\langle v_i,v_j\rangle$ 与 $\langle v_j,v_i\rangle$（$i\neq j$）被认为是不同的，而且它们可能具有不同的费用。如果存在有向弧 $\langle v_i,v_j\rangle$，则结点 v_j 被称作 v_i 的一个后继。一条连续的有向弧序列 $\langle v_0,v_1\rangle,\langle v_1,v_2\rangle,\cdots,\langle v_{k-1},v_k\rangle$ 形成一条由 v_0 到 v_k 的有向路径。

为图像分割而设计的典型的图算法包括最小生成树 [Zahn, 1971; Xu et al., 1996; Felzenszwalb and Huttenlocher, 2004]，最短路径 [Udupa and Samarasekera, 1996a; Falcao et al., 2000; Falcao and Udupa, 2000; Falcao et al., 2004]，和图割（graph-cuts）[Wu and Leahy, 1993; Jermyn and Ishikawa, 2001; Shi and Malik, 2000; Boykov and Jolly, 2000, 2001; Wang and Siskind, 2003; Boykov and Kolmogorov, 2004; Li et al., 2004c]。图割相对较新，而且有可能是所有为图像分割而设计的基于图的算法中最强有力的。它们具有显著的计算效率，提供了一种清晰而灵活的全局优化工具。在[Wu and Chen, 2002; Li et al., 2006]中，提出了一种利用图变换与图割来进行单和多表面分割的方法。

在第 6.2 节中介绍了几种基于边缘的分割方法。其中，最优边界检测的概念（见第 6.2.4 节和 6.2.5 节）是非常有力的，值得更多的注意。在本章节中，将介绍两种高级的基于图的边界检测方法。第一个是**同时边界检测（simultaneous border detection）**方法，通过在三维图中搜索路径的方式，使边界对的最优鉴别变得容易。第二个是**最优表面检测（optimal surface detection）**方法，使用多维图搜索来确定在三维或更高维的图像数据中的最优表面。这两个方法都为在第 7.6 节与第 7.7 节中描述的最优化的基于图的分割方法做好了铺垫。

7.5.1 边界对的同时检测

在第 6.2.4 节和第 6.2.5 节中介绍的边界检测方法确定单独的区域边界。如果目标是确定细长物体的边界，同时搜索左右边界对（pair of left and right borders）会更有利[Sonka et al., 1993, 1995]。如果形成边界对（border pair）的边界是相关的，这种方法有助于提高鲁棒性，使得有关一个边界的信息可以帮助确定第二个。例子包括如下的情形：一个边界的局部受噪声破坏、不明确或不确定，这时单独确定边界可能会失败。在卫星图像中跟踪道路或河流的边界是一个例子。如图 7.30（a）所示，如果单独地考虑左右边界似乎是合理的。但是，在一个边界位置中所包含的信息对于确定另一个边界的位置可能是有用的，如果考虑了这样的信息，就可以检测出更多的可能边界（见图 7.30（b））。

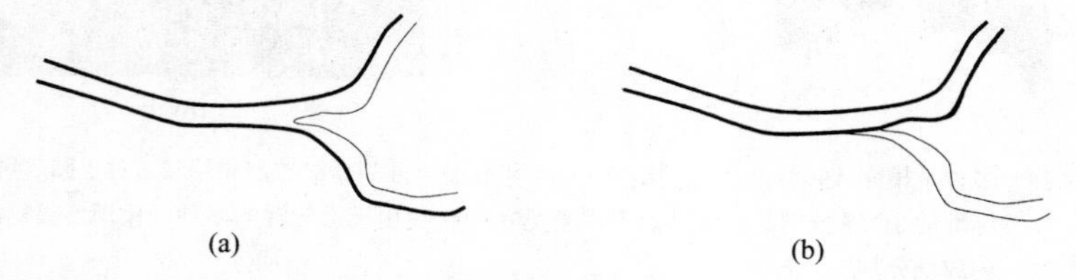

图 7.30 单独的和同时的边界检测：（a）单独确定的边界可能并不构成一对；（b）同时确定的边界满足边界对性质

为了搜索最优的边界对，图必须是三维的。在图 7.31（a）中所示的是两个邻近的但相互独立的二维图，其中的结点对应于在拉直了的边缘图像（见第 6.2.4 节）中的像素。分开左右图的结点列对应于在近似区域中心线上的像素。在左图中的一行结点，对应于沿一条垂直于区域中心线的并在其左侧的直线上重采样得到的像素。如果按照图 7.31（a）中所示的形式连接左图中的结点，产生的路径对应于细长区域的左边界的一个可能的位置。类似地，将右图中的结点连接起来就产生了右区域边界的一个可能的位置。如果使用较早前介绍过的常规的边界检测方法，则二维的图就会被独立地搜索来确定最优的左右区域边界。

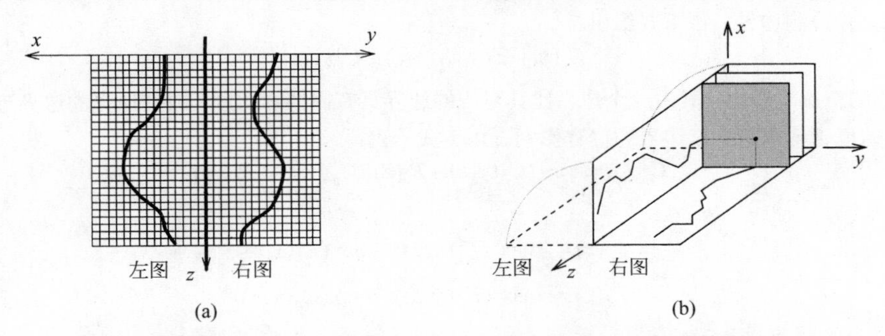

图 7.31　三维图的构建：（a）在分别对应于左右半个兴趣区域的二维图中，通过单独连接结点的方式，分别确定左右边界；（b）通过向上旋转左图的方式，产生一个三维图，其中的路径对应于区域边界对

构建三维图的过程可以显示为向上旋转 2D 图形式，该 2D 图对应于近似的区域中心线左侧的像素（见图 7.31（b））。其结果是一个三维的结点数组，对于沿着细长区域长度方向的一个给定点来说，其中每个结点对应于左右区域边界的可能位置，而通过图的一条路径对应于可能的左右区域边界的对。在 3D 图中的结点以它们的坐标(x, y, z)来表示，对于由坐标 z 定义的沿着区域中心线的一点来说，一个有坐标为(x_1, y_1, z)结点对应于离中心线左侧 x_1 像素的一个左边界和离中心线右侧 y_1 像素的一个右边界。

正如在 2D 情况下那样，必须指定结点的后继规则，即链接结点形成完整路径的规则。由于左边界必须是连续的，在对应于左边界的 2D 图中，每个父结点像前面讨论过的那样有三个后继，作为沿中心线位置的函数相对于离中心线的距离来说，它们分别对应于以下三种情况：减少、增加、停留在相同的位置上（后继的坐标分别为$(x-1, z+1)$，$(x+1, z+1)$，$(x, z+1)$）。在 3D 图情况下，每个父结点有 9 个后继，对应于左右边界相对于中心线的位置变化的可能组合，因此构成一个 3×3 的后继窗口。按照这种后继规则，通过 3D 图的所有路径在该 3D 图的每个**剖面**（**profile plane**）上有且仅有一个结点；即每条路径含有一个来自于每个左右剖面线的单独的结点。这种链接定义确保区域边界在拉直了的图像空间中是连续的。

为了精确地确定区域边界，同时方法的关键点是：为候选边界对分配费用，在 3D 图中确定区域边界的最优对，即最低费用路径。在 3D 图中，结点的费用函数是按如下方式得出的：把关联在左右剖面的对应像素上的边缘费用结合起来，使得左边界的位置得以影响右边界的位置，反之亦然。这种策略类似于人类观察者在遇到边界位置不明确的情况时所采取的对策。在设计费用函数时，目标在于区分出不可能对应于真正区域边界的那些边界对，确定出具有匹配实际边界的最大整体概率的那些边界对。在定义了费用函数之后，最优边界的检测既可以用启发式图搜索方法，也可以用动态规划方法。

与 2D 情况类似，在 3D 图中路径的费用定义为构成路径的结点的费用之和。尽管按照第 6.2.4 节的建议可以设计很多不同的费用函数，如下的定义适合描述相互关联的边界对的边界性质。考虑费用最小化机制，按如下函数给结点分配费用：

$$C_{\text{total}}(x,y,z)=\big(C_s(x,y,z)+C_{pp}(x,y,z)\big)w(x,y,z)-P_L(z)+P_R(z) \tag{7.62}$$

费用函数的每个分量依赖于图像像素所关联的边缘费用。在剖面 z 上的位于 x 和 y 的左右边缘候选的边缘费用，与有效的边缘强度或其他合适的局部边界性质描述子 $E_L(x, z)$, $E_R(y, z)$有反比关系。由下式给出：

$$\begin{aligned}C_L(x,z)&=\max_{x\in X,z\in Z}(E_L(x,z))-E_L(x,z)\\ C_R(y,z)&=\max_{y\in Y,z\in Z}(E_R(y,z))-E_R(y,z)\end{aligned} \tag{7.63}$$

X 和 Y 是范围在 1 到左右半个区域剖面的长度的整数集合，Z 是范围在 1 到区域中心线的长度的整数集合。

为了帮助避免检测与兴趣区域邻近的区域，可以将有关实际边界的可能方向的知识结合到局部边缘性质描述子 $E_L(x,z), E_R(y,z)$中。

考虑费用函数（式（7.62））的各个单独的项，C_s 项是左右边界候选的费用之和，使得沿着具有低费用数值的图像位置检测边界。由下式给出：

$$C_s(x,y,z) = C_L(x,z) + C_R(y,z) \tag{7.64}$$

C_{pp} 项在下述的情况下有用：其中一个边界比其对应的边界具有高的对比度（或其他强的边界迹象），使得低对比度边界的位置受高对比度边界的位置影响。由下式给出：

$$C_{pp}(x,y,z) = (C_L(x,z) - P_L(z))(C_R(y,z) - P_R(z)) \tag{7.65}$$

其中

$$\begin{aligned} P_L(z) &= \max_{x\in X, z\in Z}(E_L(x,z)) - \max_{x\in X}(E_L(x,z)) \\ P_R(z) &= \max_{y\in Y, z\in Z}(E_R(y,z)) - \max_{y\in Y}(E_R(y,z)) \end{aligned} \tag{7.66}$$

将式（7.63）、式（7.65）和式（7.66）结合起来，C_{pp} 项也可以表示为：

$$C_{pp}(x,y,z) = \left(\max_{x\in X}\{E_L(x,z)\} - E_L(x,z)\right)\left(\max_{y\in Y}\{E_R(y,z)\} - E_R(y,z)\right) \tag{7.67}$$

费用函数的 $w(x,y,z)$分量结合了区域边界的模型，使得左右边界的位置沿着相对于模型的某个优先选择的方向发展。如果作为边界对来考虑时，该分量起到区分哪些边界不可能对应实际区域边界的效果。这是通过引入一个加权因子来实现的，该因子依赖于一个结点从其前趋过来的方向。例如，如果知道区域近似地对称且其近似中心线已知，可以按如下方式定义加权（见图 7.32）：

$$\begin{aligned} w(x,y,z) &= 1 \quad 当(x,y) \in \{(\hat{x}-1,\hat{y}-1),(\hat{x},\hat{y}),(\hat{x}+1,\hat{y}+1)\} \\ w(x,y,z) &= \alpha \quad 当(x,y) \in \{(\hat{x}-1,\hat{y}),(\hat{x}+1,\hat{y}),(\hat{x},\hat{y}-1),(\hat{x},\hat{y}+1)\} \\ w(x,y,z) &= \beta \quad 当(x,y) \in \{(\hat{x}-1,\hat{y}+1),(\hat{x}+1,\hat{y}-1)\} \end{aligned} \tag{7.68}$$

其中在 (x,y,z) 坐标处的结点是在 $(\hat{x},\hat{y},z-1)$ 处的结点的后继。在这种情况下，区域模型的影响由α和β 的数值决定，一般取$\alpha > \beta$。在冠状动脉（coronary）边界检测应用中，α 数值的范围是 1.2～1.8，β 是 1.4～2.2[Sonka et al., 1995]。α 和β 越大，模型对检测到的边界影响就越大。

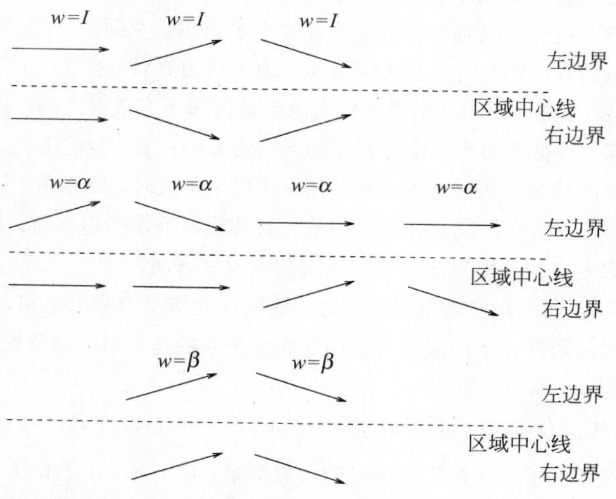

图 7.32　在对称区域模型中，与潜在边界元素的局部方向关联的加权因子 $w(x,y,z)$

由于在 3D 图中可能路径数量非常巨大，确定最优路径在计算上非常耗时。边界检测在边界检测精度方面获得的改进，是以增加了计算复杂度为代价完成的，这种增加对于启发式的图搜索方法非常显著，但对于动态规划（第 6.2.4 节和 6.2.5 节）就不那么显著。

改进图搜索的性能是非常重要的，费用函数中的项 $P_L(z)+P_R(z)$构成了在第 6.2.4 节中介绍的启发式的低限，对检测到的边界没有影响，但是如果使用启发式图搜索方法，它明显地改进了搜索的效率[Sonka et al., 1993]。

第二种提高搜索效率的方法是使用多分辨率方法（见第 10.1.5 节）。首先，在低分辨率图像中确定区域边界的近似位置，这些近似边界用于导引全分辨率搜索，具体的方式是在寻找精确的区域边界位置时将搜索限制在部分全分辨率三维图上。

为了增加边界检测的精度，也可以包含一个多阶段的边界确定过程。第一阶段的目标是可靠地确定兴趣区域段的近似边界，同时避免检测其他结构。有了确定出来的近似边界位置，第二阶段用于精确地定位实际的区域边界。在第一阶段，3D 同时边界检测算法用来确定在半分辨率图像中的近似区域边界。由于这个第一阶段的部分设计目标就是避免检测不是兴趣区域的结构，因此需要使用相对比较强的区域模型。在低分辨率图像中确定的区域边界，在第二阶段中用于引导在全分辨率费用图像中搜索最优边界，这与在以前的段落中描述的一样。在第二阶段可以使用有点弱的区域模型，以便允许更多的来自于图像数据的影响（见第 10.1.5 节）。有关设计费用函数的进一步细节可以参考[Sonka et al., 1993, 1995]。

7.5.2 次优的表面检测

如果有 3D 体数据，任务就可能是确定在三维空间中的表示物体边界的三维表面。这个任务在测定体积的（volumetric）医疗图像数据集合的分割中是常见的，这些体数据包括来自于核磁共振、X 光、超声波或其他断层 X 光摄影装置所产生的由 2D 图像切片堆叠起来的 3D 体。通常，2D 图像是被或多或少地独立地分析的，2D 的结果堆叠起来形成最后的 3D 分割。如果要考虑整个 3D 体，而只通过在一个个切片中检测 2D 边界的方法来得到，在直观上显然可能远不是最优的。对整个 3D 体同时进行分析以期确定全局最优的表面，可以给出更好的结果。

考虑一个来自于人脑的核磁共振（MR）数据集合的脑皮层显示的例子（见图 7.33）。请注意内部脑皮层并不是直接可见的，除非脑被分割成左右两个半球。在较早前的图 6.34 中给出了一个单个的 MR 切片的脑分割的例子。如果要考虑 3D 情况，目标就是确定最优地划分脑部的 3D 表面（见图 7.34）。

我们有必要为表面定义一个最优性标准。由于表面在 3D 空间中必须是连续的，它将由 3D 连接的体素啮合（a mesh of 3D connected voxels）组成。考虑一个在大小上与 3D 图像数据体对应的 3D 图，图结点对应于图像体素。如果每个图结点关联一个费用，最优的表面可以定义为：在 3D 体上定义的所有的合法（legal）表面中，具有最小总体费用的那个。表面的合法性是根据 3D 表面的依赖于具体应用的连接需求定义的，表面的整个费用可以用构成表面的所有结点的费用之和来计算。因此，应该可以通过类似于在第 6.2.4 节和 6.2.5 节中所讲到的最优图搜索原理来确定最优表面。不幸的是，标准的图搜索方法并不能从路径的搜索直接地扩展到表面的搜索[Thedens et al., 1995]。一般来说，克服这个问题有两种不同的方法。可以设计一个直接搜索表面的新的图搜索算法，或者将表面检测任务表示成一种能够使用常规图搜索算法的形式。

与在图（即便是如同第 7.5.1 节中的 3D 图）中搜索最优路径相比，搜索最优表面会产生任务复杂度的组合爆炸，缺乏有效的搜索算法形成了 3D 表面检测的一个限制因素。在[Thedens et al., 1990, 1995]中提出了一种基于图中费用最小化的最优表面检测方法。该方法使用标准的图搜索原理，应用于一个变换后的图，其中寻找路径的标准图搜索被用来定义表面。尽管该方法确保表面的最优性，但是由于其巨大计算需求使它不切实际。同一作者提出了一种表面检测的启发式方法，在计算上是可行的[Thedens et al., 1995]。

在[Thedens et al., 1995; Frank et al., 1996]中提出了一种直接检测表面的次优（sub-optimal）方法。该方法是基于动态规划的，通过引进所有合法表面必须满足的局部条件，避免了组合爆炸问题。该范例被称为**表面生长（surface growing）**。图的尺寸直接对应于图像的尺寸，由于表面生长的局部特性，图的构建是直截了当的且有序的。整个方法简单、完美、计算效率高、速度快。此外，它可以推广到诸如时变三维表面的更高维空间的搜索中。尽管结果表面一般是好的，但并不保证表面的最优性。

该次优的三维图搜索方法被用来分割如图 7.33 和图 7.34 所示的脑皮层。在脑室（ventricles）被三维填充为不代表大的低费用区域之后，费用函数是基于图像体的灰度值的逆。

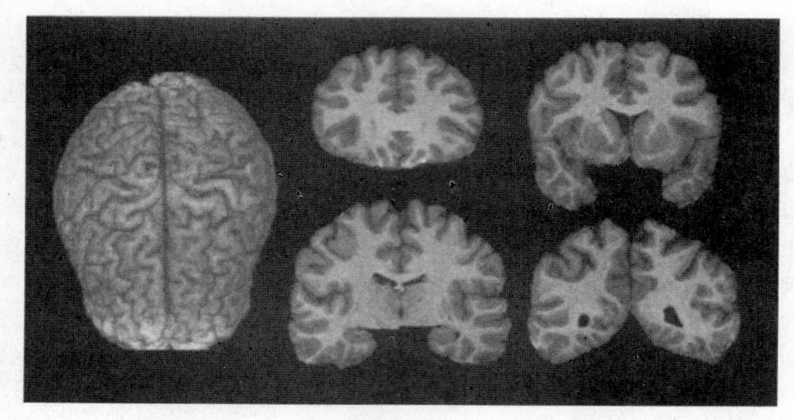

图 7.33　人脑的核磁共振（MR）图像。左：从头脑中分割出脑后的原始 MR 图像数据的三维表面绘制。右：构成二维图像体的 120 个二维切片中的 4 个

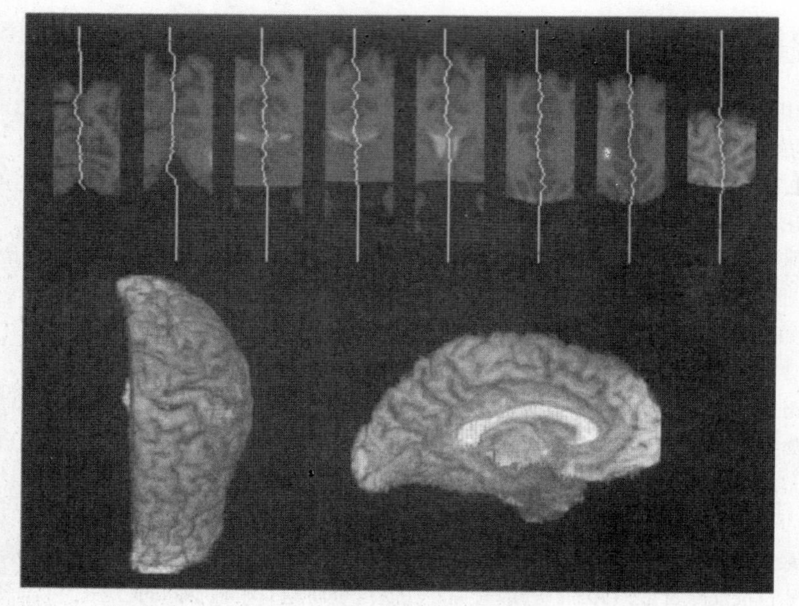

图 7.34　表面检测。上：形成 3D 表面的在左右半球间的边界，显示了 120 个切片中的 8 个。下：在左右半球分割之后，内部的脑皮层表面可以显示出来

7.6　图割分割

在图像处理中，最小割/最大流组合优化算法的直接应用最早在[Greig et al., 1989]中提出，其中该方法被应用于二值图像重建。采用同一类图优化算法，一种用于 *n*-D 图像数据的边界优化与区域分割的强有力的技术在[Boykov and Jolly, 2001; Boykov and Kolmogorov, 2001; Boykov and Funka-Lea, 2006]被提出来。该技术已经被证明是非常有效的，经常被用于马尔科夫随机场的上下文分析中（见第 10.12 节）。更多有关图方法在图像处理和分析中的成功应用参见[Lezoray and Grady, 2012]。

该方法通过交互式的或自动的定位一个或多个代表“物体”的点以及一个或多个代表“背景”的点来进

行初始化——这些点被称作**种子**（**seed**）并被用于分割的**硬约束**（**hard constraints**）。另外的**软约束**（**soft constraints**）反映了边界和/或区域信息。跟其他的优化图搜索技术一样，分割结果是通过对一个目标函数进行全局优化而得。通过图像分割 f 计算所得费用函数 C 的一般版本服从 **Gibbs 模型**[Geman and Geman, 1984]

$$C(f) = C_{\text{data}}(f) + C_{\text{smooth}}(f) \tag{7.69}$$

有关此函数更深入的讨论参见第 10.12 节（也可以将此函数与第 10.10 节讨论的费用函数进行比较）。为了最小化 $C(f)$，一类特殊的弧带权图 $G_{\text{st}} = (V \cup \{s,t\}, E)$ 被采用。除了对应于图像 I 中像素（体素）的结点 V 集，G_{st} 的结点集还包含两个特别的终端结点，分别命名为源（source）s 和汇（sink）t。这些终端点与分割种子点硬连接（图 7.35 中的粗连线）并且代表了分割标签（物体，背景）。

G_{st} 中的弧 E 可以分为两类：n-连接和 t-连接。n-连接连接邻接像素对，其费用由平滑项 $C_{\text{smooth}}(f)$ 获得。t-连接连接像素点与终端结点，其费用由数据项 $C_{\text{data}}(f)$ 获得。G_{st} 中的一个 $s-t$ 割移除一组弧将结点集分成两个不相交的子集 S 和 T，使得 $s \in S$（与源相连的所有结点）与 $t \in T$（与汇相连的所有结点），不能建立从 s 到 t 的有向路径。一个割的费用便是所有在割上的弧的费用，而最小割指的就是费用最小的割。该**最小 $s-t$ 割**（**minimum s–t cut**）问题和它的对偶问题，**最大流问题**（**maximum flow**），是经典的组合问题，可以用多种多项式时间算法[Ford and Fulkerson, 1956; Goldberg and Tarjan, 1988; Goldberg and Rao, 1998]求解。图 7.35 展示了一个简单的利用图割来进行分割的例子。

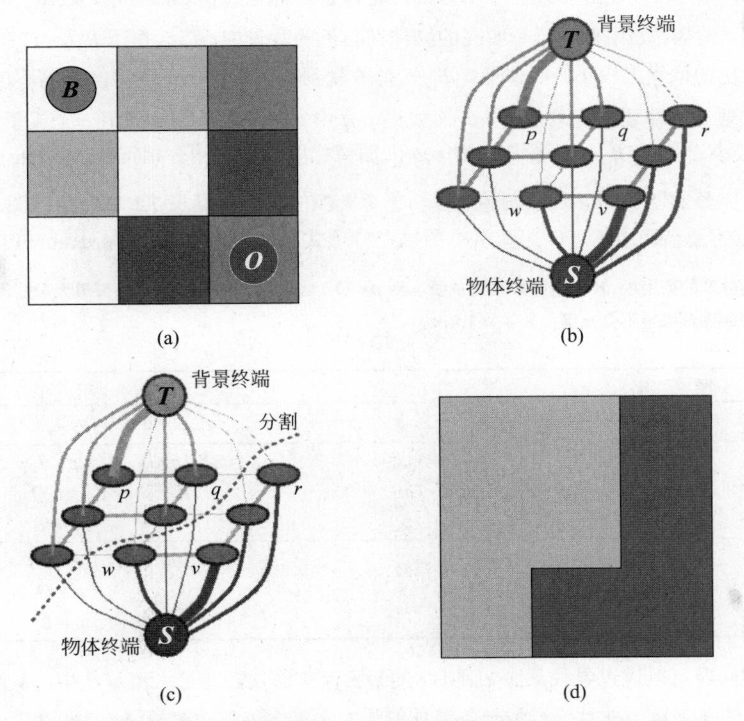

图 7.35　图割分割-简单的分割举例：（a）带有种子的图像，种子 B 表示背景，种子 O 表示物体；（b）图；（c）图割；（d）分割结果

令 O、B 分别是对应于物体与背景种子的像素点的集合；$O \subset V, B \subset V, O \cap B = \phi$。这些种子用于构成图中的 t-连接。然后，图割从图像像素点中确定构成物体（s）和背景（t）的点，使得所有的物体像素都与物体种子终端相连，而所有的背景像素都与背景种子终端相连。这可以通过搜索最小化费用函数的图割来完成（式（7.69）），其中的项是区域与物体对背景的边界特性的带权组合。

令 I 为所有图像像素的集合，令 N 表示所有有向像素对 (p,q) 的集合，$p,q \in I$ 表示邻接像素关系。例如，2D 图像像素形成一个带有包含在 N 中的 4-或 8-邻接连接关系的矩形 2D 网格。在 3D 情况下，图像体素形成一个三维网格并且它们所有的成对邻接关系（例如，反映 26-连通性）都包含在 N 中。该概念可以直接扩展到 n-D。(p,q) 的费用可以与(q,p)不同，从而允许包含非对称的邻接关系。

令每个图像像素 i_k 从 $L_k \in \{obj, bgd\}$ 中获取一个二值标签，其中 obj 和 bgd 分别表示物体与背景标签。标签向量 $\mathbf{L}=(L_1,L_2,\cdots,L_{|I|})$ 定义了二值分割结果。需要被最小化来获取最优标签的费用函数 C 可以被定义为区域特性项 $R(\mathbf{L})$ 与边界特性项 $B(\mathbf{L})$ 的带 λ-权重的组合[Greig et al., 1989; Boykov and Jolly, 2001]（比较式（7.69））

$$C(\mathbf{L})=\lambda R(\mathbf{L})+B(\mathbf{L}) \tag{7.70}$$

其中

$$R(\mathbf{L})=\sum_{p\in I} R_p(L_p) \tag{7.71}$$

$$B(\mathbf{L})=\sum_{(p,q)\in N} B_{(p,q)}\delta(L_p,L_q) \tag{7.72}$$

并且

$$\delta(L_p,L_q)=\begin{cases}1 & \text{如果} L_p \neq L_q \\ 0 & \text{否则}\end{cases}$$

这里，$R_p(obj)$可以被理解为针对各自像素的将像素 p 标记为物体的费用，而 $R_p(bgd)$ 为将同一像素标记为背景的费用。例如，如果期望一个明亮的物体在暗色的背景中，那么费用 $R_p(obj)$ 在暗色像素（低 I_p 值）上较大，而在亮色的像素上较小。类似地，$B_{(p,q)}$ 是关联到相邻像素 p,q 的局部标签不一致性的费用。$B_{(p,q)}$ 在 p 和 q 都属于要么物体要么背景是较大，而如果 p,q 中，一个属于物体而另一个属于背景时，例如穿过物体/背景边界时较小。因此，$B_{(p,q)}$ 可能与像素 p,q 间图像梯度大小的倒数相符合[Mortensen and Barrett, 1998]。

正如前文所述，完整的图包括 n-连接与 t-连接。单个圆弧的权值根据表 7.1 赋值给该图。假设弧权重是非负的，则在图 G 上的最小费用割可以用两端点图割在多项式时间内计算得出[Ford and Fulkerson, 1962]。

表 7.1　图割分割的费用项。K 可以被解释为从源 s 到 $p\in O$（或者从 $p\in B$ 到汇 t）的弧最大可能需要的流容量加 1，从而确保该弧绝不会充满；$K=1+\max_{p\in I}\sum_{q:(p,q)\in N} B_{(p,q)}$

图　弧	费　用
(p,q)	$B_{(p,q)}$　对于 $(p,q)\in N$
(s,p)	$\lambda R_p(bgd)$　对于$p\in I, p\notin(O\cup B)$ K　对于$p\in O$ 0　对于$p\in B$
(p,t)	$\lambda R_p(obj)$　对于$p\in I, p\notin(O\cup B)$ 0　对于$p\in O$ K　对于$p\in B$

最小 $s-t$ 割问题可以通过寻找从源 s 到汇 t 的最大流来解决。在最大流算法中，从源流到汇的“最大量的水”通过有向图弧来运送并且通过每一条单独的弧的水量由该弧的容量（或者弧费用）确定。从 s 到 t 的最大流充满了图中的一组弧。这些充满的弧将点分成不相交的两部分 S 和 T，其对应于最小割[Ford and Fulkerson, 1962]。最大流的值等于最小割的费用。有很多算法可以用于解决这个组合优化任务[Cook et al., 1998; Dinic, 1997; Edmonds and Karp, 1972; Goldberg and Tarjan, 1988; Goldberg and Rao, 1998; Cherkassky and Goldberg, 1997; Corman et al., 1990; Boykov and Kolmogorov, 2004; Boykov and Funka-Lea, 2006]。大部分现存的算法可以被分成两类：**预流推进（push-relabel）**方法[Goldberg and Tarjan, 1998]和**增广路径（augmenting path）**方法[Ford and Fulkerson, 1962]；对主流图割算法在视觉应用中的比较可以在[Boykov and Kolmogorov, 2004]中找到。

增广路径算法（例如，[Dinic, 1970]）从 s 到 t 推进流传过该图，直到最大流。该过程初始化为零流状态，此时 s 和 t 之间没有流存在。在到流饱和的步骤中，当前流分布的状态用**剩余图**（**residual graph**）G_f 连续维护，其中 f 是当前流。G_f 的拓扑结构与 G_{st} 的是相同的，而弧值保存的是当前流状态下的剩余弧容量。在每一步迭代中，算法找到沿剩余图中的非饱和弧的最短 $s-t$ 路径。通过该路径的流通过压入最大可能的流而被增广使得沿该路径至少有一个弧是饱和的。换句话说，沿该路径的流增加 Δf，该路径的剩余容量减小 Δf，而相反路径弧的剩余容量增加 Δf。这些增广步骤每一次都增加从源到汇的流的总量。一旦流再也不能增加（因此只考虑非饱和弧无法定义新的 $s \to t$ 的路径），那么就获得了最大流而优化过程停止。定义了分割——最小 $s-t$ 割——的 S 和 T 图结点的分隔就由饱和图弧确定。

[Dinic, 1970]中给出的算法通过广度优先搜索确定由 s 到 t 的最短路径。一旦所有长度为 k 的路径都饱和，算法便从探索 $s \to t$ 长度为 k+1 的路径开始。该算法的复杂度为 $\mathcal{O}(mn^2)$，其中 n 是结点数目而 m 是图中弧的数目。图 7.36 给出了用增广路径最大流算法来确定最小割的步骤的例子。

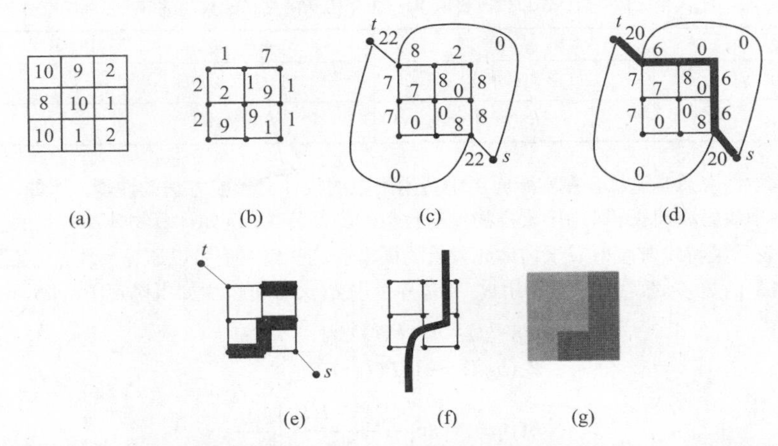

图 7.36 采用图割与最大流优化的图像分割：(a) 原始图像数据——对应于图 7.35 (a)；(b) 由四邻域图像亮度差值计算的边幅值；(c) 根据表 7.1 够早的 G_{st} 图：$\lambda = 0$；n-连接按照式（6.9）计算得出：相反路径剩余容量没有显示出来；(d) 在唯一一套连接 $s \to t$ 的非饱和最短路径被定位并充满后的剩余图 G_f；没有新的非饱和 $s \to t$ 可以找到；(e) 饱和的图弧用粗黑线标记出来；(f) 分隔 S 和 T 结点得到的最小 $s \to t$ 割结果；(g) 对应的图像分割结果

用于最大流优化的预流推进算法[Goldberg and Tarjan, 1988]为结点维护了标签，标注了该点沿最短不饱和路径到达汇点的距离的下界估计。算法的功能就是试图将额外的流压入到那些距离汇有更短预估距离的结点中。在每一步，具有最大距离标签的结点被用于压入操作。也许先进先出机制会被使用。距离预估标签随着越来越多的弧在压入操作之后饱和而增加。既然额外的流可能被推到某结点上，这最终还是会流回到源点。该方法的细节可以在[Cook et al., 1998]中找到。

回想到图割分割的目标是最小化式（7.70）确定的目标函数，其受制于根据出示硬约束标注所有种子的需求。算法 7.7 描述了该优化过程。

算法 7.7 图割分割

1. 根据需要分割的图像的大小和维数构造一张带权弧的图。
2. 确定要求在最终结果中属于背景或物体（们）的物体和背景种子-样例点。创建两个特殊的图结点源点 s 和汇点 t；根据它们的物体或者背景标签连接所有种子到要么源点要么汇点。
3. 根据表 7.1 为前图中的每条连线赋予合适的弧费用。
4. 使用一种可用的最大流图优化算法来确定图割。
5. 最小 s–t 割结果确定了对应于分开物体（们）与背景的边界的图结点。

该方法的一个重要特点是它可以通过交互的方式有效地改善之前生成的结果。假设用户已经确定了初始种子，费用函数也可用，并且图割优化生成的结果不如需求的好。分割结果可以通过增加额外的物体或背景种子来改善。假定用户增加了一个新的物体种子——有可能从擦除之前的结果重新计算图割分割，然而一个有效的方式并不需要重新开始。而是，之前的图优化状态可以被用来初始化下一步图割优化过程。

用最大流算法来确定最优图 $s-t$ 割。在这种情况下，算法结果由最大流确定的图的饱和状态来确定。增加一个新的物体种子 p 需要根据表 7.1 构建对应的硬 t-连接：(s,p) 被置为 K 而 (p,t) 置为 0。后面的这种方法可能导致目前流的剩余网络中出现负容量。这很容易通过按照表 7.2 增加 t-连接的值 c_p 来抵消掉。新的费用与 O 中像素的费用一致，因为增加的常量 c_p 在 t-连接中都出现，因此并不会改变最优割。所以，新的最优割可以有效地从之前的流结果中获得，而不需要擦除重来。当然，如果新的背景种子加入，可以应用同样的方法。另外，增加到新的 t-连接的费用常量应该与费用表一致，并且需要被相同的常量修改。

表 7.2 加入物体种子后，可以修改费用项 $c_p=\lambda[R_p(bgd)+R_p(\text{obj})]$ 来改进下一步的图割分割算法

t-连接	初 始 费 用	增加的费用	新 费 用
(s,p)	$\lambda R_p(bgd)$	$K+\lambda R_p(obj)$	$K+c_p$
(p,t)	$\lambda R_p(obj)$	$\lambda R_p(bgd)$	c_p

在优化技术中情况总是这样，在实际应用中费用函数的设计会影响方法的性能。例如，代表物体和背景样例的种子可以由小块组成，因此可用于采样物体与背景的图像特性，例如计算物体和背景的直方图。令 $P(I|O)$ 和 $P(I|B)$ 分别表示某特定灰度值属于物体或背景的概率。这些概率值可以通过小块直方图获得（很明显也可以用更复杂的概率函数）。然后，区域费用 R_p 和边界费用 $B(p,q)$ 可以由如下确定[Boykov and Jolly, 2001]：

$$\begin{aligned}R_p(obj)&=-\ln P(I_p|O)\\R_p(bgd)&=-\ln P(I_p|B)\\B(p,q)&=\exp\left(-\frac{(I_p-I_q)^2}{2\sigma^2}\right)\frac{1}{\|p,q\|}\end{aligned}\tag{7.73}$$

其中 $\|p,q\|$ 表示像素 p 和 q 之间的距离。因此，$B(p,q)$ 对于图像值之间小的差别 $|I_p-I_q|<\sigma$（在物体或背景内）取值高。费用 $B(p,q)$ 对于 $|I_p-I_q|>\sigma$ 的边界位置取值小。这里，σ 代表在物体和\或背景中允许或者说期望的亮度变化程度。

使用式（7.73）中给出的费用函数，图 7.37 展示了该方法的行为以及式（7.70）中权重系数 λ 所起的作用。图割的应用涵盖从立体视觉到多视角图像拼接（multi-view image stitching），视频纹理合成，或者图像重建，再到 n 维图像分割。图 7.38 展示了该方法从利用 X 光计算出的断层扫描数据中分割出肺叶的性能。

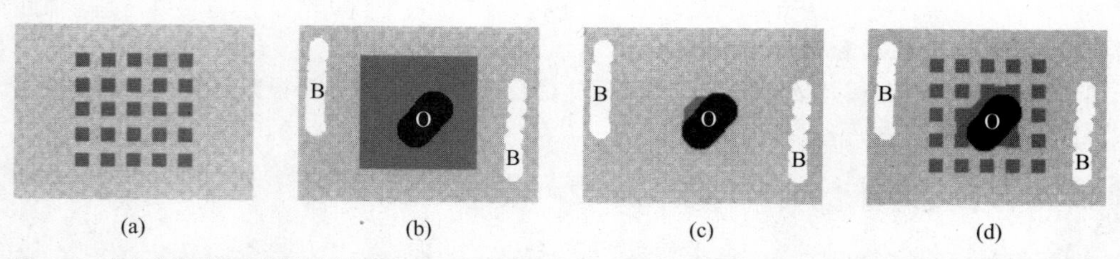

图 7.37 在合成的图像上的图割分割的行为。在任何情况下，分割都采用标记为黑色的物体块和标记为白色的背景块来初始化。分割结果用浅灰色（背景）和深灰色（物体）表示。初始化的块是需要分割的物体（们）或者背景的一部分：（a）原始图像；（b）当 $\lambda\in[7,43]$ 时的分割结果，例如，只使用取值宽泛的带权区域与边界项；（c）当 $\lambda=0$ 时的分割结果，例如，只使用边界费用项；（d）当 $\lambda=60$ 时的分割结果，例如，几乎只使用区域费用项。请注意该方法可以改变分割结果拓扑的能力

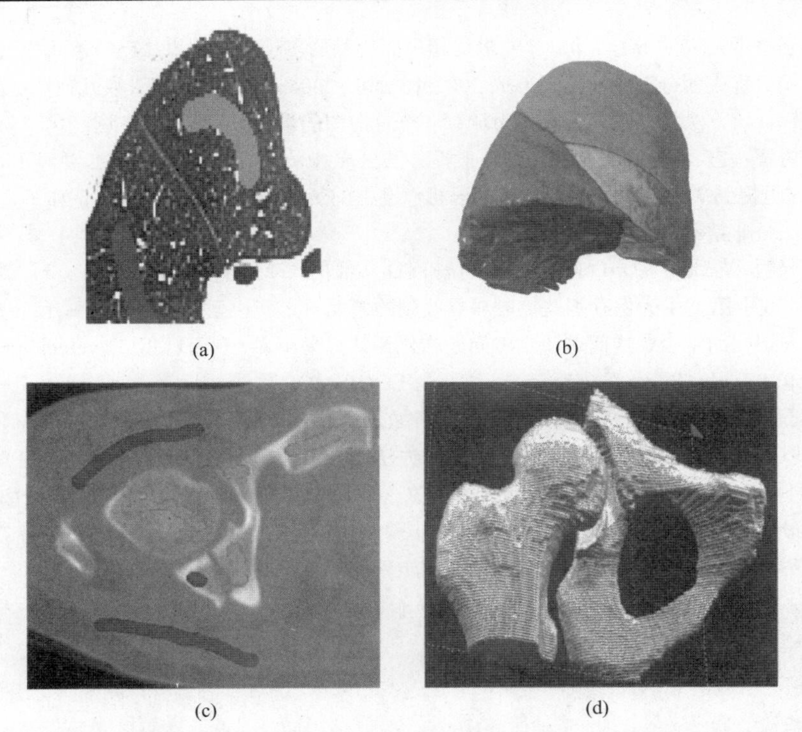

(a) (b)

(c) (d)

图 7.38 图割分割在 3D X 光 CT 人体肺和骨头的断层扫描图像上的应用：（a）原始 3D 图像数据，其中肺叶与背景用两块灰色阴影初始化——在完全的 3D 体数据上进行分割；（b）肺叶的分割结果；（c）骨头与背景初始化；（d）3D 分割结果。本图的彩色版见彩图 13

Boykov 和 Jolly 的方法很灵活并且具有水平集方法的某些优雅品质。已经证明如果恰当地构造 G_{st} 中的弧并正确地赋值它们的费用函数，在 G_{st} 上的最小 $s-t$ 割，可以用于全局最小化具有更一般形式的费用函数，该函数有效地结合了长度，区域和光通量项 [Kolmogorov and Boykov, 2005; Boykov et al., 2006]。于是，如果适当地设计了费用函数，最小 $s-t$ 割可以按照需求从图像中分割出物体与背景。与水平集（level set）类似，这些结果是拓扑无约束的并且可能对初始种子选择敏感，除非包含了物体的先验形状知识。既然图割方法可以提供内在的二值分割结果，正如在[Boykov and Veksler, 2006]中描述的，它可以被扩展到多标签分割问题。不幸的是，多路分割问题是 NP-完全问题并且 α -扩展算法可以用于获得一个不错的近似结果[Boykov et al., 2001]。图割图像分割算法的发展仍未停止[Boykov and Funka-Lea, 2006]。在[Boykov and Kolmogorov, 2003]中提到了将图割与测地线活动轮廓结合。离散图割算法与一类广泛的连续表面泛函的联系可以在[Kolmogorov and Boykov, 2005]中找到。关于水平集（level set）和图割算法之间的联系的深入讨论可以在[Boykov and Kolmogorov, 2003; Boykov and Funka-Lea, 2006; Boykov et al., 2006]中找到。视觉应用中几种用于能量最小化的最小割/最大流算法性能的实验比较可以在[Boykov et al., 2001]中找到。

7.7 最优单和多表面分割

在体积图像（volumetric image）的分割和定量分析中，确定代表物体边界的三维表面是非常重要的任务。除了单一独立的表面，许多需要确定的表面出现在相互作用中。这些表面通常以一种已知的拓扑结构和相对位置**耦合**（**couple**）在一起，并且它们出现在特定的关系中。无疑，将这些表面相互关系的信息结合到分割中会进一步提高其正确率与鲁棒性。体积图像耦合表面的同时分割是一个仍在探索中的话题，尤其涉及多于两个表面的时候。

对于带有强平滑约束的 n-D（$n \geqslant 3$）最优超平面检测的多项式时间算法已经被研究过，其在实际体积图像中进行全局最优表面分割[Wu and Chen, 2002; Li et al., 2004b]。通过采用带权几何图（geometric graph）来为该问题建模，该方法将分割问题转化为计算一个有向图的最小 s–t 割问题，这简化了问题并且因此可以在多项式时间内解决它。注意到图割优化的一般性方法再次被采用，这就有可能有必要对于有向图割分割（见第7.6节）和这里提到最优表面分割方法在术语相似度上的疑惑作出解释。然而，正如下文中可以很明显看出，这两种方法是非常不同的。

最优表面分割方法通过将 n-D 问题映射为$(n+1)$-D 几何图（或简单图）来帮助 k（$k \geqslant 2$）相互关联的表面的同时检测，其中第 $n+1$ 为保存那些控制着寻找到的表面对之间相互关系的特殊弧[Li et al., 2004a, 2006]。计算中明显让人担忧的组合爆炸问题通过将问题转化为计算最小 s–t 割而避免（Layered Optimal Graph Image Segmentation of Multiple Objects and Surfaces 缩写为 LOGISMOS 算法）。

与其他基于图搜索的方法一样，这个方法首先建立一张图，包含了关于输入图像中目标物体边界的信息，然后搜索该图以得到分割结果。然而，为了使这个方法对分割问题更加行之有效，必须处理几个关键问题：(i) 如何获得目标物体边界的相关信息；(ii) 如何在一张图中获取这种信息；并且 (iii) 如何搜索该图已得到目标物体的最优表面。一般的方法包括5个主要步骤，它们对这三个关键问题构造了一个高层的解决方法。当然，在解决不同的分割问题时，可能会应用这些步骤的变种。

算法 7.8　最优表面分割

- 预分割。给定输入图像，生成一个预分割结果来近似目标物体边界的（未知）表面。这会提供关于目标物体（们）的拓扑结构的有用信息。有很多近似表面检测方法可用，例如活动表观模型，水平集和基于地图集注册。对于具有已知相对简单并因此允许展开操作（例如，类似于地形，圆柱形的，管状的，或者球面的）的几何特征的表面，第1步可能并不需要。
- 网格生成。从作为结果的近似表面计算出网格。网格用于指定图 G_B 的结构，称为基础图。G_B 定义了在寻找到的（最优）表面的体素间的连接关系。Voronoi 图和 Delaunay 三角剖分或者等位面方法（例如，行进立方体）可以用于网格生成。对于允许展开操作的表面，这一步可能不需要，因为许多情况下，网格可以容易地生成。
- 图像重采样。对于寻找到的表面上的每个体素 v，一个期望包含 v 的体素的向量被创建。这可以通过沿与网格每个顶点 u（每个网格顶点一条射线）相交的射线重采样该输入图像而得。射线的方向要么是在点 u 的网格表面的近似法线，要么由目标物体的中心点/线确定。这些体素向量通过重采样而形成新的图像。步骤1～步骤3用以处理前面的问题（i）。
- 图构建。基于重采样生成的图的体素向量，建立一张带权有向图 G。每个顶点向量对应于 G 中的一系列结点（称作一列）。G 是一张几何图，因为它很自然地植根于一个 n-D 空间（$n \geqslant 3$）。寻找到的表面上的体素之间的邻接关系通过 G 中各列之间的毗邻关系来表现，由基础图 G_B 中的弧来指定。每列正好只包含一个寻找到的表面上的体素。G 中的弧被用于强制执行寻找到的表面上的约束，例如平滑约束和表面之间的分离约束。向量中每个体素的亮度与 G 中对应结点的费用相关。G 中结点的费用也将基于边缘和基于区域的费用函数编码在内。需要获得目标分割问题的约束和费用函数的信息。
- 图搜索。该图构建方案确保搜索到的最优表面对应于带权有向图 G 中的一个最优闭集（证明见[Wu and Chen, 2002; Li et al., 2006]）。因此，寻求的最优平面可以通过用图论中有效的闭集算法在图 G 中搜索最优闭集来获取，并且可以通过标准 s–t 割算法来完成。

简单的例子. 这里给出的图搜索算法的形式化描述很精确但是不很直观。为了在形式化的描述之前对基础方法有一个直观的理解，这里给出一个非常简单的2D例子，它对应于一个很小的 2×4 图像。令图结点对应于带有关联到每个结点的费用的图像像素（见图 7.39（a））。目标是寻找从左到右的最小费用路径。路径的费用通过将其结点费用求和而得。在该图中所有的路径包括（考虑到路径上两个邻近列的结点之间最大允许的垂直距离为 1）：*ae*、*af*、*be*、*bf*、*bg*、*cf*、*cg*、*ch*、*dg* 和 *dh*。很容易确定最小费用路径是 *cg*，其费用为 2。

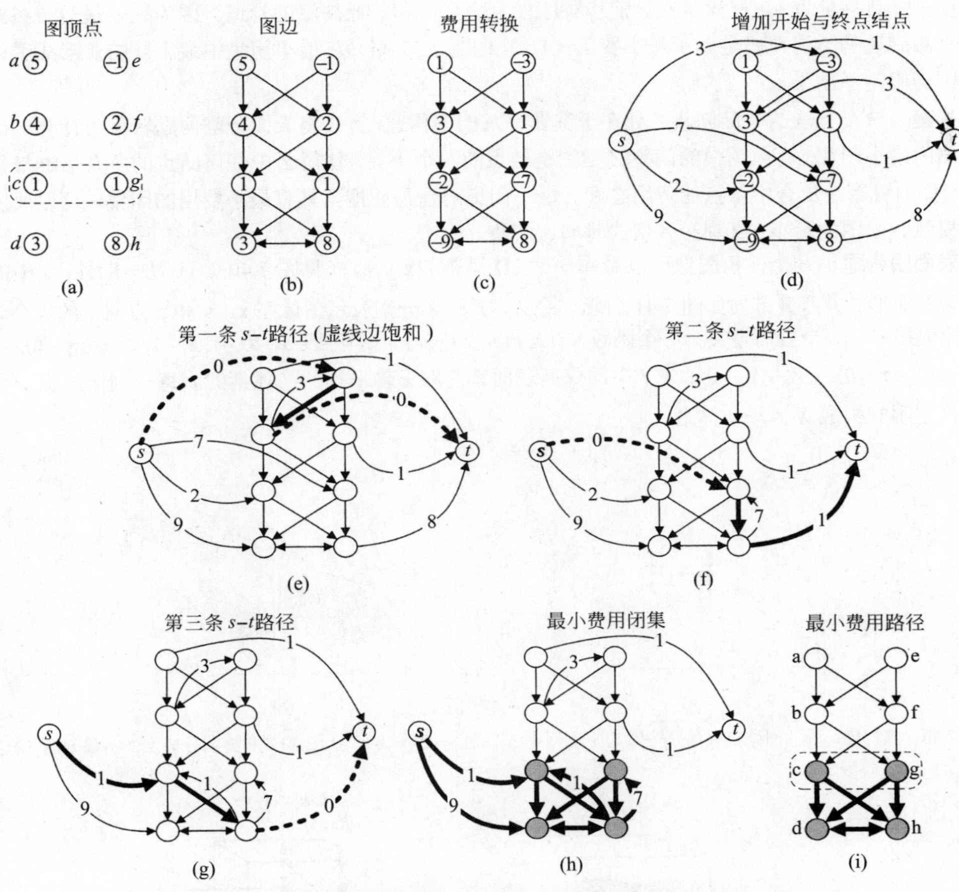

图 7.39　提出的最小费用图搜索检测算法的简单 2D 例子。细节见正文

图中的弧按照图 7.39（b）中所示构造。费用转换通过从当前考虑的结点费用减去紧接在下面的结点的费用来完成（图 7.39（c））。最底端的两个结点的费用留下不变，除非它们的费用和大于或等于 0。如果这样，底端两个阶段的费用和增加 1 并且最低端结点任选一个减去它。在这个例子中，最低端两个结点的和是 11；我们选择结点 *d* 并且从它的费用中减去 12（图 7.39（c））。闭集是图结点的一个子集，没有边从该子集连出去。图 7.39（a）中的每条潜在的路径都对应于图 7.39（c）中一个闭集。重要的一点，最小费用路径对应于图 7.39（c）中的最小费用闭集。

为计算该图的最小费用闭集，将该图转化为带权弧有向图。两个新的附加结点被加到该图——一个连接到每个具有负费用的结点的开始结点 *s*，和一个连接到每个具有非负费用结点的终结结点。每条弧都被赋予一个容量。弧从开始结点连出去（连到终结结点）的容量是连出去（连进来）结点费用的绝对值（见图 7.39（d））。

前面描述的图变换是该方法的核心。为解决进一步的问题，几个用于计算最小 *s–t* 割的算法已经在前面的章节中大概介绍过。遵循最大流优化方法（见第 7.6 节），负费用（非负费用）是允许水流入（流出）的隧道。弧是连接源、隧道和汇的管道。这些管道是有向的而且累积水流不能超过管道的容量。由于有限的管道容量，可以从源流到汇的水量会有某个最大值。为了取得该最大流，某些管道会饱和，也就是说流过它们的水流等于它们的容量。在图 7.39（e）中，从 s 到 t 的路径具有容量 3。这会充满从 s 到 t 的路径的管道。移除这两个饱和管道并且沿路径的反方向创建一个新的容量为 3 的管道（弧）。在图 7.39（f）中，找到另一条容量为 7 的 s–t 路径。相似地，容量为 7 的反向路径被创建。图 7.39（g）确定了可以找到的第三条也是最后一条路径——其容量为 1，充满了在之前步骤中没有完全饱和的通向汇的管道。因为这是最后一条路径，所有可以从源到达的隧道被确定属于最小费用闭集（见图 7.39（i））。最小闭集中最主要的点形成了最小费用路径，因而确定了结果。

图构建 这个方法的关键创新之处在于其非平凡的图构建，旨在将表面分割问题转化为计算一个带权结点有向图的最小闭集。有向图中的闭集 Z 指的是结点的一个子集，使得 Z 中任何结点的所有后继都仍包含在 Z 中。闭集的费用是集合中结点的费用之和。最小闭集问题是要搜索具有最小费用的闭集，可以通过计算衍生的带权弧有向图的最小 s–t 割在多项式时间内解决。

单表面图构建 一个体积图像可以看作一个 3D 矩阵 $I(\mathbf{x},\mathbf{y},\mathbf{z})$（见图 7.40）。不是一般性，$I$ 中的表面可以考虑为类地形的并且其方向如图 7.41 所示。令 X、Y 和 Z 分别表示图像在 **x**、**y** 和 **z** 方向上的大小。我们采用多列建模技术。一个表面定义为一个函数 $S:(x,y)\rightarrow S(x,y)$，其中 $x\in\mathbf{x}=\{0,\cdots,X-1\}$， $y\in\mathbf{y}=\{0,\cdots,Y-1\}$，并且 $S(x,y)\in\mathbf{z}=\{0,\cdots,Z-1\}$。因此，$I$ 中的任何表面都与跟 z 轴平行的（体素的）每一列恰好有一个体素相交，并且它刚好构成 $X\times Y$ 个体素。

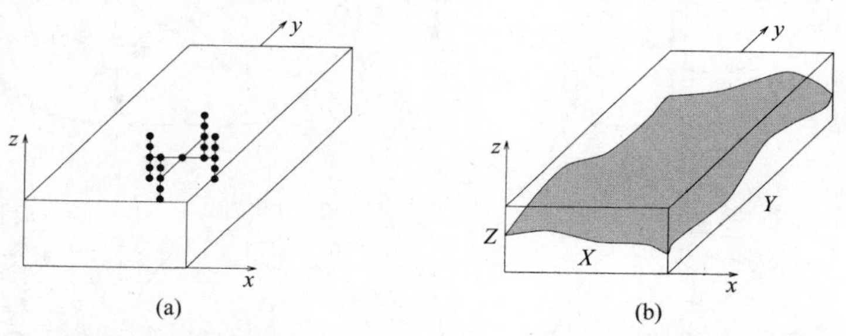

图 7.40 图构建：（a）图结点邻接——考虑平滑约束 $\Delta_x=\Delta_y=2$；（b）3D 图 XYZ 和将图分成上下两部分的 3D 表面

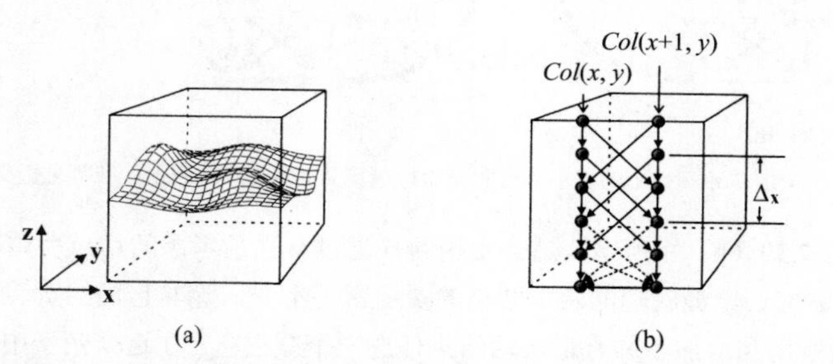

图 7.41 单表面检测问题：（a）表面方向；（b）构建的有向图的两个邻接列。虚线所示的弧是可选的

如果一个表面满足某个应用特定的平滑约束，该约束由两个平滑参数 Δ_x,Δ_y 定义，那么该表面是可行的。平滑约束表征表面在三维中的连通性。更精确地说，如果 $I(x,y,z)$ 和 $I(x+1,y,z')$ 是一个可行表面上的两个体素，那么 $|z-z'|\leqslant\Delta_x$。同样地，如果 $I(x,y,z)$ 和 $I(x,y+1,z')$ 是一个可行表面上的两个体素，那么 $|z-z'|\leqslant\Delta_y$。如果 $\Delta_x(\Delta_y)$ 很小，则任何沿 **x(y)** 方向的可行表面都是刚性的，并且刚度随 $\Delta_x(\Delta_y)$ 增大而减小。

通过定义费用函数，I 中任何体素 $I(x,y,z)$ 的费用值都可以计算出来，记为 $c(x,y,z)$。一般地，$c(x,y,z)$ 是任意实数值，它与所需表面包含体素 $I(x,y,z)$ 的似然性成反比。一个表面的费用是表面上所有体素的费用和。一个最优平面是指在三维体积空间中可定义的所有可行表面中具有最小费用的表面。

一个带权结点有向图 $G=(V,E)$ 根据 I 按照如下方式构造。每个结点 $V(x,y,z)\in V$ 代表且仅代表一个体素 $I(x,y,z)\in I$，其费用 $w(x,y,z)$ 根据如下赋值：

$$w(x,y,z)=\begin{cases}c(x,y,z) & 如果z=0\\ c(x,y,z)-c(x,y,z-1) & 否则\end{cases} \tag{7.74}$$

如果 $z>z'$（$z<z'$），则点 $V(x,y,z)$ 在另一个点 $V(x',y',z')$ 之上（之下）。对于每个 (x,y) 对，其中 $x\in\mathbf{x}$ 且 $y\in\mathbf{y}$，点子集 $\{V(x,y,z)\,|\,z\in\mathbf{z}\}$ 被称作 G 的(x,y)-列，记为 $Col(x,y)$。两个(x,y)-列，如果它们的(x,y)坐标在给定的邻域系统中是邻接的，则它们是毗连的。例如在 4-邻接设定中，列 $Col(x,y)$与 $Col(x+1,y)$, $Col(x-1,y)$, $Col(x,y+1)$和 $Col(x,y-1)$相邻。后文，都假定采用 4 邻域系统。G 中的弧由两类组成，列内的弧与列间的弧。

列内弧 E^a：沿任意列 $Col(x,y)$每个结点 $V(x,y,z)$，$z>0$ 都有一个有向弧连到结点 $V(x,y,z-1)$，例如，

$$E^a=\left\{\left\langle V\left(\mathbf{x},\mathbf{y},z\right),V\left(\mathbf{x},\mathbf{y},z-1\right)\right\rangle\,|\,z>0\right\} \tag{7.75}$$

列间弧 E^r：考虑任何两个相邻列，$Col(x,y)$与 $Col(x+1,y)$。沿 **x**-方向，对于任何 $x\in\mathbf{x}$，构造从每个结点 $V(x,y,z)\in Col(x,y)$ 到结点 $V(x+1,y,\max(0,z-\Delta_{\mathbf{x}}))\in Col(x+1,y)$ 的有向弧。类似地，还有从 $V(x+1,y,z)\in Col(x+1,y)$ 到 $V(x,y,\max(0,z-\Delta_{\mathbf{x}}))\in Col(x,y)$ 的有向弧。沿 **y**-方向进行同样的构造。这些弧强制执行平滑约束。总之，

$$\begin{aligned}E^r=&\left\{\left\langle V(x,\mathbf{y},z),V(x+1,\mathbf{y},\max(0,z-\Delta_{\mathbf{x}}))\right\rangle\,|\,x\in\{0,\cdots,X-2\},z\in\mathbf{z}\right\}\cup\\&\left\{\left\langle V(x,\mathbf{y},z),V(x-1,\mathbf{y},\max(0,z-\Delta_{\mathbf{x}}))\right\rangle\,|\,x\in\{1,\cdots,X-1\},z\in\mathbf{z}\right\}\cup\\&\left\{\left\langle V(\mathbf{x},y,z),V(\mathbf{x},y+1,\max(0,z-\Delta_{\mathbf{y}}))\right\rangle\,|\,y\in\{0,\cdots,Y-2\},z\in\mathbf{z}\right\}\cup\\&\left\{\left\langle V(\mathbf{x},y,z),V(\mathbf{x},y-1,\max(0,z-\Delta_{\mathbf{y}}))\right\rangle\,|\,y\in\{1,\cdots,Y-1\},z\in\mathbf{z}\right\}\end{aligned} \tag{7.76}$$

直观上讲，列间弧保证如果体素 $I(x,y,z)$ 位于可行表面 S 上，那么它在 S 上沿 **x**-方向的邻接体素，$I(x+1,y,z')$ 和 $I(x-1,y,z'')$，一定不比体素 $I(x,y,\max(0,z-\Delta_{\mathbf{x}}))$ “低”，比如，$z',z''\geqslant\max(0,z-\Delta_{\mathbf{x}})$。同样的规则适用于 **y**-方向。列间弧使结点集 $V(\mathbf{x},\mathbf{y},0)$ 是强连接的，意味着在 $V(\mathbf{x},\mathbf{y},0)$ 中，每个结点可以从任何其他结点通过某有向路径到达。$V(\mathbf{x},\mathbf{y},0)$ 也形成了 G 中可以定义的“最低”可行表面。正因为如此，结点集 $V(\mathbf{x},\mathbf{y},0)$ 被给予一个特殊名字称作基础集，记为 V^B。

正如上文所述，图搜索方法只能帮助类平面的表面检测（见图 7.40（b））。然而，要搜索的 3D 表面常常有圆柱形形状。该方法在简单的扩展之后就可以检测圆形表面。我们假设需要的表面沿 **x**-（或者 **y**-）方向是弧形的。在应用算法之前，圆柱表面首先采用圆柱坐标变换展开为类地势表面（见图 7.42）。然后，延展开平面的第一和最后一排应该满足平滑约束。在 **x**-弧形情况下，每个结点 $V(0,y,z)$，$V(X-1,y,z)$ 也分别连接到 $V(X-1,y,\max(0,z-\Delta_{\mathbf{x}}))$ 和 $V(0,y,\max(0,z-\Delta_{\mathbf{x}}))$。同样的规则应用于 **y**-弧形的情况。

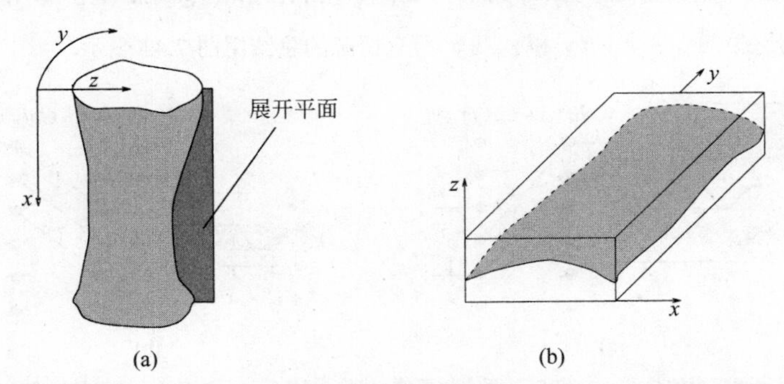

图 7.42 图像展开：（a）在体积图像中的管状物体；（b）“展开”（a）中的管状物体形成新的 3D 图像。原始数据中管状物体的边界对应于展开图像中要检测的表面

多表面图构建 对于同时分割 $k(k\geqslant 2)$ 个不同但是相互关联的表面，最优解不仅受固有的费用和单个平面的平滑特性决定，也受它们的相互关系限制。

如果表面相互作用不考虑在内，k 个表面 S_i 可以在 k 个分开的 3D 图 $G_i=(V_i,E_i)=(V_i,E_i^a\cup E_i^r),i=1,\cdots,k$ 中检测。每个 G_i 都用前文中提到的方法构造。结点费用使用 k 个费用函数（不一定要不同）来计算，每个

都设计用来搜索一个表面。将表面之间的相互关系考虑在内，需要另一个弧集 E^s，构成 4D 空间内的一个有向图 $G(V,E)$，其中 $V=\bigcup_{i=1}^{k}V_i$ 且 $E=\bigcup_{i=1}^{k}E_i\cup E^s$。$E^s$ 中的弧称作面间弧，它模型化了表面之间的成对关系。对每对表面，它们的关系用两个参数描述，$\delta^l\geqslant 0$ 和 $\delta^u\geqslant 0$，表现了**表面分离约束**（**surface separation constraint**）。

下面详细介绍用于双表面分割的 E^s 的构造。其思想可以很容易推广到处理多于两个平面的情况。在许多实际问题中，期望表面之间既不相交也不重叠。假设对于两个检测到的表面 S_1 和 S_2，先验知识要求 S_2 在 S_1 之下。令它们之间的最小距离是 δ^l 个体素单元，最大距离是 δ^u 个体素单元。令用于搜索 S_1 和 S_2 的 3D 图分别为 G_1 和 G_2，并且令 $Col_1(x,y)$ 与 $Col_2(x,y)$ 表示 G_1 和 G_2 中对应的列。

对于 $Col_1(x,y)$ 中任意结点 $V_1(x,y,z)$，$z\geqslant\delta^u$，在 E^s 中构造一条连接 $V_1(x,y,z)$ 到 $V_2(x,y,z-\delta^u)$ 的有向弧。同样，对于 $Col_2(x,y)$ 中每个结点 $V_2(x,y,z)$，$z<Z-\delta^l$，在 E^s 中引入连接 $V_2(x,y,z)$ 到 $V_1(x,y,z+\delta^l)$ 的有向弧。应用该构造到 G_1 和 G_2 中每一对对应列。

因为分离约束（S_2 至少在 S_1 之下 δ^l 个体素），任何 $z<\delta^l$ 的结点 $V_1(x,y,z)$ 都不可能在表面 S_1 上。否则，$Col_2(x,y)$ 中没有结点可以在表面 S_2 上。类似地，任何 $z\geqslant Z-\delta^l$ 的结点都不可能属于表面 S_2。这些不可能出现在问题的任何可行解中的结点被称作缺陷点。因此，对于每个列 $Col_1(x,y)\in G_1$，可以安全地去除所有 $z<\delta^l$ 的结点 $V_1(x,y,z)$ 和它们在 E_1 中引入的边。类似地，对任何列 $Col_2(x,y)\in G_2$，所有 $z\geqslant Z-\delta^l$ 的结点 $V_2(x,y,z)$ 和它们在 E_2 中引入的弧都可以安全地消除。

因为去除了缺陷点，G_1 的基础集变成 $V_1(\mathbf{x},\mathbf{y},\delta^l)$。对应的每个结点 $V_1(x,y,\delta^l)$ 的费用修改为 $w_1(x,y,\delta^l)=c_1(x,y,\delta^l)$，其中 $c_1(x,y,\delta^l)$ 是表面 S_1 中体素 $I(x,y,\delta^l)$ 的原始费用。G_1 中的列间弧被修改使得 $V_1(\mathbf{x},\mathbf{y},\delta^l)$ 强连接。G 的基础图就变成 $V^B=V_1(\mathbf{x},\mathbf{y},\delta^l)\cup V_2(\mathbf{x},\mathbf{y},0)$。有向弧 $\langle V_1(0,0,\delta^l),V_2(0,0,0)\rangle$ 和 $\langle V_2(0,0,0),V_1(0,0,\delta^l)\rangle$ 被引入到 E^s 中使得 V_B 是强连接的。

总之，模型化非交叉表面的面间弧集 E^s 按照如下构造：

$$\begin{aligned}E^s=&\left\{\langle V_1(\mathbf{x},\mathbf{y},z),V_2(\mathbf{x},\mathbf{y},z-\delta^u)\rangle\mid z\geqslant\delta^u\right\}\cup\left\{\langle V_1(0,0,\delta^l),V_2(0,0,0)\rangle\right\}\cup\\&\left\{\langle V_2(\mathbf{x},\mathbf{y},z),V_1(\mathbf{x},\mathbf{y},z+\delta^l)\rangle\middle| z<Z-\delta^l\right\}\cup\left\{\langle V_2(0,0,0),V_1(0,0,\delta^l)\rangle\right\}\end{aligned}\tag{7.77}$$

在其他情况下，两个相互作用的表面可以允许彼此交叉。这有可能在随时间跟踪一个移动表面时遇到。对于这些问题，不是模型化它们之间的最小和最大距离，δ^l 和 δ^u 分别制定一个表面可能低于和高于另一个表面的最大距离。这种情况下面间弧有如下构成：$\langle V_1(x,y,z),V_2(x,y,\max(0,z-\delta^l))\rangle$ 和 $\langle V_2(x,y,z),V_1(x,y,\max(0,z-\delta^u))\rangle$ 对所有的 $x\in\mathbf{x}$，$y\in\mathbf{y}$ 和 $z\in\mathbf{z}$。所有情况的总结用图 7.43 表示。

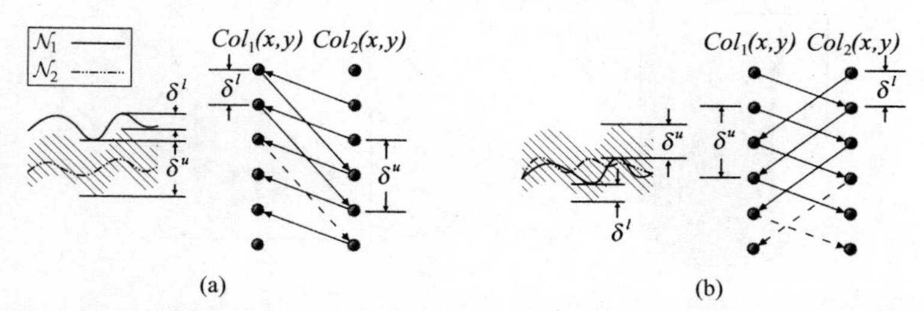

图 7.43　表面关联建模的总结。S_1 和 S_2 是两个需要的表面。$Col_1(x,y)$ 和 $Col_2(x,y)$ 是构造的图中的两个对应列。虚线表示的弧是可选的。（a）无交叉的情况；（b）允许交叉的情况

表面检测算法　最优表面分割形式化为计算在由 I 构造的几何图中计算最小闭集。算法的时间界独立于平滑参数（Δ_{x_i} 和 Δ_{y_i}，$i=1,\cdots,k$）和面分离参数（$\delta_{i,i+1}^l$ 和 $\delta_{i,i+1}^u$，$i=1,\cdots,k-1$）。注意这些约束的不正确设定可能导致不可行解。例如，这些约束是自相矛盾的而且因此没有 k 个表面可以满足 I 中存在的所有约束。

在单表面的情况下，对于 I 中任何可行表面 S，G 中在 S 中和 S 之下的结点子集，命名为

$Z = \{V(\mathbf{x},\mathbf{y},z) \mid z \leqslant S(x,y)\}$，构成 G 中的一个闭集。可以看出如果 $V(x,y,z)$ 在闭集 Z 中，那么 $Col(x,y)$ 中在它之下的结点也都在 Z 中。此外，鉴于式（7.74）中结点的费用分配，S 和 Z 的费用是相等的。事实上，正如[Wu and Chen, 2002]中所证明的，I 中任何可行 S 都唯一对应于 G 中具有相同费用的一个非空闭集 Z。这是将最优表面问题转化为寻找 G 中最小闭集的一个关键的观察结果。

在图论中，计算 G 中最小费用非空闭集 Z^* 已经被充分研究过。正如别的地方[Hochbaum, 2001; Wu and Chen, 2002]所给出的，G 中 Z^* 可以通过计算相关图 G_{st} 中最小 s-t 割来获得。令 V^+ 和 V^- 分别为 G 中具有非负与负费用的结点集。定义一个新的有向图 $G_{st} = (V \cup \{s,t\}, E \cup E_{st})$。$E$ 中每条弧都被赋予无穷大的费用。E_{st} 中包含以下弧：源 s 用费用为 $-w(v)$ 的有向弧连到每个结点 $v \in V^-$；每个结点 $v \in V^+$ 用一条费用为 $w(v)$ 的有向弧连到汇 t 上。令 (S,T) 为 G_{st} 中一个有限费用 s–t 割，$c(S,T)$ 为该割的总费用。其形如：

$$c(S,T) = -w(V^-) + \sum_{v \in S-\{s\}} w(v) \tag{7.78}$$

其中 $w(V^-)$ 是固定的而且是 G 中具有负费用的所有结点的费用和。因为 $S \setminus \{s\}$ 是 G 中的一个闭集[Picard, 1976; Hochbaum, 2001]，所以割 (S,T) 在 G_{st} 中费用与 G 中对应闭集的费用相差一个常数。因此，G_{st} 中一个最小割的源集 $S^* \setminus \{s\}$ 对应于 G 中一个最小闭集 Z^*。因为图 G_{st} 有 $\mathcal{O}(kn)$ 个结点和 $\mathcal{O}(kn)$ 条弧，G 中最小闭集 Z^* 可以在 $T(kn,kn)$ 时间内计算出。

对于多表面的情况，最优的 k 个表面对应于最小闭集 Z^* 的上包络。对每个 $i(i=1,\cdots,k)$，子图 G_i 被用于搜索目标表面 S_i。对每个 $x \in \mathbf{x}$ 和 $y \in \mathbf{y}$，令 $V_i^B(x,y)$ 为即在 Z^* 又在 $G_i(x,y)$ -列 $Col_i(x,y)$ 中的结点子集，例如，$V_i^B(x,y) = Z^* \cap Col_i(x,y)$。令 $V_i(x,y,z^*)$ 为 $V_i^B(x,y)$ 中具有最大 $\mathbf{z}$ 坐标的结点。那么，体素 $I(x,y,z^*)$ 在第 i 个最优表面 S_i^* 上。这样，G 中最小闭集 Z^* 唯一定义了 I 中最优的 k 个表面 $\{S_1^*,\cdots,S_k^*\}$。

算法 7.9　多最优表面分割

1. 确定代表关于表面数目的先验知识的参数和硬软分割约束：k，Δ_x，Δ_y，δ^l，δ^u，费用函数（s）。
2. 构造图 $G_{st} = (V \cup \{s,t\}, E \cup E_{st})$。
3. 计算 G_{st} 最小 s–t 割 (S^*,T^*)。
4. 从 $S^* \setminus \{s\}$ 中恢复 k 个最优表面。

费用函数　设计适当的费用函数是任何基于图的分割方法的重中之重。在实际问题中，费用函数反映了需要定位的表面的基于区域或基于边的特性。

基于边的费用函数　一个典型的基于边的费用函数目的在于在体积图像中精确定位边界表面。第 6.2.4 节展示了几个可选的费用函数。基于边的费用函数的高级版本可以利用图像亮度的一阶与二阶导函数的结合[Sonka et al., 1997]，并且可以考虑需要确定表面的喜好方向。一阶与二阶导的结合保证了对费用函数的微调以最大化边界位置的准确度。

令要分析的体积图像为 $I(\mathbf{x},\mathbf{y},\mathbf{z})$。那么，赋值给每个图像体素的费用 $c(x,y,z)$ 可以构造为

$$c(x,y,z) = -e(x,y,z) \cdot p(\phi(x,y,z)) + q(x,y,z) \tag{7.79}$$

其中 $e(x,y,z)$ 是源自图像一阶与二阶导的原始边响应，$\phi(x,y,z)$ 为位置 (x,y,z) 处的边方向，通过方向惩罚 $p(\phi(x,y,z))$ 反映在费用函数中。当 $\phi(x,y,z)$ 落在偏好边方向的特定范围之外时，$0<p<1$；否则 $p=1$。位置惩罚项 $q(x,y,z)>0$ 可以整合进去，以便模型化期望边界位置的先验知识。

$$e(x,y,z) = (1-|\omega|) \cdot (I * \mathcal{M}_{\text{first derivative}})(x,y,z) \dot{+} \omega \cdot (I * \mathcal{M}_{\text{second derivative}})(x,y,z)$$

$\dot{+}$ 运算符代表按像素求和，而 $*$ 是卷积运算符。权重系数 $-1 \leqslant \omega \leqslant 1$ 控制考虑精确地边定位时，一阶与二阶导数的相对强度。ω、p、q 的值可以从训练集图像上需要的边界表面定位信息来决定；ω 的值一般是尺度独立的。

基于区域的费用函数　物体的边界并不一定要按照第 7.3 节中讨论的梯度来决定（2D 见式（7.45））。在

3D 中，Chan-Vese 泛函为

$$C(S,a_1,a_2)=\int_{\text{inside}(S)}(I(x,y,z)-a_1)^2\,\mathrm{d}x\mathrm{d}y\mathrm{d}z+\int_{\text{outside}(S)}(I(x,y,z)-a_2)^2\,\mathrm{d}x\mathrm{d}y\mathrm{d}z$$

正如在式（7.45）中，a_1 和 a_2 是表面 S 的内表面和外表面的平均亮度而当 S 符合物体的边界并且用它们的平均亮度最好地分开物体与背景时，$C(S,a_1,a_2)$ 最小。

差别泛函可以用每个体素的费用模型来近似，继而可以用基于图的算法最小化。因为 Chan-Vese 泛函的应用可能并不直接明显，所以考虑一个单平面的分割例子。任何可行表面都唯一地将图分成两个不相交的子图。一个子图由表面里或表面下的所有结点组成，而另一个子图由表面之上的所有结点组成。不失一般性，令位于可行表面里或之下的结点为表面内部的点；否则令它在表面外。那么，如果结点 $V(x',y',z')$ 在可行表面 S 上，则 $Col(x',y')$ 中 $z\leqslant z'$ 的结点 $V(x',y',z)$ 都在 S 内部，而 $z>z'$ 的结点 $V(x',y',z)$ 都在表面 S 外部。因此，体素费用 $c(x',y',z')$ 被赋值为在列 $Col(x',y')$ 中计算出来的内部与外部的差别之和，如下：

$$c(x',y',z')=\sum_{z\leqslant z'}(I(x',y',z)-a_1)^2+\sum_{z>z'}(I(x',y',z)-a_2)^2 \tag{7.80}$$

那么，S 的总费用等于 $C(S,a_1,a_2)$（离散化在格点$(\mathbf{x},\mathbf{y},\mathbf{z})$上）。然而，常数 a_1 与 a_2 并不容易获得，因为在全局最优化完成之前，表面并没有被明确定义。因此，关于图的哪部分是内部还是外部的知识还不可用。幸运的是，图的构造保证了如果 $V(x',y',z')$ 在 S 上，则 $\mathbf{z_1}\equiv\left\{z\mid z\leqslant\max\left(0,z'-|x-x'|\Delta_\mathbf{x}-|y-y'|\Delta_\mathbf{y}\right)\right\}$ 的结点 $V(\mathbf{x},\mathbf{y},\mathbf{z_1})$ 在对应于 S 的闭集 Z 中。相应地，$\mathbf{z_2}\equiv\{z\mid z'+|x-x'|\Delta_\mathbf{x}+|y-y'|\Delta_\mathbf{y}<z<Z\}$ 的结点 $V(\mathbf{x},\mathbf{y},\mathbf{z_2})$ 一定不在 Z 内。这意味着如果结点 $V(x',y',z')$ 在可行表面 S 上，则结点 $V(\mathbf{x},\mathbf{y},\mathbf{z_1})$ 在 S 内部，而结点 $V(\mathbf{x},\mathbf{y},\mathbf{z_2})$ 在 S 外部。

因此，$\hat{a}_1(x',y',z')$ 和 $\hat{a}_2(x',y',z')$ 可以被计算出来，用于为每个体素 $I(x',y',z')$ 近似常数 a_1 和 a_2

$$\hat{a}_1(x',y',z')=\mathrm{mean}\left(I(\mathbf{x},\mathbf{y},\mathbf{z_1})\right) \tag{7.81}$$

$$\hat{a}_2(x',y',z')=\mathrm{mean}\left(I(\mathbf{x},\mathbf{y},\mathbf{z_2})\right) \tag{7.82}$$

该估计可以用在式（7.80）中代替 a_1 和 a_2。

扩展　LOGISMOS 算法还在不断发展中，已经出现了针对原算法的一系列扩展算法。[Yin et al., 2010; Song et al., 2010a]提出了针对多目标的多表面分割方法。以上基于图结构的图像分割方法使用基于结点的费用函数。为了配合表面边缘对分割结果影响优先的准则，计算局部费用函数必须与图中的弧而不是结点结合。[Song et al., 2010b]提出了一种基于弧的图分割算法。图像分割中有一种常见的问题：需要同步处理互相影响的区域以及表面；[Song et al., 2011]提出了针对此问题的结合 LOGISMOS 和图分割技巧（7.6 节）的方法。[Han et al., 2011b]提出了一种同时考虑两幅以及多幅图像的表面分割算法。JEI 准则（Just-Enough- Interaction）确保图像分割的两个主要步骤——自动图像分割、专家指导修正[Sun et al., 2013b,a]。这个两步的处理准则保证所有情况下图像分割的准确性，即使初始的自动图像分割效果差强人意。在 7.6 节中讲到，图的 $s-t$ 分割优化可以迭代地运行，而不需要每次从头开始执行优化算法。LOGISMOS 应用在 JEI 准则的两步中时就使用了 $s-t$ 图分割优化的这个性质。一旦 LOGISMOS 产生了初始的图像自动分割结果，用户就可以交互式地在分割不准确的区域确定正确的区域。这些用户的交互操作可以用于修正对应区域的图费用计算，基于用户交互可以得到一种迭代的并且接近实时的图优化的分割方法。于是，JEI 的两步处理过程均可以应用 LOGISMOS 并且结合高效的用户交互来改善表面检测的结果[Sun et al., 2013b,a]。除了应用于图像分割领域，LOGISMOS 还可以应用于图像视频尺寸调整以及图像拼接领域[Han et al., 2011a]。

例子　为展示该方法的行为，我们首先看对图 7.44（a）所示的计算机生成但是很难分割的体图像进行分割的例子。该图像由 3 个相同的部分堆积而形成一个 3D 体。亮度的渐变导致梯度强度会局部消失。因此，采用基于边缘费用函数的边界检测会在局部失败（见图 7.44（b））。用包括形状项的费用函数可以生成一个不错的结果（见图 7.44（c））。图 7.44（d）展示该方法分割出示例图像两条边界的能力。

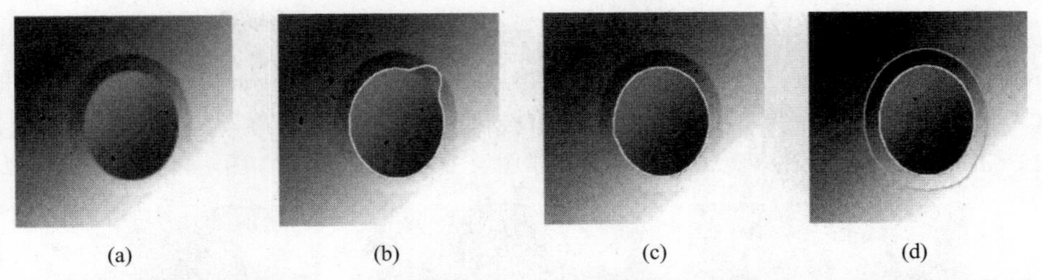

图 7.44　单表面对比耦合表面：（a）原始图像横截面；（b）采用标准基于边缘费用函数方法的单表面检测；（c）采用该算法与带形状项的费用函数的单表面检测；（d）双表面分割

图 7.45 展示了在没有明显边界的图像中，采用最小差费用函数取得的分割结果。物体与背景通过它们各自的纹理而区别开来。在图 7.45 中，曲率和边缘方向代替原始图像数据被采用[Chan and Vese, 2001]。图 7.45（c）、图 7.45（d）中的两条边界是同时分割出来的。

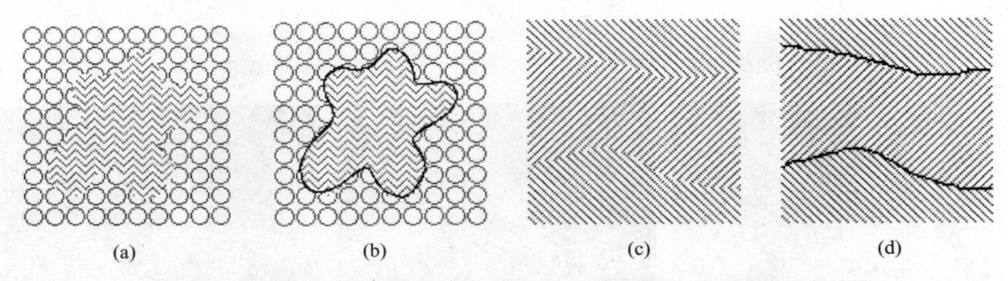

图 7.45　采用最小差费用函数的分割：（a）、（c）原始图像；（b）、（d）分割结果

最优表面检测方法（LOGISMOS 算法）已经被用于很多医学图像分析应用中，涉及从 CT、MR 和超声波扫描仪中得到的体医学图像。图 7.46 展示了在人体肺部 CT 图像上分割性能的对比。为了展示处理多于两个相互作用的表面的能力，在血管 MR 图像中分割人体髂股骨的取样腔、动脉内膜（内部弹性薄膜（IEL））、动脉外膜（外部弹性薄膜（EEL））和外墙这四个表面。

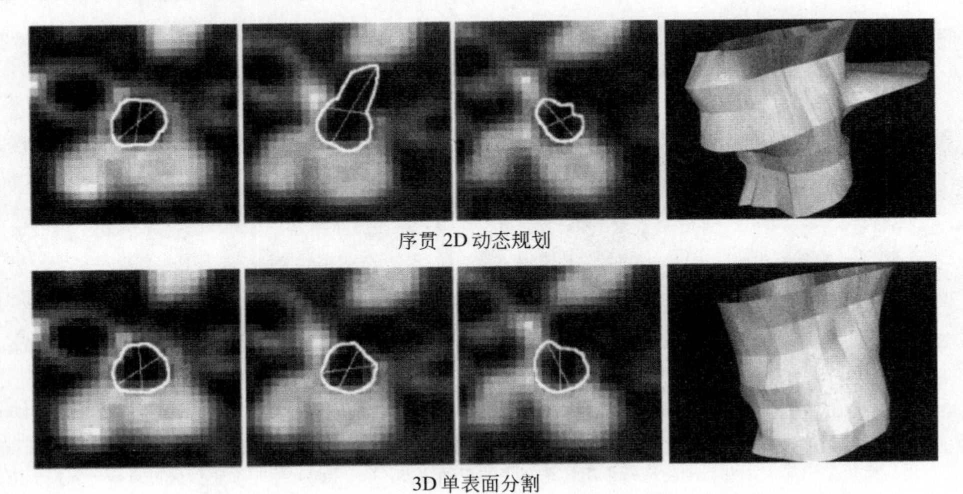

图 7.46　2D 和 3D 内气管内壁分割结果的比较。初步的气管树分割见图 7.21。左上和左下的三个图展示了气管分割的重采样结果，其被用于生成进行边界检测的正交片。上排显示的是在三个连续片和渲染整个分割（10 片）的 3D 表面上的 2D 分层动态规划方法的结果。下排展示的是同一个片段采用最优 3D 图割搜索方法检测到的内腔表面。注意 2D 方法在一片上失败

最优多表面分割很明显要优于前面所用的 2D 方法[Yang et al., 2003]而且不需要任何交互指导（见图 7.47）。LOGISMOS 方法已经有了一系列的成功应用，比如说，同步地分割属于三个相互影响的物体的 6

个表面：膝关节的骨头与软组织表面分割[Yin et al., 2010]，如图 7.48 所示；人类视网膜光学相干断层扫描的 11 层视网膜分割[Abramoff et al., 2010]；核磁共振和心腔的超声分割[Zhang et al., 2010]，正电子断层扫描与 X 射线 CT 得到的癌症肿瘤影像多模态分割；以及 4D X 射线 CT 扫描的运动伪影消除 [Han et al., 2011a]。JEI 准则与 LOGISMOS 扩展的方法可以应用于病理医学图像 3D 和 4D 分割，如图 7.49 所示[Sun et al., 2013b,a]。

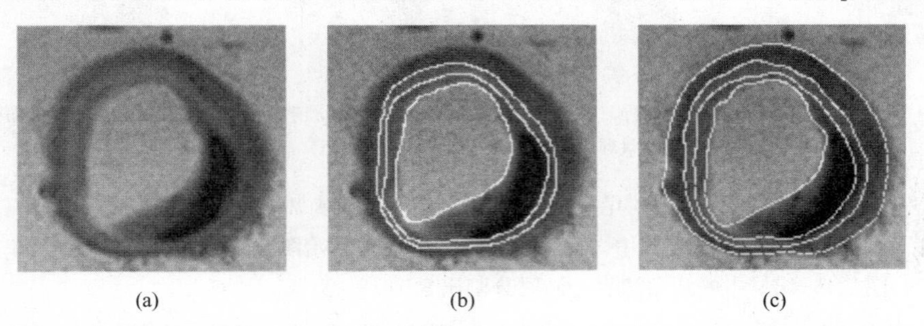

(a) (b) (c)

图 7.47 在 MR 体图像中对动脉壁和血小板的多表面分割：（a）原始股动脉横截面 MR 图像-该体 3D 图像由 16 横截面组成；（b）3 个手动标记的壁层边界；（c）4 个计算机检测到的血小板和壁层表面

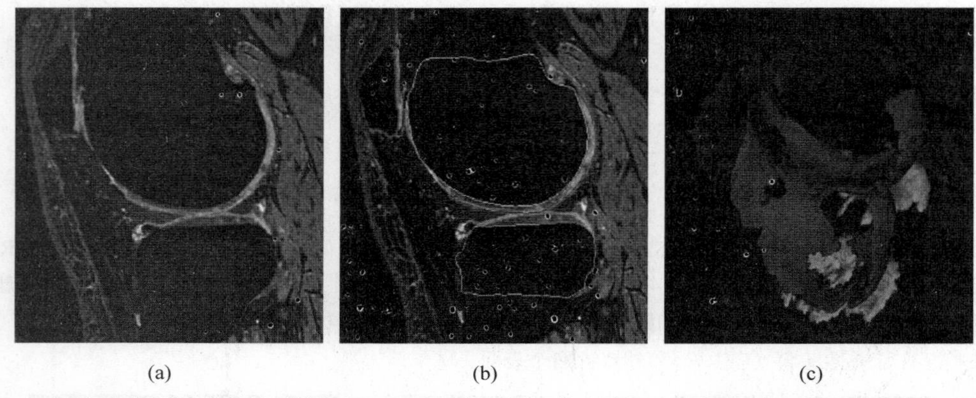

(a) (b) (c)

图 7.48 多目标多表面的三维分割。使用 LOGISMOS 同步地分割 6 个表面（3 个骨表面即股骨、胫骨、髌骨以及对应的 3 个软组织）。MR 图像显示膝盖软骨变薄，重度退化。（a）原始图像，3D 数据库的某个中心切片；（b）上述中心切片的骨头/软组织分割结果；（c）软组织分割结果的 3D 展示，注意软骨变薄以及空洞。本图彩色版见彩图 14

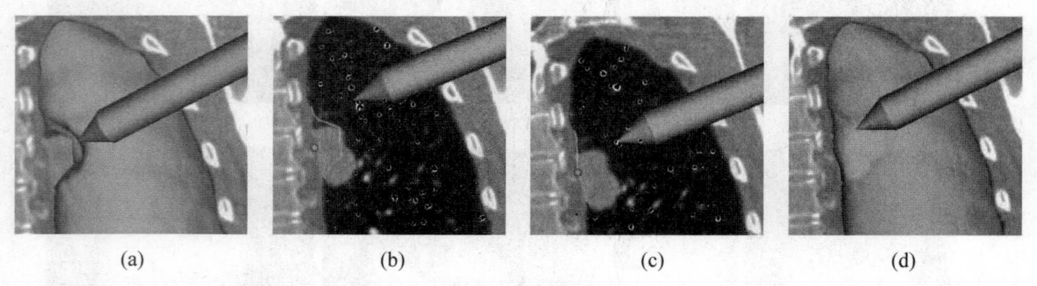

(a) (b) (c) (d)

图 7.49 JEI（Just-Enough-Interaction）准则。基于图的交互式肺表面分割，肺中有一个靠近边缘的肿瘤。（a）用户观察分割结果并定位分割错误区域；（b）用户用虚拟笔在横截面上标出正确边界位置的点。需要注意的是不正确的轮廓用淡蓝色突出显示，并自动生成基于所述选定点的正确边界；（c）、（d）用户修正后通过重新计算最大流-最小割改良分割结果。正确的表面区域用绿色突出显示。本图彩色版见彩图 15

最优表面检测方法与传统图搜索是完全兼容的。例如，当在 2D 中使用时，当相同的目标函数和硬约束被采用时，它生成相同的结果。因此，许多现存的使用分片方式的图搜索处理的问题都可以根据基础目标函数用很少甚至不用改变而移植到该框架中。与其他技术相比，一个主要的创新点在于平滑约束可以用非平凡的弧构造而在图中模型化。因此，平滑变成具有清晰含义的硬约束，相反，软约束通过在第 7.5.1 节中讨论的带权能量项来定义。因此，目标函数可以变得更易懂而且更容易设计。如此设计的平滑并不是某些视觉问题（例如，立体视觉，多摄像头场景构造）中所需要的非连续保持的。然而，非连续保持并不总是需要的。这展现出来的最优的定位多耦合表面的能力是基于图搜索分割中的一个主要优势。

7.8　总结

- 均值移位分割
  - 均值移位方法是一种非参数的技术，用于复杂多模态特征空间分析和特征类识别。
  - 均值移位方法中唯一自由的参数就是兴趣区域的大小与形状，即多变量密度核估计器。
  - 密度估计被修改以便于估计密度梯度。
  - 对于均值移位图像分割，采用非连续保持滤波和均值移位聚类这个两步处理序列。
- 活动轮廓模型——蛇形
  - 一条蛇形是一个能量最小化曲线——蛇形的能量依赖于它的形状和处于图像中的位置。该能量的极小值则对应于需要的图像特性。
  - 蛇形是参数化变形模型。
  - 最小化的能量函数是内力与外力的加权结合。
  - 梯度矢量流场增加了蛇形引力的有效范围，减少了蛇形对于初始化的敏感并且允许分割凹的边界。
- 几何变形模型
  - 几何变形模型由偏微分方程表达演化中的表面。
  - 传播前沿的移动由速度函数描述。
  - 演化的曲线和/或表面表示为可以无缝处理拓扑变化的高维函数的水平集。
- 模糊连接性
  - 模糊连接性分割方法采用结合特性确定构成同一物体的图像元素。不同于硬编码（脆弱）规则，结合特性采用模糊逻辑描述。
  - 模糊引力描述了局部模糊关系。
  - 模糊连接性是全局模糊关系，它为每对图像元素基于这两个图像元素之间所有可能路径的引力值指定了一个值。
- 同步的边界检测
  - 同时的边界检测通过在三维图中寻找一条最优路径来帮助边界对的最优标记。
  - 它基于这样一个观察，在一条边界位置包含的信息可能对另一条边界的定位有帮助。在整合了从已经定义的左右边界中得到的边缘信息的费用函数后，要么采用启发式图搜索，要么采用动态规划方法进行最优边界检测。
- 次优表面检测
  - 次优表面检测采用多维图搜索来定位三维或更高维图像数据中的合法表面。
  - 表面增长是基于动态规划的，并且避免因为引入所有合法表面都必须满足的局部条件而产生的组合爆炸问题。
- 有向图割分割
  - 图割通过采用最小 s–t 割/最大流组合优化问题来解决基于区域的分割问题。
  - 分割输出被硬和软约束以及费用函数控制。
  - 最小 s–t 割通过寻找从源 s 到汇 t 的最大流来解决。
- 最优单和多表面分割

- 单和多相互作用表面通过在变换图中的最优图搜索来确定。
- 计算中的组合爆炸由将该问题转化为计算最小 s–t 割来避免。
- 尽管采用了图割优化，该方法与有向图割分割方法是非常不同的。
- 多相互作用表面可以通过在 n+1 维图中将表面到表面的相互关系作为面间弧引入而识别出来。

7.9 习题

简答题

S7.1 什么是形状描述的前提条件？

S7.2 什么是概率密度模式？

S7.3 给定一个多维样本集合，均值移位处理后结果是什么？

S7.4 简述均值移位分割的主要思想。

S7.5 给出一般核的公式、图示以及导数。

S7.6 给出尼科夫核的公式、图示以及导数。

S7.7 什么是吸引力洼地？

S7.8 给出一个有用的内部蛇形能量函数的例子，并解释它的作用和影响。

S7.9 给出一个有用的外部蛇形能量函数的例子，并解释它的作用和影响。

S7.10 设计一个蛇形图像能量项用来追踪 128 灰度级的直线。

S7.11 给出一个连续的蛇形演变等式并描述它在时间上的离散化。

S7.12 给出一个连续的蛇形演变等式并描述它在空间上的离散化。

S7.13 阐述蛇形和球形概念上的差异。

S7.14 梯度矢量流场在活动轮廓模型分割中的作用是什么？

S7.15 水平集表达方式的优势和劣势各是什么？

S7.16 应该怎样选取水平集演变的时间步长？

S7.17 对于水平集中的“速度函数”概念：

(a) 解释这个函数在图像分割中的主要作用。

(b) 给出该函数基于集合弯曲和常量畸变的一般表达式。

(c) 应用该函数解释为什么会导致收敛。

S7.18 模糊连接性的定义。

S7.19 解释使用图搜索的方式怎样同时找到一对最优的边界。从隐含的图像数据中决定一对边界点的花费函数是什么？

S7.20 解释为什么从 2D 图像中同时确定两个边界需要 3D 图，这样一个 3D 图可以如何创建？

S7.21 将二值分割问题依照在图中寻找最小割的方式形式化得到数学表达。

S7.22 解释为什么最优表面检测问题会导致搜索空间的组合爆炸。

思考题

P7.1 实现均值移位不连续性保持滤波算法（算法 7.2）并在示例图像上执行其中的图像光滑操作。需要实现该算法的灰度图像版本和彩色图像版本。

P7.2 扩展习题 P7.1 的方法得到图像分割效果（算法 7.3）。

P7.3 将蛇形演化按照能量最小化形式化得到数学表达式。推导对应的欧拉-拉格朗日方程。

P7.4 设计一种蛇形的内部能量项模型来近似追踪尖角。

P7.5 设计一种蛇形的图像能量项模型来追踪 128 灰度级的直线。

P7.6 使用式（7.15）定义的能量函数，设计一种基于蛇形的直线检测方法。并在以下图像中测试该函数特性：

（a）相同背景上有一条颜色对比明显的直线的理想图像。

（b）相同背景上有一条颜色对比不太明显的直线的图像。

（c）叠加不同严重程度的脉冲噪声的图像——可以通过调整蛇形函数的参数来克服噪声带来的不利影响吗？

P7.7 推导水平集演化在时间和一般速度的等高线之间的关系。

P7.8 解释应用在模糊连接性图像分割算法中的结合特性的概念。并提供一个草图。

P7.9 实现基于绝对模糊连接性的图像分割算法（算法 7.4）。将之应用于灰度图像和彩色图像。并与其他方法对比。

P7.10 实现基于模糊目标抽取的目标检测算法（算法 7.5 和算法 7.6）。将之应用于灰度图像和彩色图像。并与其他方法对比。

P7.11 描述增广路径最大流搜索算法（Ford-Fulkerson）的主要思想。

P7.12 利用最大流或相关算法的开源代码，研究并实现 Boykov 基于图分割的图像分割算法。将之应用于灰度图像和彩色图像。并与其他方法比较。

P7.13 e 解释应用在 LOGISMOS 算法中针对多表面图像的图重建方法。解释该图在 LOGISMOS 怎么重建的。解释 ELF（electric lines of force）在重建图的列数据中的作用——有没有其他可替代的方法？

P7.14 使用 LOGISMOS 算法，简述一个可以用于同步分割一个二维的 3×6 大小图像两个边界（边界最小值 1 个像素，最大值 2 个像素）的图结构（图像中边界是从左到右）。

P7.15 实现本章的代码（自己实现或者从网上获取）并应用在第 6 章习题 P6.1 中的部分图像。对每个算法形成定性的认识，并使用前述 6.5 节的图形分割评价方法做评价。

P7.16 使自己熟悉 Matlab 教辅书中对应于本章中解决的问题以及 Matlab 实现的相关算法[Svoboda et al., 2008]。Matlab 教辅书的主页 http://visionbook.felk.cvut.cz 中提供了这些问题中使用的图像，以及为教学设计的注释良好的 Matlab 代码。

P7.17 使用 Matlab 教辅书[Svoboda et al., 2008]来求解那里提供的一些附加习题和实际问题。使用 Matlab 或者其他合适的语言来实现你自己的答案。

7.10 参考文献

Abramoff M., Garvin M., and Sonka M. Retinal imaging and image analysis. *IEEE Reviews in Biomedical Engineering*, 3:169–208, 2010.

Adalsteinsson D. and Sethian J. A. The fast construction of extension velocities in level set methods. *J. Computational Physics*, 148:2–22, 1999.

Amini A., Tehrani S., and Weymouth T. Using dynamic programming for minimizing the energy of active contours in the presence of hard constraints. In *2nd International Conference on Computer Vision,* Tarpon Springs, FL, pages 95–99, Piscataway, NJ, 1988. IEEE.

Amini A., Weymouth T., and Jain R. Using dynamic programming for solving variational problems in vision. *IEEE Transactions on Pattern Analysis and Machine Intelligence*, 12 (9):855–867, 1990.

Angelini E., Otsuka R., Homma S., and Laine A. Comparison of ventricular geometry for two real time 3D ultrasound machines with three dimensional level set. In *Proceedings of the*

IEEE International Symposium on Biomedical Imaging (ISBI), volume 1, pages 1323–1326. IEEE, 2004.

Berger M. O. and Mohr R. Towards autonomy in active contour models. In *10th International Conference on Pattern Recognition,* Atlantic City, NJ, pages 847–851, Piscataway, NJ, 1990. IEEE.

Blake A. and Isard M. *Active Contours.* Springer, Berlin, 1998.

Bloch I. Fuzzy connectivity and mathematical morphology. *Pattern Recognition Letters*, 14: 483–488, 1993.

Boykov Y. and Funka-Lea G. Graph-cuts and efficient N-D image segmentation. *International Journal of Computer Vision*, 70:109–131, 2006.

Boykov Y. and Kolmogorov V. Computing geodesics and minimal surfaces via graph cuts. In *Proc. International Conference on Computer Vision (ICCV)*, pages 26–33, Nice, France, October 2003.

Boykov Y. and Kolmogorov V. An experimental comparison of min-cut/max-flow algorithms for energy minimization in computer vision. In *Third International Workshop on Energy Minimization Methods in Computer Vision and Pattern Recognition (EMMCVPR)*, Springer-Verlag, 2001.

Boykov Y. and Veksler O. Graph cuts in vision and graphics: Theories and applications. In Paragios N., Chen Y., and Faugeras O., editors, *Handbook of Mathematical Models in Computer Vision*, pages 79–96. Springer, New York, 2006.

Boykov Y. and Jolly M.-P. Interactive organ segmentation using graph cuts. In *Proc. Medical Image Computing and Computer-Assisted Intervention (MICCAI)*, pages 276–286, Pittsburgh, PA, USA, 2000.

Boykov Y. and Jolly M.-P. Interactive graph cuts for optimal boundary & region segmentation of objects in N-D images. In *Proc. International Conference on Computer Vision (ICCV)*, volume 1935-I, pages 105–112, July 2001.

Boykov Y. and Kolmogorov V. An experimental comparison of min-cut/max-flow algorithms for energy minimization in vision. *IEEE Transactions on Pattern Analysis and Machine Intelligence*, 26(9):1124–1137, 2004.

Boykov Y., Veksler O., and Zabih R. Fast approximate energy minimization via graph cuts. *IEEE Transactions on Pattern Analysis and Machine Intelligence*, 23(11):1222–1239, 2001.

Boykov Y., Kolmogorov V., Cremers D., and Delong A. An integral solution to surface evolution PDEs via geo-cuts. In *European Conference on Computer Vision (ECCV)*, pages 409–422, Graz, Austria, 2006. Springer.

Butenuth M. and Heipke C. Network snakes: graph-based object delineation with active contour models. *Machine Vision and Applications*, 23(1):91–109, 2012.

Carvalho B. M., Gau C. J., Herman G. T., and Kong T. Y. Algorithms for Fuzzy Segmentation. *Pattern Analysis & Applications*, 2:73–81, 1999.

Caselles V., Catte F., Coll T., and Dibos F. A geometric model for active contours in image processing. *Numer. Math.*, 66:1–31, 1993.

Caselles V., Kimmel R., and Sapiro G. Geodesic active contours. *International Journal of Computer Vision*, 22:61–79, 1997.

Chan T. F. and Vese L. A. Active contour without edges. *IEEE Trans. Image Processing*, 10 (2):266–277, 2001.

Charles A. H. and Porsching T. A. *Numerical Analysis of Partial Differential Equations.* Prentice Hall, Englewood Cliffs, NJ, 1990.

Cheng Y. Mean shift, mode seeking, and clustering. *IEEE Transactions on Pattern Analysis and Machine Intelligence*, 17:790–799, 1995.

Christoudias M., Georgescu B., and Meer P. Synergism in low level vision. In *Proc. ICPR*, pages 150–155, Quebec City, Canada, 2002. http://www.caip.rutgers.edu/riul/research/

code/EDISON/index.html.

Cohen L. D. On active contour models and balloons. *CVGIP – Image Understanding*, 53(2): 211–218, 1991.

Cohen L. D. and Cohen I. Deformable models for 3D medical images using finite elements & balloons. In *Proceedings, IEEE Conference on Computer Vision and Pattern Recognition,* Champaign, IL, pages 592–598, Los Alamitos, CA, 1992. IEEE.

Cohen L. D. and Cohen I. Finite element methods for active contour models and balloons for 2D and 3D images. *IEEE Transactions on Pattern Analysis and Machine Intelligence*, 15: 1131–1147, 1993.

Comaniciu D. and Meer P. Mean shift: A robust approach toward feature space analysis. *IEEE Transactions on Pattern Analysis and Machine Intelligence*, 24:603–619, 2002.

Comaniciu D. and Meer P. Robust analysis of feature spaces: Color image segmentation. In *Proc. IEEE Conf. on Computer Vision and Pattern Recognition*, pages 750–755. IEEE, 1997.

Comaniciu D., Ramesh V., and Meer P. Real-time tracking of non-rigid objects using mean shift. In *Proc. IEEE Conf. on Computer Vision and Pattern Recognition, vol. II*, pages 142–149, Hilton Head Island, SC, 2000.

Comaniciu D., Ramesh V., and Meer P. The variable bandwidth mean shift and data-driven scale selection. In *8th Int. Conf. Computer Vision, vol. I*, pages 438–445, Vancouver, BC, Canada, 2001.

Connolly C. The relationship between colour metrics and the appearance of three-dimensional coloured objects. *Color Research and Applications*, 21:331–337, 1996.

Cook W. J., Cunningham W. H., and Pulleyblank W. R. *Combinatorial Optimization.* J Wiley, New York, 1998.

Dellepiane S. and Fontana F. Extraction of intensity connectedness for image processing. *Pattern Recognition Letters*, 16:313–324, 1995.

Dinic E. A. Algorithm for solution of a problem of maximum flow in networks with power estimation. *Soviet Math. Dokl*, 11:1277–1280, 1970.

Etoh M., Shirai Y., and Asada M. Active contour extraction based on region descriptions obtained from clustering. *Systems and Computers in Japan*, 24:55–65, 1993.

Falcao A. X., Stolfi J., Alencar d, and Lotufo R. The image foresting transform: Theory, algorithms, and applications. *IEEE Transactions on Pattern Analysis and Machine Intelligence*, 26:19–29, 2004.

Falcao A. X. and Udupa J. K. A 3D generalization of user-steered live-wire segmentation. *Medical Image Analysis*, 4:389–402, 2000.

Falcao A. X., Udupa J. K., and Miyazawa F. K. An ultra-fast user-steered image segmentation paradigm: Live wire on the fly. *IEEE Trans. Med. Imag.*, 19:55–62, 2000.

Felzenszwalb P. F. and Huttenlocher D. P. Efficient graph-based image segmentation. *Intl. Journal of Computer Vision*, 59:167–181, 2004.

Figueiredo M. A. T., Leitao J. M. N., and Jain A. K. Adaptive B-splines and boundary estimation. In *Computer Vision and Pattern Recognition*, pages 724–730, Los Alamitos, CA, 1997. IEEE Computer Society.

Ford L. R. and Fulkerson D. R. Maximal flow through a network. *Canadian Journal of Mathematics*, 8:399–404, 1956.

Ford L. R. and Fulkerson D. R. *Flows in Networks.* Princeton University Press, Princeton, NJ, 1962.

Frank R. J., McPherson D. D., Chandran K. B., and Dove E. L. Optimal surface detection in intravascular ultrasound using multi-dimensional graph search. In *Computers in Cardiology*, pages 45–48, Los Alamitos, CA, 1996. IEEE.

Fukunaga K. and Hostetler L. D. The estimation of the gradient of a density function, with applications in pattern recognition. *IEEE Transactions on Information Theory*, 21:32–40, 1975.

Geman S. and Geman D. Stochastic relaxation, Gibbs distributions, and the Bayesian restoration of images. *IEEE Transactions on Pattern Analysis and Machine Intelligence*, 6(6): 721–741, 1984.

Georgescu B., Shimshoni I., and Meer P. Mean shift based clustering in high dimensions: A texture classification example. In *9th Int. Conf. Computer Vision*, pages 456–463, Nice, France, 2003.

Goldberg A. V. and Rao S. Beyond the flow decomposition barrier. *Journal of the ACM*, 45: 783–797, 1998.

Goldberg A. V. and Tarjan R. E. A new approach to the maximum-flow problem. *Journal of the ACM*, 35:921–940, 1988.

Greig D., Porteous B., and Seheult A. Exact maximum a posteriori estimation for binary images. *J Royal Stat Soc - Series B*, 51:271–279, 1989.

Han D., Bayouth J., Song Q., Bhatia S., Sonka M., and Wu X. Feature guided motion artifact reduction with structure-awareness in 4D CT images. In *Proc. of 22nd International Conference on Information Processing in Medical Imaging (IPMI), Lecture Notes in Computer Science, Volume 6801*, pages 1057–1064, Kloster Irsee, Germany, 2011a. Springer.

Han D., Bayouth J., Song Q., Taurani A., Sonka M., Buatti J., and Wu X. Globally optimal tumor segmentation in PET-CT images: A graph-based co-segmentation method. In *Proc. of 22nd International Conference on Information Processing in Medical Imaging (IPMI), Lecture Notes in Computer Science, Volume 6801*, pages 245–256, Kloster Irsee, Germany, 2011b. Springer.

Heath M. T. *Scientific Computing, An Introductory Survey.* McGraw-Hill, New York, 2nd edition, 2002.

Herman G. T. and Carvalho B. M. Multiseeded segmentation using fuzzy connectedness. *IEEE Transactions on Pattern Analysis and Machine Intelligence*, 23(5):460–474, 2001.

Hermosillo G., Faugeras O., and Gomes J. Unfolding the cerebral cortex using level set methods. In *in Proc. 2nd Int. Conf. Scale-Space Theories Computer.*, volume 1682, page 58, 1999.

Hochbaum D. A new-old algorithm for minimum-cut and maximum-flow in closure graphs. *Networks*, 37:171–193, 2001.

Jermyn I. and Ishikawa H. Globally optimal regions and boundaries as minimum ratio cycles. *IEEE Transactions on Pattern Analysis and Machine Intelligence*, 23(10):1075–1088, 2001.

Jones T. N. and Metaxas D. N. Automated 3D Segmentation Using Deformable Models and Fuzzy Affinity. In *Information Processing in Medical Imaging Conference (IPMI)*, pages 113–126, 1997.

Karaolani P., Sullivan G. D., and Baker K. D. Active contours using finite elements to control local scale. In Hogg D. C. and Boyle R. D., editors, *Proceedings of the British Machine Vision Conference,* Leeds, UK, pages 472–480, London, 1992. Springer Verlag.

Kass M., Witkin A., and Terzopoulos D. Snakes: Active contour models. In *1st International Conference on Computer Vision,* London, England, pages 259–268, Piscataway, NJ, 1987. IEEE.

Kolmogorov V. and Boykov Y. What metrics can be approximated by geo-cuts, or global optimization of length/area and flux. In *International Conference on Computer Vision (ICCV), vol. I*, pages 564–571, Beijing, China, 2005. Springer.

Lam K. M. and Yan H. Fast greedy algorithm for active contours. *Electronics Letters*, 30:21–23, 1994.

Lei T., Udupa J. K., Saha P. K., and Odhner D. 3D MR angiographic visualization and artery-vein separation. In *Medical Imaging 1999 – Image Display, Vol. 3658*, pages 52–59. SPIE, Bellingham, WA, 1999.

Lei T., Udupa J. K., Saha P. K., and Odhner D. Separation of artery and vein in contrast-enhanced MRA images. In *Medical Imaging – Physiology and Function from Multidimensional Images*, pages 233–244. SPIE, Bellingham, WA, 2000.

Lezoray O. and Grady L. *Image Processing and Analysis With Graphs: Theory and Practice.* Digital imaging and computer vision series. Taylor & Francis, 2012.

Li K., Wu X., Chen D. Z., and Sonka M. Optimal surface segmentation in volumetric images — A graph-theoretic approach. *IEEE Transactions on Pattern Analysis and Machine Intelligence*, 28:119–134, 2006.

Li K., Wu X., Chen D. Z., and Sonka M. Globally optimal segmentation of interacting surfaces with geometric constraints. In *Proc. IEEE Conf. on Computer Vision and Pattern Recognition*, volume I, pages 394–399, June 2004a.

Li K., Wu X., Chen D. Z., and Sonka M. Efficient optimal surface detection: Theory, implementation and experimental validation. In *Proc. SPIE International Symposium on Medical Imaging: Image Processing*, volume 5370, pages 620–627, May 2004b.

Li Y., Sun J., Tang C.-K., and Shum H.-Y. Lazy snapping. *ACM Trans. Graphics (TOG), Special Issue: Proc. 2004 SIGGRAPH Conference*, 23:303–308, 2004c.

Liang J., McInerney T., and Terzopoulos D. United snakes. In *Proceedings of the Seventh IEEE International Conference on Computer Vision*, pages 933–940. IEEE, 1999.

Liang J., McInerney T., and Terzopoulos D. United snakes. *Medical Image Analysis*, 10:215–233, 2006.

Lin N., Yu W., and Duncan J. S. Combinative multi-scale level set framework for echocardiographic image segmentation. *Medical Image Analysis*, 7:529–537, 2003.

Malladi R., Sethian J. A., and Vemuri B. C. A topology-independent shape modeling scheme. In *Proc. SPIE Conference on Geometric Methods in Computer Vision II, Vol. 2031*, pages 246–258, San Diego CA, 1993. SPIE.

Malladi R., Sethian J., and Vemuri B. Shape Modeling with Front Propagation: A Level Set Approach. *IEEE Trans. on Pattern Analysis and Machine Intelligence*, 17:158–175, 1995.

McInerney T. and Terzopoulos D. A finite element based deformable model for 3D biomedical image segmentation. In *Proceedings SPIE, Vol. 1905, Biomedical Image Processing and Biomedical Visualization,* San Jose, CA, pages 254–269, Bellingham, WA, 1993. SPIE.

McInerney T. and Terzopoulos D. Topologically adaptable snakes. In *5th International Conference on Computer Vision,* Boston, USA, pages 840–845, Piscataway, NJ, 1995. IEEE.

Menet S., Saint-Marc P., and Medioni G. B-snakes: Implementation and application to stereo. In *Proceedings DARPA*, pages 720–726, 1990.

Mumford D. and Shah J. Optimal approximation by piecewise smooth functions and associated variational problems. *Commun. Pure Appl. Math*, 42:577–685, 1989.

Neuenschwander W., Fua P., Szekely G., and Kubler O. Initializing snakes (object delineation). In *Proceedings Computer Vision and Pattern Recognition*, pages 658–663, Los Alamitos, CA, 1994. IEEE.

Olstad B. and Tysdahl H. E. Improving the computational complexity of active contour algorithms. In *8th Scandinavian Conference on Image Analysis,* Tromso, pages 257–263, Oslo, 1993. International Association for Pattern Recognition.

Osher S. and Sethian J. A. Fronts propagating with curvature-dependent speed: Algorithms based on Hamilton-Jacobi Formulation. *Comput. Phys.*, 79:12–49, 1988.

Osher S. and Fedkiw R. *Level Set Methods and Dynamic Implicit Surfaces.* Springer-Verlag, first edition, 2002. 296 pages.

Osher S. and Paragios N., editors. *Geometric Level Set Methods in Imaging, Vision and Graphics.* Springer, 2003. ISBN 0-387-95488-0.

Pound M. P., French A. P., Wells D. M., Bennett J. M., and Pridmore T. P. CellSeT: Novel software to extract and analyze structured networks of plant cells from confocal images. *Plant Cell*, 2012.

Rice B. L. and Udupa J. K. Clutter-free volume rendering for magnetic resonance angiography using fuzzy connectedness. *International Journal of Imaging Systems and Technology*, 11: 62–70, 2000.

Ronfard R. Region-based strategies for active contour models. *International Journal of Computer Vision*, 13:229–251, 1994.

Rosenfeld A. The fuzzy geometry of image subsets. *Patter Recognition Letters*, 2:311–317, 1984.

Saha P. K., Udupa J. K., and Odhner D. Scale-based fuzzy connected image segmentation: Theory, algorithms, and validation. *Computer Vision and Image Understanding*, 77:145–174, 2000.

Saha P. K. and Udupa J. K. Iterative relative fuzzy connectedness and object definition: Theory, algorithms, and applications in image segmentation. In *Proceedings of the IEEE Workshop on Mathematical Methods in Biomedical Image Analysis (MMBIA'00)*, pages 254–269, 2000.

Saha P. K. and Udupa J. K. Relative fuzzy connectedness among multiple objects: Theory, algorithms, and applications in image segmentation. *Computer Vision and Image Understanding*, 82(1):42–56, 2001.

Sethian J. A. *An Analysis of Flame Propagation.* Ph.D. thesis, Dept. of Mathematics, University of California, Berkeley, CA, 1982.

Sethian J. A. Curvature and evolution of fronts. *Commun. Math. Phys.*, 101:487–499, 1985.

Sethian J. A. A review of recent numerical algorithms for hypersurfaces moving with curvature dependent speed. *J. Differential Geometry*, 31:131–161, 1989.

Sethian J. A. *Level Set Methods and Fast Marching Methods Evolving Interfaces in Computational Geometry, Fluid Mechanics, Computer Vision, and Materials Science.* Cambridge University Press, Cambridge, UK, second edition, 1999. 400 pages.

Shi J. and Malik J. Normalized cuts and image segmentation. *IEEE Transactions on Pattern Analysis and Machine Intelligence*, 22:888–905, 2000.

Siddiqi K., Lauzière Y. B., Tannenbaum A., and Zucker S. W. Area and length minimizing flows for shape segmentation. *IEEE Transactions on Image Processing*, 7:433–443, 1998.

Song Q., Liu Y., Liu Y., Saha P., Sonka M., and X.Wu. Graph search with appearance and shape information for 3-D prostate and bladder segmentation. In *Proceedings of 13th International Conference on Medical Image Computing and Computer-Assisted Intervention (MICCAI 2010), Lecture Notes in Computer Science, Volume 6363*, pages 172–180. Springer, 2010a.

Song Q., Wu X., Liu Y., Garvin M. K., and Sonka M. Simultaneous searching of globally optimal interacting surfaces with convex shape priors. In *CVPR 2010: IEEE Conference on Computer Vision and Pattern Recognition*, pages 2879–2886. IEEE, 2010b.

Song Q., Chen M., Bai J., Sonka M., and X.Wu. Surface-region context in optimal multi-object graph based segmentation: Robust delineation of pulmonary tumors. In *Proc. of 22nd International Conference on Information Processing in Medical Imaging (IPMI), Lecture Notes in Computer Science, Volume 6801*, pages 61–72, Kloster Irsee, Germany, 2011. Springer.

Sonka M., Wilbricht C. J., Fleagle S. R., Tadikonda S. K., Winniford M. D., and Collins S. M. Simultaneous detection of both coronary borders. *IEEE Transactions on Medical Imaging*, 12(3):588–599, 1993.

Sonka M., Winniford M. D., and Collins S. M. Robust simultaneous detection of coronary borders in complex images. *IEEE Transactions on Medical Imaging*, 14(1):151–161, 1995.

Sonka M., Reddy G. K., Winniford M. D., and Collins S. M. Adaptive approach to accurate analysis of small-diameter vessels in cineangiograms. *IEEE Trans. Med. Imag.*, 16:87–95, February 1997.

Staib L. H. and Duncan J. S. Boundary finding with parametrically deformable models. *IEEE Transactions on Pattern Analysis and Machine Intelligence*, 14(11):1061–1075, 1992.

Sun S., Sonka M., and Beichel R. Graph-based IVUS segmentation with efficient computer-aided refinement. *IEEE Transactions on Medical Imaging*, 32:In press, 2013a.

Sun S., Sonka M., and Beichel R. Lung segmentation refinement based on optimal surface finding utilizing a hybrid desktop/virtual reality user interface. *Computerized Medical Imaging and Graphics*, 37(1):15–27, 2013b.

Svoboda T., Kybic J., and Hlavac V. *Image Processing, Analysis, and Machine Vision: A MATLAB Companion.* Thomson Engineering, 2008.

Terzopoulos D., Witkin A., and Kass M. Symmetry-seeking models for 3D object reconstruction. In *1st International Conference on Computer Vision,* London, England, pages 269–276, Piscataway, NJ, 1987. IEEE.

Terzopoulos D., Witkin A., and Kass M. Constraints on deformable models: Recovering 3D shape and nonrigid motion. *Artificial Intelligence*, 36(1):91–123, 1988.

Thedens D. R., Skorton D. J., and Fleagle S. R. A three-dimensional graph searching technique for cardiac border detection in sequential images and its application to magnetic resonance image data. In *Computers in Cardiology*, pages 57–60, Los Alamitos, CA, 1990. IEEE.

Thedens D. R., Skorton D. J., and Fleagle S. R. Methods of graph searching for border detection in image sequences with application to cardiac magnetic resonance imaging. *IEEE Transactions on Medical Imaging*, 14:42–55, 1995.

Tosun D., Rettman M. E., Han X., Tao X., Xu C., Resnick S. N., Pham D. L., and Prince J. L. Cortical surface segmentation and mapping. *Neuroimage*, 23:S108–S118, 2004.

Tschirren J., Hoffman E. A., McLennan G., and Sonka M. Intrathoracic airway trees: segmentation and airway morphology analysis from low-dose CT scanss. *IEEE Transactions on Medical Imaging*, 24:1529–1539, 2005.

Udupa J. K. and Samarasekera S. Fuzzy connectedness and object definition: Theory, algorithms, and applications in image segmentation. *Graphical Models and Image Processing*, 58:246–261, 1996a.

Udupa J. K., Wei L., Samarasekera S., Miki Y., Buchem M. A. v, and Grossman R. I. Multiple sclerosis lesion quantification using fuzzy-connectedness principles. *IEEE Transactions on Medical Imaging*, 16:598–609, 1997.

Udupa J. K. and Samarasekera S. Fuzzy connectedness and object definition: Theory, algorithms, and applications in image segmentation. *Graphics Models and Image Processing*, 58 (3):246–261, 1996b.

Udupa J. K., Saha P. K., and Lotufo R. A. Fuzzy connected object definition in images with respect to co-objects. In *SPIE Conference on Image Processing, San Diego, California*, pages 236–245, 1999.

Wang S. and Siskind J. Image segmentation with ratio cut. *IEEE Transactions on Pattern Analysis and Machine Intelligence*, 25:675–690, June 2003.

Williams D. J. and Shah M. A fast algorithm for active contours and curvature estimation. *CVGIP – Image Understanding*, 55(1):14–26, 1992.

Witkin A., Terzopoulos D., and Kass M. Signal matching through scale space. *International Journal of Computer Vision*, 1(2):133–144, 1987.

Wu X. and Chen D. Z. Optimal net surface problems with applications. In *Proc. of the 29th International Colloquium on Automata, Languages and Programming (ICALP)*, pages 1029–1042, July 2002.

Wu Z. and Leahy R. An optimal graph theoretic approach to data clustering: Theory and its application to image segmentation. *IEEE Transactions on Pattern Analysis and Machine Intelligence*, 15:1101–1113, November 1993.

Wyszecki G. and Stiles W. S. *Color Science: Concepts and Methods, Quantitative Data and Formulae.* J Wiley, New York, 2nd edition, 1982.

Xu C. and Prince J. L. Snakes, Shapes, and Gradient Vector Flow. *IEEE Transactions on Image Processing*, Vol. 7:359 –369, 1998.

Xu C., Pham D. L., and Prince J. L. Image segmentation using deformable models. In Sonka M. and Fitzpatrick J. M., editors, *Handbook of Medical Imaging, Volume 2: Medical Image Processing and Analysis*, pages 129–174. SPIE, Bellingham, WA, 2000.

Xu Y., Olman V., and Uberbacher E. A segmentation algorithm for noisy images. In *Proc. IEEE International Joint Symposia on Intelligence and Systems*, pages 220–226, November 1996.

Yang F., Holzapfel G., Schulze-Bauer C., Stollberger R., Thedens D., Bolinger L., Stolpen A., and Sonka M. Segmentation of wall and plaque in in vitro vascular MR images. *The International Journal of Cardiac Imaging*, 19:419–428, October 2003.

Yang F., Mackey M. A., Ianzini F., Gallardo G., and Sonka M. Cell segmentation, tracking, and mitosis detection using temporal context. In Duncan J. S. and Gerig G., editors, *Medical Image Computing and Computer-Assisted Intervention - MICCAI 2005, 8th International Conference, Palm Springs, CA, USA, October 26-29, 2005, Proceedings, Part I*, volume 3749 of *Lecture Notes in Computer Science*, pages 302–309. Springer, 2005.

Yezzi A., Kichenassamy S., Kumar A., Olver P., and Tennenbaum A. A geometric snake model for segmentation of medical imagery. *IEEE Transactions on Medical Imaging*, 16:199–209, 1997.

Yin Y., Zhang X., Williams R., Wu X., Anderson D., and Sonka M. LOGISMOS–layered optimal graph image segmentation of multiple objects and surfaces: Cartilage segmentation in the knee joint. *IEEE Transactions on Medical Imaging*, 29:2023–2037, 2010.

Zahn C. Graph-theoretic methods for detecing and describing Gestalt clusters. *IEEE Transactions on Computing*, 20:68–86, 1971.

Zhang H., Wahle A., Johnson R., Scholz T., and Sonka M. 4-D cardiac MR image analysis: Left and right ventricular morphology and function. *IEEE Transactions on Medical Imaging*, 29:350–364, 2010.

第 8 章

形状表示与描述

前面章节着重于图像分割的方法和介绍怎样构造均匀的图像区域及其边界。图像区域的识别是理解图像数据的重要步骤，它需要的是一种准确的适合分类器（见第 9 章）的区域描述。这种描述应该生成表现区域属性（例如，形状）的数字特征向量或非数字的句法描述词语。区域描述是第 4 章中介绍的 4 层中的第 3 层，意味着这种描述已经包含了某种抽象——例如，三维物体可以在二维平面中表示、用于描述的形状属性通常在二维中计算。如果我们对三维物体的描述感兴趣，那么我们必须至少处理两幅从不同视点（**立体视觉，stereo vision**）拍摄的同一物体的图像，或者如果物体是运动的，则需从图像序列中得出三维形状。在大多数的实际应用中二维形状表示已经足够了，但是如果三维信息是必需的——比如，若三维物体重建是目标——那么物体描述的任务就更困难了；这些主题将在第 11 章中介绍。这里，我们将把讨论限制在二维形状特征，并且假设物体的描述来自图像的分割结果。

定义物体的形状非常困难。它通常以言辞来表述或以图形来描绘，而且人们常使用一些术语，例如细长的、圆形的、有明显边缘的等等。自动化的处理过程要求我们对即便是非常复杂的形状进行精确的描述，尽管存在着许多实际的形状描述方法，但并没有被认可的统一的形状描述的方法学。我们甚至都不知道形状中什么是重要的。当前的形状描述方法中同时存在正面的和负面的性质；计算机图形学的方法[Woodwark, 1986]及数学的方法[Lord and Wilson, 1984]使用了有效的形状表示，但在形状识别中却没有用，反之亦然。尽管如此，也有可能找到大多数形状描述方法的共同特点。定位和描述物体边界一阶导数的显著变化常常会产生适当的信息。这样的例子包括文字数字的光学字符识别（optical character recognition，OCR）、工程制图、心电图（electro-cardiogram，ECG）曲线描述，等等。

形状是物体的一种属性，近年来已经得到细致的研究，可以找到大量的实际应用——OCR、ECG 分析、脑电图（electro-encephalogram，EEG）分析、细胞分类、染色体识别、自动监测、技术诊断，等等。尽管有这些多样性，但多数方法的差异主要局限在术语上。这些共同的方法可以从不同的角度来刻画：

- **输入的表示**：物体的描述可以是基于边界（基于轮廓的、外部的）的，或者是基于整个区域的知识（基于区域的、内部的）的。
- **物体重建的能力**：即是否可以从描述来重建物体的形状。存在很多种形状保持的描述方法。它们在物体重建的精度上不同。
- **非完整形状的识别能力**：即如果物体被遮挡而只有部分形状信息可以得到，根据该描述，物体的形状可以被识别到什么程度。
- **局部/全局描述的特征**：全局描述子只能在整个物体的数据可用来分析时才可使用。局部描述子使用部分信息来描述物体局部的特征。因此局部描述子可用来描述被遮挡的物体。
- **数学的和启发式的方法**：例如，基于傅里叶变换的形状描述属于数学的方法，而“细长性”则是一种启发式的形状描述方法。
- **统计的或句法的物体描述**（见第 9 章）。
- **对平移、旋转、尺度变换的鲁棒性**：形状描述在不同分辨率和姿态下的属性。

不同的描述方法在图像分析和图像理解方面的作用如流程图 8.1 所示。

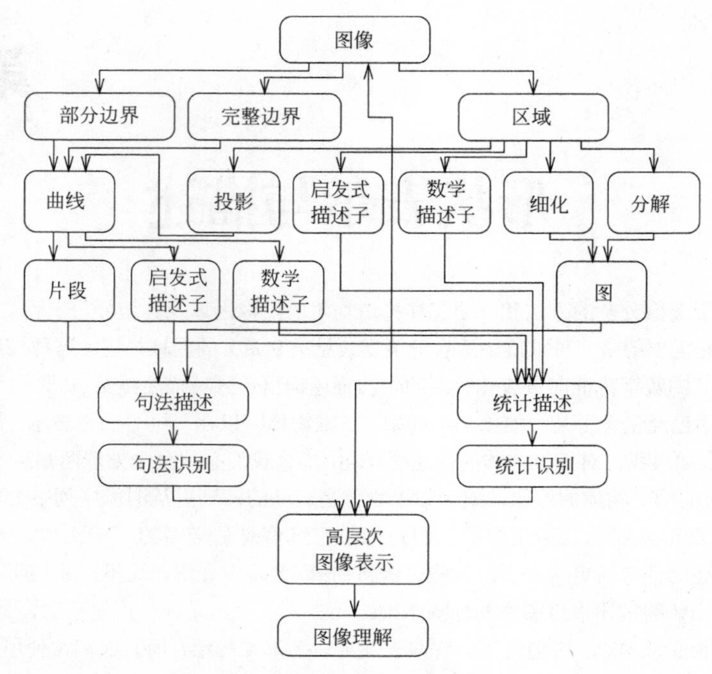

图 8.1 图像分析和理解的方法

尺度（分辨率）问题在数字图像中很常见。如果要导出形状描述，那么对尺度的敏感性就更严重了，因为形状可能会随着图像分辨率的变化而发生很大的变化。在高分辨率下轮廓的检测可能会受到噪声的影响，而在低分辨率下小的细节又可能会丢失（见图 8.2）。因此在多分辨率下对形状进行了研究，但在从不同分辨率匹配对应的形状表示时仍旧会遇到困难。此外，传统的形状描述不是连续变化的。在[Babaud et al., 1986; Witkin, 1986; Yuille and Poggio, 1986; Maragos, 1989]中提出了一种**尺度空间**（**scale-space**）的方法，目标是在分辨率连续变化的情况下得到连续的形状描述。此方法是已有方法的一个扩展，而且在一定的尺度范围内通过完善和保持它们的参数可以得出更鲁棒的形状方法。

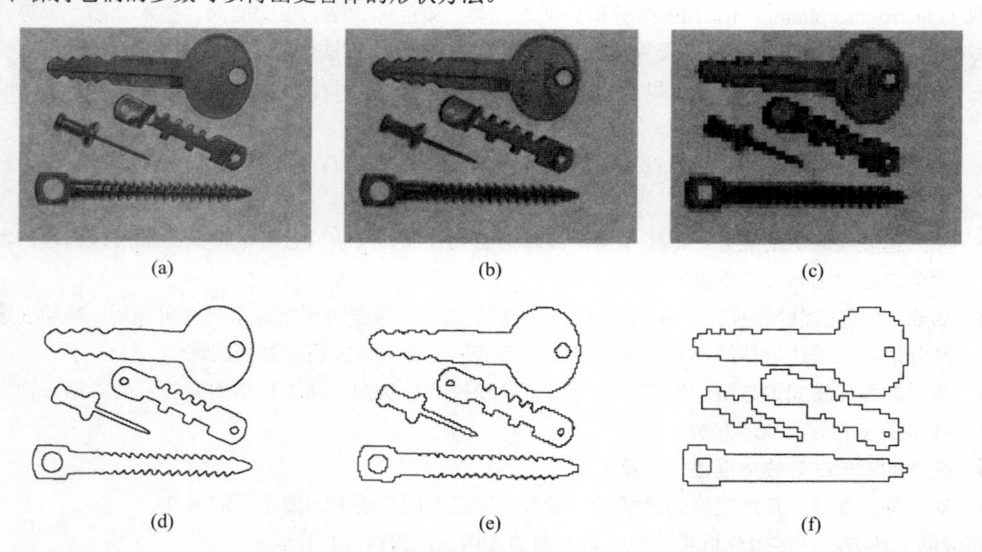

图 8.2 （a）原始图像 640×480；（b）原始图像 160×120；（c）原始图像 64×48；（d）a 的轮廓；（e）b 的轮廓；（f）c 的轮廓

在多数任务中，描绘形状属性的类别很重要，例如，苹果、橘子、梨、香蕉等的形状类别。**形状类别（shape classes）**应该充分表现属于同一类别的物体的一般形状。很明显，形状类别应该强调类间的不同点，而类内形状变化的影响不会在类的描述中有所反映。研究的挑战包括设计自动对形状学习的方法以及提高形状类别定义的可靠性（见第 8.4 节）。

在这里讨论的物体表示和形状描述的方法并不是一个详尽的方法列表——我们将尽量介绍一般的适用性方法。运用面向问题的方法来解决专门的描述和识别问题很有必要。这意味着对于很多种类的描述任务下面的方法是适当的，而且下面的想法还可以用来针对特殊的问题描述来建立一个专门而高效的方法。这样的方法将不再是通用的，因为它利用了关于问题的先验知识。运用非常专门的知识也是人类得以解决他们的视觉和识别问题的方式。

应该理解的是，尽管我们在处理二维形状及其描述，但我们的世界是三维的，物体同样也是，如果从不同角度（或在空间中改变位置/方向）观看，会形成非常不同的二维透视投影（见第 11 章）。理想的情况应该是具有一个克服这些变化的通用的形状描述能力——设计具有透视投影不变性的描述子。考虑一个表面是平面的物体，想象一下如果这个简单物体相对于观察者的位置和三维方向发生改变时，从给定的表面会得到多少种非常不同的二维形状。在一些特殊情况下，例如变成椭圆的圆，或平面多边形，可以找到具有透视投影不变性的特征（称为**不变量，invariant**）。不幸的是，目前存在的形状描述子没有一个是完美的；事实上，它们远远没有达到完美。因此，通过仔细分析形状识别问题来认真选择描述子应该先于任何实现，而且还要必须考虑二维表示是否有能力描述三维形状。对于一些三维形状，它们的二维透视投影可能具有识别所需的充分信息——飞机轮廓就是一个很好的例子。在许多其他情况下，为了得到充足的描述信息，必须在特殊的方向上观察物体——人脸就是这样的一个例子。

物体遮挡是形状识别中的另一个困难问题。然而，这里的情况会简单些（如果考虑纯遮挡问题，不包含如上所述的结合了方向变化而产生的二维透视投影的变化），这是因为物体的可见部分也许可以用于描述。在这里，形状描述子的选择必须基于其描述局部物体特征的能力——如果描述子只给出一个全局的物体描述（例如，物体大小、平均边界曲率、周长），当物体只有一部分可见时，这样的描述是没用的。如果使用一个局部描述子（例如，描述局部边界的变化），这个信息就可以用于将物体的可见部分与所有出现在图像中的物体作比较。明显地，如果发生物体遮挡，就必须首先考虑形状描述子的局部的或全局的特点。

在第 8.2 节和 8.3 节，描述子的分类是根据它们是否基于边界信息（基于轮廓的、外部的描述）或者是否使用了物体区域的信息（基于区域的、内部的描述）进行的。这种形状描述方法的分类对应于以前描述的基于边界的和基于区域的分割方法。然而，基于轮廓的和基于区域的形状描述子既可能是局部的或全局的，也可能在对平移、旋转、尺度缩放等的敏感性上有所不同。

8.1 区域标识

对于区域描述，区域标识是必需的。区域标识的很多方法中的一种是给每个区域（或每个边界）标志一个唯一的整数；这样的标识称为**标注（labeling）**或**着色（coloring）**（也称为**连通分量标注**），而最大的整数标号通常也就给出了图像中区域的数目。另一种方法是使用较少数目的标号（在理论上四个就足够了[Appel and Haken, 1977; Saaty and Kainen, 1977; Nishizeki and Chiba, 1988; Wilson and Nelson, 1990]），保证不存在两个相邻区域有相同标号；为提供全区域的索引，必须将有关某个区域像素的信息加到描述中。该信息通常保存在单独的数据结构中。作为选择，数学形态学的方法（见第 13 章）也可以用于区域标识。

假设分割后的图像 R 由 m 个不相交的区域 R_i（如在式（6.1）中的那样）组成。图像 R 常常由若干物体和一个背景组成。

$$R_b^C = \bigcup_{i=1, i\neq b}^{m} R_i$$

其中 R^C 是集合的补，R_b 为背景，其他区域是物体。标注算法的输入通常是二值或多亮度级别的图像，其中背景可能用零值像素表示，物体则用非零像素表示。多亮度级图像常常用于表示标注的结果，背景用零值表示，区域用它们的非零标号表示。一种按序的分割图像标注方法如下所示：

算法 8.1　4 邻域和 8 邻域区域标注

1. 第一遍扫描：一行一行地搜索整个图像 R，对每个非零像素 $R(i,j)$ 赋一个非零的值 v。根据邻域像素的标号来选择 v，其中邻域由图 8.3 定义。
   - 如果所有的邻域都是背景像素（其像素值为零），则 $R(i,j)$ 被赋予一个新的（到目前为止）没使用过的标号。
   - 如果仅仅只有一个邻域像素有非零标号，那么就把这个标号赋予像素 $R(i,j)$。
   - 如果邻域中有不止一个非零像素，则把这些像素中的任意一个的标号赋予要标注的像素。如果邻域的标号有不同的（标号冲突），则将标号对作为等价的保存起来。等价对被保存在单独的数据结构中——等价表。
2. 第二遍扫描：所有的区域像素在第一遍扫描时被标注了，但是一些区域存在具有不同标号的像素（由于标号冲突）。再一遍扫描图像，使用等价表的信息重新标注像素（例如，用等价类中的最小值）。

标号冲突经常发生——发生这种现象的图像形状的例子包括 U 形物体、 E 的镜像形（ヨ）物体，等等（见图 8.3（c））。等价表是一个出现在图像中的所有标号对的列表；所有的等价标号在第二步中被用一个唯一的标号代替。因为标号冲突的数目事先不知道，所以有必要提前或者动态的分配足够的空间用于保存等价表。更进一步，如果指针被用于标号标识，在第二次遍历时就没有必要重新扫描图像，因为我们可以重写这些指针所指的标号，这样会更快一些。

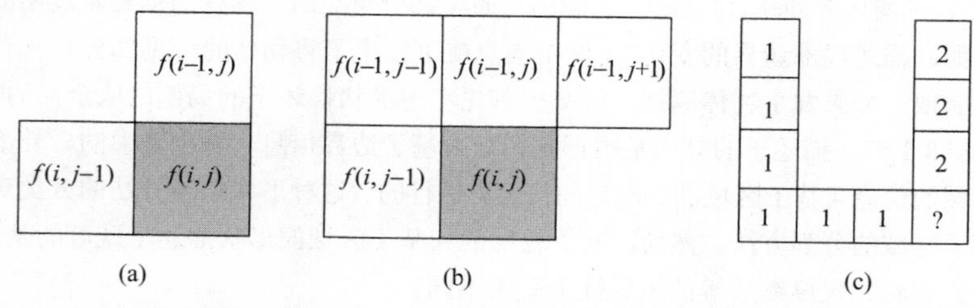

图 8.3　区域标识的掩膜：（a）在 4 连通下；（b）在 8 连通下；（c）标号冲突

算法在 4 连通和 8 连通下基本相同，不同点仅在邻域掩膜的形状上（见图 8.3（b））。为了便于在第二遍扫描中对区域进行简单计数，给区域赋予递增的标号是有用的。图 8.4 给出了一个例子的部分结果。

虽然不常用，但是区域标识可以在不是表示为直截了当的矩阵形式的图像上进行；下面的算法[Rosenfeld and Kak, 1982]可以用于按行程编码的图像（见第 4 章）。

算法 8.2　在行程编码数据中的区域标识

1. 第一遍扫描：对图像的第一行中不是背景部分的每一个连续行程，用一个新的标号标注。
2. 对第二和以后的行，比较行程间的位置
   - 如果在某一行中的行程不和前面行的任一行程相邻（在 4 连通或 8 连通下），则赋予一个新的标号。
   - 如果一个行程正好和前面行的一个行程相邻，则把它的标号赋予新的行程。
   - 如果新的行程和前面行的不止一个行程相邻，则发生标号冲突。保存冲突信息并将新行程以其

邻居中的任意一个标号来标注。

3. 第二遍扫描：一行一行地搜索图像，根据等价表的信息对图像进行重新标注。

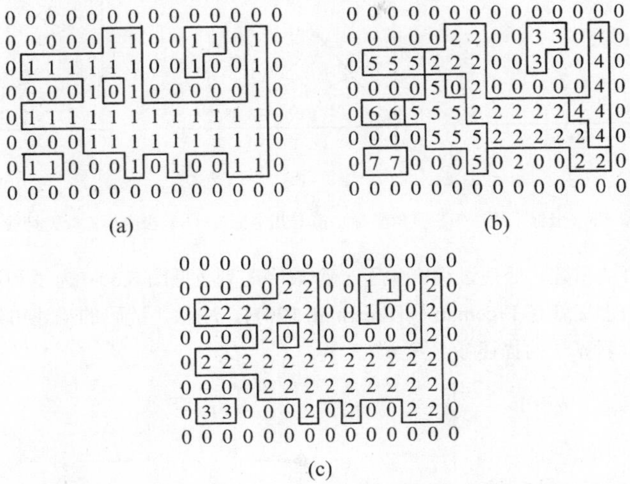

```
0 0 0 0 0 0 0 0 0 0 0 0 0 0
0 0 0 0 0 1 1 0 0 1 1 0 1 0
0 1 1 1 1 1 1 0 0 1 0 0 1 0
0 0 0 0 1 0 1 0 0 0 0 0 1 0
0 1 1 1 1 1 1 1 1 1 1 1 1 0
0 0 0 0 1 1 1 1 1 1 1 1 1 0
0 1 1 0 0 0 1 0 1 0 0 1 1 0
0 0 0 0 0 0 0 0 0 0 0 0 0 0
```

(a)

```
0 0 0 0 0 0 0 0 0 0 0 0 0 0
0 0 0 0 0 2 2 0 0 3 3 0 4 0
0 5 5 5 2 2 2 0 0 3 0 0 4 0
0 0 0 0 5 0 2 0 0 0 0 0 4 0
0 6 6 5 5 5 2 2 2 2 2 4 4 0
0 0 0 0 5 5 5 2 2 2 2 2 4 0
0 7 7 0 0 0 5 0 2 0 0 2 2 0
0 0 0 0 0 0 0 0 0 0 0 0 0 0
```

(b)

```
0 0 0 0 0 0 0 0 0 0 0 0 0 0
0 0 0 0 0 2 2 0 0 1 1 0 2 0
0 2 2 2 2 2 2 0 0 1 0 0 2 0
0 0 0 0 2 0 2 0 0 0 0 0 2 0
0 2 2 2 2 2 2 2 2 2 2 2 2 0
0 0 0 0 2 2 2 2 2 2 2 2 2 0
0 3 3 0 0 0 2 0 2 0 0 2 2 0
0 0 0 0 0 0 0 0 0 0 0 0 0 0
```

(c)

图 8.4　8 连通下的物体标识：（a）、（b）、（c）算法步骤。经过步骤（b）后的等价表：2-5，5-6，2-4

如果分割后的图像是用四叉树数据结构表示的，则可以使用算法 8.3（算法的细节和搜索相邻叶结点的过程可以在[Rosenfeld and Kak, 1982; Samet, 1984]中找到）。

算法 8.3　四叉树区域标识

1. 第一遍扫描：以给定顺序搜索四叉树的结点——例如，从根结点开始，按 NW、NE、SW、SE 的方向进行。只要进入一个未标注的非零叶子，就赋予其一个新的标号。然后以 E 和 S 的方向（在 8 连通下加上 SE）搜索叶结点的邻居。如果这些叶子非零并且没有被标注，则赋予其搜索所开始的结点的标号。如果叶结点的邻居已经被标注了，则保存冲突信息。
2. 重复执行步骤 1，直到整个树被搜索过。
3. 第二遍扫描：根据等价表对叶结点进行重新标注。

区域计数（**region counting**）任务和区域标识问题紧密相关，正如我们所见，计数可以从区域标识结果中立即得出。如果只需区域计数，而无须标识它们，那么一个一遍扫描的算法就足够了[Rosenfeld and Kak, 1982; Atkinson et al., 1985]。

8.2　基于轮廓的形状表示与描述

区域边界通常使用数学形式来表示。在**直角坐标**（**Rectangular**）下，它是路径长度 n 的函数。其他有用的表示有（见图 8.5）：

- **极坐标**（**Polar**）：边界元素以角度ϕ和距离 r 的数对来表示。
- **切线坐标**（**Tangential**）：曲线上点的切线方向 $\theta(x_n)$被编码为路径长度 n 的函数。

8.2.1　链码

链码通过带有给定方向的单位长度的线段序列来描述物体（见第 4.2.2 节），序列的第一个元素包含其位

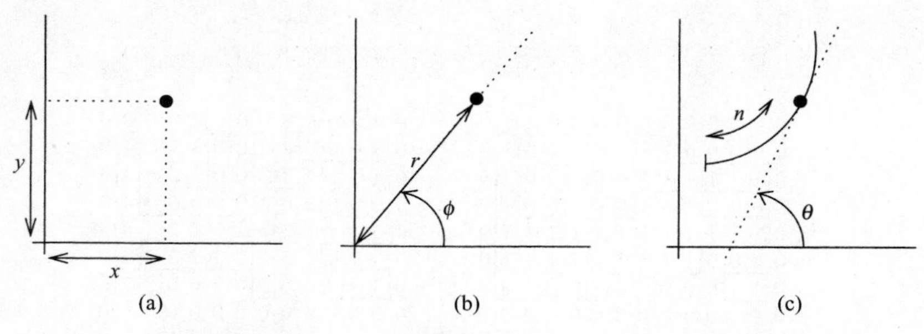

图 8.5　坐标系统：（a）直角坐标（笛卡儿坐标）；（b）极坐标；（c）切线坐标

置的信息以保证区域可被重建。处理过程产生了一个数字序列（见图 8.6）；为了利用链码的位置不变性删除了第一个元素。这样的定义就是 Freeman 码[Freeman, 1961]。注意，链码的描述可以作为边界检测的副产品很容易地得到；边界检测算法的描述参见第 6.2.3 节。

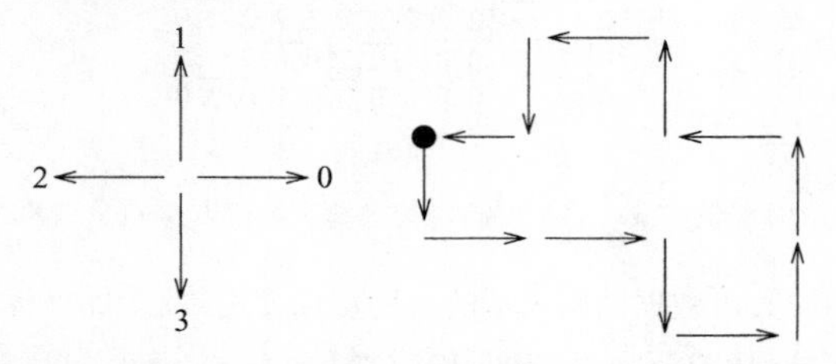

图 8.6　4 连通下的链码以及它的导数。链码：3,0,0,3,0,1,1,2,1,2,3,2；导数：1,0,3,1,1,0,1,3,1,1,3,1

如果链码用于匹配，它必须与序列中第一个边界像素的选择独立。为了归一化链码，一种可能性是：如果将描述链解释成四进制数，在边界序列中找到产生最小整数的那个像素——将该像素用作起始像素[Tsai and Yu, 1985]。一个模 4 或模 8 的差分码，称为链码的**导数**（**derivative**），是表示区域边界元素的相对方向的另一个数字序列，以逆时针计数的 90° 或 45° 的倍数来度量（见图 8.6）。链码对噪声非常敏感，而且如果要用于识别，尺度和旋转的任意变化都可能会引起问题。链码的平滑形式（沿着指定的路径长度对方向进行平均）对噪声相对不太敏感。

8.2.2　简单几何边界表示

以下的描述子大部分基于区域的几何属性。由于数字图像的离散特点，它们都对图像的分辨率敏感。

边界长度

边界长度是基本的区域属性，可以简单地从链码表示中得到。垂直的和水平的步幅为单位长度，在 8 连通下的对角步幅的长度为 $\sqrt{2}$ 。可以说明在 4 连通下边界会更长些，其中对角步幅包含两个直角步，总长度为 2。封闭边界的长度（**周长**（**perimeter**））也能简单地从行程或四叉树表示中求出来。边界长度随着图像光栅分辨率的增加而增加；另一方面，区域面积不受更高分辨率的影响而收敛于某个限度值（见第 15.1.7 节中的分形维数的描述）。为了提供连续空间的周长属性（根据边界长度的面积计算、形状属性等等。），最好将区域边界定义为外部边界或扩展边界（见第 6.2.3 节）。如果使用内部边界，则一些属性不能让人满意——例如，如果使用外部边界，1 个像素的区域的周长为 4，而如果使用内部边界则为 1。

曲率

在连续的情况下，曲率被定义为斜率的变化率。在离散空间，曲率的描述必须稍作修改以克服因曲线不具有平滑性所造成的困难。

曲率标量描述子（也称为边界平直度）是边界像素的总数目（长度）和边界方向有显著变化的边界像素

的数目的比率。方向改变的数目越少，边界越平直。对它的估算算法是基于检测存在于从待估计的边界像素出发到在前后两个方向上各 b 个边界像素位置处的两条线段间的角度的方法。这个角度不必以数字形式表示；更合适地，线段的相对位置可以用作属性。参数 b 决定了对边界方向局部变化的敏感度（见图 8.7）。从链码计算曲率可在[Rosenfeld, 1974]中找到，而切线形式的边界表示也适合曲率计算。所有边界像素的曲率值可以表示为直方图的形式；相对的数字提供了有关具体边界方向变化的普遍程度的信息。边界角度的直方图也可以按类似的方式来建立，比如图 8.7 中的 β 角——这样的直方图可以用于区域描述。如果距离 b 是可变的，我们可以建立可用于形状描述的三维直方图。

已经有很多用于估计每个边界点曲率的方法，例如可以参考 [Hermann and Klette, 2003; Kerautret et al., 2008]。前面的方法依赖于一个固定的参数 b。很明显，这个值并不总是来自于最相关的近邻区域，因此直观上自适应的确定 b 明显更好。当有序的遍历边界时，这种自适应的赋值过程可以使用不同的前驱（bp）和后继（bs）点的距离。确定这种自适应的距离 bp 和 bs 的方法可以基于数字直线分割的近似 [Coeurjolly et al., 2001; Hermann and Klette, 2003]，可参考第 8.2.4 节。

遍历一条平面曲线，假设 p 是点 q 的前一个点、δ 是这两个点的正向切线所形成的交角（见图 8.8）。连续的曲率 κ 可以被定义为：

$$\kappa(p) = \lim_{pq \to 0} \frac{\delta}{pq} \tag{8.1}$$

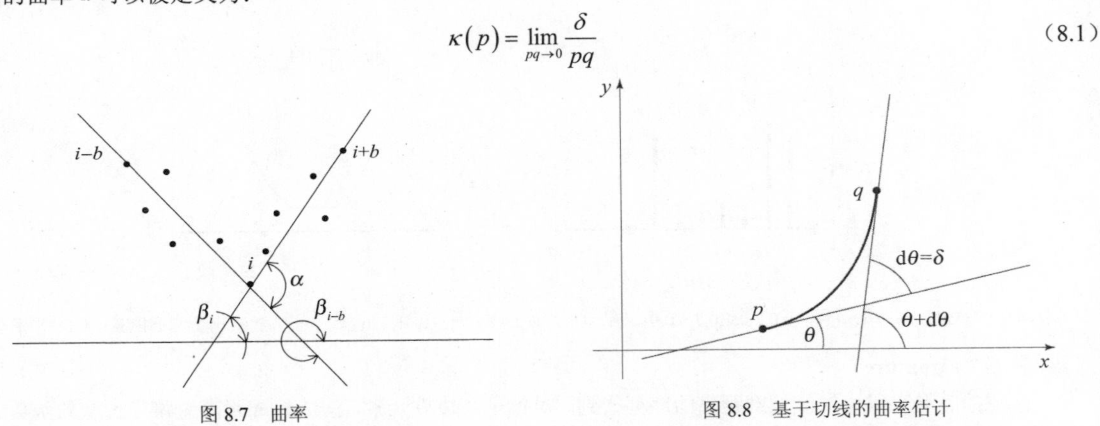

图 8.7 曲率

图 8.8 基于切线的曲率估计

在一个离散空间中，可以通过 p_{i-bp}, p_i, p_{i+bs} 这三个点确定的前驱和后继数字直线分割来计算曲率。算法可以被简要概述如下：

算法 8.4 曲率估计 —— HK2003 算法

1. 对边界上的每个点 p_i，通过求取以 p_i 为起点向前和向后的最长数字直线分割的长度来确定 bp 和 bs 的距离（第 8.2.4 节）。
2. 计算

$$l_p = \left\| p_{i-bp}, p_i \right\|,\ l_s = \left\| p_i, p_{i+bs} \right\|,$$

$$\Theta_p = \arctan\left(\frac{x_{i+bs} - x_i}{y_{i-bp} - y_i} \right), \Theta_s = \arctan\left(\frac{x_{i+bs} - x_i}{y_{i+bs} - y_i} \right)$$

$$\Theta = \frac{\Theta_p + \Theta_s}{2}$$

$$\delta_p = \left| \Theta_p - \Theta \right|,\ \delta_s = \left| \Theta_s - \Theta \right|$$

3. 在 p_i 点的曲率 C_i 为

$$C_i = \frac{\delta_p}{2l_p} + \frac{\delta_s}{2l_s}$$

该算法是一个简单而有效的求解无符号曲率值的方法 [Hermann and Klette, 2003, 2007]。凸凹性可以通过分析用于计算的点的坐标得到。

弯曲能量（Bending energy）

边界（曲线）的弯曲能量（BE）是把一个横杆弯曲成所要求的形状所需的能量，可以计算为边界曲率 $c(k)$的平方和除以边界长度 L。

$$\mathrm{BE}=\frac{1}{L}\sum_{k=1}^{L}c^2(k) \tag{8.2}$$

运用 Parseval 定理弯曲能量可以从傅里叶描述子简单地计算出来[Oppenheim et al., 1983; Papoulis, 1991]。为了表示边界，可以使用 Freeman 链码或它的平滑形式，见图 8.9。

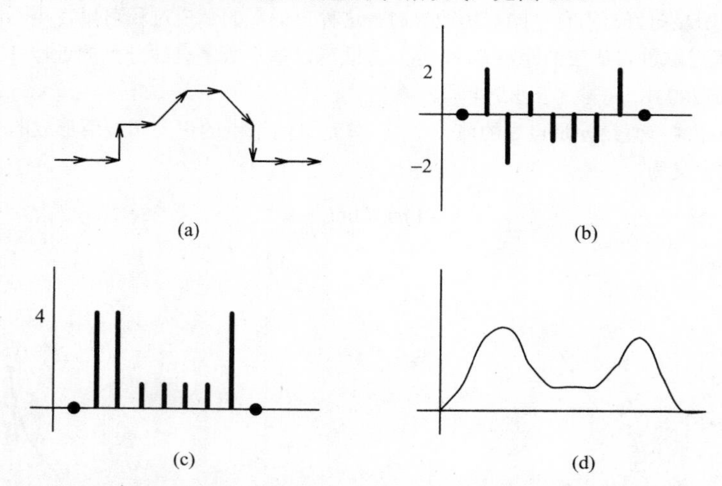

图 8.9 弯曲能量：（a）链码 0,0,2,0,1,0,7,6,0,0；（b）曲率 0,2,−2,1,−1,−1,−1,2,0；（c）平方和给出了弯曲能量；（d）平滑型

签名（signature）

区域的签名可以由法线轮廓距离的序列得到。对每一个边界元素，法线轮廓距离为路径长度的函数。对每一个边界点 A，到对面边界点 B 的最近距离的道路为垂直于点 A 边界切线的方向（见图 8.10。注意，对面（being opposite）不是一个对称关系（与算法 6.15 比较））。签名对噪声敏感，因而使用平滑后的签名或平滑后的轮廓的签名来降低对噪声的敏感性。签名可以用于对有重叠的物体的识别，或每当只有部分轮廓可以获得的情况下的识别[Vernon, 1987]。基于梯度周长和角度周长图的具体位置、旋转及尺度不变性的修正在[Safaee-Rad et al., 1989]中有讨论。

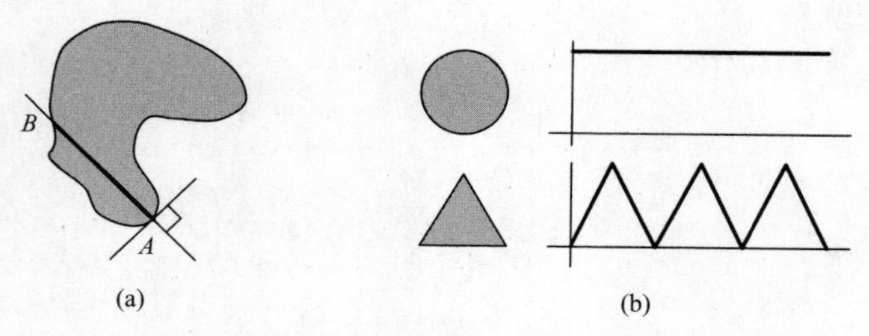

图 8.10 签名：（a）构造；（b）圆和三角形的签名

弦的分布

连接区域边界上任两点的直线就是弦，而在轮廓上所有弦的长度和角度的分布可以用于形状描述。令 $b(x, y)=1$ 表示轮廓的点，而 $b(x, y)=0$ 表示所有的其他点。注意对于连续的情况，在轮廓点位置的 $b(x, y)$必须使用迪拉克函数 δ 进行表示从而使得式（8.3）的积分为非零。弦的分布可以被计算（见图 8.11（a））为

$$h(\Delta x,\Delta y)=\iint b(x,y)b(x+\Delta x,y+\Delta y)\mathrm{d}x\mathrm{d}y \tag{8.3}$$

或者对数字图像

$$h(\Delta x,\Delta y)=\sum_i\sum_j b(i,j)b(i+\Delta x,j+\Delta y) \tag{8.4}$$

旋转独立的径向分布 $h_r(r)$是通过计算对所有角度的积分给定的（见图 8.11（b））。

$$h_r(r)=\int_{-\pi/2}^{\pi/2}h(\Delta x,\Delta y)r\mathrm{d}\theta \tag{8.5}$$

其中 $r=\sqrt{\Delta x^2+\Delta y^2}$ ，$\theta=\sin^{-1}(\Delta y/r)$。该函数的变化相对于尺度是线性的。角度的分布 $h_a(\theta)$ 独立于尺度，然而旋转导致成比例的偏移。

$$h_a(\theta)=\int_0^{\max(r)}h(\Delta x,\Delta y)\mathrm{d}r \tag{8.6}$$

它结合了两种分布给出了一个鲁棒的形状描述子[Cootes et al., 1992]。

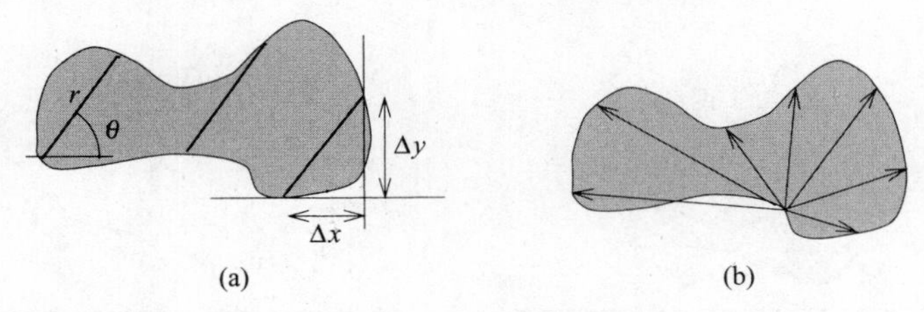

图 8.11　弦的分布

8.2.3　边界的傅里叶变换

假设 C 是复平面上的封闭曲线边界（图 8.12（a））。以逆时针方向沿着这个曲线保持恒定速度移动使得环绕边界一周的时间为 2π，得到一个周期复函数 $z(t)$，这里 t 是时间变量：该函数的周期是 2π。这就允许了 $z(t)$的傅里叶表示（参见第 3.2.4 节）。

$$z(t)=\sum_n T_n e^{int} \tag{8.7}$$

级数的系数 T_n 称为曲线 C 的**傅里叶描述子（Fourier descriptor）**。考虑将曲线距离 s 对照于时间会更有用，

$$t=2\pi s/L \tag{8.8}$$

其中 L 是曲线长度。傅里叶描述子 T_n 由

$$T_n=\frac{1}{L}\int_0^L z(s)e^{-i(2\pi/L)ns}\mathrm{d}s \tag{8.9}$$

给出。描述子受曲线形状及初始点的影响。对于数字化数据，边界坐标是离散的而函数 $z(s)$不是连续的。假定 $z(k)$是 $z(s)$的离散化版本，其中为了得到不变的采样间隔使用 4 连通；傅里叶描述子 T_n 可以从 $z(k)$的离散傅里叶变换中计算出来（见第 3.2 节）：

$$z(k)\leftarrow \mathrm{DFT}\rightarrow T_n \tag{8.10}$$

如果坐标系选择恰当，傅里叶描述子可以对平移和旋转不变[Pavlidis, 1977; Lin and Chellappa, 1987]。在手写字母字符识别的应用中[Shridhar and Badreldin, 1984]，字符边界由 4 连通下的坐标对(x_m, y_m)表示，$(x_1, y_1)=(x_L, y_L)$。然后

$$a_n=\frac{1}{L-1}\sum_{m=1}^{L-1}x_m e^{-i[2\pi/(L-1)]nm} \tag{8.11}$$

$$b_n=\frac{1}{L-1}\sum_{m=1}^{L-1}y_m e^{-i[2\pi/(L-1)]nm} \tag{8.12}$$

系数 a_n, b_n 不是不变量，但经过变换，

$$r_n=(|a_n|^2+|b_n|^2)^{1/2} \tag{8.13}$$

r_n是平移和旋转不变量。为了达到缩放不变性，使用描述子 w_n:

$$w_n=r_n/r_1 \tag{8.14}$$

发现对于字符描述前 10～15 个描述子 w_n 就足够了。

一个封闭边界可以表示为切线间的角度相对于其在边界上的点之间的距离的函数（见图 8.12（b））。令 φ_k 为在第 k 个边界点测量的角度，令 l_k 为起始边界点和第 k 个边界点的距离。一个周期函数可以被定义为

$$a(l_k)=\varphi_k+u_k \tag{8.15}$$

$$u_k=2\pi l_k/L \tag{8.16}$$

描述子集合则为

$$S_n=\frac{1}{2\pi}\int_0^{2\pi}a(u)e^{-inu}\mathrm{d}u \tag{8.17}$$

在所有的实际应用[Pavlidis, 1977]中，均使用了离散傅里叶变换。

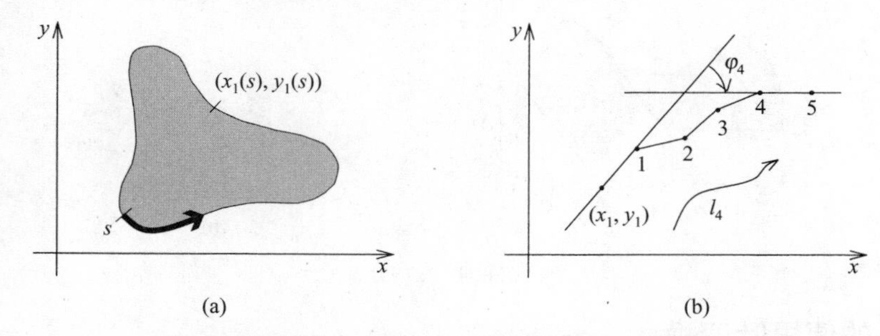

图 8.12 边界的傅里叶描述：（a）描述符 T_n，（b）描述符 S_n

傅里叶描述子的共同优点是仅使用少数低阶系数就得到了高质量的边界形状表示。由于切线角度的变化相对比较显著，描述子 S_n 有更多的高频成分出现在边界函数中，结果使它们不如描述子 T_n 那样快地衰减。另外，由于它们常常导致不封闭的边界，S_n 描述子不适合边界重建。在[Strackee and Nagelkerke, 1983]中给出了一种通过使用 S_n 描述子得到一个封闭边界的方法。描述子 T_n 的值对于更高的频率会非常快地衰减，而它们的重建常常会产生封闭的边界。此外，S_n 描述子不能用于正方形和正三角形等情况，除非使用在[Wallace and Wintz, 1980]中介绍的解决方法。

傅里叶描述子也可以用于计算区域面积、质心的定位以及二次矩[Kiryati and Maydan, 1989]。傅里叶描述子是一个通用的方法，但是在描述局部信息时存在问题。存在一个修正方法，它使用了频率-位置的结合空间，对局部曲线属性处理得较好；在[Krzyzak et al., 1989]中讨论了另一种修正，它在旋转、平移、尺度变换、镜像变换以及起始点的变化下具有不变性。传统的傅里叶描述子不能用于遮挡物体的识别。然而，在[Lin and Chellappa, 1987]中介绍了使用傅里叶描述子进行部分形状分类的方法。在[Staib and Duncan, 1992]中介绍了使用边界椭圆傅里叶分解的边界检测和描述方法。

8.2.4 使用片段序列的边界描述

边界（以及曲线）也可以被描述为是具有特定属性的**片段**（**segments**）。如果对于所有的片段其类型都是知道的，则边界可以描述为片段类型的一个链，码字由代表类型的字母组成——在图 8.15 中给出了一个例子。这种描述适合句法识别（见第 9.4 节）。在第 8.2.1 节中讨论的 Freeman 码的描述中使用了平凡的片段链。

多边形表示通过一个多边形来近似区域，区域由它的顶点来表示。它们可以作为对边界的一个简单分割的结果。边界可以用各种精度来近似，如果需要一个更精确的描述，就可能需要使用更多的线段。任意两个边界点 $\mathbf{x}_1$，$\mathbf{x}_2$ 定义了一条线段，点 $\mathbf{x}_1$，$\mathbf{x}_2$，$\mathbf{x}_3$ 的序列表示了一个线段链——从点 $\mathbf{x}_1$ 到点 $\mathbf{x}_2$，从 $\mathbf{x}_2$ 到 $\mathbf{x}_3$。如果 $\mathbf{x}_1=\mathbf{x}_3$，则为一个封闭的边界。有很多类型的线片段（digital straight-segment, DSS）的边界表示[Pavlidis,

1977; Lindenbaum and Bruckstein, 1993; Debled-Rennesson and Reveillès, 1995]；问题在于边界顶点位置的确定，一个解决方法是使用分裂-归并（split-merge）算法。归并的步骤为检查边界点的集合，只要满足了一个片段的平直性标准，就把它们加到这个片段中。如果失去了片段的平直性，最后连接的点就被标记为顶点，并开始构建一个新的片段。这个通用的方法有很多变种 [Pavlidis, 1977]。

通过使用曲率（边界平直率）标准（参见第 8.2.2 节），当边界点在边界方向上有显著变化时，就可以检测到边界顶点。当边界拥有直的边界片段时，这个方法很有效。

另一个（次优的[Tomek, 1974]）确定边界顶点的方法是通过设置最大允许差别 e 的**容忍区间方法**（**tolerance interval approach**）。假定点 $\mathbf{x}_1$ 是前一个片段的终止点，由定义亦是新片段的第一个点。定义点 $\mathbf{x}_2$，$\mathbf{x}_3$ 位于点 $\mathbf{x}_1$ 的直线距离 e 处——$\mathbf{x}_1$，$\mathbf{x}_2$，$\mathbf{x}_3$ 在一条直线上——见图 8.13。下一步是定位片段，它位于由点 $\mathbf{x}_2$，$\mathbf{x}_3$ 引出的平行线间。

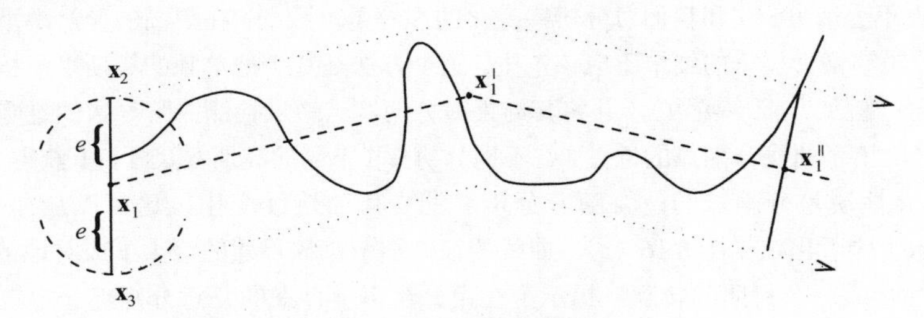

图 8.13　容忍区间

这些方法是使用片段增长的方法，它们是一种边界分割的一遍扫描算法。它们常常不会产生最可能好的边界分割，因为被定位的顶点常常表明真正的顶点位置应该往后几步。把边界分割成更小片段的分裂方法有时会有帮助，可以期望通过将这两种方法结合起来可以得到最好的结果。如果使用了分裂方法，片段通常被分成两段更小的片段直到新的片段达到最后的要求[Duda and Hart, 1973; Pavlidis, 1977]。一个分裂的简单过程从一条曲线的终点 $\mathbf{x}_1$ 和 $\mathbf{x}_2$ 开始；两终点被一条线段连接起来。下一个步骤是在所有的曲线点中找到距离线段最远的曲线点 $\mathbf{x}_3$。如果被确定的点在预设的它和线段间的距离范围内，片段 $\mathbf{x}_1 - \mathbf{x}_2$ 就是最后的片段，而所有的曲线顶点都找到了，顶点 $\mathbf{x}_1$ 和 $\mathbf{x}_2$ 就是曲线的多边形表示。否则点 $\mathbf{x}_3$ 作为新的顶点，并且将这个过程在两个结果片段 $\mathbf{x}_1$–$\mathbf{x}_3$ 和 $\mathbf{x}_3$–$\mathbf{x}_2$ 上递归地调用（见图 8.14 和第 6.2.7 节）。

把边界分割成**常数曲率**（**Constant curvature**）的片段是边界表示的另一个可能性。边界也可以被分割成能用多项式来表示的片段，通常是二阶的，例如圆形的、椭圆形的或抛物线形的线段[Costabile et al., 1985; Rosin and West, 1989; Wuescher and Boyer, 1991]。对于句法形状识别过程，片段被作为基元看待——一个典型的例子是染色体的句法描述和识别[Fu, 1974]，其中边界片段被分类为较大曲率的凸片段、较大曲率的凹片段、直线片段等等，如图 8.15 所示。

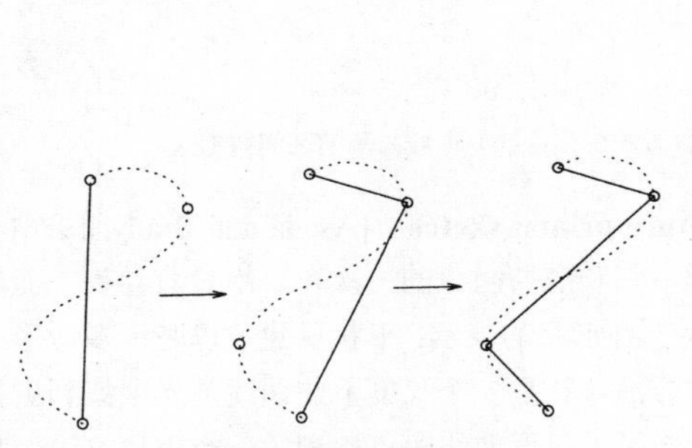

图 8.14　递归的边界分裂

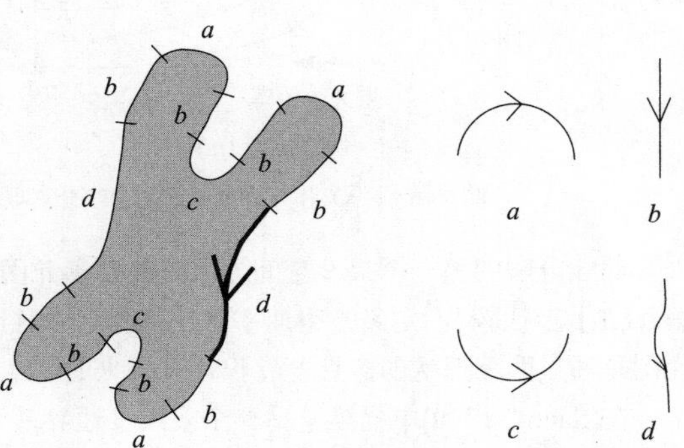

图 8.15　边界片段链，码字：*d,b,a,b,c,b,a,b,d,b,a,b,c,b,a,b*
（根据[Fu, 1974]改写）

在[Jakubowski, 1990]中描述了其他的句法物体识别方法，这些方法都基于一个特定集合将轮廓分割成基元。在[Chien and Aggarwal, 1989]中描述了利用定位正的大曲率点（角点）进行轮廓分割的方法，并用于受遮挡的轮廓。在[Leymarie and Levine, 1989] 中，使用了基于边界链码表示的离散曲率函数和形态学方法来得到常数曲率的片段。在[Marshall, 1989]中建议了利用常数亮度的片段来实现轮廓分割，而在[Koch and Kashyap, 1987]中可以找到将多边形表示用于遮挡物体识别的假设-检验方法。

我们已经提到过形状描述子对尺度（分辨率）的敏感性是大多数描述子的一个不受欢迎的特征。形状描述随着尺度的变化而变化，在不同分辨率下会得到不同的结果。如果曲线要被分成片段，这个问题仍然很突出；曲线的一些分割点在某一分辨率下存在，在其他分辨率下会消失因而没有任何直接的对应。考虑这个问题，曲线分割的一个保证分割点位置连续变化的**尺度空间**（**scale-space**）方法是一个显著的成就[Babaud et al., 1986; Witkin, 1986; Yuille and Poggio, 1986; Maragos, 1989]。在这里新的分割点只能在更高分辨率下出现，并已经存在的分割点不会消失。这和我们对分辨率变化的理解是一致的；在更高的分辨率下可以检测到更细微的细节，而如果分辨率增大显著的细节不应该消失。这个方法是基于把单独的高斯平滑核在一定的尺度范围内应用于一维信号（例如，曲率函数），并将其结果微分两次。通过检测二阶导数的过零点来确定曲率的峰值；过零点的位置给出了曲线分割点的位置。在不同分辨率（不同的高斯核尺寸）下获得分割点的不同位置。高斯核的一个重要性质是分割点的位置随着分辨率的变化而连续变化，这可以从曲线的**尺度空间图像**（**scale-space image**）中看出，见图 8.16（a）。曲线的细微细节在核尺寸的增大下成对地消失，并且总是两个分割点合并起来而形成一个封闭的轮廓，揭示了在粗分辨率下存在的任意分割点一定也在细的分辨率下存在。此外，分割点的位置在最精细的分辨率下是最精确的，而且可以对它的位置通过使用尺度空间图像从粗分辨率到细分辨率进行跟踪。一个多尺度的曲线描述可以通过**区间树**（**interval tree**）表示出来，见图 8.16（b）。每一对过零点被表示成一个矩形，它的位置对应于分割点在曲线上的位置，它的高度表示分割点可以被检测到的最低分辨率。区间树可以用于不同尺度下的曲线分解，同时保持了使用较高分辨率作片段描述的可能性。

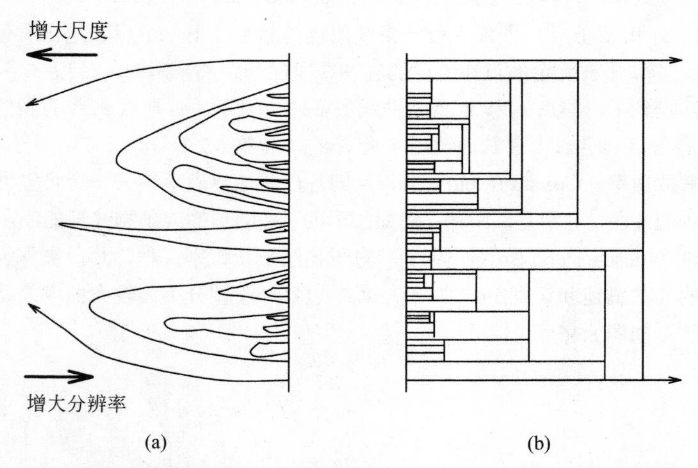

图 8.16 （a）作为尺度函数的曲线分割点的数目和位置的变化；（b）曲线表示的区间树形式

曲线分解的另一个尺度空间方法是**曲率基元图**（**curvature primal sketch**）[Asada and Brady, 1986]（与第 11.1.1 节比较）。定义一组曲率跃迁基元，并且在多分辨率下和高斯函数的一次和二次导数卷积。曲率基元图是通过匹配形状的多尺度卷积计算出来的。然后它作为一种形状的表示；形状重建可以基于多边形或样条。在[Saund, 1990]中描述了另一个多尺度边界基元的检测方法，它把一个尺度下的曲线基元聚集到更粗尺度下的曲线基元中。在[Fermuller and Kropatsch, 1992]中给出了多尺度曲线角点检测的一个鲁棒方法，其中利用了从在整个多分辨率金字塔中的角点行为得到的额外信息。

8.2.5　B 样条表示

在图形学中，使用分段多项式插值来得到平滑曲线的这种曲线表示方法是十分普遍的。B 样条是分段多项式曲线，其形状与它的控制多边形紧密相关——曲线的多边形表示由一个顶点的链给出。三次 B 样条是最常见的，因为这是包含曲率变化的最低阶次。样条有非常好的表示特性并且容易计算：首先，它们的形状改变要小于其控制多边形，并且它们不会像很多其他表示那样在采样点间振荡。此外，对于 n 次 B 样条，样条曲线总是位于 n+1 个顶点的多边形内，见图 8.17。其次，插值在特性上是局部的。如果一个控制多边形的顶点改变了它的位置，所造成的样条曲线的变化仅仅在那个顶点的一个小的邻域内发生。最后，把由样条表示的区域边界与图像数据相匹配的方法是基于对原始图像数据的直接搜索。这些方法类似于在第 6.2.6 节描述的分割方法。样条的方向可以直接从它的参数中得出。

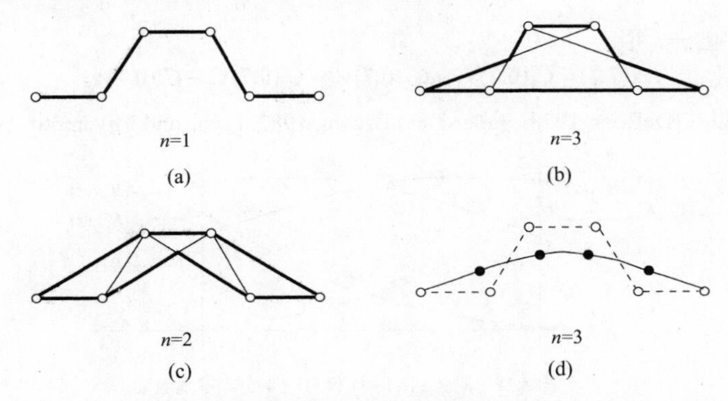

图 8.17　n 次 B 样条的凸 n+1 次多边形；（d）3 次样条

令 $\mathbf{x}_i$（i=1,⋯,n）为 B 样条插值曲线 $\mathbf{x}(s)$上的点。参数 s 在点 $\mathbf{x}_i$ 间线性变化——$\mathbf{x}_i = \mathbf{x}(i)$。三次 B 样条曲线的每一个部分都是三次多项式，这意味着它以及它的一阶和二阶导数都是连续的。B 样条由

$$\mathbf{x}(s) = \sum_{i=0}^{n+1} \mathbf{v}_i B_i(s) \tag{8.18}$$

给出。其中 $\mathbf{v}_i$ 为表示样条曲线的系数，$B_i(s)$是基函数，其形状由样条的阶次给出。系数 $\mathbf{v}_i$ 具有的信息对偶于样条曲线点的信息——$\{\mathbf{v}_i\}$可以从$\{\mathbf{x}_i\}$中得出，反之亦然。系数 $\mathbf{v}_i$ 代表了控制多边形的顶点，而且如果有 n 个点 $\mathbf{x}_i$，则必须有 n+2 个点 $\mathbf{v}_i$：两个端点 $\mathbf{v}_0$，$\mathbf{v}_{n+1}$ 由边界条件确定。如果 B 样条的曲率在曲线的开始和结束点为零，则

$$\begin{aligned} \mathbf{v}_0 &= 2\mathbf{v}_1 - \mathbf{v}_2 \\ \mathbf{v}_{n+1} &= 2\mathbf{v}_n - \mathbf{v}_{n-1} \end{aligned} \tag{8.19}$$

如果曲线是封闭的，则 $\mathbf{v}_0=\mathbf{v}_n$ 及 $\mathbf{v}_{n+1}=\mathbf{v}_1$。

基函数是非负的而且仅具有局部重要性。每一个基函数 $B_i(s)$仅在 $s \in (i-2, i+2)$ 内非零，这意味着对于任意的 $s \in (i, i+1)$，对于任意的 i 仅有四个非零的基函数：$B_{i-1}(s)$，$B_i(s)$，$B_{i+1}(s)$以及 $B_{i+2}(s)$。如果 $\mathbf{x}_i$ 点间的距离是常数（例如，单位距离），则所有的基函数具有相同的形式且由 4 个部分 $C_j(t)$组成，j=0,⋯,3。

$$C_0(t) = \frac{t^3}{6}$$

$$C_1(t) = \frac{-3t^3 + 3t^2 + 3t + 1}{6}$$

$$C_2(t) = \frac{3t^3 - 6t^2 + 4}{6}$$

$$C_3(t) = \frac{-t^3 + 3t^2 - 3t + 1}{6}$$

因为式（8.18）以及当 $s \notin (i-2, i+2)$ 时等于零的基函数，对任意的 s，$\mathbf{x}(s)$可以仅从四部分的和来计算出。

$$\mathbf{x}(s) = C_{i-1,3}(s)\mathbf{v}_{i-1} + C_{i,2}(s)\mathbf{v}_i + C_{i+1,1}(s)\mathbf{v}_{i+1} + C_{i+2,0}(s)\mathbf{v}_{i+2} \tag{8.20}$$

这里，$C_{i,j}(s)$的意思是我们使用基函数 B_i 的第 j 个部分（见图 8.18）。注意

$$\begin{gathered} C_{i,j}(s) = C_j(s-i) \\ i = 0, \cdots, n+1,\ \ j = 0,1,2,3 \end{gathered} \tag{8.21}$$

为了对在区间$[i, i+1)$里的值作处理，插值曲线 $x(s)$可被计算为

$$\mathbf{x}(s) = C_3(s-i)\mathbf{v}_{i-1} + C_2(s-i)\mathbf{v}_i + C_1(s-i)\mathbf{v}_{i+1} + C_0\mathbf{v}_{i+2} \tag{8.22}$$

特别地，如果 s=5，s 位于区间$[i, i+1)$的开始处，因此 i=5 并且

$$\mathbf{x}(5) = C_3(0)\mathbf{v}_4 + C_2(0)\mathbf{v}_5 + C_1(0)\mathbf{v}_6 = \frac{1}{6}\mathbf{v}_4 + \frac{4}{6}\mathbf{v}_5 + \frac{1}{6}\mathbf{v}_6 \tag{8.23}$$

或者，如果 s=7.7，则 i=7 并且

$$\mathbf{x}(7.7) = C_3(0.7)\mathbf{v}_6 + C_2(0.7)\mathbf{v}_7 + C_1(0.7)\mathbf{v}_8 + C_0(0.7)\mathbf{v}_9 \tag{8.24}$$

其他有用的公式可以在[DeBoor, 1978; Ballard and Brown, 1982; Ikebe and Miyamoto, 1982]中找到。

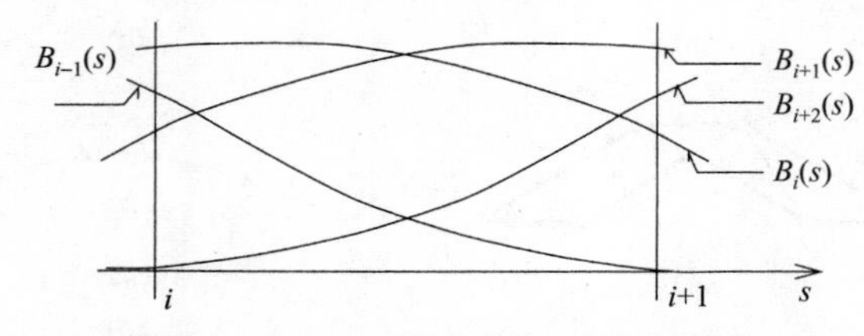

图 8.18　对 $s \in (i, i+1)$ 仅有的 4 个非零基函数

样条生成的曲线通常是令人满意的。它们提供了一个好的近似，在图像分析的曲线表示问题中也很容易使用。在[Paglieroni and Jain, 1988]中描述了一个把曲线采样转换成 B 样条控制多边形顶点的方法，还介绍了从控制多边形顶点计算边界曲率、形状的矩以及投影的有效方法。样条因复杂度而不同；最简单的方法之一将 B 样条用于曲线建模和从图像数据中抽取曲线 [DeBoor, 1978]。在计算机视觉中，在基于模型的分割和复杂的图像理解任务中使用样条来形成必要的精确而灵活的复杂形状的内部模型表示。而另一方面，它们对于尺度的变化非常敏感。

8.2.6 其他基于轮廓的形状描述方法

Hough 变换（Hough transform）拥有极好的形状描述能力，在第 6.2.6 节中详细地讨论过了（也可参见[McKenzie and Protheroe, 1990]）。使用**统计距（statistical moments）**的基于区域的形状描述在第 8.3.2 节中涵盖，其中也包含了一个从区域边界计算基于轮廓的距的技术。对形状的**分形（fractal）**研究方法[Mandelbrot, 1982]，也可以用于形状描述中。

数学形态学（Mathematical morphology）可以用于形状描述，特别是在与区域骨架重建相关的方面上（参见第 8.3.4 节）[Reinhardt and Higgins, 1996]。在[Loui et al., 1990]中介绍了一个不同的途径，其中用一个**几何相关函数（geometrical correlation function）**表示二维连续或离散的曲线。这个函数具有平移、旋转以及尺度不变性，并可用于计算基本的几何属性。

神经网络（Neural networks）（见第 9.3 节）可以直接用于识别以原始边界表示的形状。用无噪声的参考形状的轮廓序列来训练，且为了提高鲁棒性在训练的后期阶段使用带有噪声的数据；由此产生了封闭的平面形状的有效表示[Gupta et al., 1990]。另一个神经网络的形状表示系统使用了一个修正了的 Walsh-Hadamard 变换（见第 3.2.2 节）来达到具有位置不变性的形状表示。

8.2.7 形状不变量

投影到图像中的区域的形状显然会受到视角的影响——在图 8.19 中给出了一个简单的描述。如果我们可以辨认在某些特定变换下保持不变的形状特征那么我们也许就能够使用这些特征来匹配图像中的模型：机器视觉特别关心透视变换类。

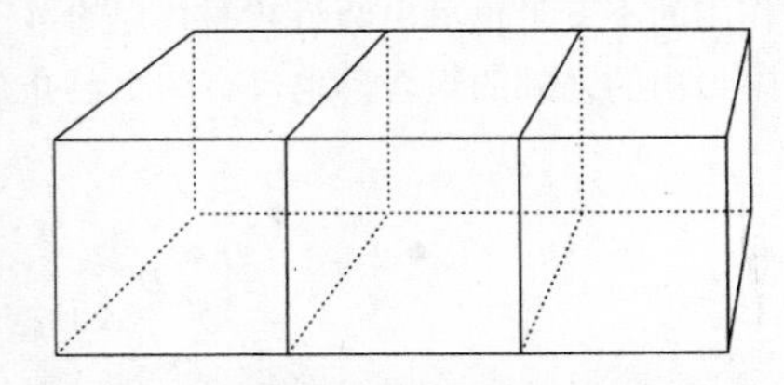

图 8.19　透视变换所引起的形状变化。相同的矩形截面在图像平面中被表示为不同的多边形

19 世纪时形状不变性的重要性就被认识到，但是过了很长一段时间它才被用到机器视觉领域[Weiss, 1988; Kanatani, 1990]。这里我们只给出一个简要的综述，更多细节可以在[Forsyth et al., 1991; Mundy and Zisserman, 1992]中找到。在书[Mundy and Zisserman, 1992]的绪论中给出了这个主题的一个概述，而其附录是有关机器视觉中的摄影几何的一个极好的详尽综述。

共线性是透视不变性图像特征的最简单的例子。在任意的透视变换下任何直线都被投影为直线。类似地，透视不变性形状描述的基本思想是找到这样的形状特征，它不受物体和图像平面间的变换的影响。

一个标准的透视不变性描述方法是：假设知道物体的姿态（位置和方向），把它变换到特定的坐标系统中；然后在这个坐标系统中测量形状特征，形成一个不变的描述。然而对每一个物体和每一幅图，都必须假设知道姿态，这使得该方法困难而不可靠。

另外一种方法是使用不变量理论（invariant theory），其中不变量描述子可以直接从图像数据中计算出来而不需要专门的坐标系统。此外，对于给定情况，不变量理论可以确定出相互独立作用的不变量的总数，因此展现了不变量描述集合的完整性。不变量理论基于一个可被合成和求逆的变换的集合。在视觉里面，考虑了变换的**平面透视群（plane-projective group）**，其中包含了所有的透视投影作为一个子集。**群方法（group approach）**提供了产生不变量的一个数学工具；如果变换不满足群的属性，这种机制就不可用 [Mundy and Zisserman, 1992]。因此，起因于平面透视变换的坐标变化被归结为一个**群动作（group action）**。**李群（Lie group）**理论在设计新的不变量时特别有用。

在两个不同坐标系统下的对应实体由大写和小写字母来区分。定义一个如下的在线性变换下的不变量：

由参数向量 **P** 描述的一个几何结构的不变量，$I(\mathbf{P})$，受约束于坐标 $\mathbf{x}=\mathbf{TX}$ 的线性变换 **T**，根据 $I(\mathbf{p})=I(\mathbf{P})|\mathbf{T}|^w$ 被变换。这里 $I(\mathbf{p})$是线性变换后的参数的函数，$|\mathbf{T}|$是矩阵 **T** 的行列式。

在这个定义中，w 为不变量的权重。如果 w=0，该不变量被称为**标量不变量（scalar invariant）**。不变量描述子不受物体姿态、透视投影以及摄像机内参数的影响。

三个关于不变量的例子如下。

1. **交比（Cross ratio）**：交比是代表了透视线的一个经典的不变量。一条直线总是投影为一条直线。任意四个共线点 A、B、C、D 可以用交比不变量描述为

$$I=\frac{(A-C)(B-D)}{(A-D)(B-C)} \tag{8.25}$$

其中（$A-C$）表示两点 A 和 C 间的距离（见图 8.20）。注意交比依赖于被标注的四个共线点的顺序。

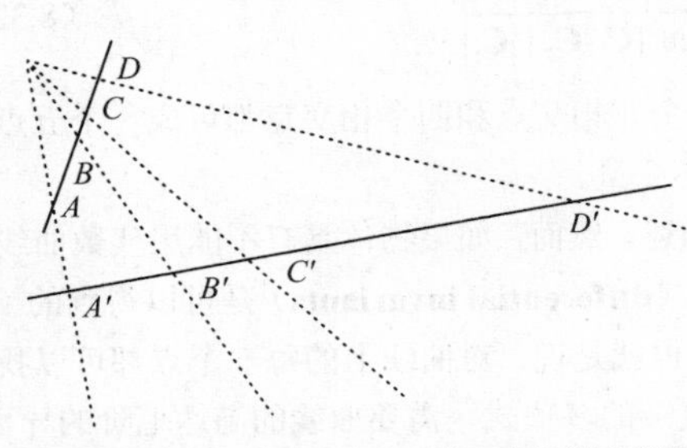

图 8.20　交比；四个共线点形成一个透视不变数

2. **线或点的系统（Systems of lines or points）**：一个四条共面共点的直线（交于同一点）的系统对偶于一个四个共线点的系统并且交比是它的不变量，见图 8.20。

一个五条一般的共面直线产生两个不变量，

$$I_1=\frac{|\mathbf{M}_{431}||\mathbf{M}_{521}|}{|\mathbf{M}_{421}||\mathbf{M}_{531}|},\quad I_2=\frac{|\mathbf{M}_{421}||\mathbf{M}_{532}|}{|\mathbf{M}_{432}||\mathbf{M}_{521}|} \tag{8.26}$$

其中 $\mathbf{M}_{ijk}=(\mathbf{l}_i,\mathbf{l}_j,\mathbf{l}_k)$。$\mathbf{l}_i=(l_i^1,l_i^2,l_i^3)^T$ 是一条直线 $l_i^1x+l_i^2y+l_i^3=0$ 的表示，其中 $i\in[1,5]$，并且$|\mathbf{M}|$是矩阵 $\mathbf{M}$ 的行列式。如果生成矩阵 $\mathbf{M}_{ijk}$ 的三条直线是共点的，则矩阵变为奇异的而不变量就没有定义。

一个有 5 个共面点的系统对偶于一个有 5 条直线的系统，并且可以生成同样的两个不变量。这两个独立作用的不变量也可由两组共面共点的 4 条直线的两个交比来产生，见图 8.21。注意即使产生了除了图 8.21 中给出的之外的组合，也仅有两个已介绍的独立作用的不变量存在。

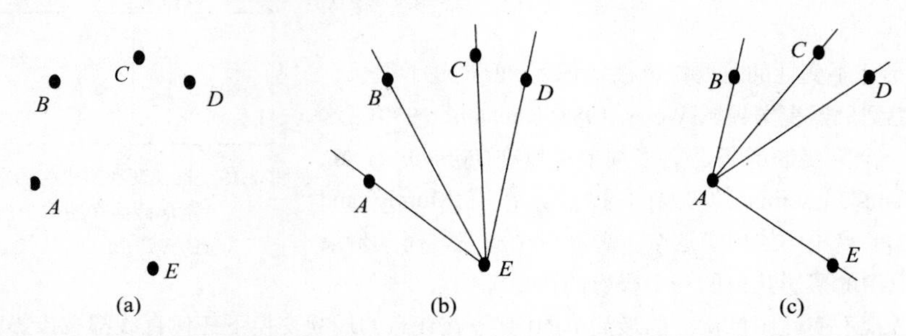

图 8.21　5 个共面点形成两个交比不变量：（a）共面点；（b）5 点形成一个 4 条共点直线的系统；（c）相同的 5 点形成另一个 4 条共点直线的系统

3. **平面二次曲线（Plane conics）**：一条平面二次曲线可以由一个方程表示

$$a x^2+bxy+cy^2+d x+ey+f=0 \tag{8.27}$$

对于 $\mathbf{x}=(x,y,1)^T$，则二次曲线也由矩阵 $\mathbf{C}$ 来定义，

$$\mathbf{C}=\begin{bmatrix} a & b/2 & d/2 \\ b/2 & c & e/2 \\ d/2 & e/2 & f \end{bmatrix}$$

以及

$$\mathbf{x}^T\mathbf{C}\mathbf{x}=0 \tag{8.28}$$

对任意的由矩阵 $\mathbf{C}$ 表示的二次曲线，以及两条不切于二次曲线的共面直线，可以定义一个不变量：

$$I=\frac{(\mathbf{l}_1^T\mathbf{C}^{-1}\mathbf{l}_2)^2}{(\mathbf{l}_1^T\mathbf{C}^{-1}\mathbf{l}_1)(\mathbf{l}_2^T\mathbf{C}^{-1}\mathbf{l}_2)} \tag{8.29}$$

对于一条二次曲线和两个共面点，可以形成同样的不变量。

对于两条由它们的归一化矩阵 $\mathbf{C}_1$、$\mathbf{C}_2$（$|\mathbf{C}_i|=1$）表示的二次曲线，可以确定两个不变量。

$$I_1=\text{trace}[\mathbf{C}_1^{-1}\mathbf{C}_2],\quad I_2=\text{trace}[\mathbf{C}_2^{-1}\mathbf{C}_1] \tag{8.30}$$

对于非归一化的二次曲线，所关联的二次型的不变量为

$$I_1=\text{trace}[\mathbf{C}_1^{-1}\mathbf{C}_2]\left(\frac{|\mathbf{C}_1|}{|\mathbf{C}_2|}\right)^{\frac{1}{3}},\quad I_2=\text{trace}[\mathbf{C}_2^{-1}\mathbf{C}_1]\left(\frac{|\mathbf{C}_2|}{|\mathbf{C}_1|}\right)^{\frac{1}{3}} \tag{8.31}$$

以及二次曲线的两个真正的不变量为[Quan et al., 1992]

$$I_1=\frac{\text{trace}[\mathbf{C}_1^{-1}\mathbf{C}_2]}{\text{trace}^2[\mathbf{C}_2^{-1}\mathbf{C}_1]}\frac{|\mathbf{C}_1|}{|\mathbf{C}_2|},\quad I_2=\frac{\text{trace}[\mathbf{C}_2^{-1}\mathbf{C}_1]}{\text{trace}^2[\mathbf{C}_1^{-1}\mathbf{C}_2]}\frac{|\mathbf{C}_2|}{|\mathbf{C}_1|} \tag{8.32}$$

两条平面二次曲线唯一地确定了四个相交点，而任意选择一个非相交点和四个相交点都可成一个五点系统。因此，对于这一对二次曲线，像五点系统一样，存在两个不变量。

很多人造物体由圆和直线组成，这些不变量可用于它们的描述。然而，如果物体具有不能用代数曲线表示的轮廓，情况就非常困难了。不受透视变换影响的**微分不变量（differential invariants）**是可以得到的（例如，曲率、绕率（扭矩）、高斯曲率）。这些不变量是局部的——也就是说，对曲线上的每一个点都可以找到其不变量，这可能很通用。不幸的是，这些不变量是非常大而复杂的多项式，需要曲线的高达七阶的导数，

由于存在图像噪声及获取误差的原因使得它们在实际中不能用。然而，如果可以获得额外的信息，可以避免较高阶的导数[Mundy and Zisserman, 1992]。较高阶的导数可以用在不同投影下在曲线上可以检测到的额外参考点来代替，但是在不同投影下有必要匹配参考点也带来了其他的困难。

在机器视觉应用中，设计新的不变量是不变量理论的一个重要部分。最简单的方法是组合基本的不变量，从这些组合中形成新的不变量，但是从这些组合中不会得到新的信息。进一步，对于向量系统在旋转群、仿射变换群以及一般的线性变换群的作用下的不变量，在[Weyl, 1946]中给出了完整的列表。为得到新的不变量集合，在[Forsyth et al., 1991; Mundy and Zisserman, 1992]中可以找到若干种方法（消除变换参数、微元法、符号方法）。

不变量的稳定性是影响其可用性的另一个关键属性。不变量对由图像传感器所引入的图像噪声和误差的鲁棒性是至关重要的，但是有关这方面的信息知道的还不多。有关平面投影不变量的稳定性测试（交比、五个共面点、两条共面二次曲线）结果可以在[Forsyth et al., 1991]中找到。进一步，不同的不变量具有不同的稳定性和区分能力。已经发现，例如[Rothwell et al., 1992]，测量在场景中的一条单独的二次曲线和两条直线在计算上太昂贵而不值得去做。人们推荐将不同的不变量组合起来以达到快速识别物体的目的。

在[Rothwell et al., 1992]中给出了一个识别人造物体的例子，其中使用包含四个共面点、一条二次曲线和两条直线、一对共面二次曲线的不变量描述。识别系统基于一个包含 30 多个物体模型的模型库——在当时是一个非常大的数字。此外，模型库的建立非常容易；不需要专门的测量，物体以标准的形式数字化，将投影不变量保存起来作为模型，而且，不需要摄像机的标定。如果物体没有受到阴影和镜面发射的严重干扰，对于从不同视点观察到的遮挡物体的识别准确率为 100%。在图 8.22 中给出了一个这样的物体识别的例子。

(a)

(b)

图 8.22　基于形状不变量的物体识别：（a）从一个任意视点拍摄的重叠物体的原始图像；（b）基于直线和二次曲线不变量的物体识别

8.3　基于区域的形状表示与描述

我们可以使用边界信息来描述区域，并且可以从区域自身来描述形状。使用启发式方法表示的一大类技术可产生能够接受的简单形状的描述结果——例如区域的面积、矩形度、细长度、方向、紧致度等。不幸的是，它们不能用于区域重建且对于较复杂的形状也不起作用。对于更复杂的区域的描述，可以基于其他的把区域分解成更小和更简单的子区域的方法，然后这些子区域可以分别地用启发式方法来描述。物体用平面图来表示，其结点代表由区域分解产生的子区域，而区域形状由图的属性来描述[Rosenfeld, 1979; Bhanu and Faugeras, 1984; Turney et al., 1985]。有两种一般的途径来得到子区域的图：第一种是区域细化，它导致可以用图来描述的**区域骨架**（**Region skeleton**）。第二种可选的方法从**区域分解**（**Region decomposition**）成子区域开始，然后子区域由结点来表示，结点的弧表示了子区域的相邻关系。通常规定子区域是凸的。

区域的图表示有很多优点。所产生的图具有以下特点：

- 它是平移和旋转的不变量；位置和旋转可以被包括在图的定义中。

- 它对形状的微小改变不敏感。
- 相对区域的尺寸它是很好的不变量。
- 它生成的是可理解的表示。
- 它很容易被用来获得图的具有一定信息的特征。
- 它适合句法识别。

另一方面，这种形式的形状表示可能是很难得到的，而且分类器的学习阶段也不是容易的（见第9章）。

8.3.1 简单的标量区域描述

存在许多简单的启发式形状描述子，它与统计特征描述有关。这些基本方法可以被用于复杂区域的子区域描述中，进而用于定义图结点的分类[Bribiesca and Guzman, 1980]。

面积

最简单的且最自然的区域属性是它的面积，由区域包含的像素个数给出。为了得到区域的实际大小，需要考虑每个像素的实际面积，注意在很多情况下（例如在卫星成像）不同位置的像素对应于真实世界的不同地区。如果图像被表示为一个矩形光栅，那么区域像素的简单计数就会提供其面积。然而，如果图像由四叉树来表示，求出区域面积会比较困难。假定区域已经通过标注被标识了，可以使用算法8.5。

算法 8.5　在四叉树中计算面积

1. 把所有的区域面积变量设为0，并且确定四叉树的总深度 H；例如，对一幅256×256的图像，四叉树的总深度为 H=8。
2. 系统的搜索树。如果在深度 h 上的一个叶结点拥有非零标号，转步骤3。
3. 计算：*area*[区域标号]= *area*[区域标号]+$4^{(H-h)}$。
4. 区域的面积被保存在变量 *area*[区域标号]里。

区域可以由 n 个多边形顶点(i_k, j_k)来表示，并且$(i_0, j_0)=(i_n, j_n)$。面积由下式给出

$$area = \frac{1}{2}\left|\sum_{k=0}^{n-1}(i_k j_{k+1} - i_{k+1} j_k)\right| \tag{8.33}$$

——和的符号表示了多边形的方向。如果使用平滑边界来克服噪声敏感性问题，由式（8.33）给出的区域面积值通常会稍微减小。在[Koenderink and van Doorn, 1986]中给出了各种平滑方法和准确地恢复面积的方法。

如果区域由（逆时针）Freeman链码来表示，下面的算法给出了面积。

算法 8.6　从 Freeman 4-连通链码表达中计算区域面积

1. 把区域面积变量设为0，把起始点的坐标值赋给变量 vertical_position。
2. 对每一个链码的元素（值0，1，2，3）执行

```
switch(code) {
 case 0:
      area := area - vertical_position;
      break;
 case 1:
      vertical_position := vertical_position + 1;
      break;
 case 2:
      area := area + vertical_position;
      break;
 case 3:
```

```
        vertical_position := vertical_position - 1;
        break;
    }
```

3. 如果所有的边界链元素都被处理过了，则区域面积被保存在变量 *area* 里。

Euler-Poincaré 特征

Euler-Poincaré 特征 ϑ（有时称为**亏格（genus）**）描述了物体的一个简单的拓扑不变的属性。它基于物体的连通部分的数目 S，以及物体中孔的数目 N（一个物体可以包含不止一个区域，否则连通部分的数目等于 1；参见第 2.3.1 节）。于是

$$\vartheta = S - N \tag{8.34}$$

可以在[Dyer, 1980; Rosenfeld and Kak, 1982; Pratt, 1991]和第 13 章中找到计算欧拉数的特殊过程。

投影（Projection）

定义水平的和垂直的区域投影 $p_h(i)$和 $p_v(j)$为

$$p_h(i) = \sum_j f(i,j), \quad p_v(j) = \sum_i f(i,j) \tag{8.35}$$

在二值图像处理中经常使用投影的方式来进行区域的描述。投影可以被当作定义相关区域描述子的一个基础；例如，无孔区域的宽（高）被定义为区域二值图像的水平（垂直）投影的最大值。这些定义如图 8.23 所示。

事实上，$p_h(i)$和 $p_v(j)$是为向量，通常获取了二值区域（特备是归一化之后）的有用特征——一个简单的例子就是在 OCR 中，诸如“h”或“k”这些字母的上升部（ascender）将在水平直方图上产生可识别的峰值，而字母之间的间隙将产生谷值。当然，我们不需要限制投影到 h 和 v 的方向，在这种情况下我们可以推导出**拉东变换（radon transform）**——参见 3.2.11 节。这被证明对于在噪声中检测直线非常有用，比如手写体中的扭曲，展示了与霍夫变换（第 6.2.6 节）每个你西安的关系，尽管它有着更为广泛和重要的应用。它也能够作为进一步实数度量的源头——比如，变换中显著峰值的数目别用于标志识别[Terrades and Valveny, 2003]和字符识别[Miciak, 2010]的一个特征。

离心率（Eccentricity）

最简单的离心率特征是最长弦 A 和垂直于 A 的最长弦 B 的长度比（一个物体的主次轴的比）——参见第 8.2.2 节和图 8.24。另一个近似的离心率的度量是基于主区域惯量轴的比[Ballard and Brown, 1982; Jain, 1989]。

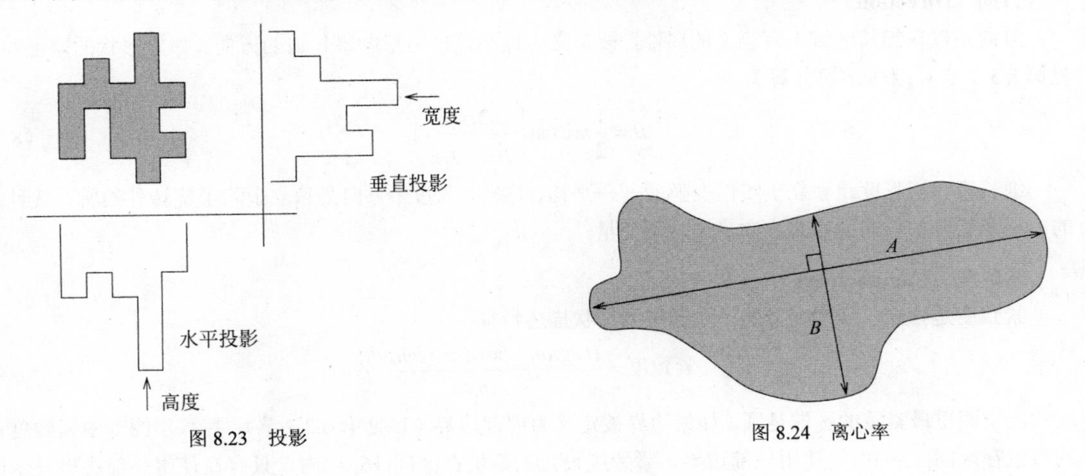

图 8.23　投影　　　图 8.24　离心率

细长度（Elongatedness）

细长度是区域外接矩形的长宽比。这是一个包围形状的最小面积的矩形，它是通过以离散步幅旋转直到

达到最小值来确定的（见图 8.25（a））。当细长度的估计必须基于最大区域厚度时，这个准则在弯曲的区域下达不到（见图 8.25（b））。细长度可以被估算为区域面积和它的厚度平方的比。最大区域厚度（如果出现孔就必须被其填充）可以由在区域全部消失前运用的腐蚀步数（参见第 13 章）来确定。如果腐蚀步数为 d，则细长度为

$$\text{细长度} = \frac{area}{(2d)^2} \tag{8.36}$$

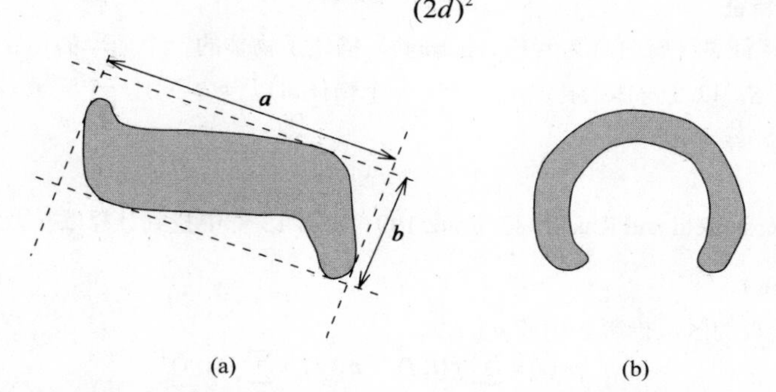

图 8.25　细长度：（a）外接矩形给出了可接受的结果；（b）外接矩形不能表示细长度

注意如果外接矩形的方向 θ 已知，则它可以从边界点有效地计算出来。定义

$$\alpha(x,y) = x\cos\theta + y\sin\theta, \quad \beta(x,y) = -x\sin\theta + y\cos\theta \tag{8.37}$$

在所有的边界点上搜索 α 和 β 的最小值和最大值。$\alpha_{\min}$、$\alpha_{\max}$、$\beta_{\min}$、$\beta_{\max}$ 的值则定义了外接矩形，并且 $l_1 = (\alpha_{\max} - \alpha_{\min})$ 和 $l_2 = (\beta_{\max} - \beta_{\min})$ 是它的长和宽。

矩形度（Rectangularity）

令 F_k 为区域面积和外接矩形面积的比，矩形具有方向 k。矩形度是以离散化的方向 k 为参数最大化这个比率：

$$\text{矩形度} = \max_k (F_k) \tag{8.38}$$

方向仅需旋转一个象限。矩形度设定的数值在区间(0,1]中，1 代表一个完美的矩形区域。有时画一个外接三角形，可能会更自然；在[Ansari and Delp, 1990]中介绍了一个称作**球度（Sphericity）**的评价两个三角形的相似性的方法。

方向（Direction）

方向是仅在细长区域下有意义的属性，被定义为最小外接矩形的最长边的方向。如果形状的矩已知（参见第 8.3.2 节），方向 θ 可计算为

$$\theta = \frac{1}{2}\arctan\left(\frac{2\mu_{11}}{\mu_{20} - \mu_{02}}\right) \tag{8.39}$$

细长度和矩形度是独立于线性变换的——平移、旋转、尺度。方向是独立于除了旋转外的所有线性变换的。两个旋转物体间的相对方向是旋转不变量。

紧致度（Compactness）

紧致度是独立于线性变换的一个通用的形状描述特征：

$$\text{紧致度} = \frac{(region\_border\_length)^2}{area} \tag{8.40}$$

在欧氏空间里最紧致的区域是圆。如果边界被定义为内部边界（参见第 6.2.3 节），在数字图像中紧致度设定的数值在区间[1,∞)内；使用外部边界，紧致度设定的数值在区间[16,∞)内。只有在使用外部边界表示的时候，才会达到独立于线性变换。例子如图 8.26 所示。

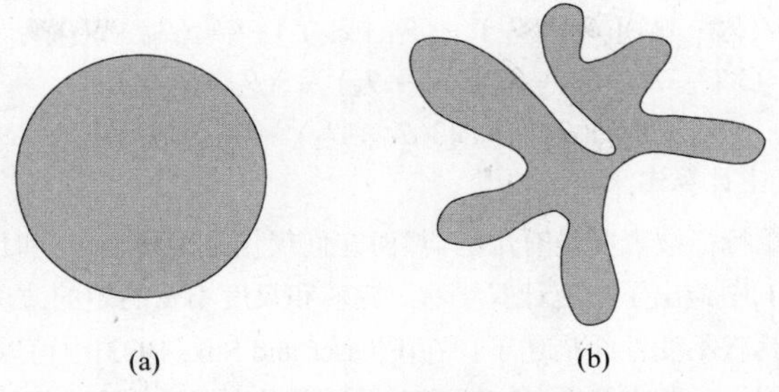

图 8.26　紧致度：（a）紧致的；（b）非紧致的

8.3.2　矩

区域的矩表示把一个归一化的灰度级图像函数理解为一个二维随机变量的概率密度。这个随机变量的属性可以用统计特征——矩（**Moments**）[Papoulis, 1991]来描述。通过假设非零的像素值表示区域，矩可以用于二值或灰度级的区域描述。$(p+q)$ 阶矩依赖于尺度、平移、旋转，甚至灰度级上的变换，由下式给出

$$m_{pq} = \int_{-\infty}^{\infty}\int_{-\infty}^{\infty} x^p y^q f(x,y)\mathrm{d}x\mathrm{d}y \tag{8.41}$$

在数字图像中我们计算求和式：

$$m_{pq} = \sum_{i=-\infty}^{\infty}\sum_{j=-\infty}^{\infty} i^p j^q f(i,j) \tag{8.42}$$

其中 x, y, i, j 是区域点的坐标（在数字图像中的像素坐标）。如果我们使用中心矩，可以取得平移不变性，

$$\mu_{pq} = \sum_{i=-\infty}^{\infty}\sum_{j=-\infty}^{\infty} (i-x_c)^p (j-y_c)^q f(i,j) \tag{8.43}$$

其中 x_c, y_c 是区域重心（质心）的坐标，它可以由下面的关系来得到

$$x_c = \frac{m_{10}}{m_{00}} \qquad y_c = \frac{m_{01}}{m_{00}} \tag{8.44}$$

在二值情况下，m_{00} 表示区域面积（见式（8.41）和式（8.42））。尺度不变性的特征也可以在尺度中心矩 η_{pq} 中得到（尺度变换 $x' = \alpha x$，$y' = \alpha y$），

$$\eta_{pq} = \frac{\mu_{pq}}{(\mu_{00})^{(p+q)/2+1}} \tag{8.45}$$

以及归一化的无尺度中心矩 ϑ_{pq}，

$$\vartheta_{pq} = \frac{\mu_{pq}}{(\mu_{00})^{\gamma}} \tag{8.46}$$

如果选择坐标系统使得 $\mu_{11} = 0$ [Cash and Hatamian, 1987]，则可以获得旋转不变性。在[Savini, 1988]中讨论了矩属性的很多方面，包括归一化、描述能力、对噪声的敏感度以及计算耗费。在[Hu, 1962]中给出了一个稍欠一般性的（less general）不变性的列表，在[Maitra, 1979; Jain, 1989; Pratt, 1991]中也讨论了，其中使用了 7 个旋转、平移以及尺度不变的矩特征。

$$\varphi_1 = \vartheta_{20} + \vartheta_{02} \tag{8.47}$$

$$\varphi_2 = (\vartheta_{20} - \vartheta_{02})^2 + 4\vartheta_{11}^2 \tag{8.48}$$

$$\varphi_3 = (\vartheta_{30} - 3\vartheta_{12})^2 + (3\vartheta_{21} - \vartheta_{03})^2 \tag{8.49}$$

$$\varphi_4 = (\vartheta_{30} + \vartheta_{12})^2 + (\vartheta_{21} + \vartheta_{03})^2 \tag{8.50}$$

$$\begin{aligned}\varphi_5 = {} & (\vartheta_{30} - 3\vartheta_{12})(\vartheta_{30} + \vartheta_{12})[(\vartheta_{30} + \vartheta_{12})^2 - 3(\vartheta_{21} + \vartheta_{03})^2] \\ & + (3\vartheta_{21} - \vartheta_{03})(\vartheta_{21} + \vartheta_{03})[3(\vartheta_{30} + \vartheta_{12})^2 - (\vartheta_{21} + \vartheta_{03})^2]\end{aligned} \tag{8.51}$$

$$\varphi_6 = (\vartheta_{20} - \vartheta_{02})[(\vartheta_{30} + \vartheta_{12})^2 - (\vartheta_{21} + \vartheta_{03})^2] + 4\vartheta_{11}(\vartheta_{30} + \vartheta_{12})(\vartheta_{21} + \vartheta_{03}) \tag{8.52}$$

$$\begin{aligned}\varphi_7 = &(3\vartheta_{21} - \vartheta_{03})(\vartheta_{30} + \vartheta_{12})[(\vartheta_{30} + \vartheta_{12})^2 - 3(\vartheta_{21} + \vartheta_{03})^2] \\ &- (\vartheta_{30} - 3\vartheta_{12})(\vartheta_{21} + \vartheta_{03})[3(\vartheta_{30} + \vartheta_{12})^2 - (\vartheta_{21} + \vartheta_{03})^2]\end{aligned} \tag{8.53}$$

其中 ϑ_{pq} 的值从式（8.46）中计算出来。

尽管上面介绍的7个矩特征被表明是有用的，然而它们仅仅是平移、旋转和尺度的不变量。在[Li and Shen, 1991; Jiang and Bunke, 1991]中给出了快速计算平移、旋转和尺度不变的矩的改进算法。然而，这些方法都不会产生在一般仿射变换下具有不变性的描述子。在[Flusser and Suk, 1993]中可以找到不变量推导过程的细节以及不变矩的物体描述的例子，其中一个从二阶和三阶矩得出的4个仿射矩不变量的全集如下。

$$I_1 = \frac{\mu_{20}\mu_{02} - \mu_{11}^2}{\mu_{00}^4} \tag{8.54}$$

$$I_2 = \frac{\mu_{30}^2\mu_{03}^2 - 6\mu_{30}\mu_{21}\mu_{12}\mu_{03} + 4\mu_{30}\mu_{12}^3 + 4\mu_{21}^3\mu_{03} - 3\mu_{21}^2\mu_{12}^2}{\mu_{00}^{10}} \tag{8.55}$$

$$I_3 = \frac{\mu_{20}(\mu_{21}\mu_{03} - \mu_{12}^2) - \mu_{11}(\mu_{30}\mu_{03} - \mu_{21}\mu_{12}) + \mu_{02}(\mu_{30}\mu_{12} - \mu_{21}^2)}{\mu_{00}^7} \tag{8.56}$$

$$\begin{aligned}I_4 = (&\mu_{20}^3\mu_{03}^2 - 6\mu_{20}^2\mu_{11}\mu_{12}\mu_{03} - 6\mu_{20}^2\mu_{02}\mu_{21}\mu_{03} + 9\mu_{20}^2\mu_{02}\mu_{12}^2 \\ &+ 12\mu_{20}\mu_{11}^2\mu_{21}\mu_{03} + 6\mu_{20}\mu_{11}\mu_{02}\mu_{30}\mu_{03} - 18\mu_{20}\mu_{11}\mu_{02}\mu_{21}\mu_{12} \\ &- 8\mu_{11}^3\mu_{30}\mu_{03} - 6\mu_{20}\mu_{02}^2\mu_{30}\mu_{12} + 9\mu_{20}\mu_{02}^2\mu_{21}^2 \\ &+ 12\mu_{11}^2\mu_{02}\mu_{30}\mu_{12} - 6\mu_{11}\mu_{02}^2\mu_{30}\mu_{21} + \mu_{02}^3\mu_{30}^2) / \mu_{00}^{11}\end{aligned} \tag{8.57}$$

所有的矩特征都依赖于区域的线性灰度级变换；为了描述区域形状属性，我们在二值图像数据（对区域像素 $f(i,j)$=1）上操作，这样对线性灰度变换的依赖性就消失了。

即使区域由它的边界来表示，矩特征也可以用来描述形状。一个封闭边界由一个表示数字化形状的全部 N 个边界像素和质心间的欧氏距离的有序序列 $z(i)$来刻画。对于具有螺旋形的或凹的轮廓的形状，不需要额外的处理。在[Gupta and Srinath, 1987]中定义了具有平移、旋转和尺度不变性的一维归一化轮廓序列的矩 $\bar{m}_r$，$\bar{\mu}_r$。第 r 个轮廓序列的矩 m_r 和第 r 个中心矩 μ_r 可以被估算为

$$m_r = \frac{1}{N}\sum_{i=1}^{N}[z(i)]^r \tag{8.58}$$

$$\mu_r = \frac{1}{N}\sum_{i=1}^{N}[z(i) - m_1]^r \tag{8.59}$$

定义第 r 个归一化轮廓序列的矩 $\bar{m}_r$ 和归一化轮廓序列的中心矩 $\bar{\mu}_r$ 为

$$\bar{m}_r = \frac{m_r}{\mu_2^{r/2}} = \frac{\frac{1}{N}\sum_{i=1}^{N}[z(i)]^r}{\left[\frac{1}{N}\sum_{i=1}^{N}[z(i) - m_1]^2\right]^{r/2}} \tag{8.60}$$

$$\bar{\mu}_r = \frac{\mu_r}{(\mu_2)^{r/2}} = \frac{\frac{1}{N}\sum_{i=1}^{N}[z(i) - m_1]^r}{\left[\frac{1}{N}\sum_{i=1}^{N}[z(i) - m_1]^2\right]^{r/2}} \tag{8.61}$$

尽管不变矩集合 $\bar{m}_r$，$\bar{\mu}_r$ 可以直接用于形状表示，但是可以从下面的形状描述子获得对噪声敏感度较小的结果[Gupta and Srinath, 1987]

$$F_1 = \frac{(\mu_2)^{1/2}}{m_1} = \frac{\left[\frac{1}{N}\sum_{i=1}^{N}[z(i) - m_1]^2\right]^{1/2}}{\frac{1}{N}\sum_{i=1}^{N}z(i)} \tag{8.62}$$

$$F_2 = \frac{\mu_3}{(\mu_2)^{3/2}} = \frac{\frac{1}{N}\sum_{i=1}^{N}[z(i)-m_1]^3}{\left[\frac{1}{N}\sum_{i=1}^{N}[z(i)-m_1]^2\right]^{3/2}} \tag{8.63}$$

$$F_3 = \frac{\mu_4}{(\mu_2)^2} = \frac{\frac{1}{N}\sum_{i=1}^{N}[z(i)-m_1]^4}{\left[\frac{1}{N}\sum_{i=1}^{N}[z(i)-m_1]^2\right]^2} \tag{8.64}$$

$$F_4 = \bar{\mu}_5 \tag{8.65}$$

在形状识别测试中，使用轮廓序列的矩比基于面积的矩（式（8.47）～式（8.53））会获得较低概率的误分类，而且，轮廓序列的矩在计算上的负担也比较低。

8.3.3　凸包

一个区域 R 是凸的，当且仅当对于任意两点 $\mathbf{x}_1$，$\mathbf{x}_2 \in R$，由它的端点 $\mathbf{x}_1$，$\mathbf{x}_2$ 定义的整个直线段 $\mathbf{x}_1\mathbf{x}_2$ 在区域 R 的内部。区域的凸包是满足条件 $R \subseteq H$ 的最小凸区域 H——见图 8.27。凸包在数字数据中具有一些在连续情况下不存在的一些特殊性质。例如，凹的部分在数字数据中由于旋转会出现或消失，因此凸包在数字空间中不是旋转不变量 [Gross and Latecki, 1995]。凸包可以用来描述区域形状属性而且可以用于建立区域凹状的树形结构。

离散的凸包可以由算法 8.7 来定义，它也可用于凸包构建。这个算法具有复杂度 $\mathcal{O}(n^2)$并且在这里给出，作为检测凸包的一个直观的途径。算法 8.8 描述了一个更有效的方法。

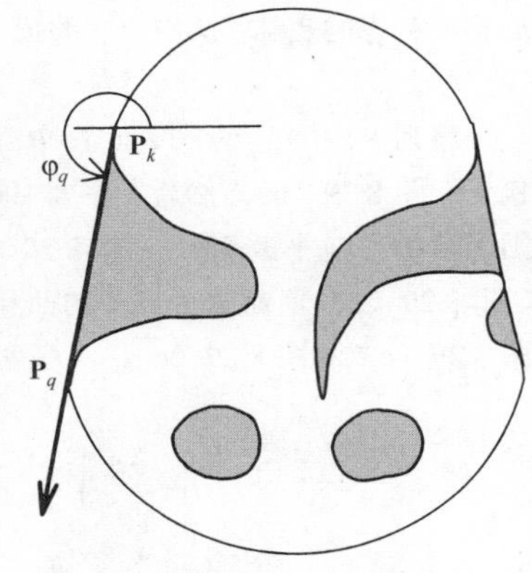

图 8.27　凸包

算法 8.7　区域凸包构建

1. 找到具有最小行坐标的区域 R 的所有像素；在它们中间，找到具有最小列坐标的像素 $\mathbf{P}_1$。赋值 $\mathbf{P}_k=\mathbf{P}_1$，$\mathbf{v}=(0,-1)$；向量 $\mathbf{v}$ 表示凸包的前一直线段的方向。
2. 以逆时针方向搜索区域边界（算法 6.6）并且对每一个位于点 $\mathbf{P}_1$ 后（在边界搜索方向上——见图 8.27）的边界点 $\mathbf{P}_n$ 计算方向角 φ_n。方向角 φ_n 是向量 $\mathbf{P}_k\mathbf{P}_n$ 的角度。满足条件 $\varphi_q = \min_n \varphi_n$ 的点 $\mathbf{P}_q$ 是区域凸包的一个元素（顶点）。
3. 赋值 $\mathbf{v}=\mathbf{P}_k-\mathbf{P}_q$，$\mathbf{P}_k=\mathbf{P}_q$。
4. 重复执行步骤 2 和步骤 3 直到 $\mathbf{P}_k=\mathbf{P}_1$。

就像在给定算法中所描述的那样，不需要选择第一个点 $\mathbf{P}_1$，但它必须是区域内部边界的一个凸片段的元素。

存在更有效的算法，特别是当物体由一个 n 个顶点的有序序列 $P=\{\mathbf{v}_1, \mathbf{v}_2,\cdots,\mathbf{v}_n\}$来定义时，其中 $\mathbf{v}_i$ 表示物体的多边形边界。存在很多在最坏情况下具有计算复杂度$\mathcal{O}(n\log n)$的凸包检测算法 [Toussaint, 1985]。

如果多边形 P 是一个简单多边形（不自交的多边形），在物体边界的多边形表示中总是这样的情况，可以以线性时间$\mathcal{O}(n)$ 得到凸包：[McCallum and Avis, 1979]的算法是第一个正确的线性时间算法。我们现在要讨论的最简单且正确的凸包算法是在[Melkman,1987]中给出的。

令 $P=\{\mathbf{v}_1, \mathbf{v}_2,\cdots,\mathbf{v}_n\}$为待检测凸包的简单多边形，并且令顶点以这个顺序来处理。对任意的在有序序列中的三个顶点 $\mathbf{x}$、$\mathbf{y}$、$\mathbf{z}$，可以估算一个方向函数 δ（见图 8.28）。

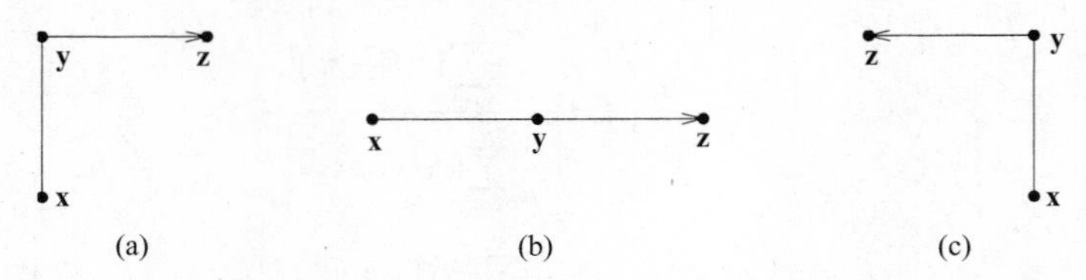

图 8.28 方向函数 δ：（a）$\delta(\mathbf{x},\mathbf{y},\mathbf{z})=1$；（b）$\delta(\mathbf{x},\mathbf{y},\mathbf{z})=0$；（c）$\delta(\mathbf{x},\mathbf{y},\mathbf{z})=-1$

$\delta(\mathbf{x},\mathbf{y},\mathbf{z})=1$ 如果 **z** 在有向直线 **xy** 的右边

$=0$ 如果 **z** 和有向直线 **xy** 共线

$=-1$ 如果 **z** 在有向直线 **xy** 的左边

主要数据结构 H 是已经处理过的多边形顶点的顶点表。H 表示了多边形的当前处理过的部分的凸包，在检测完成后，凸包保存于这个数据结构中。因此 H 总是表示一个封闭的多边形曲线，$H=\{d_b,\cdots,d_t\}$，其中 d_b 指向列表的底部，d_t 指向它的顶部。注意 d_b 和 d_t 总是代表同一个同时表示了封闭多边形的起点和终点的顶点。

序列 P 中的前三个顶点 A、B、C 形成一个三角形（如果不共线），而这个三角形表示了这前三个点的凸包——图 8.29（a）。然后在序列中测试下一个顶点 D 是否位于当前凸包的内部或外部。如果 D 位于内部，则当前的凸包不改变——图 8.29（b）。如果 D 位于当前凸包的外部，它就必须成为一个新的凸包顶点（图 8.29（c）），而基于当前的凸包形状，或者没有，或者一个或几个顶点必须从当前的凸包中去掉——图 8.29（c）和图 8.29（d）。对序列 P 中所有剩下的顶点重复这个过程。

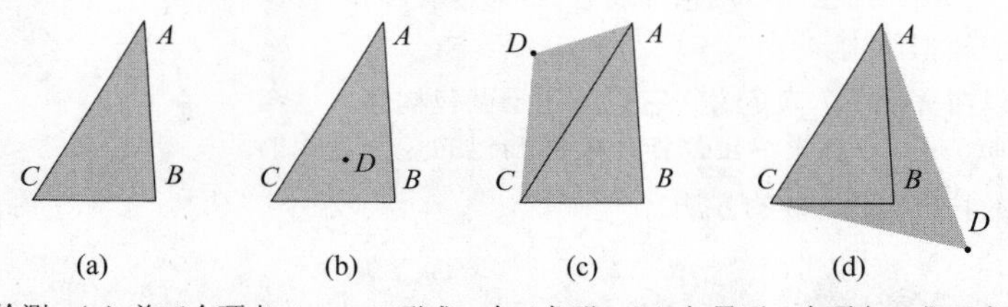

图 8.29 凸包检测。（a）前三个顶点 A、B、C 形成一个三角形；（b）如果下一个顶点 D 位于当前凸包 ABC 的内部，则当前凸包不变；（c）如果下一个顶点 D 位于当前凸包的外部，则它成为当前新的凸包 $ABCDA$ 的一个新顶点；（d）在这种情况下，必须从当前的凸包中去掉顶点 B 而新的凸包为 $ADCA$

在[Melkman, 1987]中使用下面的术语，变量 **v** 指的是正在考虑的输入顶点，定义下面的操作：

```
push v      :   t := t+1, d_t→v
pop d_t     :   t := t-1,
insert v  :   b := b-1,      d_b→v
remove d_b  :   b := b+1,
input v    :   输入序列 P 中的下一个顶点，如果 P 为空，结束。
```

其中→意思为“指向”。算法如下。

算法 8.8 简单多边形凸包检测

1. 初始化。

```
. t := -1;
. b := 0;
. input v1; input v2; input v3;
. if ( δ(v1, v2, v3)>0 )
.           { push v1;
.             push v2; }
.       else
```

```
.           { push v2;
.             push v1; }
. push v3;
. insert v3;
```

2. 如果下一个顶点 **v** 位于当前凸包 H 内部，输入并且检查一个新的顶点；否则处理步骤 3 和步骤 4；

```
. input v;
. while( δ(v, d_b, d_b+1)≥0 AND δ(d_t-1, d_t, v)≥0 )
.      input v;
```

3. 重新排列 H 中的顶点，列表的顶部

```
. while( δ(d_t-1, d_t, v)≤0 )
.      pop d_t;
. push v;
```

4. 重新排列 H 中的顶点，列表的底部

```
. while( δ(v, d_b, d_b+1)≤0 )
.      remove d_b;
. insert v;
. go to step 2;
```

这样给出的算法理解起来可能比较难，但是一个比较不规范的形式可能会无法实现；在[Melkman, 1987]中给出了一个正规的证明。下面的例子使得这个算法更好理解一点。

令 $P=\{A,B,C,D,E\}$，如图 8.30（a）所示。在第 1 步时建立数据结构 H：

$$\begin{array}{cccccc} t,b\ \cdots & & -1 & 0 & 1 & 2 \\ H & = & C & A & B & C \\ & & d_b & & & d_t \end{array}$$

在第 2 步，输入顶点 D（图 8.30（b））：

$$\delta(D, d_b, d_{b+1}) = \delta(D,C,A) = 1 > 0$$
$$\delta(d_{t-1}, d_t, D) = \delta(B,C,D) = -1 < 0$$

基于方向函数 δ 的值，在这种情况下，在这个步骤中没有输入其他的顶点。步骤 3 产生了如下的当前凸包 H：

$$\begin{array}{lcccccc} & t,b\ \cdots & & -1 & 0 & 1 & 2 \\ \delta(B,C,D) = -1 \rightarrow \text{pop } d_t \rightarrow & H & = & C & A & B & C \\ & & & d_b & & d_t & \end{array}$$

$$\begin{array}{lcccccc} & t,b\ \cdots & & -1 & 0 & 1 & 2 \\ \delta(A,B,D) = -1 \rightarrow \text{pop } d_t \rightarrow & H & = & C & A & B & C \\ & & & d_b & & d_t & \end{array}$$

$$\begin{array}{lcccccc} & t,b\ \cdots & & -1 & 0 & 1 & 2 \\ \delta(C,A,D) = 1 \rightarrow \text{push } D \rightarrow & H & = & C & A & D & C \\ & & & d_b & & d_t & \end{array}$$

在步骤 4——图 8.30（c）：

$$\begin{array}{lccccccc} & t,b\ \cdots & & -2 & -1 & 0 & 1 & 2 \\ \delta(D,C,A) = 1 \rightarrow \text{insert } D \rightarrow & H & = & D & C & A & D & C \\ & & & d_b & & & d_t & \end{array}$$

转到步骤 2；输入顶点 E ——图 8.30（d）：

$$\delta(E,D,C) = 1 > 0$$

$$\delta(A,D,E)=1>0$$

应该从 P 中输入一个新的顶点，但是在序列 P 中没有未处理的顶点，凸包生成过程结束。作为结果的凸包由序列 $H=\{d_b,\cdots,d_t\}=\{D, C, A, D\}$ 来定义，它表示了一个多边形 $DCAD$，总是以顺时针的方向——图 8.30（e）。

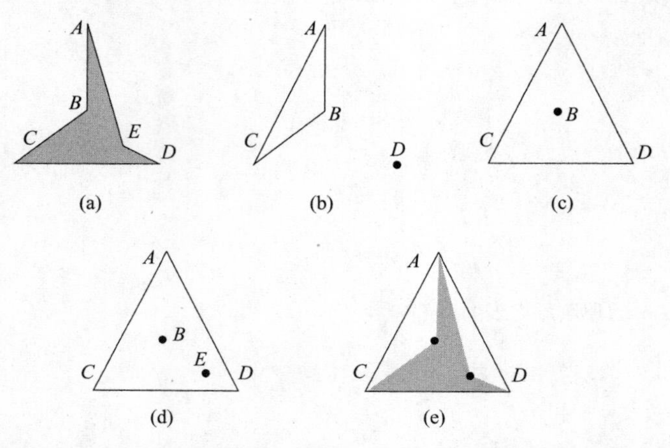

图 8.30　凸包检测的例子：（a）被处理的区域——多边形 $ABCDEA$；（b）输入和处理顶点 D；（c）顶点 D 成为当前凸包 ADC 的一个新的顶点；（d）输入和处理顶点 E，E 没有成为当前凸包的一个新的顶点；（e）结果凸包 $DCAD$

另一个形状表示的选择是**区域凹状树**（**Region concavity tree**）[Sklansky, 1972]。在凸包的构建中树是递归生成的。首先构建整个区域的凸包，然后再找到凹差（concave residua）的凸包。搜索从前面步骤来的区域的凹差所产生的凸包，直到没有凹差存在为止。所产生的树是区域的一个形状表示。凹状树的构建可以在图 8.31 中看到。

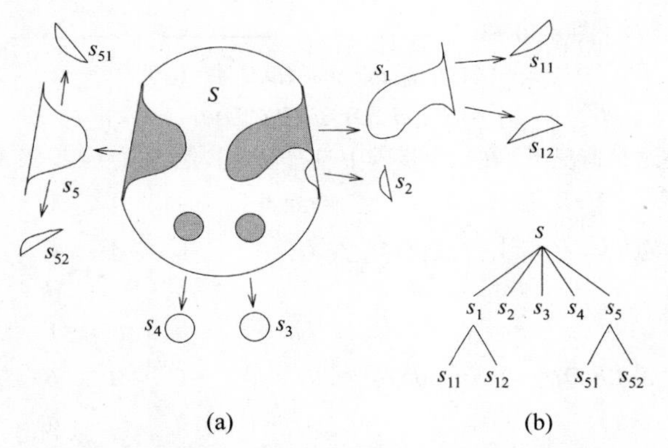

图 8.31　凹状树的构建：（a）凸包和凹差；（b）凹状树

8.3.4　基于区域骨架的图表示

这个方法把区域边界的显著弯曲点（8.2.2 节）对应于图结点。基于边界的描述方法的主要缺点是：在描述边界时，在几何上接近的点可能会彼此离得很远——图表示的方法克服了这个缺点。而形状属性由图的属性中导出。

区域图是基于区域骨架的，第一步是骨架构建。构建骨架有 4 种基本的途径：

- 细化——迭代地去除区域边界像素。
- 从边界开始的波传播。

- 在区域的距离变换图像中的检测局部最大值。
- 分析的方法。

在[Bernard and Manzanera, 1999]中给出的骨架化算法预期的属性包括：

- 同伦——骨架必须保持原形状/图像的拓扑结构。
- 1 像素厚度——骨架应该由厚度为 1 的线组成。
- 中间性——骨架应该放置于形状的中间（所有的骨架点与最近的两个物体边界点的距离相等）。
- 旋转不变性——在离散空间中，该性质只在旋转角为 $\pi/2$ 的整数倍时才能满足，但是在其他角度下应该近似满足。
- 噪声免疫性：骨架应该对边界的噪声不敏感。

这些需求中有一些是互相矛盾的——噪声免疫性和中间性不能被同时满足。类似地，旋转不变性和 1 像素厚度的需求也相互违背的。虽然所有的 5 个需求都能帮助保证骨架结果的质量，满足同伦性、中间性和旋转不变性是最为重要的[Manzanera et al., 1999]。

大多数的细化过程重复地去除边界元素直至找到最大厚度为 1 或 2 的像素集合。一般而言，这些方法可以是顺序执行的，迭代有方向性并行的或者迭代完全并行的。下面要介绍的 MB 算法就是一个迭代完全并行的骨架化算法，该算法构建最大厚度为 2 的骨架[Manzanera et al., 1999]。该算法简单、能保持拓扑结构（例如不会有部件被删除或者被分成若干部件，没有物体的凹陷处会被合并到背景、另一个凹陷处，而且没有新的凹陷处产生）且在几何上是正确的（例如物体在所有方向上均匀地收缩而且产生的骨架线正好置于物体的中间位置）。虽然该算法只是有限旋转不变的，其计算非常快。

算法 8.9　全并行细化骨架提取——MB 算法

1. 考虑一个由物体像素和背景像素构成的二值图像。
2. 识别一个物体像素的集合 y，该集合中像素的局部图像配置与如图 8.32（a）所示的细化模板相匹配且与如图 8.32（b）所示恢复模板不匹配。这一步骤在所有的物体像素以及所有 $\pi/2$ 旋转模板上并行操作。
3. 删除所有在集合 $\mathcal{Y}$ 中的物体像素。
4. 只要 $\mathcal{Y}$ 非空，重复前面两个步骤。

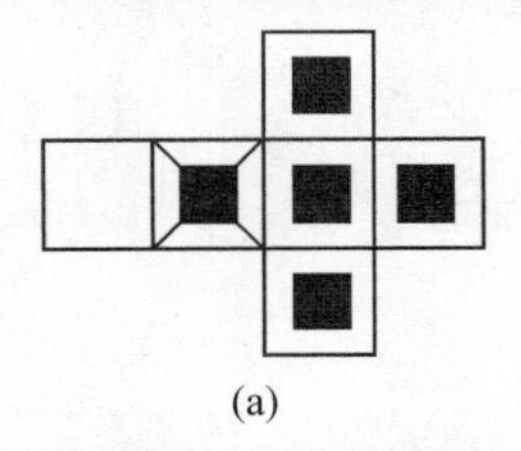

(a)

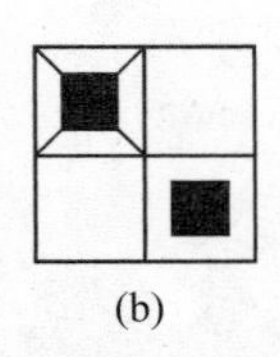

(b)

图 8.32　MB 骨架化算法[Manzanera et al., 1999]的模板。这两个模板的所有 90-度旋转也包含在内。面板（a）展示了细化模板（加上所有 $\pi/2$ 旋转）。面板（b）展示了恢复模板（加上所有 $\pi/2$ 旋转）。模板的中心像素用对角叉线标记，背景像素是白色的而物体像素是黑色的

一个改进版本的 MB 骨架化算法，被称为 MB2，在保证[Bernard and Manzanera, 1999]其他良好性质的同时提供更好的旋转不变性。虽然相比与其他算法 MB2 的计算仍然较快，它在稍微慢于算法 8.9。

算法 8.10　全并行细化骨架提取——MB2 算法

1. 考虑一个由物体像素和背景像素构成的二值图像。
2. 识别一个物体像素的集合 $\mathcal{Y}$，该集合中像素的局部图像配置至少与如图 8.33（a）、图 8.33（b）中所示的其中一个细化模板相匹配且与如图 8.33(c)所示恢复模板不匹配。这一步骤在图像中 所有的物体像素上并行操作。

3. 删除所有在集合$\mathcal{Y}$中的物体像素。
4. 只要$\mathcal{Y}$非空，重复前面两个步骤。

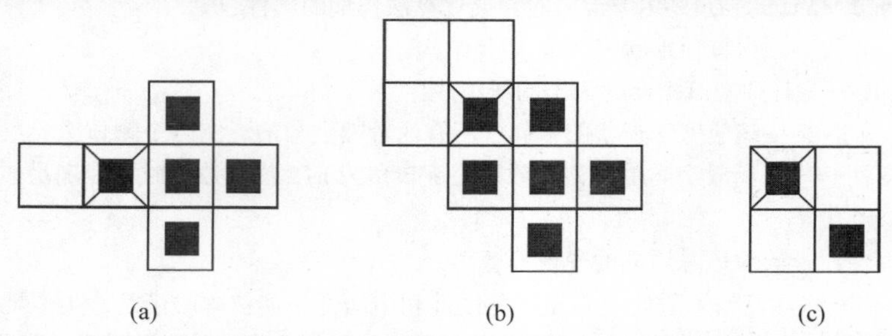

图 8.33 MB2 骨架化算法[Bernard and Manzanera, 1999]的模板——所有 $\pi/2$ 旋转也包含在内。面板（a）和（b）展示了细化模板（加上所有 $\pi/2$ 旋转）。（c）展示了恢复模板（加上所有 $\pi/2$ 旋转）。模板的中心像素用对角叉线标记，背景像素是白色的而物体像素是黑色的

MB 和 MB2 提取的骨架的样例以及由不同分割阈值导致的物体形状微小差异对两个算法的影响如图 8.34 所示。

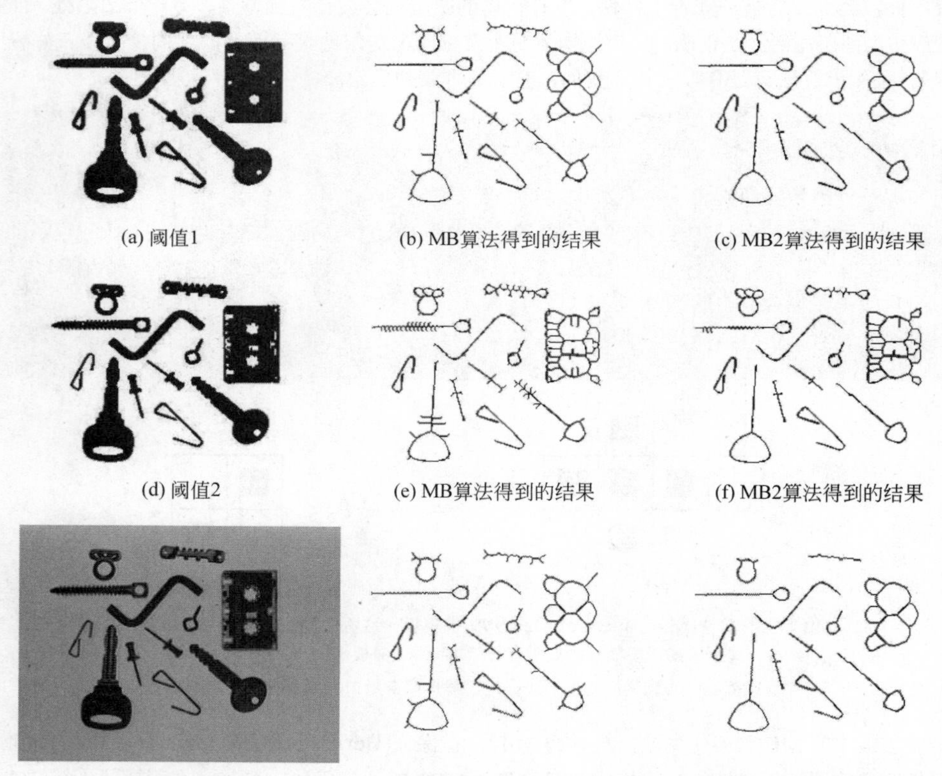

图 8.34 MB 和 MB2 对图 6.1（a）中图像（这里的面板（g）所示）进行骨架化后的骨架。这些骨架化算法产生 1-像素或 2-像素厚度的骨架。（a）和（d）是对面板（g）进行阈值处理后的二值图像。（b）和（e）是 MB 算法得到的骨架。（c）和（f）是 MB2 算法得到的骨架。（g）原始图像。（h）面板（a）图像的 1-像素宽 MB 骨架——从面板（b）的 MB 骨架得到。(i)面板（a）图像的 1-像素宽 MB2 骨架——从面板（c）的 MB2 骨架得到。注意可以比较面板（a）～（c）和面板（d）～（f）来了解产生二值图像的不同阈值对生成骨架的影响

由于 MB 和 MB2 算法产生的骨架分割的厚度可能是 1 或 2，（图 8.34（b）、图 8.34（e））可以添加一个额外的步骤来将厚度减少至 1，然而需要小心以保证不去破坏骨架的连通性。1 像素骨架厚度可以通过使用一个二维非对称细化算法作为后处理来获得，在该后处理中简单的点会被移除[Rosenfeld, 1975]。虽然移除一个“简单点”像素不会破坏拓扑结构，并行的移除两个或更多这样的像素将会导致拓扑结构的变化。换言之，如果所有的候选点并行的被移除，拓扑结构就可能被影响而且骨架可能会破裂成碎片。在[Rosenfeld, 1975]方法中获取 1-像素宽的骨架的一个基本思路就是将细化过程分解为若干子步骤，在每个子步骤当中并行的移除所有在 4 个主方向（北、南、东、西）上在且只在一个方向上没有物体像素近邻的像素。这 4 个主方向在随后的并行像素删除子步骤中是依次旋转的。这些子步骤重复进行直至收敛——只要至少一个像素可以在一个子步骤中被删除。该策略可以在保持拓扑结构的前提下得到一个 1-像素宽骨架。

在图像处理文献中可以找到大量的细化算法[Hildich, 1969; Pavlidis, 1978]，在[Couprie, 2005]中有一个有用的并行细化算法对比。数学形态学是一个可用来获得区域骨架的有力工具，在第 13.5 章节中我们给出了使用数学形态学的细化算法；参见[Maragos and Schafer, 1986]，其中用形态学方法统一了很多其他的骨架方法。

细化过程常常使用中轴变换（也称为对称轴变换）来构建区域骨架[Pavlidis, 1977; Samet, 1985; Pizer et al., 1987; Lam et al., 1992; Wright and Fallside, 1993]。在中轴的定义下，骨架是满足以下条件的所有区域点的集合：它至少与两个分开的边界点具有相同的到区域边界的最小距离。由这个条件产生的骨架的例子如图 8.35 和图 8.36 所示。使用一个距离变换给每个区域像素赋予其到区域边界的（最小）距离值，这样就可以构建骨架，并且可以认为骨架是到区域边界的距离取得局部最大值的像素的集合。作为一个后处理步骤，使用检测线性特征和屋顶轮廓（roof profiles）的算子[Wright and Fallside, 1993]，可以被检测到局部最大值。每一个骨架的元素可以附有它到边界距离的信息——这提供了一个重建区域的方法：以骨架元素为中心点，以所保存的距离值为半径，所有这样的圆盘所形成的包络曲线就构成区域的边界。就像在第 8.3.1 节所讨论的那样，可以从这个骨架中导出形状描述，但是除了细长度以外其他的估测会比较困难。此外，这样的骨架构建是耗时的，而其结果骨架对边界噪声和误差非常敏感。在边界上的小变化可能会引起严重的骨架变化——见图 8.35。通过首先把区域表示成多边形然后再构建骨架的方式可以消除这种敏感性。可以将去除边界噪声吸纳在多边形的构建中。一个多分辨率（尺度空间）的骨架构建方法也会带来对边界噪声降低了敏感性的

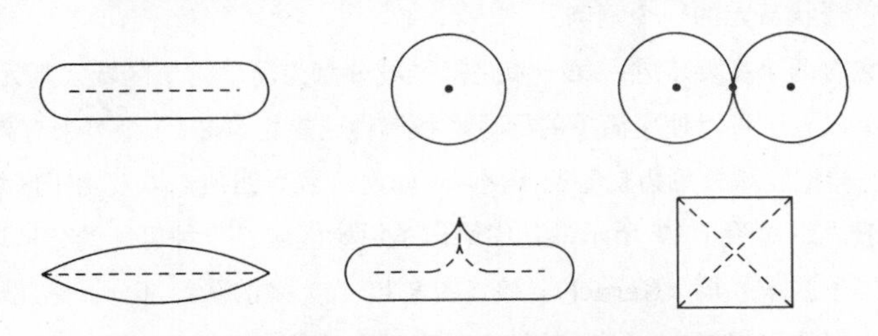

图 8.35　区域骨架：边界的小变化在骨架上有显著的影响

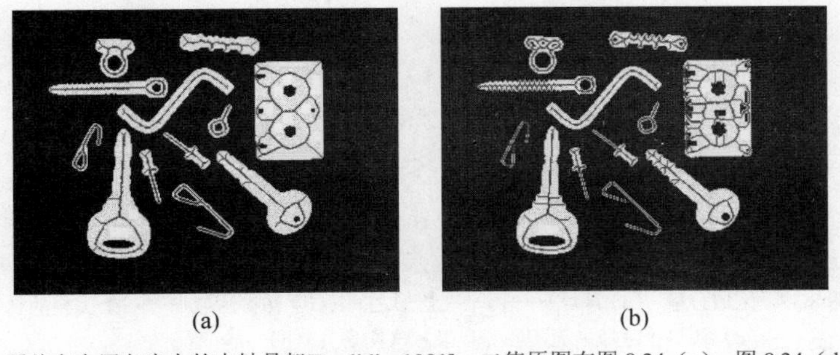

(a)　(b)

图 8.36　覆盖在中层灰度上的中轴骨架[Pavlidis, 1981]，二值原图在图 8.34（a）、图 8.34（d）中给出

结果[Pizer et al., 1987; Maragos, 1989]。类似地，使用具有不同平滑参数的 Marr-Hildreth 边缘检测算子有助于区域骨架的基于尺度的表示[Wright and Fallside, 1993]。

骨架构建算法不以图为结果，但是从骨架变换到图是比较直截了当的。首先考虑一个 1-像素宽骨架——这样考虑有很多好处，因为只有一个邻居的骨架像素 A 就是图的叶结点（端点），具有 3 个或者更多邻居的骨架像素对应于图的分支结点（结点），所有剩余的具有两个邻居（普通点）其他骨架像素转化为分支和/或叶子顶点之间的弧。现在考虑中轴骨架，并且假定从骨架的每一点画出了一个最小半径的圆盘，它至少与区域边界有一个共同点：令**接触**（**contact**）为圆盘上的任意一个与边界共有的连续子集。如果从中心点 A 画出的一个圆盘只有一个接触，则 A 是骨架的端点。如果点 A 有两个接触，则 A 是一个普通的骨架点。如果 A 有三个和更多的接触，则 A 是一个骨架结点。

算法 8.11　从骨架构建区域图

1. 将每个骨架点标记为端点、结点、普通点的其中之一。
2. 令图结点为所有的端点和结点。如果任两个图结点在区域骨架中由一个普通点的序列连接，则用一条图的边连接它们。

可以看到高曲率的边界点对图有主要的影响。它们由图结点来表示，因此影响图的结构。

如果不用中轴骨架来构建图，则端点可定义为仅有一个骨架邻居的骨架点，而普通点可定义为有两个骨架邻居的骨架点，结点则可定义为至少有 3 个骨架邻居的骨架点。这时，结点总不是邻居不再是正确的了，而必须用额外的条件来决定什么时候结点应表示为图中的结点而什么时候不应该。

8.3.5　区域分解

分解方法是基于形状识别是一个分级过程的想法。形状**基元**（**Primitives**）——是形成区域的最简单的元素——是在较低的级别上定义的。图是在较高的级别上构建的——结点由基元产生，弧描述了基元的相互关系。像素凸集是简单形状基元的一个范例。

分解问题的解决包含两个主要步骤：第一步是把区域分割为简单的子区域（基元）；第二步是基元的分析。基元要足够的简单以至于可以使用简单的标量形状属性（参见第 8.3.1 节）来有效地描述。在 [Pavlidis, 1977] 中详细描述了怎样把区域分割为初等凸子区域、如何分解为凹顶点以及由子区域的多边形表示来构建图的方法。分解的一般思想如图 8.37 所示，其中给出了原始区域、一种可能的分解以及所产生的图。初等凸子区域被标注为初等子区域或核（**Kernel**）。核（图 8.37（c）中的阴影部分）是属于几个初等凸子区域的子区域。如果子区域由多边形来表示，则图的结点具有下面的信息：

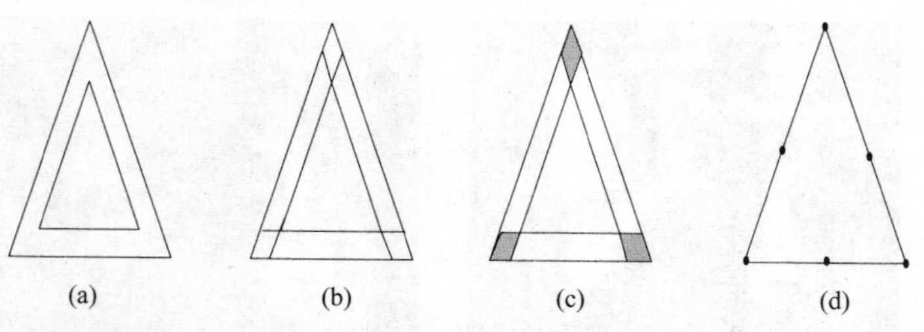

图 8.37　区域分解：(a) 区域——两个三角形之间；(b) 初等区域——三个重叠的梯形；(c) 初等子区域（无阴影）以及核（阴影）；(d) 分解图

（1）结点类型表示初等子区域或核。

（2）子区域顶点的个数由结点表示。

（3）子区域的面积由结点表示。

（4）子区域的主轴方法由结点表示。

（5）子区域的重心由结点表示。

如果使用上述属性的（1）～（4）来导出图，则最终的描述是平移的不变量。由属性（1）～（3）导出的图是平移和旋转的不变量。使用前两个属性导出的描述不仅是平移和旋转的不变量，还是尺度的不变量。

区域的分解使用了它的结构属性，其结果是一个句法式的图描述。怎样分解区域以及怎样构建描述图的问题仍然未解决；已经研究过的一些方法的综述可以在[Pavlidis, 1977; Shapiro, 1980; Held and Abe, 1994]中找到。在[Cortopassi and Rearick, 1988]中描述了一种把形状分解为一个根据大小排列的全部凸部件之集合的方法，在[Pitas and Venetsanopoulos, 1990; Xiaoqi and Baozong, 1995; Wang et al., 1995; Reinhardt and Higgins, 1996]中使用了一个骨架分解的形态学方法来把复杂形状分解为简单的部件；这种分解被表明具有平移、旋转，以及尺度的不变性。基于二阶中心矩的形状递归子分解是另一个具有平移、旋转、尺度，以及亮度变动不变性的分解方法。在[Rom and Medioni, 1993]中给出了使用区域和轮廓信息的分级分解和形状描述方法，论述了局部对比于全局信息、尺度、形状部件、对称轴问题。在[Loncaric and Dhawan, 1993; Cinque and Lombardi, 1995]中报告了分解的多分辨率方法。

8.3.6　区域邻近图

任何时候一旦区域分解为子区域或图像分解为区域可以达到，区域或图像可以表示为区域邻近图（Region neighborhood graph）（在 4.2.3 节描述的区域邻接图（region adjacency graph）是其特殊情况）。这个图把每一个区域表示为一个图结点，而邻近区域的结点以边连接起来。区域邻近图可以从图像的四叉树表示、行程编码的图像数据等等中构建出来。在[Leu, 1989]中描述了形状的二叉树表示，其中边界片段的归并产生了形状的三角形分解，它们的关系由二叉树来表示。

通常，在描述过程中可以使用两个区域的相对位置——例如，区域 A 可能位于区域 B 的**左边**，或在 B 的**上面**，或**靠近** D，或区域 C 可能位于区域 A 和 B **之间**，等等。如果 A、B、C 是点，我们清楚所有给出的关系的意义，但是如果 A、B、C 是区域，则除了**靠近**关系之外，它们会变得模糊。例如（见图 8.38），**在左边**这个关系可以以很多不同的方式来定义：

- A 的所有像素必须位于 B 的所有像素的左边。
- A 的至少一个像素位于 B 的一些像素的左边。
- A 的重心必须位于 B 的重心的左边。

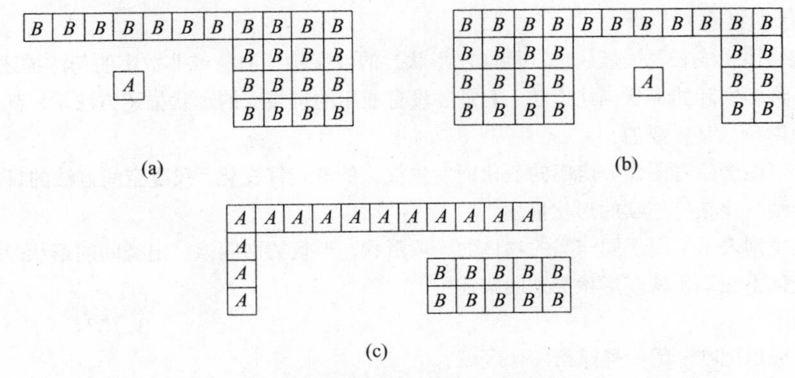

图 8.38　**在左边**的二元关系；参见正文

所有的这些定义在很多情况下似乎是令人满意的，但是有时它们会是不可接受的，因为它们不满足通常的**在左边**的意思。人类观察者一般会对如下的定义满意：

- A 的重心必须位于 B 的最左边点的左边，并且（逻辑与）A 的最右边的像素必须位于 B 的最右边的像素的左边[Winston, 1975]。

在[Winston, 1975]中定义了很多其他的区域之间的关系，其中仔细研究了关系的描述。

在[Shariat, 1990]中可以找到把简单形状基元间的几何关系应用到形状表示和识别中的例子，其中识别是基于**假设与检验**（**Hypothesize and verify**）的控制策略。形状是以区域邻近图表示的，它描述了基元形状间的几何关系。基于模型的方法增加了形状识别的准确率，并使得识别有部分遮挡的物体成为可能。对任何新物体的识别需建立在定义新的形状模型的基础上。

8.4 形状类别

形状类别（**Shape classes**）的表示被认为是形状描述的具有挑战性的问题[Hogg, 1993]。我们期望形状类别能很好地表示属于这个类别的物体的一般形状，并且能够突出类别间的形状差别，而类别内允许的形状变化不应该影响其描述。

有很多处理这种需求的途径。在特征空间中确定依类别而不同的区域是一个广泛应用的类内形状差别表示的方法。使用挑选出来的在本章较早前所描述的形状特征（有关特征空间的更多信息，参见第 9 章），可以定义特征空间。形状类别定义的另一个方法是使用一个单独的原型形状，确定一个平面卷绕变换，使得如果在该原型上使用这个变换时能生成具体类别中的形状。原型形状可以从样本中导出。

如果在属于特定形状类别的区域上可以标识出一组标志点（landmarks），则标志点可以简单而有力地表征这个类别。标志点通常被选择为容易识别的边界或区域点。对于平面形状，可以定义一个坐标系统，使其对平面的相似变换（平移、旋转、尺度）具有不变性[Bookstein, 1991]。如果这样的标志点模型对每个 2D 物体使用 n 个点，则形状空间的维数为 $2n$。显然，每个形状类别仅对应于整个形状空间的一个子集，而形状类别的定义降低为形状空间子集的定义。在[Cootes et al., 1992]中，对于形状训练集合，在经过迭代的配准之后，确定出形状空间的主分量。这种高效的形状类别的表示方法被称为**点分布模型**（**Point distribution models**），将在第 10.4 节中详细讨论。

8.5 总结

- 形状表示和描述
  - 区域描述生成表现区域属性（例如，形状）的数字特征向量或非数字的句法描述词语。
  - 存在许多实际的形状描述方法，但是并没有通用的可接受的形状描述方法学。甚至我们都不知道形状中什么是重要的。
  - 形状可能会随着图像分辨率的变化而发生很大的非连续变化。**尺度空间**方法的目标是对于分辨率的连续变化获得连续的形状描述。
  - **形状类别**表示了属于同一类的物体的一般形状。形状类别应该突出类间的形状差别，而类内形状的变化不应该反映在形状类别的描述中。
- 区域标识
  - 区域标识把唯一的**标号**赋给图像区域。
  - 如果使用无重复的有序的数字标号，则最大的整数标号给出了图像中区域的数目。
- 基于轮廓的形状描述子
  - **链码**通过一个具有给定方向的单位长度线段的序列来描述物体，称为 **Freeman** 码。

- **简单几何边界**表示是基于所描述区域的几何属性的方法，例如：
  * 边界长度
  * 曲率
  * 弯曲能量
  * 签名
  * 弦分布
- **傅里叶形状描述子**可以用于封闭曲线，其坐标可当作周期信号来处理。
- 形状可以表示为具有特殊性质的**片段**序列。如果对所有片段来说片段类型是知道的，则边界可描述为片段类型的链，码字由一个代表类型的字母表组成。
- **B 样条**是分段多项式曲线，其形状与其控制多边形紧密相关——一个顶点链给出了一条曲线的多边形表示。三次 B 样条是最常见的，是能够包含曲率变化的最低阶次。
- **形状不变量**表示了在一个适当的变换类下仍旧保持不变的几何结构的属性；机器视觉特别关注于投影变换类。

● 基于区域的形状描述子
- 简单几何区域描述子使用了待描述区域的几何属性：
  * 面积
  * 欧拉数
  * 投影
  * 高度、宽度
  * 离心率
  * 细长度
  * 矩形度
  * 方向
  * 紧致度
- **统计矩**把一个归一化的灰度级图像函数理解为一个 2D 随机变量的概率密度。这个随机变量的属性可以由统计特征——**矩**来描述。可以定义独立于尺度、平移、旋转的基于矩的描述子。
- 区域的**凸包**是满足条件 $R \subset H$ 的最小的凸区域 H。
- 更复杂的形状可以通过把区域分解成为较小较简单的子区域来描述。物体可以表示为一个平面图，其结点代表由区域分解所产生的子区域。然后可以通过图的属性来描述区域形状。有两种得到子区域图的一般途径：
  * 区域细化
  * 区域分解
- **区域细化**产生可以用图来描述的区域**骨架**。细化过程通常使用中轴变换来构建区域骨架。在中轴定义下，骨架是满足以下条件的所有区域点的集合：它至少与两个分开的边界点具有相同的到区域边界的最小距离。
- **区域分解**认为形状识别是一个分级的过程。形状**基元**定义在较低的级别上，基元是形成区域的最简单的元素。图是在较高的级别上构建的——结点由基元产生，弧描述了基元的相互关系。
- **区域邻近图**把每一个区域表示为一个图结点，而邻近区域的结点用边连接起来。**区域邻接图**是区域邻近图的一个特例。

● 形状类别
- 形状类别表示属于这一类别的物体的一般形状，突出类别间的形状差别。
- 在特征空间中确定依类别而不同的区域是一个广泛应用的类内形状差别表示的方法。

8.6 习题

简答题

S8.1　什么是形状描述的前提条件？

S8.2　在各种各样的形状表示和形状描述的方法中，主要的不同是什么？

S8.3　解释图像分别率的高或低是怎样从可判别性和可复现性上影响形状描述子的。

S8.4　解释投影不变的形状描述子背后的基本原理。

S8.5　定义三个最常见的区域边界的表示。

S8.6　定义在 4 连通和 8 连通下的边界链码。

S8.7　定义在 4 连通和 8 连通下的边界链码导数。

S8.8　定义下面的基于边界的区域描述子：

（a）边界长度

（b）曲率

（c）弯曲能量

（d）签名

（e）弦分布

（f）使用 T_n 描述子的傅里叶变换

（g）使用 S_n 描述子的傅里叶变换

（h）多变形线段表示

（i）常数曲率表示

（j）容忍区间表示

S8.9　一个物体使用 4 连通的链码描述为：10123230

（a）给出其归一化版本的链码

（b）给出其原始链码的导数

S8.10　形状的弦分布是什么？

S8.11　解释在尺度空间使用区间树的多尺度曲线描述的概念。

S8.12　描述 B 样条曲线插值的概念。

S8.13　定义下面的投影不变的形状描述子

（a）交比

（b）四条共面共点直线的系统

（c）五条共面共点直线的系统

（d）五个共面点的系统

（e）平面二次曲线

S8.14　描述边界形状的一个子集，使得可以在其上应用习题 S8.13 中列出的不变量。

S8.15　解释局部和全局不变量的不同。

S8.16　确定一下字符的欧拉数：0，4，8，A，B，C，D。

S8.17　定义下面的区域形状描述子：

（a）面积

（b）欧拉数

（c）水平和垂直投影

（d）离心率
（e）细长度
（f）矩形度
（g）方向
（h）紧致度
（i）统计矩
（j）凸包
（k）区域凹状树

S8.18　描述通过细化提取骨架的原则。
S8.19　描述中轴变换。
S8.20　简要描述两个互相接触的填充圆环的骨架。
S8.21　列出物体/区域骨架描述最应该具有性质。其中哪一对性质是相互矛盾的？
S8.22　描述使用图分解的形状描述的原则。
S8.23　解释什么是形状类以及为什么它很重要。

思考题

P8.1　写一个在 4 连通下作区域标识的函数（子程序）。
P8.2　写一个在 8 连通下作区域标识的函数（子程序）。
P8.3　使用在习题 P8.1 和 P8.2 中设计的函数，设计一个区域标识和区域计数的程序。在分割后的二值图像上测试。
P8.4　修改习题 P8.3 中设计的程序，使其能够处理分割后的多亮度级别图像，假定背景灰度级是知道的。
P8.5　在行程编码的图像数据下，设计一个区域标识和区域计数的程序。使用在习题 P4.5 中设计的程序来生成行程编码数据。
P8.6　设计一个在四叉树上进行区域识别和区域计数的程序。使用在习题 P4.1 中设计的程序来生成四叉树图像数据。
P8.7　写一个在 4 连通下的链码生成函数（子程序）。在如下的图像上测试：图像中的区域已经通过使用习题 P8.3～习题 P8.6 中设计的程序之一标识出来。
P8.8　写一个在 8 连通下的链码生成函数（子程序）。在如下的图像上测试：图像中的区域已经通过使用习题 P8.3～习题 P8.6 中设计的程序之一标识出来。
P8.9　定义基于边界描述的签名。画出矩形、三角形和圆形的签名。
P8.10　证明在欧式空间中最紧致的区域是圆形。比较正方形和任意长宽比矩形的紧致度值，你能得到什么结论？
P8.11　编写求下面边界描述子的函数：
（a）边界长度
（b）曲率
（c）弯曲能量
（d）签名
（e）弦分布
（f）使用 T_n 描述子的傅里叶变换
（g）使用 S_n 描述子的傅里叶变换
在一个程序中使用这些函数求出二值物体的形状特征。
P8.12　编写求下面区域形状描述子的函数：

（a）面积
（b）根据链码边界表示的面积
（c）根据四叉树区域表示的面积
（d）欧拉数
（e）水平的和垂直的投影
（f）离心率
（g）细长度
（h）矩形度
（i）方向
（j）紧致度
（k）仿射变换不变的统计矩

在一个程序中使用这些函数求出二值物体的形状特征。

P8.13 设计一个程序在同时包含几个物体的图像中确定出在习题 P8.11～习题 P8.12 中列出的形状特征。程序应该以表格的形式记录特征，并且物体应该通过它们的质心坐标来标注。

P8.14 设计一个程序从使用行程编码的形状或四叉树图像数据中确定在习题 P8.11～习题 P8.12 中列出的形状特征。

P8.15 根据式（8.54）～式（8.57）实现基于矩的描述子并验证他们对仿射变换的不变性。

P8.16 设计一个程序以不同的尺寸和旋转生成简单形状（矩形、棱形、圆等）的数字图像。使用在习题 P8.11～习题 P8.12 中准备的函数，比较单个形状描述子确定的形状特征，将其作为尺寸的函数和旋转的函数来看待。

P8.17 设计一个简单多边形的凸包检测程序。

P8.18 设计一个区域凹状树的构建程序。

P8.19 求圆、正方形、矩形和三角形的中轴骨架。

P8.20 设计一个二值区域的骨架构建程序。

（a）把程序用于计算机生成的字母和数字。
（b）把程序用于在通过视频摄像机或扫描仪数字化后的印刷字母和数字。
（c）解释你的算法的性能差别。
（d）设计一个实际可用的从扫描的字符构建线条形状的细化算法。

P8.21 使自己熟悉 Matlab 教辅书中对应于本章中解决的问题以及 Matlab 实现的相关算法[Svoboda et al., 2008]。Matlab 教辅书的主页 http://visionbook.felk.cvut.cz 中提供了这些问题中使用的图像，以及为教学设计的注释良好的 Matlab 代码。

P8.22 使用 Matlab 教辅书[Svoboda et al., 2008]来求解那里提供的一些附加习题和实际问题。使用 Matlab 或者其他合适的语言来实现你自己的答案。

8.7 参考文献

Ansari N. and Delp E. J. Distribution of a deforming triangle. *Pattern Recognition*, 23(12): 1333–1341, 1990.

Appel K. and Haken W. Every planar map is four colourable: Part I: discharging. *Illinois Journal of Mathematics*, 21:429–490, 1977.

Asada H. and Brady M. The curvature primal sketch. *IEEE Transactions on Pattern Analysis and Machine Intelligence*, 8(1):2–14, 1986.

Atkinson H. H., Gargantini, I, and Walsh T. R. S. Counting regions, holes and their nesting level in time proportional to the border. *Computer Vision, Graphics, and Image Processing*, 29:196–215, 1985.

Babaud J., Witkin A. P., Baudin M., and Duda R. O. Uniqueness of the Gaussian kernel for scale-space filtering. *IEEE Transactions on Pattern Analysis and Machine Intelligence*, 8 (1):26–33, 1986.

Ballard D. H. and Brown C. M. *Computer Vision.* Prentice-Hall, Englewood Cliffs, NJ, 1982.

Bernard T. M. and Manzanera A. Improved low complexity fully parallel thinning algorithm. In *Proc. 10th International Conference on Image Analysis and Processing, ICIAP'99*, pages 215–220, 1999.

Bhanu B. and Faugeras O. D. Shape matching of two–dimensional objects. *IEEE Transactions on Pattern Analysis and Machine Intelligence*, 6(2):137–155, 1984.

Bookstein F. L. *Morphometric Tools for Landmark Data.* Cambridge University Press, Cambridge, 1991.

Bribiesca E. and Guzman A. How to describe pure form and how to measure differences in shapes using shape numbers. *Pattern Recognition*, 12(2):101–112, 1980.

Cash G. L. and Hatamian M. Optical character recognition by the method of moments. *Computer Vision, Graphics, and Image Processing*, 39:291–310, 1987.

Chien C. H. and Aggarwal J. K. Model construction and shape recognition from occluding contours. *IEEE Transactions on Pattern Analysis and Machine Intelligence*, 11(4):372–389, 1989.

Cinque L. and Lombardi L. Shape description and recognition by a multiresolution approach. *Image and Vision Computing*, 13:599–607, 1995.

Coeurjolly D., M S., and Tougne L. Discrete curvature based on osculating circle estimation. In *Proceedings of the 4th International Workshop on Visual Form*, IWVF-4, pages 303–312, London, UK, 2001. Springer-Verlag.

Cootes T. F., Cooper D. H., Taylor C. J., and Graham J. Trainable method of parametric shape description. *Image and Vision Computing*, 10(5), 1992.

Cortopassi P. P. and Rearick T. C. Computationally efficient algorithm for shape decomposition. In *CVPR '88: Computer Society Conference on Computer Vision and Pattern Recognition*, Ann Arbor, MI, pages 597–601, Los Alamitos, CA, 1988. IEEE.

Costabile M. F., Guerra C., and Pieroni G. G. Matching shapes: A case study in time-varying images. *Computer Vision, Graphics, and Image Processing*, 29:296–310, 1985.

Couprie M. Note on fifteen 2D parallel thinning algorithms. Technical Report IGM2006-01, Universite de Marne-la-Vallee, 2005.

Debled-Rennesson I. and Reveillès J. P. A linear algorithm for segmentation of digital curves. *IJPRAI*, 9:635–662, 1995.

DeBoor C. A. *A Practical Guide to Splines.* Springer Verlag, New York, 1978.

Duda R. O. and Hart P. E. *Pattern Classification and Scene Analysis.* Wiley, New York, 1973.

Dyer C. R. Computing the Euler number of an image from its quadtree. *Computer Graphics and Image Processing*, 13:270–276, 1980.

Fermuller C. and Kropatsch W. Multi-resolution shape description by corners. In *Proceedings, 1992 Computer Vision and Pattern Recognition,* Champaign, IL, pages 271–276, Los Alamitos, CA, 1992. IEEE.

Flusser J. and Suk T. Pattern recognition by affine moment invariants. *Pattern Recognition*, 26:167–174, 1993.

Forsyth D., Mundy J. L., Zisserman A., Coelho C., Heller A., and Rothwell C. Invariant descriptors for 3D object recognition and pose. *IEEE Transactions on Pattern Analysis and Machine Intelligence*, 13(10):971–991, 1991.

Freeman H. On the encoding of arbitrary geometric configuration. *IRE Transactions on Electronic Computers*, EC–10(2):260–268, 1961.

Fu K. S. *Syntactic Methods in Pattern Recognition*. Academic Press, New York, 1974.

Gross A. and Latecki L. Digital geometric invariance and shape representation. In *Proceedings of the International Symposium on Computer Vision*, pages 121–126, Los Alamitos, CA, 1995. IEEE.

Gupta L. and Srinath M. D. Contour sequence moments for the classification of closed planar shapes. *Pattern Recognition*, 20(3):267–272, 1987.

Gupta L., Sayeh M. R., and Tammana R. Neural network approach to robust shape classification. *Pattern Recognition*, 23(6):563–568, 1990.

Held A. and Abe K. On the decomposition of binary shapes into meaningful parts. *Pattern Recognition*, 27:637–647, 1994.

Hermann S. and Klette R. Multigrid analysis of curvature estimators. Technical Report CITR-TR-129, Massey University, 2003.

Hermann S. and Klette R. A comparative study on 2D curvature estimators. In *ICCTA*, pages 584–589. IEEE Computer Society, 2007.

Hildich C. J. Linear skeletons from square cupboards. In Meltzer B. and Michie D., editors, *Machine Intelligence IV*, pages 403–420. Elsevier, New York, 1969.

Hogg D. C. Shape in machine vision. *Image and Vision Computing*, 11:309–316, 1993.

Hu M. K. Visual pattern recognition by moment invariants. *IRE Transactions Information Theory*, 8(2):179–187, 1962.

Jain A. K. *Fundamentals of Digital Image Processing*. Prentice-Hall, Englewood Cliffs, NJ, 1989.

Jakubowski R. Decomposition of complex shapes for their structural recognition. *Information Sciences*, 50(1):35–71, 1990.

Jiang X. Y. and Bunke H. Simple and fast computation of moments. *Pattern Recognition*, 24: 801–806, 1991.

Juday R. D., editor. *Digital and Optical Shape Representation and Pattern Recognition,* Orlando, FL, Bellingham, WA, 1988. SPIE.

Kanatani K. *Group-Theoretical Methods in Image Understanding*. Springer Verlag, Berlin, 1990.

Kerautret B., Lachaud J. O., and Naegel B. Comparison of discrete curvature estimators and application to corner detection. In *Proceedings of the 4th International Symposium on Advances in Visual Computing*, ISVC '08, pages 710–719, Berlin, Heidelberg, 2008. Springer-Verlag.

Kiryati N. and Maydan D. Calculating geometric properties from Fourier representation. *Pattern Recognition*, 22(5):469–475, 1989.

Koch M. W. and Kashyap R. L. Using polygons to recognize and locate partially occluded objects. *IEEE Transactions on Pattern Analysis and Machine Intelligence*, 9(4):483–494, 1987.

Koenderink J. J. and Doorn A. J. v. Dynamic shape. Technical report, Department of Medical and Physiological Physics, State University, Utrecht, The Netherlands, 1986.

Krzyzak A., Leung S. Y., and Suen C. Y. Reconstruction of two-dimensional patterns from Fourier descriptors. *Machine Vision and Applications*, 2(3):123–140, 1989.

Lam L., Lee S. W., and Suen C. Y. Thinning methodologies—a comprehensive survey. *IEEE Transactions on Pattern Analysis and Machine Intelligence*, 14(9):869–885, 1992.

Leu J. G. View-independent shape representation and matching. In *IEEE International Conference on Systems Engineering,* Fairborn, OH, pages 601–604, Piscataway, NJ, 1989. IEEE.

Leymarie F. and Levine M. D. Shape features using curvature morphology. In *Visual Communications and Image Processing IV,* Philadelphia, PA, pages 390–401, Bellingham, WA, 1989. SPIE.

Li B. C. and Shen J. Fast computation of moment invariants. *Pattern Recognition*, 24:807–813, 1991.

Lin C. C. and Chellappa R. Classification of partial 2D shapes using Fourier descriptors. *IEEE Transactions on Pattern Analysis and Machine Intelligence*, 9(5):686–690, 1987.

Lindenbaum M. and Bruckstein A. On recursive, o(n) partitioning of a digitized curve into digital straight segments. *IEEE Transactions on Pattern Analysis and Machine Intelligence*, 15:949–953, 1993.

Loncaric S. and Dhawan A. P. A morphological signature transform for shape description. *Pattern Recognition*, 26:1029–1037, 1993.

Lord E. A. and Wilson C. B. *The Mathematical Description of Shape and Form.* Halsted Press, Chichester, England, 1984.

Loui A. C. P., Venetsanopoulos A. N., and Smith K. C. Two-dimensional shape representation using morphological correlation functions. In *Proceedings of the 1990 International Conference on Acoustics, Speech, and Signal Processing—ICASSP 90,* Albuquerque, NM, pages 2165–2168, Piscataway, NJ, 1990. IEEE.

Mandelbrot B. B. *The Fractal Geometry of Nature.* Freeman, New York, 1982.

Manzanera A., Bernard T. M., Preteux F., and Longuet B. Ultra-fast skeleton based on isotropic fully parallel algorithm. In *Proc. of Discrete Geometry for Computer Imagery,* 1999.

Maragos P. A. Pattern spectrum and multiscale shape representation. *IEEE Transactions on Pattern Analysis and Machine Intelligence*, 11:701–716, 1989.

Maragos P. A. and Schafer R. W. Morphological skeleton representation and coding of binary images. *IEEE Transactions on Acoustics, Speech and Signal Processing*, 34(5):1228–1244, 1986.

Marshall S. Application of image contours to three aspects of image processing; compression, shape recognition and stereopsis. In *Third International Conference on Image Processing and its Applications,* Coventry, England, pages 604–608, Stevenage, England, 1989. IEEE, Michael Faraday House.

McCallum D. and Avis D. A linear algorithm for finding the convex hull of a simple polygon. *Information Processing Letters*, 9:201–206, 1979.

McKenzie D. S. and Protheroe S. R. Curve description using the inverse Hough transform. *Pattern Recognition*, 23(3–4):283–290, 1990.

Melkman A. V. On-line construction of the convex hull of a simple polyline. *Information Processing Letters*, 25(1):11–12, 1987.

Miciak M. Radon transformation and principal component analysis method applied in postal address recognition task. *IJCSA*, 7(3):33–44, 2010.

Mundy J. L. and Zisserman A. *Geometric Invariance in Computer Vision.* MIT Press, Cambridge, MA; London, 1992.

Oppenheim A. V., Willsky A. S., and Young I. T. *Signals and Systems.* Prentice-Hall, Englewood Cliffs, NJ, 1983.

Paglieroni D. W. and Jain A. K. Control point transforms for shape representation and measurement. *Computer Vision, Graphics, and Image Processing*, 42(1):87–111, 1988.

Papoulis A. *Probability, Random Variables, and Stochastic Processes.* McGraw-Hill, New York, 3rd edition, 1991.

Pavlidis T. *Structural Pattern Recognition.* Springer Verlag, Berlin, 1977.

Pavlidis T. A review of algorithms for shape analysis. *Computer Graphics and Image Processing,* 7:243–258, 1978.

Pavlidis T. A flexible parallel thinning algorithm. In *Proc. IEEE Computer Soc. Conf. Pattern Recognition, Image Processing,* pages 162–167, 1981.

Pitas I. and Venetsanopoulos A. N. Morphological shape decomposition. *IEEE Transactions on Pattern Analysis and Machine Intelligence,* 12(1):38–45, 1990.

Pizer S. M., Oliver W. R., and Bloomberg S. H. Hierarchical shape description via the multiresolution symmetric axis transform. *IEEE Transactions on Pattern Analysis and Machine Intelligence,* 9(4):505–511, 1987.

Pratt W. K. *Digital Image Processing.* Wiley, New York, 2nd edition, 1991.

Quan L., Gros P., and Mohr R. Invariants of a pair of conics revisited. *Image and Vision Computing,* 10(5):319–323, 1992.

Reinhardt J. M. and Higgins W. E. Efficient morphological shape representation. *IEEE Transactions on Image Processing,* 5:89–101, 1996.

Rom H. and Medioni G. Hierarchical decomposition and axial shape description. *IEEE Transactions on Pattern Analysis and Machine Intelligence,* 15:973–981, 1993.

Rosenfeld A. Digital straight line segments. *IEEE Transactions on Computers,* 23:1264–1269, 1974.

Rosenfeld A. A characterization of parallel thinning algorithms. *Information and Control,* 29: 286–291, 1975.

Rosenfeld A. *Picture Languages—Formal Models for Picture Recognition.* Academic Press, New York, 1979.

Rosenfeld A. and Kak A. C. *Digital Picture Processing.* Academic Press, New York, 2nd edition, 1982.

Rosin P. L. and West G. A. W. Segmentation of edges into lines and arcs. *Image and Vision Computing,* 7(2):109–114, 1989.

Rothwell C. A., Zisserman A., Forsyth D. A., and Mundy J. L. Fast recognition using algebraic invariants. In Mundy J. L. and Zisserman A., editors, *Geometric Invariance in Computer Vision.* MIT Press, Cambridge, MA; London, 1992.

Safaee-Rad R., Benhabib B., Smith K. C., and Ty K. M. Position, rotation, and scale-invariant recognition of 2 dimensional objects using a gradient coding scheme. In *IEEE Pacific RIM Conference on Communications, Computers and Signal Processing,* Victoria, BC, Canada, pages 306–311, Piscataway, NJ, 1989. IEEE.

Samet H. A tutorial on quadtree research. In Rosenfeld A., editor, *Multiresolution Image Processing and Analysis,* pages 212–223. Springer Verlag, Berlin, 1984.

Samet H. Reconstruction of quadtree medial axis transforms. *Computer Vision, Graphics, and Image Processing,* 29:311–328, 1985.

Saund E. Symbolic construction of a 2D scale-space image. *IEEE Transactions on Pattern Analysis and Machine Intelligence,* 12:817–830, 1990.

Savini M. Moments in image analysis. *Alta Frequenza,* 57(2):145–152, 1988.

Shapiro L. A structural model of shape. *IEEE Transactions on Pattern Analysis and Machine Intelligence,* 2(2):111–126, 1980.

Shariat H. A model-based method for object recognition. In *IEEE International Conference on Robotics and Automation,* Cincinnati, OH, pages 1846–1851, Los Alamitos, CA, 1990. IEEE.

Shridhar M. and Badreldin A. High accuracy character recognition algorithms using Fourier and topological descriptors. *Pattern Recognition*, 17(5):515–524, 1984.

Sklansky J. Measuring concavity on a rectangular mosaic. *IEEE Transactions on Computers*, 21(12):1355–1364, 1972.

Staib L. H. and Duncan J. S. Boundary finding with parametrically deformable models. *IEEE Transactions on Pattern Analysis and Machine Intelligence*, 14(11):1061–1075, 1992.

Strackee J. and Nagelkerke N. J. D. On closing the Fourier descriptor presentation. *IEEE Transactions on Pattern Analysis and Machine Intelligence*, 5(6):660–661, 1983.

Svoboda T., Kybic J., and Hlavac V. *Image Processing, Analysis, and Machine Vision: A MATLAB Companion.* Thomson Engineering, 2008.

Terrades O. R. and Valveny E. Radon transform for lineal symbol representation. In *Proceedings of the 7th International Conference on Document Analysis and Recognition*, pages 195–, Edinburgh, Scotland, August 2003.

Tomek I. Two algorithms for piecewise linear continuous approximation of functions of one variable. *IEEE Transactions on Computers*, 23(4):445–448, 1974.

Toussaint G. A historical note on convex hull finding algorithms. *Pattern Recognition Letters*, 3(1):21–28, 1985.

Tsai W. H. and Yu S. S. Attributed string matching with merging for shape recognition. *IEEE Transactions on Pattern Analysis and Machine Intelligence*, 7(4):453–462, 1985.

Turney J. L., Mudge T. N., and Volz R. A. Recognizing partially occluded parts. *IEEE Transactions on Pattern Analysis and Machine Intelligence*, 7(4):410–421, 1985.

Vernon D. Two-dimensional object recognition using partial contours. *Image and Vision Computing*, 5(1):21–27, 1987.

Wallace T. P. and Wintz P. A. An efficient three-dimensional aircraft recognition algorithm using normalized Fourier descriptors. *Computer Graphics and Image Processing*, 13:99–126, 1980.

Wang D., Haese-Coat V., and Ronsin J. Shape decomposition and representation using a recursive morphological operation. *Pattern Recognition*, 28:1783–1792, 1995.

Weiss I. Projective invariants of shapes. In *Proceedings of the DARPA Image Understanding Workshop,* Cambridge, MA, volume 2, pages 1125–1134. DARPA, 1988.

Weyl H. *The Classical Groups and Their Invariants.* Princeton University Press, Princeton, NJ, 1946.

Wilson R. and Nelson R. *Graph Colourings.* Longman Scientific and Technical; Wiley, Essex, England, and New York, 1990.

Winston P. H., editor. *The Psychology of Computer Vision.* McGraw-Hill, New York, 1975.

Witkin A. P. Scale-space filtering. In Pentland A. P., editor, *From Pixels to Predicates*, pages 5–19. Ablex, Norwood, NJ, 1986.

Woodwark J. *Computing Shape: An Introduction to the Representation of Component and Assembly Geometry for Computer-Aided Engineering.* Butterworths, London–Boston, 1986.

Wright M. W. and Fallside F. Skeletonisation as model-based feature detection. *IEE Proceedings Communication, Speech and Vision*, 140:7–11, 1993.

Wuescher D. M. and Boyer K. L. Robust contour decomposition using a constant curvature criterion. *IEEE Transactions on Pattern Analysis and Machine Intelligence*, 13(10):41–51, 1991.

Yuille A. L. and Poggio T. A. Scaling theorems for zero-crossings. *IEEE Transactions on Pattern Analysis and Machine Intelligence*, 8(1):15–25, 1986.

第9章

物体识别

即使是最简单的机器视觉问题也需要识别的帮助。模式识别被用于区域和物体的分类，为了学习更复杂的机器视觉操作，有必要先了解一些基本的模式识别方法。物体或区域分类已经被提到过多次；识别是自底向上图像处理方法的最后步骤，此外它也经常被用于图像理解的其他控制策略。考虑一个简单的识别问题。同一时刻在同一饭店有两个不同的聚会——第一个聚会是为了庆祝一个成功的篮球赛季，第二个则是职业赛马骑师的年度聚会。门卫正在引导来宾，询问他们要参加哪一个聚会。很快，门卫发现根本不需要问任何问题就可以将客人引导到正确的聚会，因为，可以通过篮球运动员和职业赛马骑师的身体特征对他们加以区别。也许门卫利用了客人的体重和身高这两个特征作出判断。所有较矮、较轻的都被引导到职业赛马骑师的聚会，而所有较高、较重的都被引导到篮球聚会。因此，早先到达的来宾回答了门卫关于参加哪个聚会的问题，这些信息加上他们的身体特征，使得门卫可以仅根据特征对后来的客人进行分类。在二维空间上画出客人的身高和体重的分布（见图 9.1），从图中可以看出职业赛马骑师和篮球运动员构成了两个很容易分开的类别，相应的识别问题也非常简单。虽然现实中的物体识别问题通常要困难得多，各个类别之间的区别也不会如此明显，但主要原理是相同的。

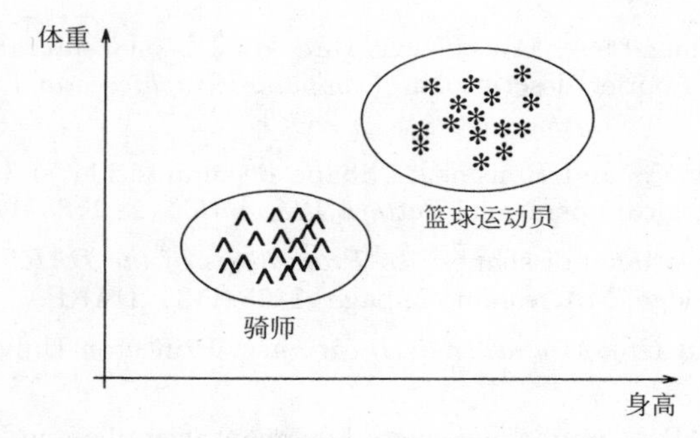

图 9.1　识别篮球运动员和职业赛马骑师

模式识别在一些文献[Duda and Hart, 1973; Haykin, 1998; Duda et al., 2000; Bishop, 2006]中都有详细的讨论，在此只作简单介绍。另外，我们将介绍一些相关技术：图像匹配、神经元网络、遗传算法、模拟退火和模糊逻辑。很多开源模式识别软件包已经能够免费获取；Weka 项目（使用 Java 开发）以及为 R 统计语言开发的模式识别软件包可能是其中最主要的两个[Weka 3 Team,2013; R Development Core Team, 2008; R Software Team, 2013]。通过使用这些性能优秀并且经过充分测试的工具，很多模式识别任务都能够被高效地解决，因此，熟练地使用这些工具可能就变得非常重要。

没有知识是无法进行识别的。对于物体要被分成多少类就是基于这样的知识。既需要关于待处理物体的特殊信息，同时也需要关于物体类别的高层次的一般性知识。

9.1　知识表示

这里我们简单概括在人工智能(AI)中常见的知识表示技术和表示法，并介绍一些基本的知识表示方法关于知识表示的更多内容请参见[Michalski et al., 1983; Wechsler, 1990; Reichgelt, 1991; Sowa, 1999; Ronald Brachman, 2004]。

一个好的知识表示设计是解决理解问题的关键所在，并且，对一个人工智能系统来说，如果已经有了复杂的知识基础，则通常只需要几个相对简单的控制策略就能够实现很复杂的行为。换句话说，要表现出智能的行为并不需要非常复杂的控制策略，而是需要一个庞大的先验数据和假设集合，并且这些先验知识具有良好的结构化表示。

其他一些需要规范使用的术语还有**语法（syntax）**和**语义（semantics）**[Winston, 1984]。一个表示的**语法**是指可能用到的符号和这些符号的合法排列方式。一个表示的语义是指语法允许的符号和符号排列所表达的含义。一个表示则是一个可以描述事物的语法和语义的集合。人工智能中的主要知识表示技术有形式语法和语言、谓词逻辑、产生式规则、语义网络和框架。值得注意的是知识表示所使用的数据结构大都是常规数据结构的扩展，如链表、树、图、表、分级（分层）、集合、环、网、矩阵。

描述和特征

描述和特征不能被看作是纯粹的知识表示。但是，它们作为复杂表示结构的一部分，可以用来描述知识。描述通常可以表示物体的某些标量特性，称为特征。一般来说，仅仅一个描述不足以表示物体，因此可以联合几个描述形成**特征向量（feature vectors）**。数值特征向量是统计模式识别的输入（见 9.2 节）。

语法和语言

特征描述不足以描述一个物体的结构；一个结构化描述由现有基元（物体的基本结构属性）和这些基元之间的关系生成。

结构化表示最简单形式有链、树和广义图。染色体的结构化表示就是一个经典的物体结构化表示的例子，它用边界片段作为基元[Fu，1982]（见图 8.15），其中边界用一个符号链表示，而这些符号代表特定的边界基元类型。分级结构可以用树表示——图 8.31 中的凹树就是一个例子。在第 15 章中提到了一个更一般的图表示，其中用图语法（见图 15.11）描述纹理。更多的句法物体描述实例可以参见[Fu, 1982]。

一个物体可以用由符号构成的链、树或图等来描述。然而，整个物体类别却不能仅仅用一个简单的链、树等描述，但如果一个类别中的物体都已经被结构化描述了，则这个类可以用**语法（grammar）**和**语言（language）**来表示。语法和语言（与自然语言相似）提供了如何由一个符号（基元）集合构造链、树或图的规则。关于语法和语言的更详细的描述在 9.4 节中给出。

谓词逻辑

谓词逻辑在知识表示中有着非常重要的作用——它为从旧知识中通过演绎得到新知识提供了一种数学形式。谓词逻辑的处理对象是逻辑变量、量词（∃，∀）和逻辑运算符（*and*，*or*，*not*，*implies*，*equivalent*）的组合。逻辑变量都是二值的（*true*，*false*）。证明思想和推论规则，如**逻辑推理法则（modus ponens）**和**破解法（resolution）**，构成了谓词逻辑的主体。

谓词逻辑是编程语言 PROLOG 的精髓，而当物体由逻辑变量描述时，通常会使用这种语言。对“绝对真实”的要求是谓词逻辑在表示知识时的主要局限，因为这样就不允许不确定或不完全的信息。

产生式规则

产生式规则代表了诸多基于**条件行动（condition action）**对的知识表示。一个基于产生式规则的系统（产生式系统）所表现出的行为，从本质上可以描述为如下模型：

if 条件 X 成立 *then* 采取行动 Y

关于何时采取怎样的行动的信息就代表了知识。由产生式规则表示的知识具有程序特性，这是它的另一个特点——并非所有的物体信息都应该作为物体属性被列出。来看一个简单的知识库，使用产生式规则有如下知识表示：

if 球 *then* 圆形　　(9.1)

此外令这个知识库包含如下声明：

物体 A *is_a* 球，

物体 B *is_a* 球，

物体 C *is_a* 鞋子，

等等　　(9.2)

要回答的问题是“有几个物体为圆形？”，若采用枚举知识表示，则知识应该这样列出：

物体 A　*is_a*（球，圆形），

物体 B　*is_a*（球，圆形），

等等　　(9.3)

如果采用程序知识表示，则知识库（9.2）和知识（9.1）联合起来以一种更高效的方式表达了同样的信息。

无论是产生式规则知识表示，还是产生式系统都在计算机视觉和图像理解中经常被用到。进而，产生式系统再加上一种处理不确定信息的机制就构成了专家系统。

模糊逻辑

为了弥补数值或精确知识表示的明显局限性，模糊逻辑（fuzzy logic）应运而生[Zadeh, 1965; Zimmermann et al., 1984]。考虑用式（9.1）表示的知识来识别球；利用产生式，关于球的知识可以表示为

if 圆形 *then* 球

如果一个物体的二维图像是圆形，则它被认为是一个球。然而关于球的实际经验告诉我们，虽然球的二维图像通常都很接近圆形，但并不是严格的圆。因此，有必要定义某种圆形度阈值，使得我们所关心的物体集合中所有差不多的圆形体都能够被分类为球。于是，精确描述就遇到了最根本的困难：一个物体要多圆才算是圆形呢？

如果人来表达这个知识，关于球的圆形度规则可能是这样的：

if 圆形度很**高** *then* 物体有**很大**可能性是球

显然很高的圆形度是球的一个首选特征。上面的知识表示很接近通常意义下的知识表示，不用精确地说明圆和非圆之间的阈值。**模糊逻辑**（**Fuzzy rule**）有如下形式

if X 是 A *then* Y 是 B

其中 X 和 Y 代表某种性质，A 和 B 为**语言变量**（**linguistic variable**）。模糊逻辑可以用来解决模式识别和其他决策问题；更多内容见 9.7 节。

语义网络

语义网络（semantic nets）是关系数据结构（见第 4 章）的一个特殊变种。语义学使得这种网络区别于普通网络——语义网络由物体、物体的描述及它们之间的关系（通常是邻近物体之间的关系）组成。知识的逻辑形式可以被包含在语义网络内，谓词逻辑可以用来表示或估计局部信息和局部知识。语义网络还可以表示普通意义下的知识，这些知识经常是不精确的，需要以概率的方式加以处理。语义网络具有分级结构；比较复杂的表示由不太复杂的表示组成，不太复杂的表示又由更简单的表示组成，等等。局部表示之间的关系在所有相关层中都有描述。

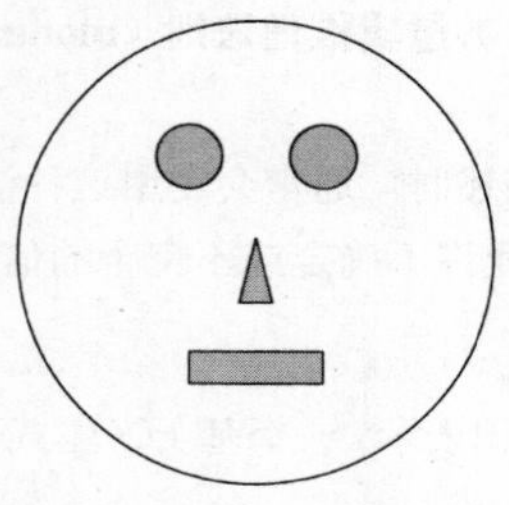

图 9.2　一个人脸：脸是人身体上的一个圆形部件，包括两个眼睛、一个鼻子和一个嘴巴；一个眼睛在另一个眼睛的的左边；鼻子在两个眼睛的中部下面；嘴巴在鼻子下面；眼睛是一个近似圆形；鼻子在竖直方向上延伸；嘴巴在水平方向上延伸

语义网络由赋值图表示：结点表示对象，弧线代表他们之间的关系。一个简单的示例如图 9.2 所示，其相关的语义网络如图 9.3 所示。

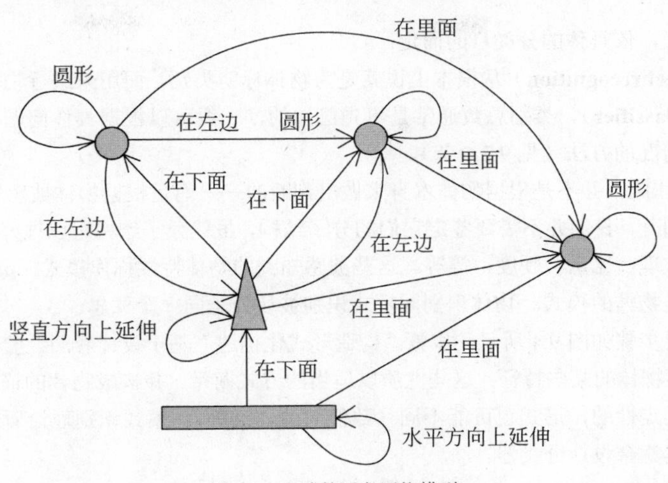

图 9.3 人脸的语义网络模型

显然从真实图像中找到的描述结构与语义网络表示的知识一致，只是符合程度有所不同。在 9.5 节和第10 章将讨论语义网络是如何描述这些结构的。

如果读者对关于图像信息的语义网络感兴趣，更多细节可以参见[Niemann, 1990]，语义网络的更一般性质在[Michalski et al., 1983; Sharples et al., 1989]中有所介绍。

框架及脚本

框架（Frame）一被认为是高级知识表示一提供了一种非常通用的知识表示方法，这种方法可以包含迄今为止所介绍的所有知识表示法则并适合表示特殊环境下的普通知识。由于这种方法与电影脚本有些相似，因此有时被称为**脚本（script）**。来看一个叫做 *plane_start* 的框架；这个框架包含如下一系列行动：

（1）启动引擎。

（2）缓缓地驶到跑道上。

（3）将引擎转速开到最大。

（4）沿着跑道加速行驶。

（5）起飞。

假定这个框架表示了一般情况下如何启动飞机的知识，那么如果一架飞机停在跑道上，并且引擎飞转，则我们会预计这架飞机马上要起飞了。框架可以用来代替缺失的信息，而这些信息可能在视觉问题中至关重要。

假定跑道的一部分从观察点来说是不可见的，采用框架 *plane_start*，一个计算机视觉系统就能够克服从飞机开始在跑道上移动到起飞之间连续信息的缺失。如果这是一架客机，则框架还可以包含其他一些信息，如起飞时间、到达时间、起点城市、终点城市、航线、航班号，等等，因为在大多数情况下，如果要确认一架客机这些信息都是很有用的。

从形式化的观点来看，框架以一个广义语义网络加上一个相关变量、概念和情景串联的列表来表示。并不存在框架的标准形式。框架代表一种利用基本类型的物体组织知识，利用特定场合的典型行为描述物体间相互关系的工具。更多框架的实例请参见[Michalski et al., 1983； Sharples et al., 1989]。

9.2 统计模式识别

物理对象在图像分析和计算机视觉中通常表示为分割后图像中的一个区域。整个物体集合可以被分为几个互不相交的子集合，子集合从分类的角度来看具有某种共同特性，被称为**类（class）**。如何对物体进行分类并没有明确的定义，依具体的分类目的而定。

物体识别（**object recognition**）从根本上说就是为物体标明类别，而用来进行物体识别的 algorithm（算法）称作**分类器**（**classifier**）。类别总数通常是事先已知的，一般可以根据具体问题而定。但是，也有可以处理类别总数不定情况的方法（见 9.2.6 节）。

分类器（与人类相似）并不是根据物体本身来做出判断的——而是根据物体被感知到的某些性质。例如，要将钢铁同砂岩区别开，我们并不需要鉴定它们的分子结构，虽然分子结构可以很好地区别不同物质。真正用作判别依据的是纹理、比重、硬度，等等。这些被感知到的物体特性称作**模式**（**pattern**），分类器实际识别的不是物体，而是物体的模式。物体识别同模式识别被认为是同一个意思。

模式识别的主要步骤如图 9.4 所示。步骤“构造形式化描述”基于设计者的经验和直觉。选择一个基本性质集合，用来描述物体的某些特征；这些性质以适当的方式衡量，并构成物体的描述模式。这些性质可以是定量的，也可以是定性的，形式也可能不同（数值向量、链等）。模式识别理论研究如何针对特定的（选择的）基本物体描述集合设计分类器。

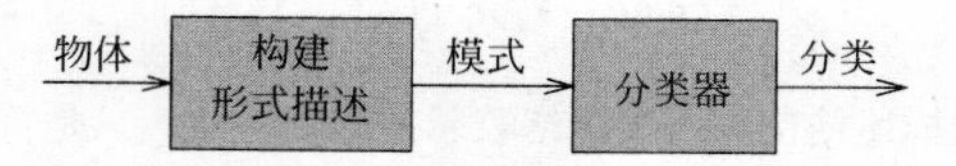

图 9.4　模式识别的主要步骤

统计物体描述采用基本数值表述，称为特征，在图像理解中，如第 8 章中所说，特征来自于物体描述。描述一个物体的模式（也称作模式向量，或特征向量）是一个基本描述的向量，所有可能出现的模式的集合即为**模式空间**（**pattern space**）X，也称为**特征空间**（**feature space**）。如果基本描述选择得当，则每个类的物体模式在模式空间也相邻。在特征空间中各类会构成不同的聚集，这些聚集可以用分类曲线（或高维特征空间中的超曲面）分开，见图 9.5。

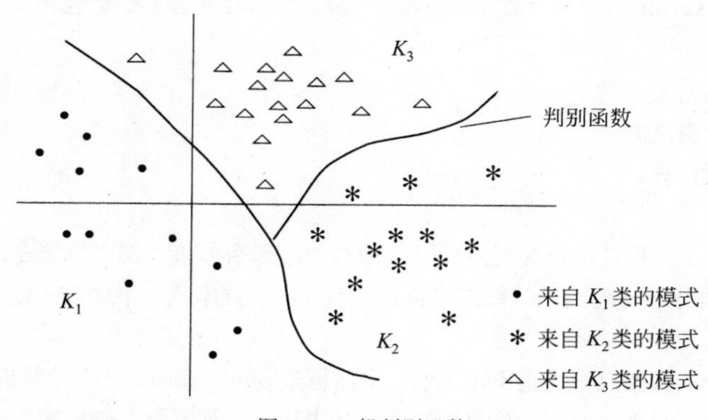

图 9.5　一般判别函数

若存在一个分类超曲面可以将特征空间分为若干个区域，并且每个区域内只包含同一类物体，则这个问题被称为是具有**可分类别**（**separable classes**）的。若分类超曲面是一个平面，则称为是**线性可分**（**linearly separable**）的。直观地，我们希望可分类别能够被准确无误地识别。

然而大多数物体识别问题并不具有可分类别，这种情况下在特征空间中不存在一个分类超曲面可以将各类无误地分开，肯定会有某些物体被错分。

9.2.1　分类原理

统计分类器是一个具有 n 个输入端和 1 个输出端的装置。每个输入端接收从待分类物体测量得到的 n 个特征 $x_1, x_2, \cdots, x_n$ 中的一个。一个 R-分类器的输出为 R 个符号 $\omega_1, \omega_2, \cdots, \omega_R$ 中的一个，用户将这个输出符号视为对待分类物体的类别判断。输出符号 ω_r 就是**类别标识符**（**class identifier**）。

函数 $d(\mathbf{x})=\omega_r$ 描述了分类器输入与输出之间的关系，称为**决策规则**（**decision rule**）。决策规则将特征空间分成 R 个不相交的子集 K_r，$r=1$，…，R，每个子集包含所有满足 $d(\mathbf{x}')=\omega$ 的物体特征表示向量 $\mathbf{x}'$。子集 K_r, $r=1$, …, R 间的边界构成了分类超曲面。设计分类器的目的就是要确定分类超曲面（或定义决策 规则）。

分类超曲面可以由 R 个标量函数 $g_1(\mathbf{x}),g_2(\mathbf{x}),\cdots,g_R(\mathbf{x})$定义，这些函数称为**判别函数**（**discrimination functions**）。$g_r(\mathbf{x})$为 $\mathbf{x}\in K_r$ 条件下的最大值：

$$g_r(\mathbf{x}) \geqslant g_s(\mathbf{x}), \quad s\neq r \tag{9.4}$$

由此可见，类别区域 K_r 和 K_s 间的分类超曲面由下式定义：

$$g_r(\mathbf{x})-g_s(\mathbf{x})=0 \tag{9.5}$$

这一定义也就确定了决策规则。

$$d(\mathbf{x})=\omega_r \Leftrightarrow g_r(\mathbf{x})=\max_{s=1,\cdots,R} g_s(\mathbf{x}) \tag{9.6}$$

线性判别函数是最简单的判别函数，但应用十分普遍。其一般形式为

$$g_r(\mathbf{x})=q_{r0}+q_{r1}x_1+\cdots+q_{rn}x_n \tag{9.7}$$

其中所有的 $r=1,\cdots,R$。若分类器的所有判别函数都是线性的，则称此分类器为**线性分类器**（**linear classifier**）。

非线性分类器通常利用某些适当的非线性函数 Φ，将原始特征空间 X^n 变换到一个新的特征空间 X^m，其中下标 n, m 表示空间的维数

$$\Phi=(\phi_1,\phi_2,\cdots,\phi_m): X^n \to X^m \tag{9.8}$$

经过变换后，在新的特征空间中就可以采用线性分类器了——函数 Φ 的作用在于将原始特征空间中的非线性分类超曲面“拉直”，变成变换特征空间中的超平面。这种分类器的判别函数为

$$g_r(\mathbf{x})=q_{r0}+q_{r1}\phi_1(\mathbf{x})+\cdots+q_{rm}\phi_m(\mathbf{x}) \tag{9.9}$$

其中 $r=1,\cdots,R$。上式的向量形式为

$$g_r(\mathbf{x})=\mathbf{q}_r\cdot\mathbf{\Phi}(\mathbf{x}) \tag{9.10}$$

其中 $\mathbf{q}_r,\mathbf{\Phi}(\mathbf{x})$分别为由 $q_{r0},\cdots,q_{rm}$ 和 $\phi_0(\mathbf{x}),\cdots,\phi_m(\mathbf{x})$ 构成的向量，且 $\phi_0(\mathbf{x})\equiv 1$。关于非线性分类器的更多细节请参见[Sklansky, 1981; Devijver and Kittler, 1982]。 在第 9.2.5 节中讨论支持向量机的时候会再次探讨这一重要思想。

9.2.2 最近邻

我们可以基于**最小距离**（minimum distance）原则构建分类器；得到的分类器仅仅是使用判别函数分类器的一个特例，但是它具有计算上的优势，并且能够很容易在数字计算机上实现。假设在特征空间上定义了 R 个点，$\mathbf{v}_1, \mathbf{v}_2, \cdots, \mathbf{v}_R$，表示类 $\omega_1,\omega_2,\cdots,\omega_R$ 的范例（样本模式）。一个最小距离分类器将一个模式 $\mathbf{x}$ 分到距离该模式最近范例所在类别的类中。

$$d(\mathbf{x})=\omega_r \Leftrightarrow |\mathbf{v}_r-\mathbf{x}|=\min_{s=1,\cdots,R}|\mathbf{v}_s-\mathbf{x}| \tag{9.11}$$

判别超平面与线段 $\mathbf{v}_s\mathbf{v}_r$ 垂直，并且将其一分为二（见图 9.6）。如果每一类只是用一个范例进行表示，得到的就是一种线性分类器的结果；这个分类器的一种实现如下。

算法 9.1 最小距离分类器的学习和分类

1. 学习：对于所有类，基于训练集合计算类代表 $\mathbf{v}_i$

$$\mathbf{v}_i(k_i+1)=\frac{1}{k_i+1}\left(k_i\mathbf{v}_i(k_i)+\mathbf{x}_i(k_i+1)\right)$$

其中 $\mathbf{x}_i(k_i+1)$代表第 i 类的第 k_i 样本，k_i 表示目前第 i 类被学习过程使用的物体总数。

2. 分类：对于一个样本描述向量 $\mathbf{x}$，确定 $\mathbf{x}$ 与每类范例 $\mathbf{v}_i$ 之间的距离。如果 $\mathbf{x}$ 与 $\mathbf{v}_j$ 是所有距离中最小的，那么就将样本分为第 j 类（式（9.11））。

如果有多个范例表示某一类，那么分类器将给出分段线性判别超平面。——这就是基本的但是被广泛应用的**最近邻**（**nearest neighbor**）或者 NN 分类器，它将未知模式划分为到与训练模式最近模式的类别。这一简单想法经常通过将未知模式分类到 k 个训练模式中的多数模式所属于的类别而进一步使之更可靠——而这就是一个 k 近邻（k-NN）分类器。

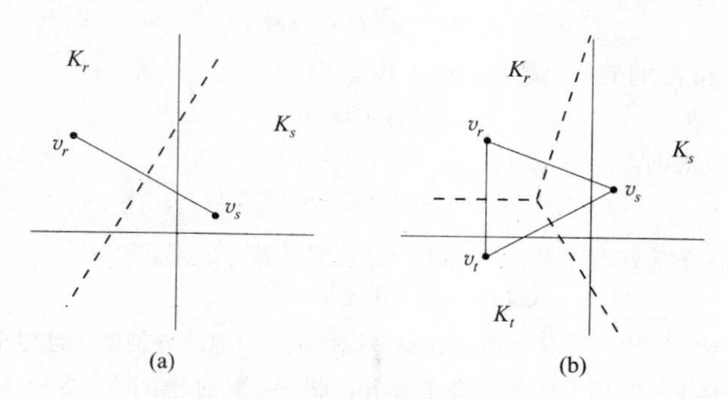

图 9.6　最小距离判别函数

最近邻原理在计算机视觉中被广泛使用；通常，它在某个特征空间中按照我们这里概述的方式进行计算，有时也与 2D 或 3D 空间问题发生关系。对于大的数据集合，特别是特征空间的维数很高时（实际中经常如此）我们将会清楚地看到计算最近邻信息可能会变得非常耗时。举个例子，比如数据来自于视频流，那么这种耗时的计算将会一直频繁地重复。最本质的问题是由于距离计算很耗时并且总的时耗和待比较点的数目成线性关系。为了提高处理速度，将整个数据空间进行分块并通过使用 K-D 树来大大减少比较点的数目[Friedman et al., 1977]。如果数据为 N 维，这种数据结构递归地将它在变化最大的坐标上进行划分：得到的树在密集分布的区域拥有"少"的叶结点，而在稀疏的区域拥有"大"的叶结点。最近邻 NN 搜索首先在叶子结点通过一个测试向量进行操作，然后仅仅在相邻的叶子结点进行操作，因为这些结点包含了可能正确的候选点。

算法 9.2　使用 K-D 树的最小距离搜索

1. 对于一个 N 维的数据集 $X=\{\mathbf{x}_1,\mathbf{x}_2,\cdots,\mathbf{x}_n\}$，确定维度 $i\ (1\leqslant i\leqslant N)$，使之具有最大的变化。在该维度上使用样本数值的中值处对应的平面将数据切分。
2. 递归地进行这个过程产生一个深度为 d 的平衡二叉树。
3. 为了确定一个输入向量 $\mathbf{y}$ 的最近邻位置，确定它所位于的叶子结点单元，在该单元内进行穷举搜索。
4. 遍历相邻的单元，找出可能包含比当前最好候选更近的候选元素。

由于穷举搜索仅仅在数目非常小的一些叶子结点（可能只有一个）进行，这个算法将以 $\log(n)$ 的复杂度运行，因为是非常大的提高。

算法 9.2 在 N 比较小的时候运行得很好，但是随时 N 的增大待搜索的近邻数目可能会变得很大。由于这个原因，产生了一种选择近似最近邻的算法，这个算法，虽然产生的结果虽然不会完美，但是已经接近最优。最简单的情况下，我们可以在第 3 步之后终止算法，大多数情况下得到的结果都是最近邻，即使不是，也很可能非常接近了。

更好的近似算法依赖于选择性地应用步骤 4——Beis 和 Lowe[Beis and Lowe, 1997]提出了一种最佳单元优先（Best Bin First，BBF）算法，该算法将近邻搜索按照优先级排序。以 $\mathbf{y}$ 为中心半径为当前近邻最小距离的超球作为候选区域，与该超球区域具有最大交叉的叶子结点首先进行计算。搜索过程在搜索了预先确定的近邻数目 E_{max} 之后将停止。

BBF 有很多开源的改进——Muja 和 Lowe 提出了一种能够针对待处理问题选择"最佳"算法的方法[Muja and Lowe, 2009]。实现这一算法的软件包在下面的链接中公开提供 http://www.cs.ubc.ca/~mariusm/index.php/FLANN/FLANN。

9.2.3　分类器设置

基于判别函数的分类器是一种具有确定性的机器——同一模式 **x** 总会被分到同一个类。注意，一个模式可能表示来自不同类别的物体，也就是说分类器的决策对于某些物体来说是正确的，而对于另一些是错误的。最优分类器的选择在某种意义上应该尽量减少这些不正确的判断。

假设一个特定的分类器通过一个参数向量 **q** 来描述。这个分类器的平均损失值 $J(\mathbf{q})$依赖于它所应用的决策规则 $\omega = d(\mathbf{x},\mathbf{q})$。我们需要找到 $\mathbf{q}^*$使得平均损失最小：

$$J(\mathbf{q}^*) = \min_{\mathbf{q}} J(\mathbf{q}) \qquad d(\mathbf{x},\mathbf{q}) \in D \tag{9.12}$$

$\mathbf{q}^*$成为最优参数向量。

误差最小准则（minimum error criterion）（Bayes 准则，最大似然度）采用的损失函数形式为 $\lambda(\omega_r|\omega_s)$，其中 $\lambda(.)$ 的值定量地表示了当类 ω_s 的模式 **x** 被错分为类 ω_r 时所带来的损失

$$\omega_r = d(\mathbf{x},\mathbf{q}) \tag{9.13}$$

损失均值为

$$J(\mathbf{q}) = \int_X \sum_{s=1}^{R} \lambda[d(\mathbf{x},\mathbf{q}) \mid \omega_s] p(\mathbf{x} \mid \omega_s) P(\omega_s) \mathrm{d}\mathbf{x} \tag{9.14}$$

其中 $P(\omega_s), s=1,\cdots,R$ 为各类的先验概率， $p(\mathbf{x} \mid \omega_s), s=1,\cdots,R$ 为物体 **x** 在类 ω_s 中的条件概率密度。

采用判别函数可以很容易地构造基于最小损失准则的分类器；通常采用单位损失函数

$$\begin{aligned} \lambda(\omega_r \mid \omega_s) &= 0 \qquad r = s \\ &= 1 \qquad r \neq s \end{aligned} \tag{9.15}$$

判别函数为

$$g_r(\mathbf{x}) = p(\mathbf{x} \mid \omega_r) P(\omega_r) \qquad r = 1,\cdots,R \tag{9.16}$$

其中 $g_r(\mathbf{x})$对应于（由条件概率的乘法公式保证）后验概率 $P(\omega_s \mid \mathbf{x})$ 的值。

这个概率描述了 **x** 来自于类 ω_r 的可能性有多大。显然，最优分类决策就是将模式 **x** 分到在所有后验概率中 $P(\omega_r \mid \mathbf{x})$ 取到最大值的那一类 ω_r

$$P(\omega_r \mid \mathbf{x}) = \max_{s=1,\ldots,R} P(\omega_s \mid \mathbf{x}) \tag{9.17}$$

Bayes 定理告诉我们

$$P(\omega_s \mid \mathbf{x}) = \frac{p(\mathbf{x} \mid \omega_s) P(\omega_s)}{p(\mathbf{x})} \tag{9.18}$$

其中 $p(\mathbf{x})$为混合概率密度。一个后验概率的示意图见图 9.7，相应三分类问题的分类超曲面见图 9.8。

极值问题式的最小化解析解法在很多实际情况下是不可能的，因为无法得到多维概率密度。损失函数的评价准则请参见[Sklansky, 1981; Devijver and Kittler, 1982]。在实际应用中，通常要求分类完全正确，并且已知一个已标明类别的物体集合，一般来说这也是用来设计和设置分类器的所有信息了。

能够由一个样本集合对分类器进行设置非常重要，这一过程称为**分类器学习（classifier learning）**。分类器学习根据的是一个已标明正确类别的物体（由特征向量表示）集合——这一模式集合连同它们的类别信息被称作**训练集合（training set）**。显然，分类器的性能取决于训练集合的性质和规模。设置完成后，我们可以期望那些没有用于分类器学习的模式能够进入到分类器之中。分类器学习方法应该是**归纳式（inductive）**

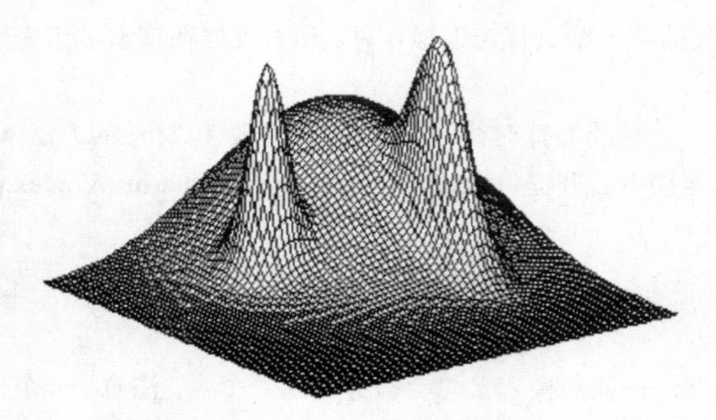

图 9.7 最小误差分类器：后验概率

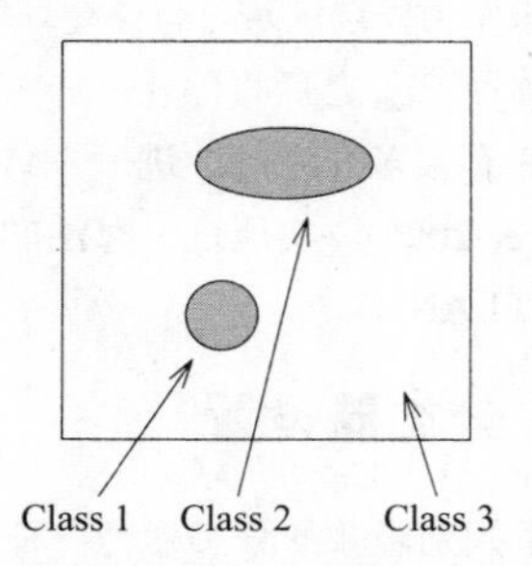

图 9.8 最小误差分类器：分类超曲面及类别

的，因为从训练集合的元素中获取的信息将被推广到整个特征空间，这就意味着分类器设置应该对所有可能的模式来说都是（近似）最优的，而不仅仅是针对训练集合。分类器应该能够识别那些它没有“见过”的物体。

对某个给定问题可能不存在解。训练集合越大，得到正确分类器的可能性也就越大——分类正确率和训练集合的大小密切相关。若模式的统计性质已知，则可以估计出训练集合必要的大小，但问题是实际情况中通常得不到统计性质。假定用训练集合来代替这些缺失的统计信息，则只有在对训练集合处理完毕后，设计者才能知道这个集合是否满足要求，是否需要增加训练集合大小。一般训练集合大小将经过几次增加，直到得到正确的分类设置。

在实践中，已知训练数据的一部分可能被保留起来用于提供关于已训练分类器性能的目标测试——这被称为测试集，并且被用于产生在目前为止的未知数据集上的性能指标。如果仅有一个数据项被保留，这就叫做留一测试（leave one out testing）。留 K 测试的定义类似。如果 K 个数据项被保留用于测试，并且被随机地选择了 N 测试，这种统计上稳定的测试策略称为 N 重留 K 测试结果（N-fold leave K out testing）。

逐渐增加训练集合大小的基本思想可以理解为：将一个很大的训练集合的一小部分用来设计分类器，而用余下的部分测试分类器的性能—最少可以只有一个元素。信息的顺序输入（从理论上说这是不可避免的）对分类器设置过程起着实质性的作用。

所有分类器设置方法的特性在有机生物的学习过程中都可以找到相似之处。

- **学习**（**learning**）是一个基于样本顺序输入的自动的系统优化过程。
- **学习的目标**（**goal of learning**）是使优化准则最小。这一准则可以用错分损失均值表示。
- 训练集合有限，这就要求学习过程具有**归纳**（**inductive**）特点。在所有可能的样本都用来学习前，通过推广已有样本信息达到学习目的。样本可能是随机选取的。
- 对信息顺序输入的必然要求和系统存储的有限性导致了**学习的渐进性**（**sequential character of learning**）。因此，学习过程无法一步完成，而是一个循序渐进的过程。

学习过程根据样本搜索最优分类器设置。分类器系统被构造为一个通用机，这个通用机经过对训练集合的处理完成优化（有监督学习），也就是说当应用问题改变时不需要重复困难的优化系统设计过程。学习方法独立于应用问题；同样的学习算法可以用来设置一个医疗诊断分类器，也可以用来为机器人设置一个物体识别的分类器。

分类器性能与可得到的信息总量及其性质密切相关。从这一角度来说，模式应该表示尽可能复杂的描述。但另一方面，这样做会带来大量的描述特征。因此，物体描述实际上是在允许分类错误率、分类时间和分类器构造复杂度之间的一种折中。那么，如何从一个已知特征集合中选择最佳特征，又如何发现那些对识别成功起关键作用的特征呢？判断标准化特征的**信息度**（**informativity**）和**区分度**（**discriminativity**）的方法请参见[Young and Calvert, 1974; Pudil et al., 1994]。

9.2.4 分类器学习

本节将介绍两个常用学习策略：

- **概率密度估计**（**probability density estimation**）对概率密度 $p(\mathbf{x}|\omega_r)$ 和概率 $P(\omega_r), r=1,\cdots,R$ 进行估计。判别函数根据误差最小准则（式(9.17)）计算得到。
- **直接损失最小化**（**direct loss minimization**）并不估计概率和概率密度，而是通过直接对损失 $J(\mathbf{q})$进行最小化寻找决策规则 $\omega = d(\mathbf{x}, \mathbf{q}^*)$。这种方法采用最佳近似准则。

由于可获得的先验知识多少不一，概率密度估计法的计算难度也不同。若某些先验知识已知，则它们通常描述了概率密度函数 $p(\mathbf{x}|\omega_r)$ 的形状。分布的参数一般是未知的，学习过程需要找到这些参数的估计值。因此，这一类学习方法有时也被称为**参数学习**（**parametric learning**）。

假设第 r 类的模式满足正态分布。则正态分布 $N(\boldsymbol{\mu}_r, \boldsymbol{\Psi}_r)$的概率密度可以由类 ω_r 中的模式计算得到

$$p(\mathbf{x}|\omega_r) = \frac{1}{(2\pi)^{n/2}\sqrt{\det \boldsymbol{\Psi}_r}} \exp\left[-\frac{1}{2}(\mathbf{x}-\boldsymbol{\mu}_r)^T \boldsymbol{\Psi}_r^{-1}(\mathbf{x}-\boldsymbol{\mu}_r)\right] \tag{9.19}$$

其中 $\boldsymbol{\Psi}_r$ 为协方差矩阵（covariance matrix）。关于多变量概率密度函数估计的更多细节请参见[Rao, 1965; Johnson and Wichern, 1990]。计算过程依赖于与向量 $\boldsymbol{\mu}_r$ 和 $\boldsymbol{\Psi}_r$ 有关的其他信息；可以分三种情况讨论：

（1）协方差矩阵 $\boldsymbol{\Psi}_r$ 已知，均值向量 $\boldsymbol{\mu}_r$ 未知。均值向量的一个可取的估计为平均值

$$\tilde{\boldsymbol{\mu}}_r = \bar{\mathbf{x}} \tag{9.20}$$

它可以迭代地计算得到

$$\bar{\mathbf{x}}(k+1) = \frac{1}{k+1}[k\,\bar{\mathbf{x}}(k) + \mathbf{x}_{k+1}] \tag{9.21}$$

其中 $\mathbf{x}_{k+1}$ 为训练集合中第 r 类的第 k+1 个模式。

这个估计是无偏、一致、有效且线性的。

如果均值 $\tilde{\boldsymbol{\mu}}_r(0)$的先验估计已知，可以采用 Bayes 方法估计正态分布参数。于是参数估计由下式迭代计算

$$\tilde{\boldsymbol{\mu}}_r(k+1) = \frac{a+k}{a+k+1}\tilde{\boldsymbol{\mu}}_r(k) + \frac{1}{a+k+1}\mathbf{x}_{k+1} \tag{9.22}$$

参数 a 表示先验估计 $\tilde{\boldsymbol{\mu}}_r(0)$的置信度。训练中，$a$ 表示在前多少步中设计者认为先验估计比训练得到的均值更接近真实情况。注意，$a=0$ 时 Bayes 估计与式（9.21）相同。

（2）协方差矩阵 $\boldsymbol{\Psi}_r$ 未知，均值向量 $\boldsymbol{\mu}_r$ 已知。估计离散度矩阵 $\boldsymbol{\Psi}_r$ 的一般方法为

$$\tilde{\boldsymbol{\Psi}}_r = \frac{1}{K}\sum_{k=1}^{K}(\mathbf{x}_k - \boldsymbol{\mu}_r)(\mathbf{x}_k - \boldsymbol{\mu}_r)^T \tag{9.23}$$

或者，迭代的形式为

$$\tilde{\boldsymbol{\Psi}}_r(k+1) = \frac{1}{k+1}\left[k\,\tilde{\boldsymbol{\Psi}}_r(k) + (\mathbf{x}_{k+1} - \boldsymbol{\mu}_r)(\mathbf{x}_{k+1} - \boldsymbol{\mu}_r)^T\right] \tag{9.24}$$

这个估计是无偏且一致的。

若已知离散度矩阵 $\boldsymbol{\Psi}_r$ 的一个先验估计 $\tilde{\boldsymbol{\Phi}}_r(0)$，则可以采用 Bayes 方法。令 K 为训练集合中样本总数，$\tilde{\boldsymbol{\Psi}}_r(K)$ 由式（9.24）求得。则

$$\tilde{\boldsymbol{\Phi}}_r(K) = \frac{b\,\tilde{\boldsymbol{\Phi}}_r(0) + K\,\tilde{\boldsymbol{\Psi}}_r(K)}{b+K} \tag{9.25}$$

且 $\tilde{\boldsymbol{\Phi}}_r(K)$ 被认为是离散度矩阵 $\boldsymbol{\Psi}_r$ 的 Bayes 估计。参数 b 表示先验估计 $\tilde{\boldsymbol{\Phi}}_r(0)$ 的置信度。

（3）离散度矩阵 $\boldsymbol{\Psi}_r$ 和均值向量 $\boldsymbol{\mu}_r$ 都未知。可以采用如下估计

$$\tilde{\boldsymbol{\mu}}_r = \bar{\mathbf{x}} \tag{9.26}$$

$$\widetilde{\boldsymbol{\Psi}}_r = \mathbf{S} = \frac{1}{K-1}\sum_{k=1}^{K}(\mathbf{x}_k - \overline{\mathbf{x}})(\mathbf{x}_k - \overline{\mathbf{x}})^T \tag{9.27}$$

或者用迭代的形式表示为

$$\begin{aligned}\mathbf{S}(k+1) = \frac{1}{k}\{&(k-1)\mathbf{S}(k) \\ &+[\mathbf{x}_{k+1} - \overline{\mathbf{x}}(k+1)][\mathbf{x}_{k+1} - \overline{\mathbf{x}}(k+1)]^T \\ &+k[\overline{\mathbf{x}}(k) - \overline{\mathbf{x}}(k+1)][\overline{\mathbf{x}}(k) - \overline{\mathbf{x}}(k+1)]^T\}\end{aligned} \tag{9.28}$$

若已知第 r 类的离散度矩阵 $\boldsymbol{\Psi}_r$ 的一个先验估计 $\widetilde{\boldsymbol{\Phi}}_r(0)$ 及其均值向量的一个先验估计 $\widetilde{\mathbf{v}}_r(0)$，则可以采用如下 Bayes 估计

$$\tilde{\mathbf{v}}_r(K) = \frac{a\tilde{\boldsymbol{\mu}}_r(0) + K\tilde{\boldsymbol{\mu}}_r(K)}{a+K} \tag{9.29}$$

其中 K 为训练集合中样本总数，$\tilde{\boldsymbol{\mu}}_r(K)$由式（9.20）和式（9.21）定义。离散度矩阵由下式计算：

$$\begin{aligned}\widetilde{\boldsymbol{\Phi}}_r(K) = \frac{b}{b+K}&\widetilde{\boldsymbol{\Phi}}_r(0) + a\widetilde{\mathbf{v}}_r(0)\widetilde{\mathbf{v}}_r(0)^T + (K-1)\widetilde{\boldsymbol{\Psi}}_r(K) \\ &+K\tilde{\boldsymbol{\mu}}_r(K)\tilde{\boldsymbol{\mu}}_r(K)^T - (a+K)\widetilde{\mathbf{v}}_r(K)\widetilde{\mathbf{v}}_r(K)^T\end{aligned} \tag{9.30}$$

其中 $\widetilde{\boldsymbol{\Psi}}_r(K)$ 由式（9.24）计算得到。于是，可以认为 $\widetilde{\mathbf{v}}_r(K)$ 和 $\widetilde{\boldsymbol{\Phi}}_r(K)$分别是第 r 类的均值向量和离散度矩阵的 Bayes 估计。同理，参数 a，b 表示先验估计 $\widetilde{\boldsymbol{\Phi}}_r(0)$ 和 $\widetilde{\mathbf{v}}_r(0)$ 的置信度。

各类的先验概率 $P(\omega_r)$用相对频率作为估计值

$$P(\omega_r) = \frac{K_r}{K} \tag{9.31}$$

其中 K 为训练集合中样本总数；K_r 为训练集合中属于第 r 类的样本数目。

算法 9.3　在假定正态分布条件下基于概率密度估计的学习和分类

1. 学习：计算均值向量 $\boldsymbol{\mu}_r$ 和离散度矩阵 $\boldsymbol{\Psi}_r$。
2. 计算先验概率密度 $p(\mathbf{x}|\omega_r)$的估计值，式（9.19）。
3. 计算各类先验概率，式（9.31）。
4. 分类：将所有满足如下式子的模式分为第 r 类

$$\omega_r = \max_{i=1,\ldots,s}\left[p(\mathbf{x}\mid\omega_i)P(\omega_i)\right]$$

（见式（9.16）和式（9.6））。

若没有已知的先验信息（也就是说连分布类型也不知道），则计算将变得非常复杂。在这种情况下，如果可以不采用最小误差准则，为了方便起见不妨采用直接损失最小化方法。

第二类方法基于直接损失最小化，不需要估计概率或概率密度。最小化过程与梯度最优化方法有些类似，但纯粹的梯度方法并不适用，因为概率密度未知，也就无法计算梯度。但是，可以采用**随机逼近**（**stochastic approximation**）方法求最小值，参见[Sklansky, 1981]。

上述内容的最主要的结论是无论是基于概率估计，还是直接损失最小化的学习方法都可以用迭代公式表示，而且很容易实现。

9.2.5　支持向量机

支持向量机（SVM）方法已经被证明是有效并且非常受欢迎。可区分的二分类问题的最优分类可以通过最大化两类的空白区域（**间隔**（**margin**））的宽度得到这个宽度被定义为 n 维特征空间的判别超平面之间的距离。来自于每一类的向量如果与判别平面距离最近，则称为**支持向量**（**support vector**）通常，存在多个区分性超平面，确定最优判别超平面的能力是这种方法的一个主要优点，它也帮助处理了训练时的过拟合

问题。从理论的角度看，它可以体现在这样的最佳超平面具有最小的容量（**capacity**）——这也是来自于 Vapnik 和 Chervonenkis 的统计学习理论[Burges, 1998]的要求。

首先考虑线性可区分的二分类问题，有一组 n 维特征向量 $\mathbf{x}$ 和其类别标签 ω。为了方便，假定 $\omega \in \{-1,1\}$，为了克服不同方差的特征的不均匀影响，每个特征值 x_i 经过规范化后有 $x_i \in [0,1]$。通过定义可区分的超平面得到两类的判别函数

$$\mathbf{w} \cdot \mathbf{x} + b = 0 \tag{9.32}$$

（对比式（9.7））。为了最大化间隔，定义两个平行的超平面

$$\mathbf{w} \cdot \mathbf{x} + b = 1, \quad \mathbf{w} \cdot \mathbf{x} + b = -1 \tag{9.33}$$

经过支持向量，并且在它们之间没有训练模式。为了保证没有训练模式出现在这两个超平面内部，对于所有的 $\mathbf{x}_i$ 必须满足下面的不等式

$$\omega_i(\mathbf{w} \cdot \mathbf{x}_i + b) \geqslant 1 \tag{9.34}$$

假设 x^+ 位于平面正侧，x^- 为平面负侧最近的点。那么 $\mathrm{x}^+ - \mathrm{x}^-$ 就与平面垂直并且对于某个 λ

$$\begin{gathered}\lambda \mathbf{w} = \mathbf{x}^+ - \mathbf{x}^-, \\ \lambda \|\mathbf{w}\|^2 = \mathbf{x}^+ \cdot \mathbf{w} - \mathbf{x}^- \cdot \mathbf{w}, \\ \lambda \|\mathbf{w}\|^2 = 2\end{gathered} \tag{9.35}$$

因而 $|\mathbf{x}^+ - \mathbf{x}^-| = (2/\|\mathbf{w}\|)$。为了最大化间隔，我们需要最小化 $\|\mathbf{w}\|$，并使其满足式（9.34）的条件，这是个最优二次规划问题。求得最优解后，判别超平面和这两个超平面平行，并位于这两个超平面的中间（见图 9.9（c））。

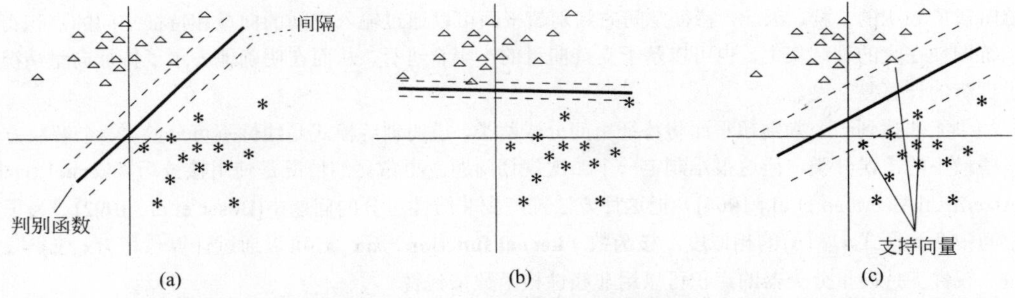

图 9.9　支持向量机的基本二分类概念（a）、（b）非最优的线性判别函数的两个例子；（c）最优的线性判别函数最大化可区分的两类样本之间的间隔；最优的超平面是支持向量的函数

为了消除不等式的约束，应用拉格朗日原理重新表述这个最小化问题，从而简化了优化的过程。拉格朗日函数定义为

$$L(\mathbf{w}, b, \alpha) = \frac{1}{2}\|\mathbf{w}\| - \sum_{i=1}^{N} \alpha_i \omega_i (\mathbf{w}_i \cdot \mathbf{x}_i + b) + \sum_{i=1}^{N} \alpha_i \tag{9.36}$$

其中 α_i 是拉格朗日乘子。当 α_i 的限制为 $\alpha_i \geqslant 0$，相对于 $\mathbf{w}$ 和 b 最小化 $L(\mathbf{w},b,\alpha)$。相对于 $\mathbf{w}$ 和 b，计算拉格朗日函数的偏导数，得到

$$\frac{\partial L(\mathbf{w}, b, \alpha)}{\partial \mathbf{w}} = \mathbf{w} - \sum_{i=1}^{N} \alpha_i \omega_i \mathbf{x}_i \tag{9.37}$$

$$\frac{\partial L(\mathbf{w}, b, \alpha)}{\partial b} = \sum_{i=1}^{N} \alpha_i \omega_i \tag{9.38}$$

令这两个等式为零，有如下关系式：

$$\mathbf{w} = \sum_{i=1}^{N} \alpha_i \omega_i \mathbf{x}_i \tag{9.39}$$

$$\sum_{i=1}^{N} \alpha_i \omega_i = 0 \tag{9.40}$$

把这两个关系式代入原来的拉格朗日函数式（9.36）中，得到另一个最优化问题，作为其对偶形式，考

虑训练模式 $\mathbf{x}_i$ 和 $\mathbf{x}_j$ 以及它们的类别标签 ω_i，ω_j 两两之间的关系，

$$L(\mathbf{w},b,\alpha)=\sum_{i=1}^{N}\alpha_i-\frac{1}{2}\sum_{i,j=1}^{N}\alpha_i\alpha_j\omega_i\omega_j(\mathbf{x}_i\cdot\mathbf{x}_j) \tag{9.41}$$

其中，满足 $\sum_{i=1}^{N}\omega_i\alpha_i=0$ 和 $\alpha_i\geqslant 0$，相对于 α_i 最大化 $L(\mathbf{w},b,\alpha)$。虽然值 b 没有出现在上面的式子中，但是当式(9.41) 求得最优解时，可以用原数据很容易计算出 b 的值。

模式 $\mathbf{x}$ 的二分类问题可以用下面的判别函数得到：

$$f(\mathbf{x})=\mathbf{w}\cdot\mathbf{x}_i+b \tag{9.42}$$

其中

$$\begin{aligned}\omega_{\mathbf{x}}&=+1 \quad \text{如果} f(\mathbf{x})\geqslant 0\\ &=-1 \quad \text{如果} f(\mathbf{x})<0\end{aligned} \tag{9.43}$$

依据训练向量和乘子，用式（9.39）代替 $\mathbf{w}$，有

$$f(\mathbf{x})=\sum_{i\in \mathrm{SV}}\alpha_i\omega_i(\mathbf{x}_i\cdot\mathbf{x})+b \tag{9.44}$$

任何一个拉格朗日乘子 α_i 有一个对应的训练向量 $\mathbf{x}_i$。那些对最大化间隔有贡献的向量具有非零的 α_i，是支持向量。其余的训练向量对最终的判别函数没有贡献——因此，和的计算只需在那些使 $\mathbf{x}_i$ 是支持向量（$i\in \mathrm{SV}$）的下标 i 上进行。

式（9.43）表明决定支持向量 $\mathbf{x}$ 属于 $\omega_{\mathbf{x}}= +1$ 还是 $\omega_{\mathbf{x}}= -1$ 只取决于和最大间隔关联的支持向量，正如训练阶段所表明的那样。因此，特征空间的判别超平面可以通过输入空间的向量和特征空间的点积得到。所以训练即便在大的训练集上，也可以基于支持向量的小集合进行，从而在明确地表示了特征向量情况下，限制了训练的计算复杂度。

如果无法找到一个判别超平面将特征空间分成两类，说明训练模式是线性不可分的。一个解决方案是容忍一些最小的错误分类，但这很难制定一个二次规划问题。更常见的情况是使用**核技巧**（**kernel trick**）（源于 Aizerman[Aizerman et al., 1964]）把这种方法推广到非线性可分的问题中[Boser et al., 1992]。为了衡量线性空间中两个模式 $\mathbf{x}_i$ 和 $\mathbf{x}_j$ 的相似度，**核函数**（**kernel function**）$k(\mathbf{x}_i, \mathbf{x}_j)$可以通过计算点积 $k(\mathbf{x}_i, \mathbf{x}_j) = \mathbf{x}_i\cdot\mathbf{x}_j$ 来确定。线性支持向量分类器的点积可以用非线性核函数来代替

$$k(\mathbf{x}_i, \mathbf{x}_j)=\Phi(\mathbf{x}_i)\cdot\Phi(\mathbf{x}_j) \tag{9.45}$$

这里的想法是将向量转换到另一个空间中，在这个空间中可以确定一个线性的区分性超平面。对应于原特征空间的一个非线性超平面（见图 9.10，并参见第 9.2.1 节和式（9.8）～式（9.10））。支持向量分类算法和线性分类方法在形式上是一样的，只是原来使用的点积被替换为非线性的核函数。正是因为核技巧，通过定义合适的核函数，支持向量分类方法就能够在变换空间中确定线性可分的超平面。

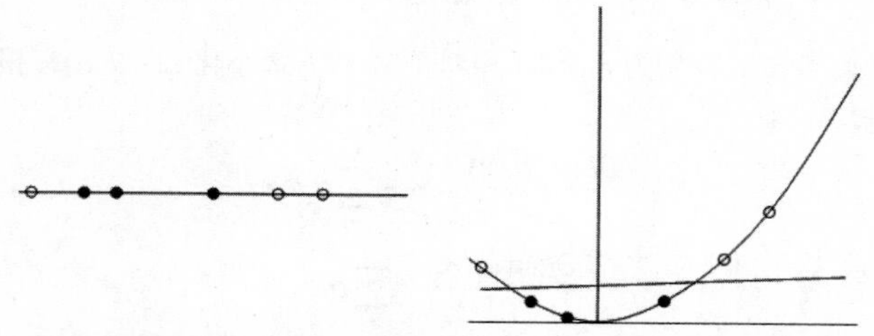

图 9.10 通过使用核函数达到线性可分。在左图中，这两类在一维空间中无法线性可分；在右图中，函数 $\Phi(x)=x^2$ 建立了一个线性可分的问题

通常来讲，式（9.45）右侧的计算量可能会比较大，为此可以使用很多简单的核函数，比如各向同性的 d 阶多项式，式（9.46）；各向相异的 d 阶多项式，式（9.48）；径向基函数，式（9.48）；高斯径向基函数（9.49）；以及其他核函数：

$$k(\mathbf{x}_i,\mathbf{x}_j)=(\mathbf{x}_i\cdot\mathbf{x}_j)^d \tag{9.46}$$

$$k(\mathbf{x}_i,\mathbf{x}_j)=(\mathbf{x}_i\cdot\mathbf{x}_j+1)^d \tag{9.47}$$

$$k(\mathbf{x}_i,\mathbf{x}_j)=\exp(-\gamma\left\|\mathbf{x}_i-\mathbf{x}_j\right\|^2)\text{，其中}\ \gamma>0 \tag{9.48}$$

$$k(\mathbf{x}_i,\mathbf{x}_j)=\exp\left(-\frac{\left\|\mathbf{x}_i-\mathbf{x}_j\right\|}{2\sigma^2}\right) \tag{9.49}$$

把核技术应用到对偶拉格朗日函数，有

$$L(\mathbf{w},b,\alpha)=\sum_{i=1}^{N}\alpha_i-\frac{1}{2}\sum_{i,j=1}^{N}\alpha_i\alpha_j\omega_i\omega_j k(\mathbf{x}_i,\mathbf{x}_j) \tag{9.50}$$

产生的判别函数是

$$f(\mathbf{x})=\sum_{i\in\mathrm{SV}}\alpha_i\omega_i k(\mathbf{x}_i,\mathbf{x})+b \tag{9.51}$$

如果以某种方式我们知道了哪些训练模式构成了支持向量，那么忽略其他训练模式时，线性支持向量分类和具有线性判别函数形式的分类是完全一样的。

算法 9.4 总结了支持向量机的训练和分类的步骤。

算法 9.4　支持向量机学习和分类

1. 训练：选取合适的核函数，$k(\mathbf{x}_i,\mathbf{x}_j)$。
2. 满足式(9.34)给出的限制，最小化 $\|\mathbf{w}\|$。这个可以通过如下的方法完成：满足 $\sum_{i=1}^{N}\omega_i\alpha_i=0$ 和 $\alpha_i\geqslant 0$ 的条件，相对于 α_i 最大化用核方法改进的拉格朗日函数，即式（9.50）。
3. 只存储非零的 α_i 和相应的训练向量 $\mathbf{x}_i$（它们是支持向量）。
4. 分类：对于模式 $\mathbf{x}$，用支持向量 $\mathbf{x}_i$ 和相应的权重 α_i 计算判别函数式（9.51）。这个函数的符号确定了 $\mathbf{x}$ 的分类。

有趣的是，核函数的选择往往不是关键，几种简单的核函数的分类器的性能常常是可以比拟的，性能更依赖于数据准备[Schoelkopf, 1998; Hearst, 1998;Leopold and Kindermann,2002]。

图 9.11 给出了用支持向量机学习非线性可分的一个例子。这里用到的核是式（9.49）。

N 类问题的分类可以结合 N 个两类问题的分类完成，每次区分某个特定的类别和其他剩余的训练模式。在分类阶段，一个模式分配给其具有最大正距离的类别，这里的距离是要分类的模式与 N 个两分类器的各自的判别超平面的距离。（这种方法可以导致训练过程中类与类之间非常不均衡，某一类明显多于另一类——这个问题在文献中[Li et al., 2009]进行了探讨）另一种可选的方法是我们构建 $\frac{N(N-1)}{2}$ 个成对分类器：分类过程通过使用所有的分类器并且通过投票完成。

对于少量数据，或者可以事先给出支持向量集合的情况，可以解析地求解支持向量的最优化问题，但是在大多数实际情况中，这个最优二次规划问题只能数值求解。对于小规模的问题，几乎所有的通用二次规划软件包都可以提供很好的解。对于大规模的问题，有关可获得的解决方案的综述在[More and Toraldo, 1993]中可以找到。有大量的文献论述有关支持向量机的理论和实际应用。

9.2.6　聚类分析

在以前的内容中我们曾提到过非监督学习分类方法不需要训练集特别地，这类分类算法不需要学习阶段中关于物体类别的信息。聚类分析方法基于子集元素之间的互相似性将模式集分成多个子集（簇）不相似的元素位于不同的簇中。

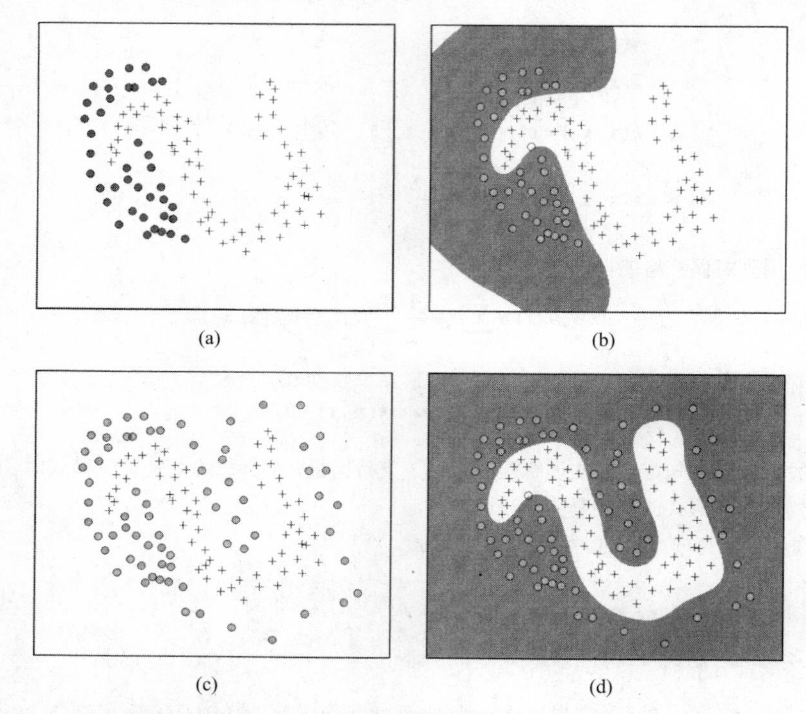

图 9.11　支持向量机的训练；使用高斯径向基核函数，式（9.49）
（a）、（c）特征空间中两类样本的分布（注意：（a）中的“+”样本和（c）中的“+”样本是一样的。（a）中的“o”样本是（c）中的“o”样本的子集）；（b）、（d）是支持向量机学习得到的非线性的判别函数

聚类分析方法分为分级式的和非分级式的。分级方法构造一棵聚类树；模式集合被分为差别最大的两个子集，每个子集再被分为不同的子集。非分级方法顺序地将每个模式分到一个聚类中。聚类分析的过程和算法参见[Duda et al., 2000; Everitt et al., 2001; Romesburg, 2004]。

非分级聚类方法要么是参数化的要么是非参数化的。参数化方法基于已知的类条件分布，需要对分布参数进行估计，类似于第 9.2.4 节中的最小误差分类。

非参数聚类分析是一种应用普遍、简单实用的非分级式聚类分析方法：其中 *k*-均值算法就众所周知且被广泛应用。它的输入是 N 个 n 维数据点并且假设簇的数目 K 已知。簇范例的位置被初始化为随机值或者通过挖掘已知并且可用的数据结构信息。通过不断地迭代，数据点被分配到距离它最近的范例。当范例点的位置稳定之后，算法终止。

算法 9.5　*K*-均值聚类分析

1. 从一组 n 维的数据 $X=\{\mathbf{x}_1,\mathbf{x}_2,\cdots,\mathbf{x}_N\}$ 中确定聚类簇的数目 K。
2. 选择聚类初始点（范例值，初始猜测）$\mathbf{v}_1,\mathbf{v}_2,\cdots,\mathbf{v}_k,\cdots,\mathbf{v}_K$。这可能是随机的，也可能是从 K 个数据点或从其他先验知识中选取。
3. 使用某种距离度量（欧式距离是最直观和常用的）将每个数据点分配到距离最近的范例 $\mathbf{v}_i$。
4. 重新计算 $\mathbf{v}_i$ 为所有关联的数据点的中心
$$V_i=\left\{\mathbf{x}_j : d\left(\mathbf{x}_j,\mathbf{v}_i\right)=\min_k\left(d\left(\mathbf{x}_j,\mathbf{v}_k\right)\right)\right\}$$
5. 如果 v_i 没有稳定，转到第 3 步。

聚类过程中的“错误”由所有数据点到所分配的聚类中心之间距离的平方和给出

$$E=\sum_{i=1}^{K}\sum_{\mathbf{x}_j\in V_i}d^2(\mathbf{x}_j,\mathbf{v}_i) \quad (9.52)$$

可以非常直观地表明算法能够不断地减小这个数量（因此它肯定收敛）。

由于其有效并且简单，K-均值被格外广泛地实用。最小化平方错误在计算上能够被变得非常高效并且对于紧凑的超球状的类簇效果很好。当使用马氏距离时，K 均值形成超椭圆状的类簇。

自动地确定好的 k 值是一个经常被考虑的问题。一种流行的启发式方法是考虑是否添加一个类簇而整体损失改善却很小：最优错误 E（式（9.52））相对于 K 变化的图形通常为一个 L 形状，L 的肘部对应的 K 值通常就是一个很好的选择。一种确定图形这一位置的方法给出了左边和右边候选 K 值的最优直线拟合[Salvador and Chan, 2004]。另一种理论上更基础的方法通过不断地分裂能够给出最优贝叶斯信息准则增益的类簇来逐渐地增加 K 值——通俗地讲，就是分裂那些最稀疏的类簇——然后重新运行算法[Pelleg and Moore, 2000]。关于这些问题一起其他相关问题更多的一些答案可以在文献[Romesburg, 2004]中找到。

K 均值是一大类被广泛应用算法中的一个：其他类似的算法包括 ISODATA 聚类分析方法[Kaufman and Rousseeuw, 1990]，第 7.1 节中介绍的均值移位算法，模糊 k 均值算法或者模糊 c 均值，其中类簇的类属关系是“模糊”的（参见第 9.7 节），第 9.3.2 节介绍的 Kohonen 网络，第 9.3.3 节介绍的 Hopfield 网络，以及第 10.13 节介绍的高斯混合模型。值得注意的是统计模式识别和聚类分析可以被联合使用——比如，最小距离分类器可以使用聚类分析方法的结果进行训练。

9.3　神经元网络

神经元网络已经广泛使用了几十年，它在许多公认的“困难”领域，特别是语音和视觉中的模式识别，都是一种强大的工具。

大多数神经元方法都源于基本处理器（神经元）的组合，每个基本处理器接收若干个输入，产生单个输出。对每个输入都有一个权值与其相关联，于是输出（大多数情况下）就是关于输入加权和的一个函数；这个输出函数可以是离散的或连续的，其形式依赖于神经网的具体应用。图 9.12 是一个简单的神经元——这个模型源于 70 年前对神经元模拟的首创性研究[McCulloch and Pitts, 1943]。输入由 $v_1,v_2,\cdots$表示，权值为 $w_1,w_2,\cdots$；于是神经元的整个输入为

$$x=\sum_{i=1}^{n}v_i w_i \quad (9.53)$$

或者，更一般地

$$x=\sum_{i=1}^{n}v_i w_i-\theta \quad (9.54)$$

其中 θ 为与该神经元相关的阈值。与神经元相关联的还有一个**输出函数**（**transfer function**）$f(x)$，输出由此函数产生；下面给出了两个普通的输出函数实例[Rosenblatt, 1962]:

$$f(x)=\begin{cases}0 & 当\, x\leqslant 0\\ 1 & 当\, x>0\end{cases} \quad (9.55)$$

$$f(x)=\frac{1}{1+e^{-x}} \quad (9.56)$$

神经元集合（网络）的主要思想是神经元之间相互连接（于是一个神经元的输出也是另一个或另一些神经元的输入）——这一思想模仿了大脑中基本神经元的高度互连状态，而这种特性被认为是人类抗损伤和回忆能力的来源。这种互连可能会接收若干个来自外部的输入，并产生一些（数量上可能与外部输入不同）外部输出——见图 9.13。这些外部输入与输出之间的关系即规定了网络：可能是很多相互连接十分复杂的神经元，也可能是高度结构化（即分层结构）的互联，或者是病态的空（相当于直接将输入端接到输出端）。

这种结构在很多地方都能得到应用；其一般作用是向量联想器（association）。例如：

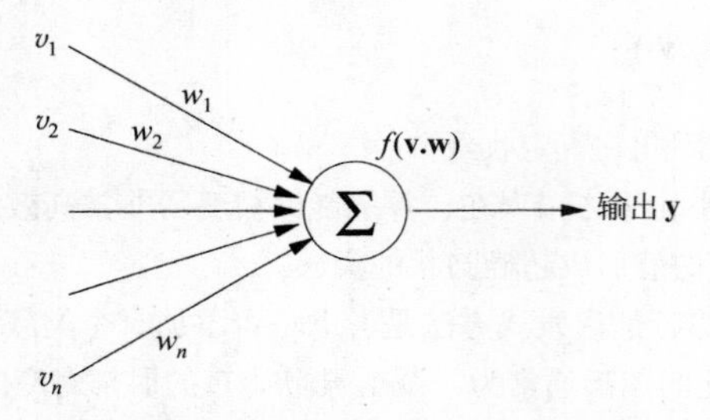

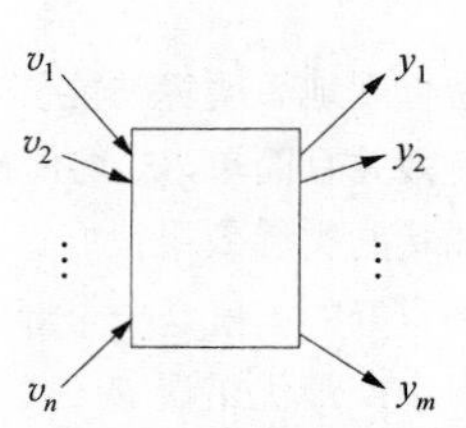

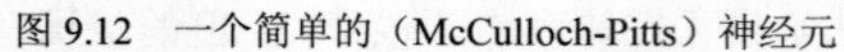

图 9.12　一个简单的（McCulloch-Pitts）神经元　　　图 9.13　一个相当于向量连接器的神经元

- 分类：若输出向量（m 维）是二值的且所有元素中只有一个 1，则 1 的位置代表了输入模式属于 m 个类中的哪一个。
- 自联想：一些神经元网络的应用使得它们将输入重新生成为输出（于是有 $m=n$ 且 $v_i=y_i$）；这样做的目的可能是希望自网络内部衍生出更紧致的向量表示。
- 广义联想：最值得注意的是，向量 **v** 和 **y** 代表不同领域的模式，而神经网则构成了它们之间的一个对应。例如，其输入代表一个书面文本流，而输出为语音信号——可见这个网络是一个语音生成器[Sejnowski and Rosenberg,1987]。

在这里，我们只给出一个简短的概述来表明神经元网络及其连接到传统统计模式识别的主要法则，不讨论许多可供选择的神经元网络技术、方法和实现。有关进一步的参考资料可从大量已经发表的论文以及各种介绍性文本中找到。

9.3.1　前馈网络

初期的神经元网络并没有“内部”（也就是说图 9.13 中的黑箱为空）；这些早期的感知机发展出了一个训练算法，若邻近区域存在一个解则该算法是收敛的[Minsky, 1988]；不幸的是，这一前提非常局限，要求问题是线性可分的。目前十分流行的**反向传播**（**back-propagation**）算法则克服了这一局限[Rumelhart and McClelland, 1986]，这种方法用于训练分层网络，且假定在输入与输出端之间至少存在一层神经元（实际上，可以证明两个“隐含”层就可以满足任何要求[Kolmogorov, 1963; Hecht-Nielson, 1987]）。图 9.14 就是一个这样的网络，同时它也是一个**前馈**（**feed-forward**）网络，在前馈网络中输入端接收数据，并且数据总是沿一个方向传递到输出端，输出端最终给出“答案”。

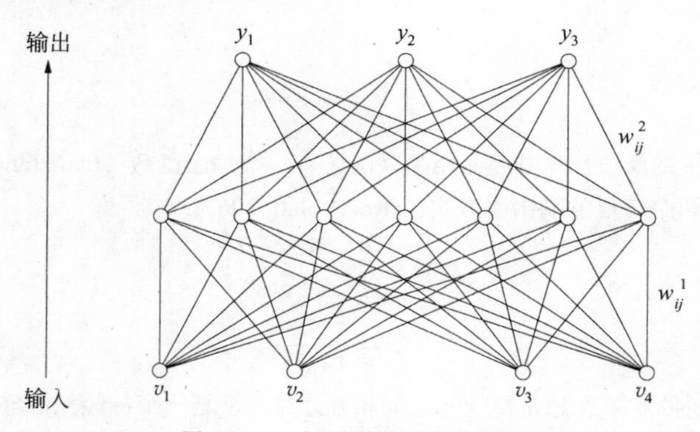

图 9.14　一个三层神经元网络结构

这样的网络是从一个已知的训练集合学习得到的。反向传播算法将网络的输出与希望值相比较，并计算某种基于方差和的误差测度，然后再利用梯度下降法调整网络权重，使得误差最小化。用 $\mathbf{v}^i$ 表示一个训练模式，$\mathbf{y}^i$ 表示实际输出，ω^i 为希望得到的输出，于是误差的定义为

$$E = \sum_i \sum_j \left(y_j^i - \omega_j^i\right)^2$$

算法的更新过程为

$$w_{ij}(k+1) = w_{ij}(k) - \varepsilon \frac{\partial E}{\partial w_{ij}} \tag{9.57}$$

这一过程迭代地进行，直到得到“满意”的结果。

关于反向传播算法的文献繁多而详尽，在此我们仅给出这一算法的概要。

算法 9.6 反向传播学习

1. 用小随机数给权重 w_{ij} 赋值，并令 $k=0$。
2. 输入训练集合中的一个向量 **v**，计算神经网的输出 **y**。
3. 若 **y** 与期望的输出向量 ω 不符，则调整权值

$$w_{ij}(k+1) = w_{ij}(k) + \varepsilon\delta_j z_i(k) \tag{9.58}$$

其中 ε 称为**学习常数**（**learning constant**）或**学习率**（**learning rate**）；$z_i(k)$为结点 i 的输出；k 为迭代次数；δ_j 为与相邻上一层中结点 j 相关的误差

$$\delta_j = \begin{cases} y_j(1-y_j)(\omega_j - y_j) \\ z_j(1-z_j)\left(\sum_l \delta_l w_{jl}\right) \end{cases} \tag{9.59}$$

4. 跳到第 2 步，读取下一个输入模式。
5. 递增 k，重复第 2 步到第 4 步，直到网络对于每个训练模式都能输出希望结果的良好近似。循环过程的每一步术语上称为一代（**epoch**）。

收敛过程可能非常缓慢，有大量文献讨论如何对算法进行加速（例如[Haykin, 1998]）。这些技术中最著名的是**动量**（**momentum**）的引入，这种方法可以使收敛过程更快地通过损失曲面的平稳部分，并控制其在陡峭谷底的行为。这种方法将式（9.57）重写为

$$\Delta w_{ij} = \varepsilon \frac{\partial E}{\partial w_{ij}}$$

更新过程为

$$\Delta w_{ij} := \varepsilon \frac{\partial E}{\partial w_{ij}} + \varepsilon \Delta w_{ij}$$

于是式（9.58）变成

$$w_{ij}(k+1) = w_{ij}(k) + \varepsilon\delta_j z_i(k) + \alpha[w_{ij}(k) - w_{ij}(k-1)] \tag{9.60}$$

其中 α 被称为**动量常数**（**momentum constant**），取 0 到 1 间的值，其作用是决定上一轮更新迭代对当前一轮迭代有多大影响。于是，在梯度较低的区域，某种运动趋势被保持。

9.3.2 非监督学习

另一类不同的网络是自学习的——就是说无须一个已知类别信息的训练集合，它们也可以进行自组织，达到自动识别模式的目的。这一大类网络中又有许多变形，其中最著名的是 Kohonen 特征图。

Kohonen 图的输入为 n 维数据向量，输出也是 n 维的，代表了在邻近问题域内对特定输入的“最佳表示”。更精确地说，网络包含一层神经元，每个神经元都与输入向量的所有 n 个元素相连，并计算其自己的输入（式(9.53)），具有最大输入值的被认为是“胜者”；与输入弧相关联的 n 个权值就是最后的输出向量，如图 9.15 所示。权值的更新采用一种寻找自身数据结构（也就是说不需要或不确知任何先验的分类）的学习算法实现。这可能表明：这样的网络起的是聚类的作用——相近的输入产生相同的输出。

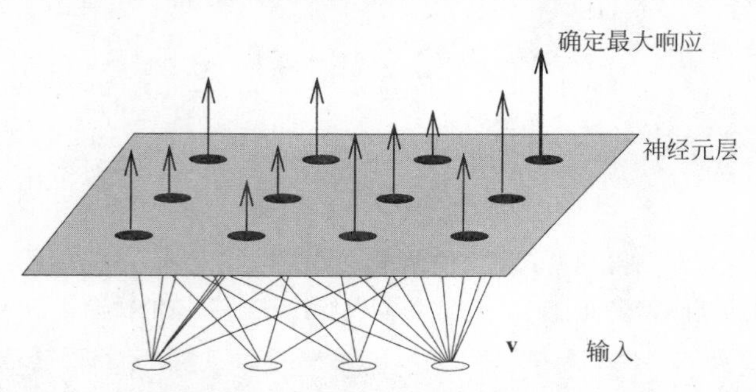

图 9.15 Kohonen 自组织神经元网络

Kohonen 网络的基础理论来自于生物神经元的工作方式，已知这种工作发生在局部的二维层，并且其中的神经响应是集群式的。这一算法的出处可以在很多文献中[Kohonen, 1995]找到，在此仅列出其概要。

Kohonen 网络应用十分广泛，经常作为较大系统的组成部分，而整个系统中可能还包含其他种类的神经元网络。

算法 9.7 Kohonen 特征图的非监督学习

1. 在输入特征向量均值上叠加小的随机扰动，赋值给 w_{ij}。
2. 从要分析的集合中取一个向量，$V=\{\mathbf{v}\}$。
3. 选择一个新的向量 $\mathbf{v}\in V$，计算具有最大输入的神经元

$$j^* = \operatorname*{argmax}_j \sum_i w_{ij} v_i$$

4. 对所有神经元 n_j，在 n_{j^*} 半径为 r 的邻域内更新权值，且 $\alpha > 0$（学习率）

$$w_{ij} := w_{ij} + \alpha(v_i - w_{ij}) \tag{9.61}$$

5. 跳到第 3 步。
6. 降低 r 和 α，跳到第 3 步。

还有许多其他自学习网络的变形，其中较著名的有**自适应谐振理论**（**Adaptive Resonance Theory, ART**）[Carpenter and Grossberg, 1987]。更多细节可以在有关专著中找到。

9.3.3 Hopfield 神经元网络

Hopfield 网大多用于优化问题[Hopfield and Tank, 1986]；然而，可以将识别问题表示为优化问题，即寻找待识别模式 $\mathbf{x}$ 和现有代表 $\mathbf{v}$ 之间的最大似然度。

在 Hopfield 神经元网络模型中，网络没有指定的输入和输出，而是其当前的配置表示了它的状态。神经元之间是全连接的，其输出为离散值（0/1 或–1/1），由式（9.55）计算。神经元间的权重并不逐渐生成（由学习得到），而是一开始就由一个已知代表集合计算得到。

$$w_{ij} = \sum_r (v_i^r v_j^r), \quad (i \neq j) \tag{9.62}$$

其中 w_{ij} 是结点 i 和结点 j 间的连接权值；v_i^r 是第 r 个样本的第 i 个元素；对所有 i，$w_{ii}=0$。

Hopfield 网可以作为保存代表的联想存储器；图 9.16 中展示了它的结构。当用于识别时，待分类特征向量以结点输出初始值的形式进入网络。然后，Hopfield 网循环地反复利用现有固定权值的连接进行循环，直到达到一个稳定状态——可以证明在某种条件下这样的稳定状态是可以达到的（对于这些条件来说式（9.62）足够了）。结果的稳定状态将等于在 Hamming 度量意义下，距离待处理样本最近的代表的值。假定这些类代表 $\mathbf{v}^r$ 已知，则识别算法如下：

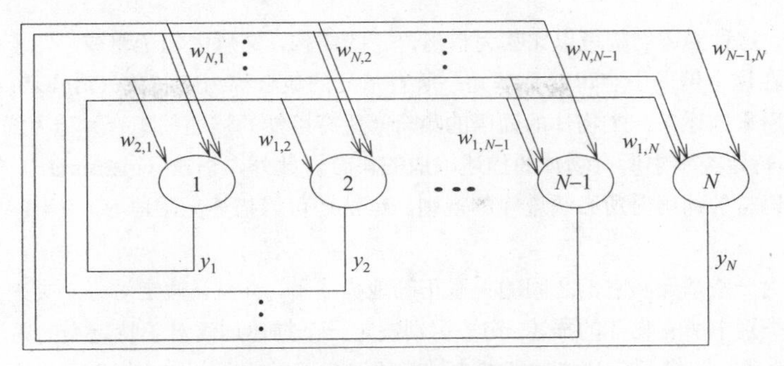

图 9.16　Hopfield 循环神经元网络

算法 9.8　使用 Hopfield 网的识别

1. 根据已有的 r 类代表 $\mathbf{v}^i$ 计算连接权值 w_{ij}（式（9.62））。
2. 将未知特征向量 $\mathbf{x}$ 作为网络的初始输出 $\mathbf{y}(0)$。
3. 循环迭代直到网络收敛（输出 $\mathbf{y}$ 不再改变）：

$$y_j(k+1) = f\sum_{i=1}^{N} w_{ij} y_i(k) \tag{9.63}$$

最终输出向量 $\mathbf{y}$ 就是待处理向量 $\mathbf{x}$ 被判定的类别的代表。换句话说，Hopfield 网将一个不完美的物体表示（模糊、有噪声、不完全，等等）转换为一个完美的表示。一个在视觉方面的应用实例是将字符的有噪声二值图像转换为清晰图像；关于二值图像识别的例子可以参见[Kosko, 1991，Rogers and Kabrisky, 1991]。

Hopfield 神经元网络通过搜索特定函数的最小值达到收敛——通常找到的是局部最小值，也就是说还没有找到正确的代表（全局最小值），而且，联想网络中局部最小值的数量随着代表数的增加而迅速增多。可以证明必要的结点数目 N 大约是存储数量 M 的 7 倍（称为 $0.15N \geqslant M$ 规则）[McEliece et al., 1987]，因此结点数目的增长速度也不容忽视。

9.4　句法模式识别

统计模式识别中采用定量的物体描述，这类描述具有数值参数（特征向量），而句法模式识别的特点则是**定性**（**qualitative**）的物体描述。物体结构包含于句法描述中。当特征描述无法表示被描述物体的复杂程度时，或当物体无法被表示成由简单部件构成的分级结构时，就应该采用句法物体描述。句法描述的物体的最基本性质称为**基元**（**primitive**）：第 8.2.4 节中提到了采用边界基元的物体边界的句法描述，这些边界基元表示边界上具有特定形状的片段。物体的图形学或关系描述也是一个很好的例子，其中基元表示具有特定形状的子区域（见第 8.3.3 节～第 8.3.5 节）。为所有基元赋一个符号后，就可以描述物体各个基元间的关系了，最终将得到一个**关系结构**（**relational structure**）（见第 4 章和第 8 章）。与统计识别中的情况相同，对基元描述和它们之间关系的设计不是算法化的，而是基于对问题的分析、设计者的经验和能力。然而，还是有一些原则值得遵循：

（1）基元类型不要太多。

（2）被选中的基元应该能够形成正确的物体表示。

（3）基元应该能够较容易地从图像中分割出来。

（4）基元应该能够由某种统计模式识别方法较容易地识别出来。

（5）基元应该与待描述物体（图像）结构的重要的自然部件相对应。

例如，如果要描述技术图纸，则基元将是直线段和曲线段，它们之间的关系用诸如相邻，在左侧，在上方等二元关系描述。这种描述结构可以比喻为自然语言的结构，文章由句子组成，句子由词语组成，词语由字母的连接构成。在这个例子中字母就是基元；所有基元的集合称为**字符集**（**alphabet**）。所有由字符集中的基元构成的可以用来描述某一类物体的词语的集合（所有可能的描述的集合）称为**描述语言**（**description language**），表示由特定类别中所有物体的描述构成的集合。此外，**语法**（**grammar**）代表了由（字符集中的）字母构成特定语言的词语时所必须遵守的规则。语法还可以描述无限语言。9.4.1 节中将对这些定义进行更详细的讨论。

假定物体已经由一些基元和它们之间的关系正确地描述了，并且，假定对每一类来说其语法都已知，该语法能够生成特定类别中所有物体的描述。句法识别决定一个描述词语对于特定类的语法是否在句法上是正确的，也就是说每个类只包含其句法描述能够由该类语法生成的物体。句法识别是一个搜索语法的过程，目标语法能够产生描述待处理物体的句法词语。

每个包含多元关系的关系结构都能够转化为一个只包含二元关系的关系结构；于是，若只考虑相邻区域间的关系，则一个图像物体可以仅由**平面图**（**planar graph**）表示。特别对于分割图像的描述来说，图描述是很自然的选择，在 8.3 节中给出了一些例子。所有平面图都可以表示为图语法或一个由字符集中符号（链、词语等）构成的序列。顺序表示并不总适合图像物体识别，因为句法描述和物体间的重要对应可能会丢失。然而，利用链式（chain）语法的操作要更直接、更容易理解，所有更复杂语法所具有的特征都已经包含在链式语法中。因此，我们将主要讨论顺序句法描述和链式语法。关于语法，语言和句法识别方法的更精确更详细的内容参见[Fu, 1974, 1982]。

下列算法描述了句法识别的过程。

算法 9.9 句法识别

1. 学习：根据对问题的分析，定义基元及它们之间可能的关系。
2. 对句法描述进行人工分析，或利用自动语法推导，为每类物体构造一个描述语法（见第 9.4.3 节）。
3. 识别：首先，提取每个物体的基元；识别基元所属类别，并描述它们之间的关系。构造代表物体的描述词语。
4. 基于对描述词语的句法分析结果，对物体进行分类，若某类的语法（在第 2 步中构造）能够产生该物体的描述词语，则物体被判定为该类。

可以看出统计识别和句法识别的主要区别在于学习过程。利用目前的技术，语法构造过程很难算法化，需要大量的人工干预。通常基元越复杂，则语法越简单，句法分析也越简单迅速。但是，复杂的基元描述使得上述算法中的第 3 步更加困难、更耗时间；而且，基元提取和关系估计也变得不容易处理。

9.4.1 语法与语言

假设已经成功地提取了基元，则所有内部基元关系都可以从句法上描述为 n 元关系；这些关系构成的结构（链、树、图）称为**词语**（**word**），用来表示物体或模式。因此每个模式由一个词语表示。基元类可以理解为字符集中的符号，称为**终结符**（**terminal symbol**）。令终结符集为 V_t。

特定类中所有模式构成的集合对应于一个词语的集合。这个词语集合称为**形式语言**（**formal language**），并且由一个**语法**（**grammar**）描述。语法的数学模型是一个产生句法正确的词语（某个特定语言中的词语）的生成器；表示为一个四元组：

$$G = [V_n, V_t, P, S] \tag{9.64}$$

其中 V_n 和 V_t 是互不相交的字符集，V_n 中的元素称为**非终结符**（**non-terminal symbol**），V_t 中的元素为终结符。定义 V^* 为所有由终结符和非终结符组成的词语构成的集合，包含空词语。符号 S 为语法公理或初始符号。集合 P 是一个 $V^* \times V^*$ 上的非空有限集合；P 中的元素称为替代规则。可以由语法 G 产生的所有词语的集合称为**语言**（**language**）$L(G)$。若几个语法产生的语言相同，则称它们是**等价的**（**equivalent**）。

举一个简单的例子帮助理解这些术语。令由语法产生的词语为"边与坐标轴平行的大小任意的正方形"，并且用4-连通意义下的Freeman边界链码（见第8.2.1节）表示。这个例子中的语法有四个终结符（基元）$V_t=\{0,1,2,3\}$。令非终结符集为$V_n=\{s, a, b, c, d\}$。注意，终结符对应于4-连通Freeman码的本身的基元；而非终结符取自于一个可能符号的无限集合。替代规则集P规定了如何由初始符号$S=s$变换到对应于Freeman链码的正方形描述的词语：

$$P:(1)\quad s \rightarrow abcd \tag{9.65}$$

$$(2)\quad aAbBcCdD \rightarrow a1Ab2Bc3Cd0D \tag{9.66}$$

$$(3)\quad aAbBcCdD \rightarrow ABCD \tag{9.67}$$

其中A（B、C、D各自）为一变量，可以表示任何（包括空）只包含终结符1（2、3、0）的链。规则3将终止词语产生过程。例如，一个边长为2的正方形的Freeman链码描述为11223300，其生成过程为如下替代规则序列（见图9.17）：

$$s \rightarrow^1 abcd \rightarrow^2 a1b2c3d0 \rightarrow^2 a11b22c33d00 \rightarrow^3 11223300$$

其中箭头上标表示所采用的替代规则编号。对于所生成的词语稍加分析就会发现这个语言只包含表示边与坐标轴平行的正方形的Freeman链码。

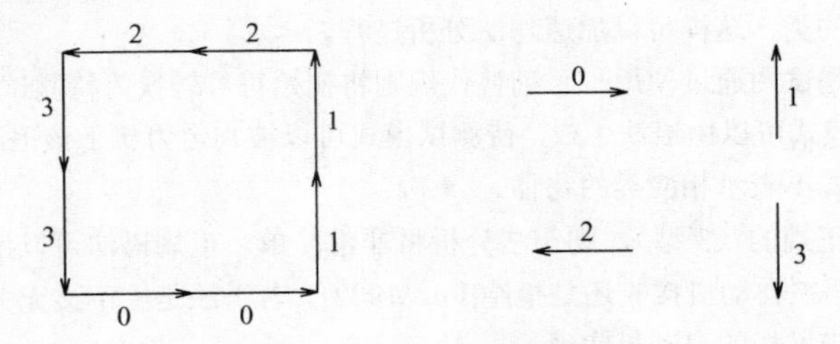

图9.17　正方形描述

语法可以根据其一般性分为4个主要类型，顺序为从一般到特殊[Chomsky, 1966]：

（1）0型——**广义语法**（**General Grammar**）

对替代规则没有任何限制。

（2）1型——**上下文相关语法**（**Context-Sensitive Grammar**）

替代规则的形式为

$$W_1\alpha W_2 \rightarrow W_1UW_2 \tag{9.68}$$

可以包含替代规则$S \rightarrow e$，其中e为空词语；词语W_1,U,W_2由V^*中的元素构成，且$U \neq e, \alpha \in V_n$。也就是说在上下文为W_1和W_2时，非终结符可以被词语U替代。

（3）2型——**上下文无关语法**（**Context-Free Grammar**）

替代规则的形式为

$$\alpha \rightarrow U \tag{9.69}$$

其中$U \in V^*, U \neq e, \alpha \in V_n$。语法可以包含替代规则$S \rightarrow e$。也就是说无论上下文是什么非终结符都可以被词语$U$替代。

（4）3型——**正规语法**（**Regular Grammar**）

正规语法的产生式具有如下形式

$$\alpha \rightarrow x\beta \quad 或 \quad \alpha \rightarrow x \tag{9.70}$$

其中$\alpha, \beta \in V_n, x \in V_t$。可以包含替代规则$S \rightarrow e$。

目前所讨论的所有语法都是**不确定的**（**non-deterministic**）。即可能出现几个产生式左侧相同而右侧不同的情况，并且没有任何一条规则说明应该选择哪条。不确定语法产生的语言中没有哪个词语是"被优先考虑的”。如果要使一些词语（那些更可能的）更频繁地产生，可以为替代规则附加一个表示使用频度的数字（例如概率）。如果替代规则附加了概率值，则称该语法为**随机的**（**stochastic**）。若附加的数值不满足概率性质（所有左侧相同的替代规则的概率和为 1），则称该语法为**模糊的**（**fuzzy**）[Zimmermann et al.，1984]。

9.4.2 句法分析与句法分类器

若已存在一个适当的语法可以用来表示各类别的所有模式，则最后一步就是设计一个能够正确判断模式（词语）类别的句法分类器。显然最简单的方法是为每个类分别构造一个语法；未知模式 x 被输入一个由若干个黑箱构成的平行结构，这个装置可以判断是否 $x \in L(G_j)$，其中 $j=1,2,\cdots,R$，R 为类别总数；$L(G_j)$为由第 j 个语法产生的语言。如果第 j 个黑箱的决定为正，则模式被认为是来自于第 j 类，分类器将这个模式判定为属于第 j 类。注意，通常可以有几个语法同时将一个模式接受为其对应的类。

判断一个词语是否能由某个语法产生是在**句法分析**（**syntactic analysis**）过程中进行的，并且，句法分析能够构造表示模式结构信息的模式生成树。

若一个语言是有限的（大小也比较合理），则句法分类器可以在语言的所有词语中搜索待分析词语的匹配。另一种简单的句法分类器基于链式词语描述的比较，而传统的分类器只比较基元类型。因为根本就没有使用句法信息，所以这一方法不能产生可靠的结果，但其速度很快，也比较容易实现。但是，在这一步中可以抛弃那些根本不可能的类，这样可以加速句法分析过程。

句法分析本质上就是试图通过使用一系列替代规则将初始符号转换为待测试模式。若替代过程成功，则分析结束，说明待测试模式可以由语法生成，待测试模式可以被判定为属于该语法表示的类别。若替代过程失败，则说明待测试模式不表示相应类的物体。

若类的描述语法是正规的（3 型），则句法分析将非常简单。正规语法可以用一个有限非确定自动机代替，很容易判断模式词语被自动机接收还是拒绝[Fu，1982]。若语法是上下文无关的（2 型），则句法分析要难一些。但仍可以利用带堆栈的自动机实现。

一般来说，构造模式词语的过程究竟如何并不重要；这一变换过程可以采用自上而下的方式，也可以采用自下而上方式。

自上而下的过程开始于初始符号，利用适当的替代规则产生模式词语，用于接下来的分析。句法分析的最终目的是生成与待分析词语相同的词语；每一次部分替换都创建了一个子目标集，就像生成树中长出的新的分支。当前子目标是我们需要努力去完成的。若分析过程没能达到子目标，则它将告知在前面的替代过程中采用了不适当的替代规则，并且回溯到树结构中相邻的上一层（更接近根），选择另一条可用的规则。这一规则应用及回溯的过程重复进行，直到得到要求的模式词语。若整个生成过程以失败告终，也就是说语法没有生成要求的词语，则被分析的词语不属于该类。

自上而下的过程是始于初始符号 S 的一系列展开。自下而上的过程则开始于待分析词语，不断地反向使用替代规则，对待分析词语进行**归约**（**reduce**），最终目标是归约到初始符号 S。自下而上分析的主要原理是在待分析词语中搜索与某个替代规则的右侧模式匹配的子词语，然后进行归约，就是用该规则左侧模式替代待分析词语中与其右侧模式相同的部分。自下而上方法没有子目标；所有工作都是为了得到更简单的词语模式，直到达到初始符号。同样，若整个生成过程以失败告终，表示语法没有生成要求的词语。

纯粹的自上而下方法效率不高，因为会产生太多的错误路径。可以利用一致性检验减少错误路径的数量。例如，若词语以一个非终结符 I 开头，则只有右侧模式也以 I 开头的规则才适用。利用先验规则，可以设计更多的一致性检验。这一方法称为**树剪枝**（**tree pruning**）（见图 9.18）[Nilsson, 1982]。

若由于时间上的限制无法实现穷搜索，则通常要采用树剪枝的方法。注意，剪枝意味着最后结果可能不是最优的，或者根本找不到解（尤其是当树搜索用来寻找图的最佳路径时，见第 6.2.4 节）。这依赖于剪枝过程中利用的先验知识的好坏。

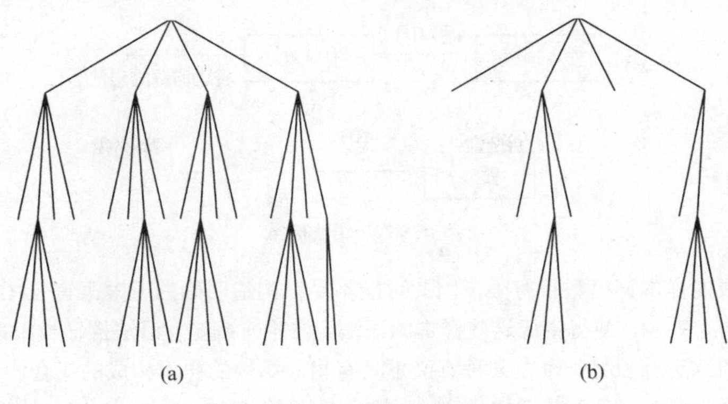

图 9.18　树剪枝
（a）原始树；（b）剪枝减少了对树搜索的范围

从错误路径中恢复的方法主要有两种。第一种以上面提到的回溯机制为代表，一旦遇到错误词语，生成过程将退回到树中的最近点，并重新选取另一条还没用过的替代规则。这一方法要求能够重建现有子词语上一步时的样子，并且/或者能够完全删除生成树的某些分支。

第二种方法不包括回溯。所有替代规则的可能组合被平行地采用，同一时刻构造若干棵生成树。若任一棵树成功地生成了词语，则生成过程结束。若任一生成树不能产生要求的词语，则该树将被抛弃。后一种方法更多的是采用蛮力，但由于避免了回溯算法而有所简化。

很难评价这两种方法的优劣，根据具体应用加以选择；可能对于一些语法来说自下而上分析更有效，而对于另一些语法来说自上而下分析更合适。从经验上看，大多数能够生成所有词语的句法分析器都是自上而下的。这一方法适用于大多数语法，但通常效率较低。

句法分析的另一种方法是利用类的典型关系结构。句法分析就是将表示待分析物体的关系结构与典型关系结构进行比较。主要目标是找到两个关系结构之间的**同构**（**isomorphism**）。这种方法同样适用于 n 元关系结构。关系结构匹配是一种很有希望的句法识别和图像理解方法（见 9.5 节）。图 9.19 是一个关系结构匹配的简单例子。关于关系结构匹配的更详细的内容请参见[Barrow and Popplestone, 1971; Ballard and Brown, 1982; Baird, 1984]。

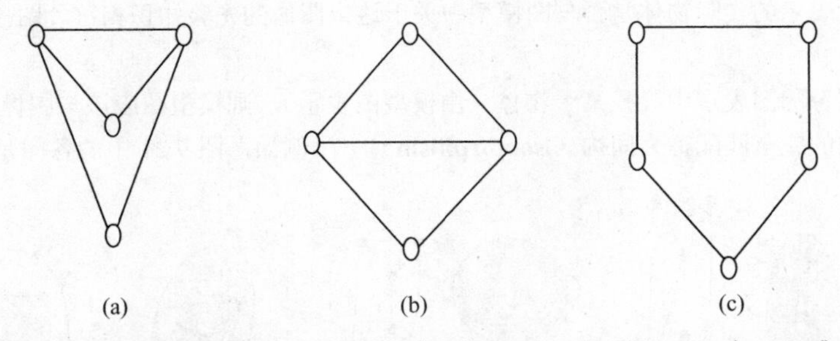

图 9.19　关系结构匹配：假定结点和关系具有相同类型，则（a）和（b）匹配；（c）与（a）或（b）都不匹配

9.4.3　句法分类器学习与语法推导

为某类模式的语言构造尽可能贴切的模型，需要从一个样本词语的训练集合中提取语法规则。这一从样本中构造语法的过程称为**语法推导**（**grammar inference**），基本过程见图 9.20。

词源生成数量有限的由终结符组成的样本词语，假定这些样本包含了应该由语法 G 表示的结构特征，则语法 G 就是这个词源的模型。所有由词源生成的词语都包含在语言 $L(G)$中，并且词源不能生成的词语代表了补集 $L^C(G)$。这些信息被提供给推导算法，目标是找到并描述语法 G。语言 $L(G)$包含的词语可以很方便地由词源得到。然而，$L^C(G)$中的元素应该表示为一个掌握关于语法性质更多信息的教师[Barrero, 1991]。

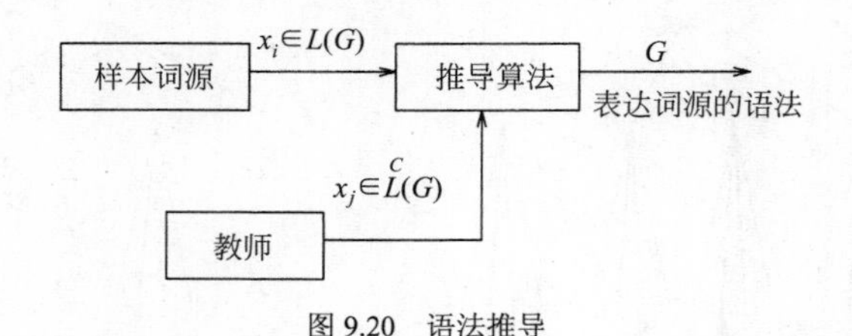

图 9.20 语法推导

注意，词源生成的样本词语数目有限，因此可能不足以构造明确的无限语言 $L(G)$。任一有限样本集合都可以用一个有限语言表示，使得生成这些样本的语法无法唯一确定。语法推导被用来构造语法，结果语法应该能够描述样本训练集合和另一个在某种意义下具有相同结构的样本构成的集合。

推导方法可以分为两类，分别基于**枚举**（**enumeration**）和**归纳**（**induction**）。枚举法在有限语法集合 M 中搜索语法 G，而 M 中的元素为可以生成训练样本集合中所有或大部分词语的语法。困难之处在于对语法集合 M 的定义和语法 G 的搜索过程。归纳法则先对训练集合中的词语进行分析；然后利用样本集合中相似词语的模式产生替代规则。

不存在一个能够从任意训练集合中构造语法的语法分析的一般方法。现有的方法能够推导正规语法和上下文无关语法，今后可能会针对某些特殊情况有所突破。尽管对简单的语法来说，推导出的语法生成的语言通常要比正确描述类别所需的最小语言要大出许多。由于语法推导的这一缺点增加了计算复杂度，因此非常不适合句法分析。因此，句法分析器学习的主要部分还是由人来完成的，而且语法的构造基于启发式信息、直觉、经验和对问题的先验知识。

若识别是根据样本关系结构进行的，则主要问题在于关系结构的自动构造。构造样本关系结构的传统方法参见[Winston, 1975]，其中利用了训练集合中物体的关系描述。训练集合由正例和反例构成。应该选择那些与类的代表模式只在一个方面有典型差别的样本作为反例。

9.5 作为图匹配的识别

结点和弧都加权的图将是我们考虑的对象，这种图出现在利用关系结构的图像描述中。图比较能告诉我们判断一幅图像所表示的实际物体是否与图模型中关于这幅图像的先验知识相符。图 9.21 中是一个典型的图匹配问题。

若问题是在图像的图表示中寻找某个物体（由模型图表示），则模型图应该与图像表示图中的某个子图完全匹配。图之间的完全匹配称为**同构**（**isomorphism**）——例如，图 9.21 中的各图是同构的。

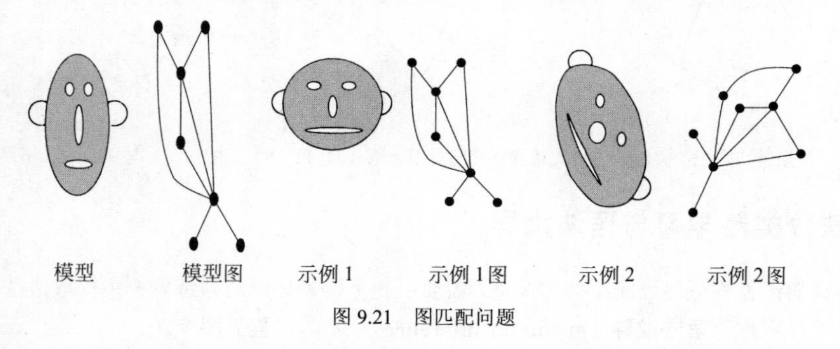

图 9.21 图匹配问题

图同构和子图同构的判定是图论中的经典问题，在应用和理论上都有很大价值。图论及其算法具有广泛的文献 [如，Harary, 1969; Tucker, 1995; Bollobas, 2002]。现实中的问题要复杂得多，因为在识别问题中完全匹配的要求通常是非常严格的。

由于物体描述的不准确、图像的噪声、物体间的遮挡、不同光照条件等因素，物体图通常不能与模型图完全匹配。图匹配是一个非常困难的问题，**图相似度（similarity）**估计的困难程度也绝不亚于前者。图相似度估计中的一个重要问题是设计一个衡量两幅图是否相似的尺度。

9.5.1　图和子图的同构

图同构问题可以被分为3种主要类型[Harary, 1969；Ballard and Brown, 1982]。

（1）**图同构（graph isomorphism）**。给定两幅图 $G_1=(V_1,E_1)$ 和 $G_2=(V_2,E_2)$，寻找一个 V_1 和 V_2 间的一一映射 f，使得对 E_1 中的每一条端点为 $v,v'\in V_1$ 的边，都存在一条 E_2 中端点为 $f(v)$ 和 $f(v')$ 的边，并且若 $f(v)$ 和 $f(v')$ 由一条 G_2 中的边相连，则 v 和 v' 由一条 G_1 中的边相连。

（2）**子图同构（sub-graph isomorphism）**。寻找图 G_1 与另一个图 G_2 的子图间的同构。这个问题比前面一个难度更大。

（3）**双重子图同构（double sub-graph isomorphism）**。寻找图 G_1 的子图与图 G_2 的子图间的同构。这一问题的复杂度与问题（2）在同一数量级上。

众所周知，子图同构和双重子图同构问题都是 *NP*-完全的（也就是说采用现有的算法找到解所用的时间与输入长度的指数成正比）——目前还不知道图同构问题是否是 *NP*-完全的。图同构的非确定算法利用启发式信息寻找近似最优解，可以在多项式时间内解决图同构和子图同构的判定问题。同构的判定对于加权图和未加权图和来说计算量都十分庞大。

结点和边的权重可以简化同构的判定，更确切地说，这些权重可以使证明不是同构更容易一些。同构的加权图有相同数目的结点，且对应结点的权重也相同，弧也是如此。对两幅加权图 $G_1=(V_1,E_1)$ 和 $G_2=(V_2,E_2)$ 判定同构的基本想法是先将结点集合 V_1 和 V_2 以相同的方式进行划分，然后在划分结果中寻找不同点。目的是对于 G_1 和 G_2 构造一个结点集合 V_1 和 V_2 间的一一映射。算法包括反复进行结点集划分，每次划分后检验是否满足同构的必要条件（两幅图的对应集合中结点数目相同且性质等价）。例如，结点集的划分可以根据如下性质：

- 结点属性（值）。
- 相邻结点数（连通性）。
- 结点的边数（结点度）。
- 结点的边的类型。
- 结点自环的数目（结点阶数）。
- 邻近结点属性。

当根据以上标准中的一条生成子集合后，测试图 G_1 和 G_2 中对应结点子集的势；见图9.22（a）。显然若 v_{1i} 属于多个子集 V_{1j}，则其对应结点 v_{2i} 也应该属于对应子集 V_{2j}，否则同构不成立。

$$v_{2i}\in\bigcap_{j|v_{1i}\in V_{1j}}V_{2j}\tag{9.71}$$

若第 i 步中所有生成的子集都满足同构的必要条件，则对子集合继续划分成新的结点集 W_{1n}，W_{2n}（见图9.22（b））：

$$\begin{aligned}W_{1i}\cap W_{1j}=\phi\qquad i\neq j\\ W_{2i}\cap W_{2j}=\phi\qquad i\neq j\end{aligned}\tag{9.72}$$

显然，若 $V_{1j}=V_{2j}$ 且 $v_{1i}\notin V_{1k}$，则 $v_{2i}\in V_{2K}^C$，其中 V^C 为补集。因此，由式(9.71)，W_{1n}，W_{2n} 的对应元素 v_{1i}，v_{2i} 应该满足[Niemann, 1990]

$$v_{2i}\in\left\{\bigcap_{\{j|v_{1i}\in W_{1j}\}}W_{2j}\right\}\cap\left\{\bigcap_{\{(k|v_{1i}\notin W_{1k})\wedge(W_{1k}=W_{2k})\}}W_{2K}^C\right\}\tag{9.73}$$

通过测试对应集合 W_{1n}，W_{2n} 的所有势，试图证明图同构不成立。

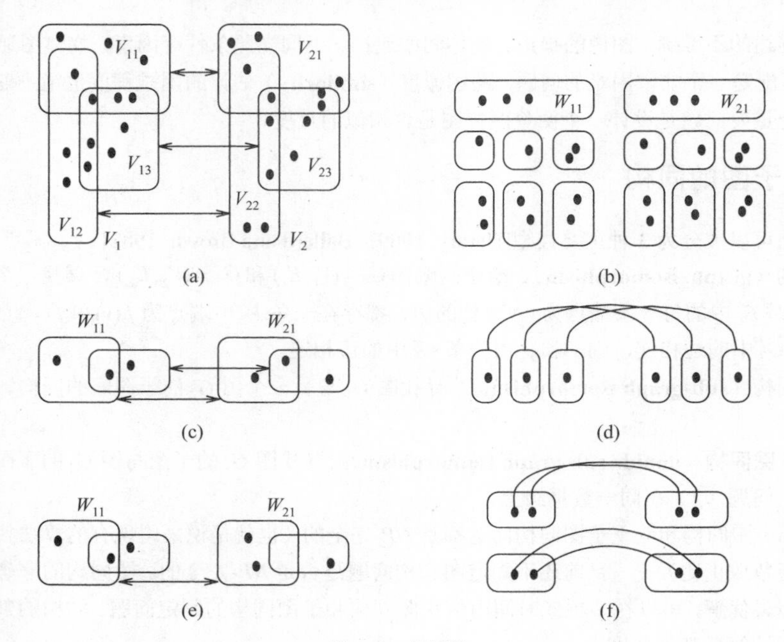

图 9.22 图同构

（a）测试每个相应子集合的势；（b）划分结点子集；（c）生成新的子集；
（d）寻找子集同构；（e）图同构证伪；（f）需要随机搜索的情况

在接下来的步骤中，生成图的结点子集时采用不同的标准，重复同样的过程。注意，新的子集合由 W_{1i}, W_{2i} 独立生成（图 9.22（c））。

重复这一过程直到满足下列三个条件之一：

（1）所有对应集合 W_{1i}, W_{2i} 中只包含一个元素。则同构成立（图 9.22（d））。

（2）至少一组对应子集的势不符。则同态不成立（图 9.22（e））。

（3）前面两种情况都没有出现，但已经不能产生更多的子集了。这种情况说明要么是结点集划分标准不足以建立一个同构，要么是可能存在一个以上的同构。出现这种情况时，一个可能的解决方法是对有多个对应的结点进行系统的随机分配，然后测试每个分配后子集的势（图 9.22（f））。

上述过程的最后部分，对有多个对应的结点进行系统的随机分配并测试每个分配后子集的势，这一部分可以基于回溯原理。注意，可以从同构测试一开始就采用回溯方法，但开始时尽量利用关于图匹配的启发式信息会使算法更高效。若可能的结点间对应不止一个，则可以采用回溯过程。回溯法用于测试有向图的同构，[Ballard and Brown, 1982]中给出了一个递归算法，同时给出了一些改进效率的提示。

算法 9.10 图同构

1. 输入两个图 $G_1=(V_1,E_1)$和 $G_2=(V_2,E_2)$。
2. 采用结点性质作为标准生成结点集 V_1 和 V_2 的子集合 V_{1i},V_{2i}。测试是否对应子集满足势条件。若不满足，则同构不成立。
3. 将子集合 V_{1i},V_{2i} 划分为满足式（9.72）的子集 W_{1j},W_{2j}（任意两个子集 W_{1j} 和 W_{2j} 没有公共结点）。测试是否所有对应子集 W_{1j},W_{2j} 满足势条件。若不满足，则同构不成立。
4. 在目前生成的所有子集 W_{1j},W_{2j} 中用另一种结点性质作为标准重复第 2 步和第 3 步。若前面提到的三个条件中的任何一个满足则终止。
5. 根据终止循环过程的条件，或者同构成立，或者同构不成立，或者还需要一些附加处理（如回溯）来完成证明或证伪。

一个经典的子图同构方法采用蛮力的枚举过程被描述为一个深度优先的树搜索算法[Ullmann, 1976]。作为一种提高效率的方法，在每一个树的结点被搜索后都要附加一个改进过程——这个过程减少了结点的后继数目，从而缩短了运行时间。另一种可行的方法是将图问题转换为线性规划问题[Zdrahal, 1981]。

双重子图同构问题可以通过**结（clique）**——一个完全（全连接）子图——方法转换为子图同构问题。称一个结是最大的，若它不真包含于任何其他结。注意一个图可能有多个最大结；但是，通常重要的是要找到包含元素最多的最大结。这是图论中的一个著名问题。[Bron and Kerbosch, 1973]中给出了一个寻找无向图中所有结的算法实例。图 $G=(V,E)$的最大结 $G_{\text{clique}}=(V_{\text{clique}},E_{\text{clique}})$可以用如下算法寻找[Niemann, 1990]。

算法 9.11　最大结查找

1. 任取一结点 $v_j \in V$；构造子集 $V_{\text{clique}}=\{v_j\}$。
2. 在集合 V_{clique}^C 中寻找一个结点 v_k，满足与 V_{clique} 中所有结点都相连。将结点 v_k 加入到集合 V_{clique} 中。
3. 重复第 2 步，直到找不到新的结点 v_k。
4. 若找不到新的结点 v_k，则 V_{clique} 就是最大结（包含结点 v_j 的最大结）子图 G_{clique} 的结点集。

为了寻找阶最大的最大结，还需要一个最大值搜索过程。其他结查找算法在[Ballard and Brown, 1982; Yang et al., 1989]中有更多的讨论。

利用**分配图（assignment graph）**[Ambler, 1975]可以将子图同构的搜索问题转化为结搜索。一个二元对$(v_1,v_2),v_1\in V_1,v_2\in V_2$被称作一个**分配（assignment）**，若结点 v_1 和 v_2 具有相同的结点性质描述，称两个分配(v_1,v_2)和(v_1',v_2')是**相容**（compatible）的，若（此外）所有 v_1 和v_1'间的关系对 v_2 和v_2'同样成立（图中v_1,v_1'间的弧和v_2,v_2'间的弧有相同的权重，包括没有变的情况）。分配的集合定义了分配图 G_a 的结点集 V_a。若 V_a 中的两个（两个分配）结点是相容的，则在分配图 G_a 中用一条弧将连接这两个结点。在图 G_1 和 G_2 中搜索最大匹配子图等价于在 G_a 中搜索最大全相连子图（最大全相容分配子集）。

最大全连接子图是一个结，可以用最大结查找算法解决这个问题。

9.5.2　图的相似度

完美的匹配在现实中是不可能的，前述方法无法区别两幅十分相似但有少许差别的图和两幅根本不一样的图。如果寻求图的相似度，则要在如何量化相似性上下很大工夫。例如，给定图 G_1、G_2、G_3，一个很自然的问题是哪两幅比较相像[Buckley, 1990]。

两个字符串（链）的相似度可以用 Levenshtein **距离（Levenshtein distance）**表示，该距离定义为将一个串变为另一个串所需的最少操作步数，可能的操作有删除、插入、替换[Schlesinger and Hlaváč, 2002]。还可以给字符串元素变换操作赋一个变换代价，从而使计算得到的相似度（距离）更灵活，更敏感。同样的原理也可以用在图相似度的计算上。先定义可能的结点和弧的变换（插入、删除、替换、重新标注）集合，再给每种变换赋一个变换代价。任一变换序列的代价用单个步骤代价的组合表示（类似各步骤代价的和）。将一个图变为另一个图的所有变换集合中具有最小代价值的那个集合就定义了这两幅图间的距离[Niemann, 1990]。

注意，在分级图结构中可以对相似度进行搜索。整个图是由许多子图构成的，而这些子图中同构（相似度）已经被证明了。下一步要做的就是检测，描述这些子图，并给它们之间的关系赋值（见图 9.23，比较图 9.21）。

为了解释这一理论，常常提到木板和弹簧的比喻[Fischler and Elschlager, 1973]。木板（子图）由弹簧（子图间的关系）连接。两幅图的匹配程度与局部匹配（对应木板）的程度和为了使这两幅图匹配而在弹簧上施加的力有关。为了使图相似度的度量更灵活，可以对图不匹配的地方或其他部分也赋上代价。用弹簧势能作为标准会使问题变得非线性，对于某些特殊问题来说能很好地反映描述特征。

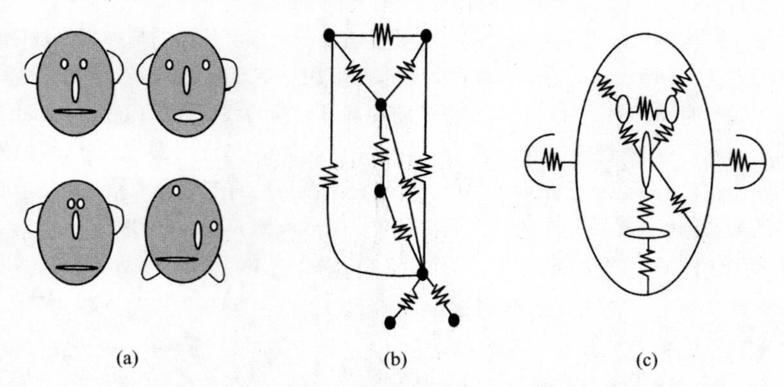

(a)　(b)　(c)

图 9.23　木板及弹簧原理

（a）不同物体具有相同的描述图；（b）、（c）结点（木板）由弹簧连接，图中的结点可能在更精细的分辨率下表示其他的图

9.6　识别中的优化技术

优化是非常灵活的。考虑图像识别和理解问题，需要搜索最佳图像表示，要求图像和模型间的最佳匹配，目的是得到最佳图像理解。无论何时，只要希望得到“最佳”，则一定会有某种刻画优良程度的目标函数，也就意味着可以采用某种优化技术，寻找目标函数的最大值，即寻找“最佳”。

一个函数优化问题可以这样定义：给定某个有限集合 D 和一个函数 $f:D\rightarrow R$，R 为实数集，在 D 中寻找 f 的最佳值。在 D 中寻找最佳值可以理解为寻找 $\mathbf{x}\in D$，使得 f 取到最小值或最大值：

$$f_{\min}(\mathbf{x})=\min_{\mathbf{x}\in D}f(\mathbf{x}),\quad f_{\max}(\mathbf{x})=\max_{\mathbf{x}\in D}f(\mathbf{x})\qquad(9.74)$$

函数 f 被称为**目标（objective）**函数。搜索最大值和最小值的优化方法在逻辑上是等价的，无论要求目标函数最大化还是最小化，都可以同样地使用优化技术。

若目标函数没有反映结果的优良程度，则无论什么优化算法也不能保证找到正确的解。因此，目标函数的设计是决定优化算法性能的关键因素。

大多数传统的优化技术都采用微积分的方法，如爬山算法——目标函数的梯度给出了最陡峭的攀爬方向。微积分方法的主要局限在于其局部行为；搜索很容易止于一个局部最大值，于是未找到全局最大值（见图 9.24）。

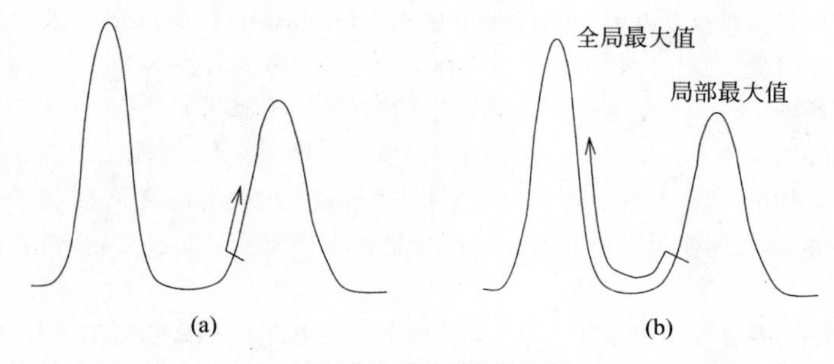

(a)　(b)

图 9.24　爬山算法的局限

有几种方法用来增加找到全局最大值的可能性；如可以从搜索空间中的几个点开始爬山，可以采用枚举式搜索，例如动态规划，还可以采用随机搜索等。遗传算法和模拟退火就属于这类技术。

9.6.1 遗传算法

遗传算法（GA）模拟自然界的进化机制寻找目标函数的最大值[Goldberg, 1989; Mitchell, 1998; Haupt and Haupt, 2004]。遗传算法不保证找到全局最优，但来自大量应用的经验显示最终解通常很接近全局最优。这一点在图像理解的应用中十分重要，第 10 章中将就此进行说明。在图像理解或匹配中几乎总是存在几个局部最优的稳定（合理的）解，但这些可能的解中只有一个是真正最优的，表示了全局最大值。在这些问题中找到全局最优的概率十分重要。

遗传算法与其他优化方法的主要区别有以下几个方面[Goldberg, 1989]：

（1）GA 的作用对象是参数集合的编码，而不是参数本身。遗传算法要求将优化问题的自然参数集合编码为有限字符集上的有限长字符串。这就意味着任何优化问题表示都要转换成字符串表示；通常采用二值字符串。将问题表示设计成字符串是 GA 方法的一个重要部分。

（2）GA 搜索一群点，而不是单个点。每一步中被处理的解的代（population）规模很大，也就是说最优搜索是在搜索空间的许多位置同时进行的。这就增加了找到全局最优的可能性。

（3）GA 直接利用目标函数，无须再进行其他演化，无须辅助知识。对新的更好的解的搜索只依赖于评价函数本身的值。注意，同其他识别方法一样，GA 只负责找到评价函数的（近似）全局最优，但不保证评价函数与问题相关。评价函数描述了特定字符串的优良程度。在 GA 中，评价函数的值被称为**适合度**（**fitness**）。

（4）GA 采用概率方式的变换规则，而不是确定式的。由当前字符串代生成更优一代的变换规则根据的是很自然的想法，即有较高适合度的串将获得更大的机会，而那些适合度较低的串将被淘汰。最好的字符串将在进化过程中以更高的概率存活下来，它就代表了最优解。

字符串编码的优胜劣汰是通过三种基本操作实现的：复制（**reproduction**）、交叉（**crossover**）和突变（**mutation**）。

字符串的代由 GA 当前步正在处理的所有串构成。复制、交叉和突变的序列作用于上一个字符串代，从而生成新的一代。

复制

复制操作负责以概率的方式保存适者淘汰劣者。

复制机制将具有很高适合度的字符串复制到下一代中。选择过程通常是概率方式的，一个字符串被复制到下一代的概率由它在当前代中的相对适合度决定——这就是它们的生存法则。这就使得一些具有很高适合度的字符串可能在下一代中会有多个复制。各代字符串的总数通常保持不变，新一代的平均适合度要高于以前的代。

交叉

交叉有许多变形。基本思想是令新一代中的字符串进行交配，对一个字符对串随机地选择一个边界位置，然后交换这两个字符串从开始到边界位置的所有字符，以生成两个新的字符串，见图 9.25。

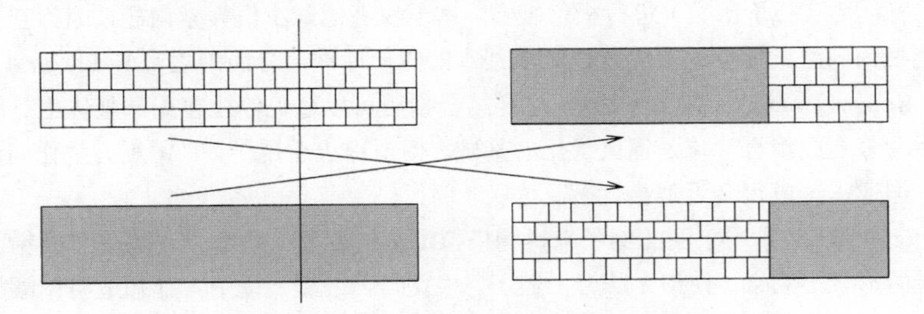

图 9.25　交叉的原理。两个字符串在进行交叉前（左）后（右）

有一个概率参数用来控制进行交叉操作的字符串对数，并不是所有新生成的字符串都来自交叉。另外，还可以令复制得到的最佳串保持不变。

交叉和复制操作构成了 GA 的主要行为。但是，在交叉操作中还有一个想法：即使字符串本身并不是一个好的解，也可以在其中找到具有局部较好结构的字符片段。这些字符串中的字符片段称为**图式**（**schemata**）。图式是那些可以作为字符串构造部件的子串，可以理解为字符的局部模式。显然，若图式可以被作为局部正确的片段进行处理，就可以比将所有字符单独考虑更快地找到最优解。包含 n 个字符串的一代中，大约要处理 n^3 个图式。这种处理称为遗传算法的**隐含并行性**（**implicit parallelism**）[Goldberg, 1989]。

突变

突变 GA 中起到辅助作用。其原理是随机地改变一代中某些字符串的一个字符——例如，突变发生的概率可以是约一千个位转换中出现一个。突变的主要原因是字符串中的一些局部的字符组合可能由于复制和交叉操作而完全丢失。突变操作防止 GA 因这种无法恢复的丢失而找不到较好的解特征。

最少需要多少代达到收敛是一个重要的问题。对于应用目的来说，这一问题变为何时可以停止生成新的字符串代。一个普遍的同时也由实践证明的标准表示当连续几代中的最大适合度都没有实质性提高时，就可以考虑停止算法了。

假定已知字符集和字符串长度，则可以随机生成初始代。然而，若已知一些关于解的先验知识（可能的局部字符模式，字符在字符串中出现的概率，等等），则可以利用这些信息生成初始代，令适合度尽可能地大。初始代越好，搜索最优的过程将越快，越简单。

算法 9.12　遗传算法

1. 创建字符串编码的初始代，计算它们的目标函数值。
2. 以概率方式将具有较高适合度的字符串复制到新一代，淘汰适合度较低的串（复制）。
3. 组合从上一代复制来的字符串编码，构造新的串（交叉）。
4. 偶尔随机地改变一些字符串中的某个字符（突变）。
5. 根据当前代中字符串的目标函数值（适合度）对它们进行排序。
6. 若最大字符串适合度在连续的几代中都没有明显增加，则停止；否则，跳到第 2 步。当前具有最大适合度的串即表示所求最优解。

第 10.10.2 节中给出了这个算法用于图像分析的一个例子。关于遗传算法的更多细节请参见[Goldberg, 1989; Rawlins, 1991; Mitchell, 1996]。上述文献中还包括了大量实例和相关技术的描述，如将先验知识融入突变和交叉操作，GA 学习系统，将传统爬山搜索的优点与 GA 相结合的混合技术等。

9.6.2 模拟退火

模拟退火[Kirkpatrick et al., 1983]代表了另一类鲁棒的优化方法。与遗传算法相同，模拟退火也对表示复杂系统好坏的目标函数（代价函数）进行极值搜索。本节仅考虑最小值搜索问题，因为它简化了与自然界问题对应的有关能量的问题。模拟退火综合了两个基本的优化原理，**分而治之**（**divide and conquer**）和**迭代改进**（**iterative improvement**）（爬山算法）。这样结合使用可以避免停止在局部最优上。统计力学和热力学之间的密切关系和多元或组合优化是退火优化的基础。模拟退火适用于 *NP* 困难的优化问题；它并不保证找到全局最优解，但通常可以得到近似最优解。

Cerny [Cerny, 1985]经常用下面的例子来说明模拟退火的原理。想象一个盛满了方糖的糖罐，通常会有一些方糖与糖罐的形状不吻合，使得无法合上盖子。根据日常经验，每个人都知道将糖罐摇一摇可以使方糖自动移到更合适的位置，于是就可以合上盖子了。换句话说，将罐子中所装的方糖块数视为评价函数，摇动罐子可以得到近似最小解（对于方糖所占的空间来说）。摇动罐子的程度是这个优化过程的一个参数，对应于下面要说的加热和冷却过程。

模拟退火由迭代的下山步骤和有控的上山步骤组成，使得它可以跳出局部极小点。这一过程的物理模型为，对物质加热直至熔化，然后将溶液在保持准热平衡的条件下慢慢冷却。冷却算法[Metropolis et al.，1953]包括反复随机地替换物质中的原子（状态改变），及每次状态改变后计算能量的改变 ΔE 。若 $\Delta E \leqslant 0$ （更低的能量），则状态改变被接受，新状态作为下一轮步骤的起始状态。若 $\Delta E > 0$ ，则状态以下列概率被接受

$$P(\Delta E) = \exp\left(\frac{-\Delta E}{k_B T}\right) \tag{9.75}$$

为了将这个物理模型应用于优化问题，应该在优化过程中将温度参数 T 以可控制的方式降低。可以清楚地看到，在 T 值比较高的时候，能够增加能量的改变是比较可能的，但是当 T 值下降时，这些将变得不太可能。

算法 9.13　模拟退火优化

1. 令 $\mathbf{x}$ 为优化参数的向量；计算目标函数 $J(\mathbf{x})$的值。初始化 T。
2. 对 $\mathbf{x}$ 做轻微扰动，得到新向量 $\mathbf{x}_{\text{new}}$，计算新的优化函数值 $J(\mathbf{x}_{\text{new}})$。
3. 生成一个随机数 $r \in (0,1)$，若

$$r < \exp\left\{\frac{-\left[J(\mathbf{x}_{\text{new}}) - J(\mathbf{x})\right]}{k_B T}\right\} \tag{9.76}$$

则令 $\mathbf{x}=\mathbf{x}_{\text{new}}$ 且 $J(\mathbf{x})=J(\mathbf{x}_{\text{new}})$。

4. 根据冷却进度决定重复步骤 2 和步骤 3 的次数。
5. 根据冷却进度减少 T，然后前往步骤 2。
6. 当冷却进度结束时，$\mathbf{x}$ 表示优化问题的解。

温度序列和每个温度达到热平衡所需的迭代步数 n 称为冷却（或退）火进度（**annealing schedule**）。较大的迭代步数 n 和较小的温度 T 变化步长可以产生的最终优化函数值也更低（解更接近于全局最小），但需要较长的计算时间。（还记得糖罐的例子：刚开始摇晃很剧烈，后面逐渐减少至最佳结果）。较小的迭代步数 n 和较大的温度 T 变化步长可以更快结束，但结果也可能离全局最小比较远。因此需要仔细设置进度，使得在可以接受的时间内得到比较接近全局最小的解。然针对一些特定的问题存在一些一般准则并能找到适当的参数，然而目前还没有设计退火进度的实用方法。

退火算法很容易实现。很多应用问题都用到退火算法，如模式识别、图的分割等，这也说明退火算法有着极大的实用价值，虽然在有些优化问题中，退火算法的表现要差于标准算法和其他启发式方法。退火算法在计算机视觉中的应用领域包括立体匹配[Barnard, 1987]、边界检测[Geman et al., 1990]、纹理分割[Bouman and Liu, 1991]、边缘检测[Tan et al., 1992]。关于退火算法的实现细节、一些性质及更多的参考文献列表请参见[van Laarhoven and Aarts, 1987; Otten and van Ginneken, 1989]。

9.7　模糊系统

模糊系统可以表示多变的、不精确的、不确定的和不准确的知识或信息。同人类表达知识的方式类似，模糊系统采用修饰语，如明亮的、比较暗的、暗的等。模糊系统可以表示复杂的知识，甚至是来源矛盾的知识。模糊系统基于模糊逻辑，后者代表了一类强大的决策方法[Zadeh, 1965; Zimmermann et al., 1984; Kosko, 1992; Cox, 1994; Haykin, 1998; Kecman, 2001]。

9.7.1 模糊集和模糊隶属函数

人描述物体时通常会采用不精确描述，如明亮的、巨大的、圆形的、长条的等。例如，晴天时的云彩就会被描述为小团、微暗或明亮、近似于圆形的区域；雷雨天时的云彩会被形容为暗或非常暗的、大片区域——人们很容易接受这些描述。但是，如果任务是利用模式识别方法自动地从天空照片中识别云彩，则必须将云彩的边界准确地描绘出来，以便将属于云彩的区域分离出来。对边界的定位可能会显得有些武断——一个平均灰度值为 g，圆形度为 r，面积为 s 的区域 R_1 被认为是积雨云，而另一个平均灰度值为 g+1，圆形度和面积也分别为 r 和 s 的区域 R_2 却不被认为是积雨云。更合理的做法是认为 R_1 以某个隶属度属于晴天时的云彩集合，同时以另一个隶属度属于雷雨天的云彩集合。同样地，区域 R_2 也以不同的隶属度属于这两个集合。于是，模糊逻辑便使得同一区域可以同时属于不同的模糊集合。图 9.26（a）和图 9.26（b）演示了用精确集合和模糊集合表示云彩区域平均灰度值的区别。

模糊空间 X 中的一个模糊集合 S 为一个有序对的集合

$$S = \{(x, \mu_S(x)) \mid x \in X\} \tag{9.77}$$

其中 $\mu_S(x)$表示 x 在集合 S 中的隶属程度。隶属函数的值域是一个上界有限的非负实数子集。为了方便起见，1 是常用的上界值，$\sup_{x \in X} \mu_S(x) = 1$。通常模糊集合仅用其隶属函数表示。

图 9.26（b）中所示对暗色区域的描述是一个经典的模糊集合例子，体现了模糊空间的性质。模糊集合的**定义域**（**domain**）画在 x 轴上，取值从黑到白（0～255）。垂直坐标轴表示隶属度 $\mu(x)$。隶属度可以取 0（不属于）到 1（完全属于）间的值。于是，一块平均灰度值为 255 的白色区域关于模糊集合 DARK 的隶属度为 0，而一块黑色区域（平均灰度值为 0）关于模糊集合 DARK 具有完全隶属度。如图 9.26（b）所示，隶属度函数可以是线性的，但也可以采用其他形式的曲线（见图 9.26（c）和图 9.26（d））。

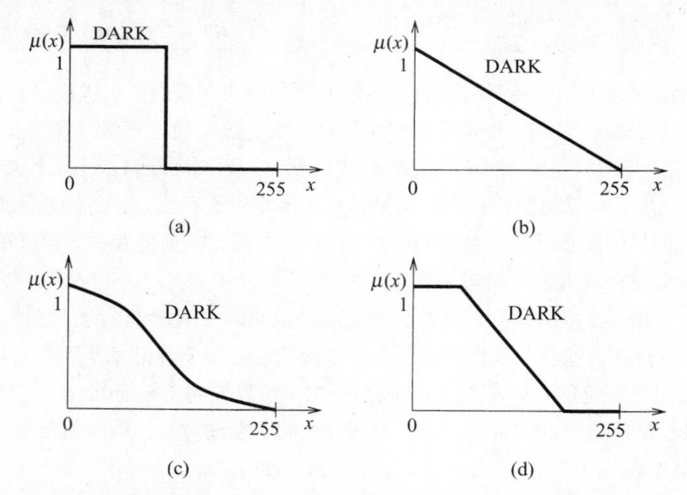

图 9.26　表示大小和圆形度一样而平均灰度值 g 变化的云彩区域的精确和模糊集合：
（a）精确集合表达了集合 DARK 的 Boolean 性质；（b）模糊集合 DARK；（c）、（d）再一种隶属函数

考虑晴天云和积雨云的平均灰度值；图 9.27 画出了可能与模糊集合 DARK、MEDIUM DARK, BRIGHT 相关的隶属函数。如图 9.27 所示，一个具有特定平均灰度值 g 的区域可能同时属于多个模糊集合。于是，隶属度 $\mu_{\text{DARK}}(g)$、$\mu_{\text{MEDIUM DARK}}(g)$、$\mu_{\text{BRIGHT}}(g)$表示了描述的模糊性，因为它们估计了区域属于特定模糊集合的确定程度。模糊集合的最大隶属度取值称为模糊集合的**高度**（**height**）。

在模糊系统的设计中采用规一化的隶属函数。**最小正规形式**（**minimum normal form**）要求在模糊集合的定义域中至少有一个元素的隶属度为 1，**最大正规形式**（**maximum normal form**）是定义域中至少有一个

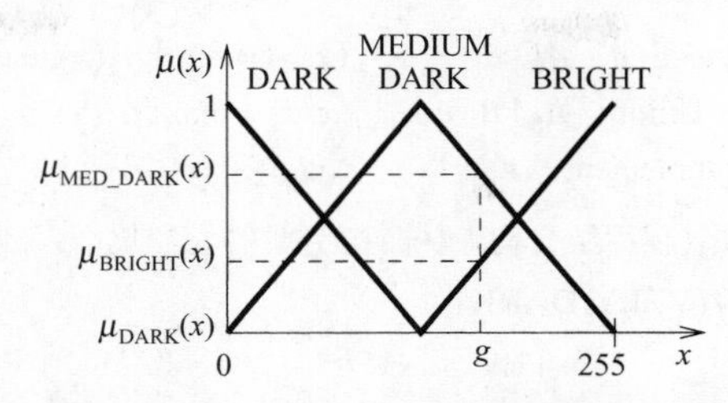

图 9.27 与模糊集合 DARK, MEDIUM DARK 和 BRIGHT 相关的隶属函数
注意可能有几个隶属度取值与同一特定平均灰度值 g 相关联

元素的隶属度为 0 的最小正规形式。

在模糊推理系统中，模糊隶属函数通常被设计为最小正规形式；[Cox, 1994]中给出了一组范围广泛的可能的模糊隶属函数列表，如线性的、S 形的、Beta 曲线、三角曲线、梯形曲线、任意曲线……。

模糊隶属函数的形状可以通过**模糊集合限制**（**fuzzy set hedge**）进行调整。限制可以对模糊集合中元素的隶属度进行加强、减缓、求补、精细的或大体上近似，等等。零个或多个限制及其相关的模糊集合构成了一个单独的语义实体，称为**语言变量**（**linguistic variable**）。假定 $\mu_{DARK}(x)$表示模糊集合 DARK 的隶属函数；那么增强后的模糊集合 VERY DARK 的隶属函数将是（图 9.28（a））

$$\mu_{\text{VERY DARK}}(x)=\mu_{\text{DARK}}^2(x) \tag{9.78}$$

同样用一个减缓限制可以创建模糊集合 SOMEWHAT DARK，其隶属函数为（图 9.28（b））

$$\mu_{\text{SOMEWHAT DARK}}(x)=\sqrt{\mu_{\text{DARK}}(x)} \tag{9.79}$$

限制可以多重作用于一个模糊隶属函数，例如构造一个模糊集合 VERY VERY DARK，其隶属函数为

$$\mu_{\text{VERY VERY DARK}}(x)=\mu_{\text{DARK}}^2(x)\cdot\mu_{\text{DARK}}^2(x)=\mu_{\text{DARK}}^4(x) \tag{9.80}$$

这些限制公式并没有理论上确定的根据，但是它们在实际应用中都有很好的表现——它们“看上去是有效的”[Cox, 1994]。

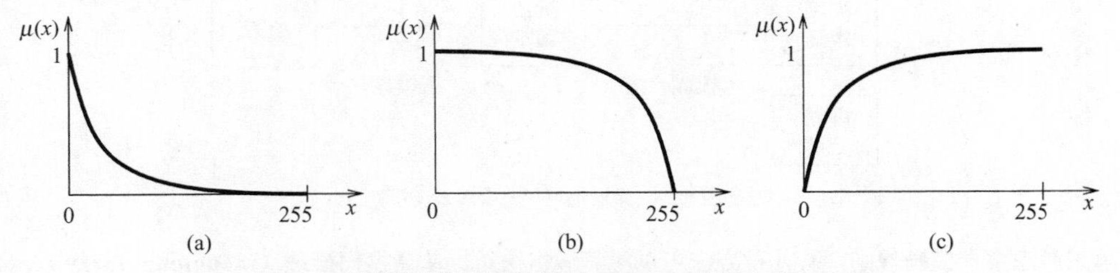

图 9.28 模糊集合限制。模糊集合 DARK 如图 9.26（b）所示
（a）模糊集合 VERY DARK；（b）模糊集合 SOMEWHAT DARK；（c）模糊集合 NOT VERY DARK

9.7.2 模糊集运算

很少有某个识别问题可以仅用一个模糊集合及其隶属函数解决。因此，需要有一个工具，能够将不同模糊集合结合起来，并确定这种联合后的隶属度。在传统逻辑中，隶属函数只取 1 或 0（见图 9.26），并且对于任一类别集合 S 都是无矛盾的：集合 S 同它的补 S^C 的交集为空。

$$S\cap S^C=\phi \tag{9.81}$$

显然，这一规则在模糊逻辑中不成立，因为定义域中的元素可以同时属于模糊集合及它的补集。对于模糊集合有三个基本的 **Zadeh 运算**（**Zadeh operation**）：**模糊交**（**fuzzy intersection**）、**模糊并**（**fuzzy union**）和**模糊补**（**fuzzy complement**）。令 $\mu_A(x)$和 $\mu_B(y)$为两个隶属函数，分别与模糊集 A 和 B 相关，这两个集合的定义域分别为 X 和 Y。于是对所有 $x\in X, y\in Y$，交、并和补逐点定义为

$$\begin{aligned} \text{Intersection} \quad A \cap B: &\quad \mu_{A\cap B}(x,y) = \min\left[\mu_A(x), \mu_B(y)\right] \\ \text{Union} \quad A \cup B: &\quad \mu_{A\cup B}(x,y) = \max\left[\mu_A(x), \mu_B(y)\right] \\ \text{Complement} \quad A^C: &\quad \mu_{A^C}(x) = 1 - \mu_A(x) \end{aligned} \tag{9.82}$$

注意，模糊集合运算可以同限制相结合构，从而构造新的模糊集合；例如，可以将模糊集合 NOT VERY DARK（见图 9.28）定义为 NOT(VERY(DARK))

$$\mu_{\text{NOT VERY DARK}}(x) = 1 - \mu^2_{\text{DARK}}(x)$$

9.7.3 模糊推理

在模糊推理中，将一些含有信息的单个模糊集结合起来做出决策。决定相关模糊隶属函数隶属度的函数关系被称为**合成方法**（**method of composition**），并且定义了**模糊解空间**（**fuzzy solution space**）。为了做出决策，采用一个**逆模糊**（**de-fuzzification**）（分解）过程确定模糊解空间和决策间的函数关系。合成和逆模糊过程构成了模糊推理的基础（见图 9.29），这两个过程在**模糊系统模型**（**fuzzy system model**）的环境下进行，而后者由控制、解、操作数据变量、模糊集合、限制、模糊规则及一个控制机制构成。模糊模型使用了一系列无条件和有条件的命题，称为模糊规则。无条件模糊规则的形式为

$$x \text{ 是 } A \tag{9.83}$$

有条件模糊规则的形式为

$$\textit{if } x \text{ 是 } A \text{ then } w \text{ 是 } B \tag{9.84}$$

其中 A 和 B 是语言变量；x 和 w 表示分别属于各自定义域的标量。与一个无条件规则相关联的隶属度就是 $\mu_A(x)$。无条件模糊命题用于限制解空间，或定义默认解空间。由于这些规则是无条件的，因此采用模糊集运算可以直接将它们作用于解空间。

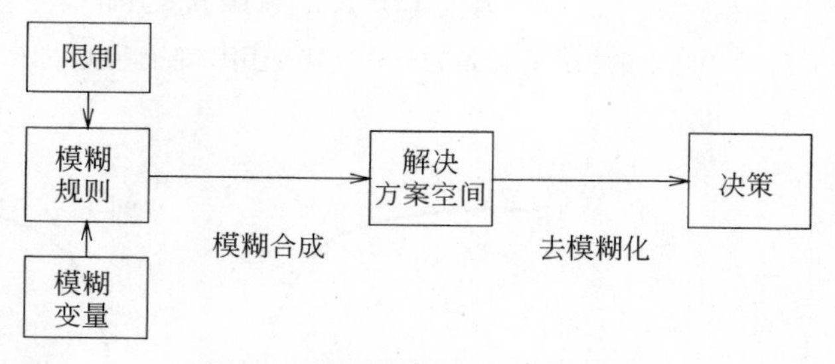

图 9.29 模糊推理——合成及逆模糊

再来考虑条件模糊规则，有几种方法可以对其做出决策。**单调模糊推理**（**monotonic fuzzy reasoning**）是其中最简单的一种，不用合成及逆模糊就可以生成解。同样令 x 为表示描述云彩暗度的一个标量灰度值，w 表示雷雨的激烈程度。则下列模糊规则可以表达我们关于雷雨激烈程度的知识：

$$\textit{if } x \text{ 是 DARK then } w \text{ 是 SEVERE} \tag{9.85}$$

单调模糊推理的算法如图 9.30 所示。根据对云彩灰度的判断（在我们的例子中 $x = 80$），确定隶属度 $\mu_{\text{DARK}}(80) = 0.35$。这个值就表示隶属度 $\mu_{\text{SEVERE}}(w) = \mu_{\text{DARK}}(x)$，据此可以对雷雨激烈程度做出判断；在我们的例子中 $w = 4.8$，其定义域为 0～10。这个方法同样适用于具有如下形式的复杂的断言

$$\textit{if} \ (x \text{ 是 } A) \bullet (y \text{ 是 } B) \bullet \cdots \bullet (u \text{ 是 } F) \ \text{then } w \text{ 是 } Z \tag{9.86}$$

其中 • 表示合取 AND 或析取 OR 运算。可以结合模糊交和并来实现复杂断言；AND 对应于模糊交，OR 对应于模糊并。单调方法体现了模糊推理的根本概念，但它只能用于由一条模糊规则控制的单个单调模糊变量（可能还有一个复杂断言）。当谓词命题的复杂度增加时，判断的合理性会有所下降。

模糊合成

为完成决策过程所需要的知识通常包含在若干条模糊规则中。许多模糊规则将参与到决策过程中，并且

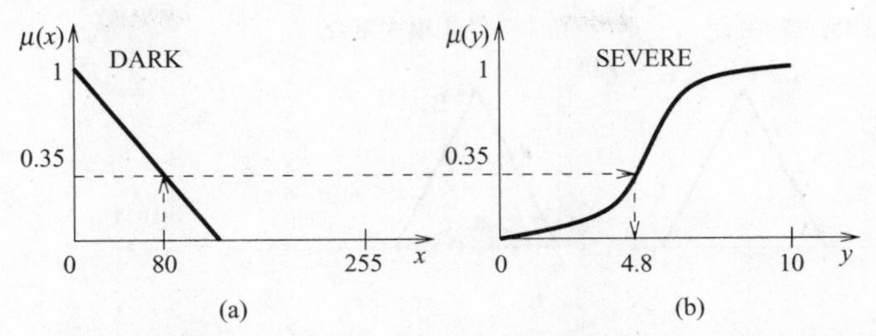

图 9.30 基于一条模糊规则的单调模糊推理：若云的灰度值为 DARK，则雷雨为 SEVERE

所有决策规则将在这一过程中被平行地激活。显然，不是所有模糊规则对最终解都有同样的贡献，前提根本就不会成立的那些规则对结果就不会有任何影响。有几条合成机制来帮助我们进行规则组合。

在此将讨论其中一种最常用的方法，称为最小最大规则（min-max rule），采用一系列最小化和最大化操作。首先，采用谓词真值的最小化（**相关性最小化，correlation minimum**）$\mu_{A_i}(x)$ 约束结果模糊隶属函数 $\mu_{B_i}(w)$。令规则具有式（9.84）的形式，i 表示第 i 条规则。于是，结果模糊隶属函数 B_i 逐点地被更新，形成新的模糊隶属函数 B_i^+（见图 9.31）。

$$\mu_{B_i^+}(\omega)=\min\left[\mu_{B_i}(w),\mu_{A_i}(x)\right] \tag{9.87}$$

第二步，由这些最小化后的模糊集合的逐点最大值构造解模糊隶属函数。

$$\mu_S(w)=\max_i\left[\mu_{B_i^+}(w)\right] \tag{9.88}$$

图 9.32 演示了最小最大合成过程；同理可以考虑更复杂的断言。

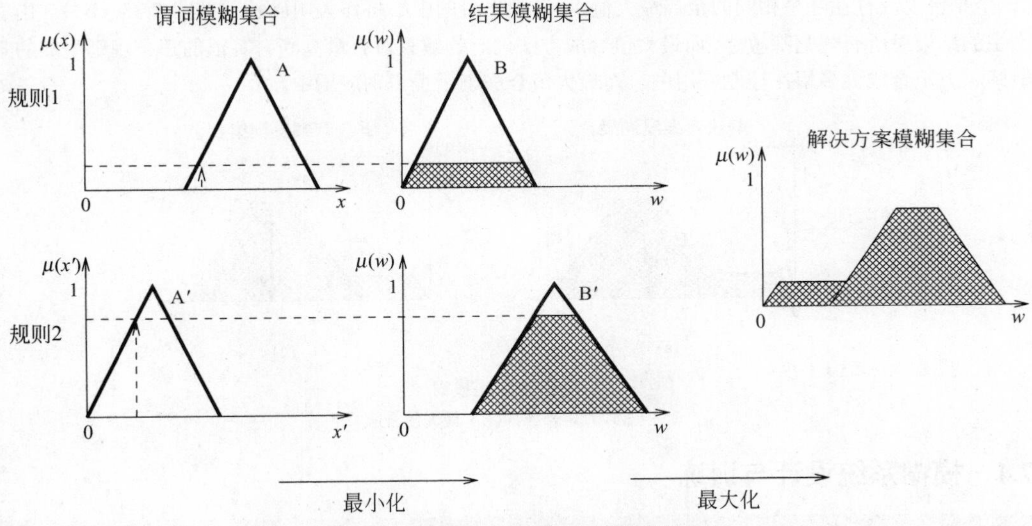

图 9.31 模糊最小最大合成，采用相关最小化

上面所介绍的相关最小化是最常采用的用来完成最小最大合成第一步的方法。另一种可选的方法称为**相关乘积（correlation product）**，这种方法对原结果模糊隶属函数乘一个尺度因子，而不是对其进行截断操作。相关最小化只需要较少的计算量并且容易被逆模糊，而相关乘积在很多方面都代表了一种更好的最小化方法，因为模糊集合的原有形状没有被改变（见图 9.32）。

逆模糊

模糊合成对每一个解变量生成一个解模糊隶属函数。为了找到用于做出决策的真正准确解，需要先找到一个最佳表示了解模糊集合中信息的标量向量（每个标量分量对应一个解变量）。这一过程对每个解变量独

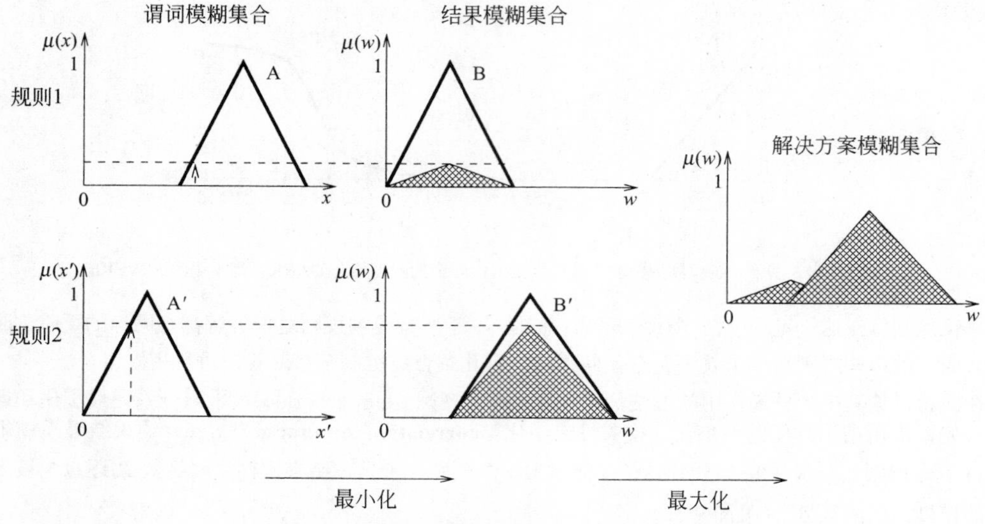

图 9.32　模糊最小最大合成，采用相关乘积

立地进行，称为逆模糊。常用的逆模糊方法有两种，分别称为**力矩合成（composite moments）**和**最大值合成（composite maximum）**；此外还有许多其他方法。

力矩合成寻找解模糊隶属函数的质心 c——图 9.33（a）演示了质心方法如何将解模糊隶属函数转换为明确解变量 c。最大值合成将定义域点等同于取到解模糊隶属函数最大隶属度值的那一点。若这一点不确定（在一个平台上或存在几个相同的全局最大值点），则平台的中心将作为明确解 c'（图 9.33（b））。由力矩合成产生的结果对所有规则都敏感，而最大值合成方法确定的解只对有最高断言真值的那条规则生成的隶属函数敏感。力矩合成大多用在控制应用中，而最大值合成则用于识别应用中。

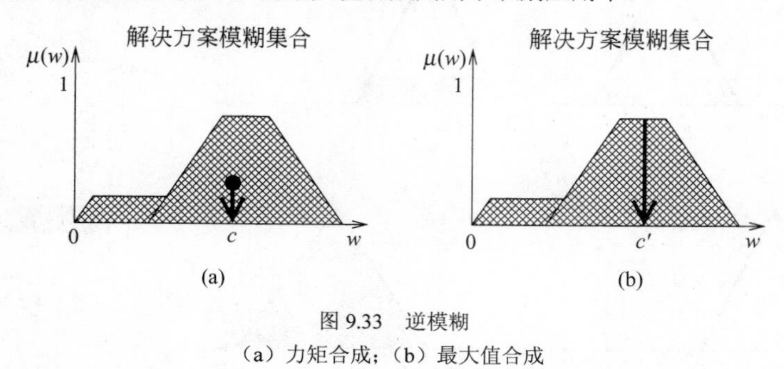

图 9.33　逆模糊
（a）力矩合成；（b）最大值合成

9.7.4　模糊系统设计与训练

算法 9.14　模糊系统设计

1. 设计系统的功能和运转特性——确定系统输入、基本处理方法、系统输出。在物体识别中，输入为模式，输出表示判定。
2. 通过将模糊系统的输入和输出分解为一个模糊隶属函数的集合，定义模糊集。与每个变量相关联的模糊隶属函数数目依赖于具体问题。通常每个变量关联的模糊隶属函数总数为 3～9 间的一个奇数。建议相邻模糊隶属函数相互重叠 10%～50%。且重叠部分的隶属度总和最好小于 1。
3. 将特定问题的知识转变为 *if-then* 形式的模糊规则，这些规则代表了模糊联想记忆。规则的数目与输入变量的数目有关。对于分到 M 个模糊隶属函数的 N 个变量来说，需要 M^N 条规则来覆盖所有可能的输入组合。

4. 如第 9.7.3 节中所描述的，进行模糊合成和逆模糊。
5. 采用一个训练集合，测试系统的性能。若模糊系统不能达到要求，修改模糊集合描述、模糊规则、模糊合成和逆模糊方法中的一个或几个。这种逐步调整的速度及成功与否依赖于问题的复杂度、设计者对问题的理解程度和设计者的经验。

从上述算法中的第 3 步和第 5 步中的描述可以看出，若模糊规则由人类专家来设计，则设计过程可能会单调、乏味且耗时，但对现有的许多应用来说都是如此。提出了几种方法能够利用一个训练集合作为知识来源，自动生成模糊 *if-then* 规则并/或自动调整模糊集合的隶属函数的方法[Ishibuchi et al., 1992, 1995; Abe and Lan, 1995; Homaifar and McCormick, 1995]。其中的一些方法采用神经元网络或遗传算法控制学习过程。

模糊系统在模式识别和图像理解中都有很多应用。在模式识别领域，模糊逻辑已经被用于有监督和无监督识别、顺序学习、模糊决策理论、句法分类器、特征提取，等等。在图像处理和视觉领域中，模糊逻辑已涉足的领域有图像质量评价、边缘检测、图像分割、图像颜色分割，等等。在 7.4 节讨论了模糊逻辑在图像分割中的应用。从 X 光线 CT 图像提取得到气管树状图，通过使用基于三维模糊逻辑分析，结果表明性能相对于基于卷曲规则的方法有提高[Park et al., 1998]。文献[Haeker et al., 2007; Garvin et al., 2009]报告了使用模糊损失函数进行基于最优图的图像分析。

9.8　模式识别中的 Boosting 方法

一个单独的检测器很少能够完全或者足够好地解决一个问题；认识到这一点，把很多独立的检测器结合起来来提高整体性能是很常见的。这些孤立的单个检测器通常可能很弱（或者**基础**（**base**））（就是说，对于一个二分类问题，检测器的性能可能比 50%稍微好一点）。我们可以训练一批简单的分类器，每次作用于训练样本的不同子集，然后通过某种方式联合这些分类器集合。这种算法称作 **Boosting**（**提升**）算法，最终把所有弱规则的输出结合成为一个单独的分类规则，比任何一个其构成的弱规则都更精确。

这个一般方法的特性需要让弱分类器顺序地发生作用并且给“难的”训练样本赋予更多的权重，所谓难的训练样本是指在前一轮中被错分的那些样本。为了把多个弱规则结合成一个强规则，弱分类器输出的加权投票多数似乎是一个明显的策略。这样，Boosting 能够把那些精度一般的分类器结合起来，得到非常精确的分类器。AdaBoost 算法是最著名的方法且被广泛应用[Freund and Schapire, 1997]

考虑模式空间 X，包含 n 个模式 $\mathbf{x}_i$ 的训练集以及相应的类别标签 ω_i，并假定是个两类分类问题($\omega_i \in \{-1, 1\}$)

$$T = \{(\mathbf{x}_1, \omega_1), \cdots, (\mathbf{x}_n, \omega_n)\}$$

假设我们有一个监督学习算法：给定一个训练集，它将提供一个分类器 $C_T = W(T)$。算法 9.15 总结了 AdaBoost 算法[Schapire, 2002]。在训练集合上应用弱分类器 C_k，正确分类单个样本的重要性逐步的变化。在每一层中，样本的重要性用权重集合 $D_k(i)$反映，使其满足 $\sum_{i=1}^{m} D_k(i) = 1$ 。开始的时候，权重赋值为相等的。但是第 k 层分错的样本的权重会在第 k+1 层中（相对的）增加。因此，弱分类器 W_{k+1} 着重区分那些在前一层中未被正确分类的难的样本。

算法 9.15　AdaBoost

1. 令 $D_1(j) = \frac{1}{n}$， $j = 1, \cdots, n, i = 1$，然后选择 K。
2. 根据 D_i 从 T 中采样 T_i ，然后训练 $C_i = W(T_i)$ 。

3. 确定 C_i 中的错误 ϵ_i。令 $\alpha_i = \frac{1}{2}\log\left(\frac{1-\epsilon_i}{\epsilon_i}\right)$。

4. 对于所有的 j，如果 C_i 正确地将 x_j 分类，则令 $D_{i+1}(j) = D_i(j)e^{-\alpha_i}$，否则令 $D_{i+1}(j) = D_i(j)e^{\alpha_i}$。重新归一化 D_{i+1}。

5. 增加 i 直到 i=K，然后转到 2。

6. 应用分类器：

$$C(\mathbf{x}) = \text{sign}\left(\sum_{i=1}^{T}\alpha_i C_i(\mathbf{x})\right) \tag{9.89}$$

在第 3 步，错误被计算为相对于训练数目分类器错分的概率：

$$\epsilon_i = \sum_{j:C_i(\mathbf{x}_j)\neq\omega_j} D_i(j)$$

假设 W 比随机猜测要好，那么 ϵ＜0.5 进而 α＞0。α_i 主要起到两个作用：

- 它强调了 D_i 的调整。这就增大了“困难”样例和降低了“简单”样例。.
- 它对最终的分类器和进行了加权。

令 $\epsilon_i = \frac{1}{2} - \gamma_i$，那么 γ 就度量了分类器比随机分要好多少（因此 $\gamma > 0$）。可以证明最终的分类器 C 所具有的错分率小于：

$$\prod_i 2\sqrt{\epsilon_i(1-\epsilon_i)} \leqslant \exp\left(-2\sum_i \gamma_i^2\right)$$

很多问题不是二分的：模式可能属于很多类中的一个。更一般地，一个模式可能属于很多类中的多个。比如，将文档分为新闻、政治、体育、娱乐……，一个给定的条目可能属于其中不止一个类别。Adaboosts 能够被改变以适应于这些更一般的问题。

算法 9.16　AdaBoost-MH

1. 假设 $T = \{(\mathbf{x}_1, A_1), \cdots, (\mathbf{x}_n, A_n)\}, A_j \subset Y = [1,k]$。令 $D_1(j,l) = \frac{1}{nk}$，$j = 1,\cdots,n, l = 1,\cdots,k$，然后设置 K。

2. 根据 D_i 从 T 中采样 T_i，然后训练 $C_i = W(T_i)$。$C_i(\mathbf{x}, j)$ 的符号表明标签 j 是否属于 $\mathbf{x}$。

3. 确定 α_i。

4. **更新**：如果 C_i 满足 $\mathbf{x}_j$，令 $D_{i+1}(j,l) = D_i(j,l)e^{-\alpha_i C_i(\mathbf{x}_j,l)}$，否则令 $D_{i+1}(j) = D_i(j)e^{\alpha_i C_i(\mathbf{x}_j,l)}$。

5. 重新归一化 $D_{i+1}(j,l)$。

6. 增加 i 直到 i=K，然后转到 2。

7. 使用

$$C(\mathbf{x},l) = \text{sign}\left(\sum_{i=1}^{T}\alpha_i C_i(\mathbf{x},l)\right) \tag{9.90}$$

除了从样本中学习的能力以外，能够将原来没有见过的样本正确分类的推广能力具有重要意义。从理论角度考虑，AdaBoost 似乎容易过学习，但是实验结果表明，即使运行上千轮，AdaBoost 一般也不会过学习。更有意思的是，试验中观察得到，当训练错误率已经达到 0 很长时间后，AdaBoost 有时还会继续降低分类错误率（如图 9.34 所示）。这个错误率的降低可以和**间隔**（**margin**）的增加相联系，该间隔在支持向量机中介绍过了，见第 9.2.5 节。明确地最大化最小间隔的 SVMs 与 AdaBoost 明显有联系。在 Boosting 里，间隔是区间[−1，1]中的一个数字。当强分类器正确地分类样本的时候，间隔是正的。

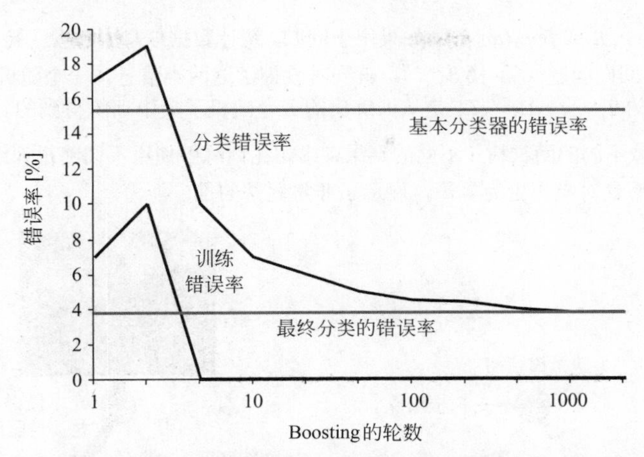

图 9.34 AdaBoost——用 Boosting 轮数的函数显示的训练错误率和测试错误率曲线。注意，当训练错误率已经达到 0 很长时间后，测试错误率还在持续降低。这个与间隔的持续增大有关。随着 Boosting 的轮数增加，间隔的增加使得整体的分类置信度增大

AdaBoost算法存在很多改进版本。[Rochery et al., 2002] 提出了结合先验信息的boosting框架。AdaBoost能够区分那些本身很难分类的外点。当有大量外点时，AdaBoost 的性能可能会降低，为了处理这个问题，[Friedman et al., 2000; Freund, 2001]提出了 Gentle AdaBoost 和 BrownBoost，外点的影响就没那么显著了。

Boosting 方法一个非常著名的应用是 Viola-Jones 的人脸检测器，在第 10.7 节中详细讲过。这个方法后来证明可以被用于视频中的行人检测，这将在第 16.4 节中描述。

在 AdaBoost 中，从本质上讲，弱分类器常常是统计的。注意，虽然是这样，对弱分类器的种类并没有特殊的要求。举个例子，基于规则的分类器就可以立即被考虑进来。单个的弱分类器甚至都不必是同一个种类的。把 Boosting 策略应用到模式识别问题中时，这种灵活性使它更具有一般性。

9.9 随机森林

随机森林是一种非常适合多类问题分类方法，特别是在很大的数据集合可用于训练的情况下[Breiman, 2001]。它通常处理多于两类的问题，提供概率化的输出，具有非常好的未知数据推广能力，并且固有地可并行化处理，这些都是这种方法非常迷人的性质[Criminisi and Shotton, 2013]。

这里，我们首先给出其基本方法的一般性概况，然后在第 10.8 节中叙述随机森林在图像理解上的应用。虽然这里关于随机森林的讲解非常简洁，但是很多专门研究它们的论文能够非常容易地找到，这些开创性的工作就可以作为开始[Breiman et al., 1984; Ho and Ohnishi, 1995]。Quinlan 的工作提供了一种称为 C4.5 的算法来最优地训练决策树[Quinlan, 1993]。单个决策树的概念被以随机化的方式推广到多个类似的决策树，从而形成了随机森林。随机森林的某些方面类似于第 9.8 节中 Boosting 提升策略，因为每一个树结点都关联了一个弱分类器而整个随机森林产生了一个强分类决策。这种表示最初基于[Criminisi et al., 2011]，其中可以找到最新的一些发展情况和额外的实现细节。

随机森林被用于两类主要的决策任务：分类和回归。在分类任务（比如，将图像分为不同拍摄场景的类别——海滩、道路、人等）中，决策输出为一个类的标签。在非线性回归任务（比如，根据可能多维的社交网络数据预测流感季节的严重程度）中，输出结果是一个连续的数值。

一个决策树包括中间（或分支）结点和终止（或叶子）结点（参见图 9.35）。输入的图像模式在树的每一个结点处进行评估，然后（根据模式的属性）被送到树的左子结点或者右子结点。叶子结点 L 存储了训练过程中模式到达某个特定结点的统计数据。当一个决策树 T_t 被用于分类时，存储的统计数据信息包含了每

一类 ω_r 的概率，$r \in 1,\cdots,R$ 或者 $p_t(\omega_r | L)$。如果用于回归，统计数据信息中包含了待估计的连续参数的分布。对于一个联合的分类-回归问题（第 10.8 节），就同时收集了这两类信息。一个随机森林然后就包括 T 个这样的树集合，每一个树 T_t， $t \in \{1,\cdots,T\}$ 是从训练集的一个随机子集中训练得到的。已经证明：相对于单个树，通过融合多个略微不同的随机树（不同的结果，比如在训练中使用不同随机训练子集）能够在未知数据上获得明显高的准确率且对噪声更为鲁棒，展示了非常优秀的推广能力。

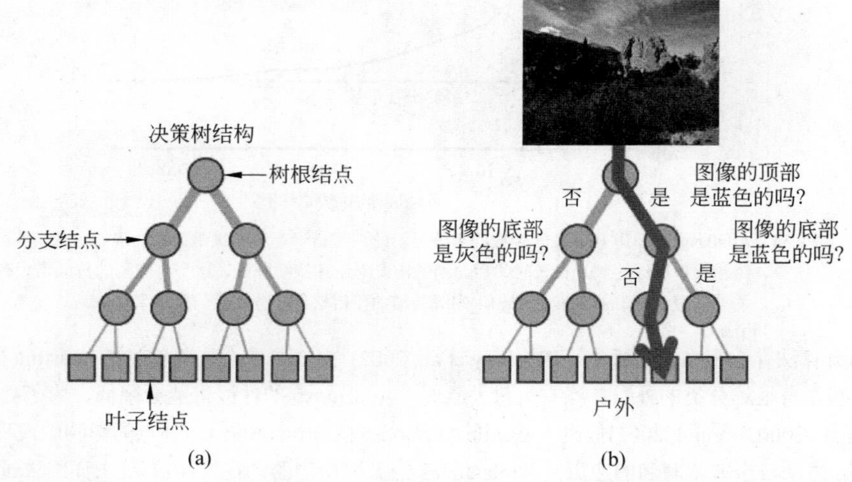

图 9.35 决策树：（a）包含一个根结点、多个内部结点或分支结点（使用圆形表示）和多个终止结点或叶子结点（使用正方形表示）的决策树。（b）一个模式从根结点开始然后顺序地经过两个子结点中的一个直到到达叶子结点。每一个叶子结点都关联了一个特定决定的概率值，比如，给一个模式关联一个类标签。该图基于[Criminisi et al., 2011]。本图的彩色版见彩图 16

一旦一个决策树训练完成，与每个中间结点关联的预先定义的二值测试从根结点被传到其中的一个叶子结点。具体的路径由中间结点测试的结果决定，每一个中间结点确定了数据模式传到一个或另一个子结点。这个二值决策的过程不断重复，直到数据模式传到了用自己点。每一个叶子结点包含了一个恶预测器，也就是一个分类器或者回归器，该预测器将模式和一个期望的输出（分类标签，回归值）相关联。如果森林使用了多个树，每一个独立树叶子结点的预测结果被联合在一起形成最终的一个预测。从这一角度来看，这个基于结点关联的二值预测器的决策过程是完全确定性的。

9.9.1 随机森林训练

每一个树结点的决策能力取决于那个与每一个中间结点和叶子结点关联的预先定义的二值测试。这个二值测试可以是专家设计的，也可以训练得到。令 S_i 表示训练集到达结点 i 时对应的子集，S_i^L 和 S_i^R 分别表示叨叨左右子结点的子集。由于每一个结点的决策为二值的，我们有：

$$S_i = S_i^L \cup S_i^R, \qquad S_i^L \cap S_i^R = \varnothing \tag{9.91}$$

训练过程中构建一个决策树，树的每一个二值测试的参数选择标准是最小化某个目标函数。为了在某个特定的分支的特定结点停止树的子结点构造，会应用树增长停止标准。如果森林包含 T 个树，每一个树 T_t 都是使用训练集的一个随机子集独立训练得到的。

以一个四类分类问题为例，每一个类包含相同数目的 2D 模式。比较特征空间各种可能不同方式的分裂方式——比如，使用一个水平中间位置的分裂线或垂直中间位置的分裂线——可以看出两种情况都可以生成同性质的子集（子集成员模式具有较高的相似性），并且会使每一个子集的墒相对于分列前会变小（第 2.3.3 节）。墒的改变（式（2.7））被称作为信息增益 I，表示为

$$I = H(S) - \sum_{i \in \{1,2\}} \frac{|S^i|}{S} H(S^i) \tag{9.92}$$

可以明显地看出，图 9.36 中的竖直方向上的分裂相对于水平方向上的分裂将所有类分开地更好，分裂更好这个观测是根据信息增益的改变反应的。中间结点的二值决策元素的参数可以设置为使得训练集的每一次分裂都使信息增益最大化。森林的训练就是基于这一标准。

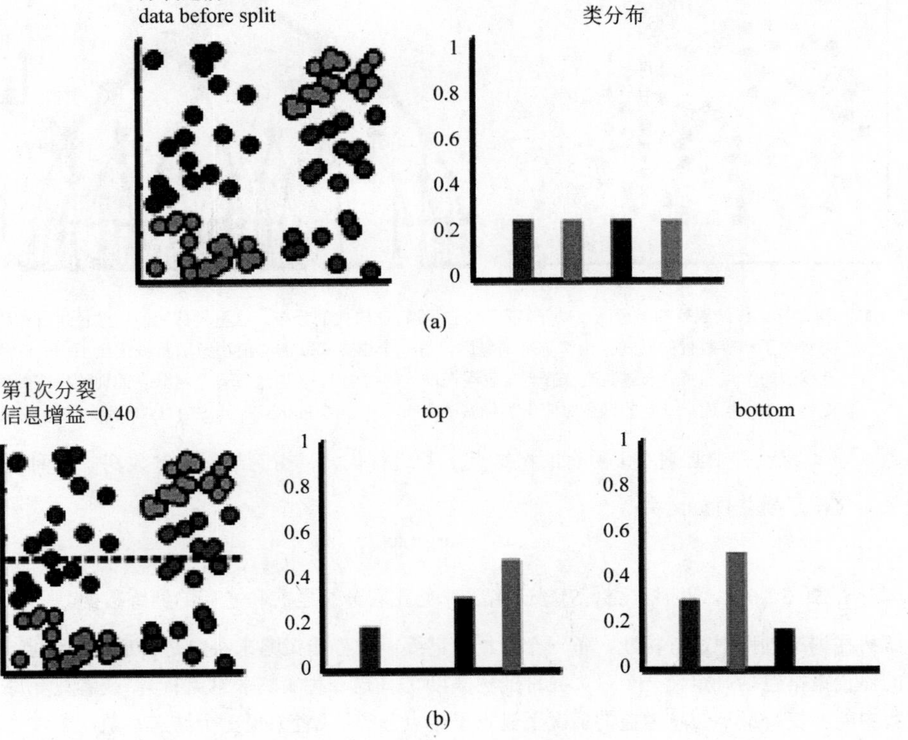

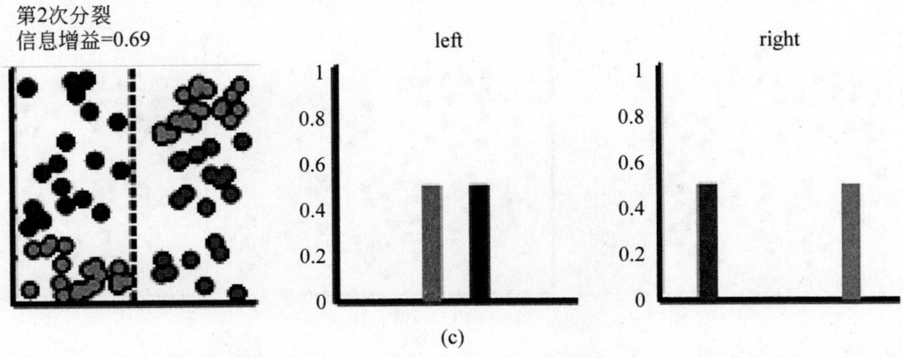

图 9.36　一个分裂之后获得的信息增益。（a）分裂之前的类分布先验。（b）一次水平分裂之后的分布。（c）一次垂直分裂之后的分布。注意两个部分都得到了更为一致的子集且每个子集的熵由于分裂变小了。基于[Criminisi et al., 2011]。本图的彩色版见彩图 17

如图 9.37 所示，结点 j 关联的二值分裂函数

$$h(\mathbf{x}, \theta_j) \in \{0,1\} \tag{9.93}$$

指引着在结点 j 的模式 $\mathbf{x}$ 走向左子结点或右子结点（0 或 1 决定）。这些与结点相关联的分裂函数起着弱分类

器的角色（参见9.8节）在结点j的弱学习器由参数$\theta_j=\left(\phi_j,\psi_j,\tau_j\right)$刻画，它定义了特征选择函数$\phi$（指明结点$j$使用了全部特征集合中的哪些特征）、数据分割函数$\psi$（使用过哪一种超平面类型用于分裂数据，比如坐标对齐的超平面，倾斜超平面，一般的表面等——参见图9.38）、以及阈值τ进行二值决定。

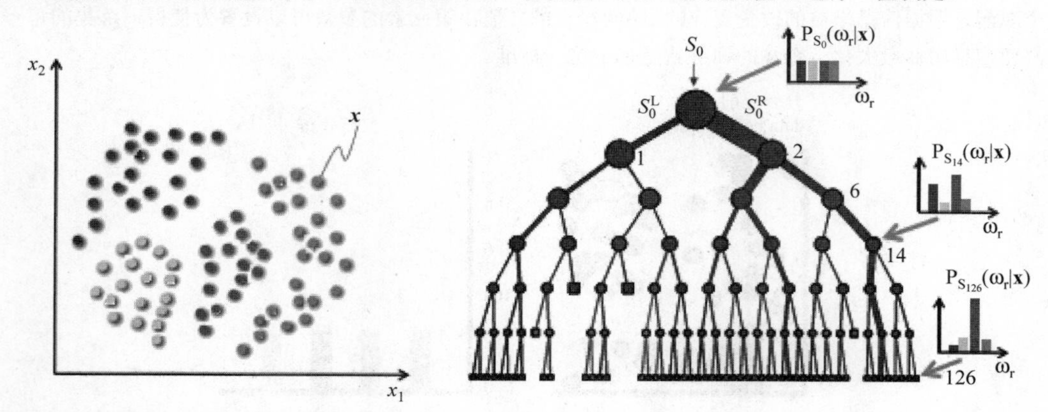

图9.37 树训练：根结点处的类分布反映了特征空间二维特征模式的分布。这里类标签使用颜色进行编码并且每一类包含了相等数目的模式。由于训练的原因，每一个结点关联的二值决策函数被优化了——注意距离根结点越远的结点的类分布越具有选择性（表现在增大的熵值上）。通过每一个树分支的训练模式的数目由树分支的大小来描述。分支的颜色对应于类标签的分布。基于[Criminisi et al., 2011]。本图的彩色版见彩图18

参数θ_j在训练过程中必须对于所有的树结点j都进行优化，得到最优的参数θ_j^*。一种优化分裂函数的途径是最大化信息增益目标函数

$$\theta_j^*=\arg\max_{\theta_j} I_j \tag{9.94}$$

其中$I_j=I\left(S_j,S_j^L,S_j^R,\theta_j\right)$，并且$S_j,S_j^L,S_j^R$表示结点$j$处左右分裂之前和之后的训练数据。

决策树在训练过程中进行构建，每一个树结点需要一个停止策略来决定是否形成子结点或者停止构建。有意义的停止策略包括：定义一个最大允许的树高度D（这一种策略非常流行）；或者只允许一个结点满足训练过程中能够获得最小信息增益的情况下进行子结点分裂；或者如果一个结点不是一个常见的数据路径就不允许进行子结点构造，也就是说，如果一个结点处理的训练模式数目少于一个预先定义的数值。

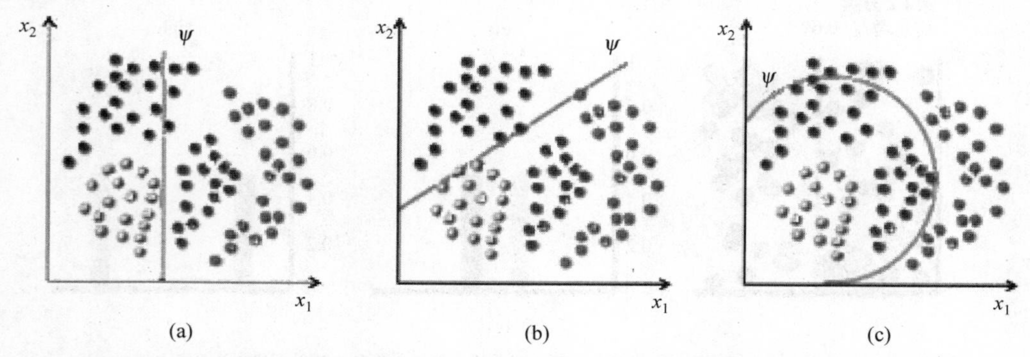

图9.38 弱学习器可以使用多种不同的二值区分函数：（a）与坐标轴对齐的超平面；（b）一般的超平面；（c）超曲面。基于[Criminisi et al., 2011]。本图的彩色版见彩图19

训练完成之后，树的叶结点包含了将在决策过程中使用的信息。如果目标是进行分类，每一个叶子结点存储了到达到该特定结点的训练样本子集的经验分布。假设有R类，模式$\mathbf{x}$和树$\mathcal{T}_t$的一个概率上的预测器模型是

$$p_t\left(\omega_r \mid \mathbf{x}\right), r\in\left\{1,\cdots,R\right\} \tag{9.95}$$

如果要处理的是回归任务，输出就是一个连续变量。叶子结点预测器模型产生一个关于要求解连续变量的后验分布。

一个森林 $\mathcal{T}$ 包含了 T 个随机互不相同的树。这里的随机性可以在训练过程中引入，比如，对于森林的每一个树每次使用训练数据的不同随机子集（也叫做装袋（bagging））。使用随机地结点优化技术，以及其他途径。

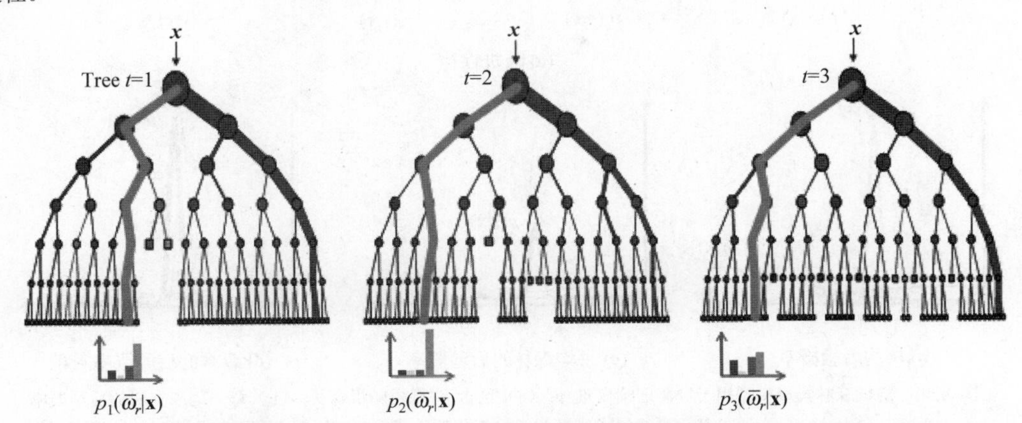

图 9.39　使用分类随机森林的决策过程——相同类型的未知模式 **x** 同时被输入到所有树的根结点。在模式到达的每个结点，基于训练过程优化的测试将模式送到两个子结点中的一个。由于训练过程中的随机性因素，森林的每一个树包含了不同的分裂函数，一个相同类型的模式通过不同的路径直到到达叶子结点。一旦到达了叶子结点，与树相关的后验概率 $p_t(\omega_r\,|\,\mathbf{x})$ 被平均（或者相乘）后产生一个随机森林后验 $p(\omega_r\,|\,\mathbf{x})$。注意对于特定的一个模式 **x** 通过树的决策过程中，是如何通过且只通过一条路径达到叶子结点的。相应地，概率 $p_t(\omega_r\,|\,\mathbf{x})$ 仅仅链接到一个叶子结点，却表示了整颗树所关联的后验概率。基于[Criminisi et al., 2011]。本图的彩色版见彩图 20

9.9.2　随机森林决策

随机森林决策过程的行为取决于组成森林的树的个数 T，最大允许的树深度 D，随机性的参数，弱学习器模型的选择，树训练使用的目标函数，当然以及选择的表示数据的特征。

上面所述的训练过程对于每一个树都是独立进行的，因此可能并行地进行。当使用一个包含 T 个树的森林，测试集合中的模式 **x** 同时被输入到所有 T 个树的根结点并且树层次上的处理同时能够并行地进行操作，直到模式到达了树的叶子结点，其中每一个叶子结点提供了该结点特定的预测。所有的树预测必须联合起来形成一个整体的森林层次的预测作为整个森林的输出。森林层次的预测可以通过几个不同的方式得到，比如通过将所有树预测进行平均或者将所有的树输出一起相乘：

$$p(\omega_r\,|\,\mathbf{x})=\frac{1}{T}\sum_{t=1}^{T}p_t(\omega_r\,|\,\mathbf{x})\quad\text{或}\quad p(\omega_r\,|\,\mathbf{x})=\frac{1}{Z}\prod_{t=1}^{T}p_t(\omega_r\,|\,\mathbf{x})\tag{9.96}$$

其中 $1/Z$ 提供了概率上的归一化。

树**集成模型**的结合了许多树的预测到一个单独森林级别的输出。图 9.39 描绘了从三个用于分类的随机训练的决策树的输出，这些输出根据公式（9.96）进行了结合。图 4.40 显示了多个树（$T=4$）的预测输出能够被结合起来用于回归任务随机森林。假设后验输出了表示要求连续变量 y 对于四个独立树在模式 **x** 上的预测 $p_t(y\,|\,\mathbf{x})$，$t\in\{1,\cdots,4\}$。图 9.40（c）显示了通过平均每个树输出的随机森林的输出，图 9.40（c）给出了通过相乘树输出的随进森林输出。在所有两个子图窗口中，森林的输出都由于结合了多个树的输出而得到了改善，并且森林的输出主要受到了置信度更高的树输出部分的影响。每一个独立的树输出可能包含噪声，但是联合多个树的后验降低了噪声的敏感性。不难理解的是，基于乘积的集成模型对于噪声更敏感。

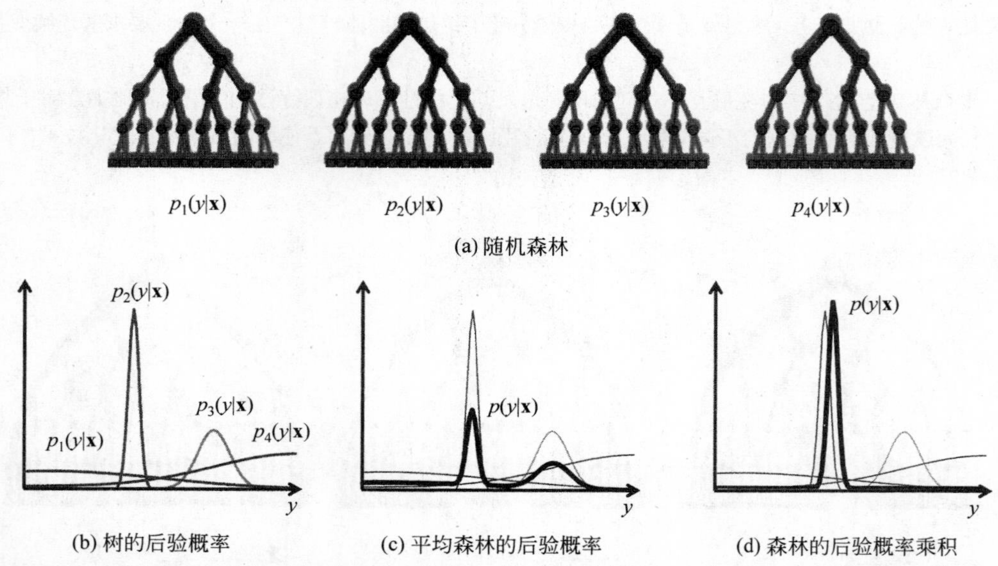

图 9.40　随机森林集成模型用于预测连续变量 y：（a）包含 4 棵树随机森林；（b）每一刻独立树的后验概率 $p_t(y\,|\,\mathbf{x})$；（c）通过基于平均集成模型的随机森林后验概率；（d）基于相乘集成模型的随机森林后验概率。基于[Criminisi et al., 2011]。本图的彩色版见彩图 21

9.9.3 随机森林扩展

随机森林方法被证明非常适合于监督式、无监督式、和半监督式学习，以及是用流形森林的流形学习。关于这方面扩展的讨论以及随机森林参数对于它们性能、准确度、以及推广能力影响的描述可以参考这些文献[Criminisi et al.,2011; Criminisi and Shotton, 2013]。这些文献里同样包含了非常有用的与支持向量机（第 9.2.5 节）、Boosting（第 9.8 节）、RANSAC（第 10.3 节）和高斯混合模型/期望最大化方法（第 10.3 节）的比较。第 10.18 节给出了几个实际中的例子，演示了怎样将随机森林用于图像分析和理解任务。

9.10 总结

- 物体识别和模式识别
  - 模式识别用于区域及物体**分类**（**classification**），是复杂机器视觉处理中的重要组成部分。
  - 所有识别操作都要根据一定的**知识**（**knowledge**）。既需要关于待处理物体的知识，也需要关于物体类别的更高层次上的一般性知识。
- 知识表示
  - 描述和特征
  - 语法和语言
  - 谓词逻辑
  - 产生式规则
  - 模糊逻辑
  - 语义网络
  - 框架和脚本
- 统计模式识别
  - **物体识别**（**object recognition**）判定物体的类别，完成这种判定的仪器称为**分类器**（**classifier**）。

通常类别数目事先已知，一般可以根据具体问题确定。
- 分类器将使用从物体中检测出的**模式**（**pattern**）来进行决策。
- 最小近邻分类器易于理解且应用广泛。在高维或者大数据情况下，使用它们时非常耗时，但可以通过 K-D 树或者其他近似方法进行改进。
- 统计模式识别的一个特点是**定量**（**quantitative**）的物体描述，并且采用基本的数值描述——**特征**（**feature**）。所有可能的模式构成了**模式空间**（**pattern space**）或**特征空间**（**feature space**）。在特征空间中类形成聚集，而这些聚集可以用**分类超曲面**（**discrimination hyper-surface**）分开。
- **统计分类器**（**statistical classifier**）是一个具有 n 个输入和 1 个输出的装置。每个输入端接收关于 n 个特征中一个的信息，这 n 个特征由待分类物体测量得到。一个 R-分类器输出 R 个符号中的一个 ω_r，即**类标识符**（**class identifier**）。
- 在**分类器学习**（**classifier learning**）过程中，分类参数由一个样本**训练集合**（**training set**）确定。两种常用的学习策略为**概率密度估计**（**probability density estimation**）和**直接损失最小化**（**direct loss minimization**）。
- **支持向量机**（**Support vector machine**）的训练基于最大化两类的间隔。支持向量机的非线性分类得益于**核技巧**（**kernel trick**）。结合多个两类问题的分类器可以得到多类问题的分类器。
- **聚类分析**（**cluster analysis**）不需要学习训练集合。它根据待处理模式集合中各元素间相似度将整个集合划分为若干子集合（聚类）。

● 神经元网络
- 大多数神经元方法都基于对基本处理单位（**神经元，neuron**）的组合，每个处理器接收若干个输入，并生成一个输出。对于每个输入都有一个权值与其相对应，输出即是关于输入加权和的函数。
- **前馈**（**feed-forward**）网络在模式识别问题中经常用到。前馈网络采用**反向传播**（**back-propagation**）算法学习一个训练集合而得到。
- **自组织**（**self-organizing**）网络不需要学习训练集合来达到给模式聚类的目的。
- **Hopfield** 神经元网络不指定输入和输出，而是由当前配置表示状态。网络用作保存样本代表的存储器。

● 句法模式识别
- 句法模式识别的特点是对物体的**定性**（**qualitative**）描述。句法描述的物体的基本性质称为**基元**（**primitive**）。**关系结构**（**relational structure**）用来描述物体基元间的关系。
- 所有基元构成的集合称为**字符集**（**alphabet**）。由字符集中字符组成的能够描述一类物体的所有词语的集合称为**描述语言**（**description language**）。**语法**（**grammar**）是一个规则的集合，这些规则定义了特定语言中由字符集中的字符构造词语的可能方式。
- 构造语法通常需要很多人为干预。对于简单的情况，可以采用自动从样本构造语法的过程，这一过程称为**语法推导**（**grammar inference**）。
- 关于待处理词语是否能由特定语法产生的识别判定在**句法分析**（**syntactic analysis**）过程中完成。

● 作为图匹配的识别
- 模型和物体图表示间的匹配可以用于识别。精确的图匹配称为图的**同构**（**isomorphism**）。判定图的同构计算量非常大。
- 在现实世界中，物体图与模型图很难精确匹配。图同构不能估计不匹配的程度。为了识别由相似图表示的物体，需要决定**图的相似度**（**graph similarity**）。

● 识别中的优化技术
- 优化问题寻找**目标函数**（**objective function**）的最小值或最大值。目标函数的设计是性能的关键。
- 大多数传统的优化方法采用基于微积分的**爬山**（**hill climbing**）方法。这些方法很可能只找到局部极大值，而不是全局最大值。

- **遗传算法**（**genetic algorithm**）利用适者生存的自然进化机制寻找目标函数的最大值。可能的解表示为一些字符串。遗传算法对可能解的一代进行搜索，而不是对单个解。**复制**（**reproduction**）、**交叉**（**crossover**）和**突变**（**mutation**）的序列作用于字符串的当前代，从而生成新的一代。具有最高适合度的串表示了最终解。
- **模拟退火**（**simulated annealing**）将两个基本优化原理结合起来，**分而治之**（**divide and conquer**）和**迭代改进**（**iterative improvement**）（爬山算法）。这种结合避免了算法陷入局部极值点。

● 模糊系统

- 模糊系统可以表示多变的、不精确的、不确定的和不准确的知识或信息。与人类表达知识的方式类似，模糊系统采用修饰语。
- 模糊推理在**模糊系统模型**（**fuzzy system model**）的环境下进行，后者由控制、解、操作数据变量、模糊集合、限制、模糊规则及一个控制机制构成。
- **模糊集合**（**fuzzy set**）表示模糊空间中的性质。**隶属函数**（**membership function**）体现了描述的模糊性，表示元素属于某个特定集合的确定程度。模糊隶属函数的形状可以通过模糊集**限制**（**fuzzy set hedge**）进行调整。一个限制及其模糊集合构成了一个语义实体，称为**语言变量**（**linguistic variable**）。
- **模糊 *if-then* 规则**（**fuzzy *if-then* rule**）是存储知识的模糊联想存储器。
- 模糊推理将单独模糊集中蕴涵的知识结合起来做出决策。决定相关模糊区域隶属度的函数关系被称为**合成方法**（**method of composition**），并且由此定义了**模糊解空间**（**fuzzy solution space**）。为了做出决策，**逆模糊**（**de-fuzzification**）过程被采用。合成和逆模糊过程构成了模糊推理的基本部分。

● Boosting

- Boosting 是一个一般性的方法，它能够结合多个分类性能一般的分类器（也就是所谓的弱分类器）的输出，提高分类性能。
- 在 Boosting 里，一个复杂的分类规则被很多个简单的分类规则替代了。其中，每个简单的分类规则可能只比随机选择稍微好一点。因此，Boosting 能够通过结合仅仅稍微精确的分类器的输出得到非常精确的分类效果。
- AdaBoost 是一个广泛使用的 Boosting 算法，其中在训练集上依次训练弱分类器，每次下一个弱分类器是在训练样本的不同权重集合上训练的。权重是由每个样本分类的难度确定的。分类的难度是通过前面步骤中的分类器的输出估计的。
- 所有弱分类器的输出结合起来形成一个强分类器。这种结合是基于加权投票多数的。
- 对弱分类器的选择，除了要求它们比随机分类的效果好以外，没有其他的要求。

● 随机森林

- 随机森林特别适合于那些包含很多类且有大量数据集可用于训练的问题。
- 随机森林主要用于两类决策任务：**分类**（**classification**）和**回归**（**regression**）。
- 在分类问题中，决策输出是一个类标签。
- 在非线性回归问题中，输出是一个连续的数值。
- 森林的每一个树都可以被并行地训练。一旦训练完成，每一个内部结点都关联一个预先定义的二值测试，而之前未曾见过的数据模式根据内部结点测试的结果从根结点被送到一个叶子结点。
- 一个**随机森林**（**random forest**）包含了一个决策树集合，其中每一个可能从训练集的一个随机采样的子集训练得到。
- 与使用单个树进行决策相比，**集成**（**ensemble**）多个稍微不同的树能够得到明显高的精度和更好的噪声鲁棒性。

9.11 习题

简答题

S9.1 定义知识表示的句法和语义。

S9.2 说明下列知识表示，对每种表示给出一个与课文中不同的例子：描述（特征），语法，谓词逻辑，产生式规则，模糊逻辑，语义网络，框架（脚本）。

S9.3 定义下列术语：模式，类，分类器，特征空间。

S9.4 定义术语：类标识符，决策规则，判别方程。

S9.5 对下列分类器，解释其判别函数的主要概念，并推导数学表示：

（a）最小距离分类器；

（b）最小误差分类器。

S9.6 什么是训练集合？怎样设计训练集合？训练集合大小受哪些因素影响？

S9.7 解释支持向量机（SVM）分类器原理。

S9.8 解释为什么学习必然是归纳和顺序的。

S9.9 解释有监督和无监督学习在概念上的区别。

S9.10 画出一个前馈网络和一个 Hopfield 网络的简图。讨论它们的主要结构区别。

S9.11 反向传播算法有何应用？解释其主要步骤。

S9.12 在反向传播的学习过程中为何要引入动量常数？

S9.13 解释 Kohonen 神经元网络的功能。这种网络怎样用于非监督模式识别？

S9.14 解释 Hopfield 网络如何用于模式识别。

S9.15 定义如下术语：基元，字符集，描述语言，语法。

S9.16 描述句法模式识别的主要步骤。

S9.17 给出语法的形式化定义。

S9.18 什么时候说两个语法是等价的？

S9.19 何为语法推导？画出语法推导的框图。

S9.20 规范地定义：图，图图同构，子图同构；双重子图同构。

S9.21 定义 Levenshtein 距离。解释如何用它来评价字符串的相似度。

S9.22 解释为什么爬山优化方法可能会收敛到局部最优值而不是全局最优值。

S9.23 解释遗传算法的概念和功能。在遗传算法中复制，交叉和突变的作用是什么？

S9.24 解释基于模拟退火优化方法的概念。什么是退火进度？

S9.25 列出遗传算法和模拟退火与基于导数的优化方法相比的优点和局限。

S9.26 定义如下术语：模糊集合，模糊隶属函数，模糊隶属函数的最小正规形式，模糊隶属函数的最大正规形式，模糊系统，模糊集的定义域，限制，语言变量。

S9.27 采用 Zadeh 定义给出下列概念的形式化定义：模糊交，模糊并，模糊补。

S9.28 解释基于合并和逆模糊的模糊推理。画出模糊推理的框图。

S9.29 解释 Adaboost 训练和分类过程中使用弱分类器背后潜在的基本原理。

S9.30 Boosting 训练过程是顺序的。为什么要增加那些上一步错分样本的权重？

S9.31 提供一个流程图描述随机森林中一个深度 $D = 3$ 的树的训练过程。使用这个流程图，确认一条路径，该路径为一个假设的训练模式通过的，在这个训练模式怎么为训练过程做出贡献。

S9.32 举一个例子从至少三个树的后验概率中推导随机森林后验概率：

（a）使用基于平均的集成模型；
（b）使用基于乘机的集成模型。

思考题

构建下面特征向量的训练和测试集合，它们将用于后面的一些思考题。

TRAIN1

ω_i	ω_1	ω_1	ω_1	ω_1	ω_1	ω_2	ω_2	ω_2	ω_2	ω_2
x_1	2	4	3	3	4	10	9	8	9	10
x_2	3	2	3	2	3	7	6	6	7	6

TEST1

ω_i	ω_1	ω_1	ω_1	ω_1	ω_1	ω_2	ω_2	ω_2	ω_2	ω_2
x_1	3	6	5	5	6	13	12	11	11	13
x_2	5	3	4	3	5	10	8	8	9	8

TRAIN2

ω_i	ω_1	ω_1	ω_1	ω_1	ω_1	ω_2	ω_2	ω_2	ω_2	ω_2
x_1	2	6	–2	7	5	–2	–6	2	–4	–5
x_2	400	360	520	–80	180	–200	–200	–400	–600	–400

ω_i	ω_3	ω_3	ω_3	ω_3	ω_3
x_1	–10	–8	–15	–12	–14
x_2	200	140	100	50	300

TEST2

ω_i	ω_1	ω_1	ω_1	ω_1	ω_1	ω_2	ω_2	ω_2	ω_2	ω_2
x_1	4	8	–3	9	6	–1	–4	3	–2	–3
x_2	600	540	780	–120	270	–250	–250	–470	–690	–470

ω_i	ω_3	ω_3	ω_3	ω_3	ω_3
x_1	–15	–13	–6	–17	–16
x_2	230	170	130	80	450

P9.1　用一个最小距离分类器识别二维模式，共有三个类别 K_1, K_2, K_3。训练集合包含每个类的 5 个模式：

$$K_1 := \left\{ \begin{pmatrix}0\\6\end{pmatrix}, \begin{pmatrix}1\\6\end{pmatrix}, \begin{pmatrix}2\\6\end{pmatrix}, \begin{pmatrix}1\\5\end{pmatrix}, \begin{pmatrix}1\\7\end{pmatrix} \right\}$$

$$K_2 := \left\{ \begin{pmatrix}4\\1\end{pmatrix}, \begin{pmatrix}5\\1\end{pmatrix}, \begin{pmatrix}6\\1\end{pmatrix}, \begin{pmatrix}5\\0\end{pmatrix}, \begin{pmatrix}5\\2\end{pmatrix} \right\}$$

$$K_3 := \left\{ \begin{pmatrix}8\\6\end{pmatrix}, \begin{pmatrix}9\\6\end{pmatrix}, \begin{pmatrix}10\\6\end{pmatrix}, \begin{pmatrix}9\\5\end{pmatrix}, \begin{pmatrix}9\\7\end{pmatrix} \right\}$$

在二维特征空间中确定（画出）判别函数。

P9.2　使用某些软件产生来自于两个或者多个高斯分布的数据：这些数据可以是一维的，但是如果使用 2

为或者更高维数是会更有意思。使用这些数据来定义一个最近邻分类器或k近邻分类器进行“留一”测试的训练集合和测试结合。总结使用不同高斯函数和 k 值情况下的结果。

P9.3 用一个最小误差分类器识别二维模式，共有两类，都服从正态分布 $N(\boldsymbol{\mu}_r, \boldsymbol{\Psi}_r)$：

$$\boldsymbol{\mu}_1 = \begin{pmatrix} 2 \\ 5 \end{pmatrix}, \quad \boldsymbol{\Psi}_1 = \begin{pmatrix} 1 & 0 \\ 0 & 1 \end{pmatrix}, \quad \boldsymbol{\mu}_2 = \begin{pmatrix} 4 \\ 3 \end{pmatrix}, \quad \boldsymbol{\Psi}_2 = \begin{pmatrix} 1 & 0 \\ 0 & 1 \end{pmatrix}$$

假定采用单位损失函数，且两类的先验概率相同 $P(\omega_1) = P(\omega_2) = 0.5$。在二维特征空间中确定（画出）判别函数。

P9.4 考虑使用如下的修改过的高斯函数参数，重复回答习题 P9.3：

$$\boldsymbol{\mu}_1 = \begin{pmatrix} 2 \\ 5 \end{pmatrix}, \quad \boldsymbol{\Psi}_1 = \begin{pmatrix} 1 & 0 \\ 0 & 3 \end{pmatrix}, \quad \boldsymbol{\mu}_2 = \begin{pmatrix} 4 \\ 3 \end{pmatrix}, \quad \boldsymbol{\Psi}_2 = \begin{pmatrix} 1 & 0 \\ 0 & 3 \end{pmatrix}$$

P9.5 条件假设同习题 7.4，令 $P(\omega_1) = P$，$P(\omega_2) = 1 - P$。判别函数在二维特征空间中的位置将随 P 的改变而如何变化？

P9.6 考虑习题 P9.1 中的训练集合。假定三个模式类都服从正态分布，且各类的先验概率相等 $P(\omega_1) = P(\omega_2) = P(\omega_3) = 1/3$。在二维特征空间中，确定（画出）最小误差分类器的判别函数。讨论，若训练集合相同，则在什么情况下最小误差分类器和最小距离分类器的判别函数相同。

P9.7 编一个训练最小距离分类器的程序。测试分类正确率。

（a）用数据集 TRAIN1 和 TEST1 训练并测试。

（b）用数据集 TRAIN2 和 TEST2 训练并测试。

P9.8 编一个训练最小误差分类器的程序，采用单位损失函数。假定训练数据服从正态分布。测试分类正确率。

（a）用数据集 TRAIN1 和 TEST1 训练并测试。

（b）用数据集 TRAIN2 和 TEST2 训练并测试。

P9.9 编程实现聚类分析，采用 k-均值法。采用不同的聚类初始点，考察其对聚类结果有什么影响。采用不同的聚类数目，看看对结果有什么影响。

（a）采用 TRAIN1 和 TEST1 合成的数据集。

（b）采用 TRAIN2 和 TEST2 合成的数据集。

P9.10 创建特征向量的训练集合和测试集合，用习题 P8.13 中编写的程序确定形状特征向量。采用不同大小的简单形状（如，三角形，正方形，矩形，圆，等等）。选择最多 5 个分类特征构成待分析形状的特征向量。训练集合应该包含每类至少 10 个模式，测试集合也是如此。构造的训练测试集合在下面的实验中还要用到。

P9.11 采用习题 P9.7 中的训练测试集合，用习题 P9.10 中的程序进行训练，测试分类正确率。

P9.12 采用习题 P9.8 中的训练测试集合，用习题 P9.10 中的程序进行训练。假定满足正态分布，并且训练集合中的样本足够用来确定离散度矩阵和均值向量。用测试集测试分类正确率。与问题 P9.11 中的最小距离分类器进行比较。

P9.13 采用习题 P9.9 中的训练测试集合，用习题 P9.10 中的程序进行训练。首先，假定已知类别数目。估计聚类正确性，并与习题 P9.11 和习题 P9.12 中的有监督方法相比较。然后，改变聚类初始点，看看对聚类结果有什么影响。

P9.14 下载一个进行反向传播学习和分类的程序（应该可以找到很多这样的程序）。使用来自于二维特征空间的人工数据表示不少于三个分开类别的模式。

P9.15 将习题 P9.14 中的程序用于习题 9.10 创建的数据集。评估分类的正确性，并且将结果与习题 P9.11 和习题 P9.12 中的统计分类方法相比。

P9.16 层宽度的选择也是一个需要考虑的问题。重复习题 P9.14 和习题 P9.15，注意隐含层的大小。考察在不同层宽度的情况下，网络性能和训练时间会如何，画出变化关系。

P9.17 实现算法 9.7。自己设计或从某些现有的应用中收集一个数据集，并在这个集合上运行程序。比较输出层的大小和拓扑结构不同或参数设置不同时的性能。

P9.18 实现一个 Hopfield 网络。用阿拉伯数字 0～9 的数字化模式训练这个网络；测试其在不同分辨率下的模式记忆性能（对有噪音样本而言）。

P9.19 设计一个语法 G，由其生成的语言 $L(G)$表示任意大小的等边三角形；方向为 0°,60° 和 120° 的基元构成了终结符集 $V_t = \{a, b, c\}$。

P9.20 为语言 $L(G) = \{ab^n\}$, $n = 1,2,\cdots$设计三个不同的语法。

P9.21 设计一个语法，生成所有满足下列性质的字符 P 和 d：

- 字符 P 表示为一个边长为 1 的正方形，在左下角加上一条长度任意的垂直线段。
- 字符 d 表示为一个边长为 1 的正方形，在右上角加上一条长度任意的垂直线段。

显然，满足上述条件的字符有无数。采用如下终结符集合 $V_t = \{N, W, S, E\}$；终结符对应于链码方向——北、西、南、东。设计你自己的非终结符集，初始符号为 s。用具体例子说明你的语法的正确性。写出至少两个 P 和两个 d 的所有生成步骤。

P9.22 采用算法 9.10，证明或证伪图 9.41 中的图同构。

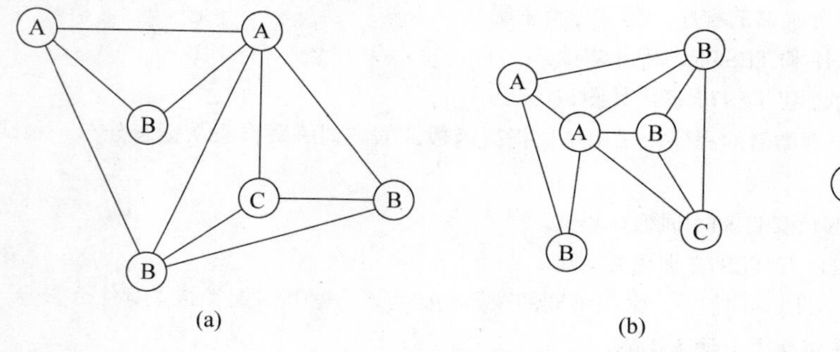

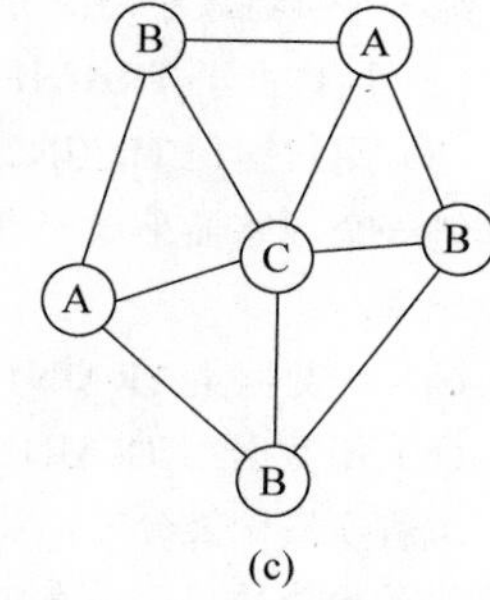

图 9.41 习题 P9.22

P9.23 计算下列字符串对的 Levenshtein 距离：

（a）S_1 = abadcdefacde S_2 = abadddefacde

（b）S_1 = abadcdefacde S_3 = abadefaccde

（c）S_1 = abadcdefacde S_4 = cbadcacdae

P9.24 采用遗传算法计算下列函数的最大值（这个函数有若干局部极大值；可以在 Matlab 中用 peaks 命令将这个函数可视化，如图 9.42 所示）：

$$z(x, y) = 3(1-x)^2\exp[-x^2-(y+1)^2] - 10[(x/5) - x^3 - y^5]\exp[-x^2-y^2] - (1/3)\exp[-(x+1)^2 - y^2]$$

编程实现基于遗传算法的优化算法 9.12。（还可以选择一个互联网上免费提供的许多遗传算法程序。）设计字符串编码，x, y 的值各用 n 位代表，函数值 $z(x, y)$表示字符串适合度。将搜索空间限制在 $x, y \in (-4,4)$ 上。考察初始代，代大小 S，突变率 M，字符串位长度 $2n$ 对收敛速度和解精确性的影响。取几个 S, M, n 的值，画出代数目为变量时，最大字符串适合度，平均代适合度和最小字符串适合度的函数。

P9.25 利用图 9.30（b）中的模糊集合 SEVERE 的定义，画出下列模糊隶属函数：

（a）VERY_SEVERE

（b）SOMEWHAT_SEVERE

（c）SOMEWHAT_NOT_SEVERE

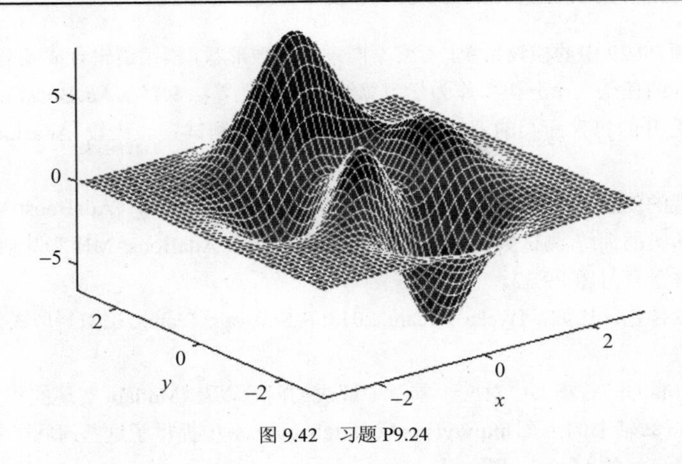

图 9.42 习题 P9.24

P9.26 利用图 9.27 中的模糊集合 DARK 和 BRIGHT，画出模糊隶属函数（NOT_VERY_DARK **AND** NOT_VERY_BRIGHT）。

P9.27 考虑图 9.43 中的模糊集合 A 和 B，计算这两个模糊集的交、并和补。

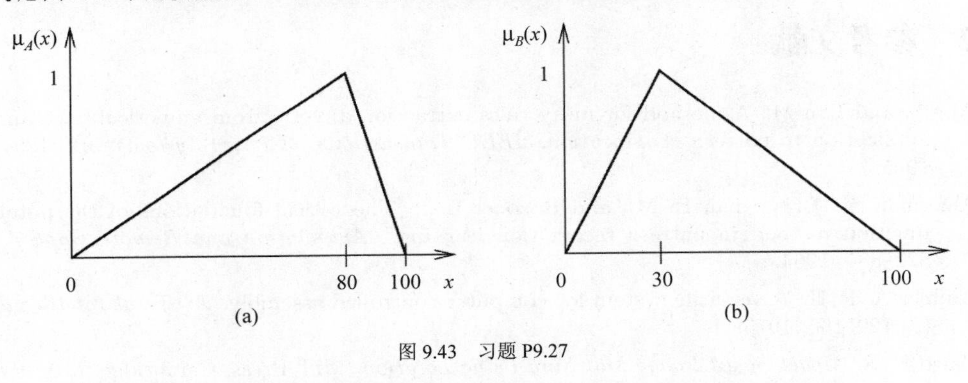

图 9.43 习题 P9.27

P9.28 采用力矩合成和最大值合成方法进行逆模糊，找到图 9.44 中模糊集合的表示值。

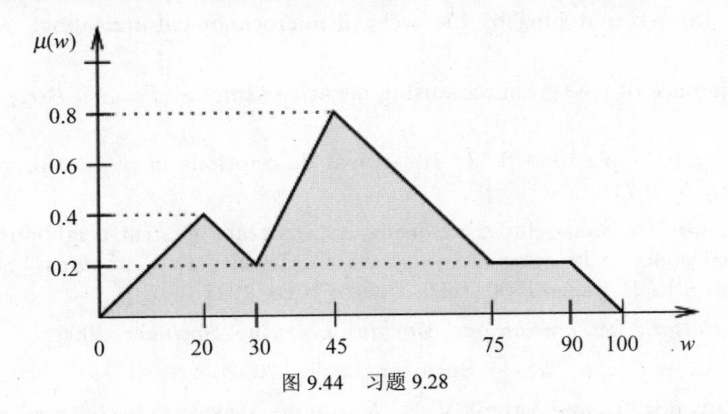

图 9.44 习题 9.28

P9.29 山洪暴发在很多地区都是潜在的危险，山洪预测是气象预报中的重要部分。显然，下列情况增加了山洪暴发的可能性：

（a）连续三天降雨。

（b）土壤水分饱和。

（c）接下来 24 小时预计仍有降雨。

假定上述信息已知，设计一个模糊系统预测接下来 24 小时爆发山洪的可能性。

P9.30 编程实现习题 P9.29 中的模糊系统。考察不同隶属函数形状，模糊逻辑合成及分解方法对结果的影响。

P9.31 使用之前实现的任意一个分类器作为学习算法 *W*，实现算法 9.15（AdaBoost）；在前面问题的数据集或者在一个公开的包含两类的训练/测试数据集上训练/测试它。比较 AdaBoost 和其他分类方法的性能。

P9.32 使用之前实现的任意一个分类器作为学习算法 *W*，实现算法 9.16（AdaBoost-MH），并且在一个公开的包含多于两类的训练/测试数据集上训练/测试它。比较 AdaBoost-MH 和其他分类方法的性能。

P9.33 使用随机森林重复习题 P9.32。

P9.34 使用公开的软件包（比如，[Weka 3 Team, 2013; R Software Team, 2013]）形式化和解决一个世纪的模式识别问题。

P9.35 使自己熟悉 Matlab 教辅书中对应于本章中解决的问题以及 Matlab 实现的相关算法[Svoboda et al., 2008]。Matlab 教辅书的主页 http://visionbook.felk.cvut.cz 中提供了这些问题中使用的图像，以及为教学设计的注释良好的 Matlab 代码。

P9.36 使用 Matlab 教辅书[Svoboda et al., 2008]来求解那里提供的一些附加习题和实际问题。使用 Matlab 或者其他合适的语言来实现你自己的答案。

9.12 参考文献

Abe S. and Lan M. A method for fuzzy rules extraction directly from numerical data and its application to pattern classification. *IEEE Transactions on Fuzzy Systems*, 3(2):129–139, 1995.

Aizerman A., Braverman E. M., and Rozoner L. I. Theoretical foundations of the potential function method in pattern recognition learning. *Automation and Remote Control*, 25: 821–837, 1964.

Ambler A. P. H. A versatile system for computer controlled assembly. *Artificial Intelligence*, 6 (2):129–156, 1975.

Baird H. S. *Model-Based Image Matching Using Location.* MIT Press, Cambridge, MA, 1984.

Ballard D. H. and Brown C. M. *Computer Vision.* Prentice-Hall, Englewood Cliffs, NJ, 1982.

Barnard S. T. Stereo matching by hierarchical microcanonical annealing. *Perception*, 1:832, 1987.

Barrero A. Inference of tree grammars using negative samples. *Pattern Recognition*, 24(1):1–8, 1991.

Barrow H. G. and Popplestone R. J. Relational descriptions in picture processing. *Machine Intelligence*, 6, 1971.

Beis J. and Lowe D. Shape indexing using approximate nearest-neighbour search in high-dimensional spaces. In *Proceedings of the Conference on Computer Vision and Pattern Recognition CVPR*, pages 1000–1006, Puerto Rico, 1997.

Bishop C. M. *Pattern Recognition and Machine Learning.* Springer, 2006.

Bollobas B. *Modern Graph Theory.* Springer, Berlin, 2002.

Boser B. E., Guyon I. M., and Vapnik V. N. A training algorithm for optimal margin classifiers. In *5th Annual ACM Workshop on COLT*, pages 144–152, Pittsburgh PA, 1992. ACM Press.

Bouman C. and Liu B. Multiple resolution segmentation of textured images. *IEEE Transactions on Pattern Analysis and Machine Intelligence*, 13(2):99–113, 1991.

Brachman R. and Levesque H. *Knowledge Representation and Reasoning.* Morgan Kaufmann,

San Francisco, CA, 2004.

Breiman L., Friedman J., Olshen R., and Stone C. *Classification and Regression Trees.* Chapman & Hall, New York, 1984.

Breiman L. Random forests. In *Machine Learning*, pages 5–32, 2001.

Bron C. and Kerbosch J. Finding all cliques of an undirected graph. *Communications of the ACM*, 16(9):575–577, 1973.

Buckley F. *Distance in Graphs.* Addison-Wesley, Redwood City, CA, 1990.

Burges C. J. C. A tutorial on support vector machines for pattern recognition. *Data Mining and Knowledge Discovery*, 2:121–167, 1998.

Carpenter G. A. and Grossberg S. ART2: Self organization of stable category recognition codes for analog input patterns. *Applied Optics*, 26:4919–4930, 1987.

Cerny V. Thermodynamical approach to the travelling salesman problem: An efficient simulation algorithm. *Journal of Optimization Theory and Applications*, 45:41–51, 1985.

Chomsky N. *Syntactic Structures.* Mouton, Hague, 6th edition, 1966.

Cox E. *The Fuzzy Systems Handbook.* AP Professional, Cambridge, England, 1994.

Criminisi A. and Shotton J. *Decision Forests for Computer Vision and Medical Image Analysis.* Springer Verlag, London, 2013.

Criminisi A., Shotton J., and Konukoglu E. Decision forests for classification, regression, density estimation, manifold learning and semi-supervised learning. Technical Report MSR-TR-2011-114, Microsoft Research, Ltd., Cambridge, UK, 2011.

Devijver P. A. and Kittler J. *Pattern Recognition: A Statistical Approach.* Prentice-Hall, Englewood Cliffs, NJ, 1982.

Duda R. O. and Hart P. E. *Pattern Classification and Scene Analysis.* Wiley, New York, 1973.

Duda R. O., Hart P. E., and Stork D. G. *Pattern Classification.* Wiley, New York, 2nd edition, 2000.

Everitt B. S., Landau S., and Leese M. *Cluster Analysis.* Hodder Arnold, 4th edition, 2001.

Fischler M. A. and Elschlager R. A. The representation and matching of pictorial structures. *IEEE Transactions on Computers*, C-22(1):67–92, 1973.

Freund Y. An adaptive version of the boost by majority algorithm. *Machine Learning*, 43: 293–318, 2001.

Freund Y. and Schapire R. E. A decision-theoretic generalization of on-line learning and an application to boosting. *Journal of Computer and System Sciences*, 55:119–139, 1997.

Friedman J., Hastie T., and Tibshirani R. Additive logistic regression: A statistical view of boosting. *The Annals of Statistics*, 38:337–374, 2000.

Friedman J. H., Bentley J. L., and Finkel R. A. An algorithm for finding best matches in logarithmic expected time. *ACM Transactions on Mathematical Software*, 3(3):209–226, 1977.

Fu K. S. *Syntactic Methods in Pattern Recognition.* Academic Press, New York, 1974.

Fu K. S. *Syntactic Pattern Recognition and Applications.* Prentice-Hall, Englewood Cliffs, NJ, 1982.

Garvin M. K., Abramoff M. D., Wu X., Russell S. R., Burns T. L., and Sonka M. Automated 3-D intraretinal layer segmentation of macular spectral-domain optical coherence tomography images. *IEEE Trans. Med. Imag.*, 28:1436–1447, 2009.

Geman D., Geman S., Graffigne C., and Dong P. Boundary detection by constrained optimisation. *IEEE Transactions on Pattern Analysis and Machine Intelligence*, 12(7):609–628, 1990.

Goldberg D. E. *Genetic Algorithms in Search, Optimization, and Machine Learning.* Addison-Wesley, Reading, MA, 1989.

Haeker M., Wu X., Abramoff M. D., Kardon R., and Sonka M. Incorporation of regional information in optimal 3-D graph search with application for intraretinal layer segmentation of optical coherence tomography images. In *Information Processing in Medical Imaging (IPMI)*, volume 4584 of *Lecture Notes in Computer Science*, pages 607–618. Springer, 2007.

Harary F. *Graph Theory.* Addison-Wesley, Reading, MA, 1969.

Haupt R. L. and Haupt S. E. *Practical genetic algorithms.* John Wiley & Sons, Inc., New York, NY, 2004.

Haykin S. *Fuzzy Sets and Fuzzy Logic: Theory and Applications.* Prentice Hall, New York, 2nd edition, 1998.

Hearst M. Trends and controversies: support vector machines. *IEEE Intelligent Systems*, 13: 18–28, 1998.

Hecht-Nielson R. Kolmogorov's mapping neural network existence theorem. In *Proceedings of the First IEEE International Conference on Neural Networks*, volume 3, pages 11–14, San Diego, 1987. IEEE.

Ho K. H. L. and Ohnishi N. FEDGE—fuzzy edge detection by fuzzy categorization and classification of edges. In *Fuzzy Logic in Artificial Intelligence. Towards Intelligent Systems. IJCAI '95 Workshop. Selected Papers*, pages 182–196, 1995.

Homaifar A. and McCormick E. Simultaneous design of membership functions and rule sets for fuzzy controllers using genetic algorithms. *IEEE Transactions on Fuzzy Systems*, 3(2): 129–139, 1995.

Hopfield J. J. and Tank D. W. Computing with neural circuits: A model. *Science*, 233:625–633, 1986.

Ishibuchi H., Nozaki K., and Tanaka H. Distributed representation of fuzzy rules and its application to pattern classification. *Fuzzy Sets and Systems*, 52:21–32, 1992.

Ishibuchi H., Nozaki K., Yamamoto N., and Tanaka H. Selecting fuzzy if-then rules for classification problems using genetic algorithms. *IEEE Transactions on Fuzzy Systems*, 3:260–270, 1995.

Johnson R. A. and Wichern D. W. *Applied Multivariate Statistical Analysis.* Prentice-Hall, Englewood Cliffs, NJ, 2nd edition, 1990.

Kaufman L. and Rousseeuw P. J. *Finding Groups in Data: An Introduction to Cluster Analysis.* Wiley, New York, 1990.

Kecman V. *Learning and Soft Computing: Support Vector Machines, Neural Networks, and Fuzzy Logic Models.* MIT Press, Cambridge, MA, 2001.

Kirkpatrick S., Gelatt C. D., and Vecchi M. P. Optimization by simulated annealing. *Science*, 220:671–680, 1983.

Kohonen T. *Self-organizing Maps.* Springer Verlag, Berlin; New York, 1995.

Kolmogorov A. N. On the representation of continuous functions of many variables by superposition of continuous functions of one variable and addition. *Doklady Akademii Nauk SSSR*, 144:679–681, 1963. (AMS Translation, 28, 55-59).

Kosko B. *Neural Networks and Fuzzy Systems.* Prentice-Hall, Englewood Cliffs, NJ, 1992.

Leopold E. and Kindermann J. Text categorization with support vector machines. How to represent texts in input space? *Machine Learning*, 46(1-3):423–444, January 2002.

Li Y., Bontcheva K., and Cunningham H. Adapting SVM for data sparseness and imbalance: A case study in information extraction. *Natural Language Engineering*, 15(2):241–271, 2009.

McCulloch W. S. and Pitts W. A logical calculus of ideas immanent in nervous activity. *Bulletin of Mathematical Biophysics*, 5:115–133, 1943.

McEliece R. J., Posner E. C., Rodemich E. R., and Venkatesh S. S. The capacity of the Hopfield associative memory. *IEEE Transactions on Information Theory*, 33:461, 1987.

McHugh J. A. *Algorithmic Graph Theory.* Prentice-Hall, Englewood Cliffs, NJ, 1990.

Metropolis N., Rosenbluth A. W., Rosenbluth M. N., Teller A. H., and Teller E. Equation of state calculation by fast computing machines. *Journal of Chemical Physics*, 21:1087–1092, 1953.

Michalski R. S., Carbonell J. G., and Mitchell T. M. *Machine Learning I, II.* Morgan Kaufmann Publishers, Los Altos, CA, 1983.

Minsky M. L. *Perceptrons: An Introduction to Computational Geometry.* MIT Press, Cambridge, MA, 2nd edition, 1988.

Mitchell M. *An Introduction to Genetic Algorithms.* MIT Press, Cambridge, MA, 1996.

Mitchell M. *An Introduction to Genetic Algorithms.* MIT Press, Cambridge, MA, 1998.

More J. J. and Toraldo G. On the solution of large quadratic programming problems with bound constraints. *SIAM J. Optimization*, 1:93–113, 1993.

Muja M. and Lowe D. G. Fast approximate nearest neighbors with automatic algorithm configuration. In *VISAPP (1)*, pages 331–340, 2009.

Niemann H. *Pattern Analysis and Understanding.* Springer Verlag, Berlin–New York–Tokyo, 2nd edition, 1990.

Nilsson N. J. *Principles of Artificial Intelligence.* Springer Verlag, Berlin, 1982.

Otten R. H. and van Ginneken L. P. *The Annealing Algorithm.* Kluwer, Norwell, MA, 1989.

Park W., Hoffman E. A., and Sonka M. Segmentation of intrathoracic airway trees: A fuzzy logic approach. *IEEE Transactions on Medical Imaging*, 17:489–497, 1998.

Pelleg D. and Moore A. X-means: Extending K-means with efficient estimation of the number of clusters. In *Proceedings of the Seventeenth International Conference on Machine Learning*, pages 727–734, San Francisco, 2000. Morgan Kaufmann.

Pudil P., Novovicova J., and Kittler J. Floating search methods in feature selection. *Pattern Recognition Letters*, 15:1119–1125, 1994.

Quinlan J. R. *C4.5: Programs for machine learning.* Morgan Kaufmann Publishers Inc., San Francisco, CA, USA, 1993.

R Development Core Team. *R: A Language and Environment for Statistical Computing.* R Foundation for Statistical Computing, Vienna, Austria, 2008. URL http://www.R-project.org. ISBN 3-900051-07-0.

R Software Team. The Comprehensive R Archive Network. http://cran.r-project.org/, http://cran.r-project.org/web/packages/e1071/index.html, 2013.

Rao C. R. *Linear Statistical Inference and Its Application.* Wiley, New York, 1965.

Rawlins G. J. E. *Foundations of Genetic Algorithms.* Morgan Kaufmann, San Mateo, CA, 1991.

Reichgelt H. *Knowledge Representation: An AI Perspective.* Ablex, Norwood, NJ, 1991.

Rochery M., Schapire R., Rahim M., Gupta N., Riccardi G., Bangalore S., Alshawi H., and Douglas S. Combining prior knowledge and boosting for call classification in spoken language dialogue. In *International Conference on Accoustics, Speech and Signal Processing*, 2002.

Romesburg C. *Cluster Analysis for Researchers.* Lulu.com, 2004.

Rosenblatt R. *Principles of Neurodynamics.* Spartan Books, Washington, DC, 1962.

Rosenfeld A. Fuzzy digital topology. *Information Control*, 40:76–87, 1979.

Rosenfeld A. The perimeter of a fuzzy set. *Pattern Recognition*, 18:125–130, 1985.

Rumelhart D. and McClelland J. *Parallel Distributed Processing.* MIT Press, Cambridge, MA, 1986.

Salvador S. and Chan P. Determining the number of clusters/segments in hierarchical clustering/segmentation algorithms. In *Proceedings of the 16th IEEE Conference on Tools with Artificial Intelligence, ICTAI-2004*, pages 576–584, Los Alamitos, CA, USA, 2004. IEEE Computer Society.

Schapire R. E. The boosting approach to machine learning: An overview. In *Proc. MSRI Workshop on Nonlinear Estimation and Classification*, 2002.

Schlesinger M. I. and Hlaváč V. *Ten lectures on statistical and structural pattern recognition*, volume 24 of *Computational Imaging and Vision.* Kluwer Academic Publishers, Dordrecht, The Netherlands, 2002.

Schoelkopf B. SVMs - a practical consequence of learning theory (part of Hearst, M.A., Trends and controversies: support vector machines). *IEEE Intelligent Systems*, 13:18–21, 1998.

Sejnowski T. J. and Rosenberg C. R. Parallel systems that learn to pronounce English text. *Complex Systems*, 1:145–168, 1987.

Sharples M., Hogg D., Hutchinson C., Torrance S., and Young D. *Computers and Thought, A Practical Introduction to Artificial Intelligence.* MIT Press, Cambridge, MA, 1989.

Sklansky J. *Pattern Classifiers and Trainable Machines.* Springer Verlag, New York, 1981.

Sowa J. F. *Knowledge Representation: Logical, Philosophical, and Computational Foundations: Logical, Philosophical, and Computational Foundations.* Course Technology - Thomson, 1999.

Svoboda T., Kybic J., and Hlavac V. *Image Processing, Analysis, and Machine Vision: A MATLAB Companion.* Thomson Engineering, 2008.

Tan H. K., Gelfand S. B., and Delp E. J. A cost minimization approach to edge detection using simulated annealing. *IEEE Transactions on Pattern Analysis and Machine Intelligence*, 14 (1), 1992.

Tucker A. *Applied Combinatorics.* Wiley, New York, 3rd edition, 1995.

Ullmann J. R. An algorithm for subgraph isomorphism. *Journal of the Association for Computing Machinery*, 23(1):31–42, 1976.

van Laarhoven P. J. M. and Aarts E. H. L. *Simulated Annealing: Theory and Applications.* Kluwer and Dordrecht, Norwell, MA, 1987.

Wechsler H. *Computational Vision.* Academic Press, London–San Diego, 1990.

Weka 3 Team. Weka 3: Data Mining Software in Java. http://www.cs.waikato.ac.nz/ml/weka/, 2013.

Winston P. H., editor. *The Psychology of Computer Vision.* McGraw-Hill, New York, 1975.

Winston P. H. *Artificial Intelligence.* Addison-Wesley, Reading, MA, 2nd edition, 1984.

Yang B., Snyder W. E., and Bilbro G. L. Matching oversegmented 3D images to models using association graphs. *Image and Vision Computing*, 7(2):135–143, 1989.

Young T. Y. and Calvert T. W. *Classification, Estimation, and Pattern Recognition.* American Elsevier, New York–London–Amsterdam, 1974.

Zadeh L. A. Fuzzy sets. *Information and Control*, 8:338–353, 1965.

Zdrahal Z. A structural method of scene analysis. In *7th International Joint Conference on Artificial Intelligence*, Vancouver, Canada, pages 680–682, 1981.

Zimmermann H. J., Zadeh L. A., and Gaines B. R. *Fuzzy Sets and Decision Analysis.* North Holland, Amsterdam–New York, 1984.

第10章

图像理解

图像理解需要多个图像处理步骤间的交互作用。在前面的章节中已经介绍了图像理解所必要的基础，现在必须建立一种内在的图像模型来表示机器视觉系统有关被处理的现实世界图像的概念。

考虑一种典型的人类认知途径：我们可以很好地进行图像处理、分析和理解。尽管有这个事实，但如果我们没有对将要出现的事物的预期，有时候识别会是件很困难的事情。如果观察者得到一些组织的微观图像，但是他从没有学习过这些组织的结构或是形态，那么确定不正常组织几乎是不可能的。如果需要观察者理解某些城市的航空图像或是卫星图像，即便是这些数据来自观察者非常熟悉的城市，同样的问题也会出现。更进一步，我们可以让观察者观察图像的每一个局部，即好像在使用望远镜；这是一种与机器视觉系统功能类似的方法。如果观察者能够在这样的场景中确定方位，那么就可以从确定某些熟知的物体开始。观察者从确定的已经被识别出来的物体开始，构建城市的图像模型。考虑下面的布拉格航空城市视图（见图 10.1），并且假设我们的观察者可以看见哥特式的塔形建筑。它们可能是 Prague 城堡，或是 Vysehrad 城堡，或是其他的哥特式教堂。我们的观察者开始假设这座塔是属于 Vysehrad 城堡的；Vysehrad 城堡的模型由附近的公园、河流等组成。观察者试图利用这个模型去验证，是否该模型与实际情况相吻合？如果它们之间匹配得很好，那么便进一步支持了假设；如果匹配不好，那么假设被弱化，最后被否定。观察者建立新的假设来描述场景，建立另一种模型，并且再一次试图验证它。在建立起内在的模型时，我们使用了两种主要形式的知识：一种是一般普遍存在的知识，诸如这里的城市中的街道、房屋、公园等的设置；另一种是关于特定城市中的特别房屋、街道、河流等的特殊知识。

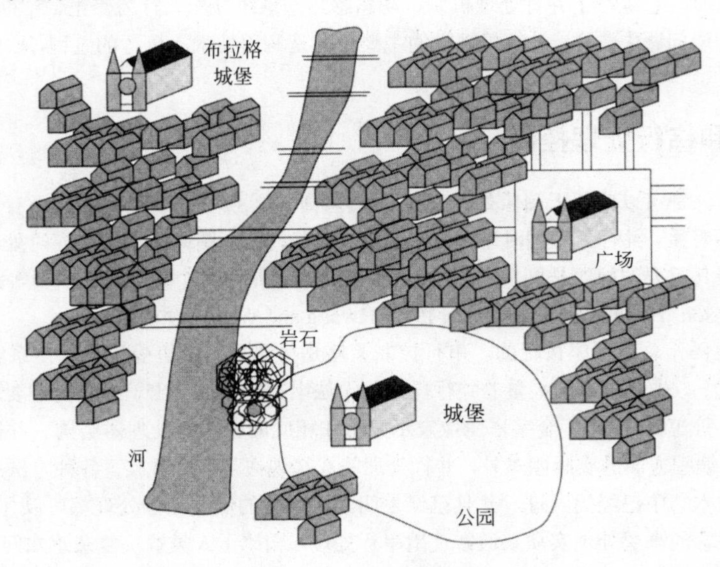

图 10.1　模拟的方位问题

机器视觉系统可以用于解决类似的问题。观察者和人工视觉系统的主要不同在于后者缺乏关于真实世界的可以广泛应用的、具有一般性的并且可修改的知识。机器视觉系统建立被处理场景的内在模型，验证并更新它们，对于给定的任务，必须执行一系列适合的处理步骤。如果内在模型与实际场景匹配了，那么就达到了对图像的理解。另一方面，上面描述的例子表明图像模型的存在是感知认识的一个先决条件；在这当中，并没有不一致的地方。图像表示具有增量性质；新的数据或感知与已存在的模型进行比较，用于对模型的修正。图像数据的解释并不是明显地仅仅依赖于图像数据的。起始模型的变化以及与以前经验的不同，都会导致对数据的不同解释，即便与建立的模型总是一致也会这样；任何对图像的最终解释，如果达到了模型与图像数据之间估计的匹配，就可以认为这种解释是正确的。

机器视觉是由低层处理层次和高层处理层次组成，图像理解是这种分类方法下的最高级处理层次。这一图像处理层次的主要任务是定义控制策略，以确保处理步骤的合适顺序。此外，机器视觉系统必须能够处理大量的假设的和模糊的图像解释。一般来说，机器视觉系统的组织由图像模型的弱分层结构构成。

近年来，在图像理解方面取得了很多重要的结果。尽管如此，图像理解过程仍然是计算机视觉的一个开放领域，有待进一步的研究。图像理解是人工智能（AI）的最有挑战性的研究之一，为了详细地探讨这一计算机视觉的复杂领域，需要讨论人工智能的相对独立的研究分支——知识表示、关系结构、语义网络、通用匹配、推断决策、产生式系统、问题求解、规划、控制、反馈和经验学习，一个困难而尚未完全理解的领域。这些领域在各种人工智能参考文献中都有使用和描述，它们在计算机视觉中的应用是活跃的研究领域。尽管如此，细致地研究这些主题将超出本书讨论的范围，所以，我们在这里只概述基本图像理解的控制策略和图像理解中描述上下文和语义的方法，以及近期的一些新技术，例如，形状和表观的统计建模、隐马尔科夫模型、贝叶斯网络、期望最大化方法和用于图像理解的 Boosted 层叠分类器。图像理解的控制是机器视觉的重要问题，其描述的控制策略给出了有关图像处理、物体描述和识别的各种方法的更加合理的应用方式。同时，它解释了为什么特定的人工智能方法会包含在图像理解的处理中。

10.1 图像理解控制策略

只有将复杂的信息处理任务和对这些任务的合适控制协作起来才能做到对图像的理解。生物学系统包含非常复杂的控制策略，它综合了并行处理机制、动态感知子系统分配、行为修正、中断驱动的注意转移等。正如在其他人工智能问题中一样，计算机视觉的主要目的是利用技术上可行的过程，取得类似于生物学系统行为的机器行为。

10.1.1 并行和串行处理控制

并行和串行方法都可以应用于图像处理过程，尽管有时候，哪些步骤应该采用并行方法，哪些步骤应该使用串行方法并不明显。并行处理同时进行几个运算（比如，几个图像区域可以同时处理），在处理过程中，一个需要考虑的极其重要的问题是同步，即决定什么时候或者是否这个处理过程需要等待其他处理步骤的完成[Ghosh and Harrison, 1990; Prasanna Kumar, 1991; Hwang and Wang, 1994]。

在串行处理中操作总是顺序执行的。串行控制策略是传统冯・诺伊曼计算机体系结构的一种自然的方法，在要求的速度下，生物机体的大量的并行操作是无法串行完成的。出于对速度的要求（包括低层的认知过程处理的实现，等等），提出了金字塔图像表示方法和相应的金字塔处理器结构。并行计算机已经被普遍使用，除了它们在编程方面的实际困难外，并行处理的选择现在是一个现实。各种方法和算法的并行处理实现的可行性，在这本书中已经提到过，并且已经表明几乎所有的低层图像处理都可以并行实现。尽管如此，使用更高层抽象概念的高层处理实质上通常使用串行处理。相比于人类解决复杂感知问题的策略，显然，即使前面的步骤是并行处理得到的，人在视觉的后期阶段总是集中于单个主题。

10.1.2 分层控制

在处理过程中，图像信息采用不同的表示方式存储。在处理的控制中，关键的问题之一是：处理过程应当由图像的数据信息控制还是由更高层的知识控制？这些不同方法描述如下。

（1）**由图像数据控制（自底向上的控制）**：处理过程从光栅图像开始到分割的图像，再到区域（物体）描述，最后到它们的识别。

（2）**基于模型的控制（自顶向下的控制）**：利用可用的知识，建立一组假设和期望的性质。按照自顶向下的方式，在不同的处理层次的图像表示中测试是否有满足这些性质的区域，一直到原始图像为止。图像理解就是验证其内部模型，该模型可能被证实并接受，或被拒绝。

两个基本的控制策略在采用的操作上并没有什么不同，它们的差别在于使用操作的次序，以及是对所有图像数据采用该种操作还是只对被选中的区域的图像数据做操作等等。选择何种控制机制，这不仅仅是达到处理目的的路径不同，它还影响了整个控制策略。不管是自顶向下的控制策略，还是自底向上的控制策略，以它们的标准形式都无法解释视觉过程或解决复杂的视觉感知问题。尽管如此，适当地组合这两种策略，可以得到更加灵活和强大的视觉控制策略。

10.1.3 自底向上的控制

如下所描述的是一般的自底向上算法：

算法 10.1 自底向上控制

1. 预处理：变换光栅图像数据，突出在进一步处理中可能有用的信息，对整幅图像采用适当的变换。
2. 分割：检测和分割与真实物体或真实物体的部分相对应的图像区域。
3. 理解：如果在第 2 步中没有使用区域描述，那么给在分割的图像中找到的每个区域确定一个合适的描述。在解域中，比较检测得到的物体和真实物体（即使用模式识别技术）。

显然，自底向上的控制策略是基于为后续处理步骤构件数据结构的方法。注意，算法的每个步骤可以包含若干子步骤；不管怎样，在子步骤中图像表示是保持不变的。如果可以找到一种与图像数据内容无关的同时又是简单而有效的处理方法，那么采用自底向上的控制策略是有利的。如果被处理的数据无歧义，并且处理过程为后面的处理步骤提供了可靠而精确的表示，那么自底向上的控制策略可以得到好的结果。在机器人应用方面，光照良好的物体的识别是一个例子——在这个例子中，采用自底向上的控制策略，可以使处理过程快速而且可靠。如果输入的图像数据质量比较差，那么只有当在每个处理步骤中数据的不可靠性只带来有限的非实质性错误时，自底向上的控制策略才可以得到好的结果。这意味着在图像理解中，所采用的控制策略不仅仅是在自底向上的处理操作的连接中，而且还在使用内部模型目标指定、规划以及复杂的认知过程中，都扮演了主要的角色。

自底向上的控制策略的一个很好的例子是 Marr 的图像理解方法[Marr，1982]。图像处理从二维的灰度图像开始，通过一系列中间图像表示，试图得到三维图像理解。Marr 的理解策略是基于单纯的自底向上的数据流，只使用关于待识别物体最一般的假设，在第 11.1.1 节我们将会给出这种方法更加详细的描述。

10.1.4 基于模型的控制

与算法 10.1 不同的是自顶向下的控制策略没有一般的形式。自顶向下的控制策略，其主要思想在于内部模型的建立和模型的验证，这意味着它是一种**面向目标的处理过程（goal-oriented processing）**。更高处理层次的目标被划分为较低处理层次的子目标，它们还可以被划分成更细的子目标，以此类推，直到这些子目标可以直接判断接受或拒绝。

下面将举例说明这种控制策略的思想。假设你在一个大饭店中，你的配偶将你的白色大众甲壳虫轿车停靠在饭店前的大停车场内。你将从饭店房间的窗口中，试图找到你的轿车。第一级目标是找到停车场的位置。子目标可能是检测停车场中所有的白色轿车，并决定这些白色轿车中哪些是大众甲壳虫轿车。使用轿车、颜色以及甲壳虫的一般模型（普遍的知识），所有给定的目标结果都可以从窗口中察看得到。

如果前面所有的目标都得到解决，那么最后的目标是决定检测出来的白色大众甲壳虫轿车是否的确是你的轿车，而不是其他人的；为了达到这个目的，就需要你的白色大众甲壳虫轿车的特定信息。你必须知道你的轿车的特别之处在什么地方——你的轿车与其他轿车不同的地方。如果成功地测试了被检测出来的轿车的指定特点，那么最后接受的轿车就是你自己的轿车；你为你的白色甲壳虫轿车所建立的模型就被接受，轿车的位置被确定，同时搜索过程结束。如果指定的特征检测失败，你不得不继续在某些更高的层次中测试，比如，检测另一辆到目前为止还没有检测的白色大众甲壳虫。

自顶向下的控制策略的一般的机制是建立假设并检验。在较低层次图像表示中，内部模型产生器预测模型特定部分必须看起来像什么。图像理解处理由生成的一系列假设和假设的检验构成。在处理过程中，根据假设检测的结果，更新内部模型。假设检验依赖从较低的表示层次获得的相对较少数量的信息，并且处理的控制是基于如下的事实：我们只需要检验每个假设所必需的图像处理方法。基于模型的控制策略（自顶向下，假设和验证）看上去是解决计算机视觉问题的方法，它避免了采用蛮力计算的处理方法；同时，它并不意味着在可能的情况下不可以使用并行处理。

不要奇怪，真实世界的模型在模型视觉中扮演着重要的角色。这本书中展示的很多方法可以认为是图像一部分的模型或物体模型。尽管如此，为了表示各种各样真实世界的领域，以及能够建立复杂图像物体的模型，它们的物理属性必须包含在表示中。在自然物体的模型建立过程中，这些尤为正确——人脸和它们的仿制品是个很好的例子。物理建模是计算机视觉和图像理解中发展快速的一个分支[Kanade and Ikeuchi, 1991]，在这一领域，出现了四种主要的技术：视觉反射模型、形状与反射的关系、统计和随机建模以及变形形状建模（**在视觉中弹性（elastics in vision）**）。显然，所有这些技术可能显著地增加了图像理解处理中可以利用的知识。从这里讨论的上下文的观点来看，非刚体物体的变形模型看上去可以在实质上扩大可能应用的范围。在第 10.3 节和第 10.4 节中讨论形变统计模型在表示和分析二维、三维和四维图像数据中的应用。

10.1.5 混合的控制策略

混合的控制策略同时使用数据驱动和模型驱动控制策略，在现代视觉应用中这种控制策略被广泛使用，与单独的基本控制策略方法相比，通常可以得到更好的结果。利用更高层次的信息，可以使较低层次的处理更加容易，但是单独使用这种信息并不足以解决问题。从航空图像或是卫星图像中寻找轿车是一个很好的例子；在该例中，数据驱动的控制策略是必要的，但同时更高层次的知识可以简化问题，因为轿车看上去是某种尺寸的矩形物体，它们在道路上出现的概率最高。

血管造影图像中冠状动脉边界鲁棒的自动检测是成功使用结合控制策略的一个很好的例子。在人的心脏动脉中注射了射线不能透过的物质后可以得到 X 射线图像。第 6.2.4 节的内容给出了一个使用自底向上控制策略和图搜索方法的冠状动脉边界检测的成功例子，参见图 6.24。

不幸的是，在更加复杂的图像或质量较低的图像中，有靠得很近的平行血管、分支血管或重叠在一起的血管。自底向上的图搜索方法将会导致失败。图 10.2 中显示了在这种困难情况下的图像数据表示，以及使用自底向上控制策略的图搜索的结果（相同的方法在单根血管图像中可以工作得很好）。为了在这些困难图像中实现可靠的边界检测，人们设计了一种结合自底向上控制策略和自顶向下控制策略的混合控制策略；在处理中，下面的准则被结合到处理之中。

（1）**基于模型的方法**：就好像在大多数典型的冠状动脉成像中一样，模型通常偏向于左右对称的边界。

（2）**假设与验证方法**：基于多分辨率的处理，在低分辨率下得到血管边界的估计（速度较快），并且精度在全分辨率下得以提高。

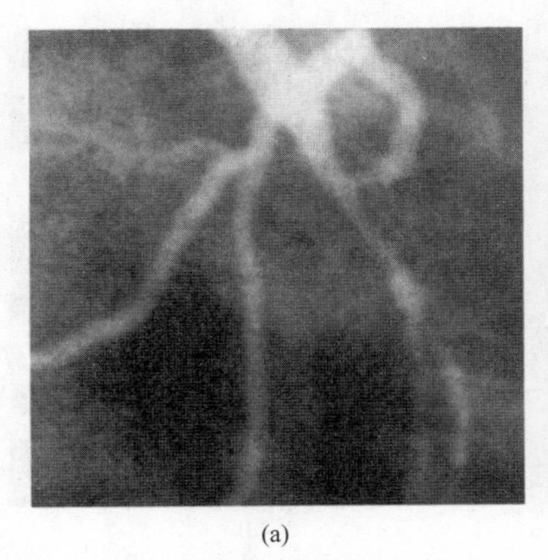

(a)

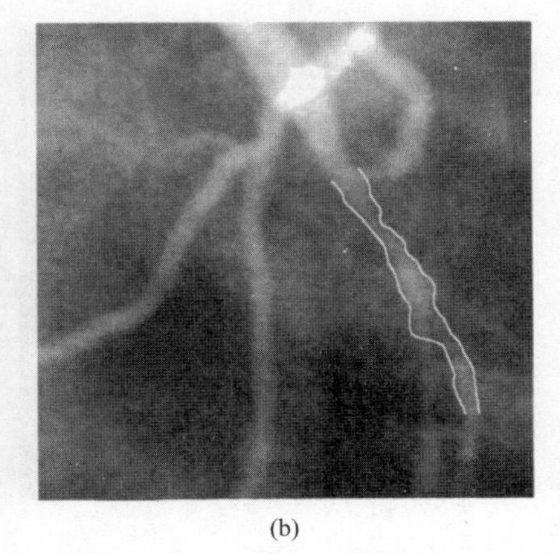

(b)

图 10.2　血管造影图像中的冠状动脉：（a）原始 X 射线图像；（b）自底向上的图搜索方法得到的边界检测结果。请注意分叉处的错误边界

（3）**先验知识**：关于构成血管边界的边缘方向的知识可用于修改图搜索的费用函数。

（4）**多阶段方法**：在整个处理过程中使用不同强度的模型。

在搜索处理的过程中同时寻找左右冠状动脉边界的方法，使用了三维的图搜索和边界对称性模型。结合左右冠状动脉边界的普通边缘检测图，可以得到三维图（参见第 6.2.4 节和第 7.5.1 节）。在数据贫乏的图像区域，模型可以引导搜索，在图像数据质量可以接受的区域，由图像数据引导搜索。

基于模型的控制策略的一个常见的问题是：对图像的某些部分是必要的模型控制，对于另外的部分会变得过于严格（对边界检测结果具有对称性的要求相比于实际情况的非对称性，对于最终的边界有很大的影响），破坏了边界检测结果。在低分辨率下应用很强的模型时，使用多阶段方法是合理的，在全分辨率的图像数据中使用较弱的模型可以为搜索提供足够的自由空间，搜索过程由图像数据引导，因此，可以得到更高的总体精确度。尽管如此，低分辨率下结合模型的冠状动脉边界检测确保全分辨率搜索不会失败——低分辨率的边界用作全分辨率搜索的模型边界。

现在给出控制步骤的块算法，并且标出特定的步骤是否使用了自底向上的控制策略或自顶向下的控制策略。

算法 10.2　冠状边界检测——一种混合控制策略

1. （自顶向下）在操作者的交互操作下检测血管中轴线（显示待处理的血管），拉直血管图像，参见图 10.3（a）和图 10.3（b）。
2. （自底向上）在全分辨率下，检测图像边缘，参见图 10.3（c）。
3. （自底向上）在拉直后的灰度图中检测局部边缘，参见图 10.3（d）。
4. （自顶向下）应用关于边缘方向和方向边缘图像的先验知识修正费用矩阵，参见图 10.4（a）。
5. （自底向上）建立低分辨率图像和低分辨率下的费用矩阵。
6. （自顶向下）使用血管的对称模型，搜索低分辨率下的边界的估计，参见图 10.4（b）。
7. （自顶向下）使用低分辨率下的边界作为模型引导高分辨率下的搜索，寻找在全分辨率下边界的精确定位，参见图 10.4（c）。对称性模型比在低分辨率搜索中的更弱。
8. （自底向上）从拉直的图像中变换出原始图像中的结果，参见图 10.4（d）。
9. （自顶向下）估计冠状动脉病情的严重性。

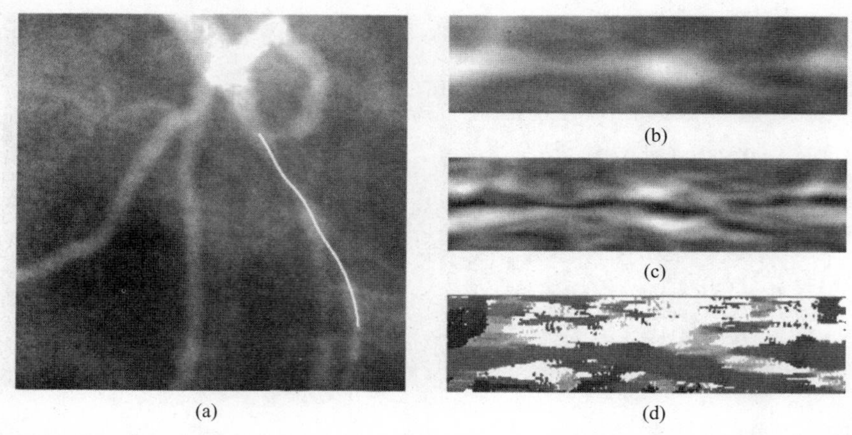

图 10.3 冠状动脉边界检测的步骤（I）：（a）定义中轴线；（b）拉直的图像数据；（c）边缘检测；（d）边缘方向检测

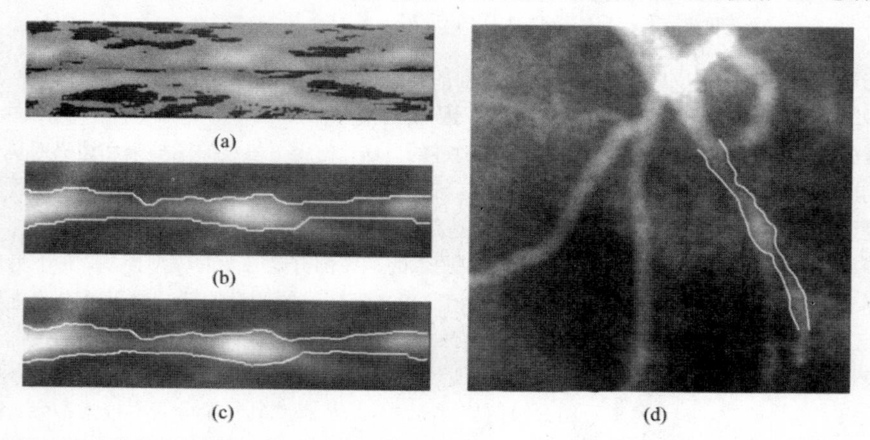

图 10.4 冠状动脉边界检测的步骤（II）：（a）修改代价函数——注意在图像的边缘方向与边缘位置不匹配的区域中，不可能的边界区域代价增加；（b）估计从低分辨率下得到的冠状动脉；（c）在被修正的图像中，精确定位完全分辨率下的边界；（d）原始图像中，完全分辨率下的冠状动脉边界

这种混合的控制策略应用于冠状动脉血管数据的结果如图 10.5 所示。

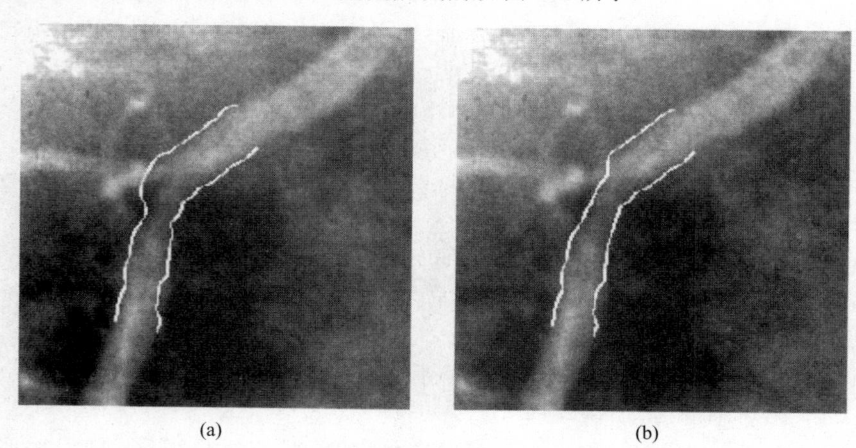

图 10.5 冠状动脉边界检测（I）：（a）得到血管分支的边界后，仅使用自底向上控制策略的图搜索方法得到的结果；（b）得到冠状动脉的正确边界后，采用混合控制策略的图搜索方法得到的结果

10.1.6 非分层控制

通常在分层控制中都会存在较高层次和较低层次。与此不同的是，非分层控制可以看作同一层次上不同竞争专家之间的相互协作。

有些问题可以分解成很多子问题，其中每一个子问题都需要一些专家知识。非层次控制策略可以用于这样的可分解问题。这些专家执行的顺序不必是固定的。非分层控制的基本想法很大程度上是在专家的协助下得到最终的结果。被选择的专家是出于某种目的，比如，为了得到高可靠性、高效率或为了在给定条件下提供更多信息的能力。从很多专家中选择所需要的专家的标准可能不同；一种可能是让专家为特定的情况计算它们对求解的贡献能力——这种选择是基于这些局部的各自评价。另一种选择是，事先为每个专家指定一个固定的评价，然后在给定条件下，从评价最高的专家那儿得到帮助[Ambler,1975]。

选择的标准也可以依据如下两个评价的适当的组合：专家计算出的经验性地检测到的评价和依赖于问题解的实际情况的评价。

算法 10.3 非分层控制

1. 根据实际状态和获得的有关已经解决的问题的信息，决定最佳的行动方式，并执行。
2. 利用上一行动得到的结果，增加所获得的有关问题的信息量。
3. 如果达到了任务的目标，停止；否则，跳至第 1 步。

黑板原理处理非分层控制的竞争专家非常有用。我们可以假想一个聚集着专家的教室。如果他们中的任何人想与其他人分享知识和观察，就在黑板上做一个笔记。因此，所有其他人可以看见该结果并且使用它们。黑板是一种特殊的数据结构，可以被所有专家访问，并应用到许多视觉系统中（比如，VISIONS [Hanson and Riseman, 1978]、COBIUS[Kuan et al., 1989]）。黑板通常包含一种检索专门子系统的机制，它可以直接影响标准控制。这些子系统功能十分强大，称作**知识源**（**daemons**）。黑板必须包含同步这些知识源行为的机制。使用知识源编程并不容易，知识源行为的设计是基于问题域的一般知识。因此，如果知识源过程基于一些特定的属性，编写程序的人可以不用绝对地确信它们会被激活或不会；此外，不能确保知识源被正确地激活。为了限制知识源行为的不确定性，通常要遵循下面的附加规则：

- 黑板代表了与图像数据对应的内部模型的一个连续的更新的部分。
- 黑板包含一个规则集，指定了在特定的情况下，应该使用哪个知识源子系统。

黑板有时又称作**短期记忆**（**short-term memory**）——它包含有关被处理图像的解释信息。**长期记忆**（**long-term memory**），即知识库，由对于有待解决问题的（几乎）所有的表示都有效的更一般的信息组成[Hanson and Riseman, 1978]。

在分析航空图像的复杂系统中[Nagao and Matsuyama, 1980]，所有关于特定图像的信息（分割区域的性质和它们的关系）被存储在黑板上。黑板可以激活 13 个区域检测的子系统，所有这些子系统同黑板之间采用标准的方式通信，这些子系统之间的通信只能通过黑板进行。黑板的数据结构依赖于具体的应用；在这个特定情况下，该数据结构利用问题领域中全局的先验知识，比如像素的物理大小、太阳的方向等等。另外，黑板维护一张属性表，有关图像区域的所有观察以及区域类的信息（从识别中得到）都被保存在表中。黑板的整体的一部分使用了符号区域图像表示，它提供了区域之间关系的信息。

黑板系统最重要的目的是区分图像中感兴趣的区域，这些区域应该以更高的精度处理，以便确定出现目标区域概率高的位置。首先采用一些基本的特征，快速计算，估计出区域的边界——节省计算时间并使细致的分析容易进行。控制处理遵循**产生式系统**（production system）原则[Nilsson, 1982]，使用通过黑板的区域检测子系统得到的信息。黑板是解决所有区域标注发生冲突的地方（一个区域在同一时刻，可以被两个或多个区域检测子系统标注，我们需要决定哪一种标注是最佳的）。更进一步，在黑板上检测标注错误，并且使用回溯原则改正。[Behloul et al., 2001; Ferrarini et al., 2005]中提出了一种利用单个或多个“机器人”作为智能代理，自主地工作并相互合作以完成一个共同的图像理解目标的有趣的方法。[Bovenkamp et al., 2004]中提出了一种多代理的分割方法。

这里已经讲述了主要的图像理解控制策略——应该注意到，在任何图像理解系统中必然同时存在很宽的各种知识表示技术、对象描述方法和处理策略。知识和控制的角色在[Rao and Jain, 1988]中作了综述，这是在包含诸如 ACRONYM [Brooks et al., 1979]、HEARSAY [Lesser et al., 1975]、VISIONS [Hanson and Riseman, 1978]的图像和语音理解系统的框架下进行的。目前图像理解方面的最新进展一般都采用自底向上的控制策略，并且在[Puliti and Tascini, 1993]中，我们可以看到其中允许使用语义网络，在[Jurie and Gallice, 1995; Gong and Kulikowski,1995]中，使用了基于知识的图像解释处理的合成，在第 10.11.3 节中，描述了贝叶斯网络及其在图像解释上的应用，在[Kodratoff and Moscatelli, 1994]中讨论了图像理解中使用的机器学习策略。更进一步，在[Zheng, 1995; Udupa and Samarasekera, 1996]中，神经网络和模糊逻辑逐渐被认为是图像解释的合适工具。

10.2 SIFT：尺度不变特征转换

可靠的目标识别是计算机视觉的重要任务并且有广泛的应用。在已知物体和严格控制的姿态和光照的简单场景下，模板匹配方法（见 6.4 节）可以使用，但是这在现实的世界中是不可能的。普通物体都有尺度，姿态和光照的变化，甚至可能有遮挡。SIFT-尺度不变特征转换[Lowe，2004]是解决这类问题的成功方法。它从图片中提取稳定的点并赋予这些点鲁棒的特征，这些具有几何一致性的点的一部分就足以在其他的图片中对物体进行再辨识。

SIFT 分三个阶段：关键位置定位来找到“兴趣点”，特征提起来描述这些兴趣点，最后是模型和图像中的特征向量匹配。

关键位置检测

图像的关键位置是一些点，这些点很有可能在其他具有相同物体或场景的图像中出现，角点就是一个很明显的例子。在图像 I_0 中，这些点通过在图像金字塔中所有像素点的最大或最小 DoG 滤波器（见 5.3.3 节）响应来确定。金字塔的最底层是原始图像，图像 A_0 和 B_0 分别施加 $\sigma=\sqrt{2}$ 和 $\sigma=2$ 的高斯滤波器，那么 A_0–B_0 就等价于一个比例为 $\sqrt{2}$ 的 DoG 滤波器。金字塔的下一层由对 B_0 进行像素间隔为 1.5 的重采样组成（这些操作效率很高：高斯滤波可以分解为一维的卷积，1.5 重采样也很容易实现）。

局部极值在金字塔的各层通过 3×3 的窗口决定。如果该极值比它对应的上下层的元素都大/小，那么该像素在三个维度就是极大/极小值，并标记为关键位置，注意到该极值点所在的金字塔层数决定了该点的尺度。这些点非常稳定（另外可以参考原始文献的改进方法，过滤掉对比度低的点或者位置不满意的点）。

特征提取

给定了关键位置，我们尝试提出一个可靠的特征向量来描述该点的邻域特性，该特征向量需要考虑到局部的边缘方向和强度。首先，每个点都有一个典型的方向。一个简单的边缘检测器可以检测图像 A_i 所有像素点的边缘方向 R_i 和强度 M_i，强度小的则被忽略掉。构造一个尺度三倍于关键点所在尺度的高斯权重窗口，该权重和边缘强度相乘。构造一个相对于关键点梯度方向加权累计的 36 桶的方向直方图，主方向由直方图的峰决定。如果直方图有多个峰，它们都被接受并且认为该关键点有多个主方向。实验证明这种方法对于存在噪声，对比度和亮度变化，仿射变换的情况下也可以找到稳定的关键点和方向。一个 500×500 的图像一般可以产生 1000 多个这样的关键点。

通过 1 个 8×8 的窗口对关键点周围的梯度强度和方向进行模糊，建立 4×4 个 8 长度的方向直方图，直方图的每个分量是高斯加权的梯度。我们现在有了一个 128 维的向量：将该向量标准化去掉对比度变化的影响。值非常大的元素忽略掉（剩下的元素重新标准化）来去掉光照变化的影响。

匹配

假设我们现在有一系列样本，模型或者图像，它们都由一些上述的 128 维向量描述。我们在测试图片中寻找特定物体的出现或者部分出现，测试图片也由一系列 128 维的向量描述。对于每一个测试向量，我们在样本集中寻找它的最近邻，很明显，该测试向量可能是一些噪声或者并没有在训练集中出现。如果该测试向量与最近邻的距离与其到次近邻的距离的比值大于某一个阈值(0.8 是个较好的值)，那么这个匹配就被拒绝，这样就可以成功地排除掉一大部分可疑的匹配。寻找最近邻是一个计算量很大的过程，许多方法都尝试更有效率地解决该问题。我们可以使用一种高效的 K-D 树改进算法[Beis and Lowe, 1997]（见 9.2.2 节）。任何假定的匹配都给定了模型一个候选的位置，尺度和方向。

一种类霍夫的投票机制（见 6.2.6 节）以及宽的直方图，原始的文章用 30° 的方向，大小为 2 的尺度以及 0.25 的模型维度位置，收集候选的多个标识。这些类霍夫的桶按照占有率排序并且对没个候选进行确认。每个匹配提供一个模型点(x,y)和一个图像点(u,v)。在许多真实的环境下，认为图像给出了一个大致的仿射变换模型是合理的，所以

$$\begin{bmatrix} u \\ v \end{bmatrix} = \begin{bmatrix} m_1 & m_2 \\ m_3 & m_4 \end{bmatrix} \begin{bmatrix} x \\ y \end{bmatrix} + \begin{bmatrix} t_x \\ t_y \end{bmatrix} \tag{10.1}$$

每个匹配提供 2 个带 6 个未知数的方程，所以只要桶的个数多于 3 个这个模型就可以求解。多于 3 个时该问题是超定的，可以寻找最小二乘解。问题的解可以通过匹配进行验证。离群点被排除然后该变换重新计算，如果候选匹配被减小到 3 个以下那么该匹配就被拒绝。

总结起来，该算法可以描述如下：

算法 10.4　尺度不变特征转换-SIFT

1. 对于图像 I_0，通过和尺度为 $\sigma=\sqrt{2}$ 的高斯滤波器卷积得到 A_0 和 B_0。
2. 保持图像 I_0 的 DoG 滤波器为 A_0-B_0 的形式。
3. 构建图像金字塔，I_{i+1} 为 1.5 倍重采样的 B_i。
4. 水平，上下在金字塔中寻找 DoG 相应结果的极值点位置，称该点为关键位置。
5. 对于每个关键位置（第 i 层）确定主方向为方向直方图的最大值，该直方图是由一个合适的加权窗口产生的。
6. 对于每一个关键位置，用一个 128 维的向量进行描述，该向量刻画了该关键点 8×8 领域的梯度强度和方向。
7. 匹配：尽可能快速地确定模型和图像之间 128 维的匹配。用类霍夫的方式积累候选个体。测试候选并且去掉离群点。将稠密的候选作为最终的匹配结果。

SIFT 非常鲁棒：只需要至多 3 个匹配就可以定义一个可用的变换，该特性允许存在遮挡非常严重的情况，因为多于 3 个关键点的情况是普遍存在的。在透视投影引起的形变以及光照变化的情况下，匹配仍可以找到。

图 10.6[1]展示了 SIFT 的一个例子。一个书本的模型图像（235×173）在左上显示，左下显示了 241 个 SIFT 关键位置，其中箭头的长度代表尺度和方向。一个 473×455 的场景图像中包含了被遮挡的模型，并且显示了 6 个匹配点对，其中 5 个是对的，1 个（从‘I’到‘A’）是错的：霍夫阶段认为这是正确的匹配。这是一个具有挑战性的例子因为遮挡掩盖了大部分的关键点，视角改变了，封面上的光照条件完全不同并且匹配要求很严格。比较简单的例子会产生更多匹配，这些匹配大部分正确（另外一个例子可以参照 10.3 节）。

1　这个例子使用了来自网址 http://www.cs.ubc.ca/~lowe/keypoints 公开软件包，非常感谢英属哥伦比亚大学的 D. Lowe 允许使用在本书中使用该软件包。

图 10.6　左边：一个模板（上边），和它的 SIFT 关键点位置（下边）；箭头代表方向（用方向代表）和尺度（用长度代表）。右边：在一个具有挑战性的图片中 SIFT 得到的 6 个点匹配，其中 5 个是正确的

SIFT 产生了很多后续的研究工作并且有丰富的相关文献：它是早期检测器的一个例子，这种检测器具有对多种变形鲁棒的特性。针对关键点检测，鲁棒性，以及减少匹配计算量方面有许多改进的工作。5.3.10 节介绍的哈里斯检测器被证明性能不如 SIFT 及其改进。Ke 和 Sukthankar 等人在文献[Ke and Sukthankar, 2004]中进一步改进了 SIFT。一个被广泛应用的 SIFT 替代品 SURF-Speeded Up Robust Features[Bay et al., 2006]，SURF 运用了相同的思想但是它的性能更好，因为他运用了积分图像（见 4.2.1 节）避开了使用图像金字塔；另外 SURF 得到的特征向量更短，并且计算很快。

关于这些技术的历史，内容以及应用的详细综述可以在文献[Tuytelaars and Mikolajczyk, 2007]中找到。

10.3　RANSAC：通过随机抽样一致来拟合

假设存在一些已知是线性相关的数据，利用某种最小二乘方法最小化残差平方和来得出这些数据之间的线性关系是合理的且是习惯的做法。 通常的做法是推导出平方和的表达式，并对线性拟合的参数求偏导，设导数为 0 并解出拟合的参数。这种方法可以直接扩展到许多非线性模型。

当数据不完美时，拟合出的模型同样是不完美的。如果数据的噪声在某种意义上“表现良好”，拟合得到的模型在某种统计意义上是最好的，这种不完美并不碍事。另一方面，如果数据中存在严重异常值（出格点（outliers）），则拟合得到的模型有可能严重失真。

意识到这种可能性，我们将数据中相对于拟合模型的残差最大的一些数据点当做异常值，排除这些异常值后重新计算模型。这种表面上很吸引人的方法经常被使用而且在很多情况下可以达到预期的效果，但另一方面，这种方法做了有关数据本性的假设，可能并不成立。这是由于误差有典型的两类：

- 测量误差：从一幅图像中获得的观测，或者由这个观测推出的参数不是完全正确的。这种误差通常都较小且以 0 为均值，并通常是正态分布的。
- 分类误差：当识别发生错误时会有分类误差。分类误差通常（相对）较大且无法保证它们的均值为 0。

第二种误差可能会干扰拟合模型以至于补救的方法使情况更加恶化而不是有所改进。图 10.7 中重现了[Fischler and Bolles, 1981]中的一个简单的二维例子。

最小二乘方法是建立在使用尽可能多的数据能带来有益的平滑效果的假设基础上的。如上文讨论的，这种假设在很多情况下并不成立，而相反地，使用尽可能少的数据的方法可能更好。在拟合直线时，两个点就

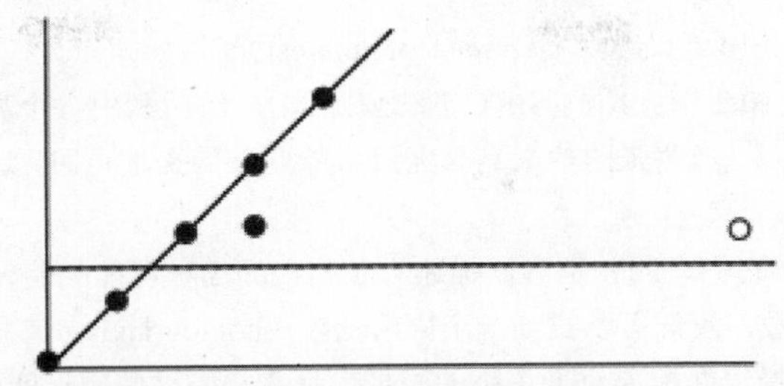

图 10.7　在最小二乘拟合中离群点的影响。6 个正确的数据点和 1 个离群点（白色），最佳的直线用实线展示。最小二乘，丢弃最坏的离群点，在丢弃三次之后得到虚线[Fischler and Bolles,1981]

已经足够定义一条直线：我们可以在数据集中随机选取两个点并假设连接它们的直线就是正确的模型。我们可以通过计算在某种程度上接近猜测的直线的数据点（称为一致点（consensus points））的数目来测试这个模型。如果大部分点都是一致点，我们可以利用一致点集重新拟合得到一个更好的模型而不用处理异常值。

以上是对随机抽样一致（random sample consensus, RANSAC）算法[Fischler and Bolles, 1981]的非形式化描述。形式化描述如下：

算法 10.5　利用随机抽样一致拟合模型——RANSAC

1. 假设我们要将 n 个数据点 $X=\{\mathbf{x}_1, \mathbf{x}_2,\cdots, \mathbf{x}_n\}$ 拟合为一个由至少 m 个点决定的模型（$m\leqslant n$，对于直线，$m=2$）。
2. 设迭代计数 $k=1$。
3. 从 X 中随机选取 m 个项并拟合一个模型。
4. 给定偏差ε，计算 X 中相对于模型的残差在偏差 ε 内的元素个数，如果元素个数大于阈值 t，根据一致点集重新拟合模型（可以利用最小二乘或其变种），算法终止。
5. 设 $k=k+1$，如果 k 小于一个事先给定的 K，跳至第 3 步，否则采用具有迄今最大的一致点集的模型，或者算法失败。

这个简单的算法存在很多明显可以改进的地方。最简单的是第 3 步中随机选择的过程可以利用对数据或其属性的先验知识（我们可能知道某些数据比其他更能拟合出正确的模型）来改进。

这个算法依赖于 3 个参数的选择：

- ε，距离好的模型的可接受的偏差：它很少能利用解析的方法给出。经验上，我们可以根据 m 点拟合一个模型，计算误差，然后令ε 等于平均误差加上其标准差的某个数。
- t，被认为是足够的一致点集的大小：这个参数同时服务于两个目的：它提供足够的数据点来确定一个假定的模型，并提供足够的数据点来改进假定的模型得到最后的最好的估计。其中第一点并不好确定，但是[Fischler and Bolles, 1981]中建议 $t-m>5$。另一方面，第二个需求在文献中已经得到了彻底的研究，例如[Sorenson, 1970]。
- K，寻找合适的拟合模型时需要算法迭代多少次：[Fischler and Bolles, 1981]中证明了选择 m 个好的数据点的尝试次数是可以计算的。一个简单的统计论证（见原参考文献）给出ω^{-m}，其中ω是一个随机数据点在拟合模型的偏差ε范围内的概率。这个估计的标准差也大约是ω^{-m}，因此 $K=2\omega^{-m}$ 或 $K=3\omega^{-m}$ 也是合理的选择。当然，这需要对ω的粗略估计的一些推理。

RANSAC 代表了模型拟合的一种范畴变化："从少数开始并增长"是最小二乘和其相关方法的对立面，后者期望通过平均来消除偏差。RANSAC 被证明是一种多产的可靠的方法，特别是在视觉的许多方面，它在其发展的 1/4 个世纪里受益于很多改进和应用[Zisserman, 2006]。其中一个广受关注的应用是自动拼接（Autostitch），它将局部重叠的数字图像拼接成全景图[Brown and Lowe, 2003]。

自动拼接首先在图像中找出“兴趣点”（points of interest）（例如角点），并用描述局部亮度属性的特征向量来表示它们（这些点用 10.2 节介绍的 SIFT 算法来定位），然后利用一个高效的技术在其他图像中找出具有匹配的特征向量的兴趣点，当两张图片中具有大量可能匹配的兴趣点时，这对图像就是一个候选的重叠图像对。

如果两幅图像是重叠的，它们之间差别可以描述为照相机的 3 种可能的旋转（相对于 3 个笛卡儿坐标轴）和焦距的变化，共有 4 个参数。我们可以找到一个同形变换（homography）来描述。问题在于初始确定的可能匹配的点集中存在大量的错误匹配，对于正确的同形变换来说，这些错误匹配是偏离非常严重的异常值。我们可以用 $m = 4$ 的 RANSAC 来在足够多的匹配点上推导出最好的可能参数集。进一步我们可以验证这些匹配的质量，综合确定照相机几何参数，利用一些复杂的亮度滤波以除去物理重叠造成的边界。

该算法格外的鲁棒和快速，它可以决定多个全景图并检出游离的图像（即不在全景图集合中的图像）。最终获得的图像的质量惊人得好[2]。图 10.8 展示了该算法中处理一对图像的一部分过程——图中没有给出特定的重叠图像对的选择过程以及最后的亮度平滑去除结合部边界的结果。

图 10.8 RANSAC 在全景图拼接中的应用：（a）一对重叠的图像；（b）每个点表示一个兴趣点，其特征向量与另一幅图像中的一个点匹配；（c）图中的点是 RANSAC 的“正常点”（inliers）；它们符合最佳候选的同形变换；（d）平滑的先验信息，RANSAC 得到的重叠图像

2 自动拼接的演示在 http://www.cs.ubc.ca/~mbrown/autostitch/autostitch.html 中免费提供。

(d)

图 10.8 （续）

虽然自动拼接本身并不是一个图像理解的方法，但它容易理解而且是 RANSAC 方法的一个好的实例。目前，RANSAC 是一个可以直接用在很多图像理解任务中的通用的拟合方法。

10.4 点分布模型

点分布模型（Point Distribution Model，PDM）是一种强大的形状描述技术，可以用于其他图像中的具有这种形状的新示例（instances）的定位[Cootes et al., 1992]。它对于描述具有为人熟知的“一般”形状而又不易用刚体模型来描述（也就是说，具体的示例各不相同）的特征最有用。应用这种方法的成功例子包括电子电阻、人脸以及手骨；这些都有人可以理解并可以简单描述的“形状”属性，但是如果使用基于刚体的模型则不容易描述。相对而言，PDM 是近期的发展，但在很短的时间内已经有了大量的应用。

PDM 的方法假设存在一组 M 个样本（训练集），从中可以得到形状的统计学描述以及它的变化。在这里，我们可以认为是一些通过边界表示的形状的示例（像素坐标的序列）。另外，在每条边界上都选择出一定数量的**标记点**（landmark points），设有 N 个；这些点的选取对应于所属目标的特征——比如（参见图 10.9），如果形状表示一只手，我们可以选择 27 个点，包括指尖、手指之间分隔点以及一些数量合适的中间点，见图 10.9。

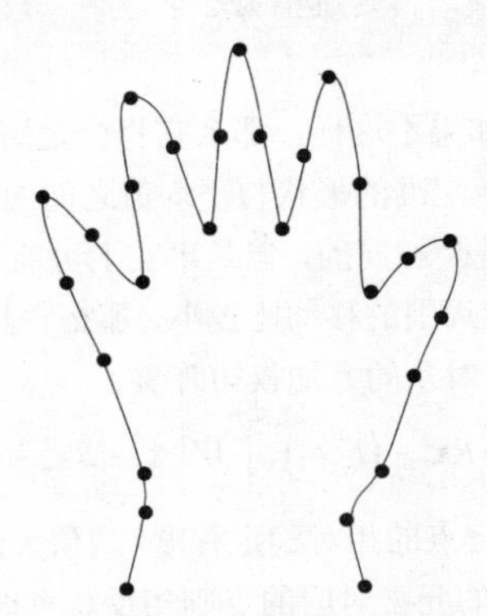

图 10.9 表示手的轮廓，其上标注了一些可能的标记点

如果这样表示的手放在大致相同的地方，那么对于 N 个标记点，它们也会出现在大致一样的地方，直觉上这是显然的。这些点位置的偏差可以归结为不同人之间自然的差别。尽管这样，我们可以期望这些差别的度量相对于整个形状空间而言是“小的”。PDM 的方法允许我们为这些“小的”差别建立模型（并且，事实上，确定哪些确实是小的，哪些是比较显著的）。

配准训练数据

为了实现上面的模型，我们首先需要将训练形状在近似的意义上进行配准（align）（否则，比较就不是“相像的与相像的”比较）。这可以通过为每一个样本选择合适的平移、放缩以及旋转，以确保它们尽可能地相像——非形式地，选择这些几何变换使配准后的形状与“平均”形状之间（在最小二乘的意义下）的差别减小，其中“平均”形状可以从整个样本集合中计算得到。特别地，假设我们只希望配准两个形状——每个形状可以描述为 N 个坐标对的向量：

$$\mathbf{x}^1 = \left(x_1^1, y_1^1, x_2^1, y_2^1, \cdots, x_N^1, y_N^1\right)^T$$
$$\mathbf{x}^2 = \left(x_1^2, y_1^2, x_2^2, y_2^2, \cdots, x_N^2, y_N^2\right)^T$$

形状 $\mathbf{x}^2$ 的一个变换 $\mathcal{T}$ 是由一个平移(t_x,t_y)，旋转 θ 以及放缩 s 组成，使用标准的技术可以表示为将矩阵 R 作用到 $\mathbf{x}^2$ 上：

$$\mathcal{T}\left(\mathbf{x}^2\right) = R\begin{pmatrix} x_i^2 \\ y_i^2 \end{pmatrix} + \begin{pmatrix} t_x \\ t_y \end{pmatrix} = \begin{pmatrix} x_i^2 s\cos\theta - y_i^2 s\sin\theta \\ x_i^2 s\sin\theta + y_i^2 s\cos\theta \end{pmatrix} + \begin{pmatrix} t_x \\ t_y \end{pmatrix}$$

同时，最佳的变换可以通过最小化下面的表达式得到

$$E = \left[\mathbf{x}^1 - R\mathbf{x}^2 - \left(t_x,t_y\right)^T\right]^T \left[\mathbf{x}^1 - R\mathbf{x}^2 - \left(t_x,t_y\right)^T\right] \tag{10.2}$$

这个最小化是最小二乘法的常规应用（ [Cootes et al., 1992]）——E 对未知变量 θ, s, t_x 以及 t_y 的偏微分可以计算出来并令它们为零，联立这些方程并求解。

采用这个一般的思想和下面的算法，可以用来配准所有的 M 个样本。

算法 10.6 相似训练形状的近似配准

1. 对于每个样本 $\mathbf{x}^i$，i=2,3,⋯,M，逐个旋转、放缩并与样本 $\mathbf{x}^1$ 做配准，得到集合 $\left\{\mathbf{x}^1, \hat{\mathbf{x}}^2, \hat{\mathbf{x}}^3, \cdots, \hat{\mathbf{x}}^M\right\}$。
2. 计算变换后的形状的平均值（关于这项操作的具体细节将会在第 10.4 节描述）。
3. 旋转、放缩并将平均形状与样本 $\mathbf{x}^1$ 做配准。
4. 旋转、放缩并将 $\hat{\mathbf{x}}^2, \hat{\mathbf{x}}^3, \cdots, \hat{\mathbf{x}}^M$ 配准到与调整过后的平均形状匹配。
5. 如果平均形状收敛，那么停止，否则跳至第 2 步。

该算法的第 3 步是必须的，因为如果不这样，那么它将会是病态的（约束不足）；缺少这一步，结果就不会收敛。最终收敛的判定是依据重新配准的形状与平均值之间的差别。

这种方法假设每个标记点的重要性是相同的，但是事实上可能并不是这样。如果出于某些原因，它们中的某个点相对于其他各点而言，在形状周围的移动比较小，那么它具有我们在配准中所期望的可以利用的稳定性。我们可以在式（10.2）中引入（对角的）加权矩阵 W：

$$E = \left[\mathbf{x}^1 - R\mathbf{x}^2 - \left(t_x,t_y\right)^T\right]^T W \left[\mathbf{x}^1 - R\mathbf{x}^2 - \left(t_x,t_y\right)^T\right] \tag{10.3}$$

这里矩阵 W 的元素表明了每个标记点的相对稳定程度，数值大的元素其对应的点具有较大的稳定性（这样在计算误差时的权重较大），而较小的元素对应的点则相反。有很多不同的方法来度量这个误差；其中一种[Cootes et al., 1992]是计算每个形状的标记点 k 和 l 的距离，假设 V_{kl} 是这些距离的方差。高的方差值表示具有较大的移动性，这样我们令第 k 个点的权重是

$$w_k = \frac{1}{\sum_{l=1}^{N} V_{kl}}$$

这样就可以获得期望的加权效果。

获得模型

配准的结果是我们可以得到 M 个（相互配准的）边界 $\hat{\mathbf{x}}^1,\hat{\mathbf{x}}^2,\hat{\mathbf{x}}^3,\cdots,\hat{\mathbf{x}}^M$，现在可以得到其平均形状，设为 $\overline{\mathbf{x}}$。每个形状可以由 N 对坐标给出

$$\hat{\mathbf{x}}^i=\left(\hat{x}_1^i,\hat{y}_1^i,\hat{x}_2^i,\hat{y}_2^i,\cdots,\hat{x}_N^i,\hat{y}_N^i\right)^T$$

这样我们可以给出平均形状

$$\overline{\mathbf{x}}=\left(\overline{x}_1,\overline{y}_1,\overline{x}_2,\overline{y}_2,\cdots,\overline{x}_N,\overline{y}_N\right)$$

其中

$$\overline{x}_i=\frac{1}{M}\sum_{i=1}^{M}\hat{x}_j^i \quad 和 \quad \overline{y}_i=\frac{1}{M}\sum_{i=1}^{M}\hat{y}_j^i$$

平均形状的知识允许直接度量方差和任意标记点对之间的协方差。我们令

$$\delta\mathbf{x}^i=\hat{\mathbf{x}}^i-\overline{\mathbf{x}}$$

对所有的训练数据计算上式，可以计算出 $2N\times 2N$ 的协方差矩阵

$$S=\frac{1}{M}\sum_{i=1}^{M}\delta\mathbf{x}^i(\delta\mathbf{x}^i)^T$$

这个矩阵有一些非常有用的性质。如果我们想象，配准的训练集合绘制在 $2N$ 维空间中，它在某些方向上的变化将会大于其他方向（当然这些方向一般不是与坐标轴一致的）——这些变化是我们要描述的形状的重要性质。这些方向到底是哪些，以及它们的（相对）重要性可以从 S 的本征分解中得到，亦即，求解如下的线性方程

$$S\mathbf{p}_i=\lambda_i\mathbf{p}_i \tag{10.4}$$

第 3.2.10 节中描述了怎样从本征值分析推导出主分量分析，并解释了我们可以如何得到 $\mathbf{x}$ 的低维近似。S 的本征向量集合提供了空间的一组基，意味着我们可以利用 $2N$ 个不同的 $\mathbf{p}^i$ 的线性组合表示任何向量 $\mathbf{x}$。如果我们有

$$P=\left(\mathbf{p}^1\mathbf{p}^2\mathbf{p}^3\cdots\mathbf{p}^{2N}\right)$$

这样，对任何向量 $\mathbf{x}$，存在向量 $\mathbf{b}$，满足

$$\mathbf{x}=\overline{\mathbf{x}}+P\mathbf{b}$$

这里向量 $\mathbf{b}$ 的分量表示每一个本征向量方向上的变化大小。

如果本征向量集合根据本征值降序排列，指标 i 较小的本征向量描述了训练集变化最大的方向，我们可以期望在描述“合理”的形状与平均形状 $\overline{\mathbf{x}}$ 的偏差有多大时，$\mathbf{p}^{2N}$，$\mathbf{p}^{2N-1}$，…方向上的贡献是微不足道的，如果我们令

$$P_t=\left(\mathbf{p}^1\mathbf{p}^2\mathbf{p}^3\cdots\mathbf{p}^t\right)$$

$$\mathbf{b}_t=\left(b_1,b_2,\cdots,b_t\right)^T \tag{10.5}$$

这样可以得到估计

$$\mathbf{x}\approx\overline{\mathbf{x}}+P_t\mathbf{b}_t \tag{10.6}$$

如果 $\mathbf{x}$ 是与训练集相关的合理形状，对于足够高的 $t\leqslant 2N$，该估计可以很好地拟合真实形状。这就允许我们进行表示上的维数压缩——如果数据中有很多结构，t 会很低（相对于 $2N$），并且如果使用 $\mathbf{b}_t$ 而不是 $\mathbf{x}$ 表示形状，那么好的形状描述就可能会非常紧致。这样做的一种方法是计算 λ_{total}，λ_i 的总和，并选择 t 满足

$$\sum_{i=1}^{t}\lambda_i\geqslant\alpha\lambda_{\text{total}} \quad 0\leqslant\alpha\leqslant 1$$

这里 α 的选择将决定压缩过的模型重建训练集时，产生的偏差有多大。

进一步研究表明，b_i 在训练集上的方差将会与本征值 λ_i 相关；相应地，对于较好的形状，我们可以期

望有

$$-3\sqrt{\lambda_i} \leqslant b_i \leqslant 3\sqrt{\lambda_i}$$

这样，大多数都在平均值的 3σ 范围内。这允许我们根据已知的 P 和 λ_i 产生不属于训练集合的伪形状。

实例——掌骨分析

我们可以用下面的这个手部X光图像自动分析的例子来说明上面所述的理论。掌骨具有细长的形状特点，两端凸出——严格地讲，不同人的掌骨形状也是不同的，就好像每个人的年龄一样。仔细检查骨头的形状，对于诊断骨头年龄老化的紊乱很有价值，儿科医生广泛使用这种技术[Tanner et al., 1983]。

从一堆 X 光图像中，在分割出来的掌骨上（大约 50 个）可以手工标定 40 个标记点（这样得到八十维的向量）。图 10.10 显示的是掌骨的平均形状（配准之后的结果，采用第 10.4 节中所述的方法），以及从整个数据集中得到的实际标记点的位置。

采用第 10.4 节中所述的方法之后，协方差矩阵以及与它的变化相关的本征向量被提取出来；表 10.1 中列出了对整体影响相对最大的那些分量。从这张表的数据中，我们可以看出前 8 个主分量的变化至少可以恢复出 95%的形状变化。图 10.11 显示了第一个主分量在其平均值左右变化 $2.5\sqrt{\lambda_1}$ 的结果。从表中数据可以看出这一分量具有超过 60%的变化影响，它的变化主要体现了骨头（不对称的）变粗或是变细（相对于它们的长度），这是成熟度的明显特征。在这个例子中，对于 $\sqrt{\lambda_1}$ 来说，2.5 很明显不是一个合适的系数，因为这样得到的形状太极端了——这样，在这个应用中，我们可能会期望 b_1 具有较小的幅值。

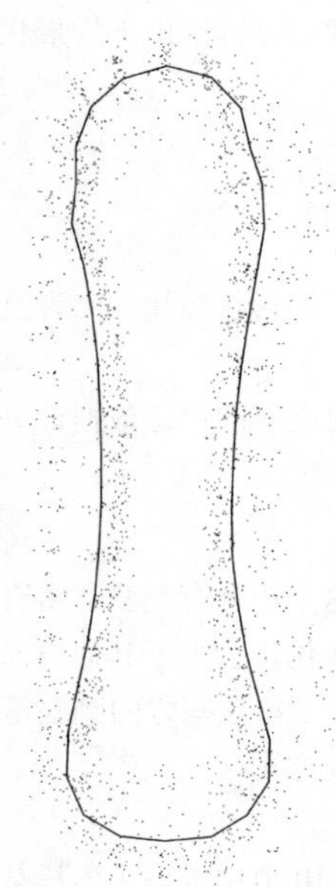

图 10.10 掌骨的 PDM。点标记出可能的标记点位置，线状轮廓表示平均形状

表 10.1 前 16 个主分量对所有数据变化的相对贡献度

序号 i	$\lambda_i/\lambda_{\text{total}}$ (%)	累计总和	序号 i	$\lambda_i/\lambda_{\text{total}}$ (%)	累计总和
1	63.3	63.3	9	0.7	96.1
2	10.8	74.1	10	0.6	96.7
3	9.5	83.6	11	0.5	97.2
4	3.4	87.1	12	0.4	97.6
5	2.9	90.0	13	0.3	97.9
6	2.5	92.5	14	0.3	98.2
7	1.7	94.2	15	0.3	98.5
8	1.2	95.4	16	0.2	98.7

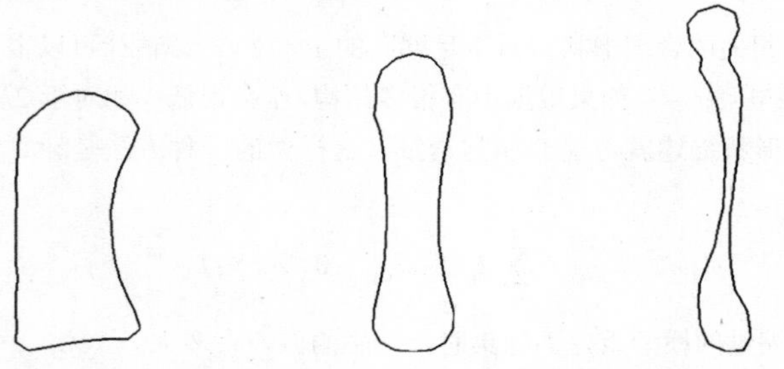

图 10.11 第一个主分量变化的结果。从左到右：$-2.5\sqrt{\lambda_1}$ 、平均值、$2.5\sqrt{\lambda_1}$

图 10.12 同样说明了第三个分量的极端情况。这里形状的变化更加细微；它主要体现了骨头的弯曲（好像香蕉一样）。看上去，两种极端情况都是合理的形状。

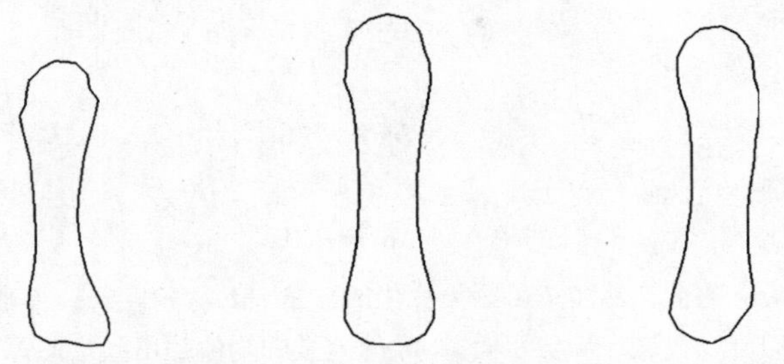

图 10.12　第三个主分量变化的结果。从左到右：$-2.5\sqrt{\lambda_3}$ 、平均值、$2.5\sqrt{\lambda_3}$

以模型拟合数据

这种方法的优点是它允许使用合理的形状去拟合新的数据。给定图像，我们希望从中确定被建模的形状的位置（特别地，给定图像的边缘图，这样就有了边界最有可能出现的位置信息），我们需要知道

- 平均形状 $\bar{\mathbf{x}}$ ；
- 变换矩阵 P_t；
- 特定形状的向量参数 $\mathbf{b}_t$；
- 特定的姿态（平移、旋转和放缩）。

这里，$\bar{\mathbf{x}}$ 和 P_t 可以从模型建立的过程中得到。$\mathbf{b}_t$ 和姿态的确定是一个最优化问题——确定参数，在一定的约束下使它能够最好地与手部的数据拟合。这些约束包括已经知道的 $\mathbf{b}_t$ 分量数值的合理范围，同时也可以包含一些有关目标物体的合理位置的领域知识以便对姿态加以限制。在掌骨分析的例子中（见第 10.4 节），这些约束包括掌骨应在手影轮廓之中，它与手指在一起并具有已知的近似尺寸的知识。

这种方法借助于一些熟知的优化算法可以成功地应用，其中的一些算法我们曾在第 9.6 节讲述过。然而，很可能收敛很慢。另一种比较快的方法[Cootes and Taylor, 1992]使用 PDM 作为活动形状模型（Active Shape Model, ASM）的基础（有时候称作“智能蛇行”（smart snake）——蛇行，边界拟合的另一种不同方法，参见第 7.2 节中的描述）。这里我们通过检验估计得到的拟合，迭代计算形状是最好的拟合，确定改进后的标记点位置，然后重新计算姿态和参数。

算法 10.7　拟合 ASM

1. 根据图像数据，初始化估计的拟合；这可以使用任何合适的方法，但是很可能需要根据实际应用依据几何限制以及原始图像的属性来做。这将给出形状的局部（模型）坐标描述
$$\hat{\mathbf{x}} = (x_1, y_1, x_2, y_2, \cdots, x_N, y_N)$$
2. 在每一个标记点处，在边界附近考察边界的法向，确定具有最高亮度梯度的像素点；给该点打上最佳目标位置的标志，将标记点向这个标志点移动。图 10.13 说明了这个过程。如果没有明显的新目标点，标记点位置不作移动。
我们因此得到期望的位移向量 $\delta\mathbf{x}$。
3. 调整姿态参数，使得它能够最佳地拟合当前标记点的目标位置。
可以有很多不同的方法实现这一点，算法 10.6 提供了其中一种方法；在[Cootes and Taylor, 1992]中给出了更快速的估计，因为迭代可以及时地给出好的结果，这种方法是合适的。
4. 确定调整新姿态下的模型到一个目标点所需要的位移向量 $\delta\tilde{\mathbf{x}}$ （算法的最后将会详细说明这一步）。
5. 计算模型调节量 $\delta\mathbf{b}_t$，以使它能最好地拟合 $\delta\tilde{\mathbf{x}}$ 。根据式（10.6）我们有

$$\tilde{\mathbf{x}} \approx \bar{\mathbf{x}} + P_t \mathbf{b}_t$$

我们选择 $\delta \boldsymbol{b}_t$ 满足

$$\tilde{\mathbf{x}} + \delta\tilde{\mathbf{x}} = \bar{\mathbf{x}} + P_t(\mathbf{b}_t + \delta\mathbf{b}_t)$$

这表明

$$\delta\tilde{\mathbf{x}} \approx P_t \delta\, \mathbf{b}_t$$

根据本征矩阵的性质，我们得到

$$\delta\mathbf{b}_t = P_t^T \delta\tilde{\mathbf{x}}$$

这个结果作为最佳的估计。注意，因为变化的分量 t+1，t+2，…被忽略，这仅仅是一个估计值。同时注意，我们可以在这一步防止向量 $\mathbf{b}_t$ 的分量的幅值超出一定的范围，我们可以根据感觉的合适程度设置这个范围——也就是说，一旦这个方程产生的分量在幅值上我们认为太大了，就将其设置为合适的限度。这样，重新拟合的模型将（可能）不会与目标精确地匹配。

6. 回到第 2 步迭代，直到变化可以忽略不计。

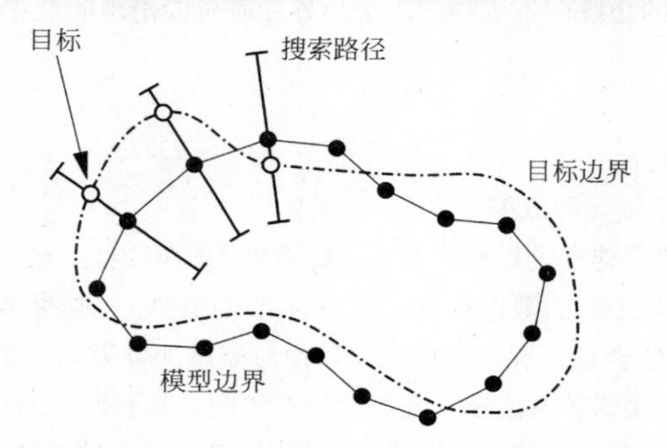

图 10.13　搜索拟合目标点的合适模型，其中标记点可能会移向目标点

步骤 2 假设可以找到合适的目标点，但实际上并不总是能这样。如果没有可能的目标点，标记点将会留在原来的位置，模型的约束将最终会把它拉到合适的位置。另一种可以使用的方法是，自动地识别出标记点中的出格点（outlier landmarks）并以模型的标记点替代之 [Duta and Sonka, 1998]。比起使用灰度梯度度量的简单方法，还有其他更为复杂的确定目标点的手段。

步骤 4 需要计算向量 $\delta\tilde{\mathbf{x}}$。为了实现这一点，注意我们从向量 $\tilde{\mathbf{x}}$（在“局部”帧中）开始，用姿态矩阵和平移变换更新它得到图像帧中的 $\mathbf{x}$：

$$\mathbf{x} = M(\theta, s)\tilde{\mathbf{x}} + (t_x, t_y)$$

其中

$$M = M(\theta, s) = \begin{bmatrix} s\cos\theta & -s\sin\theta \\ s\sin\theta & s\cos\theta \end{bmatrix}$$

现在可以计算出新的姿态参数 $t_x+\delta t_x$，$t_y+\delta t_y$，$\theta+\delta\theta$，$s(1+\delta s)$（根据步骤 3）以及位移量 $\delta\mathbf{x}$（根据步骤 2），给出方程

$$\mathbf{x} + \delta\mathbf{x} = M\left[\theta + \delta\theta, s(1+\delta s)\right](\tilde{\mathbf{x}} + \delta\tilde{\mathbf{x}}) + (t_x + \delta t_x, t_y + \delta t_y)$$

因为

$$M^{-1}(\theta, s) = M(-\theta, s^{-1})$$

我们得到

$$\delta\tilde{\mathbf{x}} = M\left\{-(\theta+\delta\theta), [s(1+\delta s)]^{-1}\right\}\left[M(\theta, s)\tilde{\mathbf{x}} + \delta\mathbf{x} - (\delta t_x, \delta t_y)\right] - \tilde{\mathbf{x}}$$

在没有考虑模型的意义下，这个调整是“原始的”（raw）；算法的下一步对此做补偿。

算法 10.7 中描述的过程可以用图 10.14 解释，这里我们看到初始化以及模型在 3 次、6 次、10 次迭代后的掌骨的位置。注意，图中的模型找到了正确的位置，尽管它邻近的强边界可以使其偏移——但这没有出现，因为边缘的形状被紧紧地束缚住了。

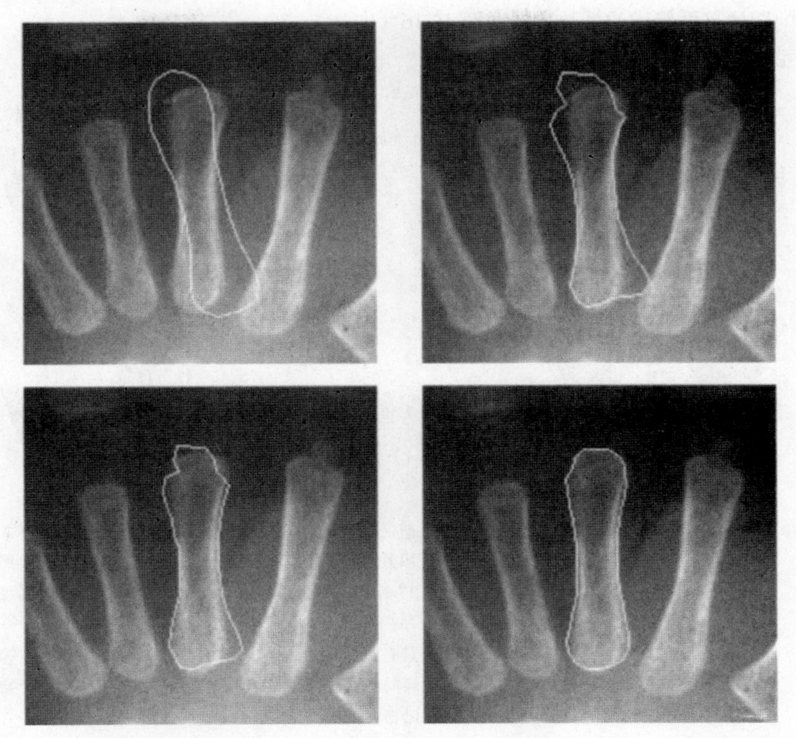

图 10.14　掌骨的 ASM 拟合；不同收敛阶段的结果——初始值、3 次、6 次、10 次迭代后的结果

作为这些算法的应用，第 16.5.1 节的部分内容给出了一个例子。

推广

关于 PDM 和 ASM 的文献已经变得非常丰富——这项技术本身可用于解决范围很广的问题，但是也存在一些缺点。在训练集中标定标记点的劳动强度很大，且在一些应用中很容易出错。在[Duta et al., 1999; Davies et al., 2002a; Frangi et al., 2002]中讨论了自动标定这些点的方法。完成这项工作的另一种方法将在第 16.5.1 节描述。

通过使用多分辨率方法这一普通的思想，也可以提高这种方法的效率 [Cootes et al., 1994]。使用由粗到精（coarse-to-fine）的策略既可以提高最终拟合的质量，也可以减少计算量。

如上所述，这种方法由于控制点只能沿着直线移动，在这种意义下它是严格线性的（尽管是沿着改变最大的方向）；合并不同主方向的贡献，将会产生非线性影响；除了不完整外，这一结果在表示上并不会像它如果在建立模型时直接考虑了非线性因素所可能的那样紧致。这个问题可以有两种方法解决：[Sozou et al., 1994]介绍了**多项式回归的点分布模型**（**Polynomial Regression PDM**），它假设各分量之间具有相关性，较次要的分量是主要分量的多项式组合；另一种方法是由 Heap[Heap and Hogg, 1996]提出的，他引入分量之间的极（polar）关系，推广了线性模型，因此有效地获得了（部分）目标彼此之间旋转的能力。

Frangi 等描述了一种建立心脏的三维统计形状模型的方法[Frangi et al., 2002]。非刚性配准被用于自动建立健康的或者有病的心脏上的标记点的对应关系。这个方法的总体设计是将训练集合中的所有图像对齐到一个标准上去，这个标准可以解释为“平均”形状。当我们得到所有必需的变换，我们可以利用它们的逆变换将在标准上任意采样的标记点转换到每个物体的坐标系中（见图 10.15，同时参见[Zhang et al.,2010]）。这样，虽然仍然需要手动定义每个训练样本的分割，但是在整个训练集合上手动定义对应标记点的负担被解除了。[Lelieveldt et al., 2006；Zhang et al., 2010]中详细描述了这种方法。这种方法用于建立一个三维的 ASM 分割的算法，见图 10.16（a）[van Assen et al., 2003]。这种方法不仅可以处理体积图像数据，还可以处理仅由有限个不同方向的图像平面组成的系数数据（图 10.16（b））。

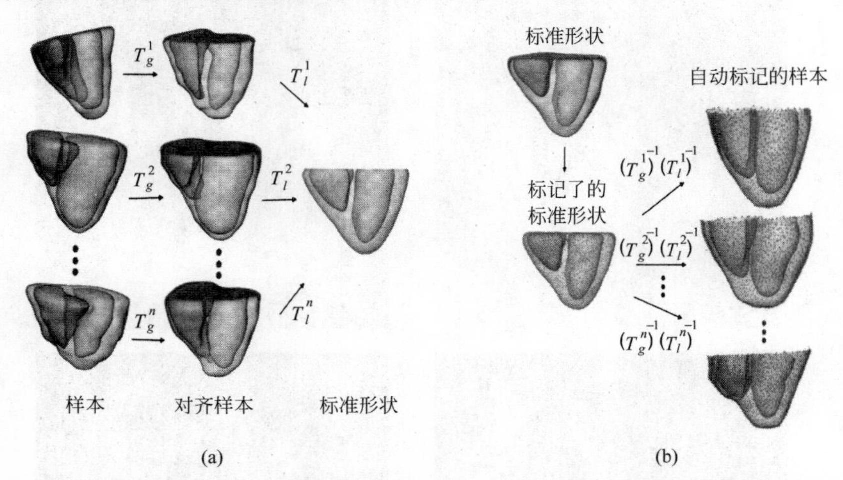

图 10.15 自动标记点定义——在三维中标记心脏心室：（a）一组全局和局部的变换使各个样本规范化到统一的坐标系。全局变换 T_g 用于配准物体，例如通过对齐它们的长轴并把它们放缩到同一个包围盒中。局部变换 T_l 用于将所有样本精确配准到同一个标准形状。这个标准的物体可以是一个与其他所有样本最相似的一个存在的样本。（b）在标准物体上确定标记点——标记点可以随机确定，也可以是标准物体上具有特定属性的点，例如角点、拐点、脊状点等。在标准空间上定义的标记点可以通过一系列局部和全局的逆变换 T_g^{-1} 和 T_l^{-1} 传播到每个物体样本上。利用这种方法我们可以自动地标记物体

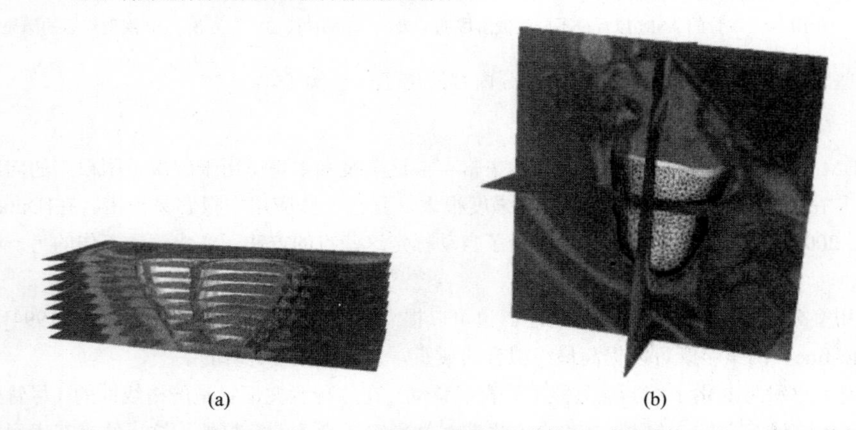

图 10.16 使用 3D ASM 的心脏分割：（a）应用于心脏磁共振体数据。在这种情况下，一个 3D 体积模型以完全 3D 的方式被拟合在体积图像数据上；（b）应用于 3 幅稀疏的任意方向的磁共振图像平面上。在这个例子中，不能获得体积图像数据，而是用一组图像数据存在于其中的（通常）垂直图像平面来近似。完整的三维模型被拟合在 3 个图像平面上。引自[Lelieveldt et al., 2006]

Kaus 等描述了一种将匹配进程嵌入一个弹性形变模型的内部能量项的基于 ASM 的方法。经过手动分割的训练样本被表示为二进制的体，并通过将具有固定点拓扑的目标网格拟合到每个二进制的训练样本上来获得点对应关系。通过连接相邻表面上的顶点并在内部能量项中加入一个连接项来实现多表面耦合。另外，在每个标记点处我们采用了一个空间变化特征模型。统计形状约束被用于允许网格的弹性形变，并具有使未训练形状偏离训练形状的灵活性以减少未训练形状的灵活性。

10.5 活动表观模型

由 Cootes 等人提出的活动表观模型（Active Appearance Model, AAM）将对图像表观及其变化建模与对形状及其变化建模结合起来[Cootes et al., 1999, 2001]。AAM 是 PDM 的推广，与 ASM 配准中仅沿标记点法线扫描图像属性相反，它含有一个整张图片的统计灰度模型。AAM 通过将训练样本卷绕（warping）到平均形状上来建立。显然，这要求网格结点在训练集上所有结点的定义是一致的。将所有样本的亮度图规范化到零均值和单位方差后，我们可以计算亮度图的均值和主分量。然后我们对形状和亮度模型的参数同时进行主分量分析，可以得到一组同时刻画形状和纹理变化的主分量。

AAM 分割建立在对亮度模型和目标图像间的误差刻画准则的最小化上。这使 AAM 的配准阶段中搜索模型的正确位置的过程可以很快。模型生成的图像与目标图像之间的误差的平方和可以作为刻画配准质量的一个简单标准。

AAM 的一个主要优点在于物体的形状和对应的图像表观是通过一系列分割好的样本训练出来的。与 ASM 一样，AAM 是由在原始图像中交互式定义的分割边界训练得到的。因此，AAM 能够刻画观察者的偏好和对应的图像证据之间的联系，使得它非常适用于对专业观察者的行为建模。AAM 的另一个优点在于多个物体可以在它们的空间嵌入中进行建模。二维 AAM 及其在图像分割中的应用在[Cootes and Taylor, 2004]中有详细的叙述。

对图像表观进行建模

在 ASM 中，我们仅利用到图像表观中的有限的信息。对于每个标记点，我们对通常垂直于形状的扫描线进行采样，而每个标记点的亮度模型由类似于生成形状模型的方法生成。在 ASM 定位搜索过程中，局部表观模型用于生成所提出的边界点。显然，ASM 中仅对局部表观进行了建模。

而在 AAM 则利用图像块中一个综合的形状-表观模型来描述图像表观和形状[Cootes and Taylor, 2004]。在下面的等式中，下标 s 对应形状参数而下标 g 表示表观或灰度参数。AAM 的建立过程如下：

算法 10.8 AAM 构建

1. 建立一个 ASM 并用本征向量的线性组合表示每个样本的形状，其中 $\mathbf{b}_s = P_s^T(\mathbf{x}-\overline{\mathbf{x}})$ 表示样本的形状参数式（10.4）。
2. 利用线性或非线性插值将所有样本图像卷绕到平均形状上。
3. 将每个样本图像规范化到平均亮度和单位方差 $\overline{\mathbf{g}}$。
4. 在规范化后的亮度图像上进行主分量分析。
5. 用本征向量的线性组合表示亮度样本，其中 $\mathbf{b}_g = P_g^T(\mathbf{g}-\overline{\mathbf{g}})$ 表示样本的灰度参数。
6. 将形状系数 $\mathbf{b}_s$ 与灰度系数 $\mathbf{b}_g$ 以如下方式连接：

$$\mathbf{b} = \begin{bmatrix} W\mathbf{b}_s \\ \mathbf{b}_g \end{bmatrix} = \begin{bmatrix} WP_s^T(\mathbf{x}-\overline{\mathbf{x}}) \\ P_g^T(\mathbf{g}-\overline{\mathbf{g}}) \end{bmatrix} \tag{10.7}$$

   其中 W 是联系形状系数和灰度系数不同单位的对角权重矩阵。

7. 在样本集中所有的 $\mathbf{b}$ 向量上进行主分量分析，得到模型：

$$\mathbf{b}=Q\mathbf{c} \tag{10.8}$$

   其中矩阵 Q 由本征向量（从式（10.7）得到）组成，$\mathbf{c}$ 是描述模型的实例偏离平均形状与平均表观的差的模型系数。换句话说，如果 $\mathbf{c}=0$，对应的模型实例就是平均形状和平均表观。

图 10.17 是利用多幅人脸表情图像建立的 AAM 的例子。图中显示了人脸图像集的平均表观以及模型在形状和灰度表观参数的某一维上的变化。

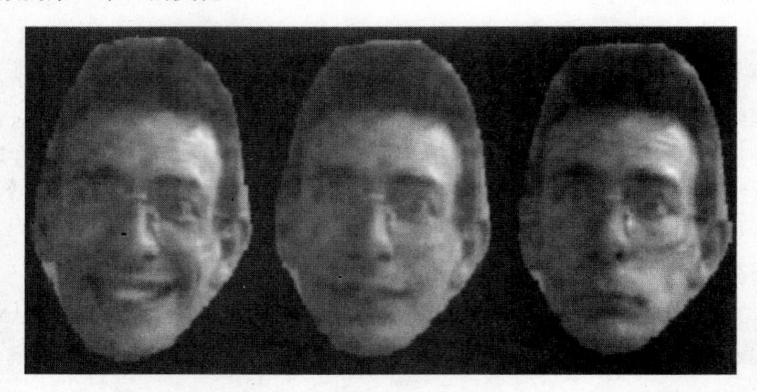

图 10.17 Tim Cootes 博士脸的表观模型。中间的图是平均形状和表观，左、右两图是参数 **c** 沿着形状和灰度表观参数中的某一维变化时形状和表观的变化

AAM 分割

AAM 的配准包括确定仿射变换或相似变换，全局亮度参数和表观参数使得表观模型中的对应的实例与目标图像之间的误差的均方根（root-mean-square, RMS）最小。Cootes 所描述的方法[Cootes and Taylor, 2004]建议使用一种梯度下降的方法，这种方法将模型生成的图像与目标图像之间的误差与模型参数联系起来。

设 **t** 为变换 T 的参数，**u** 为全局亮度参数。如前文所述，形状 **x** 可以通过表观参数 **c** 和变换参数 **t** 导出。目标图像中被形状 **x** 包围的灰度向量 $\mathbf{g}_s = T\mathbf{u}^{-1}\left(g_{im}\right)$ 可以利用图像卷绕得到。$\mathbf{g}_{im}$ 表示由目标图像卷绕到平均形状得到的图像块。模型生成的灰度向量 $\mathbf{g}_m$ 可以由表观参数 **c** 导出并根据全局亮度参数 **u** 进行调整。

如下文所述，矩阵 **R** 可以在一个已知的模型参数集合上利用一阶泰勒展开导出。由于泰勒展开实现简单，计算迅速，需求内存少，且得到的结果不差于降秩多元线性回归的方法，泰勒展开的方法取代了早期 AAM 研究中采用的降秩多元线性回归的方法[Cootes et al., 2001; Stegmann, 2004]。在训练图像集合中，我们可以通过随机扰动模型参数 **c**、**t** 和 **u** 来生成 $\mathbf{g}_s$ 与 $\mathbf{g}_m$ 之间的残差 **r**。为了得到更好的结果，参数的随机扰动需要被限制在一个相对小的范围内。残差向量 **r** 可以由 **p** 参数化表示如下：

$$\mathbf{r}(\mathbf{p})=\boldsymbol{g}_s(\mathbf{p})-\mathbf{g}_m(\mathbf{p}) \tag{10.9}$$

其中 $\mathbf{p}^T=(\mathbf{c}^T|\mathbf{t}^T|\mathbf{u}^T)$。根据参数的扰动和差图像，我们可以得到在最佳参数向量附近的参数 $\tilde{\mathbf{p}}$ 处的一阶泰勒展开的最小二乘解：

$$\mathbf{r}(\tilde{\mathbf{p}}+\delta\mathbf{p}) \approx \mathbf{r}(\tilde{\mathbf{p}}) + \frac{\partial \mathbf{r}(\tilde{\mathbf{p}})}{\partial \mathbf{p}}\delta\mathbf{p} \tag{10.10}$$

其中的雅克比矩阵如下：

$$\frac{\partial \boldsymbol{r}(\tilde{\mathbf{p}})}{\partial \mathbf{p}} = \frac{\partial \mathbf{r}}{\partial \mathbf{p}} = \begin{bmatrix} \frac{\partial \mathbf{r}_1}{\partial \mathbf{p}_1} & \cdots & \frac{\partial \mathbf{r}_1}{\partial \mathbf{p}_M} \\ \vdots & \ddots & \vdots \\ \frac{\partial \mathbf{r}_N}{\partial \mathbf{p}_1} & \cdots & \frac{\partial \mathbf{r}_N}{\partial \mathbf{p}_M} \end{bmatrix} \tag{10.11}$$

其中 M 为模型参数的个数，N 为残差向量 **r** 的维数。$\tilde{\mathbf{p}}$ 表示参数向量 **p** 的估计，而 **p***为最佳参数值。我们可以迭代地利用参数更新来使残差向量逐渐趋近于 0，最终得到最佳的参数配置。参数更新的最佳值为：

$$\delta\mathbf{p} = \arg\min_{\delta p} \left\|\mathbf{r}(\tilde{\mathbf{p}}+\delta\mathbf{p})\right\|^2 \tag{10.12}$$

为使$\left\|\mathbf{r}(\tilde{\mathbf{p}}+\delta\mathbf{p})\right\|^2 = 0$，所需要的参数更新值可由泰勒展开的最小二乘解给出：

$$\delta \mathbf{p} = -\left(\frac{\partial \mathbf{r}^T}{\partial \mathbf{p}}\frac{\partial \mathbf{r}}{\partial \mathbf{p}}\right)^{-1}\frac{\partial \mathbf{r}^T}{\partial \mathbf{p}}\mathbf{r}(\tilde{p}) = -\mathbf{R}\mathbf{r}(\tilde{\mathbf{p}}) \tag{10.13}$$

这等价于计算图像差的目标函数的梯度。虽然对于每个 $\tilde{\mathbf{p}}$ 似乎都要重新计算雅克比矩阵（这显然是很耗时的），然而由于 AAM 是应用在一个标准的参考帧上，因此我们可以做如下近似：

$$\frac{\partial \mathbf{r}(\tilde{\mathbf{p}})}{\partial \mathbf{p}} \approx \frac{\partial \mathbf{r}(\mathbf{p}^*)}{\partial \mathbf{p}} \tag{10.14}$$

在进一步的简化中，右式可以在所有训练样本中被当作恒定的。因此，矩阵 $\mathbf{R}$ 是固定的并可以在 P 个样本的训练集中利用数值微分一次性求出。计算出扰动参数对应的残差后，需要加上一个核 ω 以达到平滑的效果。对于第 k 个扰动后的参数 $\mathbf{e}_j$，雅克比矩阵的第 j 列可做如下估计：

$$\frac{\partial \tilde{\mathbf{r}}}{\partial p_j} = \frac{1}{P}\sum_{i}^{P}\sum_{k}\omega(\delta p_{jk})\frac{\mathbf{r}(\mathbf{p}_i^* + \delta p_{jk}\mathbf{e}_j) - \mathbf{r}(\mathbf{p}_i^* - \delta p_{jk}\mathbf{e}_j)}{2\delta p_{jk}} \tag{10.15}$$

其中和函数 ω 可以选取高斯函数[Cootes et al., 2001]或者均匀分布[Stegmann, 2004a]。这种方法允许我们预先计算矩阵 $\mathbf{R}$，因此在所有的基于 AAM 的分割方法中得到应用。

对应的模型更新步骤可如下计算：

$$\delta \mathbf{p} = -\mathbf{R}(\mathbf{g}_s - \mathbf{g}_m) \tag{10.16}$$

AAM 配准的算法如下：

算法 10.9　活动表观模型匹配

1. 根据参数 **c**、**t** 和 **u** 得到一个粗略的表观模型，并计算它与目标图像的差图像 $\mathbf{g}_s - \mathbf{g}_m$。
2. 计算差图像的均方根（RMS），$E(\mathbf{r}) = \|\mathbf{r}\|^2$。
3. 根据上文推导（式（10.16））由差图像计算模型参数更新量 $\delta\mathbf{p}$。
4. 令 $k = 1$。
5. 计算更新后的模型参数：$\mathbf{c} := \mathbf{c} - k\delta\mathbf{c}$，$\mathbf{t} := \mathbf{t} - k\delta\mathbf{t}$，$\mathbf{u} := \mathbf{u} - k\delta\mathbf{u}$。
6. 根据更新后的参数，重新计算 $\mathbf{g}_s - \mathbf{g}_m$ 及其均方根。
7. 若均方根小于 E，接受更新后的参数并跳到第 3 步。
8. 否则分别令 k 等于 1.5、0.5、0.25 等，跳到第 5 步。重复执行第 5～8 步，直到误差不再减小。

图 10.18 给出了利用基于 AAM 对心脏心室的二维磁共振图像进行分割的示例。在心脏分割中，模型的初始位置根据利用圆的霍夫变换（第 6.2.6 节）检测得到的左心室的估计位置确定。

AAM 非常适用于物体定位，相对于精确定位物体的边界，AAM 更适合配准物体的表观。AAM 的算法可以得到近似的结果，但边界可能并不精确。这是由于 AAM 优化的是全局表观，因此相对于通常使用局部结构和边界信息的其他分割算法它对其不是非常敏感（见图 10.19（a）和图 10.19（b））。

ASM 趋向于比较好地寻找局部结构。ASM 通常根据边缘或垂直于形状边界的边缘模式将一个只描述形状的模型配准到目标图像中。ASM 的能力来源于图像边缘与形状边界的直接联系。然而，ASM 相对于初始位置非常敏感而且并没有利用全局的灰度表观信息。

不出所料，在优化的最后阶段混合使用 ASM 和 AAM 可以提高分割时物体边界定位的精度（见图 10.19（c））。当第一阶段的 AAM 配准收敛后，我们可以分别独立地执行 ASM 与 AAM，并将它们在每次迭代中得到的参数结合起来：从 AAM 中提取出相应的形状模型 $\mathbf{b}_s$ 后，仅用形状模型及姿态参数 **t** 拟合边界点，然后利用更新后的形状模型变换更新 AAM；同时，利用 AAM 可以得到一组形状和姿态参数。最后可利用加权平均将这两组参数合并。这种多阶段混合 AAM 的详细介绍可参见[Mitchell et al., 2001]。

高维数据的 AAM

最初，大部分 PDM、ASM、AAM 的技术都应用在二维建模及配准问题上。由于许多现代图像模式可

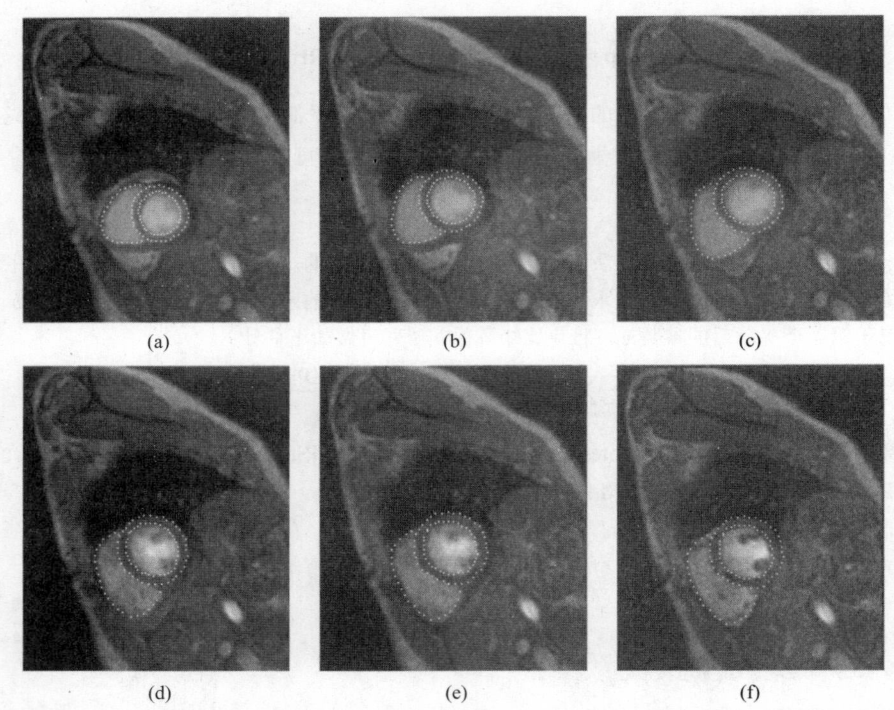

图 10.18　利用 AAM 进行心脏分割：（a）配准过程开始时，将一个平均的 AAM 放在目标的大致位置上；（b）～（e）模型的优化步骤，在此过程中将最小化目标图像数据和模型的差，模型的位置、方向、形状和表观不断地变化。注意，模型表观从开始几乎是灰度均匀的平均表观到结束时的可以显示出左心室的乳沟肌（圆形的左心室中的黑点）的近似匹配的变化；（f）最终模型的位置决定了图中叠加在原始图像上的分割边界

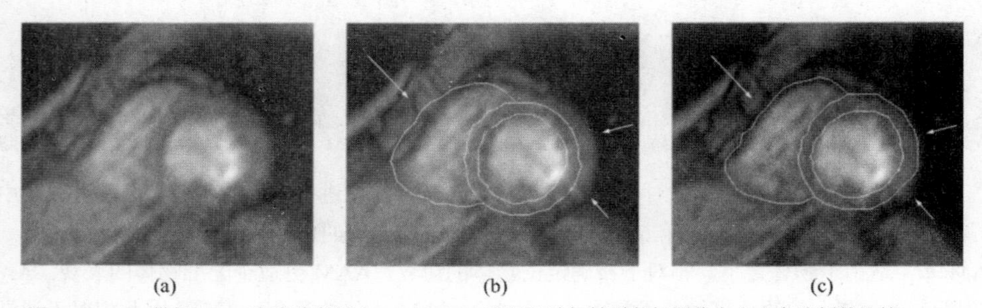

图 10.19　2D 常规 AAM 和多阶段混合 ASM/AAM 进行心脏短轴磁共振图像左右心室分割的比较：（a）原始图像；（b）常规 AAM 分割，在灰度表观层是符合的，但在局部边缘定位上较差；（c）混合 ASM 和 AAM 方法的结果在边缘定位（箭头所指处）上有明显改进

以表达三维或者四维（动态三维）图像数据，我们需要对这些方法向高维推广。在将 PDM 向三维或更高维推广时，数据点的对应非常重要；在大训练形状的数据库中，标记点的定位必须是一致的，否则会得到一个目标类的错误的参数化形状。在 ASM 和 AAM 建模中我们可以使用相同的标记方法。在二维的情况下，最直接的方法是在两个特征标记点之间沿着边界均匀采样标记点，尽管这种方法可能是次优采样。在三维的情况下，在三维物体表面定义唯一的标记点采样方法比二维的情况要复杂且烦琐。建立三维点对应的三种主要方法如下：

- 利用参数化对应：这种方法通常应用于可以用球面或柱面坐标系描述的相对简单的几何体，并要求有少数定义好的标记点来固定坐标系。在所有的样本上应用这个坐标定义即可得到参数化对应 [Mitchell et al., 2002]。

- 通过将一个样本的三维表面镶嵌（tessellation）映射到所有其他样本上来对齐或拟合表面，从而实现对应。如[Lorenz and Krahnstover, 2000]提出了一个三维的可变形表面用于配准新样本的二元分割。将匹配模板的镶嵌投影到新样本上，我们可以得到这个新样本的对应。或者，我们可以利用非刚性体对准以在训练样本中进行密集对应（见图 10.15）。这些方法的优势在于可以处理拓扑较复杂的形状。
- 通过最佳编码对应：Davies 等曾利用最小描述长度（Minimum Description Length, MDL）的准则根据给定标记点分布对整个训练集进行编码的能力来衡量对应的质量[Davies et al.,2002a,b]。这些 MDL 编码模型优化的是模型的紧致性和特异性[Stegmann, 2004b]。

二维 + 时间 AAM

[Bosch et al., 2002; van der Geest et al., 2004]中提出一种对时间维同时进行建模的二维时序推广。除了空间上的对应，这种方法还通过定义“标记点时间帧”来确定时间上的对应。利用最近邻插值的方法对形状进行插值可以得到一定量的帧。这种时间上的对应允许形状和亮度向量在整个序列中可以简单地连接起来并当做二维图像进行处理。前文所述的二维 AAM 方法可以直接应用。尽管严格地讲，这并不是一个完全三维的模型，但所有帧的分割是同时执行的，并可以得到时间连续的结果。这种方法曾应用在超声图像序列[Bosch et al., 2002]及磁共振心脏切片图像序列[van der Geest et al., 2004]上。

三维 AAM：体积表观的建模

如前文所述，ASM 利用局部亮度模型在标记点的邻域内进行更新。而 AAM 同时对形状和整个体积亮度进行建模，并通过配准模型和目标图像来拟合模型[Mitchell et al., 2002]。

将所有样本体积卷绕到平均形状上去除形状变化后，我们可以得到体素的对应，从而建立整个立体的表观模型。为将一幅图像 $\mathbf{I}$ 卷绕到新图像 $\mathbf{I}'$，我们需要建立一个将控制点及中间点 $\mathbf{x}_i$ 映射到 $\mathbf{x}'_i$ 的函数。在二维的情况下，可以利用标记点建立一套三角形的形状区域，然后应用分段仿射卷绕或薄板样条卷绕。

而在三维模型中，分段仿射卷绕可以推广到三维的情况，其中每个基元是利用四个顶点 $\mathbf{x}_1$、$\mathbf{x}_2$、$\mathbf{x}_3$ 和 $\mathbf{x}_4$ 表示的四面体。四面体中任意一点可表示为：$\mathbf{x}=\alpha\mathbf{x}_1+\beta\mathbf{x}_2+\gamma\mathbf{x}_3+\delta\mathbf{x}_4$。通常情况下，立体的四面体表示可以由三维 Delaunay 三角剖分算法得到。由于所有样本体积都分别卷绕到平均体积上，每个固定体素点的重心坐标 α、β、γ、δ 可以预先计算，从而去除配准过程中为每个体素点寻找外包四面体的耗时的过程。

如前文所述，在卷绕过程之后，我们将形状无关的亮度向量的均值规范为 0，方差规范为 1，接着，根据这些形状无关亮度向量利用主分量分析建立亮度模型。根据 AAM 的原则，AAM 结合了形状信息和亮度信息。最后，在形状和亮度模型的参数上再执行一次主分量分析，可以得到最终的表观模型[Cootes et al., 2001]。

三维中的模型配准与二维 AAM 配准类似，即最小化描述了模型形状与表观的一致性的目标函数，从而确定模型在目标上的位置。在二维情况下，梯度下降的方法需要知道目标亮度与模型生成亮度的误差函数的偏导数。而这个函数并不能解析地表示，因此我们用一个固定的矩阵来近似表达这些偏导数，这个矩阵是在一个已知训练图像集中随机扰动模型的系数并观察差图像的变化得到的（如上文所述，模型系数的扰动需要有适当的限制）[Cootes et al., 2001]。图 10.20 显示了模型配准中从初始位置到最终配准结果的过程。我们可以通过引入类似 ASM 的扫描线特征来提高 AAM 的上下文感知能力和锁定范围，从而提高三维 AAM 的配准质量[Stegmann, 2004b]。除了典型的计算时间减少外，还可以对多个模型初始位置进行穷举搜索，进一步提高算法对于初始化的鲁棒性。

多视角 AAM

可用的图像数据有时包含同一物体在不同视角下相互关联的图像。由于这样的数据描述同一物体的不同视角，因此在不同视角下的形状特征和图像外观是高度关联的。多视角 AAM 则利用了不同视角下的连贯性和相关性。模型的训练和配准在多个（二维）视角下同时进行，结合所有视角的信息给出分割结果。在不同

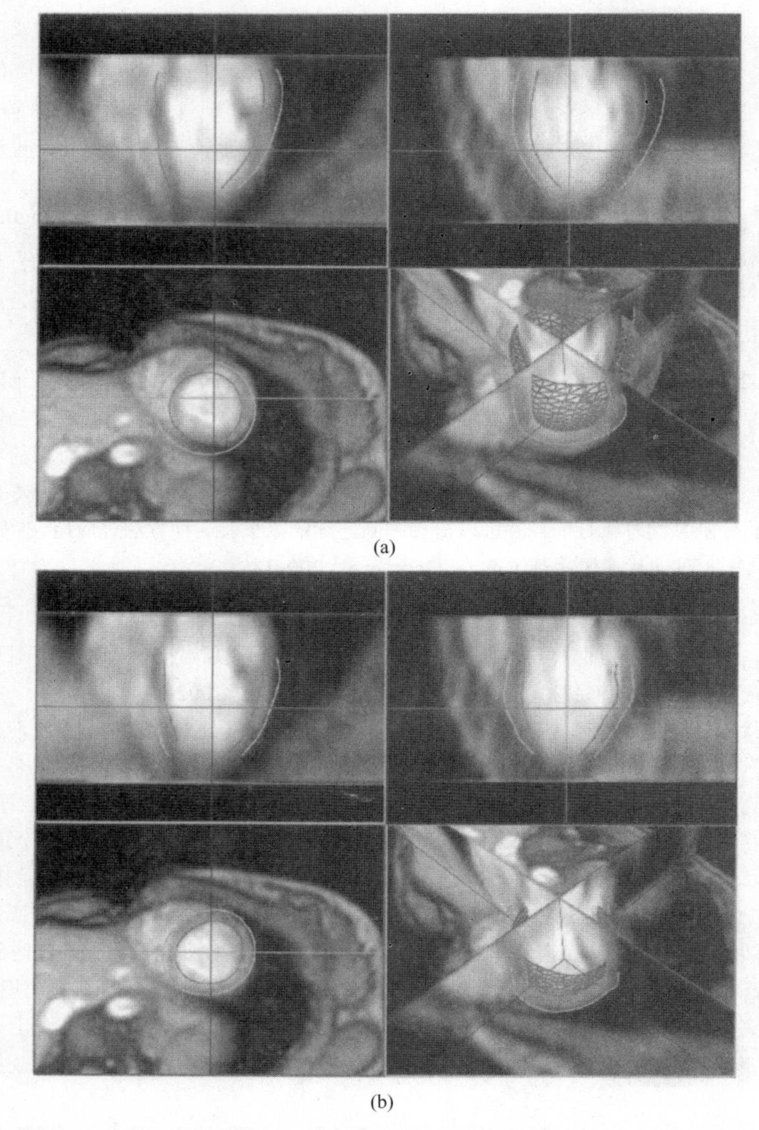

图 10.20 三维 AAM 配准过程：（a）体数据集中模型的初始位置；（b）最终配准结果。图中直线表示其他两个切面图像的位置。本图的彩色版见彩图 22

的视角中分别对其训练样本的形状，然后将 N 个视角中的形状向量 $\mathbf{x}_i$ 连接起来得到 N 个视角中的形状向量的定义：

$$\mathbf{x} = (\mathbf{x}_1^T, \mathbf{x}_2^T, \mathbf{x}_3^T, \cdots) \tag{10.17}$$

一个同时包含所有帧的形状模型可以通过在结合得到的形状的协方差矩阵上执行主分量分析来建立。模型中的主分量表示形状的变化，这种变化内在地耦合了所有视角。灰度模型也可利用同样的方法处理：将第 i 个视角的图像块卷绕到对应的平均形状上，然后采样成一个灰度向量 $\mathbf{g}_i$，将每个视角中灰度向量以 0 均值单位方差规范化后，连接起来得到

$$\mathbf{g} = (\mathbf{g}_1^T, \mathbf{g}_2^T, \mathbf{g}_3^T, \cdots) \tag{10.18}$$

与其他 AAM 类似，我们对连接得到的样本亮度向量的协方差矩阵进行主分量分析。这样，每个训练样本都可由一组形状和表观参数表达。形状-灰度向量结合起来计算得到一个组合的模型。在这个模型中，所

有视角的形状和表观是高度相关的。

与其他AAM相同，我们可通过对模型参数、姿态参数和纹理参数添加扰动并测量差图像来估计用于计算参数更新的梯度矩阵。由于模型中不同视角的相关性，对单一模型参数的扰动会同时造成所有视角中的残差。而每个视角的姿态参数是单独扰动的。训练得到的模型可以适应不同视角下的细微姿态变化，而所有视角下的形状和亮度梯度则是相关的。在配准过程中，每个视角小的姿态变换是独立的，而模型参数则天然地同时影响所有帧。可能的形状和亮度变化在所有视角中同时耦合，而姿态参数向量则是在各个视角下分别优化得到的。

多视角AAM被成功应用于长轴心脏磁共振图像和左心室血管造影中[Oost et al., 2003, 2006]。图10.21给出在结合长轴和短轴的心脏核共振扫描图像的配准结果的示例。

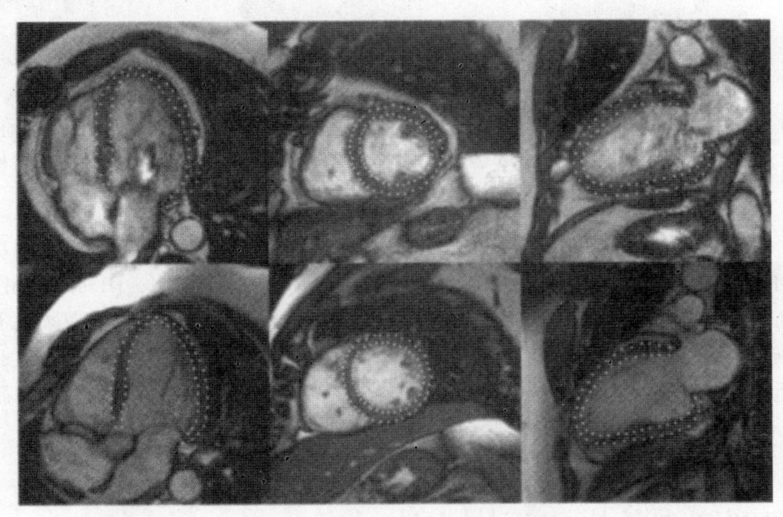

图10.21 利用多视角活动表观模型在两个病人（上下两行）的4室视角（左），短轴视角（中）和2室视角（右）的图像中检测轮廓（白色点划线）

推广

ASM和AAM在人脸识别和建模[Bettinger and Cootes, 2004; Cristinacce et al., 2004]及医学图像分析中有许多成功的应用。在将ASM和AAM从二维推广到更高的维度时，标定点对应的定义是最关键的问题[Twining et al., 2006; Kittipanyangam and Cootes, 2006; Cootes and Taylor, 2006]。

ASM的配准根据标记点邻域内的图像信息局部更新模型。将ASM推广到三维情况的主要挑战在于利用一个鲁棒的分类器（最好是模式和训练独立的）产生更新的标记点。另外，中介网格的使用以及局部网格更新使得ASM在稀疏，任意朝向的图像平面上的应用成为可能，而由于AAM需要一个密集采样的亮度体数据，AAM不能在这方面得到应用。而AAM在高维中主要的推广是在三维中定义一个鲁棒的体镶嵌。在二维+时间、三维+时间以及多视角方面的推广主要依赖于连接多个时间实例或多个集合视角中的形状和亮度向量。

ASM和AAM的一个主要的优点，同时也是局限，在于它们对于一个均衡且具有代表性的训练集的依赖。当训练样本的数量有限或遇到不具代表性的情况时，形状模型可能会过于约束分割结果以至于接近平均形状。Kaus等曾经提出并简单论述过当模型接近于最终结果时加入松弛约束可以解决这个问题[Kaus et al., 2004]。[Beichel et al., 2005a]中提出另一种处理分析数据中对象的严重干扰的办法，这种方法不需要任何关于灰度值干扰的种类或配准过程中差图像的期望幅值的假设，见图10.22。这种方法由两步组成。首先，利用基于均值移位的模式检测（见第7.1节）的方法分析差图像，然后，利用一个目标函数选择出一个模式的组合使得其中没有明显的异常值。这种方法使鲁棒性得到很大的提高，使得分割方法能够容忍最多50%的面积含有异常信息的情况。

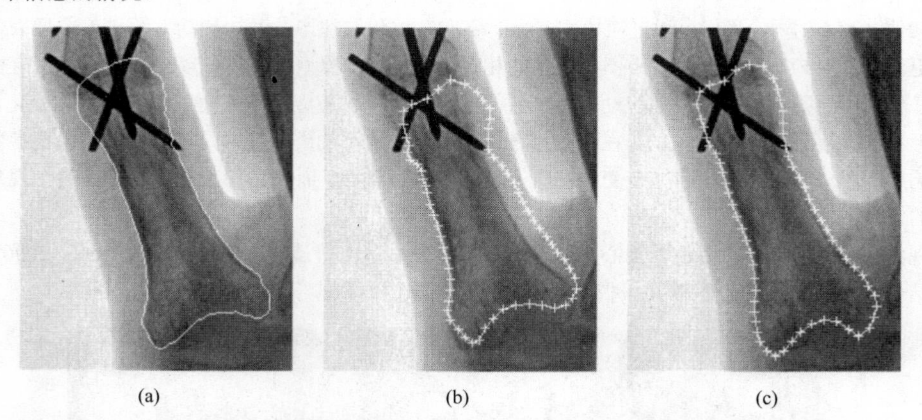

(a) (b) (c)

图 10.22 具有埋植剂的近端指骨的 X 光图像的鲁棒的 AAM 分割：（a）人工确定的指骨轮廓；（b）AAM 的分割结果，其中标记点用“+”表示；（c）鲁棒的 AAM 能够处理由埋植剂造成的灰度干扰并给出合格的结果

ASM 和 AAM 配准中的参数可以用于图像理解。例如在医学应用中，对特定器官的功能状态的计算机辅助诊断经常可以提供一些通过其他方法很难甚至不能得到的一些诊断信息。[Bosch et al., 2005] 中展示了二维+时间 AAM 在超声心动图像中检测室壁运动异常的能力。而这个任务对于专家来说十分困难且具有很大的观察者横向差异。当根据 ASM 和 AAM 的参数得到的对目标状态的全局评估并不足够时，我们需要更加局部化的分析。这种情况下，独立分量分析可替代经典的主分量分析以确定目标的局部属性与正常模式的差异[Suinesiaputra et al., 2004]。

10.6 图像理解中的模式识别方法

在图像理解中经常会使用模式识别的方法（见第 9 章）——基于分类器的多谱图像（卫星图像、磁共振医学图像）的分割是一个典型的例子。

10.6.1 基于分类的分割

基于分类器的图像分割的基本思想与统计模式识别一样。考虑一幅脑部的磁共振图像（MRI），并且假设问题为要寻找脑白质（White Matter，WM）、脑灰质（Gray Matter，GM）和脑脊髓液（Cerebro-Spinal Fluid，CSF）的区域。假设图像数据可以从 T2-加权图像和 PD-加权图像这样的多旋转回波（multi-spin-echo）图像中得到（参见图 10.23）。可以看出来，单幅图片是不能用于检测所需要的区域的。

图像指定通道的像素灰度值以及它们的组合、局部纹理特征等，都可以作为特征向量的元素，我们可以为每个像素指定这样的特征向量。如果考虑一幅磁共振脑部图像，四个特征 PD、T2、PD–T2、PD×T2 可用于构造向量；随后的基于分类器的图像理解可以采用监督式学习或非监督学习的方法。

如果分类器采用监督式学习的方法，那么需要先验知识得到训练集（参见图 10.24（a））；分类器的学习是基于训练集的，这部分内容可以参考第 9.2.4 节。在图像理解阶段，从局部多谱图像像素值中得到的特征向量作为分类器的输入，该分类器将会为图像的每个像素分配一个标记。可以通过给像素做标记（label）的方式实现图像理解；为磁共振的脑部图像像素分配标记，可以参考图 10.24（b）。这样，图像理解处理将多谱图像分割成不同的区域，每个区域都有各自的标记；在这个例子中，检测出了脑白质、脑灰质和脑脊髓液区域，并分别标记。

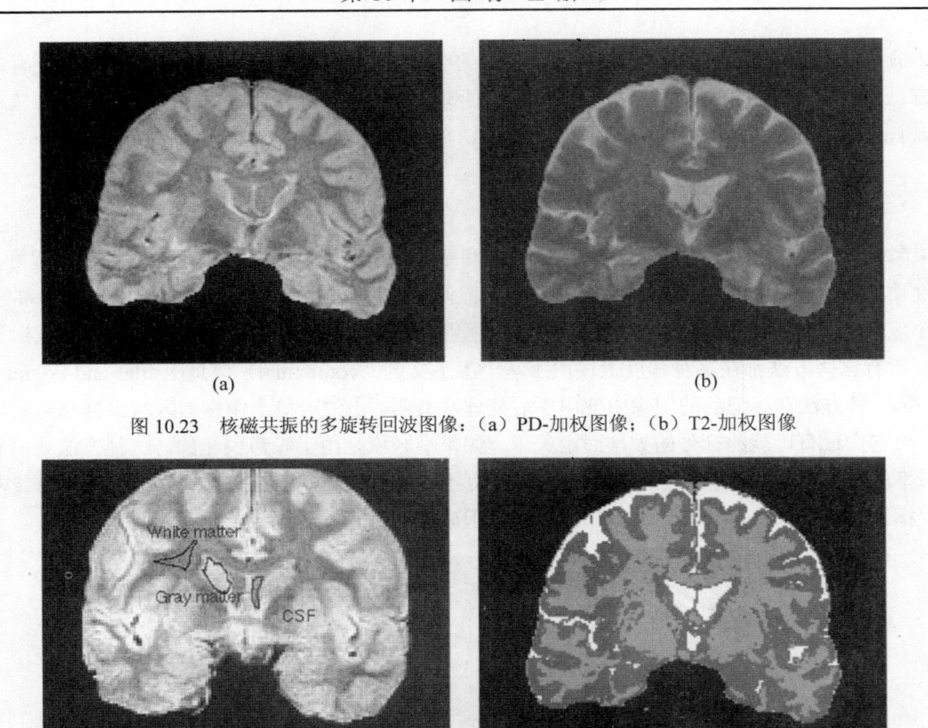

(a)　　(b)

图 10.23　核磁共振的多旋转回波图像：（a）PD-加权图像；（b）T2-加权图像

(a)　　(b)

图 10.24　标记核磁共振的脑部图像：（a）训练集图像结构；（b）监督式学习得到的分类器标记区域的结果

在监督式学习分类的方法中，训练集的构建使得人工的交互操作是必要的。但是，如果使用非监督式学习的分类方法，就可以避免训练集的构建了（参见第 9.2.6 节）。结果是像素和像素簇的标记与各类之间没有一一对应的关系。这表明图像已经被分割，但是并没有适合于图像理解的标记。幸运的是，先验信息经常可用于为像素簇分配合适的标记，而不需要人的手工干预。在磁共振的脑部图像的例子中，通常我们都知道，在 T2 加权的图像中，脑脊髓液可以形成颜色较浅的一簇像素，而脑灰质对应的像素簇颜色较深。根据这个信息，可以为像素簇分配合适的标记。观察图 10.25，它显示了特征空间中像素簇的信息以及采用非监督式学习的分类标记的结果。

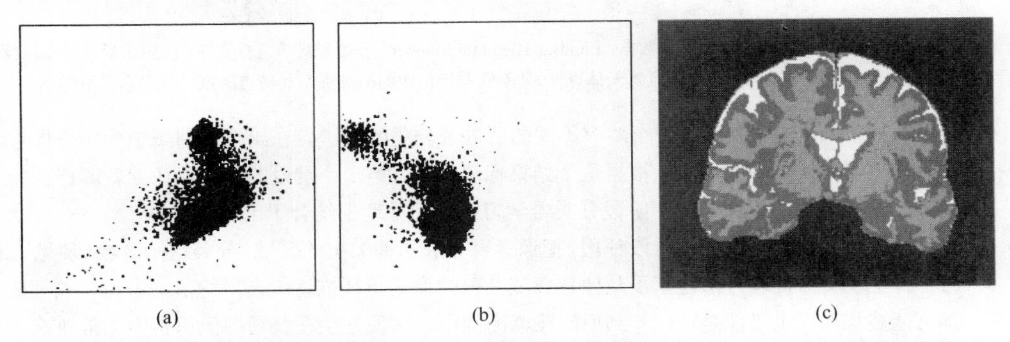

(a)　　(b)　　(c)

图 10.25　标记核磁共振的脑部图像：（a）特征空间的聚类形态，（PD，T2）平面；（b）特征空间的聚类形态，（PD，PD×T2）平面；（c）非监督式学习分类器标记的结果

在磁共振脑部图像的监督式学习方法中，使用了贝叶斯最小错误分类的方法，而在非监督式标记的方法中采用了像素聚类分析（cluster analysis）的 ISODATA 方法。结果的有效性证明了这种方法具有高准确性；

进一步，监督式和非监督式的方法给出了几乎相同的结果[Cohen, 1991a, Gerig et al., 1992]。还有很多其他的使用局部或全局图像特征的分割方法；使用图分割和数据聚类的方法是很有希望的[Wu and Leahy, 1993; Comaniciu and Meer, 1997]。

10.6.2 上下文图像分类

如果频谱特性足以决定良好的分类，那么上面介绍的方法对于没有噪声干扰的图像效果很好。如果类中的像素性质显示出有噪声或有显著的变化，那么图像分割的结果将会由于错分类，形成很多小的区域（经常只有一个像素大小）。有几种标准的方法可以用于避免错分类的发生，它们在基于分类的区域标记中是非常普遍的。所有这些方法都在某种程度上使用了基于上下文的（contextual）信息[Kittler and Foglein, 1984a]。

- 第一种方法在标记后的图像中使用了后处理滤波器。小的或单个像素的区域根据局部邻域信息分配给它们最有可能的标号的处理而消失了。如果小区域是由于噪声引起的，这种方法就很有效。但不幸的是，小区域可能是原始多谱图像中拥有不同属性的真实区域，在这种情况下，滤波器将会恶化标记后的结果。后处理滤波器广泛使用在遥感应用中（参见图 10.26）。

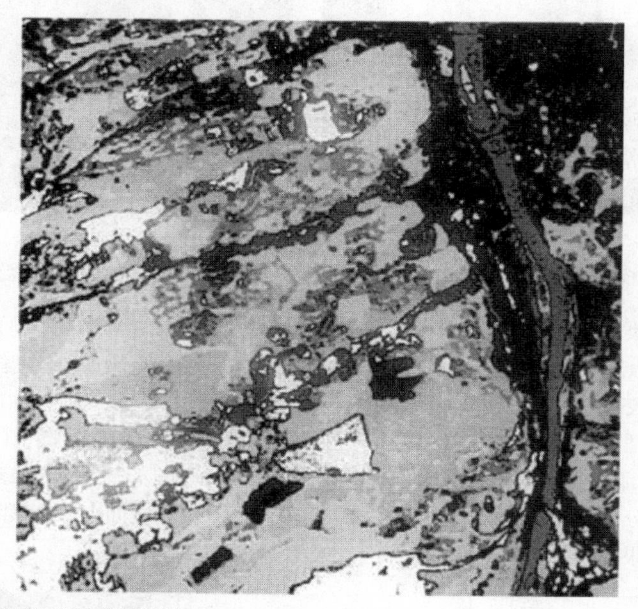

图 10.26 Prague（布拉格）的遥感图像数据，Landsat Thematic Mapper。非监督式学习分类器，使用了后处理滤波器：白色区域——没有植被（注意露天体育场），不同灰度色调的植被类型和城市区域（将显示成不同颜色）

- 在[Wharton, 1982]中介绍了一个略有不同的后处理分类的改进。在给定的邻域中为每个像素建立新的特征向量并实现像素分类，根据这个结果标记像素，第二个阶段的分类器依据新的特征向量为像素分配最终的标记。在第二个阶段分类器学习的标记处理中结合了上下文信息。
- 上下文也可以在较早的处理阶段使用，把像素合并成同种类型的区域，分类这些区域（参见第 6 章）。
- 另一种上下文前处理方法是基于从像素邻域获得的像素特征描述的。平均值、方差、纹理描述等，都可能被加入（也可能是替代）到原始频谱图像中。这种方法在纹理图像识别中非常普遍（参见第 15 章）。
- 同一个分类处理阶段结合使用频谱信息和空间信息[Kittler and Foglein, 1984a,b; Kittler and Pairman, 1985]。标记的分配不仅仅是根据特定像素的多谱灰度性质，而且还要考虑到像素邻域中的上下文。

这一节将会讨论最后这种方法。

图像数据的上下文分类是基于贝叶斯最小错误分类器的（参见第 9.2.3 节，式（9.17））。对每个像素 $\mathbf{x}_0$，一个由像素在指定邻域 $N(\mathbf{x}_0)$的值 $f(\mathbf{x}_i)$构成的向量用作像素 $\mathbf{x}_0$ 的特征表示。每个像素可以用一个向量表示：

$$\xi=\left(f\left(\mathbf{x}_0\right),f\left(\mathbf{x}_1\right),\cdots,f\left(\mathbf{x}_k\right)\right) \tag{10.19}$$

这里

$$\mathbf{x}_i\in N\left(\mathbf{x}_0\right)\quad i=0,\cdots,k$$

还要定义更多的向量，在后面会使用到。设像素邻域 $N(\mathbf{x}_0)$的标记（类别）表示成向量（参见图 10.27），

$$\eta=(\theta_0,\theta_1,\cdots,\theta_k) \tag{10.20}$$

其中

$$\theta_i\in\{\omega_1,\omega_2,\cdots,\omega_R\}$$

而 ω_s 表示分配的类别。进一步，假设邻域中的标记不包含像素 $\mathbf{x}_0$ 用如下向量表示

$$\tilde{\eta}=(\theta_0,\theta_1,\cdots,\theta_k) \tag{10.21}$$

理论上，邻域的大小是不受限制的，但是一般都认为上下文信息的大部分在像素 $\mathbf{x}_0$ 的一个小邻域中。这样，考虑四连通或是八连通的 3×3 的邻域是合理的（参见图 10.27）；同时，邻域变大，将会导致计算需求量指数级增长。

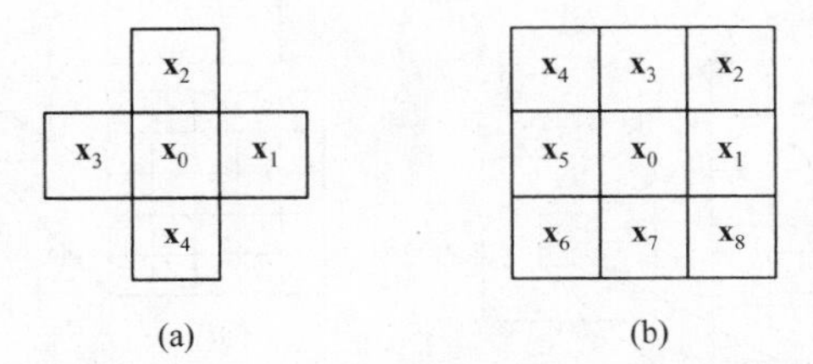

图 10.27　用于上下文图像分类，像素索引方案：（a）四连通区域；（b）八连通区域

通常，如果像素 $\mathbf{x}_0$ 属于类 ω_r 的概率在所有可能的分类中是最高的，最小错误分类方法将把像素 $\mathbf{x}_0$ 分配到类 ω_r（正如式（9.17）给出的一样）：

$$\theta_0=\omega_r\quad 如果\quad P\left[\omega_r\mid f\left(\mathbf{x}_0\right)\right]=\max_{s=1,\cdots,R}P\left[\omega_s\mid f\left(\mathbf{x}_0\right)\right] \tag{10.22}$$

一种上下文分类方法是用特征向量 ξ 替代 $\mathbf{x}_0$，其决策规则仍然类似：

$$\theta_0=\omega_r\quad 如果\quad P\left(\omega_r\mid\xi\right)=\max_{s=1,\cdots,R}P\left[\omega_s\mid\xi\right] \tag{10.23}$$

后验概率 $P(\omega_s|\xi)$可以利用贝叶斯公式计算得到

$$P\left(\omega_s\mid\xi\right)=\frac{p\left(\xi\mid\omega_s\right)P\left(\omega_s\right)}{p\left(\xi\right)} \tag{10.24}$$

注意，这里使用与像素邻域相关的向量 ξ 分类图像上的每个像素，所以在图像上的向量的数目与像素数一样多。很多相关的细节以及上下文信息可以增加分类的可靠性的形式证明可以参考[Kittler and Foglein, 1984a]。基本的上下文分类算法可以总结如下：

算法 10.10　上下文图像分类

1. 对图像中的每一个像素，计算其特征向量 ξ（见式（10.19））。
2. 从训练集合中，确定概率分布 $P(\xi|\omega_s)$和 $P(\omega_s)$的参数。
3. 计算最大的后验概率 $P(\omega_r|\xi)$，根据式（10.23）标记（分类）图像中所有的像素，得到图像分类。

但是这种方法对于更大的上下文邻域有其固有的局限性，当邻域大小增加时，所需要的计算量呈指数增加。一种**递归的上下文分类**（recursive contextual classification）克服了这些困难[Kittler and Foglein, 1984a, b; Kittler and Pairman, 1985]。这种方法主要的技巧在于通过图像传播上下文信息，计算仍然保持在小的邻域中。频谱信息和邻域的像素标记信息都用于分类。所以从邻域较远处得到的图像上下文可以传播到标记为 θ_0 的

像素 $\mathbf{x}_0$，如图 10.28 所说明的那样。

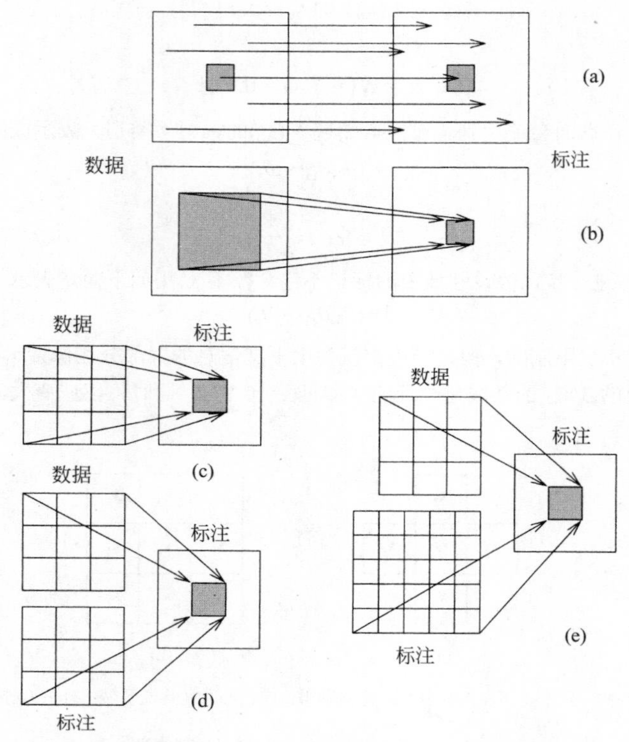

图 10.28 图像上下文分类的原理：（a）通常的非上下文方法；（b）基于上下文的方法；
（c）递归的上下文方法——算法 10.11 的步骤 1；（d）第一次使用步骤 2 的结果；
（e）第二次使用步骤 2 的结果

邻域的标记向量 $\tilde{\boldsymbol{\eta}}$ 可以进一步改进上下文的表示。很明显，如果邻域的频谱数据包含的信息不可靠（比如，根据频谱数据，由于概率值相似，像素 $\mathbf{x}_0$ 可以被分到很多类中），邻域中有关标记的信息可能会增加其中某个类的置信度。如果周围有很多像素标记为类别 ω_i 的元素，像素 $\mathbf{x}_0$ 也应被标记为 ω_i 的置信度就增加了。

在训练集中可以得到更加复杂的关系——比如，设想一幅细长条噪声影响的图像。考虑像素 $\mathbf{x}_0$ 邻域的标记，决策规则变成

$$\theta_0=\omega_r \quad 如果 \quad P(\omega_r \mid \boldsymbol{\xi},\tilde{\boldsymbol{\eta}}) = \max_{s=1,\cdots,R} P(\omega_s \mid \boldsymbol{\xi},\tilde{\boldsymbol{\eta}}) \tag{10.25}$$

在使用了贝叶斯公式后[Kittler and Pairman, 1985]，决策规则可以变换为

$$\theta_0=\omega_r \quad 如果 \quad p(\boldsymbol{\xi} \mid \boldsymbol{\eta}_r)P(\omega_r \mid \tilde{\boldsymbol{\eta}}) = \max_{s=1,\cdots,R} p(\boldsymbol{\xi} \mid \boldsymbol{\eta}_s)P(\omega_s \mid \tilde{\boldsymbol{\eta}}) \tag{10.26}$$

这里 $\boldsymbol{\eta}_r$ 是满足 $\theta_0=\omega_r$ 的 $\boldsymbol{\eta}$ 向量。假设所有必要的概率分布参数都可以从学习过程中得到，递归的上下文分类算法如下所示。

算法 10.11 递归的上下文图像分类

1. 使用非上下文的分类方法得到图像上每个像素的初始化标记（见式（10.22））。
2. 根据决策规则式（10.26），使用当前的标记向量 $\boldsymbol{\eta}$、$\tilde{\boldsymbol{\eta}}$ 以及局部频谱向量 $\boldsymbol{\xi}$ 更新图像上每个像素 $\mathbf{x}_0$ 的标记。
3. 如果图像上所有像素的标记已经稳定，则算法终止，否则重复第 2 步。

上面只给出了上下文分类方法的一般步骤；要知道：关于收敛性的讨论、其他技术以及特别的算法的更加详细的讨论，可以参见[Kittler and Foglein, 1984a, b; Kittler and Pairman, 1985; Watanabe and Suzuki, 1989; Zhang et al., 1990]。关于图像上下文分类器的比较在[Mohn et al., 1987; Watanabe and Suzuki, 1988]中可以找到，在[Tilton, 1987]中描述了一种并行的处理的方法。应用大部分都与遥感图像和医学图像相关[Gonzalez and Lopez, 1989; Moller-Jensen, 1990; Franklin, 1990; Wilkinson and Megier, 1990; Algorri et al., 1991]。[Fung et al., 1990]提出了基于特征向量上下文的纹理的上下文分类方法，[Toulson and Boyce, 1992]给出了使用神经网络实现上下文图像分割的方法。

在本章中，结合在递归图像上下文分类算法中的一个关键思想出现了很多次；这个思想就是从图像较远的地方传播信息，但又不必使用代价高的在大邻域里考虑上下文的处理方式。这在图像理解中是一个基本方法。

10.6.3　梯度方向直方图-HOG

一个通过局部灰度方向直方图描述物体局部表观和形状的特征提取链被证明是非常有效的[Dalal and Triggs,2005]。它考虑比较粗糙的空间上下文信息并利用一个分类器来检测感兴趣的物体。局部规则化的梯度方向直方图也就是 HOG 是建立在早期的边缘方向直方图[Freeman and Roth,1995]和 SIFT 描述子（见 10.2 节）的基础之上的，并利用分类器来进行目标定位和识别：原始的文献采用线性支持向量机（见 9.2.5 节），构建了一个非常成功的直立人体检测器[Dalal and Triggs,2005]。HOG 特征描述/识别链条如图 10.29 所示。

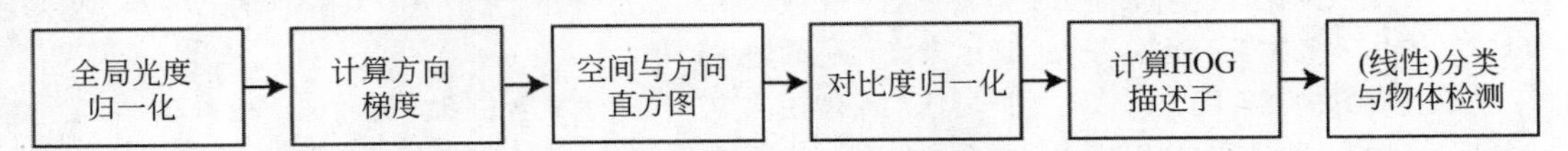

图 10.29　物体检测和定位的 HOG 特征链。HOG 在由互相重叠的快组成的图像窗口中提取特征，然后将该特征送到分类器中

一个图像区域(窗口)被分成小的子区域（胞体），在每个胞体中计算所有像素的一维梯度方向直方图。若干个胞体组成一个块（见图 10.30）。因此，一些相邻的像素组成胞体，一些胞体组成块，并且若干个块（可能互相重叠）覆盖整个图像窗口。因此，具体的实现过程中需要定义像素/胞体/块和块与窗口之间的配置关系。

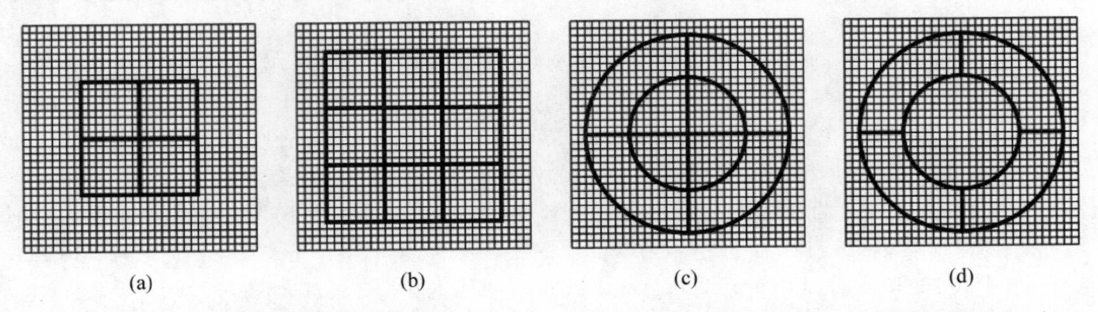

图 10.30　HOG 中可能使用到的方形和圆形的块结构。(a)～(d) 小的正方形是像素，每一个区域的像素组成一个胞体，所有的胞体组成了块

从图 10.29 中可以看到，采用了对比度归一化来降低对光照，阴影或其他光度转换的敏感性。将互相重叠的稠密网格的直方图结合起来就构成了该窗口最终的 HOG 描述子。这个特征向量被用来分类。HOG 特征描述子刻画了局部形状的边缘/梯度结构，并且对旋转和平移有一定的鲁棒性。

当 HOG 被用来做行人检测[Dalal and Triggs, 2005]（见图 10.31）的时候，它的性能超过哈尔小波（见 3.2.7 节），SIFT（见 10.2 节）和基于形状的方法[Belongie et al., 2001]。

图 10.31 基于 HOG 的行人检测/定位示意图

算法 10.12 基于 HOG 的物体检测和定位（见图 10.29）

1. **确定窗口，胞体，块大小/形状和重叠大小**。根据目标检测的任务不同，确定图像窗口的大小和形状（如图 10.31 所示，行人检测通常用 64×128 的窗口；窗口与感兴趣的物体之间应该有足够大的间隔-行人检测中 16 个像素大小的间隔是合适的）。

   胞体中相邻的像素包含了图像的局部信息，所以必须确定胞体的大小和形状。胞体一般包含 6×6 到 8×8 个像素（人体关节约为 6 到 8 个像素宽），并且在行人检测中一个块中一般包含 2×2 或 3×3 个胞体。另外，块（胞体）可以是方形或者圆形的。图 10.30 展示了方形和圆形的块结构。方形的胞体比较常用因为他们计算效率高。另外，特征是通过互相重叠的块计算出来的，所以必须设计一个网格来指定重叠的参数。
2. **光度规则化**。使用全局的图像数据归一化或者咖玛校正来处理整个图像。合适的话推荐使用彩色图像（多频带）并对每一个通道独立地进行伽马校正。
3. **计算方向直方图**。可以在不同层次的平滑图像中使用一维或者二维的方向梯度检测器（高维的梯度检测器可以在体积或高维图像中见到）。大部分（如果不是全部）方法是使用中心化的一维梯度检测器[−1,0,1]并且不平滑图像（$\sigma=0$，该设置在行人检测中最有效）。水平和垂直地使用一维梯度检测器，式（5.34）提供了梯度方向。在彩色图像中，可以每个通道单独地计算梯度然后使用范数最大的梯度值。
4. **构建方向直方图**。对于胞体的每一个像素，用它的梯度强度来增加它的梯度方向所对应桶的大小。为了得到对相差较小的梯度方向的不变性，梯度强度对每个桶的贡献值可以用邻域桶的中心值进行线性或双线性的内插，所以每个梯度方向对邻域的桶有大小为插值权重的贡献。如果是无符号梯度的情况下，桶均匀分布在[0°，180°)之间，如果是带方向的情况，桶均匀分布在[0°，360°)之间。密集分桶是重要的，每隔 20°，9 个桶，在无符号梯度的情况下被证明对行人检测是有效的-20°在处理边缘方向差异时是很小的。有符号的梯度在其他一些应用里面比较合适。
5. **对比度归一化**：为了处理不同位置上由于光照变化引起的梯度强度不同和前景背景对比度不同，局部对比度必须归一化。归一化在每个块中独立进行（具体细节见式（10.27）～式（10.29），图 10.32 和[Dalal and Triggs, 2005; Dalal, 2006]）。即使每个块之间有重叠，每个块（重叠的）也是独立地进行归一化。
6. **形成最终的 HOG 描述子**。每个胞体进行归一化作为分量组成块。然后把窗口内所有块（重叠）组合起来形成最后的描述子。所以 HOG 描述子是对整个窗口来说的。由于块的重叠所以每个胞体对不同的块都有贡献，每个块都进行单独的归一化，见图 10.32（e）。
7. **分类**：使用任何基于特征的分类器都可以用 HOG 描述子进行训练和识别，HOG 描述子在行人检测/定位中使用高效的线性分类器-线性支持向量机效果很好[Dalal and Triggs, 2005]，见图 10.32（f）和图 10.32（g）。
8. **目标检测**。检测窗口在图像中滑动，计算所有位置和尺度下的 HOG 描述子。非极大抑制（见 5.3.2 节，算法 6.4）用来在多尺度图像金字塔中做目标检测和定位。PASCAL 重叠非极大抑制应用非常广泛并且（几乎）没有参数[Everingham et al.,2010]。

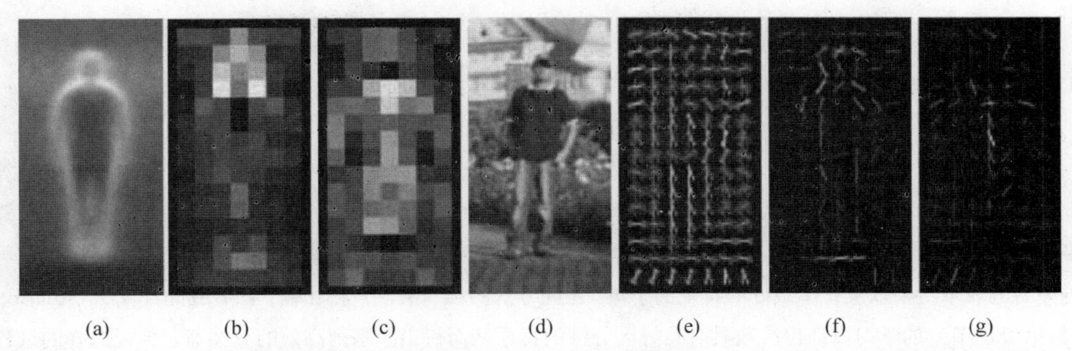

(a) (b) (c) (d) (e) (f) (g)

图 10.32 行人检测中的 HOG 描述子。该检测器对应于行人的身体轮廓（比如头，肩，脚）：（a）所有训练数据得到的平均梯度图像；（b）对于每个块 SVM 分类器的最大正权重（大的和重叠的块，位置在它们的中心像素）；（c）SVM 分类器的最大负权重；（d）测试图像窗口样例；（e）窗口（d）的方形 HOG 块描述子；（f）、（g）窗口（d）的方形 HOG 块描述子，分别通过 SVM 的正权重（f）和负权重（g）进行加权。线性 SVM 分类器正确地将窗口（d）分类为行人。本图的彩色版见彩图 24

许多对比度归一化的策略可以运用到 HOG 描述子中。如果 ξ 表示未归一化的直方图特征，令 $\|\xi\|_k$ 为它的 k 范数，k=1,2，令 ε 为一个小的正常数。以下的归一化方法在文献[Dalal and Triggs, 2005; Dalal, 2006]中提出并且测试。

L2 范数：

$$\xi \to \frac{\xi}{\sqrt{\|\xi\|_2^2 + \varepsilon^2}} \tag{10.27}$$

L2-Hys 范数-修剪过后的 L2 范数，因此限制最大值为某个特定的数–0.2 被证明是合适的-并且接下来进行再次的归一化[Lowe,2004]。

L1 范数：

$$\xi \to \frac{\xi}{\|\xi\|_1 + \varepsilon} \tag{10.28}$$

L1-平方根范数-对 L1 范数求平方根，这样就把特征向量当作概率分布来看：

$$\xi \to \sqrt{\frac{\xi}{\|\xi\|_1 + \varepsilon}} \tag{10.29}$$

上述四种对比度归一化模式和未归一化比起来效果提升显著，但是 L1 范数归一化提升效果最不明显。对 ε 的取值不敏感。

自从文献[Dalal and Triggs, 2005; Dalal, 2006]提出 HOG 特征以来，它得到了广泛的应用，该方法也是当今最成功的行人检测方法。它被成功运用于检测困难或不常见姿态的行人[Johnson and Everingham, 2011]。其他的应用包括人脸检测，热成像摄像机图像里的鹿检测以减少动物与车辆的碰撞，3D 扩展的检测医学图像里面感兴趣的区域，用手绘草图形状进行数据库图像检索等。与 HOG 描述子相关有几个显著的发现。第一，从细尺度非平滑图像得到的高度局部的梯度和它们的方向，代表了局部突变的边缘，比从平滑图像得到的特征要好。第二，需要对梯度方向进行细采样。第三，空间平滑-在局部边缘检测之后在小的块内使用-可以相对粗糙。第四，局部对比度归一化对性能至关重要并且许多独立的局部对比度归一化可以组合起来得到最终的特征-通过信息冗余来提到性能。

10.7 Boosted 层叠分类器用于快速物体检测

在各种图像中快速的检测人脸的需求是适合通用物体检测和物体跟踪任务[Viola and Jones, 2001]的算法框架发展的原动力。首先，文中提出一种称为积分图像（integral image）的图像表示方法，用于快速计算许多基于图像的特征（见第 4.2.1 节）。可以计算的特征的数目远大于图像的像素数。因此，我们需要确定一个过完备的表示结果以及一个最好的特征的子集。在此方法的第二阶段，采用基于自适应提升算法（AdaBoost）（见第 9.8 节）的学习以选出少数具有良好区分性的特征从而得出一系列高效的分类器。特征选择的过程采用了一种改进的 AdaBoost，这种算法中每个弱分类器仅包含一个特征[Tieu and Viola, 2004]。在第三阶段，分类器被组织成一个层叠式结构，上层是简单且快速的分类器用于快速地排除物体检测假设，下层利用更加复杂因此更加强大但更慢的分类器对剩下未被排除的假设进行分类。这种注意焦点（focus-of-attention）的方法与第 6.4 节中讨论的策略类似，第 6.4 节中介绍了模板匹配并讨论了快速排除不大可能的候选位置的需求。确实，这种策略极大地提高了物体检测的速度。

具有了这样一个大的特征集，可以预见仅有一小部分特征可用于组合得到一个高效的分类器。利用 AdaBoost 算法可以选择出这个具有区分性的特征小集合。总结起来，用积分图像处理 24×24 的窗口；窗口分成 2,3 或者 4 个矩形框，该划分是一个简单的衡量差异的基础。在 Adaboost 的每次迭代中从大量候选中挑选出最好的。对于每个挑出的特征，弱学习器找到一个最佳阈值以最小化训练集中被错分的样本的数目。因此，每个弱分类器基于一个特征 f_j 和一个阈值 t_j:

$$\begin{aligned} h_j(\mathbf{x}) &= 1 \quad \text{如果} \quad p_j f_j(\mathbf{x}) < p_j t_j \\ &= -1 \quad \text{否则} \end{aligned} \tag{10.30}$$

其中 p_j 表示不等号方向的系数而 $\mathbf{x}$ 是计算矩形特征 f_j 的图像子窗口。由于没有一个特征能够以低错误率完成整个分类任务，特征选择时的顺序意味着，首先选择的特征及其分类器在它们对应的训练集上具有较高的分类正确率，在 70%～90%之间。后面几轮在剩下的更难的样本上训练的分类器得到的分类正确率为 50%～60%。算法 10.13 总结了这个过程（参考算法 9.15）。

算法 10.13　Viola-Jones 人脸检测的分类器生成

1. 一个标注的图像集 $T = (I_1, \omega_1), (I_2, \omega_2), \cdots, (I_n, \omega_n)\}$其中 $\omega_i \in \{-1, +1\}$表示图像是否有人脸。初始权重 $w_{1,j} = \frac{1}{2m}$ 或者 $\frac{1}{2l}$ 分别对应于 w_j 为负样本和正样本的情况，$j = 1 \cdots n$，m, l 分别为负样本和正样本的个数，令 k=1。
2. 对数组 $w_{k,j}$ 进行归一化，产生一个概率分布。
3. 对于每一个方形特征 r_i 训练一个分类器 h_i，并评估它的错误率。选择效果最好的 h_k，误差为 e_k。
4. 令 $w_{k+1,j} = w_{k,j} \beta_k^{\delta_j}$，其中 $\beta_k = \frac{e_k}{1-e_k}$，$\delta_j = \{0, 1\}$对应于 I_j 被分为{错误，正确}。
5. 增加 k 的值，继续执行第 2 步直到 $k = K$，K 是预先指定的范围。
6. 使用如下的分类器

$$\begin{aligned} h(I) &= 1 \quad \text{if} \quad \sum_{k=1}^{K} \alpha_k h_k(I) \geqslant \frac{1}{2} \sum_{k=1}^{K} \alpha_k \\ &= 0 \quad \text{其他} \end{aligned} \tag{10.31}$$

其中 $\alpha_k = -\log(\beta_k)$。

图 10.33 展示了该算法找到的前两个分类器：第一个对应于普通的情况，眼睛区域比鼻子和脸颊暗。第二个展现了眼睛通常比鼻子中间暗的事实。积分图像和较少的简单分类器的组合让该算法非常快。

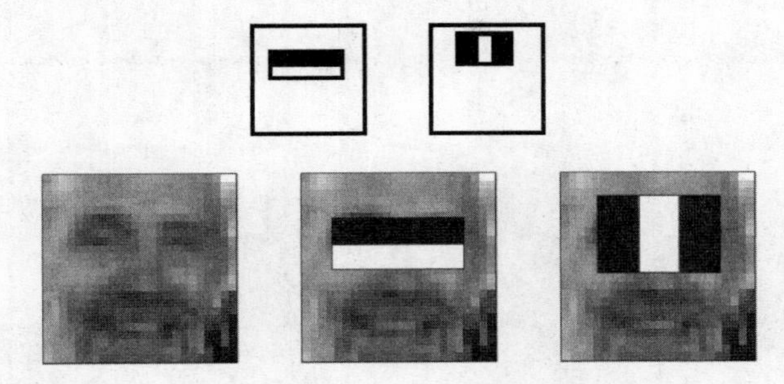

图 10.33 Viola Jones 算法通过 Adaboost 找到的前两个分类器（第一行）。基于[Viola and Jones, 2001]。在第二行给出了该算法使用的一个例子

一旦前面的步骤确定出最具区分性的特征，就可以建立起一个同时能减低处理时间并提高性能的层叠分类器。前几轮的简单分类器被设定为漏检率（没有被检测出的数目）接近于 0。当然，这样处理的代价是误报率（被检测出但并不是真正物体的数目）的提升。然而，前几轮较简单的分类器用于快速排除大部分的时候选位置（计算特征的子窗口）。接着越来越复杂的分类器则应用在剩下未被排除的位置上。最终，剩下的未被排除的位置就被标记为检测出物体的位置。

图 10.34 显示了这种层叠式分类器，一个退化的决策树。对应每个位置，只有当分类器 n 没有排除它时，分类器 n+1 才会被调用。每个独立阶段的分类器利用 AdaBoost 训练并调整到最小漏检率。在人脸检测的情况中，可以利用前面提到的两个特征（见图 10.33）建立一个强大的第一层分类器。这个分类器可以检测出 100%的人脸目标而存在 40%的误报。接下来几层的分类器具有逐渐提高的误报率，但是由于它们只应用在经过确定具有高似然度的位置子集上，调用这些分类器的可能性随着层数的增加而降低。层叠分类器的层数不断增加直到达到检测性能的总体需求。如我们所料，由于计算了不同尺度下的特征而且图像子窗口允许重叠，每一个物体可能会具有来自多个重叠的子窗口的多个检测响应。这样的多个检测必须通过后处理得到图像中每个确定位置的单一检测响应。

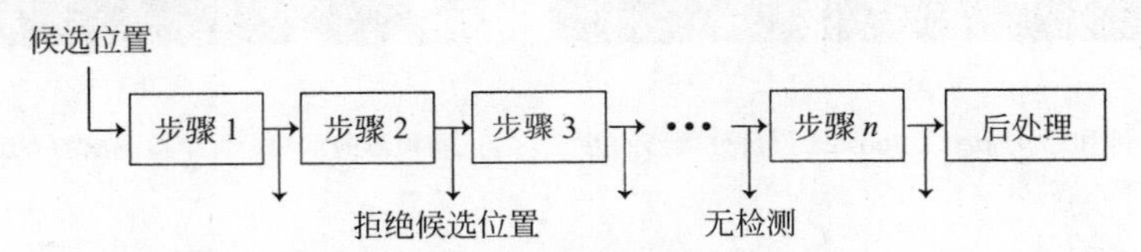

图 10.34 层叠式检测应用在每个需要分析的位置-图像子窗口上。前几轮的简单分类器在保持低漏检率的同时排除较为不像的位置。后几轮的复杂分类器在保证不排除正例的同时逐渐排除错误的位置

在人脸检测中，[Viola and Jones, 2001]中的整个系统包含 38 层并使用了超过 6000 个特征。尽管这个数目很大，系统中对每个子窗口平均仅需要计算大约 10 个特征。这样，即使在具有 7500 万个子窗口以及超过 500 个人脸的高难度图像数据集中，这个系统的平均检测速率也很高。图 10.35 为训练人脸图像的示例。图 10.36 显示这个系统得到的人脸检测结果-它非常成功所以现在被广泛应用于数码照相机中[Zhang and Zhang, 2010]。尽管我们用人脸检测来展示这种方法，这种方法本身可以使用在各种物体的检测和识别的任务中：第 16.4 节展示了一个例子。

图 10.35 基于 Boosted 层叠分类器的人脸检测系统中用到的一些训练人脸图像

(a) (b)

图 10.36 利用文中描述的 Boosted 层叠分类器的方法进行人脸检测的示例。每个检测出的人脸利用覆盖的矩形框表示

10.8 基于随机森林的图像理解

在 9.9 节介绍了随机森林用于分类和回归的主要概念，这里我们主要关注它在多类目标检测的图像分析理解中的应用，该应用使用了随机森林同时进行分类和回归的能力。随机森林需要大量的训练样本，训练样本小不利于它的泛化能力。在其他条件相同的情况下，训练样本的大小是影响随机森林性能的最重要的参数。面向 XBox 的微软 Kinect 是随机森林的一个非常成功的商业案例，他们在 900 000 个深度图像样本上进行训练来识别几乎任何位置和方向的 31 个不同的人体部位。虽然训练需要花费大量的时间，训练包含三个深度为 20 的树的随机森林需要在包含 1000 个结点的集群上运行一整天[Shotton et al.,2011]，在当前商业 2013CPU/GPU 硬件上，通过利用识别过程的天然并发性质，身体部位检测可以达到 200 帧每秒的速度。在

该节中，主要讲述运用随机森林进行图像分析和理解并给出一些例子[Gall et al., 2012; Criminisi et al., 2011; Criminisi and Shotton, 2013; Shotton et al., 2011]。

与普通的随机森林算法相比，用于图像分析的随机森林算法有一些特殊性。在这里，随机森林的分类能力用于物体识别，随机森林的回归能力用于物体定位。随机森林最适合应用于需要区分多个类别的情况。首先，将图片分成预先定义好大小的图像块。为了生成一个图像训练集，类别 ω_i 的每一个物体用它的边框刻画，落入该边框的图像块被赋予相应的标签。只有整个图像块或者图像块的中心在边框里才认为该图像块落入该边框。很明显，不需要整个图像块位于边框内对物体边界信息采样有好处并且对于紧边框很有用。剩下的非物体的图像块组成背景，并给予背景标签-当然，背景不需要边框来刻画。图像块可以但并不是必须要密集采样：对于每一个图像块，计算一个特征集合-低级特征比如颜色，梯度，Gabor 滤波器系数被经常采用，因为它们可以快速地计算。或者可以利用 SIFT 或者 SURF 稀疏特征（见 10.2 节）。为了给该过程注入随机性，森林中的每棵树　用随机选取的图像块进行训练。如果一个图像块带有物体标签，可以赋予该图像块其他信息-比如，与训练物体的距离或者相对训练物体参照点的朝向。该参照点可以是面向类别的或者简单地认为是边框的中心。很明显地，识别图像块的类别并且确定与参照点之间的距离以及方向可以帮助识别（分类）和定位（回归）。仅仅通过这些早期的描述，读者可能已经注意到该过程和霍夫变换之间的相似性，霍夫变换中每种图像特征（通常是边缘）可以帮助识别物体（见 6.2.6 节）。关键点的准确定义是次要的只要该定义在所有的训练样本中保持一致。

由于识别阶段已经考虑尺度因素，图像块大小都相同。在一些应用中，对于已经调整过尺度的图像，16×16 大小的图像块是合适的，边框的长度约为 100 个像素[Gall and Lempitsky, 2009]。图 10.37 展示了一个例子，物体和背景图像块调整到推荐的大小。每棵树的训练集 A_t 包括图像块 P_i 的集合，包括图像，类别信息，相对位置：

$$P_i = [\mathbf{I}_i,\ \omega_i,\ \mathbf{d}_i]\ , \tag{10.32}$$

其中 $\mathbf{I}_i$ 保存图像块的信息（比如，计算过的特征集合）；ω_i 是图像块类别；$\mathbf{d}_i$ 是图像块中心与参考点之间的偏移向量。由于背景图像块不对应任何参考点，它被赋予一个伪偏移向量 $\mathbf{d}_i = 0$。

图 10.37　户外场景中检测以及定位汽车。关于汽车的图像块显示为红色，背景的图像块显示为蓝色。绿色向量连接每个非背景图像块的中心和汽车物体的参考点。本图的彩色版见彩图 25

如 9.9 节中所述，每棵树并行地进行训练。训练图像块的类别概率和每个类别的分布需要通过训练集进行学习，并且分配到所有叶子结点的每个叶子 L，形成每个叶子的预测模型。

每个叶子的类别概率 $p(\omega_r|L)$ 可以通过 A^L_{t,ω_r} 得到-经过训练，类别 ω_r 的到达树的叶子 L 的图像块数量，经过归一化来照顾训练样本中的不均匀分布：

$$p(\omega_r \mid L) = \frac{|A^L_{t,\omega_r}| \bullet b_{t,\omega_r}}{\sum_{r=1,\dots,R}(|A^L_{t,\omega_r}| \bullet b_{t,\omega_r})} \tag{10.33}$$

$$b_{t,\omega_r} = \frac{|A_t|}{|A_{t,\omega_r}|} \tag{10.34}$$

其中 A_t 是训练树 T_t 的整个集合；A_{t,ω_r} 是 A_t 中属于类 ω_r 的所有图像块；R 是类别的数量。

图像块的个各类空间分布 $p(\mathbf{d}|\omega_r, L)$通过所有图像块 A_{t,ω_r}^L 的偏移集合 $\mathbf{d}\in D_{\omega_r}^L$ 得到，其中 $D_{\omega_r}^L$ 是类 ω_r 关于结点 L 的所有图像块的偏移向量集合。图 10.38 展示了检测图 10.37 中的汽车各个叶子的统计信息。

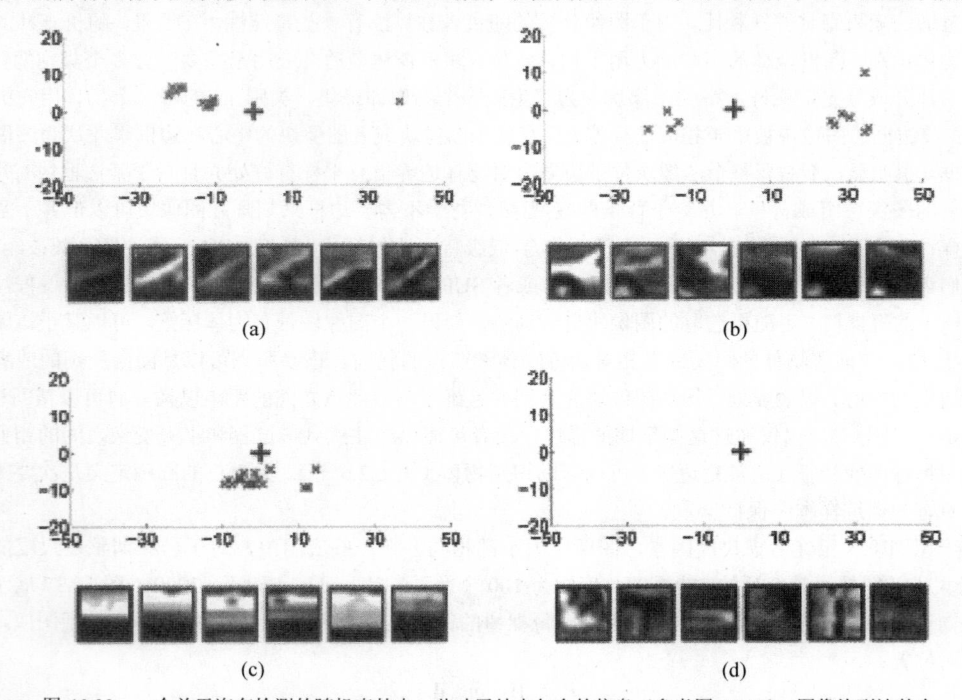

图 10.38　一个关于汽车检测的随机森林中一些叶子结点包含的信息（参考图 10.37）。图像块到达某个叶子 L 的概率 $p(\omega r|L)$，通过训练过程中正样本（红色）和负样本（蓝色）的相对数量得到。所有正样本的偏移向量 $\mathbf{d}$ 的终点显示为绿色的叉号（负样本 $\mathbf{d}$=0）。(a)、(c）向量 $\mathbf{d}$ 的分布经常是多峰的，表明正图像块包含多个物体部件。(b）车轮图像块可以是前车轮也可以是后车轮。(d）树的叶子只包含负图像块。本图的彩色版见彩图 26

在检测阶段，在没有见过的图像中密集地采样图像块，并且在森林中每棵树的结点中进行测试，从根结点开始，直到叶子结点结束。这样，每一个图像块 $P(\mathbf{y})$，其中 $\mathbf{y}$ 表示图像块位置，最终出现在每个树 T_t 的一个叶子 $L_t(\mathbf{y})$上。为了检测和定位图像中的物体，考虑多个图像块的贡献，图像块的配置信息需要指向充足一致的参考点 $\mathbf{x}$，这代表了检测到的物体的位置。为了这个目的，物体-类别-位置概率 $h_t(\omega_r, \mathbf{x}, s)$需要在每棵树，每个类别 ω_r，每个参考点位置 $\mathbf{x}$，每个尺度 s 下计算。

对于位置 $\mathbf{y}$ 的任何图像块，类别为 ω_r，参考点为 $\mathbf{x}$ 的图像块 $P(\mathbf{y})$ 单棵树概率按如下方式计算[Gall et al.,2011]：

$$p(h_t(\omega_r, \mathbf{x}, s)|L_t(\mathbf{y})) = p(\mathbf{d}(\mathbf{x}, \mathbf{y}, s)|\omega_r, L_t(\mathbf{y}))p(\omega_r|L_t(\mathbf{y})) \tag{10.35}$$

其中

$$\mathbf{d}(\mathbf{x},\mathbf{y},s)=\frac{s_u(\mathbf{y}-\mathbf{x})}{s} \tag{10.36}$$

这里，s_u 代表训练物体边框单位大小。同样地，概率 $p(\mathbf{d}(\mathbf{x}, \mathbf{y}, s)|\omega_r, L_t(\mathbf{y}))$和 $p(\omega_r|L_t(\mathbf{y}))$对于训练是已知的（参考式（10.33））。注意到分布 $p(h_t(\omega_r, \mathbf{x}, s)|L_t(\mathbf{y}))$涵盖了物体检测定位任务的分类和回归特性。

如先前建议的那样，可以用投票方法来近似分布 $p(\mathbf{d}(\mathbf{x}, \mathbf{y}, s)|\omega_r, L_t(\mathbf{y}))$，类别 ω_r 的距离向量 $\mathbf{d}$，图像块位置 $\mathbf{y}$ 到达树的叶子 L_t，形成集合 $D_{\omega_r}^{L_t(\mathbf{y})}$。然后，式（10.35）可以重写为

$$p(h_t(\omega_r,\mathbf{x},s)|L_t(\mathbf{y}))=\frac{1}{\left|D_{\omega_r}^{L_t(\mathbf{y})}\right|}\left(\sum_{\mathbf{d}\in D_{\omega_r}^{L_t(\mathbf{y})}}\delta_{\mathbf{d}}\bullet\left(\frac{s_u(\mathrm{y}-\mathrm{x})}{s}\right)\right)p(\omega_r \mid L_t(\mathbf{y})) \tag{10.37}$$

其中 δ 是个狄拉克函数。式（10.35）～式（10.37）给出了单棵树的概率。图 10.39 进一步展示了这个方法。另外，分布可以用高斯混合模型来近似（见 10.13 节）。

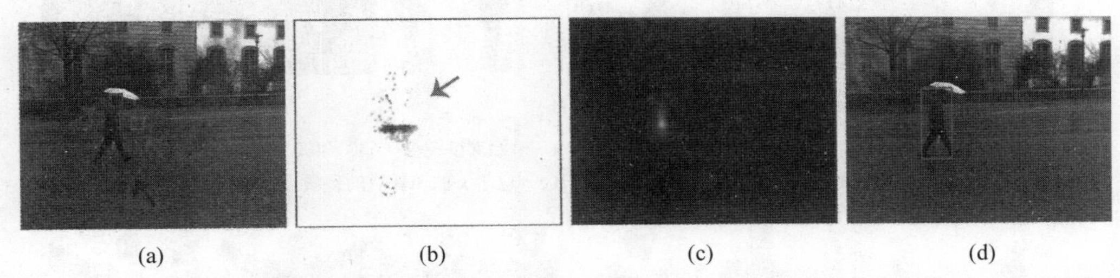

(a)　(b)　(c)　(d)

图 10.39　基于随机森林的行人检测和定位：（a）展示了三种图像块-头（红色），脚（蓝色），背景（绿色）（箭头）。（b）对行人位置的加权投票，颜色展示了不同图像块类别对特定参考点位置的影响式（10.37）。头部图像块类别对可能参考点位置影响很强（红色），脚图像块类别从左和右脚得到一个相同的相应（蓝色），进而形成两个模式的响应。一个弱的绿色响应集合（绿色箭头）没有明显的模式对应于背景图像块。这里，背景类的低概率对应于背景的低权重和弱响应。（c）所有图像块的累积投票（10.39 在一个 s 尺度情况下）一个强模式出现。（d）用边框显示的行人检测结果。本图的彩色版见彩图 27

运用跨树平均的方法（见 9.9.2 节），可以得到一个基于森林的概率

$$p(h(\omega_r,\mathbf{x},s)|P(\mathbf{y}))=\frac{1}{T}\sum_t p\left(h_t\left(\omega_r,\mathbf{x},s\right)|L_t(\mathbf{y})\right) \tag{10.38}$$

使用森林级别的概率，所有图像块和所有树的分布

$$p(h(\omega_r,\mathbf{x},s)|\mathbf{I})=\frac{1}{|\mathcal{Y}|}\sum_{\mathbf{y}\in\mathcal{Y}} p\left(h_t\left(\omega_r,\mathbf{x},s\right)|P(\mathbf{y})\right) \tag{10.39}$$

其中，$\mathbf{I}$ 代表整个图像；$\mathcal{Y}$ 是所有图像块位置 $\mathbf{y}$。运用到图 10.39（a）图像的一个尺度上，这个方程得到一个强的响应如图 10.39（c）。图 10.40 展示了多尺度处理图像。考虑训练物体尺度为 s_u，为了检测一个尺度为 s 的物体，每个图像应该按照 s_u/s 进行尺度变换。所以，如果在分析之前，所有图像都缩放到所有可能的尺度，已经考虑到训练带来的缩放（见图 10.36），通过检测强的响应来进行物体检测可以通过均值漂移检测来实现（见 7.1 节）。

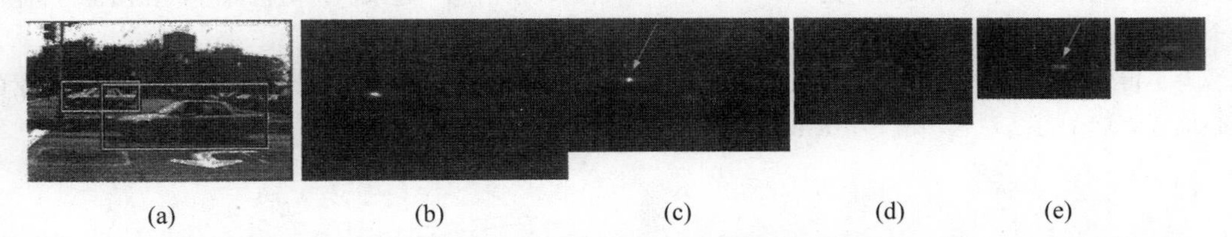

(a)　(b)　(c)　(d)　(e)

图 10.40　多尺度检测物体：（a）原始图像中标记了两个车，它们距离观察者的距离不同；（b）～（f）通过在尺度-位置空间搜索极值来进行多尺度和位置的车辆检测。较大的车在（b）～（d）产生模态响应并且在 c 中达到最大。同样地，较小的车在　（e）～（f）中产生模态响应并在 e 中达到最大。本图的彩色版见彩图 28

许多应用都用到随机森林的方法。图 10.41～图 10.43 展示了为 XBox 设计的微软 Kinect 基于深度图像的人体部位检测/定位系统[Shotton et al.,2011]。在这个应用中，30 帧每秒产生 640×480 像素大小的深度图像，深度分辨率为几厘米（见图 10.41）。这些图像用来定位 $R=31$ 个人体部位，每个像素属于：

$$\omega_r\in\{\text{左右手，左右肩膀，左右肘，脖子等}\} \tag{10.40}$$

图 10.42 展示了训练和测试数据的例子。

位于 $\mathbf{x}$ 的单个像素图像块的基于深度特征 $f_{\mathbf{u},\mathbf{v}}(I,\mathbf{x})$为

$$f_{\mathbf{u},\mathbf{v}}(I,\mathbf{x})=d_I\left(\mathbf{x}\bullet\frac{\mathbf{u}}{d_I(\mathbf{x})}\right)-d_I\left(\mathbf{x}\bullet\frac{\mathbf{v}}{d_I(\mathbf{x})}\right) \tag{10.41}$$

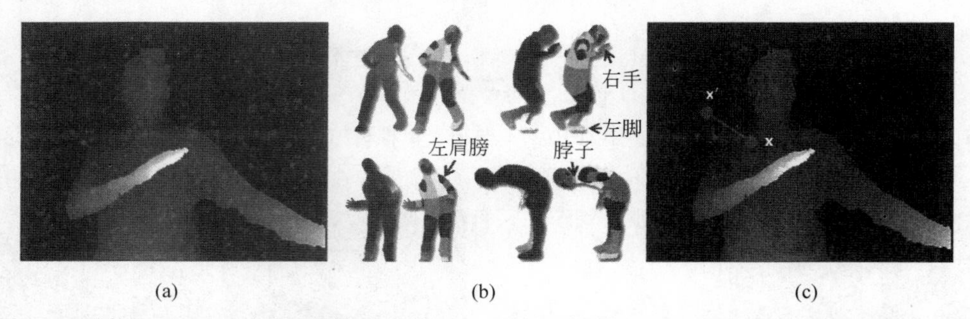

图 10.41　微软 Kinect XBox 中使用的随机森林算法：（a）原始深度图像（640×480 像素），亮度对应深度大小；（b）颜色编码的 31 个身体部位的真实标签；（c）位于 x 的图像块的参考点。本图的彩色版见彩图 29

图 10.42　具有真实标签的训练和测试图像例子：（a）真实的和合成的训练集；（b）用于测试的真实例子。本图的彩色版见彩图 30

其中，$d_I(\mathbf{x})$是图像 I 像素 **x** 的深度，**u** 和 **v** 是两个关于 **x** 的偏移向量。这些偏移向量可以让 **x** 的深度同时和 **x**+**u** 和 **x**+**v** 处的深度进行比较，其中 **u** 和 **v** 是邻域深度比较的参数。归一化系数 $1/d_I(\mathbf{x})$可以产生特征的深度不变性以及 3D 世界坐标不变性。这些特征和基于像素的类别信息一起来训练随机森林，在图像分析阶段为每个像素分配 32 个标签之一（31 个对应身体部位，1 个对应背景）。

为了得到骨骼关节的 3D 位置信息，每个像素的标签必须经过池化来找到具有相同标签的所有像素的 3D 中心位置。这个方法对噪声敏感，Kinect 采用了均值漂移高斯核函数加权的模式寻找方法。图 10.43

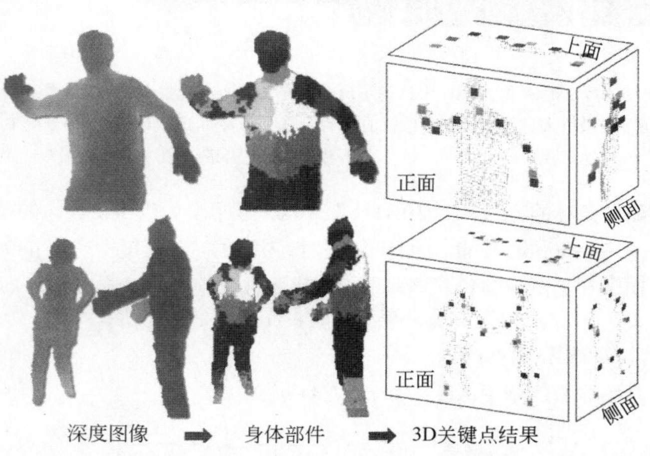

图 10.43　基于三维的身体部位检测和定位。本图的彩色版见彩图 31

展示了该过程找到的身体姿态和位置的三维信息。

随机森林在医学图像中也有应用。比如，3D CT 或者 MR 图像的解剖结构的全身体分割，自动检测每个结构是否存在[Criminisi et al., 2010]。图 10.44 展示了鲁棒的 3D 肾脏检测，个体之间具有自然的解剖变异。

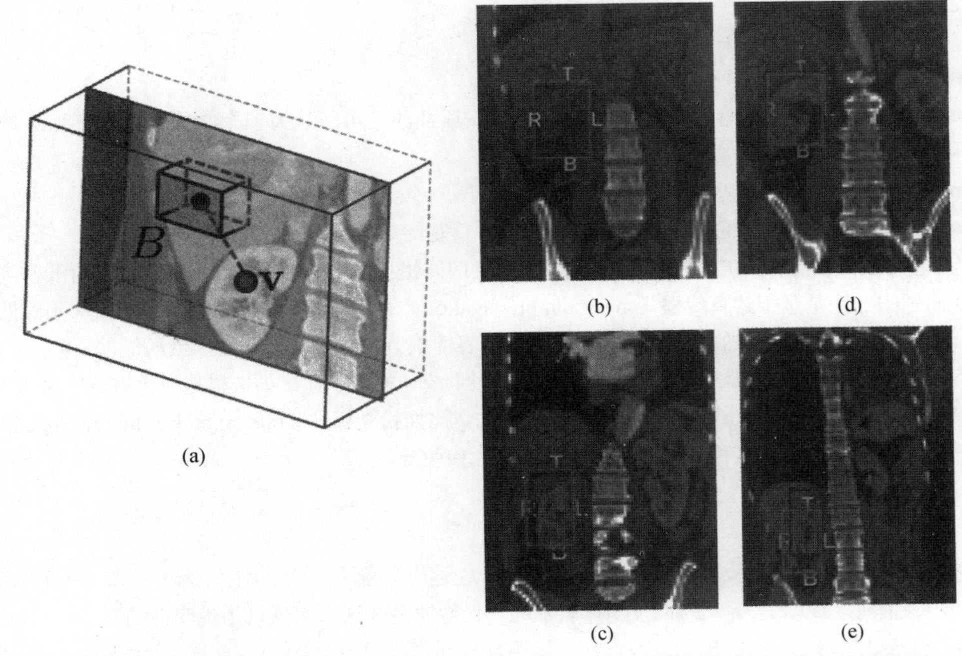

图 10.44　基于随机森林的腹部 X 射线 CT 图像的 3D 肾脏检测和定位：（a）3D 图像块和 3D 肾脏位置的参考点之间的距离向量；（b）～（e）肾脏检测的结果展示了方法对不同个体之间解剖学差异的鲁棒性，随机森林检测结果用红色展示，独立标准为蓝色。本图的彩色版见彩图 32

10.9　场景标注和约束传播

在图像理解中上下文扮演着很重要的角色；前面的章节主要讨论了像素数据组织的图像上下文，而这一节将会处理区域和目标的语义标注（标记）(semantic labeling)。假设图像中与目标或其他图像实体对应的区域已经被检测出来，并认为目标物体和它们的相互关系可以用区域邻接图或语义网络（参见第 4.2.3 节和第 9.1 节）来描述。目标属性使用一元关系描述，目标物体之间的相互关系使用二元（或 n 元）关系描述。场景标注的目的是为图像中的每个物体分配一个标记（一种称谓），最终达到对图像的合理解释。

图像解释的结果应当符合所获得的场景知识。标注应当是相容（consistent）的，如果有多余一种的选择，应当支持出现概率较大的解释。相容意味着图像中出现的任何两个物体之间的结构都是合理的——比如，通常一个标注为房子的物体如果在一个标注为湖的物体中央，则在绝大多数场景下都会被认为是不合理的。相反地，如果一个标注为房子的物体被标注为草坪的物体包围则是完全可以接受的。

为了达到这个目标，有两种主要的方法。

- **离散标注**仅仅允许在最终标注结果中，为每个物体分配一个标记。努力的方向是在整幅图像的范围内获得相容的标注。
- **概率标注**允许在物体中同时存在多个标记。标记以概率加权，为每一个物体的标记分配标记置信度。

主要的不同在于图像解释的鲁棒性。离散标注总是可以发现一个相容的标记或检测出无法为该场景分配相容的标记。由于图像分割结果的不完美性，离散标注在寻找图像的相容解释时经常会失败，即使是只检测到很少一部分的局部不相容性。概率标注通常可以给出一个解释结果以及该解释的置信度量。即使结果可能是局部不相容的，它也经常能给出更好的场景解释，这是相比于离散标注所能得到的相容的但或许是非常不可能的解释结果而言的。注意离散标注可以被认为是概率标注的一种特殊情况，对于每个物体而言，其中一个标记的概率总是 1，而其他的标记概率都是 0。

场景标注问题描述如下：

- 物体 R_i 集合，$i=1,\cdots,N$。
- 每个物体 R_i 的标记的有限集合 Ω_i（不失一般性的，可以认为每个物体的标记集合都是一样的；$\Omega_i=\Omega_j$，对任意 $i,j\in[1,\cdots,N]$成立）。
- 物体之间关系的有限集合。
- 相互作用的物体之间存在一个相容性函数（反映约束）。

为了解决标注问题，考虑图像中所有物体之间直接的相互作用，这样的做法计算的代价非常高，通常解决标注问题的方法是基于**约束传播**（constraint propagation）的。这表明，局部约束导致局部相容性（局部最优），而在整幅图像中使用迭代的策略，把局部的相容性调节成全局的相容性（全局最优）。

存在很多类型的松弛方法，它们中的一些可以用于统计物理学，比如，模拟退火方法（见第 9.6.2 节）和随机松弛方法[Geman and Geman, 1984]等。其他的，比如**松弛标注**（relaxation labeling），在图像理解中是典型的。为了更好地理解这种思想，应首先考虑离散松弛法。

10.9.1　离散松弛法

考虑如图 10.45（a）所示的场景。包括背景在内，在这个场景中有六个物体。标记有背景（B）、窗户（W）、桌子（T）、抽屉（D）、电话（P），设物体表示的一元性质是（这个例子只是说明性的）。

- 窗户是矩形的。
- 桌子是矩形的。
- 抽屉是矩形的。

二元约束有

- 窗户在桌子的上方。
- 电话在桌子上。
- 抽屉在桌子里。

给定这些约束，图 10.45（b）中给出的标记是不相容的。离散松弛法为每个物体分配所有存在的标记，然后根据约束条件，迭代地去除那些不符合该物体性质的标记。图 10.46 是可能的松弛序列。

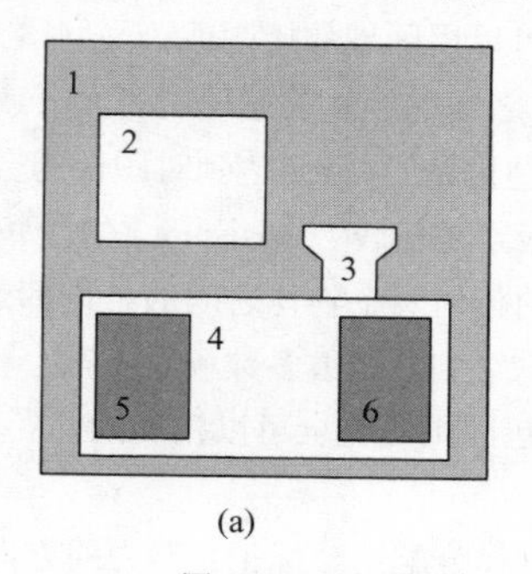

(a)

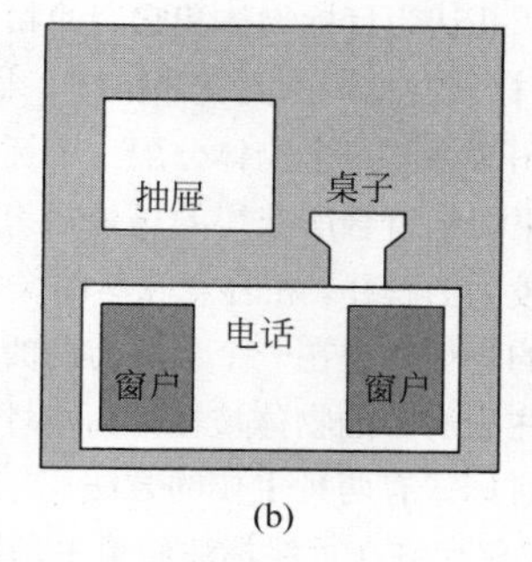

(b)

图 10.45　场景标注：（a）场景示例；（b）不相容的标注

在一开始（图 10.46（a）），每个物体分配到所有标记，并且对每一个物体，根据相容性检测它的所有标记。所以，我们可以去除掉物体 2, 3, 4, 5 和 6 中不相容的标记 B。同样地，物体 3 不是矩形，这样它违反了 T、W、D 必须满足的一元关系，等等。

图 10.46（c）给出了最终的相容标记；注意约束传播的机制。在几个步骤之后，物体之间的远程关系可能会影响场景远处局部的标记，使得它可能得到场景解释的全局标记相容性，尽管所有的标记去除操作只是局部的。

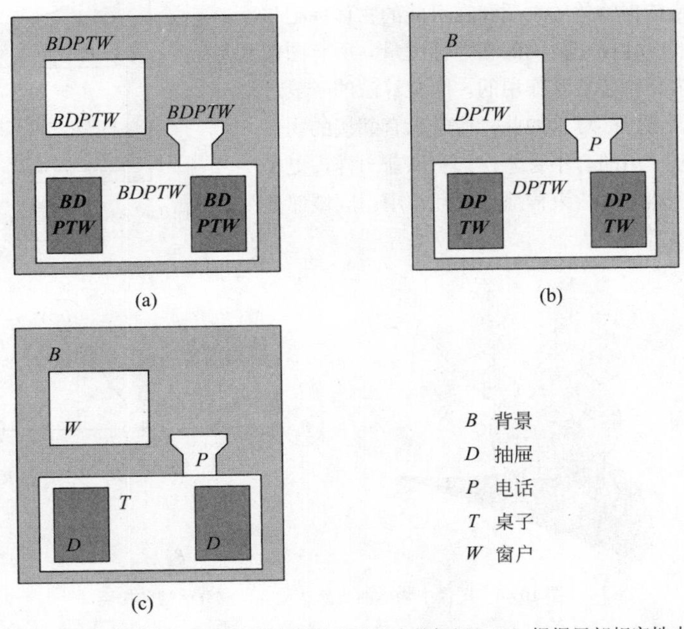

图 10.46　离散松弛法：（a）为每个物体分配所有的标记；（b）根据局部相容性去除不相容的标记；（c）最终的相容的标记

算法 10.14　离散松弛法

1. 考虑一元约束，为每个物体分配所有可能的标记。
2. 重复步骤 3～步骤 5，直至得到全局相容的解或发现这是不可能的。
3. 选择一个物体，更新它的标记。
4. 考虑被选择物体以及与它相互作用的物体之间的关系，修改（删除不相容的）标记。
5. 如果某个物体没有标记，则停止——没有发现相容的标记方案。

除了以下的一点不同外这个算法可以并行实现：没有步骤 4，所有的物体会被并行地处理。

为了进一步了解离散松弛法的技术、它们的性质以及限制其应用的技术困难，可以参考文献[Hancock and Kittler, 1990a]。尽管离散松弛法是自然地并行的，在[Kasif, 1990]中给出了关于离散松弛法的复杂性研究，结果表明在效率上并行求解并不比顺序求解提高很多。

10.9.2　概率松弛法

约束是图像理解中典型的工具。离散松弛法标注的经典问题首先是[Waltz, 1957]提出的，用于理解线画图描绘的 3D 物体，在第 9 章中将会简单地讨论这个问题。离散松弛法不会产生二义性的标记；然而，在很多实际情况中，它表现为一种过于简化的图像数据理解的方法——它不能处理非完全或是不精确的图像分割。我们假设使用语义信息和知识图像理解可以解决图像分割问题，这个问题不能使用自底向上的解释方法解决。概率松弛法可能会克服在场景中存在漏掉物体或有额外区域的分割问题，但是它会导致图像的不明确的解释。我们已经注意到，局部不相容的但却是很可能的（全局）解释可能比相容的但靠不住的解释更具有价值（比如，在我们的这个例子中，在桌子上方远处的一个非矩形窗口可以被认为是电话；这种标记是相容的，即使它是非常不可能出现的情况——参见图 10.47）。

考虑上面描述的松弛问题（区域 R_i 和标记集合 Ω_i），另外每一个物体 R_i 可以用一组一元性质 X_i 来描述。与离散松弛法类似，物体标注是依据物体的性质和在可能的物体标记与其他直接相互作用的物体标记之间的相容性度量。所有图像中的物体可以被认为是直接相互作用的，因此算法的一般形式将会根据这个假设给出。尽管如此，通常只有邻接的物体才被认为是直接相互作用的。不管怎样，和以前一样，更多的相距很远的物体仍然通过约束传播而相互作用。区域邻接图通常用于存储邻接信息。

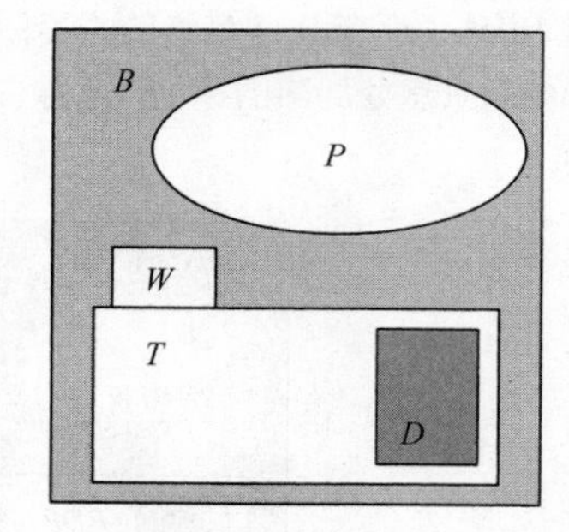

图 10.47 满足相容性，但却是不可能的标注

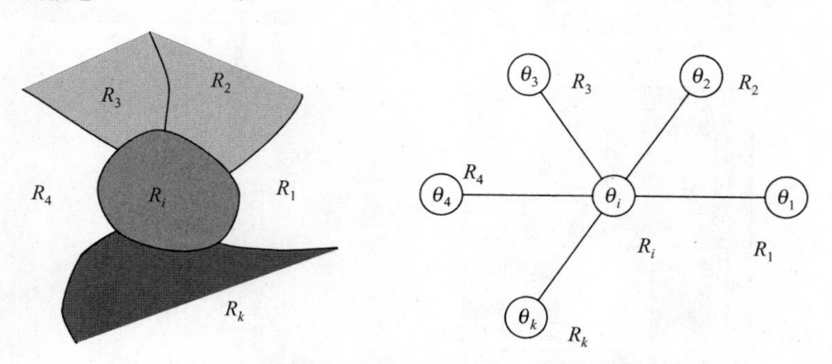

图 10.48 图像中物体的局部结构——部分区域邻接图

如图 10.48 所示，考虑物体的局部结构；假设物体 R_j 的标记为 θ_j；$\theta_j \in \Omega$；$\Omega=\{\omega_1,\omega_2,\cdots,\omega_R\}$。物体 R_i 的标记 θ_i 的置信度是由与它直接作用的物体的标记结构决定的。假设 $r(\theta_i=\omega_k,\ \theta_j=\omega_l)$ 表示两个相互作用的物体 R_i 和 R_j 之间的相容度，它们各自的标记是 θ_i 和 θ_j（拥有标记 θ_i 和 θ_j 的两个物体出现一定关系的概率）。松弛算法[Rosenfeld et al.，1976]是一个迭代过程，它的目标是在整幅图像中得到局部最优的相容性。在迭代处理的第 s 步对物体 R_i 标注 θ_i 的**支持** q_j^s 可以从其与物体 R_j 的二元关系中计算得到

$$q_j^s(\theta_i=\omega_k)=\sum_{l=1}^{R} r(\theta_i=\omega_k,\theta_j=\omega_l)P^s(\theta_j=\omega_l) \tag{10.42}$$

这里，$P^s(\theta_j=\omega_l)$ 表示区域 R_j 的标记应当是 ω_l 的概率。对相同物体 R_i 拥有相同标记 θ_i 的支持 Q^s，可以从第 s 步迭代处理中的所有 N 个直接相互作用的物体 R_j 以及它们的标记 θ_j 得到

$$\begin{aligned} Q^s(\theta_i=\omega_k) &= \sum_{j=1}^{N} c_{ij} q_j^s(\theta_i=\omega_k) \\ &= \sum_{j=1}^{N} c_{ij} \sum_{l=1}^{R} r(\theta_i=\omega_k,\theta_j=\omega_l)P^s(\theta_j=\omega_l) \end{aligned} \tag{10.43}$$

这里 c_{ij} 是满足 $\sum_{j=1}^{N} c_{ij}=1$ 的正权重。系数 c_{ij} 表示物体 R_i 和 R_j 之间相互作用的强弱。最初[Rosenfeld et al.，1976]，给出了一个更新公式，用于根据前面的概率 $P^s(\theta_i=\omega_k)$ 和相互作用物体的标记的概率指定标记 θ_i 的新概率

$$P^{s+1}(\theta_i=\omega_k)=\frac{1}{K}P^s(\theta_i=\omega_k)Q^s(\theta_i=\omega_k) \tag{10.44}$$

这里，K 是归一化常数

$$K=\sum_{l=1}^{R} P^s(\theta_i=\omega_l)Q^s(\theta_i=\omega_l) \tag{10.45}$$

算法的这种形式通常称为**非线性松弛方案**（**non-linear relaxation scheme**）。一种**线性方案**（**linear**

scheme）[Rosenfeld et al. ,1976]寻找如下这样的概率

$$P(\theta_i=\omega_k)=Q(\theta_i=\omega_k)\text{（对所有 } i,\ k \text{ 成立）} \tag{10.46}$$

以及非上下文的概率

$$P^0(\theta_i=\omega_k)=P(\theta_i=\omega_k|X_i) \tag{10.47}$$

只用于开始的松弛处理[Elfving and Eklundh, 1982]。

松弛算法也可以被认为是一种最优化问题，目标是最大化标记的全局置信度[Hummel and Zucker, 1983]。全局的目标函数是

$$F=\sum_{k=1}^{R}\sum_{i=1}^{N}P(\theta_i=\omega_k)\sum_{j=1}^{N}c_{ij}\sum_{l=1}^{R}r(\theta_i=\omega_k,\theta_j=\omega_l)P(\theta_j=\omega_l) \tag{10.48}$$

同时解需要满足下面的约束

$$\sum_{k=1}^{R}P(\theta_i=\omega_k)=1\text{（对任意 } i \text{ 成立）},\ P(\theta_i=\omega_k)>0\text{（对所有 } i,\ k \text{ 成立）} \tag{10.49}$$

松弛法的最优化方法可以推广到物体之间的 n 元关系。梯度下降法[Hummel and Zucker, 1983]通常用于最优化式（10.48），而且在[Parent and Zucker, 1989]中提出了这种更新原理的一种高效版本。

收敛性是迭代算法的重要性质；考虑到松弛法，收敛性问题仍然没有让人满意的解决。尽管如此，离散松弛法方案的收敛性通常可以通过设计合适的标记更新方案达到（比如，删除不相容的标记），可以允许增加标记的更为复杂的方案或概率松弛法的收敛性在数学上经常是无法保证的。尽管如此，松弛法仍然是非常有用的。松弛算法是高层次视觉理解处理的基石之一，而且在计算机视觉以外的领域中也可以发现这种方法的应用。

松弛算法可以自然地并行实现，因为可以同时对所有物体更新标记。有很多并行执行的方法，并行松弛法的不同变形在本质上并没有什么不同。其一般形式就是下面的算法。

算法 10.15　概率松弛法

1. 定义图像中所有物体 R_i 的解释（即标记）的条件概率（比如，使用式（10.47））。
2. 重复步骤 3 和步骤 4，直到得到图像的最佳解释（目标函数 F 取值最大）。
3. 计算目标函数 F（见式（10.48））的值，它可以度量场景标注的效果好坏。
4. 更新物体解释（标记）的概率值，使得目标函数 F 的值增加。

松弛算法的并行实现方法可见[Kamada et al., 1988; Dew et al., 1989; Bhandarker and Suk, 1990]。

松弛算法仍然在发展中。这些算法在执行过程中存在的问题之一是：在开始的迭代中，标注改进很快，但随后开始退化且可能会非常严重。原因是在整幅图像上寻找全局最优解可能会导致局部标注的效果非常差。一种可能的处理是允许使用空间约束以避免标注退化，该处理是基于随着迭代次数的增加而减小邻域的影响[Lee et al., 1989]。这方面的综述和大量的参考文献可见[Kittler and Illingworth, 1985; Kittler and Foglein, 1986; Kittler and Hancock, 1989]。在[Kittler, 1987]中介绍了概率松弛法的简要理论基础和与上下文分类方案的紧密关系。概率松弛算法近期的改进可以参考[Lu and Chung, 1994; Christmas et al., 1996; Pelillo and Fanelli, 1997]。

10.9.3　搜索解释树

注意松弛法并不是解决离散标注问题的唯一方法，也可以使用搜索**解释树**（**interpretation tree**）的经典方法。树的层数与场景中物体的数目一致；结点分配了所有可能的标记，使用基于回溯的深度优先的搜索策略。从为第一个物体（树的根）分配标记开始，为第二个物体结点分配相容的标记，再为第三个物体分配，等等，以此类推。如果不能分配相容的标记，回溯的机制将会改变较高层的一个最近结点的标记。所有标记变化是按系统化的方式进行的。

解释树的搜索测试所有可能的标记，所以通常情况下计算是低效率的，尤其是当没有可用的合适的树剪枝算法（tree pruning algorithm）时。在[Grimson and Lozano-Perez, 1987]中介绍了搜索解释树的一种高效率的算法。搜索采用启发式方法，根据匹配程度导引找到好的解释。匹配度是基于约束条件的，可以反映解释的可行性。很明显，一种不可行的解释使得这棵树下所有的解释也都是不可行的。为了表示丢弃评价分枝（evaluated patch）的可能性，我们为解释树的每个结点添加上额外的解释树分枝。一般的搜索策略是基于深度优先方法的，这样搜索的是最好的解释。尽管如此，搜索最好的解仍然需要耗费很多时间。

有很多尝试改进了 Grimson Lozano-Perez 算法的基本思想——在[Fisher, 1994]中有最近的发展概况。典型地，正确的解释在最初的时候就被决定了，相当多的时间花费在试图进一步改进这个解释。这样，使用一个**截断**（**cut-off**）阈值，当该阈值达到时终止解释的搜索。这种方法在很大程度上减少了搜索的时间，同时并没有对搜索结果造成不利影响[Grimson and Lozano-Perez, 1987; Grimson, 1990]。[Fisher, 1993]将模型分成逐渐变小的子模型的树，它们合起来可以得到整个匹配，而[Fletcher et al., 1996]使用从粗到精的策略描述待匹配表面的特征（在这种情况下，使用 MR 头部扫描得到的 3D 数据）。

最近，有另一种方法用于为数据库检索估计医学图像的相似性，表明了它的实际可用性。这里，用 Voronoi 图表示图像中区域的布置（见第 4.2.3 节），并使用基于树的度量表达 Voronoi 图的相似度[Tagare et al., 1995]。第 10.7 节中的方法则是最近利用决策树形式层叠式分类器的快速高效应用的一个例子[Viola and Jones, 2001; Viola et al., 2003]。

10.10 语义图像分割和理解

这一节内容是第 6.3 节中讨论的区域增长方法的更高层次的扩展。语义图像分割包括图像区域解释，而且有可能以图像理解为结果，所以这部分内容应当包含于本章。假设读者拥有所需要的背景知识：区域增长、物体描述、最小化错误分类、上下文分类、图像理解策略等。

区域增长的算法在第 6.3 节早就讨论过，使用区域的局部性质基于一般性的启发式信息归并区域，可以称作基于语法（syntactic）信息的方法。相反地，在[Feldman and Yakimovsky, 1974]中首次使用了表示更高层次知识的语义信息。直觉上很明显语义包含了更多的信息，尤其是关于可能的区域解释的信息，在归并过程中这些信息是非常有价值的。另外，很明显上下文和关于区域解释一致性的全局最优化准则在其中也扮演了很重要的角色。进一步地，本节所描述的方法是用作将以下各个方面结合起来的一个例子：上下文、语义、使用松弛方法来传播约束以及展示如何可以优化全局一致性函数的。这方面的应用还可以参见[Cabello et al., 1990; Strat and Fischler, 1991]。

语义区域增长的第一个问题是图像区域以及它们的相互关系的表示。在第 4.2.3 节中介绍了区域邻接图的概念，结点表示区域，相邻区域有边相连。为了使对所有区域的处理一致，可以假设一个区域围绕了图像。从区域邻接图可以得到它的对偶图，其中每个结点与不同区域边界线的交点相关，每条弧与边界线相关。图 10.49 是一个区域邻接图及其对偶图的例子。每次两个区域归并，这两个图都要作相应的改变——下面的算法[Ballard and Brown, 1982]描述了当两个区域 R_i 和 R_j 归并时，如何更新区域邻接图及其对偶图。

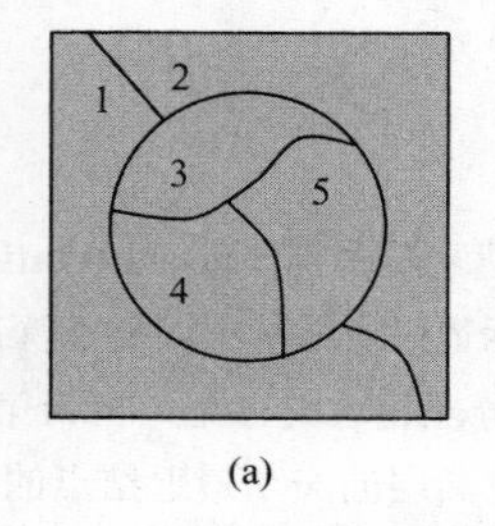

(a)

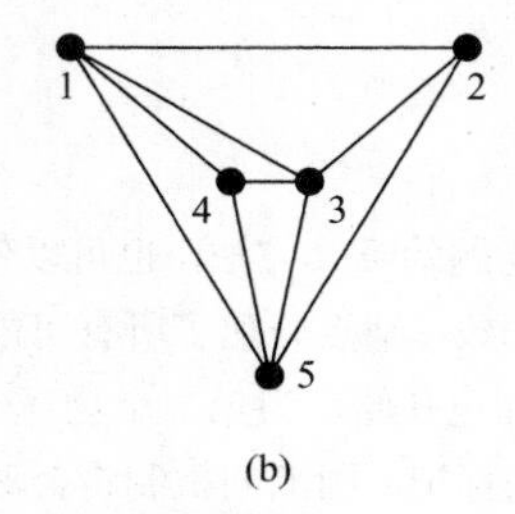

(b)

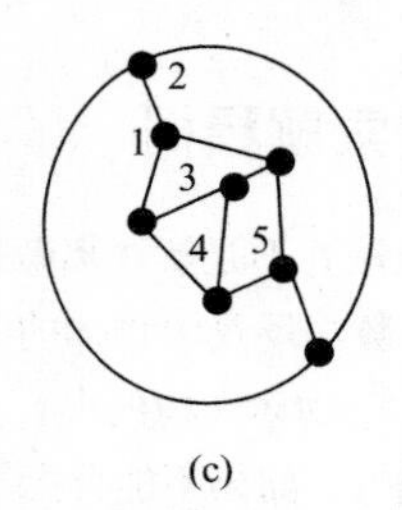

(c)

图 10.49 区域邻接图：（a）被分割的图像；（b）区域邻接图；（c）对偶图

算法 10.16　为归并两个区域更新区域邻接图和其对偶

1. 区域邻接图
   （a）添加目前不存在的连接区域 R_i 和所有与 R_j 邻接的区域的弧。
   （b）在图中去掉结点 R_j 以及它的所有弧。
2. 对偶图
   （a）去掉图中所有对应于区域 R_i 和 R_j 之间的边界的弧。
   （b）对于所有与这些弧相关联的结点：
   - 如果与结点相关联的弧的数目是 2，去掉这个结点并且合并这两条弧。
   - 如果与结点相关联的弧的数目大于 2，用新的区域标记 R_i 更新与区域 R_j 的部分边界相关的弧的标记。

区域邻接图的费用与结点和弧相关，这意味着这些费用的更新必须包含在给定的算法中，因为结点费用的改变是由于区域 R_i 和区域 R_j 的连接。

10.10.1　语义区域增长

考虑遥感照片，其中的区域可以定义为解释，例如田野、道路、森林、城镇等。这种情况下，合并具有相同解释的相邻区域为一个单独的区域是有意义的。问题是区域的解释并不知道，而且区域描述还可能给出不可靠的解释。在这种情况下，使用关于相邻区域的（一元、二元）关系的先验知识，在区域归并中考虑上下文，这是很自然的，然后使用约束传播在整幅图像中得到全局最优的图像分割和解释。

现在我们考虑将语义信息用在区域归并分割方案靠后的步骤中，前面的步骤采用一般的启发式信息控制，与第 6.3 节[Feldman and Yakimovsky, 1974]中给出的方法类似。只有在初步的启发式过程结束后，才估计存在区域的语义性质，进一步允许或禁止区域归并；这是下面算法的步骤 4 和步骤 6。采用与前面内容相同的符号：区域 R_i 具有性质 X_i，它可能的标记是 $\theta_i \in \{\omega_1,\cdots,\omega_R\}$，而 $P(\theta_i = \omega_k)$表示区域 R_i 的解释是 ω_k 的概率。

算法 10.17　语义区域归并

1. 初始化图像分割，含有很多小的区域。
2. 合并所有在它们的公共边界上具有至少一条弱边缘的邻接区域。
3. 对预先设值的常数 c_1 和 c_2 以及阈值 T_1，如果 $S_{ij} \leqslant T_1$ 合并相邻的区域 R_i 和 R_j，其中
$$S_{ij} = \frac{c_1 + a_{ij}}{c_2 + a_{ij}},\quad a_{ij} = \frac{(\text{area}_i)^{1/2} + (\text{area}_j)^{1/2}}{\text{perimeter}_i\,\text{perimeter}_j} \tag{10.50}$$
4. 对所有的区域 R_i 和 R_j，用式（10.53）计算它们相互的边界 B_{ij} 能把它们分成两个有相同解释($\theta_i = \theta_J$)的区域的条件概率 P。如果 P 大于某个阈值 T_2，合并区域 R_i 和 R_j。如果任何两个区域都不可以归并，跳至步骤 5。
5. 对任何区域 R_i，计算初始条件概率
$$P(\theta_i = \omega_k | X_i),\quad k=1,\cdots,R \tag{10.51}$$
6. 重复这个步骤直到所有区域的标记是最终的。找到对其解释具有最高置信度 C_i 的非最终的区域（见式（10.55））；使用该解释标记区域，并标记为是最终的。对每个非最终区域 R_i 以及它的每个可能的解释 ω_k，$k=1,\cdots,R$，根据式（10.56）更新其解释的概率。

这个算法的前三步与算法 6.17 在本质上并没有不同，但是最后的两步，语义信息被结合进去了，与前

面的算法有很大不同，是结合了深度优先解释树搜索的松弛算法的一种变形。对于给定的图像划分，目的是最大化目标函数：

$$F = \prod_{i,j=1,\cdots,R} P\left(B_{ij} \text{ is between } \theta_i, \theta_j \mid X(B_{ij})\right) \prod_{i=1,\cdots,R} P(\theta_i \mid X_i) \prod_{j=1,\cdots,R} P(\theta_j \mid X_j) \tag{10.52}$$

两个区域 R_i 和 R_j 之间的边界 B_{ij} 是假边缘的概率必须在步骤 4 中计算出来。概率 P 可以看作是条件概率的比值；假设 P_t 表示边界应当保留的概率，而 P_f 表示边界是假边缘的概率（也就是说，这条边界应当去掉，区域应该归并起来），$X(B_{ij})$表示边界 B_{ij} 的性质，那么

$$P = \frac{P_f}{P_t + P_f} \tag{10.53}$$

其中

$$P_f = \sum_{k=1}^{R} P\left[\theta_i = \theta_j \middle| X(B_{ij})\right] P\left(\theta_i = \omega_k \middle| X_i\right) P\left(\theta_j = \omega_k \middle| X_j\right)$$

$$P_t = \sum_{k=1}^{R} \sum_{l=1;k\neq l}^{R} P\left[\theta_i = \omega_k \text{ and } \theta_j = \omega_l \middle| X\left(B_{ij}\right)\right] P\left(\theta_i = \omega_k \middle| X_i\right) P\left(\theta_j = \omega_l \middle| X_j\right) \tag{10.54}$$

区域 R_i 解释的置信度 C_i（步骤 6）可以采用下面的方法计算。假设θ_i^1、θ_i^2 表示区域 R_i 最可能的两个解释，那么

$$C_i = \frac{P\left(\theta_i^1 \middle| X_i\right)}{P\left(\theta_i^2 \middle| X_i\right)} \tag{10.55}$$

在为区域 R_f 分配了最终的解释 θ_f 后，更新所有与它相邻的区域 R_j（具有非最终的标记）的解释概率，最大化目标函数（见式 10.52）：

$$P_{\text{new}}\left(\theta_j\right) = P_{\text{old}}\left(\theta_j\right) P\left(B_{fj} \text{ 是在标记为 } \theta_f\text{、}\theta_j \text{的区域之间} \middle| X\left(B_{fj}\right)\right) \tag{10.56}$$

这些条件概率的计算是非常消耗时间和存储的。预先计算好这些概率，在处理过程中使用表中的值，可能是有益的；这张表格必须使用合适的采样方法来建立。

我们应当明白，区域解释间的相互关系的合适模型、条件概率的收集、置信度的估计都必须指定出来，才能实现这种方法。

10.10.2 遗传图像解释

10.10.1 节描述了历史上第一种语义区域增长方法，在概念上它仍然是适时的。尽管如此，在区域增长的图像分割方法中存在一个基本问题——结果对于分割/归并的顺序是敏感的（参见第 6.3 节）。普通的分割与归并方法通常的结果是欠分割或过分割的图像。实际上要对“图像中既没有太多的也没有太少的区域”达到高置信度来终止区域增长过程是不可能的。

在第 6.3.3 节中，提到过一种方法[Pavlidis and Liow 1990]，它的区域增长总是得到过分割的结果图像，采用了后处理步骤去掉假边界。去掉错误的过分割区域的类似方法，可以在以图的分水岭（watershed for graph）为基础的基于知识的形态学区域增长算法中找到[Vincent and Soille, 1991]，这个方法在概念上是非常不同的。进一步地，普通的区域增长方法是基于均匀性准则评价的，目的是分裂不均匀的区域或归并可以形成均匀区域的两个区域。记住，结果对归并的顺序是敏感的；所以，即便归并的结果产生了均匀的区域，它也可能不是最优的。此外，没有可以寻找最优归并的机制。因此，语义区域增长方法从过分割的图像开始分割和解释图像，其中有些归并并不是最好的。然后语义过程试图通过将区域分组，确定某些目标函数能够取得的最大值，其中的一些区域可能已经不是正确的了，所以通过部分处理过的数据，试图得到最优的图像解释，这些数据已经丢失了一些很显著的信息。进一步地，常规语义区域增长只在解释的层次归并区域，并不估计归并后得到的新区域的性质。它也经常收敛到区域标注的局部最优值；因为该最优化的性质而无法得到全局最优。这样对于复杂图像得到的是不可靠的图像分割和解释的结果。遗传图像解释方法以如下的方式解决了这些基本问题。

- 允许区域归并和分裂；归并或分裂总不是最终的，即使目前的分割已经是好的，仍然要寻找更好的分割。
- 将语义和更高层次知识结合到主分割过程中，而不是作为主分割步骤完成后的后处理。
- 语义包含在目标评价函数中（这与传统的基于语义的分割类似）。
- 与普通语义区域增长方法相比，在语义目标函数评价中，任何归并的区域都被认为是相邻的区域，测量它的所有性质。
- 遗传图像解释方法不寻找局部最大值；它的搜索结果很可能是达到（或接近）目标函数全局最大值的图像分割和解释。

遗传图像解释方法是基于**假设和验证**准则的（第 10.1.4 节）。目标函数（类似于前面章节介绍的目标函数）采用遗传算法（基本知识可以参考第 9.6.1 节）来优化，这个函数可以估计分割和解释的好坏。这种方法使用过分割的图像作为初始化，称作**初始分割**，其中的每个区域称作**初始区域**。在分割过程中，初始区域被反复归并得到目前的区域。遗传算法负责产生新的可行的图像分割和解释假设的种群。

遗传算法的一个重要性质是在单个处理步骤中测试整个分割种群，其中较好的分割存活下来，而其他的则死去（参见第 9.6.1 节）。如果目标函数表明一些图像区域的归并是好的归并，就允许其存活到图像分割的下一代（描述了特定分割的码串存活下来），而一些坏的区域归并被去掉（它们的描述码串死亡）。

初始区域邻接图是用于描述初始图像分割的邻接图。**特定的区域邻接图**反映了图像在归并了所有具有相同解释的相邻区域后得到的结果（压缩（collapsing）的初始区域邻接图）。遗传算法需要用码串来表示待处理种群的任何成员。每个初始区域对应于码串中的一个元素；这个对应在分割/解释过程的一开始就一次性地给定了。一个区域解释由当前的码串给出，其中图像的每个初始区域都唯一地对应于某个特定位置。每个可行的图像分割都可以由一个所产生的码串（分割假设）来定义，该码串对应于唯一的特定区域邻接图。特定的区域邻接图可以看作是评价目标分割函数的工具。每个分割的特定区域邻接图是通过压缩初始区域邻接图构建的。

分割最优化函数的设计（遗传算法中的适合度（fitness）函数）对于成功的图像分割是十分重要的。遗传算法负责寻找目标函数的最优值。然而，最优化函数必须真实地反映分割的最优性。为了达到这个目的，函数必须基于图像区域的性质和区域之间的关系——关于期望得到的分割的先验知识必须包含在最优化准则中。

一个合适的目标函数可以类似于式（10.48）给出的形式，要牢记，区域数目 N 不是常数，因为它与分割假设相关。

传统的方法评价所有可能的区域解释的置信度和图像分割。根据区域解释和它们的置信度，更新相邻区域解释的置信度，一些区域被支持，而另一些则要减小它们的可能性。这种普通方法可以轻易地取得相容的但是是次最优（sub-optimal）的图像分割和解释。在遗传方法中，算法完全负责产生有关图像分割的新的而且是逐步变好的假设。只有这些假设的分割才使用目标函数来评价（基于其对应的特定区域邻接图）。另一种重要的不同点是在区域性质的计算上——正如较早前所提到的，在性质计算过程中由一些初始区域组成的区域被作为一个单独的区域，它将给出更合适的区域描述。

最优化准则由三部分组成。使用与前面相同的记号，目标函数包括：

- 根据区域 R_i 的性质 X_i，得到的该区域的解释是 θ_i 的置信度

$$C(\theta_i|X_i)=P(\theta_i|X_i) \tag{10.57}$$

- 根据与区域 R_i 相邻且具有解释 θ_j 的区域 R_j，得到的该区域的解释是 θ_i 的置信度

$$C(\theta_i)=\frac{C(\theta_i \mid X_i)\sum_{j=1}^{N_A}\left[r(\theta_i,\theta_j)C(\theta_j \mid X_j)\right]}{N_A} \tag{10.58}$$

这里 $r(\theta_i, \theta_j)$表示两个具有标记 θ_i 和 θ_j 的相邻物体 R_i 和 R_j 之间的相容性函数，N_A 表示与区域 R_i 相邻

的区域的数目（用置信度 C 代替前面章节中使用的概率 P，是因为它们不满足所需要的条件，这些条件是概率必须满足的；尽管如此，直觉上，解释置信度和解释概率是保持不变的）。

- 在整幅图像上评价解释的置信度

$$C_{\text{image}} = \frac{\sum_{i=1}^{N_R} C(\theta_i)}{N_R} \tag{10.59}$$

或者

$$C'_{\text{image}} = \sum_{i=1}^{N_R} \left(\frac{C(\theta_i)}{N_R} \right)^2 \tag{10.60}$$

这里 $C(\theta_i)$ 根据式（10.58）计算得到，其中 N_R 表示对应的特定区域邻接图中区域的数目。

遗传算法试图最优化目标函数 C_{image}，这个目标函数表示当前的分割和解释假设的置信度。

如前所述，分割最优化函数是基于假设区域的一元性质和这些区域与它们的解释之间的二元性质的。有关被处理图像性质的先验知识被用于评价局部区域置信度 $C(\theta_i \mid X_i)$，相容性函数 $r(\theta_i, \theta_j)$ 表示如下事件的置信度：两个区域以及它们的解释可能会出现在现存结构中的图像内。

算法 10.18 遗传图像分割和解释

1. 用初始区域初始化分割，定义每个区域与它的标记在码串中位置的对应。码串由遗传算法产生。
2. 建立初始区域邻接图。
3. 随机选择码串的初始种群。使用先验知识，如果它可以帮助定义初始种群。
4. 遗传最优化。为当前种群的每个码串，压缩得到区域邻接图（见算法 10.16）。利用当前的区域邻接图，为种群中的每个码串计算最优分割函数的值。
5. 如果在连续的几个步骤之后，最优化准则的最大值的结果没有显著地增加，那么跳至步骤 7。
6. 让遗传算法产生分割和解释假设的新的种群。跳至步骤 4。
7. 具有最大置信度的码串（最好的分割假设）表示最终的图像分割和解释结果。

一个简单的例子

考虑草坪上的一个球的图像（参见图 10.50）。假设球的解释标记是 B，草坪的标记是 L，并且包含下面的高层知识：在图像上有一个圆形的球，球在绿色草坪区域中。实际上，甚至在这个简单的例子中我们也可以添加更多的先验知识，但是对于我们的目的，这些知识已经足够了。这些知识必须使用合适的数据结构存储。

- 一元条件：根据球的紧致性可以得到一个区域是球的置信度（参见第 8.3.1 节）

$$C(\theta_i = B \mid X_i) = \text{compactness}(R_i) \tag{10.61}$$

- 同时根据草坪区域的绿色可以得到一个区域是草坪的置信度

$$C(\theta_i = L \mid X_i) = \text{greenness}(R_i) \tag{10.62}$$

- 假设区域是一个完美的球和完美的草坪的置信度是 1

$$C(B \mid \text{circular}) = 1 \quad C(L \mid \text{green}) = 1$$

- 二元条件：假设一个区域在另一个区域内部的置信度可以由相容性函数计算

$$r(B \text{ is inside } L) = 1 \tag{10.63}$$

并且所有其他位置组合的置信度都是零。

一元条件说明区域越是紧致，其圆形就越好，那么这个区域的解释是球的置信度就越高。二元条件非常苛刻，要求球的区域周围只能是草坪。

假设初始图像分割包含五个初始区域 R_1，…，R_5（参见图 10.50）；初始区域邻接图以及它的对偶图可以参见图 10.49。让区域的编号与区域标记在码串中的位置对应，码串可以由遗传算法根据分割假设和猜测产生，为了简单起见，分割假设的起始种群只有两个字符串（在任何实际应用中，起始种群是相当大的）。假设随机选取的起始种群是：

BLBLB

LLLBL

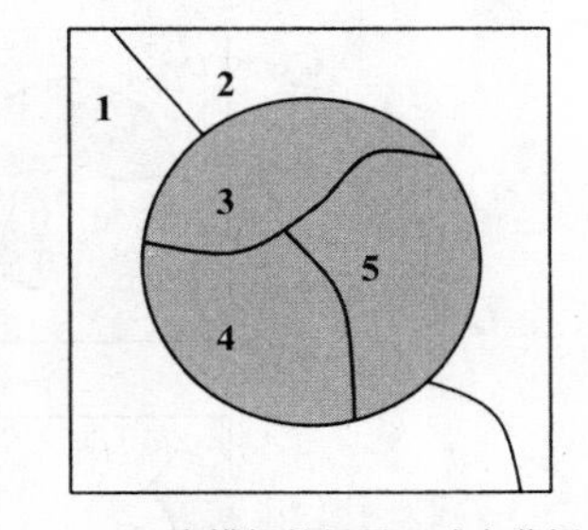

图 10.50　一个模拟的场景“球在草坪上”

这表示图 10.51 中的分割假设。第二个和第三个位置随机杂交（crossover），得到的种群如下；置信度反映了标记是球的区域与圆的接近程度和标记是球的区域在草坪区域中的定位——置信度的计算是依据式（10.59）：

$BL|BLB \quad C_{\text{image}} = 0.00$

$LL|LBL \quad C_{\text{image}} = 0.12$

$LLBLB \quad C_{\text{image}} = 0.20$

$BLLBL \quad C_{\text{image}} = 0.00$

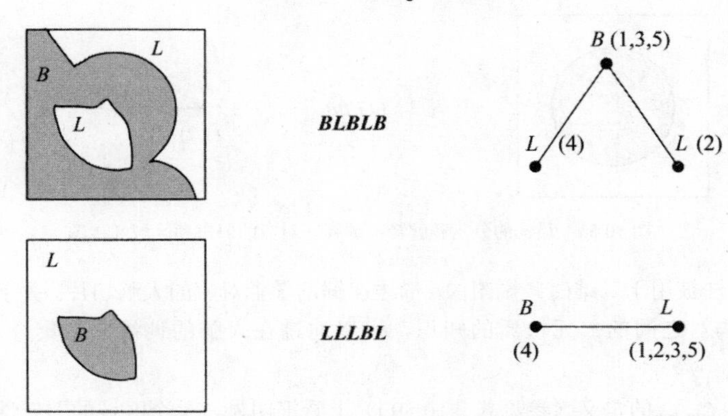

图 10.51　分割和解释的初始假设：解释、对应的码串以及对应的区域邻接图

第二个和第三个分割假设是最优的，所以它们会被复制（reproduced），并应用另一个杂交；第一个和第四个码串死亡（参见图 10.52）：

$LLL|BB \quad C_{\text{image}} = 0.12$

$LLB|LB \quad C_{\text{image}} = 0.20$

$LLLLB \quad C_{\text{image}} = 0.14$

$LLBBL \quad C_{\text{image}} = 0.18$

再进行一次杂交，

$LLBL|B \quad C_{\text{image}} = 0.20$

$LLBB|L \quad C_{\text{image}} = 0.18$

$LLBLL \quad C_{\text{image}} = 0.10$

$LLBBB \quad C_{\text{image}} = 1.00$

码串（分割假设）*LLBBB* 具有高的（可以达到的最高值）置信度。如果遗传算法继续产生假设，最优的假设的置信度就不会更高了，所以停止这个过程。最优的分割和解释如图 10.53 所示。

脑部图像分割的例子

前面的例子只说明了这种方法的基本准则。实际的应用需要更加复杂的先验知识，遗传算法必须在大量的字符串种群下工作，而且最终的最优结果也不会在三个步骤内得到。不管怎样，当方法应用于更加复杂的问题时，上面所说明的原理仍是保持不变的，这里给出的人脑的磁共振图像的解释就是这样的一个复杂例子

[Sonka et al., 1996]。

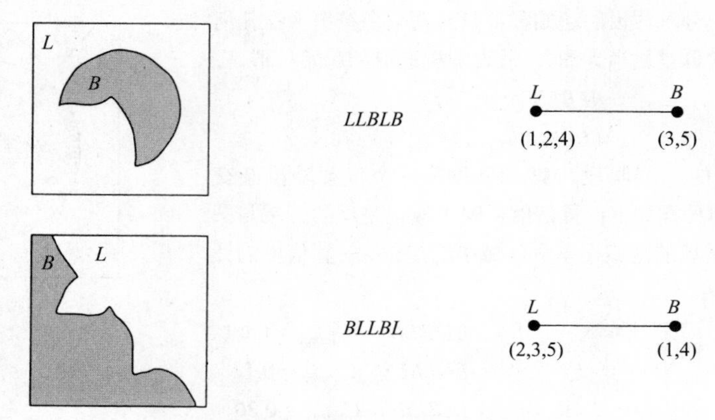

图 10.52　分割和解释：解释、对应的码串和区域邻接图

图 10.53　最优的分割和解释：解释、对应的码串和区域邻接图

遗传图像解释方法被用于二维磁共振图像，描述在解剖学上对应的人脑切片。关于特定的神经解剖学结构的一元性质和结构对之间的二元性质的知识，可以通过在人脑的训练图像集合上手工标记轮廓得到（见图 10.55（a））。

从全局目标函数 C_{image} 的定义（参见式（10.59））上看很明显，单个区域的一元性质、区域假设的解释以及区域之间的二元关系都可用于计算置信度 C_{image}。

在我们的例子中，一元区域置信度 $C(\theta_i|X_i)$和相容性函数 $r(\theta_i,\ \theta_j)$可以根据脑部解剖和磁共振图像取得的参数计算得到。下面计算置信度的方法是用于人脑解释问题的[Sonka et al., 1996]：

一元置信度：区域的一元置信度可以用如下方式计算得到：在区域的形状和其他的特征性质与代表假设解释的性质之间做匹配（亦即使用先验知识匹配）。

假设区域 R_i 的性质集合是 $X_i=\{x_{i1}, x_{i2}, \cdots, x_{iN}\}$。为区域$\{x_{ij}\}$的每个性质做匹配，一元置信度 $C(\theta_i\,|\,X_i)$可以采用下面的方法求得

$$C(\theta_i\,|\,X_i) = P(x_{i1})P(x_{i2})\cdots P(x_{iN}) \tag{10.64}$$

特征置信度 $P(x_{ik})$可以使用如图 10.54 所示的分段线性函数计算出来。比如，假设 x_{ik} 是区域 R_i 在指定的 RAG 中的面积，并假设 R_i 被标注为 θ_i。根据先验知识，假设标注为 θ_i 的物体面积是 y_{ik}。那么

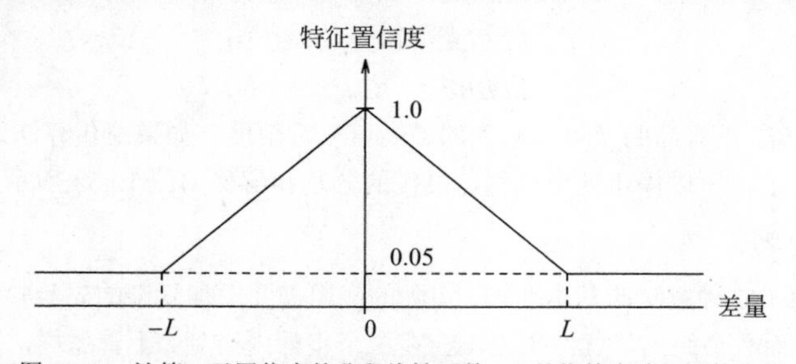

图 10.54　计算一元置信度的分段线性函数。L 是依赖先验知识的界限

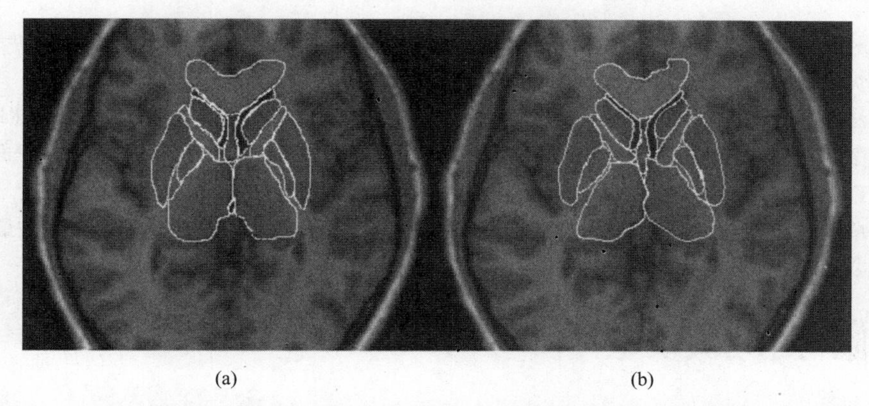

(a)　(b)

图 10.55　核磁共振的脑部图像的自动分割和解释：（a）观察者定义的神经解剖学结构的边界，与对应于；（b）计算机定义的边界很接近

$$P(x_{ik})=\begin{cases}1.0-(0.95\,|\,x_{ik}-y_{ik}\,|)/L & |\,x_{ik}-y_{ik}\,|<L\\ 0.05 & 其他\end{cases}$$

其中界限 L 依赖每个特定特征的先验知识的强度。

二元置信度：二元置信度定义在两个区域之间，依赖于它们之间的相互关系。

相容性函数 $r(\theta_i,\theta_j)$ 的值在区间[0,1]内，它依赖于有关区域 R_i 和 R_j 之间期望结构的先验知识的强度。

比如，如果我们知道标注为 θ_i 的区域 R_i 总是在标注为 θ_j 的区域 R_j 中，那么

$$r(\theta_i \text{ is inside } \theta_j)=1,\quad r(\theta_j \text{ is outside } \theta_i)=1$$

然而

$$r(\theta_j \text{ is inside } \theta_i)=0,\quad r(\theta_i \text{ is outside } \theta_j)=0$$

这样，低的二元置信度可以惩罚不可行的区域对的结构。

类似于一元置信度的计算，相容性函数可以采用如下的方法计算：

$$r(\theta_i,\theta_j)=r(\theta_{ij1})r(\theta_{ij2})\cdots r(\theta_{ijN}) \tag{10.65}$$

这里 $r(\theta_{ijk})$ 是标注为 θ_i 和 θ_j 的区域之间的二元关系（比如，大于、小于）。

在使用训练集合中的很多脑部图像设计好目标函数 C_{image} 后，脑部图像的遗传解释方法被用于测试脑部图像。为了说明这个问题，典型的初始区域邻接图包含大概 400 个区域；种群有 20 个符号串，变化速率 $\mu=1/string\_length$ 用于遗传最优化过程中。这种方法用于检测磁共振的脑部图像，可以得到较好的图像解释性能（参见图 10.55）。

语义图像理解

传统的语义区域增长方法从非语义阶段开始，使用语义后处理过程为每个区域分配标记。基于区域增长阶段取得的分割，标注过程试图为区域寻找合理的解释集合。遗传图像解释方法可以以不同的方式起作用。

首先，没有分开的阶段。语义结合进分割和解释的过程中。其次，首先产生分割假设，最优化函数仅用来评价假设。最后，遗传算法用一种高效率的方法负责产生分割假设。

这种方法可以基于区域描述的任何性质和基于区域之间的任何关系。产生分割假设的基本思想解决了分裂和归并区域增长中的问题之一——结果对于区域增长顺序的敏感性。如果分割后处理过程不能提供成功的分割，那么传统的区域增长方法重新分割图像的唯一途径是使用反馈控制，在特定的图像部分改变区域增长的参数。这不能保证得到全局最优的分割，甚至是经过几个反馈重分割步骤之后仍然如此。

在遗传图像解释方法中，区域归并总不是最终的。自然的和经常的反馈是包含在遗传解释方法中的，因为它是一般遗传算法的一部分——这就提供了很好的机会，使一个（接近）全局最优的分割和解释会在单个处理阶段中被发现。

注意整个章节中的方法都不能保证也不会保证得到正确的分割——根据选择的最优函数，所有方法都试

图得到最优解。所以，为了设计好的最优化函数，先验知识是非常重要的。先验知识通常作为一种启发式信息包含在最优化函数中，它可以影响计算的效率。

这种方法的一个重要性质是使得并行处理成为可能。类似于松弛算法，这种方法可以自然地并行运行。更进一步，存在直接推广到三维中的遗传图像分割和解释的过程。考虑组成三维图像的图像平面集合（比如磁共振或 CT 图像），初始分割可以由所有图像平面的区域组成，可以用 3D 初始关系图表示。一种有趣的可能是在一个单独的复杂处理步骤中使用生成的 3D 区域的 3D 性质寻找全局 3D 分割和解释的最优解。在这种应用中需要并行处理实现。

10.11 隐马尔可夫模型

当试图进行图像理解时，我们常常可以将观察到的模式建模为跃迁（转移）系统（transitionary system）。有时这些跃迁是时间上的，但是它们也可以其他模式跃迁，比如，单个字符的模式当按照某种特定顺序连接起来时就表示了另一种模式即词。如果跃迁是事先知道的，且我们知道某个时刻系统的状态，它们就可以用于帮助决定下一个时刻的状态。这是一个众所周知的思想，其中一种最简单的例子就是**马尔可夫模型**（**Markov model**）。

马尔可夫模型假设系统在时刻 $t_1, t_2,\cdots$可能会出现有限个状态 $X_1, X_2, X_3,\cdots, X_n$，而且发生这些状态的概率仅由前面的状态决定。更特别地，一阶马尔可夫模型假设这些概率仅仅依赖于前一时刻的状态，这样存在矩阵 $A = a_{ij}$，其中

$$a_{ij} = P(\text{系统处于状态 } j \mid \text{系统处于状态 } i) \tag{10.66}$$

这样 $0 \leqslant a_{ij} \leqslant 1$，并且对所有 $1 \leqslant i \leqslant n$ 满足 $\sum_{j=1}^{n} a_{ij} = 1$。重要的一点是这些参数与时间无关——这些 a_{ij} 不会随着 t 的改变而发生变化。二阶模型采用相同的假设，但是概率依赖于前两个状态值，这种思想可以推广 k 阶模型，这里 k=3,4,…。

一个特别简单的例子可以是天气预测模型：假设给定日子的天气可能是晴天（1）、多云（2），或者下雨（3），并且出现不同气候的概率值依赖于前一天的天气情况。我们可以得到矩阵 A

$$\begin{array}{r} \\ \text{晴天} \\ A = \text{多云} \\ \text{下雨} \end{array} \begin{array}{c} \begin{array}{ccc} \text{晴天} & \text{多云} & \text{下雨} \end{array} \\ \begin{pmatrix} 0.50 & 0.375 & 0.125 \\ 0.25 & 0.125 & 0.625 \\ 0.25 & 0.375 & 0.375 \end{pmatrix} \end{array} \tag{10.67}$$

这样，在晴天之后是雨天的概率是 0.25，而在雨天的后一天是多云的概率是 0.625，以此类推。

很多实际应用中，状态量并不是可以直接观察到的，我们只能观察到另一组不同的状态 Y_1, …, Y_m（可能有 $n \neq m$），这里我们只能从下面的概率猜测系统实际的状态

$$b_{jk} = P\left(Y_k \text{观察到的} \middle| \text{系统处于转态 } j\right)$$

$0 \leqslant b_{jk} \leqslant 1$，并且有 $\sum_{k=1}^{m} b_{jk} = 1$。这样便定义了一个 $n \times m$ 的矩阵 B，它也是与时间无关的；也就是说观察概率只依赖于当前状态，特别地，它不依赖于这个状态是如何达到的以及是什么时候达到的。

将天气预测的例子扩展一下，我们都知道海草是否潮湿可以用来预测天气；如果我们假设有四个状态，干燥 1、较干燥 2、潮湿 3、很潮湿 4，实际的天气是与海草状态相关联的概率，我们可以得到下面这样的矩阵

$$B=\begin{array}{c} \\ 干燥 \\ 较干燥 \\ 潮湿 \\ 很潮湿 \end{array}\begin{array}{c} \begin{array}{ccc} 晴天 & 多云 & 下雨 \end{array} \\ \begin{pmatrix} 0.60 & 0.25 & 0.05 \\ 0.20 & 0.25 & 0.10 \\ 0.15 & 0.25 & 0.35 \\ 0.05 & 0.25 & 0.50 \end{pmatrix} \end{array} \tag{10.68}$$

所以当天气是晴天时，观察到海草是干燥的概率是 0.6，而当天气多云时，观察到海草是潮湿的概率是 0.25，以此类推。

一阶隐马尔可夫模型（**Hidden Markov Model，HMM**）$\lambda=(\pi, A, B)$由矩阵 A 和矩阵 B 以及描述时间 $t=1$ 时各状态概率的 n 维向量 π 共同决定。与时间无关的约束条件是非常苛刻的，在很多例子中是不现实的，但是 HMM 具有重要的实际应用。实际上，它们被成功地应用在语音处理中[Rabiner, 1989]，其中矩阵 A 表示一个音素紧接在另一个音素之后的概率，矩阵 B 则涉及语音音素的特征度量（比如，傅里叶频谱），其中认识到语音的模糊性意味着我们无法确定某个特征是由哪一个音素产生的。相同的思想被广泛应用于光学字符识别（OCR）（例如，[Agazzi and Kuo, 1993]）及其相关领域中，其中矩阵 A 可以是字符相继性的概率，矩阵 B 是某个特征由某个字符产生的概率描述。

一个 HMM 要解决三个问题。

模型评价：给定模型和观察序列，那么模型实际产生这些观察的概率是多少？如果有两个不同的模型 $\lambda_1=(\pi_1, A_1, B_1)$和 $\lambda_2=(\pi_2, A_2, B_2)$，这个问题表明哪个模型能更好地描述这些观察量。比如，如果我们有两个模型，一个天气序列和观察到的海草状态序列，那么哪个模型可以最佳地描述这些数据？

解码：给定模型 $\lambda=(\pi, A, B)$和一个观察序列，那么后面最有可能出现的序列是什么？在模式分析中，这是最有意思的问题，因为它允许使用最优化的方法，在特征度量序列的基础上估计将会发生什么。比如，如果我们有一个模型和一个海草状态的观察序列，那么最有可能的发生的气候序列是什么呢？

学习：给定已知集合 $X_1, X_2, X_3, \cdots, X_n$和一个观察序列，如果假设系统事实上是一个 HMM，那么最优的模型参数 π、A、B 是什么？比如，知道了气候序列和观察到的海草状态序列，那么描述它们的最佳模型是什么？

HMM 评价：为了确定特定模型产生观察序列的概率，可以直接评价所有可能的序列，计算它们的概率，乘上对应序列产生目前观察值的概率。如果

$$Y^k=(Y_{k_1}, Y_{k_2}, \cdots, Y_{k_T})$$

是长度为 T 的观察序列，而

$$X^i=(X_{i_1}, X_{i_2}, \cdots, X_{i_T})$$

是状态序列，我们要求

$$P(Y^k)=\sum_{X^i} P(Y^k|X^i)P(X^i)$$

这个量是对所有可能的序列 X^i 求和得到的，而且对每一个这样的式子，确定了给定序列的概率；这些概率可以从矩阵 B 计算得到，而 X^i 的转移概率需要从矩阵 A 得到。这样

$$P(Y^k)=\sum_{X^i} \pi(i_1) b_{k_1 i_1} \prod_{j=2}^{T} a_{i_j i_{j-1}} b_{k_j i_j}$$

穷举所有的序列 X^i 来估计是可能的，因为参数 π、A、B 都是知道的，但是计算量是 T 的指数量级，很明显这种计算一般是不现实的。然而，模型的假设允许递归定义部分概率或中间概率，可以简化这个过程。假设

$$\alpha_t(j)=P(\text{时间}t\text{状态处于}X_j), \quad 1<t<T$$

由于 t 在 1 和 T 之间，因此它是一个中间概率。与时间无关，允许我们可以这样写

$$\alpha_{t+1}(j)=\sum_{i=1}^{n}\left[\alpha_i(i) a_{ij}\right] b_{k_{t+1} j} \tag{10.69}$$

因为 a_{ij} 表示转移到状态 j 的概率，$b_{jk_{t+1}}$ 是这个时候观察量的概率。这样，α 可以递归定义；它可以利用初始状态的知识来初始化

$$\alpha_1(j)=\pi(j)b_{k_1 j}$$

在时刻 T 时，单独的量 $\alpha_T(j)$ 给出了观察序列发生的概率，实际（隐含）系统终止在状态 X_j，所以，模型产生观察序列 Y_k 的概率是

$$P(Y^k)=\sum_{j=1}^{n}\alpha_T(j)$$

递归定义允许同时计算这些量，而不需要独立估计计算量很大的所有序列 X^i。模型 $\lambda_1=(\pi_1, A_1, B_1)$，$\lambda_2$，$\lambda_3$，…中的任何一个都适用这种**前向算法**（**forward algorithm**）[Baum and Eagon，1963]，我们采用其中产生观察序列概率最大的模型：

$$\max_i\left[P(Y^k|\lambda_i)\right]$$

特别地，在 OCR 字识别中，单独的模式可以是从字符或字符组中抽取的特征，并且一个单独的模型也可以表示一个单独的字。我们可以确定哪个词是最有可能产生观察到的特征序列的。

HMM 解码

给定特定的模型(π, A, B)产生长度为 T 的观察序列，$Y^k=(Y_{k_1},\cdots,Y_{k_T})$，但系统经历了哪些状态 $X^i=(X_{i_1}, X_{i_2},\cdots, X_{i_T})$通常却是不明显的，所以我们需要一个算法根据观察序列 Y^k 确定系统最有可能（某种意义上的最优）的状态序列 X^i。

一个简单的方法可以是从时刻 t=1 开始，询问给定观察序列 Y_{k_1} 后最有可能出现的状态 X_{i_1}。亦即

$$i_t=\arg\max_j\left[P(X_j\mid Y_{k_t})\right]=\arg\max_j\left[P(Y_{k_t}\mid X_j)P(X_j)\right]=\arg\max_j\left[b_{k_t j}P(X_j)\right] \tag{10.70}$$

给定 X_j 的概率，可以计算这个结果（或者，更可能是由此得到一些估计）。这个方法可以产生一个答案，但是在出现了一个或多个差的观察的情况下，对于某些 t 会做出错误的决定。它也有可能产生非法的序列（比如，某个转移满 $a_{ij}=0$）。在观察受噪声影响的模式中经常会发生这种情况，这时模式的单独的最好猜测可能与在模式流的上下文下做出的最好猜测不一样。

在检查第 t 个观察量的时候我们并不决定 i_t 的取值，而是记录下到达一个特定状态有多大的可能性，而且如果它是正确的那么它最有可能的前趋状态是哪一个。然后，在第 T 列中，根据所有的历史信息决定最终状态 X_T，这会回溯到以前的步骤，——这是 **Viterbi 算法**[Viterbi, 1967]。这种方法与动态规划方法很相似（见第 6.2.5 节）；我们使用一个假想的 $N\times T$ 的状态阵列重建系统的演变过程；在时刻 t，我们占据第 t 列中 N 个可能的 X_i 中的一个。相邻列中的状态使用转移概率矩阵相互关联，但是我们认为这个阵列（参见图 10.56 与图 6.27 比较）是观察概率 B 的简化。我们的任务是在给定观察集合下，发现从第一列到第 T 列的拥有最大可能性的路径。

形式上，我们假设

$$\delta_1(i)=\pi(i)b_{k_1 i} \tag{10.71}$$

$$\delta_t(i)=\max_j\left[\delta_{t-1}(j)a_{ji}b_{k_t i}\right] \tag{10.72}$$

$$\phi_t(i)=\arg\max_j\left[\delta_{t-1}(j)a_{ji}\right] \tag{10.73}$$

$$i_T=\arg\max_i[\delta_T(i)] \tag{10.74}$$

$$i_t=\phi_{t+1}(i_{t+1}),\quad t=T-1,\cdots,1 \tag{10.75}$$

这里，式（10.71）利用向量 π 和第一个观察量，初始化阵列的第一列。式（10.72）是一个递归的过程，根据预测器、转移概率矩阵和观察量从前趋定义后继列中的数据；它给出了第 t 列的第 i 个元素，亦即在给定 $t-1$ 时刻事件的条件下，处于该位置的“最有可能”的路径的概率。式（10.73）是回溯指针，表示如果在时刻 t 时处在状态 i，那么在时刻 t–1 时最有可能的状态（参见图 10.57）。式（10.74）表示在给定前 T–1

个状态和观察量的条件下，时刻 T 最有可能出现的状态。式（10.75）则从最有可能的最终状态根据回溯指针确定阵列中的路径。

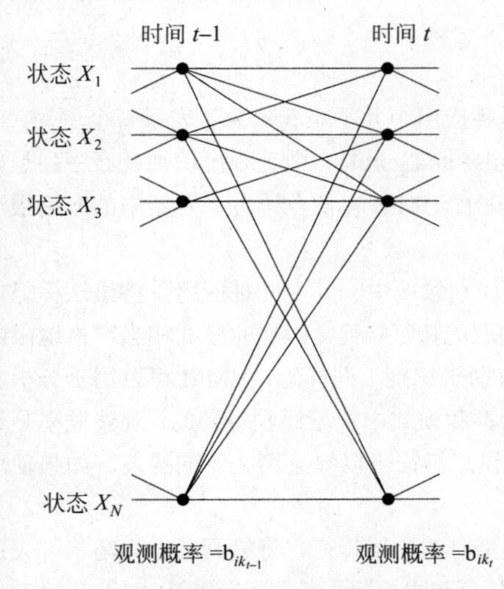

图 10.56　隐马尔科夫模型网格的一部分

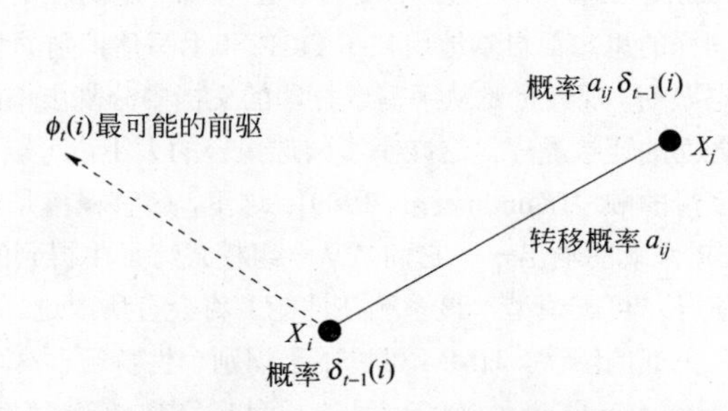

图 10.57　闭合的 HMM 阵列；从时刻 t–1 的状态 i 转移到时刻 t 的状态 j

下面是一个简单的例子，考虑天气的转移概率矩阵（见式(10.67)）和海草的观察概率矩阵（见式(10.68)），我们不使用先验信息，给定初始第一天的天气状态 $\pi=\left(\frac{1}{3},\frac{1}{3},\frac{1}{3}\right)$，推测天气情况。假想，现在我们认为天气观察者是在一个封闭的、锁着的房间里，有海草——如果在四个不同的天气下，海草呈现出干燥、较干燥、潮湿、很潮湿四种不同的状态，观察者根据这些观察量希望计算出最有可能出现的天气状态的序列。开始的观察是干燥，那么第一列的概率变成了（见式（10.71））：

$$
\begin{aligned}
&P\text{（观察到干燥且天气是晴天）}=\delta_1(1)=0.333\times0.6=0.2\\
&P\text{（观察到干燥且天气是多云）}=\delta_1(2)=0.333\times0.25=0.0833\\
&P\text{（观察到干燥且天气是下雨）}=\delta_1(3)=0.333\times0.05=0.0167
\end{aligned}
\tag{10.76}
$$

正如所期望的，状态晴天的概率最大。现在推理第二天的状态，$\delta_2(1)$ 给出了前一天天气信息的条件下，天气是晴天并且观察海草状态是干燥的概率。对三个可能的预测状态中的每一个，我们详细地计算它们的概率，选择其中最大的一个（式（10.72））：

$$
\begin{aligned}
&P\text{（海草较干燥且第二天是晴天 | 第一天是晴天）}=0.2\times0.5\times0.2=0.02\\
&P\text{（海草较干燥且第二天是晴天 | 第一天是多云）}=0.0833\times0.25\times0.2=0.00417\\
&P\text{（海草较干燥且第二天是晴天 | 第一天是下雨）}=0.0167\times0.25\times0.2=0.000833
\end{aligned}
\tag{10.77}
$$

这样第二天的天气最有可能是晴天的是第一天的天气也是晴天。相应地，我们记下 $\delta_2(1)=0.02$，保存返回标识 $\phi_2(1)=1$（式（10.73））。采用同样的方法，我们知道 $\delta_2(2)=0.0188$，$\phi_2(2)=1$ 以及 $\delta_2(3)=0.00521$，$\phi_2(3)=2$。

第三天、第四天的 δ 概率和回溯指针可以同样地计算得到；我们可以知道 $\delta_4(1)=0.00007$，$\delta_4(2)=0.00055$，$\delta_4(3)=0.0011$——这样，给定了所有的前面的知识，最有可能出现的最终状态是下雨。我们选择这个状态（见式（10.74）），根据预测器得到的最有可能的回溯指针 ϕ，决定最优的序列（见式（10.75））。在这个例子中，是晴天、晴天、下雨、下雨，它可以很好地符合我们的模型。

HMM 学习

根据给定的观察序列，学习最佳模型的任务是 HMM 的三个相关问题中最困难的一个，但是可以做一些估计（通常是次最优的）。猜想得到初始模型，通过前向-后向（**forward-backward**）即 **Baum-Welch** 算法更新模型，在观察序列上得到更高的概率。本质上，这是在当前最佳模型的误差度量上使用梯度下降法，其特殊的形式是将在 10.13 节中介绍的 EM（Estimate-Maximize）算法，详见其中的描述。

10.11.1 应用

在 HMM 方法的早期应用中语音识别占据着主导地位，在这种应用中并不难看出为了表示每个单词，可以采用怎样的不同模型，如何抽取特征，为了在噪声和混淆（noise and garble）中正确地识别音素序列是如何需要 Viterbi 算法的全局观点的[Rabiner，1989; Huang et al., 1990]。HMM 在商业语音识别器中的应用很活跃[Green, 1995]。在自然语言处理中也有着广泛的应用。

同样的思想很自然地用在了 OCR 和手写体识别的相关语言识别领域中。其中一种应用是将语法标记作隐状态序列，观察量是从手写或打印的文档中分割出来的词中抽取的特征；英文语法的模式相当严格地限制了词之间的连接顺序，这减小了候选集合的大小，可以大大地有助于识别。同样地，HMM 可以用于分析文本中字母的顺序[Kundu et al., 1989]；这里，转移概率是从字母频率和模式中根据经验得到的，观察概率是一个 OCR 系统的输出——它们是从一组模式特征中得到的，这些模式特征可以参见第 8 章的描述。如果使用了二阶马尔可夫模型，该系统在性能上将会有所改进。

在更低的层次，HMM 可以用于识别个性特征。这可以使用字符的骨架特征，将笔画考虑为马尔可夫过程[Vlontzos and Kung, 1992]。另外，可以考虑二值化字符图像的竖直和水平投影特征（参见第 8.3.1 节）[Elms and Illingworth, 1994]。在有噪声的条件下观察，投影的傅里叶变换可以作为特征向量，使用 Baum-Welch 算法为每个可能的字符训练 HMM。未知的字符可以通过为从未知图像中提取的特征确定最佳得分的模型来识别。

近来，HMM 被用于分析视频序列。从视频中识别符号语言被证明是可行的[Schlenzig et al., 1994; Brashear et al., 2003]，马尔可夫模型在描述由 PDM（参见第 10.4 节）产生的子模型之间的跃迁关系时获得了显著的成功[Heap, 1998]。HMM 也被成功地用于实时的唇部运动和人脸运动的跟踪[Oliver et al., 1997]、唇读[Harvey et al., 1997]。HMM 的应用范围（在计算机视觉领域内外）十分广泛，这种模型的能力及其分析技术远远超过了其假设不适所带来的问题。当 HMM 与其他我们讨论过的方法，例如，利用 PCA 降维以减少噪声，相结合时尤其可以看出这一点。

10.11.2 耦合的 HMM

由于 HMM 理解和实现起来较为直接，它非常流行并得到广泛成功的应用。由于它能够提供一个易于获得并符合要求的近似，其缺点（假设为时间无关模型且为一阶行为）往往会被忽视。

然而，简单 HMM 的明显的局限性使我们很自然地需要扩展这个想法以弥补其缺陷。一种方法是投入更多的存储，基于二阶（或更高）的假设建立模型，这样当前状态就在概率上依赖于一定数量的历史状态。利用这种方法可以提高性能是显而易见的，例如可以参见[Kundu et al., 1989]。

另外一种被证明有效的方法是意识到同一时刻可能会发生不止一件事：语音识别中一个显然的例子是声音信号的音频输入及嘴和唇运动的视频输入。其中任一个或者两个都可以作为语音识别中 HMM 的基础，然而如果我们考虑到音频和视频特征的相互依存性，我们可以建立两个合作的，或称为耦合（coupled）的 HMM。这样离扩展到任意数量的耦合模型就只需要一小步了。

这个想法首先被应用在太极的视觉解释上[Brand et al., 1997]，其中，可以提取双臂的运动特征，它们的运动既不是独立的也不是完全相关的。形式上，假设我们有两个 HMM 及其参数：

- HMM_1：包括隐状态 $X_1, X_2, \cdots, X_{n_1}$，及观测状态 $Y_1, Y_2, \cdots, Y_{m_1}$，初始概率 $\pi(i), i=1, 2, \cdots, n_1$ 以及观测概率 B^1。
- HMM_2：包括隐状态 $G_1, G_2, \cdots, G_{n_2}$ 及观测状态 $H_1, H_2, \cdots, H_{m_2}$，初始概率 $\mu(i), i=1, 2, \cdots, n_2$ 以及观测概率 B^2。

现在假设状态 X 和 G 之间的转移是概率相关的，因而，我们定义两个矩阵 A^1 和 A^2 而不是用式（10.66）：

$$A^1_{(ij)k} = P\left(HMM_1\text{在状态}k\text{下}\,|\,HMM_1\text{曾在状态}i\text{下而}HMM_2\text{曾在状态}j\text{下}\right)$$

$A^2_{(ij)k}$ 定义类似。这两个矩阵是耦合的基础，见图 10.58。

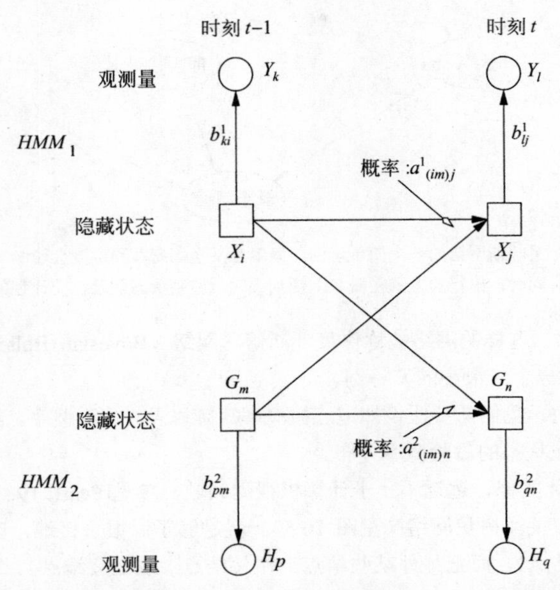

图 10.58　时刻（t−1）到 t 的 CHMM 网格的局部：图中显示了 HMM_1 中 X_i 和 X_j 的转移以及 HMM_2 中 G_m 和 G_n 的转移。假设观测状态为 Y_k、Y_l、H_p、H_q

现在，我们可以像以前一样建立 Viterbi 算法。如果我们观察序列（$Y_{k_1},\cdots,Y_{k_T}$）及（$H_{l_1},\cdots,H_{l_T}$），那么类似式（10.71）～式（10.74）有

$$\delta_1(i,j)=\pi(i)\mu(j)b^1_{k_1i}b^2_{l_1j} \tag{10.78}$$

$$\delta_t(i,j)=\max_{k,l}\left[\delta_{t-1}(k,l)\,a^1_{(kl)i}b^1_{k_ti}a^2_{(kl)j}b^2_{l_tj}\right] \tag{10.79}$$

$$\phi_t(i,j)=\arg\max_{k,l}\left[\delta_{t-1}(k,l)\,a^1_{(kl)i}a^2_{(kl)j}\right] \tag{10.80}$$

$$(i_T,j_T)=\underset{i,j}{\operatorname{argmax}}\left[\delta_T(i,j)\right] \tag{10.81}$$

其中时间 $T-1, T-2, \cdots, 1$ 的耦合状态的“最佳估计”经过式（10.80）中给出的反向指针计算。

值得说明的是这种方法利用类似式（10.78）～式（10.81）可以扩展为任意数量的 HMM 的耦合。训练[前向-后向]算法可以很容易地推广到耦合的情况下。

耦合的 HMM 被证明是 HMM 基本想法的特别丰富的推广，并在文献中可以找到很多的应用。对许多包含耦合 HMM 的技术的回顾可参见[Buxton, 2002]。

10.11.3　贝叶斯信念网络

第 10.9 节开始处介绍的天气预报的例子很有用但是很有限。我们可以很容易想象一个含有更多信息的系统，其中观测的温度也可以为天气提供线索。而接下来天气状况又可以（概率上）影响你骑车还是坐公共汽车去工作的决定。这个决定同样受到你当前的健康状况以及你晚上的计划等的影响。图 10.59 显示了这个更加丰富的例子，它可以如我们所愿尽可能地扩展。

在建立这样的网络时，我们假设每个结点（海草状态、温度等）表示一个随机变量，箭头表示概率上的因果影响。在所有变量都是离散的情况下，这就隐含了一个概率矩阵：如果 A 与 B 之间存在一个有向边，则这些概率构成矩阵 $Pr(B\,|\,A)$。在我们关注的应用中，其中某些状态是可观测的，而有些是不可观测的，与

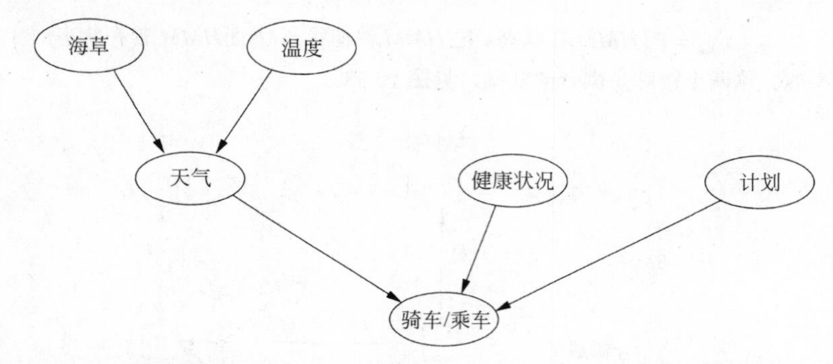

图 10.59 贝叶斯网络的一个简单示例。概率意义上，海草和温度会影响对天气的判断，同时，出行的方式在概率上受到天气、健康状态以及社交计划的影响

HMM 中我们看到的一样。这样的网络被称作贝叶斯信念网络（Bayesian Belief Networks，BBNs）。值得说明的是 HMM 是 BBN 的一个（很小的）特例。

在考虑这样的网络时，我们需要假设知道连接概率矩阵以及“根”概率。给定一些（可观测状态的）观测量，我们要找的是隐藏状态的后验概率分布。

BBN 的研究与 HMM 类似，远远不止于计算机视觉领域，参见[Pearl, 1987]中的权威的早期介绍。我们这里不全面介绍，而仅仅关注树状网络（见图 10.59）就足够了。很直接地，我们可以把一些结点当作某些结点的子结点（或孙子结点），而把另外某些结点当作父结点（或祖父结点）。这些（祖）父结点和（孙）子结点中有些可观测，有些不可观测。

考虑一个结点 X：利用[Pearl, 1987]中的符号，我们用 e 表示观测证据。e_X^- 表示受 X 影响的可观测证据（可沿由 X 出发的有向边到达的结点），而 e_X^+ 表示剩下的可观测证据。贝叶斯推理允许下面两种概率向量的推导：

- 诊断支持向量 $\lambda(X)$：给定 X 的一个特定值，观测到一个受 X 影响的观测的概率：
$$\lambda(X) = Pr(e_X^- \mid X = x_i)$$
- 原因支持向量 $\pi(X)$：给定一个“因”状态观测，X 取特定值的概率：
$$\pi(X) = Pr(X = x_i \mid e_X^+)$$

传播理论（Propagation）可以简洁地推导出这些量，并由此计算出所有结点的后验概率分布。

显而易见，这样的结构可能会成为一个松弛算法（见第 10.9 节），这两种想法所解决的问题以及所用的方式具有一定的相似性：作为局部操作（可能是并行的）的结果，问题的解不断演化为某种全面的（如果不是全局的）解。一段时间以来，人们认识到松弛算法在大规模问题上会变得很慢[3]，而贝叶斯网络则较快（以迭代次数计算）[Weiss, 1997]。

贝叶斯网络方法的一般性使得它在人工智能领域都可以得到应用。感兴趣的读者可以参考专家著述[Pearl, 1987]。[Buxton, 2002]则是考虑视觉应用的有用的回顾。Frey 对在视觉应用中涉及相互作用场景元素的组合分析所取得的进展做了很好的说明和比较研究[Frey and Jojic, 2005]。

贝叶斯网络在视觉领域的一个成功案例是在美式足球录像中识别交锋（plays）：美式足球比赛由紧密进行的 play 组成，有经验的观众可以毫无困难地从视频中识别出它们[4]。[Intille and Bobick, 2001]中建立了一个系统，该系统利用了参与球员（进攻方和防守方）的轨迹，然后决定看到一些预编译的 plays 中的某个的概率，其中最可能的 play 是正确的成功率是较高的。显然，这里介绍的是一个视觉系统中的推理层面，但是很容易看到如何可能地利用跟踪器的输出（参见第 16.5 节）。

该系统利用了若干小规模网络，每个网络大概有 20 个结点。例如一个传切进攻（catchpass）网络，对

---

3 很久以前 Marr 就意识到松弛算法的缺点[Marr, 1982]，文中论述了这样一个缓慢的过程并不足以解释人脑的行为。

4 美式足球的高度编排的特性决定了这个方法的可用性。贝叶斯网络并不能如此作用于英式橄榄球和板球之类的比赛。

某个队员，给定轨迹数据，它决定不同的结果的概率，这些结果可能是队员或者球的轨迹片段。这些（概率）决策建立在一定数量的（隐藏）"信念"结点上，例如包含传掷（passthrown）。

10.12 马尔科夫随机场

马尔科夫和隐马尔科夫模型的概念可以很自然地引出**马尔科夫随机场**的概念。一个马尔科夫随机场定义为

一个结点集合 $V=v_1,\cdots,v_n$。

每个结点代表一个随机变量 $w_1,\cdots,w_n$。

无向边 E 连接一些顶点对。因此每个结点 v_i 定义了一个与它直接相连的邻域 N_i。

最重要的约束是，第 i 个随机变量的概率只和它的邻域 v_i 的状态有关：

$$P(w_i|\{w_j\}_{j\neq i}) = P(w_i|\{w_j\}_{j\in N_i}) \tag{10.82}$$

这和式（10.66）的马尔科夫条件有相似性，只有严格的局部状态有影响，同时非直接的印象可能是深远的。这个性质很有吸引力，因为这让一个相对简单的模型可以描述复杂的全局行为，并且有快速的（通常可以容易地并行化）算法。

按这种方式定义的图结构在图像中有广泛的应用：通常结点代表像素，边对应比如 4 连通，这不太重要。我们会展示一些例子（7.6 节已经展示了一个例子）。

式（10.82）限定有 $P(w)$一些特殊的性质：特别地，Hammersley Clifford 定理[Besag, 1974]表明确定图（V, E）的团（最大完全子图-参考 9.5.1 节），那么 $\mathbf{w}=(w_1,\cdots,w_n)$的概率可以写为

$$P(\mathbf{w})=\frac{1}{Z}\prod_{i=i}^{k}\phi_i(\mathbf{w}_{C_i}) \tag{10.83}$$

其中 ϕ_i 为势函数，$\mathbf{w}_{C_i}$ 代表团的概率分布。所以全局状态的分布可以从邻域关系定义的团来得到。如果这是从 4 连通像素网格得到的话，团就是简单地邻域像素对（垂直和水平），模型可以从局部的限定得到。

相同地，式（10.83）可以写为

$$P(\mathbf{w})=\frac{1}{Z}\exp\left(-\sum_{i=i}^{k}\psi_i\left(\mathbf{w}_{C_i}\right)\right)$$

其中 ψ_i 通常解释为能量或者损失函数。Z 函数称为配分函数，它起到归一化的作用：

$$Z=\sum_{\mathbf{w}}P(\mathbf{w})$$

很自然地，我们想最大化式（10.83），也就是最小化能量（或者损失）$E(\mathbf{w})$：

$$E=\sum_{i=i}^{k}\psi_i(\mathbf{w}_{C_i}) \tag{10.84}$$

这是一个方便的形式化方式，因为视觉里面的很多问题都可以表示成能量/损失最小化的形式

$$E=E_{\text{data}}+E_{\text{smoothness}} \tag{10.85}$$

其中第一项最小化模型和观测到的图像之间的差异，第二项给出模型的限定条件，通常表示平滑。

我们展示一个马尔科夫随机场的简单例子：假如我们想得到一个准确的二值分割（比如，对噪声加阈值），参见图 10.60。假设输入图像为 f，输出的处理结果为 g：粗糙地设定 $\delta(x,y)=|x-y|$，数据项

$$E_{\text{data}}(i,j)=\alpha\delta(f(i,j),g(i,j))$$

平滑项

$$E_{\text{smoothness}}=\beta(\delta(g(i,j),g(i+1,j))+\delta(g(i,j),g(i,j+1)))$$

当最小化 E 的时候，让连贯的区域尽可能和输入匹配。常量 α,β（更正式地，他们的比值）控制平滑项和数据项之间的影响。（两个状态的系统通常称作 Ising 模型。）

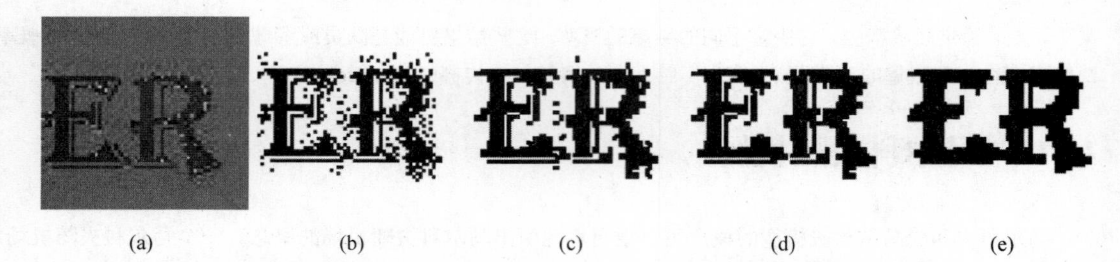

图 10.60 一个图像（a）的有噪声的二值分割结果（b）（图 6.5），三个不同强度平滑约束的马尔科夫随机场改进版本。平滑项和数据项的比例分别为（c）1:1，（d）1.5:1，（e）2:1。权衡是很清楚的，虽然最右边的噪声祛除掉了，但是图像的一些细节也丢失了

式（10.84）是如果最小化的可以引出马尔科夫随机场更重要的性质；很明显我们可以采用随机初始化然后通过梯度下降来求解，或者采用模拟退火（见 9.6.2 节），或者其他的优化方法。但是这些方法经常不能得到好的解，7.6 节介绍的图割方法更有效[Boykov et al., 2001a]。关于如何求该最小化问题有许多有效的方法，这也使得马尔科夫随机场成为视觉中最重要的技术。

和隐马尔科模型类似，马尔科夫随机场是一种统计先验，最优的 **w** 状态是跟定模型和特定输入的情况下，系统的最大后验估计。如果模型参数为 ω，输入数据（可能是图像）为 **x**，我们寻找

$$\max_{\mathbf{w}} P(\mathbf{w} \mid \mathbf{x}, \omega) \propto P(\mathbf{x} \mid \mathbf{w}, \omega) P(\mathbf{w} \mid \omega) \tag{10.86}$$

（通过贝叶斯定理）。当我们考虑对数概率的时候，右边的乘积会变为数据项（代表给定 **w** 的情况下观测到 **x** 的概率）和平滑项（代表给定模型的情况下，**w** 的概率）之和的形式。

10.12.1 图像和视觉的应用

马尔科夫随机场的强大和流行源自于许多应用都可以表示成式（10.85）的能量最小化形式。除了上面提到的二值分割问题，许多有名的例子包括：

多标签分割，输入是有噪声的 N 个分割区域，马尔科夫随机场通过上面的平滑项来改善区域边界。数据能量/损失和平滑项已经讲过，但是图构建，收敛算法更加复杂[Boykov et al., 2001b]。先验分割不一定是我们迄今为止看到的想法，可以是任何图像特征的抽象。图 10.61 展示了一个例子[Dee et al., 2012]。

(a) (b)

图 10.61 基于马尔科夫随机场的语义分割：分析视频序列找到相似行为的区域，主要交通方向或者行人活动[Dee et al., 2012]。检测运动模式并且处理得到方向和速度聚类。（a）一个交通场景中的一帧；（b）交通图像序列的运动描述，包括动作、速度、方向，这个不完美的分割通过马尔科夫随机场进行改进；（c）平滑项和数据项之间的比值为 1:20；（d）平滑项和数据项之间的比值为 1:1，平滑项权重越大，小的区域消失了。本图的彩色版见彩图 33

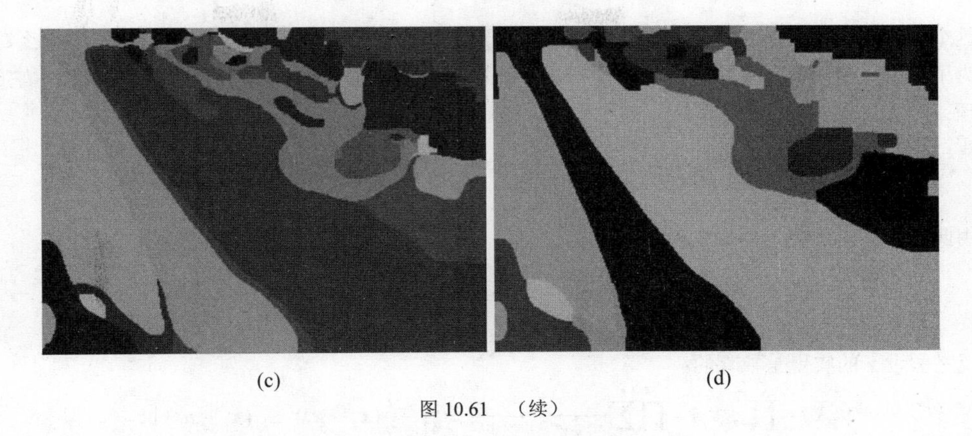

(c)　(d)

图 10.61　(续)

更普遍的*去噪*也可以用同样地方法，比如插值填补缺失的数据。

立体视差（见 11.6.1 节）可以按照这种方法提取[Birchfield and Tomasi, 1999; Sun et al., 2003]。视差图（视差矩阵）几乎处处都是平滑的，数据项损失可以从两个输入图像对应的像素差得到。还有其他的应用，比如古代文献的油墨祛除[Huang et al., 2008]，或者图像合成[Kwatra et al., 2003]。

马尔科夫随机场催生了许多文献：它主要在 20 世纪 90 年代后期发展起来[Boykov et al., 2001a]，并且有可以免费下载的软件，接口容易使用（特别是原始的开发者 Boykov et al., 2001b; Boykov and Kolmogorov, 2004; Kolmogorov and Zabih, 2004]，或者 http://pub.ist.ac.at/~vnk/software.html）。也有书籍（章节）详细地阐述了该领域，比如[Boykov and Veksler, 2006; Blake et al., 2011; Prince, 2012]；这些书籍讲述了能量函数的选择，基于图割的方法得到全局能量最小的条件，以及寻找图割的许多其他算法。

10.13　高斯混合模型和期望最大化

假设我们已经实现了一个输出轨迹（trajectories）（可能是表示移动物体区域质心的位置）的国内、市内或者交通场景的跟踪系统，第 16.5 节中描述了如何建立这样一个系统。这样的数据充满了噪声而且难以解释，通常，大家都从在图像中定位具有“地理重要性”的区域开始，这些区域可能是门口或者物体出现或消失的缝隙，也可能是移动物体会在其中静止一段时间的区域。图 10.62（a）展示了这个问题的属性。

给定轨迹信息(x_t, y_t)，我们很容易在图像中自动标记出这样的事件发生的位置，这样会得出聚集在关注区域周围的一群标记点。在这个阶段，我们可以利用某些类似 K 均值（见算法 9.5）的方法来定位和记录这些区域，但是这样过分简化了。K 均值返回单个点以表示一个聚类，而地理区域是在空间上展开的。在诸如停车场或者住宅房间的场景中，入口和出口占据了比移动个体更大的空间，因此需要用一个合适的区域来描述。当然，车辆、人和动物更倾向于利用这些开口的中心，我们采用的表示方法也要反映出这种倾向。这个问题可以通过将数据拟合为一系列多维（这个例子中是二维）高斯分布——高斯混合模型（Gaussian Mixture Model，GMM）来解决。

形式上，假设我们有一些 n 维数据 $X=\{\mathbf{x}_1, \mathbf{x}_2,\cdots, \mathbf{x}_n\}$；在场景地理建模的例子中，$n$=2，但这并不是这种方法本身的条件。我们需要寻找能最好表示 X 的 K 个高斯分布 $\Gamma_1, \Gamma_2,\cdots, \Gamma_K$，其中 Γ_k 是以 $\boldsymbol{\mu}_k$ 为均值，Σ_k 为协方差矩阵的正态分布：

$$\Gamma_k=N(\boldsymbol{\mu}_k, \Sigma_k)$$

这 K 个高斯分布中每个分布都有一个贡献权重 π_k，$\sum_{k=1}^{K}\pi_k=1$，使得

$$p(\mathbf{x}_j)=\sum_{k=1}^{K}\pi_k p(\mathbf{x}_j \mid \Gamma_k)$$

这个概率密度函数是Γ_k的加权和。问题在于，给定数据 X，那么 π_k，$\boldsymbol{\mu}_k$，Σ_k 最佳取值是什么？

为了解决这个问题，注意，如果我们知道某个样本 $\mathbf{x}_j$ 是由某个分布Γ_k 产生的，我们可以对它的概率进行推理：

$$p(\mathbf{x}_j \mid \Gamma_k)=\frac{1}{(2\pi)^{\frac{n}{2}}\mid\Sigma_k\mid^{\frac{1}{2}}}\exp\left(-\frac{1}{2}(\mathbf{x}_j-\boldsymbol{\mu}_k)^T\Sigma_K^{-1}(\mathbf{x}_j-\boldsymbol{\mu}_k)\right)$$

由此可计算出所有的Γ_k加权和：

$$p(\mathbf{x}_j)=\sum_{k=1}^{k}\frac{\pi_k}{(2\pi)^{\frac{n}{2}}\mid\Sigma_k\mid^{\frac{1}{2}}}\exp\left(-\frac{1}{2}(\mathbf{x}_j-\boldsymbol{\mu}_k)^T\Sigma_K^{-1}(\mathbf{x}_j-\boldsymbol{\mu}_k)\right)$$

现在假设 $\mathbf{x}$ 的实现是独立的：

$$p(X)=\prod_{j=1}^{N}p(\mathbf{x}_j)=\prod_{j=1}^{N}\sum_{k=1}^{K}\frac{\pi_k}{(2\pi)^{n/2}\mid\Sigma_k\mid^{1/2}}\exp\left(-\frac{1}{2}(\mathbf{x}_j-\boldsymbol{\mu}_k)^T\Sigma_k^{-1}(\mathbf{x}_j-\boldsymbol{\mu}_k)\right) \tag{10.87}$$

$$L(X)=\log(p(X))=\sum_{j=1}^{N}\log\left(\sum_{k=1}^{K}\frac{\pi_k}{(2\pi)^{n/2}\mid\Sigma_k\mid^{1/2}}\exp\left(-\frac{1}{2}(\mathbf{x}_j-\boldsymbol{\mu}_k)^T\Sigma_k^{-1}(\mathbf{x}_j-\boldsymbol{\mu}_k)\right)\right) \tag{10.88}$$

我们需要选择模型参数π_k、Γ_k以最大化式（10.87）（或者等价的对数似然度，见式（10.88））。

这个优化过程显然并不简单，但是可利用任何已知的方法来解决。除了这些已知的方法，还有另一种更简单且通常质量有保障的方法：期望最大化（Expectation-Maximization，EM），它寻找局部最大。EM 算法迭代地进行：每次迭代中它计算每个高斯分布对每个样本的影响（期望），然后优化高斯参数的估计（最大化）：

- 如果有$\boldsymbol{\mu}_k$和Σ_k（的估计值），$k=1,\cdots,K$，我们可以计算 $\mathbf{x}_j$ 属于第 k 个高斯分布的概率：

$$p_{jk}=\frac{\pi_k p(\mathbf{x}_j \mid \Gamma_k)}{\sum_{i=1}^{K}\pi_i p(\mathbf{x}_j \mid \Gamma_i)} \tag{10.89}$$

  这就是给定Γ_k中 $\mathbf{x}_j$ 的概率与 $\mathbf{x}_j$ 的总体概率（不管 $\mathbf{x}_j$ 由哪个高斯分布生成）的比乘以当前权重π_i。

- 我们可以定义：

$$\pi_k^{\text{new}}=\frac{1}{N}\sum_{j=1}^{N}p_{jk} \tag{10.90}$$

  这其实是 p_{jk} 在整个数据集上的均值。

  相应地，现在我们可以估计$\boldsymbol{\mu}_k$和Σ_k的值：

$$\boldsymbol{\mu}_k^{\text{new}}=\frac{\sum_{j=1}^{N}p_{jk}\mathbf{x}_j}{\sum_{j=1}^{N}p_{jk}} \tag{10.91}$$

$$\Sigma_k^{\text{new}}=\frac{\sum_{j=1}^{N}p_{jk}(\mathbf{x}_j-\boldsymbol{\mu}_k^{\text{new}})(\mathbf{x}_j-\boldsymbol{\mu}_k^{\text{new}})^T}{\sum_{j=1}^{N}p_{jk}} \tag{10.92}$$

这样，整个算法可以形式化地表述如下：

算法 10.19　用期望最大化估计高斯混合模型参数

1. 选择高斯分布的个数 K（如何选择 K 将在后文叙述）。
2. 初始化 K 个高斯分布：可以简单地在 X 上运行 K 均值（见算法 9.5），然后根据聚类设置$\boldsymbol{\mu}_k$和Σ_k。然而 K 均值本身也易受初始化的影响，作为替代，我们可以随机地从数据集中选取数据点或者在数据集的包围（超）盒中选取数据点。

在缺乏其他信息时，权重π_k可以均匀地初始化：$\pi_k = 1/K$。

3. 期望：根据已知的μ_k和Σ_k对每个数据点计算p_{jk}。
4. 最大化：更新高斯参数，见式（10.90）～式（10.92）。
5. 从第 3 步开始迭代直到收敛（或者直到Γ_k的参数变化变得非常小）。

这个算法的基础远不是新的（参见[Dempster et al., 1977]）：在一定的合理的条件下，任何一次迭代都不会减少式（10.88）中给出的似然度，因此迭代必将收敛。

类似于 K 均值，这个算法对于 K 的选择没有帮助。作为一种特定的方法，我们可以首先利用较多的高斯模型使算法收敛，然后逐渐排除那些具有低权值的高斯模型。利用信息论的观点可以建立一个损失函数，这个损失函数是对数似然度（见式（10.88））相反数加上某种衡量（适当尺度规范化了的）模型信息量的项以寻找“能正常工作的最短模型”。Roberts 等给出了对这个问题的全面讨论[Roberts et al., 1998]，其中讨论了几种不同的方法。一个成功的案例利用了最小描述长度（minimum description length）的原则，其中综合考虑了式（10.88）以及模型的自由参数的数量 M。M 由 K 个协方差矩阵（对称矩阵），K 个均值以及 K 个权重组成，其中自由权重的个数需要减 1，因为所有的权重和为 1：

$$M = K\frac{n(n+1)}{2} + Kn + (K-1)$$
$$= \frac{1}{2}Kn^2 + \frac{3}{2}Kn + (K-1)$$

这样需要最小化的描述长度为

$$C = -L(X) + \frac{1}{2}M\log N \tag{10.93}$$

第一项衡量对 X 进行编码需要的“nats[5]”的数量，而第二项则是以合适的精度编码这个模型需要的数量。[Figueiredo and Jain, 2002]的更加精巧但代价高的方法同时成功地使一个以 K 为变量的损失函数和模型的参数最小化，这个方法能够解决后面将讨论的由多次初始化以及奇异高斯模型带来的问题。

回到开始的案例，考虑图 10.62（a）中的场景中的监控数据，我们可以以两种不同的方式使用高斯混合模型[McKenna and Nait-Charif, 2004]：

（1）出口和入口点：此应用中，我们可以通过将轨迹起点和终点投影到一个一维的包围轮廓上（最简单的可以是图像边界）成为一维的特征。图 10.62（b）显示了这个结果，它由根据这个一维投影拟合出的两个高斯分布决定，并被画出来了。

（2）非活动位置：这是一个二维的问题，输入的数据是轨迹的暂停点。图 10.62（c）给出了结果：6 个高斯分布覆盖了房间中个体停留的位置（算法的改进版本将这个数目减少到 2）。

图 10.62（b）和图 10.62（c）展示了一些结果（前文所述的只是实际系统运行的简化版本，原始工作全部的情况请参见[Mckenna and Nait-Charif, 2004]，其中改进了式（10.90）～式（10.92）中的参数更新过程，并且入口/出口点也是在二维中考虑的）。图 10.62（d）显示了这些数据的一个应用——一个人进入此房间然后在一个意外的位置停留（摔倒），由于这个位置与已在模型中的任一位置都不相同，这个位置会被检测出来。

EM 算法在视觉和普遍的人工智能领域得到了广泛的应用，下面我们展示它在隐马尔科夫模型（见 10.11 节）中的应用，但是这个方法的应用是很普遍的。一个例子是医学应用中的 atlas 方法中的困难 3D 像素分割[Pohl et al., 2006]。通常，atlas 登记在图像上，在此之后该信息作为先验知识进行分割，在这里，登记操作和分割是同时自动进行的。这减少了登记中的不准确性。非正式地，在算法的一次迭代中，假设一个三维像素分割成多种组织类型：这些具有（从 atlas）已知的强度分布，该分布提供了一个和观测到的图像最匹配的期望，然后求极大值步骤更新分割结果。

5 “位”（bits）根据以 2 为底的对数衡量信息内容，而 nats 根据自然对数做同样的事情：1 位=log2 nats。

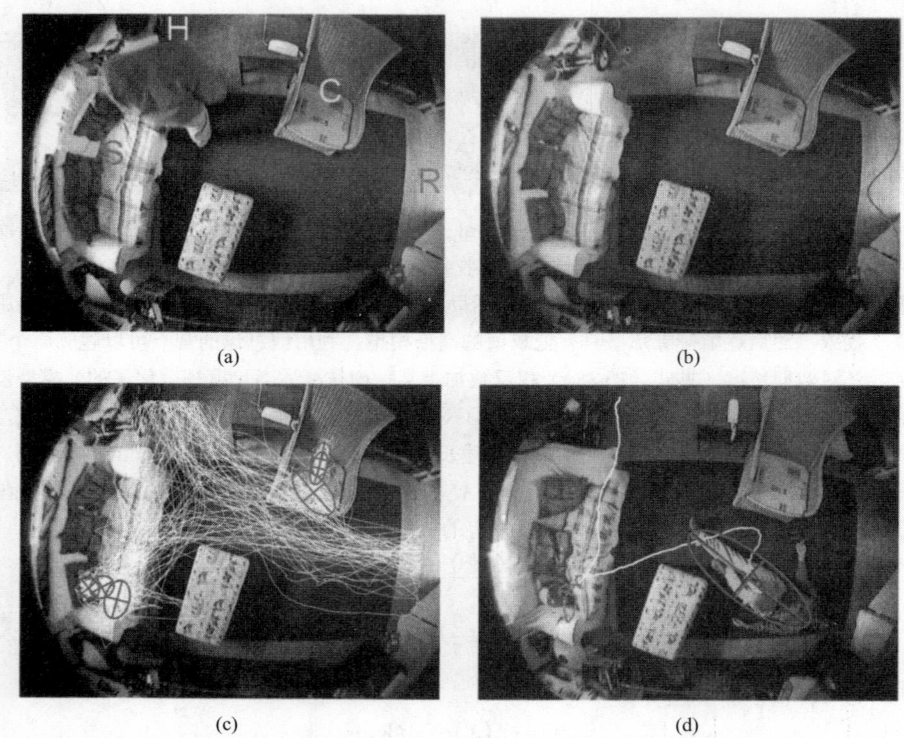

图 10.62　对室内跟踪数据的输出的分析：（a）天花板上安装的摄像头监视着这个场景，场景中人们可能从两个地方（H 和 R）进入和退出场景。这个应用着眼于场景中个体“正常”静止行为：这可能发生在沙发 S 或椅子 C 上；（b）两个一维高斯分布—— 一个在上面，另一个在右边，分别描述房间的入口和出口；（c）六个二维高斯模型刻画了静止的位置。注意从中得出这些数据的轨迹信息；（d）如果轨迹在一个模型外的位置终止，算法会检测出异常（未被建模）的行为。本图的彩色版见彩图 34

这里描述的简单形式的算法会有两个问题。首先，算法无法保证达到全局最优，通常可以多次运行这个算法寻找最好的结果。其次，在稀疏数据上会产生奇异的模型（即围绕着单个孤立数据点的高斯模型）并过特定化（如前文所述，Figueire and Jain 解决了这两个问题[Figueire and Jain, 2002]）。后者可以通过修改算法中的最大化步骤以使高斯模型更加“模糊”来更直接地解决[Cootes and Taylor, 1997]。特别地，式（10.92）被修改为

$$\Sigma_k^{\text{new}} = \frac{\sum_{j=1}^{N} p_{jk}[(\mathbf{x}_j - \mu_k^{\text{new}})(\mathbf{x}_j - \mu_k^{\text{new}})^T + T_j]}{\sum_{j=1}^{N} p_{jk}}$$

其中 T_j 是位于第 j 个数据点（并为其特定化）的高斯模型的协方差矩阵。数据越稀疏，T_j 就选得更宽。第 j 个高斯模型的概率密度函数为

$$\frac{1}{(h\lambda_j)^n} V\left(\frac{\mathbf{x}-\mathbf{x}_j}{h\lambda_j}\right)$$

其中 V 是协方差矩阵与数据点的相同的高斯函数，n 是数据维度，而

$$h = \left(\frac{4}{2n+1}\right)^{1/(n+4)}$$

因子 λ_j 引入了“模糊度”，我们以每个数据点为中心建立了一系列混合相等的高斯模型来确定这一点：

$$p(\mathbf{x}) = \frac{1}{N}\sum_{j=1}^{N}\frac{1}{h^n}V\left(\frac{\mathbf{x}-\mathbf{x}_j}{h}\right)$$

设 g 为几何平均数，这样：

$$\lambda_j = \sqrt{\frac{p(\mathbf{x}_j)}{g}}$$

Magee[Magee, 2001]（第 91～93 页）详细解释了这种并不直观的方法，进一步的基本理论可参见[Silverman, 1986]。图 10.63 显示了在建立高斯混合模型时对 EM 算法的调整产生的效果。

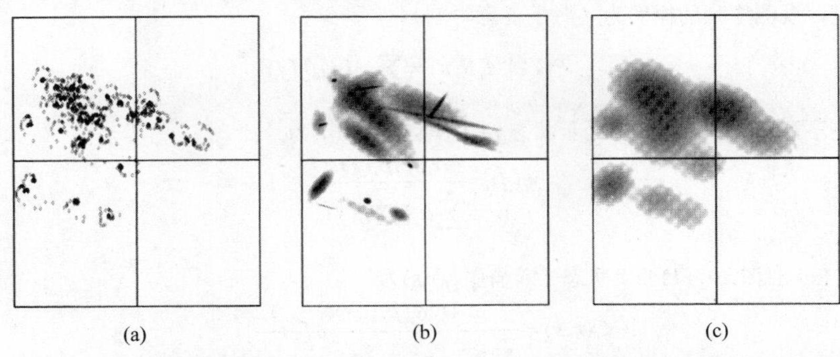

(a)　(b)　(c)

图 10.63　高斯混合模型的建立：（a）原始数据：这是一个移动的牛的姿态变化历史的高维抽象表示的二维投影[Magee, 2001]；（b）标准的 EM 算法：注意那些“紧致且零碎”的分布；（c）修改过的 EM 算法——其中的高斯分布更加模糊

注意，很重要的，EM 算法是通用的——它并不依赖于采取的模型是高斯混合模型，而在很多表示方法中（特别是原始的）并没有这个假设。EM 算法可以抽象地表示如下：

算法 10.20　期望最大化方法（算法 10.19 的推广）

1. 假设有由某个模型确定的数据集 X，该模型由一些参数$\boldsymbol{\lambda}$决定。我们希望根据 X 确定$\boldsymbol{\lambda}$的最大似然估计：

$$\boldsymbol{\lambda}^* = \arg\max_{\lambda}\left[L\left(X;\boldsymbol{\lambda}\right)\right]$$

2. 确定估计$\boldsymbol{\lambda}$所需要的充分统计量（sufficient statistics）。“充分统计量”是与参数估计相关的所有数据的函数[6]（在高斯混合模型中，式（10.89）中的 p_{jk} 就是充分统计量）。
3. 初始化 $\boldsymbol{\lambda} = \boldsymbol{\lambda}^0$。
4. 期望：根据数据以及参数假设$\boldsymbol{\lambda}^t$计算充分统计量。
5. 最大化：根据充分统计量确定一个最大似然估计$\lambda^{(t+1)}$。
6. 从第 4 步开始迭代直到收敛。

利用 EM 算法的一个特例是用于计算 HMM 的 Baum-Welch 算法——参见第 10.9 节中的 HMM 学习这一段落。采用同样的表示方法，设我们对 HMM 的参数 A、B 和π有一个估计（初始化时可能是随机值）。回忆第 10.9 节中的 HMM 评价中的式（10.69）的定义：

$$\alpha_t(j) = P(Y_{k_1}, Y_{k_2}, \cdots, Y_{k_t}, \text{时刻 } t \text{ 中处于状态} X_j \mid A, B, \pi)$$

$$\alpha_{t+1}(j) = \sum_{i=1}^{n}[\alpha_t(i)a_{ij}]b_{k_{t+1}j}$$

α是一个前向参数，告诉我们给定模型，以时刻 t 状态 j 为终点的时刻 1 到时刻 t 的观测序列的概率。相应地，存在一个后向参数给出从时刻 t 状态 j 开始接下来的观测的概率：

6　例如，如果已知一个分布是正态分布，且它的方差为σ^2，样本 X 的均值就是估计该分布均值μ的充分统计量。对样本的进一步了解（特别地，精确数据）并不能改进对μ的统计估计。

$$\beta_t(j) = P(Y_{k_{t+1}}, Y_{k_{t+2}}, \cdots, Y_{k_T}, \text{时刻 } t \text{ 中处于状态} X_j \mid A, B, \pi)$$

$$\beta_t(j) = \sum_{i=1}^{n} \left[\beta_{t+1}(i) a_{ij} \right] b_{k_{t+1} j}$$

其中$\beta_T(j) = 1$。这样，给定一个模型，时刻 t 处于状态 j 的观测序列的概率为

$$P(Y^k, X_{i_t} = X_j \mid A, B, \pi) = \alpha_t(j) \beta_t(j)$$

这样，给定模型，观测序列的概率为（对于任意时刻）

$$P(Y^k \mid A, B, \pi) = \sum_{j=1}^{n} \alpha_t(j) \beta_t(j)$$

现在，给定观测序列和模型，时刻 t 处于状态 j 的总体概率$\gamma_t(j)$为

$$\gamma_t(j) = \frac{\alpha_t(j) \beta_t(j)}{\sum_{j=1}^{n} \alpha_t(j) \beta_t(j)} \tag{10.94}$$

而时刻 t 初始状态 r 且时刻$(t+1)$处于状态 s 的概率$\xi_t(r,s)$为

$$\xi_t(r,s) = \frac{\alpha_t(r) a_{rs} \beta_{t+1}(s) b_{k_{t+1} s}}{\sum_{p=1}^{n} \sum_{q=1}^{n} \alpha_t(p) a_{pq} \beta_{t+1}(q) b_{k_{t+1} q}} \tag{10.95}$$

γ 和 ξ（隐含着α和β）是我们所需要的充分统计量——它们包含更新[改进]当前估计 A、B 和 π 的所有信息：

$$\pi_j^{\text{new}} = \gamma_1(j) \tag{10.96}$$

$$a_{ij}^{\text{new}} = \frac{\sum_{t=1}^{T-1} \xi_t(i,j)}{\sum_{t=1}^{T-1} \gamma_t(i)} \tag{10.97}$$

$$b_{ij}^{\text{new}} = \frac{\sum_{t=1, Y_{k_t} = Y_i}^{T} \gamma_t(j)}{\sum_{t=1}^{T} \gamma_t(j)} \tag{10.98}$$

式（10.96）将π_j更新为 t=1 时刻处于状态 j 的概率的当前最佳估计。式（10.97）将 a_{ij} 更新为从状态 i 转移到状态 j 的概率的当前最佳估计。而式（10.98）则将 b_{ij} 更新为隐藏状态 j 得到观测 i 的概率的当前最佳估计。

这样我们有：

算法 10.21 训练 HMM 的 Baum-Welch 算法（前向-后向算法）

1. 利用手头的所有信息初始化 A、B 和π，如果没有任何信息，随机初始化。
2. 根据已知观测量及当前参数 A、B 和π计算数量α、β，然后得出γ和ξ——式（10.94）和式（10.95）。
3. 更新 A、B 和π的估计——式（10.96）～式（10.98）。
4. 从第 2 步开始迭代直到收敛。

10.14 总结

- **图像理解**
  - 机器视觉是由较低和较高的处理层次构成，图像理解在这种分类方法中是最高层次的处理。

- 类似于生物系统，**计算机视觉**的主要**目的**是通过可能的技术和处理方法得到机器行为。
- **图像理解的控制策略**
  - **并行**和**串行**的处理控制
    * 并行处理同时进行多个计算。
    * 串行处理操作是顺序的。
    * 几乎所有的低层次图像处理都可以并行处理。高层次的处理使用更高层抽象形式，在本质上通常是串行处理。
  - **分层**控制
    * **由图像数据控制**（**自底向上的控制策略**）：处理过程从光栅图像开始分割图像，再到区域（物体）描述，最后是识别。
    * **基于模型的控制**（**自顶向下的控制策略**）：根据可利用的知识得到一系列假设和期望的性质。在图像解释的不同处理层次中，按照自顶向下的方向测试是否满足这些性质，一直到达原始图像的数据。图像理解本质上是内部模型的验证，最终接受或拒绝模型。
    * **混合的控制策略**使用数据驱动和模型驱动这两种控制策略。
  - **非分层**控制在更高层和较低层的处理中并没有什么不同；非分层控制可以看作是使用黑板原理（通常是）在相同层次中不同竞争专家之间的相互协作。黑板是一个共享的数据结构，可以被多个专家访问。
- **尺度不变特征转换：SIFT**
  - SIFT 可以在视角变换的图像中检测已知的图像特征点。
  - SIFT 可以从图像中提取稳定的点，并且用**鲁棒特征**对其进行描述，这些特征的一个小的具有**几何一致性**的子集就可以确定物体在其他图像的出现。
  - SIFT 包括三个阶段：关键点检测、特征提取和匹配。
  - SIFT 只需要三个匹配点对就可以定义一个可以使用的变换并且非常鲁棒。
- **RANSAC：通过随机抽样一致来拟合**
  - 经典的模型拟合方法通常基于最小二乘法、最小化残差的平方和。
  - 如果数据集有瑕疵，异常值会对模型产生负面影响。
  - RANSAC 从一个基于可用数据中的少数样本的简单模型开始，然后利用剩下的数据点来确定一致点和异常点，排除异常点后重新计算模型。
  - RANSAC 代表着模型拟合的范畴的改变：“从少数开始并增长”是最小二乘和其相关方法的对立面，后者期望通过平均来消除偏差。
- **点分布模型（PDM）**
  - PDM 是一种形状描述技术，用于在图像中定位相关的形状示例。它在描述一些人们熟知的“一般性”形状时十分有用，而由于这样的形状存在变化如果使用基于刚体的模型则不容易描述。
  - PDM 的方法需要有一个由例子组成的训练集合（通常是形状标记点），从中得到形状满意的描述和变化。
  - PDM 描述变化的模式——将变化最大的方向排序，因此模型最有可能发生变化的方向是已知的。大多数形状变化通常只在少数变化模式上体现出来。
- **活动表观模型（AAM）**
  - AAM 同时对形状及其变化以及表观及其变化进行建模。
  - 在训练集中建模时对形状及表观变化分别进行主分量分析。
  - 对形状和亮度模型的参数的组合进行主分量分析，从而得到一系列同时刻画形状和纹理变化的分量。

- AAM 是 PDM 的推广，它增加了图像块纹理的亮度统计模型。
- AAM 的方法需要一个训练样本（图像块以及确定的物体边界）。根据这个数据集推导出对形状、亮度以及它们的组合的变化的统计描述。

● **图像理解中的模式识别**
- 监督或非监督的模式识别方法可以用于像素分类。在图像理解阶段，从局部多谱图像像素值中得到的特征向量送给分类器，分类器负责为图像的每个像素分配标记。图像理解可以通过像素标记得到。
- 被标注的结果图像可能会有很多小的区域，它们可能是被错分类的。基于上下文的后处理方法用于避免这种错分类。
- 局部表观和形状可以通过特征方向直方图（HOG）来描述。可以用（线性）分类器对图像中的物体进行检测和定位。

● **Boosted 层叠分类器**
- Boosted 层叠分类器使用了注意焦点样式（focus-of-attention paradigm）。
- 自适应提升算法（AdaBoost）计算了大量的简单特征并选出少部分最好的特征。
- 在下一阶段，分类器被组织成为一个层叠的序列，以简单而快速的分类器为首，用于快速排除物体检测假设，然后仅在剩下的未被排除的假设上应用更加复杂强大而缓慢的分类器。

● **基于随机森林的图像理解**
- 随机森林把图像分成预先定义大小的图像块。
- 训练集中的图像块来自物体，并带有标签，非物体的图像块是背景。
- 通过联合分类和回归同时进行物体检测和定位。
- 识别阶段考虑图像尺度，所以图像块大小都相同。
- 微软 Xbox 是随机森林最成功的商业应用。

● **场景标注、约束传播**
- **离散标注**仅仅允许在最终标注结果中，为每个物体分配一个标记。努力的方向是在整幅图像的范围内获得相容的标注。离散标注总是可以发现一个相容的标记或检测出无法为该场景分配相容的标记。
- **概率标注**允许在物体中同时存在多个标记。标记以概率加权，为每一个物体的标记分配标记置信度。概率标注通常可以给出一个解释结果以及该解释的置信度量。
- **约束传播**的策略有助于在整幅图像中通过局部相容性调整得到全局相容（全局最优）。
- 物体标注依赖于**物体性质**和潜在物体标记与其他直接相互作用的物体的标记之间的**相容性度量**。由于约束传播，相距较远的物体仍然是存在相互作用的。
- 当**搜索解释树**，树结点被分配到所有可能的标记，使用基于回溯的深度优先搜索方法。解释树搜索并测试所有可能的标记。

● **图像的语义分割和理解**
- **语义区域增长**技术是使用邻接区域之间关系的先验知识将上下文结合到区域归并中，然后利用约束传播得到整幅图像全局最优的图像分割和解释。
- **遗传图像解释**是基于**假设**和**验证**准则的。一个目标函数用于估计分割的优劣，使用遗传算法优化图像解释，该算法负责产生新的图像分割种群和用于检测的解释假设。

● **隐马尔可夫模型**
- 当试图进行图像理解时，我们常常可以将观察到的模式建模为跃迁系统。如果跃迁是事先知道的，且我们知道某个时刻系统的状态，它们就可以被用于帮助决定下一个时刻的状态。马尔可夫模型是该思想的一种最简单的例子。
- 隐马尔可夫模型要处理三个问题：评价、解码和学习。

- Viterbi 算法可以用于从可能是不精确的观察中重建系统的演进。
- 简单的隐马尔可夫模型本身又有各种扩展：两个（或多个）概率上相互合作的隐马尔科夫模型，即耦合的马尔可夫模型非常成功。

● **贝叶斯信念网络**

- 由马尔可夫概率关系连接的隐藏和可见活动组成的网络。
- 如果这些网络无环，给定先验概率，有效的算法可计算后验概率。
- 贝叶斯信念网络是一个通用的技术，在计算机领域中广泛地用于帮助推理。

● **马尔科夫随机场**

- 马尔科夫随机场是一种概率的网络结构，是局部影响的马尔科夫准则的推广。
- 理论上它们的行为可以用团来刻画。如果网络是一个网格，这就表明团是直接近邻：这在网格是像素的时候最为有用。
- 该理论可以映射到许多视觉问题中，其中先验假设可以解释为图像。最可能的解释可以通过马尔科夫随机场产生。
- 先验和观测之间的强度可以控制。
- 最大化马尔科夫随机场似然可以通过高效的图割方法求解。
- 该理论在视觉里应用很广泛。

● **高斯混合模型和期望最大化**

- 高斯混合模型可以为真实世界场景中的很多方面提供易得的解析表示。
- 期望最大化算法可以确定高斯混合模型的参数（但可能不是最优的）。
- 期望最大化算法是用于寻找某种描述性模型的未知参数的通用迭代过程。
- 利用 Baum-Welch 算法训练隐马尔科夫模型是期望最大化算法的另一个特例。

10.15 习题

简答题

S10.1 解释人类视觉与计算机视觉有什么不同。为什么每个小孩都“知道如何去做”的问题，对图像理解而言为什么这么难？

S10.2 解释较高层次和较低层次处理之间的区别。

S10.3 解释下面关于图像理解控制策略中的主要思想；如果可能，给出框图。给出它们在图像理解中的基本应用。

(a) 串行控制

(b) 并行控制

(c) 自底向上的控制

(d) 自顶向下的控制

(e) 混合的控制方法

(f) 非分层的黑板控制

S10.4 什么是冲突消解法？什么时候需要用到它？

S10.5 短期记忆（short-term memory）和长期记忆（long-term memory）有什么不同？

S10.6 给出现实世界中关于图像理解的应用（不同于本章中的例子），它使用自底向上，自顶向下，混合的控制策略。

S10.7 总结 SIFT 的关键点定位，特征提取，和匹配的过程。

S10.8 找一个二维线性数据集：往数据中加噪声直到最小二乘估计失败（许多可用的软件包）。你能说出你加了什么样的扰动达到这个目的吗？

S10.9 点分布模型可以表达什么样的信息。

S10.10 解释点分布模型的产生过程。

S10.11 考虑表 10.1 提供的信息，需要多少个主成分才能保留 95%的方差？

S10.12 PDM 和 AAM 之间的区别是什么？

S10.13 列出并解释 AAM 训练和基于 AAM 分割的所有步骤。

S10.14 给出统计模式识别在多光谱卫星图像分类中的例子。

S10.15 解释 Boosted 层叠分类器为什么在物体检测中有效。

S10.16 考虑 AdaBoost，什么时候为什么停止循环？

S10.17 解释随机森林在物体检测定位中的分类和回归过程。

S10.18 解释离散标注的主要策略。给出离散标注在实际图像解释中应用的例子。

S10.19 解释为什么离散松弛是概率松弛的特例。

S10.20 解释遗传图像分割和解释的原理。为什么用主要和特殊邻接图？

S10.21 指出传统的基于区域生长，语义区域生长的图像分割的缺点。遗传图像分割和解释解决了这个问题吗？是哪一个？怎么解决的？

S10.22 定义 k 阶马尔科夫模型。

S10.23 定义 k 阶隐马尔科夫模型。

S10.24 定义隐马尔科夫模型的评价、解码、学习过程。

S10.25 引用式（10.85）解决视觉问题的例子。

S10.26 生成并画出一维高斯的 2，3，4 个分量的混合模型。给自己说明仅观察到混合数据得到原始参数是困难的。

思考题

P10.1 找到一个 SIFT 的实现（文中提到一个）并且在你的物体上运行。确定如果对光照扰动，或者遮挡，来使得匹配失败。

P10.2 网上找到一个 RANSAC 的软件包。找一幅图片并且在任意方向旋转。检测兴趣点（可能需要下载 Harris 检测器，或者相似的软件），用 RANSAC 确定该旋转。实验不同兴趣点的检测时间。增加噪声，得出 RANSAC 鲁棒性的结论。

P10.3 按照算法 10.6 那样建立一个用于形状对齐的方程。用不同的人工生成的形状测试它的功能。

P10.4 得到一些非刚体形状的例子的数据库（这些可以是合成的）。选择合适数量的标记点，并确定它们在你的数据集中的“最佳”位置（如果你能够描述并设计自动的位置确定方法，就实现它）。使用习题 10.3 中的程序配准你的所有例子。

P10.5 使用习题 10.3 中的函数，设计一个程序，计算一组形状的平均形状和所有的变化模式。在 5 个集合中使用该程序，每个集合至少包含 10 个形状。给出与表 10.1 类似形式的结果。

P10.6 实现算法 10.7，用它测试在训练集中不存在的你的一些形状实例。算法的拟合程度如何？是否可以刻画误差？如果可以，如何避免这些误差吗？

P10.7 给出一个例子说明模式识别可以用于多谱卫星图像数据的分类。指出可能使用的特征、类别、训练集合、测试集合、分类器的类型以及后处理步骤。

P10.8 实现基于分类器的图像解释系统，识别 RGB 图像中不同颜色的物体。首先使用手工画的彩色图像测试系统。其次，使用扫描仪或是彩色电视摄像机得到的彩色图像，测试系统的性能。如果系统对于数字化的彩色图像的性能不能令人满意，实现某种形式的上下文后处理。讨论获得的性能改进。

P10.9 考虑递归的上下文分类方法，在多少次递归步骤后，图像在点(x, y)位置为（53, 145）处的信息将会影响到点（45, 130）处的标注？

P10.10 实现算法 10.10 给出的上下文图像分类方法，测试手工画的图像和真实世界的图像。

P10.11 实现算法 10.11 给出的递归的上下文图像分类方法，测试手工画的图像和真实世界的图像。

P10.12 用你实现的（在习题 9.31 或习题 9.32 中）或者公开的 boosted 层叠分类器代码，开发一个程序训练并检测定位户外的汽车，如图 10.37 所示。

P10.13 用你实现的（在习题 9.33）或者公开的随机森林代码，开发一个程序训练并检测定位户外的汽车，如图 10.37 所示。

P10.14 比较习题 10.12 和习题 10.13 中实现的 boosted 层叠分类器和随机森林的性能。

P10.15 设计一个程序，使用算法 10.14 所述的离散松弛法实现图像解释。设计一个完整的一元和二元性质，用于解释类似于图 10.45 所示的场景。测试一些由计算机生成的图像，它们中有些属于所描述过的办公室场景类，有些则不是。

P10.16 设计一个程序，实现在分割并标注过的图像中建立区域邻接图。

P10.17 使用习题 10.16 中的程序，设计一个程序，在两个或是更多区域归并后，实现区域邻接图的更新。

P10.18 解释下面的目标函数

$$F=\sum_{k=1}^{R}\sum_{i=1}^{N}P(\theta_i=\omega_k)\sum_{j=1}^{N}c_{ij}\sum_{l=1}^{R}r(\theta_i=\omega_k,\theta_j=\omega_l)P(\theta_j=\omega_l) \tag{10.99}$$

满足如下约束

$$\sum_{k=1}^{R}P(\theta_i=\omega_k)=1 \text{ 对任意的 } i \text{ 成立，} P(\theta_i=\omega_k)>0 \text{ 对任意的 } i, k \text{ 成立} \tag{10.100}$$

的解对图像解释是合适的。解释每项代表什么，它对图像解释有什么作用。

P10.19 考虑“草地上的球”这个例子（见图 10.50），画出由下面的遗传码串表示的图像分割和解释的特定区域邻接图：（a）LLBLB，（b）LLBBL，（c）BLLLB。

P10.20 使用详尽的方框图描绘第 10.10.2 节中描述的遗传图像解释方法。遗传算法是如何产生分割和解释假设的？

P10.21 根据文献或是经验，决定英文文本中字符的转移概率矩阵（只考虑字母和空格，而不关心大小写和标点符号是有利的）。定义一些特征度量（简单的可以基于海湾（bays）和湖（lakes）的数量——参见第 2.3.1 节）。这样，就为字母的转移建立了一个一阶 HMM。

使用你的模型解码一个符号流。在哪些地方它发生了错误？如果可能，优化你所使用的特征，改进模型的性能。

P10.22 找到一个优化马尔科夫随机场的图割工具包，重复文中的二值图像分割加噪声实验。评价不同的平滑/数据折中。可以用习题 6.15 和习题 6.16 的答案作为真实标签。

P10.23 实现（或者寻找）一个求解高斯混合模型的 EM 算法。用已知的混合成分构造数据集并运行代码

（a）不同数量的（正确或不正确）高斯分量。

（b）给数据加不同程度的噪声。

（c）不同的初始化方式（比如通过 K 均值）。

P10.24 使自己熟悉 Matlab 教辅书中对应于本章中解决的问题以及 Matlab 实现的相关算法[Svoboda et al.,

2008]。Matlab 教辅书的主页 http://visionbook.felk.cvut.cz 中提供了这些问题中使用的图像，以及为教学设计的注释良好的 Matlab 代码。

P10.25 使用 Matlab 教辅书[Svoboda et al., 2008]来求解那里提供的一些附加习题和实际问题。使用 Matlab 或者其他合适的语言来实现你自己的答案。

10.16 参考文献

Agazzi O. E. and Kuo S. Hidden markov model based optical character recognition in the present of deterministic transformations. *Pattern Recognition*, 26(12):1813–1826, 1993.

Ambler A. P. H. A versatile system for computer controlled assembly. *Artificial Intelligence*, 6 (2):129–156, 1975.

Ballard D. H. and Brown C. M. *Computer Vision.* Prentice-Hall, Englewood Cliffs, NJ, 1982.

Baum L. E. and Eagon J. An inequality with applications to statistical prediction for functions of Markov processes and to a model for ecology. *Bulletin of the American Mathematical Society*, 73:360–363, 1963.

Bay H., Ess A., Tuytelaars T., and Van Gool L. Speeded-Up Robust Features (SURF). *Computer Vision Image Understanding*, 110(3):346–359, 2006.

Behloul F., Lelieveldt B. P. F., van der Geest R. J., and Reiber J. H. C. A virtual exploring robot for adaptive left ventricle contour detection in cardiac MR images. In *Medical Image Computing and Computer-Assisted Intervention-MICCAI*, pages 2287–2288, Berlin, 2001. Springer.

Beichel R., Bischof H., Leberl F., and Sonka M. Robust active appearance models and their application to medical image analysis. *IEEE Transactions on Medical Imaging*, 24:1151–1169, 2005.

Beis J. and Lowe D. Shape indexing using approximate nearest-neighbour search in high-dimensional spaces. In *Proceedings of the Conference on Computer Vision and Pattern Recognition CVPR*, pages 1000–1006, Puerto Rico, 1997.

Belongie S., Malik J., and Puzicha J. Matching shapes. In *Proceedings of 8th INternational Conference on Computer Vision, ICCV 2001*, pages 454–461, Vancouver, Canada, 2001. IEEE.

Besag J. Spatial Interaction and the Statistical Analysis of Lattice Systems. *Journal of the Royal Statistical Society. Series B (Methodological)*, 36(2):192–293, 1974. URL http://www.jstor.org/stable/2984812.

Bettinger F. and Cootes T. F. A model of facial behaviour. In *Proc. Int. Conf on Face and Gesture Recognition*, pages 123–128, 2004.

Birchfield S. and Tomasi C. Multiway cut for stereo and motion with slanted surfaces. In *Proceedings of the Seventh International Conference on Computer Vision (ICCV)*, pages 489–495, September 1999.

Blake A., Kohli P., and Rother C., editors. *Markov Random Fields for Vision and Image Processing.* MIT Press, 2011.

Bosch J. G., Mitchell S. C., Lelieveldt B. P. F., Nijland F., Kamp O., Sonka M., and Reiber J. H. C. Automatic segmentation of echocardiographic sequences by active appearance models. *IEEE Transactions on Medical Imaging*, 21:1374–1383, 2002.

Bosch J. G., Nijland F., Mitchell S. C., Lelieveldt B. P. F., Kamp O., Reiber J. H. C., and Sonka M. Computer-aided diagnosis via model-based shape analysis: Automated classification of wall motion abnormalities in echocardiograms. *Academic Radiology*, 12:358–367,

2005.

Bovenkamp E. G. P., Dijkstra J., Bosch J. G., and Reiber J. H. C. Multi-agent segmentation of IVUS images. *Pattern Recognition*, 37:647–663, 2004.

Boykov Y. and Veksler O. Graph cuts in vision and graphics: Theories and applications. In Paragios N., Chen Y., and Faugeras O., editors, *Handbook of Mathematical Models in Computer Vision*, pages 79–96. Springer, New York, 2006.

Boykov Y. and Kolmogorov V. An experimental comparison of min-cut/max-flow algorithms for energy minimization in vision. *IEEE Transactions on Pattern Analysis and Machine Intelligence*, 26(9):1124–1137., 2004.

Boykov Y., Veksler O., and Zabih R. Fast approximate energy minimization via graph cuts. *IEEE Transactions on Pattern Analysis and Machine Intelligence*, 23(11):1222–1239, 2001a.

Boykov Y., Veksler O., and Zabih R. Efficient approximate energy minimization via graph cuts. *IEEE Transactions on Pattern Analysis and Machine Intelligence*, 20(12):1222–1239, 2001b.

Brand M., Oliver N., and Pentland A. P. Coupled hidden Markov models for complex action recognition. In *Proceedings of the IEEE conference on Computer Vision and Pattern Recognition*, pages 994–999, Washington, DC, USA, 1997. IEEE Computer Society.

Brashear H., Starner T., Lukowicz P., and Junker H. Using multiple sensors for mobile sign language recognition. In *Proceedings of the 7th IEEE International Symposium on Wearable Computers*, pages 45–52, White Plains, NY, USA, 2003. IEEE Computer Society.

Brooks R. A., Greiner R., and Binford T. O. The ACRONYM model-based vision system. In *Proceedings of the International Joint Conference on Artificial Intelligence, IJCAI-6*, Tokyo, Japan, pages 105–113, 1979.

Brown M. and Lowe D. Recognising panoramas. In *CVPR '03: Computer Society Conference on Computer Vision and Pattern Recognition,* Madison, WI. IEEE Computer Society, 2003.

Buxton H. Learning and understanding dynamic scene activity. In Pece A., Wu Y. N., and Larsen R., editors, *Proceedings of the First International Workshop on Generative-Model-Based Vision, ECCV 2002*, Copenhagen, Denmark, 2002. Univ. of Copenhagen.

Cabello D., Delgado A., Carreira M. J., Mira J., Moreno-Diaz R., Munoz J. A., and Candela S. On knowledge-based medical image understanding. *Cybernetics and Systems*, 21(2-3):277–289, 1990.

Christmas W. J., Kittler J., and Petrou M. Labelling 2-D geometric primitives using probabilistic relaxation: reducing the computational requirements. *Electronics Letters*, 32:312–314, 1996.

Comaniciu D. and Meer P. Robust analysis of feature spaces: Color image segmentation. In *Proc. IEEE Conf. on Computer Vision and Pattern Recognition*, pages 750–755. IEEE, 1997.

Cootes T. and Taylor C. A mixture model for representing shape variation. In Clark A., editor, *Proceedings of the British Machine Vision Conference,* Colchester, UK, pages 110–119. BMVA Press, 1997.

Cootes T. F. and Taylor C. J. An algorithm for tuning an active appearance model to new data. In *Proc. British Machine Vision Conference*, pages 919–928, 2006.

Cootes T. F. and Taylor C. J. Statistical models of appearance for computer vision. Technical Report http://www.isbe.man.ac.uk/~bim/Models/app_models.pdf, Imaging Science and Biomedical Engineering, University of Manchester, U.K., 2004.

Cootes T. F. and Taylor C. J. Active shape models—'smart snakes'. In Hogg D. C. and Boyle R. D., editors, *Proceedings of the British Machine Vision Conference,* Leeds, UK, pages 266–275, London, 1992. Springer Verlag.

Cootes T. F., Taylor C. J., Cooper D. H., and Graham J. Training models of shape from sets of examples. In Hogg D. C. and Boyle R. D., editors, *Proceedings of the British Machine Vision Conference,* Leeds, UK, pages 9–18, London, 1992. Springer Verlag.

Cootes T. F., Taylor C. J., and Lanitis A. Active shape models: Evaluation of a multi-resolution method for improving image search. In Hancock E., editor, *Proceedings of the British Machine Vision Conference,* York, UK, volume 1, pages 327–336. BMVA Press, 1994.

Cootes T. F., Beeston C., Edwards G. J., and Taylor C. J. A unified framework for atlas matching using active appearance models. In Kuba A. and Samal M., editors, *Information Processing in Medical Imaging*, Lecture Notes in Computer Science, pages 322–333, Berlin, 1999. Springer Verlag.

Cootes T. F., Edwards G. J., and Taylor C. J. Active appearance models. *IEEE Transactions on Pattern Analysis and Machine Intelligence*, 23:681–685, 2001.

Criminisi A. and Shotton J. *Decision Forests for Computer Vision and Medical Image Analysis.* Springer Verlag, London, 2013.

Criminisi A., Shotton J., and Konukoglu E. Decision forests for classification, regression, density estimation, manifold learning and semi-supervised learning. Technical Report MSR-TR-2011-114, Microsoft Research, Ltd., Cambridge, UK, 2011.

Criminisi A., Shotton J., Robertson D., and Konukoglu E. Regression forests for efficient anatomy detection and localization in CT studies. In *MICCAI 2010 Workshop MCV*, volume LNCS 6533, pages 106–117. Springer Verlag, 2010.

Cristinacce D., Cootes T. F., and Scott I. A multistage approach to facial feature detection. In *Proc. British Machine Vision Conference, Vol. 1*, pages 277–286, 2004.

Dalal N. *Finding people in images and videos.* Ph.D. thesis, Institut National Polytechnique de Grenoble, July 2006. URL http://lear.inrialpes.fr/pubs/2006/Dal06.

Dalal N. and Triggs B. Histograms of oriented gradients for human detection. In *International Conference on Computer Vision & Pattern Recognition*, pages 886–893. IEEE, 2005.

Davies R. H., Twining C. J., Cootes T. F., Waterton J. C., and Taylor C. J. A minimum description length approach to statistical shape modeling. *IEEE Transactions on Medical Imaging*, 21(5):525–537, 2002a.

Davies R. H., Twining C. J., Cootes T. F., Waterton J. C., and Taylor C. J. 3D statistical shape models using direct optimisation of description length. In *Proc. European Conference on Computer Vision (ECCV)*, pages 3–21, 2002b.

Dee H. M., Hogg D. C., and Cohn A. G. Building semantic scene models from unconstrained video. *Computer Vision and Image Understanding*, 116(3):446–456, 2012.

Dempster A., Laird M., and Rubin D. Maximum likelihood from incomplete data via the EM algorithm. *Journal of the Royal Statistical Society, Series B*, 39(1):1–38, 1977.

Duta N. and Sonka M. Segmentation and interpretation of MR brain images: An improved active shape model. *IEEE Transactions on Medical Imaging*, 17:1049–1062, 1998.

Duta N., Sonka M., and Jain A. K. Learning shape models from examples using automatic shape clustering and Procrustes analysis. In *Information Processing in Medical Imaging*, pages 370–375, Berlin, 1999. Springer.

Elfving T. and Eklundh J. O. Some properties of stochastic labeling procedures. *Computer Graphics and Image Processing*, 20:158–170, 1982.

Elms A. J. and Illingworth J. Combining HMMs for the recognition of noisy printed characters. In Hancock E., editor, *Proceedings of the British Machine Vision Conference,* York, UK, volume 2, pages 185–194. BMVA Press, 1994.

Everingham M., Van Gool L., Williams C. K. I., Winn J., and Zisserman A. The PASCAL visual object classes (VOC) challenge. *International Journal of Computer Vision*, 88:303–338, 2010.

Feldman J. A. and Yakimovsky Y. Decision theory and artificial intelligence: A semantic–based region analyzer. *Artificial Intelligence*, 5:349–371, 1974.

Ferrarini L., Olofsen H., Reiber J. H. C., and Admiraal-Behloul F. A neurofuzzy controller for 3D virtual centered navigation in medical images of tubular structures. In *International Conference on Artificial Neural Networks–ICANN*, pages 371–376, Berlin, 2005. Springer – LNCS 3697.

Figueiredo M. and Jain A. Unsupervised learning of finite mixture models. *IEEE Transactions on Pattern Analysis and Machine Intelligence*, 24(3):381–396, 2002.

Fischler M. A. and Bolles R. C. Random sample consensus: A paradigm for model fitting with applications to image analysis and automated cartography. *Communications of the ACM*, 24(6):381–395, 1981.

Fisher R. B. Hierarchical matching beats the non-wildcard and interpretation tree model matching algorithms. In Illingworth J., editor, *Proceedings of the British Machine Vision Conference*, Surrey, UK, volume 1, pages 589–598. BMVA Press, 1993.

Fisher R. B. Performance comparison of ten variations of the interpretation tree matching algorithm. In Eklundh J. O., editor, *3rd European Conference on Computer Vision*, Stockholm, Sweden, volume 1, pages 507–512, Berlin, 1994. Springer Verlag.

Fletcher S., Bulpitt A., and Hogg D. Global alignment of MR images using a scale based hierarchical model. In Buxton B. and Cipolla R., editors, *4th European Conference on Computer Vision*, Cambridge, England, volume 2, pages 283–292, Berlin, 1996. Springer Verlag.

Frangi A., Rueckert D., Schnabel J., and Niessen W. Automatic construction of multiple-object three-dimensional statistical shape models: Application to cardiac modeling. *IEEE Transactions on Medical Imaging*, 21(9):1151–66, 2002.

Freeman W. T. and Roth M. Orientation histograms for hand gesture recognition. In *International Workshop on Automatic Face- and Gesture-Recognition*, pages 296–301, Zurich, Switzerland, 1995. IEEE.

Frey B. and Jojic N. A comparison of algorithms for inference and learning in probabilistic graphical models. *IEEE Transactions on Pattern Analysis and Machine Intelligence*, 27(9): 1392–1416, 2005.

Fung P. W., Grebbin G., and Attikiouzel Y. Contextual classification and segmentation of textured images. In *Proceedings of the 1990 International Conference on Acoustics, Speech, and Signal Processing—ICASSP 90*, Albuquerque, NM, pages 2329–2332, Piscataway, NJ, 1990. IEEE.

Gall J. and Lempitsky V. Class-specific hough forests for object detection. In *Computer Vision and Pattern Recognition, 2009. CVPR 2009. IEEE Conference on*, pages 1022–1029, 2009.

Gall J., Yao A., Razavi N., Van Gool L., and Lempitsky V. Hough forests for object detection, tracking, and action recognition. *Pattern Analysis and Machine Intelligence, IEEE Transactions on*, 33(11):2188–2202, 2011.

Gall J., Razavi N., and Gool L. An introduction to random forests for multi-class object detection. In Dellaert F., Frahm J.-M., Pollefeys M., Leal-Taixe L., and Rosenhahn B., editors, *Outdoor and Large-Scale Real-World Scene Analysis*, volume 7474 of *Lecture Notes in Computer Science*, pages 243–263. Springer Berlin Heidelberg, 2012.

Geman S. and Geman D. Stochastic relaxation, Gibbs distributions, and the Bayesian restoration of images. *IEEE Transactions on Pattern Analysis and Machine Intelligence*, 6(6): 721–741, 1984.

Gerig G., Martin J., Kikinis R., Kubler O., Shenton M., and Jolesz F. A. Unsupervised tissue type segmentation of 3D dual-echo MR head data. *Image and Vision Computing*, 10(6): 349–360, 1992.

Ghosh J. and Harrison C. G., editors. *Parallel Architectures for Image Processing*, Santa Clara, CA, Bellingham, WA, 1990. SPIE.

Gong L. and Kulikowski C. A. Composition of image analysis processes through object-centered hierarchical planning. *IEEE Transactions on Pattern Analysis and Machine Intelligence*, 17:997–1009, 1995.

Green T. A word in your ear. *Personal Computer World*, pages 354–370, 1995.

Grimson W. E. L. *Object Recognition by Computer: The Role of Geometric Constraints.* MIT Press, Cambridge, MA, 1990.

Grimson W. E. L. and Lozano-Perez T. Localizing overlapping parts by searching the interpretation tree. *IEEE Transactions on Pattern Analysis and Machine Intelligence*, 9(4): 469–482, 1987.

Hancock E. R. and Kittler J. Discrete relaxation. *Pattern Recognition*, 23(7):711–733, 1990.

Hanson A. R. and Riseman E. M. VISIONS—a computer system for interpreting scenes. In Hanson A. R. and Riseman E. M., editors, *Computer Vision Systems*, pages 303–333. Academic Press, New York, 1978.

Harvey R., Matthews I., Bangham J. A., and Cox S. Lip reading from scale-space measurements. In *Computer Vision and Pattern Recognition*, pages 582–587, Los Alamitos, CA, 1997. IEEE Computer Society.

Heap A. J. Wormholes in shape space: Tracking through discontinuous changes in shape. In Ahuja N., editor, *International Conference on Computer Vision,* Bombay, India, pages 344–349, Bombay, 1998. Narosa.

Heap A. J. and Hogg D. C. Extending the Point Distribution Model using polar coordinates. *Image and Vision Computing*, 14(8):589–600, 1996.

Huang X. D., Akiri Y., and Jack M. A. *Hidden Markov Models for Speech Recognition.* Edinburgh University Press, Edinburgh, Scotland, 1990.

Huang Y., Brown M. S., and Xu D. A framework for reducing ink-bleed in old documents. In *Proceedings of the IEEE International Conference on Computer Vision and Pattern Recognition*, 2008.

Hummel R. A. and Zucker S. W. On the foundation of relaxation labeling proceses. *IEEE Transactions on Pattern Analysis and Machine Intelligence*, 5(3):259–288, 1983.

Hwang S. Y. and Wang T. P. The design and implementation of a distributed image understanding system. *Journal of Systems Integration*, 4:107–125, 1994.

Intille S. and Bobick A. Recognizing planned multi-person action. *Computer Vision and Image Understanding*, 3:414–445, 2001.

Johnson S. and Everingham M. Learning effective human pose estimation from inaccurate annotation. In *IEEE Conference on Computer Vision and Pattern Recognition, CVPR 11*, pages 1465–1472, Los Alamitos, CA, USA, 2011. IEEE Computer Society.

Jurie F. and Gallice J. A recognition network model-based approach to dynamic image understanding. *Annals of Mathematics and Artificial Intelligence*, 13:317–345, 1995.

Kamada M., Toraichi K., Mori R., Yamamoto K., and Yamada H. Parallel architecture for relaxation operations. *Pattern Recognition*, 21(2):175–181, 1988.

Kanade T. and Ikeuchi K. Special issue on physical modeling in computer vision. *IEEE Transactions on Pattern Analysis and Machine Intelligence*, 13:609–742, 1991.

Kasif S. On the parallel complexity of discrete relaxation in constraint satisfaction networks. *Artificial Intelligence*, 45(3):275–286, 1990.

Kaus M., von Berg J., Weese J., Niessen W., and Pekar V. Automated segmentation of the left ventricle in cardiac. *Medical Image Analysis*, 8(3):245–254, 2004.

Ke Y. and Sukthankar R. PCA-SIFT: A more distinctive representation for local image descriptors. In *Proceedings of CVPR*, pages 506–513, 2004.

Kittipanyangam P. and Cootes T. F. The effect of texture representations on AAM performance. In *Proc. International Conference on Pattern Recognition*, pages 328–331, 2006.

Kittler J. Relaxation labelling. In *Pattern Recognition Theory and Applications*, pages 99–108. Springer Verlag, Berlin–New York–Tokyo, 1987.

Kittler J. and Foglein J. Contextual classification of multispectral pixel data. *Image and Vision Computing*, 2(1):13–29, 1984a.

Kittler J. and Foglein J. Contextual decision rules for objects in lattice configuration. In *7th International Conference on Pattern Recognition*, Montreal, Canada, pages 270–272, Piscataway, NJ, 1984b. IEEE.

Kittler J. and Foglein J. On compatibility and support functions in probabilistic relaxation. *Computer Vision, Graphics, and Image Processing*, 34:257–267, 1986.

Kittler J. and Hancock E. R. Combining evidence in probabilistic relaxation. *International Journal on Pattern Recognition and Artificial Intelligence*, 3:29–52, 1989.

Kittler J. and Illingworth J. Relaxation labelling algorithms—a review. *Image and Vision Computing*, 3(4):206–216, 1985.

Kittler J. and Pairman D. Contextual pattern recognition applied to cloud detection and identification. *IEEE Transactions on Geoscience and Remote Sensing*, 23(6):855–863, 1985.

Kodratoff Y. and Moscatelli S. Machine learning for object recognition and scene analysis. *International Journal of Pattern Recognition and Artificial Intelligence*, 8:259–304, 1994.

Kolmogorov V. and Zabih R. What energy functions can be minimized via graph cuts? *IEEE Transactions on Pattern Analysis and Machine Intelligence*, 26(2):147–159, 2004.

Kuan D., Shariat H., and Dutta K. Constraint-based image understanding system for aerial imagery interpretation. In *Proceedings of the Annual AI Systems in Government Conference*, Washington, DC, pages 141–147, 1989.

Kundu A., He Y., and Bahi P. Recognition of handwritten word: First and second order HMM based approach. *Pattern Recognition*, 22(3):283–297, 1989.

Kwatra V., Schödl A., Essa I., Turk G., and Bobick A. Graphcut textures: Image and video synthesis using graph cuts. *ACM Transactions on Graphics*, 22(3):277–286, 2003.

Lee D., Papageorgiou A., and Wasilkowski G. W. Computing optical flow. In *Proceedings, Workshop on Visual Motion*, Irvine, CA, pages 99–106, Piscataway, NJ, 1989. IEEE.

Lelieveldt B. P. F., Frangi A., Mitchell S., Assen H. v, Ordas S., Reiber J. H. C., and Sonka M. 3D active shape and appearance models in cardiac image analysis. In *Handbook of Mathematical Models in Computer Vision*, pages 471–486, Berlin, 2006. Springer.

Lesser V. R., Fennell R. D., Erman L. D., and Reddy D. R. Organisation of the HEARSAY II speech understanding system. *IEEE Transactions on Acoustics, Speech and Signal Processing*, 23(1):11–24, 1975.

Lorenz C. and Krahnstover N. Generation of point-based 3D statistical shape models for anatomical objects. *Computer Vision and Image Understanding*, 77(2):175–191, 2000.

Lowe D. G. Distinctive image features from scale-invariant keypoints. *International Journal of Computer Vision*, 60(2):91–110, 2004.

Lu C. S. and Chung P. C. Fuzzy-based probabilistic relaxation for textured image segmentation. In *Proceedings of the International Conference on Fuzzy Systems*, pages 77–82. IEEE, 1994.

Magee D. R. *Machine Vision Techniques for the Evaluation of Animal Behaviour.* Ph.D. thesis, University of Leeds, 2001. pages 91-93.

Marr D. *Vision—A Computational Investigation into the Human Representation and Processing of Visual Information.* Freeman, San Francisco, 1982.

McKenna S. J. and Nait-Charif H. Summarising contextual activity and detecting unusual inactivity in a supportive home environment. *Pattern Analysis and Applications*, 7(4):386–401, 2004.

Mitchell S. C., Bosch J. G., Lelieveldt B. P. F., van der Geest R. J., Reiber J. H. C., and Sonka M. 3-D Active Appearance Models: Segmentation of cardiac MR and ultrasound images. *IEEE Transactions on Medical Imaging*, 21:1167–1178, 2002.

Mitchell S., Lelieveldt B., van der Geest R., Bosch H., Reiber J., and Sonka M. Multistage hybrid active appearance model matching: Segmentation of left and right ventricles in cardiac MR images. *IEEE Trans. Med. Imag.*, 20:415–423, 2001.

Mohn E., Hjort N. L., and Storvik G. O. Simulation study of some contextual classification methods for remotely sensed data. *IEEE Transactions on Geoscience and Remote Sensing*, 25(6):796–804, 1987.

Nagao M. and Matsuyama T. *A Structural Analysis of Complex Aerial Photographs*. Plenum Press, New York, 1980.

Nilsson N. J. *Principles of Artificial Intelligence*. Springer Verlag, Berlin, 1982.

Oliver N., Pentland A. P., and Berard F. LAFTER: Lips and face real time tracker. In *Computer Vision and Pattern Recognition*, pages 123–129, Los Alamitos, CA, 1997. IEEE Computer Society.

Oost C. R., Lelieveldt B. P. F., Uzumcu M., Lamb H. J., Reiber J. H. C., and Sonka M. Multi-view active appearance models: Application to X-ray LV angiography and cardiac MRI. In Taylor C. and J.A. N., editors, *Information Processing in Medical Imaging*, volume 2732 of *Lecture Notes in Computer Science*, pages 234–245, Berlin, 2003. Springer Verlag.

Oost E., Koning G., Sonka M., Oemrawsingh P. V., Reiber J. H. C., and Lelieveldt B. P. F. Automated contour detection in x-ray left ventricular angiograms using multiview active appearance models and dynamic programming. *IEEE Transactions on Medical Imaging*, 25:1158–1171, 2006.

Parent P. and Zucker S. W. Radial projection: An efficient update rule for relaxation labeling. *IEEE Transactions on Pattern Analysis and Machine Intelligence*, 11(8):886–889, 1989.

Pavlidis T. and Liow Y. Integrating region growing and edge detection. *IEEE Transactions on Pattern Analysis and Machine Intelligence*, 12(3):225–233, 1990.

Pearl J. *Probabalistic reasoning in intelligent systems*. Morgan Kaufmann, San Mateo, CA, 1987.

Pelillo M. and Fanelli A. M. Autoassociative learning in relaxation labeling networks. *Pattern Recognition Letters*, 18:3–12, 1997.

Pohl K. M., Fisher J., Grimson W. E. L., Kikinis R., and Wells W. M. A bayesian model for joint segmentation and registration. *Neuroimage*, 31:228–239, 2006.

Prasanna Kumar V. K. *Parallel Architectures and Algorithms for Image Understanding*. Academic Press, Boston, 1991.

Prince S. J. D. *Computer Vision: Models, Learning, and Inference*. Cambridge University Press, New York, NY, USA, 2012.

Puliti P. and Tascini G. Knowledge-based approach to image interpretation. *Image and Vision Computing*, 11:122–128, 1993.

Rabiner L. R. A tutorial on Hidden Markov Models and selected applications in speech recognition. *Proceedings of the IEEE*, 77(2):257–286, 1989.

Rao A. R. and Jain R. Knowledge representation and control in computer vision systems. *IEEE Expert*, 3(1):64–79, 1988.

Roberts S. J., Husmeier D., Rezek I., and Penny W. D. Bayesian approaches to Gaussian mixture modeling. *IEEE Transactions on Pattern Analysis and Machine Intelligence*, 20 (11):1133–1142, 1998.

Rosenfeld A., Hummel R. A., and Zucker S. W. Scene labelling by relaxation operations. *IEEE Transactions on Systems, Man and Cybernetics*, 6:420–433, 1976.

Schlenzig J., Hunter E., and Jain R. Recursive identification of gesture inputers using HMMs. In *Proceedings of the 2nd Annual Conference on Computer Vision,* Sarasota, FL, pages 187–194, New York, 1994. IEEE Computer Society Press.

Shotton J., Fitzgibbon A., Cook M., Sharp T., Finocchio M., Moore R., Kipman A., and Blake A. Real-time human pose recognition in parts from single depth images. In *Computer Vision and Pattern Recognition (CVPR), 2011 IEEE Conference on,* pages 1297–1304, 2011.

Silverman B. M. *Density Estimation for Statistics and Data Analysis.* Chapman and Hall, New York, 1986.

Sonka M., Tadikonda S. K., and Collins S. M. Knowledge-based interpretation of MR brain images. *IEEE Transactions on Medical Imaging,* 15:443–452, 1996.

Sorenson H. W. Least-squares estimation: from Gauss to Kalman. *IEEE Spectrum,* pages 7–12, 1970.

Sozou P. D., Cootes T. F., Taylor C. J., and Di-Mauro A. C. A non-linear generalization of PDMs using polynomial regression. In Hancock E., editor, *Proceedings of the British Machine Vision Conference,* York, UK, volume 2, pages 397–406. BMVA Press, 1994.

Stegmann M. B. *Generative Interpretation of Medical Images.* Ph.D. thesis, Informatics and Mathematical Modeling Institute, Technical University of Denmark, 2004.

Strat T. M. and Fischler M. A. Context-based vision: Recognizing objects using information from both 2D and 3D imagery. *IEEE Transactions on Pattern Analysis and Machine Intelligence,* 13(10):1050–1065, 1991.

Suinesiaputra A., Frangi A. F., Uzumcu M., Reiber J. H. C., and Lelieveldt B. P. F. Extraction of myocardial contractility patterns from short-axes MR images using independent component analysis. In *Computer Vision and Mathematical Methods in Medical and Biomedical Image Analysis,* pages 75–86, Berlin, 2004. Springer.

Sun J., Zheng N., and Shum H.-Y. Stereo matching using belief propagation. *IEEE Transactions on Pattern Analysis and Machine Intelligence,* 25(7):787–800, 2003.

Svoboda T., Kybic J., and Hlavac V. *Image Processing, Analysis, and Machine Vision: A MATLAB Companion.* Thomson Engineering, 2008.

Tagare H. D., Vos F. M., Jaffe C. C., and Duncan J. S. Arrangement: A spatial relation between parts for evaluating similarity of tomographic sections. *IEEE Transactions on Pattern Analysis and Machine Intelligence,* 17:880–893, 1995.

Tanner J. M., Whitehouse R. H., Cameron N., Marshall W. A., Healy M. J. R., and Goldstein H. *Assessment of Skeletal Maturity and Prediction of Adult Height.* Academic Press, London, 1983.

Tieu K. and Viola P. Boosting image retrieval. *International Journal of Computer Vision,* 56: 781–796, 2004.

Tilton J. C. Contextual classification on the massively parallel processor. In *Frontiers of Massively Parallel Scientific Computation,* Greenbelt, MD, pages 171–181, Washington, DC, 1987. NASA.

Toulson D. L. and Boyce J. F. Segmentation of MR images using neural nets. *Image and Vision Computing,* 10(5):324–328, 1992.

Tuytelaars T. and Mikolajczyk K. Local invariant descriptors: a survey. *Foundations and Trends in Computer Graphics and Vision,* 3(3):177–280, 2007.

Twining C. J., Cootes T. F., Marsland S., Petrovic V. S., Schestowitz R. S., and Taylor C. Information-theoretic unification of groupwise non-rigid registration and model building. In *Proc. Medical Image Understanding and Analysis, Vol. 2,* pages 226–230, 2006.

Udupa J. K. and Samarasekera S. Fuzzy connectedness and object definition: Theory, algorithms, and applications in image segmentation. *Graphical Models and Image Processing,* 58:246–261, 1996.

van Assen H., Danilouchkine M. G., Behloul F., Lamb H. J., van der Geest R. J., Reiber J. H. C., and Lelieveldt B. P. F. Cardiac LV segmentation using a 3D active shape model driven by fuzzy inference. In *Proc. MICCAI*, volume 2878 of *Lecture Notes in Computer Science*, pages 535–540. Springer Verlag, Berlin, 2003.

van der Geest R. J., Lelieveldt B. P. F., Angelie E., Danilouchkine M., Sonka M., and Reiber J. H. C. Evaluation of a new method for automated detection of left ventricular contours in time series of magnetic resonance images using an active appearance motion model. *Journal of Cardiovascular Magnetic Resonance*, 6(3):609–617, 2004.

Vincent L. and Soille P. Watersheds in digital spaces: An efficient algorithm based on immersion simulations. *IEEE Transactions on Pattern Analysis and Machine Intelligence*, 13(6):583–598, 1991.

Viola P. and Jones M. Rapid object detection using a boosted cascade of simple features. In *Proceedings IEEE Conf. on Computer Vision and Pattern Recognition*, pages 511–518, Kauai, Hawaii, 2001. IEEE.

Viola P., Jones M., and Snow D. Detecting pedestrians using patterns of motion and appearance. In *Proc. Int. Conf. Computer Vision*, pages 734–741, Nice, France, 2003.

Viterbi A. J. Convolutional codes and their performance in communication systems. *IEEE Transactions on Communications Technology*, 13(2):260–269, 1967.

Vlontzos J. A. and Kung S. Y. HMMs for character recognition. *IEEE Transactions on Image Processing*, IP-1(4):539–543, 1992.

Watanabe T. and Suzuki H. An experimental evaluation of classifiers using spatial context for multispectral images. *Systems and Computers in Japan*, 19(4):33–47, 1988.

Watanabe T. and Suzuki H. Compound decision theory and adaptive classification for multispectral image data. *Systems and Computers in Japan*, 20(8):37–47, 1989.

Weiss Y. Interpreting images by propagating Bayesian beliefs. In Mozer M. C., Jordan M. I., and Petsche T., editors, *Advances in Neural Information Processing Systems*, volume 9, page 908. The MIT Press, 1997.

Wharton S. A contextual classification method for recognising land use patterns in high resolution remotely sensed data. *Pattern Recognition*, 15:317–324, 1982.

Wu Z. and Leahy R. An optimal graph theoretic approach to data clustering: Theory and its application to image segmentation. *IEEE Transactions on Pattern Analysis and Machine Intelligence*, 15:1101–1113, 1993.

Zen C., Lin S. Y., and Chen Y. Y. Parallel architecture for probabilistic relaxation operation on images. *Pattern Recognition*, 23(6):637–645, 1990.

Zhang C. and Zhang Z. A survey of recent advances in face detection. Technical Report MSR-TR-2010-66, Microsoft, June 2010.

Zhang H., Wahle A., Johnson R., Scholz T., and Sonka M. 4-d cardiac mr image analysis: Left and right ventricular morphology and function. *Medical Imaging, IEEE Transactions on*, 29:350–364, 2010.

Zhang M. C., Haralick R. M., and Campbell J. B. Multispectral image context classification using stochastic relaxation. *IEEE Transactions on Systems, Man and Cybernetics*, 20(1): 128–140, 1990.

Zheng Y. J. Feature extraction and image segmentation using self-organizing networks. *Machine Vision and Applications*, 8:262–274, 1995.

Zisserman A., editor. *Workshop on 25 Years of RANSAC (In conjunction with CVPR'06)*. New York, NY, 2006.

第 11 章

3D 几何，对应，从亮度到 3D

在以前的章节里我们已经介绍了一些针对 2D 图像的图像分析技术。但是，迄今为止我们一直忽略了如下的事实：最好的视觉系统，即我们自己所具有的、机器仍然无法超越的人类视觉系统是面向 3D 世界的。有关 3D 视觉的本章将填补这一空白；我们将关注于中间层的视觉任务，其中 3D 场景的性质是从 2D 图像表示中推断出来的。我们将介绍抽取 3D 信息并解释 3D 场景的方法。

使用亮度图像作为输入的 3D 视觉之所以被看作是困难的，有如下几个切实的理由：

- 摄像机的成像系统和人类眼睛所做的透视投影，造成了相当程度的信息损失。在从光心到场景中一点的线条上的所有点都被映射为一个单独的图像点。我们感兴趣的是其逆过程，即目标是从图像测量中推导出 3D 坐标。这个任务是欠约束的，必须增加一些附加的信息才能没有歧义地解决该问题。
- 图像亮度与对应场景点的 3D 几何之间的关系是非常复杂的。像素的亮度依赖表面反射率参数、表面方向、照明类型和位置以及观察者的位置。试图认识包括表面方向和深度的 3D 几何是另一项不适定（ill-conditioned）的任务。
- 场景中物体的相互遮挡，甚至是一个物体的自身遮挡，都使视觉任务变得更为复杂。
- 图像中出现的噪声以及很多算法的高时间复杂度，都进一步增加了问题的困难性，尽管这一点并不是 3D 视觉所独有的。

本章按如下方式安排：在第 11.1 节，我们将考虑各种 3D 视觉范畴，并更详细地解释自 20 世纪 70 年代后期以来的 Marr 的 3D 视觉理论。虽然该理论是很久以前提出的，但是它仍然是最普遍接受的范畴。从第 11.2 节开始的一些章节，将解释几何问题，它构成了用来解决 3D 视觉任务所需要的数学机制。在第 11.7 节，处理图像的像素亮度和对应场景点的 3D 形状之间的关系，这些场景点由其表面法线给出。

11.1 3D 视觉任务

3D 视觉领域不存在统一的理论，不同的研究群体可能对于该任务会有不同的理解。如下的几种 3D 视觉任务和相关的范畴表明了不同的观点：

- Marr [Marr, 1982] 定义 3D 视觉为“从场景的一幅图像（或者一系列图像）中，推导出该场景的精确的三维几何描述，并定量地确定场景中的物体的性质”。这里，3D 视觉被阐述为 3D 物体重构（reconstruction）任务，即在独立于观察者的坐标系中的 3D 形状的描述。假设针对刚性的物体，将其从背景中分离是直截了当的，处理的控制是严格地自下而上地从亮度图像开始经过中间表达进行的。将 3D 视觉看作为场景的重构看起来是合理的。如果视觉线索给我们提供了 3D 场景的精确表达，那么所有的视觉任务都可以实现，比如自主车的导航、工件检验、物体识别。重构范畴需要知道图像和对应的 3D 世界的关系，因此需要描述图像的构成。
- Aloimonos and Shulman [Aloimonos and Shulman, 1989] 将计算机视觉的核心问题看作是：“……从物体或场景的一幅图像或者一系列图像中，理解物体或场景及其三维性质；其中的物体可以是运动的或静止的，图像或图像序列是由单个或多个运动的或静止的观察者得到的”。在该定义中，正是理解这一概念使其不同于其他视觉方法。如果先验知识很少，像在人类视觉中那样，那么理解是复杂的。

这可以看作一个极端情况，在复杂度谱中的另一个极端是，例如，简单的物体匹配问题，其中仅有几种已知的可能解释。

- Wechsler [Wechsler, 1990] 强调处理的控制原则："视觉系统将多数视觉任务塑造为最小化问题，并在强加非偶然性的、自然的约束条件下使用分布式计算得到解决"。计算机视觉被看作为并行分布式表达，加上并行分布式处理以及主动感知（active perception）。理解在"感知-控制-行动"（perception-control-action）循环中进行。
- Aloimonos [Aloimonos, 1993] 问什么原理可以使我们理解活的生物体的视觉，然后使机器具有视觉能力。有如下的几种类型的相关问题：
  - 经验性的问题——是什么？确定现存的视觉系统是如何设计的。
  - 标准化的问题——应该是什么？考虑需要什么类型的动物或机器人。
  - 理论性的问题——能是什么？感兴趣的是在智能视觉系统中能够存在的机理。

系统理论 [Klir, 1991] 为我们使用数学的机制来处理复杂现象的理解问题提供了一个一般性的框架。物体及其性质需要刻画出来，对于这一抽象通常使用形式化的数学模型。模型由一组相对少的参数来表示，它们一般是从（图像）数据中估计得到的。

这种方法论使我们在使用变化的分辨率观察时，可以使用在性质上不同的模型（例如，代数的或微分方程）来描述同一物体。研究相对于几种不同分辨率时的模型变化会加深对问题的认识。

试图创建基于计算机的视觉系统的努力包含三个互相牵扯在一起的问题：

（1）图像中特征的可观察性（feature observability in images）：我们需要确定与任务相关的信息是否会出现在基本的图像数据中。

（2）表达（representation）：这个问题与在不同层次的解释复杂度上为所观察的世界选择模型有关。

（3）解释（interpretation）：这个问题处理数据的语义，换句话说，数据是如何映射到（真实）世界上的。该任务是使某种信息明确出来，它原本是以隐含的形式存在于数学模型中的。

根据信息的流程和先验知识的数量，典型的有两种主要的人工视觉的研究方法（见第 10 章）：

（1）重构，自底向上（reconstruction, bottom-up）：目标是从一幅图像或图像集合中重构物体的 3D 形状，图像既可以是亮度图像也可以是距离（range）图像（到观察者的距离）。Marr 的理论 [Marr, 1982]是一个极端，它是严格的自底向上的，几乎不需要任何有关物体的先验知识。有些更为实际的方法目标在于使用距离图像给真实物体创建 3D 模型[Flynn and Jain, 1991, 1992; Soucy and Laurendeau, 1992; Bowyer, 1992]。

（2）识别，自上而下，基于模型的视觉（recognition, top-down, model-based vision）：有关物体的先验知识是通过物体模型来表示的，其中 3D 模型具有特殊重要的地位[Brooks et al., 1979; Goad, 1986; Besl and Jain, 1985; Farshid and Aggarwal, 1993]。基于 CAD 模型的识别具有重要的实际价值[Newman et al., 1993]。在很多情况下，嵌入在模型中的附加约束使得欠定（under-determined）的视觉任务成为可能。

有些作者提出了避免使用 3D 模型的物体识别系统。基于基元的（**几何基元**）（**priming-based**（geons））方法是根据如下的思想：3D 形状可以直接从 2D 图画推断出来[Biederman, 1987]，定性的特征被称为**几何基元**（**geons**）。这模仿了人类的识别过程，其中单个物体（几何基元）的要素（constituents）和它们的空间布置都是指向人脑存储区的指针。

2D 视图的配准（**alignment of 2D view**）是另一种选择，在 2D 视图中的线条和点可以用于配准不同的 2D 视图。对应的点、线或其他特征必须首先建立起来。在[Ullman and Basri，1991]中，为了识别采用了视图的线性组合；在[Beymer and Poggio, 1996]中，考虑了与基于图像的场景表达有关的各种问题，其中不使用 3D 模型而是存储了已经建立对应关系的一组图像。在[Werner et al., 1995]中，考虑了如何将这种方法用于显示任意视点的 3D 场景问题。

11.1.1　Marr 理论

Marr 是计算机视觉研究的先驱，尽管他去世很早，但他的影响一直以来都是相当大的，而且还将继续下去。他认为早期的工作尽管在一些限制的领域或图像类中获得了成功，但是它们或者经验性或者过度地限制了可以处理的图像类型。针对这种情况，他提出了一种更抽象的理论性的方法，使得可以在更大的范围内工作。他将问题限制在单个静态场景的 3D 解释上，指出计算机视觉系统只是信息处理系统的一个例子，可以在三个层次上来理解：

（1）**计算理论（computational theory）**：该理论描述系统要做什么，在输入其他信息时它提供什么信息。它还应描述完成该任务所使用的策略的逻辑。

（2）**表达与算法（representation and algorithm）**：这些要精确地给出计算是如何进行的，特别地，应包括信息表达以及处理这些表达的算法。

（3）**实现（implementation）**：算法的物理实现，包括特定的程序和硬件。

强调在试图解决或理解一个特定问题时明确所处理的层次是重要的。Marr 通过如下的例子来解释这个论点：在（凝视亮灯所引起的）映像之后的效果（the effect of an after-image）是物理作用，而由著名的 Necker 方体错觉（见图 11.1）所引起的大脑的意识错乱（mental confusion）看来完全是在一个不同的理论层次上。

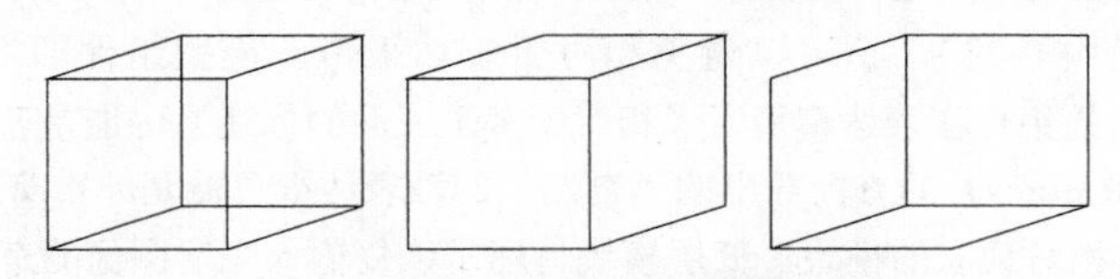

图 11.1　Necker 方体和两种可能的解释

由此得出如下的论点：成功的关键是关注于理论而不是算法或实现。我们可以设计出任意多的边缘检测子，每个适合特定的问题，但是这样我们并没有更接近对如下问题的任何的一般性理解：应该如何或怎样可以获得边缘检测。Marr 认为视觉任务的复杂性规定了一系列改进可见表面几何描述的步骤。在导出某种这样的描述之后，有必要去除对位置的依赖性，将描述转化为以**物体为中心的（object-centered）**。这需要从像素向表面描述迁移，再转向表面特征描述（方向），再到完全的 3D 描述。这些变换由下列作用产生：从 2D 图像到**基元图（primal sketch）**，再到 **2.5D 图（2.5D sketch）**，从此到完全的 3D 表达。

基元图（primal sketch）

基元图的目标是尽可能用一般性的方法获取图像中显著的亮度变化。迄今为止，这样的变化是以“边缘”来谈及的，但是 Marr 认为该词隐含着在这个阶段不能推断出来的一种物理意义。第一个阶段是在一定的尺度范围内定位这些变化（见第 5.3.4 节），以非形式化的方式来说，即用一组模糊滤波器处理图像，再在每个模糊尺度上定位二阶过零点（见第 5.3.2 节）[Marr and Hildreth, 1980]。推荐的模糊采用标准的高斯滤波器（见式（5.47）），而过零点定位是通过 Laplacian 算子进行（见式（5.35））。各种模糊滤波器隔离出了相应尺度的特征，在同一位置处的多个尺度的过零点证据提供了反映场景中真实物理特征的有力证据。

为了完成基元图，这些过零点要根据它们的位置和方向聚合起来，提供有关图像中的基元信息（边缘、条、斑点），它们可能有助于以后获取有关场景表面（3D）方向的信息。在聚合阶段，关注于来自各种尺度的证据，抽取出在实际世界中可能表示表面的基元。

注意到如下的事实是重要的：有显著的证据表明在人类的视觉系统中存在着用于建立基元图的各种组件，即我们也在各种尺度上进行着特征抽取、定位明显的亮度变化并随后将其聚合成基元。

2.5D 图（2.5D sketch）

2.5D 图重建从观察者到场景中检测到的表面的相对距离，可以称为**深度图（depth map）**。注意这一阶段的输出利用了前一阶段检测到的特征作为输入，但是它本身并不给我们提供 3D 重构。在这个意义下，它处于 2D 和 3D 表达之间的中间位置，特别是有关视图中任何物体的另一侧没有任何可以说的。可能取代的是导出了与在基元图中检测到的每个可能的表面相关联的表面法向，而且该信息的品质有可能被隐含地改进了。

到达 2.5D 图的路径有多种，但是它们的共同线索是自底向上方法的连续过程，其中不涉及任何有关场景内容的知识，而是使用诸如有关照明的性质或运动的影响之类的知识所提供的额外线索，因此是通用的而不是领域相关的。主要的方法以“**由 X 到形状**”（**shape from X**）技术为人所知，在第 12.1 节讲述。在这一阶段的终结处，表达仍是在以观察者为中心的坐标系中。

3D 表达（3D representation）

在这一阶段，Marr 的范畴与自顶向下的基于模型的方法重叠。需要利用迄今为止导出的所有证据来识别其中的物体。这只能在具有某种有关“物体”是什么的知识，从而具有描述它们的手段时才能达到。重要的是：这是向以物体为中心的坐标系统转移，使得物体的描述独立于观察者。

这是最困难的阶段，成功的实现还很遥远，特别是与基元和 2.5D 图推导的可见的成功相比来说更是如此。但是自从形成了这个范畴以来，它指出了需要什么，这在指导计算机视觉的研究方面一直是很成功的。与以前的阶段不同，由于这个层次的人类视觉还没有研究透彻，几乎没有生理学的指导可以用于设计算法。Marr 认为目标坐标系应该在不同地对待每个“物体”的意义下是模块式的，而不是使用一个全局性的坐标系（通常是以观察者为中心的）。这可以避免相对于整体来考虑模型组件的方向。进一步认识到**体素**（**volumetric primitives**）的集合在表达模型时（相对于基于表面的描述）可能是有价值的。基于物体的由对称性或棒状特征（stick features）的方向导出的“自然”的轴表达很可能是非常有用的。

Marr 范畴提倡一组相对独立的模块，低层模块目标是恢复输入亮度图像的有意义的描述，中间层模块使用诸如亮度变化、轮廓、纹理、运动的不同线索来恢复在空间中的形状或位置。后来发现[Bertero et al., 1988; Aloimonos and Rosenfeld, 1994]最低层和中间层任务是不适定的（ill-posed），没有唯一解；一种使任务适定化（well-posed）的流行方法是正则化（regularization）[Tichonov and Arsenin, 1977; Poggio et al., 1985]。通常增加了要求问题的解是连续的和光滑的（continuity and smoothness）约束。

11.1.2 其他视觉范畴：主动和有目的的视觉

当必须给稳定的几何信息建立明确的模型时（如为了物体的操作），以物体为中心的坐标系是合适的。Marr 为创建以物体为中心的坐标的尝试是否可以在生物视觉中得到认证并不明确，例如，Koenderink 表明了整个人类视觉空间是以观察者为中心的非欧氏的[Koenderink, 1990]。对于小的物体，以物体为中心的参考系在心理学的研究中还没有得到证实。

目前存在着试图解释视觉机理的两个学派。

- 第一个也是较老的学派，试图在视觉任务的早期阶段使用明确的度量信息（线条、曲率、法线等）。通常几何是按照自底向上的形式抽取出来的，没有任何有关该表达的目的的信息。输出是一个几何模型。
- 第二个也是较年轻的学派，在直到一个特定任务需要之前并不从视觉数据中抽取度量（几何）信息。数据按照系统的方式收集起来以便确保所有的物体特征都出现在数据中，但是可以保持在未解释的状态，直至涉及一个特定任务为止。一个数据库或固有的（intrinsic）图像（或视图）的收藏是其模型。

很多传统的计算机视觉系统和理论使用具有固定特性的摄像机获取数据。这对于传统的理论也同样适用，例如，Marr 的观察者是静止的。有些研究者提倡**主动感知**（**active perception**）[Bajcsy, 1988; Landy et al., 1996]和有目的的视觉（purposive vision）[Aloimonos, 1993]：在主动视觉系统中，数据获取的特性是动态地受场景解释控制的，如果观察者是主动的并且控制其视觉传感器，许多视觉任务往往会变得比较简单。一个例子是受控的眼睛（或摄像机）运动，其中如果没有足够的数据来解释场景时，摄像机就可以从另一个视图来看它。换句话说，主动视觉是智能化的数据获取，受从场景中测量出来的，部分地解释了的场景参数及其误差的控制。主动视觉是很多当前研究的一个领域。

主动的方法可以使多数不适定的视觉任务可解。为了提供一个概述，我们把主动观察者是如何可以将不适定的任务变为适定的[Aloimonos and Rosenfeld, 1994]总结出来，见表 11.1。

表 11.1　主动视觉使视觉任务适定

任　务	被动观察者	主动观察者
由阴影到形状（shape from shading）	不适定的。正则化有帮助，但是由于非线性不能确保唯一解	适定的。唯一解。线性方程
由轮廓到形状（shape from contour）	不适定的。正则化解法还没有找到。只在非常特殊的情况下存在解	适定的。对于单目或双目观察者有唯一解
由纹理到形状（shape from texture）	不适定的。需要有关纹理的假设	适定的，没有假设
由运动到结构（structure from motion）	适定的，但不稳定	适定的、稳定的。二次约束。简单的解

在视觉界人们普遍认为从亮度图像恢复精确的表面是困难的。Marr 范畴是一个好的理论框架，但是不幸的是并不能带来诸如完成识别和导航任务的成功的视觉应用。

在人类视觉的理解方面，还没有建立起来为解释提供数学（计算）模型的理论，该主题的一个说明是[Ullman, 1996]。朝着新的视觉理论发展的两个新近的进展是：

- **定性视觉（qualitative vision）**，寻找物体或场景的定性的描述[Aloimonos, 1994]。其动机是不做对于定性的（非几何的）任务或决策不必要的几何表示。此外，定性的信息相比于定量的来说，对于各种不需要的变换（例如，少许变化了的视图）或噪声具有更多的不变性。定性（或不变性）可以对观察到的事件在几个复杂度层面上解释。请注意人类眼睛也并不给出非常精确的测量，视觉算法应该寻找图像中的性质，例如，在距离数据中的凸凹面片[Besl and Jain, 1988]。
- **有目的的视觉范畴**（the purposive paradigm），可能有助于提出更简单的解决方法[Aloimonos, 1992]。关键问题是确定任务的目标，其动机是通过明确所需要的那部分信息来使任务容易完成。自主车导航中的碰撞躲避就是一个不需要精确的表面描述的例子。该方法可能是不同种类的，而且在有些情况下定性的回答可能是足够的。该范畴还没有坚实的理论基础，但是生物视觉的研究是灵感的丰富的源泉。这种研究注意力的转移产生了许多成功的视觉应用，其中不需要精确的几何描述。例子包括碰撞躲避、自主车导航、物体跟踪等[Howarth, 1994; Buxton and Howarth, 1995; Fernyhough, 1997]。

有些其他视觉任务需要完整的 3D 几何模型，例如，从真实的物体，比如说人类设计者创建的黏土模型，建立 3D CAD 模型。其他应用还有在虚拟现实系统中，其中需要真实的和虚拟的物体之间的交互。有些物体识别任务也使用完整的 3D 模型。

11.2　射影几何学基础

计算机视觉在**多视角几何（multiple view geometry）**方面取得了快速的发展，并已经很成熟。多视角几何能够从数学上处理以下三方面的关系：

- 场景中的 3D 点（更一般地说，还有线以及其他简单几何形状）。
- 摄像机的投影。

● 3D 场景中多个摄像机投影之间的关系。

这个领域是从**摄影测量学**（**photogrammetry**）发展而来的。摄影测量学能够从照片测量 3D 距离。特别的是，摄影测量学的方法假定了事先精确标定了的特殊的、昂贵的摄像机，图像中的点人工测量，并需要高的精度。这种方法能够处理的任务种类十分有限。与之相反，3D 计算机视觉中的多视角几何的目标是使用一般的、现成的摄像机，部分标定或者根本就没有标定，处理图像测量时巨大的不精确性，以及提出自动算法。最近发展的一些技术，能够使任务全自动化，比如未知视频序列中的点和摄像机的 3D 重建[http://www.2d3.com]，或者从 3D 场景的大量非常不同视角的视图自动重建[Cornelius et al., 2004]。一些书中综述了多视角几何，如[Faugeras, 1993; Hartley and Zisserman, 2003; Ma et al., 2004]。

多视角几何的数学工具是**射影几何**（**projective geometry**）。给计算机视觉提供有关周围的 3D 世界信息的基本传感器是能够抓取静止图像或者视频的摄像机。这里，我们着重在几何方面解释如何使用 2D 图像信息对 3D 世界进行自动的测量，其中从 2D 图像中测量点的 3D 坐标或距离是重要的。我们需要研究**透视投影**（**perspective projection**）（也称作中心投影（central projection）），它描述了针孔摄像机或薄透镜的图像成像形式。在透视图像中世界中的平行线不再是平行的了，例如，设想一下朝着铁轨看或看着长长的走廊的情况。这在图 11.2 中展示出来了，其中也介绍了一些常用的词汇。

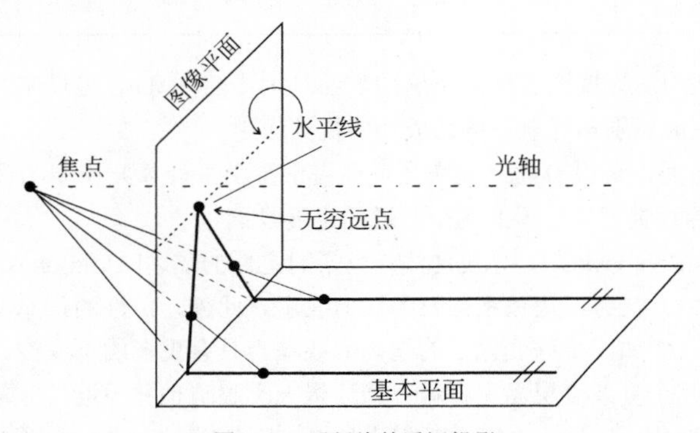

图 11.2 平行线的透视投影

在 15 世纪之前，文艺复兴时期意大利画家就知道如何绘制透视图。他们的知识可能来自阿拉伯学者海什木（Ibn al-Haytham）的《光学读本》，这本书约写于公元 1000 年。德国画家 Dürer 的一幅图（见图 11.3）使得投影射线的概念具体化了，他的这幅图是用来说明实际的透射知识的。

图 11.3 绘制古琵琶的男子，1525 年. Albrecht Dürer（1471—1528）

11.2.1 射影空间中的点和超平面

我们从简要地介绍基本的记号和射影空间的定义开始[Semple and Kneebone, 1963; Faugeras, 1993]。考虑除原点外的（d+1）维空间 $\mathcal{R}^{d+1}-\{[0,\cdots,0]^{\mathrm{T}}\}$，定义如下的等价关系

$$\begin{aligned}&[x_1,\cdots,x_{d+1}]^{\mathrm{T}}\simeq[x_1',\cdots,x_{d+1}']^{\mathrm{T}}\\&\text{iff}\ \exists\alpha\neq0:[x_1,\cdots,x_{d+1}]^{\mathrm{T}}=\alpha[x_1',\cdots,x_{d+1}']^{\mathrm{T}}\end{aligned}\tag{11.1}$$

这意味着对 $\mathcal{R}^{d+1}$ 中的两个向量来说，如果存在一个非零的尺度使得它们是一样的，那么它们等价。射影空间 $\mathcal{P}^d$ 是该等价关系的商空间。可以将它们想象为 $\mathcal{R}^{d+1}$ 中经过原点的直线的集合。

$\mathcal{P}^d$ 中的一个点对应于 $\mathcal{R}^{d+1}$ 中无限个平行向量的集合，并由任意一个 $\mathcal{R}^{d+1}$ 中这样的向量唯一确定。这种向量称为 $\mathcal{P}^d$ 中的点的**齐次**（**homogeneous**）（也称为射影）表示。由于这样的向量只是非零尺度的不同，因此齐次向量代表的是同一个点。这样的尺度通常选取为使向量的最右位置为 1，比如 $[x_1',\cdots,x_d',1]^{\mathrm{T}}$。我们把齐次向量表示为粗体的向量，比如 $\mathbf{x}$。

我们更习惯于一般的点的笛卡儿坐标系表示方法，常称为非齐次坐标系。这些 d 维欧氏空间 $\mathcal{R}^d$ 的点的坐标位于 $\mathcal{R}^{d+1}$ 中满足 $x_{d+1}=1$ 的平面内。从非齐次向量的 $\mathcal{R}^d$ 到 $\mathcal{P}^d$ 的映射由下式给出：

$$[x_1,\cdots,x_d]^{\mathrm{T}}\to[x_1,\cdots,x_d,1]^{\mathrm{T}}\tag{11.2}$$

只有点 $[x_1,\cdots,x_d,0]^{\mathrm{T}}$ 没有对应的欧氏点，但是它们代表了某个特别方向上的无穷远点。将 $[x_1,\cdots,x_d,0]^{\mathrm{T}}$ 作为 $[x_1,\cdots,x_d,\alpha]^{\mathrm{T}}$ 的一个极限情况来考虑，即对于其射影等价的点 $[x_1/\alpha,\cdots,x_n/\alpha,1]^{\mathrm{T}}$ 而言，假定 $\alpha\to0$ 时的情况。这对应于欧氏空间 $\mathcal{R}^d$ 中在辐射向量 $[x_1/\alpha,\cdots,x_d/\alpha]^{\mathrm{T}}\in\mathcal{R}^d$ 方向上的无穷远点。

我们同时介绍一下 $\mathcal{P}^d$ 中的超平面的齐次坐标。$\mathcal{P}^d$ 的一个超平面代表了 d+1 维的向量 $\mathbf{a}=[a_1,\cdots,a_{d+1}]^{\mathrm{T}}$，这个超平面上所有的点 $\boldsymbol{x}$ 满足 $\mathbf{a}^{\mathrm{T}}\mathbf{x}=0$（$\mathbf{a}^{\mathrm{T}}\mathbf{x}$ 代表的是点积）。考虑形如 $\mathbf{x}=[x_1,\cdots,x_d,1]^{\mathrm{T}}$ 的点，有熟悉的公式：$a_1x_1+\cdots+a_dx_d+a_{d+1}=0$。

这是因为该超平面是由它上面的 d 个不同的点定义的，这些点用向量 $x_1,\cdots,x_d$ 表示。上面的公式代表了向量 $\mathbf{a}$ 与向量 $\mathbf{x}_1,\cdots,\mathbf{x}_d$ 是正交的。向量 $\mathbf{a}$ 是可以计算的，比如用 SVD（见第 3.2.9 节）。对称地，d 个不同的超平面 $\mathbf{a}_1,\cdots,\mathbf{a}_d$ 的交点是与它们正交的向量 $\mathbf{x}$。在计算机视觉中，有两个有趣的特殊例子：

（1）**投影平面** $\mathcal{P}^2$。我们将把 $\mathcal{P}^2$ 中的点记为 $\mathbf{u}=[u,v,w]^{\mathrm{T}}$，把 $\mathcal{P}^2$ 中的线（超平面）记为 $\mathbf{l}$。

我们用叉积表示在 $\mathcal{P}^2$ 中的并和交的公式：通过两个点 $\mathbf{x}$ 和 $\mathbf{y}$ 的线用 $\mathbf{l}=\mathbf{x}\times\mathbf{y}$ 表示，两条直线 $\mathbf{l}$ 和 $\mathbf{m}$ 的交点用 $\mathbf{x}=\mathbf{l}\times\mathbf{m}$ 表示。

（2）**投影三维空间** $\mathcal{P}^3$。我们把 $\mathcal{P}^3$ 中的点记为 $\mathbf{X}=[X,Y,Z,W]^{\mathrm{T}}$。

在 $\mathcal{P}^3$ 中，超平面变为平面，并且多出现了一种在投影平面中不存在的情况：3D 的线。$\mathcal{P}^3$ 中的点和平面可以用四维向量的优美的齐次表达式给出，但是线是不存在这种形式的。3D 的线既可以用它上面的两个点表示，但是这样的表达不唯一，也可以用（Grassmann-）Plücker 矩阵表示[Hartley and Zisserman, 2003]。

图 11.4 用图式体现了如何将投影空间 $\mathcal{P}^2$ 想象为 $\mathcal{R}^3$ 中的线。平面 π 满足等式 x_3=1。$\mathcal{R}^3$ 中的一条线代表 $\mathcal{P}^2$ 中的一个点。$\mathcal{R}^3$ 里通过原点 $\mathbf{O}$ 的平面对应于 $\mathcal{P}^2$ 中的一条线。

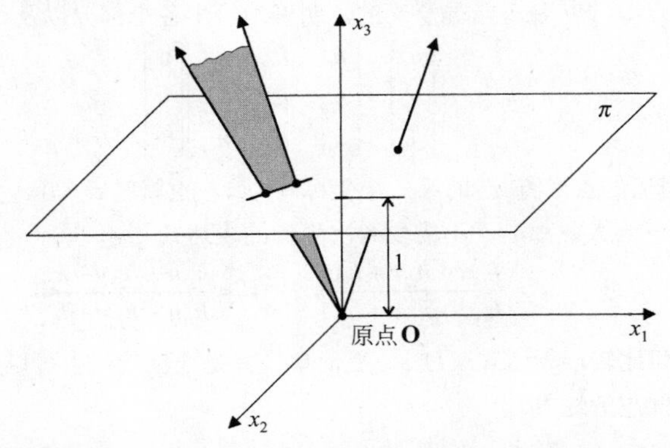

图 11.4　$\mathcal{P}^2$ 投影空间的图示：$\mathcal{P}^2$ 空间中的点和线分别用通过欧氏空间 $\mathcal{R}^3$ 原点的射线和平面表示

在投影空间中点和超平面之间显然的对称性用**对偶**（**duality**）的概念来形式化：在 $\mathcal{P}^d$ 中有关点和超平面的成立的定理，当“点”、“超平面”、“位于”和“通过”分别被“超平面”、“点”、“通过”和“位于”替换后，仍然成立。

11.2.2 单应性

单应性（**homography**），也认为是**共线**（**collineation**）或**投影变换**（**projective transformation**），是 $\mathcal{P}^d \to \mathcal{P}^d$ 的映射，在嵌入空间 $\mathcal{R}^{d+1}$ 是线性的。也就是说，单应性在相差一个尺度意义下给定，写为

$$\mathbf{u}' \simeq H\mathbf{u} \tag{11.3}$$

其中 H 是（d+1）×（d+1）的矩阵。这个变换将任何共线的三元组映射到共线的三元组上（因此，它的一个名字为共线）。如果 H 是非奇异的，那么不同的点映射到不同的点上。图像用 2D 齐次映射的一个例子见图 11.5。

(a)

(b)

图 11.5　图像：（b）是图像；（a）的投影变换

超平面的投影变换形式与点不同。它可以用以下事实推导出来：如果原来的点 **u** 和超平面 **a** 是关联的，$\mathbf{a}^{\mathrm{T}}\mathbf{u}=0$,，那么在变换后它们仍然是关联的 $\mathbf{a}'^{\mathrm{T}}\,\mathbf{u}'=0$。利用等式（11.3），我们得到 $\mathbf{a}' \simeq H^{-\mathrm{T}}\mathbf{a}$，其中 $H^{-\mathrm{T}}$ 代表 H 的转置逆矩阵。

在计算机视觉中，单应性在两个简单的例子中出现。①针孔摄像机里平面场景的投影由 2D 单应性关联。这可以用于将平面场景图像（如建筑物的正面）矫正为前向平行视角。②由共用一个投影中心的两个针孔摄像机给出的 3D 场景（平面或者非平面）的两幅图像，是 2D 单应性的。这可以用于将多个图像拼接为全景图（见第 10.3 节）。

为了熟悉齐次的记号，用式（11.3）和 H 详细地介绍如何将非齐次 2D 点$[u,v]^{\mathrm{T}}$（比如图像中的一个点）逐步地映射为非齐次图像点$[u',v']^{\mathrm{T}}$是有指导意义的。明确地给出各个部分以及尺度，有

$$\alpha\begin{bmatrix} u' \\ v' \\ 1 \end{bmatrix} = \begin{bmatrix} h_{11} & h_{12} & h_{13} \\ h_{21} & h_{22} & h_{23} \\ h_{31} & h_{32} & h_{33} \end{bmatrix}\begin{bmatrix} u \\ v \\ 1 \end{bmatrix} \tag{11.4}$$

我们默认 $\mathbf{u}'$ 不是无穷远的点，将 $\mathbf{u}'$ 的第三个坐标写为 1，也就是 $\alpha \neq 0$。为了计算$[u',v']^{\mathrm{T}}$，我们需要去掉尺度因子 α，得到如下为人熟知的、不需要齐次坐标的表达式：

$$u' = \frac{h_{11}u + h_{12}v + h_{13}}{h_{31}u + h_{32}v + h_{33}}, \qquad v' = \frac{h_{21}u + h_{22}v + h_{23}}{h_{31}u + h_{32}v + h_{33}}$$

注意，与这个表达式相比较，表达式（11.3）更简单，并是线性的，也可以处理 $\mathbf{u}'$ 是无穷远点的情况。这些都是齐次坐标实际上优越的地方。

单应性的子类（Subgroups of homographies）

除了共线性和密切相关的相切性外，投影变换的另一个众所周知的不变量是线上的交比（见第 8.2.7 节）。

投影变换可以分为一些重要的子类，仿射变换、相似变换和度量变换（又叫欧式变换）（见表 11.2）。这些子类通常是对 H 的形式施加约束获得的。除了交比，它们都有额外的不变量。任何单应性可以唯一地分解为 $H=H_P H_A H_S$，其中

$$H_P = \begin{bmatrix} I & \mathbf{0} \\ \mathbf{a}^T & b \end{bmatrix}, \quad H_A = \begin{bmatrix} K & \mathbf{0} \\ \mathbf{0}^T & 1 \end{bmatrix}, \quad H_S = \begin{bmatrix} R & -R\mathbf{t} \\ \mathbf{0}^T & 1 \end{bmatrix} \tag{11.5}$$

矩阵 K 是上三角矩阵。形如 H_S 的矩阵代表的是欧式变换。$H_A H_S$ 矩阵代表了仿射变换， 如此 H_A 矩阵代表仿射变换中的“纯仿射”子类，也就是说，除此之外，仿射变换剩下来的（更精确的说法是通过因式分解）是欧氏（度量）变换。$H_P H_A H_S$ 矩阵代表了投影变换的整个子类，于是 H_P 矩阵代表了投影变换的“纯投影”子类。

表 11.2　计算机视觉中常见的（非奇异的）投影变换的子类

名　字	H 的约束	2D 例子	不　变　量
投影	$\det H \neq 0$	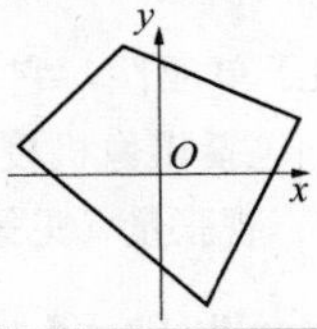	共线性 相切性 交比
仿射	$H = \begin{bmatrix} A & \mathbf{t} \\ \mathbf{0}^T & 1 \end{bmatrix}$ $\det A \neq 0$	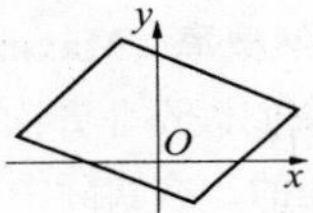	投影不变量 +平行 +平行线上的长度比 +区域配给 +向量质心的线性组合
相似性	$H = \begin{bmatrix} sR & -R\mathbf{t} \\ \mathbf{0}^T & 1 \end{bmatrix}$ $R^T R = I$ $\det R=1$ $s>0$	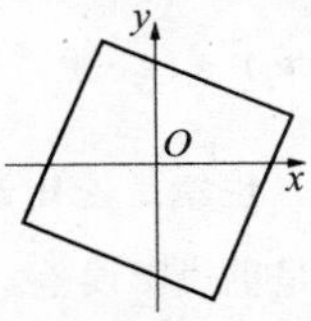	仿射不变量 +角度 +长度比
度量（欧氏同态）	$H = \begin{bmatrix} R & -R\mathbf{t} \\ \mathbf{0}^T & 1 \end{bmatrix}$ $R^T R = I$ $\det R=1$	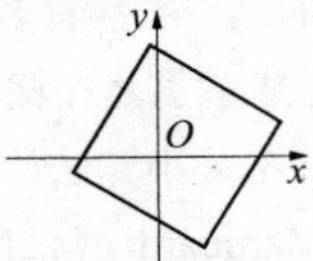	相似不变量 +长度 +体积
相等	$H=I$	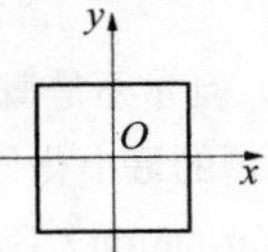	没有意义的情况，任何都不变

在分解中，唯一重要的步骤是将一般矩阵 A 分解为一个上三角矩阵 K 和一个旋转矩阵 R 的乘积。对于旋转矩阵（rotation matrix），意味着该矩阵是正交的（$R^T R=I$）并且是无反射（non-reflecting）的（$\det(R)=1$）。这个可以用 RQ 分解（类似于 QR 分解[Press et al., 1992; Golub and Loan, 1989]）得到。在第 11.3.3 节我们将再次碰到这个分解。

11.2.3　根据对应点估计单应性

3D 计算机视觉的一个常见任务是从（点）对应计算单应性。对应（**correspondences**）的意思是有序的点对集合 $\{(\mathbf{u}_i, \mathbf{u}'_i)\}_{i=1}^m$，每一个点对在变换中是对应的。这些对应可通过手动输入或者也许是某个算法计算

得到。

为了计算 H，我们必须为 H 和尺度因子 α_i 解齐次线性方程组：

$$\alpha_i \mathbf{u}'_i = H\mathbf{u}_i, \quad i = 1,\cdots,m \tag{11.6}$$

这个方程组有 $m(d+1)$个等式和 $m+(d+1)^2-1$ 个未知量，有 m 个 α_i，H 有$(d+1)^2$ 个分量，而-1 确保在相差一个整体尺度因子的情况下确定 H。因此，可以看出，我们需要 $m=d+2$ 个对应唯一确定 H（在相差一个尺度因子意义下）。

有时，对应形成了**退化构造**（**degenerate configuration**），意味着即使当 $m \geqslant d+2$ 时，H 也不能唯一确定。如果没有 d 个点 $\mathbf{u}_i$ 在一个超平面上，同时也没有 d 个 $\mathbf{u}'_i$ 在一个超平面上，该构造就是一种非退化的。

当有 $d+2$ 个对应时，通常由于测量对应时的噪声，方程组（11.6）没有解。因此，求解线性方程组的简单任务变成了一个更难的任务：参数模型的最优参数估计。这里，我们不再解等式（11.6），而是从概率角度出发，最小化合适的准则。

这里描述的估计方法不局限于单应性。它们是一般的实用方法，不需要改变概念就能直接用到 3D 计算机视觉的一些其他任务中，包括摄像机校准（见第 11.3.3 节）、三角测量（见第 11.4.1 节），基本矩阵的估计（见第 11.5.4 节）或者三视张量（见第 11.6 节）。

最大似然概率估计（maximum likelihood estimation）

概率上最优的方法是**最大似然概率**（**Maximum Likelihood**，ML）估计。考虑 $d=2$ 即从两幅图像中估计单应的情况，如图 11.5 所示。我们假设非齐次图像点是正态分布的，并且各个分量是独立的，均值分别是 $[\hat{u}_i,\hat{v}_i]^{\mathrm{T}}$ 和 $[\hat{u}'_i,\hat{v}'_i]^{\mathrm{T}}$，而且是等方差的。在实际中，这个假设通常会得到好的结果。可以证明，ML 估计在最小二乘意义上最小化重投影误差。也就是说，我们需要解下面这个有 $9+2m$ 个变量的带限制的最小化任务：

$$\min_{H,u_i,v_i} \sum_{i=1}^{m} \left[(u_i-\hat{u}_i)^2 + (v_i-\hat{v}_i)^2 + \left(\frac{[u_i,v_i,1]\mathbf{h}_1}{[u_i,v_i,1]\mathbf{h}_3} - \hat{u}'_i \right)^2 + \left(\frac{[u_i,v_i,1]\mathbf{h}_2}{[u_i,v_i,1]\mathbf{h}_3} - \hat{v}'_i \right)^2 \right] \tag{11.7}$$

这里 $\mathbf{h}_i$ 代表的是矩阵 H 的第 i 行，也就是说 $\mathbf{h}_1^{\mathrm{T}}\mathbf{u}/\mathbf{h}_3^{\mathrm{T}}\mathbf{u}$ 和 $\mathbf{h}_2^{\mathrm{T}}\mathbf{u}/\mathbf{h}_3^{\mathrm{T}}\mathbf{u}$ 是式（11.4）给出的将点 $\mathbf{u}$ 用 H 映射得到的非齐次坐标。最小化目标函数就是重投影误差。

这个任务是非线性的、非凸的，一般都有多个局部最小值。一个好的（通常不是全局的）局部最小值可以通过两步计算得到。首先，通过求解虽然在概率上非最优但却更简单的最小化问题——单个局部最小值的问题，得到初始估计。然后，用局部最小算法计算得到最优 ML 问题的最近局部最小值。这个问题的标准解法是非线性最小二乘 Levenberg-Marquardt 算法[Press et al., 1992]。

线性估计（linear estimation）

为了找到一个好的初始估计，但并不是概率上最优的估计，我们将用线性代数中解超定线性方程组的方法解方程组（11.6）。这个就是所谓的**最小化代数距离**（**minimizing the algebraic distance**）的方法，又称为直接线性变换（direct linear transformation）[Hartley and Zisserman, 2003]或者**线性估计**（**linear estimation**）。即使接下来不用非线性方法，这种方法也经常能得到令人满意的结果。

齐次坐标点表示为 $\mathbf{u}=[u,v,w]^{\mathrm{T}}$。通过人为安排各个分量，可以将式（11.6）重新组织为更适于求解的形式。然而，我们用下面两个技巧，使公式仍然是矩阵形式。

第一个技巧，为了从 $\alpha_i\mathbf{u}' = H\mathbf{u}$ 去掉 α，用所有行正交于 $\mathbf{u}'$ 的矩阵 $G(\mathbf{u}')$ 左乘该等式。使得等式左边为 0，由于 $G(\mathbf{u}')\,\mathbf{u}' = 0$，我们得到 $G(\mathbf{u}')H\mathbf{u} = 0$。如果图像中的点形如 $\omega' = 1$（也就是 $[u',v',1]^{\mathrm{T}}$），该矩阵可以选择为：

$$G(\mathbf{u}) = G([u,v,1]^{\mathrm{T}}) = \begin{bmatrix} 1 & 0 & -u \\ 0 & 1 & -v \end{bmatrix} = [I \mid -\mathbf{u}]$$

这个选择对于 $\omega' = 0$ 是不合适的，这个是因为当 $u' = v'$ 时，$G(\mathbf{u}')$是奇异的。当图像中的点不是直接测量的，而是间接计算的（比如消失点），所以它们中的一些可能在无穷远，这种情况就可能发生。一般情况下能正常工作的选择是 $G(\mathbf{u})=S(\mathbf{u})$，其中：

$$S(\mathbf{u})=S([u,v,w]^{\mathrm{T}})=\begin{bmatrix}0 & -w & v\\ w & 0 & -u\\ -v & u & 0\end{bmatrix} \tag{11.8}$$

叉积矩阵（cross-product matrix），具有如下性质，对于任何 $\mathbf{u}$ 和 $\mathbf{u}'$，$S(\mathbf{u})\,\mathbf{u}'=\mathbf{u}\times\mathbf{u}'$。

第二个技巧，为了重新整理等式 $G(\mathbf{u}')H\mathbf{u}=\mathbf{0}$，使未知量在乘积的最右边，我们用恒等式 $AB\mathbf{c}=(\mathbf{c}^{\mathrm{T}}\otimes A)\mathbf{b}$ [Lütkepohl, 1996]，其中 $\mathbf{b}$ 是从矩阵 B 的项按列优先顺序排列的构建向量，$\otimes$ 是矩阵的 Kronecker 乘积。应用这个恒等式有

$$G(\mathbf{u}')H\mathbf{u}=[\mathbf{u}^{\mathrm{T}}\otimes G(\mathbf{u}')]\mathbf{h}=\mathbf{0}$$

其中 $\mathbf{h}$ 代表了输入 H 的九维向量 $[h_{11},h_{21},\cdots,h_{23},h_{33}]^{\mathrm{T}}$。对 $G(\mathbf{u}')=S(\mathbf{u}')$，分量形式是

$$\begin{bmatrix}0 & -uw' & uv' & 0 & -vw' & vv' & 0 & -ww' & wv'\\ uw' & 0 & -uu' & vw' & 0 & -vu' & ww' & 0 & -wu'\\ -uv' & uu' & 0 & -vv' & vu' & 0 & -wv' & wu' & 0\end{bmatrix}\mathbf{h}=\begin{bmatrix}0\\0\\0\end{bmatrix}$$

考虑 m 个对应，有

$$\begin{bmatrix}\mathbf{u}_1^{\mathrm{T}}\otimes G(\mathbf{u}_1')\\ \mathbf{u}_2^{\mathrm{T}}\otimes G(\mathbf{u}_2')\\ \vdots\\ \mathbf{u}_m^{\mathrm{T}}\otimes G(\mathbf{u}_m')\end{bmatrix}\mathbf{h}=\mathbf{0} \tag{11.9}$$

将左手方向 $3m\times 9$ 的矩阵记为 W，有 $W\mathbf{h}=\mathbf{0}$。这个系统是超定的，通常没有解。奇异值分解（Singular Value Decomposition，SVD）能够计算 $\mathbf{h}$，满足 $\|\mathbf{h}\|=1$ 时最小化 $\|W\mathbf{h}\|$，见第 3.2.9 节。

从细节上来说，$\mathbf{h}$ 是在奇异值分解 $W=UDV^{\mathrm{T}}$ 中最小奇异值所关联的矩阵 V 的列。或者，我们可以把 $\mathbf{h}$ 当做 $W^{\mathrm{T}}W$ 的最小的本征值所关联的本征向量来计算。有报告称这种方法在数值上的精度比 SVD 稍差，但是优点是 $W^{\mathrm{T}}W$ 是 9×9，而 W 是 $3m\times 9$ 的。在实际中，这两种方法都有好的结果。

为了得到有意义的结果，向量 $\mathbf{u}_i$ 和 $\mathbf{u}_i'$ 的分量的幅值不能差别太大。比如 $\mathbf{u}_1=[500,500,1]^{\mathrm{T}}$，这种情况就不合适了。这不是数值精度问题，而是相似的幅值确保了最小化代数距离得到的最小值比较接近式（11.7）的解。计算数学中的一种**预处理（preconditioning）**可以确保相似的幅值，在计算机视觉中常称为**规范化（normalization）**[Hartley, 1997]。我们解方程组 $\bar{\mathbf{u}}_i'\simeq H\bar{\mathbf{u}}_i$，而不是式（11.6），其中我们替换 $\bar{\mathbf{u}}_i=H_{\mathrm{pre}}\mathbf{u}_i$ 和 $\bar{\mathbf{u}}_i'=H_{\mathrm{pre}}'\mathbf{u}_i'$。单应性 H 可以用 $H=H_{\mathrm{pre}}'^{-1}\bar{H}H_{\mathrm{pre}}$ 恢复。选择预处理单应性 H_{pre} 和 H_{pre}' 使得 $\bar{\mathbf{u}}_i$ 和 $\bar{\mathbf{u}}_i'$ 有相似的幅值。假定原来的点形如 $[u,v,1]^{\mathrm{T}}$，一个合适的选择是各向异性的尺度伸缩和平移

$$\bar{H}=\begin{bmatrix}a & 0 & c\\ 0 & b & d\\ 0 & 0 & 1\end{bmatrix}$$

其中 a、b、c、d 使得预处理点 $\bar{\mathbf{u}}=[\bar{u},\bar{v},1]^{\mathrm{T}}$ 的均值为 0，方差为 1。

注意从最大似然概率引出的最优化问题（式（11.7））和线性问题（式（11.9））的规模的不同。前一个有 $9+2m$ 个变量，后一个只有 9 个变量：对于较大的 m，计算量不同。然而式（11.7）提供最优化方法，用在实际中。有一些近似方法，减少了计算量，但是仍然接近于最优解，比如 Sampson 距离[Hartley and Zisserman, 2003]。

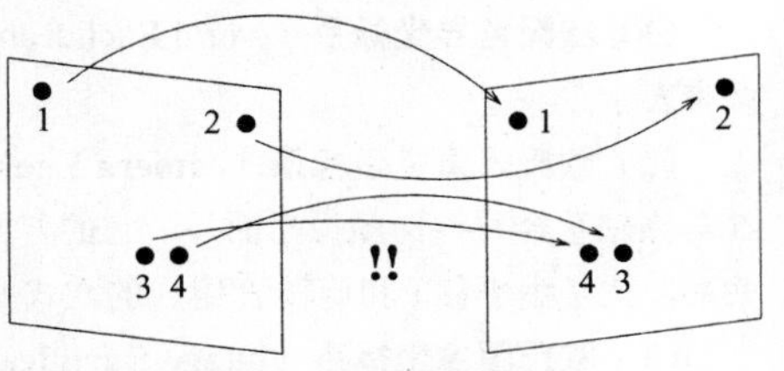

图 11.6　对应中的不匹配

鲁棒估计（robust estimation）

通常，我们假定测量的对应被加性高斯噪声干扰。如果它们包含严重的错误，比如**不匹配（mismatches）**（见图 11.6），

这种统计模型不再正确，很多方法就可能给出完全没有意义的结果。在这种情况下，可以使用诸如 RANSAC（见 10.3 节）这类的算法。

11.3 单透视摄像机

11.3.1 摄像机模型

考虑单个薄透镜的摄像机情况（从几何光学的角度考虑，见第 3.4.2 节）。针孔模型是适合于很多计算机视觉应用的一个近似。针孔摄像机完成中心投影，其几何绘制在图 11.7 中。平面π在水平方向伸展，得到真实世界投影中的**图像平面**（**image plane**）。垂直方向上的点划线是光轴。透镜位于**焦点**（**focal point**）**C** 处与光轴垂直的地方，焦点 C 也称为**光心**（**optical center**）或者**投影中心**（**center of projection**）。焦距 f 是透镜参数。

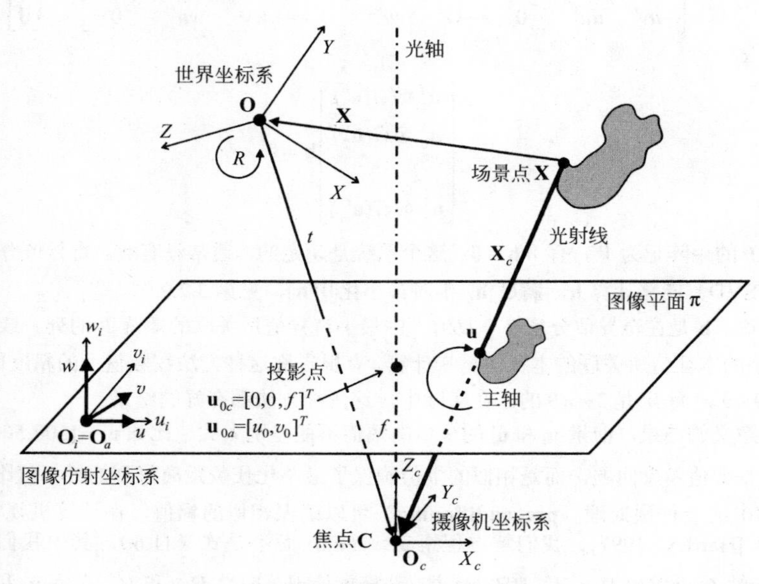

图 11.7 线性透视摄像机的几何

为了描述清楚，我们将使用标记，不管是欧式（非齐次的）坐标系 $\mathbf{u}=[u,v]^T$ 或齐次坐标系 $\mathbf{u}=[u,v,w]^T$，将图像点标记为小写黑体字母（可能用下标区分不同的坐标系）。所有 3D 场景中的点，不管是欧氏坐标系 $\mathbf{X}=[X,Y,Z]^T$ 或齐次坐标系 $\mathbf{X}=[X,Y,Z,W]^T$，将被记为大写字母（可能有下标）。

摄像机从 3D 投影空间 $\mathcal{P}^3$ 到 2D 投影空间 $\mathcal{P}^2$ 完成线性转换。投影是由从场景点 **X**（图 11.7 中的右上部）反射出的或起源于光源的光线形成的。光线穿过光心 **C** 击在图像平面的点 **u** 处。

为了进一步解释，我们需要定义四个坐标系统。

（1）**欧氏世界坐标系**（world Euclidean coordinate system）（下标 w），原点在点 **O**。点 **X**、**u** 用世界坐标系来表示。

（2）**欧氏摄像机坐标系**（**camera Euclidean coordinate system**）（下标 c），原点在焦点 $\mathbf{C} \equiv \mathbf{O}_c$。坐标轴 Z_c 与光轴重合并指向图像平面外，它的方向是焦点 **C** 指向图像平面。世界坐标系和摄像机坐标系只有一个关系，就是由平移 **t** 和旋转 R 组成的欧式变换。

（3）**欧氏图像坐标系**（**image Euclidean coordinate system**）（下标 i），坐标轴与摄像机坐标系一致。坐标轴 u_i、v_i、w_i 分别共线于坐标轴 X_c、Y_c、Z_c。轴 u_i 和 v_i 位于图像平面上。

（4）**图像仿射坐标系（image affine coordinate system）**（下标 a），坐标轴是 u、v、w，原点 $\mathbf{O}_a$ 与欧氏图像坐标系 $\mathbf{O}_i$ 相同。坐标轴 u、w 与坐标轴 u_i、w_i 是一致的，但是轴 v 可能与轴 v_i 具有不同的方向。

引进图像仿射坐标系的原因是基于如下的事实：常常因为摄像机不匹配的感光芯片，像素可能会错切。另外，坐标轴可能有不同的尺度。

一般情况下，投影变换可以分解为三个简单的变换，对应于四个不同坐标系之间的三个转换。

第一个变换（上面的（1）和（2）之间）是从（任意）世界坐标系（$\mathbf{O}$; X,Y,Z）到以摄像机为中心的坐标系（$\mathbf{O}_c$; X_c,Y_c,Z_c）之间的转换。用向量 $\mathbf{t}$ 将原点 $\mathbf{O}$ 平移到 $\mathbf{O}_c$，并用旋转矩阵 R 将坐标轴旋转后，世界坐标系和摄像机坐标系就一致了。点 $\mathbf{X}$ 到点 $\mathbf{X}_c$ 的转换用非齐次坐标表示为：

$$\mathbf{X}_c=R(\mathbf{X}-t) \tag{11.10}$$

旋转矩阵 R 表达了坐标轴的三种基本旋转——沿着 X、Y 或者 Z 旋转。因此，有六个摄像机外参数，三个旋转和三个平移。

参数 R 和 $\mathbf{t}$ 称为**摄像机标定外参数（extrinsic camera calibration parameters）**。

现在我们想用齐次坐标表达式（11.10）。从式（11.5）可以看出，我们用单应性 H_S 的一个子类可以做到这一点：

$$\mathbf{X}_c=\begin{bmatrix} R & -R\mathbf{t} \\ \mathbf{0}^{\mathrm{T}} & 1 \end{bmatrix}\mathbf{X} \tag{11.11}$$

第二个变换（上面的（2）和（3）之间）将用以摄像机为中心的坐标系（$\mathbf{O}_c;X_c,Y_c,Z_c$）表达的 3D 场景点 $\mathbf{X}_c$ 投影为用图像坐标系（$\mathbf{O}_i$; u_i, v_i, w_i）表达的图像平面π中的点 $\mathbf{u}_i$。

非齐次坐标系的投影 $\mathcal{R}^3\to\mathcal{R}^2$ 给出了 Z_c 上的两个非线性等式：

$$u_i=\frac{X_c f}{Z_c},\quad v_i=\frac{Y_c f}{Z_c} \tag{11.12}$$

其中 f 是焦距。如果将式（11.12）给出的投影带入投影空间中，有投影 $\mathcal{P}^3\to\mathcal{P}^2$，可以用齐次坐标线性地表达为

$$\mathbf{u}_i\simeq\begin{bmatrix} f & 0 & 0 & 0 \\ 0 & f & 0 & 0 \\ 0 & 0 & 1 & 0 \end{bmatrix}\mathbf{X}_c \tag{11.13}$$

如果摄像机有特殊的焦距 $f=1$（有时称为**规范化的摄像机图像平面（camera with normalized image plane**）[Forsyth and Ponce, 2003]），可以得出更简单的等式：

$$\mathbf{u}_i\simeq\begin{bmatrix} 1 & 0 & 0 & 0 \\ 0 & 1 & 0 & 0 \\ 0 & 0 & 1 & 0 \end{bmatrix}\mathbf{X}_c \tag{11.14}$$

第三个变换（上面的（3）和（4）之间）将图像欧式坐标系映射到图像仿射坐标系。其优点是将所有参数都集中在摄像机（其中一个焦距为 f）内部，变为 3×3 的矩阵 K，称为**内标定矩阵（intrinsic calibration matrix）**。K 是上三角的，表达了仿射变换的一种特殊情况，映射 $\mathcal{P}^2\to\mathcal{P}^2$。这种特殊的情况是被旋转因式分解的仿射变换。它可以在图形平面内执行，如图 11.7 所示。这个 $\mathcal{P}^2\to\mathcal{P}^2$ 变换是

$$\mathbf{u}\simeq K\mathbf{u}_i=\begin{bmatrix} f & s & -u_0 \\ 0 & g & -v_0 \\ 0 & 0 & 1 \end{bmatrix}\mathbf{u}_i \tag{11.15}$$

内标定矩阵的参数如下：f 给出了 u 轴的尺度，g 给出了 v 轴的尺度。通常这两个值都相等于焦距，$f=g$。s 给出了图像平面内坐标轴的错切的程度。假设图像仿射坐标系的 v 轴和图像欧式坐标系的 v_i 轴是一致的。s 的值体现了 u 轴在 v 轴方向上倾斜的程度。实际中，引入错切参数 s 是为了处理由比如摄像机集成时将感光芯片没有放置在光轴垂直位置等引起的变形。

现在，我们可以完全通用地介绍针孔摄像机投影。我们已经知道从3D投影空间 $\mathcal{P}^3$ 到2D投影空间 $\mathcal{P}^2$ 是线性转换。这个变换是上面给出的式（11.11）、式（11.14）和式（11.15）这个三个因式的乘积：

$$\mathbf{u} \simeq K \begin{bmatrix} 1 & 0 & 0 & 0 \\ 0 & 1 & 0 & 0 \\ 0 & 0 & 1 & 0 \end{bmatrix} \begin{bmatrix} R & -R\mathbf{t} \\ \mathbf{0}^{\mathrm{T}} & 1 \end{bmatrix} \mathbf{X} \tag{11.16}$$

第二个和第三个因子的乘积表达了一个有用的内部结构，我们将式（11.16）重写为

$$\mathbf{u} \simeq K \begin{bmatrix} 1 & 0 & 0 & 0 \\ 0 & 1 & 0 & 0 \\ 0 & 0 & 1 & 0 \end{bmatrix} \begin{bmatrix} R & -R\mathbf{t} \\ \mathbf{0}^{\mathrm{T}} & 1 \end{bmatrix} \mathbf{X} = K[R \mid -R\mathbf{t}]\mathbf{X} = M\mathbf{X} \tag{11.17}$$

如果用齐次坐标系中的点表达场景点，可以用 3×4 的矩阵 M 将透视投影写成线性的形式，称为**透视投影矩阵（projection matrix）**（或者摄像机矩阵）。M 的最左边的 3×3 的子矩阵描述的是旋转，最右面的列描述的是平移。分隔符|代表了矩阵有两个子矩阵组成。观察得到，M 包含所有的内参数和外参数，这是因为这些参数可以通过将 M 分解为 K、R 和 $\mathbf{t}$ 得到——这个分解是唯一的。

$$M = K[R \mid -R\mathbf{t}] \tag{11.18}$$

记做 $M=[A\mid\mathbf{b}]$，我们有 $A=KR$ 和 $\mathbf{b}=-A\mathbf{t}$。很明显，$\mathbf{t}=-A^{-1}\mathbf{b}$。用RQ-分解将 $A=KR$ 进行分解，其中 K 是上三角矩阵，R 是旋转矩阵，类似于更常见的QR-分解[Press et al., 1992; Golub and Loan, 1989]（见第11.2.2节）。

11.3.2　齐次坐标系中的投影和反投影

式（11.17）给出了一个重要的结果：在齐次坐标系中，场景点 $\mathbf{X}$ 到摄像机给出的图像点 $\mathbf{u}$ 的投影可以通过简单的线性投影

$$\mathbf{u} \simeq M\mathbf{X} \tag{11.19}$$

注意这个等式和单应性映射（式（11.3））是相似的。然而，对单应性来讲，矩阵 H 是方阵，而且一般都是非奇异的，因此映射是一对一的。这里，M 不是方阵，因此映射是多对一的：事实上是一条射线上的所有场景点都投影到一个图像点上。

只有一个场景点在摄像机中没有图像，就是投影中心 $\mathbf{C}$。它具有这样的属性 $M\mathbf{C}=\mathbf{0}$。这一点允许其可以从 M 中恢复，比如用SVD：$\mathbf{C}$ 是与 M 的所有行正交的向量，换句话说，平面的交由这些行给出（见第11.2.1节）。很明显，在相差一个尺度意义下这确定了 $\mathbf{C}$。

式（11.17）同样允许从摄像机 M 得出点和线反投影的简单表达式。对于反投影，意味着3D场景的计算，该3D场景映射到 M 给出的图像中。

给定齐次图像点 $\mathbf{u}$，我们想找到其在场景中的前像。这种前像不是唯一给出的，而是场景中映射到 $\mathbf{u}$ 上的一条射线上所有的点。这条射线上的一个点是投影中心 $\mathbf{C}$。这条射线上的另一个点可以从 $\mathbf{u}=M\mathbf{X}$ 得到

$$\mathbf{X} = M^{+}\mathbf{u} \tag{11.20}$$

这里 $M^{+}=M^{\mathrm{T}}(MM^{\mathrm{T}})^{-1}$ 代表的是**伪逆（pseudoinverse）**，是非方阵的逆的一般形式。它具有性质 $MM^{+}=I$。

在齐次坐标中，给定图像中的一条线 $\mathbf{l}$（见第11.2.1节），我们想找到其在场景中前像。这个解也不是唯一的：一个整个场景平面 $\mathbf{a}$ 将映射到 $\mathbf{l}$ 上。在 $\mathbf{a}$ 上的一个场景点 $\mathbf{X}$ 满足 $\mathbf{a}^{\mathrm{T}}\mathbf{X}=0$，它的投影是 $\mathbf{u}=M\mathbf{X}$。这个投影必位于 $\mathbf{l}$，有 $\mathbf{l}^{\mathrm{T}}\mathbf{u}=\mathbf{l}^{\mathrm{T}}M\mathbf{X}=0$。因此有

$$\mathbf{a} = M^{\mathrm{T}}\mathbf{l} \tag{11.21}$$

这个平面包含投影中心 $\mathbf{a}^{\mathrm{T}}\mathbf{C}=0$。

11.3.3　从已知场景标定一个摄像机

这里我们解释如何从一组图像场景对应点中计算摄像机的投影矩阵 M，比如点集 $\{(\mathbf{u}_i,\mathbf{X}_i)\}_{i=1}^{m}$，其中 $\mathbf{u}_i$ 是代表图像点的三维齐次向量，$\mathbf{X}_i$ 是代表场景点的四维齐次向量。这种情况类似于第11.2.3节描述的单应性

的估计。我们需要对 M 和 α_i 求解齐次线性方程组：

$$\alpha_i \mathbf{u}'_i = M\mathbf{X}_i, \quad i = 1,\cdots,m \tag{11.22}$$

M 在相差一个尺度意义下是确定的，因此它只有 11 个自由参数。下面的证明留给读者作为练习，证明这个方程组在 m=5 时是欠约束的，而在 m=6 时是超定的。因此，为了计算 M 至少需要 6（有的时候，我们说是 $5\frac{1}{2}$）个对应。

类似于单应性的计算，即使当 $m \geqslant 6$ 时，也不能从退化构造中唯一计算 M。这里的退化构造比单应性更复杂（见[Hartley, 1997; Hartley and Zisserman, 2003]）。

用最小化代数距离的方法线性估计 M 与估计单应性是完全类似的。给等式 $\mathbf{u} \simeq M\mathbf{X}$ 左乘以 $S(\mathbf{u})$，使得等式左边变为 0，有 $\mathbf{0} = S(\mathbf{u})M\mathbf{X}$。重新整理这个等式有 $[\mathbf{X}^{\mathrm{T}} \otimes S(\mathbf{u})]\mathbf{m}=0$，其中 $\mathbf{m}=[m_{11},m_{21},\cdots,m_{24},m_{34}]^{\mathrm{T}}$，$\otimes$ 是 Kronecker 乘积。考虑所有 m 个对应，得到方程组：

$$\begin{bmatrix} \mathbf{X}_1^{\mathrm{T}} \otimes S(\mathbf{u}_1) \\ \vdots \\ \mathbf{X}_m^{\mathrm{T}} \otimes S(\mathbf{u}_m) \end{bmatrix} \mathbf{m} = W\mathbf{m} = \mathbf{0}$$

用 SVD 满足 $\|\mathbf{m}\| = 1$ 的条件最小化代数距离 $\|W\mathbf{m}\|$ 。一个必要的预处理是确保向量 $\mathbf{u}_i$ 和 $\mathbf{X}_i$ 有类似的幅值。另外，也可以将 M 分解为外参数和内参数，正如式（11.18）给出的。

用线性方法较好地得到初始估计后，我们需要用非线性最小二乘方法计算最大似然估计。这里必须很仔细地为场景点假设合适的噪声模型；这取决于摄像机标定时使用的特殊的场景。

在实践中，计算机视觉领域广泛使用 Tsai[Tsai, 1986].提出的算法，该算法被广为接受，并且有很多实现。这重新获得了正如所描述的来自已知场景点的小孔相机。还获得了一个描述径向畸变镜头的参数（参见 3.4.3 节）。很多实现都可以在网上免费获取。

11.4 从多视图重建场景

这里，我们将考虑如何从多个摄像机投影中计算三维场景点。如果给出了图像点和摄像机矩阵，这个问题就很容易求解，只需要计算三维场景点而已——这在第 11.4.1 节中描述。如果不知道摄像机矩阵，任务就成了寻找三维点和摄像机矩阵，这样的话问题就相当复杂，这也是多视角几何的主要任务。

11.4.1 三角测量

假设摄像机矩阵 M 和图像点 $\mathbf{u}$ 已知，我们要计算出场景点 $\mathbf{X}$。我们用上标 j 代表不同的图像。假设总共有 n 个视图，因此我们需要求解齐次线性方程组

$$\alpha^j \mathbf{u}^j = M^j \mathbf{X}, \quad j = 1,\cdots,n \tag{11.23}$$

这就是熟知的三角测量（**triangulation**）；这个名字来自于射影测量学，它的过程最初是用相似三角形来解释的。

由于式（11.23）是未知量的线性式，使得这个问题变得相对容易。它与单应性矩阵估计（见第 11.2.3 节）和从已知场景标定一个摄像机（见第 11.3.3 节）问题非常类似。

从几何学上看，三角测量是由寻找摄像机图像点的反向投影的 n 条光线的公共交叉点的过程构成的。如果观测量 $\mathbf{u}^j$ 和确定量 M^j 没有噪声，那么这些光线就会交于一点，方程组就只有一个解。实际中，这些光线可能并不相交（歪斜），（超定的）方程组也就无解。

我们可以计算与所有歪斜的光线最近的场景点；对于 n=2 个摄像机，这将简化为在两个光线之间寻找最短线段的中点。然而，这在统计学上只是次优的。正确的方法是最大似然估计（参见第 11.2.2 节），从而最

小化重投影误差。用 $\left[\hat{u}^j,\hat{v}^j\right]^{\mathrm{T}}$ 表示非奇次坐标中的图像点，我们求解如下的最优化问题

$$\min_{\mathbf{X}}\sum_{j=1}^{m}\left[\left(\frac{\mathbf{m}_1^{j\mathrm{T}}\mathbf{X}}{\mathbf{m}_3^{j\mathrm{T}}\mathbf{X}}-\hat{u}^j\right)^2+\left(\frac{\mathbf{m}_2^{j\mathrm{T}}\mathbf{X}}{\mathbf{m}_3^{j\mathrm{T}}\mathbf{X}}-\hat{v}^j\right)^2\right] \tag{11.24}$$

其中 $\mathbf{m}_i^j$ 表示摄像机 M^j 矩阵的第 i 行。这种形式化假设只有图像点受到噪声影响，而摄像机矩阵没有。

我们知道，对于这个非凸优化问题会有多个局部最小点，尽管对于 m=2 时存在一个闭合式的解[Hartley, 1997]，通常来说是很难解决的。我们首先用线性方法寻找一个初始解，然后通过非线性最小二乘法来求解它。

为了表示线性方法，给公式 $\mathbf{u}\simeq M\mathbf{X}$ 左边乘上 $S(\mathbf{u})$，得到 $\mathbf{0}=S(\mathbf{u})M\mathbf{X}$，对所有的 n 个摄像头，我们得到方程组

$$\begin{bmatrix} S\left(\mathbf{u}^1\right)M^1 \\ \vdots \\ S\left(\mathbf{u}^n\right)M^n \end{bmatrix}\mathbf{X}=W\mathbf{X}=\mathbf{0} \tag{11.25}$$

通过使用 SVD 最小化代数距离来求解它。

确保 $\mathbf{u}^j$ 和 M^j 的分量幅值相差不是很大这个前提条件是必需的。有时，将 $\mathbf{u}\simeq M\mathbf{X}$ 替换成 $\overline{\mathbf{u}}\simeq\overline{M}\mathbf{X}$ 就已经足够，其中 $\overline{\mathbf{u}}=H_{\mathrm{pre}}\mathbf{u}$，$\overline{M}=H_{\mathrm{pre}}M$。这里，$H_{\mathrm{pre}}$ 由第 11.2.3 节描述的方法获得。然而，有些时候它并没有从 M 中移去一些大的差异。这时，我们就需要替换 $\overline{M}=H_{\mathrm{pre}}MT_{\mathrm{pre}}$，其中 T_{pre} 是一个合适的 4×4 矩阵，代表一个三维单应性。在这些情况下，现有的确定 H_{pre} 和 T_{pre} 的方法没有一种能够适应所有的情况，预处理仍然是一门艺术。

三维直线重建注意事项

有时候，我们需要重建整个几何体而不是一些点。为了从摄像机 M^j 的投影 $\mathbf{l}^j$ 中重建出一条三维直线，首先回想式（11.21）中直线 $\mathbf{l}$ 的反投影是一个齐次坐标为 $\mathbf{a}=M^{\mathrm{T}}\mathbf{l}$ 的三维平面，对于没有噪声的观测，这些平面应该相交于一条公共直线。我们用这条直线上的两个点 $\mathbf{X}$ 和 $\mathbf{Y}$ 来表示它，因此满足 $\mathbf{a}^{\mathrm{T}}\left[\mathbf{X}\,|\,\mathbf{Y}\right]=\left[\mathbf{0},\mathbf{0}\right]$。为了确保这两点不重合，我们要求 $\mathbf{X}^{\mathrm{T}}\mathbf{Y}=0$。相交线通过求解下面的方程获得

$$W\left[\mathbf{X}\,|\,\mathbf{Y}\right]=\begin{bmatrix} \left(\mathbf{l}^1\right)^{\mathrm{T}}M^1 \\ \vdots \\ \left(\mathbf{l}^n\right)^{\mathrm{T}}M^n \end{bmatrix}\left[\mathbf{X}\,|\,Y\right]=\mathbf{0},\quad \mathbf{X}^{\mathrm{T}}\mathbf{Y}=0$$

设 $W=UDV^{\mathrm{T}}$ 为 W 的 SVD 分解，由 V 的对应两个最小奇异值的列可以获得点 $\mathbf{X}$ 和 $\mathbf{Y}$。

在线性方法之后可以使用最大相似估计。为了正确地反映进入过程的噪声，一个好的策略是从观测图像线段的**终点**（**end points**）最小化图像重投影错误。预处理很有必要，因为它确保 $\mathbf{l}^j$ 和 M^j 的分量有着相似的幅值。

预处理很有必要，因为它确保 $\mathbf{l}^j$ 和 M^j 的分量有着相似的幅值。

11.4.2 射影重建

假设总共有 m 个场景点 $\mathbf{X}_i\,(i=1,\cdots,m)$，（通过下标区分），有 m 个摄像机 M^j (j = 1,⋯, m)，（通过上标区分）。场景点投射到摄像机图像如下

$$\alpha_i^j\mathbf{u}_i^j=M^j\mathbf{X}_i,\quad i=1,\cdots,m,\quad j=1,\cdots,n \tag{11.26}$$

其中第 i 个图像点在第 j 个图像表示为 $\mathbf{u}_i^j$，同时通过上标和下标区分。

考虑这种情况，当场景点 $\mathbf{X}_i$ 和摄像机矩阵 M^j 都不知道，需要从已知的图像点 $\mathbf{u}_i^j$ 中计算出来。与三角测量（见第 11.4.1 节）不同，方程组（11.26）关于未知量是非线性的，没有一种明显的算法可以求解它。一种常见的想法是，为了能够抵御噪声的影响，通过一组冗余的图像点集来求解它。这样，方程（11.26）

变为一个超定方程，使得问题变得更加困难。

这个问题通过下面两个步骤来解决：

（1）枚举一个初始，从图像点 $\mathbf{u}_i^j$ 中计算摄像机矩阵 M^j 的不太精确的估计，这个过程首先求解一个线性方程组来估计**匹配约束（matching constraints）**中的系数，然后根据这些系数求解出摄像机矩阵 M^j 。这就将一个非线性问题转换到一个线性问题，其中不可避免地忽略了 M^j 各分量之间的一些非线性关系。一般地，对于任意多个视角，匹配约束是根据 11.4.3 节给出方法来得到的，对于两个和三个视图，更进一步的细节在第 11.5 节和第 11.6 节中给出。

（2）这个过程的一个副产品是也可以得到场景点 $\mathbf{X}_i$ 的一个初始估计。然后使用第 11.4.4 节描述的最大似然估计（光束平差法）来精确计算 M^j 和 $\mathbf{X}_i$ 。

投影歧义性

不用求解问题式(11.26)，就可以很容易地得出关于它的解的唯一性的一些结论。令 M^j 和 $\mathbf{X}_i$ 是式(11.26)的一个解，T 是任意一个 3×4 非奇异矩阵。则摄像机 $M'^j = M^jT^{-1}$ 和场景点 $\mathbf{X}'_i = T\mathbf{X}_i$ 也是一个解，因为

$$M'^j\mathbf{X}'_i = M^jT^{-1}T\,\mathbf{X}_i = M^j\mathbf{X}_i \tag{11.27}$$

由于乘上 T 意味着进行一个三维投影变换，这个结果可以解释为我们恢复的真实摄像机和三维点无法比相差一个整体上的三维投影变换更精确。任何一个满足方程（11.26）的特定解 $\{M'^j,\mathbf{X}'_i\}$（或者，一个计算过程）就叫做（3D）**投影重建（projective reconstruction）**。

为了使“相差一个变换 G 的歧义性”意义明确，假设存在一个未知的**真实重建（true reconstruction）** $\{M^j,\mathbf{X}_i\}$，我们给出的重建 $\{M'^j,\mathbf{X}'_i\}$ 与之相差于属于某确定的变换群 G 中的一个未知的变换。这意味着我们知道关于真实场景和真实摄像机的一些知识，但是并不是全部。对于投影歧义性这种情况，我们知道如果 $\mathbf{X}'_i$ 中的一些点满足一些条件，比如共线，$\mathbf{X}_i$ 中对应的点也就是共线的。然而，从投影重建中计算出来的角度、距离或者体积一般来说与真实的值是不一样的，正如第 11.2.2 节所讨论的那样，这是因为它们对于投影变换不是不变量。

总可以选择一个 T，使得第一个摄像机矩阵有如下简单的形式

$$M^1 = [I\,|\,\mathbf{0}] = \begin{bmatrix} 1 & 0 & 0 & 0 \\ 0 & 1 & 0 & 0 \\ 0 & 0 & 1 & 0 \end{bmatrix}$$

这种简单形式通常会使推导过程很方便。更明确一些，我们声明：对于任意一个摄像机矩阵 M，存在一个单应性矩阵 T，使得 $MT^{-1} = [I\,|\,\mathbf{0}]$，T 可以通过如下方式选取

$$T = \begin{bmatrix} M \\ \mathbf{a}^{\mathrm{T}} \end{bmatrix}$$

其中 $\mathbf{a}$ 是一个四维向量使得 T 满秩，我们可以非常方便地选取 $\mathbf{a}$ 使得 $M\mathbf{a}=\mathbf{0}$，即 $\mathbf{a}$ 表示投影中心，则 $M=[I\,|\,\mathbf{0}]T$，这验证了上面的声明。

11.4.3　匹配约束

匹配约束是 n 个视图中一组对应图像点之间满足的关系。它们有这些属性：齐次图像坐标的多线性(multilinear)函数一定消失；这些函数的系数会形成一个**多视张量（multiview tensors）**。多线性张量的实例是本质矩阵和将要描述的三视张量（trifocal tensor）。令 $\mathbf{u}^j$ 是摄像机 M^j 抓取的图像 $j=1,\cdots,n$ 上的点。匹配约束要求一个单独的场景点 $\mathbf{X}$ 投影到 $\mathbf{u}^j$ ，也就是，对于所有的 j，$\mathbf{u}^j \sim M^j\mathbf{X}$ 。我们从第 11.2.3 节知道它可以通过齐次变换矩阵方程（11.25）来表达。

注意 $S(\mathbf{u})$的行表示了三条通过 $\mathbf{u}$ 的图像直线，前两条是有限的，最后一条是无限的。通过式（12.21），矩阵 $S(\mathbf{u})M$ 的行表示了三个场景平面相交于一条直线上，这条直线就是由 $\mathbf{u}$ 通过摄像机 M 反向投影得到的

光线。因此，式（11.25）中矩阵 W 的行表示拥有公共点 $\mathbf{X}$ 的场景平面。

式（11.25）仅当 W 亏秩情况下才有一个解，也就是说，它的所有 4×4 子行列式均消失。这也意味着由 W 的行表示的 $3n$×4 个场景平面中的任意四个都有一个公共点。我们把这四个平面表示为 $\mathbf{a}$、$\mathbf{b}$、$\mathbf{c}$、$\mathbf{d}$。选择不同的四元组 $\mathbf{a}$、$\mathbf{b}$、$\mathbf{c}$、$\mathbf{d}$ 会产生不同的匹配约束。结果表明它们都是多线性的，尽管其中一些需要除以一个公共因子。

两个视图。任何一个四元组 $\mathbf{a}$、$\mathbf{b}$、$\mathbf{c}$、$\mathbf{d}$ 包含从至少两个不同视图反向投影过来的平面。不失一般性，令这两个视图为 j=1,2。对于 $\mathbf{a}$、$\mathbf{b}$、$\mathbf{c}$ 来自于视图 1，$\mathbf{d}$ 来自于视图 2 的情况没有多大意义，因为这四个平面始终有一个公共点。因此，令 $\mathbf{a}$、$\mathbf{b}$ 来自于视图 1，$\mathbf{c}$、$\mathbf{d}$ 来自于视图 2，如图 11.8 的首行显示的那样（忽略直线的无限部分）。因此，对于这种情况共有 3^2=9 种四元组组合方式。9 个相应行列式中的每一个都可以被一个双线性多项式分开。在分开之后，所有的行列式是相同的，产生一个单独的**双线性约束**（**bilinear constraint**）。这就是众所周知的**极线约束**（**epipolar constraint**），在第 11.5.1 节中，将对它详细讨论。

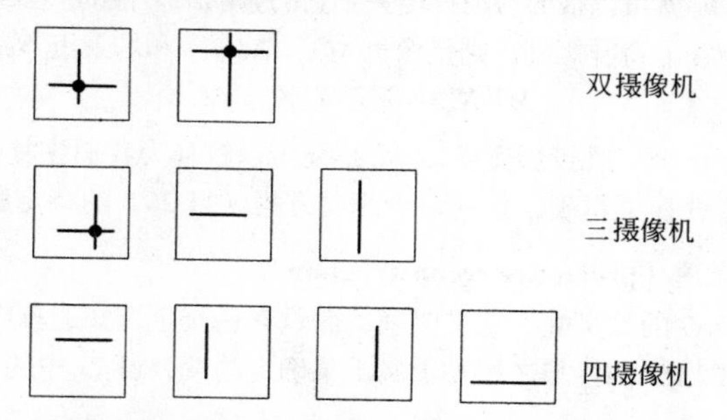

图 11.8 四个场景平面情况下的双线性、三线性、四线性约束的几何解释

三个视图。令 $\mathbf{a}$、$\mathbf{b}$ 来自于视图 1，$\mathbf{c}$ 来自于视图 2，$\mathbf{d}$ 来自于视图 3，正如图 11.8 中间一行所示的那样。这里总共有 3^3=27 种这样的选择。27 种对应行列式中的每一个都能够被一个双线性多项式分开。分开之后，我们获得 9 个不同的行列式。这些行列式提供了 9 个**三线性约束**（**trilinear constraints**）。

我们同样可以选择 $\mathbf{c}=\left(M^2\right)^{\mathrm{T}}\mathbf{l}^2$ 和 $\mathbf{d}=\left(M^3\right)^{\mathrm{T}}\mathbf{l}^3$，其中 $\mathbf{l}^2$ 和 $\mathbf{l}^3$ 是视图 2 和 3 上的任意直线，不经过图像点 $\mathbf{u}^2$ 和 $\mathbf{u}^3$。这可以产生一个单独的三线性点-线-线约束。事实上，这是三线性约束的几何本质。三视图约束将在第 11.6 节中讨论。

四个视图。令 $\mathbf{a}$、$\mathbf{b}$、$\mathbf{c}$、$\mathbf{d}$ 分别来自于视图 1、2、3、4。总共就有 3^4=81 种选择，产生 81 个**四线性约束**（**quadrilinear constraints**）。

同样，我们可以不考虑图像点 $\mathbf{u}^1,\cdots,\mathbf{u}^4$，而考虑四个一般图像直线 $\mathbf{l}^1,\cdots,\mathbf{l}^4$，产生四条直线上一个单独的四线性约束。这是四线性约束的几何本质。注意这里的约束并没有要求场景中有一条直线投影到这些图像直线上；只是要求有一个场景点投影到这些图像直线上。我们不再深入讨论四视图约束。

五个或更多视图。五个或更多视图上的匹配约束仅仅是少于五个视图约束的并集。

匹配约束的用处主要在于它们的系数可以从图像对应中估计出来。对应的图像点（或者直线）确实给这些系数提供了线性约束。

11.4.4 光束平差法

当从图像对应中计算投影重建时，也就是求解关于 $\mathbf{X}_i$ 和 M^j 的方程组（11.26），通常情况下会有远多于最小数目的对应点可用。那么，方程组（11.26）一般意义下就没有解，与单应性估计类似（见第 11.2.3 节），我们需要最小化二次投影误差：

$$\min_{\mathbf{X}_i,M^j}\sum_{i=1}^{m}\sum_{j=1}^{n}\left[\left(\frac{\mathbf{m}_1^j\mathbf{X}_i}{\mathbf{m}_3^j\mathbf{X}_i}-\hat{\mathbf{u}}_i^j\right)^2+\left(\frac{\mathbf{m}_2^j\mathbf{X}_i}{\mathbf{m}_3^j\mathbf{X}_i}-\hat{\mathbf{u}}_i^j\right)^2\right],\quad i=1,\cdots,m\;;\quad j=1,\cdots,n \tag{11.28}$$

为了求解这个问题，我们先通过线性方法找一个初始估计，然后使用非线性最小二乘（Levenberg-Marquardt 算法）求解。针对这个问题的特殊非线性最小二乘法是来自于摄影测量学中的**光束平差法**（**bundle adjustment**）。这个不太正式的术语也被用于解决多视角几何的其他非线性最小二乘问题中，比如，单应性估计和三角测量。

对于点数和摄像机数目很多的情况，非线性最小二乘的计算量似乎会很大。然而，在现实应用中使用了稀疏矩阵，极大地提高了效率，尤其是联结到现代硬件上。从多个图像对应中计算投影重建还没有一个单独的最好方法，选用的方法非常依赖于具体数据。对于视频摄像头获取的图像序列（相邻帧间的位移很小）的投影重建问题[Fitzgibbon and Zisserman, 1998]所使用的方法，应该和从一些我们事先对摄像机位置丝毫不知、没有规律的图像中计算投影重建的方法不同[Cornelius et al., 2004]。

适用于视频序列的一种方法如下。先从两幅图像中估计出本质矩阵进行投影重建，然后分解出摄像机矩阵（见第 11.5 节），接着通过三角测量计算三维点（见第 11.4.1 节）并进行光束平差法。然后根据已经重建的三维点和在第三幅图像中的对应点利用校准法（见第 11.3.3 节）计算第三个摄像机的矩阵，接着再次进行光束平差法。最后一步对于所有后续帧重复执行。

11.4.5　升级射影重建和自标定

式（11.27）给出的整体投影歧义性是固有的，在没有附加信息可用的情况下，我们无法去除它。然而，在获得关于真实场景/真实摄像机一些合适的附加信息的基础上，可以提供一些约束来减少求解出的重建和真实重建之间的未知变换类别的范围。

有几种附加信息可以使投影歧义性精确为仿射变换、相似变换或者欧式变换。使用附加信息来计算相似重建而不是纯粹的投影重建也被称为**自校准**（**self-calibration**），因为实际上等价于寻找摄像机内参数（在第 11.3.1 节已介绍）。自校准方法可以分成两类：在摄像机上施加约束和在场景上施加约束。这两类通常都会产生一些非线性问题，每一个也都需要不同的算法。除了对它们进行分类外，我们不再对其进行详细讨论（细节请参考文献[Hartley, 1997]）。在摄像机上施加约束的例子有：

- 在摄像机校准矩阵 K 中的内参数上施加约束（见第 11.3.1 节）：
  - 每个摄像机的校准矩阵 K 已知。这种情况下，在相差一个整体尺度和一个四重歧义的意义下重建场景。第 11.5.2 节将讨论这个问题。
  - 每个摄像机的校准矩阵 K 未知且都不一样，但是具备下面这个零偏斜（矩形像素）约束形式

$$K=\begin{bmatrix} f & 0 & -u_0 \\ 0 & g & -v_0 \\ 0 & 0 & 1 \end{bmatrix} \tag{11.29}$$

    当有三个或者更多的视图时，我们知道这个问题可以简化为一个纯粹的相似变换[Pollefeys et al., 1998; Hartley, 1997]。如果进一步用 $f=g$（正方形像素）和 $u_0=v_0=0$（投影中心在图像中心）约束 K，算法会变得更简单。对于实际的摄像机，这些约束至少在近似上成立。这种方法在实际中可以很好地工作。
  - 每个摄像机的校准矩阵 K 未知但都相同。理论上，通过 Kruppa 方程，可以将歧义性限制为一个相似变换[Maybank and Faugeras, 1992]。然而，得到的多项式方程组不稳定且很难求解，以至于这个方法在实际中并不使用。
- 在摄像机外参数 R 和 **t** 上施加约束（也就是，摄像机之间的相对运动）：
  - 旋转变换 R 和平移变换 **t** 均已知[Horaud et al., 1995]。
  - 仅旋转变换 R 已知[Hartley, 1994]。
  - 仅平移变换 **t** 已知[Pajdla and Hlaváč, 1995]。

在第 11.2.2 节中，我们列出了投影变换子群中的一些不变量。场景约束可以被理解成在场景中指定足够数量

的合适不变量，从而允许对应的变换群的重建。场景上施加约束的例子包括：

- 最简单的情况，至少指定图像中可以识别的五个场景点的三维坐标（没有四个点共面）。将这五个点表示为 $\mathbf{X}_i$，对应的重建点为 $\mathbf{X}'_i$，$i=1,\cdots,5$，按照第 11.2.3 节描述的方法求解方程组 $\mathbf{X}'_i \simeq T\mathbf{X}_i$。
- 仿射不变量可能足以将歧义性由投影变换限制为仿射变换。这等同于在 $\mathcal{P}^3$ 上计算一个特殊场景平面，**无穷远平面**（**plane at infinity**），无穷远平面上的平行线和平面都相交。因此，我们可以指定直线上特定的长度比例或者场景中特定的平行直线。
- 相似或者度量不变量可能足以将歧义性由投影变换或仿射歧义限制为相似变换或度量变换。这等同于在无穷远平面上计算一个特殊的（复杂的）圆锥曲线，称为绝对圆锥曲线（**absolute conic**）。指定一个合适的角度或者距离集合就可以满足这种情况。

实际中，在人造环境中，可以使用**消失点**（**vanishing points**），这些点处于无穷远处，指定了场景中互相正交的方向（通常有三个，一个在垂直方向上，两个在水平方向上）。

本节中描述的摄像机和场景约束，可以被加入到光束平差法中（见第 11.4.4 节）。

11.5　双摄像机和立体感知

对于没有受过教育的观察者来说，在人类视觉系统和这本书的前几章所述的内容之间最明显的不同在于我们有两个眼睛，因而有（推理得出，在任何比率下）两倍于单个图像的输入。从维多利亚时代起，使用两个略有不同的视角产生 3D 幻觉就是普通的了，在 20 世纪 50 年代的“3D 电影”中达到了顶点。相反地，我们可以期望如果有两个眼睛看到的是两个不同的视图，则将其中的信息与传感器的几何（眼睛的位置）的某种知识结合起来，就可以重新得到 3D 场景的深度信息。

立体视觉有着极为重要的作用。它激发了非常多的关于计算机视觉系统的研究，使用两个输入根据它们自身相对的几何学，从它们得到的两个视图来导出深度信息。

摄像机的标定和已知的图像点坐标使我们可以唯一地确定空间中的一条射线。如果两个标定过的摄像机观察同一个场景点 $\mathbf{X}$，它的 3D 坐标可以作为两条这样的射线的交点计算出来（见 11.4.1 节）。这是**立体视觉**（**stereo vision**）的基本原理，一般由三个步骤构成：

- 摄像机标定。
- 在左、右图像中的点之间建立对应点对。
- 场景中点的 3D 坐标重构。

在这一节中，我们将用没有上标的数学变量来表示第一张图像，有上标的数学变量来表示第二张图像。比如，$\mathbf{u}$ 和 $\mathbf{u}'$。

11.5.1　极线几何学——基本矩阵

在图 11.9 中给出了两个摄像机系统的几何学。连接光心 $\mathbf{C}$ 和 $\mathbf{C}'$的线称为**基线**（**baseline**）。基线与图像平面相交的点是极点 $\mathbf{e}$ 和 $\mathbf{e}'$。同样地，一个极点是一个摄像机光心到另外一个摄像机成像面所成的投影中心的像，$\mathbf{e}=M\mathbf{C}'$和 $\mathbf{e}'=M'\mathbf{C}$。

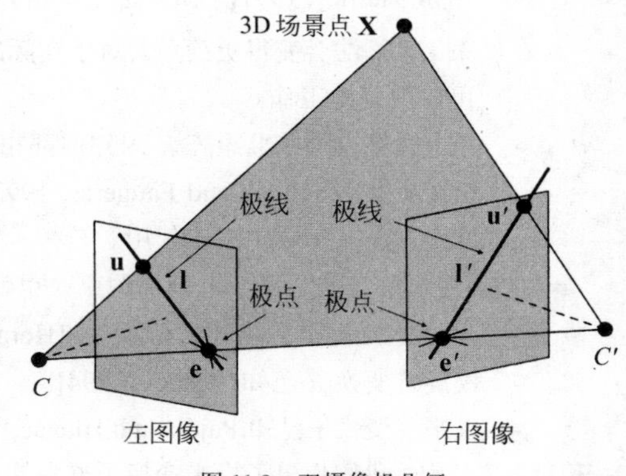

图 11.9　双摄像机几何

两个摄像机观察到的任何场景点 $\mathbf{X}$ 和其相应地来自光心 C 和 C'的两条射线定义了一个**极面**（**epipolar plane**）。该面与图像平面相交于**极线**（**epipolar lines**）（或者只有极点）$\mathbf{l}, \mathbf{l}'$。当场景点 $\mathbf{X}$ 在空间中移动时，所有的极线穿过**极点**（**epipoles**）$\mathbf{e}, \mathbf{e}'$。同样地，一条极线是一个摄像机的射线到另外一个摄像机的投影。所有的极线都相交于极点。

设 $\mathbf{u}$, $\mathbf{u}'$分别是场景点 $\mathbf{X}$ 在第一和第二个摄像机中的投影。射线 $\mathbf{CX}$ 表示对于第一张图像来说点 $\mathbf{X}$ 的所有可能位置，它可被看作第二张图像的极线 $\mathbf{l}'$。对应于第一张图像投影点 $\mathbf{u}$ 的第二张图像点 $\mathbf{u}'$一定落在第二张图像的极线 $\mathbf{l}'$上，$\mathbf{l}'^{\mathrm{T}}\mathbf{u}'=0$ 。这种情况是完全对称的，所以我们可以得出 $\mathbf{l}^{\mathrm{T}}\mathbf{u}=0$。两幅图像上对应点的位置并不是任意的，这就是**极线约束**（**epipolar constraint**）。回忆一下在 11.3.2 节中提到的从第一台摄像机得到的射线，这条射线从被投影图像点出发，经过点 $\mathbf{C}$ 和点 $\mathbf{X}=M^{+}\mathbf{u}$，就像等式（11.20）提到的那样。极线 $\mathbf{l}'$是这条射线到第二张图像的投影，也就是说，它通过点 $M'\mathbf{C}=\mathbf{e}'$ 和 $M'M^{+}\mathbf{u}$ 。因此有

$$\mathbf{l}'=\mathbf{e}'\times\left(M'M^{+}\mathbf{u}\right)=S\left(\mathbf{e}'\right)M'M^{+}\mathbf{u}$$

我们用矩阵的叉积来替代数值的叉积，如式（11.8）中定义。我们可以看到极线 $\mathbf{l}'$是对应像点 $\mathbf{u}$ 的线性映射。定义矩阵运算来表示这种线性映射如下：

$$F=S\left(\mathbf{e}'\right)M'M^{+} \tag{11.30}$$

我们可以把极线方程简写为

$$\mathbf{l}'=F\mathbf{u} \tag{11.31}$$

如果想要得到两幅图像上对应点之间的约束关系，我们利用 $\mathbf{l}'^{\mathrm{T}}\mathbf{u}'=0$ ，可以得到

$$\mathbf{u}'^{\mathrm{T}}F\mathbf{u}=0 \tag{11.32}$$

这就是**极线约束**（**epipolar constraint**）的代数形式 [Longuet-Higgins, 1981]，这一形式从 19 世纪末就为摄影测绘制图员所熟知。矩阵 F 被称为**基本矩阵**（**fundamental matrix**）。由于历史原因，这个略具误导性的名字被广泛使用；计算机视觉界的一些研究者则使用更贴切的名字如**双视矩阵**（**bifocal matrix**）。

位移方程式（11.32）告诉我们如果两个摄像机相互交换，则基本矩阵就可以用它的转置来替换。

因为在方程式（11.30）中 M 和 M' 都是满秩的而 $S(\mathbf{e}')$的秩是 2，所以 F 的秩就为 2。从点到线段的线性映射被称为（投影）**关联**（**correlation**）。一个（投影）关联就是一个从投影空间到它的对偶空间的直射变换（collineation），就是把点映射到超平面上并且保持影响范围（preserving incidence）。在我们这种情况中，式（11.31）给出的（投影）关联是奇异的，也就是说不共线的点映射到相交于一个点的不同线条上。因为 $\mathbf{e}'S(\mathbf{e}')=\mathbf{0}$，式（11.30）可得出 $\mathbf{e}'^{\mathrm{T}}F=\mathbf{0}^{\mathrm{T}}$ 。交换图像，可以得到对称的关系 $F\mathbf{e}=\mathbf{0}$。所以，这两个极点是 F 的左和右零矢量。

基本矩阵在多视觉几何中有着重要的作用。它能够从对应点对中获取摄像机对的所有信息。

从限定形式的摄像机矩阵得到基本矩阵

利用方程式（11.30）能够从任意两个摄像机矩阵 M 和 M' 计算 F 。有时，摄像机矩阵有着限定的形式。存在着以下两种重要的情况，在这两种情况下，限定形式能够化简方程式（11.30）。

第一种情况，摄像机矩阵有着以下的表现形式

$$M=[I\,|\,\mathbf{0}],\quad M'=\left[\tilde{M}'\,|\,\mathbf{e}'\right] \tag{11.33}$$

为了验证这种形式，我们回忆一下 11.4.2 节，因为投影的歧义性，第一个摄像机矩阵通常被表示为 $M=[I\,|\,\mathbf{0}]$。因为第一个投影中心 $\mathbf{C}$ 满足 $M\mathbf{C}=\mathbf{0}$，它是坐标系的原点，所以 $\mathbf{C}=[0,0,0,1]^{\mathrm{T}}$ 。因为第二摄像机矩阵 $M'\mathbf{C}=\mathbf{e}'$，它的最后一列就是第二个极点，就像等式（11.33）给出的那样。用 $M^{+}=[I\,|\,\mathbf{0}]^{\mathrm{T}}$ 代入方程式（11.30）可以得到

$$F=S\left(\mathbf{e}'\right)\tilde{M}' \tag{11.34}$$

第二种情况，摄像机矩阵有以下的表现形式

$$M=K[I\,|\,\mathbf{0}],\quad M'=K'[R\,|-R\mathbf{t}] \tag{11.35}$$

这描述了两个校正过的摄像机，它们的校正矩阵 K 和 K' 含有摄像机内参数，旋转矩阵 R 和位移矩阵 $\mathbf{t}$。记

$$M^{+}=\begin{bmatrix}K^{-1}\\ \mathbf{0}^{\mathrm{T}}\end{bmatrix},\quad \boldsymbol{C}=\begin{bmatrix}\mathbf{0}\\ 1\end{bmatrix} \tag{11.36}$$

我们有 $F=S(M'\mathbf{C})M'M^{+}=S(-K'R\mathbf{t})K'RK^{-1}$。使用 $S(H\mathbf{u})\simeq H^{-T}S(\mathbf{u})H^{-1}$，对于所有 $\mathbf{u}$ 和非奇异的 H 都成立，我们可以得到

$$F=K'^{-\mathrm{T}}RS(\mathbf{t})K^{-1} \tag{11.37}$$

11.5.2 摄像机的相对运动——本质矩阵

假如摄像机矩阵具有式（11.35）的形式，并且我们可以从它的校正矩阵 K 和 K' 中得到摄像机的内参数，那么我们就可以通过已知的 K 和 K' 计算它们的仿射变换。回忆一下在 11.3.1 节和图 11.7 中介绍的单个摄像机的那几个坐标系。摄像机的欧氏坐标系被表示为下标 i 并且我们关注的点 $\mathbf{u}_i$ 在这个坐标系当中。经过仿射的图像坐标则没有下标。根据上面的命名规则，我们可以得到

$$\mathbf{u}=K^{-1}\mathbf{u}_i,\quad \mathbf{u}'=(K')^{-1}\mathbf{u}'_i \tag{11.38}$$

根据式（11.37），再由式（11.32），可以对点 $\mathbf{u}_i$ 和 $\mathbf{u}'_i$ 运用极线约束

$$\mathbf{u}_i'^{\mathrm{T}}E\mathbf{u}_i=0 \tag{11.39}$$

其中矩阵

$$E=RS(\mathbf{t}) \tag{11.40}$$

就是**本质矩阵**（**essential matrix**）。

如 $\mathbf{u}_i'^{\mathrm{T}}RS(\mathbf{t})\mathbf{u}_i=0$ 形式的极线约束有着简单的几何意义。矢量 $\mathbf{u}_i$ 和 $\mathbf{u}'_i$ 既可以看作是在图像仿射坐标系下齐次的 2D 点，也可以等价地看作是在摄像机欧氏坐标系下非齐次的 3D 点。由极线约束可以得知三坐标矢量 $\mathbf{u}_i$，$R^{-1}\mathbf{u}'_i$ 和 $\mathbf{t}$ 是共面的。因为它们都处在极线平面上，假定 $\mathbf{u}'_i$ 已经通过旋转矩阵 R 转换到与 $\mathbf{u}_i$ 和 $\mathbf{t}$ 同一个坐标系统中。回忆一下，三个三坐标的矢量 $\mathbf{a}$、$\mathbf{b}$、$\mathbf{c}$ 可判定为共面的，当且仅当 $\det[\mathbf{a},\mathbf{b},\mathbf{c}]=\mathbf{a}^{\mathrm{T}}(\mathbf{b}\times\mathbf{c})=0$。

本质矩阵的秩为 2。这意味着矩阵中恰有两个奇异值为非零。不同于基本矩阵，本质矩阵满足附加约束，也就是这两个奇异值相等。这是因为矩阵的奇异值在矩阵的正交变换中是不变的；因此，对 E 做 SVD 分解可以得到 $E=UDV^{\mathrm{T}}$

$$D=\begin{bmatrix}\sigma & 0 & 0\\ 0 & \sigma & 0\\ 0 & 0 & 0\end{bmatrix}=\mathrm{diag}[\sigma,\sigma,0] \tag{11.41}$$

将本质矩阵分解为旋转矩阵和平移

我们可以在本质矩阵 E 中得到第二台摄像机相对于第一台摄像机的**相对运动**（**relative motion**），可以描述为一个平移 $\mathbf{t}$ 和旋转矩阵 R。已知摄像机的校正矩阵 K 和 K'，这种相对运动可以从两幅图像的对应点按如下步骤计算出来：从对应点对估计出基本矩阵 F（见 11.5.4 节），计算 $E=K'^{\mathrm{T}}FK$，分解 E 得到 $\mathbf{t}$ 和 R。可选择地，我们可以从图像对应点通过三角测量重建 3D 点（见 11.4.1 节）。

接下来需要给出如何分解 E 得到 $\mathbf{t}$ 和 R。假如本质矩阵 E 只能在相差一个未知尺度意义下确定（如果它是从对应点对中估计出来的，情况正是如此），我们可以从式（11.40）看出 $\mathbf{t}$ 的尺度也是未知的。这意味着我们只能在相差一个整体相似变换的意义下重建摄像机和场景点。记

$$\overline{\mathbf{t}}=\begin{bmatrix}0\\0\\1\end{bmatrix},\quad \overline{R}=\begin{bmatrix}0 & 1 & 0\\ -1 & 0 & 0\\ 0 & 0 & 1\end{bmatrix}$$

注意 $\overline{R}$ 是一个旋转矩阵，有 $\overline{R}S(\overline{\mathbf{t}})=-\overline{R}^{\mathrm{T}}S(\overline{\mathbf{t}})=\mathrm{diag}[1,1,0]$。让 $E\simeq U\mathrm{diag}[1,1,0]V^{\mathrm{T}}$ 作为本质矩阵 E 的 SVD 分解的结果。平移可以从以下式子计算得到

$$S(\mathbf{t})=VS(\overline{\mathbf{t}})V^{\mathrm{T}}$$

旋转矩阵表示形式不唯一，可以表示为

$$R = U\bar{R}V^{\mathrm{T}} \quad 或 \quad R = U\bar{R}^{\mathrm{T}}V^{\mathrm{T}}$$

我们可以很容易证明 $RS(\mathbf{t}) \simeq U\mathrm{diag}[1,1,0]V^{\mathrm{T}} \simeq E$。不存在其他分解方式的证明可以在[Hartley,1992,1997]中找到。

平移 **t** 的尺度歧义性含有 **t** 的符号。这样我们共有四种定性的不同相对运动的歧义，两种来自旋转矩阵，两种来自平移。

11.5.3　分解基本矩阵到摄像机矩阵

在 11.4.2 节中，我们提出了一种实用的从两幅图像得到投影重构的方法，由方程（11.26）给出；也就是说，可以找到摄像机矩阵以及投影到图像给定点的场景点。从对应点对可以估计出基本矩阵，然后分解成两个摄像机矩阵，最后通过三角测量计算场景点（见 11.4.1 节）。

下面我们介绍怎样把 F 分解成两个摄像机矩阵 M 和 M'。我们从 11.4.2 节可以知道，由于投影的歧义性，第一个矩阵可以不失一致性地表示为 $M = [I \mid \mathbf{0}]$。用同样的方法可以得到 M'。

假如 $S + S^{\mathrm{T}} = 0$，则矩阵 S 为反对称矩阵。如果矩阵 S 对于所有 $\mathbf{X}$ 都满足 $\mathbf{X}^{\mathrm{T}}S\mathbf{X}=0$，则它是反对称的。为了看出这一点，我们把这个乘积写成分量形式：

$$\mathbf{X}^{\mathrm{T}}S\mathbf{X} = \sum_i s_{ii}X_i^2 + \sum_{i<j}\left(s_{ij} + s_{ji}\right)X_iX_j = 0$$

s_{ij} 是矩阵 S 的元素。当且仅当所有的 s_{ii} 和 $s_{ij} + s_{ji}$ 都是零时，对于所有的 $\mathbf{X}$ 这个公式都成立。

把 $\mathbf{u}=M\mathbf{X}$ 和 $\mathbf{u}'=M'\mathbf{X}$ 代入 $\mathbf{u}'^{\mathrm{T}}F\mathbf{u}=0$ 可以得到

$$\left(M'\mathbf{X}\right)^{\mathrm{T}} F\left(M\mathbf{X}\right) = \mathbf{X}^{\mathrm{T}}M'^{\mathrm{T}}FM\mathbf{X} = 0$$

对于所有非零的四维矢量 $\mathbf{X}$，这等式都成立。可以证明 $M'^{\mathrm{T}}FM$ 是反对称的。把 M' 表示为 $M' = \left[\tilde{M}' \mid \mathbf{b}'\right]$，$\tilde{M}'$ 包含了 M' 的前三列，$\mathbf{b}'$则是 M' 的最后一列。我们有

$$M'^{\mathrm{T}}FM = \begin{bmatrix} \tilde{M}'^{\mathrm{T}} \\ \mathbf{b}'^{\mathrm{T}} \end{bmatrix} F\left[I \mid \mathbf{0}\right] = \begin{bmatrix} \tilde{M}'^{\mathrm{T}}F & \mathbf{0} \\ \mathbf{b}'^{\mathrm{T}}F & 0 \end{bmatrix}$$

因为最右边的矩阵必须是反对称的，那么 $\tilde{M}'^{\mathrm{T}}F$ 必须是反对称的，而 $\mathbf{b}'^{\mathrm{T}}F$ 则为零。由 $\mathbf{b}'^{\mathrm{T}}F=0$ 将可以得到 $\mathbf{b}'$ 是第二个极点 $\mathbf{e}'$；这些已经在证明式（11.33）过程中出现过了。

很容易看出，如果对于任意 3×3 的反对称矩阵 S 都有 $\tilde{M}' = SF$，则 $\tilde{M}'^{\mathrm{T}}F$ 也是反对称的。所以可以写成 $\tilde{M}'^{\mathrm{T}}F = -F^{\mathrm{T}}SF$，并且可以证得 $\left(F^{\mathrm{T}}SF\right) + \left(F^{\mathrm{T}}SF\right)^{\mathrm{T}} = 0$。为方便起见，我们选择 $S = S(\mathbf{e}')$的形式。

作为总结，与基本矩阵 F 一致的摄像机矩阵可以选择为

$$M = [I \mid \mathbf{0}], \quad M' = \left[S\left(\mathbf{e}'\right)F \mid \mathbf{e}'\right] \tag{11.42}$$

注意，就算我们已经确定第一个摄像机矩阵为 $M = [I \mid \mathbf{0}]$，由 F 确定的第二个摄像机矩阵也是不唯一的，因为我们可以自由选择 S 的形式。

11.5.4　从对应点估计基本矩阵

极线几何具有 7 个自由度[Mohr, 1993]：图像中的极点 **e**, **e**′ 每个具有两个坐标（给出 4 个自由度），其余 3 个来自于将第一幅图像中的任意 3 条极线映射到第二幅图像的变换。另外，注意到 F 的 9 个元素在相差一个尺度的意义下给定，另外有约束 det F=0，因此只有 9−1−1=7 个自由参数。

有了左右两幅图像中的 7 个对应点对，通过一个非线性算法可以确立基本矩阵 F [Faugeras et al., 1992]，被称为**七点算法**（**seven-point algorithm**）如果有八个对应点对，可以使用一个称为**八点算法**（**eight-point algorithm**）的线性方法。与七点算法不同，八点算法可以直接推广到多于八点的情况。

八点算法

给定齐次坐标系中的 $m \geqslant 8$ 个对应点对，我们需要解：

$$\mathbf{u}_i'^{\mathrm{T}} F \mathbf{u}_i = 0, \quad i=1,\cdots,m$$

这个问题与单应性估计的问题非常相似。与第 11.2.3 节类似，我们可以确定：

$$\mathbf{u}'^{\mathrm{T}} F \mathbf{u} = \left[\mathbf{u}^{\mathrm{T}} \otimes \mathbf{u}'^{\mathrm{T}}\right]\mathbf{f} = \left[uu' \quad uv' \quad uw' \quad vu' \quad vv' \quad vw' \quad wu' \quad wv' \quad ww'\right]\mathbf{f} = \mathbf{0}$$

其中 $\mathbf{f} = \left[f_{11}, f_{21}, \cdots, f_{23}, f_{33}\right]^T$ 而 $\otimes$ 是 Kronecker 积。考虑所有的 m 个对应，我们得到：

$$\begin{bmatrix} \mathbf{u}_1^{\mathrm{T}} \otimes \mathbf{u}_1'^{\mathrm{T}} \\ \vdots \\ \mathbf{u}_m^{\mathrm{T}} \otimes \mathbf{u}_m'^{\mathrm{T}} \end{bmatrix} \mathbf{f} = W\mathbf{f} = \mathbf{0} \tag{11.43}$$

对于非退化的八个对应点，这个方程组具有唯一的解（相差一个尺度）。对于更多的对应，可以利用最小代数距离来解。在这两种情况中，我们都可以用奇异值分析（SVD）来得到问题的解。如第 11.2.3 节中所述，图像中的点必须是预处理好的。

利用八点算法计算出的基本矩阵 F 通常是非奇异的，即不是一个有效的基本矩阵。我们可以找到在弗罗贝纽斯（Frobenius）范数意义下最接近 F 的秩为 2 的矩阵 $\tilde{F}$ ：利用 SVD 分解 $F = UDV^{\mathrm{T}}$，设对角矩阵 D 中最小的奇异值为 0，得到仅含两个非零项的对角矩阵 $\tilde{D}$，并得到 $\tilde{F} = U\tilde{D}V^{\mathrm{T}}$。

七点算法

如果仅有七个点，第 11.5.4 节中的方程组的解是 $\Re^9$ 的一个二维线性子空间，而不是 m=8 时的一维线性子空间。即存在两个向量 $\mathbf{f}$ 和 $\mathbf{f}'$ 满足 $W\mathbf{f} = W\mathbf{f}' = \mathbf{0}$。SVD 分解可以得到这两个正交的向量。

七点算法的思想在于在这个子空间中寻找满足约束 $\det F = 0$ 的点，即寻找标量 λ 使得：

$$\det\left[\lambda F + (1-\lambda)F'\right] = 0$$

这个三次方程通常有三个解。两个是复数。因此七点算法可能有一个、二个或者三个 F 的不同解。

如果六个或者七个点是单应性关联的，则 F 的解空间是无限的。换句话说，这是计算 F 时的一个退化的情况[Hartley and Zisserman, 2003]。

最大似然度估计

最大似然估计与单应性的估计类似，然而这里我们对对应的约束稍有不同，有一个附加的约束：$\det F = 0$。设 $\left[\hat{u}_i, \hat{v}_i\right]^{\mathrm{T}}$ 及 $\left[\hat{u}_i', \hat{v}_i'\right]^{\mathrm{T}}$ 为非齐次坐标系下的图像中的点，我们需要解如下的最优化问题：

$$\begin{gathered} \min_{F, u_i, v_i, u_i', v_i'} \sum_{i=1}^{m} \left[\left(u_i - \hat{u}_i\right)^2 + \left(v_i - \hat{v}_i\right)^2 + \left(u_i' - \hat{u}_i'\right)^2 + \left(v_i' - \hat{v}_i'\right)^2 \right], \quad i = 1, \cdots, m \\ [u_i', v_i', 1] F \left[u_i, v_i, 1\right]^{\mathrm{T}} = 0, \quad \det F = 0 \end{gathered} \tag{11.44}$$

另一个经常使用的方法是首先将 F 分解为摄像机矩阵，通过三角测量重构场景点（见第 11.4.1 节），然后利用完全光束平差法（见第 11.4.4 节）。这种方法优化过程中使用了比上述优化问题（见式 11.44）中更多的变量，但并不构成障碍。

11.5.5 双摄像机矫正结构

极线约束使得在右图中 $\mathbf{u}$ 和 $\mathbf{u}'$ 之间寻找对应的搜索空间从二维降到了一维。

一种特殊的立体摄像机安排方式称为矫正构造（rectified configuration），也被称为“规范结构”（canonical configuration）或者“直线摄像机结构”（rectilinear camera rig）。这种结构中图像平面相互重合而直线 $\mathbf{CC}'$ 与它们平行，使得极点移到无限远处。另外，在图像中极线是平行的（见图 11.10）。另外还可以假设两个摄像机的内参数是相同的。对于这种结构，计算略微简单些；这常用于由人类操作者来确定立体对应的场合，逐条线地寻找匹配点比较容易。类似的结论对于计算机程序来说也是对的，沿着水平线（光栅）移动比沿着一般线移动要容易。将具有非平行极线的普通摄像机结构转化为规范机构的几何变换被称为**图像矫正**（**image rectification**）。

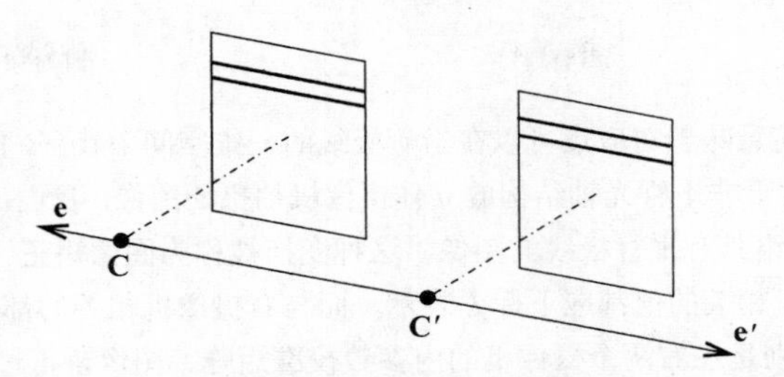

图 11.10　具有平行极线和无穷远极点的矫正了的立体结构

考虑一种矫正结构，我们将会看到如何来恢复深度。光轴是平行的，由此产生了在立体文献中经常使用的视差概念。一个简单的图解展示了我们如何继续下去。在图 11.11 中，这纯粹是示意性的，我们有两个光轴平行且相隔距离 $2h$ 的摄像机的鸟瞰视图（bird's-eye view）。它们提供的图像以及场景中坐标为$(x, y, z)^{\mathrm{T}}$的一点 $\mathbf{X}$，给出了该点在左图像上的投影（$\mathbf{u}$）和右图像上的投影（$\mathbf{u}'$）。在图 11.11 中，坐标系的 z 轴表示到摄像机（在 z=0 处）的距离，x 轴表示"水平"距离（y 轴朝页面而去，没有出现）。x=0 是摄像机间的中间位置，每个图像有一个局部坐标系且为了方便我们从各自的图像中心算起，即从全局坐标 x 开始的一个简单平移。u、u'、v、v' 分别给出左、右两个摄像机的局部坐标系中的坐标，而由于测量是在同一个高度（行）上进行的，$v=v'$。

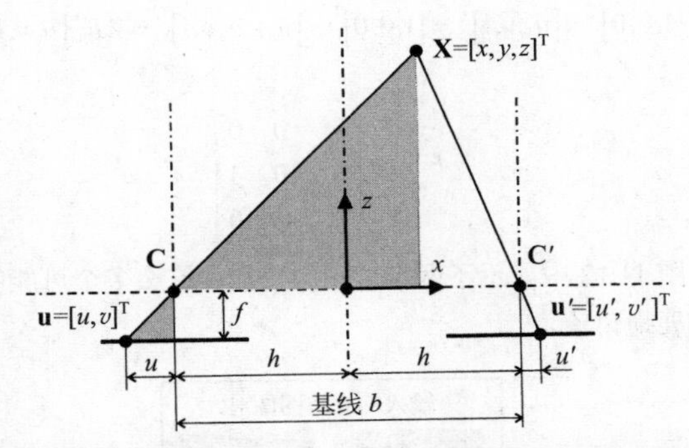

图 11.11　规范结构中的基本的立体几何学。三维场景中的点 **X** 深度 z 可以通过视差 $d=u'-u$ 来计算。u 和 u' 的值在同一个高度测量，即 $v=v'$

显然由于不同摄像机位置的结果，在 x_l 和 x_r 之间存在**视差**（**disparity**）是显然的（即，$d=u-u'$，$d<0$）；我们可以用初等几何学推导出 $\mathbf{X}$ 的坐标 z。

请注意 $\mathbf{u}$、$\mathbf{C}$ 和 $\mathbf{C}$、$\mathbf{X}$ 是相似的直角三角形（在图 11.11 中用灰色表示）的斜边。再有 h 和 f 是（正）数，z 是正的坐标，而 x、u、u' 是可正可负的坐标，有

$$\frac{u}{f}=-\frac{h+x}{z},\quad \frac{u'}{f}=\frac{h-x}{z} \tag{11.45}$$

从这些方程中消去 x 得到 $z(u'-u)=2hf$，故

$$z=\frac{2hf}{u'-u}=\frac{bf}{u'-u}=\frac{bf}{d} \tag{11.46}$$

注意，在这个公式中，$d=u'-u$ 是在 $\mathbf{X}$ 的观察中检测到的视差。如果（$u'-u$）$\to 0$，则 $z\to\infty$。零视差表明点是（有效的）在离观察者无穷远处——远处的三维点具有小的视差。对于小的视差，深度 z 的相对误差较大，利用宽的基线可以减小 z 的相对误差。

三维点 $\mathbf{X}$ 的两个剩余的坐标可以如下计算：

$$x=\frac{-b(u+u')}{2d},\quad y=\frac{bv}{d} \tag{11.47}$$

11.5.6 矫正计算

我们提到立体视觉几何意味着对应点可以在沿着极线的一维空间中找到，且矫正结构的摄像机可以使立体对应的搜索变得容易。对于非平行光轴结构的立体摄像机拍摄的图像，我们可以应用一种特殊的几何变换（除退化情况外）来得到一组具有平行极线的图像，这种变换被称为**图像矫正**（image rectification）。

下文中所有与左摄像机相关的值都应下标 L 表示，而与右摄像机相关的都用下标 R 表示。并用上标*表示矫正后的值。K_L、K_R 分别是左右两个摄像机的内参数校准矩阵。图像矫正过程有如下两步：

（1）分别对左右图像找出单应性 H_L、H_R，使得相应的极线是等价的且平行于图像行。

（2）卷绕图像并修改摄像机投影矩阵。利用单应性 H_L、H_R 卷绕图像，而摄像机投影矩阵修改为 $M_L^*=H_LM_L$，$M_R^*=H_RM_R$。

利用单应性校准摄像机：

$$\begin{aligned}M_L^*&=H_LM_L=H_LK_LR_L[I\mid-\mathbf{C_L}]\\M_R^*&=H_RM_R=H_RK_RR_R[I\mid-\mathbf{C_R}]\end{aligned} \tag{11.48}$$

设 $\mathbf{e}_L$ 和 $\mathbf{e}_R$ 为左、右图像中的极点，$\mathbf{l}_L$ 和 $\mathbf{l}_R$ 为极线，而 $\mathbf{u}_L$ 和 $\mathbf{u}_R$ 为场景中的点在图像平面中的投影。设 F^*为矫正后图像的基本矩阵且 $\lambda\neq0$。使极线与两个图像中的行同时重合的矫正的必要条件是

$$\begin{aligned}&\mathbf{l}_R^*=\mathbf{e}_R^*\times\mathbf{u}_R^*=\lambda F^*\mathbf{u}_L^*\\&[1,0,0]^{\mathrm{T}}\times[u',v,1]^{\mathrm{T}}=[1,0,0]^{\mathrm{T}}\times[u+d,v,1]^{\mathrm{T}}=\lambda F^*[u,v,1]^{\mathrm{T}}\end{aligned} \tag{11.49}$$

其中

$$F^*\simeq\begin{bmatrix}0&0&0\\0&0&1\\0&-1&0\end{bmatrix} \tag{11.50}$$

矫正单应性并不是唯一的。图 11.12 中显示了两个矫正的实例。这么多个可能的矫正中哪一个是最好的也是一个有趣的问题，我们将简要地讨论。

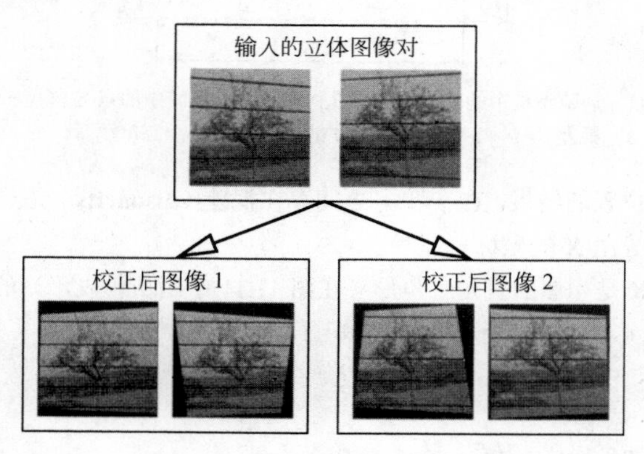

图 11.12 许多可能的矫正中的两个实例

算法 11.1 图像矫正

1. 两个图像中的极点被移到无穷远处。

   设 $\mathbf{e}_L=[e_1,e_2,1]^{\mathrm{T}}$ 是左图中的极点且 $e_1^2+e_2^2\neq0$。将极线 $\mathbf{e}_L$ 旋转到 u 轴上的同时，此极点映射到 $\mathrm{e}^*\simeq[1,0,0]^{\mathrm{T}}$，相应的投影为

$$\hat{H}_L \simeq \begin{bmatrix} e_1 & e_2 & 0 \\ -e_2 & e_1 & 0 \\ -e_1 & -e_2 & e_1^2+e_2^2 \end{bmatrix} \tag{11.51}$$

2. 统一极线以得到一对基础的矫正单应性。

   由于 $\mathbf{e}_R^* = [1,0,0]^{\mathrm{T}}$ 是 $\hat{F}$ 的左零也是右零空间，修改后的基本矩阵变为

$$\hat{F} \simeq \begin{bmatrix} 0 & 0 & 0 \\ 0 & \alpha & \beta \\ 0 & \gamma & \delta \end{bmatrix} \tag{11.52}$$

   选择基础矫正单应性 $\bar{H}_L$、$\bar{H}_R$ 使得 $\alpha=\delta=0$ 且 $\beta=-\gamma$。

$$\bar{H}_L = H_S \hat{H}_L,\quad \bar{H}_R = \hat{H}_R,\quad \text{其中} H_S = \begin{bmatrix} \alpha\delta-\beta\gamma & 0 & 0 \\ 0 & -\gamma & -\delta \\ 0 & \alpha & \beta \end{bmatrix} \tag{11.53}$$

   这样

$$F^* = \left(\hat{H}_R\right)^{-\mathrm{T}} F \left(H_S \hat{H}_L\right)^{-1} \tag{11.54}$$

3. 从基本矩阵 F^* 中选出一对最优的单应性。

   设 $\bar{H}_L$、$\bar{H}_R$ 为基础矫正单应性（或者其他的单应性）。H_L、H_R 也是矫正单应性，它们服从等式 $H_R F^* H_L^T = \lambda F^*, \lambda \neq 0$，保证图像保持矫正状态。

   H_L、H_R 的内在结构允许我们理解矫正单应性类中的自由参数的含义：

$$H_L = \begin{bmatrix} l_1 & l_2 & l_3 \\ 0 & s & u_0 \\ 0 & q & 1 \end{bmatrix} \bar{H}_L,\quad H_R = \begin{bmatrix} r_1 & r_2 & r_3 \\ 0 & s & u_0 \\ 0 & q & 1 \end{bmatrix} \bar{H}_R \tag{11.55}$$

   其中 $s\neq0$ 为共同的垂直尺度；u_0 是共同的垂直偏移；l_1、r_1 是左和右的扭曲，l_2、r_2 是左和右的水平尺度，l_3、r_3 是左和右的水平偏移，而 q 是共同的透视失真。

   这个第 3 步是必需的，因为基础单应性可能会产生严重失真的图像。

这种算法在自由参数选择方面有所不同。一种方法最小化图像失真残余[Loop and Zhang, 1999; Gluckman and Nayar, 2001]。另一种方法利用频谱分析计算图像数据的改变量的大小，并最小化图像信息的损失[Matoušek et al., 2004]。

11.6　三摄像机和三视张量

第 11.5 节中我们着重讨论两个视图的匹配约束，即极线几何。在第 11.4.3 节中我们看到匹配约束同样存在于三个或四个视图中。本节描述三个视图的情况。它的形式是图像坐标的一组三线性函数必须消失。

我们采纳[Hartley and Zisserman, 2003]中三视张量的推导。三个视图中约束的最简单的形式是根据第二个视图中的给定直线 $\mathbf{l}'$ 和第三个视图中的给定直线 $\mathbf{l}''$ 计算第一个视图中的直线 $\mathbf{l}$ 的函数。这个构造的集合含义很简单：将直线 $\mathbf{l}'$ 和 $\mathbf{l}''$ 逆投影到场景平面中，在这些平面中找到一个共同的直线，然后将这条直线投影到第一个视图中（见图 11.13）。

设这三个视图中的摄像机矩阵为 M、M'、M''。由于第 11.4.2 节中所述的投影歧义，不失一般性，我们选择 $M=[I\,|\,\mathbf{0}]$。这样，利用式（11.33）中的结果，有

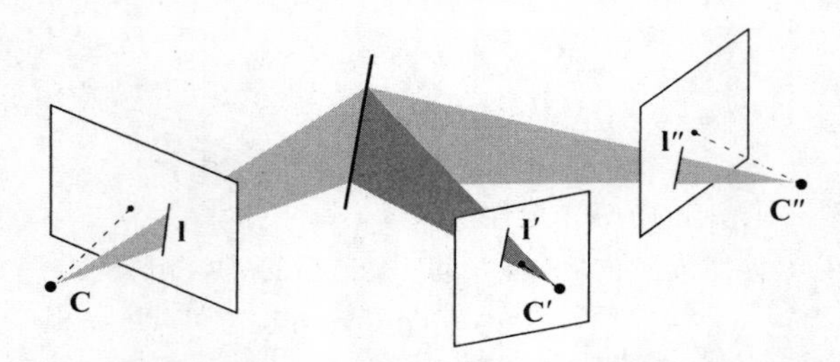

图 11.13 三个视角中的匹配约束，三个摄像机具有中心 **C**、**C′**、**C″**和对应的图像平面。三维中一条直线投影到直线 **l**、**l′**、**l″**

$$M=[I\,|\,\mathbf{0}],\quad M'=\left[\tilde{M}'\,|\,\mathbf{e}'\right],\quad M''=\left[\tilde{M}''\,|\,\mathbf{e}''\right]$$

其中极点 **e′** 和 **e″**分别是第一个摄像机中心，$\mathbf{C}=[0,\ 0,\ 0,\ 1]^{\mathrm{T}}$ 在第二个和第三个摄像机中的投影。

为了满足这个约束，场景平面：

$$\mathbf{a}=M^{\mathrm{T}}\mathbf{l}=\begin{bmatrix}\mathbf{l}\\0\end{bmatrix},\quad \mathbf{a}'=M'^{\mathrm{T}}\mathbf{l}'=\begin{bmatrix}\tilde{M}'^{\mathrm{T}}\mathbf{l}'\\\mathbf{e}'^{\mathrm{T}}\mathbf{l}'\end{bmatrix},\quad \mathbf{a}''=M''^{\mathrm{T}}\mathbf{l}''=\begin{bmatrix}\tilde{M}''^{\mathrm{T}}\mathbf{l}''\\\mathbf{e}''^{\mathrm{T}}\mathbf{l}''\end{bmatrix} \tag{11.56}$$

仅当式（11.55）中的向量线性相关，即 $\mathbf{a}=\lambda'\mathbf{a}'+\lambda''\mathbf{a}''$ 时，图像中的直线在场景中的逆投影相交于同一条直线（参见式（11.21））。在式（11.56）中的向量的第四个坐标应用这个约束，得到 $\lambda'\mathbf{e}'^{\mathrm{T}}\mathbf{l}'=-\lambda''\mathbf{e}''^{\mathrm{T}}\mathbf{l}''$。替换式（11.56）中向量的前三维坐标得到：

$$\mathbf{l}\simeq\left(\mathbf{e}''^{\mathrm{T}}\mathbf{l}''\right)\tilde{M}'^{\mathrm{T}}\mathbf{l}'-\left(\mathbf{e}'^{\mathrm{T}}\mathbf{l}'\right)\tilde{M}''^{\mathrm{T}}\mathbf{l}''=\left(\mathbf{l}''^{\mathrm{T}}\mathbf{e}''\right)\tilde{M}'^{\mathrm{T}}\mathbf{l}'-\left(\mathbf{l}'^{\mathrm{T}}\mathbf{e}'\right)\tilde{M}''^{\mathrm{T}}\mathbf{l}''$$

进一步重组得到：

$$\mathbf{l}\simeq\left[\mathbf{l}'^{\mathrm{T}}T_1\mathbf{l}'',\mathbf{l}'^{\mathrm{T}}T_3\mathbf{l}'',\mathbf{l}'^{\mathrm{T}}T_3\mathbf{l}''\right]^{\mathrm{T}} \tag{11.57}$$

其中：

$$T_i=\mathbf{m}_i'\mathbf{e}''^{\mathrm{T}}-\mathbf{m}_i''\mathbf{e}'^{\mathrm{T}},i=1,2,3 \tag{11.58}$$

而 $\tilde{M}'=\left[\mathbf{m}_1'\,|\,\mathbf{m}_2'\,|\,\mathbf{m}_2'\right],\tilde{M}''=\left[\mathbf{m}_1''\,|\,\mathbf{m}_2''\,|\,\mathbf{m}_2''\right]$。3×3 矩阵 T_i 可以看作 3×3×3 的**三视张量**（**trifocal tensor**）的切片。

式（11.57）在图像直线的坐标中是双线性的，它描述了如何根据其他两个视图中的直线计算第一个视图中的图像直线。在第 11.4.3 节中，我们推导出：存在一个包含第一个图像中的点 **u** 和直线 **l′**和 **l″**的三线性函数，如果有一个场景点投影到这些点和线。它遵循入射关系（incident relation）$\mathbf{l}^{\mathrm{T}}\mathbf{u}=0$。

$$\left[\mathbf{l}'^{\mathrm{T}}T_1\mathbf{l}'',\mathbf{l}'^{\mathrm{T}}T_3\mathbf{l}'',\mathbf{l}'^{\mathrm{T}}T_3\mathbf{l}''\right]\mathbf{u}=0 \tag{11.59}$$

分别在第 1、2、3 幅图像中的点 **u**、**u′**、**u″**之间的这九个点-点-点匹配约束可以通过将矩阵 $S(\mathbf{u}')$的任意一行替换为 **l′**和将 $S(\mathbf{u}')$的任一行替换为 **l″**得到。

三视张量$\{T_1,\ T_2,\ T_3\}$有 $3^3=27$ 个参数，但是在相差一个整体尺度意义下定义，只有 26 个参数。然而，这些参数满足八个非线性关系，因此仅有 18 个自由参数。我们并不讨论这些非线性关系。注意，在两个视图的情况下我们只有一个非线性约束：$\det F=0$。

给定三个视图中的多个对应，可以通过解式（11.57）或者式（11.59）的（或许是超定的）方程的解得到三视张量，这些方程对于三视张量的分量是非线性的。这里使用第 11.2.3 节中提到的预处理是必要的。

如果知道三视张量，那么我们可以根据三视张量计算每个摄像机的投影矩阵。三视张量表示图像之间的关系并独立于特定的三维投影变换。这意味着我们可以在相差一个投影歧义下计算摄像机对应的投影矩阵。将三视张量分解为三个投影矩阵的算法可参见[Hartley and Zisserman, 2003]。

11.6.1 立体对应点算法

我们在第 11.5.1 节已经看到如果知道一幅图像中的点与另一幅图像中的对应点，就可以获得许多有关

3D 场景的几何信息。这个**对应点问题**（**correspondence problem**）的解决是任何摄影测量学、立体视觉和运动分析任务的关键步骤。这里我们将描述如果从两个不同的视点观察同一景物，如何寻找同一个点。当然，我们假定两个图像有重叠，因此对应点在这个重叠区域寻找。

有些方法是基于图像构成一个线性（向量）空间（例如，图像中的本征图像（eigenimages）或线性插值[Werner et al., 1995; Ullman and Basri, 1991]）的假设的；这个线性假设在一般情况下对图像而言是不成立的[Beymer and Poggio, 1996]，但是有些作者忽略了这个事实。向量空间的结构假设一个向量的第 i 个分量一定对应于另一个的第 i 个分量，这就假设了对应点问题已经解决了。

自动地解决对应点问题是计算机视觉中的永恒的主题，而悲观的结论是：在一般情况下它是根本不可解的。困难的是对应点问题是固有的、不明确的。设想一个极端的情况，例如，含有一个平的白色无纹理的物体场景，其图像构成了一个均匀亮度的大区域。在左右图像中寻找平的物体的对应点时，没有任何特征可以区分它们。搜索对应点的另一种不可避免的困难是**自遮挡**（**self-occlusion**）问题，这发生于非凸物体的图像中。左摄像机可见的有些点在右摄像机中是不可见的，反过来也是这样（见图 11.14）。

幸运的是，在实际感兴趣的场景中，均匀亮度和自遮挡是罕有的，或至少是不寻常的。在不同视图中建立同一点的投影之间的对应，是基于寻找在两个视图中具有相似图像特征的方法，且计算的是局部相似性。

在实际情况下，对应点问题固有的不明确性可以使用几个**约束**（**constraints**）来降低。其中的一些是基于图像获取过程的几何学，一些是基于场景的光度测定学性质，另一些是基于在我们的自然世界中占优势的物体性质。人们提出了大量的不同的立体对应点算法。我们这里只给出寻找对应点的方法的概括分类，它们并没有使用所有的约束[Klette et al., 1996]。第一组约束主要取决于几何和光度法图像采集过程。

极线约束（**epipolar constraint**）：这是说对应点只能落在第二幅图像的极线上。将潜在的 2D 搜索空间降为 1D。极线约束在第 11.5 节中详细解释过了。

唯一性约束（**uniqueness constraint**）：这陈述了在绝大多数情况下第一幅图像的一个像素只能对应第二幅图像中的一个像素。例外出现在有两个或更多的点落在从第一个摄像机出发的射线上，而在第二个摄像机上作为分开的点能够被看到时。这种情况如图 11.15 所示，与自遮挡出现的方式相同。

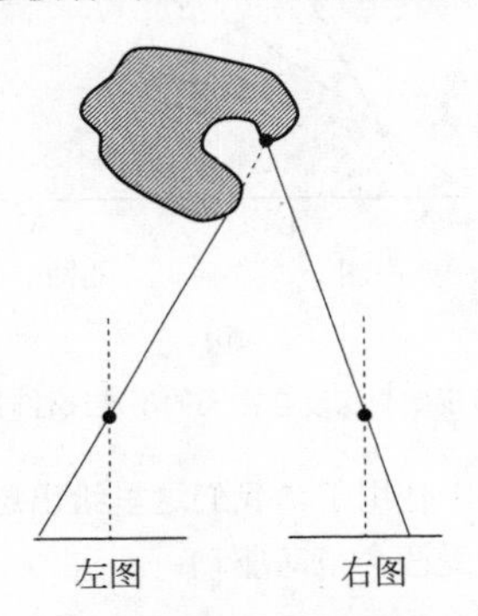

图 11.14　自遮挡使得某些对应点的搜索变得不可能

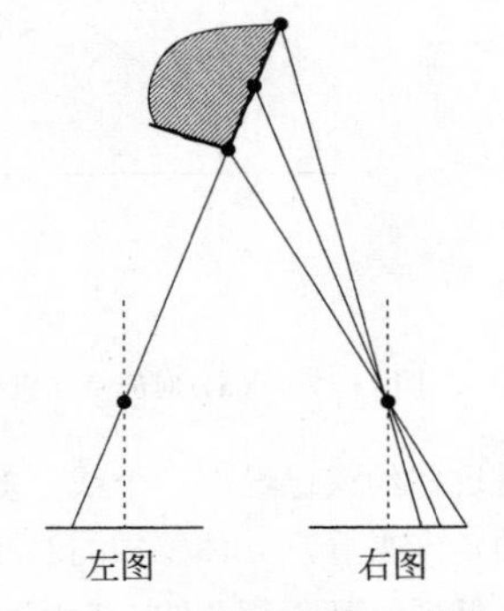

图 11.15　唯一性约束的反例

对称性约束（**symmetry constraint**）：如果左、右两幅图像互换，则必能得到同样的匹配点对集合。

光度测定学相容性约束（**photometric compatibility constraint**）：这陈述了在第一和第二幅图像中点的亮度可能仅差一点点。由于在光源、表面法向和观察者之间的相互角度的原因，它们不大可能完全相同，但是差别一般是小的且视图不会差别很大。实际上，该约束对于图像抓取的条件来说是非常自然的。优点是左幅图像中的亮度可以使用非常简单的变换转换为右幅图像中的亮度。

几何相似性约束（**geometric similarity constraints**）：这些是基于如下的观察，在第一和第二幅图像中发现的特征的几何特性相差不大（例如，线片段的长度或方向、区域或轮廓）。

第二组约束利用的是在典型场景中的物体的某些共同性质。

视差光滑性约束（disparity smoothness constraint）：这要求视差在图像中的几乎所有的地方变化缓慢。假设两个场景点 **p** 和 **q** 彼此接近，记 **p** 在左图像上的投影为 $\mathbf{p}_L$ 而在右图像上的投影为 $\mathbf{p}_R$，类似地对 **q** 也这样假设。如果我们假定已经建立了 $\mathbf{p}_L$ 和 $\mathbf{p}_R$ 之间的对应，则以下的量

$$\left\| \mathbf{p}_L - \mathbf{p}_R \right| - \left| \mathbf{q}_L - \mathbf{q}_R \right\|$$

（视差的差别的绝对值）应该是小的。

特征相容性约束（feature compatibility constraint）：这对可能匹配的匹配点在物理起源（physical origin）上作了限制。只有具有相同物理起源的点才能匹配，例如，物体表面的不连续性，某些物体投射的阴影的边界、遮挡的边界或镜面性（specularity）边界。注意图像中由镜面性或自遮挡引起的边缘不能用于解决对应问题，因为它们随着视点而移动。在另一方面，由表面的突然的不连续性引起的自遮挡可以分辨出来，见图 11.16。

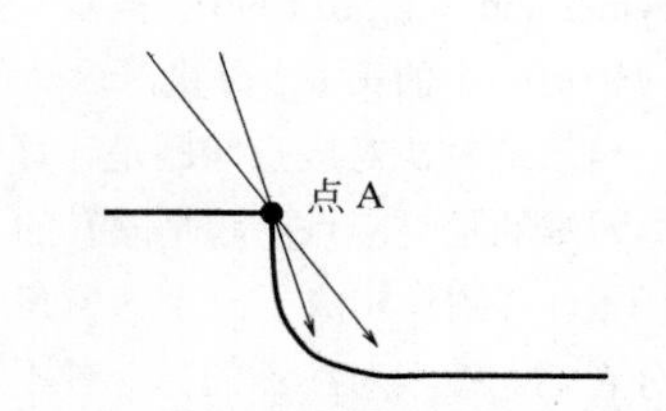

图 11.16　由表面的突然的不连续性引起的自遮挡可以检测出来

视差搜寻范围（disparity search range）：约束利用人工方法寻找对应点时搜寻的长度。

视差梯度范围（disparity gradient limit）：这起源于心理物理实验，它表明人类视觉系统只能融合视差比某个限度小的立体图像。这是视差光滑性约束的较弱的版本。

次序约束（ordering constraint）：这是说对于相似深度的表面，对应的特征点一般以相同的次序落在极线上（见图 11.17（a））。如果有一个细长的物体比其背景离摄像机近得多，次序可能会变化（见图 11.17（b））。给出违反这个次序约束的反例并不难：将两个食指竖直地举起，使其在你的眼前几乎重合但是在不同的深度上。闭上左眼然后是右眼，手指的左、右次序会交换。

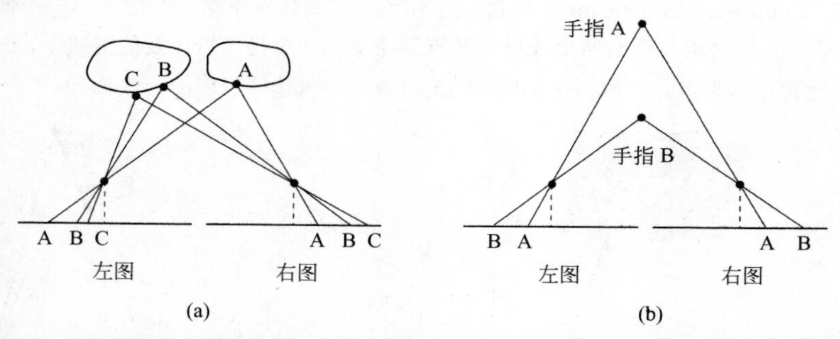

图 11.17　（a）对应点在极线上具有相同的次序；（b）该规则当深度存在大的不连续性时并不成立

所有这些约束已经在一个或更多的已有立体对应点算法中使用了，我们这里给出这些算法的一个分类。从历史的角度来看，立体感知的对应点算法过去和现在仍然受两个范畴驱动：

（1）低层，基于相关的，自底向上的方法。

（2）高层，基于特征的，自顶向下的方法。

起初，人们认为诸如角点和直线片段的较高层特征应该自动地确定出来，然后再匹配。从摄影测量学来看，这是自然的发展，自从 20 世纪初开始摄影测量学就一直在使用由人类操作者确定出来的特征点。

Julesz [Julesz, 1990]完成的**随机点立体画（random dot stereograms）**的心理实验产生了一个新观点：这些实验表明了在发生双目立体感知之前人类不需要创建单目的特征。随机点立体画是按如下方式创建的：左图像是完全随机的，右图像是从它以如下的一致方式创建出来的，即根据所期望的立体效果的视差移动它的某部分。观察者必须从大约 20 厘米的距离注视该随机点立体画。这样的“随机点立体画”以“3D 图像”的名字在很多流行的杂志中广泛地发表过。

基于相关的块匹配

基于相关的对应点算法使用了对应的像素具有相似亮度的假设。单个像素的亮度不能提供足够信息，这是因为通常会有很多具有相似亮度的潜在的候选，因此要考虑几个相邻像素的亮度。典型地，可以使用一个 5×5 或 7×7 或 9×9 的窗口。这些方法有时称为**基于区域的立体视觉**（**area-based stereo**）。

我们将要解释一种称为**块匹配**（**block matching**）的简单算法[Klette et al., 1996]。假设针对具有平行光轴的两个摄像机构成的规范立体结构，算法的基本想法是窗口中的所有像素（称为块）具有相同的视差，意味着对于每个块计算一个且仅一个视差。其中的一幅图像，比如说左图像，被分成块状，对于每个块在右图像中搜索对应的块。块间的相似性度量可以是，比如，亮度的均方差，视差是对应于最小均方差的位置。最大的位置变化受视差范围约束的限制。均方差可能会有不止一个最小位置，在这种情况下使用附加的约束来处理不定性。

块匹配算法的结果是视差的稀疏矩阵，其中视差只在块的代表点上计算出来；有各种方法可以使我们将该结果精炼（refine）为稠密的视差矩阵。块匹配算法一般是慢的，常用常规金字塔实现来加速处理过程。

另一种相关的方法是 Nishihara [Nishihara, 1984]提出的，他发现试图使一个个像素相关联的算法（例如，通过匹配过零点[Marr and Poggio, 1979]），当噪声使检测到的这些特征的位置不可靠时，倾向于导致差的性能。Nishihara 注意到边缘检测子响应的符号（和幅值）比起边缘或特征的位置来说，是一种稳定得多的供匹配的性质，因此设计了一个同时使用了尺度空间匹配处理的算法。

该方法在大尺度上匹配大块，再通过降低尺度来改进匹配的品质，使用较粗的信息初始化较细粒度的匹配。在两个图像中的每个像素处计算大尺度的边缘响应（见第 5.3.4 节），然后将左图像的一个大区域（比如说，由其中心像素表示）与右图像的一个大区域相关联。这可以通过下述方式快速而有效地做到：基于在匹配的正确位置处相关函数急剧地达到峰值的事实，少量的测试可以上升至相关测度的最大值。该粗区域匹配可以再通过迭代的方式，使用来自于较粗尺度的信息作为给定位置处的正确视差的一个线索，逐步细化到任何所需的分辨率。因此，在该算法的任意阶段，视图中的表面被建模为高度不等的方形棱柱；方块的面积可以通过在更细的尺度上实施该算法而被减小，对于像障碍躲避这样的任务有可能必要的只是粗尺度的信息，这样就提高了效率。

通过在场景中投射随机光点模式，为在甚至于具有均匀纹理场景的区域中进行匹配提供模式，使该算法得以增强。作为结果的系统已经在机器人导引和箱柜拾取中使用，其实现是鲁棒的实时的。

基于特征的立体对应

基于特征的对应方法使用特征点或点集。在表示特性上，这些是在边缘、线条、角点等上的像素，对应点要根据这些特征的性质来寻找，例如，沿着边缘的方向，或者线片段的长度。基于特征的方法相对于基于亮度相关的方法的优点是：

- 基于特征的方法由于可能的候选对应比较少，因而不确定性较少。
- 所产生的对应较少依赖于图像中的光度测量变化。
- 视差的计算精度较高，寻找到的图像中的特征可以达到亚像素（sub-pixel）精度。

我们将介绍一个基于特征的对应方法的例子，**PMF 算法**是以其发明者的名字命名的[Pollard et al., 1985]。它在如下的前提下进行，假设从每个图像中通过某种兴趣算子抽取出了一组特征点。输出是这些点对间的对应。为了达到这个目标，使用了三个约束：极线约束、唯一性约束、视差梯度范围约束。

前两个约束是所有这些算法通用的，但是，第三个视差梯度范围的规定是其新颖之处。视差梯度（disparity gradient）度量两对匹配点的相对视差。

假设（见图 11.18）在 3D 中的点 $A(B)$ 在左图中是 $A_l=(a_{xl},a_y)$（$B_l=(b_{xl},b_y)$），在右图中是 $A_r=(a_{xr},a_y)$（$B_r=(b_{xr},b_y)$）（极线约束要求 y 坐标相等）；**独眼**（**cyclopean**）图像是用它们的平均坐标给出的，

$$A_c=\left(\frac{a_{xl}+a_{xr}}{2},a_y\right) \tag{11.60}$$

$$B_c = \left(\frac{b_{xl}+b_{xr}}{2}, b_y\right) \tag{11.61}$$

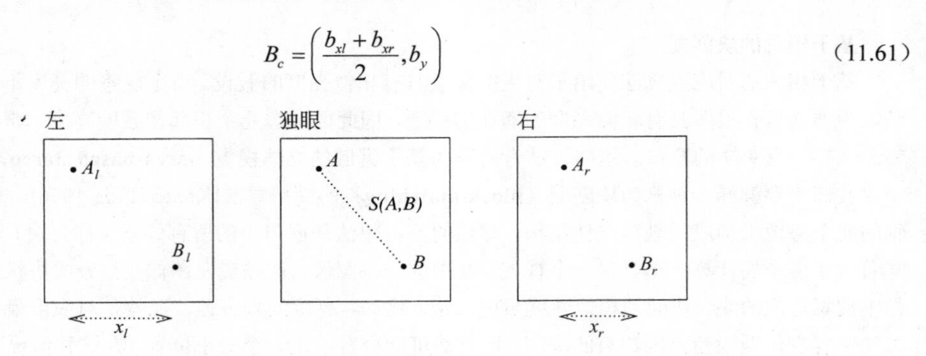

图 11.18　视差梯度的定义

而它们的独眼分离度（**cyclopean separation**）S 由在该图像中的分开的距离给出

$$\begin{aligned} S(A,B) &= \sqrt{\left[\left(\frac{a_{xl}+a_{xr}}{2}\right)-\left(\frac{b_{xl}+b_{xr}}{2}\right)\right]^2+\left(a_y-b_y\right)^2} \\ &= \sqrt{\frac{1}{4}\left[\left(a_{xl}-b_{xl}\right)+\left(a_{xr}-b_{xr}\right)\right]^2+\left(a_y-b_y\right)^2} \\ &= \sqrt{\frac{1}{4}\left(x_l+x_r\right)^2+\left(a_y-b_y\right)^2} \end{aligned} \tag{11.62}$$

匹配 A 和 B 间的视差差别是

$$\begin{aligned} D(A,B) &= \left(a_{xl}-a_{xr}\right)-\left(b_{xl}-b_{xr}\right) \\ &= \left(a_{xl}-b_{xl}\right)-\left(a_{xr}-b_{xr}\right) \\ &= x_l - x_r \end{aligned} \tag{11.63}$$

匹配对间的视差梯度由视差差别与独眼分离度的比值给出

$$\begin{aligned} \Gamma(A,B) &= \frac{D(A,B)}{S(A,B)} \\ &= \frac{x_l-x_r}{\sqrt{\frac{1}{4}\left(x_l+x_r\right)^2+\left(a_y-b_y\right)^2}} \end{aligned} \tag{11.64}$$

有了这些定义，在实际中可以使用的约束是：视差梯度Γ可认为是受限的；事实上，它不大可能超过 1。这意味着如果对应点在 3D 中是彼此非常接近，很小的视差差别是不可接受的，这看起来是直觉上可理解的观察，被相当多的物理证据所支持[Pollard et al.，1985]。对应点问题的解决是通过一个松弛过程来得到的，其中所有可能的匹配是根据它们是否受到其他（可能）匹配的支持来打分的，这些匹配不能违背视差梯度受限的规定。高得分的匹配被认为是正确的，为后续的匹配提供更确凿的证据。

算法 11.2　PMF 立体对应点算法

1. 在左、右图像中抽取出有待匹配的特征。这些可以是，比如，边缘像素。
2. 对于在（比如说）左图像中的每个特征，考虑其在右图像中的可能匹配；它们由适当的极线所定义。
3. 对于每个这样的匹配，根据找到的不违背视差梯度限制的其他可能匹配的数目，增加其相似度得分。
4. 任意匹配如果其得分对于构成该匹配的两个像素来说都是最高，就被认为是正确的。使用唯一性约束，这两个像素将被从所有其他的考虑中去除。
5. 返回到第 2 步，并且将导出的确定性匹配考虑进重新计算得分的过程中。
6. 当所有可能的匹配都抽取出来之后，终止。

注意这里在第 2 步用了极线约束，将像素可能的匹配限制在一维上，而在第 4 步使用了唯一性约束确保一个单独的像素不会多于一次地用于梯度的计算。

得分机制必须考虑如下的事实：两个（可能的）匹配相距得越远，就越可能满足视差梯度限制。这是通过以下方式来考虑的：

- 仅考虑那些离被打分像素“近的”匹配。在实践中，仅考虑以匹配像素为中心的半径等于七个像素（尽管这个数取决于当前的确切几何情况和场景）的圆内点，这一般是合适的。
- 得分用离被打分匹配的距离倒数加权。这样，越远的对，它在机会上越有可能满足限制，被考虑得越少。

PMF 算法已经被证明是相当成功的。由于其自身适合并行实现，可在适当选择的硬件上极快地完成，因而也有吸引力。它的（还有一些相似的算法也存在的）缺欠在于难以匹配水平的线片段；它们常常穿过邻近的光栅，对于平行的摄像机几何，这样的线上的任意一点可以与另一幅图像中对应线上的任意一点匹配。

自从 PMF 算法发明以来，人们提出了许多具有不同复杂度的其他算法。其中两个计算效率较高且易于实现的算法分别使用了动态规划[Gimel’farb, 1999]和自信稳定匹配[Sara, 2002]作为优化算法。大量的立体视觉匹配算法的列表见 http://cat.middlebury.edu/stereo/。

11.6.2 距离图像的主动获取

从实际场景的亮度图像中直接提取出 3D 形状信息是极为困难的。另一种方法“由阴影到形状”将在第 11.7.1.节解释。

一种绕过这些问题的方法是明确地测量出从观察者到 3D 场景表面上的点的距离；这些测量被称为**几何信号（geometric signals）**，即在已知坐标系中的一组 3D 点。如果表面立体是从单个视点测量的，则称为**距离图像（range image）**或**深度图（depth map）**。这样直接的 3D 信息，由于与待寻求的几何模型比较接近，使几何恢复更容易[1]。

需要两个步骤来从距离图像获得几何信息：

（1）必须获得距离图像，本节讨论这个过程。

（2）必须从距离图像中提取出几何信息。寻找特征并将其与选择的 3D 模型作比较。特征和几何模型的选择引出了计算机视觉中最基本的问题：如何表达实体形状[Koenderink, 1990]。

主动传感器（active sensor）一词是指传感器使用并控制它自己的图像，“主动”（active）意味着传感器为了测量场景表面和观察者间的距离使用并控制电磁能量，或更具体地说照明。不应将主动传感器与主动感知策略相混淆，后者的感知主体对如何从不同视图看物体作规划。

RADAR（Radio Detecting And Ranging）（雷达）和 LIDAR（LIght Detecting And Ranging）在一次测量中给出传感器与待测量场景中的一个特定点间的距离。传感器安装在能够绕两个角度运动的平台上，这两个角度是与球面坐标对应的方位Θ和俯仰Φ。距离与能量从发射到从所量测的景物上反射回来的时间间隔成比例。这个流失的时间间隔是非常短的，因此需要非常高的精度。由于这个原因，通常使用发射和回收信号之间的相位差。

RADAR 发射电磁波，波长波段有米、厘米或毫米。除了军用外，常用于自主导引车的导航。

LIDAR 时常使用激光作为汇聚光束的来源。激光的功率越高，反射信号就越强且测量的距离越精确。如果 LIDAR 需要与人在一个环境下工作，考虑到对未防护的眼睛可能产生的危害，则能量应有一个上限。另一个影响 LIDAR 安全性的因素是激光束的直径：如果要安全，就不应该汇聚得太厉害。LIDAR 在物体表面与光束几乎相切时会有麻烦，这是因为在这种情况下反射回传感器的能量太少。镜面性表面的测量精度是不会很高的，因为它们撇开了反射光；而透明物体（显然）不能用激光来测量。LIDAR 的优点是具有大的

1 有些技术直接测量完整的 3D 信息，例如机械的坐标测量仪（在第 10 章已介绍）或计算机 X 线断层摄影术。

测距范围，从十分之一毫米到几千米；测量距离的精度一般在 0.01 毫米左右。LIDAR 每个瞬间提供一个距离。如果要获得整个距离图像，因为要扫描整个场景，测量需要花几十秒。

主动距离成像的另一个原理是**结构光三角测量**（**structured light triangulation**），其中我们采用类似于在立体视觉中使用的一种光轴的几何配置。用一个光源代替一个摄像机，产生与极线垂直的光平面；图像抓取摄像机离光源一个固定的距离。由于在每个图像线上只有一个很亮的点，使被动态立体视觉如此成问题的对应点问题得以避免，尽管仍然存在着场景的自遮挡问题。距观察者的距离可以像在图 11.11 中那样容易地计算出来。要获得整个距离图像，装有摄像机和光源的杆应该做相对于场景的机械运动，激光的痕迹应该逐渐地照在所有的待测量的点上。运动的操作加上处理几百个图像（即对于每个不同的激光条纹有一个图像）需要一些时间，一般从几秒到大约 1 分钟。更快的激光条纹测距器使用特殊的电子设备找到对应于当前图像线的交叉点的亮点。

图 11.19 激光面测距器。摄像机在左侧，激光二极管在底部左侧

图 11.19 显示了该扫描器及其目标物体（一个木质的玩具兔子）的视图。带有明显亮的激光条纹的摄像机图像是图 11.20（a），所产生的距离图像显示在图 11.20（b）中。

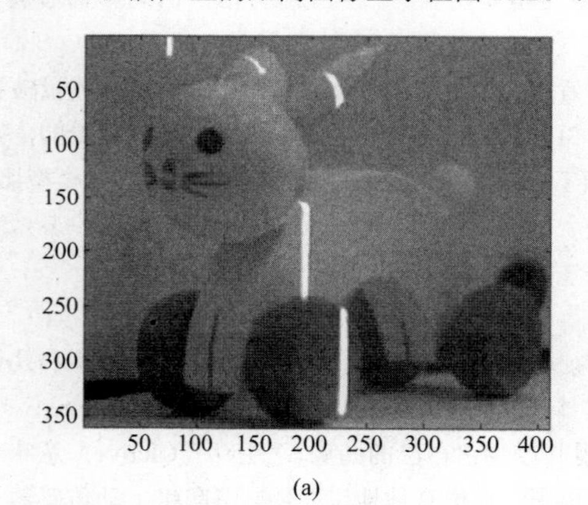

(a)

(b)

图 11.20 使用激光条纹测距器的测量：（a）带有亮激光条纹的摄像机图像；（b）显示为点群的重建距离图像

在有些应用中，距离图像需要瞬间获得，一般是指一个 TV 帧时间；这在捕获运动物体，比如说运动的人的距离图像时特别有用（见 10.8 节）。一种可能是一次用几个条纹照在场景上并将其编码，图 11.21（a）给出了一个由二值模式照亮了的人手，该模式用循环码编码了光条纹，以便使我们能够根据图像中方格的局部结构知道是哪条条纹。在这种情况下，具有编码条纹的模式用标准的幻灯机从 36mm×24mm 幻灯片上投影出来。所产生的距离图像没有提供像在运动的激光条纹情况下得到的那样多的样本，在我们的情况下，只有 64mm×80mm，见图 11.21（b）。

在一个 TV 帧时间内获得像在激光条纹情况下的稠密距离样本是可能的；一个个条纹可以用光谱彩色编码并使用彩色 TV 摄像机捕获图像[Smutný, 1993]。

另外还有其他方法可用。其一是声呐，它使用超声波作为能量源。声呐在机器人导航中用于近距离测量。它们的缺点是测量一般是噪声较大的。另一个原理是 Moiré 干涉测量法（interferometry）[Klette et al., 1996]，其中两个周期性的模式，通常是条纹，被投影到场景上。由于干涉，物体被一组封闭的不相交的曲线所覆盖，其中的每个位于距观察者相同距离的一个平面上。获得的距离测量只是相对的，不能得到绝对的距离。Moire 曲线的性质与图上的等高线非常相似。

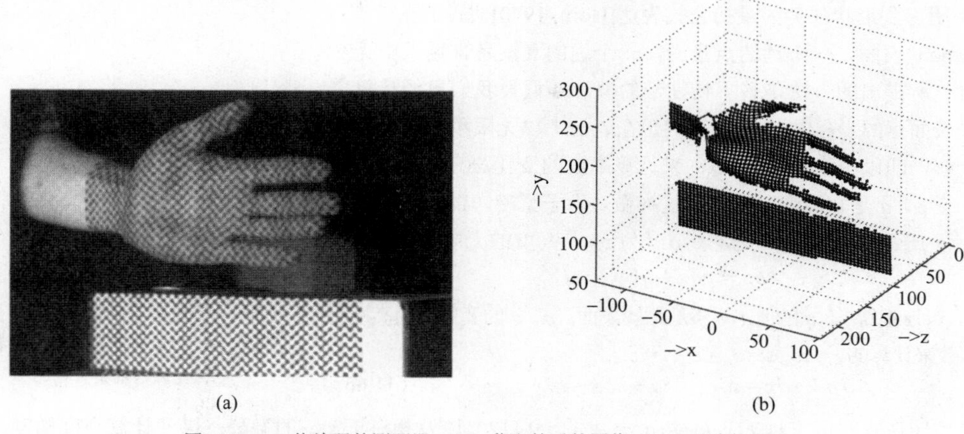

图 11.21　二值编码的测距器：(a) 获取的手的图像；(b) 重建的表面

11.7　由辐射测量到 3D 信息

本书中前面多次提到利用辐射学的观点可以很好地解释图像的形成过程（见第 3.4.4 节）。我们也解释了输入亮度图像输出场景中表面的三维特征的逆过程是不适定问题，而且在大多数情况下难以解决。我们可以回避这个问题，用某些语义信息而不是直接的图像形成物理在图像中对物体进行分割。然而，也存在一些特殊情况，在这种情况中图像形成的逆过程可以有解。其中第一个方法是由**阴影到形状**（**shape from shading**），另一个是**光度测量立体视觉**（**photometric stereo**）。

11.7.1　由阴影到形状

人类的大脑能够非常好地利用阴影及一般情况下的明暗度提供的线索。检测到的阴影不仅明确地指示了隐藏边缘的位置和与它们邻近的表面的可能方向，而且一般的明暗度性质对于导出深度信息有重要的价值。一个好的例子是人脸的照片：从直接的 2D 表示，我们的大脑可以很好地猜出其可能的照明模型，进而推断出人脸的 3D 性质，例如，深眼窝和突起的鼻子或嘴唇通常都是不费力地被识别出来。

我们知道一个特别的像素的亮度依赖于光源、表面反射特性和由表面法向 **n** 表示的局部表面方向。由阴影到形状的目的是单纯以一个亮度图像为基础抽取出视图中的表面法向信息。如果对照明、表面反射特性和表面光滑性作了简化的假设，由阴影到形状的任务已被证明是可解的。Horn [Horn, 1970, 1975]给出了第一个在计算机视觉下的明确表达。

类似于由阴影到形状的技术在早期的照相倾斜计（photoclinometry）中被独立地提出来[Rindfleisch, 1966]，当时天文地质学家想从陆地望远镜中观察到的亮度图像来测量太阳系行星上的坡度。

从已知高度的表面点增量传播

最老的也是最容易解释的方法是沿着一条空间曲线给出解。这也称作特征带（characteristic strip）方法。我们可以从分析在已知反射函数和照明模型条件下的从阴影抽取全局形状的问题开始[Horn, 1990]。即便给定这些约束，应该指出的是“表面方向到亮度”的映射还是多对一的，这是因为很多方向可以产生相同的点亮度。了解这一点，一个特殊的亮度可以由无数的方向产生出来，这些方向可以在梯度空间中作为一条（连续的）线画出来。对于一个其中光源直接与观察者相邻的简单情况的例子，光照射在一个不光滑的表面上，如图 11.22 所示，两点落在同一条曲线（在这种情况下是圆）上表明两个不同方向会反射出同样亮度的光，因而产生相同的像素灰阶。

由阴影到形状任务的最初公式表达[Horn, 1970]假设的条件有：Lambertian 表面，一个远的点光源，一个远的观察者，场景中无交互反射。所提出的方法是基于**特征带**的概念：假设我们已经计算出了一个表面点的坐标$[x, y, z]^T$，我们想在表面上以无限小的步长来传播这个解，即以小步长δx 和δy 来计算高度的变化δz。如果表面梯度的分量p、q是知道的，就可以这样做。为了紧凑，我们使用指标符号，记$p=\delta z/\delta x$为z_x，记$\delta^2 x/\delta x^2$为z_{xx}。高度的无限小增量是

$$\delta z = p\delta x + q\delta y \tag{11.65}$$

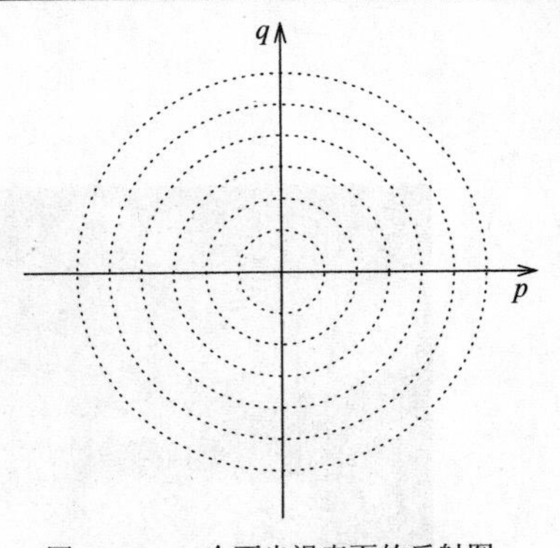

图 11.22 一个不光滑表面的反射图，光源与观察者相邻

沿着x、y、z追踪p、q的值，逐步地跟随表面。p、q的变化是用高度的二阶导数来计算的$r=z_{xx}, s=z_{xy}=z_{yx}, t=z_{yy}$：

$$\delta p = r\delta x + s\delta y,\quad \delta q = s\delta x + t\delta y \tag{11.66}$$

现在考虑图像辐照度方程$E(x, y)=R(p, q)$，式（9.112）以及相对于x, y的微分，以便计算亮度梯度：

$$E_x = rR_p + sR_q,\quad E_y = sR_p + tR_q \tag{11.67}$$

δx、δy的方向可以任意地选择：

$$\delta x = R_p\xi,\quad \delta y = R_q\xi \tag{11.68}$$

参数ξ 沿着特殊的解曲线变化。此外，沿着该曲线的表面方向是已知的；因此它被称为特征带。

我们现在可以将梯度的变化δp、δq 表达为依赖于梯度图像亮度的量，这是关键的“诀窍”。通过考虑式（11.66）和式（11.67）可以产生一组普通的微分方程，点代表相对于ξ 的微分：

$$\dot{x} = R_p,\quad \dot{y} = R_q,\quad \dot{z} = pR_p + qR_q,\quad \dot{p} = E_x,\quad \dot{q} = E_y \tag{11.69}$$

表面上的有些点的表面方向事先是已知的，它们为法向量的计算提供了边界条件。这些点是：

- 表面**遮挡边界**（**occluding boundary**）的点；遮挡边界是表面上的一条曲线，对应于从观察者旋转出去的表面部分，即局部切平面与观察者的方向重合的那些点的集合。在这样的边界上表面法向可以唯一地确定出来（相差一个符号），这是因为它与图像平面平行且与朝着观察者的方向垂直。该法线信息可以从遮挡边界传播到恢复的面元中。尽管遮挡边界唯一地约束了表面方向，但是它并不能为唯一地恢复深度给解提供充分的约束[Oliensis, 1991]。
- 图像中的奇异点；我们已经看到表面点梯度至多没有完全被图像的亮度所约束。假设反射函数$R(p, q)$具有全局最大值，所以对于所有的$[p, q] \neq p_0, q_0$，则$R(p, q)< R(p_0, q_0)$。该最大值对应于图像中的奇异点：

$$E(x_0, y_0) = R(p_0, q_0) \tag{11.70}$$

这里，表面法向平行于朝着光源的方向。在一般情况下，奇异点是特征带的汇源（sources and sinks）。

在[Horn, 1990]中指出特征带方法的直接实现并不能产生明显好的结果，原因在于沿着带独立积分的数值不稳定性。

全局优化方法

这些方法是将问题形式化为变分问题，其中整个图像在所选择的函数中起一定的作用。所获得的结果一般比增量方法所产生的要好。

我们已经知道在从亮度恢复表面法向的简化条件下（在 3.4.5 节中陈述的），图像的辐照度式（9.112）将图像辐照度E和表面反射R关联起来了：

$$E(x, y) = R(p(x, y), q(x, y)) \tag{11.71}$$

我们的任务是在给定图像$E(x, y)$和反射图$R(p, q)$条件下，求出表面高度$z(x, y)$。

现给出一幅亮度图像，每个像素的可能方向的轨迹可以在梯度空间中找到，这直接地减少了场景的可能解释的数目。当然，在这个阶段，一个像素可以是落在梯度空间轮廓上的任何表面的一部分；为了确定是哪

一个，需要求助于另一个约束。决定轮廓上的哪个点是正确的，关键在于注意到“几乎任何位置”的 3D 表面都是光滑的，这是在如下的意义下：邻近的像素非常可能代表这样的方向，这些方向在梯度空间中的位置也十分靠近。这个附加的约束使我们可以采用松弛过程来确定该问题的最适合（费用最小）的解。该过程的细节与提取光流中用到的非常相似，在第 16.2.1 节中有更完整的讨论，这里摘要如下：

算法 11.3 从阴影提取形状

1. 对于每个像素(x_i, y_i)，选择一个初始方向的预测 $p^0(x_i, y_i)$, $q^0(x_i, y_i)$。
2. 使用两个约束：
   (a) 观察到的亮度 $f(x_i, y_i)$ 应该接近用反射图 $R(p(x_i, y_i), q(x_i, y_i))$估计出来的值，而反射图是从预知的照明和表面特性导出的。
   (b) p 和 q 是很光滑的，因此它们的拉格朗日乘子$(\nabla p)^2$ 和$(\nabla q)^2$ 应该小。
3. 使用拉格朗日乘子法最小化如下的量：

其中

$$E = \sum_i \left(f(x_i, y_i) - R\left(p(x_i, y_i), q(x_i, y_i) \right) \right)^2 + \lambda \iint_\Omega \left(\nabla p \right)^2 + \left(\nabla q \right)^2 \mathrm{d}x\mathrm{d}y \tag{11.72}$$

式（11.72）的第一项是亮度“知识”，而第二项则是在整个（连续的）域 Ω 上积分得到的。离散化后，利用共轭梯度下降方法可以进行最小化[Szeliski, 1990]。

在该领域有重要意义的工作应归于 Horn [Horn, 1975]和 Ikeuchi [Ikeuchi and Horn, 1981]，这是在 Marr 理论发表之前出现的，完成于 1980 年而具有本书中的形式。从阴影到形状，作为机器视觉中实现的形式，常常不如其他的“从……到形状”的技术可靠，这是因为反射是那么容易混淆，或者因为反射函数的模型太糟糕而失败。这个现象增强了我们的认识：人类识别系统是非常有力的，它在使用精细的知识时并不受到这些缺点的影响。

局部阴影分析

局部阴影分析只使用表面上当前点的一个小邻域，寻找微分表面结构和对应的亮度图像局部结构间的直接关系。表面被看作为小邻域的集合，每个由其一个点的某个局部邻域所定义。只能获得局部表面方向的一个估计，而不能得到一个具体表面点的高度信息。

局部阴影分析的主要优点是：从单目亮度图像中，它给高层视觉算法提供了有关表面的信息，而不需要任何以直接深度形式来重构表面[Sara, 1995]。这之所以可能是因为：亮度图像是与局部表面方向紧密相关的。表面法向和形状算子（“曲率矩阵”（curvature matrix））构成了一个自然的形状模型，它可以通过局部计算从亮度图像中恢复出来，但是通常不能恢复出主表面曲率的符号，这导致了凸/凹/椭圆/双曲四重歧义的出现。这种方法当然比解传播或全局变分法快得多，但是它并不能提供表面的凸性及椭圆率等局部信息。

对局部阴影分析的基本贡献来源于 Pentland [Pentland, 1984]；概述可见[Pentland and Bichsel, 1994]。此外，Šára [Sara, 1994]证明：

（1）我们知道在遮挡边界上，局部表面方向和高斯曲率符号可以唯一地确定。进一步在自遮挡边界上的方向也可以唯一地确定，因此自遮挡轮廓是有关表面明确信息的丰富的来源。

（2）等照度线（图像的等亮度曲线）的微分性质是与其基础表面的性质紧密相关的。如果表面反射具有空间不变性，或光源位于有利位置处，等照度线是从光方向来的等倾斜度曲线的投影。

11.7.2 光度测量立体视觉

光度测量立体视觉（photometric stereo）是一种在假设已知反射函数的条件下，提出了一种确定性地恢复表面方向的方法[Woodham, 1980]。考虑具有变化反照率的特殊 Lambertian 表面。光度测量立体视觉的核心概念是：在改变入射光源的方向时，从一个固定的视图观看表面。假设我们有 Lambertian 表面的三幅或更多幅这样的图像，且知道光源的位置，则表面法向可以根据在所观察到的图像中发生的明暗变化来唯一地确定。

表面上等反射的线对应于图像中的等辐照度 E 的线（也称为等照度线）。局部表面方向 $\mathbf{n}=[-p, q,1]$是沿着反射图的二次曲线受约束的。对于不同的照明方向，表面反射保持不变，但是观察到的反射图 $R(p, q)$变化了。这提供了附加的约束来限制可能的表面方向，它是另一个二阶多项式。对应于两个不同照明方向的两个视图不足以唯一地确定表面方向$[-p, -q,1]$，需要第三个视图来导出唯一的解。如果手上有超过三个不同照明的视图，可以求解超定方程组。

图像获取的一个实际配置由一个摄像机和 K 个点光源构成，$K\geqslant 3$，已知亮度和照明方向 $L_1,\cdots, L_k$。每个时间只有一个光源是开着的。该配置应该经过考虑了光源亮度、特殊摄像机增益、偏移因素的光度测量标定，这样的标定在[Haralick and Shapiro, 1993]中描述了。在光度测量标定之后，图像提供了 K 个图像辐照度的估计 $E_i(x, y); i=1,\cdots, K$。

如果表面没有反射所有的光，则在图像辐照度（如式（3.94）所示）中出现的反照度ρ，$0\leqslant \rho\leqslant 1$。对于 Lambertian 表面，辐照度方程简化为

$$E(x,y)=\rho R(p,q) \tag{11.73}$$

回顾式（3.93）（称作余弦定律），表明 Lambertian 表面的反射图由表面法向 $\mathbf{n}$ 和入射光的方向 L_i 的点积给出。如果将表面反射图代入式（11.73），我们得到 K 个图像辐照度方程

$$E_i(x,y)=\rho L_i^{\mathrm{T}}\mathbf{n},\quad i=1,\cdots,K \tag{11.74}$$

对于图像中的每个点（x, y）我们得到一个图像辐照度矢量 $\mathbf{E}=[E_1,\cdots, E_K]^{\mathrm{T}}$。光方向可以写成 $K\times 3$ 矩阵形式

$$L=\begin{bmatrix} L_1^{\mathrm{T}} \\ \vdots \\ L_K^{\mathrm{T}} \end{bmatrix} \tag{11.75}$$

在每个图像点，图像辐照度方程组可以写成

$$\mathbf{E}=\rho L\mathbf{n} \tag{11.76}$$

矩阵 L 不依赖于图像中像素的位置，因此我们可以导出一个同时表示表面反照度和局部表面方向的矢量。

如果有三个光源，$K=3$，我们可以通过正则矩阵 L 的逆来导出解

$$\rho\mathbf{n}=L^{-1}\mathbf{E} \tag{11.77}$$

则单位法向是

$$\mathbf{n}=\frac{L^{-1}\mathbf{E}}{\left\|L^{-1}\mathbf{E}\right\|} \tag{11.78}$$

对于超过三个光源的情况，通过确定矩形矩阵的伪逆来得到最小二乘意义下的解

$$\mathbf{n}=\frac{(L^{\mathrm{T}}L)^{-1}L^{\mathrm{T}}\mathbf{E}}{\left\|(L^{\mathrm{T}}L)^{-1}L^{\mathrm{T}}\mathbf{E}\right\|} \tag{11.79}$$

注意，为了导出对应的法向的估计，对于每个图像像素 x、y 必须重复用到伪逆（或在式（11.78）中的逆）。

[Drbohlav and Chantler, 2005a]中讨论了如何放置光源以使光度测量立体视觉结果的误差最小。而[Drbohlav and Chantler, 2005b]中则讨论了在仅知道图像中高光的位置信息的情况下如何标定光源。

11.8 总结

- 3D 视觉的目标在于从 2D 场景推断 3D 信息，是一个内含几何和辐射的困难任务。几何问题是单幅图像并不提供有关 3D 结构的充分信息，而辐射问题是创建亮度图像的物理过程的复杂性。这个过

程是复杂的，通常并非所有的输入参数是精确地知道的。

- **3D 视觉任务**
  - 有几种不同的研究 3D 视觉的方法，可以分类为自底向上（或重构）或自上而下（基于模型的视觉）。
  - Marr 的理论，成形于 20 世纪 70 年代，是自底向上方法的一个例子。其目标是在有关场景中物体的非常弱的假设下，从一幅或更多幅亮度图像重构出定性和定量的 3D 几何描述。
  - 按自底向上的形式排出四个表达：①输入亮度图像；②基元图，在观察者为中心的坐标系中表达图像中的显著边缘；③2.5D 图，表达到观察者的深度和表面的局部方向；④3D 表达，在与物体自身相关的坐标系中表达物体的几何。
  - 2.5D 图是从基元图通过各种称之为由 X 到形状的技术导出的。
  - 3D 表达非常难以获得，这个步骤还没有在一般的情况下得以解决。
  - 新近的感知范畴，比如主动的、有目的的、定性的视觉，试图为解释视觉的“理解”方面提供计算模型。
  - 还没有带来直接的实际应用，但是很多部分技术（比如，由 X 到形状）被广泛地应用在实践中。
- **3D 视觉及其几何**
  - 3D 透视几何是 3D 视觉的基本数学工具，正如它在解释针孔摄像机中那样。
  - 在 3D 世界中的平行线在 2D 图像中的投影并非是平行的。
  - 在单透视摄像机的情况，可以做有关内外摄像机参数标定的仔细研究。
  - 两个透视摄像机构成立体视觉配置，可以测量 3D 场景的深度。
  - 极线几何告诉我们对应点的搜索是内在的一维的。这可以用基本矩阵表达为代数形式。
  - 这个工具有几个应用，包括图像矫正、从标定后的摄像机测量进行自运动估计、从两个完全标定好的摄像机做 3D 欧氏重构、从两个只作了内参数标定的摄像机做 3D 相似重构、从两个未标定的摄像机做 3D 射影重构。
  - 从三个摄像机来的视图间存在三线性关系，这在代数上用三焦距张量（trifocal tensor）表达。
  - 三线性张量的应用是极线迁移；如果已知两个图像，还有三焦距张量，第三个透视图像可以计算出来。
  - 对应点问题是 3D 视觉的核心；存在各种被动的和主动的求解技术。
- **辐射学和 3D 视觉**
  - 辐射学告诉我们图像形成的物理机制。
  - 若已知光源的位置、类型、表面方向和观察者位置，就可以从一幅亮度图像得到某种有关深度和表面方向的信息。
  - 这个任务被称为由阴影到形状。
  - 该任务是不明确的和数值上不稳定的。由阴影到形状可以在 Lambertian 表面的简单情况下理解。
  - 有一个实际的方法，它使用一个摄像机和三个已知光源，选择性地照明提供了三个亮度图像。
  - 光度测量立体视觉可以测量表面方向。

11.9 习题

简答题

S11.1　解释自下而上途径（对象重构）与自上而下 3D 视觉（基于模型）之间的差异。

S11.2　解释主动视觉的基本想法，并举出这个方法如何使视觉任务简单化的例子。

S11.3　列举生活中透视图像的例子。哪些现实世界中的平行线与图像中的平行线不对应？

S11.4　什么是单透镜摄像机内在和外在的标定参数？这些参数是怎样从已知的场景中估计到的？

S11.5　变焦透镜与固定焦距透镜比较有更差的几何变形吗？这个差异明显吗？

S11.6　极线几何在立体视觉中的主要贡献是什么？

S11.7　对于两相机光轴平行的情况下（立体视觉规范配置），极点在哪里？

S11.8　立体视觉中的基本矩阵和本质矩阵之间存在什么差异？

S11.9　在立体视觉中错误对应是如何处理的？

S11.10　在计算机视觉中，极线几何学的应用是什么？

S11.11　解释三台相机中的三线关系的原理、优点和应用。极线转移是什么？

S11.12　为什么如果摄像机不移动，我们就不能获得进展？

S11.13　为什么如果摄像机不移动，我们就不能获得一个正确的全景图？

S11.14　如果左右图像有一样明亮的区域，立体对应算法通常会失效。在这种情况下深度估计如何依旧变得可能？

S11.15　主动测距仪（例如，包含一个激光平面）受到遮挡，摄像机将看不到一些点从而有些点就是不亮的。处理这个问题的方法是什么？

S11.16　什么是 Moiré 干涉测量法，它能给出绝对深度吗？

S11.17　一边的像素强度与表面取向、表面反射系数、光源类型和位置以及在另一边观察者位置之间的联系为什么是困难的？

S11.18　在哪一种情况下，能够从一个图像的亮度变化中得到表面方向？

思考题

P11.1　这个问题涉及 Marr’s 理论，特别地，其中的表示策略被称为原始草图（见 11.1.1 节）。

拍摄一幅灰度图像（比如，取自一个办公室场景），然后对该图像使用一种高级边缘检测器（比如 Canny 检测器或者其他类似的）。将图像梯度进行阈值化。

在一篇文章中回答下面的问题：你得到的边缘线条是图片主要的梗概吗？有没有可能从它能直接得到 2.5D 的梗概图？怎样得到？讨论一下在主梗概图中你还需要哪些更多的信息？多尺度怎么办？

P11.2　解释一下齐次坐标的表示。射影变换在其次坐标中是线性的吗？为什么在机器人控制手臂运动学中常常使用其次坐标？（提示：在三维空间中使用齐次坐标表示一个物体的旋转和平移变换。）

P11.3　找到一个焦距已知的摄像机。设计并且做一个实验来找到它的内在标定参数。设计并且使用一个近似的标定物体（比如，激光打印机打印在纸上的格状结构；你可以将它放在一个高度已知物体的不同高度处进行拍摄）。对你得到的结果精度进行讨论。你的摄像机的针孔模型合适吗？（提示：观察图 3.34 中网格的形变）。

P11.4　考虑（立体视觉中）基线为 $2h$ 的两个摄像机的情况下，场景中的一点位于光轴上距离基线深度为 d 处。假设图像平面中像素位置度量 x 的精度由离差 σ^2 给出。推导一个公式来表示深度度量的精度和离差之间的依赖关系。

P11.5　进行一个立体匹配实验。为了简单起见，使用规范配置的摄像机拍摄一对立体图像（极线对应于图像中的直线），然后两幅图像中切掉对应的直线。对这些线的亮度廓线进行可视化（比如，使用 Matlab）。首先，尝试手动地找到亮度之间的对应。然后，决定基于相关的或者基于特征的立体视觉技术对于的问题是否更合适。编写程序并且在你的例子上进行测试。

P11.6　进行一个实验室内的光度测定学立体视觉实验。你将需要一个摄像机和三个光源。拿着一些不透明的物体并且利用广度测定学立体视觉测量它的表面方向。

P11.7　使自己熟悉 Matlab 教辅书中对应于本章中解决的问题以及 Matlab 实现的相关算法[Svoboda et al.,

2008]。Matlab 教辅书的主页 http://visionbook.felk.cvut.cz 中提供了这些问题中使用的图像，以及为教学设计的注释良好的 Matlab 代码。

P11.8　使用 Matlab 教辅书[Svoboda et al., 2008]来求解那里提供的一些附加习题和实际问题。使用 Matlab 或者其他合适的语言来实现你自己的答案。

11.10　参考文献

Aloimonos Y., editor. *Active Perception.* Lawrence Erlbaum Associates, Hillsdale, NJ, 1993.

Aloimonos Y. What I have learned. *CVGIP: Image Understanding*, 60(1):74–85, 1994.

Aloimonos Y. and Rosenfeld A. Principles of computer vision. In Young T. Y., editor, *Handbook of Pattern Recognition and Image Processing: Computer Vision*, pages 1–15, San Diego, 1994. Academic Press.

Aloimonos Y. and Shulman D. *Integration of Visual Modules—An Extension of the Marr Paradigm.* Academic Press, New York, 1989.

Aloimonos Y., editor. Special issue on purposive and qualitative active vision. *CVGIP B: Image Understanding*, 56, 1992.

Bajcsy R. Active perception. *Proceedings of the IEEE*, 76(8):996–1005, 1988.

Bertero M., Poggio T., and Torre V. Ill-posed problems in early vision. *IEEE Proceedings*, 76: 869–889, 1988.

Besl P. J. and Jain R. *Surfaces in range image understanding.* Springer Verlag, New York, 1988.

Besl P. J. and Jain R. C. Three-dimensional object recognition. *ACM Computing Surveys*, 17 (1):75–145, 1985.

Beymer D. and Poggio T. Image representations for visual learning. *Science*, 272:1905–1909, 1996.

Biederman I. Recognition by components: A theory of human image understanding. *Psychological Review*, 94(2):115–147, 1987.

Bowyer K. W. Special issue on directions in CAD-based vision. *CVGIP – Image Understanding*, 55:107–218, 1992.

Brooks R. A., Greiner R., and Binford T. O. The ACRONYM model-based vision system. In *Proceedings of the International Joint Conference on Artificial Intelligence, IJCAI-6*, Tokyo, Japan, pages 105–113, 1979.

Buxton H. and Howarth R. J. Spatial and temporal reasoning in the generation of dynamic scene representations. In Rodriguez R. V., editor, *Proceedings of Spatial and Temporal Reasoning*, pages 107–115, Montreal, Canada, 1995. IJCAI-95.

Cornelius H., Šára R., Martinec D., Pajdla T., Chum O., and Matas J. Towards complete free-form reconstruction of complex 3D scenes from an unordered set of uncalibrated images. In Comaniciu D., Mester R., and Kanatani K., editors, *Proceedings of the ECCV Workshop Statistical Methods in Video Processing*, pages 1–12, Heidelberg, Germany, 2004. Springer-Verlag.

Drbohlav O. and Chantler M. On optimal light configurations in photometric stereo. In *Proceedings of the 10th IEEE International Conference on Computer Vision*, volume II, pages 1707–1712, Beijing, China, 2005a. IEEE Computer Society.

Drbohlav O. and Chantler M. Can two specular pixels calibrate photometric stereo? In *Proceedings of the 10th IEEE International Conference on Computer Vision*, volume II, pages 1850–1857, Beijing, China, 2005b. IEEE Computer Society.

Farshid A. and Aggarwal J. K. Model-based object recognition in dense range images—a review. *ACM Computing Surveys*, 25(1):5–43, 1993.

Faugeras O. D. *Three-Dimensional Computer Vision: A Geometric Viewpoint.* MIT Press, Cambridge, MA, 1993.

Faugeras O. D., Luong Q. T., and Maybank S. J. Camera self-calibration: Theory and experiments. In *2nd European Conference on Computer Vision,* Santa Margherita Ligure, Italy, pages 321–333, Heidelberg, Germany, 1992. Springer Verlag.

Fernyhough J. F. *Generation of qualitative spatio-temporal representations from visual input.* Ph.D. thesis, School of Computer Studies, University of Leeds, Leeds, UK, 1997.

Fitzgibbon A. W. and Zisserman A. Automatic camera recovery for closed or open image sequences. In *Proceedings of the European Conference on Computer Vision,* volume LNCS 1406, pages 311–326, Heidelberg, Germany, 1998. Springer Verlag.

Flynn P. J. and Jain A. K. CAD-based computer vision: From CAD models to relational graphs. *IEEE Transaction on Pattern Analysis and Machine Intelligence,* 13(2):114–132, 1991.

Flynn P. J. and Jain A. K. 3D object recognition using invariant feature indexing of interpretation tables. *CVGIP – Image Understanding,* 55(2):119–129, 1992.

Forsyth D. and Ponce J. *Computer Vision: A Modern Approach.* Prentice Hall, New York, NY, 2003.

Gimel'farb G. *Handbook of Computer Vision and Applications,* volume 2, Signal processing and pattern recognition, chapter Stereo terrain reconstruction by dynamic programming, pages 505–530. Academic Press, San Diego, California, USA, 1999.

Gluckman J. and Nayar S. K. Rectifying transformations that minimize resampling effects. In Kasturi R. and Medioni G., editors, *Proceedings of the IEEE Computer Society Conference on Computer Vision and Pattern Recognition,* volume 1, pages 111–117. IEEE Computer Society, 2001.

Goad C. Fast 3D model-based vision. In Pentland A. P., editor, *From Pixels to Predicates,* pages 371–374. Ablex, Norwood, NJ, 1986.

Golub G. H. and Loan C. F. V. *Matrix Computations.* Johns Hopkins University Press, Baltimore, MD, 2nd edition, 1989.

Haralick R. M. and Shapiro L. G. *Computer and Robot Vision, Volume II.* Addison-Wesley, Reading, MA, 1993.

Hartley R. I. Estimation of relative camera positions for uncalibrated cameras. In *2nd European Conference on Computer Vision,* Santa Margherita Ligure, Italy, pages 579–587, Heidelberg, 1992. Springer Verlag.

Hartley R. I. Self-calibration from multiple views with a rotating camera. In Eklundh J. O., editor, *3rd European Conference on Computer Vision,* Stockholm, Sweden, pages A:471–478, Berlin, 1994. Springer Verlag.

Hartley R. I. In defense of the eight-point algorithm. *IEEE Transactions on Pattern Analysis and Machine Intelligence,* 19(6):580–593, 1997.

Hartley R. I. and Zisserman A. *Multiple view geometry in computer vision.* Cambridge University, Cambridge, 2nd edition, 2003.

Horaud R., Mohr R., Dornaika F., and Boufama B. The advantage of mounting a camera onto a robot arm. In *Proceedings of the Europe-China Workshop on Geometrical Modelling and Invariants for Computer Vision,* Xian, China, pages 206–213, 1995.

Horn B. K. P. Shape from shading. In Winston P. H., editor, *The Psychology of Computer Vision.* McGraw-Hill, New York, 1975.

Horn B. K. P. Height and gradient from shading. *International Journal of Computer Vision,* 5 (1):37–75, 1990.

Horn B. K. P. *Shape from shading: A method for obtaining the shape of a smooth opaque sobject from one view.* Ph.D. thesis, Department of Electrical Engineering, MIT, Cambridge, MA, 1970.

Howarth R. J. *Spatial representation and control for a surveillance system.* Ph.D. thesis, Department of Computer Science, Queen Mary and Westfield College, Univerity of London, UK, 1994.

Ikeuchi K. and Horn B. K. P. Numerical shape from shading and occluding boundaries. *Artificial Intelligence*, 17:141–184, 1981.

Julesz B. Binocular depth perception of computer-generated patterns. *Bell Systems Technical Journal*, 39, 1990.

Klette R., Koschan A., and Schlüns K. *Computer Vision—Räumliche Information aus digitalen Bildern.* Friedr. Vieweg & Sohn, Braunschweig, 1996.

Klir G. J. *Facets of System Science.* Plenum Press, New York, 1991.

Koenderink J. J. *Solid Shape.* MIT Press, Cambridge, MA, 1990.

Landy M. S., Maloney L. T., and Pavel M., editors. *Exploratory Vision: The Active Eye.* Springer Series in Perception Engineering. Springer Verlag, New York, 1996.

Longuet-Higgins H. C. A computer algorithm for reconstruction a scene from two projections. *Nature*, 293(10):133–135, 1981.

Loop C. and Zhang Z. Computing rectifying homographies for stereo vision. In *Proceedings of the IEEE Conference on Computer Vision and Pattern Recognition*, volume 1, pages 125–131. IEEE Computer Society, 1999.

Lütkepohl H. *Handbook of Matrices.* John Wiley & Sons, Chichester, England, 1996.

Ma Y., Soatto S., Košecká J., and Sastry S. S. *An invitation to 3-D vision : from images to geometric models.* Interdisciplinary applied mathematic. Springer, New York, 2004.

Marr D. *Vision—A Computational Investigation into the Human Representation and Processing of Visual Information.* Freeman, San Francisco, 1982.

Marr D. and Hildreth E. Theory of edge detection. *Proceedings of the Royal Society*, B 207: 187–217, 1980.

Marr D. and Poggio T. A. A computational theory of human stereo vision. *Proceedings of the Royal Society*, B 207:301–328, 1979.

Matoušek M., Šára R., and Hlaváč V. Data-optimal rectification for fast and accurate stereovision. In Zhang D. and Pan Z., editors, *Proceedings of the Third International Conference on Image and Graphics*, pages 212–215, Los Alamitos, USA, 2004. IEEE Computer Society.

Maybank S. J. and Faugeras O. D. A theory of self-calibration of a moving camera. *International Journal of Computer Vision*, 8(2):123–151, 1992.

Mohr R. Projective geometry and computer vision. In Chen C. H., Pau L. F., and Wang P. S. P., editors, *Handbook of Pattern Recognition and Computer Vision*, chapter 2.4, pages 369–393. World Scientific, Singapore, 1993.

Newman T. S., Flynn P. J., and Jain A. K. Model-based classification of quadric surfaces. *CVGIP: Image Understanding*, 58(2):235–249, 1993.

Nishihara H. K. Practical real-time imaging stereo matcher. *Optical Engineering*, 23(5):536–545, 1984.

Oliensis J. Shape from shading as a partially well-constrained problem. *Computer Vision, Graphics, and Image Processing: Image Understanding*, 54(2):163–183, 1991.

Pajdla T. and Hlaváč V. Camera calibration and Euclidean reconstruction from known translations. Presented at the workshop *Computer Vision and Applied Geometry*,, 1995.

Pentland A. P. Local shading analysis. *IEEE Transactions on Pattern Analysis and Machine Intelligence*, 6(2):170–187, 1984.

Pentland A. P. and Bichsel M. Extracting shape from shading. In Young T. Y., editor, *Handbook of Pattern Recognition and Image Processing: Computer Vision*, pages 161–183, San Diego,

1994. Academic Press.

Poggio T., Torre V., and Koch C. Computational vision and regularization theory. *Nature*, 317: 314–319, 1985.

Pollard S. B., Mayhew J. E. W., and Frisby J. P. PMF: A stereo correspondence algorithm using a disparity gradient limit. *Perception*, 14:449–470, 1985.

Pollefeys M., Koch R., and VanGool L. Self-calibration and metric reconstruction in spite of varying and unknown internal camera parameters. In *Proceedings of the International Conference on Computer Vision*, pages 90–95, New Delhi, India, 1998. IEEE Computer Society, Narosa Publishing House.

Press W. H., , Teukolsky S. A., Vetterling W. T., and Flannery B. P. *Numerical Recipes in C.* Cambridge University Press, Cambridge, England, 2nd edition, 1992.

Rindfleisch T. Photometric method form lunar topography. *Photogrammetric Engineering*, 32 (2):262–267, 1966.

Sara R. *Local shading analysis via isophotes properties.* Ph.D. thesis, Department of System Sciences, Johannes Kepler University Linz, 1994.

Sara R. Finding the largest unambiguous component of stereo matching. In Heyden A., Sparr G., Nielsen M., and Johansen P., editors, *Proceedings 7th European Conference on Computer Vision*, volume 3 of *Lecture Notes in Computer Science 2352*, pages 900–914, Berlin, Germany, May 2002. Springer.

Sara R. Isophotes: The key to tractable local shading analysis. In Hlavac V. and Sara R., editors, *International Conference on Computer Analysis of Images and Patterns,* Prague, Czech Republic, pages 416–423, Heidelberg, 1995. Springer Verlag.

Semple J. G. and Kneebone G. T. *Algebraic Projective Geometry.* Oxford University Press, London, 1963.

Smutný V. Analysis of rainbow range finder errors. In Hlaváč V. and Pajdla T., editors, *1st Czech Pattern Recognition Workshop*, pages 59–66. Czech Pattern Recognition Society, CTU, Prague, 1993.

Soucy M. and Laurendeau D. Surface modeling from dynamic integration of multiple range views. In *11th International Conference on Pattern Recognition,* The Hague, volume I, pages 449–452, Piscataway, NJ, 1992. IEEE.

Svoboda T., Kybic J., and Hlavac V. *Image Processing, Analysis, and Machine Vision: A MATLAB Companion.* Thomson Engineering, 2008.

Szeliski R. Fast surface interpolation using hierarchical basis functions. *Transactions on Pattern Analysis and Machine Intelligence*, 12(6):513–528, June 1990.

Tichonov A. N. and Arsenin V. Y. *Solution of ill-posed problems.* Winston and Wiley, Washington, DC, 1977.

Triggs B., McLauchlan P., Hartley R., and Fitzgibbon A. Bundle adjustment – A modern synthesis. In Triggs W., Zisserman A., and Szeliski R., editors, *Vision Algorithms: Theory and Practice*, volume 1883 of *LNCS*, pages 298–375. Springer Verlag, 2000.

Tsai R. Y. An efficient and accurate camera calibration technique for 3D machine vision. In *CVPR '86: Computer Society Conference on Computer Vision and Pattern Recognition,* Miami Beach, FL, pages 364–374, 1986.

Ullman S. *High-Level Vision: Object Recognition and Visual Cognition.* MIT Press, Cambridge, MA, 1996.

Ullman S. and Basri R. Recognition by linear combination of models. *IEEE Transactions on Pattern Analysis and Machine Intelligence*, 13(10):992–1005, 1991.

Wechsler H. *Computational Vision.* Academic Press, London–San Diego, 1990.

Werner T., Hersch R. D., and Hlaváč V. Rendering real-world objects using view interpolation. In *5th International Conference on Computer Vision*, Boston, USA, pages 957–962. IEEE Computer Society, 1995.

Woodham R. J. Photometric method for determining surface orientation from multiple images. *Optical Engineering*, 19:139–144, 1980.

第 12 章

3D 视觉的应用

在前面（和后面）的章节中，我们介绍了有关图像处理和视觉的各个不同方面的构造性的方法，借此读者可以产生自己的思想和建立自己的系统。本章的大部分内容与此有所不同；解决复杂任务的 3D 视觉没有定型的简单理论；这里我们避开这一点，提供有关新的方法、任务表达、应用及目前研究的一个概述。从而我们希望使读者了解 3D 视觉的现状；这里的材料有可能将会达到视觉初学者的能力极限，但是，可以成为硕士或博士课程的初级读本。

12.1 由 X 到形状

由 X 到形状（**shape from X**）是旨在从亮度图像抽取形状的一些技术的总称。其中许多方法是估计局部表面方向（例如，表面法向）的技术，而不是估计绝对深度的技术。如果除了局部知识之外，还知道某个特别点的深度，则所有其他点的绝对深度也可以通过沿着表面上的曲线作表面法向的积分计算得到[Horn, 1986]。我们已经提到过属于这个范畴的几个主题，即由立体视觉到形状（见第 11.5 节和 11.6.1 节），由阴影到形状（见第 11.7.1 节），以及光度测量立体视觉（见第 11.7.2 节）。

12.1.1 由运动到形状

运动是 3D 世界的人类观察者使用的一个主要特性。我们看到的真实世界在很多方面是动态的，提供有关形状和深度信息的重要线索有：视图（view）中物体的相对运动，它们相对于观察者的平移和旋转，相对于其他静止和运动物体的观察者的运动。考虑一下仅将你的头从一侧移动到另一侧是如何给你提供由视差引起的丰富信息的，就不难理解利用运动有助于形状抽取的努力了。运动，特别是与其分析有关的低层算法，将在第 16 章中详细讨论，本章只限于形状抽取本身。

研究人类对运动的分析是有益的，Ullman [Ullman, 1979]在计算的框架下对此作了全面的研究。我们是如何从运动的场景做出推断的还远没有搞清楚，为了理解这个问题先后提出了几个理论，特别地，格式塔（Gestaltist）理论是其中之一。格式塔心理学是 20 世纪初期在德国提出来的一个革命性的心理学范畴（“Gestalt”在德文中的意思是“形状”（shape）或“形态”（form））。它声称比较复杂的心理过程并不简单地是由比较简单的心理过程构成的，对事件的因果性提出了质疑。观察的分组（groupings of observations）具有基本重要性的观点被证明是不正确的，Ullman 的实验表明了这一点。在计算机的屏幕上，他模拟了两个不同半径的同轴圆柱绕共同的轴以相反的方向旋转。视线与公共的轴垂直；没有画出圆柱来而只有其表面上随机分布的点。这样，看到的（以每个点为基础）是大量的点以变化的速度从左到右或从右到左移动。点的具体速度和方向依赖于它属于哪个圆柱表面以及它所位于哪个旋转点，事实上，每个单独的点都在作简单的谐波运动，谐波运动是相对于一点进行的，该点在轴的图像投影线上。让人吃惊的结论是：尽管缺少表面线索且在序列的任何单独帧内完全没有结构信息，人类观察者却能毫无疑问地认识场景的性质。

在将一个帧序列解释为一个运动的 3D 场景时，我们所使用的是一些特殊的约束，这些约束有助于我们解决所遇到的非唯一性问题。事实上，我们所见到的运动可能表现为（在时间上）间隔较宽的一些离散帧，或者表现为（伪-）连续的帧，即在给定的一对间（a given pair），帧数变化多得难以区分的情况。我们将分别来考察每种情况，每次使用 Ullman 的如下观察，即从运动场景中抽取 3D 信息可以作为一个两阶段处理来完成：

（1）寻找对应或计算流的性质是一个在像素数组上处理的较低层的阶段。

（2）形状抽取阶段所做的是一个分开的较高层的处理。这是我们这里要考察的阶段。

值得注意的是研究者们在关于这两个阶段是否要分开来进行意见并不一致，存在不同于我们这里讨论的方法 [Negahdaripour and Horn, 1985]。

注意有关运动分析的一种方法表面上看起来与立体视觉中的相似：所拍摄的图像在时间上间隔相对较宽，建立了可见特征间的对应。这种对应问题的解法在第 16 章和第 11.6.1 节中有详细的论述。这里值得指出的是：它与立体视觉对应问题的类同之处是有欺骗性的，这是因为场景中完全可能含有任意数目的独立运动的物体，这意味着相关性可能只是严格的局部性的。两个图像并不具有相同的场景，而是（更可能地）含有处于不同相对位置处的同样的一些物体。

在运动分析中寻找对应点比起在立体视觉中的情况可能会容易些。一般是可以获取稠密的图像序列的（即相邻帧间的时间间隔可以小到使对应的特征非常靠近，从而使搜索它们的过程几乎微不足道）。此外，在下一帧中的特征位置可以通过以下的方式来预测：使用类似于控制理论中的那些技术来估计其轨迹。卡尔曼滤波（Kalman filter）方法（见第 16.6.1 节）是一种常用的技术。

刚性与由运动到结构定理

现在我们假设对应点问题已经解决，需要做的是抽取某种形状信息，即给定一组两个视图中的点，如何将它们解释为 3D 物体？正如可预料的那样，巨大数量的可能解释是通过使用约束来解决的；在这个领域 Ullman 的成功是基于如下的心理物理学的观察：人类视觉系统似乎假设物体是刚性的。刚性约束促使产生了如下的由运动到结构的精致定理的证明：四个非共面点的三个正投影具有属于一个刚体的唯一的 3D 解释。我们将给出该定理证明的一个概要，它是构造性的，因而给定从一个运动序列中来的三帧中的对应点就可以使我们抽取出其合适的几何信息。在使用中，该定理使我们可以使用取自图像序列的四点的样本，如果它们同属于一（刚）体，则产生一个解释，而如果它们不是这样，存在一个刚性解释机会的概率是小得可以忽略不计的，这就是说该算法在仅产生“正确的”答案意义上具有自验证性。这样，如果有 N 个对应点，我们可以搜索出 $N/4$ 个刚性解释，其中一些是无效的，其他的将根据它们所属的刚体聚合起来。

定理的证明涉及该问题的重新表述，使其定义成为在 3D 几何学中的一个等价问题的解。给定具有刚性解释的四点的三个正投影，对应关系使之可以标记为每个图像中的 O、A、B、C。首先请注意物体的运动可以分解为平移和旋转运动；前者给出一个固定点相对于观察者的运动，而后者给出物体的相对旋转（例如，绕选择的固定点的旋转）。平移运动只要足以分辨就不难确定出来。我们只能确定其在与投影垂直方向上的运动，这是由任意选择的一个点，比如说 O，（在 2D 中）的平移给出的。注意，我们无法确定其与投影平行方向的运动。

剩下的是要确定旋转运动；为了解决该问题，我们可以假设 O 是固定点，来寻求将 A、B、C 作为属于与 O 同一个刚体的解释。因此，我们将问题转化为已知相对于共同原点 O 的 A、B、C 的 3 对（2D）坐标，每个不同的正投影都有一组这样的坐标；现在要求解的是这些投影的（3D）方向。

形式化地，假设我们在 3D 中有原点 O 和对应于 A、B、C 的 3 个向量 $\mathbf{a}$、$\mathbf{b}$、$\mathbf{c}$；给定 $\mathbf{a}$、$\mathbf{b}$、$\mathbf{c}$ 在 3 个未知方向的平面 Π_1、Π_2、Π_3 上的投影，我们需要重建的 $\mathbf{a}$、$\mathbf{b}$、$\mathbf{c}$ 的 3D 几何。现在设平面 Π_i 的坐标系由向量 $\mathbf{x}_i$ 和 $\mathbf{y}_i$ 定义；即 $\mathbf{x}_i$ 和 $\mathbf{y}_i$ 是平面 Π_i 中的 3D 正交单位向量。在这些坐标系上，假设在平面 Π_i 上这些点的投影坐标是 $(a_{xi}, a_{yi}), (b_{xi}, b_{yi}), (c_{xi}, c_{yi})$，这 9 个坐标对是算法的输入。最后设 $\mathbf{u}_{ij}$ 是平面 Π_i 和 Π_j 交线上的单位向量。

根据初等解析几何有

$$
\begin{aligned}
a_{xi} = \mathbf{a}\mathbf{x}_i \quad a_{yi} = \mathbf{a}\mathbf{y}_i \\
b_{xi} = \mathbf{b}\mathbf{x}_i \quad b_{yi} = \mathbf{b}\mathbf{y}_i \\
c_{xi} = \mathbf{c}\mathbf{x}_i \quad c_{yi} = \mathbf{c}\mathbf{y}_i
\end{aligned} \tag{12.1}
$$

进而，由于 $\mathbf{u}_{ij}$ 在平面 Π_i 和 Π_j 上，必定存在标量 $\alpha_{ij}, \beta_{ij}, \gamma_{ij}, \delta_{ij}$ 使下式成立

$$\begin{aligned}\alpha_{ij}^2+\beta_{ij}^2&=1\\ \gamma_{ij}^2+\delta_{ij}^2&=1\end{aligned} \tag{12.2}$$

且

$$\begin{aligned}\mathbf{u}_{ij}&=\alpha_{ij}\mathbf{x}_i+\beta_{ij}\mathbf{y}_i\\ \mathbf{u}_{ij}&=\gamma_{ij}\mathbf{x}_j+\delta_{ij}\mathbf{y}_j\end{aligned} \tag{12.3}$$

因此

$$\alpha_{ij}\mathbf{x}_i+\beta_{ij}\mathbf{y}_i=\gamma_{ij}\mathbf{x}_j+\delta_{ij}\mathbf{y}_j \tag{12.4}$$

我们可以分别用 **a**、**b**、**c** 与上式作点积，再使用式（12.1）就有

$$\begin{aligned}\alpha_{ij}a_{xi}+\beta_{ij}a_{yi}&=\gamma_{ij}a_{xj}+\delta_{ij}a_{yj}\\ \alpha_{ij}b_{xi}+\beta_{ij}b_{yi}&=\gamma_{ij}b_{xj}+\delta_{ij}b_{yj}\\ \alpha_{ij}c_{xi}+\beta_{ij}c_{yi}&=\gamma_{ij}c_{xj}+\delta_{ij}c_{yj}\end{aligned} \tag{12.5}$$

这样我们就有了用已知量的项（a_x, a_y 等）表达的未知数 $(\alpha, \beta, \gamma, \delta)$ 的关系。

容易说明式（12.5）是线性无关的（这正是 O、A、B、C 非共面性的事实所使用的地方）。因此，使用式（12.2）的约束，求解 α_{ij}、β_{ij}、γ_{ij}、δ_{ij} 是可能的，事实上，有两个仅差符号的可能解。

这个（可找到的）解是重要的，因为这意味着我们可以用坐标基向量项 $\mathbf{x}_i$、$\mathbf{y}_i$、$\mathbf{x}_j$、$\mathbf{y}_j$ 来表示 $\mathbf{u}_{ij}$。为了知道为什么这是重要的，在 3D 中画出这三个平面，它们相交于共同的原点 O 因而定义了一个四面体；我们感兴趣的是平面间的相对夹角，如果可以重新获得四面体的几何，就可以得到这些角度。但是注意，知道了 α_{ij}、β_{ij}、γ_{ij}、δ_{ij} 使我们可以计算距离

$$\begin{aligned}d_1&=|\mathbf{u}_{12}-\mathbf{u}_{13}|\\ d_2&=|\mathbf{u}_{12}-\mathbf{u}_{23}|\\ d_3&=|\mathbf{u}_{13}-\mathbf{u}_{23}|\end{aligned} \tag{12.6}$$

例如

$$\begin{aligned}\mathbf{u}_{12}-\mathbf{u}_{13}&=(\alpha_{12}\mathbf{x}_1+\beta_{12}\mathbf{y}_1)-(\alpha_{13}\mathbf{x}_1+\beta_{13}\mathbf{y}_1)\\ &=(\alpha_{12}-\alpha_{13})\mathbf{x}_1+(\beta_{12}-\beta_{13})\mathbf{y}_1\end{aligned} \tag{12.7}$$

由于 $\mathbf{x}_1$ 和 $\mathbf{y}_1$ 是正交的，因此

$$d_1=(\alpha_{12}-\alpha_{13})^2+(\beta_{12}-\beta_{13})^2 \tag{12.8}$$

现在由三个平面相交形成的四面体由原点 O 和一个三角形基底所定义，我们可以考虑由距原点单位距离的三点所给出的基底。通过构建，该三角形具有三边 d_1、d_2、d_3，我们可以重建起所需要的四面体。

注意到一个点位于该点到任意两个上述平面上的投影线即相应平面的法线的交点上，确定 3D 结构现在就是可能的了。

这里在证明中，当 d_i 其中之一是 0，四面体退化了的这种复杂情况我们没有讨论。解决这个问题并不困难，完整的证明可见[Ullman, 1979]。

值得注意的是，Ullman 的结果在如下的意义下是最好的可能了：要确保刚体的唯一重建就需要四点时的不能少于三个投影，或三个投影时的不能少于四个点。还需要记住的是该结果是在正投影下得到的，而一般的图像投影是透视的（当然，正投影是其中的一种特殊情况）。这并不成问题，这是因为对于透视投影也可以得出类似的结果[Ullman, 1979]。事实上，这是不必要的，因为透视投影的一个邻域可以近似为一组不同的正投影；因此，在这样的邻域内，所给出的定理是有效的。有趣的是，似乎有迹象表明人类视觉系统在从运动中抽取形状信息时，使用了这类的正投影近似。

这个结果在主动视觉应用中特别有价值[Blake and Yuille, 1992; Aloimonos, 1993]，比如，装有摄像机的机械臂，当这个系统发现它不能“看清”某些感兴趣的特别物体时，机械臂将会移动到不同的视角，使其与

前面的相协调。

由光流到形状

呈现在人类观察者面前的运动不再是前面章节中所讨论的那种，而是连续的，视图中场景的变化是平滑的。因此，在（时间）间隔较宽的视图间的考察方法是一个简化情况，人们很自然会问：如何来处理这种在时间上彼此十分靠近的帧的“极限情况”，事实上，众所周知人类眼睛对相对较少的帧率就会感觉到连续的运动（正如电影胶片所表现的那样）。显然，由于对应点间的间隔只差无限小的距离，因而寻找对应点的方法不再有任何用处了，在连续运动的研究中有意义的是像素的明显速度（方向和速度）。因此，在连续的序列中， 我们感兴趣的是每个像素(x, y) 的明显运动，由光流场（optical flow field）给出$(\mathrm{d}x/\mathrm{d}t, \mathrm{d}y/\mathrm{d}t)$。在第 16 章，详细地介绍了光流，并描述了根据观察亮度函数（灰阶）的变化抽取光流的算法；因此，本节中我们假设可以获得光流场，我们的问题是如何使用它以表面方向的形式来抽取形状（事实上，光流可用于导出若干运动性质，比如平移或旋转性质，这些在第 16 章中考虑）。

由光流确定形状的过程在数学上并非轻而易举，这里我们给出该主题的一个早期简化形式的表述[Clocksin, 1980]。在两部分中作了简化：

- 运动是由观察者在静态景物中沿着直线行进引起的。不失一般性，假设运动是在以观察者为中心的坐标系中沿 z 轴方向上进行（即观察者位于原点）。
- 图像不是作为在 2D 平面上的投影，而是作为在以观察者为中心的单位球面上的形式所形成（一个“球形视网膜”）。3D 中的点用球面极坐标表达而不用迪卡儿坐标，球面极坐标(r, θ, φ)（见图 12.1）与(x, y, z)的关系有如下的方程：

$$r^2 = x^2 + y^2 + z^2 \tag{12.9}$$

$$y = x\tan\theta \tag{12.10}$$

$$z = r\cos\varphi \tag{12.11}$$

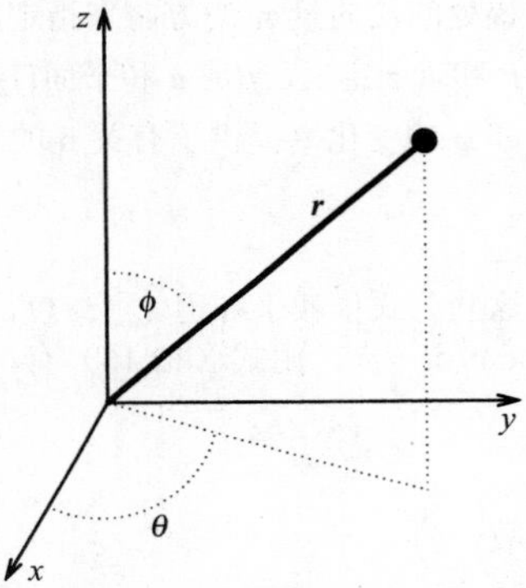

图 12.1　球面极坐标的定义

由于图像是球面的，我们可以用坐标对(θ, φ)来表示，而不用平常的(x, y)，因而光流是$(\mathrm{d}\theta/\mathrm{d}t, \mathrm{d}\varphi/\mathrm{d}t)$。假设观察者的速度是 v（在 z 轴方向上），在 3D 中点的运动由下式表达：

$$\frac{\mathrm{d}x}{\mathrm{d}t} = 0,\quad \frac{\mathrm{d}y}{\mathrm{d}t} = 0,\quad \frac{\mathrm{d}z}{\mathrm{d}t} = -v \tag{12.12}$$

将式（12.9）对 t 作为微分得

$$\begin{aligned} 2r\frac{\mathrm{d}r}{\mathrm{d}t} &= 2x\frac{\mathrm{d}x}{\mathrm{d}t} + 2y\frac{\mathrm{d}y}{\mathrm{d}t} + 2z\frac{\mathrm{d}z}{\mathrm{d}t} \\ &= -2vz \\ \frac{\mathrm{d}r}{\mathrm{d}t} &= -\frac{vz}{r} \\ &= -v\cos\varphi \end{aligned} \tag{12.13}$$

将式（12.10）对 t 作为微分得

$$\begin{aligned} \frac{\mathrm{d}y}{\mathrm{d}t} &= \tan\theta\frac{\mathrm{d}x}{\mathrm{d}t} + x\sec^2\theta\frac{\mathrm{d}\theta}{\mathrm{d}t} \\ 0 &= 0 + x\sec^2\theta\frac{\mathrm{d}\theta}{\mathrm{d}t} \end{aligned} \tag{12.14}$$

因此

$$\frac{\mathrm{d}\theta}{\mathrm{d}t} = 0 \tag{12.15}$$

将式（12.11）对 t 作为微分得

$$\frac{\mathrm{d}z}{\mathrm{d}t}=\cos\varphi\frac{\mathrm{d}r}{\mathrm{d}t}-r\sin\varphi\frac{\mathrm{d}\varphi}{\mathrm{d}t}$$

因此，根据式（12.12）和式（12.13）有

$$-v=-v\cos^2\varphi-r\sin\varphi\frac{\mathrm{d}\varphi}{\mathrm{d}t}$$

故

$$\frac{\mathrm{d}\varphi}{\mathrm{d}t}=\frac{v\,(1-\cos^2\varphi)}{r\sin\varphi}=\frac{v\sin\varphi}{r} \tag{12.16}$$

式（12.15）和式（12.16）是重要的。前者是说对于这种特殊的运动，θ 的变化率是 0（θ 是常量）。更有意义的是，后者说明如果给定光流 $\mathrm{d}\varphi/\mathrm{d}t$，则 3D 点距观察者的距离 r 在相差一个尺度因子 v 的意义下可以取得。特别地，如果已知 v，则 r 和完整的深度图可以从光流中导出来。深度图使 3D 场景的重建成为可能，因此，就可以获得表面（r 的平滑变化的区域）和边缘（r 的不连续处）的特征。

在不知道 v 的情况下，仍然可以从光流中获取表面的信息。特别地，假设点 P 在光滑表面上，它可以用该处的法向量 **n** 的方向来指定。这个方向可以由两个角度 α 和 β 指定，其中 α 是 **n** 和平面 Π_1 间的角度，由点 P 和轴 z 定义，β 是 **n** 和平面 Π_2 间的角度，Π_2 是与 Π_1 垂直并通过 P 和原点的平面。直觉上，显然 r 相对于 θ 和 φ 的变化率提供了有关 **n** 的方向信息。简单的中等解析几何给出如下关系：

$$\tan\alpha=\frac{1}{r}\frac{\partial r}{\partial\varphi},\quad \tan\beta=\frac{1}{r}\frac{\partial r}{\partial\theta} \tag{12.17}$$

这些公式依赖于知道 r（深度图），但是可以将它们与式（12.16）结合起来以便克服这一点。为了方便，记 $\mathrm{d}\varphi/\mathrm{d}t=\dot{\varphi}$，由式（12.16）有

$$r=\frac{v\sin\varphi}{\dot{\varphi}} \tag{12.18}$$

故

$$\begin{aligned}\frac{\partial r}{\partial\varphi}&=v\frac{\dot{\varphi}\cos\varphi-\sin\varphi(\partial\dot{\varphi}/\partial\varphi)}{\dot{\varphi}^2}\\ \frac{\partial r}{\partial\theta}&=-v\frac{\sin\varphi(\partial\dot{\varphi}/\partial\theta)}{\dot{\varphi}^2}\end{aligned} \tag{12.19}$$

将式（12.18）和式（12.19）代入式（12.17）有

$$\begin{aligned}\tan\alpha&=\cot\varphi-\frac{1}{\dot{\varphi}}\frac{\partial\dot{\varphi}}{\partial\varphi}\\ \tan\beta&=\frac{1}{\dot{\varphi}}\frac{\partial\dot{\varphi}}{\partial\theta}\end{aligned} \tag{12.20}$$

因此，给定流 $\dot{\varphi}$（我们的假设），就可以直接获得角度 α 和 β，与 v 无关且无须确定由 r 给出的深度图。

原始参考文献[Clocksin, 1980]给出了该推导的完整过程，进而描述了如何从已知的光流抽取边缘信息的方法。其中还包括了一些在计算理论的框架下给出的有关人类运动感知的心理物理因素的有趣的讨论。

12.1.2 由纹理到形状

有明显迹象表明人类在抽取深度信息时使用了纹理特征[Marr, 1982]。只要考虑 3D 中的有规则模式的物体，就不难看出这一点。两个现象是鲜明的：表面所被观察的角度会引起**纹理基元**（**texture primitive (texel)**）的（透视）变形，还有基元的相对大小随着距观察者的距离而变化。如图 12.2 所示的简单例子足以说明这一点。计算机视觉可以在各种不同的抽象层次上利用纹理，第 15 章中给出了一定细节的利用方法。这里我们简要地看看利用纹理特征来协助抽取形状信息[Bajcsy and Lieberman, 1976; Kanatani and Chou, 1989]。

考虑一个具有相同纹理基元模式的纹理表面，其中的纹理基元已经由较低层的处理提取出来，注意相对于观察者在投影到视网膜图像上的任意点处，它具有三个性质：距观察者的距离；**倾斜**（**slant**）即表面从观

图 12.2　3D 中的简单纹理模式。左边显示的是渐渐消失的砖墙，右边是从纹理变化感觉到的妇女的体形

察者倾斜出去的角度（在表面法向和视线间的角度）；**俯仰（tilt）**即倾斜发生的方向。重新获得其中的一些信息是基于**纹理梯度（texture gradient）**的，即感知到的纹理基元尺寸的最大变化率方向。一种方法[Bajcsy and Lieberman, 1976]假设一致的纹理基元大小。

如果纹理特别简单，感知到的 3D 基元的形状将会揭示出表面方向的信息。例如，如果平面上标有相同的圆，它们在图像中看到的是椭圆（见图 12.3）。椭圆的离心率提供了倾斜信息，而椭圆轴的方向指示俯仰[Stevens, 1979]。有迹象表明[Stevens, 1979]人类观察者利用纹理梯度作为抽取俯仰和（相对）距离的基本线索，但是倾斜要根据其他两个参数的估计处理来推断。俯仰由纹理梯度的方向指出来（见图 12.4），而物体外观上的尺寸以它们到观察者的距离倒数的比例减小。

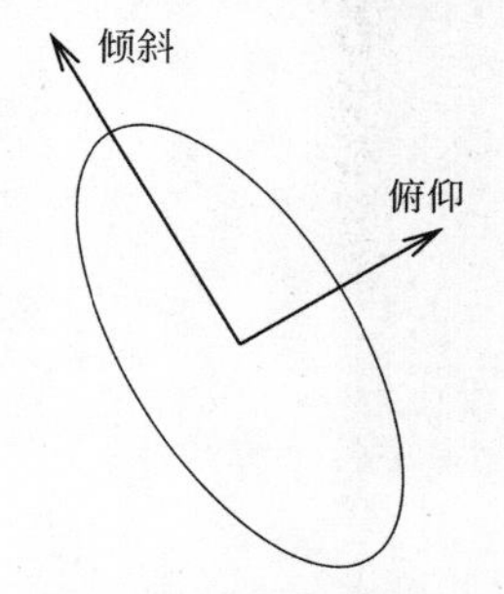

图 12.3　纹理基元揭示出倾斜和俯仰

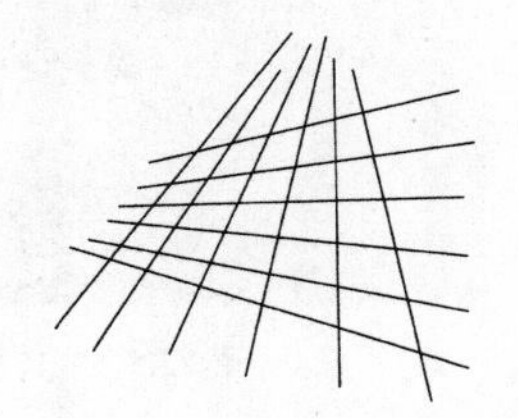

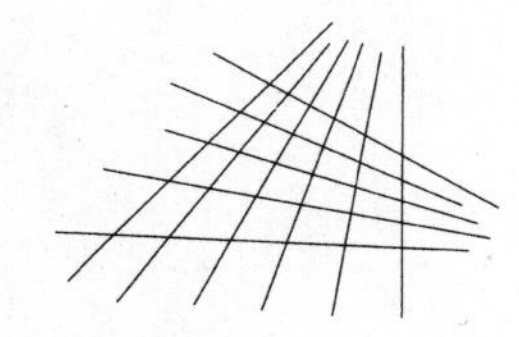

图 12.4　俯仰影响纹理的外观

大尺度的纹理影响可以提供有关大尺度场景几何的信息；特别地，强线性影响指明"消失点"，它们合起来提供场景地平线。注意要获得这个结论，事实上图像并不一定要含有大量的长直线，这是因为通常这样的线条可以用若干片段推导出来，而其共线性可以用，比如说，Hough 变换推断出来。这样的共线性可能是城市场景的适当特征，其中某种大小的矩形物体可能占主导地位。

纹理有多种解释，相应地有大量的抽取形状的努力，一个有用的奠基性工作可见[Witkin, 1981]。在[Blostein and Ahuja, 1989]中使用的是多尺度方法，而[Aloimonos and Swain, 1985]提出了一种有趣的方法表明"由纹理到形状"等价于"由阴影到形状"，因此使得可以在从阴影抽取表面参数中利用已经建立起来的结果。纹理在抽取形状中通常用作附加的或补充的特征，增强另一个更强的线索。

12.1.3　其他由 X 到形状的技术

由聚焦/散焦到形状（shape from focus/de-focus）技术是基于如下的事实：镜头具有有限的景深，只有在正确距离处的物体才是清晰的，其他的物体与它们的距离成比例地模糊了。可以区分为两种主要的方法：

由聚焦到形状和由散焦到形状。

由聚焦到形状以主动的方式量测一个位置处的深度，这个技术在机械工程中用于 3D 测量机器中。待量测的物体固定在沿 x、y、z 轴移动的马达控制的平台上。摄像机通过显微镜头观察到一块表面，如果视图中的该面片（由小图像窗口给出）是焦点对准的，则图像具有最多数量的高频；这个有关对焦的定性信息用作 z 轴伺服电动机的反馈。将图像的焦点对准，从马达控制的平台上读出 x、y、z 坐标。如果要测量图像中所有点的深度，每次置传感器相对于场景一个小增量拍摄大量的图像，对于每个图像点检测其最大的焦点对准位置[Krotkov, 1987; Nayar and Nakagawa, 1994]。

由散焦到形状一般使用在不同深度处拍摄到的两幅输入图像估计深度。整个场景的相对深度可以从图像模糊（image blur）重建出来。图像可以建模为一个适当的点传播函数的图像卷积（见第 3.1.2 节），该函数或者根据拍摄布置的参数已知，或者被估计出来，例如通过在图像中观察一个明显的深度台阶。深度重建，这是一个不适定问题[Pentland, 1987]，是根据局部频率分析进行的。由散焦到形状与由立体到形状和由运动到形状有一个共同的固有问题，即需要场景被细致的纹理所覆盖。已经建立起了一种实时（30Hz）的由散焦到深度的传感器[Nayar et al., 1996]：该设备使用主动的纹理照明来分析在两个不同深度处拍摄的两幅图像中的相对模糊。照明模式和深度估计是作为傅里叶域中的优化问题导出来的。**由会聚到形状**（**shape from vergence**）使用固定在一个共同杆上的两个摄像机。使用两个伺服机构可以改变它们的光轴（会聚）使其位于包含其光心连线的平面内。这样的装置称为**立体视觉平台**（**stereo heads**），见图 12.5。

图 12.5 立体视觉平台的例子

由会聚到形状的目的是便于解决对应点问题来估计深度[Krotkov and Bajcsy, 1993]，会聚被用来对准（align）左右图像中的单独的特征点。

由轮廓到形状（**shape from contour**）的目的是从一个或更多视角中看到的轮廓（contours）描述 3D 形状。具有光滑边界表面的物体是很难分析的。

遵循在[Ullman, 1996]中给出的术语，假设从某个视点观察物体。在物体表面上满足以下条件的所有点的集合叫做**轮缘**（**rim**）：它们具有与观察者的视线垂直的表面法向 [Koenderink, 1990]。注意在一般情况下轮缘不是平面曲线。假设正投影，轮缘产生出物体在图像中的一条**轮廓线**（**silhouette**）。如果有背光照明不难可靠地获得轮廓线，尽管有可能会出现两个不同的轮缘点被投影为单独的一个图像点的特殊的复杂情况。

最一般的方法将轮廓考虑为轮廓线再加上表面上显著曲线的映像，例如，对应于表面曲率不连续处的那些。后者一般可以用边缘检测子在亮度图像上找到。麻烦的是该过程常常不够鲁棒；比较简单而常使用的方法以轮廓线为轮廓（contours）。在图 12.6 中，显示出了杏的图像的轮廓线和表面不连续处。

由轮廓到形状的固有困难来自于在 3D 到 2D 的投影中损失的信息。我们知道该投影是不可逆的，这是因为不同的物体会产生相同的投影。这个事实如图 12.7 所示，其中球和椭球投影为相同的图像即椭圆。人

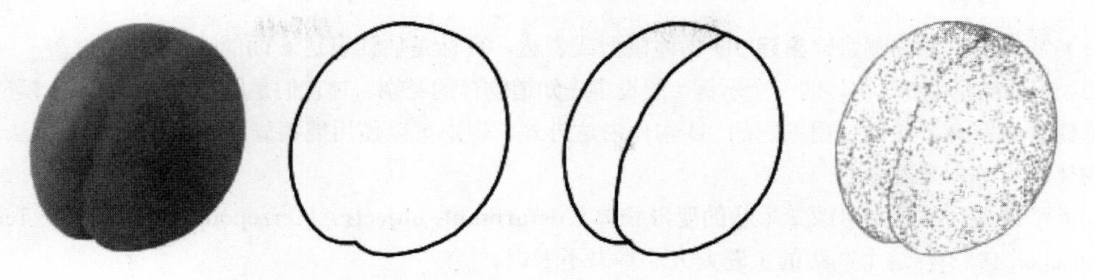

图 12.6 杏；以轮廓线为轮廓或以轮廓线加上表面不连续处为轮廓，索贝尔边缘检测器不充分结果

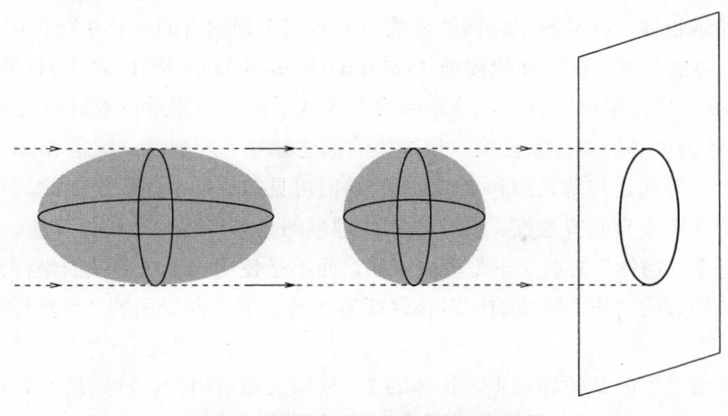

图 12.7 由轮廓到形状任务的不明确性

类在从轮廓中感知清晰的 3D 形状方面的成功是令人惊异的，其中似乎使用了极多的背景知识来辅助。理解人类的这种能力是计算机视觉的一个主要挑战。轮廓是用作它们所代表的形状的约束，目标是减少可能解释的数目。

该方法的详细描述可以查阅[Nevatia et al., 1994]。

12.2 完全的 3D 物体

12.2.1 3D 物体、模型以及相关问题

3D 物体（**3D object**）的概念使我们可以将 3D 体作为整个 3D 世界的一部分来考虑。这个体（volume）对于目前的任务来说有特殊的解释（语义的，有目的的）。这样的一种方法与一般的系统理论[Klir, 1991]在处理复杂现象时的方法相一致，其中将物体与不感兴趣的背景分离开。迄今为止，我们考虑了几何学（见第 11.2 节）和辐射测定学（见第 3.4.4 节）技术，它们提供 3D 中间线索，我们隐含地假设了这样的线索有助于理解 3D 物体的性质。

形状（**shape**）是人类一般将其与 3D 物体相关联的另一种非形式的概念。回顾当我们考虑山、花瓶或杯子的形状时所具有的理解。计算机视觉的目标是表达 3D 物体的科学方法，但是在一般意义下，目前还没有可表达形状的数学工具。对形状的抽象层面感兴趣的读者可以阅读有关立体形状的课本[Koenderink, 1990]。但是这里我们不讨论 3D 形状的纯抽象层面的问题。而是采用将 3D 物体部分作为局部的简单体或表面基元的简单几何方法。对表面形状没有约束的由曲线而成的表面（curvilinear surfaces）称作**自由形态的表面**（**free-form surface**）。

粗略地讲，可将 3D 视觉任务区分为两类：

（1）从真实世界的测量来**重建** 3D 物体模型或表达，目标是估计表达表面的连续函数。

（2）**识别**场景中 3D 物体的一个示例。假设事先知道物体的类别，且它们是用一个适当的 3D 模型表示的。

重建和识别两个任务使用不同的 3D 物体表达方式。识别可以使用能很好地区分不同类的方法，而不需要将物体作为整体来刻画。

人类常常遇到并识别可改变形状的**变形物体**（**deformable objects**）[Terzopoulos et al., 1988; Terzopoulos and Fleischer, 1988]，这个高级的主题太大，本书不考虑。

计算机视觉以及计算机图形学都使用 **3D 模型**（**3D models**）来封装一个 3D 物体的形状。3D 模型在计算机图形学中用来产生详细的表面描述，以便绘制真实感 2D 图像。在计算机视觉中，模型或用于重建（复制、以不同的视角显示物体、在动画中略微改变物体）或用于识别目的，其中特征用于区分不同类的物体。模型主要分为两类：体的和表面的。**体积模型**（**volumetric models**）明确地表达 3D 物体的"内部"，而**表面模型**（**surface models**）只使用物体表面，这是因为多数基于视觉的测量技术只能看到非透明实体的表面。

3D 模型向以物体为中心的坐标系转换，使物体的描述独立于观察者。这是 Marr 范畴中最困难的阶段。成功地实现还很遥远，特别是与基元图和 2.5D 图的导出可见的成功相比更是如此。与以前的阶段不同，由于这个层次的人类视觉还没有研究透彻，几乎没有生理学的指导可以用于设计算法。Marr 认为目标坐标系应该在不同地对待每个"物体"的意义下是模块式的，而不是使用一个全局性的坐标系。这可以避免相对于整体来考虑模型组件的方向。基于物体的由对称性或棒状特征的方向导出的"自然"的轴表达很可能是非常有用的。

在除了计算机视觉以外的其他领域中，物体的 3D 模型也是常用的，特别是计算机辅助设计（CAD）和计算机图形学，其中需要合成图像，即某个建模的 3D 物体的精确的（2D）绘画作品（pictorial representation）。使用与由 CAD 系统产生的表达相匹配的物体表达是多年来活跃的一个研究领域，对于工业中的基于模型的视觉很有价值。这个领域的进展可见[Bowyer, 1992]，基于 CAD 模型的姿态估计方面的论文可见[Kriegman, 1992; Ponce et al., 1992; Seales and Dyer, 1992]，3D 镜面物体的识别[Sato et al., 1992]，从距离图像中抽取不变性特征[Flynn and Jain, 1992]。

有各种具有不同性质的表达方式。一种表达被称为**完全的**（**complete**）是指任意两个不同的物体不会对应于相同的模型，因此一个具体的模型不是不明确的。一种表达被称为**唯一的**（**unique**）是指一个物体不会对应于两个不同的模型。绝大多数的 3D 表达方法或者牺牲完全性或者牺牲唯一性。商业 CAD 系统经常牺牲唯一性，不同的设计方法论可以产生相同的物体。一些实体建模系统维护物体的多个表达以便提供设计的灵活性。

由于物体的自遮挡和基于三角的测量方法，绝大多数的基于视觉的测量传感器自身仅提供物体的部分 3D 表达。为了获得物体的整个形状，需要融合从几个不同视点得到的几个测量。理想的 3D 传感器应该提供表面上的 3D 均匀采样点的集合以及与相邻点的关系。

12.2.2 线条标注

早期设计 3D 视觉系统的努力，试图从单个完全分割好的场景视图重建完整的 3D 表达。在维数上跨出的一步是建立在如下假设下的：假设场景中所有物体具有平的面（faces）（见图 12.8），且三个面会于一个顶点。完美的分割提供笔直边缘的区域，且一般情况下三个这样的区域会于一个顶点。想法是：这个约束足以使从单个 2D 视图明确地重建出一个多面体。由于明显的原因，有时称其为积木世界（blocks world）方法。

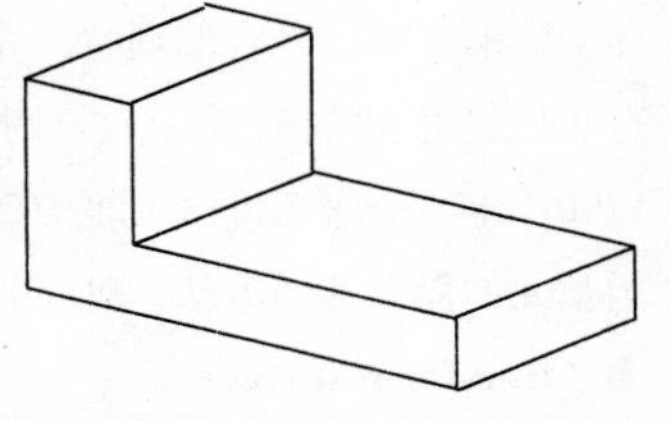

图 12.8　积木世界物体的例子

这种方法由于如下两个原因是明显不现实的：第一，完美的分割除了最人为的情况外不大可能达到；它假设找到了所有的边缘，它们都连成了完整的笔直边界，虚假的边际都被滤掉了。第二，只有在非常有限的情况下，才会有物体符合具有严格平的面的假设。也许可能存在工业应用的情况，其中通过限制物体使得两个条件都得以满足，并提供可以达到完整分割的照明条件。

该思想的开创者是 Roberts [Roberts, 1965]，他取得了显著的进展，尤其是考虑到该工作所完成的时间时更是如此。另两位研究者独立地根据这些思想提出了现在广为人知的**线条标注**（**line labeling**）算法 [Clowes, 1971; Huffman, 1971]。由于积木世界方法的局限性，关于 3D 视觉的研究已经将这些思想丢弃脑后了，它们目前在很大程度上仅具有历史价值。我们仅概要地介绍线条标注工作，考虑到如下几点这是有益的：第一，它阐明了如何直率地研究 3D 重建任务；第二，它是使用约束传播（constraint propagation）（见第 10 章）的一个好例子。该算法依赖于如下的观察：由于每个 3D 顶点仅是三个平面的会聚点，在任意 2D 场景中只有 4 种类型的交叉点（见图 12.9）。在 3D 世界中，一个边缘可能是凸的或凹的，在其 2D 的投影中相会于一个顶点的三面可能是可见的或被遮挡了。这些有限的可能性使得穷尽地列出 2D 顶点的 3D 解释成为可能，事实上总共有 22 种[Clowes, 1971]。

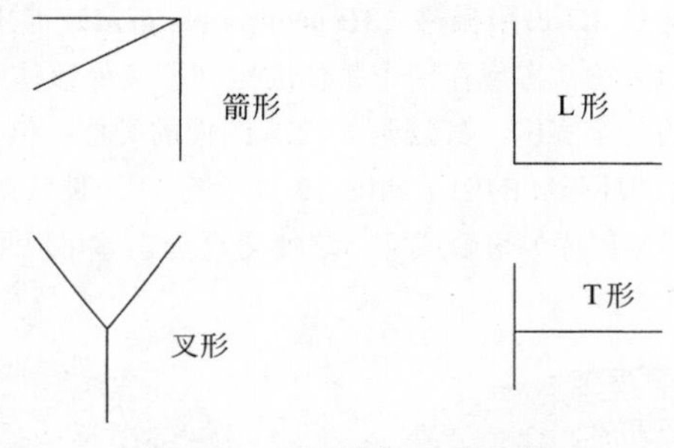

图 12.9　4 种可能的 2D 交叉点

现在问题简化为导出顶点标注的互相一致的集合，这可以通过使用如下的一些约束来完成，例如一条边缘在两端具有相同的解释（凸或凹），环绕一个区域提供一致的 3D 表面解释。在高层次上，该算法具有如下的形式：

算法 12.1　线条标注

1. 提取 2D 场景投影的完整而精确的多边形分割。
2. 从预先计算出的详尽的清单中，给每个 2D 顶点确定其可能的 3D 解释集合。
3. 通过给一条边缘的每个端点强加凸或凹的解释，确定顶点的“逐条”一致的标注。
4. 通过要求环绕一个区域具有一致的 3D 解释，推断整体的解释。

线条标注有可能检测出如图 12.10（a）所示的“不可能的”物体，这是因为它会通过上述非形式地描述的算法的最后阶段；然而，它却将图 12.10（b）标注为不可能，其原因是沿着其前上方水平边缘检验时不符

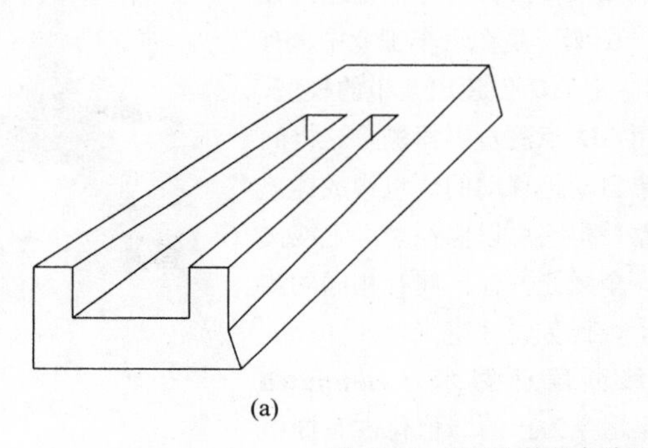

(a)

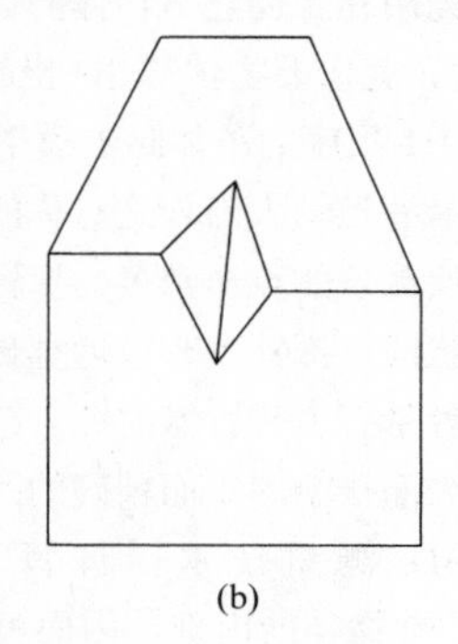

(b)

图 12.10　不可能的积木世界形状

合 3D 解释，而且按照上面描述的简单形式也不能处理由四条或更多条线会聚成的“偶然”交叉点（碰巧由遮挡引起的），尽管这些情况是可以作为特殊情况来分析的。

这种简单方法受到了很多关注，并被推广到可处理有多于 3 个面交会顶点的实体情况（比如方块垒成的金字塔），还包括含有可能代表实体阴影的场景情况[Waltz, 1975]。有趣的是，尽管可能的交叉点解释的数目增长得极快，但是可接受的候选解释的约束满足（constraint satisfaction）阻止了算法变得无法进行。在线条标注解释方面，近期的尝试有[Sugihara, 1986; Malik and Maydan, 1989; Shomar and Young, 1994]。

一般而言，线条标注是作为一种有趣的历史上的概念而存在的，但是，其结果是有限的，这是很显然的，而且在需要克服的“特殊情况”方面充满了问题。

12.2.3 体积表示和直接测量

物体位于某个参考坐标系中，且其体被分解为小的体元素称作**体素**（**voxels**），通常体素是立方体。基于体素的体积模型的最直接的表达是 **3D 占用栅格**（**3D occupancy grid**），它以 3D 布尔数组来实现。每个体素以它的 x、y、z 坐标来索引，如果物体出现在一个具体的空间位置处该体素的值就是 1，否则是 0。创建这样的基于体素的模型是离散化的一个实例，其规则与 2D 图像的类似；例如香农（Shannon）采样定理（见第 3.2.5 节）是适用的。体素化的环形体的例子如图 12.11 所示。一种获得基于体素的体积模型的方法是使用几何造型工具（即计算机图形学程序）来合成它。这使得复合物体可以用一定数量的诸如立方体、圆柱和球的基本实体装配出来。

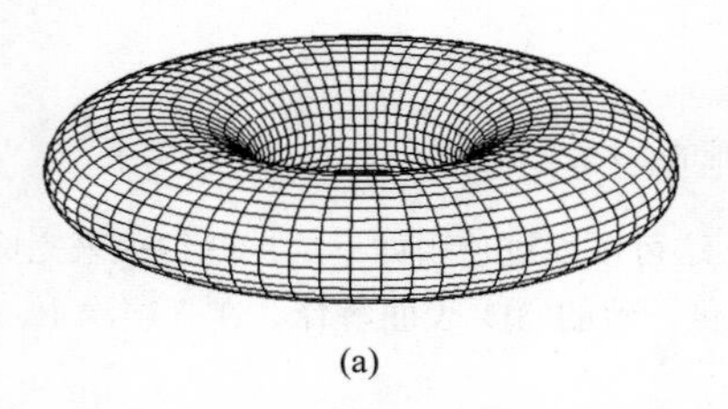
(a)

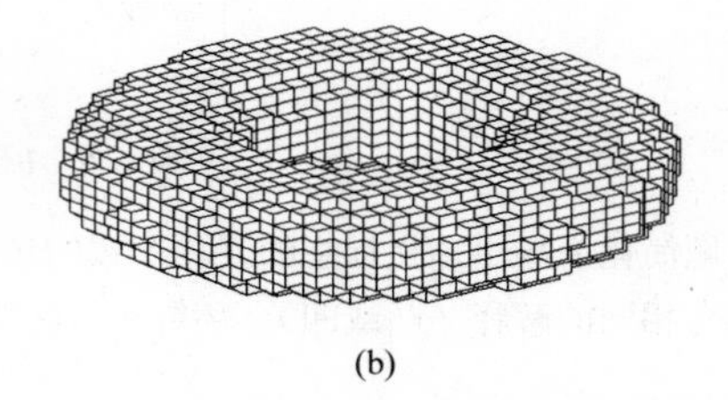
(b)

图 12.11 3D 中的体素化（离散化）：（a）连续表面；（b）由相同尺寸的立方体构成的体素化的图像

另一种可能的情况是从存在的真实物体创建体积模型。很久以来，在机械工程领域一直在使用一种简单的测量技术。物体固定在**测量机器**（**measuring machine**）上，其上附有绝对坐标系。物体表面上的点由**探针**（**measuring needle**）接触来获得 3D 坐标，见图 12.12。精度依赖于机器和物体的尺寸，一般是 ±5 微米。

在比较简单的机器中，探针在表面上的移动是由人操控的，x、y、z 坐标是自动地记录的。这样的表面表达很容易转化为体积表达。

除了机器中的精度测试或其他机械工程应用外，这种测量技术可以用于设计者首先用黏土创建出物体的场合。如果要发挥计算机辅助设计（CAD）的作用，就需要物体的 3D 坐标。一个例子是在汽车工业中，有可能要创建出 1:1 尺度的车体黏土模型。实际上只需创建出一半的模型，这是因为车体沿着长轴大部分是对称的。用 3D 点测量机器测量这样的模型，由于需要测量的点非常多，探针是半自动地移动的。点构成覆盖整个表面的带状线，探针具有接近觉传感器使得它可以停在表面上或接近它。探针或者带有力传感器的针，或者一个激光探针，履行相同的测量但是停在距表面一个固定而精确的距离上，比如说 3 毫米。

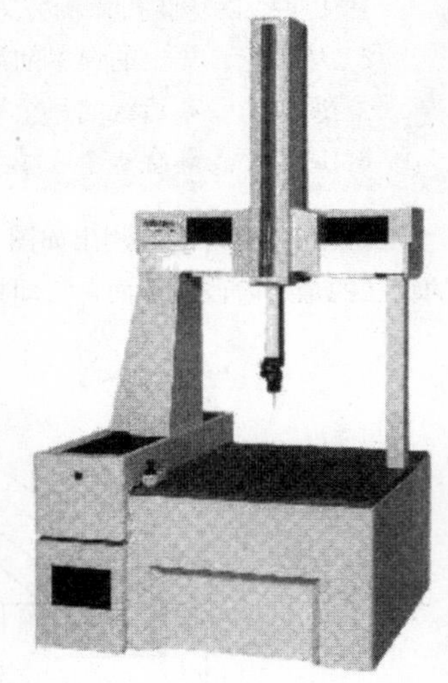

图 12.12 一个完全机动的 3D 测量机器的例子

另一种 3D 测量技术，**计算 X 线断层摄影术**（**computed tomography**），看物体的内部，因而可以比迄今为止的二值化占有栅格产生更详细的信息。X 线断层摄影术产生物体的 2D 切面上的物质密度信息。如果需要 3D 体积信息，就把这些切片一个放在另一个上地堆叠起来。所产生的采样空间由体素构成，其数值是由 x, y, z 编址的物质密度。计算 X 线断层摄影术广泛地用于医疗成像中。

12.2.4 体积建模策略

构造立体几何

构造立体几何（Constructive Solid Geometry (CSG)）的基本思想是从立体基元的选择中构造 3D 体，这种方法获得了一定程度的成功。流行的基元是立方形、圆柱、球、锥、“半空间”（half-space），圆柱和锥被当成无限的。调整它们的尺度和位置，并将它们用并、交和差组合起来；这样，一个有限的锥是由一个无限的锥与一个适当位置的半空间的交形成。CSG 模型以树的形式存储，其叶子结点表示立体基元，而其边给出理论上运算集合的实施优先级。陈述得如此简单的方案所具有的多功能性是令人惊异的。CSG 模型在定义物体体积方面具有明确性，但是有非唯一性的缺点。例如，图 12.13 所示的实体，一个杯子，可以由带有孔的圆柱和一个把手的并形成。带有孔的圆柱是由一个完整的圆柱减去（在集合的意义下）一个较小的圆柱获得。但是，对于“自然的”物体形状（比如说，人的头部），用 CSG 来建模并不简单。更严重的问题是，给定一个 CSG 描述，恢复其表面并不直截了当；这个过程在计算上十分费时。

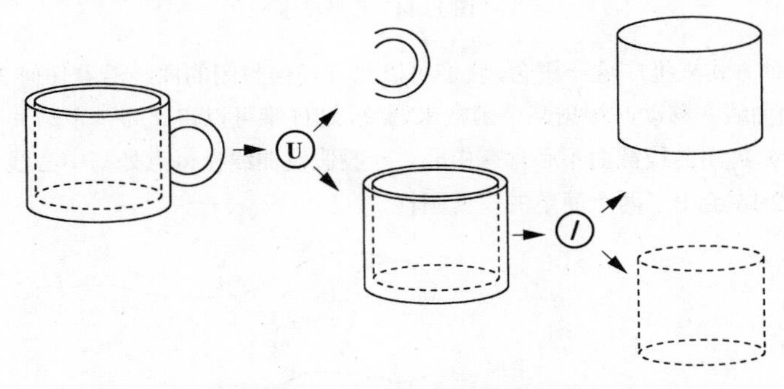

图 12.13　一个 3D 物体杯子的 CSG 表达

超二次曲面

超二次曲面（Super-quadrics）是一种几何体，可以理解为基本的二次曲面立体的推广。它们是计算机图形学中的概念[Barr, 1981]。超椭球体是计算机视觉中使用的二次曲面的例子。

超椭球体的隐式方程式为

$$\left[\left(\frac{x}{a_1}\right)^{(2/\varepsilon_{\text{vert}})}+\left(\frac{y}{a_2}\right)^{(2/\varepsilon_{\text{vert}})}\right]^{(\varepsilon_{\text{hori}}/\varepsilon_{\text{vert}})}+\left(\frac{z}{a_3}\right)^{(2/\varepsilon_{\text{vert}})}=1 \tag{12.21}$$

其中 a_1、a_2、a_3 分别定义 x、y、z 方向上的超二次曲面的尺寸。$\varepsilon_{\text{vert}}$ 是纬度平面上的矩形度参数，$\varepsilon_{\text{hori}}$ 是经度平面上的矩形度参数。各自平面中的矩形度的数值范围为 $0 \leqslant \varepsilon \leqslant 2$（方形是 0，三角形是 2），这是因为它们都是凸体。如果矩形度参数超过 2，则体变得像交叉形状。图 12.14 展示了矩形度参数是怎样影响超椭球体形状的。

在[Solina and Bajcsy, 1990; Leonardis et al., 1997]中描述了距离图像的超二次曲面拟合，使用超二次曲面给来自于几个角度的距离图像建立完整的 3D 模型的方法见[Jaklič, 1997]。超二次曲面的体积基元可以通过弯曲（bending）、扭转（twisting）、逐渐变细（tapering）的方式变形，简单项的布尔组合可以用来表达更复杂的形状[Terzopoulos and Metaxas, 1991]。

广义圆柱

广义圆柱（**Generalized cylinders**），或**广义锥**（**Generalized cones**）也常称为**扫描表达**（**sweep representations**）。想一想，圆柱可以定义为由圆心沿着与圆面垂直的直线（脊骨，中心）移动时圆所扫过的

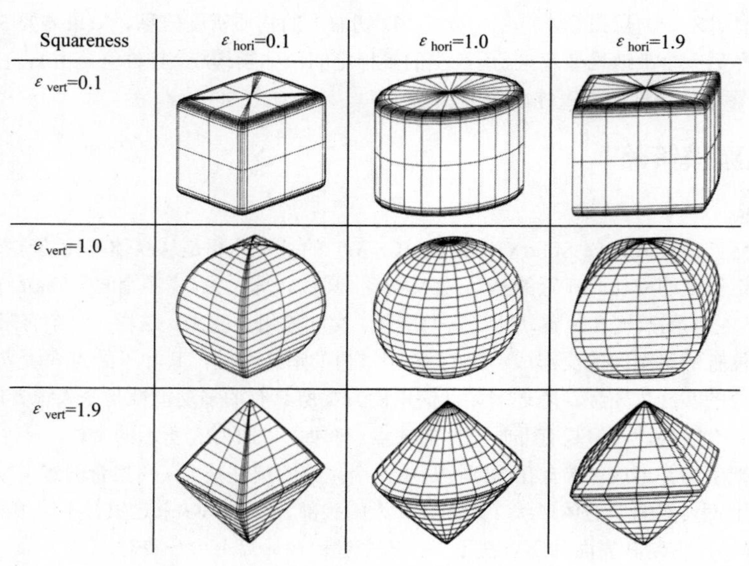

图 12.14 超椭球体

表面。我们可以用几种方式来推广这一概念，我们可以允许任何封闭的曲线沿着任何 3D 空间线“拖曳而过”。我们还可以允许封闭曲线在移动时根据某个函数来调整，这样锥可以定义为一个圆其半径随着移动过的距离而线性地改变。进而，封闭曲线截面不必含有中心。一般假设曲线在每点处与中心线垂直。在有些情况下也解除了该约束。图 12.15 给出了两个简单的广义圆柱。

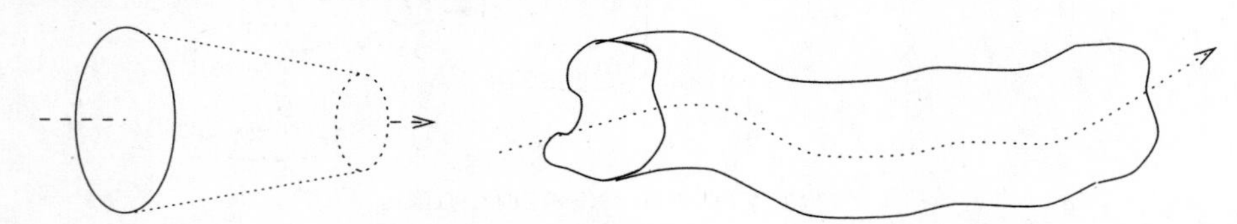

图 12.15 用广义圆柱表示的实体

这些广义锥非常适合表示某些实体类[Binford, 1971; Soroka and Bajcsy, 1978]。像广义圆柱和超二次曲面这样的对称体积基元的优点是：表达公共对称性的能力和以很少几个参数来表示某种形状的能力。然而，它们却很难适合给很多自然物体建模，因为这些物体并没有基元所具有的规范属性。一个称作 ACRONYM [Brooks et al., 1979]的著名视觉系统使用了广义锥作为其建模方案。

有一种称作**骨架表达**（**skeleton representation**）的扫描表达的变种，其中仅存储物体的中心脊骨[Besl and Jain, 1985]。

12.2.5 表面建模策略

一个实体可以用限定它的表面来表示，这样的描述包括从简单的三角面片到在视觉上吸引人的结构，比如在几何建模中流行的非均匀有理 B 样条（non-uniform rational B-splines（NURBS））。计算机视觉解决表面的两个主要问题：第一，重建过程从稀疏的深度测量创建出表面描述，而这些深度测量一般受出格点（outliers）所污染；第二，分割过程的目标是将表面或面元分类为表面类型。

边界表达（Boundary representation（B-reps））在概念上可以看成是三元组：

- 物体的表面集合。
- 表示表面交线的空间曲线集合。

- 描述表面连通性的图。

B-reps 是表达 3D 体的一种吸引人的直觉而自然的方法，这是因为它们由物体的面的显式列表所组成。在最简单的情况下，“面”是平的，因此物体总是**多面体**（**polyhedral**），我们一直在讨论逐片是平面的表面。这个方案的副作用是有用的，即诸如表面面积和实体体积等属性是有定义的。最简单的 B-rep 方案用最简单的可能的 2D 多边形即三角形来给一切建模。通过使用足够小的基元，可以获得复杂物体的相当令人满意的表达，考虑超过 3 个边的多边形是一种显然的推广方法。

非规则数据点的**三角剖分**（**triangulation**）（例如，由距离扫描器获得的 3D 点群（point cloud））是插值方法的一个例子。最著名的技术是 **Delaunay 三角剖分**，可以在二维、三维或更高维空间上定义。Delaunay 三角剖分是 Voronoi 图的对偶。我们假设数据点之间的欧氏距离是已知的，将彼此比其他点离得近的点连接起来。设 $d(P, Q)$是点 P 和 Q 间的欧氏距离，S 是点集 $S=\{M_1, \cdots, M_n\}$。集合 S 上的 Voronoi 图是覆盖整个空间的凸多边形集合。多边形 V_i 由离点 M_i 比 S 的其他点更近的所有点构成。

$$V_i = \left\{p; d(p, M_i) \leqslant d(p, M_j), j = 1, 2, \cdots, n\right\} \tag{12.22}$$

计算 Delaunay 三角剖分的算法可见[Preparata and Shamos, 1985]。Delaunay 三角剖分的一个问题是它只能三角剖分点集的凸包；约束的 Delaunay 三角剖分[Faugeras, 1993]可以是一个解决方法。

我们将以在 2D 平面上的点集（如图 12.16 所示）为例来解释 Delaunay 三角剖分的思想。任务是寻找覆盖所有数据点的一些三角形使其满足：任意一个三角形的外接圆仅含有它自身的三个顶点。这样的三角剖分具有以下性质：

- 三角形所覆盖的点集的边界对应于该点集凸包。
- 构造 N 点三角剖分的增量式算法的具有$\mathcal{O}(N \log N)$的期望时间复杂度[Gubais et al., 1992]。
- 如果一个圆上出现的点不超过 3 个，则 2D Delaunay 三角剖分算法给出的解是唯一的。

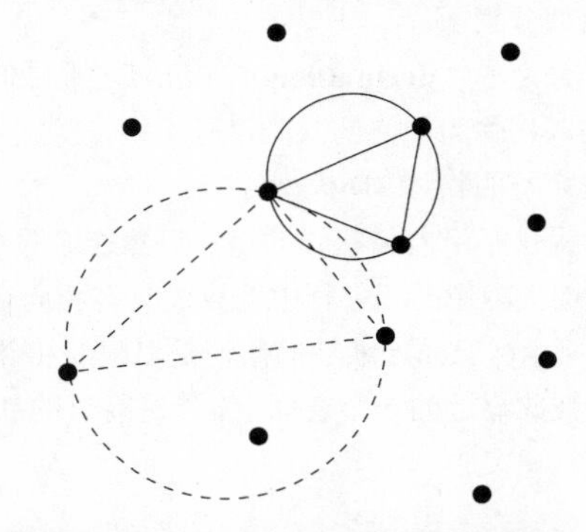

图 12.16　2D Delaunay 三角剖分。实线三角形属于 Delaunay 三角剖分，而虚线的三角形则不是，因为其外接圆含有另外一个点

多边形的或三角形的 B-rep 的一个缺欠是“面”（face）的概念可能没有清楚的定义。面不应该有“虚悬”（dangling）的边，物体的面的联合应该是边界。不幸的是，真实的世界并不合作，存在有很多（简单的）物体其面的边界没有清楚的定义。

面片描述的下一步推广是**二次曲面模型**。二次曲面是以三个坐标 x, y, z 的二阶多项式来定义的。公式的隐式形式具有多达 10 个系数，表达双曲面、椭球面、抛物面和圆柱面。

$$\sum_{i,j,k=0\cdots 2} a_{ijk} x^i y^j z^k = 0 \tag{12.23}$$

更为复杂的物体可以用二次曲面面片来构建。在 CAD 系统中使用了由双变量三次多项式定义的参数化双三次表面（parametric bi-cubic surfaces）；常用的贝塞尔（Bézier）表面属于这一范畴。这些表面的优点是：面片沿着交线处可以光滑地连接起来，因此可以避免不合需要的非连续曲率造成的假象。这样的方法大大加强了描述的灵活性，但是为了限制所涉及的计算的复杂度，约束可能的面的边数变得重要了。

12.2.6　为获取完整 3D 模型的面元标注与融合

距离图像（**range image**）表达从观察者到物体的距离测量；它仅产生表面的一个视角的部分 3D 描述。它可以像雕刻家做浮雕那样来显示，无法得到另外视角的形状信息，例如物体另一侧的形状信息。距离图像的获取技术在第 11.6.2 节中已经讲述过。

为了获得物体的整个表面需要几幅距离图像。每幅图像在与距离传感器相关联的坐标系中提供一个点群，以如下的方式获取相继的图像：相邻的视图略有重叠，以便为后续的融合提供信息，该融合过程要将局部距离测量放在一个全局的以物体为中心的坐标系中。

将若干局部表面描述融合到全局的以物体为中心的坐标中，意味着已知物体和传感器之间的几何变换。这个处理依赖于代表一幅视图的数据表达，例如，从简单的点群，三角剖分的表面，到像二次曲面面元形式的参数模型。

距离图像标注（**range image registration**）寻找从两个不同视点拍摄到的同一物体的两幅距离图像间的刚性几何变换。复原既可以基于传感器位置的明确知识，例如，当它在一个精确的机械臂上时的情况，也可以基于从距离数据重叠的部分中测得的几何特征。一般而言，两种途径的信息都是需要的；适当的几何变换的初始估计可以用图像特征的对应、距离图像传感器数据、物体操作设备或在许多情况下由操作者自己来提供。

近年来，若干研究群体研究了重建任务，提出了很多解决方法，例如，[Hoppe et al., 1992; Higuchi et al., 1995; Uray, 1997]。这里我们介绍该任务的一种可能解决方法。该方法从一组距离图像按如下方式自动地重建 3D 自由形态物体的 3D 模型。

（1）物体置于旋转桌面上，使用结构光（激光平面）测距器**测得一组不同视点的距离图像**。

（2）构建覆盖距离图像的三角剖分表面。

（3）通过抽取每个视图中的**十分之一**（**decimation**）三角网格来降低巨大的数据集合。

（4）将表面标记（register）到以物体为中心的共同坐标系中，除去测量中的出格点。

（5）通过表面融合处理，重建完整的物体 3D 模型。

由激光平面测距器得到的测量提供了沿着带状线的点的自然连通关系。它们的参数化使构建沿着参数曲线的 4-邻接的网格变得容易，只要连接图像的相邻行中的点及具有相同行坐标的邻近扫描线上的点即可。获得的测量曲面的参数化如图 12.17 所示。表面连续性的假设是以限制相邻点间的距离来实现的，只有比预先定义的 ε 更近的相邻点才被认为在彼此靠近的一个表面上。没有靠近的邻近点的那些点被认为是出格点而被从数据中除去。

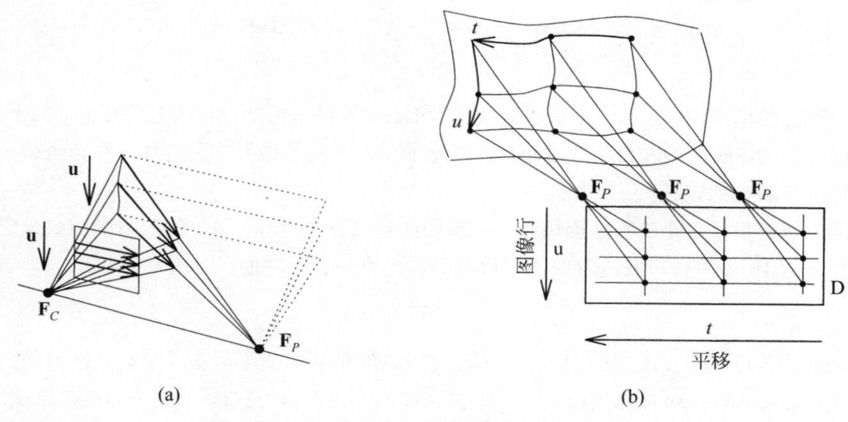

图 12.17　表面参数化由投影的激光束和平移构成

4-邻接的网格并不能表达所有的物体，例如，球不能被四边的多边形所覆盖。通过用一条边分裂每个多边形，容易得到表面的一个三角剖分，三角剖分可以表达任意表面。多边形的分裂有两种方式，应该优先选择最短边，因为这样所产生的三角形具有比较大的内角。

通常我们希望减少在曲率小的区域中用来表达表面的三角形的数目[Soucy and Laurendeau, 1996]。减少数据对于标记相邻视图来说是很有用的，因为最坏情况下复杂度是点数的$\mathcal{O}(N^2)$。我们可以把任务表述成：搜索能够最好地近似一个三角剖分表面的另一个三角剖分表面，使其靠近原来网格的顶点[Hoppe et al., 1992]。举例来说，我们可以寻求最多有 n 个三角形的最接近的三角剖分表面，或者我们也可以使用最小描述长度（minimum description length，MDL）原理[Rissanen, 1989]同时极小化 n 和残差以达到精度和空间消耗上的一致。在图 12.18 和图 12.19 中，用合成的模式示范了表面三角剖分和十分之一结点的抽取过程。真实距离图像的三角剖分表面的十分之一结点的抽取过程如图 12.20 所示。

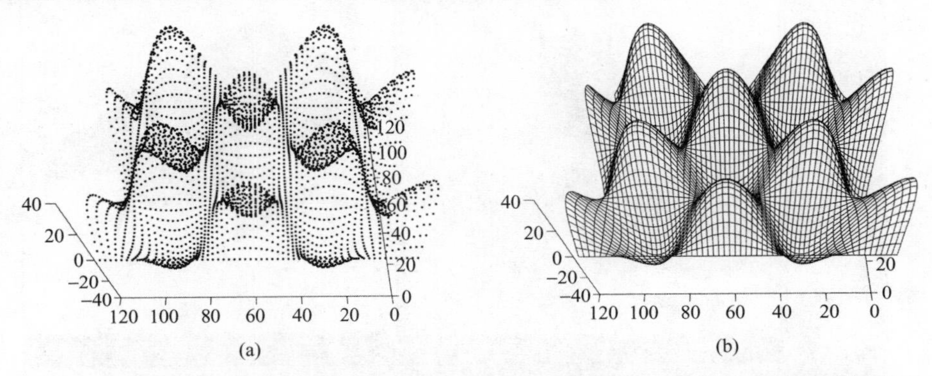

图 12.18 在合成的正弦曲面模式上显示的表面构建和 4-邻接的网格：（a）点群；（b）4-邻接的网格

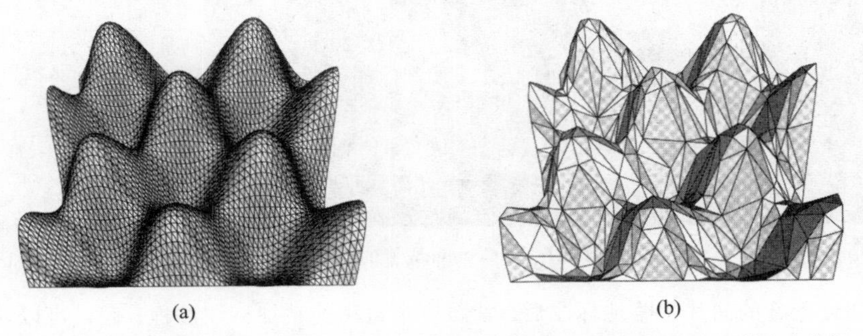

图 12.19 在合成的正弦曲面模式上显示的表面构建和十分之一抽取：（a）三角剖分的表面；（b）抽取十分之一三角形后的表面

图 12.20 抽取一个真实物体（象的小陶瓷雕像）距离视图的十分之一后的三角网格

局部形状描述的集成试图获得视图间的几何变换，以便在共同的坐标系下标记和表达它们。假若可以获得好的起始变换，则可以通过梯度最小化过程自动地完成数据的精确配准。在某些情况下，可以使用基于在可见表面上检测到的不变性特征的匹配[Pajdla and Van Gool, 1995]，但是还没有研究出能够处理种类繁多的表面的方法。

图 12.21 显示的是在用户交互帮助下的近似的手动表面标记。两个表面的共有位置是通过配准 3 对匹配点来定义的；用户在表面上选择少量点对（最少是 3）。近似标注是通过移动其中一个表面使匹配点间的距离平方和最小化来进行的。用户在标注过程中使用了一个交互程序 Geomview（编著者是 the Geometry Center 和 University of Minnesota），提供 3D 表面显示和操作功能。图 12.22 和图 12.23 展示了这一过程。

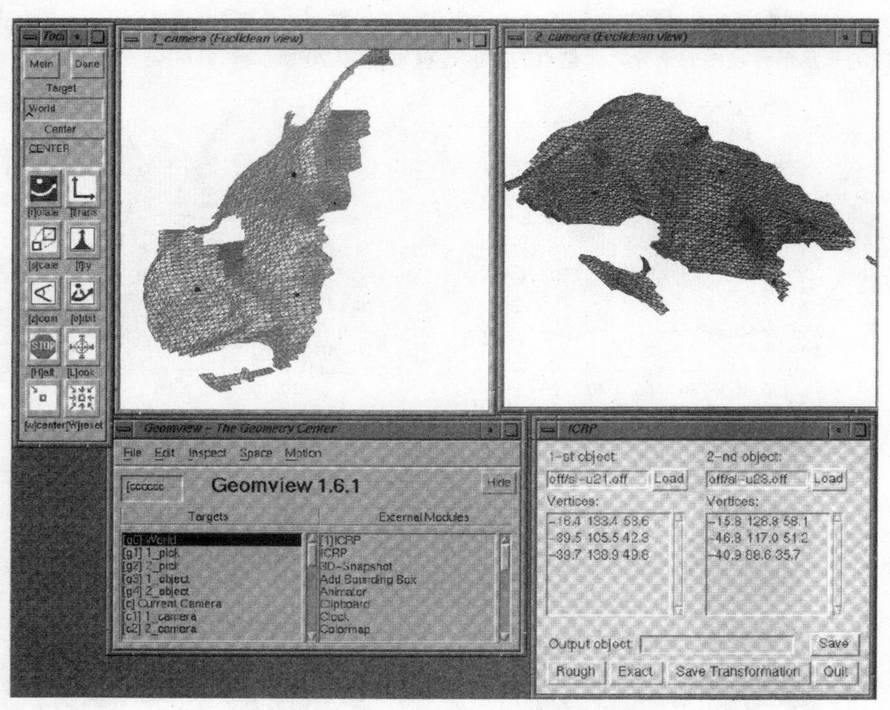

图 12.21　在 Geomview 中的表面的手动标注

当两个部分重叠的面片粗略地标注后，紧跟一个自动的精细标注过程。假设可以获得由一个全局变换关联起来的有部分重叠的两个表面 P 和 X。这里，所有的变换是在 π^3 中的射影群的一个子群。表面标注（surface registration）寻找使 P 和 X 重叠的最好的欧氏变换 T。T 通过最小化下式得到

$$e = \min_{T} \rho\left[P, T(X)\right] \tag{12.24}$$

其中ρ是一个费用函数，评估两个表面匹配的品质。在欧氏几何中，它可以是表面上点之间的距离。

Besl 和 McKay [Besl and Mckay, 1992]提出的迭代最近点算法（Iterative Closest Point Algorithm，ICP）在有一个好的初始估计 T 的条件下自动地解决标注问题。该算法假设其中一个表面是另一个的子集，也就是说，只有一个表面含有在第二个表面中没有对应的点。ICP 是一个寻找一个表面与第二个表面最好匹配的几何变换的迭代优化过程。费用函数有可能是非凸的，因此有落入局部极小的危险，故需要一个好的初始估计。

我们这里介绍 ICP 算法的一个修正，它可以标注部分对应的表面。该方法利用了互换点（reciprocal point）的概念[Pajdla and Van Gool, 1995]来消除没有对应的点。假设 $\mathbf{p}$ 是表面 P 上的点，y 是其在表面 X 上的最近点。在表面 P 上 $\mathbf{y}$ 的最近点是 $\mathbf{r}$（见图 12.24）。满足距离小于ε的点 $\mathbf{p}$ 称为ε-互换，只有这些点才被标注。设 P_ε 指示在表面 P 上的ε-互换点，则迭代互换控制点算法（Iterative Closest Reciprocal Point algorithm，ICRP）如下：

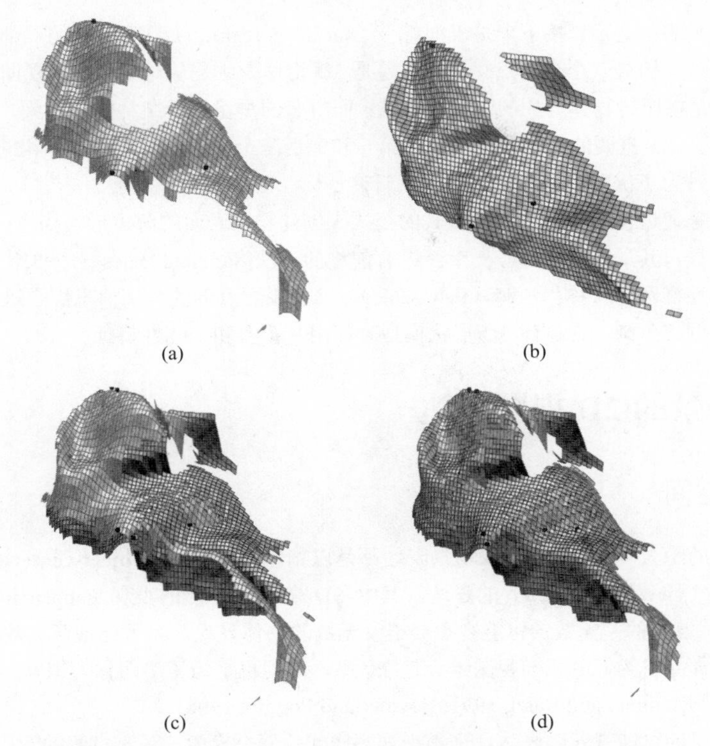

图 12.22　标注处理：（a）在第一个表面上的 3 点；（b）在第二个表面上的 3 点；（c）粗标注后的表面；（d）精确标注后的表面。本图的彩色版见彩图 35

图 12.23　标注处理：绘制出的结果

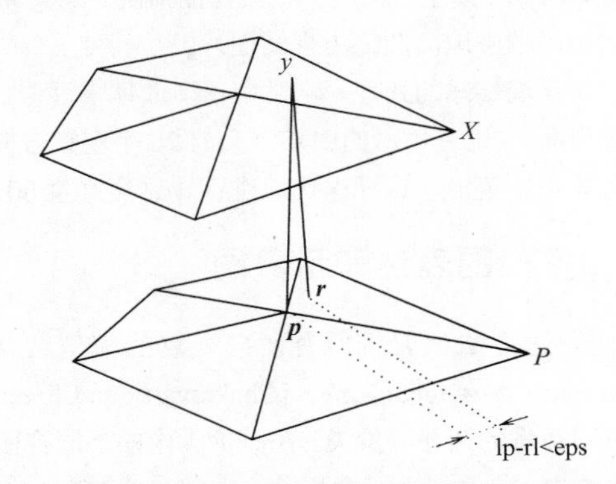

图 12.24　为了将互换点引进 ICP 算法所定义的表面最近点的概念

算法 12.2　迭代的最近互换点

1. 初始化 k=0, P_0=P。
2. 寻找 P_k 在 X 上的最近点 Y_k。
3. 寻找互换点 $P_{\varepsilon 0}$ 和 $Y_{\varepsilon k}$。
4. 计算 $P_{\varepsilon k}$ 和 $Y_{\varepsilon k}$ 间的均方距离 d_k。
5. 计算 $Y_{\varepsilon k}$ 和 $P_{\varepsilon 0}$ 间最小二乘意义下的变换 T。
6. 施加变换 T: P_{k+1}=$T(P_0)$。
7. 计算 $P_{\varepsilon k+1}$ 和 $Y_{\varepsilon k}$ 间的均方距离 d_k'。
8. 如果差别 $d_k - d_k'$ 小于预先设定的阈值或超过最大迭代次数，则停止；否则转第 2 步。

在适当标注可见表面之后，接下来是表面综合（surface integration）。将所有的局部距离测量表达在以物体为中心的坐标系中，构成一个全局点。一个问题是 3D 物体表达是从对应于几个视图的有重叠的面片创建起来的，这些面片是按照绕物体一周的方式综合的；而所有的测量都受某种噪声污染，该噪声会从一个面片传播到另一个面片。一个重要的问题是应使合并第一和最后一个面片时的误差基本相同。为了确保全局误差最小，在表面综合时为了保持全局一致性应该重新调整标注后的表面点。

下一步的任务是通过使用某种隐式或显式的公式来创建物体表面的解析形状描述；通常，并不需要对整个物体来做，而是只对其局部来进行。一个新的有前途的方法[Šára and Bajcsy, 1998]使用了多尺度局部噪声模型。使用不确定性椭圆体（称作鱼鳞（fish scale））来将表面点群的局部信息综合进全局形状描述中。可以在多个分辨率下创建鱼鳞，在创建 3D 形状模型时使用其重叠和一致性特征。

12.3 3D 场景的 2D 视图表达

12.3.1 观察空间

迄今为止讨论的绝大多数 3D 物体或场景表达都是**以物体为中心的**（**object-centered**），另一种选择是使用**以观察者为中心**（**viewer-centered**）的表达，其中 3D 物体的可能的表观（appearance）集合是作为一组 2D 图像来存储的。麻烦的是无数的可能视点会引发无数的物体表观。为了处理巨大数量的视点和表观，有必要对视点空间采样并将类似的相邻视图组合起来。原本的动机是为了多面体的识别，后来推广到了基于视图的曲面物体的识别[Ullman and Basri, 1991; Beymer and Poggio, 1996]。

作为物体或场景的可能视图的表达，来考虑观察空间的两个模型。观察空间的一般模型考虑的是当 3D 物体位于原点时的 3D 空间中的所有点。如果使用透视变换就需要这个视点表达。一个简化的模型是**观察球**（**viewing sphere**）模型，常用于正投影的情况。这样将物体封闭在单位球内，球面上的一点给出一个观察方向。表面可以稠密地离散化为视图面片。

为了简化观察球的处理，常常用正多面体来近似，其中最普通的选择[Horn, 1986]是二十面体（有 20 个等边三角形面）。由三角形的中心定义的 20 个观察方向一般是不够的，在这种情况下，每个面进一步被规则地分解为 4 个三角形，这样迭代地进行。这会产生 80、320、1280、……观察方向。

12.3.2 多视图表达和示象图

其他表达方法试图将所有面向视点的模型结合进单一的数据结构中。其中之一是**特征视图技术**（**characteristic view technique**）[Chakravarty and Freeman, 1982]，其中多面体物体的所有可能的 2D 投影被分组为有限数量的拓扑等价类。在等价类内的不同视图用线性变换相关联。该一般目的的表达详细说明了物体的 3D 结构。一种基于**示象图**（**aspect graphs**）的类似方法[Koenderink and van Doorn, 1979]，定义为物体单个视图中的独特的拓扑结构，即示象具有有用的不变性特征。优势位置处的绝大多数小的变化不会影响示象，这样的优势位置（即绝大多数）被当作是**稳定的**（**stable**）。这样，稳定的优势位置的集合所产生的示象在空间中是连续的，环绕物体的空间可以划分为子空间，从其中产生相同的示象。最简单的正多面体即四面体的示象图的例子见图 12.25。从其中一个这样的子空间移动到另一个时产生一个**事件**（**event**），即示象变化；我们说该事件连接这两个示象。现在可

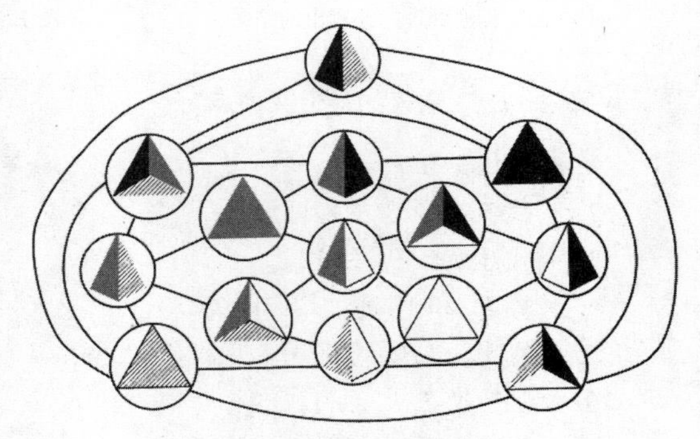

图 12.25 四面体的示象图

以相对于这个连通性关系来构建**示象图**，其中结点是示象而边是事件。这个示象图有时被称为物体的**视觉势位**（**visual potential**），穿过它的路径代表观察者绕着物体的轨道。

12.4　从无组织的 2D 视图集合进行 3D 重建，从运动到结构

该节介绍了一系列方法，从照片中提取场景的几何结构，并且提供组成场景表面上许多点的三维坐标。该“图像到三维点”数据流程是 11 章介绍的三维几何视觉的实际例子。

每个处理步骤由一系列算法组成，不需要人工干预。该流程的输入是无组织的图像集合，许多图片有重叠，输出是物体表面的三维信息。先决条件是有足够的视图覆盖要重建的场景，并且场景物体纹理是丰富的。摄像机标定和观察者的位置在三维重建过程中同时估计出来，所以并不需要事先知道它们。整个过程是被动的，这就意味着没有额外的能量发送到场景中。从结构到运动的流程在图 12.26 中展示。

图 12.26　从运动到结构流程图

我们将展示一个例子，该例子使用 Hanau-Kesselstadt 狮子雕像（由雕塑家 Christian Daniel Rauch（1777—1857）完成属于巴洛克式宫殿菲利浦）。该场景由普通数码相机拍摄的 57 幅 2048×1536 像素的彩色图像组成，摄像机视图在图 12.27 中展示。图 12.28 展示了狮子雕像的输入图像集合。视图之间的三维点云代表了三维重建的输出（在后续的段落解释）。每个视图由一个金字塔表示；它的顶点展示了某个特定相机的投影中心，金字塔的底端展示了由该相机得到的特定图像。

图 12.27　拍摄狮子场景的位置可视化

非盈利的从结构到运动的网络服务（http://ptak.felk.cvut.cz/sfmservice）用来从 57 幅输入图像进行三维重建。处理流程和图 12.26 一样。所有输入图像中的兴趣点和（或）兴趣区域通过哈里斯角点检测器（见 5.3.10 节）和（或）最大稳定极值区域（MSER）检测器（见 5.3.11 节）进行检测。兴趣点和 MSER 用 SIFT（见 10.2 节）进行描述。

图 12.28　57 幅狮子雕像输入图像中的 15 幅。57 幅图像都用于重建

这些描述子通过极线约束在不同的图像之间进行匹配。为了该目的使用了鲁棒的基于 RANSAC（见 10.3 节）的方法。图 10.29 展示了匹配的例子。

图 10.29 一对图像中的关键点对应

数十万的这样的匹配点对作为算法的输入，同时进行三维点的重建，观察者位置的估计以及估计摄像机的参数。有不同的方法可以选择：标准的方法[Mičušík and Pajdla, 2006], [Torii et al., 2009a], [Torii et al., 2009b], [Jancosek and Pajdla, 2011]，其他的从代数几何学角度出发的方法[Kukelova et al., 2012], [Bujnak et al.,2012]。三维重建的输出是对应于检测到的兴趣点的稠密三维点云。这些方法可以处理退化的情况，比如占主导的面，纯摄像机旋转（全景）和缩放。束调整法（见 11.4.4 节）用来最小化重投影误差。

束调整法的输出是精炼的三维点云，这些点更加符合所有的视图。图 12.30 展示了狮子雕像的结果。有了三维点云，就到了图 12.26 的最后一个步骤。这些三维点必须由一个表面覆盖，这通常用 12.2.5 节介绍的三角网格来覆盖三维点。图 12.31 展示了图 12.30 三维点的处理结果。

图 12.30 三维点云的一个视图。每一个点都有输入图像的颜色显示（这里是灰度级）

图 12.31 在图 12.30 的点云上构建三角网格

图 12.32 展示了一个不同狮子雕像视图的三角网格。三角网格和每个三角的颜色信息都可以作为程序的输入，并且可以观察三维场景信息。在这个特别的例子中，程序是一个 VRML（虚拟现实建模语言）阅读器。图 12.33 展示了一个视图的纹理三角网格，和图 12.32 类似。阅读器的用户可以选择一个不同的视图然

图 12.32 狮子雕像另外一个视图的三角网格

图 12.33 相同的视图，通过输入图像对三角网格着色（这里是灰度级）

后通过该视图查看场景。

该节展示了一个特殊的系统，但是需要注意的是，一些商业的工具，比如谷歌公司的街景，微软实验室和华盛顿大学的 Photosynth，都是基于该节讲述的方法实现的。

12.5　重建场景几何

我们已经讨论了通过摄像机和单应的矩阵特性的三维重建方法：还有另外一些不常见的方法，这些方法虽然没有我有先前练习的那些精度高，但是这些方法可以很好地描述视图中的场景。这在一些应用中比较有用，比如，城市场景中的视频序列，目标是定性地理解交通和行人行为信息，而不是精确地解释代理（一些进入场景的实体，是车辆或者行人）在哪里：检测拥堵或者异常事件并不需要坐标级别的信息。这些方法在闭路电视的普及以及廉价网络摄像头的广泛应用下变得更加实用，了解接地面的大概信息可以估计运动物体的速度（和速率）。我们可能在第 16 章中介绍该主题，但是在这里讲也是合适的。

这种方法的共同点是标识水平的“消失点”，然后用几何技术来得到仿射和度量矫正[Hartley and Zisserman, 2003]。普通场景都可以按照该方法做：例子包括假设连续分段线性运动[Bose and Grimson, 2003]，轴距平行和垂直特征[Zhang et al., 2008]，假设矩形边界框包含恒定高度人体[Lv et al., 2006; Micusik and Pajdla, 2010]，假设交通场景中恒定宽度的道路[Magee, 2004]。有更复杂的方法建立在这些方法上，比如部署信息增益（熵）参数最大化解释[Breitenstein et al., 2008]。

我们用普通的假设不能使用的最近的一个应用来解释这个方法。假设我们有一个场景，该场景中几何线索，运动的连贯，都是不可观测的，这在交通拥堵中是很常见的，建筑特征不能一直观测到，并且每个物体之间有相互遮挡[Hales et al., 2013]。街道场景和体育场馆都是很好的例子，我们依然寻找地面几何知识并分析运动。

一些定义和合理的假设：

地面是（有效）平面。事实上，如果是分段平面，该方法的复杂做法会再次捕捉每个组件。

该平面在摄像机坐标系下的定义为 $\mathbf{n}\cdot\mathbf{X}=d$，其中 d 是平面离原点的距离，$\mathbf{n}$ 是平面法线，

$$\mathbf{n}=\begin{pmatrix}a\\b\\c\end{pmatrix}=\begin{pmatrix}\sin\psi\sin\theta\\\cos\psi\sin\theta\\\cos\theta\end{pmatrix}$$

θ 是仰角，ψ 是向量在 XOY 平面上的射影与 X 轴的夹角。

假设摄像机的透视投影模型（见图 2.1），图像点(x, y)反向投影到平面上 $\mathbf{X}=(X, Y, Z)$，其中

$$\begin{aligned}X&=\alpha xZ\\Y&=\alpha yZ\\Z&=\frac{d}{\alpha ax+\alpha by+c}\end{aligned}\qquad(12.25)$$

α 是相机焦距的负倒数。

我们只是试图重建尺度，可以设置 d=1。进一步，假设摄像机在场景上一个合理的高度。

场景中的个体运动速度近似是常数。不同的个体可能有不同的速度，但是我们期望它们是可比较的。

个体在它们由于遮挡消失之前可以在有限的时间段内进行跟踪，可能是几秒钟。该短图像轨迹$(\mathbf{x}_1, \mathbf{x}_2, \cdots, \mathbf{x}_N)$可以看作是地面平面上的三维轨迹通过固定时间段采样得到的直线段。

图像段 $\mathbf{x}_{t-1}, \mathbf{x}_t$ 代表三维中的距离 L_t，从式（12.25）得到

$$L_t^2=\alpha^2\left(\frac{x_t}{\gamma_t}-\frac{x_{t-1}}{\gamma_{t-1}}\right)^2+\alpha^2\left(\frac{y_t}{\gamma_t}-\frac{y_{t-1}}{\gamma_{t-1}}\right)^2+\left(\frac{1}{\gamma_t}-\frac{1}{\gamma_{t-1}}\right)^2\qquad(12.26)$$

其中

$$\gamma_t = \alpha x_t a + \alpha y_t b + c$$

一个轨迹 T 定义了一个 L^T 距离的集合：如果我们的假设是正确的，L^T 所有元素都是相等的，所以集合的标准差 $\sigma(L^T)$ 是感兴趣的。选择 $\alpha,\ \theta,\ \psi$ 来最小化该值可以认为是更好地匹配数据。实际上，我们希望寻找在所有轨迹上让该值最小的参数：因为不同的物体运动速度不同，我们寻求最小化

$$E_1 = \sum_T \left(\frac{\sigma(L^T)}{\mu(L^T)} \right)^2 \qquad (12.27)$$

也就是，用长度均值 $\mu(L^T)$来归一化标准差。因为我们希望代理有可比较的速度，我们也寻求最小化均值的方差

$$E_2 = \sigma(\mu(L^T)) \qquad (12.28)$$

恢复地平面的参数也就是最小化 $E_1 + \lambda E_2$ 对某个 λ。问题的空间是复杂的，所以普通的非线性最小化算法只能得到很差的解。另一方面，由粗到细地量化($\alpha,\ \theta,\ \psi$)空间可以得到更好的解：细节见最初的参考文献[Hales et al., 2013]。

实现方面，用流行的 KLT 跟踪器（见 16.3.2 节）来得到图像轨迹：舍弃非常短的轨迹，相似轨迹的集合（可能来自相同的个体，或者来自运动整体）进行聚类。实践证明将误差权重参数设为 1 能得到可以接受的结果。当在广为人知的测试集[CVPR, 2009]上进行基准测试时，θ 和 ψ 的误差很少超过 10°，并且通常来说更小。方案参数导出的相对速度和其他算法比起来更加合理[Bose and Grimson, 2003]。图 12.34 展示了一个例子。

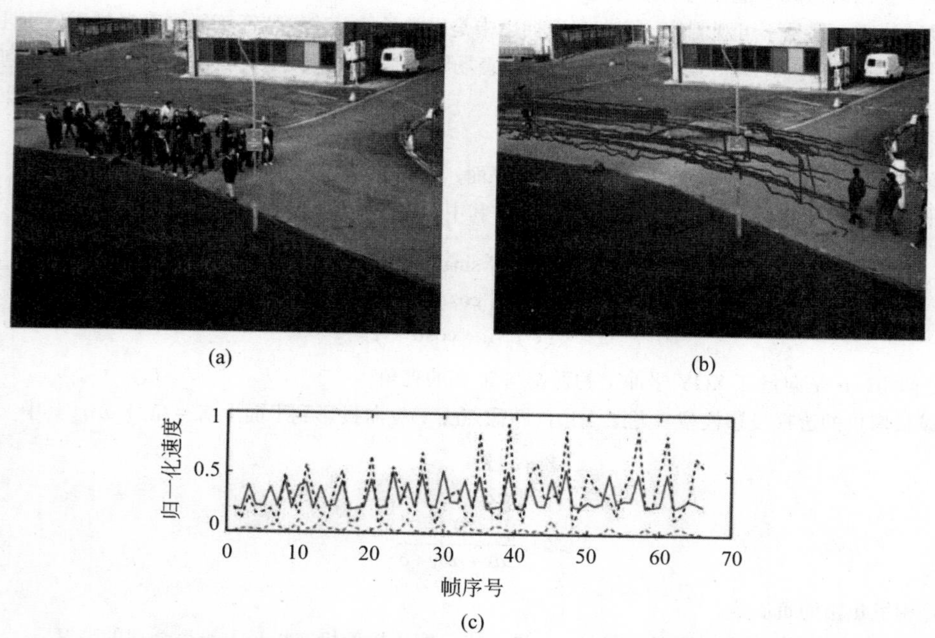

图 12.34 运用场景几何进行人运动跟踪。（a）PETS 序列[CVPR, 2009]中一个静止的帧。（b）一些 KLT 跟踪器覆盖在相同的序列上。（c）归一化的速度，真实值是黑色，算法得到的结果是红色（实线）。为了比较，绿线是从[Bose and Grimson, 2003]中得到的。本图的彩色版见彩图 35

该例子显示了数量充足的模糊信息在缺少正式标定的情况下通过合适的推理可以得到真实世界的信息。这种算法允许部署廉价的电子产品并能提供有用的三维信息。一个非常好和早期的该技术可以在[Criminisi, 1999]中找到。

12.6 总结

- 本材料在性质上是个综述。我们介绍了各种 3D 视觉任务的分类法，综述了目前的研究，明确地表达了任务，展示了一些应用。
- 由 X 到形状
  - 形状可以由运动、光流、纹理、聚焦/散焦、会聚、轮廓抽取出来。
  - 这些技术中的每一个都可以用于导出 Marr 视觉理论中的 2.5D 图，它们自身也具有实用价值。
- 完全的 3D 物体
  - 对于重建具有平的面的物体而言，线条标注是一个过时的但是容易接触到的技术。
  - 转换为 3D 物体需要以物体为中心的坐标系。
  - 3D 物体可以机械地测量或通过计算 X 线断层摄影术量测。
  - 体建模策略包括构造立体几何、超二次曲面和广义圆柱。
  - 表面建模策略包括边界表达、三角剖分表面和二次曲面面片。
- 基于 3D 模型的视觉
  - 为了从一组距离图像中创建完整的 3D 模型，必须首先标记测量得到的表面，即应该找到使一个表面与另一个相匹配的旋转和平移。
  - 基于模型的视觉使用有关物体的先验知识来简化识别。
  - Goad 算法是在单幅亮度图像中搜索多面体的方法。
  - 存在从距离图像中确定曲面物体的技术。
- 基于 2D 视图的 3D 场景表达
  - 基于 2D 视图的 3D 场景表达可以用多视图表达或 geons 获得。
  - 选择存储一些参考图像再从它们绘制任意视图是可能的。
  - 视图内插并不足够，还需要视图外推。这需要知道几何信息，基于视图的方法与 3D 几何重建相差并不明显。
  - 从 2D 无组织视图集合进行 3D 重建是可能的。该方法最近经常被使用，比如，谷歌街景。
- 重建场景几何
  - 大尺度场景特征比如平面参数可以从直线和近似尺寸等已知物体的特性得到。
  - 众所周知的几何结果可以得到消失点和地面方向。
  - 尽管大尺度的线索不能得到，相似的方法也能很好地工作。

12.7 习题

简答题

S12.1 对以下每个由 X 到形状的技术，简要地描述其原理，解释它们怎样具有实用价值，举出一些例子。

- 运动
- 纹理
- 聚焦
- 会聚
- 轮廓

S12.2 举一个反例，其中由光流场测量到的明显运动并不对应于 3D 点真实运动的情况。（提示：考虑一个不透明的球体，其中（1）球不运动但是照明在变化；（2）球在旋转而照明不变。）

S12.3 时尚设计师欺骗人类由纹理导出形状的能力。他们是如何做的？

S12.4 举一个轮缘不是平面曲线的例子。

S12.5 是否有线化图不对应于物理上合理的多面体的例子？如果是，给出一个例子。

S12.6 借助于线条标注的图像解释对计算机视觉的贡献是什么？它还可以用于其他什么地方？为什么？（提示：基于模型的 3D 物体识别）

S12.7 描述如何从不同视图的距离图像中创建物体的完整 3D 模型。

S12.8 概括如何从无组织的 2D 视图中重建 3D 场景。哪些步骤是必须的？

思考题

P12.1 做一个实验室的实验，由聚焦确定深度。取一个小景深的镜头，如果你手头上有一个普通镜头，尽可能地打开其光圈。将带镜头的摄像机安装在可调摄像机与物体距离的台子上，为这个目的可以使用照片放大器台子。

在图像中选择一个与场景中一点对应的窗口，该点是用作测距的基准。设计一个算法来协助获取对比度最强的图像。（提示：对比度最强的图像具有最多的高频分量；是否有比傅立叶变换更为简单的某种方法来寻找这样的一幅图像呢？）

最终，从台子上的机械标尺可以读出距离。

P12.2 多数计算机视觉技术测量 3D 物体表面上显著点的坐标，例如那些找到了对应的地方；结果是一个 3D 点群。人类的形状概念不是一个点群。详细阐述这个问题，例如，在使用立体视觉设备测量得到了人脸上的 3D 数据的情况。你如何从点群向表面做转换？该表面是我们寻求的形状吗？（提示：在[Koenderink，1990]中，形状是从几何学者的观点来看的。）

P12.3 用一个标准的数码摄像机，选择一个 3D 物体拍一些照片，练习 http://ptak.felk.cvut.cz/sfmservice 中的软件。

P12.4 使自己熟悉 Matlab 教辅书中对应于本章中解决的问题以及 Matlab 实现的相关算法[Svoboda et al., 2008]。Matlab 教辅书的主页 http://visionbook.felk.cvut.cz 中提供了这些问题中使用的图像，以及为教学设计的注释良好的 Matlab 代码。

P12.5 使用 Matlab 教辅书[Svoboda et al., 2008]来求解那里提供的一些附加习题和实际问题。使用 Matlab 或者其他合适的语言来实现你自己的答案。

12.8 参考文献

Aloimonos J. and Swain M. J. Shape from texture. In *9th International Joint Conference on Artificial Intelligence,* Los Angeles, volume 2, pages 926–931, Los Altos, CA, 1985. Morgan Kaufmann Publishers.

Aloimonos Y., editor. *Active Perception.* Lawrence Erlbaum Associates, Hillsdale, NJ, 1993.

Bajcsy R. and Lieberman L. Texture gradient as a depth cue. *Computer Graphics and Image Processing,* 5:52–67, 1976.

Barr A. H. Superquadrics and angle-preserving transformations. *IEEE Computer Graphics and Applications,* 1(1):11–23, 1981.

Besl P. J. and Jain R. C. Three-dimensional object recognition. *ACM Computing Surveys,* 17 (1):75–145, 1985.

Besl P. J. and McKay N. D. A method for registration of 3-D shapes. *IEEE Transactions on Pattern Analysis and Machine Intelligence,* 14(2):239–256, 1992.

Beymer D. and Poggio T. Image representations for visual learning. *Science*, 272:1905–1909, 1996.

Binford T. O. Visual perception by computer. In *Proceedings of the IEEE Conference on Systems, Science and Cybernetics*, Miami, FL, 1971. IEEE.

Blake A. and Yuille A. *Active Vision.* MIT Press, Cambridge, MA, 1992.

Blostein D. and Ahuja N. Shape from texture: Integrating texture-element extraction and surface estimation. *IEEE Transactions on Pattern Analysis and Machine Intelligence*, 11: 1233–1251, 1989.

Bose B. and Grimson E. Ground plane rectification by tracking moving objects. In *IEEE International Workshop on Visual Surveillance and PETS*, 2003.

Bowyer K. W. Special issue on directions in CAD-based vision. *CVGIP – Image Understanding*, 55:107–218, 1992.

Breitenstein M. D., Sommerlade E., Leibe B., Gool L. J. V., and Reid I. Probabilistic parameter selection for learning scene structure from video. In Everingham M., Needham C. J., and Fraile R., editors, *Proceedings of the British Machine Vision Conference 2008, Leeds, September 2008*, pages 1–10. British Machine Vision Association, 2008.

Brooks R. A., Greiner R., and Binford T. O. The ACRONYM model-based vision system. In *Proceedings of the International Joint Conference on Artificial Intelligence, IJCAI-6*, Tokyo, Japan, pages 105–113, 1979.

Bujnak M., Kukelova Z., and Pajdla T. Efficient solutions to the absolute pose of cameras with unknown focal length and radial distortion by decomposition to planar and non-planar cases. *IPSJ Transactions on Computer Vision and Applications*, 4:78–86, May 2012. ISSN 1882-6695.

Chakravarty I. and Freeman H. Characteristic views as a basis for three-dimensional object recognition. *Proceedings of The Society for Photo-Optical Instrumentation Engineers Conference on Robot Vision*, 336:37–45, 1982.

Clocksin W. F. Perception of surface slant and edge labels from optical flow—a computational approach. *Perception*, 9:253–269, 1980.

Clowes M. B. On seeing things. *Artificial Intelligence*, 2(1):79–116, 1971.

Criminisi A. *Accurate Visual Metrology from Single and Multiple Uncalibrated Images.* Ph.D. thesis, University of Oxford, Dept. Engineering Science, 1999. D.Phil. thesis.

CVPR. PETS 2009 data set, 2009. http://www.cvg.rdg.ac.uk/PETS2009/a.html.

Faugeras O. D. *Three-Dimensional Computer Vision: A Geometric Viewpoint.* MIT Press, Cambridge, MA, 1993.

Flynn P. J. and Jain A. K. 3D object recognition using invariant feature indexing of interpretation tables. *CVGIP – Image Understanding*, 55(2):119–129, 1992.

Gubais L. J., Knuth D. E., and M S. Randomized incremental construction of Delunay and Voronoi diagrams. *Algorithmica*, 7:381–413, 1992.

Hales I., Hogg D., Ng K. C., and Boyle R. D. Automated ground-plane estimation for trajectory rectification. In *Proceedings of CAIP 2013, York UK*, volume II. Springer Verlag, LNCS 8048, 2013.

Hartley R. I. and Zisserman A. *Multiple view geometry in computer vision.* Cambridge University, Cambridge, 2nd edition, 2003.

Higuchi K., Hebert M., and Ikeuchi K. Building 3-D models from unregistered range images. *Graphics Models and Image Processing*, 57(4):313–333, 1995.

Hoppe H., DeRose T., Duchamp T., McDonald J., and Stuetzle W. Surface reconstruction from unorganized points. *Computer Graphics*, 26(2):71–78, 1992.

Horn B. K. P. *Robot Vision.* MIT Press, Cambridge, MA, 1986.

Huffman D. A. Impossible objects as nonsense sentences. In Metzler B. and Michie D. M., editors, *Machine Intelligence*, volume 6, pages 295–323. Edinburgh University Press, Edinburgh, 1971.

Jaklič A. *Construction of CAD models from Range Images.* Ph.D. thesis, Department of Computer and Information Science, University of Ljubljana, Ljubljana, Slovenia, 1997.

Jancosek M. and Pajdla T. Multi-view reconstruction preserving weakly-supported surfaces. In Felzenszwalb P., Forsyth D., and Fua P., editors, *CVPR 2011: Proceedings of the 2011 IEEE Computer Society Conference on Computer Vision and Pattern Recognition*, pages 3121–3128, New York, USA, June 2011. IEEE Computer Society, IEEE Computer Society. ISBN 978-1-4577-0393-5. doi: 10.1109/CVPR.2011.599569.

Kanatani K. and Chou T. C. Shape from texture: General principle. *Artificial Intelligence*, 38 (1):1–48, 1989.

Klir G. J. *Facets of System Science.* Plenum Press, New York, 1991.

Koenderink J. J. *Solid Shape.* MIT Press, Cambridge, MA, 1990.

Koenderink J. J. and Doorn A. J. v. Internal representation of solid shape with respect to vision. *Biological Cybernetics*, 32(4):211–216, 1979.

Kriegman D. J. Computing stable poses of piecewise smooth objects. *CVGIP – Image Understanding*, 55(2):109–118, 1992.

Krotkov E. P. Focusing. *International Journal of Computer Vision*, 1:223–237, 1987.

Krotkov E. P. and Bajcsy R. Active vision for reliable ranging: Cooperating focus, stereo, and vergence. *International Journal of Computer Vision*, 11(2):187–203, 1993.

Kukelova Z., Bujnak M., and Pajdla T. Polynomial eigenvalue solutions to minimal problems in computer vision. *IEEE Transactions on Pattern Analysis and Machine Intelligence*, 34 (7):1381–1393, July 2012. ISSN 0162-8828.

Leonardis A., Jaklič A., and Solina F. Superquadrics for segmenting and modeling range data. *IEEE Transactions on Pattern Analysis and Machine Intelligence*, 19(11):1289–1295, 1997.

Lv F., Zhao T., and Nevatia R. Camera calibration from video of a walking human. *IEEE Transactions on Pattern Analysis and Machine Intelligence*, 28(9), 2006.

Magee D. R. Tracking multiple vehicles using foreground, background and motion models. *Image and Vision Computing*, 22(2):143–155, 2004.

Malik J. and Maydan D. Recovering three-dimensional shape from a single image of curved object. *IEEE Transactions on Pattern Analysis and Machine Intelligence*, 11(6):555–566, 1989.

Marr D. *Vision—A Computational Investigation into the Human Representation and Processing of Visual Information.* Freeman, San Francisco, 1982.

Mičušík B. and Pajdla T. Structure from motion with wide circular field of view cameras. *IEEE Transactions on Pattern Analysis and Machine Intelligence*, 28(7):1135–1149, July 2006. ISSN 0162-8828.

Micusik B. and Pajdla T. Simultaneous surveillance camera calibration and foot-head homology estimation from human detections. In *Proceedings of the 2010 IEEE Conference on Computer Vision and Pattern Recognition*, pages 1562–1569, Los Alamitos, CA, USA, 2010. IEEE Computer Society.

Nayar S. K. and Nakagawa Y. Shape from focus. *IEEE Transactions on Pattern Analysis and Machine Intelligence*, 16(8):824–831, 1994.

Nayar S. K., Watanabe M., and Hoguchi M. Real-time focus range sensor. *IEEE Transactions on Pattern Analysis and Machine Intelligence*, 18(12):1186–1197, 1996.

Negahdaripour S. and Horn B. K. P. Determining 3D motion of planar objects from image brightness measurements. In *9th International Joint Conference on Artificial Intelligence, Los Angeles*, volume 2, pages 898–901, Los Altos, CA, 1985. Morgan Kaufmann Publishers.

Nevatia R., Zerroug M., and Ulupinar F. Recovery of three-dimensional shape of curved objects from a single image. In Young T. Y., editor, *Handbook of Pattern Recognition and Image Processing: Computer Vision*, pages 101–129, San Diego, CA, 1994. Academic Press.

Pajdla T. and Van Gool L. Matching of 3-D curves using semi-differential invariants. In *5th International Conference on Computer Vision*, Boston, USA, pages 390–395. IEEE Computer Society, 1995.

Pentland A. A new sense for depth of field. *IEEE Transactions on Pattern Analysis and Machine Intelligence*, 9(4):523–531, 1987.

Ponce J., Hoogs A., and Kriegman D. J. On using CAD models to compute the pose of curved 3d objects. *CVGIP – Image Understanding*, 55(2):184–197, 1992.

Preparata F. P. and Shamos M. I. *Computational Geometry—An Introduction.* Springer Verlag, Berlin, 1985.

Rissanen J. *Stochastic Complexity in Statistical Inquiry.* World Scientific, Series in Computer Science, IBM Almaden Research Center, San Jose, CA, 1989.

Roberts L. G. Machine perception of three-dimensional solids. In Tippett J. T., editor, *Optical and Electro-Optical Information Processing*, pages 159–197. MIT Press, Cambridge, MA, 1965.

Šára R. and Bajcsy R. Fish-scales: Representing fuzzy manifolds. In Chandran S. and Desai U., editors, *Proceedings of the 6th International Conference on Computer Vision (ICCV)*, pages 811–817, New Delhi, India, January 1998. IEEE Computer Society, Narosa Publishing House.

Sato K., Ikeuchi K., and Kanade T. Model based recognition of specular objects using sensor models. *CVGIP – Image Understanding*, 55(2):155–169, 1992.

Seales W. B. and Dyer C. R. Viewpoints from occluding contour. *CVGIP – Image Understanding*, 55(2):198–211, 1992.

Shomar W. J. and Young T. Y. Three-dimensional shape recovery from line drawings. In *Handbook of Pattern Recognition and Image Processing: Computer Vision*, volume 2, pages 53–100, San Diego, CA, 1994. Academic Press.

Solina F. and Bajcsy R. Recovery of parametric models from range images: The case for superquadrics with global deformations. *IEEE Transactions on Pattern Analysis and Machine Intelligence*, 12(2):131–147, 1990.

Soroka B. I. and Bajcsy R. K. A program for describing complex three dimensional objects using generalised cylinders. In *Proceedings of the Pattern Recognition and Image Processing Conference* Chicago, pages 331–339, New York, 1978. IEEE.

Soucy M. and Laurendeau D. Multiresolution surface modeling based on hierarchical triangulation. *Computer Vision and Image Understanding*, 63(1):1–14, 1996.

Stevens K. A. Representing and analyzing surface orientation. In Winston P. A. and Brown R. H., editors, *Artificial Intelligence: An MIT Persepctive*, volume 2. MIT Press, Cambridge, MA, 1979.

Sugihara K. *Machine Interpretation of Line Drawings.* MIT Press, Cambridge, MA, 1986.

Svoboda T., Kybic J., and Hlavac V. *Image Processing, Analysis, and Machine Vision: A MATLAB Companion.* Thomson Engineering, 2008.

Terzopoulos D. and Fleischer K. Deformable models. *The Visual Computer*, 4(6):306–331, 1988.

Terzopoulos D. and Metaxas D. Dynamic 3D models with local and global deformations: Deformable superquadrics. *IEEE Transactions on Pattern Analysis and Machine Intelligence*, 13(7):703–714, 1991.

Terzopoulos D., Witkin A., and Kass M. Constraints on deformable models: Recovering 3-D shape and nonrigid motion. *Artificial Intelligence*, 36:91–123, 1988.

Torii A., Havlena M., and Pajdla T. From google street view to 3d city models. In *OMNIVIS '09: 9th IEEE Workshop on Omnidirectional Vision, Camera Networks and Non-classical Cameras*, page 8, Los Alamitos, USA, Octorber 2009a. IEEE Computer Society Press. ISBN 978-1-4244-4441-0. CD-ROM.

Torii A., Havlena M., and Pajdla T. Omnidirectional image stabilization by computing camera trajectory. In Wada T., Huang F., and Lin S. Y., editors, *PSIVT '09: Advances in Image and Video Technology: Third Pacific Rim Symposium*, volume 5414 of *Lecture Notes in Computer Science*, pages 71–82, Berlin, Germany, January 2009b. Springer Verlag. ISBN 978-3-540-92956-7.

Ullman S. *The Interpretation of Visual Motion.* MIT Press, Cambridge, MA, 1979.

Ullman S. *High-Level Vision: Object Recognition and Visual Cognition.* MIT Press, Cambridge, MA, 1996.

Ullman S. and Basri R. Recognition by linear combination of models. *IEEE Transactions on Pattern Analysis and Machine Intelligence*, 13(10):992–1005, 1991.

Uray P. *From 3D point clouds to surface and volumes.* Ph.D. thesis, Technische Universitaet Graz, Austria, 1997.

Waltz D. L. Understanding line drawings of scenes with shadows. In Winston P. H., editor, *The Psychology of Computer Vision*, pages 19–91. McGraw-Hill, New York, 1975.

Witkin A. P. Recovering surface shape and orientation from texture. *Artificial Intelligence*, 17: 17–45, 1981.

Zhang Z., Li M., Huang K., and Tan T. Robust automated ground plane rectification based on moving vehicles for traffic scene surveillance. In *Proceedings of the International Conference on Image Processing, ICIP 2008, October 12-15, 2008, San Diego, California, USA*, pages 1364–1367, 2008.

第 13 章

数学形态学

13.1 形态学基本概念

数学形态学作为图像分析的一个分支被广泛接受，其基础是作用于物体形状的非线性算子的代数，它在很多方面都要优于基于卷积的线性代数系统。在很多领域中，如预处理、基于物体形状分割、物体量化等，与其他标准算法相比，形态学方法都有更好的结果和更快的速度。关于这方面的研究内容非常丰富。[Serra, 1982, 1987; Giardina and Dougherty, 1988; Dougherty, 1992; Heijmans, 1994]。

我们的这里的介绍方法是入门性的， [Haralick and Shapiro 1992; Vincent 1995; Soille, 2003]。大多数高级图像分析工具包都实现了一些形态学方法，我们希望通过本章的学习读者能够正确运用这些方法。数学形态学通常用在那些处理物体形状，且对处理速度有一定要求的应用问题中——例如，显微镜图像分析（在生物学、材料科学、地质学和犯罪学中）、工业检验、视觉特征识别和文档分析等。

非形态学的图像处理方法是与微积分相关的，基于逐点展开的函数概念和诸如卷积的线性变换，在其他章节中我们已经从这个角度讨论了图像建模及处理过程。数学形态学采用非线性代数工具，作用对象为点集、它们间的连通性及其形状。形态学运算简化了图像，量化并保持了物体的主要形状特征。

形态学运算主要用于如下几个目的：

- 图像预处理（去噪声、简化形状）。
- 增强物体结构（抽取骨骼、细化、粗化、凸包）。
- 从背景中分割物体。
- 物体量化描述（面积、周长、投影）。

数学形态学利用了点集的性质、积分几何的结果和拓扑学。前提假设是真实图像可以表示为任意维度的**点集**（**point set**），如 N 维欧氏空间；平面图形描述很自然的定义域是二维欧氏空间 ε^2 及其子集合。这里使用了标准集和代数。集合**差**（**difference**）的定义为

$$X \backslash Y = X \cap Y^C \tag{13.1}$$

计算机视觉采用欧氏空间的数字化形式——在处理二值图像形态学时为整数对的集合（$\in \mathcal{Z}^2$），在处理灰度图像形态学或三维形态学时为整数三元组的集合（$\in \mathcal{Z}^3$）。

我们先来考虑二值图像的情形，二值图像可以看作是二维整数空间的子集 $\mathcal{Z}^2$。一个点由一个整数对表示，整数对给出了点在两个数字光栅坐标轴上的坐标；光栅的单位长度等于每个方向上的采样间隔。若已经定义了点之间的相邻关系，则我们称这个二维离散点集为**栅格**（**grid**）。这种表示适用于矩形和六边形栅格，三角形栅格以后再作考虑。

一幅二值图像可以看作是一个二维点集。图像中属于物体的点构成了一个集合 X——所有取值为 1 的点。补集合 X^C 对应背景，由所有取值为 0 的点定义。原点（在例子中由一个对角线十字叉表示）的坐标为(0, 0)，所有点的坐标 (x, y) 与在数学中的定义方式相同。图 13.1 是一个点集的例子——属于物体的点用小黑正方形表示。离散图像 $X = \{(1, 0), (1, 1), (1,2), (2, 2), (0, 3), (0, 4)\}$ 中的任一点可以被看作是一

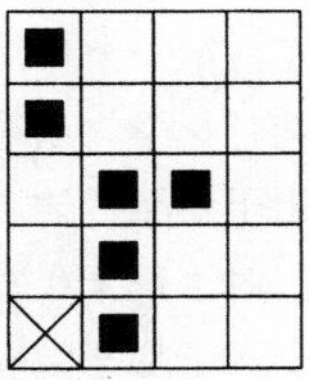

图 13.1 一个点集实例

个关于原点(0, 0)的向量。

一个**形态学变换**（**morphological transformation**）Ψ 由图像和另一个小点集 B 之间的关系定义，其中 B 称为**结构元素**（**structuring element**）。B 表示为一个关于局部原点$\mathcal{O}$（称为代表点）的邻域。图 13.2 中给出了几个典型的结构元素。由图 13.2（c）看出，局部原点$\mathcal{O}$可以不属于结构元素 B。

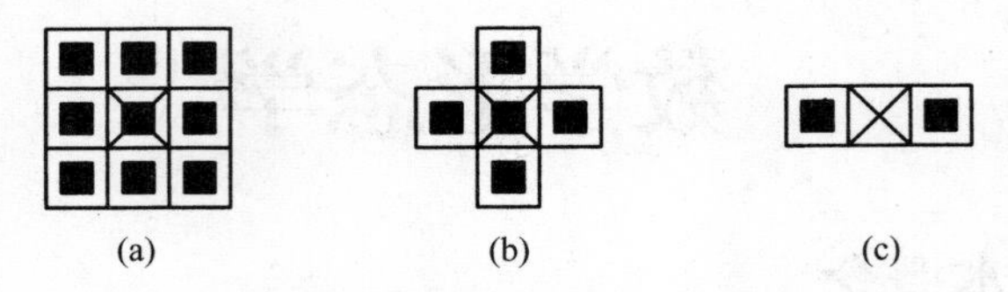

图 13.2　典型的结构元素

将形态学变换 Ψ(X)作用于图像 X 就是用结构元素 B 系统地扫描整幅图像。假设当前 B 位于图像的某一点；则图像中对应于结构元素代表点$\mathcal{O}$的像素称为**当前像素**。*between X and B*(*A* 和 *B*)在当前位置的关系下作用的结果（可以是 1 或 0）被保存到输出图像的当前像素位置。

形态学运算的**对偶性**（**duality**）可以由集合补运算推导出来；对于每个形态学变换 Ψ(X)，存在一个对偶变换 $\Psi^*(X)$，满足

$$\Psi(X) = [\Psi^*(X^C)]^C \tag{13.2}$$

点集 X 关于向量 h 的**平移**（**translation**）操作用 X_h 表示；其定义为

$$X_h = \{p\in\varepsilon^2,\ p = x+h,\ x\in X\} \tag{13.3}$$

图 13.3 给出了一个平移的例子。

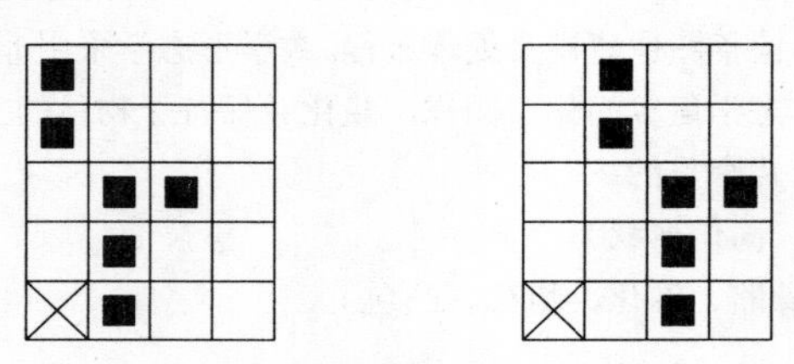

图 13.3　关于某一向量的平移

13.2　形态学四原则

在实际应用问题中，需要对图像理解中的可能出现的形态学变换加以限制；本节将介绍四个体现这种限制的形态学原则。充分掌握它们并非今后学习的必要条件，简单地接受这些概念就足够了。关于这部分内容的更多细节请参见[Serra, 1982]。

人类对**空间结构**（**spatial structure**）有一个直觉上的理解。阿尔卑斯山的结构与一棵橡树花冠的结构相比，感觉上更复杂。除了要对这类物体进行客观描述外，科学家们还需要一个量化描述。总结概括同样必不可少；我们所关心的并不是某棵特定的橡树，而是所有橡树构成的类。

产生量化结果的形态学方法主要有两个步骤：（a）几何变换和（b）真实测量。[Serra, 1982]给出了两个例子。第一个与化学有关，问题是要测量某个物体的表面积。首先，将初始实体设定为物体表面，例如可以用某种化学物质进行标记。然后再测量覆盖表面所用的标记物总量。另一个例子是地质学中的筛分法，筛分法用于得到碎岩石的尺寸分布。碎岩石通过一系列筛孔由大到小的筛子，得到的结果是一系列碎岩石的子集。对于每个尺寸的筛孔，都会有一些过大的颗粒被筛出来，测量这些颗粒的总量就可以了。

一个形态学操作由一个映射 Ψ（或几何变换）加一个测度 μ 组成（定义），其中测度 μ 是一个 $Z\times\cdots\times Z\rightarrow R$ 的映射。几何变换集合 Ψ(X)可以是物体边界，或筛分过程中被滤出的颗粒，等等，测度 $\mu[\Psi(X)]$产生一

个数值（重量、表面积、体积等）。此处讨论的变换 Ψ 是简化后的情形，但是公理体系同样可以变换为测度论。

一个形态学变换称为是**量化的**（**quantitative**），若它满足如下四条原则[Serra, 1982]。

- **与平移相容**：设变换 Ψ 依赖于坐标系原点 $\mathcal{O}$ 的位置，将这种变换表示为 $\Psi_{\mathcal{O}}$。若所有的点都平移 $-h$，则变换表示为 Ψ_{-h}。**平移相容**原则的定义为

$$\Psi_{\mathcal{O}}(X_h) = [\Psi_{-h}(X)]_h \tag{13.4}$$

若 Ψ 不依赖于原点位置 $\mathcal{O}$，则平移相容原则退化为平移不变

$$\Psi(X_h) = [\Psi(X)]_h \tag{13.5}$$

- **与尺度缩放相容**：令 λX 表示点集 X 的缩放。这个操作相当于关于某个原点改变尺度。令 Ψ_λ 表示依赖于正参数 λ（尺度变换因子）的变换。**尺度缩放相容**的定义为

$$\Psi_\lambda(X) = \lambda\Psi\left(\frac{1}{\lambda}X\right) \tag{13.6}$$

若 Ψ 不依赖于 λ，则尺度缩放相容原则退化为尺度缩放不变

$$\Psi(\lambda X) = \lambda\Psi(X) \tag{13.7}$$

- **局部知识**：局部知识原则考虑这样的情形，一个较大结构只有一部分可以被检测到——由于数字栅格的大小有限，现实中通常会出现这种情况。称形态学变换 Ψ 满足**局部知识原则**，若对变换 $\Psi(X)$ 的任意边界点集 Z' 来说，存在一个边界集 Z，其知识足以支持变换 Ψ。局部知识原则的符号形式为

$$[\Psi(X\cap Z)]\cap Z' = \Psi(X)\cap Z' \tag{13.8}$$

- **上部半连通**：上部半连通原则规定形态学变换不能有任何突变。更精确的描述需要用到许多拓扑学概念，请参见[Serra, 1982]。

13.3　二值膨胀和腐蚀

黑白点的集合构成了二值图像。假定只考虑黑色像素，其余部分认为是背景。基本的形态学变换是膨胀和腐蚀，由这两个变换 可以衍生出更多的形态学运算，如开运算、闭运算和形状分解，等等。在此，我们采用 Minkowski 形式化体系表示这些运算[Haralick and Shapiro, 1992]。Minkowski 代数中的记号与标准数学教程中的相似（另一种工具是 Serra 的基于立体视觉的形式化体系[Serra, 1982]）。

13.3.1　膨胀

形态学变换**膨胀**（**dilation**）$\oplus$ 采用向量加法（或 Minkowski 集合加法，如 $(a, b) + (c, d) = (a + c, b + d)$）对两个集合进行合并。膨胀 $X\oplus B$ 是所有向量加之和的集合，向量加法的两个操作数分别来自于 X 和 B，并且取到任意可能的组合。

$$X\oplus B = \{p\in\varepsilon^2:\ p = x + b,\ x\in X \text{ 且 } b\in B\} \tag{13.9}$$

图 13.4 是一个膨胀的例子。

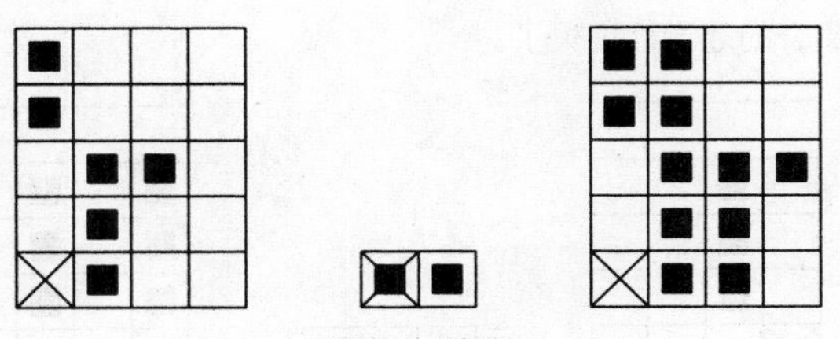

图 13.4　膨胀

$$X = \{(1, 0), (1, 1), (1, 2), (2, 2), (0, 3), (0, 4)\}$$
$$B = \{(0, 0), (1, 0)\}$$
$$X \oplus B = \{(1, 0), (1, 1), (1, 2), (2, 2), (0, 3), (0, 4), (2, 0), (2, 1), (2, 2), (3, 2), (1, 3), (1, 4)\}$$

图 13.5 左侧为一幅大小为 256×256 的原始图像（捷克理工大学的徽章）。采用一个大小为 3×3 的结构元素，见图 13.2（a）。图 13.5 右侧为膨胀后的结果。在这个例子中，膨胀是一种**各向同性的**（isotropic）扩张（在所有方向上的行为相同）。这种操作有时还被称为填充（fill）或生长（grow）。

图 13.5 作为各向同性的扩张的膨胀

采用各向同性结构元素的膨胀运算可以描述为一个将所有与物体邻近的背景像素变为物体像素的变换。

膨胀的一些有趣性质使得它很容易通过硬件或软件实现；在此我们不加证明地给出几种性质。有兴趣的读者可以参见[Serra, 1982]或辅导论文[Haralick et al., 1987]。

膨胀满足交换律为

$$X \oplus B = B \oplus X \tag{13.10}$$

膨胀满足结合律为

$$X \oplus (B \oplus D) = (X \oplus B) \oplus D \tag{13.11}$$

膨胀可以表示为平移点集的并为

$$X \oplus B = \bigcup_{b \in B} X_b \tag{13.12}$$

膨胀对平移不变为

$$X_h \oplus B = (X \oplus B)_h \tag{13.13}$$

式（13.12）和式（13.13）表明在具体实现中平移操作对加速膨胀操作起着很重要的作用。更一般地，对串行计算机上的二值形态学操作实现来说，平移操作也是十分重要的。一个处理器字可以表示若干像素点（如 32 位处理器的一个字表示 32 个像素），平移或加法对应一条指令。对流水线处理器来说，平移还可以通过延迟来实现。

膨胀是一种**递增**（**increasing**）运算：

$$若\ X \subseteq Y\ 则\ X \oplus B \subseteq Y \oplus B \tag{13.14}$$

膨胀用来填补物体中小的空洞和狭窄的缝隙。它使物体的尺寸增大——如果需要保持物体原来的尺寸，则膨胀应与腐蚀相结合，这将在下一节描述。

图 13.6 给出了一个代表点不属于结构元素 B 的膨胀结果；如果使用这个结构元素，则膨胀结果明显不同于输入集合。注意原来集合的连通性丢失了。

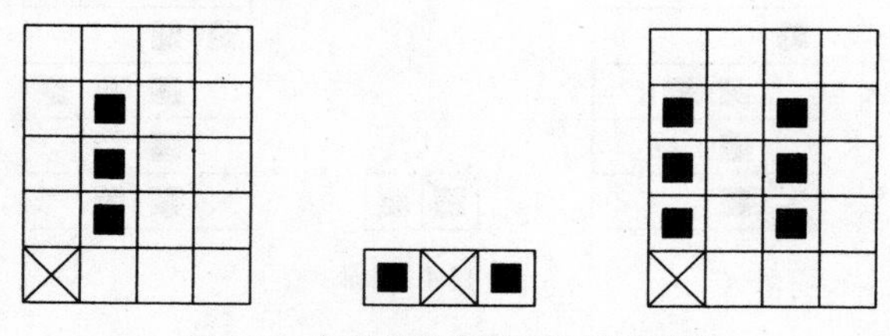

图 13.6 代表点不属于结构元素的膨胀

13.3.2　腐蚀

腐蚀（**erosion**）$\ominus$ 对集合元素采用向量减法，将两个集合合并，腐蚀是膨胀的对偶运算。腐蚀和膨胀都不是可逆运算。

$$X\ominus B = \{ p\in\varepsilon^2 \colon p+b\in X,\ \forall b\in B\} \tag{13.15}$$

这一公式表明图像的每个点 p 都被测试到了；腐蚀的结果由所有满足 $p+b$ 属于 X 的点 p 构成。图 13.7 为一个用结构元素 B 腐蚀点集 X 的例子。

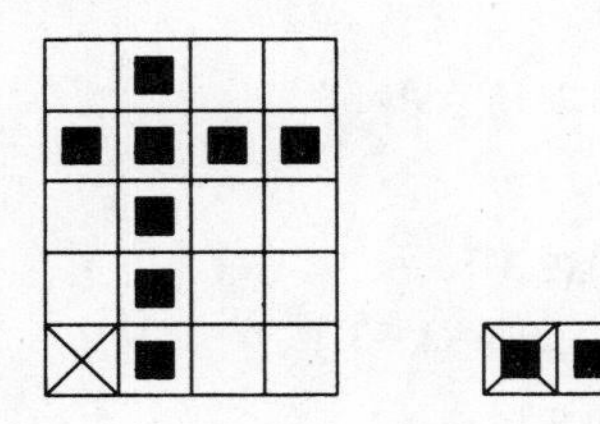

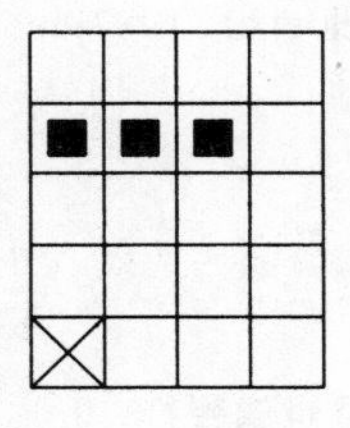

图 13.7　腐蚀

$$X = \{(1, 0), (1, 1), (1, 2), (0, 3), (1, 3), (2, 3), (3, 3), (1, 4)\}$$
$$B = \{(0, 0), (1, 0)\}$$
$$X\ominus B = \{(0, 3), (1, 3), (2, 3)\}$$

图 13.8 为一个结构元素大小为 3×3（见图 13.2（a））的腐蚀运算，原始图像与图 13.5 相同。注意，一个像素宽的线都不见了。采用各向同性结构元素的腐蚀运算也被某些作者称为**收缩**或**缩小**。

基本的形态学变换可以用来在图像中寻找物体轮廓，而且速度很快。具体实现方法是计算原始图像和腐蚀后的图像的差，见图 13.9。

图 13.8　作为各向同性的收缩的腐蚀

图 13.9　通过对原始图像（左侧）和腐蚀后图像作差求物体轮廓

腐蚀还用来简化物体的结构——那些只有一个像素宽的物体或物体的部分将被去掉。这样就把较复杂的物体分解为几个简单部分了。

腐蚀还有另一种等价的定义[Matheron, 1975]。回忆一下，B_p 表示 B 平移 p：

$$X\ominus B = \{ p\in\varepsilon^2 \colon B_p\subseteq X\} \tag{13.16}$$

腐蚀可以解释为用结构元素 B 扫描整幅图像 X；若 B 平移 p 后仍属于 X，则平移后的 B 的代表点属于腐蚀结果图像 $X\ominus B$。

我们可以根据如下事实对腐蚀的实现进行简化，图像 X 关于结构元素 B 的腐蚀可以表示为图像 X 关于所有向量[1] $-b\in B$ 的平移的交：

$$X \ominus B = \bigcap_{b\in B} X_{-b} \tag{13.17}$$

若代表点属于结构元素，则腐蚀是一个反向扩张变换；即，若$(0, 0)\in B$，则 $X\ominus B\subseteq X$。腐蚀也是平移不变的，

1　此处的腐蚀定义，$\ominus$，与[Serra, 1982]中有所不同。[Serra, 1982]中的$\ominus$表示 Minkowski 差，即图像 X 关于所有 $b\in B$ 的平移的交。而我们这里加上了一个负号。在我们的记号下，若集合是凸的，则腐蚀再膨胀（或反过来）的结果一致的。

$$X_h \ominus B = (X \ominus B)_h \tag{13.18}$$

$$X \ominus B_h = (X \ominus B)_{-h} \tag{13.19}$$

腐蚀也是递增变换

$$\text{若 } X \subseteq Y \text{ 则 } X \ominus B \subseteq Y \ominus B \tag{13.20}$$

若 B, D 为结构元素，且 D 包含于 B，则 B 的腐蚀要强于 D 的腐蚀；即若 $D \subseteq B$，则 $X \ominus B \subseteq X \ominus D$。这一性质使得可以根据形状相似但尺寸不同的结构元素对相应的腐蚀进行排序。

令 $\breve{B}$ 表示 B 关于代表点$\mathcal{O}$的**对称集合**（symmetrical set），（也称为**转置**（transpose）[Serra, 1982]或**有理集合**（rational set）[Haralick et al., 1987]）：

$$\breve{B} = \{-b : b \in B\} \tag{13.21}$$

例如

$$B = \{(1,2),(2,3)\}$$
$$\breve{B} = \{(-1,-2),(-2,-3)\} \tag{13.22}$$

我们曾提到过腐蚀和膨胀是对偶变换，形式化的描述为

$$(X \ominus Y)^C = X^C \oplus \breve{Y} \tag{13.23}$$

接下来的性质体现了腐蚀和膨胀的不同。腐蚀操作（与膨胀相反）不是可交换的：

$$X \ominus B \neq B \ominus X \tag{13.24}$$

腐蚀与集合交的混合运算具有如下性质：

$$(X \cap Y) \ominus B = (X \ominus B) \cap (Y \ominus B)$$
$$B \ominus (X \cap Y) \supseteq (B \ominus X) \cup (B \ominus Y) \tag{13.25}$$

另一方面，图像交和膨胀不能交换位置；两幅图像交的膨胀包含于它们膨胀的交：

$$(X \cap Y) \oplus B = B \oplus (X \cap Y) \subseteq (X \oplus B) \cap (Y \oplus B) \tag{13.26}$$

集合的并运算可以与腐蚀操作交换顺序。这一性质使得可以将较复杂结构元素分解为简单结构元素的并：

$$B \oplus (X \cup Y) = (X \cup Y) \oplus B = (X \oplus B) \cup (Y \oplus B)$$
$$(X \cup Y) \ominus B \supseteq (X \ominus B) \cup (Y \ominus B)$$
$$B \ominus (X \cup Y) = (X \ominus B) \cap (Y \ominus B) \tag{13.27}$$

对图像 X 先后用结果元 B 和 D 进行膨胀（或腐蚀）等价于对图像 X 用结构元素 $B \oplus D$ 进行膨胀（或腐蚀）：

$$(X \oplus B) \oplus D = X \oplus (B \oplus D)$$
$$(X \ominus B) \ominus D = X \ominus (B \oplus D) \tag{13.28}$$

13.3.3 击中击不中变换

击中击不中变换是一种用来查找像素局部模式的形态学运算符，其中“局部”一词指的是结构元素的大小。它是一种模板匹配的变形，而模板匹配用来查找具有特定形状性质的像素集合（如角点，或边界点），它也可以用于物体的细化和粗化运算（见第 13.5.3 节）。

到目前为止所描述的运算都采用一个结构元素 B，并且我们所关注的是那些属于 X 的点；换一个角度，我们还可以关注那些不属于 X 的点。用不相交集合对 $B = (B_1, B_2)$表示一个运算，称为**复合结构元素**（**composite structure element**）。**击中击不中**（**hit-or-miss**）变换$\otimes$定义为

$$X \otimes B = \{x : B_1 \subset X \text{ 且 } B_2 \subset X^C\} \tag{13.29}$$

也就是说结果集合中的点 x 要同时满足两个条件：首先复合结构元素中代表点在 x 的 B_1 部分应该包含于 X，而 B_2 部分应该包含于 X^C。

在运算上击中击不中变换相当于一个图像 X 和结构元素（B_1, B_2）之间的匹配。可以用腐蚀和膨胀运算表示为

$$X \otimes B = (X \ominus B_1) \cap (X^C \ominus B_2) = (X \ominus B_1) \setminus (X \oplus \breve{B}_2) \qquad (13.30)$$

13.3.4 开运算和闭运算

腐蚀和膨胀不是互逆变换——若先对一幅图像进行腐蚀，然后再膨胀，得到的不是原始图像。结果图像会比原始图像更简单，一些细节被去掉了。

先腐蚀再膨胀是一个重要的形态学变换，称为**开运算**（**opening**）。图像 X 关于结构元素 B 的开运算记为 $X \circ B$，定义为

$$X \circ B = (X \ominus B) \oplus B \qquad (13.31)$$

先膨胀再腐蚀称为**闭运算**（**closing**）。图像 X 关于结构元素 B 的闭运算记为 $X \bullet B$，定义为

$$X \bullet B = (X \oplus B) \ominus B \qquad (13.32)$$

若图像 X 关于 B 作开运算后仍保持不变，则称其关于 B 是开的。同样若图像 X 关于 B 作闭运算后仍保持不变，则称其关于 B 是闭的。

结构元素各向同性的开运算用于消除图像中小于结构元素的细节部分——物体的局部形状保持不变。闭运算用来连接邻近的物体，填补小空洞，填平窄缝隙使得物体边缘更平滑。修饰词“邻近”、“小”和“窄”都是相对于结构元素的尺寸和形状而言的。图 13.10 为开运算的一个实例，图 13.11 为闭运算的一个实例。

图 13.10　开运算（左侧为原始图像）

图 13.11　闭运算（左侧为原始图像）

与膨胀和腐蚀不同，开运算和闭运算对于结构元素的平移不具有不变性。式（13.14）和式（13.20）表明开运算和闭运算都是递增变换。开运算是一种反向扩张（$X \circ B \subseteq X$），而闭运算是正向扩张（$X \subseteq X \bullet B$）。

与膨胀和腐蚀相同，开运算和闭运算是一对对偶变换：

$$(X \bullet B)^C = X^C \circ \breve{B} \qquad (13.33)$$

重复使用的开运算或闭运算其结果是**幂等的**（**idempotent**），也就是说反复进行开运算或闭运算，结果并不改变。形式化地写为

$$X \circ B = (X \circ B) \circ B \qquad (13.34)$$

$$X \bullet B = (X \bullet B) \bullet B \qquad (13.35)$$

13.4 灰度级膨胀和腐蚀

利用“最小化”和“最大化”运算，可以很容易地将作用于二值图像的二值形态学运算推广到灰度图像上。对一幅图像的腐蚀（或膨胀）运算定义为对每个像素赋值为某个邻域内输入图像灰度级的最小值（或最大值）。灰度级变换中的结构元素比二值变换有更多的选择。二值变换的结构元素只代表一个邻域，而在灰度级变换中，结构元素是一个二元函数，它规定了希望的局部灰度级性质。在求得邻域内最大值（或最小值）的同时，将结构元素的值相加（或相减）。

这种推广使得我们可以将灰度图像视为**地形学上的图像**（**topographic view**）——灰度级被理解为假想地貌中某个位置的海拔高度：图像中明亮与黑暗的斑点分别对应于地貌中的丘陵和洼地。这种形态学方法使得我们可以确定图像的全局性质，即识别图像中的典型地形学特征，如山谷、山脊（山峰）和分水岭。

13.4.1　顶面、本影、灰度级膨胀和腐蚀

考虑一个 n 维欧氏空间中的点集 A，$A\subset\varepsilon^n$，并假定前$(n-1)$个坐标轴构成了一个空间定义域，而第 n 个坐标轴表示某点的函数值（对于灰度图像来说，$n=3$）。这种理解与地形图像对二维欧氏空间的理解一致，其中点由坐标的三元组表示；前两个坐标分量表示二维定义域中的位置，第三个坐标分量表示高度。

集合 A 的**顶面**（**top surface**）是一个定义在$(n-1)$维底面上的函数。对于每个$(n-1)$元组来说，顶面就是 A 最后一个坐标的最高值，如图 13.12 所示。

令 $A\subseteq\varepsilon^n$ 且底面 $F=\{x\in\varepsilon^{n-1}$，且$\exists\, y\in\varepsilon$，满足$(x,y)\in A\}$，则 A 的**顶面**（**top surface**），用 $T[A]$表示，为一个映射 $F\rightarrow\varepsilon$，定义为

$$T[A](x) = \max\{y,\ (x,y)\in A\} \tag{13.36}$$

本影（**umbra**）是一个由不透明物体遮挡光线而形成的完全阴影区域。在数学形态学中，函数 f 的本影定义为一个由函数 f 的顶面及其下所有点构成的集合，见图 13.13。

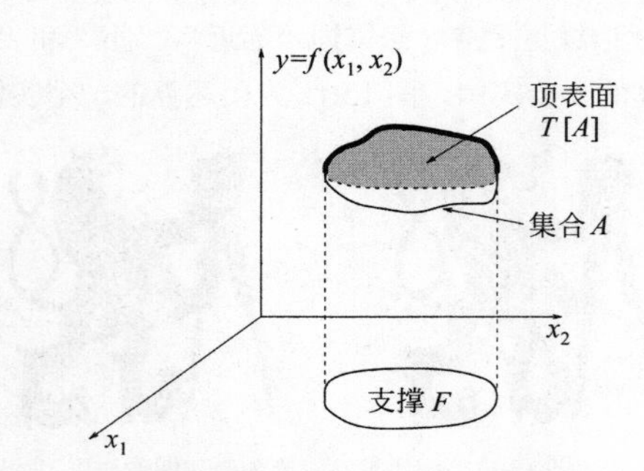

图 13.12　集合 A 的顶面，对应于最大值函数 $f(x_1, x_2)$

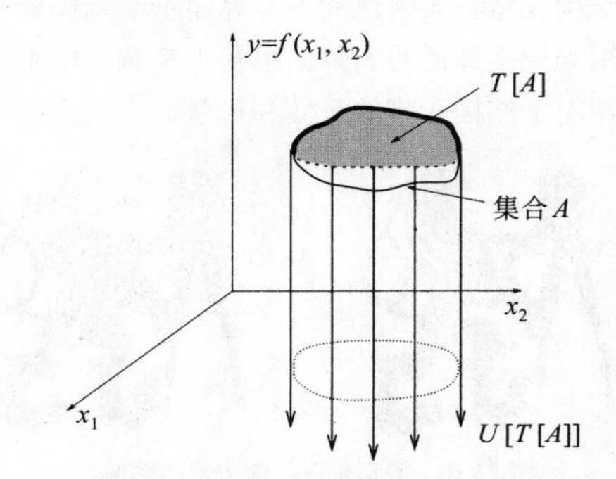

图 13.13　一个集合顶面的本影是该顶面下的所有子空间

形式化地，令 $F\subseteq\varepsilon^{n-1}$ 且 $f: F\rightarrow\varepsilon$。$f$ 的本影，用 $U[f]$表示，$U[f]\subseteq F\times\varepsilon$，定义为

$$U[f] = \{(x,y)\in F\times\varepsilon,\ y\leqslant f(x)\} \tag{13.37}$$

可以看出函数 f 的本影的本影仍是一个本影。

我们可以画出简单一维图像的顶面和本影，图 13.14 中就是一个示例。

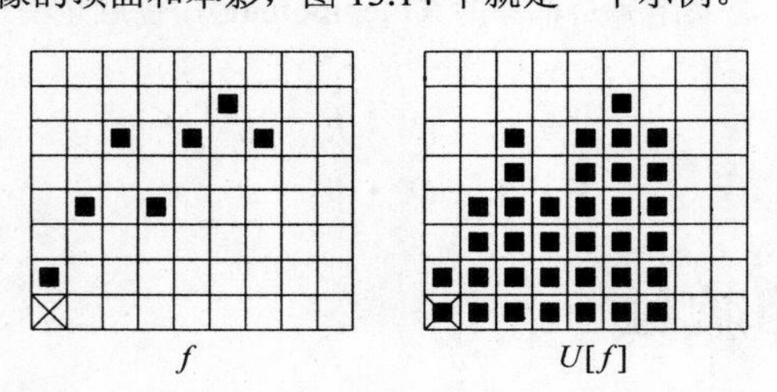

图 13.14　一个一维函数（左侧）及其本影（右侧）的例子

现在我们可以将两个函数的灰度级膨胀定义为它们本影膨胀后的顶面。令 $F, K\subseteq\varepsilon^{n-1}$ 且 $f: F\rightarrow\varepsilon$, $k: K\rightarrow\varepsilon$。则 f 关于 k 的**膨胀**（dilation）$\oplus$，$f\oplus k: F\oplus K\rightarrow\varepsilon$，定义为

$$f\oplus k = T\{U[f]\oplus U[k]\} \tag{13.38}$$

注意，在此左侧的 $\oplus$ 表示灰度图膨胀，而右侧的 $\oplus$ 表示二值图膨胀。

与二值膨胀相同，不妨设一个函数为 f，表示图像，另一函数 k 表示一个小结构元素。图 13.15 显示了一个作为结构元素的离散化函数 k。图 13.16 为函数 f（同图 13.14 中的例子）的本影关于函数 k 的本影的膨胀。

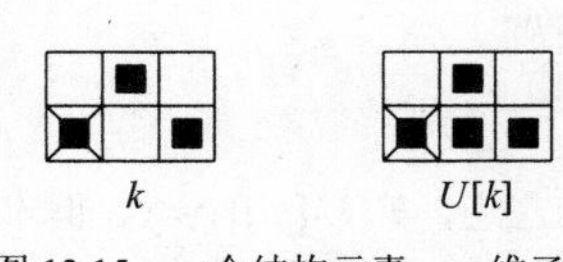

图 13.15　一个结构元素：一维函数（左侧）及其本影（右侧）

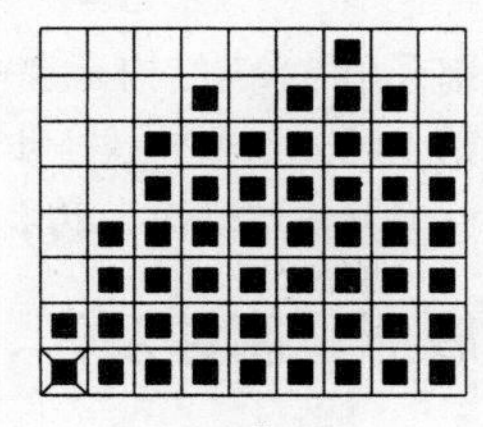

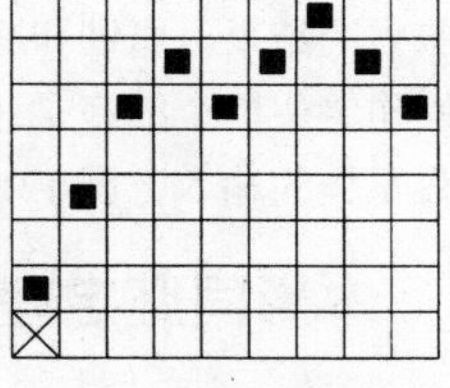

图 13.16　一维灰度级膨胀例子。先对一维函数 f 和结构元素 k 的本影进行膨胀，$U[f]\oplus U[k]$。再求膨胀后集合的顶面，即为结果，$f\oplus k=T[U[f]\oplus U[k]]$

这一定义解释了灰度级膨胀的含义，但是并没为实际计算给出一个合理的算法。一个计算量适当的膨胀方法为求和集的最大值：

$$(f\oplus k)(x)=\max\{f(x-z)+k(z),\ z\in K,\ x-z\in F\} \tag{13.39}$$

上述算法的计算量与线性滤波中计算乘积和的卷积运算相同。

灰度级腐蚀（**gray-scale erosion**）的定义与膨胀类似。对两个函数（点集）的灰度级腐蚀过程如下。

（1）计算它们的本影。

（2）对本影采用二值腐蚀。

（3）计算顶面即为结果。

令 $F,K\subseteq\varepsilon^{n-1}$ 且 $f:F\to\varepsilon$，$k:K\to\varepsilon$。则 f 关于 k 的**腐蚀**（erosion）$\ominus$，$f\ominus k:F\ominus K\to\varepsilon$，定义为

$$f\ominus k=T\{U[f]\ominus U[k]\} \tag{13.40}$$

图 13.17 中是一个腐蚀的例子。为了减少计算量，实际计算时采用另一种方法，即求差集的最小值（注意，这与相关运算颇为相似）：

$$(f\ominus k)(x)=\min_{z\in K}\{f(x+z)-k(z)\} \tag{13.41}$$

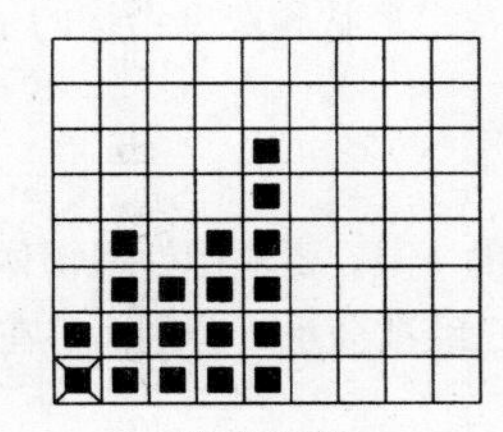

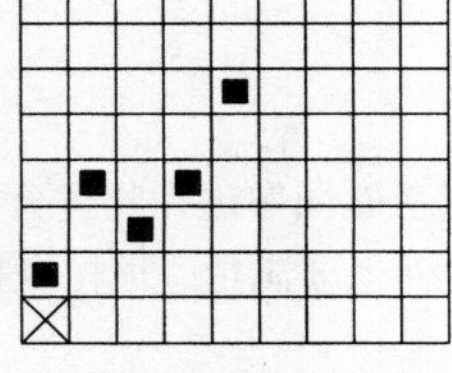

图 13.17　一维灰度级腐蚀的例子。先对一维函数 f 和结构元素 k 的本影进行腐蚀，$U[f]\ominus U[k]$。再求腐蚀后集合的顶面，即为结果，$f\ominus k=T[U[f]\ominus U[k]]$

在此我们给出一个利用形态学变换进行图像预处理的例子；图 13.18（a）为一幅有噪声的细胞显微镜图像，目标是要去掉噪声并定位单个细胞。图 13.18（b）为对原始图像腐蚀后的结果，图 13.18（c）为对原始

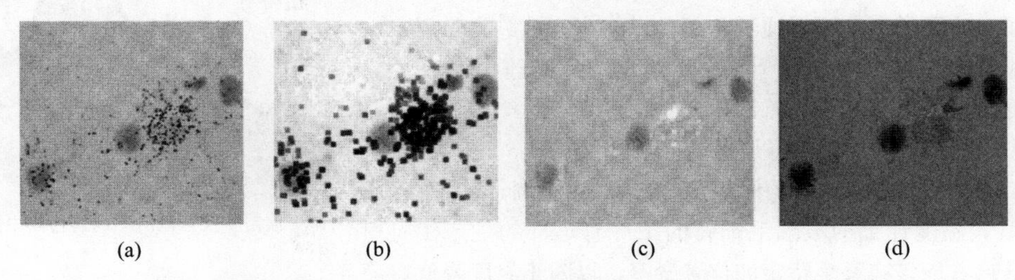

(a)　(b)　(c)　(d)

图 13.18　形态学预处理：（a）有噪声的细胞显微镜图像；（b）腐蚀的原始图像，噪声更为突出；（c）膨胀的原始图像，噪声消失了；（d）重构细胞

图像膨胀后的结果。腐蚀和膨胀都采用 3×3 结构元素——注意到大部分噪声都已经被消除了。然后就可以用重构操作定位单个细胞了（在第 13.5.4 节中将进一步说明）。原始图像作为掩膜，图 13.18（c）中的膨胀图像作为重构的输入。图 13.18（d）是最终结果，其中黑色圆点代表细胞。

13.4.2　本影同胚定理和膨胀、腐蚀及开、闭运算的性质

求顶面运算是求本影运算的逆；更确切地说，顶面运算是本影运算的左逆，$T[U[f]] = f$。但本影运算不是顶面运算的逆。能够推出的最强结论是点集 A 的顶面的本影包含 A（回忆图 13.13）。

顶面和本影的概念给出了灰度级形态学和二值形态学的直观联系。**本影同胚定理**（**umbra homeomorphism theorem**）告诉我们本影运算是灰度级形态学到二值形态学的一个同胚。令 $F, K \subseteq \varepsilon^{n-1}$ 且 $f: F \to \varepsilon$，$k: K \to \varepsilon$。则

$$U[f \oplus k] = U[f] \oplus U[k]$$
$$U[f \ominus k] = U[f] \ominus U[k] \tag{13.42}$$

（[Haralick and Shapiro, 1992]）。本影同胚定理可以用来推导灰度级运算的性质。运算首先被表示为求本影和顶面，然后再通过本影同胚变换到二值集合，于是就可以利用已知的二值形态学性质了，如膨胀的可交换性，将大结构元素运算分解为一系列小结构元素运算的链式法则，腐蚀和膨胀运算的对偶性，等等。

灰度级开运算和闭运算（gray-scale opening and closing）的定义方式与二值形态学相同。**灰度级开运算**（**gray-scale opening**）的定义为 $f \circ k = (f \ominus k) \oplus k$。同样地，**灰度级闭运算**（**gray-scale closing**）的定义为 $f \bullet k = (f \oplus k) \ominus k$。开、闭运算的对偶性（duality）表示为（回忆一下，k 表示转置，即关于坐标原点的对称集合）

$$-(f \circ k)(x) = [(-f) \bullet \breve{k}](x) \tag{13.43}$$

对于灰度级开运算有一个简单的几何解释，请参见[Haralick and Shapiro, 1992]。f 关于结构元素 k 的开运算可以解释为用 k 扫描整个地形图 f。扫描过程中，k 所覆盖的最高点的位置即构成了开运算的结果，对于腐蚀运算也有类似的解释。

灰度级开、闭运算经常用来提取灰度图像中具有特定形状和灰度结构的子区域。

13.4.3　顶帽变换

顶帽变换是一种简单的对灰度图像进行物体分割的工具，要求待处理物体在亮度上能够与背景分开，即使背景的灰度不均匀，这个条件也要满足。顶帽变换已经被分水岭分割（将在 13.7.3 节中介绍）所替代，后者能处理背景更复杂的情况。

假定有一幅灰度图像 X 和一个结构元素 K。开运算结果同原始图像的差 $X \setminus (X \circ K)$ 构成了一个运算，称为**顶帽变换**（top hat transformation）[Meyer, 1978]。

若要从较暗（或相反的，亮）且变化平缓的背景中提取较亮（暗）物体，则顶帽变换是一个很好的可供选择的方法。那些与结构元素 K 不符的部分通过开运算被去掉。再用原始图像减去开图像，被去掉的部分就清楚地显现出来了。实际的分割可以通过阈值化操作来实现。为了理解这些概念，图 13.19 给出了一个一维上的例子，我们可以从中看出这个变换名副其实。若图像是一个帽子，且结构元素比帽子中的孔要大，则变换将只提取出帽顶部分。

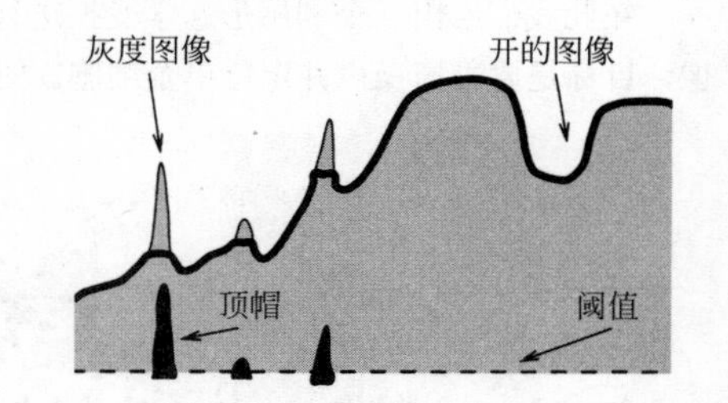

图 13.19　顶帽变换可以从不均匀背景中提取亮物体

图 13.20 给出了一个工业中的视觉检验应用实例。一个生产水银最大温度计上的玻璃毛细管的工厂有这样的生产工序：细玻璃管应该在某个特定的位置变窄，以防止温度降低时水银从最大温度值下降。这要通过在低压下对毛细管用一个窄的气焰加热实现。毛细管用一个平行光束显示出来——当毛细管壁在低压加热下向内收缩时，会观察到一个即时的镜面反射，这个镜面反射触发关闭气

焰。最初，这种机器由操作员控制，这个操作员盯住毛细管投影在屏幕上的光学影像；当镜面反射出现时就挡住气焰。这一工作必须被自动化，触发信号将从数字图像中学习得到。形态学操作负责检测特定的镜面反射。

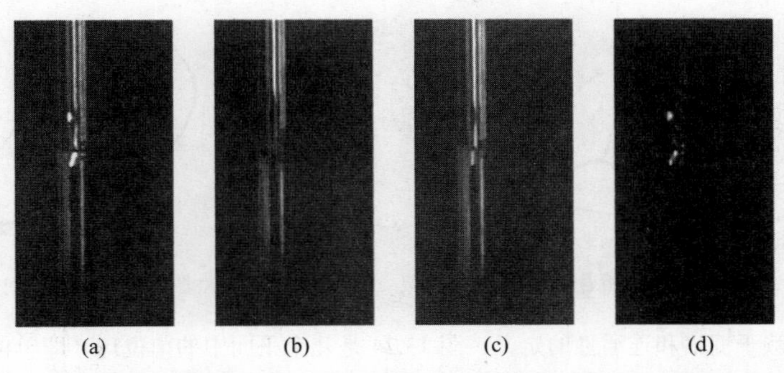

图 13.20　一个灰度级开运算和顶帽分割的工业应用实例，即玻璃毛细管气焰收缩的基于图像的控制：（a）玻璃毛细管原始图像，512×256 像素；（b）用一个 1 像素宽 20 像素高的垂直结构元素进行腐蚀；（c）用同样的结构元素进行开运算；（d）用顶帽变换分割镜面反射的最终结果

13.5　骨架和物体标记

13.5.1　同伦变换

拓扑性质与连通性有关（见 2.3.1 节），数学形态学可以用来学习图像中物体的这些性质。形态学中一类有趣的变换称为**同伦变换**（**homotopic transformation**）[Serra, 1982]。

称一个变换是同伦的，若该变换不改变图像中各区域及孔洞间的连通性。这个关系由同伦树表示；树根对应图像的背景，第一层分支对应物体（区域），第二层分支对应物体中的孔洞，等等。图 13.21 给出了两幅图，这两幅图有相同的同伦树。左侧图像为一些生物细胞，中间的图像为一所房子及一棵云杉，树根 b 对应背景，结点 r_1 对应较大的细胞（房子的外轮廓），结点 r_2 对应较小的细胞（云杉）。结点 h_1 对应细胞 r_1 中的孔洞（房顶的孔洞）——其他结点对应余下的空白部分。若一个变换不改变同伦树，则称其为同伦的。

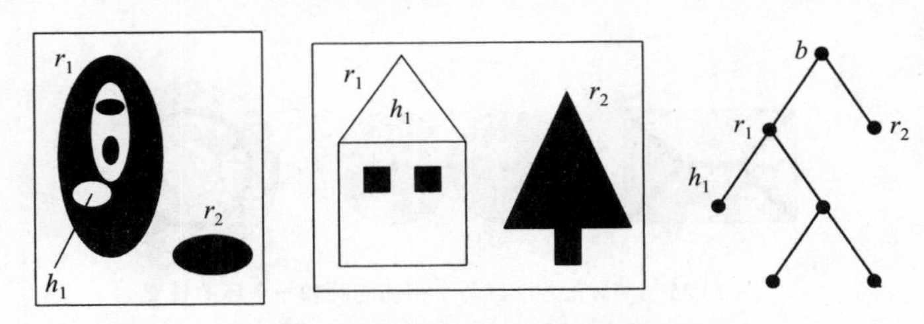

图 13.21　两幅不同图像具有相同的同伦树

13.5.2　骨架、中轴和最大球

有些时候将物体变为原型枝杆图会为处理带来方便，这种枝杆图称为**骨架**（**skeleton**，在第 8.3.4 节中也有介绍）。首先我们将在二维欧氏空间中对此加以解释，然后再回到数字栅格上，前者更具说明性。

[Blum, 1967]最初以中轴变换（**medial axis transformation**）这个名字引入了骨架，在下面的“草地火焰”场景中会加以说明：假定一个区域（点集）$X\subset\mathcal{R}^2$：在区域边界的所有地方同时点燃草地火焰，并且火焰以同样的速度向区域内部传播。**骨架**（skeleton）$S(X)$为两个或更多火焰前沿相遇点的集合；见图 13.22。

骨架更形式化的定义要借助最大球的概念。一个中心为 p 半径为 $r, r\geqslant 0$ 的球 $B(p,r)$ 为距离点 p 的距离 d 小于等于 r 的所有点的集合。称集合 X 中的一个球 B 是**最大的**（maximal），当且仅当 X 中没有能够包含 B 的球，即对任意 $B', B\subseteq B'\subseteq X \Rightarrow B'=B$。图 13.23 中是球和最大球的一个示例。

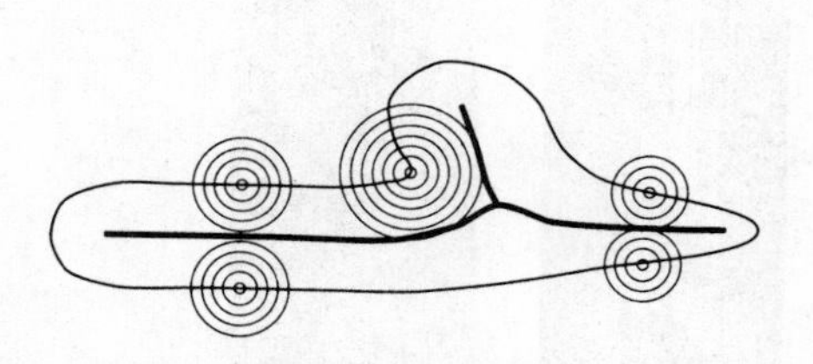

图 13.22　两个或更多火焰前沿相遇点的集合构成骨架

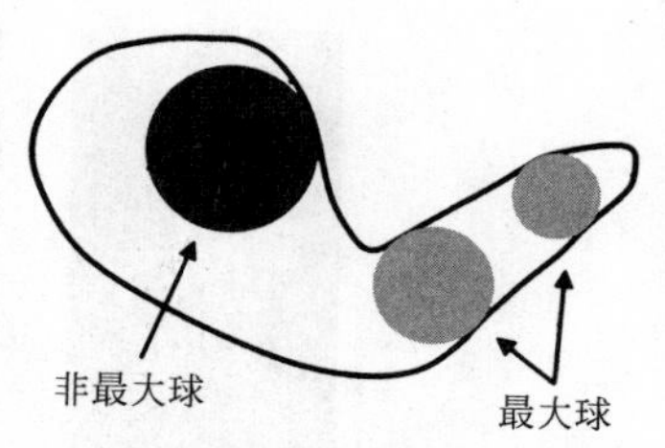

图 13.23　欧氏空间中的球和最大球

距离测度 d 依赖于栅格和连通性的定义。图 13.24 是几个平面中的单位球（即单位圆盘）。

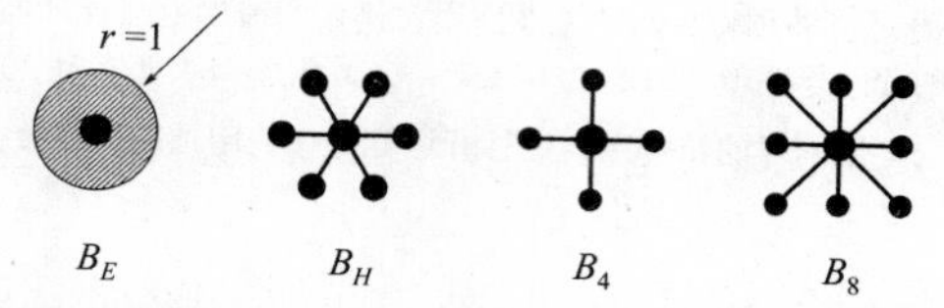

图 13.24　不同距离下的单位圆盘，从左至右依次为：欧氏距离，6 连通，4 连通，8 连通

欧氏距离下的平面 $\mathcal{R}^2$ 给出球 B_E。通常定义在离散平面 $\mathcal{Z}^2$ 中的距离和球有三种。若采用六边形栅格和 6 连通性，则得到的是六边形球 B_H。若采用正方形栅格，则可能有两种单位球：4 连通意义下为 B_4，而 8 连通意义下为 B_8。

一个集合 $X\subset\mathcal{Z}^2$ 的**最大球骨架**（skeleton by maximal ball）$S(X)$ 为所有最大球的圆心 p 组成的集合：

$$S(X)=\{p\in X:\exists\, r\geqslant 0, B(p,r)\text{是 } X \text{ 的一个最大球}\}$$

这个骨架的定义在欧氏平面中有直观上的意义。圆盘的骨架退化为其圆心，两端为圆形的带状区域的骨架为位于其内部中心的单位宽度的线段，等等。

图 13.25 给出了几个物体及它们的骨架——一个长方形、两个相切的圆和一个环。通过这些例子可以看出（欧氏）骨架的性质——特别地，两个相切圆的骨架是两个不同的点，而不是连接这两点的线段，而后者似乎更接近直觉想象。

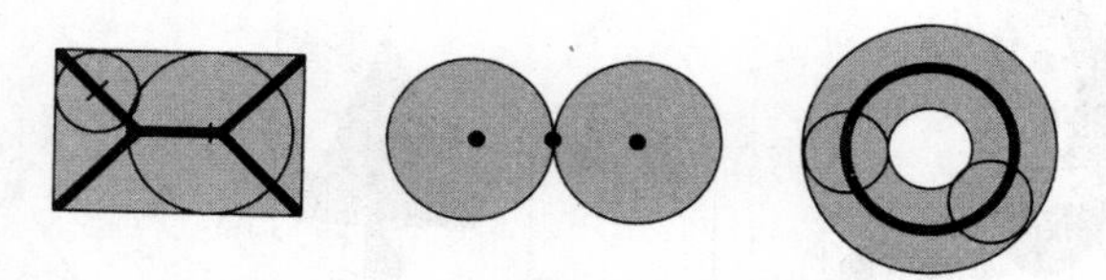

图 13.25　一个长方形、两个相切的圆和一个环的骨架

在实际应用中最大球骨架有两个不好的性质。首先，它不是同伦的，即不保持集合原有的连通性；其次，在离散平面中骨架的某些线条可能要宽于一个像素。在后面的内容中我们会看到骨架经常被连续同伦细化所代替，而后者则没有这两个缺点。

不管在上述三种连通性哪一种的意义下，都可以用膨胀运算求各种尺寸的球。令 nB 表示半径为 n 的球，则

$$nB = B\oplus B\oplus\cdots\oplus B \tag{13.44}$$

最大球骨架可以通过对集合 X 关于所有尺度球的开运算的余集求并得到[Serra, 1982]：

$$S(X)=\bigcup_{n=0}^{\infty}[(X\ominus nB)\setminus(X\ominus nB)\circ B] \tag{13.45}$$

但问题是，这样得到的骨架完全不连通，这个性质使得它对很多应用来说都没有什么实际用处。因此保持集合连通性的**同伦骨架**（homotopic skeleton）更受人们青睐（见 13.5.3 节）。

13.5.3　细化、粗化和同伦骨架

击中击不中变换的一个应用（见 13.3.3 节）就是点集的**细化**（**thinning**）和**粗化**（**thickening**）。对于图像 X 和复合结构元素 $B=(B_1,B_2)$（注意，此处 B 不一定是球）来说，细化的定义为

$$X \oslash B = X \setminus (X \otimes B) \tag{13.46}$$

粗化的定义为

$$X \odot B = X \cup (X^C \otimes B) \tag{13.47}$$

细化运算时，物体边界的一部分会因集合差运算被去掉。粗化运算时，背景边界的一部分会被加到物体上。细化和粗化是对偶变换：

$$(X \odot B)^C = X^C \oslash B,\quad B = (B_2,B_1) \tag{13.48}$$

细化和粗化经常被连续使用。令 $\{B_{(1)}, B_{(2)}, B_{(3)}, \cdots, B_{(n)}\}$ 表示一个复合结构元素的序列，$B_{(i)}=(B_{i_1},B_{i_2})$。**顺序细化**（sequential thinning）可以表示为一系列正方形光栅上关于八个结构元素的运算：

$$X \oslash \{B_{(i)}\} = (((X \oslash B_{(1)}) \oslash B_{(2)}) \cdots \oslash B_{(n)}) \tag{13.49}$$

顺序粗化（sequential thickening）表示为

$$X \odot \{B_{(i)}\} = (((X \odot B_{(1)}) \odot B_{(2)}) \cdots \odot B_{(n)}) \tag{13.50}$$

在实际应用中有很多非常有用的结构元素序列 $\{B_{(i)}\}$。它们中的大多数是由某个结构元素在适当的数字光栅（如六边形、正方形或八角形）下进行某种旋转而生成的。这些序列有时被称为 **Golay 字符集**（**Golay alphabet**）[Golay, 1969]，[Serra, 1982]总结了它们在六边形栅格上的情况。我们将对八边形栅格上 Golay 字符集的前两个旋转给出其 3 × 3 矩阵，其他的旋转可以很容易地从这两个旋转导出。

一个复合结构元素可以只用一个矩阵表示。元素的值为 1 表示它属于 B_1（它是击中击不中变换中物体的子集），为 0 表示属于 B_2，为背景子集。若为星号*，则表示该元素在匹配过程中没被用到，也就是说取值任意。

细化和粗化的顺序变换收敛到某个图像——迭代次数依赖于图像中的物体和所用的结构元素。若迭代过程中连续两幅图像相同，则细化（或粗化）过程终止。

关于结构元素 L 的顺序细化

细化十分重要，因为它可以作为骨架的同伦替代；最终结果图像只包含单位宽度的线条和孤立点。

Golay 字符集中的结构元素 L 表示为

$$L_1 = \begin{bmatrix} 0 & 0 & 0 \\ * & 1 & * \\ 1 & 1 & 1 \end{bmatrix},\quad L_2 = \begin{bmatrix} * & 0 & 0 \\ 1 & 1 & 0 \\ * & 1 & * \end{bmatrix},\quad \cdots \tag{13.51}$$

（另外六个元素由旋转生成）。图 13.26 给出了用 L 细化 5 次后的结果，图 13.27 给出了骨架的同伦替代，结果满足幂等（两幅图中左侧都是原始图像）。

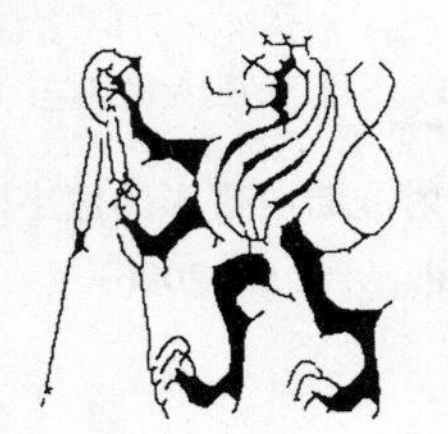

图 13.26　采用结构元素 L 进行顺序细化，5 次迭代后的结果

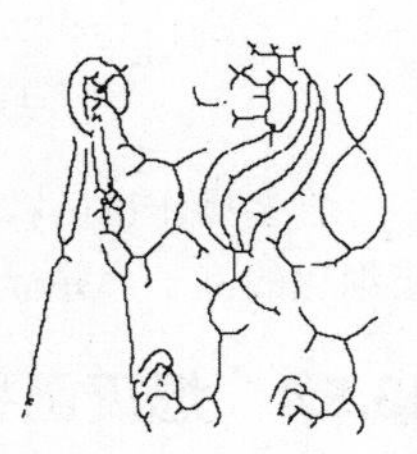

图 13.27　骨架的同伦替代（结构元素 L）

关于结构元素 E 的顺序细化

假定已经找到了骨架的关于结构元素 L 的同伦替代物。由于物体外轮廓有尖点，骨架通常是锯齿状的，但也可以通过用结构元素 E 进行顺序细化来得到“平滑”的骨架。n 次迭代后，位于单位宽度线条端部的（或孤立的）若干点（其数量取决于 n）将被去掉。若细化直到图像不再改变，则只有闭合轮廓会保留下来。

Golay 字符集中的结构元素 E 由八个旋转掩膜表示

$$E_1=\begin{bmatrix} * & 1 & * \\ 0 & 1 & 0 \\ 0 & 0 & 0 \end{bmatrix},\quad E_2=\begin{bmatrix} 0 & * & * \\ 0 & 1 & 0 \\ 0 & 0 & 0 \end{bmatrix},\quad \cdots \tag{13.52}$$

图 13.28 是采用图 13.27 中骨架元素 E 顺序细化（5 次迭代）后的结果。注意，线条的自由端变短了。

图 13.28　用结构元素 E 顺序细化 5 次

在 Golay 字符集中还有另外三个元素 M, D, C[Golay, 1969]。在实际应用中，这三个元素很少被用到，还有其他一些形态学方法可以用来寻找骨架、凸包和同伦标记。

目前已知的计算上最高效的算法通过构造最大球骨架的最小超集得到连通骨架[Vincent, 1991]。图 13.29 给出了这个算法的一个实例：它是同伦的。

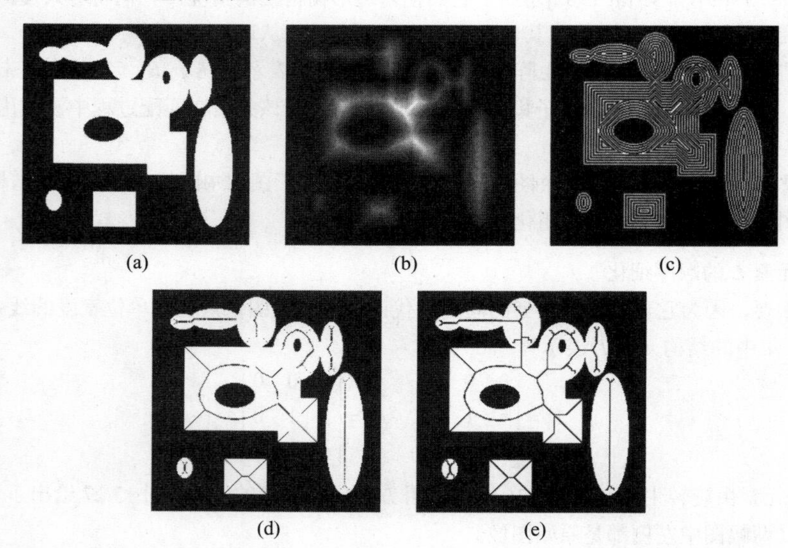

图 13.29　Vincent 的基于最大球的快速骨架算法实例：（a）原始图像；（b）距离函数（后面会有解释）；（c）用等高线图对距离函数进行可以化；（d）不连通的最大球骨架；（e）最终骨架

骨架操作也可以作用于自然的三维图像，如理解 X 射线断层摄影的数字图像。图 13.30 中是一个三维点集细化的例子；并行算法请参见[Ma and Sonka, 1996; Palagyi et al., 2006]。

13.5.4　熄灭函数和最终腐蚀

二值点集可以用最大球 B 描述。最大值骨架 $S(X)$的每个点 p 与一个球半径 $q_X(p)$相关；术语**熄灭函数**

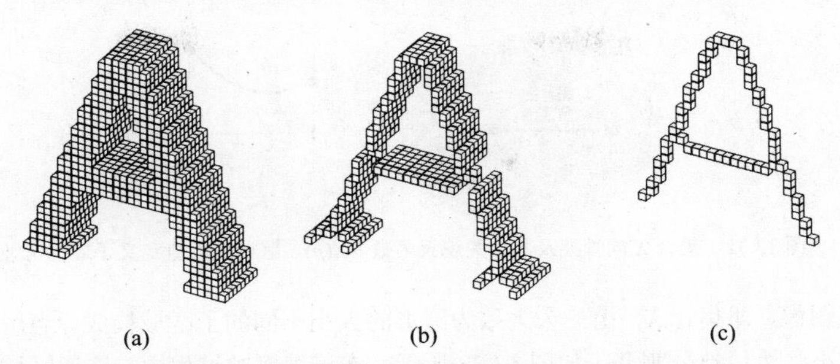

图 13.30　三维形态学细化：（a）原始三维数据集，一个字符 A；（b）在一个方向上的细化；（c）对（b）中图像在另一个方向上细化后得到的最终结果，即一个像素宽的骨架

（quench function）就是指这种相关。熄灭函数 $q_X(p)$的一个重要性质就是可以通过求最大球 B 的并，由它重构出原始点集 X：

$$X = \bigcup_{p \in S(X)} [p + q_X(p)B] \tag{13.53}$$

利用这个公式我们可以对二值图像进行无损压缩。在 CCITT 第 4 组压缩算法中采用同样的思想对文档进行编码。

分清几种不同类型的极值是很有用的，采用地形学对于图像的观点有助于我们获得更直观的理解。**全局最大值**（global maximum）是具有最高值的像素（最亮像素、区域最高点）；同样，**全局最小值**（global minimum）对应于区域的最深谷底。

灰度图像的一个像素 p 是**局部极大值**（local maximum），当且仅当对 p 的每个相邻像素 q 都有 $I(p) \geqslant I(q)$。例如，局部极值可能是相对于当前位置的一个邻域内而言的（形态学中的邻域由结构元素定义）。若在邻域内没有上升的点，则当前像素即为局部极大值。

数字灰度图 I 的**区域极大值**（regional maximum）M 为一个连通点集和一个相关值 h（海拔为 h 的高地），满足 M 的每个邻近像素的值都严格小于 h。（从地形学的观点看，区域极值对应地形中的顶峰和谷底）。若 M 是图像 I 的一个区域极大值，且 $p \in M$，则 p 是局部极大值，但是反过来不一定成立。图 13.31 中给出了一维空间中局部和区域极大值的一个例子。采用这些极大值的定义，我们可以对熄灭函数进行分析。**最终腐蚀**（**ultimate erosion**）的定义中也用到了熄灭函数，最终腐蚀经常用于标记二值图像中的凸物体。一个集合 X 的最终腐蚀，记为 Ult(X)，是熄灭函数的区域极大值构成的集合。一个自然的标记是最大球的中心，但如果物体间有重叠，这种标记就会产生问题——此时就需要采用最终腐蚀了。首先，考虑最简单的情形，集合 X 只包含两个有重叠的圆盘（见图 13.32）。骨架是连接两圆心的线段。在这个例子中，相关熄灭函数的区域极大值位于圆盘的中心。这些极大值称为最终腐蚀，可以用作重叠物体的标记。最终腐蚀提供了一种提取标记的方法，它满足对给定形状的每个物体都得到一个标记，即使物体有重叠。这种方法的缺点是某些物体可能会有多个标记。

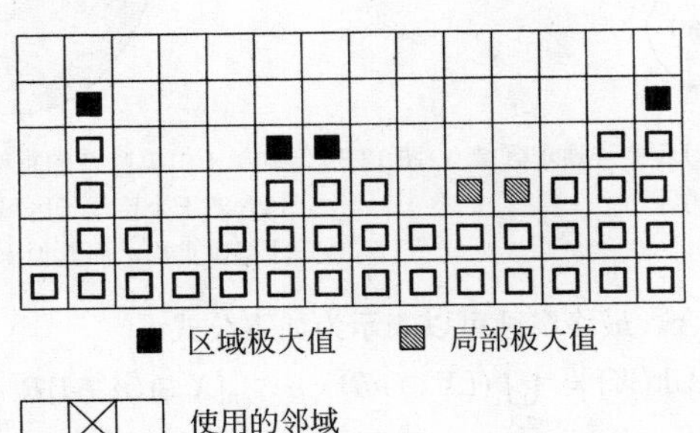

图 13.31　一维空间中局部和区域极大值的一个例子

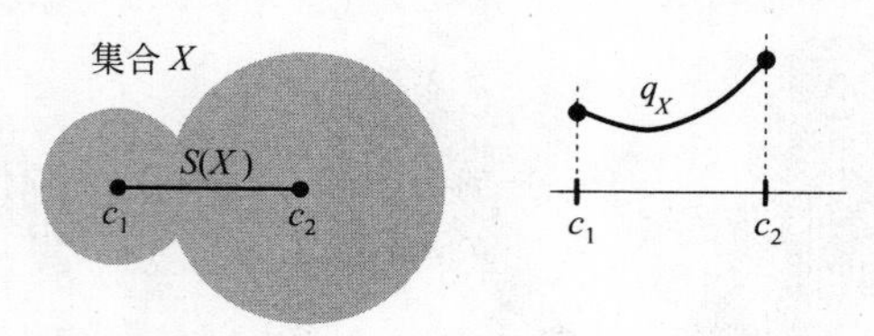

图 13.32　集合 X 的骨架及其相关熄灭函数 $q_X\ (p)$。区域极大值定义了最终腐蚀

考虑一幅二值图像，即集合 X，由三个大致为圆形的大小不同的子区域构成。当用单位球迭代地进行腐蚀时，集合不断缩小，然后被分割开，如图 13.33 所示。在连续腐蚀过程中，连通区域的剩余部分（在消失前）被保存下来。这些剩余点的集合就是原始集合 X 的最终腐蚀（见图 13.34）。

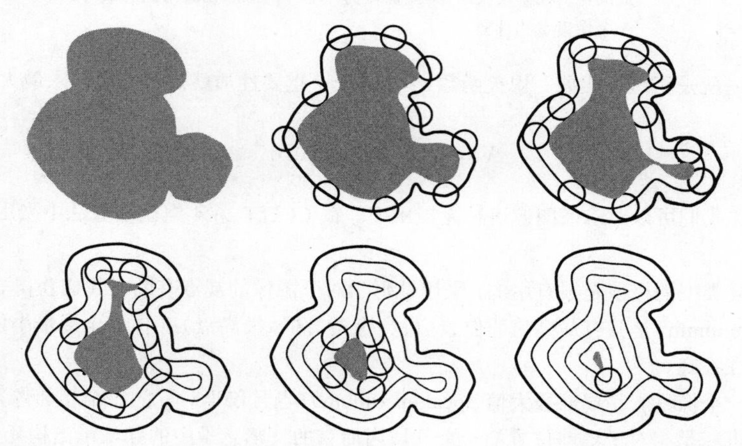

图 13.33　进行连续腐蚀时，子区域首先被分离最后从图像中彻底消失。完全消失前一步的所有剩余点的集合就是最终腐蚀

13.5.5　最终腐蚀和距离函数

我们将用形式化的方法表示最终腐蚀过程，为此要引入**形态学重构**（**morphological reconstruction**）运算符。假设有两个集合 A, B，且 $B \subseteq A$。集合 A 由集合 B 的重构 $\rho_A\ (B)$为 A 的各连通区域与 B 的非空交集的并（见图 13.35——注意集合 A 由两部分构成）。注意 B 通常由标记组成，可以对集合 A 的特定部分进行重构。标记指向属于物体的点或小区域。标记既能被操作员发现（这是常见的，例如生物学）也可以自动发现。形态学重构的更多细节在第 13.5.7 节中还有讨论。

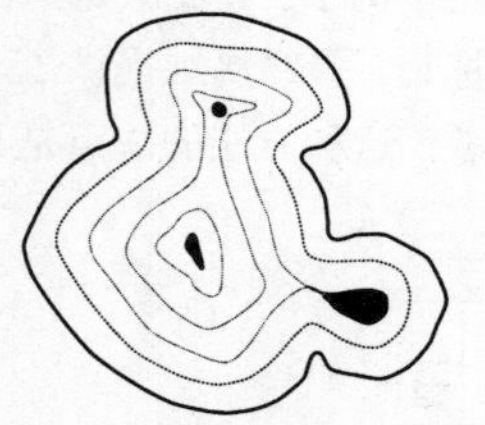

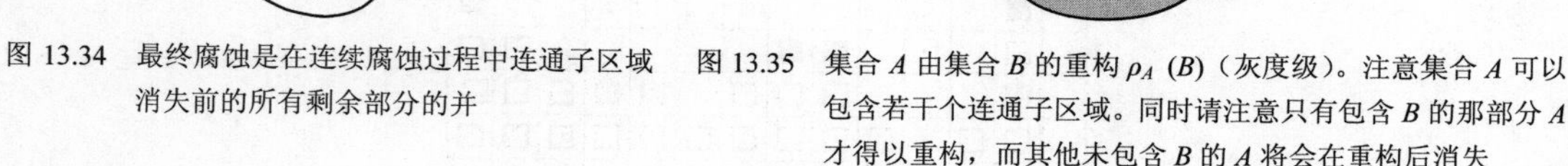

图 13.34　最终腐蚀是在连续腐蚀过程中连通子区域消失前的所有剩余部分的并

图 13.35　集合 A 由集合 B 的重构 $\rho_A\ (B)$（灰度级）。注意集合 A 可以包含若干个连通子区域。同时请注意只有包含 B 的那部分 A 才得以重构，而其他未包含 B 的 A 将会在重构后消失

令$\mathcal{N}$为所有整数构成的集合。最终腐蚀可以表示为如下公式

$$\mathrm{Ult}(X) = \bigcup_{n \in \mathcal{N}} \left((X \ominus nB) \setminus \rho_{X \ominus nB}[X \ominus (n+1)B] \right) \qquad (13.54)$$

求最终腐蚀的一个计算上效率较高的算法利用了距离函数（在后面的内容中我们将看到距离函数也是其

他一些快速形态学算法的核心)。距离函数 $\text{dist}_X(p)$与集合 X 中的每个点 p 相关联，定义为 X 的第一个不包含 p 的腐蚀的大小，即

$$\forall p\in X,\quad \text{dist}_X(p) = \min\{n\in\mathcal{N},\ p \text{ 不在}(X\ominus nB)\text{中}\} \tag{13.55}$$

从定义中可以看出：$\text{dist}_X(p)$是像素 p 到背景 X^C 的最短距离。

距离函数有两个直接的应用。

- 一个集合 X 的最终腐蚀对应于 X 的距离函数的区域极大值。
- 一个集合 X 的最大球骨架应于 X 的距离函数的局部极大值。

本节最后要介绍的概念是**影响区域骨架**（**skeleton by influence zones**），通常简写为 **SKIZ**。设 X 由 n 个连通子区域 X_i, $i = 1,\cdots, n$ 构成。影响区域 $Z(X_i)$为 X 中到 X_i 的距离小于到其他子区域的所有点构成的集合。

$$Z(X_i) = \{p\in\mathcal{Z}^2,\ \forall i\neq j,\ d(p, X_i)\leqslant d(p, X_j)\} \tag{13.56}$$

影响区域骨架（skeleton by influence zones）记为 SKIZ(X)，定义为影响区域的边界的集合$\{Z(X_i)\}$。

13.5.6　测地变换

测地方法（geodesic methods）[Vincent, 1995]对形态学变换进行调整，使得其只作用于图像的某些部分。例如，若要从标记重构一个物体，假设是一个细胞核，则应该尽量避免从一个细胞外的标记开始生长。测地变换的另一个重要优点是不同像素可以采用不同的结构元素，依图像而定。

在形态学中，测地方法的基本概念是测地距离。两点间的路径被限制在某个集合内。这个术语源于一个古老的学科——测地学，测地学研究如何测量地球表面的距离。假定一个旅行者要测量伦敦和东京间的距离——显然最短距离要穿过地球，但是旅行者所关心的测地距离要限制在地球表面上。

测地距离（**geodesic distance**）$d_X(x,y)$是两点 x, y 间的最短路径，并且该路径完全包含于集合 X。若不存在连接点 x, y 的路径，则令 $d_X(x,y) = +\infty$。图 13.36 是一个测地距离的示例。

测地球是限制在某个集合 X 上的球。中心为 $p\in X$ 半径为 n 的**测地球**（**geodesic ball**）$B_X(p,n)$定义为

$$B_X(p,n) = \{\ p' \in X\ ,\ d_X(p, p')\leqslant n\} \tag{13.57}$$

利用测地球的概念可以将膨胀和腐蚀限制在图像的某个子集上；这样就得到集合 X 的子集 Y 上的测地膨胀和腐蚀。

集合 X 的子集 Y 上的大小为 n 的**测地膨胀**（**geodesic dilation**）$\delta_X^{(n)}$ 定义为

$$\delta_X^{(n)}(Y) = \bigcup_{p\in Y} B_X(p,n) = \{p' \in X, \exists p \in Y, d_X(p,p') \leqslant n\} \tag{13.58}$$

同样其对偶运算，集合 X 的子集 Y 上的大小为 n 的**测地腐蚀**（**geodesic erosion**）$\epsilon_X^{(n)}$ 定义为

$$\varepsilon_X^{(n)}(Y) = \{p\in Y, B_X(p,n) \subseteq Y\} = \{p \in Y, \forall p' \in X \setminus Y, d_X(p,p') > n\} \tag{13.59}$$

图 13.37 中是一个测地膨胀和腐蚀的例子。

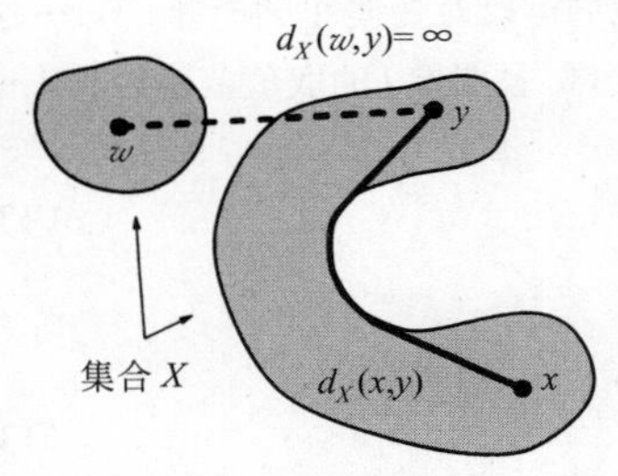

图 13.36　测地距离 $d_X(x,y)$

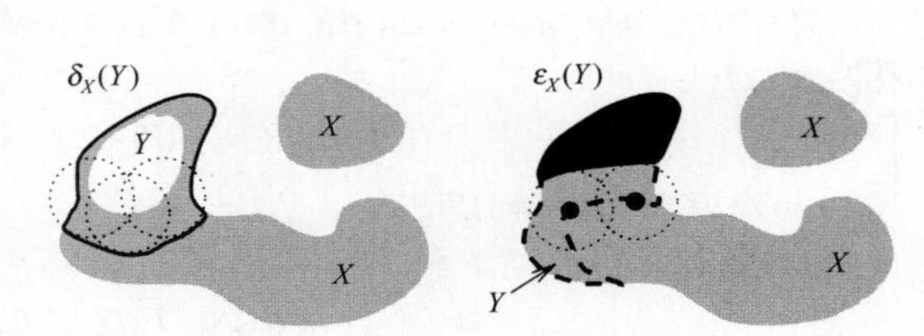

图 13.37　集合 X 的子集 Y 上的测地膨胀（左侧）和腐蚀（右侧）示例

集合 $Y\subseteq X$ 上测地运算的结果总是包含于集合 X 中。考虑实现时，集合 X 的子集 Y 上的大小为 1 的最简

单测的膨胀（$\delta_X^{(1)}$）是通过计算 X 中 Y 的单位膨胀（关于单位球 B）的交得到的。

$$\delta_X^{(1)} = (Y \oplus B) \cap X \tag{13.60}$$

更大的测地膨胀由单位膨胀的 n 次迭代组合得到

$$\delta_X^{(n)} = \underbrace{\delta_X^{(1)}(\delta_X^{(1)}(\delta_X^{(1)}\cdots(\delta_X^{(1)})))}_{n个} \tag{13.61}$$

类似地可以得到测地腐蚀的快速计算方法。

13.5.7 形态学重构

假定我们要从一幅阈值化二值图像中重构出一个给定形状的物体。输入图像中的所有连通子区域构成了集合 X。但是只有某些连通子区域被标记标定出来，这些子区域就构成了集合 Y。图 13.38 显示了这种重构问题及其结果。

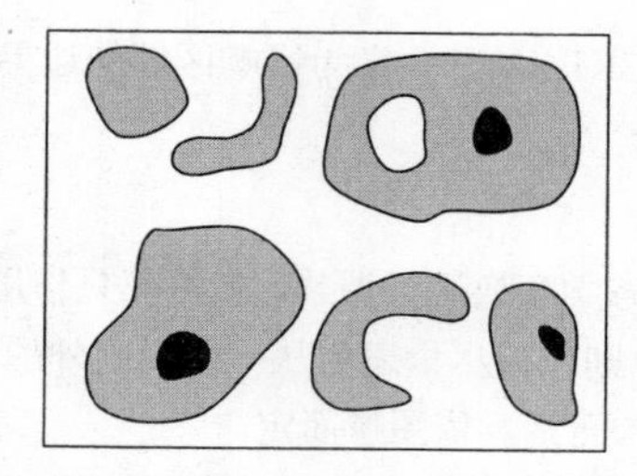
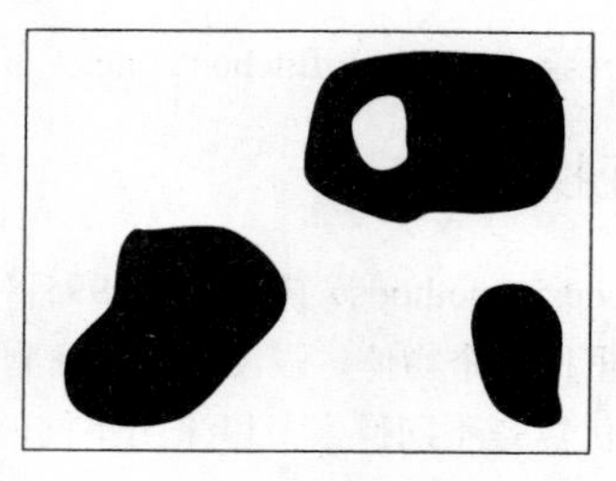

图 13.38 从标记 Y（黑色）重构 X（浅灰色）。重构结果为右侧的黑色区域

通过在集合 X 中对集合 Y 进行连续测地膨胀，我们可以重构出 X 中由 Y 标记的连通子区域。当膨胀由标记开始时，不可能得到那些在 Y 中没有标记的子区域；也就是说这些子区域消失了。

测地膨胀的终止条件是集合 X 中所有被 Y 标记的子区域都已经被重构出来，即达到幂等：

$$\forall n > n_0,\ \delta_X^{(n)}(Y) = \delta_X^{(n_0)}(Y) \tag{13.62}$$

上述运算称为重构（**reconstruction**），记为 $\rho_X(Y)$。形式化地写为

$$\rho_X(Y) = \lim_{n\to\infty} \delta_X^{(n)}(Y) \tag{13.63}$$

在某些应用中可能会出现 X 的某个部分由多个 Y 标记的情况。若不允许由不同标记生长出的集合相互连接，则可以将影响区域的概念推广为 X 中集合 Y 的连通子区域的**测地影响区域**（**geodesic influence zones**）。图 13.39 中给出了这一思想的一个例子。

现在我们可以将重构推广到灰度级图像了；这要求首先将测地方法推广到灰度级图像。这种推广的核心是如下命题（对离散图像也成立）：任何定义在二值图像上的递增变换可以被推广到灰度级图像[Serra, 1982]。递增变换是指具有如下性质的变换 Ψ：

$$\forall X, Y \subset \mathcal{Z}^2,\ Y \subseteq X \Rightarrow \Psi(Y) \subseteq \Psi(X) \tag{13.64}$$

通过将灰度图像 I 视为一个由一系列阈值化二值图像构成的栈，我们可以对变换 Ψ 进行推广——这种处理称为图像 I 的阈值分解[Maragos and Ziff, 1990]。令 D_I 为图像 I 的定义域，且图像 I 的取值范围为 $\{0,1,\cdots,N\}$。阈值化图像 $T_k(I)$ 为

$$T_k(I) = \{p \in D_I,\ I(P) \geqslant k\},\quad k = 0,1,\cdots,N \tag{13.65}$$

图 13.40 演示了阈值分解的思想。

阈值化图像 $T_k(I)$ 保持包含关系

$$\forall k \in [1,N],\ T_k(I) \subseteq T_{k-1}(I) \tag{13.66}$$

考虑将递增变换 Ψ 作用于每个阈值化图像；它们的包含关系仍不变。采用如下**阈值分解定理**（**threshold decomposition principle**）可以将递增变换 Ψ 推广到灰度图像：

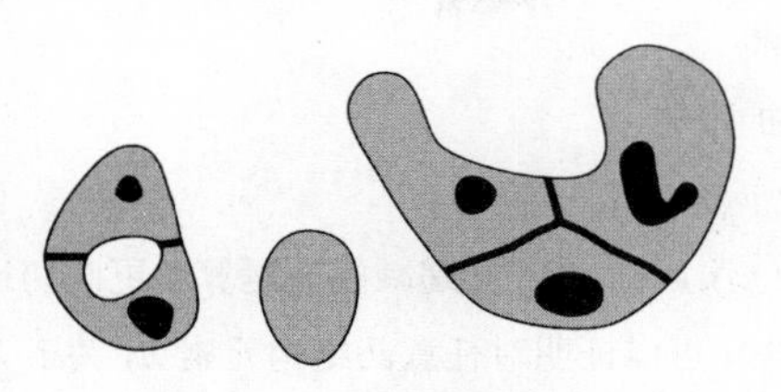

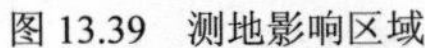

图 13.39　测地影响区域

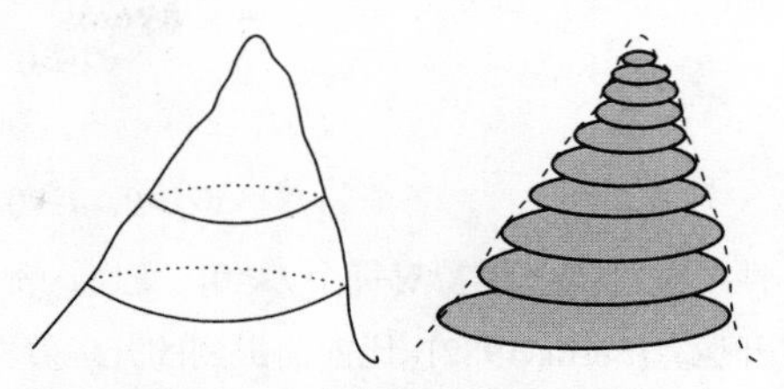

图 13.40　一幅灰度图像的阈值分解

$$\forall p \in D_I,\ \Psi(I)(p) = \max\{k \in [0,\cdots,N],\ p \in \Psi(T_k(I))\} \tag{13.67}$$

再回到重构变换，二值测地重构 ρ 是一个递增变换，因为它满足

$$Y_1 \subseteq Y_2, X_1 \subseteq X_2, Y_1 \subseteq X_1, Y_2 \subseteq X_2 \Rightarrow \rho_{X_1}(Y_1) \subseteq \rho_{X_2}(Y_2) \tag{13.68}$$

现在就可以对二值重构应用阈值分解定理（式（13.67）），将它推广为**灰度级重构**（**gray-level reconstruction**）。令 J, I 为两个定义域都是 D 的灰度图像，灰度级可以取离散值$[0,1,\cdots,N]$。若对每个像素 $p \in D, J(p) \leqslant I(p)$，则图像 I 由图像 J 的灰度级重构 $\rho_I(J)$定义为

$$\forall p \in D, \rho_I(J)(p) = \max\{k \in [0,N], p \in \rho_{T_k}[T_K(J)]\} \tag{13.69}$$

回忆一下，二值重构只生长那些掩膜中由标记标定了的连通子区域。而灰度级重构也只提取那些掩膜 I 中由 J 标定了的峰（见图 13.41）。

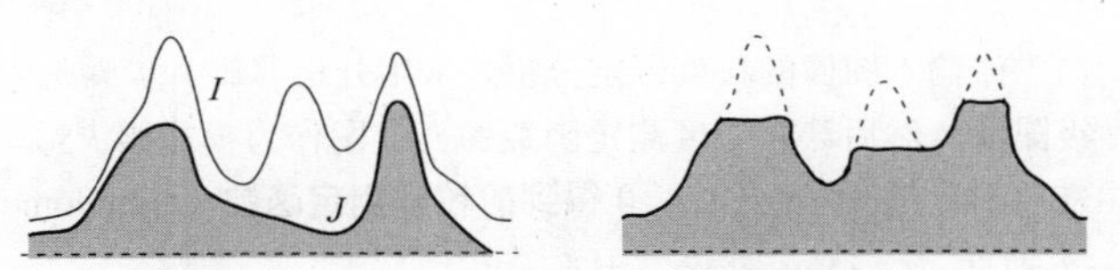

图 13.41　掩膜 I 由标记 J 的灰度级重构

膨胀和腐蚀的对偶性使得可以将灰度级重构表示为腐蚀运算。

13.6　粒度测定法

粒度测定法由立体测量学家首先引入（试图由交叉部分理解三维信息的数学家）——这个名字来自拉丁语 **granulum**，意思是颗粒。Matheron [Matheron, 1967]用它来研究有孔材料，其中孔洞尺寸分布由一系列大小递增的开运算来量化。目前，粒度测定法是一种十分重要的形态学方法，特别是在材料科学和生物学的应用中。粒度测定法的最大优点是可以在不事先进行分割的情况下提取形状信息。

先来考虑**筛分法**（sieving analysis），假定输入是一堆大小不一的石块（或沙粒）。问题是要分析这堆石块中分属不同尺寸类别的石块有多少。这个问题可以通过用一系列筛孔直径递增的筛子进行筛选加以解决。分析的结果是一个离散函数；水平坐标是递增的石块尺寸，垂直坐标是各尺寸石块的数量。在形态学颗粒度测定法中，这个函数被称为**粒度测定谱**（**granulometric spectrum**）或**粒度测定曲线**（**granulometric curve**）。

在二值形态学中，问题是以图像中物体大小为独立变量，计算粒度测定函数。粒度测定函数的值就是图像中特定大小的物体数目。与用筛孔尺寸递增的筛子进行筛选的过程类似，通常的方法是用一系列尺寸递增的结构元素进行开运算。

粒度测定法在数学形态学中有很重要的作用，就像图像处理或信号分析中的频率分析。频率分析将信号展开为频率递增的谐波信号的线性组合。**频率谱**（frequency spectrum）就代表了单个谐波对整个信号的贡献——显然粒度测曲线（谱）的作用与频率谱类似。

令 $\Psi = \psi_\lambda, \lambda \geqslant 0$，为一族依赖于参数 λ 的变换。这一族函数构成了一个**粒度测定法**（**granulometry**），当且仅当变换 ψ 满足下列性质：

$$\forall\lambda\geqslant 0 \quad \psi_\lambda\text{是递增的}$$
$$\psi_\lambda\text{是反向扩张的}$$
$$\forall\lambda\geqslant 0,\ \mu\geqslant 0 \quad \psi_\lambda\psi_\mu=\psi_\mu\psi_\lambda=\psi_{\max(\lambda\mu)} \tag{13.70}$$

性质（13.70）使得对每个 $\lambda\geqslant 0$，变换 ψ_λ 都是幂等的。$(\psi_\lambda), \lambda\geqslant 0$ 是一族递减的开运算（更确切地说，是代数开运算[Serra, 1982]，比前面提到的开运算概念更加一般）。可以证明对任意凸结构元素 B，关于 $\lambda B=\{\lambda b, b\in B\}$ 的**开运算族**（family of openings）构成了一个粒度测定法[Matheron, 1975]。

来考虑更直观的作用于二值图像（即集合）的粒度测定法。在此，粒度测定法是一系列开运算 ψ_n，指标集为所有非负整数 $n\geqslant 0$——每个开运算的结果都小于前一个。回忆筛分法的例子；每个开运算对应一个筛孔尺寸，与其前一个开运算相比能够从图像中去掉更多的部分。最终将达到空集。每一个筛选步骤都由一个集合（图像）X 的测度 $m(X)$刻画（如二维图像中的像素数目，三维中的体积）。集合被筛选的速度描述了该集合。模式谱就给出了这种描述。

集合 X 关于粒度测定法 $\psi_n, n\geqslant 0$ 的**模式谱**（**the pattern spectrum**），也称为**粒度测定曲线**（granulometric curve），是一个映射：

$$PS_\Psi(X)(n)=m[\psi_n(X)]-m[\psi_{n-1}(X)],\quad \forall n>0 \tag{13.71}$$

开运算序列 $\Psi(X), n\geqslant 0$ 是一个递减的集合序列，即$[\psi_0(X)\supseteq\psi_1(X)\supseteq\psi_2(X)\supseteq\cdots]$。可以采用粒度测定法或粒度测定曲线。

假定我们要计算一幅二值输入图像的粒度测定分析，采用开运算族。步骤是先用粒度测定函数 $G_\Psi(X)$将二值输入图像转为灰度级图像，然后计算粒度测定函数的直方图作为模式谱 PS_Ψ。

一幅二值图像 X 由粒度测定法 $\Psi=(\psi_n), n\geqslant 0$ 得到的**粒度测定函数**（granulometry function）$G_\Psi(X)$，将每个像素 $x\in X$ 映射到第一个满足 $x\notin\psi_n(X)$的开运算大小 n：

$$x\in X,\ G_\Psi(X)(x)=\min\{n>0,\ x\notin\psi_n(X)\} \tag{13.72}$$

一幅二值图像 X 由粒度测定法 $\Psi=(\psi_n), n\geqslant 0$ 得到的模式谱 PS_Ψ 可以通过计算粒度测定函数 $G_\Psi(X)$的直方图得到

$$\forall n>0,\ PS_\Psi(X)(n)=\mathrm{card}\{p,\ G_\Psi(X)(p)=n\} \tag{13.73}$$

（其中“card”表示求集合的势）。图 13.42 中给出了一个粒度测定法例子。输入二值图像是若干个半径不同的圆，见图 13.42（a）；图 13.42（b）是用正方形结构元素进行开运算的一个结果。图 13.42（c）是粒度测定功率谱。在较大的尺寸，功率谱中有三个最明显的信号，表示物体最大的三个尺寸。功率谱左端的一些较弱的信号是离散化的结果。必须用数字实体（方块）代替欧氏圆。

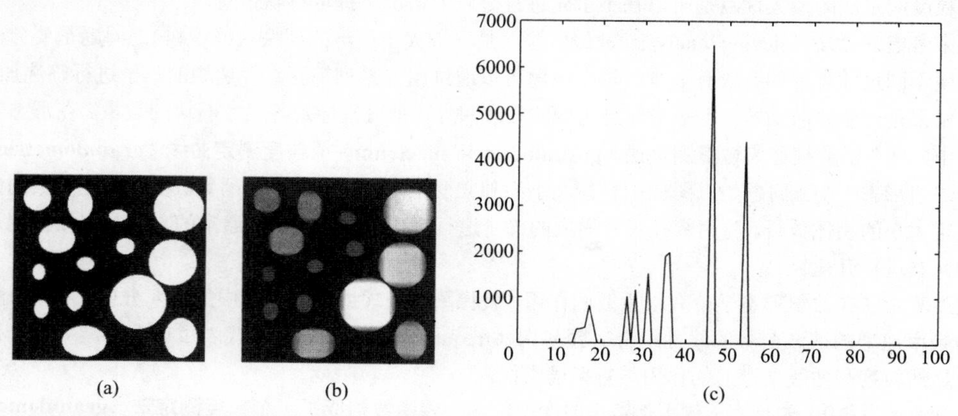

图 13.42 二值粒度测定的一个例子：（a）原始二值图像；（b）标记出检测到的最大正方形——初始检测大小为 2×2 像素；（c）粒度测定功率谱，就是（b）的直方图——水平坐标是物体尺寸，垂直坐标是各尺寸物体的数量

我们注意到粒度测定法不需要事先识别（分割）物体就可以提取物体的大小信息。在实际应用中，这种方法常用于形状描述、特征提取、纹理分割和去除图像边缘的噪声。

以前执行粒度分析耗时很大，但是这一点现在已经不是一个问题了。对二值图像来说，加速的基本思想是采用线形结构元素进行开运算，再由这些结构元素组成更复杂的二维结构元素，如十字交叉、正方形或菱形（见图 13.43）。另一个节省计算量的想法基于如下事实，一些二维结构元素可以分解为两个一维结构元素的 Minkowski 加法。例如，正方形结构元素可以表示为一个水平线段和一个垂直线段的 Minkowski 加法[Haralick et al., 1995; Vincent, 1995]。

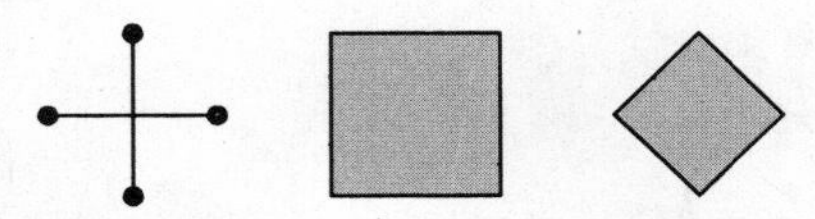

图 13.43　快速二值粒度测定法中的结构元素由线性结构元素组合而成，如十字交叉、正方形和菱形

灰度级粒度测定分析（Gray-scale granulometric analysis）它使得我们可以直接从灰度图像中提取尺寸信息。有兴趣的读者可以参见[Vincent, 1994]。

13.7　形态学分割与分水岭

13.7.1　粒子分割、标记和分水岭

“分割”一般是指在图像中寻找感兴趣的物体。数学形态学主要用于分割纹理图像或粒子图像——此处我们考虑的粒子分割的输入可以是二值的也可以是灰度级的。对于二值图像，问题是要分割有重叠的粒子；对于灰度图，分割就等同于物体轮廓提取[Vincent, 1995]。

形态学粒子分割有两个基本步骤：（1）定位粒子标记，（2）用于粒子重构的分水岭。后者将在本节后面的部分介绍。

标记提取过程类似于人类在识别物体时的行为；人只是指向物体而并不画出边界。一个物体或集合 X 的**标记（marker）**是一个包含于 X 的集合 M。标记与集合 X 是同伦的，通常位于物体（粒子）的中心部分。

一个鲁棒的标记检测技术需要知道被寻找物体的性质，于是就要运用关于具体应用的知识，而且，在很多情况下物体标记是由用户手动在屏幕上画出的。一个典型的实例是，用于显微镜图像分析的软件就为手动或半自动的标记提供了友好的用户界面。

当物体被标记后，它们就可以从这些标记生长出来，如采用分水岭变换（见第 13.7.3 节），分水岭变换源自对图像的地形学理解。我们来打个比方，考虑地形和降雨；雨水将寻找下降最快的路径，直至达到某个湖或海。我们知道湖和海对应于区域极小值。地形可以被完全分成几个区域，这些区域将雨水引到特定的海或湖——这些海或湖称为**集水盆地（catchment basin）**。这些区域是图像中区域极小值的影响区域。**分水岭（watershed）**，也称为**分水线（watershed line）**，将集水盆地分开。图 13.44 是一个分水岭和集水盆地的示意图。

13.7.2　二值形态学分割

如果问题是要从不均匀背景中寻找亮度不同的物体，则一种简单的方法是顶帽变换（见 13.5.4 节）。这种方法寻找图像函数中亮度与局部背景不同的顶峰。而顶峰的灰度级形状对结果没有影响，但结构元素的形状却是有关系的。而分水岭分割考虑了所有的信息来源，性能也优于顶帽方法。

二值图像的形态学分割是要找到单个有重叠物体（通常是粒子），解决这个问题的大多数工具都已经解释过了。首先标记所有粒子——可以采用最终腐蚀（见 13.5.4 节），或者手动画出标记。然后由标记生长出

物体，并且将物体限制在原始集合内，当物体靠得很近时不要有连接部分。

解决这个问题的最古老方法是**条件膨胀**（**conditional dilation**）。生长过程采用一般的膨胀运算，结果受两个条件限制：在原始集合内，粒子互不连接。

测地重构（**geodesic reconstruction**，第 13.5.7 节）要更加复杂，并且速度也要比条件膨胀快得多。采用什么样的结构元素要根据待处理像素的邻域而定。

测地影响区域（**geodesic influence zone**，第 13.5.7 节）有时用来进行粒子分割。图 13.45 是它的一个例子，可以看出结果与直觉上期望的有所差别。

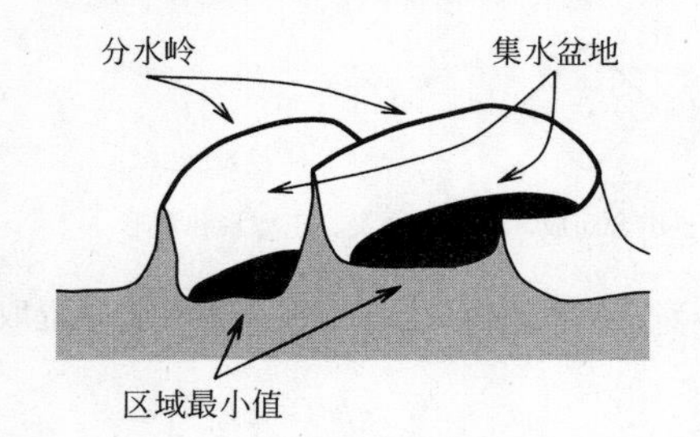

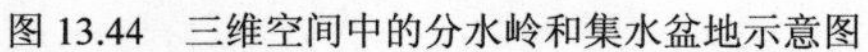

图 13.44　三维空间中的分水岭和集水盆地示意图

图 13.45　用测地影响区域（SKIZ）进行分割，结果不一定正确

最好的方法是**分水岭变换**（**watershed transformation**）。理论背景和快速实现技术请参见本书第 13.7.3 节和[Bleau et al., 1992, Vincent, 1993, 1995]。首先，采用负距离变换（式（13.55））将原始二值图像转换为灰度级图像。若一滴水落在这张图像的地形表面上，则它将沿着最陡峭的路线流向区域极小值。图 13.46 是这一思想的示意图。

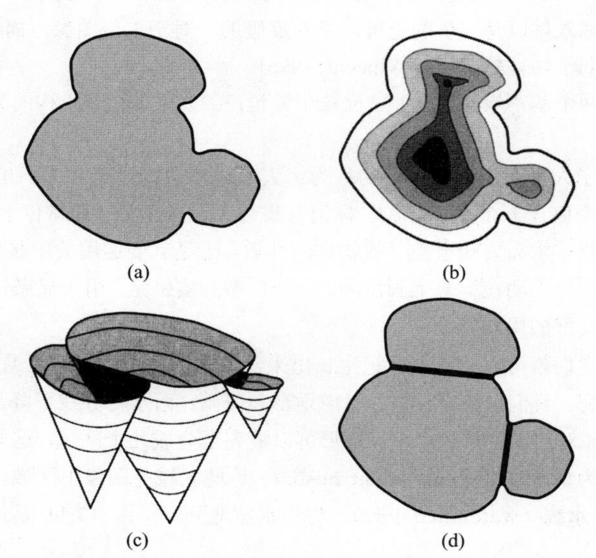

图 13.46　二值粒子分割：（a）输入图像；（b）由–dist 函数作用于（a）得到的灰度图像；（c）集水盆地的地形学理解；（d）对（b）采用分水岭算法得到的正确粒子分割结果

图 13.47 中是一个分水岭粒子分割的应用实例。图 13.47（a）是一幅包含几个粘连粒子的输入图像的。我们用等高线方法对到背景的距离函数进行可视化处理，见图 13.47（b）。距离函数的区域极大值就作为单个粒子的标记（图 13.47（c））。对标记进行膨胀，图 13.47（d）。为了进行分水岭分割，对距离函数乘上一个负号，图 13.47（e）中为负距离函数及膨胀后的标记。图 13.47（f）中是粒子分割的最终结果，只显示了粒子的外轮廓。

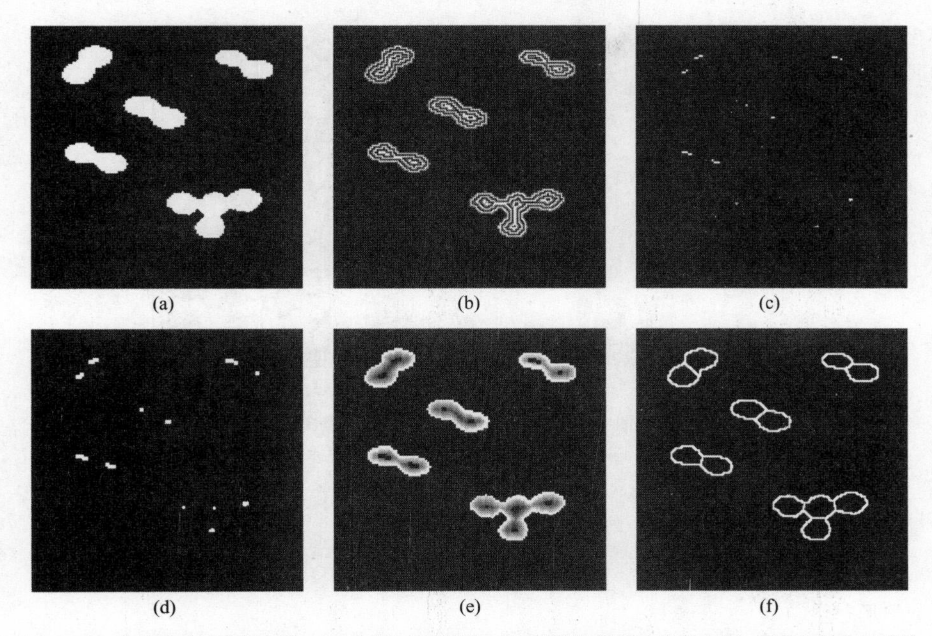

图 13.47　分水岭粒子分割方法：（a）原始二值图像；（b）距离函数等高线图；（c）距离函数的区域极大值作为粒子标记；（d）对标记进行膨胀；（e）对距离函数求反并叠加上标记；（f）采用分水岭分割得到的最终粒子轮廓

13.7.3　灰度级分割和分水岭

标记和分水岭方法同样可以用于灰度级分割。在灰度图像处理中，分水岭方法还用来提取顶峰线。一幅灰度图像中的区域轮廓对应于那些图像中灰度级变化最快的点——这与第 6 章中介绍的基于边缘的分割有些相似。这时将分水岭变换作用于梯度图像（见图 13.48）。数学形态学中采用一个梯度图像的简单近似，称为 Beucher 梯度[Serra, 1982]，即输入图像 X 经过单位膨胀和单位腐蚀后的代数差。

$$\mathrm{grad}(X) = (X \oplus B) - (X \ominus B) \tag{13.74}$$

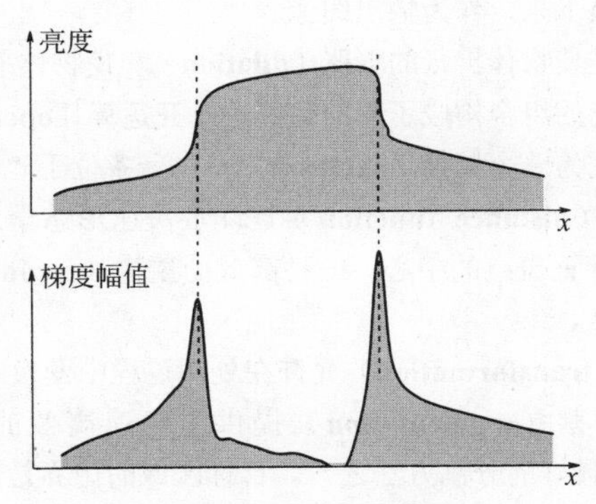

图 13.48　利用梯度对灰度图像进行分割

对梯度图像进行无标记分割的最大问题是**过分割**（见图 13.47（c））。[Vincent, 1993]中给出了一些在分水岭分割中防止过分割的方法。有标记的分水岭分割当然不会出现过分割现象。

一个分水岭分割的应用实例来自对人类视觉系统的研究。输入图像为一幅人类视网膜的显微镜图片，图 13.49（a）——问题是要分割出视网膜上的单个细胞。采用标记/分水岭方法，用一个精心设置的高斯滤波器寻找标记（见图 13.49（b））。最终结果见图 13.49（c），其中画出了细胞的外轮廓。

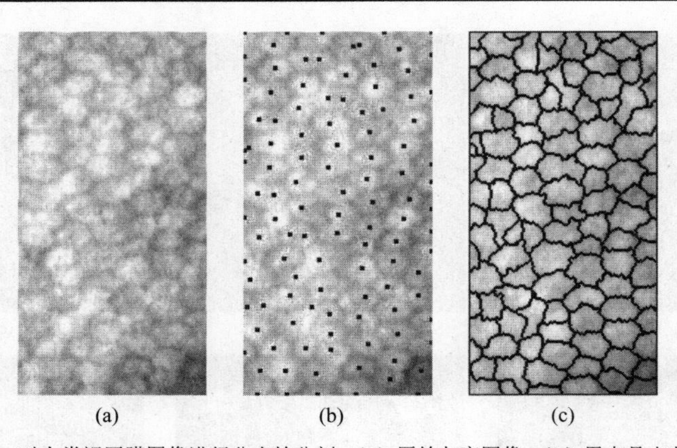

图 13.49　对人类视网膜图像进行分水岭分割：（a）原始灰度图像；（b）黑点是由非形态学方法找到的标记；（c）采用分水岭方法由（b）中标记找到的视网膜细胞边界

13.8 总结

- 数学形态学
  - 数学形态学强调**形状**（**shape**）在图像预处理、分割和物体描述中的作用。它产生了具有数学上合理的快速算法。
  - 基本实体是**点集**（**point set**）。形态学中的变换由来自一个较简单的**非线性代数**（**non-linear algebra**）中的运算符描述。数学形态学是传统意义上基于线性运算符的信号处理方法的一个对应。
  - 数学形态学通常分为处理二值图像的二值数学形态学（binary mathematical morphology），和处理灰度图像的灰度级数学形态学（gray-level mathematical morphology）。
- 形态学运算
  - 形态学运算是一个**两个集合间的关系**（**relation of two sets**）。其中一个集合是图像，另一个则是小探测器，称为**结构元素**（**structuring element**），结构元素系统地扫描整幅图像；在图像每个位置上的关系都被记录下来，作为输出图像。
  - 形态学的基本运算是使物体扩张的**膨胀**（**dilation**）和使物体缩小的**腐蚀**（**erosion**）。腐蚀和膨胀不是可逆运算；它们的组合构成了新的运算——**开运算**（**opening**）和**闭运算**（**closing**）。
  - 细长的物体通常简化为一个**骨架**（**skeleton**）——一条位于“物体中轴”的线。
  - 到背景的**距离函数**（**distance function**）是许多快速形态学运算的基础。**最终腐蚀**（**ultimate erosion**）经常用来标记斑点的中心。一种高效的**重构**（**reconstruction**）算法从标记开始生长物体，直到其原始边界。
  - **测地变换**（**geodesic transformation**）允许在处理过程中变换结构元素，这就使算法更加灵活。
  - 测地方法为图像**分割**（**segmentation**）提供了快速高效的算法。**分水岭变换**（**watershed transformation**）是最好的分割方法之一。目标区域的边界是影响区域的区域极小值（即地形中的海或湖）。区域边界是这些海或湖间的分水线。
  - 分割通常从交互选择的**标记**（**marker**）或者通过利用图像语义性质的某种自动化过程开始。
  - **粒度测定法**（**granulometry**）是一种分析图像中不同大小粒子分布情况的量化工具（类似于筛分法）。得到的结果是一条离散的**粒度测定曲线**（谱）（**granulometric curve**（spectrum））。

13.9　习题

简答题

S13.1　什么是数学形态学？

S13.2　什么是结构元素？它在数学形态学中的作用是什么？

S13.3　给出二值图像腐蚀和膨胀的定义。

S13.4　腐蚀是可交换运算吗？

S13.5　一次开运算的结果和两次开运算有何不同？何谓幂等？

S13.6　灰度图像的腐蚀和膨胀是基于相同思想由二值图像推广得来的。描述一下这种推广。

S13.7　什么是顶帽变换，何时采用这种变换？绘制一个一维图像轮廓作为例子，演示顶帽操作的使用，给出顶帽操作的结果。

S13.8　什么是最大球骨架？两个相切圆的骨架是什么样的？

S13.9　两个相切圆的同伦骨架是什么样的？

S13.10　解释最终腐蚀在粒子标记中的作用？

S13.11　什么是区域极大值？

S13.12　什么是测地距离？如何将其应用于数学形态学？

S13.13　什么是粒度测定法？

S13.14　给出可能使用力度测地学分析的三个应用的名字。

S13.15　粒度测定曲线（谱）和傅里叶谱之间有什么关系？

S13.16　什么是分水岭？如何将其应用于形态学分割？

思考题

P13.1　自己实现形态学算法在计算上很有可能不会很高效。有很多软件包能够快速地进行形态学操作——Matlab 就是其中一个例子。找到这样的一个软件然后练习本章中描述的任何一个或者所有的算法。

P13.2　证明膨胀满足交换律和分配律。

P13.3　开运算之后进行闭运算可以用于移除二值图像中的椒盐噪声。解释其中的原理，然后讨论适合这一操作的结构元素的形状和大小。

P13.4　考虑一个一维灰度图像（信号）。画一个示意图，演示灰度级膨胀填充了原始图像中的窄缝。

P13.5　解释如何用顶帽变换分割不均匀亮背景上的暗字符。画一个一维跨图像区域的示意图。

P13.6　什么是同伦变换。描述至少两个进行骨架化的算法。它们得到的是同伦的骨架吗？

P13.7　使用 Golay 结构单元 L（式（13.51））和 E（式（13.52））进行细化操作的区别是什么？

P13.8　解释图 13.29 中最大球骨架的计算过程。

P13.9　解释标记在形态学分割中的作用。为什么无标记分水岭分割法会有过分割现象？

P13.10　使用图 13.50（b）中的结构元素对图 13.50（a）中的图像进行膨胀操作。

P13.11　使用最终腐蚀找出一种方法来统计一幅图像中相邻或者接触的物体的数目（比如像鹅卵石或者咖啡豆）。演示的你的方法对于初始物体分割（二值化）所具备（或者缺乏）的鲁棒性。在分割起来更为困难的图像上应用你的方法。

P13.12　假设习题 P13.11 中找出的方法对于一些困难的图像效果不是足够好，使用一些形态学操作步骤来增强你的方法。仅使用数学形态学操作来解决这个问题。

P13.13　基于最终腐蚀得到的标记（习题 P13.11 和习题 P13.12）利用分水岭分割算法的输入来分割同样的图像。

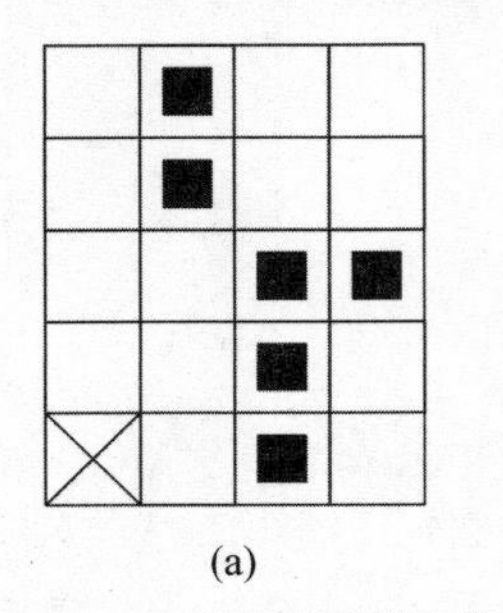
(a)

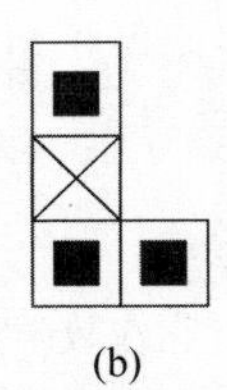
(b)

图 13.50 （a）待处理的图像。假设图像数据在图像外未定义；（b）结构元素

P13.14 修改分水岭算法使得物体和边界能够被独立地分割出来。（提示：除了提取物体标记，同样需要提取边界的标记。）仅使用数学形态学操作来解决这一问题。

P13.15 使自己熟悉 Matlab 教辅书中对应于本章中解决的问题以及 Matlab 实现的相关算法[Svoboda et al., 2008]。Matlab 教辅书的主页 http://visionbook.felk.cvut.cz 中提供了这些问题中使用的图像，以及为教学设计的注释良好的 Matlab 代码。

P13.16 使用 Matlab 教辅书[Svoboda et al., 2008]来求解那里提供的一些附加习题和实际问题。使用 Matlab 或者其他合适的语言来实现你自己的答案。

13.10 参考文献

Bleau A., deGuise J., and LeBlanc R. A new set of fast algorithms for mathematical morphology II. Identification of topographic features on grayscale images. *CVGIP: Image Understanding*, 56(2):210–229, 1992.

Blum H. A transformation for extracting new descriptors of shape. In Wathen-Dunn W., editor, *Proceedings of the Symposium on Models for the Perception of Speech and Visual Form*, pages 362–380, Cambridge, MA, 1967. MIT Press.

Dougherty E. R. *An Introduction to Mathematical Morphology Processing.* SPIE Press, Bellingham, WA, 1992.

Giardina C. R. and Dougherty E. R. *Morphological Methods in Image and Signal Processing.* Prentice-Hall, Englewood Cliffs, NJ, 1988.

Golay M. J. E. Hexagonal parallel pattern transformation. *IEEE Transactions on Computers*, C–18:733–740, 1969.

Haralick R. M. and Shapiro L. G. *Computer and Robot Vision, Volume I.* Addison-Wesley, Reading, MA, 1992.

Haralick R. M., Stenberg S. R., and Zhuang X. Image analysis using mathematical morphology. *IEEE Transactions on Pattern Analysis and Machine Intelligence*, 9(4):532–550, 1987.

Haralick R. M., Katz P. L., and Dougherty E. R. Model-based morphology: The opening spectrum. *Graphical Models and Image Processing*, 57(1):1–12, 1995.

Heijmans H. J. *Morphological Image Operators.* Academic Press, Boston, 1994.

Ma C. M. and Sonka M. A fully parallel 3D thinning algorithm and its applications. *Computer Vision and Image Understanding*, 64:420–433, 1996.

Maragos P. and Ziff R. Threshold superposition in morphological image analysis. *IEEE Transactions on Pattern Analysis and Machine Intelligence*, 12(5), 1990.

Matheron G. *Eléments pour une theorie des milieux poreux* (in French). Masson, Paris, 1967.

Matheron G. *Random Sets and Integral Geometry.* Wiley, New York, 1975.

Meyer F. Contrast feature extraction. In Chermant J.-L., editor, *Quantitative Analysis of Microstructures in Material Science, Biology and Medicine*, Stuttgart, Germany, 1978. Riederer Verlag. Special issue of *Practical Metalography*.

Palagyi K., Tschirren J., Hoffman E. A., and Sonka M. Quantitative analysis of pulmonary airway tree structures. *Computers in Biology and Medicine*, 36:974–996, 2006.

Serra J. *Image Analysis and Mathematical Morphology.* Academic Press, London, 1982.

Serra J. Morphological optics. *Journal of Microscopy*, 145(1):1–22, 1987.

Soille P. *Morphological Image Analysis.* Springer-Verlag, Berlin, 2 edition, 2003.

Svoboda T., Kybic J., and Hlavac V. *Image Processing, Analysis, and Machine Vision: A MATLAB Companion.* Thomson Engineering, 2008.

Vincent L. Fast opening functions and morphological granulometries. In *Proceedings Image Algebra and Morphological Image Processing V*, pages 253–267, San Diego, CA, 1994. SPIE.

Vincent L. Morphological grayscale reconstruction in image analysis: Applications and efficient algorithms. *IEEE Transactions on Image Processing*, 2(2):176–201, 1993.

Vincent L. Efficient computation of various types of skeletons. In *Proceedings of the SPIE Symposium Medical Imaging,* San Jose, CA, volume 1445, Bellingham, WA, 1991. SPIE.

Vincent L. Lecture notes on granulometries, segmentation and morphological algorithms. In Wojciechowski K., editor, *Proceedings of the Summer School on Morphological Image and Signal Processing,* Zakopane, Poland, pages 119–216. Silesian Technical University, Gliwice, Poland, 1995.

第 14 章

图像数据压缩

由于用来表示图像的数据数量通常很大，图像处理也往往具有很大难度。在技术上，图像的分辨率（空间上和灰度级别上）在不断增加，谱段（spectral band）的数量也在增加，因而需要限制由此带来的数据量。这种问题的例子比比皆是，如原始视频，无论其是否为高清晰度，都代表每秒许多兆字节。另外，医疗应用如 CT 和 MR 等 3D（或 4D，如果动态及时）图像处理，同样是极其大流量的数据。有一个可以减少必要的存储介质数量的方法，那就是处理压缩过的图像数据。

我们已经看到，图像分割技术具有图像压缩的副作用；去除了不感兴趣的区域和特征，而只保留边界或区域描述，明显地减小了数据量。但是，以这种表示方法要重建原始未压缩的图像是不可能的（十分有限的重建或许是可能的）。相反地，图像压缩算法目的是以能够重建图像的方式去除数据中的冗余；这也被称为**信息保持压缩（information preserving compression）**。算法的主要目的是压缩——我们的目标是使用更少的比特来表示图像中的像素。为了设计一个适当的图像压缩变换，找到图像中的统计特性是很必要的；图像数据相关性越大就可以去掉越多的数据信息。在这一章中，我们将要讨论一组不改变图像信息熵（entropy）或图像信息量的方法。图像压缩技术的研究内容很集中—— [Salomon, 2000; Sayood, 2000; Shukla and Prasad, 2011] 是其中三个有用的参考文献。

图 14.1 中是数据压缩和图像重建的一个一般算法的结构图。第一步是去除由于图像数据高度相关所带来的冗余——其中使用了变换压缩、预测压缩以及它们的混合方法。第二步是使用定长或者变长码对变换后的数据进行编码。变长编码的一个好处是可以使用短码字对出现频率较高的数据进行编码，从而提高了压缩效率；而定长编码的好处是码字长度固定，处理起来比较容易，速度也较快。压缩后的数据在传送或接收后进行解压缩，然后重建图像。注意，在数据压缩过程中，不能丢失非冗余图像数据——否则无错重建是不可能的。

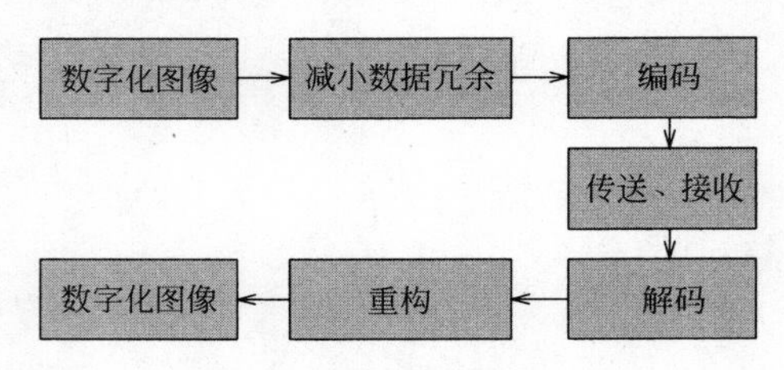

图 14.1　数据压缩和图像重构

数据压缩方法可以分为两大主要类别：**信息保持**—or lossless（**无损**）—压缩能够保证进行无错的数据重建，而有损压缩方法则不能完整地保持信息。在图像处理中，一个如实的重建实际上不是十分必要的，所以对它的需求比较弱，但是压缩不应造成图像的明显改变。在重建图像中数据压缩的成功性通常以最小均方差（MSE, Mean Square Error）、信噪比等来衡量，尽管这些全局性的误差衡量方法并不总是能反映主观上的图像质量。

压缩设计由两部分组成。首先第一部分必须确定图像数据的性质；为这一目的服务的通常有灰度直方图、图像熵、各种相关函数等。第二部分相对于量测到的图像性质形成合适的压缩技术设计。

有损的信息数据压缩方法在图像处理中非常典型，因此我们要相当详细地讨论这类方法。尽管有损压缩技术也可以提供具有非常好的重建质量的实质性图像压缩，但是出于某些考虑，它们的应用可能会遭到禁止。

例如，在医疗成像方面，诊断通常是基于可视图像的检查，因此不能容忍任何信息损失，必须使用信息保持技术。在本章末尾会简要地提及保持信息的压缩方法。

14.1　图像数据性质

对于一幅图像来说，信息量是一个很重要的性质，它可以用**熵**来衡量（见第 2.3.3 节）。如果一幅图像有 G 个灰度级，而级别为 k 的灰度出现的概率是 $P(k)$（参见第 3.3 节），那么如果不考虑灰度之间的关系，熵 H_e 定义为

$$H_e = -\sum_{k=0}^{G-1} P(k)\log_2[P(k)] \tag{14.1}$$

而信息**冗余**（**redundancy**）r 定义为

$$r = b - H_e \tag{14.2}$$

其中，b 是能够表示图像量化后所需级别的最小比特数。只有在能够获得对熵的好的估计的条件下，才能计算出这种定义下的图像信息冗余，但是通常情况下并非如此，原因是不知道必要的图像统计性质。但是，图像数据的熵可以通过灰度直方图来估计[Moik, 1980; Pratt, 1991]。假设 $h(k)$是图像 f 中级别为 k 的灰度出现的频率，$0 \leqslant k \leqslant 2^b - 1$，图像的大小为 $M \times N$。那么灰度级 k 出现的概率为

$$\tilde{P}(k) = \frac{h(k)}{MN} \tag{14.3}$$

则熵可以估计为

$$\tilde{H}_e = -\sum_{k=0}^{2^b-1} \tilde{P}(k)\log_2[\tilde{P}(k)] \tag{14.4}$$

信息冗余近似为 $\tilde{r} = b - \tilde{H}_e$。**压缩率**（**compression ratio**）K 的定义为

$$K = \frac{b}{\tilde{H}_e} \tag{14.5}$$

注意，因为灰度级之间具有相关性，灰度直方图只能给出熵的一个不精确的估计。更精确的估计可以通过灰度的一阶微分的直方图得到。

使用上述公式可以得到可能的图像压缩在理论上的极限。例如，当图像数据量化为 256 个灰度级（或者每个像素用 8 个比特表示）时，卫星遥感数据的熵大概在 $\tilde{H}_e \in$[4，5]之间。我们可以很容易地计算出信息冗余大概为 $\tilde{r} \in$[3，4]比特。这就说明，这些数据可以用平均每个像素 4～5 个比特进行表示，而不会损失信息，压缩率大概在 $K \in$[1.6，2]之间。

14.2　图像数据压缩中的离散图像变换

这种方法的基本思想是用离散图像变换（参见第 3.2 节）的系数来表示图像数据。系数按照它们的重要性（例如对于图像信息量的贡献）进行排列，忽略最不重要的（贡献小的）系数。系数的重要性可以根据，比如，对应于显示的空间或灰度视觉表现的能力来确定，从而可以避免图像的相关性，可以达到数据压缩的目的。

为了去除相关的图像数据，**Karhunen-Loève** 变换是最重要的。通过这种变换得到一组方差递减的不相关变量。变量的方差是对其信息量的一个衡量标准；因此，仅考虑对具有较大方差的变量进行变换。Karhunen-Loève 变换的深入讨论可以参考第 3.2.10 节。

Karhunen-Loève 变换是一个 $M \times N$ 图像的二维变换，复杂度为$\mathcal{O}(M^{\varepsilon}N^{\varepsilon})$，因此计算代价很大。但它是唯一能保证压缩数据不相关的变换，而且所得的数据压缩在统计角度上是最理想的。这使得变换的基向量与图像有关，也增加了将其应用到图像压缩中去的难度。因此，Karhunen-Loève 变换通常仅用于作为评估其他

变换的基准。举个例子来说，离散余弦变换 DCT-Ⅱ之所以应用广泛，是因为在性能上它比其他变换更接近于 Karhunen-Loève 变换。

其他的离散图像变换（参考第 3.2 节）的计算量要小一点——这些变换的快速算法复杂度为 $\mathcal{O}[\mathcal{MN}\log_2(\mathcal{MN})]$。余弦、傅里叶、哈达马、沃尔什或者二进制变换都适合图像数据压缩。如果一幅图像使用离散变换进行压缩，它通常可以分割 16×16 的像素块组成的子图像来加速计算，每个子图像单独进行变换和处理。这种方法在图像重建中也是一样，每个子图像被重建，然后放到整个图像中的适当位置上。这种将图像分割成网格状子图像的方法不考虑子图像之间的相关性所带来的任何数据冗余，即使这种相关性是冗余最主要的来源也罢。**循环块**（recursive block）编码[Farelle, 1990]是用来减少块间冗余和分块效应的一种方法。图像压缩中最常用的图像变换应该是离散余弦变换以及对它的很多改进方法，还有小波变换的变种（见第 3.2.7 节）。

图 14.2 中显示的是离散余弦变换图像压缩的应用实例。为了获得较好的压缩率和较少的计算量，这里使用的是 DCT-Ⅱ，压缩率分别是 $K = 6.2$ 和 $K = 10.5$。通过将 90%的变换系数置零，得到的是较低的压缩率；将 94.9%的变换系数置零，则得到较高的压缩率。注意当压缩率较大时，DCT 压缩和重建导致的方块效应降低了图像的质量。因此，**小波图像压缩**得到了重视，因为它可以有效地应用到整个图像上[Mallat, 1989]，从而避免了块状效应。小波压缩包含的步骤和 DCT 压缩相同，只是用小波变换代替了 DCT，其后的量化和编码基本上是一样的。图 14.3 显示的是经过小波压缩后的重建图像，压缩率分别是 $K = 6.2$ 和 $K = 10.5$。通过将变换系数的 89.4%置零，得到的是较低的压缩率（图 14.3（a）和图 14.3（b））；而将系数的 94.4%置零，则得到较高的压缩率（图 14.3（c）和图 14.3（d））。注意图中不再出现块状的效应。

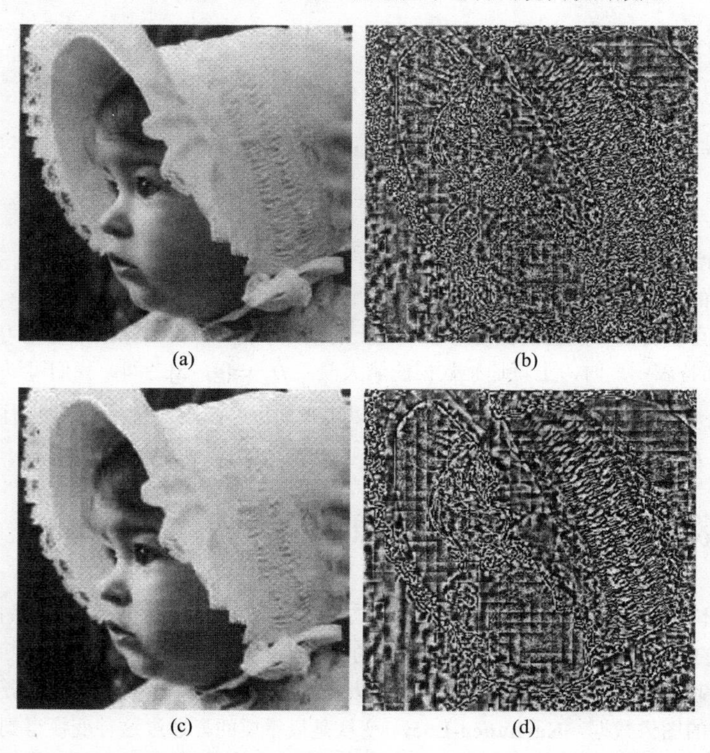

图 14.2　JPEG 中对 8×8 的子块进行离散余弦图像压缩：（a）重构图像，压缩率为 $K=6.2$；（b）差值图像——初始图像和重构图像之间像素值的差别（$K=6.2$）；最大的差别是 56 个灰度级，重构的均方误差 MSE＝32.3 个灰度级（为了便于读者看清，图像经过了直方图均衡化）；（c）重构图像，压缩率为 $K=10.5$；（d）差值图像——初始图像和重构图像之间像素值的差别（$K=10.5$）；最大的差别是 124 个灰度级，重构的均方误差 MSE＝70.5 个灰度级（为了便于读者看清，图像经过了直方图均衡化）

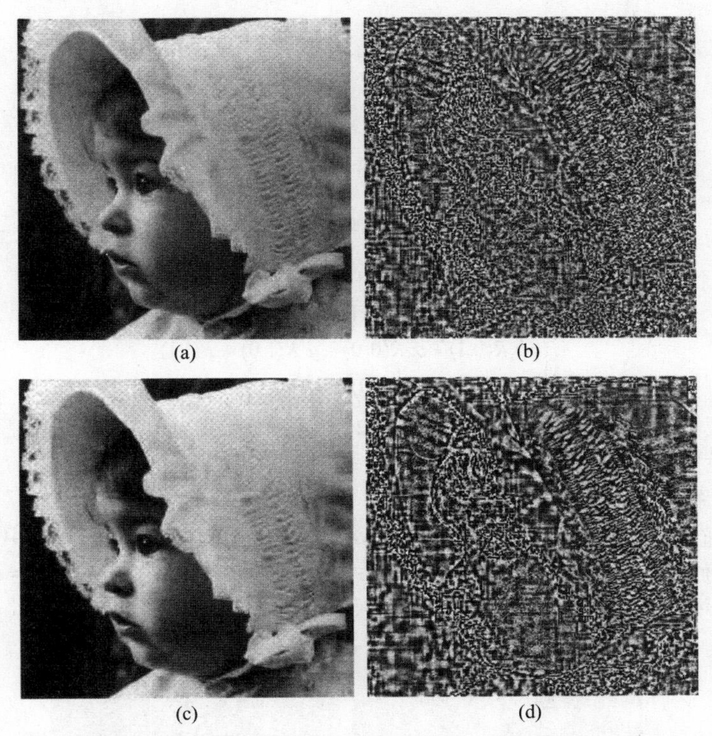

图 14.3　小波图像压缩：（a）重构图像，压缩率为 $K=6.2$；（b）差值图像——初始图像和重构图像之间像素值的差别（$K=6.2$）；最大的差别是 37 个灰度级，重构的均方误差 MSE ＝32.0 个灰度级（为了便于读者看清，图像经过了直方图均衡化）；（c）重构图像，压缩率为 $K=10.5$；（d）差值图像——初始图像和重构图像之间像素值的差别（$K=10.5$）；最大的差别是 79 个灰度级，重构的均方误差 MSE ＝65.0 个灰度级（为了便于读者看清，图像经过了直方图均衡化）

DCT 压缩是广泛使用的 JPEG 标准压缩的基础（见第 14.9.1 节），小波压缩成为 JPEG-2000 的基础（见第 14.9.2 节）。

14.3　预测压缩方法

预测压缩（predictive compressions）利用了图像的信息冗余（数据相关性），对于图像中的一个元素 (i,j)，根据它周围元素的灰度值来对它本身的灰度值作出一个估计 $\tilde{f}(i,j)$。对于图像中的不相关的数据部分，这个估计值 $\tilde{f}$ 和真实值并不相符。我们可以期望估计值和真实值之间的差别的绝对值相对比较小，而将这个差别和预测模型参数一起编码和传送（存储）——现在，它们的集合代表了压缩图像。根据计算出的估计值 $\tilde{f}(i,j)$ 和已经存储起来的差别 $d(i,j)$，我们可以重新计算出位置 (i,j) 上的灰度值，其中

$$d(i,j)=\tilde{f}(i,j)-f(i,j) \tag{14.6}$$

这种方法被称为差分脉冲编码调制（Differential Pulse Code Modulation，DPCM），图 14.4 中是它的结构图。试验表明，对于很大一部分图像估计，三阶的线性预测就已经足够了[Habibi,1971]。如果图像是一行一行地处理的，那么估计值 $\tilde{f}(i,j)$ 可以这样计算：

$$\tilde{f}(i,j)=a_1 f(i,j-1)+a_2 f(i-1,j-1)+a_3 f(i-1,j) \tag{14.7}$$

其中，a_1、a_2 和 a_3 是图像预测模型的参数。这些参数的选取标准是使得估计均方误差 e 最小，

$$e=\varepsilon\left\{[\tilde{f}(i,j)-f(i,j)]^2\right\} \tag{14.8}$$

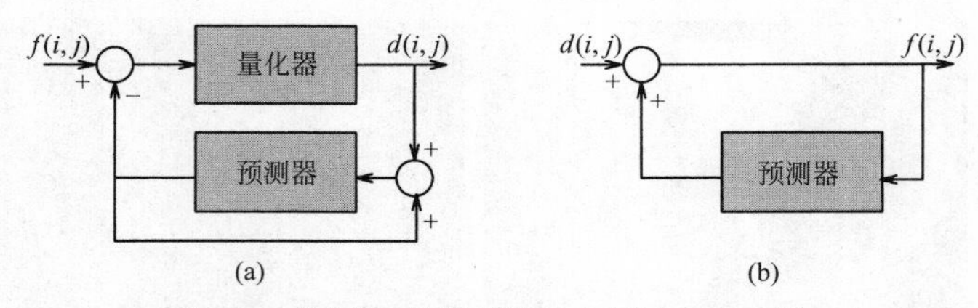

图 14.4　差分脉冲编码调制：（a）压缩；（b）重构

因此，假设 f 是一个均值为零的静态随机过程，使用三阶预测的结果是

$$\begin{aligned} a_1R(0,0)+a_2R(0,1)+a_3R(1,1)&=R(1,0)\\ a_1R(0,1)+a_2R(0,0)+a_3R(1,0)&=R(1,1)\\ a_1R(1,1)+a_2R(1,0)+a_3R(0,0)&=R(0,1) \end{aligned}\tag{14.9}$$

其中，$R(m, n)$是随机过程 f 的自相关函数（参见第 2 章）。图像数据自相关函数通常是指数形式的，而差值 $d(i, j)$的变化比初始值 $f(i, j)$的变化要小，因为差值 $d(i, j)$之间没有相关性。因为差值 $d(i, j)$的值（可能）相对较小，使得数据压缩更加容易。

预测压缩算法在[Rosenfeld and Kak, 1982; Netravali, 1988]中有详细讨论。图 14.5 中的压缩图像是使用二阶预测和用变长编码对于差值 $d(i, j)$进行编码得到的；图像压缩率分别为 K=3.8 和 K=6.2。注意当压缩率很大时，由于预测压缩和重建导致的水平线段以及错误的轮廓线降低了图像的质量。

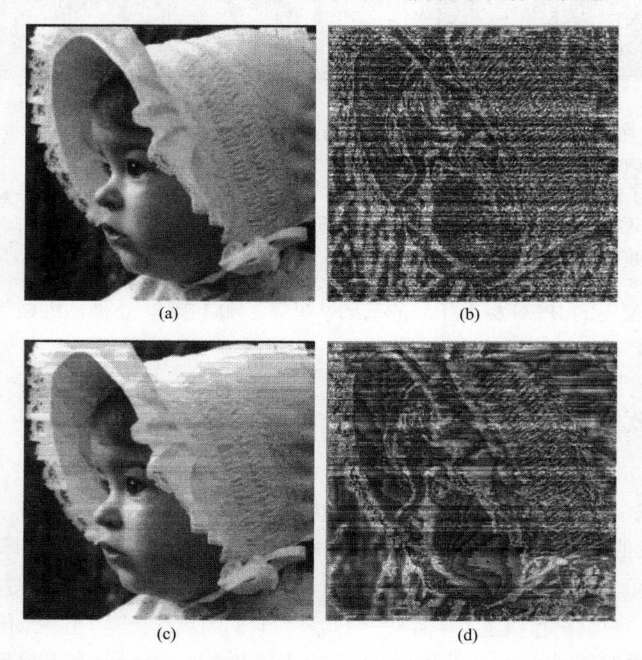

图 14.5　预测压缩：（a）重构图像，压缩率为 K=3.8；（b）差值图像——初始图像和重构图像之间像素值的差别（K=3.8）；最大的差别是 6 个灰度级（为了便于读者看清，图像经过了直方图均衡化）；（c）重构图像，压缩率为 K=6.2；（d）差值图像——初始图像和重构图像之间像素值的差别（K=6.2）；最大的差别是 140 个灰度级（为了便于读者看清，图像经过了直方图均衡化）

历史上还有许多预测压缩方法的变形方法，有些还将预测压缩和其他编码方法结合起来[Daut and Zhao, 1990; Zailu and Taxiao, 1990]。

14.4　矢量量化

将图像分割为小块，并用矢量来表示，可以作为另一种选择[Gray, 1984; Chang et al., 1988; Netravali, 1988; Gersho and Gray, 1992]。这种方法最基本的思想是来自信息论（香农的率失真理论（Shannon's rate distortion theory）），它认为对矢量进行编码，总是可以比对标量进行编码取得更好的压缩性能。输入的数据矢量使用一个码字字典中的唯一码字来编码，存储和传送的也不是矢量，而是矢量的编码。码字的选择是根据以下方式来确定的：使以编码矢量表示的图像块与以字典中的码字表示的图像块之间相似度最大化。编码字典（码本）和编码后的数据一同传输。矢量量化的好处是它只需要一个包含查找表的简单的接收器结构，但是缺点是编码器复杂。编码的复杂性不是由矢量量化原理直接引起的；编码可以使用一个相当简单的方法来实现，但是编码的速度会非常慢。为了提高处理速度，必须采用例如 K-D 树的数据结构（见第 9.2.2 节）以及其他特殊处理，这就增加了编码器的复杂性，而且，必要的图像统计性质通常是未知的，因此，必须以一个图像训练集合为基础选择压缩参数，而随着图像的不同，合适的码本也会不一样。这样做的结果就是，可能很难用查找表中的编码矢量很好地表示那些与训练集中图像的统计特性不同的图像，而且，它导致的边缘退化也比采用其他技术更厉害。为了降低编码的复杂性，编码过程可以分为几个层次，典型的是两层。编码过程是分级的，根据编码层次的数目使用两个或更多的码本。使用更容易取得高压缩率的复杂编码和较简单的解码，在对图像只进行一次压缩，而需要多次解压缩的**非对称**（**asymmetric**）应用中，会有好处。在这种情况下，只要解压过程简单而且速度较快，通过更复杂的编码和（或）更耗时的压缩算法来取得更高的压缩率也并不再十分重要。多媒体百科全书和电子出版物可以作为很好的例子。另一方面，在视频会议这种**对称**（**symmetric**）应用中，需要使编码和解码具有相似的复杂度。

[Boxerman and Lee, 1990]中提出了一种使用可变块大小的改进算法，它使用了一种负责检测合适大小的图像块的分割算法。块的矢量量化方法也可以应用到图像序列的压缩中。使用矢量量化和 DPCM 同样可行，只对连续帧中有显著变化的图像块进行标识和处理的方法。[De Lameillieure and Bruyland, 1990]中提出了结合了对有色（colored）预测误差进行矢量量化的混合 DPCM 方法。

14.5　分层的和渐进的压缩方法

多分辨率金字塔也可以在高效的分层图像压缩中使用。在第 4.2.2 节的图 4.4 中介绍了**行程**编码，它将长的、具有相同值的一段像素看成是一个整体，存储的是这个值和像素数目。如果图像具有这种长行程的特征，那么所需要的存储量将显著减少。对图像金字塔也可以采用类似的方法。研究表明仅仅使用金字塔来表示一个源图像，比特数量的减少就很明显了[Rao and Pearlman, 1991]；而如果图像具有很大的灰度值相同的区域，使用四叉树编码算法可以更显著地减少比特数量（参见第 4.3.2 节）。图 14.6 中给出了一个例子，说明了四叉树图像压缩的原理。具有相同灰度的大范围的图像区域可以使用层次较高的四叉树结点表示，而不必使用底层结点[White, 1987]。很明显，这里的压缩率与具体图像相关，例如，一个西洋跳棋棋盘图像使用

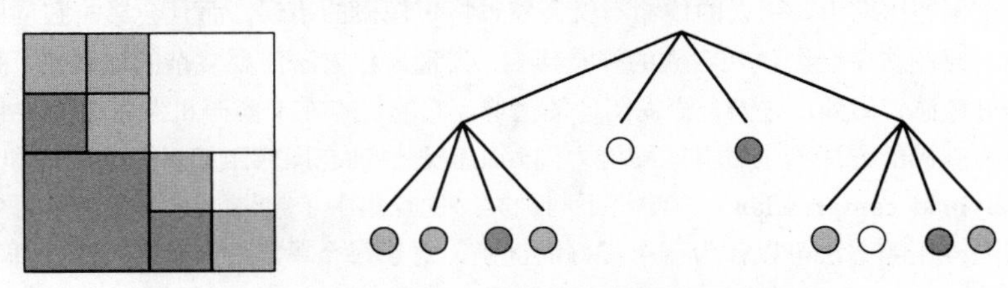

图 14.6　四叉树图像压缩：初始图像和对应的四叉树

四叉树并不能得到有效的表示。这种基本方法还有很多变形，有些在对于运动图像压缩[Strobach, 1990]或者在合成混合机制[Park and Lee, 1991]中得到了很好的应用。

这种压缩方式为提供了渐进图像传输的可行性以及智能压缩的思想。

渐进的图像传输基于这样一个事实：在有些情况下，没有必要传输所有的图像数据。想象一下这种情况，为了找到一幅特定的图像，操作员在搜索一个图像数据库。如果传输是基于光栅扫描的顺序，为了看到整个图像，所有的数据都必须被传送；但通常，为了找到想找的那幅图，并不需要有最好的图像质量。图像不需要以最高分辨率显示，较低的分辨率对于否决上一幅图像可能已经足够了。这种方法通常被应用在 WWW 图像传输中。在渐进的传输中，图像用金字塔结构表示，金字塔的高层（低分辨率）先被传输。用来表示一个低分辨率的图像所需要的像素个数相当少，用户可以决定是否需要在低分辨率图像上进一步细化。一个标准 M-金字塔（平均或矩阵金字塔）包含大约比图像像素多三分之一的结点。为了减少必要的金字塔表示的结点数，人们设计了很多金字塔编码方法：精简和（reduced sum）金字塔、差分（difference）金字塔、精简差（reduced difference）分金字塔等等[Wang and Goldberg, 1989]。精简差金字塔的结点数与图像像素数量完全相同，可以用作具有一定压缩的无损渐进图像传输。在图像重建阶段中使用适当的插值方法，用低于 0.1 比特/像素的比特率就可以获得较好的图像质量，而用 1.2 比特/像素的比特率就可以获得非常好的质量。渐进图像传输的阶段可以通过图 3.11 看出，图中显示了四幅不同分辨率图像组成的序列。考虑一个假设的渐进图像传输过程，首先传送了一幅 1/8 分辨率的图像（见图 3.11（d））；然后，以 1/4 分辨率传输和显示图像（见图 3.11（c））；接着是 1/2 分辨率（见图 3.11（b）），最后是最大分辨率（见图 3.11（a））。

智能压缩是以人类视觉感知器的感觉性质为基础的。眼睛的空间分辨率随着离光轴距离的增加而显著降低。因此，人眼只能以高分辨率看见眼睛焦点附近很小的一块区域。类似地，对于图像的显示，用比显示设备更高的分辨率显示或甚至于传输图像毫无意义，也不必在眼睛聚焦以外的区域以全分辨率显示图像。这就是智能图像压缩的原理。最主要的难点在于如何确定最能引起用户注意的图像区域。当我们考虑一个智能的渐进图像传输时，首先以高分辨率传输用户感兴趣的区域——这样做使用户主观上感觉到的传输速率提高了。用户感兴趣的区域可以通过跟踪用户眼睛以反馈控制的方式获得（假设信道足够快）。用户注意的图像点可以用于提高特定图像区域的分辨率，从而保证最重要的数据被首先传输。这种智能的图像传输和压缩在驾驶和飞行模拟器的动态图像生成，以及高清晰度电视中特别有用。

14.6 压缩方法比较

图像压缩的主要目的是在保证没有明显的信息损失的前提下，尽量减少图像的数据量。所有的基本图像压缩方法都有其优点和缺点。以变换为基础的方法能够更好地保持主观图像质量，而且不管对于单幅图像还是图像之间的统计特性的变化，敏感性都要小一些。另一方面，预测压缩方法可以以小得多的代价获得更高的压缩率，它比以变换或者矢量量化为基础的压缩方法要快得多，而且容易在硬件中实现。如果要传输压缩图像，不受传输信道噪声的影响是一个很重要的性质。以变换为基础的压缩技术对于信道噪声的敏感性显然要小得多，如果变换系数在传输中受到破坏，结果图像的失真在整个图像或部分图像中均匀地传播，不会引起太大的麻烦。在预测压缩中，错误的传输不仅会导致特定像素的错误，而且会影响它周围像素的值，因为相关的预测器在重建图像中会产生相当大的视觉影响。矢量量化方法需要复杂的编码器，而且编码器的系数对于图像数据十分敏感，另外，它们会模糊图像的边缘。它的优点在于解码机制中只需要包含一个简单的查找表。以金字塔为基础的方法天生就有压缩能力同时比较适合动态图像压缩以及渐进的和智能的传输方法。

混合压缩（hybrid compression）方法将不同种类的优点集中了起来。三维图像（两个空间尺度加上一个光谱尺度）的混合压缩方法可以作为一个很好的例子。对于每个单谱图像使用一个二维离散变换（余弦，哈达马……），然后在第三个光谱尺度上进行预测压缩。混合方法结合了不同维度的变换压缩和预测压缩。作为一个一般性规则，在变换压缩之前至少先进行一维变换压缩。除了将变换和预测方法结合，预测方法也经常和矢量量化结合。

14.7　其他技术

还有很多其他各种各样的压缩方法。如果图像被量化为很少的几个灰度级，而且具有相同灰度级的区域数也很少，那么基于**区域边缘编码**（**coding region borders**）可以提出一种有效的压缩方法[Wilkins and Wintz, 1971]。用**低频和高频**表示图像也可以作为另一种方法——重建就是将低频分量和高频分量的逆变换重叠起来。低频图像可以比原图用少得多的数据表示。高频图像只有明显的图像边缘信息，表示效率很高[Graham, 1967]。**区域增长过程**压缩方法保存了一个从区域种子点增长为区域的算法，每个区域都可以用种子点表示。如果图像可以只用区域种子点表示，就能够得到明显的数据压缩。

分块截取（**block truncation**）编码将一幅图像分成小方块，通过阈值化和基于保持力矩（moment preserving）下选择的二进级别，块中的每个像素值被截取后都能用一个比特表示[Delp and Mitchell, 1979; Rosenfeld and Kak, 1982; Kruger, 1992]。必须传输包括用来表示每个像素的一个比特和描述怎样重建保持力矩的二进级别的信息。这种方法可以快速而简单地实现。**视觉模式图像**（**visual pattern image**）编码的压缩质量很好，压缩率也很高（30∶1），而且特别快[Silsbee et al., 1991]。

分形图像压缩（**fractal image compression**）是另一种提供了高压缩率和高质量图像重建的方法。另外，因为分形是可无限放大的，所以分形压缩与分辨率无关，一幅压缩过的图像可以以任何分辨率显示，甚至可以高于原图的分辨率[Furht et al., 1995]。将图像分解为碎片（分形），并将其中自相似的那些看成是一样的，这是该方法的原理[Barnsley and Hurd, 1993; Fisher, 1994]。首先，整个图像被分为任意大小和形状的、相互不重叠的，并且覆盖整个图像的区（domain regions）。然后，定义一些较大的、可以重叠的、不必覆盖整个图像的域（range regions）。对这些域使用几何上的仿射变换（见第 5.2.1 节）以匹配整个图像。仿射变换系数的集合以及对区的选择信息就代表了分形图像编码。分形压缩的图像使用递归算法——用于重建图像的公式和指令集，进行存储和传输。很明显，分形压缩计算量较大。但是，解压缩是比较简单的，速度也很快；使用那些仿射变换系数，用适当的经过几何变换的范围区域对区进行迭代替换就行了。因此，分形压缩代表了另一种很有前途的非对称压缩－解压缩机制。

14.8　编码

除了特别为 2D（或更高维）数据设计的技术外，对于串行数据（例如简单的文本数据），也有很多种有名的算法值得注意。**哈夫曼编码**（**Huffman encoding**）是最有名的，它可以提供理想的压缩和无错的解压缩[Rosenfeld and Kak, 1982]。哈夫曼编码的主要思想是使用变长编码来表示数据，出现较频繁的数据用较短的编码表示。对于原始算法[Huffman, 1952]有很多改进，适应性哈夫曼编码算法只需要对数据扫描一遍[Knuth, 1985; Vitter, 1987]。**基于字典**（**dictionary-based**）编码的 Lempel-Ziv（或 Lempel-Ziv-Welch，LZW）算法[Ziv and Lempel, 1978; Nelson, 1989]作为标准压缩算法得到广泛使用。在这种方法中，使用指向字典符号的指针表示数据。

这些以及其他很多类似的技术，已经成为事实上的图像表示标准，在 WWW 图像交换中得到了广泛使用。当然，**GIF** 格式（Graphics Interchange Format）是非常流行的格式。GIF 是为像素深度为 1～8 比特的 RGB 图像（以及相应的调色板）设计的。各个数据块使用 LZW 算法编码。GIF 有两个版本，87a 和 89a[Compuserve, 1989]，其中后者支持在同一文件中同时存储文字和图像。另外也会普遍地遇到 **TIFF**（Tagged Image File Format）格式。TIFF 为了与 RGB 彩色、压缩彩色（LZW）以及其他彩色格式兼容提出了很多版本，最后（在版本 6 中[Aldus, 1992]）导致出现了 **JPEG** 压缩（参见第 14.9 节）——这些版本都保持向后兼容性。JPEG 在实现上有一些问题，而 TIFF 则稍显复杂（尽管可能有些冤枉），而且它是程序员强有力的工具。

14.9　JPEG 和 MPEG 图像压缩

使图像压缩成为标准的努力日益增长。联合图像专家组（JPEG, Joint Photographic Experts Group）已经为通用的彩色静态图像压缩制定了一个国际标准。作为 JPEG 静态图像压缩的逻辑扩展，为运动的视频图像序列制定了运动图像专家组（Motion Picture Experts Group，MPEG）标准，应用于数字视频发行和高清晰度电视（High-definition Television，HDTV）。

14.9.1　JPEG——静态图像压缩

JPEG 压缩体系在很多应用领域得到了广泛使用，它提供了四种压缩方法：

- 基于 DCT 的顺序压缩。
- 基于 DCT 的渐进压缩。
- 无损顺序预测压缩。
- 有损或无损分层压缩。

有损压缩模型是为了获得 15 倍左右的压缩率而设计的具有很好甚至于极好的图像质量，当压缩率更高时质量会有所下降。无损模型通常可以获得 2~3 倍的压缩率。

顺序 JPEG 压缩

如图 14.1 所示，顺序 JPEG 压缩包含一个正 DCT 变换、一个量化器和一个熵编码器，解压缩则以熵解码开始，然后是去量化（dequantizing）和逆 DCT 变换。

在压缩阶段，在$[0, 2^b-1]$之间的图像非负值首先被平移到$[-2^{b-1}, 2^{b-1}-1]$。然后图像被分割为 8×8 的小块，每小块都独立地使用 DCT-Ⅱ变换到频域（第 3.2.6 节，式（3.46））。8×8 的小块中，64 个 DCT 系数中的大部分具有零值和接近零的值，这就是压缩的基础。为了减少那些对于图像信息贡献很少或没有贡献的系数的存储和传输需求，用量化表 $Q(u, v)$对 64 个系数进行量化，量化表由整数 1～255 组成，它是由具体应用确定的。下面这个公式就是用于量化的：

$$F_Q(u,v) = \text{round}\left[\frac{F(u,v)}{Q(u,v)}\right] \tag{14.10}$$

量化后，直流系数 $F(0,0)$和它后面的 63 个交流系数根据频率增加，以 Z 字形方式排列成二维矩阵，然后使用预测编码进行编码（见第 14.3 节），这样做的原因是为了使得相邻的 8×8 小块中（直流系数）的平均灰度级比较相近。

顺序 JPEG 压缩的最后一步是进行熵编码。JPEG 标准规定了两种方法。基准系统使用简单的哈夫曼编码，而扩展系统使用算术编码，适合更广泛的应用。

顺序 JPEG 解压缩以相反的顺序使用上述所有步骤。在熵解码（哈夫曼或者算术）后，符号被转换为 DCT 系数，然后去量化：

$$F'_Q(u,v) = F_Q(u,v)Q(u,v) \tag{14.11}$$

其中 $Q(u, v)$是量化表中的量化系数，它是与图像数据一同被传输的。最后，根据式（3.47）进行逆 DCT 变换，图像的灰度值被平移回区间$[0, 2^b-1]$。

JPEG 压缩算法还可以扩展到彩色甚至多达 256 个谱段的多谱图像上。

渐进 JPEG 压缩

JPEG 标准也使得渐进图像传输（见第 14.5 节）更容易。在渐进传输方式下，产生一个扫描序列，序列中每一次扫描都包含一个 DCT 系数的编码子集。这样，在量化器的输出端需要一个缓冲区来存储整个图像所有的 DCT 系数。对于这些系数有选择地进行编码。

以下三个算法已被定义为 JPEG 渐进压缩标准的一部分：**渐进谱选择，渐进连续近似，混合渐进算法**。在渐进谱选择方法中，首先传输直流系数，然后是各组低频和高频系数。在渐进连续近似中，所有 DCT 的系数都先以较低的精度传输，然后随着另外的扫描结果的传送，其精度也随之增加。混合渐进算法一起使用了上述两种原理。

顺序无损 JPEG 压缩

JPEG 压缩的无损模式使用一个简单的预测压缩算法和哈夫曼编码来对预测差分进行编码（见第 14.3 节）。

分层 JPEG 压缩

使用分层 JPEG 压缩模式，解码后的图像可以通过渐进方式，也可以通过不同分辨率方式显示。产生金字塔形图像后，每一个低分辨率图像都可以作为下一个高级别的预测（见第 14.5 节）。顺序 DCT、渐进 DCT 或者无损模式都可以用来对低分辨率图像进行编码。

除了静态图像 JPEG 压缩外，还有可以应用在实时全运动情况下的动态 JPEG（MJPEG）压缩。然而，MPEG 压缩代表了更通用的标准，在下面将对它进行讨论。

14.9.2　JPEG-2000 压缩

JPEG-2000 是一种静态图像压缩国际标准，它克服了部分原来标准（见第 14.9.1 节）的局限性。尽管名称上非常相似，但是它并不是早期的 JPEG 标准的扩展——在一定程度上，这是一个不同、非常强大且灵活的图像压缩技术。它的灵活性在于允许对不同类型特点（自然图片、科学、医学、军事图像、文本图像、渲染的图形图像）的静态图像（二值图、灰度图、彩色图、多波段图像）在一个统一的方法下进行压缩。这个新标准通过将无损压缩表示为有损压缩的一种自然扩展，从而不需要对无损压缩采取不同的压缩机制。与 JPEG 标准相比，规范上的这个重要变化允许图像数据的压缩为无损类型，在此后的阶段再选择性地去除数据以有损的方式表示图像而增加压缩比。注意这种无损和有损的压缩可以从同一个压缩了的图像数据源获得——这种特征叫做质量可伸缩性（quality scalability）。另一个 JPEG-2000 的特征是可选择的分辨率可伸缩性（resolution scalability），它允许从同样的数据源中获得低分辨率的图像。另外，空间可伸缩性（spatial scalability）提供了一种对压缩图像数据源进行选择性的重建个人定义区域的工具。

尽管该标准创建了一个统一的图像压缩环境，但是它只指定了解码器的运算，比特流语法，以及文件格式，这就有效地支持了将来对解码操作的改进及创新。对于编码，有两种主要的途径和一些选择。当希望获得无损压缩的时候采用一种具有 5×3 的小波滤波器（见第 3.2.7 节）的可逆分量变换（reversible component transform，RCT）。比特率的降低和压缩比的增加可以通过量化时的截尾来获得——当然这会带来图像质量的降低。

对于纯粹的有损编码，YCbCr 变换（在 RGB 图像数据中表示）将 RGB 信号变换为强度分量 Y 和两个颜色分量（C_b 代表蓝色部分，C_r 代表红色部分）如下所示：

$$
\begin{aligned}
Y &= +0.299R + 0.587G + 0.114B \\
C_b &= -0.168736R - 0.331264G + 0.5B \\
C_r &= +0.5R - 0.418688G - 0.081312B
\end{aligned}
\tag{14.12}
$$

经过这个变化以后，采用一个 9×7 的小波变换，任选的划分量化并进行截尾。这两种主要途径都有一些关于兴趣区域识别的选项，关于编码的选项来权衡复杂度和性能，以及对比特流的可伸缩性（scalability）程度的选择。

为了更好地理解，下面给出了 JPEG-2000 压缩方法的高层概览，它更多采用的是压缩而不是重建的途径。更详细的信息可以在[Taubman and Marcellin, 2001; Colyer and Clark, 2003]中找到。图 14.7 给出了一个

JPEG-2000 压缩方法的概述；主要的数据通路如流程图的下面部分所示。

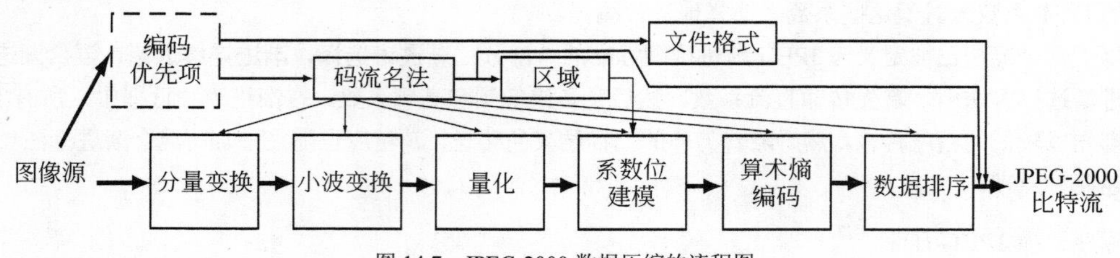

图 14.7 JPEG-2000 数据压缩的流程图

开始压缩之前，图像被分成大小相同的矩形（边界处的大小根据需要决定），互不重叠地完全覆盖规则网格。任意大小的矩形都可以，最大可以为一个完全覆盖图像的矩形。分量变换（component transform）块把原始的图像数据作为输入并去除多波段图像分量（通常情况下 R、G、B 通道的彩色图）相关性。去相关带来压缩性能的提升并允许进行视觉相关的量化。如上所述，当使用无损压缩途径时，采用可逆分量变换（RCT）将整数映射为整数。当使用有损（不可逆）压缩途径时，则采用与原始的彩色 JPEG 压缩方法相同的浮点数 YCbCr 变换。

小波变换（wavelet transform）是 JPEG-2000 压缩的核心并且可以用两种方式执行。这两种小波变换方式都规定了低分辨率图像以及空间去相关的图像。9×7 的双正交 Daubechies 滤波器提供了最高的压缩，而 5×3 的 Le Gall 滤波器则具有较低复杂性并允许无损压缩。JPEG-2000 标准先进的地方在于它使得同时使用多个小波变得更方便，包括自定义的在比特流中指定系数的小波变换。之前的 JPEG 压缩最明显的人工痕迹（失真）在于重建图像的块效应，这是因为图像分成的矩形块采用了离散余弦变换(DCT)。由于小波压缩可以应用于整个图像，并被转化为一系列的小波，块效应的问题可以完全消除。甚至采用基于块的小波变换，块效应也很大程度上减弱了；有着更平滑的颜色色调以及颜色变化位置的清晰边界效果。

量化（quantization）步骤提供了在压缩比和图像质量之间的一种权衡。类似 JPEG，小波的系数可以根据不同的图像子带被分成不同的值。为了增加压缩比有些编码数据可以舍弃。存在很多这样做的方法[Zeng et al., 2000]。上下文模型（context model）为了增加压缩效率将量化的小波系数根据它们的统计相似度归类。单独的系数位平面（coefficient bitplanes）采用[Taubman et al., 2000]中介绍的三种编码通道（coding pass）之一处理。二进制算术编码器（binary arithmetic coder）提供对每个量化了的小波系数的编码通道的无损压缩。二进制算术编码器输出的部分数据构成了压缩数据的比特流（bitstream）。编码后的数据聚集为数据包（package）。每个数据包有一个允许数据按几乎任意顺序存取的压缩头，尽管仍需要保证某些顺序上的要求。特定的顺序使得一些逐级的压缩选项变得更方便，这些选项包括根据结果图像的分辨率、质量、位置或者它们的组合。

码流语法（code stream syntax）规定了标记片段，决定了压缩数据的位置，它和给定的空间图像的位置、分辨率和质量有关的。任何不直接用于重建的图像相关的数据都被存储在可选的文件格式（file format）数据中。为了防止像原来的 JPEG 标准那样产生非标准的专用格式，需要包含文件格式的信息。文件格式从一个独一无二的数字签名开始，有一个规范指示器（profile indicator），重复着码流的宽度，长度和深度信息。文件格式信息也可以包含一个有限的颜色说明、采集与显示的分辨率、知识产权信息以及额外的元数据（meta-data）[Boliek et al.,2000]。

JPEG–2000 的好处众多[Gormish et al., 2000]。在基于网页的应用中，JPEG-2000 允许初步且快速的显示图像（比如地图）的低分辨率版本。然后，选中感兴趣的区域，从而服务器只需提供必要的额外数据，即可获得地图中任何部分需要的分辨率。进一步，如果用户要求打印该区域，可以从网上获得一个和打印机相匹配的更高的分辨率，基于灰度或彩色打印机的能力，只需传输灰度或彩色信息。这种根据具体应用选择性的传输必要的数据是 JPEG-2000 标准的一个固有的吸引人的特征。

类似地，考虑存储高分辨率的数字照片通常会遇到的情况，即存储空间用完的情形。采用目前的压缩方法，为了存储新的照片必须至少删除一张原有照片。如果采用 JPEG-2000 标准存储照片，可以逐步减少所有存储照片的质量，从而为那张新的照片存储腾出空间。

当需要高质量图像时，JPEG-2000 是一个远好于 JPEG 的压缩工具，甚至包括采用有损压缩在内。对于有损压缩，实验证明 JPEG-2000 通常情况下可以比 JPEG 多压缩图像 20%～200%。注意 JPEG-2000 可以最多处理达 256 个图像通道而原先的 JPEG 由于其统一的实现，最多只能处理 3 通道的彩色数据。JPEG-2000 压缩率对于典型的无损压缩大约是 2.5。运动 JPEG（在前一节中讨论）经常用作编辑没有国际通用标准的产品品质视频（production-quality video）。JPEG-2000 包括了标准化的**运动 JPEG-2000（Motion JPEG-2000）**格式。

对于需要高图像质量或者低比特率的应用，以及如果对以前没有的新增特征感兴趣，JPEG-2000 是应该选择的压缩标准。原来的 JPEG 标准也不会很快地消失。它也许会作为一种低复杂性应用的有效工具而幸存下来。

14.9.3　MPEG——全运动的视频压缩

视频和相关的音频数据可以使用 MPEG 压缩算法进行压缩。使用帧间压缩，在全运动（full-motion）或是强烈运动（motion-intensive）视频应用中，可以获得 200 左右的压缩率并保持比较好的质量。MPEG 使得压缩视频具有下列特点：随机存取、快速向前/向后搜索、反向重放、声音－图像同步、对错误有鲁棒性、可编辑，格式灵活，以及代价合理[LeGall, 1991; Steinmetz, 1994]。已经提出了三个常用标准：

- 用于以 1～1.5Mb/s 速率压缩低分辨率（320×240）全运动视频的 MPEG-1。
- 用于以 2～80Mb/s 速率压缩诸如 TV 或 HDTV 等高分辨率标准的 MPEG-2。
- 用于以 9～40kb/s 速率压缩可视电话和交互式多媒体（如视频会议）这类对刷新要求不高的小帧全运动视频的 MPEG-4。

MPEG 在对称和非对称应用中可以同样使用。这里要讨论的是 MPEG 视频压缩，音频的压缩也是 MPEG 标准的一部分，在其他地方[Pennebaker and Mitchell, 1993; Steinmetz, 1994]可以找到相应的讨论。

视频数据包含了图像的帧序列。在 MPEG 压缩机制中，定义了三种帧类型：**帧内帧（intraframes）I**，**预测帧（predicted frames）P**，以及**向前、向后或者双向预测/插值帧 B**。不同类型的帧使用不同的算法编码，图 14.8 显示的就是图像序列中不同类型的帧可能的出现情况。

I 帧是独立的，使用基于 DCT 的类似 JPEG 的压缩算法进行编码。这样，I 帧就可以作为 MPEG 帧流中用来随机存储的帧。P 帧使用相对前一 I 帧或者 P 帧的向前预测编码，因此它的压缩率比 I 帧要高。B 帧的编码则使用向前、向后或者双向补偿预测，或使用前后两个最近的 I 帧或 P 帧作为参考帧，进行插值，因此它的压缩率最高。

图 14.8　MPEG 图像帧

注意，在图 14.8 所示的混合型 MPEG 流中，必须以这样的顺序传输各帧（用下标数字表示）：$I_1-P_4-B_2-B_3-I_7-B_5-B_6-\cdots$；$B_2$ 和 B_3 帧必须在 P_4 帧后面传输，因为 B 帧的解压缩需要插值。很显然，当 B 帧很多时，可以获得最高的压缩率。如果只使用 I 帧，那么就是 MJPEG 压缩。下面的序列对于很多应用来说效率都很高[Steinmetz, 1994]：

$$(\mathrm{I\ B\ B\ P\ B\ B\ P\ B\ B})(\mathrm{I\ B\ B\ P\ B\ B\ P\ B\ B})\cdots \tag{14.13}$$

对 I 帧的编码是很简单的，对 P 帧和 B 帧的编码包含了运动估计（参见第 16 章）。对于 P 帧或 B 帧的每个 16×16 子块，会为 P 帧向前或者向后预测 B 帧确定一个运动矢量。运动预测技术不是在 MPEG 标准中规定的，但是广泛地使用块匹配技术，通常是采用第 6.4 节的式（6.32）所述的匹配方法[Furht et al., 1995]。在预测了运动矢量后，计算出预测图像块和实际图像块的差别，用来表示误差项，并用 DCT 编码。最后一步通常是熵编码。

一个特定的 MPEG-4 变种通常被称为 MP4（MPEG-4 第 14 部分）被广泛使用，特别互联网上的流媒体。MP4 是一种通用的容器，能够存储视频、音频、字母、剧照等。

14.10 总结

- 图像数据压缩
  - 图像压缩的主要目的是在没用明显信息损失的情况下，尽量减少图像数据量。
  - 图像压缩算法试图在保证能够重建图像前提下去除数据冗余（数据相关性）；这叫做**信息保留压缩**。
  - 典型的图像**压缩/解压缩**过程包含了去除数据冗余、编码、传输、解码和重建。
  - 数据压缩方法可以分为两大类：
    - ■ **信息保留**—lossless—(—无损—)压缩保证无错的数据重建。
    - ■ **信息有损**的压缩方法不能保持信息的完整性。
- 图像数据性质
  - 图像的平均信息量是一个很重要的性质，可以用**熵**来衡量。
  - 已知图像熵后，就可以确定**信息冗余**。
- 图像数据压缩中的离散图像变换
  - 图像数据可以用离散图像变换的系数表示。变换系数按照它们的重要程度，例如对于图像信息量的贡献，进行排序，贡献小的系数被忽略。
  - Karhunen-**Loève** 变换对于去除相关的（冗余的）图像数据最有效。
  - **余弦**、**傅里叶**、**哈达马**、**沃尔什**以及**二值**变换都可以用于图像数据压缩。
  - **离散余弦变换 DCT-Ⅱ**的性能比其他变换更接近 Karhunen-Loève 变换。DCT 通常用于小的图像块（典型的是 8×8 像素），当压缩率较高时，会产生降低质量的块效应。
  - 因此，**小波图像压缩**得到了重视，因为它不会产生图像压缩的块效应。
- 预测压缩方法
  - 对于一个图像元素，预测压缩使用图像的信息冗余，通过它周围的灰度值对它本身作出**估计**。
  - 我们可以期望估计值和真实值之间的**差别**的绝对值相对比较小，而将这个差别和预测模型参数一起编码和传送。
- 矢量量化
  - 矢量量化压缩技术基于将图像分成小块，并用矢量表示它们。
  - 输入数据矢量使用**码字字典**中的唯一**码字**进行编码；存储和传输的是矢量编码，而不是矢量。
  - 编码字典（码本）和编码后的数据一同传输。
- 分层和渐进的压缩方法
  - 通过用金字塔表示一个数据源，就可以减少比特量。当图像具有大范围相同灰度区域时，使用四叉树可以获得显著的数据量缩减。
  - 分层压缩使得渐进和智能图像传输变得更容易。
  - 渐进图像传输基于这样一个事实：某些情况下不必传输所有的图像数据。
  - 智能图像传输基于人类视觉感知器的感觉性质——在人眼不注意的图像区域没有必要以全分辨率来显示。
- 压缩方法比较
  - 以变换为基础的方法可以更好地保持主观图像质量，对于图像内和图像间的统计性质变化的敏感性较低。

  - 预测方法可以以小得多的代价取得高压缩率，而且速度比基于变换和矢量量化的压缩机制要快得多。
  - 矢量量化方法需要一个复杂的编码器，它们的参数对于图像数据十分敏感，并且会模糊图像边缘。它的优点在于解码机制较简单，可以只包含一个查找表。
- 其他技术
  - **分形图像压缩**提供了特别高的压缩率和高质量的图像重建。它的主要原理是将图像分为碎片（分形），并认为自相似的那些是一样的。分形图像可以无限放大，因此分形压缩**与分辨率无关**，一个压缩图像可以用于以任意分辨率的显示。
- 编码
  - **哈夫曼编码**可以提供理想的压缩和无错的解压缩。哈夫曼编码的主要思想是用变长编码表示数据，较短的码字表示出现频率较高的数据。
- JPEG 和 MPEG 图像压缩
  - JPEG 和 JPEG-2000 代表了图像压缩的国际标准。
  - **JPEG** 图像压缩为通用的彩色静态图像压缩制定了一个标准。这个标准在很多应用领域得到了广泛使用。JPEG 压缩模式有四种：
    * 基于 DCT 的顺序压缩。
    * 基于 DCT 的渐进压缩。
    * 无损顺序预测压缩。
    * 有损或无损分层压缩。
  - JPEG-2000 是为了克服 JPEG 的局限性而设计的。尽管名称相似，但是不同于 JPEG。
  - JPEG-2000 基于小波变换并提供了大量灵活的关于质量、分辨率和空间伸缩性的新功能。
  - JPEG-2000 通常情况下对于需要高质量图片重建和低比特流压缩的应用胜过 JPEG 压缩。
  - MPEG 标准为全运动的视频图像序列而制定。
  - 现在经常提及三种标准：
    * 用于压缩低分辨率全运动视频的 MPEG-1。
    * 用于高分辨率标准的 MPEG-2。
    * 用于压缩刷新要求不高的小帧全运动的 MPEG-4。

14.11　习题

简答题

S14.1　解释有损和无损图像压缩之间的区别。

S14.2　写出下列术语的定义：

（a）图像熵

（b）图像冗余

（c）压缩率

S14.3　怎样使用图像熵确定信息冗余度？

S14.4　绘制图像压缩/传输/解压的示意图——包括所有主要的步骤。

S14.5　解释使用离散图像变换进行图像压缩的基本思想。

S14.6　解释预测图像压缩的基本思想。

S14.7　解释基于矢量量化的图像压缩的基本思想。

S14.8 对称和非对称图像压缩应用分别是什么意思？

S14.9 解释渐进图像传输和智能图像压缩的概念。

S14.10 解释分形图像压缩的概念。

S14.11 哈夫曼编码的基本思想是什么？

S14.12 对哪类图像数据可以使用 JPEG 和 MPEG 压缩算法进行压缩？

S14.13 JPEG 压缩标准的四种压缩模式分别是什么？描述每种模式中使用的算法。

S14.14 原始 JPEG 和 JPEG-2000 压缩策略的主要区别是什么？

S14.15 三种最常用的 MPEG 标准主要用于什么图像数据？

S14.16 解释 MPEG 压缩中 I 帧、P 帧和 B 帧的作用。

思考题

P14.1 假设有一个每像素使用 2 比特表示的灰度图，四种灰度{0, 1, 2 ,3}出现的概率分别是：$P(0)=0.1$，$P(1)=0.3$，$P(2)=0.5$，$P(3)=0.1$。

（a）计算图像的熵

（b）计算信息冗余

（c）计算理论上可达的无损压缩率

（d）经过这种无损压缩后，4 灰度级 512×512 图像最小是多大？

P14.2 对于习题 P14.1，考虑 4 种灰度概率相等的情况。

P14.3 比较下面两个 4 灰度图 A 和 B 的熵：

（a）A：$P(0)=0.2$，$P(1)=0.0$，$P(2)=0.0$，$P(3)=0.8$；

（b）B：$P(0)=0.0$，$P(1)=0.8$，$P(2)=0.0$，$P(3)=0.2$。

P14.4 写一个程序，根据图像的灰度直方图估计其可能的压缩率。

P14.5 比较几种可以很容易得到的图像压缩算法的性能。使用能够转换不同图像格式的图像浏览器，比较不同格式的存储需求，比如 PBM，GIF，TIFF-非压缩，TIFF-使用 LZW 压缩，压缩率为 50%、25%、15%和 5%的 JPEG。通过重新打开储存的图像，在视觉上比较它们的质量；重新打开存储的图像，比较它们的质量；JPEG 压缩后你能看到块状效应吗？按照它们对于存储的需求排列这些图像格式/压缩参数。考虑到存储需求，你对图像质量评价的结果如何？

P14.6 使用你计算机中的抓屏工具从屏幕上抓取一部分文字，存为 GIF 和 JPEG（75%，25%，5%）灰度格式。比较存储需求和图像质量。

P14.7 写一个基于变换的图像压缩程序，使用对 8×8 子块的傅里叶变换（用 12.7 题中写的二维离散傅里叶变换函数或者一些免费的傅里叶变换函数）。计算重构图像和初始图像之间的差值。计算压缩率和最大灰度差。使用下列压缩：

（a）保留 15%的变换系数

（b）保留 25%的变换系数

（c）保留 50%的变换系数

P14.8 写一个使用三阶预测器的 DPCM 图像压缩程序。

P14.9 GIF（无损）和 JPEG（有损）压缩图像在 WWW 中广泛使用。比较几幅 GIF 和 JPEG 压缩图像的压缩率，假设原始彩色图像每个像素用 24 比特表示，原始灰度图像每个像素用 8 个比特表示。哪一种压缩机制能够一直保持较高的压缩率？你能用眼睛看出使用了哪种压缩方法吗？

P14.10 在 World Wide Web 中普遍使用 MPEG 压缩图像序列。确定几个 MPEG 压缩序列的压缩率，原始彩色图像每个像素用 24 比特表示，原始灰度图像每个像素用 8 个比特表示（可能需要一个能够提供序列中帧的数目的 MPEG 浏览器）。

P14.11 使自己熟悉 Matlab 教辅书中对应于本章中解决的问题以及 Matlab 实现的相关算法[Svoboda et al.,

2008]。Matlab 教辅书的主页 http://visionbook.felk.cvut.cz 中提供了这些问题中使用的图像，以及为教学设计的注释良好的 Matlab 代码。

P14.12　使用 Matlab 教辅书[Svoboda et al., 2008]来求解那里提供的一些附加习题和实际问题。使用 Matlab 或者其他合适的语言来实现你自己的答案。

14.12　参考文献

Aldus. *TIFF Developer's Toolkit, Revision 6.0.* Aldus Corporation, Seattle, WA, 1992.

Barnsley M. and Hurd L. *Fractal Image Compression.* A K Peters Ltd., Wellesley, MA, 1993.

Boliek M., Houchin S., and Wu G. JPEG 2000 next generation image compression system: Features and syntax. In *Proceedings ICIP-2000, Vol. 2*, pages 45–48. IEEE, 2000.

Boxerman J. L. and Lee H. J. Variable block-sized vector quantization of grayscale images with unconstrained tiling. In *Visual Communications and Image Processing '90,* Lausanne, Switzerland, pages 847–858, Bellingham, WA, 1990. SPIE.

Chang C. Y., Kwok R., and Curlander J. C. Spatial compression of Seasat SAR images. *IEEE Transactions on Geoscience and Remote Sensing*, 26(5):673–685, 1988.

Colyer G. and Clark R. *Guide to the practical implementation of JPEG 2000 – PD 6777.* British Standards Institute, London, 2003.

Compuserve. *Graphics Interchange Format: Version 89a.* CompuServe Incorporated, Columbus, OH, 1989.

Daut D. G. and Zhao D. Improved DPCM algorithm for image data compression. In *Image Processing Algorithms and Techniques,* Santa Clara, CA, pages 199–210, Bellingham, WA, 1990. SPIE.

De Lameillieure J. and Bruyland I. Single stage 280 Mbps coding of HDTV using HDPCM with a vector quantizer based on masking functions. *Signal Processing: Image Communication*, 2(3):279–289, 1990.

Delp E. J. and Mitchell O. R. Image truncation using block truncation coding. *IEEE Transactions on Communications*, 27:1335–1342, 1979.

Farelle P. M. *Recursive Block Coding for Image Data Compression.* Springer Verlag, New York, 1990.

Fisher Y. *Fractal Compression: Theory and Applications to Digital Images.* Springer Verlag, Berlin, New York, 1994.

Furht B., Smoliar S. W., and Zhang H. *Video and Image Processing in Multimedia Systems.* Kluwer, Boston–Dordrecht–London, 1995.

Gersho A. and Gray R. M. *Vector Quantization and Signal Compression.* Kluwer, Norwell, MA, 1992.

Gormish M. J., Lee D., and Marcellin M. W. JPEG 2000: Overview, architecture, and applications. In *Proceedings ICIP-2000, Vol. 2*, pages 29–32, 2000.

Graham D. N. Image transmission by two–dimensional contour coding. *Proceedings IEEE*, 55: 336–346, 1967.

Gray R. M. Vector quantization. *IEEE ASSP Magazine*, 1(2):4–29, 1984.

Huffman D. A. A method for the construction of minimum-redundancy codes. *Proceedings of IRE*, 40(9):1098–1101, 1952.

Knuth D. E. Dynamic Huffman coding. *Journal of Algorithms*, 6:163–180, 1985.

Kruger A. Block truncation compression. *Dr Dobb's J Software Tools*, 17(4):48–55, 1992.

LeGall D. MPEG: A video compression standard for multimedia applications. *Communications of the ACM*, 34:45–68, 1991.

Moik J. G. *Digital Processing of Remotely Sensed Images.* NASA SP–431, Washington, DC, 1980.

Nelson M. R. LZW data compression. *Dr Dobb's J Software Tools*, 14, 1989.

Netravali A. N. *Digital Pictures: Representation and Compression.* Plenum Press, New York, 1988.

Park S. H. and Lee S. U. Pyramid image coder using classified transform vector quantization. *Signal Processing*, 22(1):25–42, 1991.

Pennebaker W. B. and Mitchell J. L. *JPEG Still Image Data Compression Standard.* Van Nostrand Reinhold, New York, 1993.

Pratt W. K. *Digital Image Processing.* Wiley, New York, 2nd edition, 1991.

Rao R. P. and Pearlman W. A. On entropy of pyramid structures. *IEEE Transactions on Information Theory*, 37(2):407–413, 1991.

Rosenfeld A. and Kak A. C. *Digital Picture Processing.* Academic Press, New York, 2nd edition, 1982.

Salomon D. *Data Compression: The Complete Reference.* Springer, 2 edition, 2000.

Sayood K. *Introduction to data compression.* Morgan Kaufmann Publishers, Burlington, USA, 2 edition, 2000.

Shukla K. K. and Prasad M. *Lossy Image Compression.* Springer, 2011.

Silsbee P., Bovik A. C., and Chen D. Visual pattern image sequencing coding. In *Visual Communications and Image Processing '90,* Lausanne, Switzerland, pages 532–543, Bellingham, WA, 1991. SPIE.

Steinmetz R. Data compression in multimedia computing—standards and systems, parts i and ii. *Journal of Multimedia Systems*, 1:166–172 and 187–204, 1994.

Strobach P. Tree-structured scene adaptive coder. *IEEE Transactions on Communications*, 38 (4):477–486, 1990.

Svoboda T., Kybic J., and Hlavac V. *Image Processing, Analysis, and Machine Vision: A MATLAB Companion.* Thomson Engineering, 2008.

Taubman D. S., Ordentlich E., Weinberger M., Seroussi G., Ueno I., and Ono F. Embedded block coding in JPEG 2000. In *Proceedings ICIP-2000, Vol. 2*, pages 33–36. IEEE, 2000.

Taubman D. S. and Marcellin M. W. *JPEG 2000: Image Compression Fundamentals, Standards and Practice.* Kluwer, Boston, MA, 2001.

Vitter J. S. Design and analysis of dynamic Huffman codes. *Journal of the ACM*, 34(4):825–845, 1987.

Wang L. and Goldberg M. Reduced-difference pyramid: A data structure for progressive image transmission. *Optical Engineering*, 28(7):708–716, 1989.

White R. G. Compressing image data with quadtrees. *Dr Dobb's J Software Tools*, 12(3):16–45, 1987.

Wilkins L. C. and Wintz P. A. Bibliography on data compression, picture properties and picture coding. *IEEE Transactions on Information Theory*, 17:180–199, 1971.

Zailu H. and Taxiao W. MDPCM picture coding. In *1990 IEEE International Symposium on Circuits and Systems,* New Orleans, LA, pages 3253–3255, Piscataway, NJ, 1990. IEEE.

Zeng W., Daly S., and Lei S. Visual optimization tools in JPEG 2000. In *Proceedings ICIP-2000, Vol. 2*, pages 37–40. IEEE, 2000.

Ziv J. and Lempel A. Compression of individual sequences via variable-rate coding. *IEEE Transactions on Information Theory*, 24(5):530–536, 1978.

第 15 章

纹　理

纹理（**texture**）是表达物体表面或结构（分别对于反射或透射形成的图像）的属性；它使用得很广泛，且在直觉上可能是明显的，但是由于它的变化范围很宽泛，因而并没有精确的定义。我们可以把纹理定义为由互相关联的元素组成的某种东西；因此我们在考虑的是一组像素，且所描述的纹理高度依赖于考虑的数量[Haralick, 1979]。例子如图 15.1 所示；犬毛、草、小鹅卵石、软木塞、格子花式纺织品、编织品。

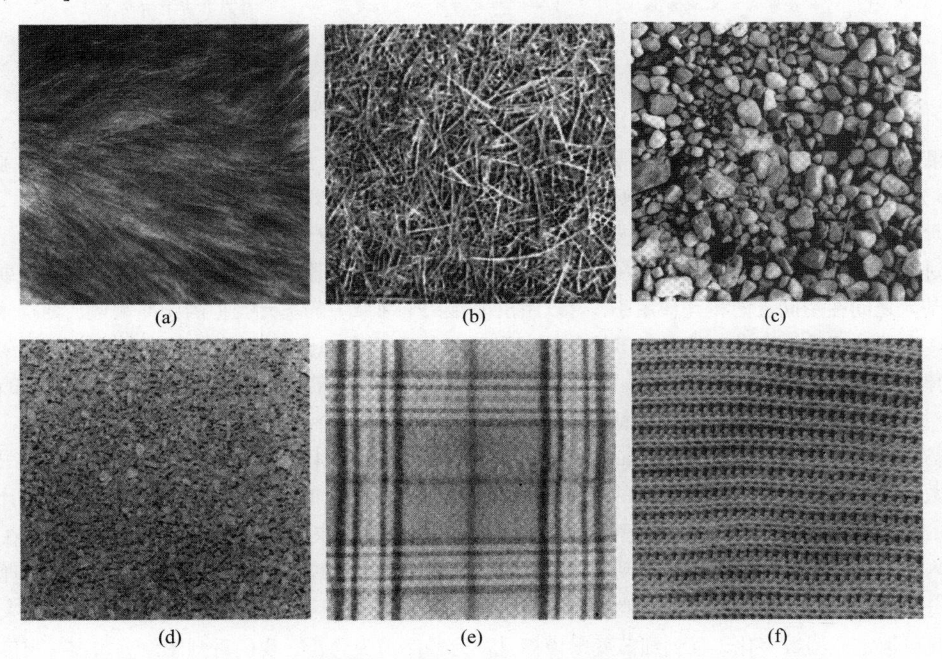

图 15.1　纹理：（a）犬毛；（b）草；（c）小鹅卵石；（d）软木塞；（e）格子花式纺织品；（f）编织品

由纹理**基元**（**primitives**）或纹理**元素**（**elements**）组成的纹理，有时称为纹理素（**texels**）。草和犬毛中的基元由若干像素来表示，对应于茎秆或绒毛。软木塞由在大小上和像素可比的基元构成。然而，为格子花式纺织品或编织品定义基元却很困难，它至少可以在两个层次上来定义。第一个层次对应于纺织格子或编织条纹，第二个层次对应于织品或单个缝法的更精细的纹理。正如我们在很多其他领域看到的，这是一个**尺度**（**Scale**）的问题；纹理描述是**尺度相关的**（**Scale dependent**）。

纹理分析的主要目标是纹理识别和基于纹理的形状分析。在考虑图像分割（见第 6 章）时，曾多次提到了区域的纹理属性，而在第 11 章中还讨论了由纹理到形状的导出。人们通常把纹理描述为**精细的**（**fine**）、**粗糙的**（**coarse**）、**粒状的**（**grained**）、**平滑的**（**smooth**）等，这意味着必须定义一些更精确的特征以使得机器识别成为可能。这样的特征可以在纹理的**色调**（**tone**）和**结构**（**structure**）中找到[Haralick, 1979]。色调主要基于基元中像素亮度的属性，而结构则是基元间的空间关系。

每个像素可以通过它的位置和色调的特征来刻画。纹理基元是一个具有某种色调属性和/或区域属性的像素连续集，可以通过它的平均亮度、最大或最小亮度、尺寸、形状等来描述。基元的空间关系可以是随机的，或它们可能是两两相关的，或某个数目的基元之间可能是互相依赖的。这样，通过基元的数目和类型以及它们的空间关系来描述图像纹理。

图 15.1（a）、图 15.1（b）和图 15.2（a）、图 15.2（b）表明了相同数目和相同类型的基元不一定会给出相同的纹理。类似地，图 15.2（a）和图 15.2（c）表明了基元的相同的空间关系也不会保证纹理的唯一性，因而对描述来说不是充分的。纹理色调和结构不是独立的；纹理总是显示在色调和结构两个方面上，尽管通常总是一方或另一方占优势，而且我们通常也仅仅讨论一方或者另一方。色调可以被理解为基元的色调属性，其中考虑了基元的空间关系。结构是指基元的空间关系，也考虑了它们的色调属性。

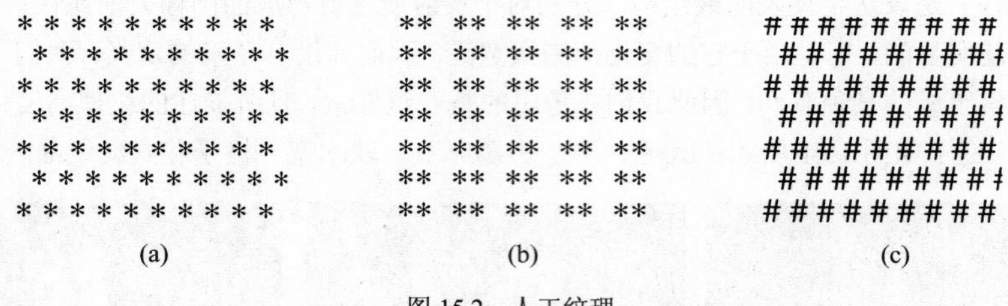

图 15.2 人工纹理

如果图像中的纹理基元小，并且如果相邻基元间的色调相差很大，则产生**精细纹理**（图 15.1（a），图 15.1（b）和图 15.1（d））。如果基元比较大而包含了若干像素，则产生**粗糙**纹理（图 15.1（c）和图 15.1（e））。这也是在纹理描述中使用色调和结构属性两者的原因。注意精细/粗糙纹理的特征依赖于尺度。

更进一步，纹理可以根据它们的强度来分类——因而纹理强度影响了纹理描述方法的选择。**弱（Weak）**纹理的基元之间在空间上的相互作用小，可以用出现在某个邻域中的基元类型的频率来适当地描述。因为这个原因，在弱纹理的描述中估算了很多统计纹理属性。在**强（Strong）**纹理中，基元间的空间相互作用是有某种规律的。为描述强纹理，考察具有某种空间关系的基元对出现的频率可能就足够了。强纹理的识别通常伴随着对基元以及它们的空间关系的精确定义。

还需要定义一个常数纹理（constant texture）。一个现有的定义[Sklansky, 1978] 主张“一个图像区域有一个常数纹理，是指在那个区域里它的一组局部属性的集合是恒定的，缓慢变化的，或近似周期性的”。局部属性的集合可以理解为一些基元类型和它们的空间关系。这个定义的一个重要部分是属性必须在恒定的纹理区域内重复出现。属性必须重复出现多少次？假定可以得到常数纹理的一个大的区域，考虑纹理的越来越小的部分，只要纹理特征依旧没变，就将其以恒定分辨率数字化。另一种选择是，考虑纹理的越来越大的部分，将其以恒定光栅数字化，直到细节变得模糊且基元最终消失为止。我们看到图像分辨率（尺度）必须是描述的一致部分；如果分辨率适当，在我们的窗口中任意位置的纹理特征不会变化。

存在两个主要的纹理描述方法——统计的（**statistical**）和**句法的**（**syntactic**）[Haralick, 1979]。如果基元大小和像素大小可比的话，统计的方法是合适的。句法的和**混合的**（**hybrid**）方法（统计和句法的结合）更适合基元可以被赋予一个标记——基元类型——意味着基元可以通过大量的各种属性而不仅仅是色调来描述的情况；例如，形状描述。在以下的章节中，亮度将代替色调而被经常使用，因为它与灰度级图像的对应更好。

有关先于注意视觉（attentive vision）之前的早期视觉研究[Julesz, 1981]表明，人类快速识别纹理的能力主要是基于**纹元**（**textons**）的。纹元是可以被早期视觉检测到的细长斑点（矩形、椭圆、线段、直线端点、交叉点、角点），而相邻纹元的位置关系必须被注意视觉子系统缓慢地建立起来。这些研究产生了基于纹元检测和纹元密度计算的方法。

15.1　统计纹理描述

统计描述方法通过属性特征向量来描述每个纹理，它代表了多维特征空间中的一个点。它的目标是寻找一个确定型的或概率型的决策规则给纹理赋予特定的类别（见第 9 章）。

15.1.1　基于空间频率的方法

度量空间频率是一大类识别方法的基础。纹理的特征直接与基元的空间大小相关；粗糙纹理由较大的基元构成，精细纹理则由较小的基元构成。精细纹理由较高的空间频率表征，粗糙纹理则由较低的空间频率表征。

在很多相关的空间频率方法中有一种要估算**纹理的自相关函数**（**autocorrelation function**）。在自相关模型下，将单个像素作为纹理基元而纹理的色调属性是灰度级。纹理的空间组织以评价基元间线性空间关系的相关系数来描述。如果纹理基元比较大，在距离增加时，自相关函数的值会缓慢地减小，然而如果纹理由小的基元构成，它会很快地减小。如果在纹理中基元周期性地布置，则自相关随着距离而周期地增加和减小。

纹理可以通过使用下面的算法来描述。

算法 15.1　自相关纹理描述

1. 给定一幅 $M\times N$ 的图像，对于几个不同位置的差异值 p, q，计算自相关系数

$$C_{ff}(p,q)=\frac{MN}{(M-p)(N-q)}\frac{\sum_{i=1}^{M-p}\sum_{j=1}^{N-q}f(i,j)f(i+p,j+q)}{\sum_{i=1}^{M}\sum_{j=1}^{N}f^2(i,j)} \tag{15.1}$$

2. 另一种选择是，在频率域中从图像的功率谱中可以确定自相关函数 [Castleman, 1996]：

$$C_{ff}=\mathcal{F}^{-1}\{|F|^2\} \tag{15.2}$$

如果待描述的纹理是圆对称的，自相关纹理描述可以计算为无须考虑方向的绝对位置差分的函数——即单变量的函数。

空间频率也可以通过**光学图像变换**（**optical image transform**）（回想一下，傅里叶变换可以通过一个凸透镜来实现——见 3.2 节）来确定[Shulman, 1970]，它的一个很大的优点是可以实时地计算。傅里叶变换通过其空间频率来描述图像；傅里叶谱在特殊楔形和环形内的能量的平均值可以用来描述特征（见图 15.3）。

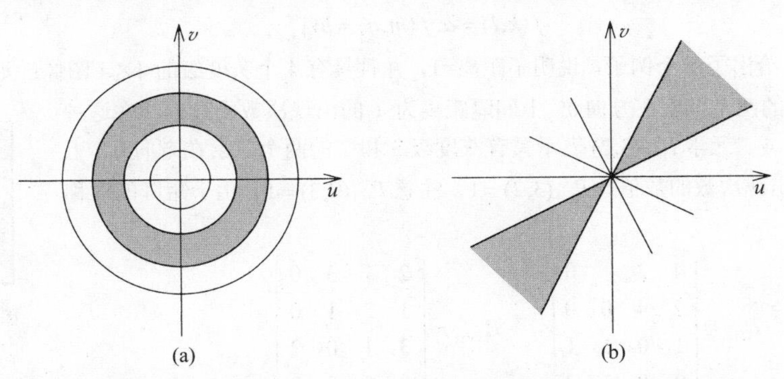

图 15.3　傅里叶谱的划分：（a）环形滤波器；（b）楔形滤波器反映了傅里叶谱的对称性

从环形计算出的特征反映了纹理的粗糙度——在大半径环上的高能量表现了精细纹理的特征（高频），而在小半径环上的高能量表现了粗糙纹理的特征。从傅里叶变换图像的楔形切片上计算出的特征依赖于纹理

的方向属性——如果纹理在方向ϕ上具有很多边缘和直线，高的能量将会出现在方向为$\phi+\pi/2$的楔形内。

类似地，**离散图像变换（Discrete image transform）**也可以用于纹理描述。一个图像通常被划分为大小为$n\times n$的不重叠小图像。则其像素的灰度级可以表示为一个n^2维的向量，而图像则可以表示为一个向量的集合。通过应用傅里叶、哈达马（Hadamard）或其他离散图像变换（见第 3.2 章），对这些向量作变换。新的坐标系统的基向量与原始纹理图像的空间频率相关，可用于纹理描述[Rosenfeld, 1976]。当有必要描述带噪声的纹理时，问题就变得更困难了。Liu 和 Jernigan 提取了一组 28 个空间频域特征，并对加性噪声确定了一组子集，即主峰能量、功率谱的形状和熵[Liu and Jernigan, 1990]。

很多问题属于空间频域方法——得到的描述甚至对于单调图像灰度级变换也不是不变量，而且，可以表明[Weszka et al., 1976]基于频率的方法比其他方法的效率来得低。一个推荐的方法是将空间/空间频率结合起来；在若干合成的和 Brodatz 的纹理中，表明 Wigner 分布是有用的[Reed et al., 1990]。

15.1.2 共生矩阵

共生矩阵（co-occurrence matrix）方法是基于在纹理中某一灰度级结构（gray-level configuration）重复出现的情况；这个结构在精细纹理中随着距离而快速地变化，而在粗糙纹理中则缓慢地变化[Haralick et al., 1973]。假设待分析的纹理图像的一个部分是一个$M\times N$的矩形窗口。某一灰度级结构的出现情况可以由相对的频率$P_{\phi,d}(a,b)$的矩阵来描述，它描绘了具有灰度级a，b的两个像素，在方向ϕ上间隔距离为d，以多大的频率出现在窗口中。如果按下面给出的定义，这些矩阵是对称的。但是，当矩阵的值也依赖于共生的方向时，也可以使用非对称的定义。算法 4.1 给出了一个共生矩阵计算的方案。

令$D=(M\times N)\times(M\times N)$，作为角度和距离的函数，非归一化共生频率可以形式化地表示为

$$\begin{aligned}
P_{0^\circ,d}(a,b)=|\{&[(k,l),(m,n)]\in D:\\
&k-m=0,|l-n|=d,f(k,l)=a,f(m,n)=b\}|\\
P_{45^\circ,d}(a,b)=|\{&[(k,l),(m,n)]\in D:\\
&(k-m=d,l-n=-d)\vee(k-m=-d,l-n=d)\\
&f(k,l)=a,f(m,n)=b\}|\\
P_{90^\circ,d}(a,b)=|\{&[(k,l),(m,n)]\in D:\\
&|k-m|=d,l-n=0,f(k,l)=a,f(m,n)=b\}|\\
P_{135^\circ,d}(a,b)=|\{&[(k,l),(m,n)]\in D:\\
&(k-m=d,l-n=d)\vee(k-m=-d,l-n=-d)\\
&f(k,l)=a,f(m,n)=b\}|
\end{aligned} \tag{15.3}$$

图 15.4 所示给出了一个例子，说明了距离=1，并且具有 4 个灰度级的 4×4 图像：元素$P_{0^\circ,1}(0,0)$表示具有灰度级 0 和 0 的两个像素在方向 0° 上间隔距离为 1 的出现次数的数值；在这种情况下$P_{0^\circ,1}(0,0)=4$。元素$P_{0^\circ,1}(3,2)$表示具有灰度级 3 和 2 的两个像素在方向 0° 上间隔距离为 1 的出现次数的数值；$P_{0^\circ,1}(3,2)=1$。注意$P_{0^\circ,1}(2,3)=1$，由于矩阵的对称性：

0	0	1	1
0	0	1	1
0	2	2	2
2	2	3	3

图 15.4 灰度级图像

$$P_{0^\circ,1}=\begin{vmatrix}4&2&1&0\\2&4&0&0\\1&0&6&1\\0&0&1&2\end{vmatrix},\quad P_{135^\circ,1}=\begin{vmatrix}2&1&3&0\\1&2&1&0\\3&1&0&2\\0&0&2&0\end{vmatrix}$$

纹理分类可以基于如下的从共生矩阵派生出来的准则：

- **能量**，或角度二阶距（图像均匀性的测度——图像越均匀，其值越大）：

$$\sum_{a,b}P_{\phi,d}^2(a,b) \tag{15.4}$$

- 熵：

$$-\sum_{a,b} P_{\phi,d}(a,b)\log_2 P_{\phi,d}(a,b) \tag{15.5}$$

- 最大概率：

$$\max_{a,b} P_{\phi,d}(a,b) \tag{15.6}$$

- 对比度（局部图像变化的测度；典型的 $\kappa=2$，$\lambda=1$）：

$$\sum_{a,b} |a-b|^{\kappa} P_{\phi,d}^{\lambda}(a,b) \tag{15.7}$$

- 倒数差分距：

$$\sum_{a,b;a\neq b} \frac{P_{\phi,d}^{\lambda}(a,b)}{|a-b|^{\kappa}} \tag{15.8}$$

- 相关性（图像线性度的测度，在方向 ϕ 上的线性方向的结构在这个方向上会产生大的相关值）：

$$\frac{\sum_{a,b}[(ab)P_{\phi,d}(a,b)]-\mu_x\mu_y}{\sigma_x\sigma_y} \tag{15.9}$$

其中 μ_x,μ_y 是均值，以及 σ_x,σ_y 是标准差，

$$\mu_x=\sum_a a\sum_b P_{\phi,d}(a,b)$$
$$\mu_y=\sum_b b\sum_a P_{\phi,d}(a,b)$$
$$\sigma_x^2=\sum_a (a-\mu_x)^2\sum_b P_{\phi,d}(a,b)$$
$$\sigma_y^2=\sum_b (b-\mu_y)^2\sum_a P_{\phi,d}(a,b)$$

算法 15.2　共生方法纹理描述

1. 对给定的方向和给定的距离构造共生矩阵。
2. 对四个方向 ϕ，d 的不同值，以及那六个特征，计算纹理特征向量。这就产生了很多相关的特征。

共生方法描述了二阶图像统计特征，适合大量的纹理种类（有关基于共生矩阵的纹理描述子的综述可见[Gotlieb and Kreyszig, 1990]）。共生方法的良好性质是对色调像素间的空间关系的描述，且它对于单调的灰度级变换是不变量。而另一方面，它不考虑基元形状，因此如果纹理由大的基元组成，它就不合适了。内存需求曾经是一个缺点，尽管现在这种情况已经减少了很多。灰度级的数目可以减少到 32 或 64。这样就减小了共生矩阵的大小，但是灰度级精度的损失是其产生的一个负面影响（尽管在实际中这个损失通常并不重要）。同样，该方法在计算上是昂贵的，但这并不是现代硬件上的一个重要约束。

15.1.3　边缘频率

迄今为止所讨论的方法是用它的空间频率来描述纹理，但是也可以使用纹理中边缘频率的比较。边缘既可以作为微边缘（micro-edges）通过使用小的边缘算子掩膜检测出来，也可以作为宏边缘（macro-edges）通过使用大的掩膜检测出来 [Davis and Mitiche, 1980]。但是事实上可以使用任何其他的边缘检测子（见第 5.3.2 节）。对距离变量 d，对定义在邻域 N 内的任意的子图像 f，依赖于距离的纹理描述函数 $g(d)$可以计算为

$$\begin{aligned} g(d)=&|f(i,j)-f(i+d,j)|+|f(i,j)-f(i-d,j)| \\ &+|f(i,j)-f(i,j+d)|+|f(i,j)-f(i,j-d)| \end{aligned} \tag{15.10}$$

函数 $g(d)$类似于负的自相关函数；它的最小值对应于自相关函数的最大值，而它的最大值对应于自相关函数的最小值。

算法 15.3 边缘频率纹理描述

1. 对纹理的所有像素，计算梯度 $g(d)$。
2. 以在特定距离 d 下的梯度的平均值来计算纹理特征。

纹理描述特征空间的维数由用于计算边缘梯度的距离值 d 给出。

若干其他的纹理属性可以从边缘分布的一阶和二阶统计量中得出[Tomita and Tsuji, 1990]。

- **粗糙度**：边缘密度是粗糙度的一个测度。纹理越细，出现在纹理边缘图像中的边缘的数目越高。
- **对比度**：高对比度的纹理由大的边缘幅度来表征。
- **随机性**：随机性可以用边缘幅度直方图的熵来量度。
- **方向性**：方向性的一个近似度量可以用边缘方向直方图的熵来确定。有方向的纹理具有偶数个显著的直方图的峰，无方向的纹理具有均匀的边缘方向直方图。
- **直线性**：纹理直线性由以恒定距离在相同边缘方向上的边缘对的共生情况来反映，且边缘位于该边缘方向上（见图 15.5，边缘 a 和 b）。
- **周期性**：通过对具有相同边缘方向的边缘对在垂直于该边缘方向上以恒定距离共生的情况的考察来量度纹理周期性（见图 15.5，边缘 a 和 c）。
- **大小**：纹理大小的度量可以基于对具有相反边缘方向的边缘对在垂直于边缘方向上以恒定距离共生的情况的考察来量度（见图 15.5，边缘 a 和 d）。

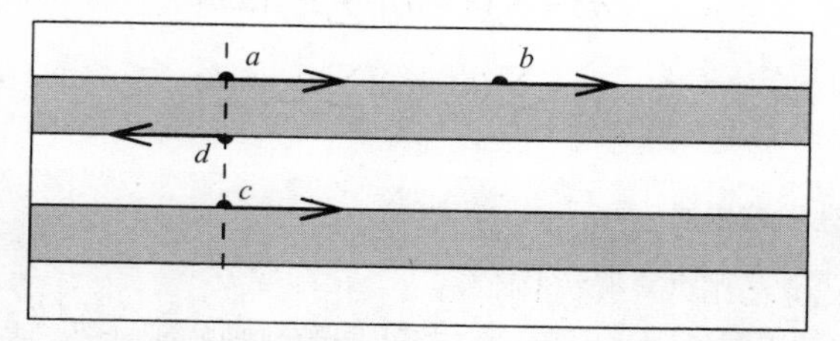

图 15.5 纹理直线性、周期性以及大小的度量可以基于图像边缘来进行

注意前三个测度由一阶统计量得出，后三个度量由二阶统计量得出。

很多现有的纹理识别方法是基于纹理检测的。早期视觉以及纹理本体的概念已经提到过了，它们也主要是基于与边缘相关的信息的方法。在[Perry and Lowe, 1989]中，将过零点算子用于基于边缘的纹理描述；这个方法确定了具有常数纹理的图像区域，而没有使用有关图像、纹理类型或尺度的先验知识。特征分析在多窗口大小间进行。

一个略微不同的纹理识别方法可能需要检测出具有均匀纹理区域的边界。在[Fan, 1989]中描述了一种纹理图像分割的分层算法，而在[Fung et al., 1990]中给出了一种纹理的两阶段上下文的分类和分割方法，它是在基于由粗到精原理的边缘检测基础上进行的。在存在噪声的情况下，纹理描述和识别是一个困难的问题。在[Kjell and Wang, 1991]中讨论了一种容忍噪声的纹理分类的方法，它是在基于 Canny 类型的边缘检测算子基础上进行的，其中纹理是用对噪声不敏感的边缘检测得出的周期性度量来描述的。

15.1.4 基元长度（行程）

具有相同灰度级的大量的相邻像素反映了粗糙纹理，像素则反映精细纹理，而在不同方向上的纹理基元的长度可以作为一种纹理描述[Galloway, 1975]。基元是在一条直线上具有恒定级的像素的最大连续集；而这些可以用灰度级、长度以及方向来描述。纹理描述特征可以基于对纹理中基元的长度和灰度级的连续概率的计算。

令 $B(a, r)$为具有长度 r 和灰度级 a 的所有方向的基元的数目，M, N 为图像的维数，L 为图像灰度级的数

目。令 N_r 为图像中的最大基元长度。令 K 为行程的总数，

$$K=\sum_{a=1}^{L}\sum_{r=1}^{N_r}B(a,r) \tag{15.11}$$

则：

短基元加重：

$$\frac{1}{K}\sum_{a=1}^{L}\sum_{r=1}^{N_r}\frac{B(a,r)}{r^2} \tag{15.12}$$

长基元加重：

$$\frac{1}{K}\sum_{a=1}^{L}\sum_{r=1}^{N_r}B(a,r)r^2 \tag{15.13}$$

灰度级的均匀性：

$$\frac{1}{K}\sum_{a=1}^{L}\left[\sum_{r=1}^{N_r}B(a,r)\right]^2 \tag{15.14}$$

基元长度的均匀性：

$$\frac{1}{K}\sum_{r=1}^{N_r}\left[\sum_{a=1}^{L}B(a,r)\right]^2 \tag{15.15}$$

基元百分比：

$$\frac{K}{\sum_{a=1}^{L}\sum_{r=1}^{N_r}rB(a,r)}=\frac{K}{MN} \tag{15.16}$$

这样，一个通用的算法如下。

算法 15.4 基元长度纹理描述

1. 找到所有灰度级、所有长度以及所有方向的基元。
2. 计算在式（15.12）～式（15.16）中给出的纹理描述特征。这些特征提供了一个描述向量。

15.1.5 Laws 纹理能量度量

Laws 纹理能量度量通过估计平均灰度级、边缘、斑点、波纹以及波形来确定纹理属性[Laws, 1979; Wu et al., 1992])。度量由三个简单的向量得出：L_3=（1，2，1）（平均）；E_3=（−1，0，1）（一阶微分，边缘）；S_3=（−1，2，−1），（二阶微分，斑点）。在这些向量与它们自身以及互相卷积后，产生 5 个向量：

$$\begin{aligned}L_5&=(1,4,6,4,1)\\E_5&=(-1,-2,0,2,1)\\S_5&=(-1,0,2,0,-1)\\R_5&=(1,-4,6,-4,1)\\W_5&=(-1,2,0,-2,-1)\end{aligned} \tag{15.17}$$

这些向量的相互乘积，把第一项认为是列向量，第二项认为是行向量，产生 5×5 的 Laws 掩膜。例如，

$$L_5^T\times S_5=\begin{bmatrix}-1&0&2&0&-1\\-4&0&8&0&-4\\-6&0&12&0&-6\\-4&0&8&0&-4\\-1&0&2&0&-1\end{bmatrix} \tag{15.18}$$

通过把掩膜和纹理图像卷积并计算能量统计量，就可以得出用于纹理描述的一个特征向量。

15.1.6 局部二值模式（LBPs）

受 Wang 和 He 最初给出的三值纹理单元的启发[Wang and He, 1990]，**局部二值模式**（**Local binary pattern**，LBP）方法由 Ojala 等人引入[Ojala et al.,1996]。顾名思义，LBP 方法的主要思想是根据中心像素的灰度值对邻居像素的亮度进行局部阈值化来形成一个二值模式。这里给出的 LBP 描述基于[Ojala et al., 1996; Pietikainen et al., 2000; Ojala et al., 2001, 2002b]。

LBP 运算符与灰度级无关，其推导过程如下：对于一个中心像素，其纹理根据其局部邻居来描述，邻居包含 P（$P>1$）个点，这些点在一个半径 $R>0$ 的以中心像素为圆心的圆上均匀分布。纹理通过一个联合分布来描述

$$T = t\left(g_c, g_0, g_1, \cdots, g_{P-1}\right) \tag{15.19}$$

其中 g_c 是中心像素的灰度值，$g_0,\cdots,g_{P-1}$ 是邻居像素的灰度值。假设 G_c 的坐标值为（0,0），邻居像素的坐标值通过 $\left[-R\sin(2\pi p/P), R\cos(2\pi p/P)\right]$ 得到。如果一个点没有精确地位于像素的中心，它的值可以通过插值来估计（见图 15.6）。

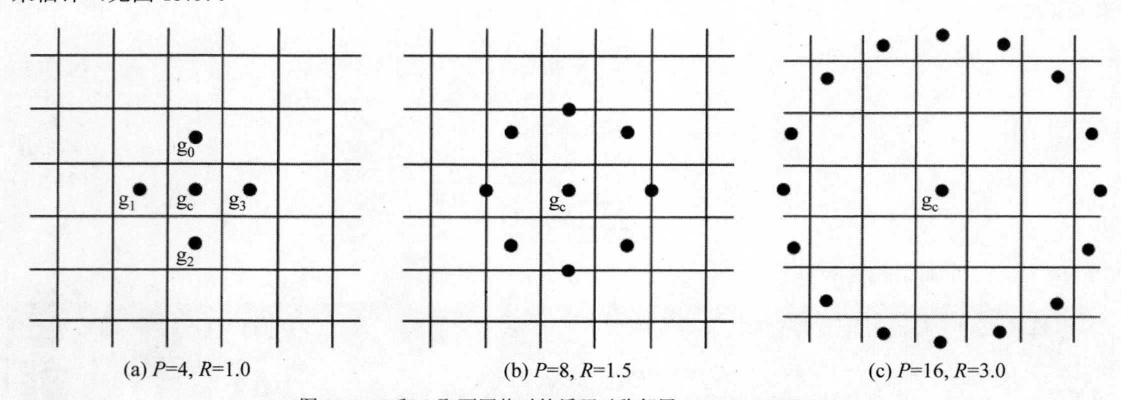

(a) P=4, R=1.0　　(b) P=8, R=1.5　　(c) P=16, R=3.0

图 15.6　P 和 R 取不同值时的循环对称邻居[Ojala et al., 2002b]

使用这种纹理表示，灰度级不变性可以通过使用灰度值差而不是亮度值本身来得到

$$T = t\left(g_c, g_0 - g_c, g_1 - g_c, \cdots, g_{P-1} - g_c\right) \tag{15.20}$$

假设亮度值 g_c 与差值 g_p-g_c 相互独立（虽然不是非常合理但是能保证足够近似），纹理可以表示为

$$T \approx l\left(g_c\right) t\left(g_0 - g_c, g_1 - g_c, \cdots, g_{P-1} - g_c\right) \tag{15.21}$$

其中图像亮度使用过 $l(g_c)$来表示，纹理通过中心像素和邻居像素的亮度差来表示。由于图像亮度本身对于纹理属性并没有贡献，纹理描述可以仅仅基于差值：

$$T \approx t\left(g_0 - g_c, g_1 - g_c, \cdots, g_{P-1} - g_c\right) \tag{15.22}$$

纹理描述通过计算邻居亮度模式发生次数的一个 P 层直方图来表示，给定 R 值，每一层对应于 P 个方向中一个。显然地，对于一个恒定零度的区域，所有的差值均为零，对于一个位于 g_c 的斑点，差值很高，而沿着图像边缘时差值展现很大变化性。这个直方图可以用于纹理区分。

这种描述对于亮度偏移具有不变形。为了获取关于亮度缩放的不变性，如图 15.7（a）和图 15.7（b）所示，灰度值差的绝对值可以替换为他他们的符号。

$$T \approx t\left(s\left(g_0 - g_c\right), s\left(g_1 - g_c\right), \cdots, s\left(g_{P-1} - g_c\right)\right) \tag{15.23}$$

其中

$$s(x) = \begin{cases} 1 & \text{当} x \geqslant 0 \text{时} \\ 0 & \text{当} x < 0 \text{时} \end{cases} \tag{15.24}$$

当操作符的元素按照排序后形成一个包含零一值的循环链时，那么特定的方向就能够被一致地加权，从而形

成一个标量链状码描述符。如图 15.7（c）和图 15.7（d）所示，链状码的组成元素能够在整个链状的 P 个相邻像素被加起来，对于任意的（P, R）组合，局部纹理模式则可以通过一个数值来进行描述。随着 p 值的增加，权重 2^p 可以以循环的方式分配给所有的 P 个点：

$$\mathrm{LBP}_{P,R}=\sum_{p=0}^{P-1}s\left(g_p-g_c\right)2^p \tag{15.25}$$

对于一个纹理块，这些 $\mathrm{LBP}_{P,R}$ 值可以用来形成单维或者多维直方图或者特征向量，或者可以被进一步被处理为具有旋转和/或空间缩放无关性，具体如下所述。

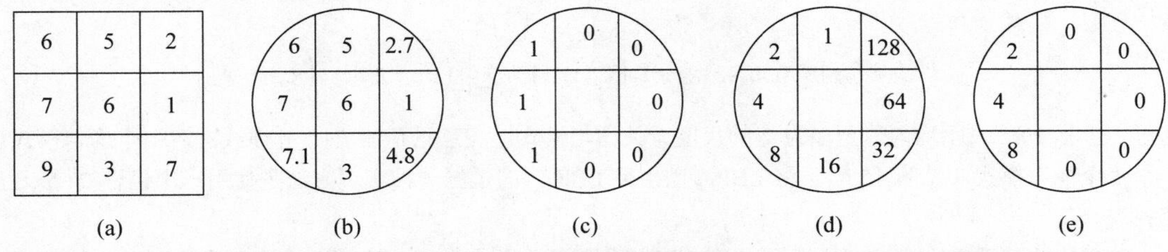

图 15.7　二值纹理描述操作符 $LBP_{8,1}$。（a）一幅 3×3 图像的原始灰度值；（b）灰度值差值得到了对称循环特性，为简单起见，使用了线性差值（第 5.2.2 节）；（c）二值化之后循环操作符数值，式（15.23）和式（15.24）；（d）方向性权重；（e）与 $LBP_{8,1}$ 关联的方向性数值-得到的 $LBP_{8,1}$=14。如果在旋转上进行归一化，权重矩阵将会逆时针旋转一个位置，使得 $LBP_{8,1}^{ri}$ =7

当图像发生旋转，图像灰度值围绕着圆运动，将会影响 LBP 值。为了获得旋转无关，很自然的一种方法是对圆链码进行归一化，使得得到的 LBP^{ri} 值最小（图 15.7，同时参见第 8.2.1 节）：

$$\mathrm{LBP}_{P,R}^{ri}=\min_{i=0,1,\ldots,P-1}\left\{ROR\left(\mathrm{LBP}_{P,R},i\right)\right\} \tag{15.26}$$

其中 $ROR(x,i)$表示一个操作于 P 位数字 x 上的循环逐位右移 i 次——或者简单地将圆形相邻集顺时针旋转直到得到的 LBP 值最小（在 Intel x86 指令集中有针对右移（ROR）和左移（ROL）的逐位操作指令）。模式 $\mathrm{LBP}_{P,R}^{ri}$ 可以用作调整检测器——如图 15.8 所示，对于 $\mathrm{LBP}_{8,R}^{ri}$，可以形成 36 个这样的特征检测器。模式#0 可能指示了一个亮点位置，#8 指示了一个暗点位置或者平坦区域，#4 对应于一个直的边缘等。

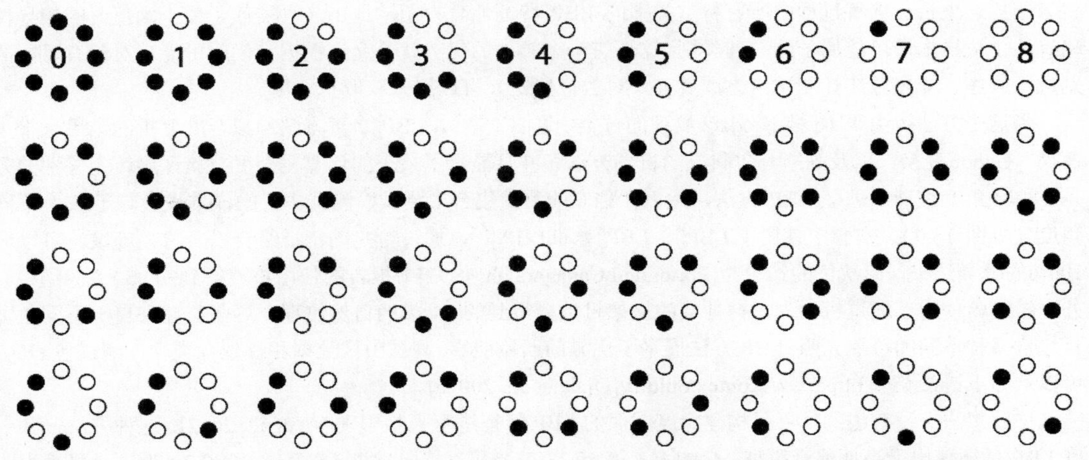

图 15.8　举个例子，对于 P=8 且 R 值任意，可以形成 36 个循环对称的特征检测器：黑色和 白色的圆圈对应于比特值 0 和 1。第一行显示了 9 个“均匀”模式并给出了它们的 $\mathrm{LBP}_{8,R}^{riu2}$ 值（式（15.27））

虽然 $\mathrm{LBP}_{8,R}^{ri}$ 在实际问题中效果不是很好[Pietikainen et al., 2000]，从它们可以导出一些局部二值模式来开始表示一些基本的纹理特性。由于这些导出的 LBP 拥有最小空间平移的均匀环状结构，它们因此被称为**均**

匀模式（uniform patterns）。对于 $LBP^{ri}_{8,R}$，图 15.8 的第一行显示了这些均匀模式。这些均匀模式可以被认为是如上给出的一些拥有相同解释的**微模板**（microstructure templates）——#0 是一个亮点微模板等。形式上，可以引入一个**均匀度量**（uniform measure）U，用来表达 0/1（或 1/0）的数目。注意所有的均匀模式的 U 值小于等于 2，而其他的模式的 U 值最小为 4。随后，可以定义一个亮度和旋转无关的纹理描述子：

$$\mathrm{LBP}^{riu2}_{P,R}=\begin{cases}\sum_{p=0}^{P-1}s\left(g_p-g_c\right) & \text{if } U\left(\mathrm{LBP}_{P,R}\right)\leqslant 2\\ P+1 & \text{其他}\end{cases}\tag{15.27}$$

其中

$$U\left(\mathrm{LBP}_{P,R}\right)=\left|s\left(g_{P-1}-g_c\right)-s\left(g_0-g_c\right)\right|+\sum_{p=1}^{P-1}\left|s\left(g_p-g_c\right)-s\left(g_{p-1}-g_c\right)\right|\tag{15.28}$$

这里，上标 *riu*2 表示均匀值至多为 2 的尺度无关均匀模式。注意只存在 P+2 种模式：P+1 个均匀模式加上一个“全能”模式（见图 15.8）。将 $LBP_{P,R}$ 映射到 $LBP^{riu2}_{P,R}$ 的最好一种实现方法是使用一个包含 2^P 个元素的查找表。

纹理描述基于在一个纹理块上运用 $LBP^{riu2}_{P,R}$ 操作子输出的直方图。这种方法比直接使用 $LBP^{ri}_{P,R}$ 特征效果更好的原因是与收集微结构模板时均匀模式比例太大有关。“非均匀”模式由于出现频率较小，其统计特性不能够稳定估计，得到的嘈杂估计结果对纹理区分起负面影响。举个例子，在分析 Brodatz 纹理时，$LBP^{ri}_{8,1}$ 包含了 87%的的均匀模式和 13%的非均匀模式。由于只有 9 个均匀模板，而形成的非均匀模板有 3 倍多（27），平率的差异值会变得更加显著。类似地，在同一个纹理集合上，$LBP^{ri}_{16,2}$ 的均匀/非均匀频率分布值为 67%和 33%，$LBP^{ri}_{24,3}$ 的均匀/非均匀频率分布值为 50%和 50%。这些分布值对于不同的纹理区分问题都很稳定。

剩下需要考虑 P 和 R 的选择。增加 P 有助于克服角度量化的粗糙性。显然，P 和 R 在这种意义上相关，直径必须随着更细粒度的角度采样进行相应的增加，否则在环状相邻集中的非冗余像素值的数目便成了一个制约因素（对于 R=1 来说有九个非冗余像素可用）。同时，如果 P 增大太多，查找表的大小 2^P 会影响计算上的效率。实际中的实验限制了 P 值为 24 [Ojala et al., 2002b]，这样查找表的大小为 16MB，是可以轻易处理的大小。关于旋转无关方差度量的其他方面和纹理的多分辨率分析在[Ojala et al., 2002b]中都进行了讨论。

当使用 LBP 特诊和模式直方图进行纹理分类，使用非参数统计测试来确定直方图描述的相异性，这些直方图描述来自于训练过程中所有特定类别的 LBP 特征的直方图。最小（且需低于最小阈值）的相异性策略确认了块样本最可能属于的纹理类别。这还有一个额外的优势就是允许根据它们的可能性对最有可能的类别进行排序。非参数统计测试卡方或者 G（对数似然比）可以用来获取拟合度。

当这个方法被用于 16 种 Brodatz 纹理的分类（见图 15.9），$LBP^{riu2}_{P,R}$ 直方图加拟合度分析的结果优于小波变换，Gabor 变换，以及高斯马尔科夫随机场方法，并且显示了最小的计算复杂度。验证旋转无关性的方法是在单个角度纹理上训练 LBP 方法，然后在独立的测试集合上测试，测试集上的样本被旋转了 6 个不同的角度（见图 15.9）。实验中使用了 $LBP^{riu2}_{8,1}$ $LBP^{riu2}_{16,2}$ 和 $LBP^{riu2}_{24,3}$，通过特定的特征组合以及方差度量，可以取得 100%的分类结果，而次优的结果为[Porter and Canagarajah, 1997]中报告的使用小波得到的 95.8%的结果。另外一组实验使用了通过机器人手臂挂载的摄像机拍摄得到的 24 类的自然纹理，这些纹理来自于不同角度，且包含多种不同的可控光照。LBP 方法展示了优异的西鞥能够。测试图像数据和纹理分类软件测试包 *OUTEX* 可以从如下链接获取 http://www.outex.oulu.fi/[Ojala et al., 2002a]。

这些想法一种有趣的扩展是构建梯度图像的 LBP 特征进行人脸识别[Vu et al., 2012]。这种方法—其中梯度 LBP 后还使用了高斯混合模型（GMMs，第 10.13 节）和支持向量机（SVMs，第 9.2.5 节）—显示出非常快速和有效，同时比比较的技术结果更好。

LBP 的另一种推广称为局部三值模式（local ternary patterns，LTP），利用式（15.24）建立一个三值模式[Tan and Triggs, 2010]。LTP 允许有三个标签，从而形成了关于中心像素值的一个不敏感区间：

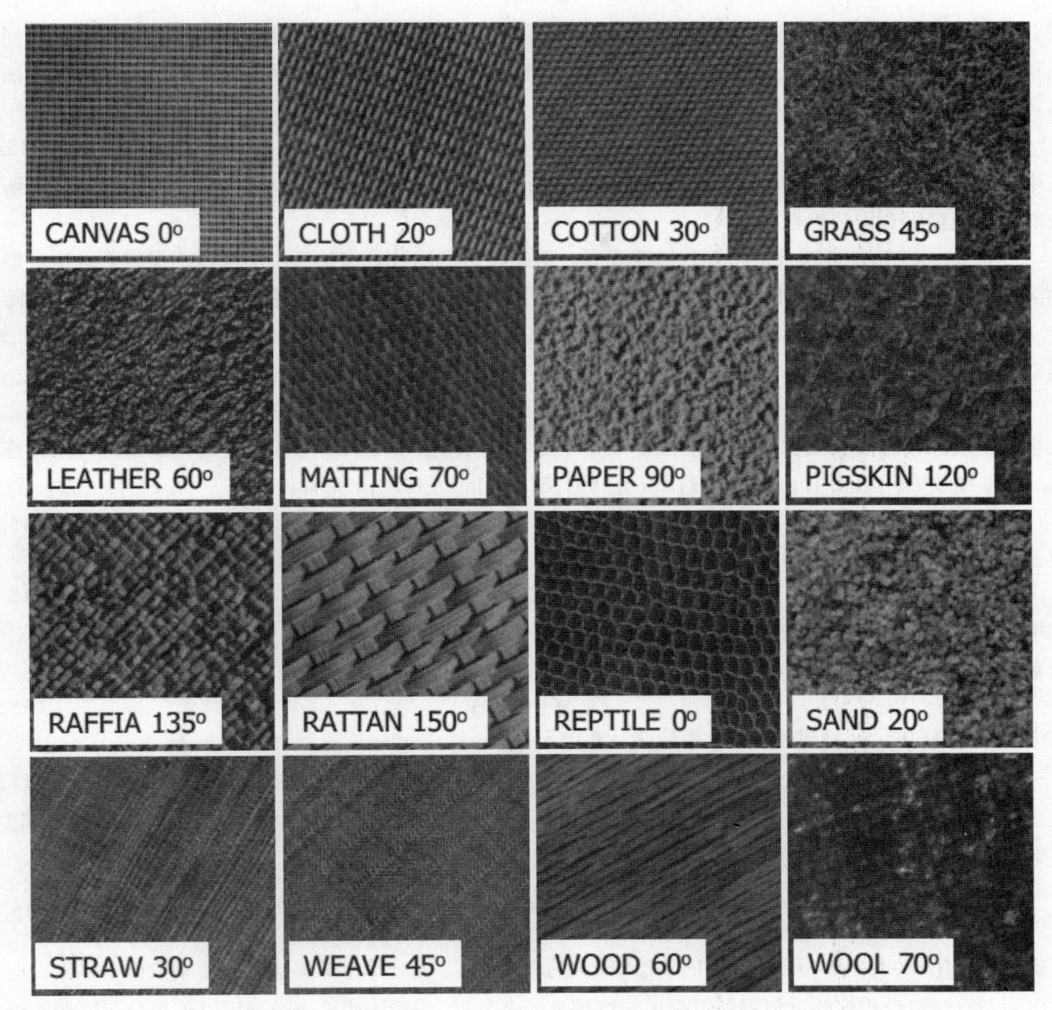

图 15.9　[Ojala et al., 2002b]中进行 $LBP_{P,R}^{riu2}$ 评测时使用的 16 种 Brodatz 纹理示例样本。图像块大小为 180×180 像素，除了图中描述的旋转角度外，图像还进行了其他角度的旋转

$$s'(x)=\begin{cases}1 & \text{当 } x>t \text{ 时}\\ 0 & \text{当 } -t\leqslant x\leqslant t \text{ 时}\\ -1 & \text{当 } x<-t \text{ 时}\end{cases} \tag{15.29}$$

其中 t 是不敏感度阈值。与 LBPs 相比，LTPs 更具区分性，并且对于均匀区域中的噪声不敏感。然而需要注意的是，灰度值变换无关性在一定程度上进行了妥协。

15.1.7　分形纹理描述

在[Pentland, 1984]中介绍了基于分形的纹理分析，其中说明了纹理粗糙度和纹理分形维数间的相关性。分形定义[Mandelbrot, 1982]为一个集合，该集合的 Hausdorff-Besicovich 维数[Hausdorff, 1919; Besicovitch and Ursell, 1937]严格大于其拓扑维数；因此，分形维数是一个定义属性（defining property）。分形模型一般把像直线长度或表面面积这样的一种度量属性与作为度量属性基础的单位长度或面积关联起来一个常用的例子是测量海岸线的长度[Pentland, 1984; Lundahl et al., 1986]。假定用一个 1 千米长的尺子按首尾相连的方式来测量海岸线的长度；相同的过程以可以用一个 0.5 千米长的尺子来重复，使用其他较短的或较长的尺子也一样。很容易看到尺子的缩短将伴随总长度的增加。重要的是，尺子的长度和测量到的海岸线的长度之间的关系可以看作是海岸线的一些几何属性的一种度量，例如，它的粗糙度。尺子大小 r 和测量长度 L 间的函数关系可以表示为

$$L = cr^{1-D} \tag{15.30}$$

其中 c 是一个比例常数，D 为**分形维数**（**fractal dimension**）[Mandelbrot, 1982]。分形维数已经被表明与函数的直观粗糙度有很强的相关性。

尽管式（15.30）可以直接用于直线或表面，但是将这个函数看作是一个随机过程通常更合适。最重要的随机分形模型之一是在[Mandelbrot, 1982]中描述的分形布朗运动模型，它把自然的粗糙表面看作是随机游走（random walks）的最终结果。重要的是，纹理的亮度表面也可以看作是随机游走的结果，因此分形布朗运动模型可以用于纹理描述。

纹理的分形描述一般是基于确定分形维数和**缺项**（**lacunarity**）来进行的，以此从图像亮度函数来度量纹理粗糙度和颗粒度。图像的拓扑维数为三——两个空间维数以及表示图像亮度的第三维。考虑拓扑维数 T_d，分形维数 D 可以由 Hurst 系数 H [Hurst, 1951; Mandelbrot, 1982]来估计：

$$D = T_d - H \tag{15.31}$$

对于图像（T_d=3），Hurst 参数 H 或分形维数 D 可以从以下这个关系式来估计

$$E[(\Delta f)^2] = c[(\Delta r)^H]^2 = c(\Delta r)^{6-2D} \tag{15.32}$$

其中 E()为期望算子，$\Delta f = f(i,j)-f(k,l)$为亮度差异，c 为比例常数，$\Delta r = \|(i,j)-(k,l)\|$为空间距离。估计分形维数的一个简单的方法是使用下面的公式：

$$E(|\Delta f|) = \kappa(\Delta r)^{3-D} \tag{15.33}$$

其中 $\kappa = E(|\Delta f|)_{\Delta r=1}$。通过使用 log 函数并且考虑 H=3–D，

$$\log E(|\Delta f|) = \log\kappa + H\log(\Delta r) \tag{15.34}$$

通过使用最小二乘法线性回归来估计在 log-log 刻度下的灰度级差分 $gd(k)$的曲线相对于 k 的斜率，可以得到参数 H [Wu et al. , 1992]。考虑一个 $M\times M$ 的图像 f，

$$gd(k) = \frac{1}{\mu}\left(\sum_{i=0}^{M-1}\sum_{j=0}^{M-k-1}|f(i,j)-f(i,j+k)| + \sum_{i=0}^{M-k-1}\sum_{j=0}^{M-1}\left|f(i,j)-f(i+k,j)\right|\right) \tag{15.35}$$

其中 $\mu = 2M(M-k-1)$，尺度 k 从 1 变化到最大的选择值 s。而分形维数 D 从 Hurst 系数值中导出。应该确定出回归直线符合程度的近似误差以便证实纹理是一个分形，进而表明这个纹理可以使用分形度量而得以有效的描述。小数值的分形维数 D（参数 H 的大值）表示精细纹理，而大的 D（小的 H）对应于粗糙纹理。

单个分形维数不足以描述自然纹理。缺项度量描述具有相同分形维数但具有不同视觉表观的纹理特征[Voss, 1986; Keller et al. , 1989; Wu et al. , 1992]。给定一个分形集 A，令 $P(m)$表示有 m 个点在以 A 的任意点为中心的大小为 L 的盒子内的概率。令 N 为在盒子内的可能点的数目，则 $\sum_{m=1}^{N} P(m) = 1$，而缺项 λ 定义为：

$$\lambda = \frac{M_2 - M^2}{M^2} \tag{15.36}$$

其中

$$M = \sum_{m=1}^{N} mP(m)$$
$$M_2 = \sum_{m=1}^{N} m^2 P(m) \tag{15.37}$$

缺项表示了一个二阶统计量，对于精细纹理它是小的，对于粗糙纹理它是大的。

在[Wu et al. , 1992]中介绍了一种提取分形特征的多分辨率方法。既描述了纹理粗糙度又描述了缺项的多分辨率特征向量 MF 定义为

$$MF = (H^{(m)}, H^{(m-1)}, \cdots, H^{(m-n+1)}) \tag{15.38}$$

其中参数 $H^{(k)}$ 是从金字塔图像 $f^{(k)}$ 中估计出来的，其中 $f^{(m)}$ 表示大小为 $M=2^m$ 的全分辨率图像，$f^{(m-1)}$ 为大小为 $M=2^{m-1}$ 的半分辨率图像，等等，而 n 是所考虑的分辨率级别的数目。多分辨率特征向量 MF 可以作为纹理描述子。具有同一分形维数和不同缺项的纹理可以被区分开，正如在超声波肝脏图像的分类中所展示的那样，分为三个类别——正常、肝细胞瘤、硬化[Wu et al. , 1992]。在[Sarkar and Chaudhuri, 1994; Huang et al. , 1994; Jin et al. , 1995]中可以找到有关计算基于分形的纹理描述特征的实际需要考虑的事项。

15.1.8 多尺度纹理描述——小波域方法

纹理描述对尺度的依赖性很强。为了降低对尺度的敏感性，纹理可在多个分辨率下表达，并选取一个合适的尺度以获得最强的区分度[Unser and Eden, 1989]。**Gabor 变换（Gabor transformation）**和**小波（wavelets）**（见第 3.2.7 节）非常适于提取多尺度的特性[Coggins and Jain,1985; Mallat, 1989; Bovik et al., 1990; Unser,1995]。两者都是多尺度空间-空间频域滤波方法，之前 Gabor 变换一直占主导地位。使用金字塔或树状结构的离散小波变换，小波也被成功用于纹理分类[Mallat, 1989; Chang and Kuo, 1993]（见第 3.2.7 节），其性能超越了传统的纹理表征方法。

在[Unser, 1995]中，过完备的**离散小波框架（discrete wavelet frames）**超越了标准的严格采样的小波纹理特征。下面的内容将基于 Unser 的工作讲述。考虑使用 l_2 范式（即平方可加的序列空间[Rioul, 1993]）的离散小波变换，纹理将用正交小波框架描述。首先，为说明原理，假定信号 x 为一维信号，使用的原型滤波器 h 满足如下条件：

$$H(z)H(z^{-1})+H(-z)H(-z^{-1})=1 \tag{15.39}$$

其中 $H(z)$ 为 h 的 z 变换[Oppenheim et al., 1999]，并且滤波器也满足低通限制 $H(z)|_{z=1}=1$。通过移位和调制，则可获得相应的高通滤波器 g 如下：

$$G(z)=zH(-z^{-1}) \tag{15.40}$$

使用上述两个滤波器，可如下迭代生成一系列宽度渐增的滤波器：

$$H_{i+1}(z)=H(z^{2^i})H_i(z) \tag{15.41}$$

$$G_{i+1}(z)=G(z^{2^i})H_i(z) \tag{15.42}$$

其中 $i=0,\cdots,I-1$，初始值 $H_0(z)=1$。这些滤波器构成了理想的重构滤波器组，它们可用于定义下面将要使用的各个小波。在信号域，两个尺度之间的关系如下：

$$\begin{aligned} h_{i+1}(k)&=[h]_{\uparrow 2^i} * h_i(k) \\ g_{i+1}(k)&=[g]_{\uparrow 2^i} * h_i(k) \end{aligned} \tag{15.43}$$

其中 $[.]_{\uparrow m}$ 表示上采样，因子为 m。一般地，每次迭代时，滤波器 h_i 和 g_i 的宽度都以 2 为采样因子增长；这一系列的滤波器可将信号分解到约 8 度的子频带。重要的是，这些滤波器涵盖了整个频域。

使用这些滤波器得到的正交小波分解，将引出如下所示的离散规范基函数：

$$\varphi_{i,l}(k)=2^{i/2}h_i(k-2^i l) \tag{15.44}$$

$$\psi_{i,l}(k)=2^{i/2}g_i(k-2^i l) \tag{15.45}$$

其中 i 和 l 为尺度和平移下标，乘积 $2^{i/2}$ 用于内积规范化。考虑一组嵌套子空间 $l_2 \supset V_0 \supset V_1 \supset \cdots \supset V_I$，其中 $V_i=\text{span}\{\varphi_{i,l}\}_{l\in Z}$，是在 i 分辨率下的近似空间。令子空间 $W_i(i=1,\cdots,I)$ 代表在 i 分辨率下的残差空间，其定义为 V_i 对 V_{i-1} 的正交补，即 $V_{i-1}=V_i+W_i$ 且 $V_i \perp W_i$。则在 i 尺度空间，x 的最小 l_2 范式近似对应于到 V_i 的正交投影，由下列式子给出

$$x_{(i)}(k)=\sum_{l\in Z} s_{(i)}(l)\varphi_{i,l} \tag{15.46}$$

$$s_{(i)}(l)=\langle x(k),\varphi_{i,l}(k)\rangle_{l_2} \tag{15.47}$$

其中 $\langle .,. \rangle$ 表示标准 l_2 内积，而 $\varphi_{i,0}(k)=2^{i/2}h_i(k)$ 为 i 分辨率时的离散尺度缩放函数。残差（x 到 W_i 的投影）由下列互补小波的展开式给出

$$x_{(i-1)}(k)-x_{(i)}(k)=\sum_{l\in Z}d_{(i)}(l)\psi_{i,l} \tag{15.48}$$

$$d_{(i)}(l)=\langle x(k),\psi_{i,l}(k)\rangle_{l_2} \tag{15.49}$$

其中 $\psi_{i,0}(k)=2^{i/2}g_i(k)$ 为尺度 i 时的离散小波。

结合给定深度 I 的所有尺度下的残差，将得到信号的完整离散小波展开：

$$x(k)=\sum_{l\in Z}s_{(I)}(l)\varphi_{I,l}+\sum_{i=1}^{I}\sum_{l\in Z}d_{(i)}(l)\psi_{i,l} \tag{15.50}$$

其中 d_i 为小波系数；S_I 为 $x_{(I)}$ 的粗略近似的展开系数，参见式（15.46）。

对于纹理分析，重要的一点是，式（15.47）和式（15.49）可通过简单的滤波和下采样获得，即

$$\begin{aligned}s_{(I)}(l)&=2^{I/2}[h_I^T*x]_{\downarrow 2^I}(l)\\ d_{(i)}(l)&=2^{i/2}[g_i^T*x]_{\downarrow 2^i}(l)\end{aligned} \tag{15.51}$$

其中 $i=1,\cdots,I;h^T(k)=h(-k)$，$[.]_{\downarrow m}$ 表示因子为 m 的下采样。已有基于与**滤波器**（**filter bank**）库直接滤波的高效算法，适用于此处的计算[Mallat, 1989]。

最常用于纹理分析的离散小波变换特征是**小波能量签名**（**wavelet energy signatures**）[Chang and Kuo, 1993; Mojsilovic et al., 2000; Arivazhagan and Ganesan, 2003]和二阶统计量[Van de Wouwer et al., 1999]。当基于小波的特征直接用于纹理描述时，该方法会因缺乏平移不变量而表现不佳。之前提到过，描述纹理时不变量是一个重要的特性。克服这一局限的一个办法是，对输入信号的所有平移，计算它们的离散小波变换，分解公式如下：

$$\begin{aligned}s_I^{\mathrm{DWF}}(k)&=\langle h_I(k-l),x(k)\rangle_{l_2}=h_I^T*x(k)\\ d_i^{\mathrm{DWF}}(k)&=\langle g_i(k-l),x(k)\rangle_{l_2}=g_i^T*x(k)\end{aligned} \tag{15.52}$$

其中 $i=1,\cdots,I$，DWF 表示离散小波框架（Discrete Wavelet Frame），以此和之前的式（15.51）加以区分。在后面的内容中，我们将不再写出下标，默认使用 DWF 表示。式（15.52）为式（15.51）的未采样版本。小波框架系数可用于平移不变的纹理描述。重要的是存在一种简单的重构公式，而分解和重构都可使用滤波器组来完成[Unser, 1995]。

实际的实现基于式（15.43）给出的两尺度关系，可得到如下所示的快速迭代分解算法：

$$\begin{aligned}s_{i+1}(k)&=[h]_{\uparrow 2^i}*s_i(k)\\ d_{i+1}(k)&=[g]_{\uparrow 2^i}*s_i(k)\end{aligned} \tag{15.53}$$

其中 $i=0,\cdots,I$，初始条件为 $s_0=x$（参见图 15.10）。每一步都重复与基本滤波器 h 和 g 的卷积操作——该算法每一步的复杂度都一致，整体复杂度与采样数成正比。

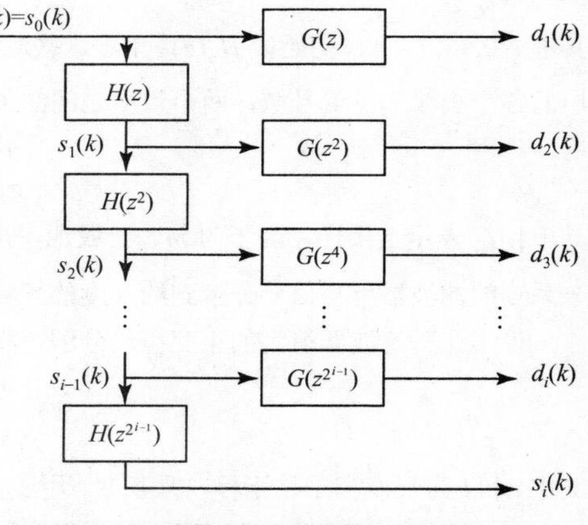

图 15.10 离散小波分解的快速迭代方法

将上述一维信号的算法推广到高维信号（以用于纹理图像分析），需要用到张量积公式[Mallat, 1989]。在二维图像中，定义了四个不同的基本函数（四个不同的滤波器），对应于一维函数 φ 和 ψ 不同的交叉乘积。从而可以先按图像的行再按列的顺序，进行一维信号处理以完成分解。式（15.52）给出的滤波器组的输出可如下重写成一个 N 维向量，其中 N 为子频带的个数：

$$\mathbf{y}(k,l)=(y_i(k,l))_{i=1,\cdots,N}=[s_I(k,l);d_I(k,l);\cdots;d_1(k,l)]^T \tag{15.54}$$

对于空域坐标 (k,l)，其结果 $\mathbf{y}(k,l)$ 为输入向量 $\mathbf{x}(k,l)$ 的线性变换，而 $\mathbf{x}(k,l)$ 为以 (k,l) 为中心的输入图像的块状表达。应用二维可分离的深度为 I 的小波变换，可得到 $N=1+3I$ 个特征。

纹理可由 N 个一阶的概率密度函数 $p(y_i)$，$i=1,\cdots,N$ 的集合来描述。另外，也可以通过使用一组通道方差特征，来获取更紧致的表达。

$$v_i = \mathrm{var}\{y_i\} \tag{15.55}$$

（该方法的证明参见[Unser,1986]）。显然，这种方法的纹理描述能力取决于选用合适的滤波器组。

通道方差 v_i 可由所分析纹理的关注区域 R 处的平方和均值估计得到

$$v_i = \frac{1}{N_R} \sum_{(k,l)\in R} y_i^2(k,l) \tag{15.56}$$

其中 N_R 为区域 R 内的像素个数。之前提到过，低通条件为 $H(z)|_{z=1}=1$，从而得出 $E\{y_1\}=E\{x\}$，以及 $E\{y_i\}=0, i=1,\cdots,N$。所以最好从低通频道特征中减去 $E\{x\}^2$，以获得更好的方差估计。

如采用离散小波变换，系数将因为下采样而变少。然而，方差还是可以用同样的方法估计出来。不过，由于下采样导致了特征变化的增加，对纹理的分类性能也有不利影响。

对于以上叙述的小波域的多尺度方法，其性能评价参见[Unser, 1995]。在 Brodatz 纹理的 256×256 图像实验中[Brodatz, 1966]，通过全局处理待分析的图像，来完成小波和滤波器组的分解。在性能评价时，将图像划成 $64(8\times8)$ 个互不重叠的子区域，每个子区域含 32×32 个像素，其中的纹理特征为彼此独立的特征向量 $\mathbf{v}=(v_1,\cdots,v_N)$，它们的值由式（15.56）算出。性能评价表明，离散小波框架法总是优于离散小波变换法。另外，实验也表明，使用真正的二或三级（$I=2,3$）的多分辨率的特征抽取，性能也优于局部单尺度分析。结果也显示，即便 n=0 时，DWF 特征的表现也非常好。重要的是，当多尺度方案采用 3 尺度（I=3）下的 3 分解（n=3）时，产生的 10 个特征的性能（99.2%的正确率）优于 DWF 方案（96.5%的正确率）的单尺度特征（n=0, I=1），后者使用了 4 个特征。这个结果值得关注，因为之前的比较研究都表明，DWF 方法（n=0,I=1, 等价于使用 2×2 的 Hadamard 变换的局部线性变换[Unser, 1986]）优于几乎所有的统计纹理描述方法，包括共生矩阵法、相关法等，因而可被用作单尺度分析的参考标准。在[Unser, 1995]中的研究也对各种正交和非正交的小波变换的性能进行了比较。

在[Vautrot et al., 1996]中给出了 Gabor 变换和小波的纹理分类性能的比较。如果需要纹理分割，可先在低分辨率的图像上，采用从粗到细的多分辨率方法，来找到要检测的纹理间的近似边界位置，随后，以低分辨率下得到的分割结果作为先验，在高分辨率下可进一步提高精度。设计出来的小波域的隐马尔科夫模型（参见第 10.11 节），特别是隐马尔科夫树[Fan and Xia, 2003]，直接考虑了小波变换的内在特性，并将小波提供的多尺度方法，与对互依赖统计和非高斯统计的建模结合起来，后者在实际问题的纹理分析中很常见[Crouse et al., 1998]。

15.1.9 其他纹理描述的统计方法

其他纹理描述技术的变化很丰富。我们这里仅仅介绍另外一些方法的基本原理[Haralick, 1979; Ahuja and Rosenfeld, 1981; Davis et al., 1983; Derin and Elliot, 1987; Tomita and Tsuji, 1990]。

数学形态学方法在二值图像中使用结构基元寻找形状的空间重复性（见第 13 章）。如果结构元素仅由单独的像素构成，则所产生的描述是二值图像的一个自相关函数。使用较大而且更为复杂的结构元素，就可以计算一般的相关关系。元素通常表示某种简单的形状，例如正方形、直线等。当二进制图像被腐蚀时，纹理属性就会表现在腐蚀后的图像上[Serra and Verchery, 1973]。构造特征向量的一种可能是把不同的结构元素作用到纹理图像上，然后在腐蚀后的图像中计数具有单位值的像素的数目，每一个数目构成特征向量的一个元素。形态学方法强调纹理基元的形状属性，但是由于二值纹理图像的假设，它的应用受到限制。灰度级数学形态学有助于解决这个问题。纹理描述的数学形态学方法在颗粒状材质中通常是成功的，它可以通过阈值化来分割。在[Dougherty et al. , 1989]中，使用一个开运算的序列，并计算其每一步处理后的像素数目，得出了一个纹理的度量。

纹理变换（**texture transform**）代表了另一种方法。每一个出现在图像中的纹理类型被变换为唯一的灰度级；一般的想法是去构造一图像 g，使得像素 $g(i,j)$ 描述了原始纹理图像 f 在像素 $f(i,j)$ 的某个邻域内的纹理。如果分析的是微纹理，就必须使用 $f(i,j)$ 的小的邻域，而对于宏纹理的描述就应该使用一个适当的较大的邻域。此外，先验知识可以用来指导变换以及后续的纹理识别和分割。也可以用局部纹理方向将纹理图像变换为特征图像，然后使用有监督的分类来识别纹理。

在纹理像素中灰度级的线性估计也可以用于纹理描述。像素灰度级从它们的邻域中的灰度级来估计——这是基于**自回归纹理模型**（**autoregression texture model**）的方法，其中使用了线性估计参数[Deguchi and Morishita, 1978]。模型的参数在精细纹理中变化显著，但是如果描述的是粗糙纹理，则相对不变。模型已经与基于二阶空间统计量的方法做了比较[Gagalowicz et al. , 1988]，可以发现，尽管结果具有可比性，但空间统计量进行得更快且更可靠。

峰和谷（**peak and valley**）的方法[Mitchell et al. , 1977; Ehrick and Foith, 1978]基于在纹理图像的垂直的和水平的扫描中对亮度函数局部极值的检测。精细纹理具有大量的小尺寸的局部极值，粗糙纹理则表现为少量的大尺寸的局部极值——更高的峰和更深的谷。

像素灰度级的序列可以看作是一个**马尔可夫链**（**Markov chain**），其中 m 阶链的转移概率表示了 $m+1$ 阶的纹理统计量[Pratt and Faugera, 1978]。这个方法也可以用于纹理生成[Gagalowicz, 1979]。

最新的一个发展是**确定性旅行家路径**（**deterministic tourist walk**），它使用了一种特别的自回避确定性路径来进行纹理分析[Backes et al., 2010]。这种方法具有与生俱来的多尺度特性，相对于 Gabor、傅里叶变换和共生矩阵方法展现了很好的性能。另外一种使用一组全新纹理描述滤波器集的尺度无关方法显示了其对于方向、对比度和尺度具有不变形，并且对于局部的变性也很鲁棒[Mellor et al., 2008]。一个成功的应用是关于图像检索的，该应用基于 χ 方相似度度量，是应用于局部滤波器响应得到的直方图计算得到的。

迄今为止所介绍的很多纹理描述特征是互相关联的；傅里叶功率谱、自回归模型以及自相关函数反映了二阶统计量的相同子集。在[Tomita and Tsuji, 1990]中总结了纹理描述方法间的数学关系，在[Du Buf et al. , 1990; Iversen and Lonnestad, 1994; Zhu and Goutte, 1995; Wang et al. , 1996]中可以找到有关几个方法性能的一个实验比较，在[Soh and Huntsberger, 1991]中讨论了比较的标准。

人们已经证明高于二阶的统计量几乎不包含可以用于纹理识别的信息[Julesz and Caelli, 1979]。然而，相同的二阶统计量并不会保证同样的纹理；这样的例子可以在[Julesz and Bergen, 1987]中找到，其中还有对人类纹理感知的研究内容。对于人类视觉的有关纹理的研究似乎带来有用的结果，基于这种研究设计了一种纹理分析方法，它模拟了在多通道空间滤波的感知模型下，在每个单独通道内的纹理特征的抽取过程[Rao, 1993]。

15.2 句法纹理描述方法

句法和混合纹理描述方法没有统计方法使用得那么广泛 [Tomita et al., 1982]。**句法**（**syntactic**）纹理描述是基于纹理基元的空间关系与形式语言结构之间的类比。来自一个类别的纹理描述形成了一个可以由它的语法表示的语言，语法可以从一个语言词汇的训练集（从训练集中的纹理描述）中推导出来——在学习阶段，对每一个出现在训练集中的纹理类别，构造一个语法。然后识别过程则为纹理描述词汇的句法分析。可以用来完成对描述词汇作句法分析的语法就确定了纹理类别（见第 9.4 节）。

纯句法的纹理描述模型是基于纹理由在位置上具有几乎是规范关系的基元所组成的想法。为了描述纹理必须确定基元的描述（在这个章节的开始已经讨论）和基元的放置规则[Tsuji and Tomita, 1973; Lu and Fu, 1978]。基元空间关系的描述方法。描述基元关系结构的最有效的方法之一是，使用一个代表了从基元构造纹理的规则的语法，把一个变换规则作用到一个有限的符号集上。符号代表了纹理基元的类型而变换规则代表了基元间的空间关系。在第 9 章中指出了任何语法是一个非常严格的形式。真实世界的纹理通常是不规则的，且结构误差、变形或者甚至于结构的变化是频繁的。这意味着在实际中没有严格的规则可以用于描述纹理。为了使得真实纹理的句法描述成为可能，在描述语法中必须将可变的规则合并进去，而且必须使用非确定性的或随机的语法（见第 9.4 节和[Fu, 1974]）。更进一步，对于纹理类别，通常没有单一的描述语法，通过使用不同的符号和不同的变换规则以及不同的语法类型，它可以有无穷多个不同的语法描述。我们将讨论链语法和图语法[Pavlidis, 1980]，其他的适合纹理描述的语法（树、矩阵）可以在[Ballard and Brown, 1982; Fu, 1982; Vafaie and Bourbakis, 1988]中找到。使用生成原理的纹理描述的另一种方法是使用**分形**[Mandelbrot, 1982; Barnsley, 1988]。

15.2.1 形状链语法

用于纹理描述的最简单语法叫做形状链语法（参见第 9.4 节）。它们从一个起始符号开始，随后是应用称为**形状规则（shape rules）**的变换规则来生成纹理。如果没有可以进一步应用的变换规则，则生成过程结束。纹理生成由几个步骤组成。首先，找到变换规则。其次，必须在几何上调整规则以准确地与已经生成的纹理相匹配（规则是更一般的；它们可能不包括尺寸、方向等）。

算法 15.5　形状链语法纹理生成

1. 通过把某个变换规则应用到起始符号上，启动纹理生成过程。
2. 找到匹配某一变换规则左边的先前生成的纹理的一个部分。这个匹配必须是在如下两方之间的明确对应：所选择的变换规则左边的终结符和非终结符，要将规则应用在其上的纹理部分的终结符和非终结符。如果找不到这样的纹理部分，则结束。
3. 找到一个合适的几何变换，使其应用在所选规则的左边以达到与所考虑的纹理部分准确匹配的目的。
4. 把这个变换应用到变换规则的右边。
5. 以所选变换规则的几何变换后的右边代替纹理的指定部分（与所选规则的几何变换后的左边相匹配的那部分）。
6. 继续执行步骤 2。

我们可以在六边形纹理生成的例子上说明这个算法。令 V_n 为非终结符集，V_t 为终结符集，R 为规则集，S 为起始符号（正如在第 9.4 节中那样）。语法[Ballard and Brown, 1982]如图 15.11 所示，这样它可以按照算法 15.5 用于生成六边形纹理——注意非终结符可以出现在不同的旋转中。这里基元的旋转由一个附在图 15.11 中的基元六边形一边上的小圆来表示。六边形纹理的识别就是纹理可以由这个语法所产生的证明过程；纹理识别使用了在第 9.4 节中描述的句法分析。注意在图 15.12（a）中显示的纹理将被该语法（见图 15.11）所接受，而图 15.12（b）将被拒绝。

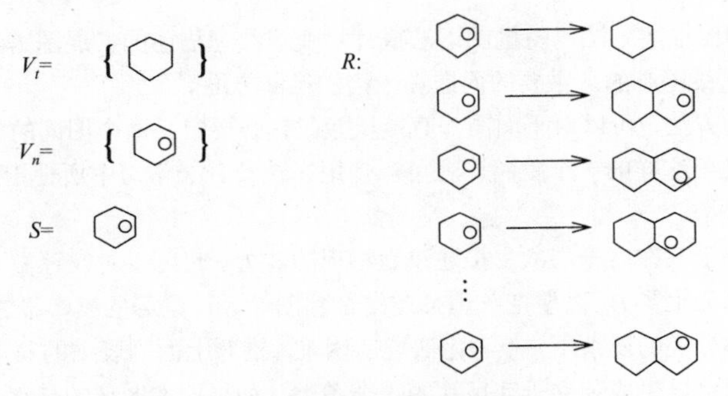

图 15.11　生成六边形纹理的语法

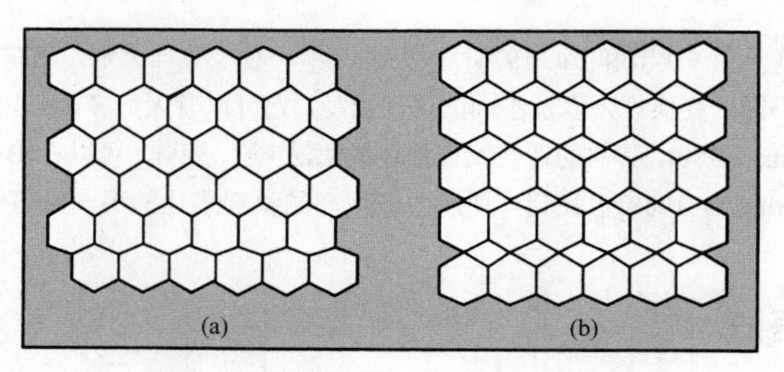

图 15.12 六边形纹理：（a）接受；（b）拒绝

15.2.2 图语法

在机器视觉任务中，纹理分析比纹理合成更常见（尽管纹理合成通常可能更普遍，如在计算机图形学和计算机游戏中）。纹理识别的自然方法是构造一个基元布置的平面图（一个可以画在平面内而没有相交弧的图），然后在识别过程中使用它（平面图可以画在平面内而不会出现相交的弧）。要构造这样的一个图，必须知道基元类型和基元的空间关系；纹理基元间的空间关系将反映在图的结构中。纹理基元的类别编码在图结点中，每一个基元在图中有一个对应结点，且如果在两个基元的某个特定邻域内没有其他的基元，则这两个结点将以一条弧相连。这个邻域的大小对所产生的平面图的复杂度起主要影响——邻域的尺寸越大，图中弧的数目就越少。注意，选择的邻域太大可能会导致某些结点没有弧（对于太小的邻域可能也是这样）。在[Urquhart, 1982; Ahuja, 1982; Tuceryan and Jain, 1990]中描述了一些在实际中使用的图的特征属性（邻域关系图、Gabriel 图、Voronoi 图）。这些图具有估值出的弧和结点，它们因为具有对称的空间邻域关系而是无向的。每个结点以其所对应的基元类别来标记，而弧由它们的长度和方向来估值。

此后纹理分类问题变成了图的识别问题，可以使用下面的方法。

（1）通过把平面图分解成一个链的集合（邻接图结点的序列），简化纹理描述，然后应用在前一节所讨论的算法。纹理的链描述可以表示封闭的区域、不同的图路径、基元邻域等的边界基元。对每个纹理类别，从若干纹理描述的平面图分解中构造出一个训练集。推出在训练集中表示纹理的适当的语法。出现信息噪声的概率是很大的，因此应该使用随机语法。纹理分类由以下步骤组成。

- 一个待分类的纹理由一个平面图来表示。
- 图被分解成链。
- 对描述链作句法分析。
- 纹理被分类到如下的类别，其语法接受该平面图所分解出的所有链。如果不止一个语法接受了这些链，则纹理可以被分类到其语法以最高的概率接受这些链的类别。

这个方法的主要优点是它的简单性。它的缺点是由链分解不可能重建原始平面图；这意味着句法信息的某些部分在分解时丢失了。

（2）另一类的平面图描述方法以随机图语法或针对变形纹理描述的扩展图语法为代表。这个方法从实现和算法两个角度看都是很困难的；主要的问题在于语法推断方面。

（3）通过图匹配的方法，可以对平面图作直接比较。有必要定义两个图间的一个“距离”作为它们的相似度的度量；如果定义了这样的一个距离，就可以使用在统计分类学习中所使用的标准方法——样本计算、聚类分析等。

句法方法的价值在于其在若干层次上描述纹理特征的能力。它可以对纹理做一个定性分析，并将其分解成描述性的子结构（基元聚类），以便把纹理描述结合到图像、场景等的整个描述中。从这个观点来看，它明显地超越了简单物体分类的复杂度。不考虑实现的困难，推荐上面列表中的第二个方法；如果适当地选择了描述的图语法，则它可以生成独立于其尺寸的一个图类。如果要在图像的任意分层级别上搜寻一个模式，则可以使用它。描述纹理的平面图的一个例子如图 15.13 所示。

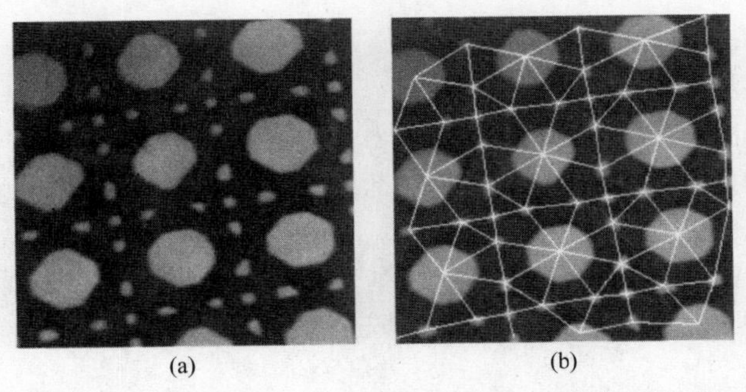

(a)　(b)

图 15.13　描述纹理的平面图：（a）纹理基元；（b）叠加了平面图

15.2.3　分层纹理中的基元分组

在分层纹理中，可以检测到基元的若干层次——较低层次的基元形成了某种特殊的模式，它可以作为较高描述层次的基元（见图 15.14）。在纹理中检测这些基元模式（单元）的过程称作**基元分组**（**primitive grouping**）。注意，这些单元在一个更高的描述层次上可能会形成新的模式。因此，必须重复分组过程一直到没有新的可以形成的单元为止。

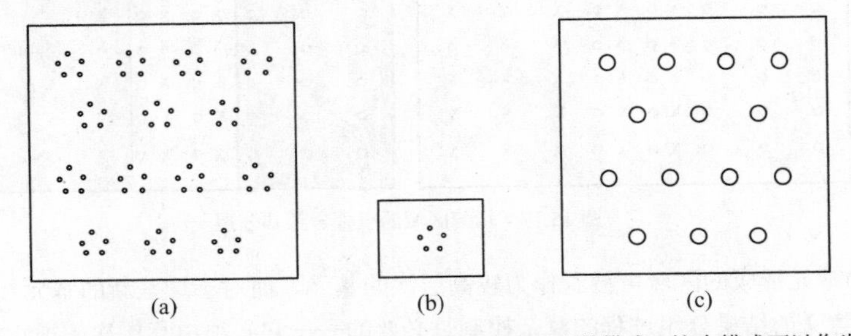

(a)　(b)　(c)

图 15.14　分层纹理：（a）纹理；（b）从低层次基元形成的模式，这个模式可以作为较高层次上的一个基元；（c）较高层次的纹理

分组使得纹理分割的句法方法成为可能。它起到了和在统计纹理识别中纹理特征局部计算所具有的相同的作用。我们已经多次指出了不同的基元和/或不同的空间关系表现了不同的纹理。考虑一个例子（见图 15.15（a）)，其中基元是相同的（dots（小圆点）)，纹理不同在基元间的空间关系上。如果考虑更高的分层级别，在这两个纹理中，都可以检测出不同的基元——纹理不再是由相同的基元类型组成的了，如图 15.15（b）所示。

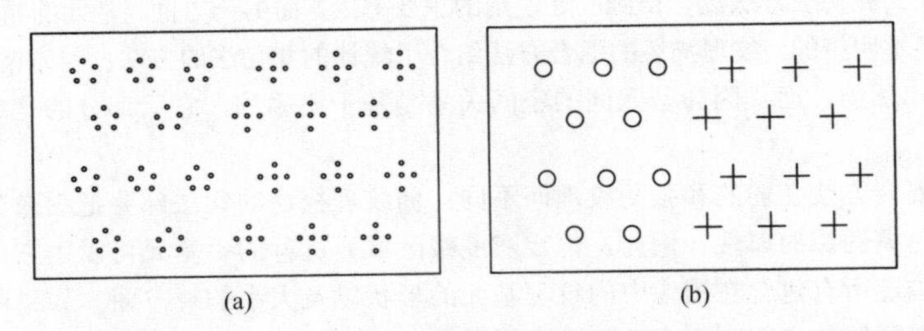

(a)　(b)

图 15.15　基元分组：（a）两个纹理，在最低的描述层次有相同的基元；（b）同样的两个纹理，在更高描述层次有不同的基元

在[Tomita and Tsuji, 1990]中描述了一种基元分组算法。

算法 15.6　纹理基元分组

1. 确定纹理基元属性，并把纹理分类成具体类别。
2. 对每一个纹理基元，找到最近的和次近的邻居。使用基元类别和到最近的两个相邻基元 d_1 和 d_2 的距离，把低层次的基元分成新的类别，见图 15.16。
3. 将具有相同新类别的连接的（彼此接近）基元连在一起，形成较高层次的基元，见图 15.16。
4. 如果连接的基元生成的任何两个均匀区域有重叠，则令重叠的部分形成一个独立的区域，见图 15.17。

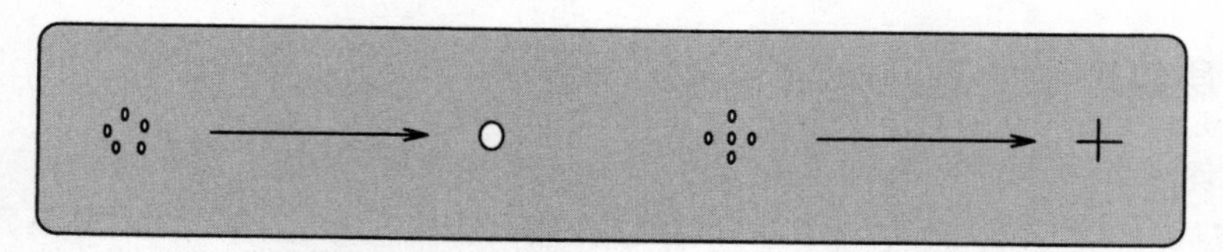

图 15.16　基元分组——低层次的基元模式组合起来成为较高层次的单个基元

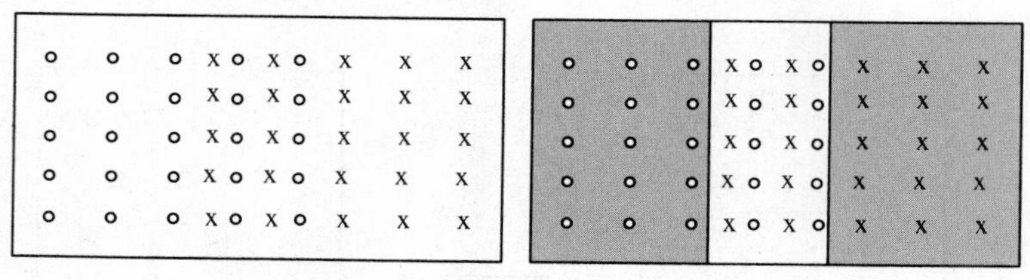

图 15.17　均匀区域的重叠导致其分裂

从较低层次的基元形成的区域可被看作为较高层次的基元，而对于这些新的基元，可以重复分组过程。然而，为了得到有意义的结果分组过程的复杂控制是必要的——它必须由高层次的视觉纹理理解子系统来控制。在[Tomita and Tsuji, 1990]中介绍一种迭代的基元分组方法，它使用了基元属性以及基元空间关系的直方图，其中包含了基于句法的纹理分割结果的例子。

15.3　混合的纹理描述方法

在句法分析器的学习中，以及在图（或其他复杂的）语法的推导中，纹理描述的纯句法方法遇到了很多困难。这就是为什么纯句法方法没有得到广泛使用的主要原因。而另一方面，基元的精确定义带来了很多优点，完全避开它是不明智的。纹理描述的混合方法结合了统计的和句法的方法；因为精确地定义了基元，这种技术部分的是句法的，而又因为基元间的空间关系是基于概率的，它又部分的是统计的 [Conners and Harlow, 1980a]。

纹理描述的混合方法在弱的和强的纹理间不同。弱纹理描述的句法部分把图像分成作为纹理基元的区域，这是根据色调图像的属性（例如，恒定灰度级区域）进行的。基元可以由它们的形状、大小等来描述。下一步是构造所有包含在图像中的纹理基元的形状以及大小的直方图。如果图像可以分割成两个或更多的均匀纹理区域的集合，则直方图是双模态的，每个基元是某一纹理模式的代表。这个可以用于纹理分割。

如果起始直方图没有显著的峰，则达不到完整的分割。基于直方图的分割可以在每个迄今为止分割出来的均匀纹理区域上重复进行。如果任何纹理区域由不止一个纹理类型组成，则不能使用这个方法，而必须计算基元间的空间关系。在[Haralick, 1979]中讨论了一些方法。

强纹理的描述基于纹理基元的空间关系，而且基元间的两个方向的相互影响似乎携带着大部分信息。最简单的纹理基元是像素以及它的灰度级属性，而恒定灰度级像素的最大连续集是较复杂的纹理基元[Wang and Rosenfeld, 1981]。这样的基元可以由它的大小、细长度、方向、平均灰度级等来描述。纹理描述包括了基元间的基于距离和邻接关系的空间关系。使用更复杂的纹理基元带来了更多的纹理信息。而另一方面，单像素基元的所有属性是即时可得的，不必涉及基元属性的大量计算。

混合的多层次纹理描述以及分类方法[Sonka, 1986]基于基元定义和基元间关系的空间描述。这个方法不仅考虑色调和结构属性，而且包含了几个步骤。首先提取纹理基元，然后进行描述和分类。作为这个阶段的一个结果，一个分类器知道怎样去分类纹理基元。将已知的纹理提交给纹理识别系统。从图像中提取纹理基元，而第一层的分类器识别它们的类别。基于识别出的纹理基元，对训练集中的每个纹理，计算基元类别间的空间关系。纹理基元间的空间关系由一个用于调整第二层分类器的特征向量来描述。如果构造了第二层分类器，则两层学习过程结束，而未知纹理就可以提交给纹理识别系统了。基元由第一层分类器分类，计算基元的空间属性，再由第二层分类器给纹理赋予一个纹理类别。有些混合方法使用傅里叶描述子对形状编码，并通过由矢量量化得到的联合概率分布的精简集来给纹理建模。在前面第 15.1.6 节中讲述的 LBP 方法是一种天生的混合纹理描述方法——均匀的模式可以被理解为纹理基元，而估计这些纹理基元（微模板）的分布结合了结构化和统计图像分析[Ojala et al., 2002b]。

15.4 纹理识别方法的应用

在我们的世界里纹理是很常见的，其应用可能性几乎是不受任何限制的: 根据遥感数据的农作物收成的估计或森林病虫害的定位、根据 X 射线图像的肺部疾病的自动诊断、根据气象卫星数据的云类型的识别、纺织品图案瑕疵检测等等只是其中一些应用例子。

基于空间频率的纹理描述方法的典型应用包括道路、十字路口、建筑物、农业地区以及自然物体的纹理识别，树木的五种类别分类。一个有趣的事例是，在室外物体识别中，纹理信息的作用通过比较使用和不使用纹理信息时所取得的分类正确率得以证明；基于频谱信息的分类达到了 74%物体分类的正确率。添加纹理信息，准确率增加到 99%[Haralick, 1979]。纹理描述和识别的工业应用越来越常见。这样的例子几乎可以在工业的和生物医学活动的所有分支中找到——在汽车或纺织工业中的质量检验[Wood, 1990; Xie, 2008]，工件表面监测，道路表面溜滑估计，微电子，遥感，乳房 X 线照相术[Miller and Astley, 1992]，MR 大脑成像[Toulson and Boyce, 1992]，肺薄壁特征[Xu et al., 2006]，三维纹理分析[Ip and Lam, 1995; Kovalev et al.,2001]，从图像数据库中的基于内容的数据检索，等等。

15.5 总结

- **纹理**
  - 纹理使用得很广泛，且在直觉上可能是明显的，但是由于它的变化范围很宽泛，因而并没有精确的定义。
  - 纹理由称为的**纹素**的纹理**基元**（纹理**元素**）组成。
  - 纹理基元是具有相同色调的或区域属性的像素连续集。
  - **纹理描述**基于**色调**或**结构**。色调描述在基元中的像素的亮度属性，而结构反映了基元间的空间关系。
  - 纹理描述是**尺度相关**的。
  - 纹理描述的**统计**方法计算不同的纹理属性，在纹理基元大小和像素尺寸可比时是合适的。

- 当容易确定基元以及它们的描述属性时，**句法**的和**混合**的方法（统计的和句法的结合）更适合描述纹理。

- **统计纹理描述**
  - 统计纹理描述方法以适合统计模式识别的一种形式来描述纹理。每个纹理以一个属性特征向量来描述，它代表了多维特征空间中的一个点。
  - 粗糙纹理由较大的基元构成，细纹理则由较小的基元构成。纹理的特征与纹理基元的空间尺寸直接相关。
  - 细纹理由较高的空间频率表征，粗糙纹理则由较低的空间频率表征。
  - 度量空间频率是一大类纹理识别方法的基础。
    * 纹理的自相关函数
    * 光学图像变换
    * 离散图像变换
  - 纹理描述可以基于在纹理中某一灰度级结构重复出现的情况；这个结构在精细纹理中随着距离而快速地变化，而在粗糙纹理中则缓慢地变化。**共生矩阵**代表了这样的一种方法。
  - **边缘频率**方法描述纹理中边缘出现的频率。
  - 在**基元长度**（**行程**）的方法中，纹理描述特征可以计算为纹理中基元的长度和灰度级的连续概率。
  - **Laws 纹理度量**通过估计纹理中的平均灰度级、边缘、斑点、波纹以及波形来确定纹理属性。
  - **局部二值模式**（**LBP**）识别局部微结构并且估计它们在纹理上的分布。局部相邻元素被阈值化为二值模式，二值模式的直方图分布被用来进行描述。
  - 纹理描述的**分形**方法基于纹理粗糙度和分形维数间以及纹理颗粒度和缺项间的相关性。
  - **小波**纹理描述
    * 与其他基于统计的纹理分析方法相比，小波纹理描述方法更有效。
    * 常使用小波能量签名或其二阶统计量。
    * 标准小波方法不是平移不变的。
    * 离散小波框架引入了平移不变量，从而可用滤波器组有效实现。
    * 基于小波的隐马尔科夫模型和隐马尔科夫树加入了小波子带间的独立性，以进一步提升性能。
  - 存在其他的统计的方法：
    * 数学形态学
    * 纹理变换
  - 各种纹理属性可以从基本度量的一阶以及二阶统计量中得出，例如共生、边缘分布、基元长度等。
  - 高于二阶的统计量几乎不包含可以用于纹理识别的信息。

- **句法和混合纹理描述**
  - 句法纹理描述是基于纹理基元的空间关系与形式语言结构之间的类比。
  - 混合方法结合了统计的和句法的方法；因为精确地定义了基元，这种技术部分的是句法的，而又因为基元间的空间关系是基于概率的，它又部分的是统计的。
  - 纯句法的纹理描述模型是基于纹理由在位置上具有几乎是规范关系的基元所组成的想法。为了描述纹理必须确定基元的描述和基元的放置规则。
  - 真实世界的纹理通常是不规则的，且伴随着频繁的结构误差、变形、和/或结构的变化，使得没有严格的语法可用。为了使得真实纹理的句法描述成为可能，在描述语法中必须将可变的规则合并进去，而且必须使用非确定性的或随机的语法。
  - 句法纹理描述的方法包括：
    * **形状链语法**，它是可以用于纹理描述的最简单的语法。它们从一个起始符号开始，随后是应

用**形状规则**。

* **图语法**，一个构造**基元布置的平面图**的方法。要构造这样的一个图，必须知道基元类型和基元的空间关系；纹理基元间的空间关系将反映在图的结构中。此后纹理分类问题变成了**图的识别**问题。

- 句法方法的价值在于其在若干层次上描述纹理特征的能力。
- 如果较低层次的基元形成了某种特殊的模式，它可以作为较高描述层次的基元，则可以进行**基元分组**。
- 句法和混合纹理描述方法没有像统计方法那样得到广泛使用。

15.6 习题

简答题

S15.1 什么是纹素（texel）?

S15.2 解释强纹理和弱纹理间的不同。

S15.3 解释粗糙纹理和精细纹理间的不同。

S15.4 在纹理描述中尺度的角色是什么?

S15.5 具体说明使用在统计、句法以及混合方法中的主要的纹理描述和识别的策略。对于三个通用方法中的每一个，描述此方法可以期望得到良好结果的纹理类型，以及它不适合的纹理类型。

S15.6 在精细纹理和粗糙纹理比较中，确定下面的纹理特征是否表现出相对较高或较低的值：

(a) 傅里叶能量谱的小半径圆中的能量（图 15.3（a））

(b) 对于小的 d 值，平均边缘频率特征（式（15.10））

(c) 短基元加重

(d) 长基元加重

(e) 分形维数

(f) 缺项

S15.7 列举适合于方向纹理描述的几个纹理描述特征。

S15.8 解释为什么确定性的语法对于现实世界的纹理描述来说过于限制了。

S15.9 在一个矩形网格，绘制一个 $LBP_{4,4}$ 纹理描述特征检测器的几何模式。

S15.10 与 $LBP_{P,R}$ 相比，$LBP_{P,R}^{ri}$ 纹理描述子的旋转无关性的主要原因是什么?

S15.11 解释相对于 LBPs，为什么使用 LTPs 进行纹理描述损害了灰度值变换无关性。

S15.12 定义分形维数和缺项，解释这些度量怎样用于纹理描述。

S15.13 定义一个随机语法。它怎样才能对于纹理描述有用?

S15.14 解释基元分组的基本原理。它的优点是什么？这个方法可应用于什么纹理？它怎样被用于纹理描述?

S15.15 建议几个可以使用纹理描述和识别的应用。

思考题

P15.1 使用 WWW，找到几幅不同的均匀纹理的图像（取自基于万维网数据库的 Brodatz 纹理[Brodatz, 1966] 可能是一个好的选择）。

(a) 从这些图像建立你的个人数据库 TD1，至少包含 5 种逐步由粗到细的纹理类型。

(b) 从这些图像建立你的个人数据库 TD2，至少包含三种不同的纹理类，每一类至少有十幅图像属于它。

（c）从这些图像建立你的个人数据库 TD3，至少包含三种同性质的有向纹理（最好使用每一类中的肌肤图像），然后将每一个纹理旋转 9 个随机角度，这样形成了一个对于每类纹理都包含 10 个不同角度的图像的数据库。

这些数据库将用在下面的一些实验中。

P15.2 基于描述子实现傅里叶变换。

P15.3 对于图 15.4 中的图像，确定共生矩阵 $P_{0°,2}$，$P_{45°,2}$，和 $P_{90°,3}$。

P15.4 对一具有 3×3 的二值格子（0 和 1 的值，0 级格子在左上角）的 30×30 的棋盘图像，对于 $d \in \{1,2,3,4,5\}$，确定平均边缘频率函数（式（15.10））。

P15.5 对一具有 3×3 的二值格子（0 和 1 的值，0 级格子在左上角）的 30×30 的棋盘图像，以及一个具有 3 像素宽的二值垂直条纹（0 级条纹沿图像左边）的 30×30 的图像，确定下面的非方向性的纹理描述子：

（a）短基元加重

（b）长基元加重

（c）灰度级均匀性

（d）基元长度均匀性

（e）基元百分比

P15.6 用考虑了基元方向的修改后的纹理描述子，重复习题 P15.5。

P15.7 设计一些函数（子程序），在给定大小的图像中计算以下的纹理描述子：

（a）共生描述子

（b）平均边缘频率

（c）基元长度描述子

（d）Laws 能量描述子

（e）$\text{LBP}_{P,R}^{riu2}$ 描述子

（f）分形纹理描述子

P15.8 从习题 P15.1 建立的数据库中选择五幅非常不相似的纹理由细到粗排列，使用在习题 P15.7 中设计的函数，对于四个不同 d 值（例如，d=1,3,5,7；注意，你可能要根据你的纹理尺度来选择其他的 d 值），确定：

（a）由式（15.4）～式（15.9）确定的共生特征

（b）平均边缘频率

选择三个纹理描述子以回答下面的问题。从有关在纹理描述子和在每个纹理中的 d 值之间的关系的观察中，可以得出什么结论？对于纹理粗糙度和单个纹理描述子的值之间的关系，可以得出什么结论？

P15.9 对从习题 P15.1 中建立的数据库中选择的由细到粗排列的五幅非常不相似的纹理，使用在习题 P15.7 中设计的函数，确定：

（a）由式（15.12）～式（15.16）确定的基元长度特征

（b）Laws 能量特征

（c）$\text{LBP}_{P,R}^{riu2}$ 特征

（d）基于分形的纹理特征——分形维数和缺项

对于纹理粗糙度和单个纹理描述子的值之间的关系，可以得出什么结论？

P15.10 设计一个生成图 12.4 中所展示的纹理的形状链语法。给出这个生成过程的前几个步骤。

P15.11 设计一个生成图 15.12（b）中所展示的纹理的形状链语法。

P15.12 使用你的数据集 TD2 中的类别（习题 P15.1），设计一个统计纹理描述和识别的程序。纹理描述子应该反应三个纹理类别的区分属性。使用每个类别中的一半纹理图像训练一个简单的统计分类器（见第 9 章）。使用剩下的纹理图像，确定纹理分类的正确率。

P15.13 使用你的数据集 TD3（习题 P15.1）中包含旋转图像的纹理类别，设计一个统计纹理描述和识别的程序，使得不同方向的纹理都能够被识别。纹理描述子应该反映三个类别的区分性属性。不要使用 LBP 描述子处理这个问题。使用每一类纹理图像的一半图像训练一个简单的统计分类器（见第 9 章），然后使用剩下的纹理图像确定分类正确性。

P15.14 使用 LBP 和 LBP^{riu2} 纹理描述子来重复习题 P15.13。比较这两种描述子互相比较的性能，以及与习题 P15.13 原本的结果进行比较。

P15.15 使用你的数据集 TD1-TD3（习题 P15.1）制作几幅包含 3～5 个不同纹理区域的人工图像，设计一个基于纹理的图像分割程序，它在矩形窗口中进行纹理识别。使用一个移动窗口，程序将把每个窗口分类成纹理类别中的一个。在单纹理图像中，使用与分类阶段所使用的相同大小的窗口，训练分类器。以正确分类的图像面积的百分比，评价图像分割的准确度。

P15.16 使自己熟悉 Matlab 教辅书中对应于本章中解决的问题以及 Matlab 实现的相关算法[Svoboda et al., 2008]。Matlab 教辅书的主页 http://visionbook.felk.cvut.cz 中提供了这些问题中使用的图像，以及为教学设计的注释良好的 Matlab 代码。

P15.17 使用 Matlab 教辅书[Svoboda et al., 2008]来求解那里提供的一些附加习题和实际问题。使用 Matlab 或者其他合适的语言来实现你自己的答案。

15.7 参考文献

Ahuja N. Dot pattern processing using Voronoi neighborhood. *IEEE Transactions on Pattern Analysis and Machine Intelligence*, 4:336–343, 1982.

Ahuja N. and Rosenfeld A. Mosaic models for textures. *IEEE Transactions on Pattern Analysis and Machine Intelligence*, 3(1):1–11, 1981.

Arivazhagan S. and Ganesan L. Texture classification using wavelet transform. *Pattern Recogn. Lett.*, 24:1513–1521, 2003.

Backes A. R., Goncalves W. N., Martinez A. S., and Bruno O. M. Texture analysis and classification using deterministic tourist walk. *Pattern Recognition*, 43:686–694, 2010.

Ballard D. H. and Brown C. M. *Computer Vision.* Prentice-Hall, Englewood Cliffs, NJ, 1982.

Barnsley M. F. *Fractals Everywhere.* Academic Press, Boston, 1988.

Besicovitch A. S. and Ursell H. D. Sets of fractional dimensions (V): On dimensional numbers of some continuous curves. *Journal of the London Mathematical Society*, 12:18–25, 1937.

Bovik A. C., Clark M., and Geisler W. S. Multichannel texture analysis using localized spatial filters. *IEEE Transactions on Pattern Analysis and Machine Intelligence*, 12:55–73, 1990.

Brodatz P. *Textures: A Photographic Album for Artists and Designers.* Dover, Toronto, 1966.

Castleman K. R. *Digital Image Processing.* Prentice-Hall, Englewood Cliffs, NJ, 1996.

Chang T. and Kuo C. C. Texture analysis and classification with tree-structure wavelet transform. *IEEE Transactions on Image Processing*, 2:429–441, 1993.

Coggins J. M. and Jain A. K. A spatial filtering approach to texture analysis. *Pattern Recognition Letters*, 3:195–203, 1985.

Conners R. W. and Harlow C. A. Toward a structural textural analyser based on statistical methods. *Computer Graphics and Image Processing*, 12:224–256, 1980.

Crouse M. S., Nowak R. D., and Baraniuk R. G. Wavelet-based statistical signal processing using hidden Markov models. *IEEE Transactions on Signal Processing*, 46:886–902, 1998.

Davis L. S. and Mitiche A. Edge detection in textures. *Computer Graphics and Image Processing*, 12:25–39, 1980.

Davis L. S., Janos L., and Dunn S. M. Efficient recovery of shape from texture. *IEEE Transactions on Pattern Analysis and Machine Intelligence*, 5(5):485–492, 1983.

Deguchi K. and Morishita I. Texture characterization and texture-based partitioning using two-dimensional linear estimation. *IEEE Transactions on Computers*, 27:739–745, 1978.

Derin H. and Elliot H. Modelling and segmentation of noisy and textured images using Gibbs random fields. *IEEE Transactions on Pattern Analysis and Machine Intelligence*, 9(1): 39–55, 1987.

Dougherty E. R., Kraus E. J., and Pelz J. B. Image segmentation by local morphological granulometries. In *Proceedings of IGARSS '89 and Canadian Symposium on Remote Sensing*, Vancouver, Canada, pages 1220–1223, New York, 1989. IEEE.

Du Buf J. M. H., Kardan M., and Spann M. Texture feature performance for image segmentation. *Pattern Recognition*, 23(3–4):291–309, 1990.

Ehrick R. W. and Foith J. P. A view of texture topology and texture description. *Computer Graphics and Image Processing*, 8:174–202, 1978.

Fan G. and Xia X. G. Wavelet-based texture analysis and synthesis using hidden Markov models. *IEEE Trans. Circuits and Systems*, 50:106–120, 2003.

Fan Z. Edge-based hierarchical algorithm for textured image segmentation. In *International Conference on Acoustics, Speech, and Signal Processing*, Glasgow, Scotland, pages 1679–1682, Piscataway, NJ, 1989. IEEE.

Fu K. S. *Syntactic Methods in Pattern Recognition*. Academic Press, New York, 1974.

Fu K. S. *Syntactic Pattern Recognition and Applications*. Prentice-Hall, Englewood Cliffs, NJ, 1982.

Fung P. W., Grebbin G., and Attikiouzel Y. Contextual classification and segmentation of textured images. In *Proceedings of the 1990 International Conference on Acoustics, Speech, and Signal Processing—ICASSP 90*, Albuquerque, NM, pages 2329–2332, Piscataway, NJ, 1990. IEEE.

Gagalowicz A. Stochatic texture fields synthesis from a priori given second order statistics. In *Proceedings, Pattern Recognition and Image Processing*, Chicago, IL, pages 376–381, Piscataway, NJ, 1979. IEEE.

Gagalowicz A., Graffigne C., and Picard D. Texture boundary positioning. In *Proceedings of the 1988 IEEE International Conference on Systems, Man, and Cybernetics*, pages 16–19, Beijing/Shenyang, China, 1988. IEEE.

Galloway M. M. Texture classification using gray level run length. *Computer Graphics and Image Processing*, 4:172–179, 1975.

Gotlieb C. C. and Kreyszig H. E. Texture descriptors based on co-occurrence matrices. *Computer Vision, Graphics, and Image Processing*, 51(1):70–86, 1990.

Haralick R. M. Statistical and structural approaches to texture. *Proceedings IEEE*, 67(5): 786–804, 1979.

Haralick R. M., Shanmugam K., and Dinstein I. Textural features for image classification. *IEEE Transactions on Systems, Man and Cybernetics*, 3:610–621, 1973.

Hausdorff F. Dimension und ausseres Mass. *Mathematische Annalen*, 79:157–179, 1919.

Huang Q., Lorch J. R., and Dubes R. C. Can the fractal dimension of images be measured? *Pattern Recognition*, 27:339–349, 1994.

Hurst H. E. Long-term storage capacity of reservoirs. *Transactions of the American Society of Civil Engineers*, 116:770–808, 1951.

Ip H. H. S. and Lam S. W. C. Three-dimensional structural texture modeling and segmentation. *Pattern Recognition*, 28:1299–1319, 1995.

Iversen H. and Lonnestad T. An evaluation of stochastic models for analysis and synthesis of gray-scale texture. *Pattern Recognition Letters*, 15:575–585, 1994.

Jin X. C., Ong S. H., and Jayasooriah. A practical method for estimating fractal dimension. *Pattern Recognition Letters*, 16:457–464, 1995.

Julesz B. Textons, the elements of texture perception, and their interactions. *Nature*, 290: 91–97, 1981.

Julesz B. and Bergen J. R. Textons, the fundamental elements in preattentive vision and perception of textures. In *Readings in Computer Vision*, pages 243–256. Morgan Kaufmann Publishers, Los Altos, CA, 1987.

Julesz B. and Caelli T. On the limits of Fourier decompositions in visual texture perception. *Perception*, 8:69–73, 1979.

Keller J. M., Chen S., and Crownover R. M. Texture description and segmentation through fractal geometry. *Computer Vision, Graphics, and Image Processing*, 45(2):150–166, 1989.

Kjell B. P. and Wang P. Y. Noise-tolerant texture classification and image segmentation. In *Intelligent Robots and Computer Vision IX: Algorithms and Techniques,* Boston, pages 553–560, Bellingham, WA, 1991. SPIE.

Kovalev V. A., Kruggel F., Gertz H. J., and Cramon D. Y. v. Three-dimensional texture analysis of MRI brain datasets. *IEEE Transactions on Medical Imaging*, 20:424–433, 2001.

Laws K. I. Texture energy measures. In *DARPA Image Understanding Workshop,* Los Angeles, CA, pages 47–51, Los Altos, CA, 1979. DARPA.

Liu S. S. and Jernigan M. E. Texture analysis and discrimination in additive noise. *Computer Vision, Graphics, and Image Processing*, 49:52–67, 1990.

Lu S. Y. and Fu K. S. A syntactic approach to texture analysis. *Computer Graphics and Image Processing*, 7:303–330, 1978.

Lundahl T., Ohley W. J., Kay S. M., and Siffert R. Fractional Brownian motion: A maximum likelihood estimator and its application to image texture. *IEEE Transactions on Medical Imaging*, 5:152–161, 1986.

Mallat S. G. A theory of multiresolution signal decomposition: The wavelet representation. *IEEE Transactions on Pattern Analysis and Machine Intelligence*, 11(7):674–693, 1989.

Mandelbrot B. B. *The Fractal Geometry of Nature.* Freeman, New York, 1982.

Mellor M., Hong B. W., and Brady M. Locally rotation, contrast, and scale invariant descriptors for texture analysis. *IEEE Transactions on Pattern Analysis and Machine Intelligence*, 30: 52–61, 2008.

Miller P. and Astley S. Classification of breast tissue by texture analysis. *Image and Vision Computing*, 10(5):277–282, 1992.

Mitchell O. R., Myer C. R., and Boyne W. A max-min measure for image texture analysis. *IEEE Transactions on Computers*, 26:408–414, 1977.

Mojsilovic A., Popovic M. V., and Rackov D. M. On the selection of an optimal wavelet basis for texture charactrization. *IEEE Transactions on Image Processing*, 9:2043–2050, 2000.

Ojala T., Pietikainen M., and Harwood D. A comparative study of texture measures with classification based on feature distributions. *Pattern Recognition*, 29:51–59, 1996.

Ojala T., Valkealahti K., Oja E., and Pietikainen M. Texture discrimination with multi-dimensoinal distributions of signed gray level differences. *Pattern Recognition*, 34:727–739, 2001.

Ojala T., Maenpaa T., Pietikainen M., Viertola J., Kyllonen J., and Huovinen S. Outex - new framework for empirical evaluation of texture analysis algorithms. In *Proc. 16th International Conference on Pattern Recognition*, volume 1, pages 701–706, Quebec, Canada, 2002a.

Ojala T., Pietikainen M., and Maenpaa M. Multiresolution gray-scale and rotation invariant texture classification with locally binary patterns. *IEEE Transactions on Pattern Analysis and Machine Intelligence*, 24:971–987, 2002b.

Oppenheim A. V., Schafer R. W., and Buck J. R. *Discrete-Time Signal Processing.* Prentice Hall, New York, 2nd edition, 1999.

Pentland A. P. Fractal-based description of natural scenes. *IEEE Transactions on Pattern Analysis and Machine Intelligence*, 6:661–674, 1984.

Perry A. and Lowe D. G. Segmentation of non-random textures using zero-crossings. In *1989 IEEE International Conference on Systems, Man, and Cybernetics,* Cambridge, MA, pages 1051–1054, Piscataway, NJ, 1989. IEEE.

Pietikainen M., Ojala T., and Xu Z. Rotation-invariant texture classification using feature distributions. *Pattern Recognition*, 33:43–52, 2000.

Porter R. and Canagarajah N. Robust rotation-invariant texture classification: Wavelet, Gabor filter, and GMRF based schemes. *IEE Proc. Vision, Image, Signal Processing*, 144:180–188, 1997.

Pratt W. K. and Faugeras O. C. Development and evaluation of stochastic-based visual texture features. *IEEE Transactions on Systems, Man and Cybernetics*, 8:796–804, 1978.

Rao A. R. Identifying high level features of texture perception. *CVGIP – Graphical Models and Image Processing*, 55:218–233, 1993.

Reed T. R., Wechsler H., and Werman M. Texture segmentation using a diffusion region growing technique. *Pattern Recognition*, 23(9):953–960, 1990.

Rioul O. A discrete-time multiresolution theory. *IEEE Trans on Signal Proc.*, 41:2591–2606, 1993.

Rosenfeld A., editor. *Digital Picture Analysis.* Springer Verlag, Berlin, 1976.

Sarkar N. and Chaudhuri B. B. An efficient differential box-counting approach to compute fractal dimension of image. *IEEE Transactions on Systems, Man and Cybernetics*, 24: 115–120, 1994.

Serra J. and Verchery G. Mathematical morphology applied to fibre composite materials. *Film Science Technology*, 6:141–158, 1973.

Shulman A. R. *Optical Data Processing.* Wiley, New York, 1970.

Sklansky J. Image segmentation and feature extraction. *IEEE Transactions on Systems, Man and Cybernetics*, 8(4):237–247, 1978.

Soh Y., Murthy S. N. J., and Huntsberger T. L. Development of criteria to compare model-based texture analysis methods. In *Intelligent Robots and Computer Vision IX: Algorithms and Techniques,* Boston, pages 561–573, Bellingham, WA, 1991. SPIE.

Sonka M. A new texture recognition method. *Computers and Artificial Intelligence*, 5(4): 357–364, 1986.

Svoboda T., Kybic J., and Hlavac V. *Image Processing, Analysis, and Machine Vision: A MATLAB Companion.* Thomson Engineering, 2008.

Tan X. and Triggs B. Enhanced local texture feature sets for face recognition under difficult lighting conditions. *Image Processing, IEEE Transactions on*, 19:1635–1650, 2010.

Tomita F. and Tsuji S. *Computer Analysis of Visual Textures.* Kluwer, Norwell, MA, 1990.

Tomita F., Shirai Y., and Tsuji S. Description of textures by a structural analysis. *IEEE Transactions on Pattern Analysis and Machine Intelligence*, 4(2):183–191, 1982.

Toulson D. L. and Boyce J. F. Segmentation of MR images using neural nets. *Image and Vision Computing*, 10(5):324–328, 1992.

Tsuji S. and Tomita F. A structural analyser for a class of textures. *Computer Graphics and Image Processing*, 2:216–231, 1973.

Tuceryan M. and Jain A. K. Texture segmentation using Voronoi polygons. *IEEE Transactions on Pattern Analysis and Machine Intelligence*, 12(2):211–216, 1990.

Unser M. Local inear transforms for texture measurements. *Signal Processing*, 11:61–79, 1986.

Unser M. Texture classification and segmentation using wavelet frames. *IEEE Transactions on Image Processing*, 4:1549–1560, 1995.

Unser M. and Eden M. Multiresolution feature extraction and selection for texture segmentation. *IEEE Transactions on Pattern Analysis and Machine Intelligence*, 11(7):717–728, 1989.

Urquhart R. Graph theoretical clustering based on limited neighbourhood sets. *Pattern Recognition*, 15(3):173–187, 1982.

Vafaie H. and Bourbakis N. G. Tree grammar scheme for generation and recognition of simple texture paths in pictures. In *Third International Symposium on Intelligent Control 1988,* Arlington, VA, pages 201–206, Piscataway, NJ, 1988. IEEE.

Van de Wouwer G., Scheunders P., and Van Dyck D. Statistical texture characterization from wavelet representations. *IEEE Transactions on Image Processing*, 8:592–598, 1999.

Vautrot P., Bonnet N., and Herbin M. Comparative study of different spatial/spatial frequency methods for texture segmentation/classification. In *Proceedings of the IEEE International Conference on Image Processing,* Lausanne, Switzerland, pages III:145–148, Piscataway, NJ, 1996. IEEE.

Voss R. Random fractals: Characterization and measurement. In *Scaling Phenomena in Disordered Systems.* Plenum Press, New York, 1986.

Vu N.-S., Dee H. M., and Caplier A. Face recognition using the POEM descriptor. *Pattern Recognition*, 45(7):2478–2488, 2012.

Wang L. and He D. C. Texture classification using texture spectrum. *Pattern Recognition*, 23: 905–910, 1990.

Wang S. and Rosenfeld A. A relative effectiveness of selected texture primitive. *IEEE Transactions on Systems, Man and Cybernetics*, 11:360–370, 1981.

Wang Z., Guerriero A., and Sario M. D. Comparison of several approaches for the segmentation of texture images. *Pattern Recognition Letters*, 17:509–521, 1996.

Weszka J. S., Dyer C., and Rosenfeld A. A comparative study of texture measures for terrain classification. *IEEE Transactions on Systems, Man and Cybernetics*, 6(4):269–285, 1976.

Wood E. J. Applying Fourier and associated transforms to pattern characterization in textiles. *Textile Research Journal*, 60(4):212–220, 1990.

Wu C. M., Chen Y. C., and Hsieh K. S. Texture features for classification of ultrasonic liver images. *IEEE Transactions on Medical Imaging*, 11:141–152, 1992.

Xie X. A review of recent advances in surface defect detection using texture analysis techniques. *Electronic Letters on Computer Vision and Image Analysis*, 7:1–22, 2008.

Xu Y., Sonka M., McLennan G., Guo J., and Hoffman E. MDCT-based 3-D texture classification of emphysema and early smoking related pathologies. *IEEE Transactions on Medical Imaging*, 25:464–475, 2006.

Zhu Y. M. and Goutte R. A comparison of bilinear space/spatial-frequency representations for texture discrimination. *Pattern Recognition Letters*, 16:1057–1068, 1995.

第 16 章

运动分析

随着处理能力的提高，特别是监控技术的广泛应用，使得自动研究运动成为一件渴求和可行的事。检测和跟踪人脸、行人或车辆的运动是现在常见的应用，另外，我们还能看到基于对象的视频压缩、辅助驾驶、自主车辆、机器人导航、用户界面、智能空间跟踪等。我们在第 12.1.1 节中已经考虑了从运动中提取三维形状和相对深度。

通常来说，一个运动分析系统的输入是时序上的一个图像序列，解决运动分析问题通常要借助一组假设——和其他问题一样，先验知识能够帮助降低分析的复杂度。这里的先验知识包括摄像机运动信息——移动或者静止——和连续图像之间的时间间隔信息，特别是对图像序列来说，这个时间间隔是否足够得短，以致能够表示连续的运动。这种先验-信息能够帮助选择适当的运动分析技术。与机器视觉的其他领域一样，对于运动分析来说还没有一种非常可靠的技术，也没有一种通用的算法；而且，这一章所给出的技术只是在特定的条件下才有效。关于运动分析的一个很有趣的方面是对那些高度适应了运动分析的生命体自身的视觉感知的研究。关于运动感知的心理生理学和认知学方面的研究可以参考下列文献[Ullman, 1979; Watson and Ahumada, 1985; Koenderink, 1986; Gescheider, 1997; Beutel et al., 2000; Cummins and Cummins, 2000; Kaernbach et al., 2003]。

从实际应用的角度出发，主要存在三种与运动相关的问题：

（1）**运动检测（motion detection）**是最为简单的问题。它记录所检测的任何运动，通常用于安全目的。这种问题通常使用一台静止的摄像机。

（2）**移动目标的检测和定位（moving object detection and location）**代表了另外一种问题。摄像机通常处在一个静止的位置，而目标则在场景中移动；或者摄像机移动而目标静止。这种问题与第一种问题相比明显要难。如果只是要求进行移动目标检测（注意运动检测与移动目标检测之间的区别），那么问题可以根据基于运动的分割方法得到解决。其他更加复杂的问题包括单一移动目标的检测、运动轨迹的检测和未来轨迹的预测。图像目标匹配技术经常用于解决这种任务——典型地，图像数据的直接匹配、目标特征的匹配、图像序列中特定的有代表性的目标点（角点等）的匹配，或者将移动目标表示成**图（graph）**后的图的匹配。这种方法的实际示例包括卫星气象数据序列中云的跟踪（其中包括云的刻画和运动预测）、面向道路的自主车的运动分析、基于地球表面上特定兴趣点检测的卫星自动定位、城市交通分析和许多军事应用。这种类型中最为复杂的方法即使对于摄像机和目标都移动的情况也可以工作。

（3）第三种问题与**三维物体特性的推导（derivation of 3D object properties）**有关，这是基于不同时刻获取的一组二维投影信息来进行的。在第 11 章中讲到了三维目标描述，另外，一个非常好的有关基于运动的识别方法的综述是[Cedras and Shah,1995]，在[Akbarzadeh et al., 2006]中给出的从实时视频重建三维场景的实用方法。

尽管运动分析经常被称作**动态图像分析（dynamic image analysis）**，但是它有时是基于少数几幅连续图像的，可能只是基于图像序列中的两三幅图像。这种情况则类似于静态图像分析，而运动分析实际上是在更高层次上进行的，在序列图像的兴趣点对之间寻找**对应关系（correspondence）**。三维运动的二维表示通常被称作**运动场（motion field）**，其中每个点被赋值一个**速度矢量（velocity vector）**，对应于运动方向、速率和在适当的图像位置处离开观察者的距离。

有一个不同的方法，它用**光流**（**optical flow**）计算来分析运动（见第16.2节），这要求在相邻图像之间的时间间隔非常小，并且两幅相邻图像之间的变化微乎其微。光流计算可以确定（也许是所有的）图像点上的运动方向和运动速率。基于光流的图像分析的直接目标是确定运动场。正如以后将要讨论的那样，光流并不总是对应于实际的运动场，因为光照的改变在光流中也得到了反映。物体运动参数可以从所计算的光流矢量中得出。实际上，光流或者点对应关系的估计是含有噪声的，但不幸的是，三维运动解释是一个病态问题，它需要高精度的光流或者点对应关系。为了解决这些困难，已经开始使用不基于光流或者点对应关系的方法，因为，如果不必计算中间步骤（光流、点对应关系），那么就可以避免可能的错误。在文献[Wu and Kittler, 1990]中介绍了一种不使用任何更高层次的诸如角点或者边界的信息，而在图像序列中基于灰度和图像梯度估计多个移动目标的一般的运动方法。使用可控滤波器（steerable filter）进行运动场的构造也属于这种类型的问题[Freeman and Adelson, 1991; Huang and Chen, 1995]。在第16.4节给出了一种概念上类似的方法，其中同时使用了基于图像的和基于运动的信息。通过关注短时间内的运动模式而不是长时间地跟踪它们，这种方法不需要任何复杂的中间表示。通过分析由矩形滤波器产生的移动块之间时序差异，这种方法在低质量小分辨率图像上得到了不错的结果[Viola et al., 2003]。

运动场或者**速度场**（**velocity field**）的计算代表了一种折中的技术；它基于在一定时间间隔上获取的图像确定出类似于光流的信息，但是这些时间间隔并非小到足以保证小的运动变化。如果序列中的图像数目很少，也能够获得速度场。

运动评价既可以依赖于物体检测，也可以独立于物体检测。光流计算是一个独立于物体分析的例子，反之速度场计算或者差分方法则搜索兴趣点或者运动点，其代表的是依赖于物体的分析。依赖于物体的方法通常是基于寻找兴趣点之间或者区域之间的对应关系的。一个新近的运动分析方法使用了活动轮廓模型称为**蛇行**（**snakes**）（在第7.2节中进行了讨论）在运动分析中，蛇行能量最小化过程开始所需要的初始估计可以从前一帧中所检测出的轮廓位置中得到。

另一方面，在一些情况下，如果可以获取关于兴趣目标特性的一些图像信息，使用这些信息就非常有用。在第16.5.2小节中讨论的基于核函数的物体检测和跟踪中便使用了这些信息[Comaniciu et al., 2000, 2003]。这种方法首先使用一个各向同性核函数在空间上给目标施加一个掩膜，然后在其上应用一个平滑相似函数，将跟踪问题转化为在目标前一时刻位置的一个邻域范围内的最大相似度搜索问题。使用均值移位算法来进行相似度优化。

如果运动分析是基于移动物体或物体特征点的检测，那么下列物体运动假设则能够有助于定位移动物体（见图16.1）。

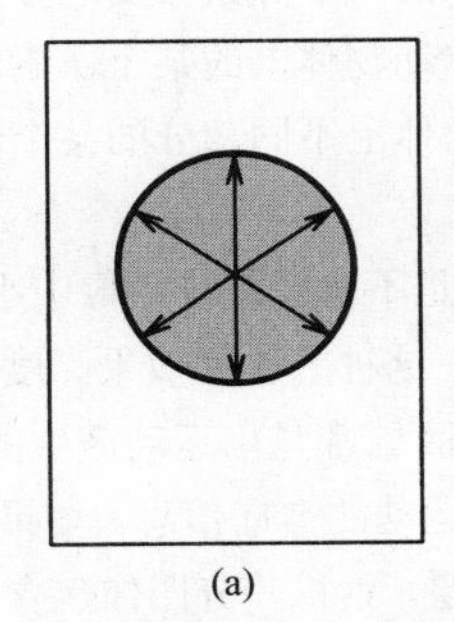
(a)

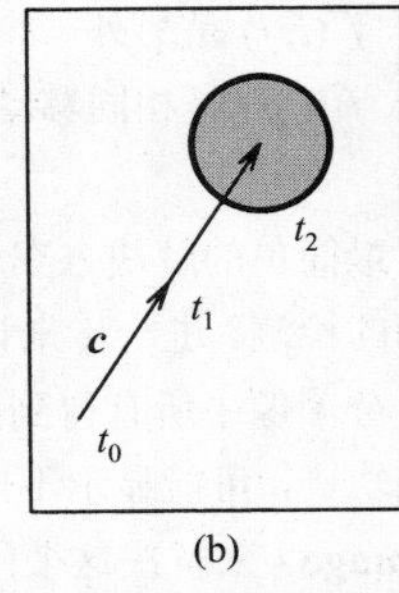

(b)

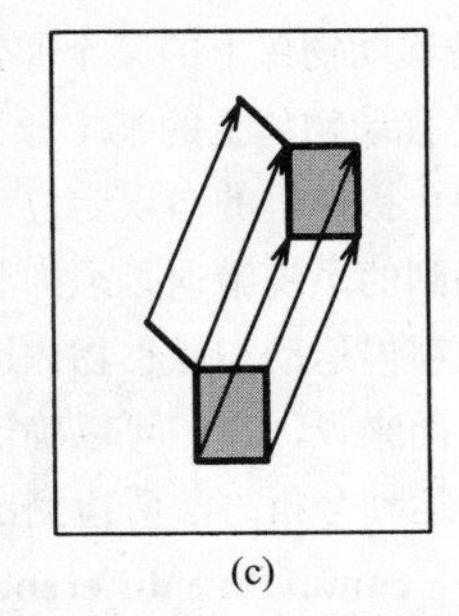
(c)

图 16.1　物体运动假设：（a）最大速度（阴影圆表示可能的物体位置区域）；（b）小加速度（阴影圆表示时刻 t_2 上的可能物体位置区域）；（c）共同运动和相互对应关系（刚体物体）

- **最大速度**（**maximum velocity**）：假设以时间间隔 dt 对一个移动物体进行扫描。图像中特定物体点的可能位置是位于中心为前一帧物体点位置的圆形内，半径为 $c_{\max}\mathrm{d}t$ ，其中 $c_{\max}$ 是所假设的移动物体最大速度。
- **小加速度**（**small acceleration**）：时间 dt 内的速度变化被某个常量所限定。

- **共同运动（common motion）**（运动的相似性）：所有的物体点以相似的方式移动。
- **相互对应关系（mutual correspondence）**：刚体物体给出的是稳定的模式点。每个物体点精确地对应于图像序列中下一幅图像中的某一点，反之亦然，但是由于遮挡和物体旋转这会存在例外情况。

一般来说，图像运动分析，特别是目标跟踪，包含了两个独立但又相互关联的部分：

- 定位和表示兴趣物体（目标）：一个由底向上的过程，这个过程需要克服目标在外观、方向、光照及尺度上固有的变化。
- 轨迹过滤和数据关联：一个由顶向下的过程，这个过程需要考虑目标的动态变化，同时要用到来自多个方面的先验信息，以及运动假设的产生和评估、各种常用的运动模型的使用。

毋庸置疑，由于运动分析应用特性的不同，上面两个部分中任一个都会产生困难。比如，在雷达或者视频图像中跟踪飞机就依赖于为每种不同类型的飞机所关联的运动模型。相比之下，在拥挤场景下跟踪人脸就更多地依赖于人脸的表示而不是运动的模型，因为拥挤场景中剧烈和不可预测的运动变化很有可能只是很少的例外。同样重要的是区分单目标和多目标跟踪并且为之设计相应的方法。所有这些问题都将在下面的章节中进行阐述。由于运动分析和目标跟踪是计算机视觉最新的应用领域，所以毫无疑问地它会引用到前面章节讲到的各种方法和策略，并将它们作为必要的知识。

16.1　差分运动分析方法

假设摄像机位置固定并且光照恒定，那么在不同时刻上获取的图像之间的简单相减使得运动检测成为可能。**差分图像（difference image）** $d(i,j)$ 是一个二值图像，其中非零值代表了具有运动的图像区域，也就是连续图像 f_1 和 f_2 之间具有较大灰度差值的区域：

$$d(i,j)\begin{cases}=0 & \text{当}\left|f_1(i,j)-f_2(i,j)\right|\leqslant\varepsilon\\=1 & \text{其他}\end{cases}\tag{16.1}$$

其中 ε 是一个小的正数。图 16.2 给出了使用差分图像进行运动检测的例子。差分图像可以基于更复杂的图像特征，如特定邻域中的灰度均值、局部纹理特征等等。显然，鲜明区别于背景的任何物体运动都可以被检测出来（只考虑反映运动记录的运动检测）。

设 f_1 和 f_2 为间隔一个时间段的两幅连续图像。图像 f_1 和 f_2 之间的差分图像的某个像素 $d(i,j)$ 的值为 1，可以归因于下列某个原因（见图 16.2）：

（1） $f_1(i,j)$ 是移动物体上的某个像素， $f_2(i,j)$ 是静止背景上的某个像素（反之亦然）。

（2） $f_1(i,j)$ 是移动物体上的某个像素， $f_2(i,j)$ 是另外一个移动物体上的某个像素。

（3） $f_1(i,j)$ 是移动物体上的某个像素， $f_2(i,j)$ 是相同移动物体上不同部分的某个像素。

（4）噪声、静止摄像机的错误定位等。

最后一项所提到的系统错误必须抑制。最简单的解决方案就是不考虑差分图像中小于指定阈值的区域，尽管这可能会抑制缓慢运动和微小物体运动的检测。进一步来说，这种方法的效果高度依赖于物体与背景的对比度。从另一方面来说，我们可以确信差分图像中所有得到的区域都是由运动产生的。

使用差分图像运动分析方法所检测出的轨迹，可能显示不出运动的方向信息。如果需要方向信息，可以构造**累积差分图像（cumulative difference image）**来解决这个问题。累积差分图像包含的信息不仅有运动方向和其他与时间相关的运动特性信息，而且也有缓慢运动和微小物体的运动的信息。累积差分图像 d_{cum} 可以从具有 n 幅图像的序列中构造，其中第一帧图像（ f_1 ）被认为是参考图像。如果我们不考虑权重系数 a_k，那么累积差分图像的像素值反映了图像的灰度值与参考图像的灰度值之间的差异：

$$d_{\text{cum}}(i,j)=\sum_{k=1}^{n}a_k\left|f_1(i,j)-f_k(i,j)\right|\tag{16.2}$$

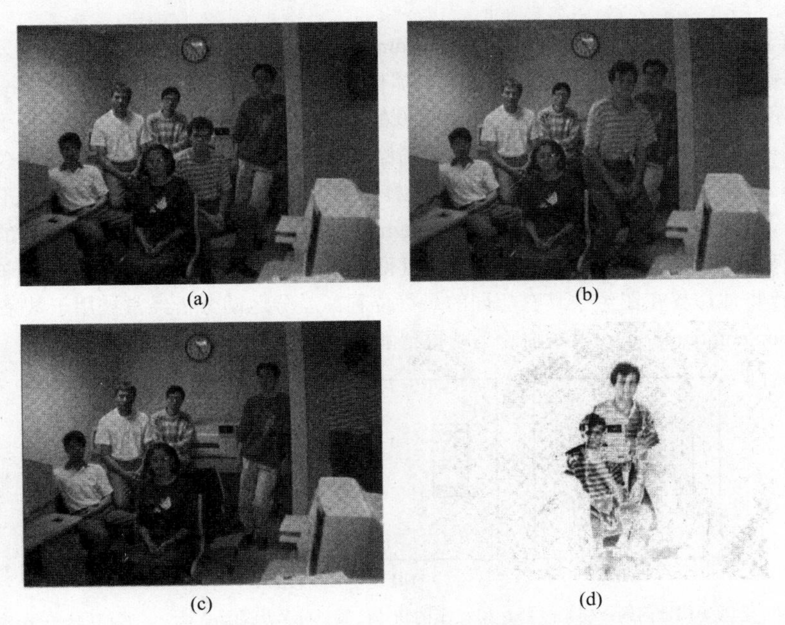

图 16.2 运动检测：（a）图像序列中的第一帧图像；（b）图像序列中的第二帧图像；（c）最后一帧图像（第五帧）；（d）根据第一帧图像和第二帧图像构造的差分运动图像（经过反转以改善视觉效果）

a_k 给出了图像在 n 幅图像序列中的**重要性**（**significance**）；越新近的图像可以赋予更大的权重，以反映当前运动的重要性和描述当前物体的位置。图 16.3 显示了从五帧图像序列中所确定的累积差分图像，它描述了在图 16.2 中所分析的运动。

图 16.3 从五帧序列中所确定的累积微分图像，它描述了在图 16.2 中所分析的运动（经过反转以改善视觉效果）

假设可以得到一个静止场景的图像，并且场景中只给出固定物体。如果这幅图像被用作参考图像，那么差分图像则抑制了所有无运动的区域，场景中任何运动都可以被检测出来，以作为对应于场景中移动物体的实际位置区域。那么运动分析就可以基于差分图像序列。

伴随着这种方法的一个问题就是，如果运动永不终止，那么就不可能得到一个静止参考场景的图像；必须在学习阶段构造参考图像。最直截了当的方法就是将移动的图像物体叠加在非移动的图像背景上，这些图像背景是从运动的不同阶段上的其他图像所获取的。至于图像的哪些部分应该被叠加，则可以从差分图像中得到判断，或者可以交互式地构造参考图像（这在学习阶段是允许的）。第 16.5.1 节描述了解决这个问题的方法。

随后的分析通常要确定运动的轨迹；而经常只需要确定轨迹的重心。如果物体是从图像序列的第一幅图像中分割出来，那么任务就可以得到相当的简化。一个实际的问题就是，如果先前多幅图像中的物体位置已知，那么该怎样预测运动的轨迹。存在许多的方法[Jain, 1981, 1984; Jain et al., 1995]能够从差分图像中找到其他运动参数——物体是在前进还是在后退，哪个物体与哪个物体发生了重叠，等等。注意，差分运动分析方法是有关运动分析原理的好的示例，也是有关该问题的一个好的介绍；不幸的是，差分图像不能提供足够的信息以在实际中进行可靠的工作。对于大多数运动场检测方法而言有些问题是普遍的——仅考虑一个简单的例子，就是矩形物体沿着平行于物体边界的方向进行移动；差分运动分析只能够检测矩形两边的运动（参见图 16.4（a）和图 16.4（b）。类似地，孔径（aperture）问题可能会导致包含运动信息的不确定性——在图 16.4（c）所显示的情况下，物体边界只有部分可见，不可能完全确定运动。箭头表示了运动的三种可能性，它们都导致物体边界在图像中具有相同的最终位置。差分运动分析经常被用于数字求差血管造影术（digital subtraction angiography），其中血管运动得到了估计。

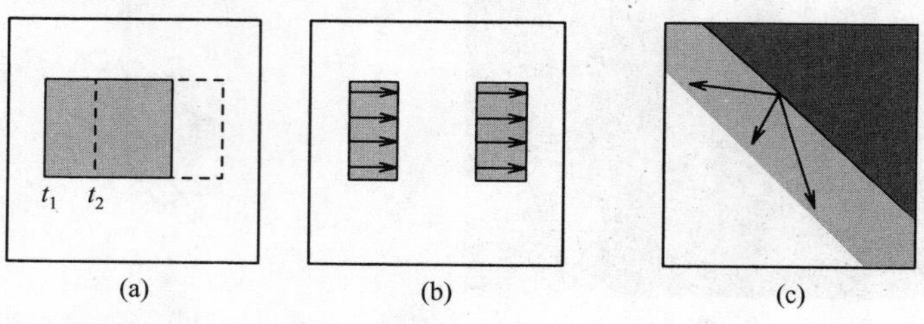

图 16.4 运动场构造问题：（a）时刻 t_1 和 t_2 上的物体位置；（b）运动场；（c）孔径问题——不确定运动

虽然差分图像携带着有关运动是否存在的信息，但是从中得到运动的特征却是非常不可靠的。如果比较两幅图像帧中的区域或者像素集合的亮度特征，那么就可以改进运动参数估计的鲁棒性。关于**鲁棒运动检测**（**robust motion detection**），一个在概念上直截了当的方法就是比较图像对应的区域。这种对应的**超像素**（**superpixel**）通常通过非重叠的矩形区域来形成，矩形尺寸可以从摄像机的长宽比例（aspect ratio）得出。然后，可以通过使用相关性或者似然方法在对比帧中对超像素进行匹配[Jain et al., 1995]。

检测**移动边缘**（**moving edge**）能够有助于克服差分运动分析方法的诸多限制。通过结合空间和时间上的图像梯度，差分分析能够可靠地被用于缓慢移动边缘的检测和高速移动的弱边缘。通过空间和时间上的图像边缘的逻辑和（AND）操作，可以确定移动边缘[Jain et al., 1979]。空间边缘实际上可以通过第 5.3.2 节中所给出的众多边缘检测器中的任何一个来确定，时间梯度可以使用差分图像来近似，逻辑和操作可以通过乘法来实现。然后，移动边缘图像 $d_{\text{med}}(i,j)$ 就可以被确定为

$$d_{\text{med}}(i,j) = S(i,j)D(i,j) \tag{16.3}$$

其中 $S(i,j)$ 表示边缘幅值，由所分析的两幅图像帧中的一幅所确定，而 $D(i,j)$ 是绝对差分图像。图 16.5 给出了由图像序列（见图 16.2）中的第一帧和第二帧图像所确定的移动边缘图像的例子。

图 16.5 由图像序列（在图 16.2 中进行了分析）中的第一帧和第二帧图像所确定的移动边缘图像（经过反转以改善视觉效果）

16.2 光流

光流（optical flow）反映了在时间间隔 dt 内由于运动所造成的图像变化，光流场是通过二维图像来表示物体点的三维运动的速度场[Kearney and Thompson, 1988]的。光流是一种抽象，是计算方法努力追求的典型类型。所以，它应该只表示在进一步处理中所需要的那些在图像中与运动相关的亮度变化，而在光流中所反映的所有其他的图像变化都应该被认为是检测错误。例如，光流不应该对光照的变化和无关紧要的物体（如阴影）运动敏感。然而，如果一个固定的球体被一个移动的光源所照明，那么所检测出来的是非零光流，而一个在恒定的光照下旋转的光滑球体却不能提供光流，尽管这种情况下存在旋转的运动和真正的非零运动场[Horn, 1986]。当然，我们的目标是确定紧密对应于真正运动场的光流。光流计算是随后高层处理所必需的先决条件，如果摄像机是固定的或者是移动的，它能够解决与运动相关的问题；它为确定运动参数、图像中物体的相对距离等提供了工具。图 16.6 显示了两幅连续图像和对应的光流图像的模拟示例。

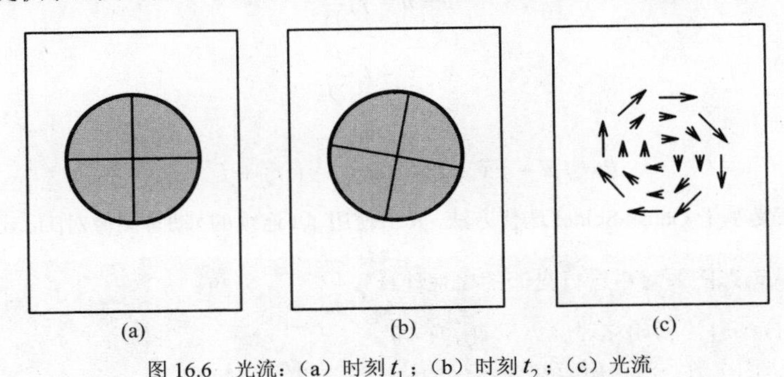

图 16.6　光流：（a）时刻 t_1；（b）时刻 t_2；（c）光流

16.2.1 光流计算

光流计算基于如下两个假设：

（1）任何物体点所观察到的亮度随时间是恒定不变的。

（2）图像平面内的邻近点以类似的方式进行移动（速度平滑性（velocity smoothness）约束）。

假设我们有一个连续的图像；$f(x,y,t)$ 表示在时刻 t 上坐标 (x,y) 的灰度值。将动态图像表示为关于位置和时间的函数，并允许表示成一个泰勒序列（Taylor series）：

$$f(x+\mathrm{d}x, y+\mathrm{d}y, t+\mathrm{d}t) = f(x,y,t) + f_x\mathrm{d}x + f_y\mathrm{d}y + f_t\mathrm{d}t + O(\partial^2) \tag{16.4}$$

其中 f_x, f_y, f_t 分别表示 f 的偏导数。我们可以假设，(x,y) 的直接邻域在时间间隔 dt 内被平移了某个微小距离 $(\mathrm{d}x,\mathrm{d}y)$；也就是说，我们可以找到 d$x$, d$y$, d$t$，以使得

$$f(x+\mathrm{d}x, y+\mathrm{d}y, t+\mathrm{d}t) = f(x,y,t) \tag{16.5}$$

如果 dx,dy,dt 是非常得小，那么式（16.4）中的高阶项则可以忽略不计，并且有

$$-f_t = f_x\frac{\mathrm{d}x}{\mathrm{d}t} + f_y\frac{\mathrm{d}y}{\mathrm{d}t} \tag{16.6}$$

我们的目标是计算速度

$$\mathbf{c} = \left(\frac{\mathrm{d}x}{\mathrm{d}t}, \frac{\mathrm{d}y}{\mathrm{d}t}\right) = (u,v) \tag{16.7}$$

f_x, f_y, f_t 可以根据 $f(x,y,t)$ 来计算或者至少是近似。然后运动速度可以被估计为

$$-f_t = f_x u + f_y v = \nabla f\mathbf{c} \tag{16.8}$$

其中 ∇f 是二维图像梯度。从式（16.8）可以看出，在时刻 t 和 $t+\mathrm{d}t$ 上图像相同位置上的灰度微分 f_t 是空间

灰度微分与这个位置上相对于观察者的速度的乘积。

式（16.8）并没有对速度向量进行完全描述；它只提供了在最强梯度方向上的分量（见图 16.4（c））。为了完全解决这个问题，引进了平滑约束条件；也就是说，在给定的邻域内速度向量场是缓慢变化的。这个方法的全部细节可以在文献[Horn and Schunk, 1981]中找到，但是这个方法可以简化为关于平方误差数值的最小化

$$E^2(x,y)=(f_x u+f_y v+f_t)^2+\lambda(u_x^2+u_y^2+v_x^2+v_y^2) \tag{16.9}$$

其中 u_x^2,u_y^2,v_x^2,v_y^2 表示作为错误项的偏导数的平方。第一项表示式（16.8）的解，第二项是平滑准则，而 λ 是拉格朗日乘数。通过使用标准的技术[Horn and Schunk, 1981]，这可以简化为关于微分方程的求解

$$\begin{aligned}(\lambda^2+f_x^2)u+f_x f_y v&=\lambda^2\overline{u}-f_x f_t\\ f_x f_y u+(\lambda^2+f_y^2)v&=\lambda^2\overline{v}-f_y f_t\end{aligned} \tag{16.10}$$

其中 $\overline{u},\overline{v}$ 是速度在 (x,y) 邻域中关于 x 和 y 方向上的平均值。可以说明，这些方程的解为

$$u=\overline{u}-f_x\frac{P}{D} \tag{16.11}$$

$$v=\overline{v}-f_y\frac{P}{D} \tag{16.12}$$

其中

$$P=f_x\overline{u}+f_y\overline{v}+f_t,\quad D=\lambda^2+f_x^2+f_y^2 \tag{16.13}$$

那么，光流的确定就是基于 Gauss-Seidel 迭代方法，其中使用了（连续的）动态图像对[Horn, 1986; Young, 1971]。

算法 16.1　从动态图像对中进行光流的松弛计算

1. 对于所有的 (i,j)，初始化速度矢量 $\mathbf{c}(i,j)=0$。
2. 令 k 表示迭代次数。对于所有的像素 (i,j)，计算数值 u^k,v^k

$$\begin{aligned}u^k(i,j)&=\overline{u}^{k-1}(i,j)-f_x(i,j)\frac{P(i,j)}{D(i,j)}\\ v^k(i,j)&=\overline{v}^{k-1}(i,j)-f_y(i,j)\frac{P(i,j)}{D(i,j)}\end{aligned} \tag{16.14}$$

   从连续图像对中可以估计出偏导数 f_x,f_y,f_t。
3. 如果满足下列条件，则终止迭代过程

$$\sum_i\sum_j E^2(i,j)<\varepsilon$$

   其中 ε 是允许的最大误差；否则返回第 2 步。

如果要处理超过两幅以上的图像，并且通过使用一次迭代的结果去初始化图像序列中的当前图像对，则可以提高效率。

算法 16.2　从图像序列中进行光流的计算

1. 对于所有的点 (i,j)，估计光流的初始值 $\mathbf{c}(i,j)$。
2. 令 m 为当前处理图像的序列号。对于下一幅图像的所有像素，估计

$$\begin{aligned}u^{m+1}(i,j)&=\overline{u}^{m}(i,j)-f_x(i,j)\frac{P(i,j)}{D(i,j)}\\ v^{m+1}(i,j)&=\overline{v}^{m}(i,j)-f_y(i,j)\frac{P(i,j)}{D(i,j)}\end{aligned} \tag{16.15}$$

3. 重复执行第 2 步以处理图像序列中所有的图像。

这两种算法本身都是并行的。迭代可能十分缓慢，其计算复杂度为$\mathcal{O}(n^p)$，其中p是偏微分方程组（16.10）的阶数。通过实验发现，如果应用了二阶平滑准则，那么则需要数千次的迭代才能达到收敛[Glazer, 1984]。另一方面，通常前10～20次迭代所余下的误差已经比需要的精度要小了，而剩余的迭代过程则非常渐进。

如果微分dx, dy, dt十分小，那么在式（16.4）的连续导数中所有的高阶项都可忽略不计。不幸的是，实际上如果后续的图像获取的不够频繁，这种情况通常不可能存在。其结果是，高阶项并没有消失，因而如果它们被忽略则会产生估计误差。为了减少这种误差，二阶项可以放在泰勒序列中进行考虑，那么问题就变成了对一个局部邻域N上的积分进行最小化的过程[Nagel, 1987]：

$$\iint_N (f(x,y,t)-f(x_0,y_0,t_0)-f_x[x-u]-f_y[y-v]-\frac{1}{2}f_{xx}[x-u]^2- \\ f_{xy}[x-u][y-v]-\frac{1}{2}f_{yy}[y-v]^2)^2\,\mathrm{d}x\mathrm{d}y \tag{16.16}$$

这个最小化过程相当得复杂，而对于图像角点来说可以进行简化（见第5.3.10节）。令坐标系统与(x_0,y_0)的主曲率方向对齐；那么$f_{xy}=0$并且只有非零的二阶导数为f_{xx}和f_{yy}。然而，其中至少一个必须在(x_0,y_0)过零点，以得到最大的梯度：如果说$f_{xx}=0$，那么有$f_x \to \max$且$f_y=0$。有了这些假设，式（16.16）就得到了简化；使下列公式得到最小化[Vega-Riveros and Jabbour, 1989]：

$$\sum_{x,y\in N}[f(x,y,t)-f(x_0,y_0,t_0)-f_x(x-u)-\frac{1}{2}f_{yy}(y-v)^2]^2 \tag{16.17}$$

传统的最小化方法就是对式（16.17）关于u和v进行微分并使之等于零，结果是得到关于两个速度分量u,v的两个方程。

16.2.2 全局和局部光流估计

如果违背了亮度恒常性和速度平滑性假设，那么光流计算就会出现错误。不幸的是，在实际图像中，这种违背情况是相当常见的。典型的是，光流在如下情况下会发生剧烈的变化：高纹理区域、在移动边界周围、深度不连续处等等[Kearney and Thompson, 1988]。光流计算的全局松弛方法的主要优点是，能够发现与图像数据相一致的最平滑的速度场；如在第10.9节中所讨论的那样，松弛方法一个重要的特性就是能够全局性地传播局部约束性。而结果是，不但约束性信息而且所有的光流估计误差在解中都被传播开了。所以，在光流场中即使是很少数量的问题区域也会造成误差的广泛分布和糟糕的光流估计。

由于全局误差传播是全局光流计算方案的最大问题，所以局部光流估计可能是一个更好的解决方案。局部估计是基于同样的亮度和平滑性假设，其思想就是将图像分割成假设成立的小区域。这就解决了误差传播问题，但是另外一个问题也就出现了——在空间梯度发生缓慢变化的区域中，光流估计就变成一个病态问题，因为缺少运动信息，它不能被正确地检测出来。如果全局方法被应用于这个相同区域，即使它自身的局部信息并不充分，来自邻近图像区域的信息也会传播过来并构成其光流计算的基础。这种对比的结论就是，在约束共享中信息的全局共享是有益的，但是对于误差传播它却是有害的[Kearney and Thompson, 1988]。

处理平滑性违背问题的一个方法就是检测遵守平滑性约束的区域。文献[Horn and Schunk, 1981]介绍了两种启发式方法来确定邻近约束性方程，它们在流值（flow value）方面存在很大的不同。主要的问题就是阈值的选择，以确定哪个流值差别应该被当作是实质性的——如果阈值设得太低，那么就有许多点被认为是位于沿着流值的不连续区域；如果阈值设得太高，一些违背了平滑性约束的点仍然被作为计算网的一部分。平滑子网之间的边界不是封闭的；它们之间的通路是存在的，误差传播问题没有得到解决。

文献[Kearney et al., 1987]介绍了一个对误差进行连续调整的方法。正如使用基本的全局松弛方法，通过将局部平均流向量和梯度约束方程相结合迭代地确定光流。然而不同的是，对每个流向量基于正确性的启发式判断赋予了一个置信度，并通过置信度进行加权平均来计算局部平均流向量。这样就阻止了带有误差的估计传播。关于置信度估计的细节、平滑性违背检测、局部估计的结合、实现细节和结果讨论等内容可以参考文献[Kearney et al., 1987, Kearney and Thompson, 1988]。

图 16.7 和图 16.8 说明了方法的性能。图 16.7（a）和图 16.7（b）所显示的第一个图像对包含了一堆玩具，第二个图像对（见图 16.8（a）和图 16.8（b））模拟了一个飞跃城市上空飞机的视图。基于简单局部优化的光流显示在图 16.7（c）和图 16.8（c）中，而对误差进行连续调整的全局方法的结果显示在图 16.7（d）和图 16.8（d）中。根据后一方法所取得的光流改进是显而易见的。

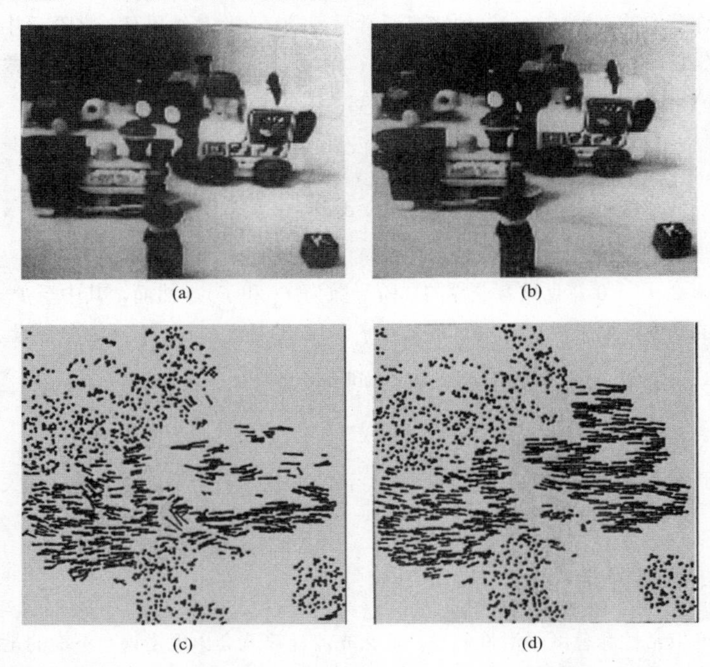

图 16.7 移动火车图像序列：（a）第一帧；（b）最后一帧；（c）光流检测——局部优化方法；（d）光流检测——误差连续调整的方法（只显示了 20%具有中等和高置信度的向量）

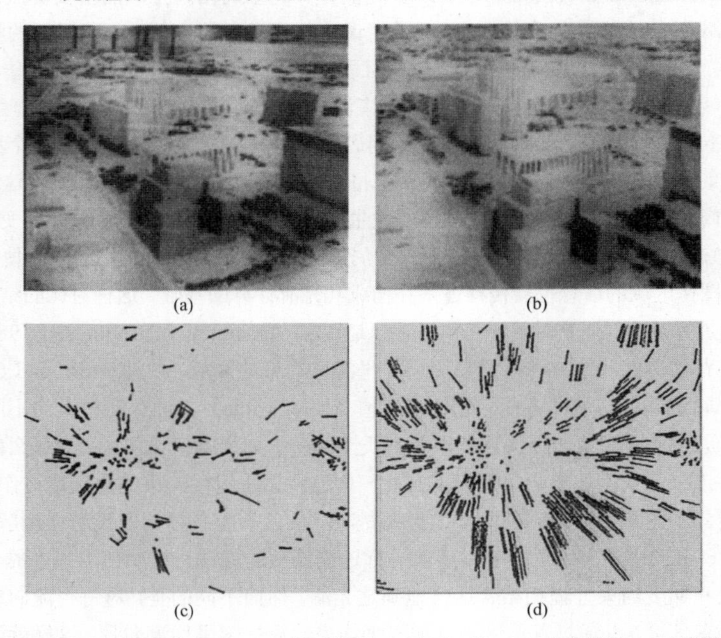

图 16.8 模拟低空飞行的图像序列：（a）第一帧；（b）最后一帧；（c）光流检测——局部优化方法；（d）光流检测——误差连续调整的方法。（只显示了 20%具有中等和高置信度的向量）

16.2.3 局部和全局相结合的光流估计

各种光流计算方法，比如，前面已讲过使用 Gauss-Seidel 迭代法的经典的 Horn-Schunck 方法（见第 16.2.1 节）能够产生令人满意的结果和稠密的光流场。但是这种方法收敛很慢，不适用于各种实时应用[Weickert and Schnoerr, 2001]。在文献[Bruhn et al., 2002]中给出了一种叫做**局部-全局混合方法**（**combined local-global (CLG) method**），这种方法结合了全局的类 Horn-Schunck 方法和局部的最小二乘 Lucas-Kanade 方法[Lucas and Kanade, 1981]，可以得到好的实时处理性能[Bruhn et al., 2005]。通过最小化下面的方程，CLG 法在一个矩形图像区域 Ω 计算光流场 $(u,v)^T$：

$$E(u,v)=\int_{\Omega}\left(\omega^T J_{\rho}(\nabla_3 f)\omega+\alpha\left(|\nabla u|^2+|\nabla v|^2\right)\right)\mathrm{d}x\mathrm{d}y \tag{16.18}$$

其中 $\omega(x,y)=(u(x,y),v(x,y),1)^T$ 是位移，∇u 是 $(u_x,u_y)^T$ 在空间上的梯度，$\nabla_3 f$ 是 $(f_x,f_y,f_t)^T$ 在时空域上的梯度，α 是归一化参数。$J_{\rho}(\nabla_3 f)$ 是由 $K_{\rho}*(\nabla_3 f\nabla_3 f^T)$ 给出的结构张量，* 是卷积符号，K_{ρ} 是标准方差为 ρ 高斯函数。在式（16.18）中，当 $\rho\to 0$ 时就是原始的 Horn-Schunck 方法，而当 $\alpha\to 0$ 时就是原始的 Lucas-Kanade 方法。当这两个参数被设置成融合两种方法时，就可以同时保持两种方法的优点，既产生稠密的光流场同时又对噪声鲁棒。

这个能量函数的最小化过程可以通过求解欧拉-拉格朗日方程得到：

$$\alpha\Delta u-(J_{11}(\nabla_3 f)u)+J_{12}(\nabla_3 f)v+J_{13}(\nabla_3 f)=0 \tag{16.19}$$

$$\alpha\Delta v-(J_{21}(\nabla_3 f)u)+J_{22}(\nabla_3 f)v+J_{23}(\nabla_3 f)=0 \tag{16.20}$$

其中 ∇ 表示拉普拉斯函数；边界条件应该满足法向导数在 Ω 的边界处消失

$$\partial_n u=0,\quad \partial_n v=0 \tag{16.21}$$

上述欧拉-拉格朗日方程可以通过数值方法求解，比如，使用传统的 Gauss-Seidel 迭代法[Young, 1971]。然而，这种方法还不足以进行光流的实时计算，由于经过了使用平滑去除高频噪声部分这个初始加速阶段，这种方法要达到期望中的精确度需要一个较慢的过程，因为平滑过程没能有效地将低频的错误部分去除。多栅（multigrid）方法通过对方程组使用由粗到精的层次化来克服这个困难，具备明显误差小的特性[Briggs et al., 2000; Trottenberg et al., 2001]。在这种方法中，精细层中的低频在较粗糙层以较高的频率重现从而能够被成功地去除。文献[Bruhn et al., 2005]中使用全多栅方法求解线性方程组实现了 CLG 方法，相对于通常使用各种光流求解技术获得了两个数量级的加速。

16.2.4 运动分析中的光流

光流给出了一种运动描述，即使从运动分析中得不到任何定量的参数，对于图像解释也可以是一种有价值的贡献。光流可以被用于研究很多种运动——移动的观察者和静止的物体，静止的观察者和移动的物体，或者两者都移动。光流分析并不产生第 16.1 节所描述的运动轨迹；代替的是，更为通用的运动特性被检测出来，它们能够显著地提高复杂动态图像分析的可靠性[Thompson et al., 1985; Sandini and Tistarelli, 1986, Kearney et al., 1987; Aggarwal and Martin, 1988]。

出现在动态图像中的运动，通常是四个基本元素的某种组合：

- 在离开观察者一个恒定的距离上平移。
- 相对于观察者的深度平移。
- 在离开观察轴一个恒定的距离上旋转。
- 垂直于观察轴的平面物体的旋转。

通过对光流使用一些相对简单的算子，基于光流的运动分析可以识别这些基本的元素。运动形式识别是基于下列的事实（见图 16.9）：

- 在恒定距离上的平移被表示为一组平行的运动向量。
- 深度平移形成了一组向量，它们具有一个共同的延伸焦点。
- 在恒定距离上的旋转产生一组同心的运动向量。
- 垂直于观察轴的旋转形成了一组或者多组从直线段开始的向量。

旋转轴和平移轨迹的准确确定可以得到计算，但是大大增加了分析难度。

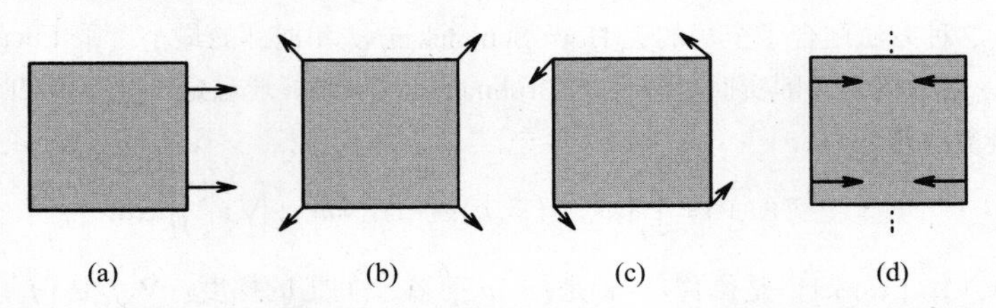

图 16.9 运动形式识别：（a）在恒定距离上的平移；（b）在深度上的平移；（c）在恒定距离上的旋转；（d）垂直于观察轴的平面物体旋转

考虑平移运动：如果平移不是在一个恒定的深度上，那么光流向量就不平行，并且它们的方向有一个单独的延伸焦点（汇集点）（focus of expansion, FOE）。如果平移在一个恒定的深度上，那么 FOE 就处于无穷远处。如果有几个独立移动的物体出现在图像中，那么每个运动具有自己的 FOE——这在图 16.10 中进行了说明，其中一辆汽车中的观察者向路上其他前进的汽车移动。

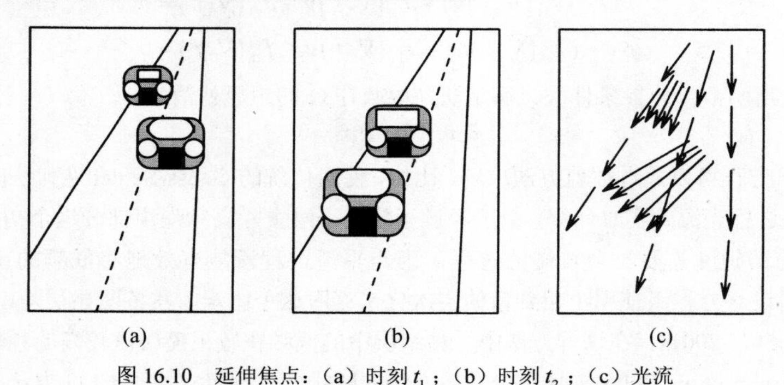

图 16.10 延伸焦点：（a）时刻 t_1；（b）时刻 t_2；（c）光流

相互速度（Mutual velocity）

观察者和图像点所表示的物体之间的相互速度可以在光流的表示中得到。令在方向 x,y,z 上的相互速度为 $c_x = u, c_y = v, c_z = w$，其中 z 给出了关于深度的信息（注意，对位于图像平面前面的点来说，有 $z > 0$）。为了在后面区别图像坐标和实际世界坐标，令图像坐标为 x', y'。从透视考虑出发，如果 (x_0, y_0, z_0) 是特定点在时刻 $t_0 = 0$ 上的位置，并且假设光学系统具有单位焦距和恒定的速度，那么相同点在时刻 t 上的位置可以确定如下：

$$(x', y') = \left(\frac{x_0 + ut}{z_0 + wt}, \frac{y_0 + vt}{z_0 + wt} \right) \tag{16.22}$$

FOE 的确定

二维图像中的 FOE 可以根据这个公式得到确定。让我们设想指向观察者的运动；当 $t \to -\infty$，运动可以从观察者追溯到无穷远处的原始点。指向观察者的运动沿着直线继续前行，图像平面中的原始点为

$$\mathbf{x}'_{\text{FOE}} = \left(\frac{u}{w}, \frac{v}{w} \right) \tag{16.23}$$

注意，相同的方程可以被用于 $t \to \infty$ 和相反方向的运动。很明显，运动方向的任何改变会导致速度 u,v,w 的改变，并且 FOE 会改变其在图像中的位置[Jain, 1983]。

距离（深度）确定

由于式（16.22）中 z 坐标的出现，光流能够被用于确定移动物体离开观察者位置的当前距离。距离信息被间接地包含在式（16.22）中。假设相同的刚体物体点和平移运动，至少有一个实际的距离值必须已知才能正确地估计距离。令 $D(t)$ 是点离开 FOE 的距离，它是在二维图像中进行测量的，并且令 $V(t)$ 为速度 $\mathrm{d}D/\mathrm{d}t$。那么这些量值和光流参数之间的关系是

$$\frac{D(t)}{V(t)}=\frac{z(t)}{w(t)} \tag{16.24}$$

这个公式是确定移动物体之间距离的基础。假设一个物体向观察者移动，比值 z/w 描述了以恒定速度 w 移动的物体穿过图像平面的时间。基于图像中任何单一点的距离知识，其沿着 z 轴以速度 w 进行移动，那么就可以计算图像中任何其他以相同速度 w 移动的点的距离

$$z_2(t)=\frac{z_1(t)V_1(t)D_2(t)}{D_1(t)V_2(t)} \tag{16.25}$$

其中 $z_1(t)$ 是已知的距离；$z_2(t)$ 是未知的距离。使用所给公式，可以发现实际世界坐标系 x,y 和图像坐标系 x',y' 之间的关系与观察者的位置和速度相关：

$$\begin{aligned} x(t)&=\frac{x'(t)w(t)D(t)}{V(t)}\\ y(t)&=\frac{y'(t)w(t)D(t)}{V(t)}\\ z(t)&=\frac{w(t)D(t)}{V(t)} \end{aligned} \tag{16.26}$$

注意，只要运动是沿着摄像机光轴方向，上述公式就包括移动物体和移动摄像机。运动不是沿着光轴实现的情况在文献[Jain et al., 1995]中进行了论述。

碰撞预测（Collision prediction）

一个实际的应用就是机器人的运动分析，其中光流方法能够检测与场景物体可能的碰撞。观察者运动——如在光流表示中所见到的那样——目标是指向这个运动的 FOE；这个 FOE 的坐标为 $(u/w,v/w)$。图像坐标的原点（图像系统的焦点）在方向 $\mathbf{s}=(u/w,v/w,1)$ 上前进，在真实世界坐标系中沿着某条路径在每个时间瞬间上定义了一条直线，

$$(x,y,z)=t\mathbf{s}=t\left(\frac{u}{w},\frac{v}{w},1\right) \tag{16.27}$$

其中参数 t 表示时间。当观察者在真实世界中位于靠近 $\mathbf{x}$ 的最近点上时，其位置 $\mathbf{x}_{\mathrm{obs}}$ 是

$$\mathbf{x}_{\mathrm{obs}}=\frac{\mathbf{s}(\mathbf{s}\cdot\mathbf{x})}{\mathbf{s}\cdot\mathbf{s}} \tag{16.28}$$

在观察者运动期间点 $\mathbf{x}$ 与观察者之间的最小距离 $d_{\min}$ 为

$$d_{\min}=\sqrt{(\mathbf{x}\cdot\mathbf{x})-\frac{(\mathbf{x}\cdot\mathbf{s})^2}{\mathbf{s}\cdot\mathbf{s}}} \tag{16.29}$$

因此一个半径为 r 的圆形观察者在它与物体接近的最小距离满足 $d_{\min}<r$ 时就会发生碰撞。

运动分析、FOE 的计算、深度、可能的碰撞、距离碰撞的时间等，都是十分实际的问题。运动解释在文献[Subbarao, 1988]中进行了讨论，文献[Albus and Hong, 1990]阐述了基于光流图的运动分析和计算范围。文献[Hummel and Sundareswaran, 1993]给出了一种从光流中进行运动参数估计的综合方法以及关于现有技术的全面综述。文献[Tsao et al., 1997]提出了根据多个摄像机所确定的光流场进行自运动估计的方法。文献[Enkelmann, 1991]提出了通过光流的评价进行障碍检测的方法。文献[Ringach and Baram, 1994]提出了从确定的尺寸变化中导出的基于边缘的障碍检测方法。文献[Subbarao, 1990]描述了从图像流的一阶导数中计算距离

碰撞时间的方法，其中表明高阶导数是不必要的，而高阶导数的计算是既不可靠又昂贵的。FOE 的计算并不是必须基于光流的；文献[Negahdaripour and Ganesan, 1992]提出了一种定位 FOE 的直接方法，其中使用了空间梯度方法和一个物体必须在摄像机前面被拍摄的自然的约束。

16.3 基于兴趣点对应关系的分析

只有当图像采集间隔非常小时，才能应用光流分析方法。否则基于**兴趣点**（**特征点**）（**interest points**（**feature points**））对应关系的运动检测方法是可以胜任的。在随后的图像中进行对应物体点的检测是这个方法的基本部分——如果这种对应关系是已知的，那么就可以很容易地构造出速度场（这里不考虑从稀疏对应点速度场中构造一个稠密速度场的困难问题）。

这种方法的第一步是在所有序列图像中找出显著点——这些点与它们的周围最不相似，代表了物体的角点、边界或图像中任何其他典型的特征，对它们可以随着时间进行跟踪。点检测后面跟着匹配过程，它寻找这些点之间的对应关系。这个处理的结果产生一个稀疏的速度场。

16.3.1 兴趣点的检测

多年以来产生了很多兴趣点检测器——具体参见第 5.3.10 节：最早的一种是 ***Moravec***，更好使用的一种替代是 Kitchen-Rosenfeld and Zuniga–Haralick 操作子。Harris 角点检测器（在第 5.3.10 节中讲述）也被证明非常流行。

16.3.2 Lucas-Kanade 点跟踪

假设我们有关于一个动态场景的两幅图像 I_1 和 I_2，它们在时间上相隔一个小的区间，意味着独立的点没有移动太远。如果 I_1 中的一个像素(x,y)在 I_2 中移动到了$(x+u,y+v)$，我们可以假设 u 和 v 很“小”；我们还可以假设像素的表观（亮度）没有发生变化，所以

$$I_2(x+u,y+v)-I_1(x,y)=0 \tag{16.30}$$

由于位移很小，所以我们可以通过 Taylor 展开对 $I_2(x+u,y+v)$ 进行线性近似：

$$I_2(x+u,y+v)\approx I_2(x,y)+\frac{\partial I_2}{\partial x}u+\frac{\partial I_2}{\partial y}v \tag{16.31}$$

结合式（16.30）和式（16.31）可以得到

$$\big(I_2(x,y)-I_1(x,y)\big)+\frac{\partial I_2}{\partial x}u+\frac{\partial I_2}{\partial y}v=0 \tag{16.32}$$

这个公式链接了(x,y)处时序和空间上的差异，其中 u 和 v 未知，它是式（16.7）的重述。

显然，我们无法通过一个公式求解两个未知量：但是如果我们假设(x,y)的一个中间邻域满足同样的条件，就可以导出更多的公式。举个例子，如果我们假设以(x,y)为中心的 3×3 窗口内的所有像素在两帧间都移动到了(u,v)，并且都没有改变亮度，那么公式(16.32)就提供了有两个未知变量的九个线性方程，那么这个系统现在是超定的。我们可以构造一个 9×2 的矩阵 A，它的每一行是关于 $\frac{\partial I_2}{\partial x}$，$\frac{\partial I_2}{\partial y}$ 在每一个像素的一个估计，和一个 9×1 的向量 $\mathbf{b}$，它的每一个元素是 I_1 和 I_2 在每一个像素处的亮度差：

$$A\begin{pmatrix}u\\v\end{pmatrix}=\mathbf{b}$$

这个系统的一个基于最小二乘的“最优”解可以通过如下得到

$$A^T A\begin{pmatrix} u \\ v \end{pmatrix} = A^T \mathbf{b} \tag{16.33}$$

这是一个 2×2 的系统，当 A^TA 可逆时有解。

利用缩写 $I_x = \dfrac{\partial I_2}{\partial x}$（及其他类似的方式），我们可以看到

$$A^T A = \begin{pmatrix} \sum I_x I_x & \sum I_x I_y \\ \sum I_x I_y & \sum I_y I_y \end{pmatrix}$$

其中求和是在小邻域中进行——式(5.73)中引入的 Harris 矩阵。正如在那里所讨论的，这个方法要求 $\left(A^T A\right)^{-1}$ 稳定，这是通过其两个特征值不能“太小”且拥有可比较的大小来提供的。这就意味着正在考察的像素拥有某种结构（一个角点，或者类似的特征），从而避免了第 5.3.10 节中讨论的针孔问题。在实际中，我们可以计算每一个像素处 $\left(A^T A\right)^{-1}$ 的最小特征值 λ_m，通过某种阈值选择那些“足够”大的，然后保留那些 λ_m 局部最大的像素，最后保留在一定最小距离分割的条件下的所有的这些像素。

这种方法可能失败的原因是由于它的假设被破坏：保持局部亮度或者明显的局部运动。后者通常可以通过一种迭代方法来进行处理：在 I_1 的像素处进行速度估计，然后将其在 I_2 处进行变形，然后一直重复这个过程。

[Lucas and Kanade, 1981]在 1981 年概述了这种方法如何用于点跟踪，后面被发展为拥有广泛影响力的 KLT 跟踪器[Shi and Tomasi, 1994]（该算法在 WWW 上有很多可以免费获取的实现）。这个方法成功地运用了 Lucas-Kanade 方法来在一个图像序列中自动地决定那些“能够跟踪”（因此满足上面描述的准则），并且在场景中有“实际”意义的点。这里的关键是认识到即使在小的邻域窗口，简单的变换可能并不是一个很好的运动表示，而仿射变换很可能要好很多——在上面使用的表示基础上，我们假设一个 2×2 的矩阵 D 使得 I_1 中的点(x,y)移动到了 I_2 中的

$$D\begin{pmatrix} x \\ y \end{pmatrix} + \begin{pmatrix} u \\ v \end{pmatrix}$$

单纯的平移模型仍被用于进行逐帧跟踪，但是仿射模型可以用来确定跟踪的特征是“好”的。D 可以通过最小二乘法方法类似地得到；然后再考虑原始窗口和它[仿射]变换之后版本之间的差异性（差方和）。这样就成功地处理了由于摄像机距离变换造成的特征尺度变换，而且将检测例如由于视角偶然得到的强特征（两个强边界交叉，但是属于不同的场景特征）并不是一个很好的涉及视角的跟踪候选特征。

自从它最初发表开始，Lucas-Kanade 光流计算，以及相关的跟踪器，获得了极大的流行。[Baker and Matthews, 2004]是关于这个算法发展和推广的一个很好的综述报告。在它增量变性（而并不一定是放射变换方式）这个最一般的形式中，一幅图像 I 对于一个模板 T，这个算法可以总结如下：

算法 16.3　一般的 Lucas-Kanade 跟踪

1. 根据某个参数 $\mathbf{p}$ 初始化一个变性 $\mathbf{W}(\mathbf{x};\mathbf{p})$。
2. 使用 $\mathbf{W}(\mathbf{x};\mathbf{p})$对 I 进行变性得到 $\hat{I}$，然后确定错误 $T-\hat{I}$。
3. 使用 $\mathbf{W}(\mathbf{x};\mathbf{p})$对 I 的梯度 ∇I 进行变性，然后评价 Jacobian $\dfrac{\partial \mathbf{W}}{\partial \mathbf{p}}$。计算“最速下降”图像 $\nabla I \dfrac{\partial \mathbf{W}}{\partial \mathbf{p}}$，

   以及 Hessian 矩阵

$$H = \sum_{\mathbf{x}} \left[\nabla I \frac{\partial \mathbf{W}}{\partial \mathbf{p}}\right]^T \left[\nabla I \frac{\partial \mathbf{W}}{\partial \mathbf{p}}\right]$$

4. 计算

$$\Delta\mathbf{p} = H^{-1}\sum_{\mathbf{x}}\left[\nabla I\frac{\partial\mathbf{W}}{\partial\mathbf{p}}\right]^T\left[T(\mathbf{x})-\hat{I}\right]$$

5. 令

$$\mathbf{p} = \mathbf{p} + \Delta\mathbf{p}$$

跳转到第 2 步直到 $\|\Delta\mathbf{p}\| < \epsilon$。

这个算法是迭代应用一种最小二乘法最小化一个错误度量直到收敛，之前给出的描述更为详细。施加在变形函数 **W** 的唯一约束就是它相对于它的参数 **p** 能够可导。Baker 和 Matthews 给出了关于收敛性、有效性以及其他问题的全面的讨论[Baker and Matthews, 2004][1]。

图 16.11 给出了 KLT 跟踪的一个例子，其中显示了 0.5 秒内的"好"的特征点的运动，这些数据（这里是一个地铁站）最终被用于一个系统的输入，该系统从无限制的视频出发，为场景构建语义模型[Dee et al., 2012]。

图 16.11 KLT 跟踪地铁站视频。本图彩色版见彩图 36

16.3.3 兴趣点的对应关系

假设在所有的序列图像中都已经定位出兴趣点，现在需要寻求连续图像之间点的对应关系。有许多方法可以用于寻求最佳的对应关系，在以前章节中已经介绍了一些可能的解决方案（见第 9 章和第 11 章）。图匹配问题、立体匹配和"由 X 到形状"问题本质上处理的是同一个问题。

[Thompson and Barnard, 1981]是一种早期的概率性方法，它是这一问题主要思想的一个很好例子：搜索对应关系的过程是迭代的，从连续图像中检测所有潜在的对应点对开始。最大速度假设可以用于检测潜在的对应关系，它减少了可能的对应关系数目，特别是在较大图像中更是如此。赋给每个对应点一个代表对应的概率数值，然后迭代地计算这些概率以得到一个全局最佳的对应点对的集合（在整个图像中具有最大概率的那些点对，式（16.39）），其中使用了另外一种运动假设——共同运动原则。如果前一个图像中的每个兴趣点精确地对应于其后图像中的某个兴趣点，**并且**满足下列条件则过程终止：

图像点对之间的全局对应概率显著地高于其他潜在的对应关系。

或者，点之间的全局对应概率高于预先选择的阈值。

或者，全局对应概率给出了一个所有可能对应关系的最大（最佳）概率（注意，对于 n 个兴趣点对存在 $n!$ 种可能的对应关系）。

令 $A_1=\{\mathbf{x}_m\}$ 为第一个图像中的所有兴趣点的集合，$A_2=\{\mathbf{y}_n\}$ 为第二图像的兴趣点。令 $\mathbf{c}_{mn}$ 为连接点 $\mathbf{x}_m$ 和 $\mathbf{y}_n$ 的向量（因此 $\mathbf{c}_{mn}$ 是一个速度向量；$\mathbf{y}_n=\mathbf{x}_m+\mathbf{c}_{mn}$）。令两个点 $\mathbf{x}_m$ 和 $\mathbf{y}_n$ 之间的对应概率为 P_{mn}。如果两个点 $\mathbf{x}_m$ 和 $\mathbf{y}_n$ 之间的距离满足最大速度假设，则可认为它们具有潜在的对应关系：

$$|\mathbf{x}_m-\mathbf{y}_n| \leqslant c_{\max} \tag{16.34}$$

其中 $c_{\max}$ 是点在时间间隔内在两个连续图像之间可以移动的最大距离。如果两个对应点对 $\mathbf{x}_m\mathbf{y}_n$ 和 $\mathbf{x}_k\mathbf{y}_l$ 满足以下条件，则称它们是一致的：

$$|\mathbf{c}_{mn}-\mathbf{c}_{kl}| \leqslant c_{\mathrm{dif}} \tag{16.35}$$

其中 c_{dif} 是来自先验知识的预先设置的常量。很显然，对应点对的一致性增加了对应点对是正确的这一概率。这个原则在算法 16.4 中得到了应用[Barnard and Thompson, 1980]。

1 这个工作有一个相关联的网站：http://www.ri.cmu.edu/projects/project_515.html，提供了很多 Matlab 源代码和测试图像。

算法 16.4 从两幅连续的图像中进行速度场的计算

1. 在图像 f_1, f_2 中确定兴趣点集合 A_1 和 A_2，在点对 $\mathbf{x}_m \in A_1$ 和 $\mathbf{y}_n \in A_2$ 之间检测所有潜在的对应关系。
2. 构造如下所示的数据结构用于存储所有点 $\mathbf{x}_m \in A_1$ 和点 $\mathbf{y}_n \in A_2$ 之间的潜在对应信息：

$$[\mathbf{x}_m, (\mathbf{c}_{m1}, P_{m1}), (\mathbf{c}_{m2}, P_{m2}), \cdots, (V^*, P^*)] \tag{16.36}$$

P_{mn} 是点 $\mathbf{x}_m$ 和 $\mathbf{y}_n$ 之间的对应概率，V^* 和 P^* 是特殊的符号，表示没有发现潜在的对应关系。

3. 基于局部相似度初始化对应概率 P_{mn}^0 ——如果两点对应，那么它们的邻域也应该对应：

$$P_{mn}^0 = \frac{1}{(1 + k w_{mn})} \tag{16.37}$$

其中 k 是一个常量，并且

$$w_{mn} = \sum_{\Delta\mathbf{x}} [f_1(\mathbf{x}_m + \Delta\mathbf{x}) - f_2(\mathbf{y}_n + \Delta\mathbf{x})]^2 \tag{16.38}$$

其中 $\Delta\mathbf{x}$ 定义了用于图像匹配测试的邻域——一个由所有点 $(\mathbf{x} + \Delta\mathbf{x})$ 组成的邻域，其中 $\Delta\mathbf{x}$ 可能是正的或者负的，通常围绕 $\Delta\mathbf{x}$ 定义一个对称的邻域。

4. 迭代地确定点 $\mathbf{x}_m$ 和所有潜在的点 $\mathbf{y}_n$ 之间的对应概率，这是通过将其作为所有一致点对 $\mathbf{x}_k\mathbf{y}_l$ 之间的对应概率的加权和来进行的，其中 $\mathbf{x}_k$ 是 $\mathbf{x}_m$ 的邻居，$\mathbf{x}_k\mathbf{y}_l$ 的一致性是根据 $\mathbf{x}_m$，$\mathbf{y}_n$ 进行评价的。对应点对的质量 q_{mn} 为

$$q_{mn}^{(s-1)} = \sum_k \sum_l P_{kl}^{(s-1)} \tag{16.39}$$

其中 s 表示迭代次数，k 索引 $\mathbf{x}_m$ 邻居的所有点 $\mathbf{x}_k$，l 索引所有的点 $\mathbf{y}_l \in A_2$，它们形成与点对 $\mathbf{x}_m\mathbf{y}_n$ 相一致的点对 $\mathbf{x}_k\mathbf{y}_l$。

5. 修正每个点对 $\mathbf{x}_m$，$\mathbf{y}_n$ 之间的对应概率

$$\hat{P}_{mn}^{(s)} = P_{mn}^{(s-1)}(a + b q_{mn}^{(s-1)}) \tag{16.40}$$

其中 a 和 b 是预设的常量。规格化下列公式

$$P_{mn}^s = \frac{\hat{P}_{mn}^s}{\sum_j \hat{P}_{mj}^s} \tag{16.41}$$

6. 重复第 4 步和第 5 步，直到对于所有的点 $\mathbf{x}_m \in A_1$ 找到最好的对应关系 $\mathbf{x}_m\mathbf{y}_n$。
7. 对应关系向量 $\mathbf{c}_{ij}$ 形成了所分析运动的速度场。

将这个算法应用于图 16.7（a）、图 16.7（b）和图 16.8（a）、图 16.8（b）中所给出的图像对，所得到的速度场在图 16.12 中显示。注意，对火车图像序列来说结果要好得多；请将低空飞行图像序列的速度场和图 16.8（d）中所给出的光流结果进行比较。

速度场既可以应用于位置预测任务，也可以应用于光流。在文献[Scott，1988]中给出了一个好的从检测兴趣点导出运动解释的例子。在文献[Thompson et al.，1993]中讨论了在两个正投影视角上使用点对应关系从移动摄像机中检测移动物体的方法。在文献[Shapiro et al.，1995]中阐述了使用粒子对应关系和动态规划进行流运动分析的方法。在文献[Hu and Ahuja，1993]中介绍了可以用于长时间单目图像序列运动分析的两种算法，其中一个算法使用了帧间对应关系，另一个则基于点轨迹分析。

目前已经开始出现在没有确定明确的点对应关系的情况下进行物体标注的方法。在文献[Fua and Leclerc，1994]中，给出了一种使用完全三维表面模型的方法，它可以和由运动分析到形状的技术一起使用。在文献[Bober and Kittler，1994]中介绍了一种快速精确的运动分析方法，它通过多分辨率的 Hough 变换来寻求移动物体的对应关系。

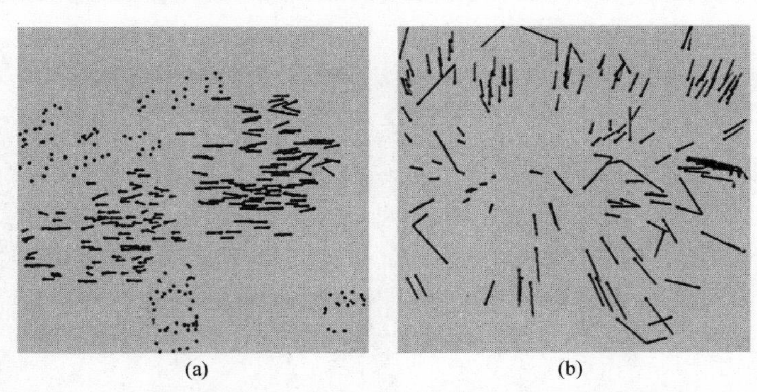

图 16.12 火车（左边）和低空飞行（右边）图像序列的速度场（原始图像显示在图 16.7（a），（b）和 16.8（a），（b）中）。经 J.Kearney 许可

16.4 特定运动模式的检测

检测特定类别物体的运动在很多时候非常有用，这些特定运动信息可以从训练样本集合中得到，可以训练一个分类器来区分图像序列中观测到的运动信息和其他信息。下面将要描述的方法是受行人运动检测启发，但是它可用于许多其他应用之中。

行人运动检测和跟踪是视觉监视应用中的重要任务。在非行人运动相关的应用中，从一个样本集合中往往可以训练出高效的检测器，这在汽车、人脸等目标的检测中获得了成功。这些检测器通过扫描一幅图像寻找与检测器匹配的输入图像数据，然后在后续的时间里跟踪这些候选目标，进一步提高检测和关联跟踪的稳定性。下面第 16.5 节中会讨论一些方法。这些方法中许多首先分析基于图像的信息，然后通过运动分析技术处理这些信息。这些方法需要复杂的中间表示，进行匹配、分割、配准、注册和运动分析。由于检测/跟踪是在一个开环中进行，所以之前步骤发生的错误会影响后面阶段的性能。

虽然这些方法在一些应用中表现不错，但是它们却不太适合行人运动检测和跟踪，因为行人的姿态和衣着本身变化很大。由于所分析图像的典型的低分辨率，这项任务就更加困难。监视摄像头所摄取到的行人一般会是小到 20×10 大小的图像块，然而即使在这样的低分辨率数据中，人体运动模式仍可以容易地区分出来。在文献[Cutler and Davis, 2000]中给出的系统就直接从跟踪到的图像序列中估计运动的周期性，并分析长时间序列来排除那些在运动模式上不一致的候选。

文献[Viola et al., 2003]给出了一种明显不同的方法，其中同时使用了基于图像和基于运动的信息。这个方法关注于检测短时间内的运动模态，而不是去长时间地跟踪。该方法和第 10.7 节中描述的物体检测方法非常类似，都使用了 AdaBoost 学习过程（见第 9.8 节）。和第 10.7 节中的方法一样，在样本集合上训练得到简单矩形滤波器的小集合来检测行人运动，能够非常高效地在任何一个尺度上计算这些滤波器（见第 4.2.1 节）。为了捕捉运动模态，这些滤波器需要工作于一小段时序图像序列上。

一般来说，可以通过求取对应图像块在时序上的差异来检测运动。图像块的大小决定了分析的尺度，对于多尺度分析来说，就要考虑使用不同大小的图像块。很明显，光流（见第 16.2 节）能够提供需要的信息。然而，光流计算所需要的较大计算量则不适合进行多尺度分析。另一方面，矩形滤波器的高效计算特性和多尺度特性则非常适合这个任务。简单地考虑图像序列中对应的特定尺度矩形对随时间的差异就可以用来识别运动（见第 16.1 节）。另外，运动的方向也可以从平移的图像块之间的差得到，一个图像块来自于时刻 t，另一个来自于 $t+\delta t$。下面显示了五个这样的非常相关的图像

$$
\begin{aligned}
\Delta &= \mathrm{abs}(I_t - I_{t+1}) \\
U &= \mathrm{abs}(I_t - I_{t+\delta t} \uparrow) \\
D &= \mathrm{abs}(I_t - I_{t+\delta t} \downarrow) \\
L &= \mathrm{abs}(I_t - I_{t+\delta t} \leftarrow) \\
R &= \mathrm{abs}(I_t - I_{t+\delta t} \rightarrow)
\end{aligned}
\qquad (16.42)
$$

其中箭头表示图像平移的方向。比如 $I_{t+1}\downarrow$ 表示 $t+\delta t$ 时刻的图像帧相对于之前的图像帧 I_t 向下平移了 ψ 个像素。图 16.13 给出了 Δ、U、D、L、R 图像的示例。

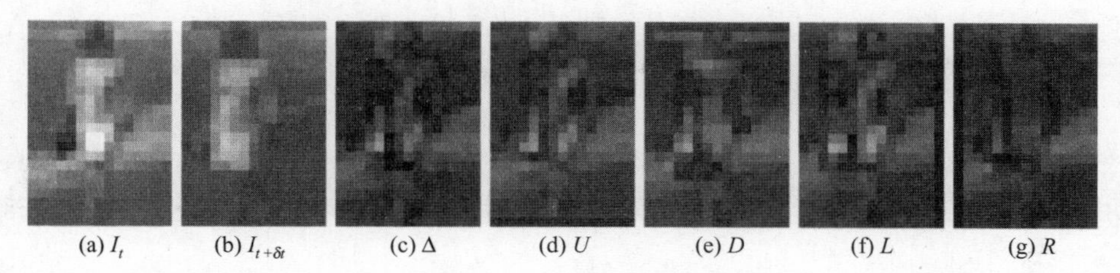

(a) I_t　(b) $I_{t+\delta t}$　(c) Δ　(d) U　(e) D　(f) L　(g) R

图 16.13　根据式（16.42）得到的运动差分和表观差分图像。图像 R 具有最小能量，对应于从右向左的运动方向

类似地，滤波器 f_k 衡量运动的幅度

$$f_k = r_k(S) \tag{16.43}$$

可以设计出几个不同类型的滤波器，这些滤波器

$$f_i = r_i(\Delta) - r_i(S) \tag{16.44}$$

反映了一个特定区域朝着测试方向↑，↓，← 或者 → 移动的可能性。这里，S 是差分图像 $\{U, D, L, R\}$ 中的一个，r_i 是检测窗口内部单个矩形图像块的和。

运动切变（motion shear）可以由下面的滤波器决定

$$f_j = \phi_j(S) \tag{16.45}$$

矩形表观滤波器 f_m 对从两帧图像序列的第一帧中检测具有所期望的静态图像特性的图像模式有贡献

$$f_m = \phi(I_t) \tag{16.46}$$

正如上面提到的，滤波器 $f_\bullet$ 可以使用第 4.2.1 节积分图像高效地进行计算。

与之前的工作相似[Viola and Jones, 2001]，滤波器 $f_\bullet$ 可以是检测窗口内的任意大小、高宽比或者位置。因此，可以设计出的滤波器的数量很大，从中选择出最优的一个子集，并设计对应的分类器来区分有特定运动性质的运动物体与图像的其他部分。分类器 C 由选择的特征的线性组合而成，经由 AdaBoost 训练阶段，反映特征值之和的阈值

$$C(I_t, I_{t+\delta t}) \begin{cases} =1 & \text{如果} \ \sum_{s=1}^{N} F_s(I_t, I_{t+\delta t}) > \theta \\ =0 & \text{其他} \end{cases} \tag{16.47}$$

特征 F_s 是一个阈值处理后的图像，输出两个可能值中的一个

$$F_s(I_t, I_{t+\delta t}) \begin{cases} =\alpha & \text{如果} \ f_s(I_t, I_{t+\delta t}, \Delta, U, D, L, R) > t_s \\ =\beta & \text{其他} \end{cases} \tag{16.48}$$

其中 $t_s \in \Re$ 是一个特征阈值，f_s 是滤波器 $f_\bullet$ 中的一个。如前面所说的，这 N 个特征 f_s 是从所有选用的滤波器中使用 AdaBoost 过程选择出来的，这些使用的滤波器分别是参数 I_t、$I_{t+\delta t}$、Δ、U、D、L 和 R 中的一个或者多个的函数。α、β、t_s 和 θ 在 AdaBoost 训练过程计算得到（见第 9.8 节）。AdaBoost 的 N 轮中每一轮都从所有的运动和表观特征集合中进行选择。最终选择的特征集中平衡了运动和表观两种描述符。

为了支持多尺度检测，用于计算平移图像方向↑、↓、← 和 → 的参数 ψ 必须相对于检测尺度来定义。这样，可以得到与运动无关的物体运动速度检测。这种无关性是通过将训练样本缩放到一个预先定义的基准分辨率（即包围块的大小与 x 和 y 方向上的像素数目成比例）。在文献[Viola et al., 2003]中，使用了 20×15 的基准分辨率。在分析的过程中，通过在一些图像金字塔（见第 4.3.1 节）上进行操作来达到多尺度分析，这些图像金字塔从待分析图像帧 I_t^l 和 $I_{t+\delta t}^l$ 的金字塔表示中计算得到

$$\begin{aligned} \Delta^l &= \mathrm{abs}(I_t^l - I_{t+1}^l) \\ U^l &= \mathrm{abs}(I_t^l - I_{t+\delta t}^l \uparrow) \\ D^l &= \mathrm{abs}(I_t^l - I_{t+\delta t}^l \downarrow) \\ L^l &= \mathrm{abs}(I_t^l - I_{t+\delta t}^l \leftarrow) \\ R^l &= \mathrm{abs}(I_t^l - I_{t+\delta t}^l \rightarrow) \end{aligned} \tag{16.49}$$

其中 l 表示表示金字塔的层级。这些特征从金字塔表示中计算得到，以达到尺度无关。在文献[Viola et al., 2003]中，使用 0.8 作为尺度缩放因子一直缩放到预先定义的基准分辨率（讨论中使用 20×15）图像块来产生连续层级的金字塔表示。

一旦选择了特征，就可以用第 10.7 节中描述的由 boost 算法产生的瀑布式分类器和算法 10.13 来提高检测的准确性（见图 10.34）。在瀑布结构的最初阶段，使用那些具备高检测率但误报率也相对较高的简单特征，在后面的阶段，则使用那些包含更多特征的复杂分类器。在瀑布式检测器的每一阶段都不断尝试减小检测率和误报率，当然我们的目标显然是使误报率的减少要远快于检测率。

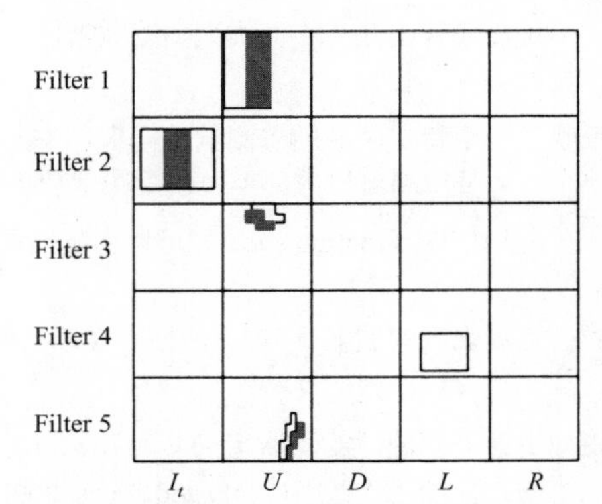

图 16.14　特征选择过程最初选择的用于检测行走着的行人的五个特征。这些特征反映了行人在训练图像的中心上，倾向于与背景不同，其中四个使用了运动差分图像（基于文献[Viola et al., 2003]）

在样例应用中，从包含了 2000 帧图像的序列中学习到了一个动态的行人检测器。瀑布式检测器的每一个层分类器从 2250 个正例样本和 2250 个反例样本学习得到，而每一个样本包含从连续两帧（$\delta t = 1$）图像中选择的两个 20×15 的图像窗口。正例样本从缩放后的行人包围框获得，反例样本从不包含行人的图像中获得。在特征选择的过程中，总共考虑了 54 264 个滤波器，这些滤波器是从可在 20×15 窗口中定义的所有可能的巨大特征集合中均匀采样得到的。图 16.14 给出了最初学习的五个特征。如文献[Viola et al., 2003]中进一步演示的那样，运动信息对于得到的高性能行人检测器起着关键作用，动态检测器明显优于使用大致相同的训练方法，但是没有使用运动差分图像信息的而得到的静态行人检测器。图 16.15 给出了上述方法的一些典型检测结果。

图 16.15　使用动态行人检测器检测行人的结果示例

16.5　视频跟踪

在许多国家，闭路电视监控正在朝着无处不在的趋势发展，或已经成为到处都存在。鉴于这些视频中仅有极少的一部分是现场监控的，所以人们就对使用计算机视觉算法来自动地对场景进行监控非常感兴趣。除了监控行人和交通这类应用价值（尽管它也有危险的一面）非常明显的工作外，还有许多可能使用同类算法和技术的相关应用。最典型的例子是农业领域的动物跟踪，以及在体育领域中，成功的实时跟踪是非常有利可图的，能为训练技术的发展提供诱人的潜力。作为例子，参考这些文献：[Intille and Bobick, 1995; Magee and Boyle, 2002: Needham and Boyle, 2001]。

事实上，这个领域非常广泛，会产生许多更深层次的有趣问题，这些问题与视觉相关或无关。最简单的情形，我们希望获取视频信号，最好是实时的，然后确定出其中感兴趣的活动（“感兴趣”这里明显是领域相关的）——这都是计算机视觉能够发挥作用的领域。这个问题也能够变得很复杂，以至于我们希望考虑使用具备云台全方位（上下、左右）移动和镜头变焦控制功能的（pan-tilt-zoom（PTZ））摄像机，以及有重叠视场的多个摄像机的情形。然后，我们可能会对行为（又一个很主观的词）的建模和观测感兴趣：在城市场景下我们可能希望识别出犯罪行为；在交通场景下我们可能希望识别出交通阻塞或者事故；在体育场景中我们可能希望识别出特定的技战术策略。

并不奇怪的是，这些问题对于机器人来说非常关键，机器人的代理程序可能需要可视地监视他们的前进过程和周围环境。这是一个迅速发展的研究领域，但本书不做讨论。它的关键是**同时定位和映射**（**Simultaneous Localization and Mapping**）或者 **SLAM** 这个概念。SLAM 不仅识别出机器人可能使用它们周围的“地图”来进行导航和避障，而识别出预先编辑的地图可能也不精确、在变化或者根本不存在。相应地，机器人在移动过程中构建一个地图。将会非常清楚的是这里一个关于某种深度的问题，它依赖于代理程序动力学的理解，它的模型包含了它可能“看到”的东西以及它在新的视角下重新识别场景的能力。它通常被描述为一个“先有鸡和先有蛋”的问题——机器人没有地图无法安全地移动，但是地图直到机器人移动后才能被建立。很多情况下，机器人会使用很多不同传感器（除了视觉传感器之外），因此要全部包含这些内容超过了这本教材的范围——然而，基于 SLAM 的系统将会使用本章中的很多主题。仅举一个例子就是无人探测泰坦尼克在海底的残躯，其中很多视觉图像重合很小，但是探测车的内部传感器提供了独立的输入来进行映射[Eustice et al., 2005]。感兴趣的读者请直接参考机器人相关的文献，以及很多有用的基于 WWW 的教程。

在本节中我们将要描述如何处理一个视频信号以发现场景中的运动块（目标）。从概念上看这是简单的任务，但实际上却很困难，理论工作和不断增强的处理能力对完成这个任务带来了极大的好处。

16.5.1　背景建模

监控视频最显然的方法就是问场景中运动的是什么，完成这个任务最简单的方法就是将之与空的背景场景进行比较，通过一些比较和差分操作，看我们看到了什么。一个视频是一序列的帧（图像）——对背景建模最简单的方法就是认为第一帧是背景，然后在所有后续序列中逐帧地减去其像素的亮度。这样，非零的差值就表示运动；可以对其作（不同复杂度的）阈值化处理，再聚类（可以使用形态学方法）得到场景中的运动目标块（见第 16.1 节）。

可以容易地看到这种方法通常不会有效。这种方法会检测出每个单独的运动，无论多么细小——这将包括风吹动的树木，以及摄像机微小的运动。更糟糕的是，任何程度的光照变化都会带来灾难性的后果。我们将仅在严格受控环境下使用这个简单方法：一个完全刚性的摄像机，环境中没有任何光照和阴影变化，运动“杂乱（clutter）”非常小或者完全没有。这些限制明显排除了现实中感兴趣的大多数场景。

较为合理的一种情况是，我们可以允许“背景”不是固定的，然后尝试维护一个动态的背景帧。通过求取过去 K 帧中每一个像素处的亮度均值或者（更为常见）中值，这种方法已经取得了一定的效果。这种方

法具备在 K 帧内允许对每个像素更新光照变化的效果，但是非常明显的是，一个缓慢运动、亮度分布均匀的目标就有可能融入背景中。

算法 16.5　通过中值滤波进行背景维护

1. 初始化：获取 K 帧图像。在每一个像素处，求取这 K 帧亮度中值。如果图像序列是彩色的，对 R、G、B 每个数据流都进行上述操作。中值表示了当前背景值。
2. 获取 K+1 帧。计算该帧和当前背景在每一个像素处的差（灰度图是一个标量，彩色图是一个向量）。
3. 阈值化这个图像差来去除/减少噪声。这里简单的阈值可能不会太有效，有许多其他的阈值选取方法，比如滞后（见算法 6.5）。
4. 使用一些膨胀和腐蚀组合操作（见第 13.3.1 节和第 13.3.2 节）来去除小的区域，填充大目标中的“空洞”等。剩下的区域表示场景中运动的目标。
5. 并入 K+1 帧并且抛弃掉最早的帧，更新中值测量。
6. 返回第 2 步处理下一帧。

这里步骤 5 的开销可能会很大，需要存储过去的 K 帧图像，并且要对每个像素在每帧中进行排序。文献中[McFarlane and Schofield, 1995]给出了一种有效的捷径：仅存储当前的背景，如果当前帧在某个像素处变亮了，背景的亮度值就增加 1，如果变暗了，背景的亮度值就减 1。这种方法将背景收敛于一个亮度，相对于该亮度一半的更新变亮，一半的更新变暗，也就是中值。

容易理解这种中值滤波方法用于背景维护，在应用中也取得了一些成功。图 16.16 给出了一个视频中的结果，这个视频是用一个自由架设的廉价摄像机拍摄一个无限制的场景得到的[Baumberg and Hogg, 1994a]。我们将得到许多可用于形状分析的轮廓——在这个应用中，每个轮廓都是由 40 个点（对二维情况也就是 80 个点）决定的三次 B 样条（见第 8.2.5 节）描述的，这些点被用来训练一个点分布模型（见第 10.4 节），这个模型给出了行走人体在十八维上的一个非常有效的描述（剩下的六十二维包含很少信息）。

图 16.16　左：一个行人场景；右：通过维护一个中值滤波的背景从场景中提取出的运动。经过后处理去掉了小的块和对边界进行了平滑

基于中值的背景生成非常直截了当，并且能够运行得非常快。然而，它非常受限于应用的场景，对于有很多目标或者目标运动很慢的场景，这种方法就很容易失败。算法 16.5.1 中的间隔长度 K，以及其他差分阈值和后处理中的多个参数的选择使得这种方法很敏感。文献中[Stauffer and Grimson, 1999]给出了一个能够弥补这些缺陷的更为鲁棒的方法，通常被用在这个简单方法失效的情况下。

它的想法是对每个像素独立地建立一个混合高斯模型（参见第 10.13 节）。基于局部特性，其中一些高斯模型用于表示背景，另一些表示前景：这个算法提供了决定像素具体属于哪一个高斯模型的方法。这个方法在直观上非常精巧和合理，因为：

- 如果一个像素处于一个无光照变化的具体表面上，一个高斯模型就能够很好地对它以及系统的噪声进行建模。

- 如果光照在时间上缓慢变化，那么一个自适应的单高斯模型也就足够了。

然而，实际中可能会出现多个表面，光照情况会以不同方式不同速率变化。

对于一个特定的像素，它在时刻 t（$t=1,2,\cdots$）的亮度值是 g_t。（我们这里仅考虑最简单的灰度图的情况——一般的算法给出的是 RGB 形式的），最近的一些 g_t 值用 K 个高斯函数表示，$N_k = N\left(\mu_k,\sigma_k^2\right)$，$k=1,\cdots,K$。我们希望这些高斯函数随着时间和环境及物体的出现和消失一起变化，因此我们用下式表示更合适：

$$N_{kt} = N\left(\mu_{kt},\sigma_{kt}^2\right) \quad k=1,\cdots,K \tag{16.50}$$

K 的选择由计算效率等因素决定（记住每个像素都要执行），通常情况下，K 取值范围为 3～7。很明显，K>2；否则，这个想法变成了一个简单的前景—背景模型——$K=3$ 时可以有两个背景模型和一个前景模型。

与每个高斯函数相关的还有一个同样随时间变化的权重 ω_{kt}。然后观测到 g_t 的概率便是

$$P\left(g_t\right) = \sum_{k=1}^{K} \omega_{kt} \frac{1}{\sqrt{2\pi}} \exp\left(\frac{-\left(g_t - \mu_{kt}\right)^2}{\sigma_{kt}^2}\right) \tag{16.51}$$

这些权重被归一化到和为 1。

随着这个过程的进行，我们原则上可以使用 EM 算法（参见第 10.13 节）来更新高斯模型的参数，但这样做被证实消耗非常大。一种替代策略是，这个像素和每个高斯函数进行比较，如果它处于均值的 2.5 倍标准方差之内，就认为是匹配成功；如果这里有多个匹配，选择最好的一个——这是一种“赢者通吃”的策略。现在：

- 如果找到了一个匹配，比如说是第 l 高斯，我们设置

$$\omega_{kt} = \begin{cases} (1-\alpha)\omega_{k(t-1)} & 当k \neq l \\ \omega_{k(t-1)} & 当k = l \end{cases} \tag{16.52}$$

　然后重新归一化 ω，α 是一个学习常数：$1/\alpha$ 决定了参数改变的速率。匹配上的高斯函数的参数用如下方式更新

$$\mu_{lt} = (1-\rho)\mu_{l(t-1)} + \rho g_t$$
$$\sigma_{lt}^2 = (1-\rho)\sigma_{l(t-1)}^2 + \rho\left(g_t - \mu_{lt}\right)^2$$

　其中

$$\rho = \alpha P\left(g_t \mid \mu_l, \sigma_l^2\right)$$

- 如果没有找到一个匹配，最不常用的那个高斯（ω 值最小）就被丢弃，用一个新的以 g_t 为均值的高斯函数替换。在这个阶段它被指定了一个大的方差和小的权重（相对于其他 K–1 个分布而言）。这里提供了一种机制，当新的目标被发现时，如果它们能一直持续，就给予它们成为局部背景一部分的机会。

在这个阶段，我们已经知道了产生像素目前亮度的最可能的高斯函数，还需要确定它是背景还是前景。这通过整个观测操作中的一个常量 T 来完成：假设在所有的帧中，背景像素的比例一直都超过 T。然后，所有的高斯函数根据表达式 ω_{kt}/σ_{kt} 来排序，该值大的意味着或者权重高，或者方差低（或者两种情况兼有）。任何一种情况都会增加我们判断该像素为背景的信心。然后这些分布 $k=1,\cdots,B$ 就被认为是背景，其中

$$B = \arg\min_b \left(\sum_{k=1}^{b} \omega_{kt} > T\right) \tag{16.53}$$

这样，就可以对该像素给出一个判断。

一般地，考虑到多通道像素，算法描述如下：

算法 16.6　通过混合多高斯模型进行背景维护

1. 初始化：选择高斯函数数目 K 和学习率 α：通常选取 0.01～0.1 之间的一个值。对于每个像素，初

始化 K 个均值为 $\boldsymbol{\mu}_k$，方差为 Σ_k 的高斯函数 $N_k = N(\mu_k, \Sigma_k)$，对应的权重分别为 ω_k。由于算法后面会不断更新这些参数，所以初始化可以比较随意，只是一开始的观测可能会不准确而已。

2. 获取帧 t，亮度向量为 $\mathbf{x}_t$ ——很有可能是一个 RGB 向量 $\mathbf{x}_t = (r_t, g_t, b_t)$。决定哪些高斯函数与之匹配，从中选择一个最好的，记为 l，对于一维的情况，我们期望一个在均值 2.5σ 之间的观测。对于多维的情况，由于计算复杂度的原因，作如下假设来简化：观测的每一维都是独立的且方差均为 σ_k^2，这样就能够非常快地检查是否接受。

3. 如果找到了一个匹配高斯函数 l：

（a）根据式（16.52）设置权重，然后重新归一化。

（b）设

$$\rho = \alpha N(\mathbf{x}_l \mid \boldsymbol{\mu}_l, \sigma_l)$$

并且

$$\boldsymbol{\mu}_{lt} = (1-\rho)\boldsymbol{\mu}_{l(t-1)} + \rho\mathbf{x}_t$$

$$\sigma_{lt}^2 = (1-\rho)\sigma_{l(t-1)}^2 + \rho(\mathbf{x}_t - \boldsymbol{\mu}_{lt})^T(\mathbf{x}_t - \boldsymbol{\mu}_{lt})$$

4. 如果没有一个高斯函数匹配 $\mathbf{x}_t$：计算 $l = \arg\min_k(\omega_k)$ 并且删除 N_l，然后设

$$\boldsymbol{\mu}_{lt} = \mathbf{x}_t$$

$$\sigma_{lt}^2 = 2\max_k \sigma_{k(t-1)}^2$$

$$\omega_{lt} = 0.5\min_k \omega_{k(t-1)}$$

（这个算法能够鲁棒的原因在于这些选择）。

5. 利用式（16.53）求取 B，然后根据当前“最佳匹配”的高斯函数来确定像素更像是前景还是背景。

6. 使用一些模糊以及形态学上的膨胀腐蚀组合操作来去除差分图像中一些小的区域，填充大区域中的“空洞”。剩下的区域就表示场景中移动的目标。

7. 返回第 2 步处理下一帧图像。M 倍数的与单调增加的 H_c 中的值对应的查找表，有助于提高实现的效率。

图 16.17 展示了一个简单场景中高斯函数的演化平衡过程。

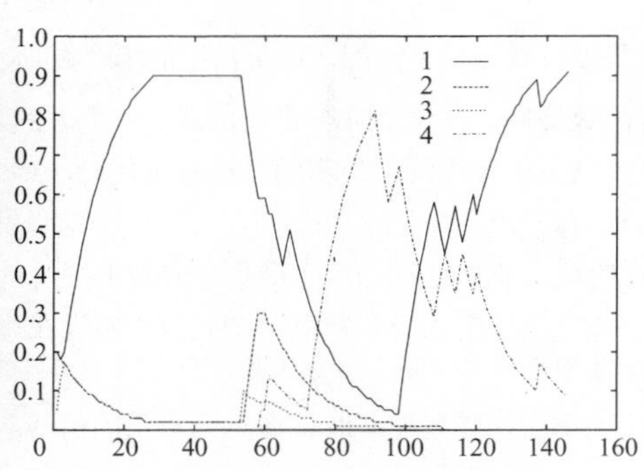

图 16.17　Stauffer-Grimson 的背景维护算法处理过程。在这个序列中，一个人拉着马匹从右向左行走：那个指示像素（黑点，中上部）处是背景，后来被她的衣服和手臂遮挡，然后被马遮挡。右图给出了四个高斯函数的权重：用于初始化背景的高斯函数 1 逐渐成为主导（最高达到了 0.9）。其他的亮度模式不断变化（马是高斯函数 4），到序列最后背景重新成为主导

这个算法非常流行，有很多的改进方法：文献[Power and Schoonees, 2002]中从实现角度作了有应用价值的清晰的阐述。一种特别有效的改进是允许 α 一开始比较大（比如是 0.1），然后随着时间减小（可能到 0.01）。文献[Magee, 2004]中对高斯混合模型方法在对多个前景同时进行建模方面进行了改进，被成功地应用于城市

交通场景下的跟踪问题。

尽管存在很多其他方法（比如使用 PCA 方法来完成这个任务，其中本征-背景（eigen-backgrounds）从训练集合中导出，“前景”从与均值图像的明显差异中自动求得[Oliver et al., 1999]），目前大多数实现都是这里所给出的某个算法的变种。

16.5.2　基于核函数的跟踪

固然背景建模可以简化物体跟踪，如果不需要对背景做任何特殊处理，将会更有价值由于现在的视频序列的帧率都很高，所以通常的应用都能满足相邻两帧间变化很小这个要求。在满足了这个要求的基础上，通过使用通常的相关准则[Bascle and Deriche, 1995]并考虑光照和几何上的变化[Hager and Belhumeur, 1996]，可以完成基于梯度的物体定位和跟踪。在文献[Comaniciu et al., 2000]中，给出了一种非常高效的实时跟踪方法。他们的方法基于如下过程：使用一个各向同性核函数来对物体在空间上施加一个掩膜，然后施加一个平滑相似函数，这样就将跟踪问题简化为在其前一帧的临近位置搜索最大相似度的问题。相似度优化过程使用均值移位算法（见第 7.1 节）高效地进行。在文献[Comaniciu et al., 2003]中深入讨论了基于核函数的物体跟踪。

首先，必须事先确定想要跟踪的目标特性，比如，从图像数据中估计出一个概率密度函数 q。对于真实环境下的视频跟踪，一般情况都是彩色的，所以通常利用颜色分布信息来形成特征空间。为了对目标进行逐帧的跟踪，前一帧识别到的目标模型首先被置于局部坐标系的中心，然后当前帧的目标候选被置于 $\mathbf{y}$ 处。目标候选的特征描述可以使用一个概率密度函数 $p(\mathbf{y})$来刻画，它是从当前图像帧数据中估计出来的。为了使计算更高效，采用离散化的概率密函数，用 m 个区间（m-bin）的直方图来简单地表示，且这常常也是足够了。因此，目标模型 $\hat{\mathbf{q}}$ 和目标候选 $\hat{\mathbf{p}}(\mathbf{y})$ 概率密度函数定义如下：

$$\hat{\mathbf{q}} = \{\hat{q}_u\}, \quad \sum_{u=1}^{m} \hat{q}_u = 1 \tag{16.54}$$

$$\hat{\mathbf{p}}(\mathbf{y}) = \{\hat{p}_u(\mathbf{y})\}, \quad \sum_{u=1}^{m} \hat{p}_u = 1 \tag{16.55}$$

其中 $u = 1,\cdots,m$； $\hat{\rho}(\mathbf{y})$ 是 $\hat{\mathbf{p}}$ 和 $\hat{\mathbf{q}}$ 之间的相似度函数

$$\hat{\rho}(\mathbf{y}) \equiv \rho\left[\hat{\mathbf{p}}(\mathbf{y}), \hat{\mathbf{q}}\right] \tag{16.56}$$

对于一个跟踪任务，相似度函数与在前一帧已经确定了位置的目标出现在当前帧的位置 $\mathbf{y}$ 处的可能性相符。因此，对于待分析的帧序列，$\hat{\rho}(\mathbf{y})$ 的局部最优值就对应着目标在当前帧出现的位置。

可以有许多种方式定义相似度函数。很明显，只使用光谱信息不能提供一个平滑的相似度函数，因为即使相邻很近的位置也有可能呈现出很大的变化。因此，爬山类优化技术是不够的，穷尽搜索（因此开销大）优化技术又难以高效的实现。正则化相似度函数的主要想法之一是对目标在空间上使用一个各向同性的核函数[Comaniciu et al., 2000]。然后用核权重来表示特征空间描述，$\hat{\rho}(\mathbf{y})$ 是 $\mathbf{y}$ 的一个平滑函数。

目标模型（target model）从一个椭圆形的区域中导出，这个椭圆形区域首先被规范化到一个单位圆中来去除目标尺度的影响。包括 n 个像素的目标区域由规范化后的像素坐标 $\{x_i^*\}$ 表示；规范化使用单位圆的中心作为原点。然后使用一个单调递减的凸核函数 K 和一个轮廓函数 $k(x)$来记录目标区域

$$k(x):[0,\infty] \to \Re \text{ 满足 } K(\mathbf{x}) = k\left(\|\mathbf{x}\|^2\right) \tag{16.57}$$

Comaniciu 等人推荐使用 Epanechnikov 核函数（参见第 7.1 节和式（7.4））。核权重与我们的理解一致，距离中心较远的像素由于可能的遮挡、背景的干扰或者相似边界影响不是很可靠。前面提到图像特征是用一个 m 个区间的直方图表示的。在 $\mathbf{x}_i^*$ 处的每一个目标模型像素必须与其在量化后的特征空间上的一个索引 $b\left(\mathbf{x}_i^*\right)$ 相关联，其索引函数是 $b:\mathcal{R}^2 \to \{1,\cdots,m\}$。特征 $u \in \{1,\cdots,m\}$ 的概率 $\hat{q}_u$ 通过如下方式计算

$$\hat{q}_u = C\sum_{i=1}^{n} k\left(\left\|\mathbf{x}_i^*\right\|^2\right) \delta\left(b\left(\mathbf{x}_i^*\right) - u\right) \tag{16.58}$$

其中 δ 是 Kronecker delta 函数[2]，C 是一个规范化常量

$$C=\frac{1}{\sum_{i=1}^{n}k\left(\left\|\mathbf{x}_i^*\right\|^2\right)} \tag{16.59}$$

在当前帧以 $\mathbf{y}$ 为中心的**目标候选**（**target candidate**）用规范化的像素位置集合 $\{\mathbf{x}_i\}$，$i=1,\cdots,n_h$ 来表示，其中 h 表示具有与目标模型相同轮廓函数 $k(x)$ 的核函数 K 的带宽。很重要的是，规范化过程是从包含目标模型的帧中继承来的。带宽定义了目标候选的尺度，因此也决定了当前帧在定位过程中需要分析的像素数目。特征 $u\in\{1,\cdots,m\}$ 的概率 $\hat{p}_u$ 是

$$\hat{p}_u=C_h\sum_{i=1}^{n_h}k\left(\left\|\frac{\mathbf{y}-\mathbf{x}_i}{h}\right\|^2\right)\delta\left(b(\mathbf{x}_i)-u\right) \tag{16.60}$$

其中规范化常量为

$$C_h=\frac{1}{\sum_{i=1}^{n_h}k\left(\left\|(\mathbf{y}-\mathbf{x}_i)/h\right\|^2\right)} \tag{16.61}$$

由于 C_h 不依赖于 $\mathbf{y}$，所以对于给定的核函数和带宽，它可以被事先计算出来。相似度函数（见式（16.56））继承了所用核函数 K 的特性。选用一个平滑可微的核函数使得可以利用简单的爬山法来优化相似度函数。在文献[Puzicha et al., 1999]中报告了几种实际可用的直方图相似度度量。

很明显，相似度函数是对目标和每个候选之间距离的一个度量指标。这两个分布之间的距离 $d(\mathbf{y})$ 可以通过巴氏（Bhattacharyya）系数[Kailath, 1967; Djouadi et al., 1990]评估 $\mathbf{p}$ 和 $\mathbf{q}$ 之间的相似度来估计

$$d(\mathbf{y})=\sqrt{1-\rho[\hat{\mathbf{p}}(\mathbf{y}),\hat{\mathbf{q}}]} \tag{16.62}$$

其中

$$\hat{\rho}[\mathbf{y}]\equiv\rho[\hat{\mathbf{p}}(\mathbf{y}),\hat{\mathbf{q}}]=\sum_{u=1}^{m}\sqrt{\hat{p}_u(\mathbf{y})\hat{q}_u} \tag{16.63}$$

为了在当前帧找到目标最可能的位置，必须将作为 $\mathbf{y}$ 函数的距离（式（16.62））最小化，并且/或者将巴氏系数（式（16.63））最大化。这个优化过程从目标在前一帧的位置出发，然后（依赖于相似性函数的平滑特征）使用基于梯度的均值移位方法（见第 7.1 节）。很明显，为了使爬山法优化过程能够成功，当前帧的目标位置必须在相似度函数的关注范围（由核函数的带宽决定）之内。

当前帧中每一个独立跟踪步骤从目标模型在前一帧确定的位置 $\mathbf{y}_0$ 处开始。模型本身是从跟踪序列的初始帧估计出来的。由于随着时间外观可能会发生变化，必须有一个可以更新的目标模型机制。为了初始化每一个跟踪过程，需要计算 $\mathbf{y}_0$ 处于 $u=1,\cdots,m$ 处目标候选 $\{\hat{p}_u(\hat{\mathbf{y}}_0)\}$ 的概率。在 $\{\hat{p}_u(\hat{\mathbf{y}}_0)\}$ 附近的泰勒展开可以产生下面关于巴氏系数（式（16.63））的近似

$$\rho[\hat{\mathbf{p}}(\mathbf{y}),\hat{\mathbf{q}}]\approx\frac{1}{2}\sum_{u=1}^{m}\sqrt{\hat{p}_u(\hat{\mathbf{y}}_0)\hat{q}_u}+\frac{1}{2}\sum_{u=1}^{m}\hat{p}_u(\mathbf{y})\sqrt{\frac{\hat{q}_u}{\hat{p}_u(\hat{\mathbf{y}}_0)}} \tag{16.64}$$

只要后续序列中目标候选 $\{\hat{p}_u(\hat{\mathbf{y}})\}$ 在初始 $\{\hat{p}_u(\hat{\mathbf{y}}_0)\}$ 处不剧烈变化，上面就可以得到一个合理且紧凑的近似结果。注意 $\{\hat{p}_u(\hat{\mathbf{y}}_0)\}>0$（或者大于一个小数 ε）这个要求除了一些不符合的特征外，对于所有的 $u=1,\cdots,m$ 都是可以施加的。

跟踪过程根据式（16.60）优化目标候选的位置。通过使用式（16.64），下面公式右边第二项必须被最大化，因为第一项和 $\mathbf{y}$ 无关。

$$\rho[\hat{\mathbf{p}}(\mathbf{y}),\hat{\mathbf{q}}]\approx\frac{1}{2}\sum_{u=1}^{m}\sqrt{\hat{p}_u(\hat{\mathbf{y}}_0)\hat{q}_u}+\frac{C_h}{2}\sum_{u=1}^{n_h}w_i k\left(\left\|\frac{\mathbf{y}-\mathbf{x}_i}{h}\right\|^2\right) \tag{16.65}$$

---

2 kronecker delta: $\delta(l)=1$ for $l=0$; $\delta(l)=0$ 其他。

其中

$$w_i = \sum_{u=1}^{m} \sqrt{\frac{\hat{q}_u}{\hat{p}_u(\hat{\mathbf{y}}_0)}} \left(\delta\left(b(\mathbf{x}_i) - u\right)\right) \tag{16.66}$$

最大化第二项反映了在当前帧 $\mathbf{y}$ 处由核轮廓函数 $k(x)$ 计算的 w_i 作为权重的密度估计。使用如下的均值移位过程可以以迭代的方式高效地从 $\hat{\mathbf{y}}_0$ 处开始找到最大值的位置（参见图 7.1 和式（7.12））

$$\hat{\mathbf{y}}_1 = \sum_{i=1}^{n_h} \mathbf{x}_i w_i g\left(\left\|\frac{\hat{\mathbf{y}}_0 - \mathbf{x}_i}{h}\right\|^2\right) \Bigg/ \sum_{i=1}^{n_h} w_i g\left(\left\|\frac{\hat{\mathbf{y}}_0 - \mathbf{x}_i}{h}\right\|^2\right) \tag{16.67}$$

其中 $g(x) = -k'(x)$ 在 $x \in [0, \infty)$ 除了有限个点外均可微。

算法 16.7　基于核函数的物体跟踪

1. 假设：目标模型 $\{\hat{q}_u\}$ 对于所有的 $u = 1, \cdots, m$ 均存在。跟踪到的物体在前一帧的位置 $\hat{\mathbf{y}}_0$ 已知。
2. 把目标在前一帧的位置 $\hat{\mathbf{y}}_0$ 作为当前帧中目标候选的初始位置，对于所有的 $u = 1, \cdots, m$ 计算 $\{\hat{p}_u(\hat{\mathbf{y}}_0)\}$，然后计算

$$\rho[\hat{\mathbf{p}}(\hat{\mathbf{y}}_0), \hat{\mathbf{q}}] = \sum_{u=1}^{m} \sqrt{\hat{p}_u(\hat{\mathbf{y}}_0)\hat{q}_u}$$

3. 对于所有的 $i = 1, \cdots, n_h$ 根据式（16.66）推导权重。
4. 根据式（16.67）确定目标候选的新位置。
5. 对于所有的 $u = 1, \cdots, m$ 计算相似度值 $\{\hat{p}_u(\hat{\mathbf{y}}_1)\}$，然后确定

$$\rho[\hat{\mathbf{p}}(\hat{\mathbf{y}}_1), \hat{\mathbf{q}}] = \sum_{u=1}^{m} \sqrt{\hat{p}_u(\hat{\mathbf{y}}_1)\hat{q}_u}$$

6. 如果新的目标区域和目标模型的相似度小于旧的目标区域和目标模型之间的相似度

$$\rho[\hat{\mathbf{p}}(\hat{\mathbf{y}}_1), \hat{\mathbf{q}}] < \rho[\hat{\mathbf{p}}(\hat{\mathbf{y}}_0), \hat{\mathbf{q}}]$$

进行这一步的剩余操作——将目标区域移动到新旧位置之间的中间处

$$\hat{\mathbf{y}}_1 := \frac{1}{2}(\hat{\mathbf{y}}_0 + \hat{\mathbf{y}}_1) \tag{16.68}$$

并且计算新位置处的相似度函数

$$\rho[\hat{\mathbf{p}}(\hat{\mathbf{y}}_1), \hat{\mathbf{q}}]$$

返回到这一步的开始。

7. 如果 $\|\hat{\mathbf{y}}_1 - \hat{\mathbf{y}}_0\| < \varepsilon$，停止。否则使用当前目标位置作为下次迭代的开始位置，也就是，$\hat{\mathbf{y}}_0 := \hat{\mathbf{y}}_1$，然后从第 3 步开始。

第 7 步中的 ε 取值是使向量 $\hat{\mathbf{y}}_0$ 和 $\hat{\mathbf{y}}_1$ 引用原始图像坐标中的同一个像素。通常情况下，迭代的最大次数有限，能够满足实时性需求。注意引入第 6 步只是为了避免均值移位最大化过程中潜在的数值问题，数值问题很罕见。所以在实践中可以忽略这一步。因此，可以避免第 2 步和第 5 步中巴氏系数的计算，这样的修改会获得额外的加速。这样，算法只需要进行第 3 步中的权重计算，第 4 步中的新位置推导，以及第 7 步的核偏移测试。在这种情况下，巴氏系数只需在收敛后进行计算来衡量目标模型和目标候选的相似度。

为了适应尺度的变化，核函数的带宽 h 必须在跟踪过程中进行适当调整。用 h_{prev} 表示前一帧使用的带宽，当前帧的最佳带宽 h_{opt} 通过重复使用三个不同 h 值的目标定位算法来确定：

$$h = h_{\text{prev}} \tag{16.69}$$

$$h = h_{\text{prev}} + \Delta h \tag{16.70}$$

$$h = h_{\text{prev}} - \Delta h \tag{16.71}$$

其中取值一般选取与测试值相差 10%：$\Delta h = 0.1h$.prev。最佳的带宽值根据最大的巴氏系数来确定。为了避免对带宽作过于敏感的修改，新的带宽值使用如下方式确定

$$h_{\text{new}} = \gamma h_{\text{opt}} + (1-\gamma)h_{\text{prev}} \tag{16.72}$$

通常 $\gamma = 0.1$。不必说，最佳带宽作为时间的一个函数，包含着关于跟踪目标的潜在有价值的信息。

图 16.18 给出了一个包含 154 帧的序列中的 5 帧，这些帧包含了 351×240 个像素，目标是跟踪其中的 75 号运动员的运动。目标的初始化是如图 16.17（a）所示的那样用手画一个椭圆框。颜色空间被量化到了 16×16×16 个区间中作为特征。图 16.19（a）给出了表示成时间函数的均值移位迭代次数。对于逐帧地跟踪，平均大约需要 4 次迭代。与图 16.18（c）对应的巴氏相似度系数在图 16.19（b）中给出，同时还画出了均值移位迭代的开始位置和结束位置。更多的结果可以在文献[Comaniciu et al., 2000, 2003]中得到。

图 16.18 基于核函数的跟踪方法用于跟踪 75 号球员：这里给出了一个包含 154 帧的序列中的第 30、75、105、140 和 150 帧。跟踪器可以很好地处理部分遮挡、摄像机运动、拥挤、模糊等情况。图（c）中标记的矩形子 x 窗口是在图 16.19 中用到的

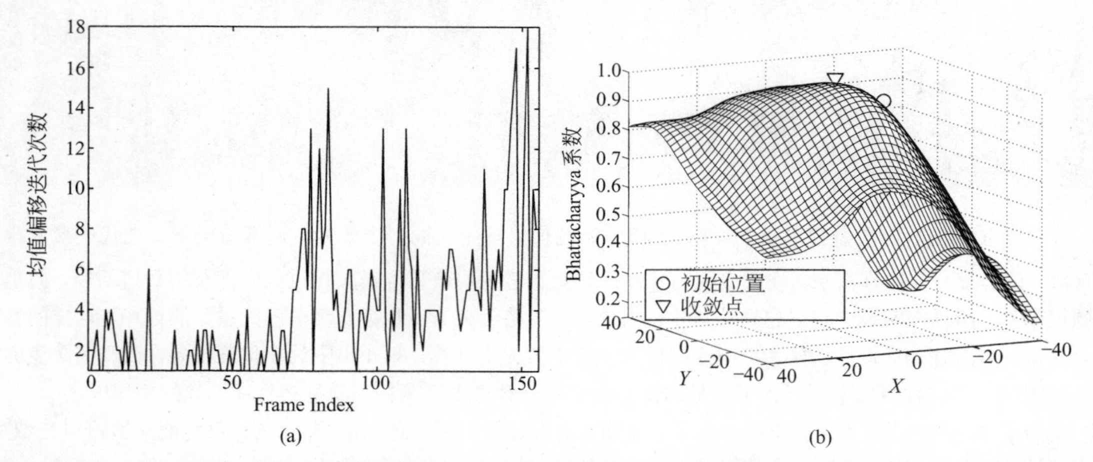

图 16.19 图 16.18 中基于核函数跟踪方法的性能。（a）表示为帧数函数的均值偏移迭代次数。（b）描绘图 16.18（c）中矩形框对应的巴氏系数值的相似度曲面。所标示出的均值偏移迭代的开始和结束位置表示了优化过程产生的物体跟踪行为

图 16.18 给出的跟踪问题没有假设任何运动模型。因此，这个跟踪器能够很好地适应橄榄球运动视频中剧烈的运动方向变化和不可预测的摄像机镜头变化。然而，背景建模（见第 16.5.1 节）和运动模型（见第

16.6 节）可以被融入基于核函数的跟踪方法中，具体请看参考文献[Comaniciu et al., 2003]。另外值得一提的是，基于核函数的跟踪方法可以同时并行跟踪多个目标，只要简单地维护多个目标模型和它们的迭代过程就行。同时跟踪的目标数目只是受限于可用的计算资源——只要系统的实时特性不会被破坏。举个例子，如果一个单目标跟踪器能够以每秒 250 帧的速度跟踪物体，那么这样的一个跟踪器对 25fps 的标准视频就可以独立地跟踪 10 个物体。

16.5.3 目标路径分析

如果图像序列中只存在一个物体，那么可以使用已经描述过的方法来解决跟踪任务，但是如果存在多个同时并且独立移动的物体，那么就需要更加复杂的方法来综合单个物体基于运动的约束。在这种情况下，应该审视一下以前所描述过的运动假设/约束（最大速度、小加速度、共同的运动、相互对应关系、运动平滑性）。因此，可以形成路径具有连贯性这个概念，这意味着图像序列中任意点上的物体运动不会发生突然的改变[Jain et al., 1995]。

路径连贯性函数（path coherence function） Φ 表示所得到的物体轨迹和运动约束之间的一致性度量。路径连贯性函数应该服从下列四个原则[Sethi and Jain, 1987; Jain et al., 1995]:

- 函数值永远是正的。
- 函数反映了轨迹的局部角度偏差的绝对值。
- 函数应该对正负速度的改变有平等的响应。
- 函数应该加以规范化 $[\Phi(\cdot) \in (0,1]]$。

令物体 i 的轨迹 T_i 由投影平面中的一系列的点所表示，

$$T_i = (X_i^1, X_i^2, \cdots, X_i^n) \tag{16.73}$$

其中 X_i^k 表示序列图像 k 中的（三维）轨迹点（参见图 16.20）。令 $\mathbf{x}_i^k$ 是与点 X_i^k 相关联的投影图像坐标。那么轨迹可以用向量形式来表示:

$$T_i = (\mathbf{x}_i^1, \mathbf{x}_i^2, \cdots, \mathbf{x}_i^n) \tag{16.74}$$

偏差函数（Deviation function）

路径中的偏差可以用于度量路径一致性。令 d_i^k 表示图像 k 中点 i 的路径偏差:

$$d_i^k = \Phi(\overline{\mathbf{x}_i^{k-1}\mathbf{x}_i^k}, \overline{\mathbf{x}_i^k\mathbf{x}_i^{k+1}}) \text{ 或者 } d_i^k = \Phi(X_i^{k-1}, X_i^k, X_i^{k+1}) \tag{16.75}$$

其中 $\overline{\mathbf{x}_i^{k-1}\mathbf{x}_i^k}$ 表示从点 X_i^{k-1} 到点 X_i^k 的运动向量； Φ 是路径连贯性函数。那么物体 i 的整个轨迹的偏差 D_i 为

$$D_i = \sum_{k=2}^{n-1} d_i^k \tag{16.76}$$

类似地，对于图像序列中 m 个移动物体的 m 个轨迹，全部轨迹偏差 D 可以确定为

$$D = \sum_{i=1}^{m} D_i \tag{16.77}$$

有了以这种方式定义的全部轨迹偏差，多物体轨迹跟踪可以通过最小化全部轨迹偏差 D 来解决。

路径连贯性函数（Path coherence function）

下面仍旧需要定义路径连贯性函数。与运动假设相一致，如果图像采集频率足够高，那么连续图像中的方向和速度的改变都应该是平滑的。故路径连贯性函数可以定义为

$$\begin{aligned}\Phi(P_i^{k-1}, P_i^k, P_i^{k+1}) &= w_1(1-\cos\theta) + w_2\left(1 - 2\frac{\sqrt{s_k s_{k+1}}}{s_k + s_{k+1}}\right) \\ &= w_1\left(1 - \frac{\left|\overline{\mathbf{x}_i^{k-1}\mathbf{x}_i^k} \bullet \overline{\mathbf{x}_i^k\mathbf{x}_i^{k+1}}\right|}{\|\overline{\mathbf{x}_i^{k-1}\mathbf{x}_i^k}\| \ \|\overline{\mathbf{x}_i^k\mathbf{x}_i^{k+1}}\|}\right) + w_2\left(1 - 2\frac{\sqrt{\|\overline{\mathbf{x}_i^{k-1}\mathbf{x}_i^k}\| \ \|\overline{\mathbf{x}_i^k\mathbf{x}_i^{k+1}}\|}}{\|\overline{\mathbf{x}_i^{k-1}\mathbf{x}_i^k}\| \ \|\overline{\mathbf{x}_i^k\mathbf{x}_i^{k+1}}\|}\right)\end{aligned} \tag{16.78}$$

其中角度 θ 和距离 s_k, s_{k+1} 由图 16.21 给出。权重 w_1， w_2 反映了方向连贯性和速度连贯性的重要程度。

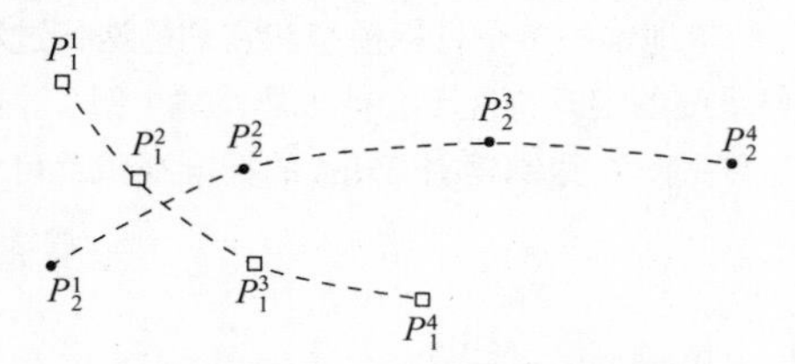

图 16.20 两个同时且独立地移动的目标的轨迹

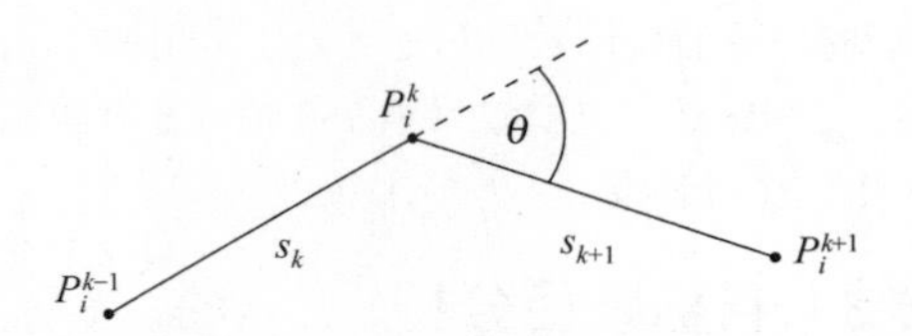

图 16.21 路线连贯性函数——角度 θ 和距离 s_k, s_{k+1} 的定义

遮挡（Occlusion）

当同时跟踪多个独立运动的物体时，物体遮挡肯定是要出现的。因此，某些图像帧中的某些物体可能部分地或者全部地消失，这会导致轨迹上的误差。如果通过使用给定的路径连贯性函数来进行全部轨迹偏差 D（式（16.77））的最小化，那就是假定在一个图像序列中的每幅图像中检测出了相同数量的物体（物体点），且所检测出来的物体点始终表示相同的物体（物体点）。如果发生遮挡，那么无疑情况不是这样。

为了克服遮挡问题，必须考虑其他的局部轨迹约束，如果必要应该允许轨迹是非完全的。非完全性可以反映遮挡、物体的出现或者消失、由于运动或干脆是因为糟糕的物体检测所产生的物体外观变化而造成的物体点的丢失。因此，必须结合其他的未在路径连贯性函数的定义中反映出来的运动假设。一种被称为贪婪交换（greedy exchange）的算法，它寻找完全轨迹或者部分完全轨迹的最大集合，并且对所有已确定的轨迹进行局部平滑性偏差之和的最小化。将局部平滑性偏差约束在不超过一个预设的最大值 $\Phi_{\max}$ 的范围，并且任意两个连续的轨迹点 X_i^k, X_i^{k+1} 之间的位移必须小于一个预设的阈值 $d_{\max}$。为了有效地处理非完全性轨迹，引入了**幻影点（phantom points）**代替丢失的轨迹点。有了这些假设点使得可以将每个可能的轨迹视为是完全的，并且使优化函数得以一致的应用。具体的算法和例子的结果可以参见文献[Sethi and Jain, 1987; Jain et al., 1995]。

文献[Rangarajan and Shah, 1991]给出了一个在概念上类似的方法，它最小化一个最接近一致性的代价函数（反映了在短时间内通常只会移动很小的距离并且是沿着一个平滑的轨迹这个假设）。在文献[Cheng and Aggarwal, 1990]中提出了一个分为两个阶段的算法，第一个阶段执行前向搜索，它将轨迹扩展至当前帧，第二个阶段是一个基于规则的向后纠正算法，它纠正最后几帧所引进的错误对应关系。

具有多个独立移动物体的图像序列分析的时空方法，提供了另外一种可供选择的运动分析手段。介绍了一个长时间图像序列运动分析的最小描述长度（Minimum Description Length，MDL）方法。这种方法首先构造一个运动模型家族，每个模型对应于一些有意义的运动类型——平移、旋转、两者的组合等等。使用运动描述长度、随时间扩展的累进感知原则和有限观察时间的最佳建模，将物体从图像序列中分割出来，以确定什么时候这些物体改变了它们的运动类型，或者什么时候一个新的物体部分出现了。如果两个连续图像帧中的运动信息是歧义的，那么它可以通过在一个长的图像序列中最小化运动描述长度来解决。在文献[Gu et al., 1996]中给出了对于静止和移动观察者的例子和应用。

在核磁共振图像中的心室运动分析[Fisher et al., 1991]中使用了一种不同的兴趣点对应关系和轨迹检测的方法，其中不能使用刚体运动假设，因为人体心脏在心跳循环中其形状在发生改变。通过磁性兴趣点被用于心脏肌肉，这是借助于使用一种称作 SPAMM（空间磁化调制）的特殊核磁共振脉冲序列实现的。这产生了具有标记（markers）矩形网格的图像，参见图 16.22；如果应用了标记，那么心脏运动在图像中则清晰可见。运动分析算法的第一步是精确地自动检测标记。使用相关性技术（见第 6.4 节），确定出标记的准确位置（可以是在亚像素分辨率上），参见图 16.23。

为了跟踪标记位置，使用了关于在连续图像帧中标记位置的小的相对运动的特殊知识。将标记作为二维图的结点看待，使用动态规划确定最佳轨迹（见第 6.2.5 节）。最佳准则是基于连续图像中标记之间的距离、基于标记检测的质量和基于连续图像中运动方向的一致性。标记质量的评价由标记检测的相关过程产生。通过要求后续结点之间的轨迹长度小于特定常数的方式来确定后续结点。在图 16.24 中举例说明了识别和跟踪

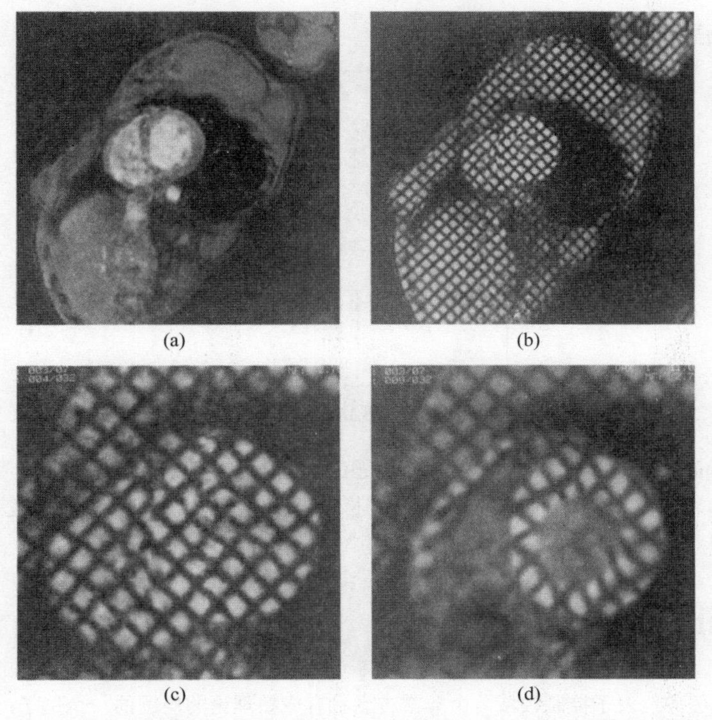

图 16.22 心脏的核磁共振图像：(a) 原始胸腔图像，心脏舒张期；(b) 具有核磁共振标记的胸腔图像，心脏舒张期；(c) 具有标记的心脏图像，心脏舒张期；(d) 具有标记的图像，心脏收缩期

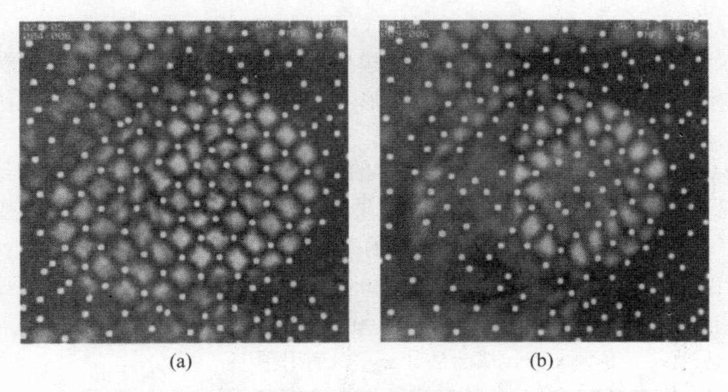

图 16.23 标记的检测位置：(a) 心脏舒张期；(b) 心脏收缩期

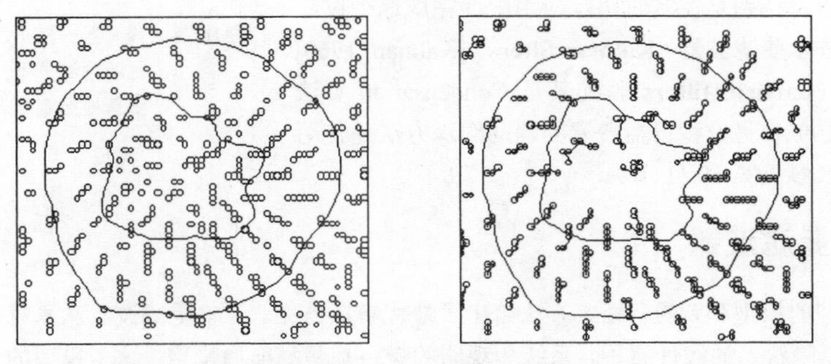

图 16.24 速度场：识别出的标记（左边）和跟踪出的标记。注意，动态规划已经去除了大多数发生在腔中心的伪结点

出的标记，速度场显示在图 16.25 中。

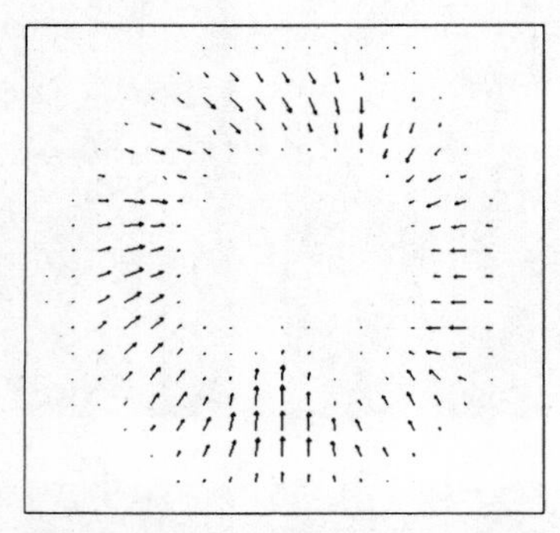

图 16.25　源自图 16.24 中信息的速度场

文献[Cedras and Shah, 1995]给出了有关如下问题的许多其他方法的综述：运动对应、轨迹参数化、相对运动和运动事件的表示、有用的基于区域的特征概述、匹配和分类方法、运动识别方法（包括周期运动、唇读、手势解释）、运动词（motion verb）识别、时基（temporal）纹理分类。

16.6　辅助跟踪的运动模型

事实上，跟踪任务代表了控制领域一个非常古老且有成熟理论的问题的一个例子：在包含噪声的观测序列中估计时变系统的状态。这里，系统的状态是场景中目标的位置、姿态等，观测可以是我们选择提取的任何特征。这类问题从高斯确定天体的运行轨道时就已经开始研究了[Gauss, 1809]，随后在科学和工程的很多领域里被多次探讨。

一般地，我们对存在观测噪声的目标建立一个模型，$\mathbf{x}$ 是模型，$\mathbf{z}$ 是观测，两者都是特征向量，但不一定是相同的维数。对于通过图像序列观察环境的情形，在特定的运动中，我们可以用两种方式来使用模型和观察。

- 多个观察 $\mathbf{z}_1,\mathbf{z}_2,\cdots$ 应该可以使对固有模型 $\mathbf{x}$ 的估计得以改进。这个模型可能会随着时间发生演变，在这种情况下 $\mathbf{z}_k$ 给出了 $\mathbf{x}_k$ 的一种估计；如果我们对 $\mathbf{x}_k$ 怎么随着 k 变化而改变有一个清楚的理解，那么就有可能使用 $\mathbf{z}_k$ 去估计这个更加复杂的模型。
- 在时间 t 上的 $\mathbf{x}$ 估计也可以为观察 $\mathbf{x}_{k+1}$ 提供一个预测，从而为 $\mathbf{z}_{k+1}$ 提供预测。

这提供了一种反馈机制，或者预测控制器（见图 16.26），其中我们观测 $\mathbf{z}_k$，估计 $\mathbf{x}_k$，预测 $\mathbf{x}_{k+1}$，从而估计 $\mathbf{z}_{k+1}$，利用预测观察 $\mathbf{z}_{k+1}$，然后修正我们对 $\mathbf{x}_{k+1}$ 估计。这种方法在计算机视觉领域内广泛应用，特别是在实时跟踪应用中。完成这个过程最流行的方法是**卡尔曼滤波器**（**Kalman filters**）[Kalman, 1960]或者**粒子滤波器**（**particle filters**），尤其是 Condensation 算法[Isard and Blake, 1998]。另一种日益普遍的辅助跟踪方法是使用隐马尔可夫模型（参见第 10.11 节）。

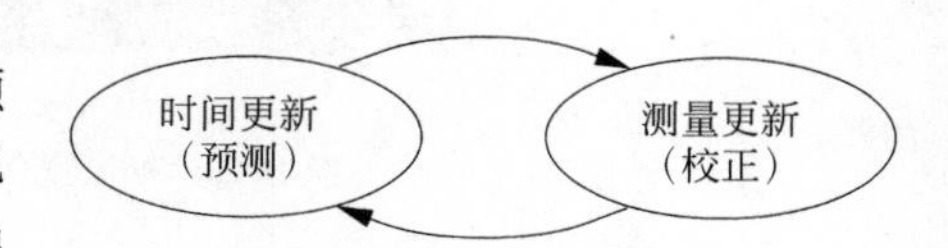

图 16.26　预测器—校正器迭代循环过程；时间更新预测了下一个步骤的事件，测量更新根据观测调整

16.6.1　卡尔曼滤波器

对于特定类型的模型和观测，经典方法给出了最优解决方案。卡尔曼滤波器从系统是线性的这个假设出发，系统的观测是隐状态的线性方程，系统和观测的噪声都是高斯白噪声（这个模型的一些细微变化和扩展会在更专门的教材中看到）。事实上，卡尔曼滤波器可以被证明提供了系统行为的基于最小二乘的最佳估计——在这些假设下，系统的模型和观测估计拥有最小的方差[Sorenson, 1970]。

形式上[3]，我们有如下模型：

$$\mathbf{x}_{k+1} = A_k\mathbf{x}_k + \mathbf{w}_k$$
$$\mathbf{z}_k = H_k\mathbf{x}_k + \mathbf{v}_k \tag{16.79}$$

矩阵 $\boldsymbol{A}_k$ 描述了模型状态的演化，而 $\mathbf{w}_k$ 是均值为零的高斯噪声。我们假设 $\mathbf{w}_k$ 具有协方差 Q_k：

$$Q_k = E[\mathbf{w}_k\mathbf{w}_k^T]$$
$$(Q_k)_{ij} = E(w_k^i w_k^j)$$

其中 w_k^i 表示向量 $\mathbf{w}_k$ 的第 i^{th} 分量。矩阵 H_k 是测量矩阵，它描述了观测是怎样和模型关联的；$\mathbf{v}_k$ 是另外一个均值为零的高斯噪声因素，其协方差为 R_k。

给定 $\mathbf{x}_{k-1}$（或者估计 $\hat{\mathbf{x}}_{k-1}$），我们现在可以根据式（16.79）计算先验估计 $\mathbf{x}_k = \boldsymbol{A}_{k-1}\mathbf{x}_{k-1}$。按照惯例这被记为 $\hat{\mathbf{x}}_k^-$，这表示（通过 ^ ）它是个估计，而且（通过 ¯ ）它"先于"观测。相应地我们可以定义 $\hat{\mathbf{x}}_k^+$，作为"后于"观测计算的修正估计——这是卡尔曼滤波器所提供的计算。当然，我们会期望 $\hat{\mathbf{x}}_k^+$ 是对 $\hat{\mathbf{x}}_k^-$ 的改进。

误差伴随着每个估计，

$$\mathbf{e}_k^- = \mathbf{x}_k - \hat{\mathbf{x}}_k^-$$
$$\mathbf{e}_k^+ = \mathbf{x}_k - \hat{\mathbf{x}}_k^+ \tag{16.80}$$

其相应的协方差为 P_k^- 和 P_k^+；注意，这些误差是由 $\mathbf{w}_k$ 和估计中的误差所造成的。

卡尔曼滤波器通过检查剩余进行操作

$$\mathbf{z}_k - H_k\hat{\mathbf{x}}_k^-$$

$\mathbf{e}_k^-$ 和噪声 $\mathbf{v}_k$ 对其作了贡献。如果没有噪声且估计是完美的，它就等于零。这种方法寻求矩阵 K_k，**卡尔曼增益（Kalman gain）**矩阵，从最小二乘的角度来更新 $\hat{\mathbf{x}}_k^-$ 到 $\hat{\mathbf{x}}_k^+$：

$$\hat{\mathbf{x}}_k^+ = \hat{\mathbf{x}}_k^- + K_k(\mathbf{z}_k - H_k\hat{\mathbf{x}}_k^-) \tag{16.81}$$

如果我们可以推导出 K_k，那么 $\hat{\mathbf{x}}_k^-$ 就可以被更新到 $\hat{\mathbf{x}}_k^+$（因为这个公式的其他项已知），这个问题也就得以解决。

式（16.80）和式（16.81）给出

$$\begin{aligned}\mathbf{e}_k^+ &= \mathbf{x}_k - \hat{\mathbf{x}}_k^+ \\ &= \mathbf{x}_k - \left((I-K_kH_k)\hat{\mathbf{x}}_k^- - K_k\mathbf{z}_k\right) \\ &= \mathbf{x}_k - \left((I-K_kH_k)\hat{\mathbf{x}}_k^- - K_k\left(H_k\mathbf{x}_k + \mathbf{v}_k\right)\right) \\ &= (I-K_kH_k)\mathbf{e}_k^- + K_k\mathbf{v}_k\end{aligned} \tag{16.82}$$

通过定义

$$P_k^- = E\left[\mathbf{e}_k^-\mathbf{e}_k^{-T}\right]$$
$$P_k^+ = E\left[\mathbf{e}_k^+\mathbf{e}_k^{+T}\right]$$
$$R_k = E\left[\mathbf{v}_k\mathbf{v}_k^{\;T}\right]$$

和误差之间的独立性给出

$$E\left[\mathbf{e}_k^-\mathbf{v}_k^{\;T}\right] = E\left[\mathbf{v}_k\mathbf{e}_k^{-T}\right] = 0 \tag{16.83}$$

因此由式（16.82）可以导出

$$P_k^+ = (I-K_kH_k)P_k^-(I-K_kH_k)^T + K_kR_kK_k^T \tag{16.84}$$

选择 K_k 使 P_k^+ 的对角元素的和 $\text{trace}\left(P_k^+\right)$ 最小化，这个和也就是后验误差方差的和——这是这个算法的最小二乘特性。为此，我们求取 $\text{trace}\left(P_k^+\right)$ 关于 K_k 的偏导，并令其为零。众所周知（参考文献[Gelb, 1974]可以给

3　下面的推导并不显而易见。对于大多数读者来说，知道式（16.79）的假设和式（16.85）～式（16.87）的结果就足以进行实现了。

出一个例子），如果 B 是一个对称矩阵，那么

$$\frac{\partial}{\partial A}\mathrm{trace}(ABA^T)=2AB$$

所以根据式（16.84）

$$-2\left(I-K_kH_k\right)P_k^-H_k^T+2K_kR_k=0$$

由此，求出 K_k，

$$K_k=P_k^-H_k^T\left(H_kP_k^-H_k^T+R_k\right)^{-1} \tag{16.85}$$

其中

$$P_k^-=A_kP_{k-1}^+A_k^T+Q_{k-1} \tag{16.86}$$

通过简单推导可以产生下面的关系

$$P_k^+=\left(I-K_kH_k\right)P_k^- \tag{16.87}$$

如果描述这些内在的状态和/或观测的方程都是非线性的，通过线性化这些关系，可以导出一个扩展的卡尔曼滤波器，其中的后验概率密度仍被认为是高斯分布[Bar-Shalom and Fortmann, 1988]。在文献 [Julier and Uhlmann, 1997]中介绍了如何参数化后验概率密度的均值和方差，这个方法被称作无迹卡尔曼滤波（Unscented Kalman filter）。

例子

卡尔曼滤波器在形式上并不是很直观：为了说明它，来看一个简单的例子[Gelb, 1974]。假设我们有一个一维常数 x，它从不相关零均值高斯噪声和变量 r 中观测得到。在这个情况下 $A_k=I=1$，$H_k=I=$：

$$x_{k+1}=x_k$$
$$z_k=x_k+v_k$$

其中 v_k 是以 0 为均值；r 为方差的正态分布。我们从式（16.85）可以立即得到

$$K_k=\frac{p_k^-}{p_k^-+r} \tag{16.88}$$

我们可以从式（16.86）和式（16.87）推导协方差关系

$$\begin{aligned}p_{k+1}^-&=p_k^+\\ p_{k+1}^+&=\left(1-K_{k+1}\right)p_{k+1}^-=\left(\frac{r}{p_{k+1}^-+r}\right)p_{k+1}^-=p_k^+\frac{r}{p_k^++r}\end{aligned} \tag{16.89}$$

式（16.89）提供了一个重现关系；记 $p_0=p_0^+$，我们可以导出

$$p_k^+=\frac{rp_0}{kp_0+r}$$

将它代入式（16.88），给出

$$K_k=\frac{p_0}{r+kp_0}$$

因此，从式（16.81）可得

$$\hat{x}_k^+=\hat{x}_k^-+\frac{p_0}{r+kp_0}\left(z_k-\hat{x}_k^-\right)$$

这个公式非常明显地告诉我们——随着 k 的增加，新的观测将提供越来越少的信息。

更有趣的是，我们再看第 16.5.1 节给出的例子。记得有一个 80 维形状向量 $\mathbf{x}$（40 个控制点），通过 PCA 被降到一个十八维表示

$$\mathbf{x}=\bar{\mathbf{x}}+P\mathbf{b}$$

其中 $\mathbf{b}$ 是通过 PDM 推导出来的十八维向量，$\bar{\mathbf{x}}$ 是“平均形状”（参见第 10.4 节）。我们注意到由于平移、旋转和缩放的原因就会出现一个样条曲线（物体）；如果当前的位移是 $\left(o_x,o_y\right)$，尺度是 s，旋转是 θ，我们可

以这样对边界建模

$$Q=\begin{bmatrix} s\cos\theta & -s\sin\theta \\ s\sin\theta & s\cos\theta \end{bmatrix} \tag{16.90}$$

$$\begin{bmatrix} X_i \\ Y_i \end{bmatrix}=Q\begin{bmatrix} x_i \\ y_i \end{bmatrix}+\begin{bmatrix} o_x \\ o_y \end{bmatrix}$$

其中 x_i， y_i 是定义样条曲线的 40 个两维点，如果我们记 $\mathbf{o}=\left(o_x,o_y,o_x,o_y,\cdots,o_x,o_y\right)$（40 次），然后

$$\mathcal{Q}=\begin{bmatrix} Q & \dots & 0 \\ \vdots & \cdots & \vdots \\ 0 & \dots & Q \end{bmatrix} \tag{16.91}$$

（一个 80×80 的矩阵，是同一个 2×2 矩阵重复 40 次），然后形状向量 **X** 和状态 **b** 通过下面的公式联系起来

$$\mathbf{X}=\mathcal{Q}\left(P\mathbf{b}+\overline{\mathbf{x}}\right)+\mathbf{o} \tag{16.92}$$

当一个新的目标被检测出来时，对于它的尺度、轨迹以及模型参数的最优估计都不清楚，但是如果给了合适的假设，我们就可以初始化这些参数，然后使用卡尔曼滤波器在连续帧间对它们不断迭代直至收敛到一个好的估计[Baumberg and Hogg, 1994b]。我们假设需要初始化的目标有一个由左下角坐标 $\left(x_l,y_l\right)$ 和右上角坐标 $\left(x_r,y_r\right)$ 给定的包围框，且训练集合中人体的平均高度是 h_m 。将式（16.90）改写成

$$\begin{bmatrix} s\cos\theta & -s\sin\theta \\ s\sin\theta & s\cos\theta \end{bmatrix}=\begin{bmatrix} a_x & -a_y \\ a_y & a_x \end{bmatrix}$$

然后我们以平均形状来初始化人体， $\hat{\mathbf{b}}^0=0$ ，并且

$$\hat{a}_x^0=\frac{y_r-y_l}{h_m} \qquad \hat{a}_y^0=0$$

$$\hat{o}_x^0=\frac{x_l-x_r}{2} \qquad \hat{o}_y^0=\frac{y_l+y_r}{2}$$

因此人体被缩放至包围框内，竖直方向上对齐，原点在外围框的中心。

为形状建立一个随机模型将会比假设均匀变化要稳定得多，所以我们假设

$$\mathbf{b}^k=\mathbf{b}^{k-1}+\mathbf{w}^{k-1}$$

其中 **W** 是一个零均值、正态分布的噪声项， $w_i^k\sim N\left(0,\sigma_i\right)$ 。本征分析给出了 b_i 在训练集合的方差 λ_i ， σ_i 被初始化成 $\sigma_i=\kappa\lambda_i$ ，其中表征地 $\kappa=0.05$ ——因此形状估计允许在椭圆体中变化，这个椭圆体是由训练集合定义出的一个子集（回想本征分解中假设 $E\left(b_i,b_j\right)=0$ ）。接着，我们假设：

1. 物体在二维空间上均匀运动，受加性噪声影响

$$\frac{\mathrm{d}}{\mathrm{d}t}\begin{bmatrix} o_x \\ \dot{o}_x \end{bmatrix}=\begin{bmatrix} \dot{o}_x \\ 0 \end{bmatrix}+\begin{bmatrix} v_x \\ w_x \end{bmatrix}$$

其中噪声项为 v_x 和 w_x （对于 o_y 类似）。这就给出了帧更新方程

$$\begin{bmatrix} o_x^{k+1} \\ \dot{o}_x^{k+1} \end{bmatrix}=\begin{bmatrix} 1 & \Delta t \\ 0 & \Delta t \end{bmatrix}\begin{bmatrix} o_x^k \\ \dot{o}_x^k \end{bmatrix}+\begin{bmatrix} v_x \\ w_x \end{bmatrix} \tag{16.93}$$

（其中 Δt 是帧间时间差）。 v_x 和 w_x 是噪声项，其中 $v_x\sim N\left(0,q_v\right)$ ， $w_x\sim N\left(0,q_w\right)$ 。

2. 配准参数 a_x 和 a_y 是受噪声影响的常量

$$\begin{bmatrix} a_x^{k+1} \\ a_y^{k+1} \end{bmatrix}=\begin{bmatrix} a_x^k \\ a_y^k \end{bmatrix}+\begin{bmatrix} w_{ax} \\ w_{ay} \end{bmatrix} \tag{16.94}$$

其中 $w_{ax},w_{ay}\sim N\left(0,q_a\right)$ 。

卡尔曼滤波器相互独立地不断估计原点、配准和形状。给定这些参数的估计，我们根据式（16.92）估计下一个状态 $\hat{\mathbf{X}}^-$ 并且使用它从图像 **z** 作一个观测。

为了更新原点 x 方向的坐标，我们需要考虑状态 $\left(\hat{o}_x, \hat{o}_x\right)$。关于原点的许多观测可以从下面表达式获得

$$\mathbf{z} - Q(P\hat{\mathbf{b}} + \overline{\mathbf{x}})$$

这些观测量，与更新相关的式（16.93）和噪声方差特性一起，提供了应用滤波器的必需条件，而这将被用于提供下一帧中原点的最佳估计。

为了使用观测 **z** 来更新配准参数，我们使用下面的观测模型

$$\mathbf{z} - \hat{\mathbf{o}} = H\begin{bmatrix} a_x \\ a_y \end{bmatrix}$$

其中 H 是通过修改式（16.92）定义的一个 $N \times 2$ 的观测矩阵。这说明，配准的更新估计是这种理论一个非常直截了当的应用。类似地，式（16.92）提供了 18 个形状参数的一个观测模型；可以证明，这些模型可以相互独立地提取出来，这样就可以构造下面形式的模型

$$\mathbf{z} - \hat{\mathbf{X}} = \mathbf{h}_i\left(b_i - \hat{b}_i\right)$$

其中 $\mathbf{h}_i$ 是一个 $N \times 1$ 的观测矩阵。

这个应用能达到实时性能，卡尔曼滤波器起了关键作用。估计出轮廓应该出现的地方使得能够在新图像帧中局部搜索边缘，避免了在整个图像范围内全局地搜索。通过在预测方向上确定边缘的法线方向，并搜索与参考背景有着最大对比度的位置，来获得该点的位置。如果没有找到这样的点（对比度低），记下“无观测”，相关联的预测不被更新。这点对于允许人体被部分遮挡仍能跟踪非常重要——这在如图 16.27 所示的场景中通过人工引入的遮挡做了说明。这个应用在文献 [Baumberg, 1995]中有包含各种细节的详细描述。

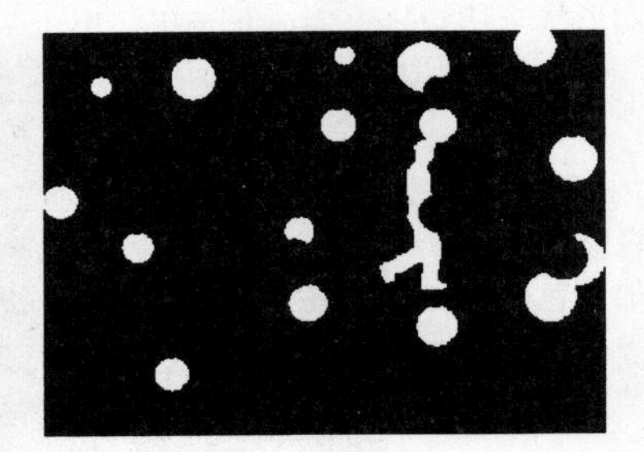

图 16.27 遮挡情况下的跟踪

16.6.2 粒子滤波器

卡尔曼滤波器是控制理论已建立起来的一个部件，已经被证明对于辅助跟踪非常有用。然而，其基本假设是限制性的，时常约束了它们在实际场景中的应用。在有明显噪声和拥挤的环境中实时跟踪（很多系统要求这样）是很成问题的：局部单峰、高斯分布假设常常不成立。实际上，在很多应用中，没有一个令人满意的近似和可以接受的数学表达。这就促使了一种更通用方法的应用，这种方法使用**粒子滤波器**（**particle filter**），其中将系统表示成一些由概率导出的粒子集合，从而提供一种经验性的描述来表示什么是和什么“不像”。有趣的是，这种更为通用（和强大）的方法可以令人满意地实时运行，而且比卡尔曼滤波更容易分析。

粒子滤波器通过挖掘其时序结构来近似分布；在计算机视觉领域，这种方法因条件密度传播算法（CONditional DENSity propagation （CONDENSATION））[Isard and Blake, 1998]（这里的陈述基于这篇文章）而流行。设一个系统的状态为 $X_t = \{\mathbf{x}_1, \mathbf{x}_2, \cdots, \mathbf{x}_t\}$，其中下标 t 表示时间，在时刻 t 我们可能有一个概率密度函数告诉我们 $\mathbf{x}_t$ 最有可能是什么；这个函数被表示成一个**粒子**（**particles**）集合——一个样本状态集合——它们的出现受这个概率密度函数（p.d.f.）控制。和前面一样，我们同样有一个观测序列 $\{\mathbf{z}_1, \mathbf{z}_2, \cdots, \mathbf{z}_t\}$ 和 $\{\mathbf{x}_t\}$ 概率相关，假设序列间满足马尔可夫假设，即 $\mathbf{x}_t$ 概率仅依赖于前一个状态 $\mathbf{x}_{t-1}$，我们将这个模型表示为 $P\left(\mathbf{x}_t \mid \mathbf{x}_{t-1}\right)$。这里最重要的一个不同就是这些关系中没有任何的限制（尤其是线性假设或者高斯假设）。

Condensation 是一个迭代的过程，在每一步中维护 N 个带权重 π_i 的样本 $\mathbf{s}_i$ 的集合

$$\begin{aligned} S_t &= \{(\mathbf{s}_i, \pi_i)\}, \quad i = 1,2,\cdots,N, \quad \sum_i \pi_i = 1, \\ &= \{(\mathbf{s}_{ti}, \pi_{ti})\} \end{aligned} \tag{16.95}$$

这些样本和权重一起表示了在给定 $\mathbf{Z}_t$ 情况下 $\mathbf{x}_t$ 的概率密度函数；这个分布不一定要有一个形式化的表示；特别是，它可以是多模态的。我们的任务就是根据 S_{t-1} 来导出 S_t。

为了在时刻 t 产生 N 个新样本以及与之关联的权重，我们从 S_{t-1} 中选择 N 次，选择的过程中要考虑到它的权重，用马尔可夫假设（先别管它是什么）约束样本，然后基于已知的观测 $\mathbf{z}_t$ 对结果重新计算权重。形式上：

算法 16.8 Condensation（粒子滤波）

1. 假设时刻 t–1 已知一个带权重样本集合

$$S_{t-1} = \{(\mathbf{s}_{(t-1)i}, \pi_{(t-1)i})\}, \quad i = 1,2,\cdots,N$$

设置

$$\begin{aligned} c_0 &= 0 \\ c_i &= c_{i-1} + \pi_{(t-1)i}, \quad i = 1,2,\cdots,N \end{aligned} \tag{16.96}$$

（累积概率）。

2. 为了确定 S_t 的第 n 个样本，选择区间[0, 1]内的一个随机数 r，然后确定 $j = \text{argmin}_i(c_i > r)$；然后我们传播样本 j。这叫做重要性采样（importance sampling），是一种将权重趋于更可能发生的采样技术。
3. 预测（见图 16.26）：使用关于 $\mathbf{x}_t$ 马尔可夫特性的知识来推导 $\mathbf{s}_{tn}$。其具体精确程度取决于马尔可夫关系：对于卡尔曼滤波器的情况，我们有

$$\mathbf{s}_{tn} = A_{t-1}\mathbf{s}_{(t-1)j} + \mathbf{w}_{t-1}$$

A_{t-1} 是一个矩阵，$\mathbf{w}_{t-1}$ 是噪声，但是这个关系是不受限制的。重要的是，虽然 $s_{(t-1)j}$ 可能在 2 中的迭代过程中被选择了不止一次，但是由于噪声的原因这个传播过程可以产生不同的 $\mathbf{s}_{tn}$。

4. 修正（见图 16.26）：使用当前的观测 $\mathbf{z}_t$ 和关于观测概率的知识来设定

$$\pi_{tn} = p(\mathbf{z}_t \mid \mathbf{x}_t = \mathbf{s}_{tn})$$

5. 从 2 开始迭代 N 次。
6. 规范化 $\{\pi_{ti}\}$ 使之满足 $\sum_i \pi_{ti} = 1$。
7. 我们对 $\mathbf{x}_t$ 的最佳估计是

$$\mathbf{x}_t = \sum_{i=1}^{N} \pi_{ti}\mathbf{s}_{ti} \tag{16.97}$$

或者，在一般情况下对于任何矩

$$E[f(\mathbf{x}_t)] = \sum_{i=1}^{N} \pi_{ti} f(\mathbf{s}_{ti})$$

这个算法可以对任意复杂的 p.d.f 进行建模，允许同时维护任意多个假设。最终，我们期望数据演变过程将减少其数量直至最后只剩一个。

可以用一个简单的例子来说明这个算法：假设一个一维过程，这样 x_t 和 z_t 都只是实数。假设在 t 时刻 x_t 受一个已知的位移 v_t（v_t 可能是一个常量，或者 x_t 有简单的运动）控制，这个位移受一个 0 均值高斯噪声的影响。

$$x_{t+1} = x_t + v_t + \varepsilon_t，\quad \varepsilon_t \text{ 的分布是 } N\left(0, \sigma_1^2\right)$$

进一步假设 z_t 观测中存在一些模糊，这样 z 就可以认为是一个均值为 x，方差为 σ_2^2 的正态分布。Condensations 算法通过在 x_1 初始化 N 个‘猜测’开始，$S_1 = \{s_{11}, s_{12}, \cdots, s_{1N}\}$，因为没有其他信息，初始化权重可呈现均匀分布。

现在产生 S_2：通过重要性采样（不管 π_{1i} 的值是什么）从 S_1 选择 s_j，然后取 $s_{21} = s_j + v_1 + \varepsilon$，其中 ε 从 $N\left(0, \sigma_1^2\right)$ 采样获得——重复这个过程 N 次产生 $t = 2$ 时刻的粒子集合。现在计算

$$\pi_{2i} = \exp\left(\frac{\left(s_{2i} - z_2\right)^2}{\sigma_2^2}\right)$$

然后重新规范化 π_{2i}，迭代结束。x_2 的最佳猜测是

$$\sum_{i=1}^{N} \pi_{2i} s_{2i}$$

这个例子非常简单：在大多数应用中，我们不能期望 **x** 和 **z** 属于同一个范畴（像这里它们那样）：大多数情况下，**x** 是一个参数化的边界（或者部件），而 **z** 可能是一个局部像素属性，比如一个亮度梯度[Isard and Blake, 1998]。$p(\mathbf{z}|\mathbf{x})$用来衡量在给定一个特定参数选择 **x** 的情况下，局部观测到的一个像素属性 **z** 的概率。

下面这个例子稍微复杂一些，会更好地说明该算法在实际中的应用。Black 和 Jepson [Black and Jepson, 1998]考虑了在白板上写的手势识别问题——这意味着需要跟踪做手势的手，并把它的轨迹和已知的数个模型（这里有九个不同复杂度的模型）进行比较。可以简化这个应用如下：一个轨迹是一个时间上均匀采样的 x，y 速度序列

$$\mathbf{m} = \left\{\left(\dot{x}_0, \dot{y}_0\right), \left(\dot{x}_1, \dot{y}_1\right), \cdots, \left(\dot{x}_N, \dot{y}_N\right)\right\}$$

（为清楚起见，我们在这之后忽略其上的标记点）从很多方面可以建立这些模型——比如从一个训练集合的均值中推导出。

任何时刻系统输入都只是部分（因为尚不完整）轨迹——为了匹配它，我们需要知道

ϕ：目前的输入与模型对齐的位置（相位），也就是模型目前有多少已经被完成。

α：一个尺度缩放因子，用来表明输入相对于模型有多长（或者多短）。

ρ：一个时序缩放因子，用来表明输入相对于模型有多快（或者多慢）。

此后，系统的状态（也就是我们将通过 Condensation 来进行传播的量）定义为 $\mathbf{s} = (\phi, \alpha, \rho)$：给定一个观测到的轨迹 Z_t 和一个状态 $\mathbf{s}$，我们可以将 $Z_t = \left(\mathbf{z}_1, \mathbf{z}_2, \cdots, \mathbf{z}_t\right)$ 作为一个部分模型。我们将在最近的宽为 w 的窗口内来匹配这些观测。

给定状态 **s**，这些观测的概率是

$$P\left(\mathbf{z}_t \mid \mathbf{s}\right) = P\left(z_t^x \mid \mathbf{s}\right) \times P\left(z_t^y \mid \mathbf{s}\right)$$

其中

$$P\left(z_t^x \mid \mathbf{s}\right) = \frac{1}{\sqrt{2\pi}\sigma_x} \exp\left(\frac{-\sum_{j=0}^{w-1}\left(z_{t-j}^x - \alpha m_{\phi-\rho j}^x\right)^2}{2\sigma_x (w-1)}\right)$$

$P\left(z_t^y \mid \mathbf{s}\right)$ 计算方法类似。σ_x 和 σ_y 是从相关观测中估计出来的标准方差。

选取 $\alpha \in [0.7, 1.3]$，$\rho \in [0.7, 1.3]$，随机产生 1000 个样本，初始化 ϕ 为一个很“小”的数，并把初始权重全部均匀设为 1/1000。变量之间的马尔可夫关系为

$$\phi_t = \phi_{t-1} + \rho_{t-1} + \varepsilon_\phi，\quad \varepsilon_\phi = N\left(0, \sigma_\phi\right)$$

$$\alpha_t = \alpha_{t-1} + \varepsilon_\alpha，\quad \varepsilon_\alpha = N\left(0, \sigma_\alpha\right)$$

$$\rho_t = \rho_{t-1} + \varepsilon_\rho，\quad \varepsilon_\rho = N\left(0, \sigma_\rho\right)$$

实验中选取 $\sigma_\phi = \sigma_\alpha = \sigma_\rho = 0.1$。

Condensation 算法已经被广泛应用到多个实例中——图 1.3 只给出了其中的一个例子。已经提出了几个改进算法：一个值得注意的问题就是在多目标跟踪中，算法的计算负荷开始变得不能承受，而且多个独立的跟踪器很容易聚集到它们找到的最强的证据（最显著的目标）上。文献[MacCormick and Blake, 1999]提出了分区采样（partitioned sampling）来解决这个问题。Khan 等人[Khan et al., 2005]使用马尔可夫链蒙特卡洛[MCMC]方法来处理存在交互的多目标跟踪问题，随后 French[French, 2006]在对“协同作用”代理（co-operative agents）建模时做了进一步改进，其中针对的是鸭群跟踪。在场景中运动的代理之间的交互为期望的（相对）运动提供了新的信息和限制，这是可以加以利用的。

16.6.3 半监督跟踪——TLD

物体跟踪领域被证明在应用和理论深度（或实际）上都极度多产。人们对于实时跟踪兴趣非常浓厚，活跃的研究方向已经非常之多。比如，考虑基于视觉的手势识别：这里所描述的技术对于这个领域非常有用，可以帮助实时解释无限制办公室（即非常拥挤）场景下的用户手势；显而易见，对于这个问题的鲁棒的解决方法将对用户的计算机接口产生非常深远的影响。文献[Gibet et al., 2006]给出了该项研究活动在 2006 年状况的一个缩影。

尽管已经提出了很多强大的跟踪器，大多数都还受限于与训练、表观变化以及处理间歇性的遮挡和目标消失等相关的问题。任何的成功都意味着引入一个检测器来认出目标的再次出现，而这反过来意味着需要预训练检测器。 检测器需要适应物体还未遇到的表观，通常通过适应性跟踪来获得——但是如果跟踪器“丢”了目标，检测器的适应性更新可能会使情况更糟而不是改进。

Predator 是一个成功的跟踪器，旨在克服这些困难[Kalal et al.,2009]（这里的描述主要从这篇文献改编而来），它同时跟踪、学习、和检测：由于这个原因，这个框架通常被称为 **TLD**。假设我们有一个图像序列 $I_0,I_1,\cdots$，并且给出了物体在时间 t=0 时边界框 B_0：我们要寻找物体在后续帧中的边界框 B_1 $B_2,\cdots$。序列 B_t 表示物体 T_t 的轨迹——我们很可能在一个特征空间 U 中描述物体，其中我们会将轨迹称作 T_t^f。一个未知的子集 $L^* \subset U$ 表示所有物体可能的表观；在时间 t=0 时，我们知道只有一个元素 $x_0 \in L^*$。

现在假设实现了一个跟踪器（通常使用第 16.3.2 节中的 Lucas-Kanade 方法）；对于 t 值比较小的情况下，它将产生（很可能）合理长度的 $L_1,L_2,\cdots$直到 L^*，但是如果跟踪器失去了准确性，那么 L_t 就开始引入一些不正确的 L_t^e；

$$L_t = L_t^c \cup L_t^e, \quad L_t^c \subset L^*, \quad L_t^e \cap L^* = \varnothing$$

L_t 通过两个过程从 L_{t-1} 导出：

- 生长：评价到目前为止的轨迹 T_t^f，然后它的子集 P 被认为是正确辨识的，然后我们令：$L_t = L_{t-1} \cup P$。
- 删减：估计 L_{t-1} 的一个子集 N，该子集包含了模型的不正确的实例，然后我们令：$L_t = L_{t-1} - N$。

当然这个简单想法的成功与否依赖于跟踪器，以及 P 和 N 估计的质量。

最原始的实现使用 Lucas-Kanade 跟踪器来估计帧与帧之间边界框的运动和尺度变化，并且使用 15×15 量度归一化块来表示模型。然后我们就可以计算两个块之间归一化的交叉相关 $NCC(x_i,x_j)$，并将它们之间的距离记为 $d(x_i,x_j)=1-NCC(x_i,x_j)$。一个块 x_i 与 L_t 的距离定义为

$$d(x_i, L_t) = \min_{x \in L_t} d(x_i, x)$$

检测器拥有明确的需求：它需要足够快、能够快速学习，并且在有限的训练数据上性能要好。与其他“动态”算法适应新实例“忘掉”旧实例不同的是，它需要保留所有它学到的。最初的方法使用一个简化局部二值模式特征（第 15.1.6 节），称为 2 比特二值分类器（2bit BP）：每一个块产生很多这样更的 2 比特相应，然后从这些数据学习一个随机森林分类器（见第 9.9 节）。这些选择满足了算法的要求，但对于算法来说却不是最重要的。

相应地，生长和删减的精确实现也需要选择。最初的实现通过如下方式做这件事情：

- 生长：选择一个阈值 θ。如果 x_i 与 L_t 之间的距离小于这个阈值，并且对于某些 $j>i$，x_j,与 L_t 的也小于 θ，然后对于所有的 x_k，$i<k<j$ 被添加到模型中。推导过程是如果一个跟踪器从这个模型中漂移了，它不太可能返回，但是如果他真的返回，模型的导出很可能用跟踪到的物体表观改变来较好地解释。
- 删减：如果假设物体在图像中最多出现一次，那么如果跟踪器和检测器关于物体位置得到相符的结果，所有其他的相应都被标记为误报并且被删减掉。

TLD 是一个框架或者范式，上述所列条目的选择属于 Predator 的实例（它的第一个）。从高层上讲，这个算法是：

算法 16.9　跟踪-学习-检测——TLD

1. 使用一个正确的实例 x_0 来初始化模型：$L_0= x_0$（这可以通过用户在序列第一帧中勾画出一个边界框来完成）。
2. 在时刻 t，跟踪 x_{t-1} 到当前帧。
3. 在当前帧检测 L_{t-1} 所有实例。
4. 确定正例样例 P 并且生长；然后确定反例样例 N 并且删减：$L_t = L_{t-1} \cup P - N$
5. 令 x_t 为最可信的块，它可以是跟踪或者检测的结果。
6. 令 $t=t+1$，然后转到第 2 步。

TLD 源代码网页为 http://info.ee.surrey.ac.uk/Personal/Z.Kalal/tld.html，其中包含了该算法的一个很好说明，以及演示软件和数据，以及源代码。图 16.28 给出了使用该软件产生的一个跟踪结果；跟踪器显示能够成功处理遮挡和目标消失，该结果可以在线观看。TLD 自从它提出就受到了密切研究，以及它性能的正式

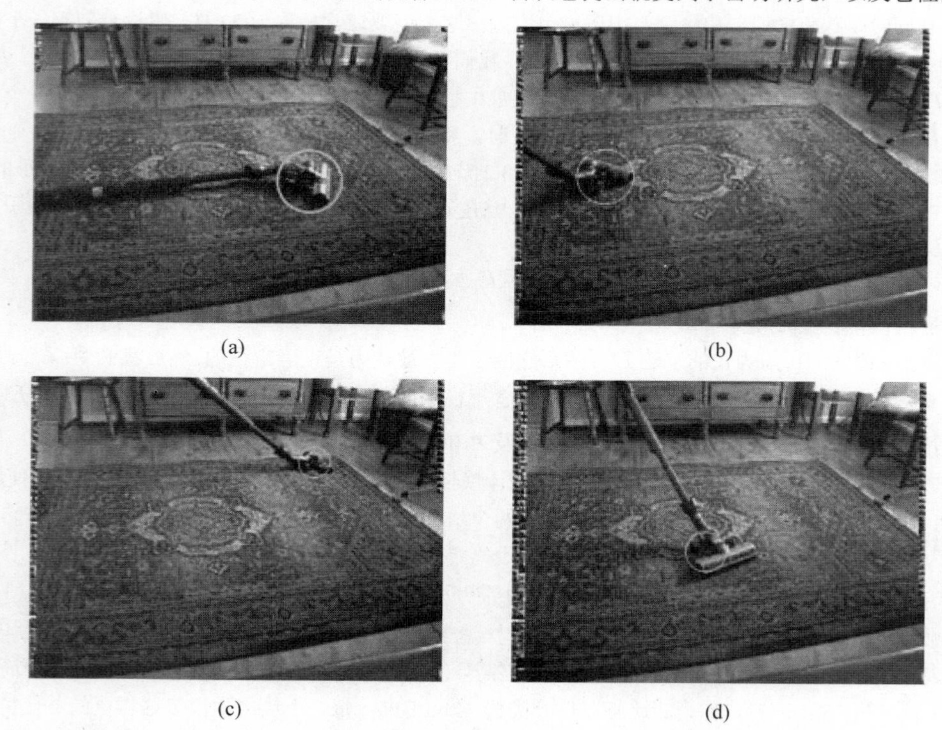

图 16.28　Predator：这个简单例子显示了成功跟踪一个吸尘器的头部：(a) 初始化，手动完成；(b) 穿过一个非常具有挑战性的背景（地毯）的运动，以及姿态的变化；(c) 两外一个字条变换和明显的尺度变化；(d) 更多的尺度变化和明显的姿态变化——注意只有机器的左部分（其最初是可见的）被跟踪

验证——比如可以参见[Kalal et al., 2010, 2012]。

16.7 总结

- 运动分析
  - 运动分析主要处理三种类型的运动相关问题：
    * 运动检测
    * 移动物体检测和定位
    * 三维物体性质的推导
  - 我们（通常）称三维运动的二维表示为**运动场（motion field）**，其中每个点被赋予一个**速度向量（velocity vector）**，它对应于运动方向、速率以及离开在适当图像位置上的观察者的距离。
  - **光流（optical flow）**是运动场的一种构造方法，其中要确定的可能是在图像所有点上的运动方向和运动速度。
  - 特征点对应关系（Feature point correspondence）是运动场构造的另外一种方法。只确定对应特征点上的速度向量。
  - 物体运动参数（motion parameter）可以从计算出的运动场向量中得到。
  - 运动假设（motion assumption）能够帮助定位移动物体。经常使用的假设包括：
    * 最大速度
    * 小加速度
    * 共同运动
    * 相互对应关系
- 差分运动分析
  - 假设在固定的摄像机位置和恒定的光照条件下，将在不同时刻上获取的图像相减，就可以检测出运动。
  - 存在许多与这个方法相关联的问题，相减的结果高度依赖于物体—背景的对比度。
  - **累积差分图像（cumulative difference image）**提高了差分运动分析的性能。它提供了众多信息，包括有关运动方向和其他与时间相关的运动特性以及缓慢运动和小的物体运动的信息。
  - 检测**移动边缘（moving edge）**有助于进一步克服差分运动分析方法的局限。通过结合空间和时间图像梯度，差分分析能够可靠地用于检测缓慢移动的边缘和高速移动的弱边缘。
- 光流（optical flow）
  - 光流反映了在时间间隔 dt 内由于运动而造成的图像变化，其中时间间隔 dt 必须足够的短以保证小的帧间运动变化。
  - 光流场是一个速度场，它表示物体点的三维运动在二维图像上的表现。
  - 光流计算基于两个假设：
    * 所观察到的任何物体点的亮度不随时间变化。
    * 图像平面中的邻近点以相类似的方式移动（**速度平滑性（velocity smoothness）**约束）。
  - 如果违背恒定亮度和速度平滑性假设，将会出现光流计算错误。在实际图像中，这种违背是很常见的。典型地，光流在高纹理区域、移动边界周围、深度不连续处等位置会发生剧烈的变化。所导致的误差会在整个光流解上传播。
  - 全局误差传播是全局光流计算方案的最大问题，局部光流估计帮助克服这些困难。
  - 光流分析并不以运动轨迹为结果；代替的是检测出更一般的运动特性，这样可以显著地提高复杂运动分析的可靠性。检测出的参数包括：

        * 相互物体速度
        * 延伸焦点（FOE）确定
        * 距离（深度）确定
        * 碰撞预测
- 基于兴趣点对应关系的运动分析
    - 这个方法在所有的序列图像中寻找显著点（**兴趣点（interest point），特征点（feature point）**）——这些点与它们的周围最不相似，代表了物体的角点、边界或图像中任何其他典型的特征，对它们可以随着时间进行跟踪。
    - Lucas-Kanade 跟踪器别广泛使用：假设局部块移动类似，它通过求解一个线性系统来进行鲁棒跟踪。
    - KLT 跟踪器使用 Lucas-Kanade 方法来自动获得在图像[视频]中稳定的点。
    - 点检测后面跟着匹配过程，它寻找这些点之间的对应关系。
    - 这个处理的结果产生一个稀疏的速度场。
    - 基于对应关系的运动检测甚至可以用于具有相对较长的帧间时间间隔的情况。
- 特定运动模式的检测
    - 特定运动信息可以从训练集合的实例中推导出。可以做到区分不同形式的运动和其他现象。
    - 同时使用基于图像的和基于短期运动的信息。
    - 运动检测使用工作于任意尺度的简单矩形滤波器的小集合；通过检测在时序上对应图像块的差异来检测运动。滤波器的小集合是使用 AdaBoost 方法从一个大的滤波器集合中选择出来的。
- 视频跟踪
    - 背景建模
        * 视频跟踪一般基于当前帧与背景模型之间的某种差分。
        * 简单的方法容易受噪声和微弱背景变化的影响。
        * 更为鲁棒的方法有很多，其中最主要的是为每个像素建立一个混合多高斯背景模型。通过一些启发式的近似来对参数进行实时更新。
    - 基于核函数的跟踪
        * 基于梯度的物体定位和跟踪可以通过使用一个通用相关准则来完成。
        * 基于核函数的跟踪方法非常高效，能够实时进行跟踪。
        * 这种方法使用一个各向同性核函数在空间上给目标施加一个掩膜，然后在其上应用一个平滑相似度函数来将跟踪问题转化为在目标前一时刻位置邻域范围内的最大相似度搜索。
        * 相似度的优化过程使用的是均值移位算法。
    - 目标轨迹分析
        * 如果跟踪几个独立的目标，解决的方法常常依赖于运动约束和最小化路径一致性函数，这个一致性函数是对导出的目标轨迹和运动约束的一致性度量。
- 运动模型
    - 预测器-修正器机制可以用于存在观测噪声情况下的物体运动估计，然后再对估计进行修正。
    - **卡尔曼滤波**
        * 卡尔曼滤波器是一种常用的动态估计方法，代表了一类用于运动分析的有力工具。
        * 卡尔曼滤波器要求系统是线性的，同时要求系统观测是隐状态的线性方程。噪声，包括系统的和观测的，都假设是高斯白噪声。
        * 尽管用于图像序列时这些假设时常是不太现实的，但是它是一种方便的选择。
    - 粒子滤波
        * 卡尔曼滤波器被广泛应用，但是有一些限制假设。粒子滤波器克服了大多数假设。

  * 粒子滤波器基于每步时间上的统计采样方法；基于图像观测对采样进行调整。
  * 粒子滤波器在视觉中常见的实现是 CONDENSATION。
- 跟踪-学习-检测——TLD
  * 绝大多数跟踪器受限于姿态变化、遮挡等。
  * 很多跟踪器都包含一个检测器来在图像中（重新）发现物体的表观。
  * TLD 同时进行跟踪和检测，并且也动态地更新它学习的物体模型。
  * 它在一定尺度范围上操作，并且常常基于 Lucas-Kanade 跟踪器。
  * 在跟踪过程中，模型吸收新的表观，同时删减掉那些被认为不可能的表观。

16.8 习题

简答题

S16.1 描述运动检测和移动物体检测之间的区别。

S16.2 说出物体运动假设的名字，并解释它们的基本原理。

S16.3 解释如何在运动分析中使用累积差分图像。

S16.4 什么是孔径问题？它的后果是什么？怎样才能克服这个问题？

S16.5 说出用于光流计算的两个基本假设的名字。这些假设是现实的吗？如果它们被违背，则会出现什么样的问题？

S16.6 描述当光流假设无效时提高光流计算鲁棒性的两种方法。

S16.7 详述光流如何能够用于确定：

（a）观察者和物体之间的相互速度

（b）延伸焦点（FOE）

（c）移动物体离开观察者的距离

（d）物体与观察者之间的可能碰撞以及距离碰撞的时间

S16.8 解释用于运动分析的图像帧率要求，其中运动分析分别使用光流和基于兴趣点对应关系的方法。

S16.9 解释基于兴趣点对应关系的运动分析概念。为什么对应问题是困难的？

S16.10 确定路径连贯性函数的性质，解释它怎样才能用于物体跟踪。

S16.11 解释在物体跟踪中怎样处理遮挡。为什么需要幻影点？

思考题

使用一个静止摄像机，产生由十个图像帧组成的图像序列（使用适合于移动物体速度的帧率）来描述在非均匀背景上的一个、三个、五个移动物体（在图 16.2 中所使用的序列可以作为例子）。作为选择，产生由计算机生成的图像序列。（万维网 WWW 也可以作为这些图像序列的一个来源。）图像序列将在下列问题中使用。

P16.1 设计一个程序，用于在你所产生的图像序列中进行运动检测。如果方法是基于差分图像分析的，要特别注意自动阈值的确定方法。

P16.2 设计一个程序，使用累积差分图像进行运动分析。确定移动物体的轨迹。使用由习题 15.1 所产生的图像序列。

P16.3 设计一个程序，使用移动边缘进行运动分析，并将其应用于由习题 15.1 所产生的图像序列。

P16.4 在时间 $t_0 = 0$ 上，一个点物体位于真实世界坐标 $x_0, y_0, z_0 = (30,60,10)$ 上，并且向观察者以恒定的速度 $(u,v,w) = (-5,-10,-1)$ 移动。假设是单位焦距的光学系统：

（a）确定在时间 t_0，图像坐标 (x',y') 上物体的位置。

（b）确定延伸焦点（FOE）的图像坐标。

（c）确定物体与观察者发生碰撞的时间。

P16.5 设计一个用于检测兴趣点的函数。

P16.6 设计一个程序，使用兴趣点对应关系进行运动分析（使用在习题 15.7 中所确定的兴趣点）。产生帧到帧的速度场，没有必要使用后续帧。将其应用于具有一个、三个、五个移动物体的图像序列，并评估其结果。

P16.7 设计一个使用路径连贯性的图像跟踪程序，并使用它来产生物体的运动轨迹。

P16.8 实现算法 16.8 之后描述的简单 1D 例子，然后使用不同的参数选择运行程序，观察 Condensation 算法的最简单形式。

P16.9 从 http://info.ee.surrey.ac.uk/Personal/Z.Kalal/tld.html 下载 TLD 程序，然后在你选择的一个视频中运行它：观察模型在丢失前扭曲和遮挡能到什么程度。

P16.10 使自己熟悉 Matlab 教辅书中对应于本章中解决的问题以及 Matlab 实现的相关算法[Svoboda et al., 2008]。Matlab 教辅书的主页 http://visionbook.felk.cvut.cz 中提供了这些问题中使用的图像，以及为教学设计的注释良好的 Matlab 代码。

P16.11 使用 Matlab 教辅书[Svoboda et al., 2008]来求解那里提供的一些附加习题和实际问题。使用 Matlab 或者其他合适的语言来实现你自己的答案。

16.9 参考文献

Aggarwal J. K. and Martin W. *Motion Understanding.* Kluwer, Boston, 1988.

Akbarzadeh A., Frahm J. M., Mordohai P., Clipp B., Engels C., Gallup D., Merrell P., Phelps M., Sinha S., Talton B., Wang L., Yang Q., Stewenius H., Yang R., Welch G., Towles H., Nister D., and Pollefeys M. Towards urban 3D reconstruction from video. In *Third International Symposium on 3D Data Processing, Visualization and Transmission (3DPVT)*, June 2006.

Albus J. S. and Hong T. H. Motion, depth, and image flow. In *Proceedings of the 1990 IEEE International Conference on Robotics and Automation,* Cincinnati, OH, pages 1161–1170, Los Alamitos, CA, 1990. IEEE.

Baker S. and Matthews I. Lucas-kanade 20 years on: A unifying framework. *International Journal of Computer Vision*, 56:221–255, 2004.

Bar-Shalom Y. and Fortmann T. *Tracking and Data Association.* Academic Press, New York NY, 1988.

Barnard S. T. and Thompson W. B. Disparity analysis of images. *IEEE Transactions on Pattern Analysis and Machine Intelligence*, 2(4):333–340, 1980.

Barron J. L., Fleet D. J., and Beauchemin S. S. Performance of optical flow techniques. *International Journal of Computer Vision*, 12:43–77, 1994.

Bascle B. and Deriche R. Region tracking through image sequences. In *Proc. 5th Int. Conf. on Computer Vision*, pages 302–307, Cambridge, MA, 1995.

Baumberg A. M. *Learning deformable models for tracking human motion.* Ph.D. thesis, School of Computer Studies, University of Leeds, Leeds, UK, 1995.

Baumberg A. M. and Hogg D. C. An efficient method of contour tracking using active shape models. In *Proceedings of the IEEE Workshop on Motion on Non-rigid and Articulated Objects*, pages 194–199, Texas, 1994a.

Baumberg A. M. and Hogg D. C. Learning flexible models from image sequences. In Eklundh J. O., editor, *3rd European Conference on Computer Vision,* Stockholm, Sweden, pages 299–308, Berlin, 1994b. Springer Verlag.

Beutel J., Kundel H. L., and Metter R. L. V. *Handbook of Medical Imaging, Volume 1. Physics and Psychophysics.* SPIE, Bellingham, WA, 2000.

Bigun J., Granlund G. H., and Wiklund J. Multidimensional orientation estimation with applications to texture analysis and optical flow. *IEEE Transactions on Pattern Analysis and Machine Intelligence*, 13:775–790, 1991.

Black M. J. and Jepson A. D. Recognizing temporal trajectories using the condensation algorithm. In Yachida M., editor, *Proceedings of the 3rd International Conference on Face and Gesture Recognition*, Nara, Japan, pages 16–21. IEEE Computer Society, 1998.

Bober M. and Kittler J. Estimation of complex multimodal motion: An approach based on robust statistics and Hough transform. *Image and Vision Computing*, 12:661–668, 1994.

Briggs W. L., Henson V. E., and McCormick S. F. *A Multigrid Tutorial.* SIAM, Philadelphia, PA, 2nd edition, 2000.

Bruhn A., Weickert J., Feddern C., Kohlberger T., and Schnoerr C. Combining advantages of local and global optic flow methods. In Gool L. v, editor, *Pattern Recognition - LNCS Vol. 2449*, pages 454–462, Berlin, 2002. Springer.

Bruhn A., Weickert J., Feddern C., Kohlberger T., and Schnoerr C. Variational optic flow computation in real-time. *IEEE Transactions on Image Processing*, 14:608–615, 2005.

Cedras C. and Shah M. Motion-based recognition: A survey. *Image and Vision Computing*, 13: 129–154, 1995.

Comaniciu D., Ramesh V., and Meer P. Real-time tracking of non-rigid objects using mean shift. In *Proc. IEEE Conf. on Computer Vision and Pattern Recognition, vol. II*, pages 142–149, Hilton Head Island, SC, 2000.

Comaniciu D., Ramesh V., and Meer P. Kernel-based object tracking. *IEEE Transactions on Pattern Analysis and Machine Intelligence*, 25:564–575, 2003.

Cummins D. D. and Cummins R. *Minds, Brains and Computers - The Foundations of Cognitive Science: An Anthology.* Blackwell Publishing, 2000.

Cutler R. and Davis L. Robust real-time periodic motion detection. *IEEE Transactions on Pattern Analysis and Machine Intelligence*, 22:781–796, 2000.

Dee H. M., Hogg D. C., and Cohn A. G. Building semantic scene models from unconstrained video. *Computer Vision and Image Understanding*, 116(3):446–456, 2012.

Djouadi A., Snorrason O., and Garber F. The quality of training-sample estimates of the Bhattacharyya coefficient. *IEEE Transactions on Pattern Analysis and Machine Intelligence*, 12:92–97, 1990.

Enkelmann W. Obstacle detection by evaluation of optical flow fields from image sequences. *Image and Vision Computing*, 9(3):160–168, 1991.

Eustice R., Singh H., Leonard J., Walter M., and Ballard R. Visually navigating the RMS Titanic with SLAM information filters. In *Proceedings of Robotics: Science and Systems*, Cambridge, USA, June 2005.

Fisher D. J., Ehrhardt J. C., and Collins S. M. Automated detection of noninvasive magnetic resonance markers. In *Computers in Cardiology*, Chicago, IL, pages 493–496, Los Alamitos, CA, 1991. IEEE.

Fleet D. J. and Jepson A. D. Computation of component image velocity from local phase information. *International Journal of Computer Vision*, 5:77–105, 1990.

Freeman W. T. and Adelson E. H. The design and use of steerable filters. *IEEE Transactions on Pattern Analysis and Machine Intelligence*, 13:891–906, 1991.

French A. P. *Visual Tracking: from an individual to groups of animals.* Ph.D. thesis, University of Nottingham, 2006.

Fua P. and Leclerc Y. G. Registration without correspondences. In *CVPR '94: Computer Society Conference on Computer Vision and Pattern Recognition,* Seattle, WA, pages 121–128, Los Alamitos, CA, 1994. IEEE.

Gauss K. F. *Theoria motus corporum coelestium in sectionibus conicis solem ambientium.* F Perthes and I H Besser, Hamburg, Germany, 1809.

Gelb A., editor. *Applied Optimal Estimation.* MIT Press, Cambridge, MA, 1974.

Gescheider G. A. *Psychophysics: The Fundamentals.* LEA, 3rd edition, 1997.

Gibet S., Courty N., and Kamp J., editors. *Gesture in Human-Computer Interaction and Simulation, 6th International Gesture Workshop, GW 2005, Berder Island, France, May 18-20, 2005, Revised Selected Papers*, volume 3881 of *LNCS*, 2006. Springer.

Glazer F. Multilevel relaxation in low level computer vision. In A R., editor, *Multiresolution Image Processing and Analysis*, pages 312–330. Springer Verlag, Berlin, 1984.

Gu H., Shirai Y., and Asada M. MDL-based segmentation and motion modeling in a long image sequence of scene with multiple independently moving objects. *IEEE Transactions on Pattern Analysis and Machine Intelligence*, 18:58–64, 1996.

Hager G. and Belhumeur P. Real-time tracking of image regions with changes in geometry and illumination. In *Proc. of IEEE Conf. on Computer Vision and Pattern Recognition*, pages 403–410, San Francisco, CA, 1996.

Horn B. K. P. *Robot Vision.* MIT Press, Cambridge, MA, 1986.

Horn B. K. P. and Schunk B. Determining optical flow. *Artificial Intelligence*, 17:185–204, 1981.

Hu X. and Ahuja N. Motion and structure estimation using long sequence motion models. *Image and Vision Computing*, 11:549–569, 1993.

Huang C. L. and Chen Y. T. Motion estimation method using a 3D steerable filter. *Image and Vision Computing*, 13:21–32, 1995.

Hummel R. and Sundareswaran. Motion parameter estimation from global flow field data. *IEEE Transactions on Pattern Analysis and Machine Intelligence*, 15:459–476, 1993.

Intille S. and Bobick A. Visual tracking using closed-worlds. In *5th International Conference on Computer Vision,* Boston, USA, pages 672–678, 1995.

Isard M. and Blake A. Condensation—conditional density propagation for visual tracking. *IJCV*, 29(1):5–28, 1998.

Jain R. Dynamic scene analysis using pixel–based processes. *Computer*, 14(8):12–18, 1981.

Jain R. Direct computation of the focus of expansion. *IEEE Transactions on Pattern Analysis and Machine Intelligence*, 5(1):58–64, 1983.

Jain R. Difference and accumulative difference pictures in dynamic scene analysis. *Image and Vision Computing*, 2(2):99–108, 1984.

Jain R., Martin W. N., and Aggarwal J. K. Segmentation through the detection of changes due to motion. *Computer Graphics and Image Processing*, 11:13–34, 1979.

Jain R., Kasturi R., and Schunck B. G. *Machine Vision.* McGraw-Hill, New York, 1995.

Julier S. and Uhlmann J. A new extension of the Kalman filter to nonlinear systems. In *Proceedings SPIE, Vol. 3068*, pages 182–193, Bellingham, WA, 1997. SPIE.

Kaernbach C., Schroger E., and Muller H. *Psychophysics Beyond Sensation: Laws and Invariants of Human Cognition.* LEA, 2003.

Kalal Z., Matas J., and Mikolajczyk K. Online learning of robust object detectors during unstable tracking. In *Proceedings of the IEEE On-line Learning for Computer Vision Workshop*, pages 1417–1424, 2009.

Kalal Z., Matas J., and Mikolajczyk K. P-n learning: Bootstrapping binary classifiers by structural constraints. In *CVPR*, pages 49–56, 2010.

Kalal Z., Mikolajczyk K., and Matas J. Tracking-learning-detection. *IEEE Trans. Pattern Anal. Mach. Intell.*, 34(7):1409–1422, 2012.

Kalman R. E. A new approach to linear filtering and prediction problems. *Transactions of the ASME—Journal of Basic Engineering*, 82:35–45, 1960.

Kearney J. K. and Thompson W. B. Bounding constraint propagation for optical flow estimation. In Aggarwal J. K. and Martin W., editors, *Motion Understanding*. Kluwer, Boston, 1988.

Kearney J. K., Thompson W. B., and Boley D. L. Optical flow estimation—an error analysis of gradient based methods with local optimization. *IEEE Transactions on Pattern Analysis and Machine Intelligence*, 9(2):229–244, 1987.

Khan Z., Balch T., and Dellaert F. Mcmc-based particle filtering for tracking a variable number of interacting targets. *IEEE Transactions on Pattern Analysis and Machine Intelligence*, 27(1):1805 – 1918, 2005.

Koenderink J. J. Optic flow. *Vision Research*, 26(1):161–180, 1986.

Lucas B. D. and Kanade T. An iterative image registration technique with an application to stereo vision. In *Proceedings of the 7th international joint conference on Artificial intelligence - Volume 2*, IJCAI'81, pages 674–679, San Francisco, CA, USA, 1981. Morgan Kaufmann Publishers Inc. URL http://dl.acm.org/citation.cfm?id=1623264.1623280.

MacCormick J. and Blake A. A probabilistic exclusion principle for tracking multiple objects. In *International Conference on Computer Vision*, Corfu, Greece, pages 572–578, 1999.

Magee D. R. Tracking multiple vehicles using foreground, background and motion models. *Image and Vision Computing*, 22(2):143–155, 2004.

Magee D. R. and Boyle R. D. Detecting Lameness using 'Re-sampling condensation' and 'Multi-stream Cyclic Hidden Markov Models'. *Image and Vision Computing*, 20(8):581–594, 2002.

McFarlane N. J. B. and Schofield C. P. Segmentation and tracking of piglets in images. *Machine Vision and Applications*, 8:187–193, 1995.

Nagel H. H. On the estimation of optical flow: Relations between different approaches and some new results. *Artificial Intelligence*, 33:299–324, 1987.

Needham C. J. and Boyle R. D. Tracking multiple sports players through occlusion, congestion and scale. In *Proc. British Machine Vision Conf.*, pages 93–102, 2001.

Negahdaripour S. and Ganesan V. Simple direct computation of the FOE with confidence measures. In *Proceedings, 1992 Computer Vision and Pattern Recognition*, Champaign, IL, pages 228–233, Los Alamitos, CA, 1992. IEEE.

Oliver N., Rosario B., and Pentland A. A Bayesian computer vision system for modeling human interactions. In Christensen H. I., editor, *Proceedings of ICVS99*, Gran Canaria, Spain, pages 255–272. Springer Verlag, 1999.

Power P. W. and Schoonees J. A. Understanding background mixture models for foreground segmentation. In Kenwright D., editor, *Proceedings, Imaging and Vision Computing New Zealand*, Auckland, NZ, 2002.

Puzicha J., Rubner Y., Tomasi C., and Buhmann J. Empirical evaluation of dissimilarity measures for color and texture. In *Proc. 7th Int. Conf. on Computer Vision*, pages 1165–1173, Kerkyra, Greece, 1999.

Rangarajan K. and Shah M. Establishing motion correspondence. *CVGIP – Image Understanding*, 54:56–73, 1991.

Ringach D. L. and Baram Y. A diffusion mechanism for obstacle detection from size-change information. *IEEE Transactions on Pattern Analysis and Machine Intelligence*, 16:76–80, 1994.

Scott G. L. *Local and Global Interpretation of Moving Images.* Pitman–Morgan Kaufmann, London–San Mateo, CA, 1988.

Sethi I. K. and Jain R. Finding trajectories of feature points in a monocular image sequence. *IEEE Transactions on Pattern Analysis and Machine Intelligence*, 9(1):56–73, 1987.

Shapiro V., Backalov I., and Kavardjikov V. Motion analysis via interframe point correspondence establishment. *Image and Vision Computing*, 13:111–118, 1995.

Shi J. and Tomasi C. Good features to track. *Computer Vision and Pattern Recognition*, pages 593–600, 1994.

Sorenson H. W. Least-squares estimation: from Gauss to Kalman. *IEEE Spectrum*, pages 7–12, 1970.

Stauffer C. and Grimson W. E. L. Adaptive background mixture models for real-time tracking. In *CVPR '99: Computer Society Conference on Computer Vision and Pattern Recognition,* Ft. Collins, USA, volume 2, pages 246–252, 1999.

Subbarao M. *Interpretation of Visual Motion: A Computational Study.* Pitman–Morgan Kaufmann, London–San Mateo, CA, 1988.

Subbarao M. Bounds on time-to-collision and rotational component from first-order derivatives of image flow. *Computer Vision, Graphics, and Image Processing*, 50(3):329–341, 1990.

Svoboda T., Kybic J., and Hlavac V. *Image Processing, Analysis, and Machine Vision: A MATLAB Companion.* Thomson Engineering, 2008.

Thompson W. B. and Barnard S. T. Lower level estimation and interpretation of visual motion. *Computer*, 14(8):20–28, 1981.

Thompson W. B., Mutch K. M., and Berzins V. A. Dynamic occlusion analysis in optical flow fields. *IEEE Transactions on Pattern Analysis and Machine Intelligence*, 7(4):374–383, 1985.

Thompson W. B., Lechleider P., and Stuck E. R. Detecting moving objects using the rigidity constraint. *IEEE Transactions on Pattern Analysis and Machine Intelligence*, 15:162–166, 1993.

Trottenberg U., Oosterlee C., and Schueller A. *Multigrid.* Academic Press, Dan Diego, CA, 2001.

Tsao A. T., Hung T. P., Fuh C. S., and Chen Y. S. Ego-motion estimation using optical flow fields observed from multiple cameras. In *Computer Vision and Pattern Recognition*, pages 457–462, Los Alamitos, CA, 1997. IEEE Computer Society.

Ullman S. *The Interpretation of Visual Motion.* MIT Press, Cambridge, MA, 1979.

Vega-Riveros J. F. and Jabbour K. Review of motion analysis techniques. *IEE Proceedings, Part I: Communications, Speech and Vision*, 136(6):397–404, 1989.

Viola P. and Jones M. Rapid object detection using a boosted cascade of simple features. In *Proceedings IEEE Conf. on Computer Vision and Pattern Recognition*, pages 511–518, Kauai, Hawaii, 2001. IEEE.

Viola P., Jones M., and Snow D. Detecting pedestrians using patterns of motion and appearance. In *Proc. Int. Conf. Computer Vision*, pages 734–741, Nice, France, 2003.

Watson A. B. and Ahumada A. J. Model of human-model sensing. *Journal of the Optical Society of America*, 2:322–342, 1985.

Weickert J. and Schnoerr C. A theoretical framework for convex regularizers in PDE-based computation of image motion. *International Journal of Computer Vision*, 45:245–264, 2001.

Wu S. F. and Kittler J. General motion estimation and segmentation. In *Visual Communications and Image Processing '90,* Lausanne, Switzerland, pages 1198–1209, Bellingham, WA, 1990. SPIE.

Young D. M. *Iterative Solution of Large Scale Linear Systems.* Academic Press, New York, NY, 1971.

词　汇

符号

2.5D sketch	2.5D 简图、2.5D 基元图
2D co-ordinate system	2D 坐标系统
2D projection	2D 投影
2D shape	2D 形态
3D co-ordinate system	3D 坐标系统
3D information	3D 信息
3D interpretation	3D 解释
3D model	3D 模型
3D object	3D 物体
3D representation	3D 表示、3D 表达
3D shape	3D 形状

A

A-algorithm	A-算法
AAM	活动表观模型
aberrations	畸变
accuracy	精度
ACRONYM	一个人工智能系统的缩写
active appearance model, *see* AAM	活动表观模型，见 AAM
active perception	主动感知
active sensor	主动传感器
active shape model, *see* ASM	活动形状模型，见 ASM
active vision	主动视觉
acuity	灵敏度
AdaBoost	自适应提升算法
additive	加性的
additive noise	加性的噪声
adjacency	邻接性
affinity, see fuzzy affinity	相似性，见 fuzzy affinity
AGC, automatic gain control	AGC，自动增益控制
albedo	反照率
algorithm	算法
AdaBoost	自适应提升算法
boosting	提升算法
chamfering	斜切
expectation-maximization	期望最大化
in Marr's theory	在 Marr 理论中
aliasing	走样（混叠）
anti-aliasing	反走样
anti-extensive transformation	反向扩张变换
aperture problem	孔径问题
aperture stop	孔径光栅
arc (of a graph)	（图的）弧
area	区域

- area-based stereo 基于区域的立体视觉
- ASM 活动形状模型
- aspect 示象
- aspect graph 示象图
- autocorrelation 自相关
- automatic gain control 自动增益控制
- Autostitch 自缝合

B

- B-reps B-样条
- back-tracking 回溯
- background 背景
  - uneven 不一致
- background modeling 背景建模
- ball 球
  - geodesic 测地线的
  - maximal 极大的、最大的
  - unit 单位
- balloon 气球
- band-limited 有限带宽
- baseline 基线
- bay 海湾
- Bayes formula 贝叶斯公式
- Bayesian belief networks 贝叶斯信念网络
- bin-picking 箱柜拾取
- blackboard 黑板
- blocks world 积木世界
- blooming 模糊现象
- blur 模糊
  - atmospheric turbulence 大气湍流（干扰）
  - Gaussian 高斯
  - motion 运动
  - smoothing 平滑
  - wrong focus 错误聚焦
- body reflection 体反射
- boosting 提升
- border 边界
  - detection 检测
    - optimal 最优的
    - simultaneous 同时发生的
  - extended 延伸、扩展
  - inner 内部的
  - inter-pixel 像素内的
  - occlusion 遮挡
  - outer 外部的
- boundary, *see* border 边界，见 border
- BRDF 双向反射分布函数
- brightness 亮度
  - correction 修正
  - interpolation 插值、内插
  - transformation 变换

brightness interpolation	亮度插值
bi-cubic	双三次
linear	线性
nearest neighbor	最近邻

C

C4.5	C4.5（算法）
CAD	计算机辅助设计
calculus	微积分
calibration matrix	校准矩阵
camera	摄像机
analog	模拟
jitter	抖动
Canny edge detector	Canny 边缘检测子
canonical configuration	规范结构
CCD	电荷耦合器件
cellular complex	单元复合
central limit theorem	中心极限定理
CFL	CFL 条件
Chain	链
code	码
Markov	马尔可夫
chamfering	斜切
Chan-Vese functional	Chan-Vese 函数
characteristic polynomial	特征多项式
characteristic strip	特征带
characteristic view	特征视图
class	类
equivalence	等价
identifier	标识符
classification	分类
contextual	上下文的
recursive	递归的
classifier	分类器
base	基
boosted	提升算法
cascade	瀑布结构
learning	学习
linear	线性
maximum likelihood	最大似然
minimum distance	最短距离
minimum error	最小误差
nearest neighbor	最近邻
NN	最近邻
non-linear	非线性
random forest	随机森林
bagging	拔靴集成法
C4.5	C4.5 算法
classification	分类

model	模型
palette	调色板
perceived	（色）感
primary	主要的、基本的、基
saturation	饱和度
secondary	次要的
table	（颜色）表
value	（颜色）值
YIQ	YIQ 颜色空间
YUV	YUV 颜色空间
combination	组合
convex	凸的
linear	线性的
compatibility function	相容性函数
compression	压缩
application	应用
asymmetric	不对称的
symmetric	对称的
dictionary-based	基于字典的
DPCM	差分脉冲编码调制
fractal	分形
hierarchical	分层的、分级的
hybrid	混合
JPEG	JPEG 图像压缩格式
JPEG-2000	JPEG-2000 图像压缩格式
Lempel-Ziv	Lempel-Ziv 图像压缩格式
MJPEG	运动 JPEG 视频压缩格式
motion JPEG, *see* MJPEG, compression	运动 JPEG 视频压缩格式，见 MJPEG
MPEG	MPEG 视频压缩格式
predictive	预测的
progressive	循序的、渐进的
pyramid	金字塔
ratio	比率
region growing	区域增长
scalability	可扩展性
quality	品质
resolution	分辨率
spatial	空间
smart	智能
transform	变换
vector quantization	矢量量化
wavelet	小波
computer aided diagnosis	计算机辅助诊断
computer graphics	计算机图形学
Condensation	条件密度传播算法
cone	锥体
Confidence	置信度
configuration	构造
canonical	规范
degenerate	退化

E

facet model	面元模型
in multi-spectral image	在多谱图像中
Kirsch	Kirsch 算子
Laplace	拉普拉斯算子
Marr-Hildreth	Marr_Hildreth 算子
parametric	参数型的
Prewitt	普鲁伊特算子
Roberts	罗伯茨算子
Robinson	鲁宾逊算子
Sobel	索贝尔算子
zero-crossing	过零点
effect,blooming	效果，模糊
eigen-image	本征图像
multiple	多个
elastics	弹性
EM, *see* expectation-maximzation	EM，见 expectation-maximzation
entropy	熵
condition	条件
epipolar	极
constraint	约束
line	线
plane	平面
epipolar constraint	极线约束
epipole	极点
equation	公式
irradiance	辐照度
erosion	腐蚀
geodesic	测地线的
gray-scale	灰度
ultimate	最终的
essential matrix	本质矩阵
estimation	估计
density	密度函数
gradient	梯度
mode	模态
non-parametric	无参数型的
estimator	估计器
multivariate density	多元密度函数
Euler-Poincaré characteristic	Euler-Poincaré 特征
event (aspect)	事件（方面）
exemplar	样本
expansion	膨胀
isotropic	各向同性的
expectation-maximization	期望最大化

F

face detection	人脸检测
facet	面元
fast marching	快速行进算法
feature	特征

cascade	瀑布结构
boosted	提升算法
discriminativity	区分性、分辨性
informativity	信息性
simple	简单的
space	空间
color	颜色
synthesis	综合
vector	向量、矢量
feedback	反馈
fill, morphological	填充，形态学的
filter	滤波器
bank	组，集合
Gaussian	高斯
median	中值
particle	粒子，见 particle filter
separable	可分离的
filtering	滤波
averaging	平均的
band-pass	带通
discontinuity preserving	离散保持
discontinuity-preserving	离散保持
high-pass	高通
inverse	逆
Kalman	卡尔曼
low-pass	低通
mean shift	均值移位
median	中值
Wiener	维纳
fitness function	适合度函数
focal point	焦点
Forward algorithm	前向算法
fractal	分形
dimension	维数
frame	帧
free-form surface	自由形态表面
Freeman code	Freeman 码
Fresnel lens	菲涅耳透镜
Frobenius norm	弗比尼斯范数
front propagation	前向传播
function	函数
autocorrelation	自相关
autocovariance	自协方差
continuous	连续的
cross correlation	互相关
cross covariance	互协方差
digital	数字的
Dirac	狄拉克
discrete	离散的
distance	距离
distribution	分布

fitness	适合度
kernel	核
level set	水平集
point spread	点传播
quench (morphology)	熄灭（形态学）
speed	快速
functional	泛函
Chan-Vese	Chan-Vese 泛函
Mumford-Shah	Mumford-Shah 泛函
fundamental matrix	基本矩阵
fuzzy	模糊
adjacency	邻接
affinity	仿射
complement	补
composition	合成
min-max	极小极大值
connectedness	连接关系
absolute	绝对的
hard-adjacency	强连通
map	映射
connectivity	连通性
2-object	2 物体
absolute	绝对的
iterative	迭代的
multiple-object	多物体的
relative	相对的
scale-based	基于尺度的
correlation	相关
minimum	极小值
product	乘积
intersection	交集
logic	逻辑
membership function	隶属函数
maximum normal form	最大正则形式
minimum normal form	最小正则形式
reasoning	推理
monotonic	单调
set	集合
hedge	限制
space	空间
system	系统
model	模型
union	并集

G

gamma correction	γ校正
gamut	域，范围
ganglion cell	神经节细胞
Gaussian filter	高斯滤波器
Gaussian mixture models	高斯混合模型

Gaussian noise	高斯噪声
generalized cylinders	广义圆柱
genetic algorithm	遗传算法
genus	亏格
geodesic transformation	测地线变换
Geographical Information System	地理信息系统
geometric signals	几何信号
geometric transformation	几何变换
Gestaltist theory	格式塔心理学理论、完形心理学理论
GIF	可交换的图像文件格式
GIS	地理信息系统
Golay alphabet	Golay 字母表
gradient descent	梯度下降
gradient operator	梯度算子
approximated by differences	差分近似
Kirsch	Kirsch 算子
Laplace	拉普拉斯算子
Prewitt	普鲁伊特算子
Roberts	罗伯茨算子
Sobel	索贝尔算子
gradient space	梯度空间
gradient vector flow, *see* snake	梯度矢量流，见 snake
grammar	语法、文法
context-free	与上下文无关
context-sensitive	与上下文敏感
fuzzy	模糊
general	普通
inference	推理
non-deterministic	非确定性的
regular	正规、正则
stochastic	随机性的
granulometry (morphological)	粒度测定学（形态学的）
graph	图
arc	弧
assignment	赋值
constraint	约束
hard	硬（约束）
soft	软（约束）
surface separation	表面分离（约束）
construction	构造
geometric	几何
graph cuts	图割
seeds	种子
isomorphism	同构
labeled	标注的
maximum flow	最大流
augmenting path	增广路径
push-relabel	压入与重标记剩余图
residual graph	冗余图
minimum closed set	最小闭集
minimum s-t cut	最小 s-t 割

neighborhood	邻近、邻居
node	结点
region	区域
region adjacency	区域邻接
search	搜索
advanced approaches	高级方法
heuristic	启发式
LOGISMOS	最优单个和多个表面分割
three-dimensional	三维的
similarity	相似性
weighted	权重
graph cut	图割
gray-scale transformation	灰度变换
greedy exchange algorithm	贪心交换算法
grid	光栅、栅格
hexagonal	六边形
square	正方形
group	群
Lie	李（Lie）
plane-projective	平面投影
grow	增长
GVF, *see* snake	GVF，见 snake

H

hanging togetherness	结合
Hausdorff distance, *see* distance, Hausdorff	豪斯多夫距离，见 distance, Hausdorff
HEARSAY	一个语音识别系统的缩写
heuristic	启发式
hidden Markov model	隐马尔可夫模型
Baum-Welch algorithm	Baum-Welch 算法
coupled	耦合
decoding	解码
evaluation	评估
forward algorithm	前向算法
Forward-Backward algorithm	前向—后向算法
learning	学习
second order	二阶
Viterbi algorithm	Viterbi 算法
hidden Markov tree	隐马尔科夫树
histogram	灰度直方图
bimodal	双模态的
cumulative	累积的
equalization	均衡化
multi-modal	多模态的
smoothed	平滑的
transformation	变换
hit-or-miss transformation	击中或击不中变换
HOG	梯度方向直方图
hole	孔
homogeneity	同质性

homogeneous	齐次的
homogeneous coordinates	齐次坐标
homography	单应性
homotopic substitute (of skeleton)	同伦替代物（骨架的）
homotopic transformation	同伦变换
horizon	水平线
Hough transform	哈夫变换
HSV	HSV 色彩空间
hue	色调
human visual system	人类视觉系统
hypothesis	假设
hypothesize and verify	假设与检验
hysteresis	滞后现象

I

ICP algorithm	ICP 算法
illumination	照明
image	图像
binary	二值
co-ordinates	坐标
color	彩色
compression, *see* compression	压缩，见 compression
cyclopean	独眼
database	数据库
difference	差分
digitization	数字化
dynamic	动态的
element	元素
enhancement	增强
iconic	图标的
indexed	索引
integral	积分（图像）
interpretation	解释
irradiance equation	辐照度方程
multispectral	多谱
palette	调色板
pre-processing	预处理
pseudocolor	伪彩色
quality	质量
reconstruction	重建、重构
rectification	校正
registration	配准
representation	表示
scale-space	尺度空间
segmented	分割的
sharpening	锐化
skew	歪斜
static	静态

understanding	理解
random forest	随机森林
imaging modalities	成像形态
implementation, in Marr's theory	实现（在 Marr 理论中）
importance sampling	重要性采样
impossible objects	不可能存在的物体
impulse	脉冲
Dirac	狄拉克
limited	有限的
increasing transformation	递增变换
inference	推理
information entropy	信息熵
integral image, *see* image, integral	积分图像，见 image, integral
inlier	内点
intelligent scissors	智能剪刀
intensity image	亮度图像
interest point	兴趣点
interpretation	解释
genetic	遗传
tree	树
interval tree	区间树
invariants	不变量
moment	矩
scalar	标量
inverse filtering	逆滤波
inverse transformation	逆变换
irradiance	辐照度
equation	方程式
spectral	光谱的
irradiance equation	辐照度方程
ISODATA	迭代自组织数据分析技术
isotropic expansion	各向同性的膨胀
iteration	迭代
Gauss-Seidel	高斯-塞德尔
multigrid	多重网格

J

Jacobian determinant	雅可比行列式
jitter	抖动
Jordan block	约当块
just-enough-interaction	足量相互交互

K

K-D tree	K-D 树
K-means	K 均值法
Kalman filter	卡尔曼滤波器
extended	扩展的
unscented	无迹的
Kalman gain matrix	卡尔曼增益矩阵
kernel	核函数

bandwidth	带宽
Epanechnikov	伊氏
normal	正态的
polynomial	多项式的
homogeneous	齐次的
non-homogeneous	非齐次的
radial basis function	径向基底函数
Gaussian	高斯的
trick	技巧
Kinect	体感游戏
knowledge	知识
a priori	先验
base	库
procedural	过程性的
representation	表示

L

label	标签、标注
collision	碰撞
labeling	标注
consistent	一致的
discrete	离散的
probabilistic	概率的
semantic	语义的
lacunarity	缺项
Lagrange multipliers	拉格朗日乘数
lake	湖
Lambertian surface	Lambertian 表面
landmarking	记标志
landmarks	标志点
Landsat	Landsat 卫星
language	语言
Laplacian	拉普拉斯算子
Laplacian of Gaussian	高斯拉普拉斯算子（LOG 算子）
learning	学习
from experience	从经验中
unsupervised	非监督
least squares	最小二乘法
leave *K* out testing	去除 *K* 个测试
leave one out testing	去除 1 个测试
length	长度
focal	焦距
lens	透镜，镜头
Fresnel	菲涅耳
telecentric	远心的
thick	厚的
thin	薄的
level sets	水平集
fast marching	快速行进
front propagation	前向传播

- narrow band　窄带
- LIDAR　激光雷达
- light　光
  - source　光源
- line　线
  - finding　寻找
  - labeling　标注
  - thinning　细化
- linear combination　线性组合
- linear system　线性系统
- linearity　线性
- linearly separable　线性可分
- linguistic　语言学
  - variable　变量
- live lane　活动通路
- live wire　活动金属丝
- local pre-processing　局部预处理
- local shading analysis　局部阴影分析
- location of interest　感兴趣点
- LOGISMOS　最优单个和多个表面分割
- Lucas-Kanade point tracking　Lucas-Kanade 点跟踪算法
- luminance　亮度
- luminous efficacy　光功效
- luminous flux　光通量

M

- magnification　放大倍率
- map　图
  - cumulative　累积
  - depth　深度
  - edge　边界
  - fuzzy connectedness　模糊连接
  - reflectance　反射系数
  - region　区域
- marker　标记、标志
- Markov assumption　马尔可夫假设
- Markov chain　马尔可夫链
- Markov model　马尔可夫模型
- Marr (David)　马尔（戴维）
- Markov Random Fields, *see* MRF　马尔科夫随机场，见 MRF
- Marr's theory　Marr 理论
- Marr-Hildreth edge detector　Marr-Hildreth 边缘检测算子
- matching　匹配
  - chamfer　斜切
  - graphs　图
  - relational structure　关系结构
  - sub-graphs　子图
- mathematical morphology　数学形态学
- matrix　矩阵
  - calibration　摄像机标定

events	事件
features	特征
field	域
gesture interpretation	姿态解释
lipreading	唇读
path analysis	路径分析
path coherence	路径一致
deviation	偏差
function	功能
recognition	识别
relative	相对
rotational	旋转
trajectory	轨道
parametrization	参数化
translational	平移
verb recognition	动词识别
motion tracking	运动跟踪
MP4	一种音频兼视频的压缩格式
MRF	马尔科夫随机场
multi-view representation	多视图表示
multiple contiguous	多重连续的
Mumford-Shah functional	Mumford-Shah 泛函
mutation	变异

N

Nats	以自然对数计算的信息量单位 1bit=log 2 nats
nearest neighbor, *see* classifier, NN	最近邻，见 classifier, NN
Necker cube	Necker 方体
neighbor	近邻
neural nets	神经网络
adaptive resonance theory	自适应谐振理论
back-propagation	后向传播
epoch	（信号）出现时间
feed-forward nets	前馈网络
gradient descent	梯度下降
Hopfield	霍菲尔德模型
Kohonen networks	Kohonen 网
momentum	动量
transfer function	传递函数
unsupervised learning	非监督的学习
node (of a graph)	（图的）结点
noise	噪声
additive	加性
Gaussian	高斯
impulse	脉冲
multiplicative	乘性
quantization	量化
salt-and-pepper	胡椒盐
white	白
non-maximal suppression	非最大抑制

palette	调色板
parallel implementation	并行实现
particle filter	粒子滤波器
partition function	配分函数
path	路径
simple	简单
pattern	模式
space	空间
vector	矢量
pattern recognition	模式识别
capacity	能力，容量
statistical	统计学的
syntactic	句法的
PCA, *see* principal component analysis	PCA，见 principal component analysis
PDM	点分布模型
alignment	配准
covariance matrix	协方差矩阵
eigen-decomposition	本征分解
landmark	标志点
polar	极
polynomial regression	多项式回归
perception	感知
human	人类
visual	视觉
perimeter	周长
perspective	透视
projection, *see* projection, perspective	投影，见 projection，perspective
photo-emission	光发射
photometry	光度学
photosensitive	光敏的，感光的
picture element	图像元素、像素
pixel	像素
adjacency	邻接
hexagonal	六边形的
pixel co-ordinate transformation	像素坐标变换
planning	规划
plausibility (of a match)	可能（匹配的）
point	点
focal	焦点
of interest	感兴趣的
principal	主
representative	典型的
sampling	采样
sets (morphological)	集合（形态学的）
simple	简单
vanishing	消失
point distribution model, *see* PDM	点分布模型，见 PDM
polynomial	多项式的
characteristic	特征的
post-processing	后处理
power spectrum	功率谱

quadtree	四叉树
qualitative vision	定性的视觉
quantization	量化
vector	矢量
quench function	熄灭函数

R

R-table	R 表
RADAR	雷达
radial distortion	径向变形
radiance	辐射率
spectral	光谱的
radiant flux	辐射通量
radiometry	辐射线测定
random dot stereograms	随机点立体图
random sample consensus, *see* RANSAC	随机采样一致算法，见 RANSAC
range image	距离图像
RANSAC	随机采样一致算法
receptive field	吸收场
reconstruction	重建
morphological	形态学的
projective	影射的
rectification	校正
rectified configuration	规范结构
rectilinear cameras	校正了的摄像机
reduce	减少
redundancy	冗余
information	信息
reference view	参考视图
reflectance	反射
coefficient	系数
function	函数
map	图
surface	面
reflectance function	反射函数
reflection	反射
body	体（反射）
surface	表面（反射）
region	区域
concavity tree	凹状树
convex	凸
decomposition	分解
growing	增长
identification	识别
skeleton	骨架
region adjacency graph	区域邻接图
region map	区域图
regional extreme	区域极值
registration, *see* image, registration	注册、登记，见 image，registration

relation	关系
neighborhood	近邻
spatial	空间的
relational structure	关系结构
relaxation	松弛
discrete	离散的
probabilistic	概率的
remote sensing	遥感
representation	表示、表达
3D	3D
complete	完全
geometric	几何
iconic image	图标图像
intermediate	中间
level of	分层
multi-view	多视图
relational model	关系模型
segmented image	分割的图像
skeleton	骨架
unique	唯一的
reproducibility	再生性
reproduction	复制
resolution	分辨率
radiometric	放射测量
spatial	空间
spectral	光谱
time	时间
restoration	恢复
deterministic	确定性的
geometric mean filtration	几何中值滤波
inverse filtering	逆滤波
power spectrum equalization	功率谱均衡化
stochastic	随机的
Wiener filtering	维纳滤波
retina	视网膜
cone	锥状体
rod	杆状体
rigidity	刚性、刚体
rigidity constraint	刚体约束
rim	边缘
rod	杆状体
rotating mask	旋转掩膜
rotational movement	旋转运动
run length coding	行程编码

S

sampling	采样
importance	重要性
interval	间隔
point	点

saturation	饱和度
scale	尺度
Scale Invariant Feature Transform, *see* SIFT	尺度无关特征变换，见 SIFT
scale-space	尺度空间
segmentation	分割
border detection	边界检测
border tracing	边界跟踪
extended	扩展的
inner	内部的
outer	外部的
classification-based	基于分类的
complete	完全的
dynamic programming	动态规划
edge thresholding	边缘阈值化
edge-based	基于边缘的
evaluation	评估
border positioning errors	边界定位误差
mutual overlap	相互重叠
STAPLE	一种分割融合算法
supervised	监督式的
unsupervised	非监督式的
fuzzy connectivity	模糊连接
global	全局的
Hough transform	Hough 变换
generalized	广义的
match-based	基于匹配的
mean shift	均值移位
morphological	形态学的
multi-thresholding	多阈值化
partial	部分
region construction	区域构建
from borders	从边界中
from partial borders	从部分边界中
region growing	区域增长
color image	彩色图像
merging	归并
over-growing	过增长
semantic	语义的
split-and-merge	分裂与归并
splitting	分裂
under-growing	欠增长
region-based	基于区域
semantic	语义的
region-growing	区域增长
semi-thresholding	半阈值化
texture	纹理
thresholding	阈值化
minimum error	最小误差
multi-spectral	多谱
p-tile	p-瓦
tree	树

- watersheds 分水岭
- self-occlusion 自遮挡
- semantic net 语义网络
- semantics 语义学
- sensor 传感器
  - CCD 电荷耦合器件
  - photo-emission 光反射
  - photosensitive 光敏的，感光的
- separable filter 分离过滤器
- set difference 集合差
- shading 阴影
- Shannon sampling theorem 香农采样定理
- shape 形状
  - class 分类
  - description 描述
    - area 区域
    - bending energy 弯曲能量
    - border length 边界长度
    - chord distribution 弦分布
    - compactness 紧致性
    - contour-based 基于轮廓的
    - convex hull 凸包
    - cross ratio 交叉比
    - curvature 曲率
    - direction 方向
    - eccentricity 离心率
    - elongatedness 细长度
    - Euler's number 欧拉数
    - external 外部的
    - Fourier descriptors 傅里叶描述子
    - graph 图
    - height 高度
    - internal 内部的
    - invariants 不变量
    - moments 矩
    - moments, area based 基于区域的矩
    - moments, contour-based 基于轮廓的矩
    - perimeter 周长
    - polygonal 多边形的
    - projection-invariant 投影不变量
    - projections 投影
    - rectangularity 矩形度
    - region concavity tree 区域凹度树
    - region-based 基于区域的
    - run length 行程
    - segment sequence 分割顺序
    - signature 签名
    - sphericity 球状
    - spline 样条
    - statistical 统计学的
    - syntactic 句法的

width	宽度
primitive	基元
shape from	由……到形状
contour	轮廓
de-focus	散焦
focus	聚焦
motion	运动
optical flow	光流
shading	阴影
stereo	立体视觉
texture	纹理
vergence	会聚
X	其他
sharpening	锐化
shrink	收缩
SIFT	尺度无关特征变换
key location	关键点定位
sifting	筛特性
signal-to-noise ratio	信噪比
silhouette	轮廓
simple contiguous	简单的连续性
simulated annealing	模拟退火
Simultaneous Location and Mapping, *see* SLAM	同时定位和映射，见 SLAM
singular point	奇异点
singular value decomposition	奇异值分解
skeleton	骨架
by influence zones	由影响区域产生的
by maximal balls	由最大球产生的
skew	歪斜
SKIZ, skeleton by influence zones	SKIZ，由影响区域产生的骨架
SLAM	同时定位和映射
slant	倾斜
smart snake	智能蛇
smoothing	平滑
averaging	均值
averaging according to inverse gradient	根据逆梯度的均值
averaging with limited data validity	使用有限数据有效性的均值
edge preserving	边缘保持
Gaussian	高斯
non-linear mean filter	非线性中值滤波
rank filtering	等级滤波
rotating mask	旋转掩膜
snake	蛇形
B-snakes	B-蛇形
finite difference	有限差异
finite element	有限元
Fourier	傅里叶
gradient vector flow	梯度矢量流
growing	增长
GVF	梯度矢量流
Hermite polynomial	埃尔米特多项式

united	联合的，一致的
SNR	信噪比
spatial angle	空间角
spatial element	空间元素
spectral	光谱的
BRDF	双向反射分布函数
density	密度
irradiance	辐照度
radiance	辐射率
spectrophotometer	分光光度计
spectrum	光谱
frequency	频率
granulometric	粒度测定学的
power	功率
spel, *see* spatial element	空间元素，见 spatial element
spline	样条
STAPLE	一种分割融合算法
state space search	状态空间搜索
stereo	立体
correspondence	对应
photometric	光度学
vision	视觉
stereopsis	立体视觉
STFT-short time FT	STFT-短时 FT
stochastic process	随机过程
stationary	静态的
uncorrelated	不相关的
structure from motion theorem	由运动到结构定理
structured light	结构光
structuring element (morphological)	结构元素（形态学的）
sufficient statistics	充分统计
super-quadrics	超二次曲面
supergrid	超级栅格
superposition principle	叠加原理
support vector	支持向量
support vector machine	支持向量机
kernel function	核函数
margin	界限
surface	表面
coupled	耦合的
detection	检测
multiple	多个目标
optimal	最优的
single	单个目标
free-form	自由形式
features	特征
reflection	反射
SVD, *see* singular value decomposition	奇异值分解，见 singular value decomposition
SVM, *see* support vector machine	支持向量机，见 support vector machine
sweep representations	扫描表示
symbol	符号

non-terminal	非终结
terminal	终结
symmetric axis transform	对称轴变换
syntactic analysis	句法分析
syntax	语法
system approach	系统方法
system theory	系统理论

T

telecentric lens	远心透镜
template matching	模版匹配
tensor	张量
multiview	多视角
terahertz	太赫
test set	测试集
texel	纹理基元、纹素
texton	纹理本体
texture	纹理
Brodatz	Brodatz 纹理库
coarse	粗糙的
description	描述
auto-correlation	自相关
autocorrelation	自相关
autoregression model	自回归模型
chain grammar	链文法
co-occurrence	共生
discrete transform	离散变换
edge frequency	边缘频率
fractal	分形
grammar	语法、文法
graph grammar	图的文法
hybrid	混合
Law's energy measures	Law 能量测量
morphology	形态学
multiscale	多尺度
optical transform	光学变换
peak and valley	波峰和波谷
primitive grouping	基元分组
primitive length	基元长度
run length	行程
shape rules	形状规则
statistical	统计学的
syntactic	句法的
texture properties	纹理性质
texture transform	纹理变换
wavelet frames	小波框架
wavelets	小波
deterministic tourist walk	确定性观光客游走（一种纹理分析方法）
element	元素
fine	精细的

discrete wavelet	离散小波
distance	距离
fast wavelet	快速小波
Fourier	傅里叶
inverse	逆
Gabor	伽柏
geodesic	测地线
geometric	几何
brightness interpolation	亮度插值
change of scale	尺度改变
pixel co-ordinate	像素坐标
rotation	旋转
skewing	歪斜
gray-scale	灰度
histogram equalization	直方图均衡化
logarithmic	对数
pseudo-color	伪彩色
thresholding	对数
Haar	哈尔
Hadamard	哈达马
Hadamard-Haar	哈达马-哈尔
hat	草帽
homotopic	同伦
Hotelling	霍特林
Hough	霍夫
increasing	递增
inverse	逆
Karhunen-Loève	卡南-洛伊夫（KL）
morphological	形态学的
Paley	佩利
pixel brightness	像素亮度
pixel co-ordinate	像素坐标
projective	投影
Radon	拉东
recursive block coding	递归块编码
reversible component	可逆元件
rubber sheet	橡皮表面
sine	正弦
Slant-Haar	斜-哈尔
top hat	顶帽
Walsh	沃尔什
wavelet	小波
z	z（变换）
translation，morphological	平移，形态学的
translational movement	平移运动
transmission	传输
progressive	渐进的
smart	智能的
tree	树
decision	决策
interval	区间

mother	母
packet	包
weighted graph	加权图
white balancing	白平衡
white noise	白噪声
Wiener filtering	维纳滤波

Z

Zadeh operators	Zadeh 算子
zero crossing	过零点
Zuniga-Haralick operator	Zuniga-Haralick 算子